Schadwirkungen auf Pflanzen

Bertold Hock / Erich F. Elstner (Hrsg.)

Schadwirkungen auf Pflanzen

Lehrbuch der Pflanzentoxikologie

3., überarbeitete Auflage

Spektrum Akademischer Verlag Heidelberg · Berlin · Oxford

Herausgeber:
Prof. Dr. Bertold Hock,
Lehrstuhl für Botanik
der TU München-Weihenstephan

und

Erich F. Elstner,
Lehrstuhl für Phytopathologie
der TU München-Weihenstephan

Titelbild: Ozon-behandeltes Tabakblatt der Sorte Bel W3
(Aufnahme von C. Langebartels)

Die Deutsche Bibliothek – CIP-Einheitsaufnahme

Schadwirkungen auf Pflanzen : Lehrbuch der Pflanzentoxikologie / Bertold Hock/
Erich F. Elstner (Hrsg.). – 3., überarb. Aufl. – Heidelberg ; Berlin ; Oxford : Spektrum,
Akad. Verl. 1995

ISBN 3-86025-649-1
NE: Hock, Bertold [Hrsg.]

Lektorat: Sabine Bartels
Produktion: Walter Häberle, Ostfildern
Einbandgestaltung: Kurt Bitsch, Birkenau
Satz: SCS Schwarz, Leinfelden-Echterdingen
Druck und Verarbeitung: Zechnersche Buchdruckerei, Speyer

Spektrum Akademischer Verlag Heidelberg · Berlin · Oxford

EIN VERLAG DER SPEKTRUM FACHVERLAGE GMBH

Vorwort zur 3. Auflage

Die Pflanzentoxikologie befaßt sich mit Schadwirkungen auf die Pflanze. Seit seinem ersten Erscheinen im Jahr 1984 hat sich das vorliegende Buch zu einem Standardwerk entwickelt. Der Fortschritt im Bereich der Umweltwissenschaften, das Interesse einer breiten Leserschaft an den biochemischen und molekularen Grundlagen von Schadwirkungen bei Pflanzen und das positive Echo auf die bisherigen Auflagen haben uns veranlaßt, eine völlig überarbeitete dritte Auflage vorzulegen. Hierfür wurden die meisten Kapitel umgeschrieben und ergänzt; es kamen neue Autoren mit neuen Kapiteln dazu. Beibehalten wurde das bewährte Konzept einer breiten Darstellung von Schäden, die von abiotischen Einflüssen wie der Wirkung von Xenobiotica und Strahlung bis zu biotischen Effekten durch Pathogene reichen.

Die Herausgeber hoffen, daß die Neuauflage einem interessierten Leserkreis den Zugang zur Pflanzentoxikologie eröffnen wird und damit als Grundlage für eine frühzeitige Erkennung und Vermeidung von Schäden dienen kann.

Wir danken dem Spektrum Akademischer Verlag für die freundschaftliche Zusammenarbeit, die großzügige Unterstützung und Geduld bei der Erstellung der Neuauflage sowie allen Kolleginnen und Kollegen, die durch ihre Verbesserungsvorschläge zum Gelingen beigetragen haben. Wir bitten unsere Leser, uns auch weiterhin mit Anregungen und konstruktiver Kritik zu unterstützen.

Weihenstephan, im Juli 1995 Die Herausgeber

Vorwort zur 1. Auflage

Die erste Auflage der Pflanzentoxikologie fällt in eine Zeit, die sich bewußt und kritisch mit Umweltschäden auseinandersetzt. Die Pflanzen als Zielgruppe von Noxen rückten unter dem Eindruck der jüngsten Baumerkrankungen in den Vordergrund. Ein Lehr- und Nachschlagewerk über die wichtigsten Gift- und Schadwirkungen auf Stoffwechsel und Entwicklung der Pflanze war daher überfällig.

Die Aufteilung des Gebiets auf mehrere Autoren erschien allein wegen der Fülle des gegenwärtigen Wissensstands geboten und kommt einer ausgewogenen Darstellung entgegen. Dennoch war eine Stoffbeschränkung unumgänglich; sie trägt zwangsläufig subjektive Züge und ist von den Herausgebern zu verantworten.

Die Pflanzentoxikologie gliedert sich in einen allgemeinen Teil, der sich mit der pflanzlichen Lebensweise, dem Weg der Schadstoffe in die Pflanze und den Pflanzen als Schadstoffindikatoren befaßt, sowie in einen speziellen Teil, in dem die Schadstoffe und ihre Wirkungen nach Herkunft und Verbindungsklassen getrennt abgehandelt werden. Am Ende stehen indirekte Schadwirkungen, die sich aus Parasitenbefall und aus Strahlenwirkungen ergeben. Im Vordergrund stehen Höhere Pflanzen und Pilze; daneben werden auch Flechten, Moose und Algen besprochen.

Wie viele Erstauflagen, die sich auf einem neuen Gebiet bewegen, wird auch die Pflanzentoxikologie Wünsche offen lassen und Anlaß zur Kritik geben. Wir bitten deshalb unsere Leser um Anregungen, Fehlerhinweise und Verbesserungsvorschläge.

Unser besonderer Dank gilt Herrn Prof. Dr. W. Forth (Universität München), der die Pflanzentoxikologie angeregt und zusammen mit Herrn Dr. P. Lenz (Aachen) die ersten Schritte zur Verwirklichung eingeleitet hat. Der B. I.-Wissenschaftsverlag im Bibliographischen Institut ebnete in großzügiger und nobler Weise alle Wege für die Herstellung des Buchs. Maßgeblichen Anteil daran hatte Herr Dr. E. Hundt, der in allen Phasen der Entstehung ein aufmerksamer und hilfreicher Ansprechpartner war. Dank schulden wir allen unseren Mitarbeitern und Kollegen, die uns mit ihren Ratschlägen und Hinweisen weitergebracht haben.

Mannheim, im Juli 1984 Die Herausgeber

Die Autoren

Prof. Dr. Peter Böger
Lehrstuhl für Physiologie und Biochemie der Pflanzen
Universität Konstanz

Prof. Dr. Erich F. Elstner
Lehrstuhl für Phytopathologie
der Technischen Universität München
Freising-Weihenstephan

Dr. Gabriele Engelhardt
Bayerische Landesanstalt für Ernährung
München

Prof. Dr. Wolfgang Friedt
Institut für Pflanzenbau und Pflanzenzüchtung
Universität Gießen

Priv.-Doz. Dr. Susanne Hippeli
Institut für Phytopathologie
der Technischen Universität München
Freising-Weihenstephan

Prof. Dr. Berthold Hock
Lehrstuhl für Botanik der Technischen Universität München
Freising-Weihenstephan

Dr. Angelika Huber
Institut für Landespflege und Botanik
der Technischen Universität München
Freising-Weihenstephan

Prof. Dr. Wilfried Huber
Lehrstuhl für Landespflege und Botanik
der Technischen Universität München
Freising-Weihenstephan

Prof. Dr. Albrecht Jungk
Institut für Agrikulturchemie
Universität Göttingen

Prof. Dr. Bernhard Klausnitzer
Dresden

Prof. Dr. Siegfried Kluge
Fachbereich Biowissenschaften
Universität Leipzig

Prof. Dr. Wolfgang Oßwald
Lehrstuhl für Forstbotanik
der Technischen Universität München
Freising-Weihenstephan

Prof. Dr. Rolf Pontzen
Abteilung Pflanzenschutz – Fungizide
Bayer AG
Leverkusen

Prof. Dr. Peter Sandmann
Lehrstuhl für Physiologie und Biochemie der Pflanzen
Universität Konstanz

Prof. Dr. Hans Scheinpflug
Abteilung Pflanzenschutz – Fungizide
Bayer AG
Leverkusen

Prof. Dr. Erich Seemüller
Biologische Bundesanstalt für Land- und Forstwirtschaft
Institut für Pflanzenschutz im Obstbau
Dossenheim

Prof. Dr. Manfred Tesche
Institut für Botanik
Technische Universität Dresden

Prof. Dr. A. Trebst
Lehrstuhl für Biochemie der Pflanzen
Ruhr-Universität Bochum

Prof. Dr. Peter R. Wallnöfer
Bayerische Landesanstalt für Ernährung
München

Prof. Dr. Hubert Ziegler
Institut für Botanik und Mikrobiologie
Technische Universität München

INHALT

Einführung

Die *Toxikologie* ist die Wissenschaft von den schädlichen Wirkungen chemischer Substanzen auf lebende Organismen. Nicht nur der Mensch und das Tier, sondern auch die Pflanze findet sich einer Vielzahl von Intoxikationen ausgesetzt. Die *Pflanzentoxikologie* befaßt sich daher mit Schadwirkungen, die in erster Linie durch chemische Stoffe unbeabsichtigt oder gezielt an der Pflanze entstehen. Berücksichtigt man die zunehmende Menge von Umweltgiften, die sich in der Luft, im Wasser und im Boden befinden und hält man die Bedeutung der Pflanzen als primäre Nahrungsproduzenten dagegen, so überrascht es, daß bislang der Begriff Toxikologie nahezu ausschließlich auf den Menschen und das Tier beschränkt wurde. Bereits heute ist klar zu erkennen, daß die Pflanzentoxikologie einen wichtigen Zweig der Biowissenschaften repräsentiert.

Im Vordergrund des Interesses steht zwangsläufig die *Erkennung* und die *mögliche Verhütung von Schäden durch Umweltgifte.* Die Quantifizierung der Schäden bildet hierfür eine wichtige Voraussetzung. Andererseits befaßt sich die Pflanzentoxikologie auch mit *Schadwirkungen,* die *gezielt gesetzt* werden, etwa im Bereich der Landwirtschaft und des Gartenbaus durch Verwendung von Pestiziden, soweit sie auf Pflanzen und Pilze eine Wirkung zeigen (Herbizide und Fungizide). Fragen der Aufnahme, des Metabolismus und der Detoxifizierung müssen gelöst sein, bevor eine optimale Wirkung und eine sachgerechte Applikation im Sinn des Pflanzenschutzes erwartet werden können. Besondere Berücksichtigung finden in diesem Bereich die molekularen Aspekte, die für die gezielte Ausschaltung von pflanzlichen Stoffwechsel- und Entwicklungsprozessen relevant sind und vor allem im Rahmen der Pestizide und Antibiotika erläutert werden.

Der Schwerpunkt liegt somit auf *Fremdstoffen,* die nicht im normalen Stoffwechsel der Pflanze auftreten und neuerdings als *Xenobiotika* bezeichnet werden. Allerdings können sich auch *organismuseigene Stoffe* als schädlich erweisen, wenn eine bestimmte Dosis überschritten wird. Daher finden derartige Effekte, wie sie z. B. bei Düngerschäden sichtbar werden, sinnvollerweise Aufnahme in die Pflanzentoxikologie. Selbst *Einwirkungen physikalischer Faktoren* (z. B. ionisierende Strahlung) oder *biogenen Ursprungs* (z. B. Parasitenbefall) müssen in Fällen berücksichtigt werden, wo ähnliche Schädigungen wie nach Einwirkung von Fremdstoffen auftreten.

Die Abgrenzung der Toxikologie ist hier verhältismäßig weit gefaßt; sie wird in erster Linie von praktischen Aspekten bestimmt. Neben der allgemeinen orientierenden Information sollte das Buch auch dazu dienen, aufgetretene Schäden zumindest einzuengen, wenn nicht sogar zu identifizieren. Die Beschränkung auf eukaryotische Pflanzen einschließlich der Pilze als mögliche Zielgruppen dürfte hierbei den praktischen Interessen entgegenkommen.

Die *Methoden der Toxikologie* stammen primär aus dem Bereich der Chemie und Biochemie. Die chemische Analytik liefert vornehmlich Methoden für den Nachweis von Fremdsubstanzen in der Pflanze, biochemische Techniken dienen insbesondere der Aufklärung der Wirkungsmechanismen und des Stoffwechsels toxischer Verbindungen. Die Fortschritte der Toxikologie hängen somit entscheidend von der Entwicklung neuer Methoden ab. Es genügt hierbei allerdings nicht, die Pflanze als Einzelorganismus zu betrachten. Die Berücksichtigung *ökologischer Zusammenhänge* ist eine wesentliche Voraussetzung für die Abschätzung und die mögliche Beseitigung toxischer Einwirkungen. Hierfür ist eine Basis an biologischem Wissen unumgänglich, die an den erforderlichen Stellen gegeben wird.

Besonderheiten der pflanzlichen Lebensweise – Gefährdung durch Schadstoffe

B. Hock, Lehrstuhl für Botanik der TU München (Weihenstephan)

Die grünen Pflanzen als photoautotrophe Organismen

Lebewesen zeichnen sich durch ihre außerordentliche Komplexität aus. Diese drückt sich besonders deutlich in der *Hierarchie* von Strukturen aus, die bei der Höheren Pflanze die Organe, Gewebe und die Zellen mit ihren Organellen umfaßt. Die folgenden Abschnitte geben eine orientierende Übersicht über die pflanzliche Organisation, ausgehend von der Zelle als kleinster elementarer Einheit; dabei werden vor allem die pflanzenspezifischen Merkmale betont und unter dem Aspekt der Anfälligkeit gegenüber Schadstoffeinwirkungen erörtert.

Funktionelle Organisation der Zelle

Das Prinzip der Kompartimentierung

Die Bedeutung der Membranen

Pflanzen stehen auf der eukaryotischen Organisationsstufe und sind damit durch die Zellstruktur der *Eucyte* charakterisiert, d. h. durch die Gliederung in membranumschlossene Reaktionsräume *(Kompartimente)*. Eine derartige Kompartimentierung ermöglicht eine räumliche Abgrenzung verschiedener Stoffwechselwege und erlaubt zugleich eine hierarchisch abgestufte Zusammenfassung zusammengehörender biochemischer Funktionen. Hieraus resultieren außerordentlich raffinierte Regulationsmöglichkeiten.

Als Kompartimentgrenzen dienen *Elementarmembranen* (Abb. 1). Diese dünnen und hochflexiblen Gebilde bestimmen die Architektur biologischer Systeme. Bei den Elementarmembranen handelt es sich um blattförmige, asymmetrische Strukturen, die in sich geschlossen und in der Regel topologisch einer Kugel- oder einer Torus-Oberfläche äquivalent sind. Der Grundaufbau aus Lipiden und Proteinen darf über die Vielfalt der individuellen Zusammensetzung nicht hinwegtäuschen. Das Gewichtsverhältnis von Proteinen und Lipiden variiert in einem Bereich von 1:4 bis 4:1. Beide Grundkomponenten werden durch hydrophobe Interaktionen zusammengehalten. Die Lipide bilden eine bimolekulare Schicht, die als Barriere gegen den Durchtritt polarer Moleküle gerichtet ist. *Integrale Proteine* tauchen vollständig oder zumindest teilweise in die Lipiddoppelschicht ein. Wichtige Beispiele sind das Chlorophyll a/b-bindende Protein der Chloroplastenmembranen und die ATP-Synthase der Mitochondrien- und Chloroplasten-

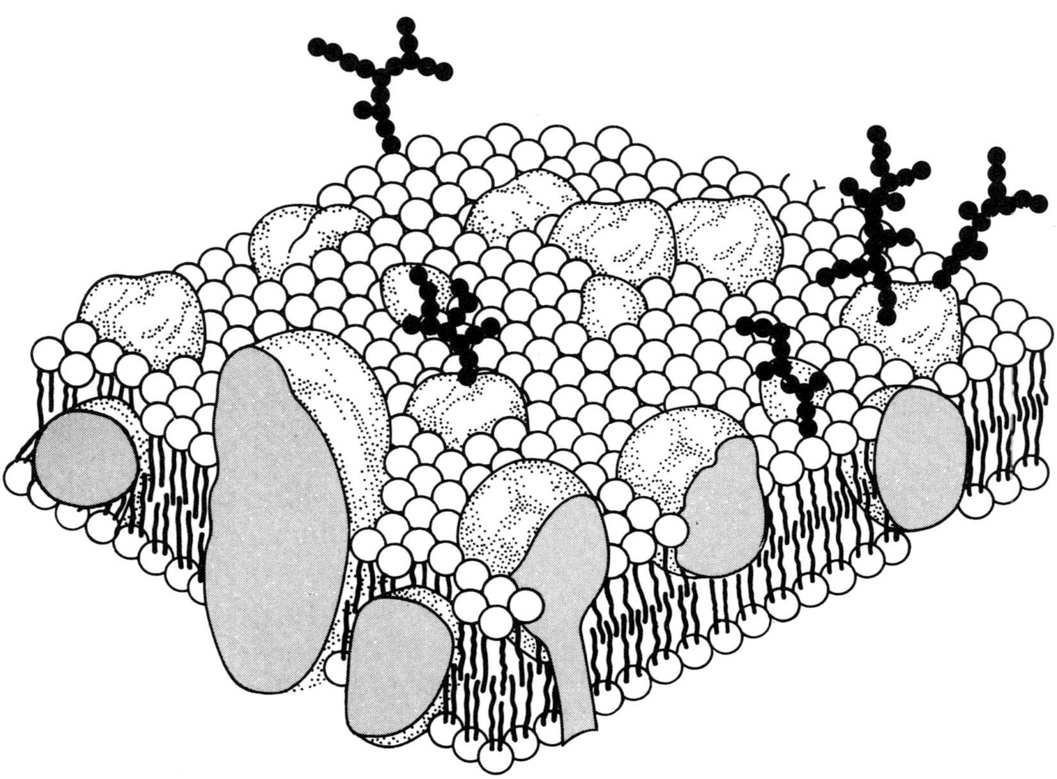

Abb. 1: Elementarmembran mit integralen Membranproteinen (aus Dose[1]). Die aus der Ebene herausragenden Oligosaccharidketten sind Bestandteile von Glycoproteinen und Glycolipiden.

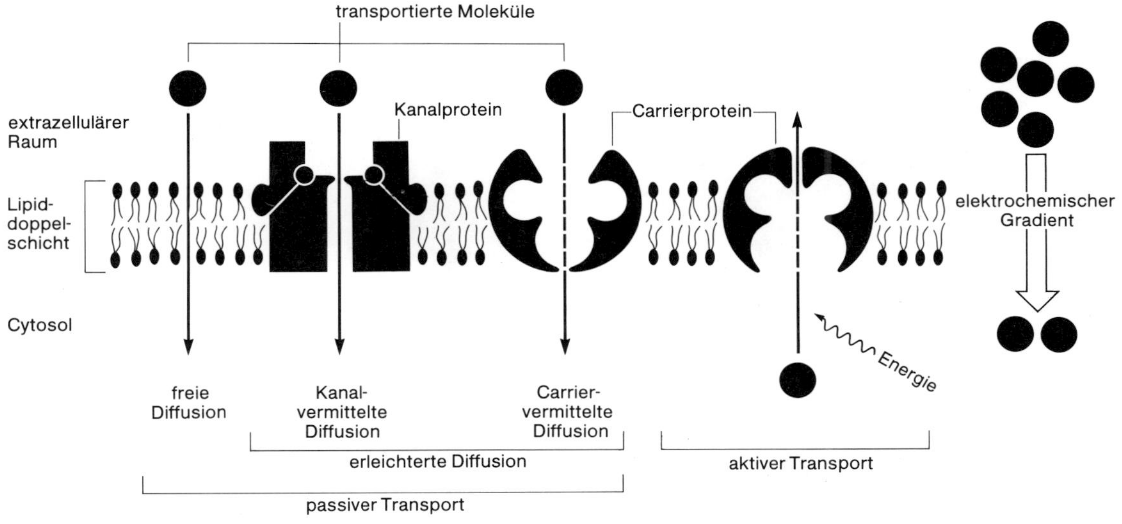

Abb. 2: Schema des Membrantransports. Nach Alberts et al.[2]. Der passive Transport erfolgt entlang eines elektrochemischen Gradienten als freie Diffusion oder durch Vermittlung von Transportproteinen als erleichterte Diffusion. Dagegen verläuft der aktive Transport unter Vermittlung von Transport-ATPasen gegen den elektrochemischen Gradienten.

membranen. *Periphere Proteine* binden an der Membranoberfläche an integrale Proteine und lassen sich damit leicht ablösen. Hierzu zählen z. B. Clathrin (vgl. S. 234), Spectrin und Ankyrin der Plasmamembran. In der Regel üben Membranproteine vermittelnde Funktionen aus: Sie dienen als Rezeptoren, Ionenkanäle, Carrier, Ionenpumpen oder Energiewandler; in vielen Fällen sind Enzymaktivitäten nachweisbar. Hieraus wird leicht verständlich, daß die beiden Hälften der Membrandoppelschicht meist einen unterschiedlichen Bau aufweisen.

Der Stoffdurchtritt durch die Biomembran beruht auf drei verschiedenen Mechanismen (Abb. 2): (1) **Freie Diffusion.** Nur wenige Stoffe können die Doppellipidschicht frei passieren. Hierzu zählen kleine hydrophobe Moleküle wie Sauerstoff (O_2), Stickstoff (N_2) und Benzol, die sich leicht in der Doppellipidschicht lösen, sowie kleine ungeladene polare Moleküle wie Wasser (H_2O), Kohlendioxid (CO_2) und Harnstoff ($CO(NH_2)_2$). Dagegen sind Lipiddoppelschichten praktisch impermeabel für alle geladenen Moleküle. Die freie Diffusion von H_2O durch die Biomembran ist eine entscheidende Voraussetzung für die Osmose. (2) **Erleichterte Diffusion** (= katalysierte Diffusion). Diese erfordert wie die freie Diffusion keine Energiezufuhr, sondern führt lediglich zum Konzentrationsausgleich. An der Membrandurchquerung sind jedoch Transportproteine (Kanäle und Carrier) beteiligt. Hierfür gibt es drei Möglichkeiten (Abb. 3): a) *unidirektionaler Transport* (Uniport), der nur eine Molekülsorte umfaßt, b) *Symport* oder Cotransport, bei dem zwei Moleküle in gleicher Richtung transportiert werden, wobei eines davon (z. B. H^+) einem Konzentrationsgradienten folgt, c) *Antiport,* bei dem zwei Moleküle in entgegengesetzter Richtung wandern, eines davon einem Konzentrationsgradienten folgend. (3) **Aktiver Transport.** Hierbei handelt es sich um den unidirektionalen Transport von Ionen wie z. B. H^+, K^+, Ca^{2+}, Na^+ gegen einen elektrochemischen Gradienten. Er wird durch ATPasen vermittelt und benötigt Energiezufuhr, die durch Hydrolyse von ATP bereitgestellt wird. Der aktive Transport treibt zugleich den Cotransport und den Antiport.

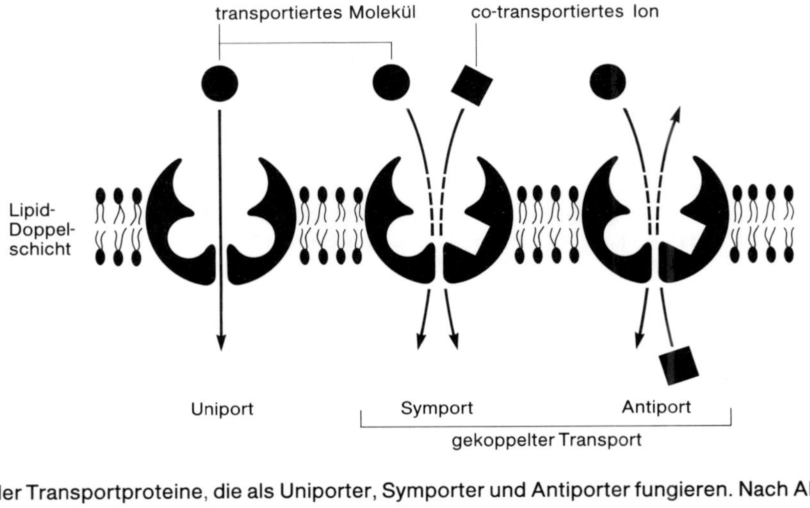

Abb. 3: Schema der Transportproteine, die als Uniporter, Symporter und Antiporter fungieren. Nach Alberts et al.[2].

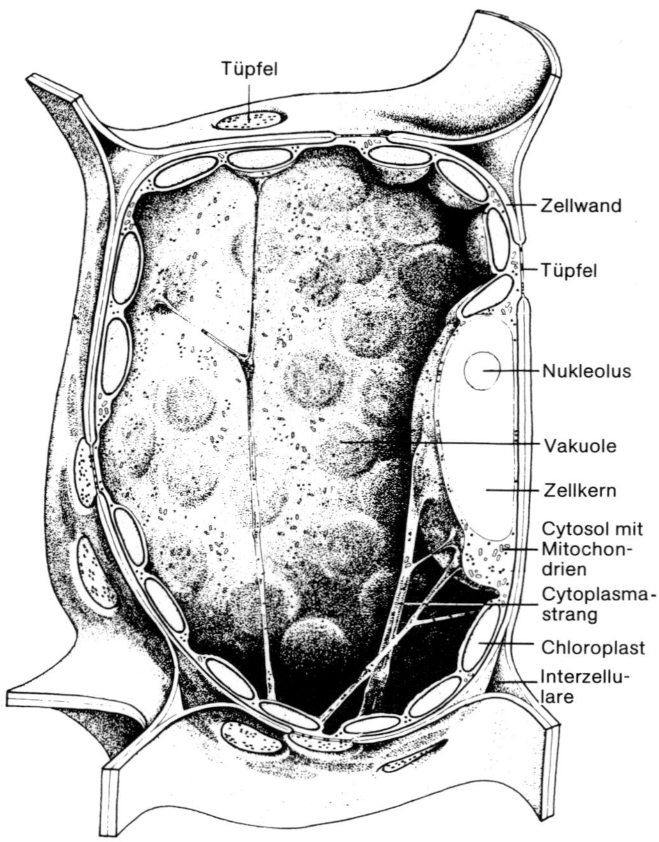

a)

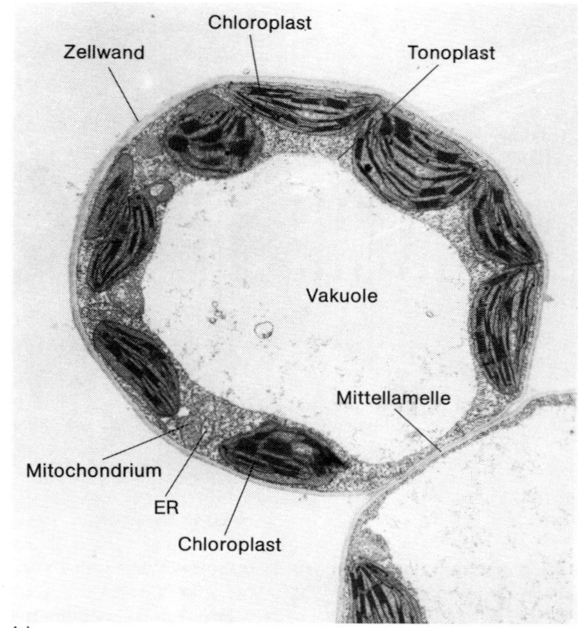

b)

Abb. 4: Bau der Pflanzenzelle.
a) Schema. Aus Braune et al.[3].
b) Elektronenmikroskopische Aufnahme einer Mesophyllzelle des Tabaks (mit freundlicher Genehmigung von Frau Prof. Dr. K. Esau, Univ. California, unveröffentlicht).

Durch die Kompartimentierung der Zellen werden riesige Membranflächen geschaffen. Den Schadstoffen, die in die Zelle eindringen, bieten sich also ausgedehnte Angriffsflächen, die eine Vielzahl von Substanzen binden. Dies kann nicht nur zur Beeinträchtigung einzelner Funktionen, sondern im Extremfall sogar zur Zerstörung ganzer Kompartimente führen. Eine Aufhebung der Kompartimentierung hat immer den Zelltod zur Folge. Auf verschiedene Möglichkeiten der Membranschädigung wird auf S. 86 und 234 eingegangen.
Die Kompartimentierung der Pflanzenzelle bedingt eine Trennung *protoplasmatischer* und *nicht-protoplasmatischer Räume:* nach außen grenzt sich der Protoplast durch das *Plasmalemma* von der Zellwand ab, nach innen durch den *Tonoplasten* von der Vakuole (Abb. 4). Das Plasmalemma (= Plasmamembran) ermöglicht den Transport gelöster Substanzen sowohl in den Protoplasten als auch nach außen. Hinzu kommen Aufgaben bei der Signalübermittlung, z. B. im Zusammenhang mit hormonellen sowie Lichtreizen. Dies erlaubt der Zelle, Veränderungen ihrer Umwelt wahrzunehmen und in geeigneter Weise darauf zu reagieren. Hierfür stehen verschiedene Rezeptortypen sowie Redoxketten zur Verfügung. Hauptkomponente des Plasmalemmas ist die H^+-ATPase (vgl. auch S. 242 und 276). Diese Transport-ATPase spielt eine besonders wichtige Rolle im Zusammenhang mit der Nährstoffaufnahme und der pH-Regulation. Mit Hilfe der H^+-ATPase wird unter ATP-Verbrauch die Membran energetisiert, d. h. es wird die treibende Kraft für den Import gelöster Stoffe über Ionenkanäle und Carrier aufgebaut. Bei Tierzellen übernimmt diese Aufgabe die Natriumpumpe (Na^+, K^+-ATPase). Während dort die Carrier meistens Natrium-gekoppelt sind, erfolgt bei Pflanzen eine Protonenkopplung. Für jedes hydrolysierte ATP transportiert die Protonenpumpe ein einzelnes H^+ und baut hiermit ein beträchtliches elektrisches Potential, das bis zu -300 mV betragen kann (die Innenseite der Membran ist negativ), sowie einen Protonengradienten auf. An der Membraninnenseite werden pH-Werte im Bereich 7,1 und auf der Außenseite Werte zwischen 4,5 und 5 erreicht. Eine Gegenüberstellung der unterschiedlichen Strategien findet sich in Abb. 5.

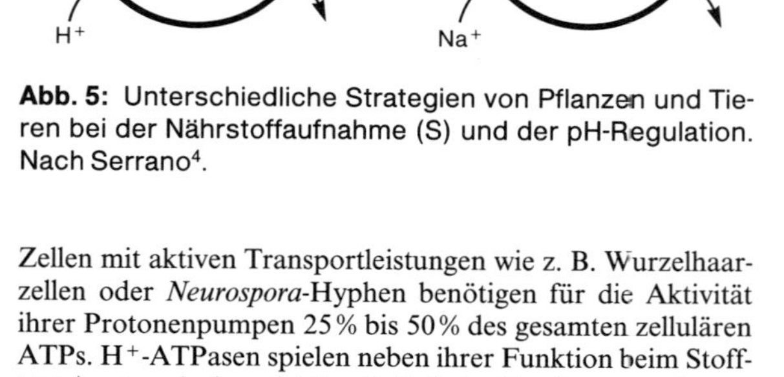

Abb. 5: Unterschiedliche Strategien von Pflanzen und Tieren bei der Nährstoffaufnahme (S) und der pH-Regulation. Nach Serrano[4].

Zellen mit aktiven Transportleistungen wie z. B. Wurzelhaarzellen oder *Neurospora*-Hyphen benötigen für die Aktivität ihrer Protonenpumpen 25% bis 50% des gesamten zellulären ATPs. H^+-ATPasen spielen neben ihrer Funktion beim Stofftransport noch eine wichtige Rolle beim Streckungswachstum (vgl. Säure-Wachstumstheorie, S.10 und 31). Weitere bekannte Komponenten des Plasmalemmas sind Rezeptoren für Auxin, Auxin-Carrier, Saccharose-, Aminosäure- und Nitrat-Carrier.

In der Plasmamembran sind Ca^{2+}-ATPasen, Cytochrome vom Typ b und Elektronencarrier lokalisiert. Es finden sich Ionenkanäle (z. B. für K^+, aber auch für andere Ionen) und Lichtrezeptoren (Blaulichtrezeptor).
Eine Vielzahl von Schadstoffen wirkt über Komponenten des Plasmalemmas, insbesondere auf die H^+-ATPasen (vgl. S. 242).
Nach dem Prinzip der hierarchischen Strukturierung ist der Protoplast selbst wiederum unterteilt: Die membranumschlossenen Räume bezeichnet man als *Organellen* im engeren Sinn. Man unterscheidet hierbei Organellen mit einer *doppelten* Membranhülle (Zellkern, Mitochondrien und Plastiden) von Organellen mit einer *einfachen* Membranhülle (endoplasmatisches Reticulum, Dictyosomen, Lysosomen, Microbodies). Diese Organellen sind in das *Cytosol* (Grundcytoplasma) eingebettet, das noch andere Partikel (Organellen im weiteren Sinn) enthält (Ribosomen sowie Elemente des Cytoskeletts). Neben dieser Einteilung wird auch heute noch die traditionelle Gliederung des Protoplasten in Zellkern und Cytoplasma verwendet.

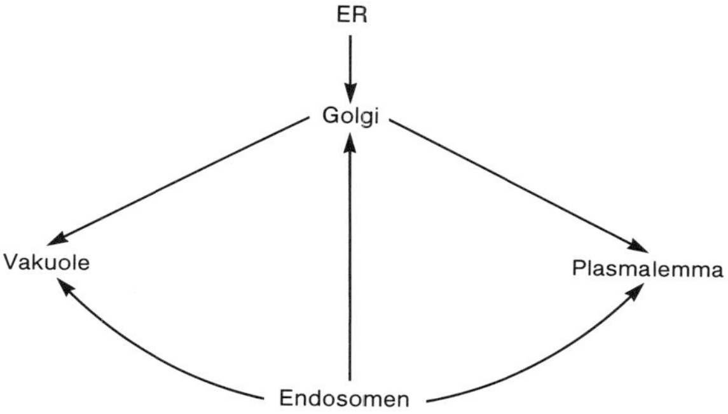

Abb. 6: Membranfluß zwischen verschiedenen Membransystemen.

Hinsichtlich der Zellkompartimentierung fallen folgende Gesetzmäßigkeiten auf: Eine zweifache Membranbegrenzung trennt plasmatische von anderen plasmatischen Räumen *(P-Räume):* diese zeichnen sich durch ihre Fähigkeit zur Nukleinsäuresynthese und/oder Proteinsynthese aus. Hierunter fällt die Abgrenzung der Organellenmatrix von Zellkern, Mitochondrien und Plastiden gegenüber dem Cytosol. Eine einfache Membranbegrenzung sondert dagegen plasmatische von nicht-plasmatischen Räumen *(E-Räume);* letztere sind weder zur Nukleinsäure- noch zur Proteinsynthese befähigt. Zellwand und Vakuole sind ebenso nicht-plasmatische Räume wie das Lumen von ER, Dictyosomen, Lysomen und Microbodies. Die *Symbiontenhypothese* der Organellenevolution macht diese Unterschiede verständlich: Mitochondrien und Plastiden leiten sich von prokaryotischen Zellen ab, welche als Endosymbionten die Vorfahren der heutigen Eucyten besiedelten.
Die Zellmembranen unterliegen einer bemerkenswerten Dynamik. Hierzu trägt vor allem der *Membranfluß* bei, der durch einen intensiven Vesikelstrom im Cytosol vermittelt wird. Er führt einerseits zum ER über den Golgiapparat zum Plasmalemma (Exocytose) sowie zum lysosomalen Kompartiment. Andererseits werden Komponenten des Plasmalemmas, z. B. Rezeptoren, zur weiteren Verarbeitung (Recycling) zurückgeführt (Endocytose). Über den Membranfluß gelangen u. a. neu synthetisierte Fettsäuren und Lipide in großen Mengen vom ER zur Plasmamembran. Abb. 6 gibt einen Überblick über die Richtung der Vesikelströme; auf S. 271 findet sich eine ausführliche Darstellung einschließlich der toxikologischen Aspekte.

Die Pflanzenzelle unterscheidet sich von der Tierzelle durch den Besitz von drei zusätzlichen Kompartimenten, den Plastiden, der Vakuole und der Zellwand, während alle weiteren Strukturen im wesentlichen übereinstimmen. Durch die zusätzlichen Komponenten ergeben sich sehr spezifische Angriffsmöglichkeiten für Schadwirkungen, andererseits aber auch bemerkenswerte Indifferenzen gegenüber bestimmten Schadstoffen, die sich bei Tier und Mensch sehr verhängnisvoll auswirken können.

Chloroplasten als Orte der Photosynthese

Die grünen Pflanzen als photoautotrophe Organismen nützen die Energie des Sonnenlichts zur Synthese energiereicher Verbindungen. Diese Energieumwandlung findet in den Chloroplasten statt (Abb. 7a). Hierbei wird die Lichtenergie zur Bereitstellung des Assimilationspotentials für die sog. Dunkelreaktionen genutzt, eine historische Bezeichnung für die Synthese von Kohlenhydraten aus CO_2, die nicht mehr auf die Lichtenergie angewiesen ist. Tatsächlich stellen die lichtgetriebenen Reaktionen auch spezifische Regulatorsubstanzen bereit, die ein effektives Funktionieren der „Dunkelreaktionen" überhaupt ermöglichen. Hierzu zählt vor allem das Ferredoxin/Thioredoxin-System. Abb. 8 zeigt die Zusammenhänge. Eine lichtgetriebene Reaktionsfolge *(Lichtreaktion II und I),* die an die intakten *Thylakoide* (Abb. 7b) – ein chloroplastenei-

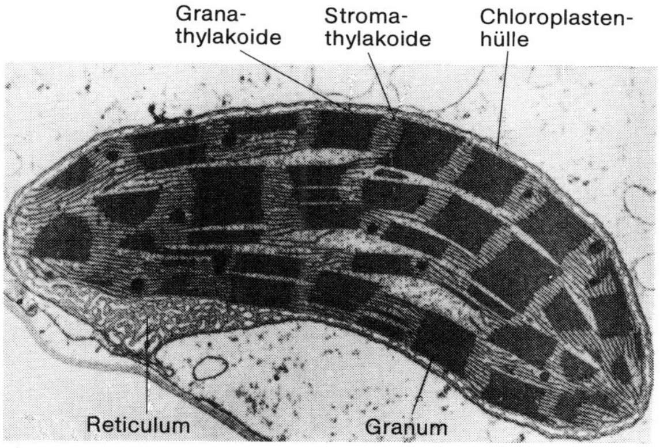

a)

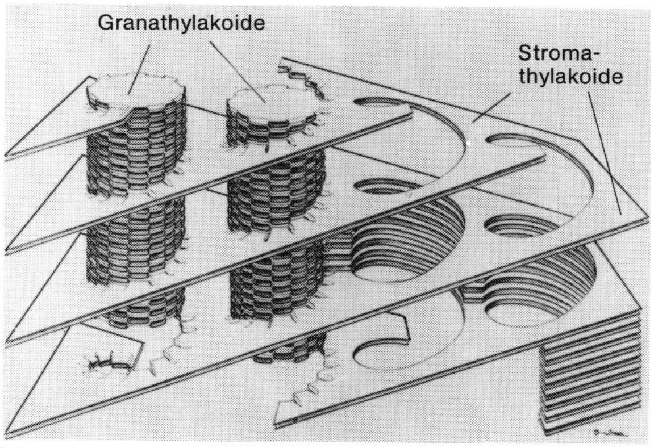

b)

Abb. 7: Struktur des Chloroplasten.
a) Elektronenmikroskopische Aufnahme aus einer Mesophyllzelle des Maisblatts. Aus Nowikoff and Holtzmann[5].
b) Anordnung der Thylakoidmembranen, schematisch. Aus Paolillo[6].

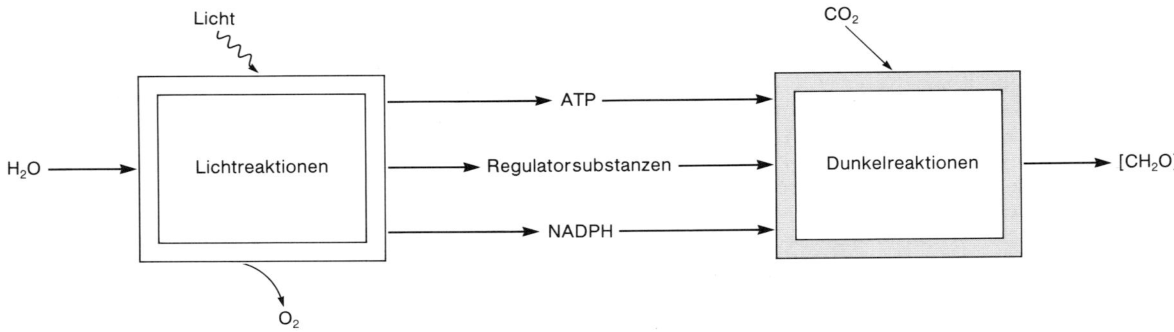

Abb. 8: Beitrag der Licht- und Dunkelreaktionen der Phytosynthese zur CO_2-Assimilation. Nach Buchanan[7].

genes Endomembransystem – gebunden ist, führt zur Synthese der Energieträger der Photosynthese (vgl. S. 175). Hierbei handelt es sich um

1. NADPH: Die für die Reduktion dieses Coenzyms benötigten Elektronen werden über eine Elektronentransportkette geliefert, die aus der Wasserspaltung ($H_2O \rightarrow \frac{1}{2} O_2 + 2H^+ + 2e^-$) „gespeist" und durch zwei lichtgetriebene „Pumpstationen", das *Photosystem II (PS II)* und *I (PS I),* in Gang gehalten wird. Der wichtigste Photorezeptor der beiden Photosysteme ist das grüne Pigment *Chlorophyll a,* dem sich eine Reihe sog. Antennenpigmente beigesellen. Eine Zerstörung dieser Pigmente, z. B. durch Bleichungsreaktionen (vgl. S. 185), bringt die Photosynthese zum Erliegen.

Die Photosynthesepigmente sind in Multiproteinkomplexe eingebettet. So erhält das Photosystem II, das die Oxidation von H_2O und die Reduktion des Elektronenakzeptors Plastochinon (vgl. S. 176) katalysiert, die homologen Polypeptide D_1 und D_2. Abb. 9 zeigt ein Modell des Photosystems II. Das

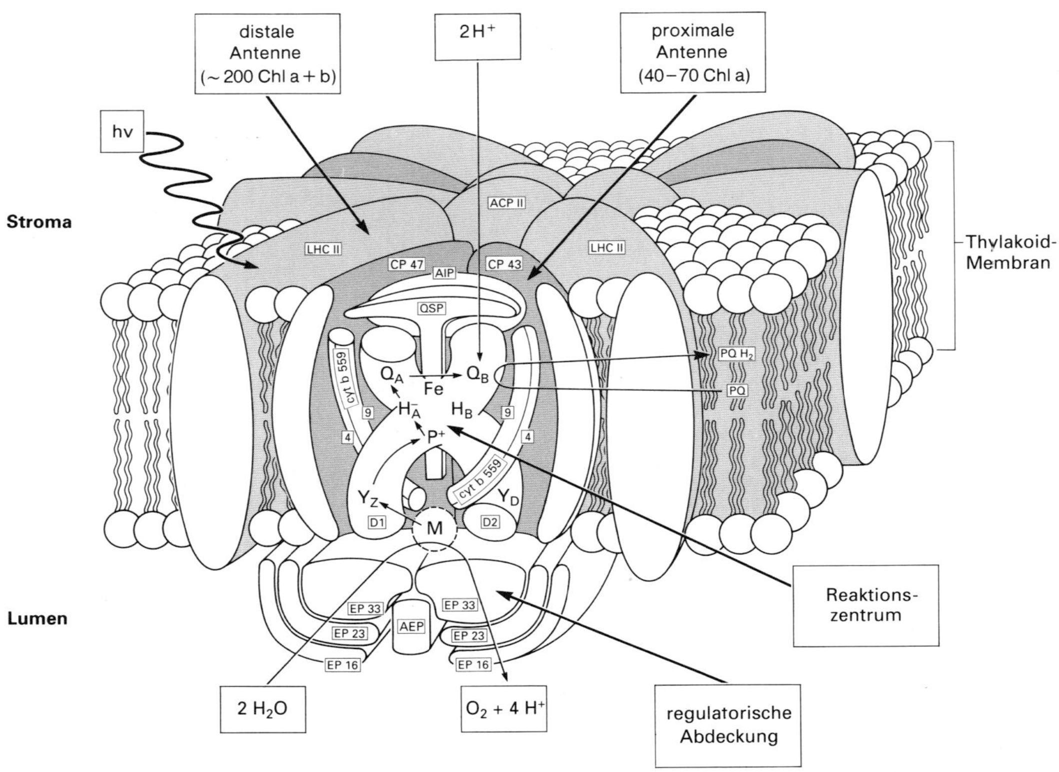

Abb. 9: Funktionelle Organisation von Photosystem II. Aus Hanson und Wydrzynski[8]. Hierbei bedeuten P: Chlorophyll P 680, der primäre Elektronendonor; H_A: Phäophytin, der primäre Elektronenakzeptor; H_B: ein zweites Phäophytin; Q_A und Q_B: der erste und zweite Chinon-Elektronenakzeptor; Fe: ein Nicht-Häm-Eisenatom; Y_Z: ein Tyrosinrest als erster Elektronendonor für P; Y_D: ein zweiter Tyrosinrest; M: eine Mangan-haltige Komponente, die an der O_2-Entwicklung beteiligt ist; cyt b559: Cytochrom b559-Heterodimer; D_1 und D_2: Untereinheiten des Reaktionszentrums; QSP: Chinon-Abschirmprotein, AIP: akzessorisches intrinsisches Protein; EP 33, 23 und 16: extrinsische Proteine der regulatorischen Abdeckung: AEP: akzessorische extrinsische Proteine; CP 47 und 43: Chlorophyll-bindende Proteine der proximalen Antenne; ACP II: akzessorische Chlorophyll-bindende Proteine der distalen Antenne; LHC II: der Chlorophyll a/b-Lichtsammelkomplex.

D_1-Polypeptid unterliegt einem starken „turnover". Unter hohen Lichtintensitäten, die über das adaptive Niveau hinausgehen, übertrifft der Abbau die Reparaturgeschwindigkeit, und es kommt zur *Photoinhibition.* Aus der Lichtschädigung des PS II resultiert eine Hemmung der O_2-Entwicklung, der Elektronentransfer-Reaktionen und schließlich der CO_2-Fixierung.
2. ATP: Beim Elektronenfluß vom Wasser zum $NADP^+$ strömen gleichzeitig Protonen in das Lumen der Thylakoide, und es baut sich ein elektrochemisches Potential zwischen Thylakoidinnen- und -außenraum auf. Diese Energiedifferenz wird zur ATP-Synthese *(Photophosphorylierung)* genutzt, wenn Protonen durch die Kanäle der ATP-Synthasen (Kopplungsfaktoren) den Innenraum wieder verlassen.
NADPH und ATP werden für eine Reihe von Synthesen genutzt, die in einer zweiten, lichtunabhängigen Reaktionsfolge *(Dunkelreaktionen)* im Stroma des Chloroplasten ablaufen. An erster Stelle steht dabei die Fixierung und Reduktion des CO_2 zu Kohlenhydraten. Daneben sind aber auch die NO_3^--Assimilation (Nitrit-Reductase und Glutamat-Synthese-Zyklus) sowie die SO_4^{2-}-Assimilation der grünen Pflanze an die Photosynthese gekoppelt.
Die Abb. 10 gibt eine Übersicht über den primären Mechanismus der CO_2-Assimilation. Hierbei handelt es sich um den reduktiven Pentosephosphat-Zyklus (Calvin-Zyklus). Die Schlüsselreaktion ist die Carboxylierung von Ribulose-1,5-bisphosphat (RuBP) durch das Enzym Ribulosebisphosphatcarboxylase (RubisCo) zu zwei Molekülen 3-Phosphoglycerat (PGA). Die nächsten Schritte umfassen die reduktive Phase des Zyklus. Hierbei werden ATP und NADPH für die Reduktion 3-Phosphoglycerat zu Glycerinaldehyd-3-phosphat (G3P) verbraucht. Diese Verbindung dient z. T. als Kohlenstoffquelle für die Synthese der Chloroplastenstärke oder wird für die anschließende Saccharosesynthese ins Cytosol exportiert, z. T. erfolgt eine Umwandlung in der regenerativen Phase über eine Serie von Isomerisations-, Kondensations- und Umlagerungsreaktionen unter ATP-Verbrauch zum Startermolekül Ribulose-1,5-bisphosphat. Alle diese Reaktionen laufen im Chloroplastenstroma ab.
Somit ist die grüne Pflanze – im Gegensatz zu heterotrophen Organismen – unabhängig von der Zufuhr energiereicher Moleküle von außen. Dieses hat weitreichende Konsequenzen für die Organisation der grünen Pflanze auf allen strukturellen und funktionellen Ebenen. Der Photosyntheseapparat ist nicht

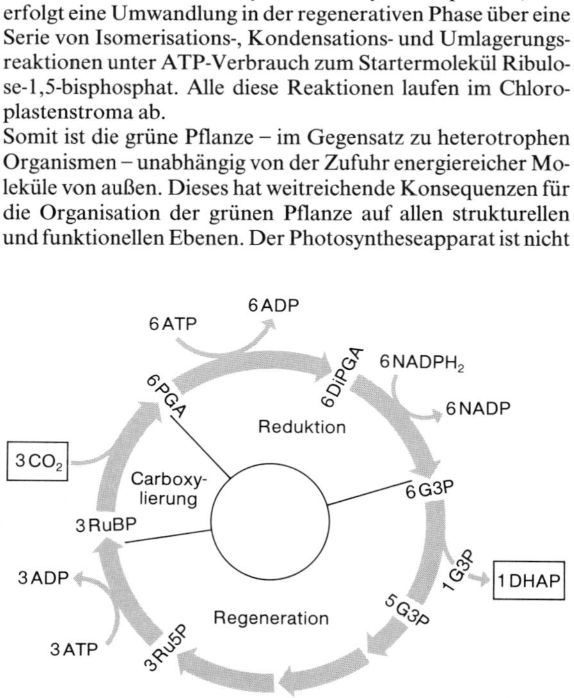

Abb. 10: Der reduktive Pentosephosphat-Zyklus (Calvin-Zyklus) nach Buchanan[7]. Es bedeuten RuBP: Ribulose-1,5-bisphosphat; PGA: 3-Phosphoglycerat; DiPGA: 1,3-Diphosphoglycerat; G3P: Glycerinaldehyd-3-Phosphat; DHAP: Dihydroxyacetonphosphat; Ru5P: Ribulose-5-Phosphat.

allein bevorzugtes Ziel zahlreicher unspezifisch wirkender Umweltgifte (vgl. S. 65 ff.), er wird auch in steigendem Maß als Zielort für z. T. neu entwickelte Herbizide (S. 175 ff.) genutzt. Selbstverständlich setzt ein verantwortungsvoller Einsatz derartiger Verbindungen eine hochspezifische Wirkung voraus, die sich auf die auszuschaltenden Unkräuter/Ungräser beschränkt und dabei nicht die allgemeine Umweltbelastung erhöht. Eine erste Voraussetzung zur Erfüllung dieses Ziels bildet die genaue Kenntnis der biochemischen Grundlagen der Photosynthese.

Bau und Funktion der Vakuole

Bei der ausgewachsenen Pflanzenzelle nimmt die Vakuole (s. Abb. 4) bis zu 90% des Zellvolumens ein. Sie entsteht beim Zellwachstum aus der Verschmelzung und Vergrößerung zahlreicher kleiner Vakuolen, die dem lysosomalen Kompartiment zugerechnet werden. Die Vakuole ist mit dem *Zellsaft,* einer wäßrigen, meist sauren Lösung gefüllt, die anorganische und organische Ionen, Zucker, Aminosäuren, Speicher- und Abwehrproteine sowie eine Vielfalt sekundärer Pflanzenstoffe (z. B. Phenole, Isoprenoide, Alkaloide, Glycoside u. a.) in wechselnder Zusammensetzung enthält. Der Kontakt des Protoplasten mit dem meist sehr aggressiven Zellsaft wird durch den *Tonoplasten* verhindert.
Die Vakuole nimmt hinsichtlich ihrer multifunktionalen Rolle eine einzigartige Stellung unter den pflanzlichen Zellkompartimenten ein. Neben der *Speicherung* von Wasser und der Zwischenlagerung wiederverwertbarer Stoffe dient sie auch als *Depot* für nicht mehr benötigte Stoffwechselprodukte sowie für Xenobiotica, z. B. als Glutathion-S-Konjugate. Einem Teil dieser Verbindungen kommt eine wichtige Bedeutung als Allelochemikalien (S. 286) bei Schutz- und Abwehrfunktionen zu (vgl. S. 284 ff.).
Einige der in der Vakuole gelösten Sustanzen dienen als sekundäre Messenger. So übernehmen z. B. Ca^{2+}-Ionen nach ihrer Freisetzung in das Cytosol regulatorische Funktionen. Ähnlich wie das Plasmalemma verfügen auch die Tonoplasten über eine Vielzahl von Transport-ATPasen, Ionenkanälen und Carriern, welche die Stoffaufnahme in die Vakuole und die Stoffgabe in das Cytosol regeln. Eine zentrale Bedeutung kommt dabei den H^+-ATPasen und den H^+-Pyrophosphatasen zu. Diese bauen einen H^+-Gradienten zwischen Vakuole und Cytosol auf, der die treibende Kraft für die Aufnahme zahlreicher Stoffe in die Vakuole darstellt (vgl. S. 253). Die beträchtlichen pH-Unterschiede zwischen Cytosol (7,1–7,5) und Vakuole (4,5–6,0) bzw. dem Außenmedium (5–8) erfordern eine genaue Regulation des cytosolischen pH, da einerseits die meisten cytoplasmatischen Prozesse pH-sensitiv sind und andererseits die z. T. beträchtlichen pH-Gradienten und das elektrische Feld über das Plasmalemma zu signifikanten Protonenfluxen führen, entweder über den Löslichkeitsdiffusionsmechanismus oder über Poren. Zur Einhaltung der pH-Konstanz tragen wesentlich die H^+-ATPasen von Plasmalemma und Tonoplast bei, die unter ATP-Verbrauch Protonen aus dem Cytoplasma entfernen. Andererseits führt z. B. eine pH-Erhöhung im Außenmedium zu einem passiven Influx von OH^--Ionen und zu einer gleichzeitigen Synthese erheblicher Mengen an organischen Säuren wie Malat und Citrat, um die cytosolische Homöostase des pH einzuhalten. Zu den Transportproteinen kommen noch Fallenmechanismen, die z. B. die Aufnahme und Speicherung einer Reihe von sekundären Pflanzenstoffen ermöglichen, ohne daß hierbei aktive Aufnahmeprozesse im Spiel sind. Bei der einfachen wie der erleichterten Diffusion ist ein Stofffluß in Richtung Vakuole möglich, wenn der transportierte Stoff durch weitere Metabolisierung oder durch Bindung an andere Zellsaftbestandteile, beispielsweise Phenole oder Ionen, aus dem Diffusionsgleichgewicht

bzw. in nicht rücktransportierbare Formen überführt werden kann. Hierzu zählen Isomerenfallen, wie sie für die Aufnahme und Speicherung von o-Cumarsäureglucosiden und acetylierte Flavonoidglycosiden beschrieben wurden (vgl. Kreis und Hölz[9]).

Wegen der großen Menge an gelösten Verbindungen ist das Wasserpotential des Zellsafts gegenüber der Außenlösung im Bereich der Zellwand abgesenkt: Die Vakuole saugt durch die semipermeablen Grenzmembranen des Protoplasten hindurch Wasser von außen her an; durch die osmotisch bedingte Volumenvergrößerung des Zellsafts wird der Protoplast gegen die Zellwand gepreßt. Dieser hydrostatische Druck wird als *Turgodruck* bezeichnet. Durch den Gegendruck der elastisch gedehnten Zellwand (Wanddruck) gewinnen Pflanzenzellen ihre ungewöhnliche Festigkeit, die in Ermangelung eines Skelettsystems für die Straffung der unverholzten Gewebe sorgt. Bemerkenswert dabei ist der minimale Materialaufwand, den die Pflanze hierfür zu leisten hat. Darüber hinaus liefert der Turgor die Kraft, die beim Wachstum einer jungen Zelle für die Dehnung erforderlich ist.

Streßbedingungen wie Dürre, niedrige Temperaturen und hohe Salzgehalte stören den intrazellulären Wasserhaushalt und limitieren hierdurch das pflanzliche Wachstum und die Erträge. Durch die Akkumulation von osmotisch aktiven, niedermolekularen Verbindungen wie Zuckeralkoholen, Prolin und Glycin-Betain als Osmolyte erfährt die Pflanze einen erheblichen Schutz.

Als besonders kritisch für den Turgor erweist sich der frostbedingte Wasserentzug. Unterhalb bestimmter Temperaturen, die bei den einzelnen Pflanzen individuell verschieden sind, kommt es zunächst zur extrazellulären Eisbildung, insbesondere in den subepidermalen Interzellularen, und damit vorerst zum reversiblen Wasserentzug aus den Zellen. Bei genügend tiefen Temperaturen erfolgt schließlich wegen der zu starken Dehydration der Zellkollaps (vgl. Abb. 11).

Ein Zusammenbruch des Turgors ergibt sich auch durch den direkten Angriff auf Zellmembranen. Dieser Effekt wird z. B. zur Bekämpfung einer Reihe von pathogenen Pilzen durch Antibiotika genutzt (S. 236).

Eine große zentrale Vakuole garantiert einen maximalen *Kontakt* des Protoplasten zu seiner Umgebung. Dies ist insbesondere für die Photosynthese essentiell: Ein minimaler Abstand der Chloroplasten zum Luftraum reduziert nicht nur den Absorptionsverlust des Lichts, sondern auch den Diffusionswiderstand der flüssigen Phase gegenüber CO_2. Schließlich ermöglicht die pflanzliche Vakuole bei größter Sparsamkeit an Energie und Materialaufwand ein Zellvolumen, das die durchschnittliche Größenordnung einer tierischen Zelle um eine bis zwei Zehnerpotenzen übertrifft. Die Konstruktion der sessilen Pflanze ist zwangsläufig auf einen maximalen Kontakt mit ihrer Umgebung ausgelegt, der am vorteilhaftesten durch die baumförmig verzweigte *(dendritische)* Struktur (S. 16) erreicht wird. Bei der optimalen Aufteilung des Protoplasmas auf diese Struktur kann die Pflanze dank ihrer Vakuolen bis zu 90% ihres Volumens mit Wasser füllen, ohne die Kontaktfläche von Protoplasma zur Außenwelt zu beeinträchtigen. Es ist kein Zufall, daß mobile Pflanzenzellen wie z. B. begeißelte Algenzellen, aber auch Spermatozoiden Höherer Pflanzen in aller Regel keine großen Vakuolen besitzen. Ein derartiger Zellsaftraum würde wegen der damit verbundenen Erhöhung von Trägheit und Reibung der Zelle die Beweglichkeit behindern, die u. a. für die Beschaffung von Rohstoffen oder zum Auffinden einer Partnerzelle notwendig ist.

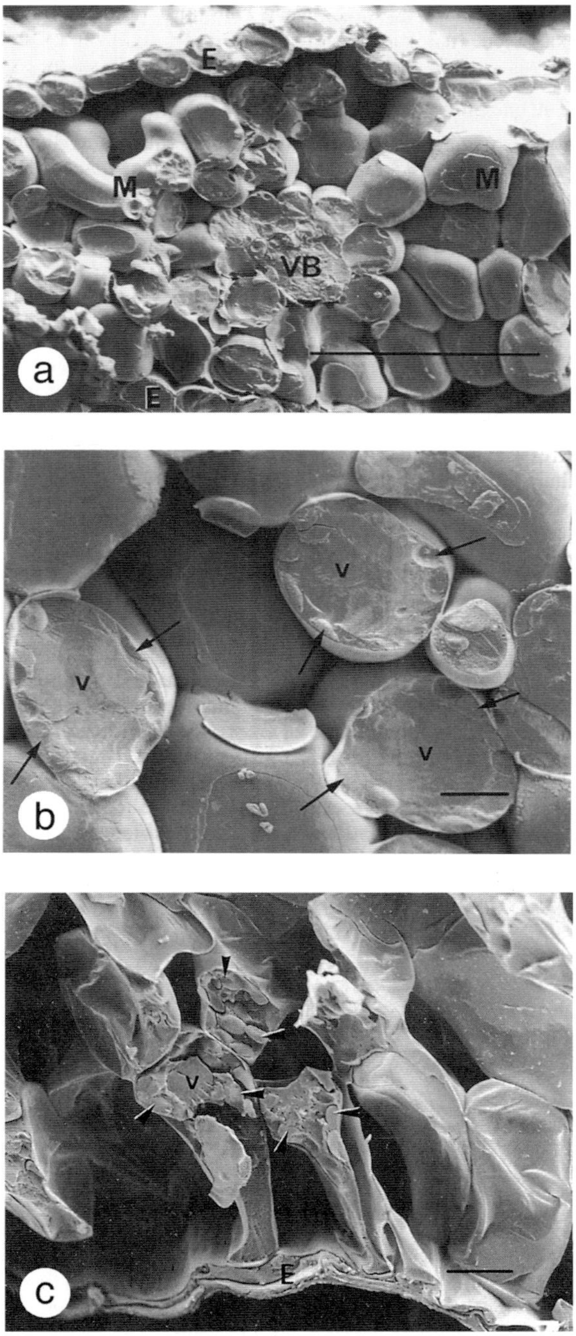

Abb. 11: Frosteinfluß auf das Weizenblatt. Aus Pearce und Ashworth[11]. A, B: Kontrollen bei 14 °C. C: Frost bei −9 °C. Das Eis wurde durch Sublimation entfernt. Rasterelektronenmikroskopische Aufnahmen von Feldproben. E: Epidermiszellen; v: Vakuole; M: Mesophyllzellen; VB: Leitbündel. Meßstäbe: A und C: 100 µm, B: 10 µm.

Bau und Funktion der Zellwand

Bei der Pflanzenzelle bildet die Zellwand ein elastisches Korsett, gegen das der Turgor den Protoplasten mit großer Kraft preßt. Dabei wird die Zellwand gedehnt und unter Zugspannung gesetzt. An die mechanischen Eigenschaften werden scheinbar paradoxe Ansprüche gestellt. Die Zellwände müssen einerseits hart und steif genug sein, um als Außenskelett der Zelle Form und Festigkeit zu verleihen. Andererseits müssen sie auch wachstumsfähig, d. h. dehnbar sein. Die komplexe Struktur ermöglicht diese unterschiedlichen Anforderungen.

Tab. 1: Zusammensetzung der primären Zellwand bei Dikotylen und Gräsern. Nach Schindler[12], leicht verändert.

Polymer	Hauptbestandteile	Ungefährer Anteil an Trockenmasse in Prozent	
		Dicotyle	Gräser
Zellulose	1→4 β-Glucose	20–40	20–40
Hemicellulosen			
Xyloglucan	1→4 β-Glucose, α-Xylose α-Arabinose, β-Galactose, α-Fucose	25	2–5
Xylane (Heteroxylan)	1→4 β-Xylose, α-Arabinose, α-Glucuronsäure	2–5	20–30 (GAX)
Callose	1→3 β-Glucose		
Arabinogalactane	1→3, 1→6 β-Galactose, Arabinose		
(1→3, 1→4 β-D-Glucan	β-Glucose	0	15–30
Pektine			
Polygalacturonsäure	α-Galacturonsäure	15	
Rhamnogalacturonan I	α-Galacturonsäure, α-Rhamnose, β-Galactose, α-Fucose	15	5
Rhamnogalacturonan II	α-Galacturonsäure, β-Rhamnose β-Galacturonsäure, Apiose u. a.	5	
Arabinane	α-Arabinose	gering	?
Galactane	β-Galactose	gering	?
Glycoproteine			
HRGPs (Hydroxyprolin-reiche Glykoproteine) Extensin	Hydroxyprolin, Prolin, Lysin, Serin, β-Arabinose, α-Arabinose, α-Galactose (Wiederholung von Serin-(Hydroxyprolin)$_4$-Abschnitten)	5	0,5
PRP (Prolin-reiche Glykoproteine)	Prolin, Valin Lysin (Wiederholung von Prolin-Prolin-Valin-x-Lysin-Abschnitten	?	?
GRP (Glycin-reiche Proteine)	Glycin	?	?

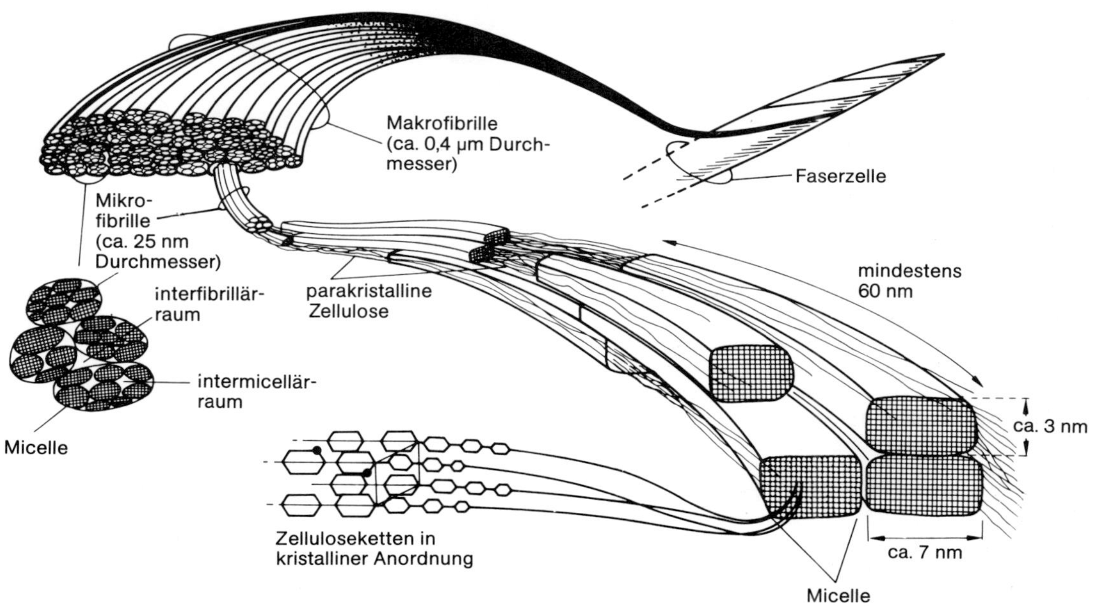

Abb. 12: Die Anordnung der Zellulose in der Zellwand. Nach Robards[13].

Dabei fällt auf, daß die prinzipielle Architektur mit der Grundstruktur formgebender Gewebe anderer Organismen übereinstimmt, wo eine fibrilläre, elastische Substanz in eine amorphe, plastische Matrix eingebettet ist, wie z. B. das Collagen der Tiere in eine Mucopolysaccharidmatrix oder das Chitin bei Pilzen und Arthropoden in eine Proteinmatrix. Bei der Pflanzenzelle sind die elastischen Mikrofibrillen in eine plastische Matrix aus Pektinen, Hemizellulosen und Zellwandproteinen eingebettet.

Über die Zusammensetzung der Primärwand, die bei der Entwicklung zuerst angelegt wird, gibt Tabelle 1 Auskunft. Hier ist der Zelluloseanteil noch verhältnismäßig gering. Die fibrilläre Struktur der Zellwand kommt durch die Bündelung der Zellulosemoleküle zu Einheiten höherer Ordnung, den Micellen zustande, die sich wiederum zu Mikro- und Makrofibrillen zusammenschließen (Abb. 12). Hierbei bleiben Intermicellär- und Interfibrillärräume als Hohlräume ausgespart. Diese sind für die Permeabilität der Zellwand für Wasser und gelöste Verbindungen verantwortlich, welche sich damit in freien Räumen bewegen können. Die eigentliche Permeabilitätsbarriere für die Zelle ist das Plasmalemma.

Wegen der großen Oberfläche im Bereich der Hohlräume spielt die Zellwand für die *Adsorption gelöster Verbindungen* eine wichtige Rolle. Hierbei werden wegen der negativen Ladungen der Galacturonsäure im Bereich der Pektin-Polysaccharide vor allem Kationen gebunden und auch gegenseitig ausgetauscht. Diese Positionen stehen selbstverständlich auch als erste Kontaktstellen für die Bindung verschiedener Schadstoffe zur Verfügung, die auf diese Weise in großen Mengen angereichert werden können.

Vom jeweiligen Anteil der Zellwand-Grundkomponenten hängen die Wandeigenschaften ab. Bei der *primären Zellwand,* die bei der Entwicklung zuerst angelegt wird, ist der Anteil der Zellulose noch verhältnismäßig gering. In diesem Stadium sind die Mikrofibrillen innerhalb einer planaren Schicht parallel zur Ebene der Plasmamembran nach dem Prinzip der *Streuungstextur* ausgelegt (Abb. 13 a); hier ist das Fibrillengerüst noch leicht zu verschieben – eine entscheidende Voraussetzung für das Streckungswachstum. Neben der Zufallsanordnung, wie sie bei der siphonalen Grünalge *Valonia* (Abb. 13 a) zu erkennen ist, finden sich noch Varianten mit einer Vorzugsrichtung der Mikrofibrillen, z. B. bei den vielschichtigen (polylamellaten) und den helicoidalen Wänden. Im Zustand der Primärwand verbleiben die embryonalen Zellen (Meristemgewebe), aber auch die Kollenchyme und viele Parenchyme. Nach Abschluß des Zellwachstums wird bei vielen Zelltypen vom Plasmalemma her der Primärwand eine geschichtete *Sekundärwand* aufgelagert, deren Mikrofibrillen nach dem Prinzip der *Paralleltextur* sehr viel dichter angeordnet sind (Abb. 13 b). Der Zelluloseanteil liegt über 60%. Die Wand ist zwar elastisch dehnbar, aber nicht mehr zum Streckungswachstum fähig.

Das Streckungswachstum kommt durch eine Steigerung der Dehnbarkeit der Zellwand und nicht etwa durch eine Erhöhung des Turgordrucks zustande. Das Modell in Abb. 14 geht von der Existenz nebeneinander existierender, voneinander unabhängiger Polymernetzwerke aus, einem Hemizellulose-Zellulosefibrillen-Netzwerk, einem Pektinnetzwerk und schließlich einem Strukturprotein-Netzwerk, das nach Abschluß des Streckungswachstums die Zelle in Form hält. Als Beispiel wird der bei Samenpflanzen am häufigsten vertretene Typ I gezeigt, der sich vom Typ II der Gräser vor allem durch seine Hemizellulose-Zusammensetzung und durch seine β-D-Glucan-Polymersynthese beim Streckungswachstum unterscheidet (Carpita und Gibeaut[15]). Aus Abb. 14 wird deutlich, daß die als Querbrücken dienenden Xyloglucane hauptsächlich die Zuglasten in der Längsrichtung der sich streckenden Zelle tragen, wobei die Mikrofibrillen in einer helikalen Anordnung um die Zelle herum angeordnet sind. Durch Spaltung oder Dissoziation der Xyloglucane kommt es zur Lockerung der Mikrofibrillen, die dann in Richtung der Längsachse auseinanderweichen. Den Pektinen mit ihren Hauptbestandteilen Polygalacturonsäuren (PGA) und Rhamnogalacturonan I (RG I) wird eine wichtige Funktion bei der Kontrolle der Xyloglucan-Spaltung zugeschrieben. Gegenwärtig ist noch unklar, wie die Förderung des Streckungswachstums durch Phytohormone wie Auxin erfolgt. Die Vorstellungen reichen von einer Ansäuerung der Zellwand und einer damit verbundenen Spaltung säurelabiler Bindungen (Säurewachstumstheorie) über den gezielten Abbau bestimmter Zellwandpolymere bis hin zur Regulation der Dehnungsfähigkeit durch die Biosynthese eines wachstumslimitierenden Proteins (vgl. Schindler[12]).

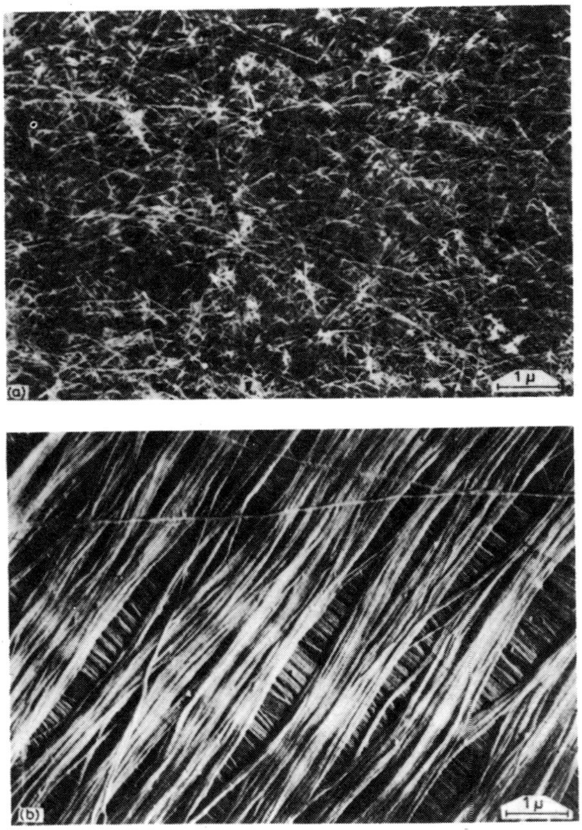

Abb. 13: Zellwand der Alge *Valonia*. Nach Steward und Mühlethaler[14].
a) Primärwand mit Streuungstextur
b) Sekundärwand mit Paralleltextur, in Schichten angeordnet.

Die dynamischen Eigenschaften der Zellwand spielen eine entscheidende Rolle bei der Abwehr phytopathogener Organismen (vgl. S. 315). Der Zelle stehen verschiedene Möglichkeiten zur Verfügung, ihre Wand nachträglich zu verändern. Hierbei unterscheidet man zwischen einer *Einlagerung* (Inkrustierung) von Substanzen (z. B. Lignin, Gerbstoffderivate, Mineralstoffe) und einer *Auflagerung* (Akkrustierung) von Substanzen (z. B. Cutin, Suberin).

Das *Lignin* (Holzstoff) ist nach der Zellulose das mengenmäßig bedeutsamste Makromolekül auf der Erde. Seine „Erfindung“ gehört mit zu den Grundvoraussetzungen für die

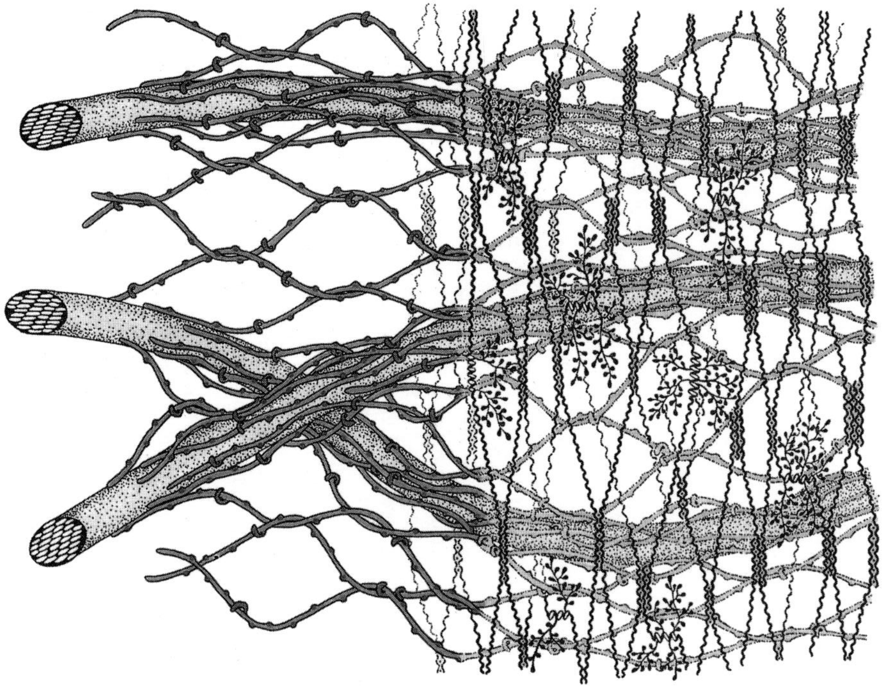

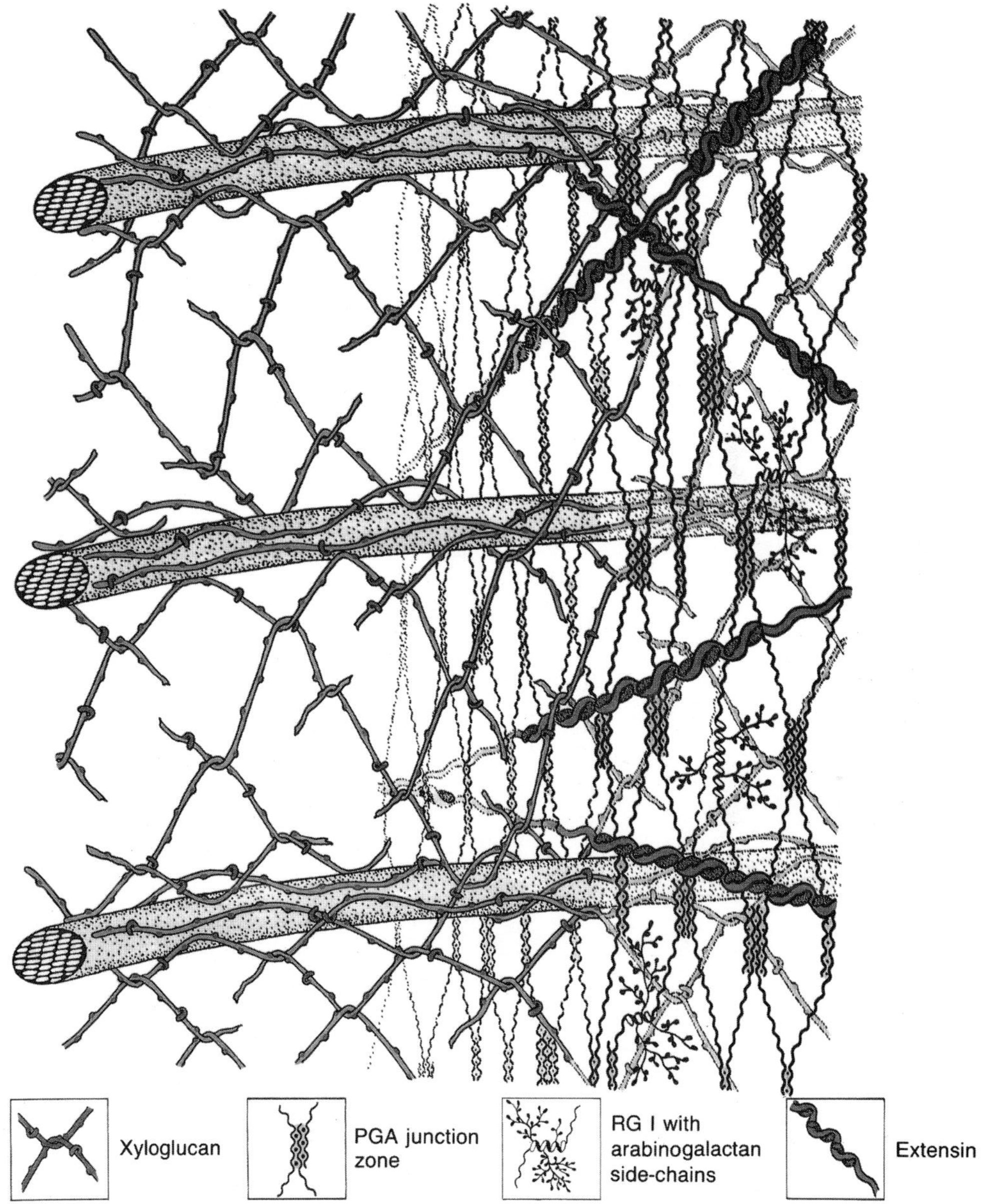

Abb. 14: Streckungswachstum der Primärwand vom Typ I. Aus Carpita und Gibeaut[15], kombiniert. Die Mikrofibrillen einer einzigen Lage liegen etwa parallel zueinander in einer helikalen Anordnung um die sich dehnende Zelle. Sie werden durch ein Maschenwerk von Hemizellulosen (Xyloglucan-Ketten) zuammengehalten, die ihrerseits in eine Matrix aus Pektinen mit den Hauptbestandteilen Polygalacturonsäuren und Rhamnogalacturonanen I eingebettet sind. Der Vergleich vor (a) und nach dem Streckungswachstum (b) zeigt die Bedeutung der Xyloglucan-Spaltung für die Zellwanddehnung und der Extensinsynthese für die Fixierung der endgültigen Zellform.

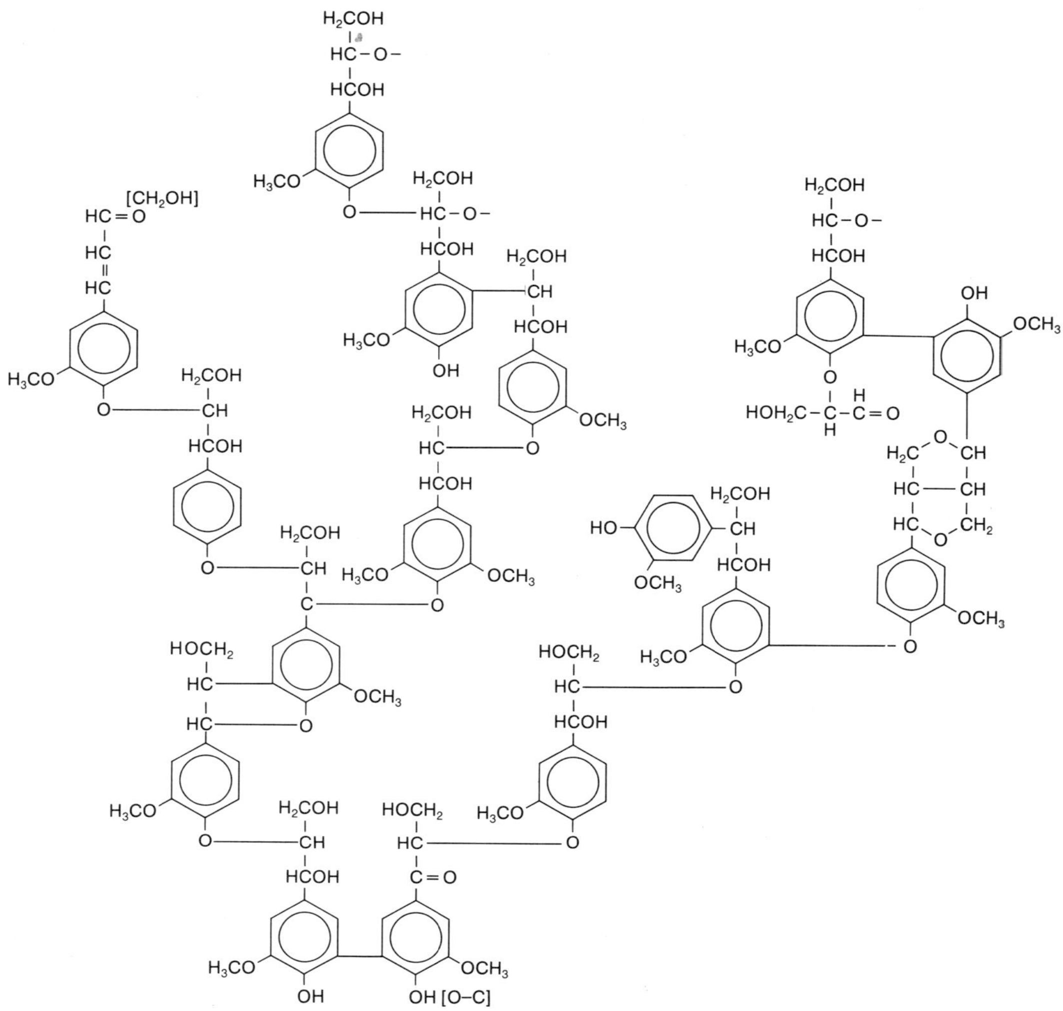

Abb. 15: Strukturmodell des Lignins.

Evolution der Höheren Pflanzen als Landpflanzen. Die Einlagerung als Gerüstsubstanz in die Zellwand, die zur Verholzung führt, bedingt die völlige Undurchlässigkeit sowie die Erhöhung von Härte und Druckfestigkeit. Darüber hinaus spielt das Lignin als Infektions- und Wundschutz eine wichtige Rolle. Das Lignin (Abb. 15) bildet ein kompliziertes, dreidimensionales Netzwerk, das sich aus Phenylpropan-Derivaten zusammensetzt (S. 327). Die Verknüpfung mit den Zellwand-Hemizellulosen und der Zellulose ist noch nicht vollständig geklärt.

Aus dem Abbau pflanzlicher Überreste, darunter insbesondere dem *Lignin,* sowie tierischer Überreste entstehen u. a. die hochpolymeren und schwer zersetzbaren Huminsäuren, die sich im Boden anreichern und zusammen mit den Tonmineralen für die Ionenaustauschfähigkeit des Bodens beitragen. Abb. 16 zeigt ein Strukturmodell der Huminsäuren.

Eine ähnlich fundamentale Rolle wie dem *Lignin* fällt dem *Cutin* und *Suberin* zu. Hierbei handelt es sich um zwei Polyesterverbindungen aus dem Lipidstoffwechsel, die als Grenzschichten wichtige Schutzfunktionen übernehmen und als Diffusionsbarrieren vor allem für polare Stoffe (beispielsweise Wasser und Ionen) fungieren. Beide Polymere treten zusammen mit komplexen Mischungen von relativ unpolaren Lipiden auf. Sie werden auf Grund bienenwachsähnlicher physikalischer Eigenschaften kollektiv als Wachse bezeichnet.

Cutin ist ein Bestandteil der äußeren Epidermiswände des Sprosses (Cuticularlamelle) sowie einer zusätzlich darüberliegenden Schicht, der eigentlichen Cuticula, einer 1–15 µm dicken Lamelle, der häufig noch eine epicuticulare Wachsschicht aufgelagert ist (vgl. S. 55), oft in Form von Wachsaggregaten, die über die Oberfläche hinausragen. Hinzu kommen noch intracuticulare Wachse.

Durch diese geeignete Konstruktion wird eine biologische Barriere zum Luftraum hin geschaffen. Diese fungiert nicht nur als Schutz vor Wasserverlust (durch Transpiration) und vor Auswaschung von Ionen (durch Regen) oder in umgekehrter Richtung als Diffusionsschranke für Wasser und den darin gelösten Molekülen (auch Agrikultur-Chemikalien und Schadstoffe), sondern sie bietet auch gleichzeitig Schutz gegenüber phytopathogenen Organismen (vgl. strukturelle Resistenz, S. 318).

Dabei fällt die Hauptrolle als transportlimitierende Barriere dem reifartigen Belag aus epicuticularen Wachsaggregaten zu, die eine hydrophobe und mikroskopisch rauhe Blattoberfläche bilden, die vom Wasser nicht benetzbar ist. Dies führt zur kugeligen Abrundung von Wassertropfen auf ihrer Unterseite

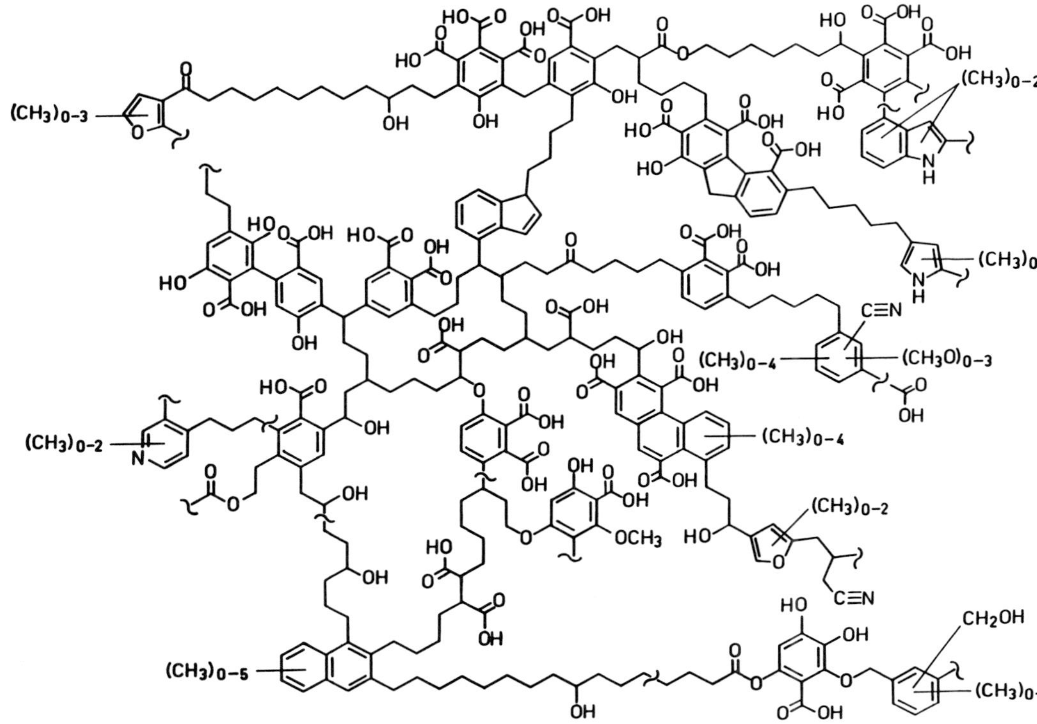

Abb. 16: Modell der makromolekularen Huminsäure-Struktur. Aus Schulten[16].

(Abb. 17) und verhindert damit die Auswaschung von Ionen und anderen Stoffen aus dem Blattinneren.
Das Polymer setzt sich aus zwei Gruppen von Hydroxy- und Epoxyfettsäuren mit Kettenlängen von C_{16} und C_{18} zusammen (vgl. S. 56). Daneben finden sich noch kleinere Mengen an mit Cutin veresterten Phenolsäuren, die bei einer Cutinase-Attakke durch pathogene Pilze freigesetzt werden und eine toxische Wirkung auf die Parasiten entfalten können. Eine kovalente Verknüpfung von Pestiziden an der Cuticula-Polyesterstruktur eröffnet eine Möglichkeit für einen optimalen Einsatz dieser Verbindungen: Erst beim Angriff durch phytopathogene Organismen werden die wirksamen Verbindungen freigesetzt, d. h. Wirksamkeit und Schutz erfolgen im richtigen Augenblick bei minimalen Applikationsmengen.

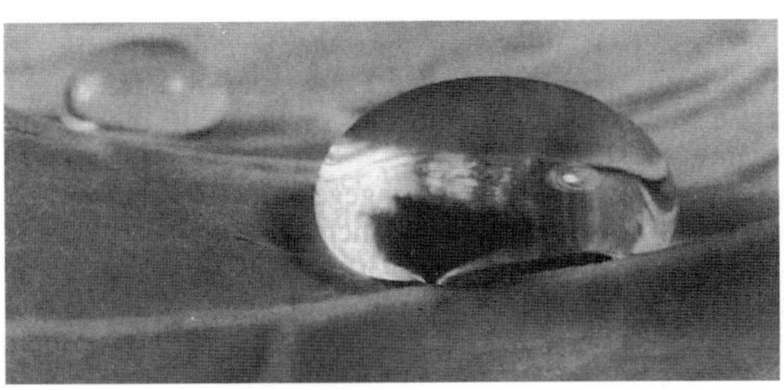

Abb. 17: Wassertropfen auf einem Kohlblatt. Aus Riederer[17].

Suberin bildet zusammen mit den Wachsen einen wichtigen Bestandteil von Korkzellen. Die geschichteten Lamellen treten besonders im Bereich von Wundgeweben, sekundären Abschlußgeweben sowie inneren Abschlußgeweben wie der Endodermis oder den Bündelscheiden von Gräsern auf. Sie werden der sekundären Wand von innen her als distinkte Schichten aufgelagert (Abb. 18); häufig folgt darauf eine verholzte Zelluloseschicht.

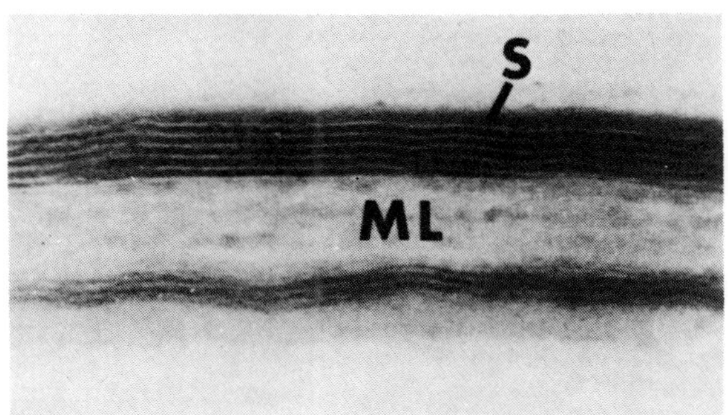

Abb. 18: Das Suberin (S) aus dem Periderm der Kartoffelknolle. Aus P. E. Kolattukudy[18].

Die suberinisierten Zellen sterben ab und bilden eine kompakte, völlig undurchlässige Isolier- und Schutzschicht, für die ähnliches wie für die Cuticula gilt. Die chemische Zusammensetzung unterscheidet sich vom Cutin durch einen höheren Gehalt an Phenolverbindungen sowie einen höheren Anteil an ω-Hydroxysäuren; außerdem sind die Kettenlängen der entsprechenden Dicarboxylsäuren, Fettsäuren und Alkohole oft größer als 18. Dagegen treten die Epoxy- und Polyhydroxysäuren in Suberin zurück (vgl. S. 56).

Die Organisationsstufen der Pflanzen

Die Zelle als kleinste selbständige Einheit sämtlicher Lebewesen ist ein verhältnismäßig überschaubares Gebilde, das überall dieselbe Grundausstattung und dasselbe Grundmuster an physiologischen Reaktionen aufweist. Hinsichtlich ihrer Koordination innerhalb vielzelliger Organismen bilden Zellen jedoch außerordentlich komplexe Systeme. Sie zeigen auf Grund kooperativer und kompetitiver Wechselwirkungen unerwartete, „neue" Eigenschaften, die man mit dem Begriff Systemeigenschaften umschreibt.

Im Pflanzenreich findet sich eine Vielfalt von Organisationsstufen (Abb. 19), die unterschiedliche Strategien zur Anpassung an die Umwelt repräsentieren. Im einfachsten Fall entspricht der gesamte Organismus einer einzigen Zelle *(protophytische Organisationsstufe);* zahlreiche Beispiele hierfür finden sich im Bereich der Algen, aber auch unter den Pilzen.

Von dieser Basis aus vollzog sich im Laufe der Evolution ein Zusammenschluß von Zellen zu komplexeren Einheiten, die bei den *echten Vielzellern* die höchste Entwicklungsstufe erreicht haben. In diesem Fall gehen die verschiedenen Zellen durch Teilung auseinander hervor. Die vielzelligen Formen im Pflanzenreich lassen sich zwei Organisationsstufen zuordnen, den *Thallophyten,* die überwiegend an das Leben im Wasser angepaßt sind, und die wesentlich höher entwickelten *Kormophyten,* die sich in perfekter Weise an das Landleben adaptiert haben.

Zu den *Thallophyten,* die auch als Niedere Pflanzen bezeichnet werden, zählen viele Algen und die meisten Pilze. Sie besitzen einen fädigen oder flächigen Vegetationskörper, der keine oder – von Ausnahmefällen unter den Braunalgen abgesehen – nur wenig Differenzierung im vegetativen Bereich erkennen läßt. Wichtige Typen sind der Faden- und der sich hiervon ableitende Flechtthallus sowie der Gewebethallus.

Tab. 2: Einteilung der Höheren Pflanzen.

Abteilung Farnpflanzen *(Pteridophyta)*
- Klasse Farne *(Pteridopsida)*
- Klasse Bärlappe *(Lycopodiopsida)*
- Klasse Schachtelhalme *(Equisetopsida)*

Abteilung Samenpflanzen *(Spermatophyta)*
- Unterabteilung Nacktsamer *(Gymnospermae)**
- Unterabteilung Bedecktsamer *(Angiospermae)*
  - Klasse Zweikeimblättler *(Dicotyledoneae)*
  - Klasse Einkeimblättler *(Monocotyledoneae)*

* auf eine weitere systematische Untergliederung wurde hier verzichtet.

Im Gegensatz hierzu zeigen die *Kormophyten* (Höhere Pflanzen) eine deutliche, in keiner anderen Gruppe auftretende Gliederung in die Grundorgane Sproß und Wurzel. Hierzu zählen Farn- und Samenpflanzen (Tab. 2). Letztere repräsentieren die größte und wichtigste Gruppe des Pflanzenreichs; von ihnen wird die Hauptmasse des Pflanzenkleids der Erde gestellt, und zu ihnen gehören daher die meisten Wild- und

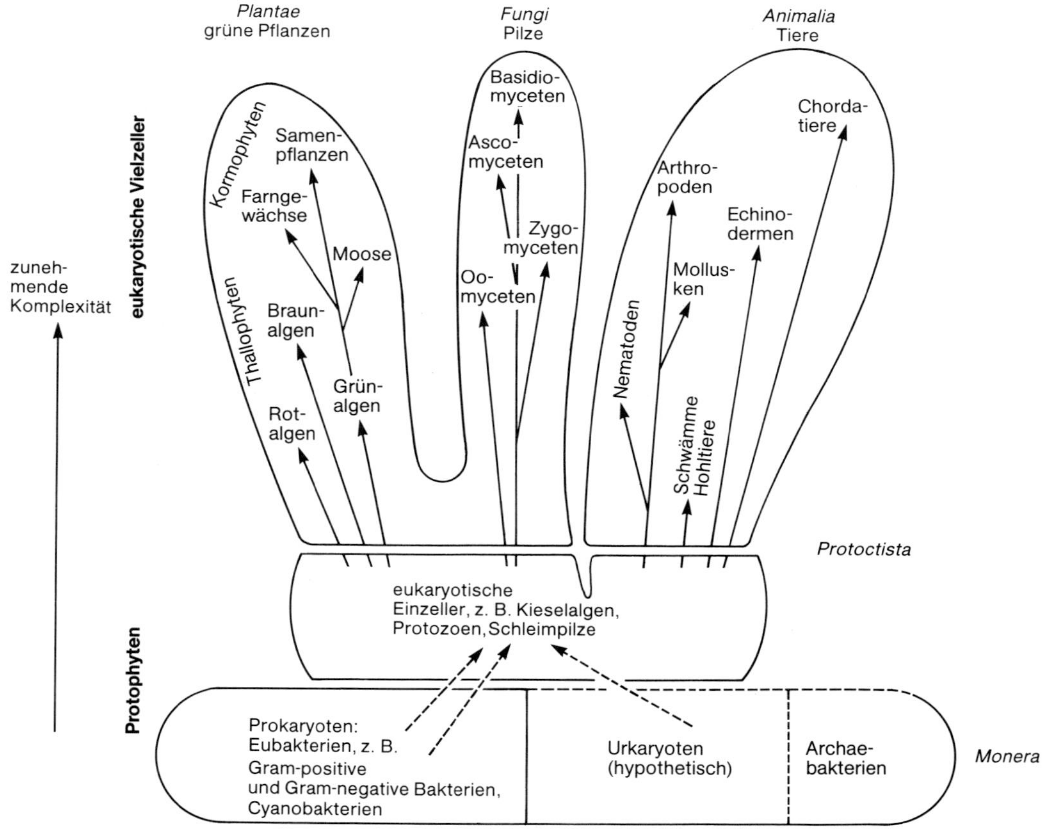

Abb. 19: Die pflanzlichen Organisationsstufen und ihre phylogenetische Ableitung. Zum Vergleich wurde die taxonomische Klassifikation (5 Reiche[19]) in kursiver Schrift gegenübergestellt. Sie deckt sich im Bereich der Protoctisten nicht mit der Einteilung in Organisationsstufen.

Kulturpflanzen. Hinsichtlich ihrer Organisationsstufe nehmen die Moose eine Zwischenstellung zwischen Thallophyten und Kormophyten ein.

Die Gewebe der Höheren Pflanze

Der Aufbau der pflanzlichen Organe läßt deutlich den Zusammenschluß von Zellen desselben Funktionstyps zu Kollektiven erkennen, die man als *Gewebe* bezeichnet. Im Gewebeverband verzichten die Zellen auf ihre Selbständigkeit; es werden bestimmte gemeinsame Funktionen durchgeführt, die für den jeweiligen Gewebetyp charakteristisch sind und den Gesamtorganismus am Leben halten. Der enge funktionelle Zusammenschluß der Zellen innerhalb eines Gewebes ergibt sich aus dem gemeinsamen Ursprung von einer Mutterzelle. Bei der Zellteilung trennen sich die Tochterzellen nicht vollständig voneinander, sondern bleiben durch gemeinsame Plasmastränge *(Plasmodesmen),* die durch die Zellwand hindurchtreten, miteinander in Verbindung (Abb. 20). Stellen, an denen sich die Plasmodesmen häufen, sind als *Tüpfel* zu erkennen (Abb. 4a); hier sind die sekundären Zellwände ausgespart. Durch die gemeinsamen Verbindungsbrücken der Plasmodesmen sind alle Protoplasten zumindest eines Gewebes zu einer gemeinsamen Einheit zusammengefaßt, die man als *Symplast* bezeichnet. Innerhalb dieses Bereichs ist ein Nahtransport von Substanzen und damit auch von Schadstoffen möglich. Der extraprotoplasmatische Raum, der die Zellwände sowie die Aussparungen zwischen den Zellen *(Interzellularen)* einschließt, ist der *Apoplast.* Auch hier liegt ein Kontinuum vor, in dem sich im Bereich der Zellwände gelöste Stoffe bis weit in das Innere von Geweben hinein bewegen können; die Transportgeschwindigkeit wird weitgehend von der Diffusion bestimmt. Darüber hinaus spielen die Interzellularen auch für die Verteilung gasförmiger Schadstoffe in der Pflanze eine große Rolle.

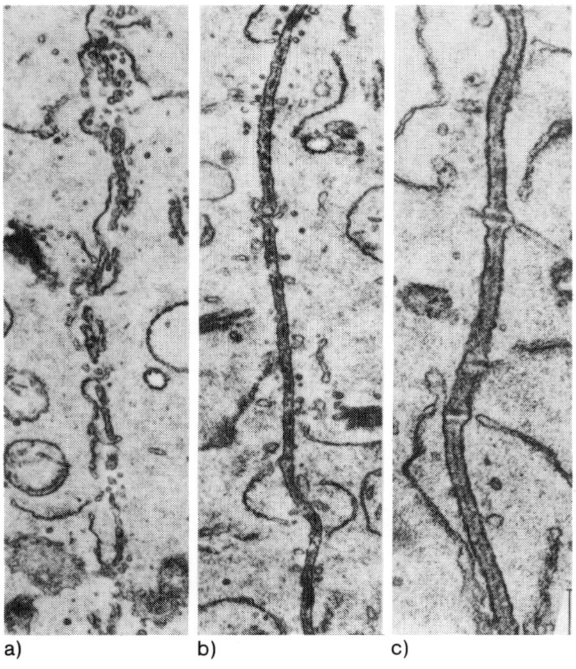

Abb. 20: Zellwandbildung mit Entstehung der Plasmodesmen. Aus Frey-Wyssling und Mühlethaler[20]:
a) Verschmelzung der Dictyosomen zur Zellplatte.
b) Frühes Stadium der Primärwand.
c) Ausdifferenzierte Primärwand mit Plasmodesmen.

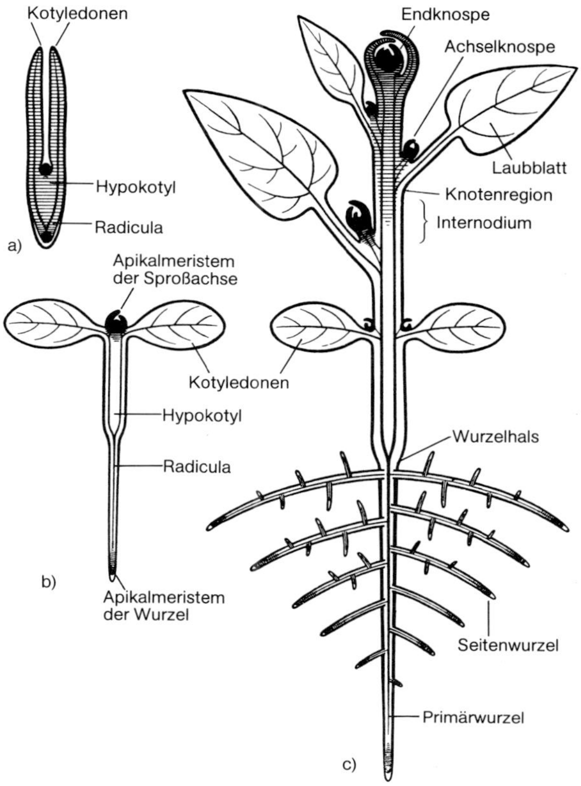

Abb. 21: Organisation des Kormus am Beispiel einer dikotylen Pflanze. Nach Troll[21].
a) Embryo.
b) Keimling.
c) Pflanze in der primären Wachstumsphase.

Entsprechend den vielfältigen Funktionen lassen sich verschiedene Gewebetypen unterscheiden. Neben den *einfachen Geweben,* die nur aus einem Zelltyp zusammengesetzt sind, treten auch *komplexe Gewebe* aus mehreren Zelltypen auf, die allerdings einer gemeinsamen, übergeordneten Funktion dienen. Die komplexen Leistungen der höheren Organismen, die sich vor allem in der Anpassung an die Umwelt außerhalb des Wassers ausdrücken, sind nur auf Grund der Zusammenfassung und gleichzeitigen Arbeitsteilung der Zellen auf der Stufe der Gewebe möglich.
Charakteristisch für die Organisation der pflanzlichen Gewebe ist die Trennung in Gewebe mit embryonalen Zellen *(Meristeme)* und Gewebe mit differenzierten Zellen *(Dauergewebe),* die im Gegensatz zum Tier über die gesamte Lebensdauer des Organismus hinweg erhalten bleibt. Die Aufgabe der embryonalen Zellen liegt in der Produktion neuer Zellen, von denen sich der überwiegende Teil zu Dauergeweben entwickelt. Wesentlich für die Eigenschaften der embryonalen Zellen ist ferner die Tatsache, daß nach ihrer Teilung zumindest eine der Tochterzellen die embryonalen Eigenschaften beibehält. Gegenüber Schadstoffen reagieren embryonale Zellen häufig empfindlicher als Dauerzellen; hieraus erklärt sich die hohe Sensitivität des Wachstums gegenüber toxischen Verbindungen. Die Apikalmeristeme an Sproß- und Wurzelspitze (Abb. 21) leiten sich direkt von den Zellen des Embryos ab. Sie produzieren die *primären Dauergewebe,* die am Aufbau der krautigen Pflanzenteile beteiligt sind. Nach Abschluß dieses *primären Wachstums* kann die Pflanze in eine sekundäre Wachstumsphase übergehen, in der besonders intensiv *sekun-*

däre Leitgewebe, aber auch *sekundäre Abschlußgewebe* produziert werden. Dieser Vorgang macht sich in einer Umfangsvergrößerung *(sekundäres Dickenwachstum)* bemerkbar und ist besonders deutlich bei vielen mehrjährigen Gewächsen, z. B. den Bäumen unserer Klimazone, zu erkennen. Er beruht auf der Aktivität von zwei Meristemzylindern, dem *Kambium* sowie dem *Korkkambium,* die sich im ersten Fall meist direkt, im zweiten grundsätzlich indirekt vom Apikalmeristem ableiten.

Die Organe der Höheren Pflanze

Beim Aufbau der Höheren Pflanzen ist trotz der ungeheuren Vielfalt ein gemeinsames Organisationsprinzip erkennbar, das unter dem Namen *Kormus* (griechisch: Klotz, Baumstumpf) bereits in der klassischen Literatur bekannt war: Entscheidend hierfür ist die Gliederung der Vegetationsorgane in *Sproß* (Sproßachse + Blätter) und *Wurzel.* Abb. 21 zeigt am Schema einer dikotylen Pflanze während der primären Wachstumsphase diesen charakteristischen Aufbau. Die *Blüte* ist unter diesem Aspekt lediglich ein abgewandelter Sproß, der sich aus Blütenachse und modifizierten Blättern zusammensetzt, welche der Fortpflanzung dienen. Bereits beim pflanzlichen Embryo (Abb. 21 a) sind die Grundorgane im embryonalen Zustand zu erkennen; sie werden als Kotyledonen (Keimblätter), Hypokotyl (Keimstengel) und Radicula (Keimwurzel) bezeichnet. Darin erschöpft sich aber bereits die embryonale Gliederung. Die entwickelte Pflanze (Abb. 21 c) besitzt in der Regel zahlreiche Organe, zu denen später noch die Blüten als weitere Organsysteme hinzukommen. Die Anlage der Organe wird somit im Gegensatz zum Tier nicht bereits auf dem Embryonalstadium abgeschlossen, sondern kontinuierlich während der ganzen Lebensdauer, also auch bei der „ausgewachsenen" Pflanze, fortgesetzt. Für diese Besonderheit sind die Meristeme (S. 17) im Bereich der Vegetationspunkte verantwortlich. Diese Gewebe sind gleichzeitig die empfindlichsten Strukturen der Pflanze; bei der Einwirkung von Schadstoffen sind hier frühe Schäden zu erwarten.
Zu den fundamentalen Unterschieden zwischen Pflanze und Tier zählt auch die Tatsache, daß bei Tieren bereits in der

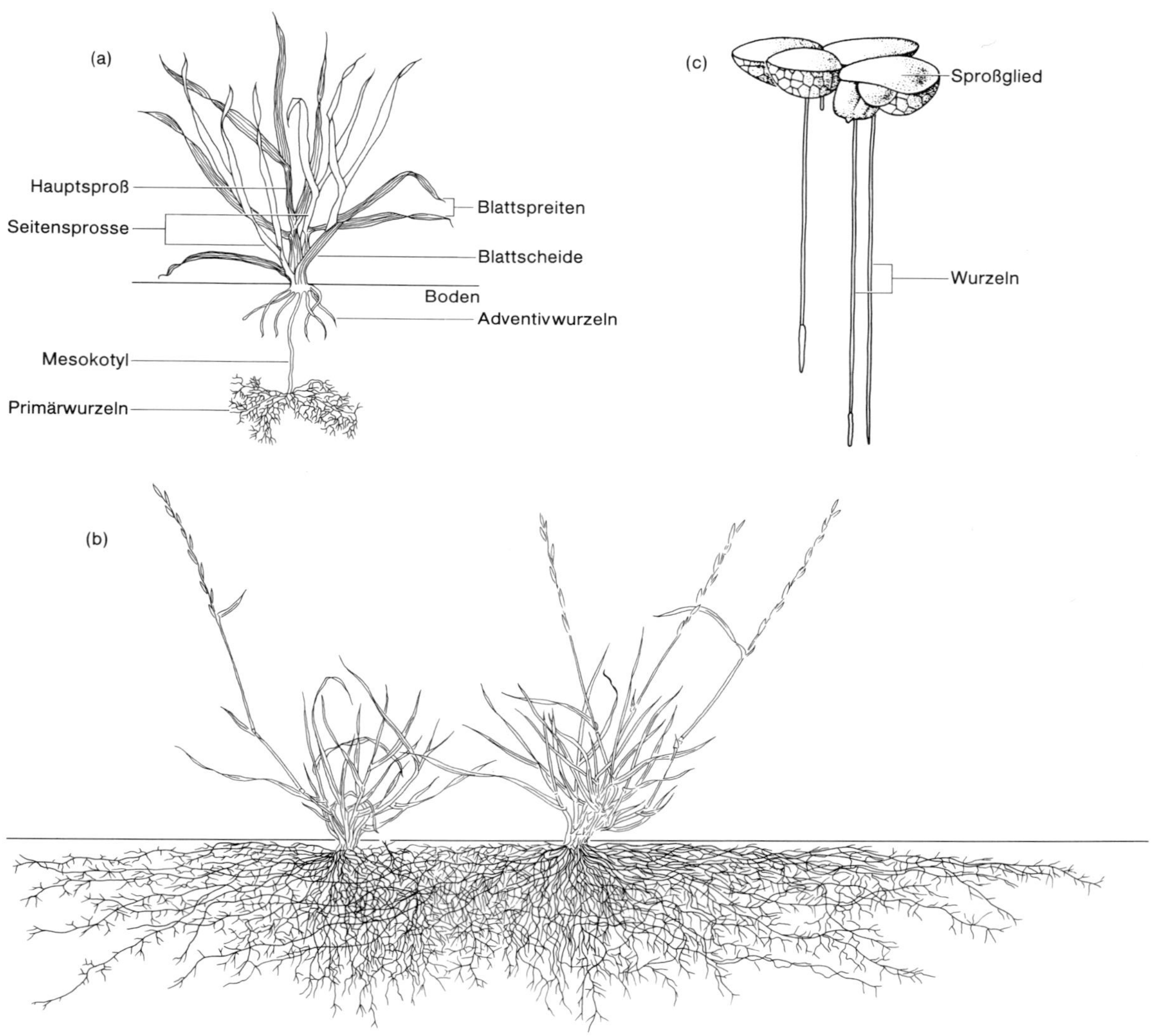

Abb. 22: Metamorphosen des Sprosses. (a) Struktur eines Grashorstes (aus Langer[23]). (b) Rasenwuchs beim Deutschen Weidelgras (*Lolium perenne*) durch Ausläuferbildung (aus Kutschera und Lichtenegger[24]). (c) Sproßglieder der Wasserlinse *Lemna gibba* (aus Natho et al.[25]).

frühen embryonalen Entwicklung eine Sonderung in Keimbahnzellen und somatische Zellen erfolgt, was bei den Pflanzen unterbleibt. Die Keimbahnzellen der Tiere differenzieren im Laufe der Entwicklung zu männlichen und weiblichen Keimzellen, die somatischen Zellen bilden dagegen die Organe (einschließlich der Gonaden). Aufgrund der sehr viel stärker determinierten Entwicklung der Tiere unterscheiden sich diese auch durch ihr besonderes räumliches Muster der Genexpression bei der Embryonalentwicklung, das man als Zootyp bezeichnet[22], von den Pflanzen und den Pilzen. Diese verhalten sich in dieser Hinsicht sehr viel plastischer. Ihre Keimzellen lassen sich noch nicht auf frühe Stadien der Embryonalentwicklung zurückführen, sondern differenzieren erst in späten Entwicklungsstadien.

Bei der Evolution der Organismen ist ein deutlicher Trend zur Vergrößerung zu erkennen. Dieser führte bei den Pflanzen in der Regel nicht zur Konstruktion massiverer Gebilde, sondern zu dendritischen Strukturen: Die *Verzweigung* ist einer der wichtigsten Vorgänge im Entwicklungsablauf einer Pflanze. Hierdurch verwandelt sich der stets einfache primäre Sproß in ein Sproßsystem und die primäre Wurzel oder ihre Nachfolger in ein Wurzelsystem. Im Sproßbereich entstehen neue Achsen durch Austreiben der *Achselknospen,* im Wurzelbereich durch Hervorbrechen der endogen entstehenden *Seitenwurzel-Anlagen.* Durch fortlaufende Wiederholung dieser Prozesse bilden sich z. T. recht komplizierte Verzweigungssysteme.

Die laminare Form der Blätter, die bei mächtigeren Sproßsystemen bevorzugt an den Enden der dendritischen Struktur angebracht sind, sorgt dabei für eine große Oberfläche und damit für eine effektive Lichtabsorption.

Diese optimale Nutzung des zur Verfügung stehenden Raums muß sich andererseits als besonders nachteilig in einer schadstoffbelasteten Umwelt auswirken. Pflanzen sind damit in hohem Maß gegenüber solchen Schadstoffen gefährdet, die potentiell von ihnen aufgenommen werden können. Der Import über eine riesige Oberfläche und das Fehlen eines wirksamen Ausscheidungssystems lassen die Pflanzen, die ihren Standort nicht wechseln können, in besonderem Maße zum Opfer einer schadstoffbelasteten Umwelt werden. Der Flechtentod und das Baumsterben sind zwei beredte Beispiele für diese Tatsache.

Bei den Samenpflanzen finden sich hinsichtlich ihrer Morphologie besonders viele Varianten, die sich jedoch alle auf die Grundstruktur des Kormus zurückführen lassen, wie an zwei extremen Beispielen aus dem Bereich der Monokotylen verdeutlicht wird, die über ihren gesamten Lebenszyklus in der primären Wachstumsphase bleiben. Bei den Sproßachsen der Gräser, die hier auch als Halme bezeichnet werden, befindet sich an jedem Knoten die Ansatzstelle eines Blattes, das als Blattscheide den Halm zunächst röhrenförmig umschließt, bevor es sich als ausgebreitete Blattspreite von ihm abspreizt. Die Horstbildung (Abb. 22a, b) kommt dadurch zustande, daß die Knospen in den Achseln der untersten Blattscheide zu Seitentrieben auswachsen, die entweder innerhalb der sie umgebenden Blattscheiden hochwachsen (dichte Horstbildung) oder die Blattscheiden durchdringen und sich nach einer kurzen Strecke horizontalen Wachstums aufrichten, einen neuen Halm mit der gleichen Morphologie und dabei kräftig Wurzeln bilden. Die Wiederholung dieses Vorgangs führt zum Rasenwuchs, der wegen der tiefen Knospenlage durch den Schnitt nicht beeinträchtigt, sondern zum Austreiben neuer Knospen in den untersten Blattscheiden angeregt wird. Eine besonders effektive Ausbreitung erfolgt bei solchen Arten, bei denen die Seitentriebe zu ober- oder unterirdischen Ausläufern (Stolonen) auswachsen und in einigem Abstand zur Mutterpflanze wieder einen neuen Horst bilden (Abb. 22b). Als Gegenbeispiel seien die Wasserlinsen genannt, die auf der Oberfläche von Teichen schwimmen und in Anpassung an ihre Lebensweise auf eine deutliche Gliederung des Sprosses verzichten (Abb. 22c). Die kleinen, meist linsenartigen Vegetationskörper bestehen aus einem thallusartigen Sproßglied mit einer fadenförmigen Wurzel und zwei seitlichen Taschen, aus denen die Tochtersprosse hervorgehen. Die Art *Wolffia arrhiza* ist mit maximal 1,5 mm Länge die kleinste Blütenpflanze.

Bau der primären Sproßachse

An der Sproßspitze befindet sich der von der Endknospe umschlossene *Vegetationskegel* (Abb. 23). Im obersten Bereich, der nur Bruchteile eines Millimeters umfaßt, liegt das *Apikalmeristem.* Die nach unten abgegliederten Zellen differenzieren nach einigen weiteren Teilungsschritten und nach Abschluß des Zellstreckungswachstums zu den Dauerzellen der primären Sproßachse.

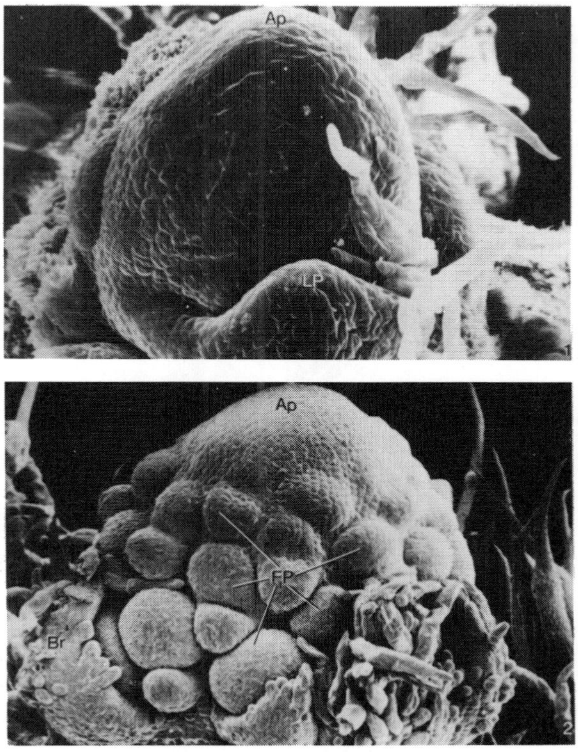

Abb. 23: Vegetationskegel, der Spitzklette (Xanthium strumarium). Aus Kessel und Shih[26].
1) Vegetativer Zustand (oben).
2) Reproduktiver Zustand (unten).
AP: Apikalmeristem. LP: Blattanlage, BR: Hochblatt, FP: Blütenanlagen der staminaten (männlichen) Infloreszenz.

Wachstumsstörungen wie Verkrümmungen, Torsionen, Verkrüppelungen u. ä., die z. T. auf Schadstoffe, aber auch auf den Einfluß phytopathogener Organismen zurückzuführen sind, werden durch Eingriffe in den apikalen und subapikalen Bereich ausgelöst.

Dicht unter dem Apikalmeristem sind die *Blattanlagen* als kleine Wülste zu erkennen; aus ihnen gehen im Laufe der weiteren Entwicklung die Blätter hervor. Die Blattstellung wird somit bereits an der Sproßspitze festgelegt. Da von wenigen Ausnahmen abgesehen in den Achseln der Blattanlagen die *Seitenknospen* angelegt werden, ist damit auch die Lage potentieller Seitentriebe frühzeitig determiniert. Die Strukturen in den Achselknospen unterscheiden sich nicht von denen der Endknopse.

Einer der wichtigsten Einschnitte in der Entwicklung der Höheren Pflanze ist der Übergang von der vegetativen zur reproduktiven Phase, der sich zuerst im Bereich des Vegetationskegels zu erkennen gibt. Anstelle der Blattanlagen (Abb. 23a) werden nunmehr *Blütenanlagen* (Abb. 23b) produziert, mit deren weiteren Entwicklung zur Blüte die Sproßachse an dieser Stelle ihr Wachstum einstellt.

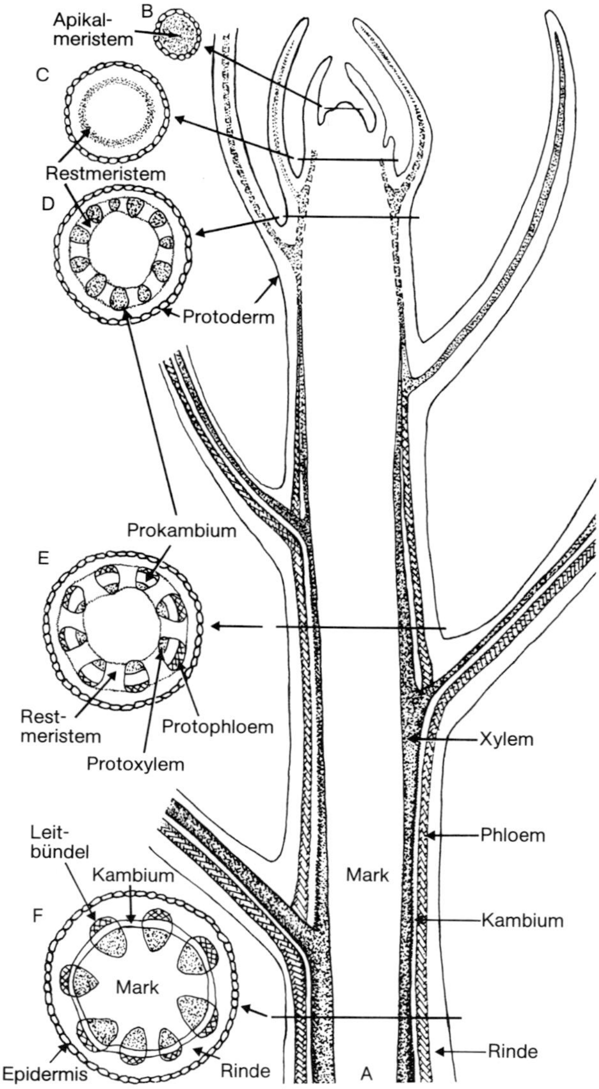

Abb. 24: Schematischer Längsschnitt (A) durch die Sproßspitze einer dikotylen Pflanze und Querschnitte (B–F) der verschiedenen Entwicklungsstadien. Nach Weier et al.[27].

Eine verstärkte Blüten- und Fruchtbildung muß nicht notwendigerweise ein Kennzeichen optimal ablaufender physiologischer Prozesse sein. Häufig handelt es sich um ein Indiz für „Notsituationen" unter den verschiedensten Streßbedingungen. Ein typisches Beispiel ist der übermäßige Zapfenbehang bei erkrankten Tannen und Fichten (vgl. Baumkrankheiten und Waldschadensforschung, S. 104).

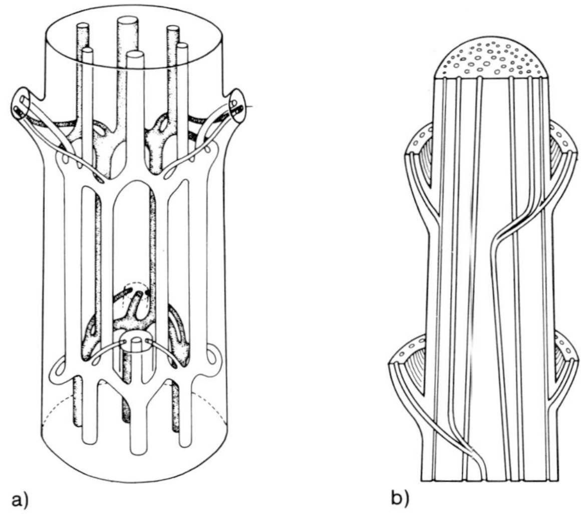

Abb. 25: Anordnung der Leitbündel bei einer a) dikotylen und einer b) monokotylen Pflanze. Aus: Nultsch[28].

Die Entwicklung der vom Apikalmeristem abgegliederten Zellen zu ihrer endgültigen Funktion innerhalb der Sproßachse läßt sich anhand von Serienschnitten rekonstruieren. Abb. 24 zeigt am Beispiel einer dikotylen Pflanze die wichtigsten Etappen.

Die Hauptgewebe der primären Sproßachse sind die *Epidermis* als Abschlußgewebe, das *Parenchym* als Grundgewebe und die zu den Leitbündeln zusammengeschlossenen *Leitgewebe.* Die Unterschiede in der Primärstruktur der Sproßachse verschiedener Pflanzengruppen basieren vornehmlich auf Unterschieden in der relativen Verteilung von Parenchymen und Leitgeweben. Daneben können noch *Festigungs-* und *Ausscheidungsgewebe* auftreten.

Die Verteilung der Gewebe über den Sproßquerschnitt wird in erster Linie durch die biomechanischen Anforderungen bestimmt. Selbst in Leichtbauweise, d. h. bei geringem Materialaufwand, kann bei günstiger Anordnung der tragenden Elemente den statischen und dynamischen Belastungen standgehalten werden. Im Gegensatz zu technischen Bauwerken verzichtet die Pflanze auf aufwendige starre Konstruktionen. In der Regel finden sich hier elastische Konstruktionen, die bei Windbelastung schwingen, ohne zu knicken oder zu reißen. Während sich bei den Gymnospermen und den meisten Dikotylen das Leitbündelsystem auf einen Hohlzylinder beschränkt, der Markt und Rinde voneinander trennt, weisen Farngewächse und Monokotylen eine komplexere Anordnung auf. Abb. 25 zeigt die häufigsten Leitbündelanordnungen.

Die Leitgewebe in den Leitbündeln weisen einen komplexen Bau aus zwei grundverschiedenen Komponenten auf. Das *Xylem,* in dem hauptsächlich Wasser und darin gelöste Mineralsalze geleitet werden, enthält als funktionelle Elemente (Abb. 26) die *Tracheiden* und die *Gefäße (Tracheen).* Bei beiden Zelltypen ist im funktionsfähigen Zustand der Protoplast eliminiert. Die erforderliche Festigkeit wird durch starke, ungleichmäßig verdickte Zellwände erzielt, die meist große Mengen an Lignin enthalten. Bei den Gefäßen sind die Querwände ganz oder teilweise aufgelöst, so daß lange, durchgängige Röhren entstehen.

Das *Phloem* dient der Assimilatleitung; es ist die „Pipeline" der Pflanze. Die Leitelemente bestehen auch im funktionsfähigen Zustand aus lebenden Zellen: Während bei den Farnpflanzen und Gymnospermen die einfacher gebauten *Siebzellen* auftreten, finden sich bei den Angiospermen *Siebröhren,* die stets mit den *Geleitzellen* zusammen vorkommen (Abb. 26). Bei den ausdifferenzierten Siebelementen fehlen Zellkern und Tonoplast. Bei den Siebröhren sind die Querwände und Teile der Längswände zu sog. Siebplatten modifiziert, die von Siebporen durchbrochen sind.

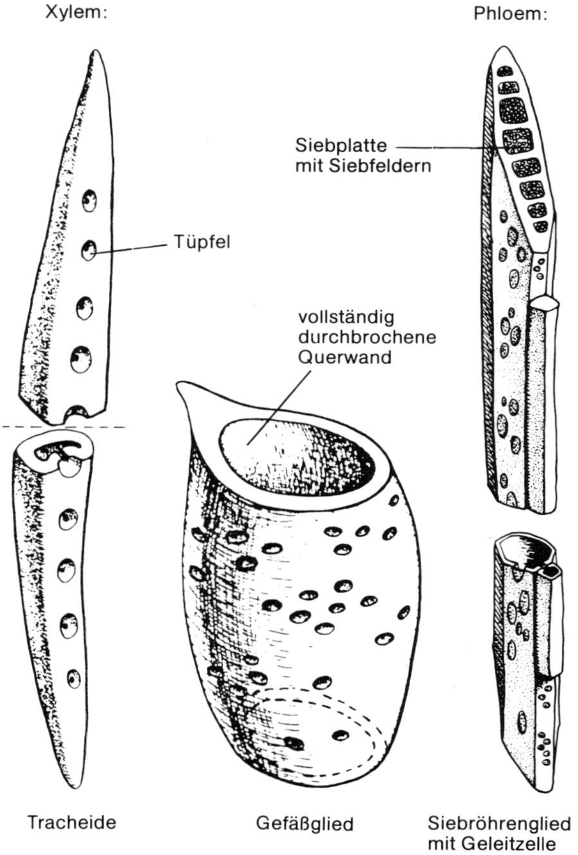

Abb. 26: Leitelemente des Xylems und des Phloems. Kombiniert aus Muller[29].

Die Bedeutung der Leitungsbahnen für den Transport von Schadstoffen wird ausführlicher auf S. 60 behandelt. Eine Behinderung der Assimilatleitung beeinträchtigt die vitalen Funktionen der Pflanze. Andererseits können die Leitbahnen für die Verteilung phytopharmakologischer Verbindungen, z. B. systemischer Fungizide (vgl. S. 187 ff.), genutzt werden.

Bau der sekundären Sproßachse

Da bei den meisten Gymnospermen und Dikotylen die Gewebe der primären Sproßachse höchstens den Leistungsanforderungen der ersten Vegetationsperiode genügen, müssen beim weiteren Wachstum dieser Pflanzen zusätzliche Gewebe gebildet werden. Dies führt zu einer Umfangsvergrößerung der Sproßachse; hierbei werden überwiegend sekundäre Leit- und Festigungselemente angelegt. Das *sekundäre Dickenwachstum* setzt erst in denjenigen Sproßabschnitten ein, die ihr primäres Wachstum, d. h. Anlage des Gewebegrundmusters und Längenwachstum, abgeschlossen haben. Dieses Bauprinzip garantiert über die gesamte Pflanzenachse hinweg eine ständige Neuproduktion von lebenden Zellen und ermöglicht damit trotz des Höchstalters einer individuellen Zelle von maximal drei Jahren ein hohes Gesamtalter der ganzen Pflanze. So bringt es die Kalifornische Borstenkiefer *(Pinus aristata)* auf 4600 Jahre, die Linde auf 1900 Jahre, die Fichte auf 1100 Jahre, Kiefer, Tanne und Ulme auf etwa 500 Jahre. Selbstverständlich sind diese Zahlen nicht identisch mit den Umtriebszeiten in der Forstwirtschaft.

Der Hauptanteil des sekundären Dickenwachstums erfolgt durch die Tätigkeit des *Kambiums* (Abb. 27). Es handelt sich um ein zylinderförmiges Meristem, das bei den meisten Bäumen bereits in der primären Sproßachse als geschlossener Zylinder zwischen primärem Phloem und primärem Xylem vorliegt. Das Kambium bildet nach innen das *sekundäre Xylem* (= Holz) und nach außen das *sekundäre Phloem* (= Bast). Die Holzproduktion bestreitet den überwiegenden Anteil des sekundären Dickenwachstums. Wegen der jahresrhythmischen Aktivität des Kambiums, das im Frühjahr mit der Produktion weitlumiger Holzelemente beginnt und im Laufe der Vegetationsperiode allmählich zur Bildung engerlumiger Zellen übergeht, ergeben sich mit dem bloßen Auge erkennbare Jahresgrenzen (Jahresringe). Im Detail unterscheidet sich das Gymnospermenholz durch seinen einheitlicheren und damit einfacheren Bau sehr deutlich vom Dikotylen-Holz. In beiden Fällen jedoch liegen die Hauptfunktionen bei der Leitung und Speicherung von Wasser und Mineralsalzen, bei der Erhaltung der Säulenfestigkeit und bei der Speicherung von Assimilaten. Eine Reihe von Baumerkrankungen prägt sich in typischen Holzschäden aus. Hierzu zählt der sog. Naßkern, der vor allem bei der Tanne, aber auch bei verschiedenen Laubbäumen eine Rolle spielt. Weitere, sehr verbreitete Schäden sind Holzfäulen, die durch holzzersetzende Pilze verursacht werden.

Der geringfügige Anteil des Basts am Gesamtvolumen der sekundären Sproßachse täuscht leicht über dessen Bedeutung als Pipeline der Pflanze hinweg: die Hauptfunktion ist die Assimilatleitung; daneben spielt auch die Assimilatspeicherung eine Rolle. Beides erfolgt im Bereich des *Weichbastes.* Der *Hartbast* dagegen enthält als Festigungselemente Bastfasern. Durch den rhythmischen Wechsel von Hart- und Weichbast ergibt sich eine vielfache Schichtung bereits innerhalb eines Jahreszuwachses.

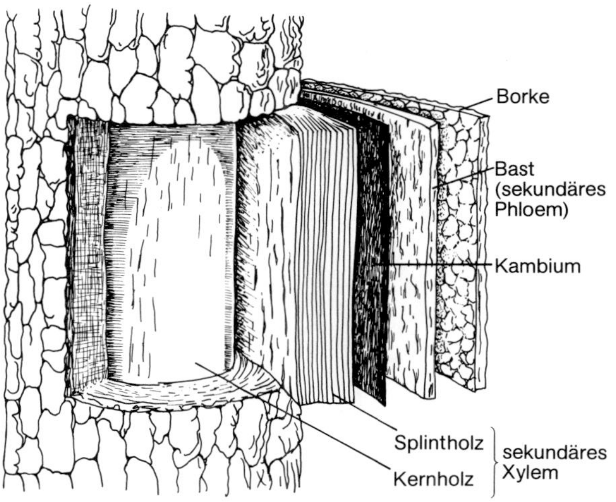

Abb. 27: Aufbau eines Kiefernstamms.

Durch das sekundäre Dickenwachstum erfahren alle außerhalb des Kambiums gelegenen Gewebe eine Dehnung, die sich mit zunehmender Entfernung vom Kambium verstärkt. Innerhalb der laufenden Vegetationsperiode kann zumindest der

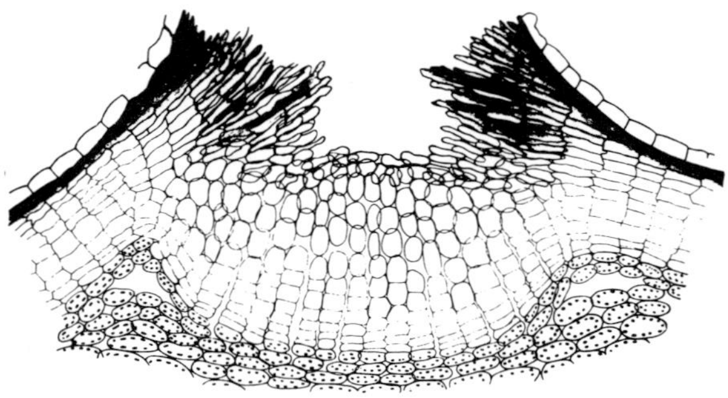

Abb. 28: Korkschicht mit Lentizelle bei einem Holunderzweig im Querschnitt. Aus Haberlandt[30].

Bast die Spannungen durch Zellteilungen meiden, die zur Umfangserweiterung führen *(Dilatationswachstum)*. In peripehereren Regionen, insbesondere im Bereich der Epidermis, kommt es dagegen meist zum Zerreißen von Zellen. Dennoch ist die Sproßachse in der Lage, die erforderlichen Schutzfunktionen aufrechtzuerhalten. Lange vor der mechanischen Beanspruchung der Epidermis bildet sich an der Peripherie der Sproßachse das *Korkkambium (Phellogen)*, ein Folgemeristem, welches für die Entstehung eines sekundären Abschlußgewebes, des *Periderms*, erforderlich ist. Für die Funktion als Schutzschicht ist vor allem die nach außen abgegliederte Korkschicht wichtig, die vor Wasserverlust und Verletzungen schützt. Alle außerhalb gelegenen Zellen sterben ab. Ein Gasaustausch ist lediglich über sog. *Lentizellen* möglich, spindelförmige Korkwarzen, die anstelle der verkorkten Zellen lockeres Füllgewebe mit reichen Interzellularräumen enthalten (Abb. 28). Andererseits sind hierdurch Eintrittspforten für phytopathogene Organismen gegeben. In den meisten Fällen entwickelt sich mit zunehmendem Alter der Sproßachse offensichtlich unter dem Einfluß der Dilatationsspannung in der Tiefe ein neues Korkkambium, das wiederum eine eigene Korkschicht bildet. Durch fortgesetzte Wiederholung dieses Prozesses entsteht die *Borke*, eine Ansammlung von Korkschichten und abgestorbenen peripheren Geweben. Bei der Borkenbildung werden die Korkkambien schließlich im Bast angelegt. Abb. 29 zeigt den Aufbau der besonders häufig vorkommenden Schuppenborke.

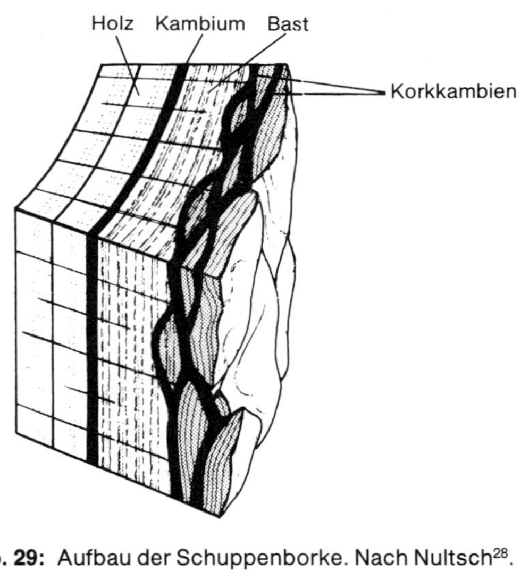

Abb. 29: Aufbau der Schuppenborke. Nach Nultsch[28].

Die Borke bildet eine hochwirksame Schutz- und Isolierschicht. Durch ein Abblättern der peripheren Schichten werden allmählich von der Pflanze aufgenommene Substanzen dem Boden wieder zugeführt.

Bau und Funktion des Blatts

Die Blätter sind seitliche Anhangsorgane der Sproßachse. Innerhalb der Blattfolge stehen die *Laubblätter* mit ihren Hauptfunktionen Photosynthese und Transpiration im Vordergrund. Abb. 30 zeigt die morphologische Gliederung von zwei wichtigen Laubblattformen.

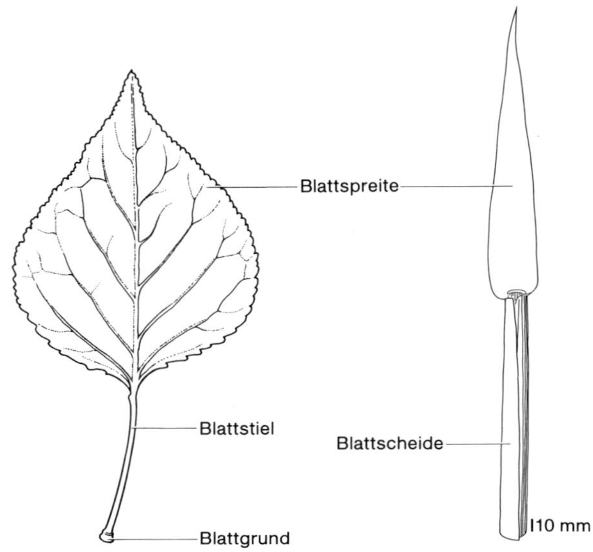

Abb. 30: Gliederung des Laubblatts am Beispiel eines Dikotylen-(*Prunus*) und eines Monokotylen-(*Arundo donax*)-Blatts.

Die *Blattspreite* mit ihrer laminaren Form spielt für die genannten Blattfunktionen die größte Rolle. Im Gegensatz zur Sproßachse ist das Wachstum der Blätter in der Regel begrenzt; die meist diffus verteilten Meristeme werden bei der Entwicklung vollständig aufgebraucht. Der anatomische Bau der Blattspreite, die in der Regel kein sekundäres Dickenwachstum aufweist, wird am Beispiel des Flieders erläutert (Abb. 31).

Die Hauptmasse der Pflanzengewebe bildet das *Mesophyll*, ein Grundgewebe mit vielen Chloroplasten und einem großen Volumen an Interzellularräumen. Für viele Pflanzen ist die Schichtung in ein *Palisaden-* und *Schwammparenchym* charakteristisch.

Die *Leitbündel*, von außen als Blattadern zu erkennen, dienen dem Transport von Wasser, Mineralsalzen und organischen Nährstoffen (S. 60); sie verlaufen im oberen Bereich des Schwammparenchyms und werden vollständig, d. h. auch an den freien Enden, von einer interzellularenfreien *Bündelscheide* umschlossen.

Als Abschlußgewebe dient die *Epidermis*, eine kompakte, interzellularenfreie Zellage, welche das *Mesophyll* vollständig umhüllt. Die cutinisierten Zellwände und der Überzug mit einer Cuticula bilden einen wirksamen Transpirationsschutz. Die verschiedenen Schichten der Außenwand haben unterschiedliche Affinitäten für applizierte Wirkstoffmoleküle, z. B. Fungizide (vgl. S. 187ff.). Dies spielt für eine effektive Bekämpfung von Schaderregern eine wichtige Rolle.

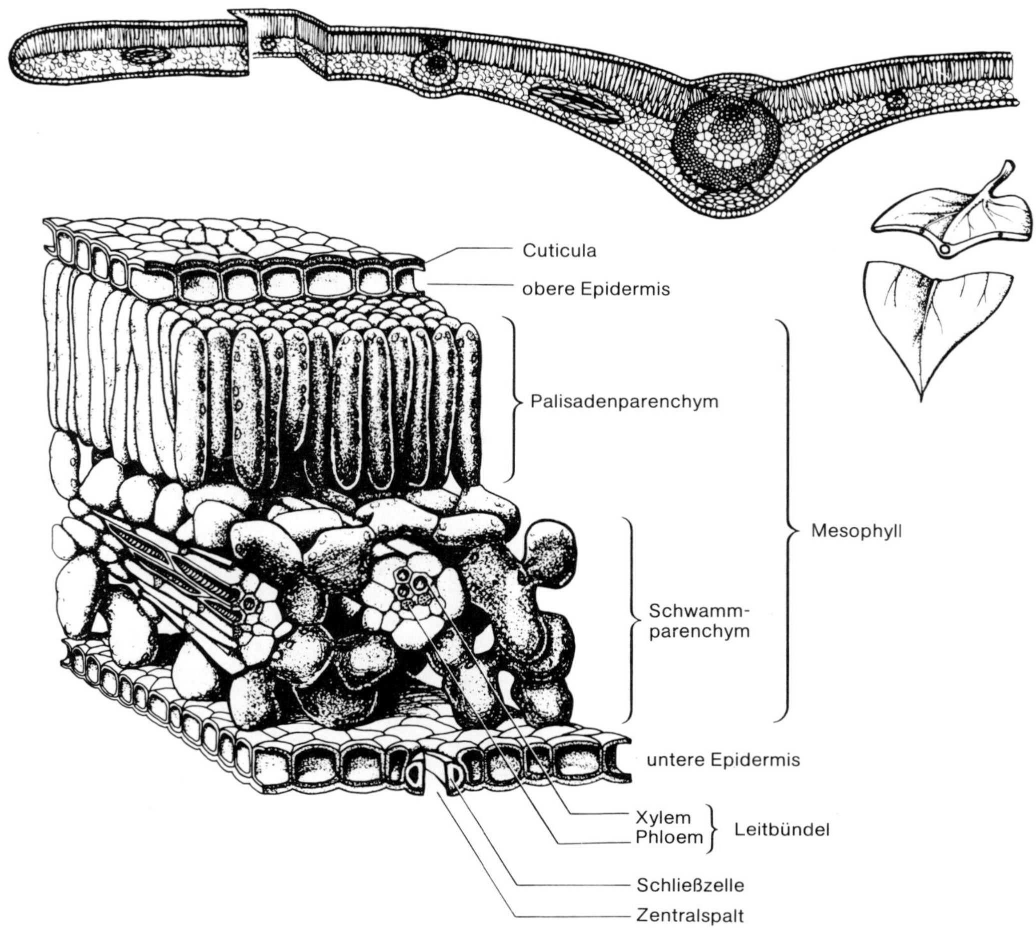

Abb. 31: Bau der Blattspreite. Nach Muller[29].

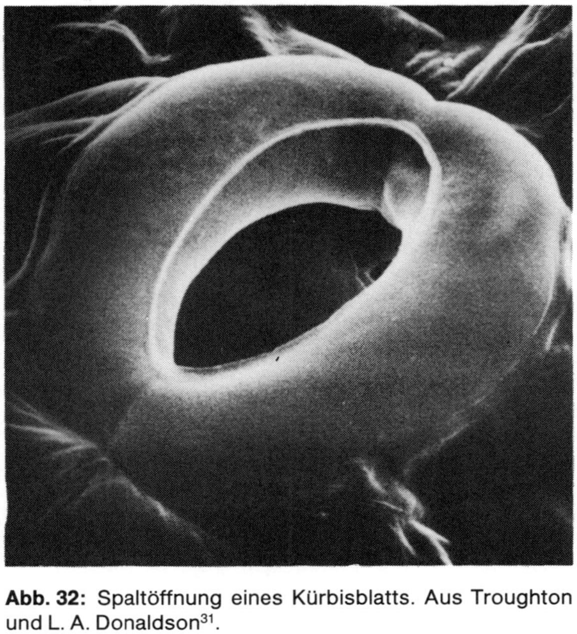

Abb. 32: Spaltöffnung eines Kürbisblatts. Aus Troughton und L. A. Donaldson[31].

Der Gasaustausch und damit zugleich die Wasserdampfabgabe (Transpiration) erfolgt durch verschließbare Poren, die *Stomata* (Spaltöffnungen), die in regelmäßigen Abständen in die Epidermis eingelassen sind. Abb. 32 macht den Aufbau deutlich: zwei Schließzellen von meist bohnenförmiger Gestalt geben im turgeszenten Zustand einen Zentralspalt frei. Eine Turgorabnahme führt zur Entkrümmung der Schließzelle und damit zum Spaltverschluß. Dieser Schließ- und Öffnungsmechanismus wird in einem komplexen Zusammenspiel von äußeren Faktoren (Licht, Temperatur, CO_2-Konzentration, Luftfeuchtigkeit) und inneren Faktoren wie z. B. die Abscisinsäurekonzentration kontrolliert; eine Beeinträchtigung durch Xenobiotica führt zu schweren Schäden. Hierzu zählen auch Veränderungen in den Wachspfropfen, die bei der jungen Coniferennadel in Form von dünnen Wachsröhrchen den epistomatären Raum über den eingesenkten Spaltöffnungsapparaten ausfüllen (Abb. 33). Umweltschadstoffe wie Ozon sowie saurer Regen führen zur vorzeitigen Wachsaggregation sowie zur Rißbildung[32]. Hierdurch droht eine Behinderung des natürlichen Öffnungs- und Schließmechanismus sowie ein verminderter Schutz vor Pathogenen oder dem Eindringen von Aerosolpartikeln.

Eine bemerkenswerte Leistung der Pflanze besteht darin, ihren Kohlenstoffbedarf aus der Atmosphäre mit einer CO_2-Konzentration von nur 0,03 Volumenprozent zu decken, ohne dabei bedrohliche Wasserdefizite durch die Transpiration zu riskieren. Eine wesentliche Voraussetzung hierfür ist die Tatsache, daß eine Verringerung der stomatären Leitfähigkeit durch teilweisen Stomataverschluß die Transpiration stärker beeinträchtigt als die Assimilation[33]. So verlieren z. B. unter konstanten Bedingungen (relative Luftfeuchtigkeit: 55 %, Quantenflux: 1,5 mmol/$m^2 \cdot s$) Blätter der Spitzklette *Xanthium strumarium* für jedes assimilierte CO_2-Molekül 336 Moleküle H_2O bei einer stomatären Leitfähigkeit von 0,4 mol/$m^2 \cdot s$. Wird diese jedoch auf 0,1 mol/$m^2 \cdot s$ gesenkt, so vermindert sich das Verhältnis auf 156 Moleküle H_2O pro assimiliertes Molekül CO_2. Bei der Öffnung der Stomata vergrößert sich die bereits beachtliche Blattoberfläche um die Oberfläche der an die Stomata angrenzenden Mesophyllzellen. Hieraus errechnet sich ein etwa fünffacher Flächenzuwachs, der einen optimalen Kontakt zur Außenatmosphäre gewährleistet und damit im Dienst der CO_2-Absorption steht. Damit fungieren die Stomata aber zugleich als ideale Eintrittspforten für Schadstoffe aller Art (vgl. S. 61). Ein großer Teil von umweltbedingten Schäden, aber auch von Infektionen durch phytopathogene Organismen (Bakterien und Pilze) führt über diese Route.

Bemerkenswerte Strukturen weisen die lichtleitenden Strukturen der Blätter auf[34]. Besonders ausgeprägt bei Schattenpflanzen sind die Linseneffekte der konvexen Epidermiszellen, die einen höheren Brechungsindex als Luft aufweisen. Tritt Licht weiter in die Blattgewebe ein, kommt es zur Streuung, und es wird durch die spiegelnden Oberflächen an den Grenzschichten von Epidermis zur Luft am Wiederaustritt gehindert. So würden beim Entfernen der unteren Epidermis bis zu 15 % des in das Blatt eintretenden Lichts verlorengehen.

Während in oberen Mesophyllbereichen durch die Lichtstreuung und die spiegelnden Grenzschichten hohe Fluoreszenzraten erzielt werden (Lichtfalleneffekt!), erfolgt bei dem weiteren Eindringen des Lichts eine rasche Abnahme der Intensität. Der auftretende Gradient ermöglicht es der Pflanze, die Lichtrichtung zu bestimmen. So werden beim Spinatblatt etwa 90 % des blauen und des roten Wellenlängenbereichs innerhalb der ersten 140 µm des Mesophylls absorbiert; dies entspricht der Passage durch zwei Palisadenzellen. Auf das Schwammparenchym entfallen somit weniger als 10 % der gesamten Lichtabsorption. Damit sind der Verteilung der photosynthetisch aktiven Gewebe über den Blattquerschnitt Grenzen gesetzt. Eine Anpassung an unterschiedliche Lichtintensitäten sind die Sonnenblätter mit ihren mächtigen Palisadenparenchymzellen und die sehr viel dünneren Schattenblätter. Paralleles Licht der direkten Sonneneinstrahlung kann dank der besonderen Struktur der Palisadenzellen sehr viel tiefer in das Blatt eindringen als das diffuse Licht, wie es bei Beschattung vorliegt.

Die Form und die Physiologie der außerordentlich plastischen Blattorgane hängen eng mit den besonderen ökologischen Gegebenheiten zusammen. Hierbei spielen die Licht-, Feuchtigkeits-, Ernährungs- und Temperaturverhältnisse eine Hauptrolle. Für die Energiebilanz eines Blattes ist die Wärmeabstrahlung besonders wichtig; diese hängt von der Windgeschwindigkeit, der Blattgröße und -form, der Blattkrümmung und der Oberflächenstruktur ab. Verschiedene Kombinationen von Umweltfaktoren erfordern unterschiedliche Optimallösungen, die sich in der Vielfalt der Blattformen und -strukturen ausdrücken.

Von erheblicher Bedeutung sind biochemische Varianten, die sich verschiedener Strategien zum CO_2-Erwerb bedienen. In diesem Zusammenhang seien die C_4-Pflanzen (z. B. Mais, Zuckerrohr, Hirse) genannt, die am Ort des Calvin-Zyklus (Kranzzellen) für eine hohe CO_2-Konzentration sorgen und damit das Phänomen der Photorespiration unterdrücken. Dies gelingt durch eine vorgeschaltete, außerordentlich effektive Carboxylierungsreaktion durch die Phosphoenolpyruvatcarboxylase in den Mesophyllzellen. Dabei entsteht die C_4-Säure Oxalacetat, die weiter verstoffwechselt wird. Das Produkt gelangt zu den Kranzzellen, wo die Decarboxylierung stattfindet.

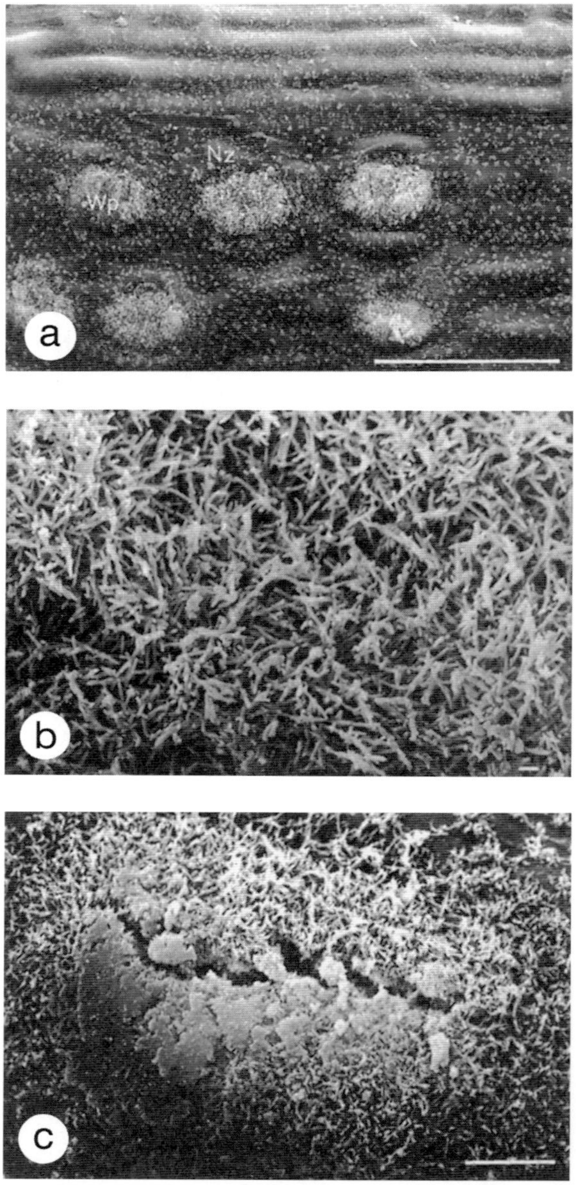

Abb. 33: Wachspfropfen bei jungen Fichtennadeln. Aus Magel und Ziegler[32]. (a) Übersicht (Meßstrich 100 µm) und (b) Detail (Meßstrich 1 µm) der Kontrolle. (c) Kombinationsbehandlung mit Ozon und saurem Nebel (Meßstrich 10 µm). Wp: Wachspfropf, Nz: Nebenzellen.

Die Beschaffenheit und das Aussehen der Blattspreiten sind wichtige Kriterien für die Beurteilung des Allgemeinzustands einer Pflanze. Schäden der verschiedensten Art äußern sich in der Bildung von Wasserflecken, Verfärbungen, Vergilbungen oder Nekrosen, die z. T. sehr typisch für die jeweiligen Ursachen sind (vgl. S. 74 f.).

Bei Pflanzen mit jährlichem Blattfall, der im Herbst durch eine Trennschicht an der Blattstielbasis vorbereitet wird, ist eine Akkumulation von Schadstoffen in den Blättern nur begrenzt möglich. Sehr viel gravierender stellt sich dieses Problem bei sog. immergrünen Blättern, die über mehrere Vegetationsperioden hinweg funktionsfähig bleiben. Hierzu zählt die überwiegende Mehrzahl der Nadelhölzer, deren xerophytisch angepaßte Nadelblätter bei der Kieder frühestens nach drei Jahren, bei Fichte und Tanne erst nach sechs bzw. zwölf Jahren, abgeworfen werden. Zweifellos besteht ein enger Zusammenhang zwischen der längeren Funktionsdauer dieser Blätter und der höheren Empfindlichkeit solcher Bäume gegenüber Umweltnoxen, wie sie z. B. bei den gegenwärtigen Baumkrankheiten sichtbar werden.

Bau und Funktion der Wurzel

Die Wurzel verankert den Sproß im Boden, sie dient der Wasser- und Nährsalzaufnahme, der Weiterleitung sowie der Stoffspeicherung. Hinzu kommt eine Reihe von Synthesen, darunter Phytohormonen. Die Organisation dieses Organs unterscheidet sich deutlich von der Sproßachse: Wurzeln weisen keine Gliederung in Knoten und Internodien auf, Blätter und Stomata fehlen grundsätzlich. In der Längsrichtung lassen sich vier Zonen erkennen (Abb. 34).

An der Spitze befindet sich das *Apikalmeristem* und damit die *Zellteilungszone.* Der Schutz dieser empfindlichen Region erfolgt durch die *Wurzelhaube (Kalyptra).* Da die äußersten Zellen des parenchymatischen Gewebes laufend abgestoßen werden und vom Inneren her eine kontinuierliche Neubildung erfolgt, wird beim Wachstum der Wurzel das Vordringen im Boden erleichtert (Schmierfunktion). Darüber hinaus fungiert die Wurzelhaube als *„Statenchym“,* das eine Orientierung im Schwerefeld der Erde ermöglicht (Gravitropismus). Die Perzeption der Schwerkraft erfolgt mit Hilfe von Amyloplasten,

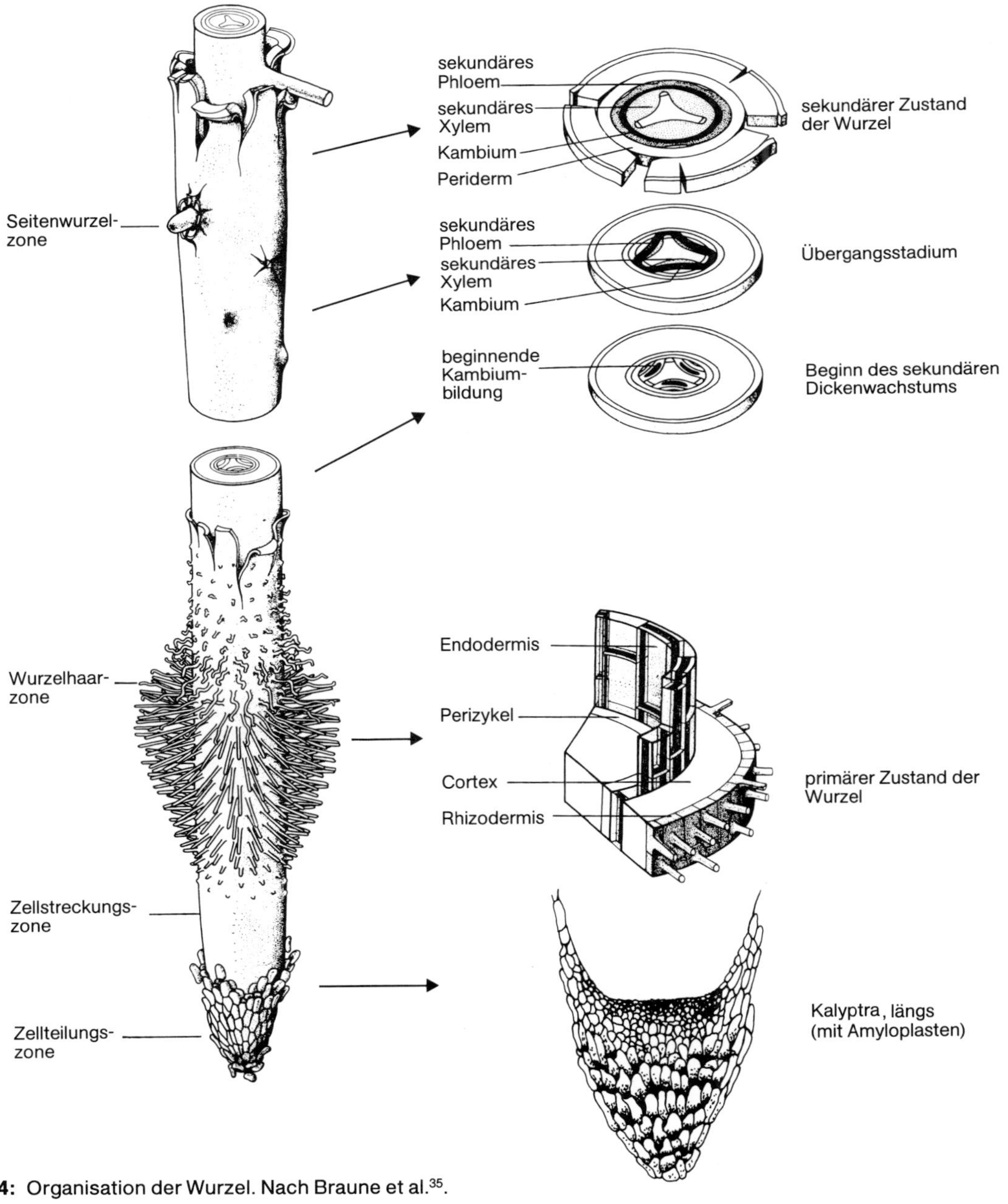

Abb. 34: Organisation der Wurzel. Nach Braune et al.[35].

die als Statolithen bei senkrechter Orientierung der Wurzel im Kontakt zum endoplasmatischen Reticulum stehen; dieses Membransystem befindet sich auf dem Boden der Zellen in einer dichten Packung. Vergleichbare Strukturen finden sich in der Sproßachse, z. B. in der Stärkescheide von Internodien wachsender Stengel oder in der basalen Region von Blattscheiden.
An den meristematischen Bereich der Wurzelspitze schließt sich die nur wenige Millimeter lange *Zellstreckungszone* an. Auf diese Weise schiebt sich jeweils nur eine sehr kleine Portion der Wurzel beim Wachstum durch den Boden, und es werden Verkrümmungen oder gar Verletzungen vermieden.
Nach oben folgt die *Differenzierungs- oder Wurzelhaarzone.* Hier bildet die *Wurzelepidermis (Rhizodermis)* durch lokales Wachstum feine, röhrenförmige Auswüchse bis zu 8 mm Länge, die sich um Bodenpartikel schlingen und damit der Verankerung, insbesondere aber der Absorption von Wasser und mineralischen Nährstoffen dienen. Die dünnen Zellwände zeigen nur eine schwache Cutinisierung. Die Konstruktion der Wurzelhaarzone bedeutet eine riesige Oberflächenvergrößerung. Da im vorderen Bereich zur Wurzelspitze hin in dem Maß neue Wurzelhaare nachgebildet werden wie am Hinterende absterben, kommen beim Vordringen der Wurzel im Boden ständig frische, aktiv wachsende Wurzelhaare in Kontakt mit neuen Bodenpartikeln. Für die Reispflanze wurde errechnet, daß pro Tag durchschnittlich 100 Millionen Wurzelhaare gebildet werden. Das Absorptionsvermögen der Wurzel kann durch Symbiose mit Pilzen beträchtlich gesteigert werden. Derartige Assoziationen im Wurzelbereich werden als *Mykorrhizen* bezeichnet (vgl. S. 49). Im Freiland sind Mykorrhizen eher die Regel als die Ausnahme. Dies gilt insbesondere auch für die Waldbäume, bei denen eine Mykorrhiza zur Unterdrückung der Wurzelhaarbildung sowie zu auffälligen morphologischen Veränderungen im Wurzelbereich (siehe Farbabb. 1–3, S. 245) führt. Der Pilzpartner verbessert insbesondere die Verfügbarkeit mineralischer Nährstoffe wegen des größeren Einzugsbereichs und der größeren Oberfläche, vor allem von Phosphat, für die Höhere Pflanze. Es besteht kaum Zweifel, daß die gegenwärtigen Baumerkrankungen auch eine Störung dieser Symbiose einbeziehen.
Von völlig anderer Natur ist eine weitere Symbiose im Wurzelbereich, die man als *Wurzelknöllchen* bezeichnet. Hier dringen Bodenbakterien der Gattung *Rhizobium* oder *Bradyrhizobium* über die Wurzelhaare von Leguminosen tief in die Rindengewebe ein und verursachen dort intensive Zellteilungen, die zur Knöllchenbildung (siehe Farbabb. 4, S. 245) führen. Die im zentralen Bereich dieser Anschwellungen sich aufhaltenden Bakterien reduzieren den Luftstickstoff zu Ammoniumverbindungen, die von der Pflanze weiter verwertet werden können. Eukaryotische Organismen sind selbst nicht zur Stickstoff-Fixierung befähigt.
Ähnliche Strukturen wie bei den Rhizobienknöllchen finden sich bei den Actinorhizen, Symbiosen zwischen Pflanzenwurzeln einer Vielzahl von Arten, darunter Erle, *Casuarina, Eucalyptus,* und dem N-fixierenden Actinomyceten *Frankia.*
An die Wurzelhaarzone schließt sich rückwärts die *Seitenwurzelzone* an. In diesem Bereich ist die Wurzelepidermis samt den Wurzelhaaren zugrunde gegangen und wird in ihrer Funktion als Abschlußgewebe durch die äußerste Rindenschicht ersetzt, die durch Verkorkung zur *Exodermis* wird. Durchlaßzellen ermöglichen auch in diesem Bereich eine Aufnahme von Wasser und Mineralsalzen. Die Seitenwurzeln werden in dieser Zone endogen angelegt; um nach außen zu gelangen, müssen sie erst die bedeckenden Rindengewebe durchbrechen.
Der innere anatomische Aufbau der Wurzel unterscheidet sich von der Sproßachse vor allem durch eine andere Anordnung der Leitgewebe, die als radialer Leitbündelkomplex zu einem *Zentralzylinder* zusammengeschlossen sind. Durch die Verlegung dieser mechanisch stabilen Elemente sind die Wurzeln in erster Linie auf Zugfestigkeit konstruiert. Auf den Zentralzylinder folgt nach außen die *Rinde (Cortex),* die mit einem inneren Abschlußgewebe, der *Endodermis,* an den Zentralzylinder angrenzt. An der Endodermis endet der Apoplastenraum der Wurzel; als Barriere fungiert eine zunächst bandförmige Endoderminauskleidung *(Casparyscher Streifen)* aus einer suberinähnlichen Verbindung. Sämtliche Stoffe, die in den Zentralzylinder gelangen, müssen hier den Symplastenweg, der durch die Endodermisprotoplasten gegeben ist, benutzen. Der Endodermis kommt hierbei eine Ventilfunktion zu. Bei einer Reihe von Schadstoffen im Boden endet die Aufnahme in die Wurzel an der Endodermis (vgl. S. 54).
Wie bei der Sproßachse können auch die Wurzeln der Gymnospermen und der meisten Dikotylen in den älteren Regionen ein *sekundäres Dickenwachstum* durchführen, dessen Beginn etwas anders als bei der Sproßachse abläuft (vgl. Abb. 34, Mitte rechts).
Wurzeln haben einen erheblichen Einfluß auf die sie umgebende Bodenzone, die *Rhizosphäre.* Durch die Abgabe von Exkretionsprodukten, den *Wurzelexudaten,* kommt es zu Oberflächenreaktionen, welche die chemischen und elektrischen Eigenschaften der Tonminerale und der Oxidoberflächen verändern, sowie zur Komplexierung von Ionen der Bodenlösung. Wurzelexkrete in Form von organischen Säuren tragen z. B. zur Solubilisierung und zur Mobilität von Phosphat im Boden bei. Der sog. Rhizosphäreneffekt erstreckt sich darüber hinaus auf die Bodenorganismen, die positiv oder negativ im Wachstum beeinflußt werden können. Hierbei sind nicht nur wasserlösliche (z. B. phenolische) Verbindungen, sondern auch flüchtige Stoffe im Spiel. Von besonderer Bedeutung ist dabei das *Mucigel,* ein gelatinöser Überzug der Wurzeln, die in nicht-sterilen Böden wachsen. An der Bildung sind Pflanzenschleime, Bakterienzellen und ihre Stoffwechselprodukte sowie organische Stoffe des Bodens beteiligt. Hierdurch wird der Kontakt mit den Bodenpartikeln verbessert, vor allem wenn Wurzeln bei hohen Transpirationsraten schrumpfen. Hinzu kommen auch zahlreiche Schutzwirkungen, z. B. in sauren mineralischen Böden gegenüber Aluminium.
Ähnlich wie die Pflanze ihre Umgebung verändert, wird sie durch diese auch selbst beeinflußt. Erstaunlich sind dabei die Leistungen, solche Veränderungen wahrzunehmen und darauf mit physiologischen Änderungen zu reagieren. Wichtige Beispiele sind chemische Signale, die bei der Austrocknung des Bodens von den Wurzeln an den Sproß weitergeleitet werden, z. B. in Form von Abscisinsäure, und zum Stomaverschluß und zur Wachstumshemmung führen[36]. Umgekehrt verfügen Wurzeln über Sensoren zur Wahrnehmung von Feuchtigkeit, so daß Wurzeln gerichtet auf Regionen mit verfügbarem Wasser zuwachsen können (Hydrotropismus).
Auf rhizotoxische Stoffe reagieren Wurzeln mit einem sofortigen Wachstumsstopp, was auch für Biotests genutzt werden kann. Ein besonders wichtiges Beispiel ist die Aluminiumtoxizität, insbesondere im sauren Bereich, wo es als Al^{3+} vorliegt (vgl. S. 123).

Fortpflanzung

Definitionen

Die Lebensdauer der Organismen ist begrenzt. Die Kontinuität der Lebewesen kann nur durch die Fortpflanzung gesichert werden. Hierbei erzeugen vorhandene Organismen (die Eltern) neue Organismen (die Nachkommen), indem ein- oder vielzellige Fortpflanzungseinheiten (Keime) abgegeben werden; diese entwickeln sich zu den Nachkommen. In den meisten Fällen dient die Fortpflanzung zugleich der Vermehrung, nämlich wenn pro Elternteil zwei oder mehr Nachkommen erzeugt werden.

Mit der Fortpflanzung werden zwei Strategien verfolgt: (1) Erhaltung und Vergrößerung einer Population; dies erfolgt, sofern vorhanden, über die vegetative Fortpflanzung, kann aber auch durch die sexuelle Fortpflanzung erreicht werden. (2) Herstellung von neuen Merkmalskombinationen innerhalb einer Population; hierfür ist ausschließlich die sexuelle Fortpflanzung zuständig. Der wesentliche Unterschied kommt auf cytologischer Ebene zum Ausdruck. Der Ablauf der sexuellen Fortpflanzung schließt die Verschmelzung zweier Zellkerne *(Karyogamie)* sowie die *Meiose* (Reifeteilung) ein und ist deshalb stets mit einem Kernphasenwechsel verbunden. An der wesentlich einfacheren vegetativen Fortpflanzung sind weder Karyogamie noch Meiose beteiligt; die Bildung der vegetativen Fortpflanzungszellen erfordert ausschließlich *mitotische Kernteilungen.*

Die mitotische Zellteilung garantiert erbgleiche Nachkommen, die meiotische dagegen aufgrund der Rekombinationsmöglichkeiten während des Teilungsablaufs erbungleiche Nachkommen. Die biologische Bedeutung der sexuellen Fortpflanzung liegt damit in einer Erhöhung der Variation innerhalb der Populationen – eine der wesentlichen Voraussetzungen für die Anpassungsfähigkeit der Organismen an sich ändernde Umweltbedingungen sowie für die Evolution schlechthin. Denn die zufällig auftretenden Mutationen werden in den verschiedensten Merkmalskombinationen getestet, und es kann durch die Selektion im Laufe der Zeit zu einer Verschiebung der Häufigkeit der verschiedenen Allele bestimmter Gene kommen. Hierdurch ändert sich allmählich die genetische Zusammensetzung einer Population, die sich auf diese Weise Veränderungen ihres Lebensraumes anpaßt, mit anderen Worten, ihre Fitneß verbessert. Umgekehrt ist festzustellen, daß sich durch die Schadstoffbelastung der Umwelt die Fitneß verschlechtert.

Sexuelle Fortpflanzung

Die Vielfalt im Bereich der sexuellen Fortpflanzung ergibt sich aus der Vielgestaltigkeit der morphologischen Strukturen, welche für die Karyogamie benötigt werden, ferner aus den Variationsmöglichkeiten beim Zeitpunkt von Karyogamie und Meiose im Laufe der Entwicklung. Um den Ablauf der Entwicklungszyklen zu verstehen, sind folgende Definitionen erforderlich: Als *Gameten* oder Geschlechtszellen bezeichnet man Fortpflanzungszellen, die miteinander verschmelzen, d. h. eine Befruchtung durchführen; das entstehende Produkt ist die *Zygote.*

Die Gameten können bei verschiedenen Entwicklungszyklen (s. u.) aus meiotischen, aber auch aus mitotischen Kernteilungen hervorgehen. *Meiosporen* dagegen entstehen grundsätzlich aus meiotischen Teilungen; die Weiterentwicklung läuft ohne Karyogamie ab, meist erfolgen mitotische Zellteilungen.

Entwicklungszyklen, Generationswechsel

Die Entwicklung eines jeden Organismus beginnt mit einer Fortpflanzungseinheit; sie wird im Normalfall wieder mit der Bildung von Fortpflanzungseinheiten abgeschlossen. Man bezeichnet einen derartigen Entwicklungsabschnitt als *Generation.* Je nachdem, auf welche Weise die beiden Eckpunkte des Kernphasenwechsels, Karyogamie und Meiose, miteinander verknüpft sind, lassen sich verschiedene *Entwicklungszyklen* voneinander unterscheiden (Abb. 35).

1) Bei den *Haplonten* beschränkt sich die diploide Phase auf das Zygoten-Stadium, da auf die Karyogamie unmittelbar die Meiose folgt. Der Vegetationskörper ist somit haploid. Beispiele für diesen Entwicklungszyklus finden sich unter den Algen und den Niederen Pilzen.

2) Bei den *Diplonten* ist die haploide Phase auf die Gameten beschränkt. Der Vegetationskörper ist diploid. Meiosporen treten nicht auf. Im Gegensatz zum Tierreich sind bei den Pflanzen die Beispiele auf verhältnismäßig wenige Organismengruppen begrenzt. Hierzu zählen die Kieselalgen, siphonale Grünalgen sowie unter den Pilzen die Oomyceten.

3) Bei den *Haplo-Diplonten* treten sowohl in der Haplo- als auch in der Diplophase eigene Vegetationskörper auf. Wegen der obligaten Aufeinanderfolge von Haplo- und Diplophase ergibt sich zwangsläufig eine Aufeinanderfolge von zwei Generationen, die sich in ihren Fortpflanzungszellen unterscheiden. Man spricht von einem *Generationswechsel:* der diploide Vegetationskörper *(Sporophyt)* produziert unter Ablauf meiotischer Zellteilungen die Meiosporen, der haploide Vegetationskörper *(Gametophyt)* durch mitotische Zellteilungen die Gameten. Der Generationswechsel ist hier mit einem Kernphasenwechsel verbunden. Dieser Entwicklungszyklus ist außerordentlich weit verbreitet. Er findet sich bei vielen Algen und Niederen Pilzen. Die Moose und sämtliche Höheren Pflanzen sind ausschließlich Haplo-Diplonten.

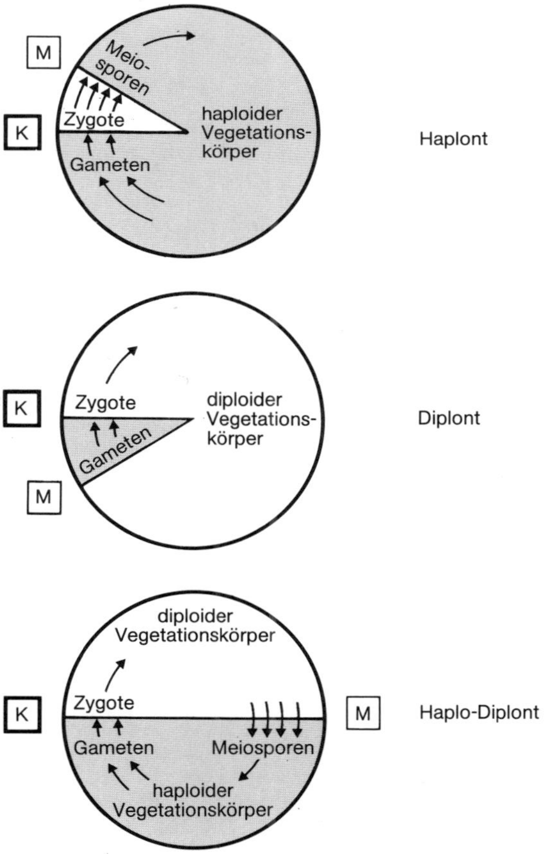

Abb. 35: Entwicklungszyklen (schematisch). K: Karyogamie, M.: Meiose.

Als Beispiel zeigt Abb. 36 die *Entwicklung eines Farns.* Die grüne Pflanze repräsentiert den diploiden Sporophyten. Die sporangientragenden Blätter, die Sporophylle, bilden innerhalb der Sporangien unter Beteiligung meiotischer Zellteilungen die Meiosporen, die der Vermehrung und der Verbreitung dienen. Diese Sporen entwickeln sich zum haploiden Gameto-

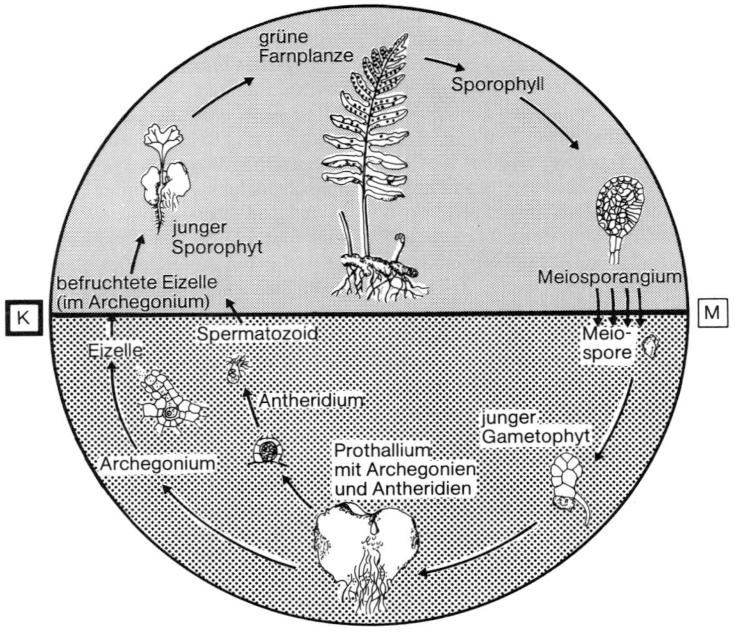

Abb. 36: Entwicklungszyklus eines Farns. Verändert nach Weberling und Schwantes[37].

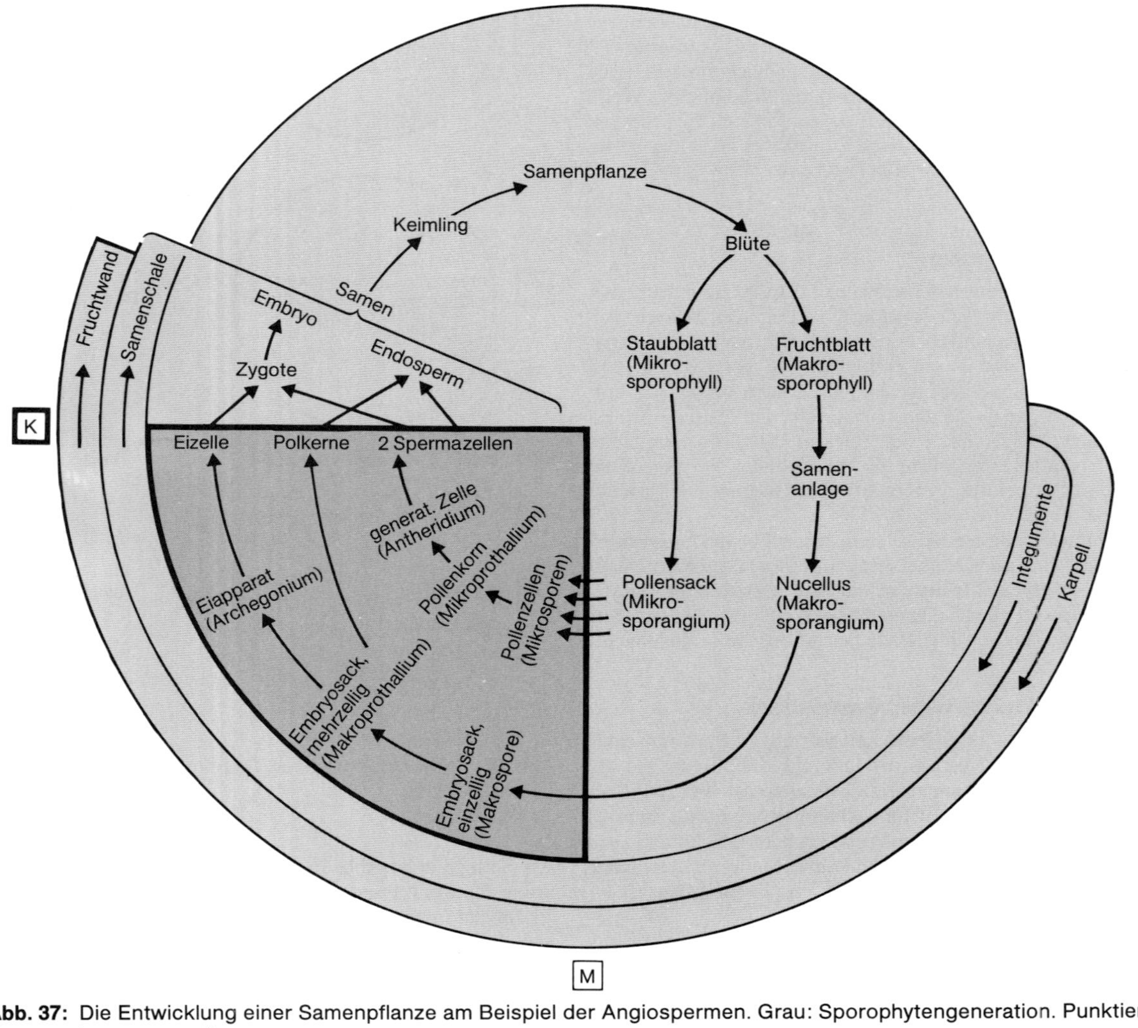

Abb. 37: Die Entwicklung einer Samenpflanze am Beispiel der Angiospermen. Grau: Sporophytengeneration. Punktiert: Gametophytengeneration.

phyten, dem Prothallium (Vorkeim), an dem sich die Geschlechtsorgane ausbilden. Die männlichen Gameten (Spermatozoiden) werden von den Antheridien freigesetzt. Sie schwimmen chemotaktisch angelockt zu den Archegonien, die jeweils eine Eizelle enthalten, und führen dort die Befruchtung durch. Aus der Zygote entwickelt sich ein neuer Sporophyt.
Besonderen Gefahren ist die Gametophytengeneration ausgesetzt. Am anfälligsten erweist sich hierbei die Gameten-Produktion und die Befruchtung. Zur Übertragung der Spermatozoiden muß zumindest das Prothallium mit Wasser benetzt sein. Hierdurch wird der Lebensraum der Farne erheblich eingeschränkt.

Die Blüte: Übersicht

Die Blütenbildung leitet bei allen Samenpflanzen den *sexuellen reproduktiven Zyklus* ein. Hierbei erfährt der Vegetationskegel eine tiefgreifende Umstimmung, die sich in der Produktion von Blüten- anstelle der vegetativen Blattorgane äußert. In der Blüte laufen die für den Sexualzyklus entscheidenden Prozesse ab: die Meiose und die Karyogamie. Ähnlich wie bei den Farnen erfordert die sexuelle Fortpflanzung auch bei den Samenpflanzen die Aufeinanderfolge einer diploiden Sporophyten- und einer haploiden Gametophytengeneration (Abb. 37). Im Gegensatz zu den Farnen ist jedoch die Haplophase außerordentlich kurz.
Die Verkürzung der Gametophytengeneration und ihre Unterbringung in Strukturen, welche zunächst der Sporenbildung dienen (nämlich in den Pollensäcken und den Samenanlagen), erklären, warum für die Gesamtheit der Staubblätter und der Fruchtblätter die Begriffe *Androeceum* und *Gynoeceum* (d. h. männliche und weibliche Organe) gewählt wurden, obwohl diese in Wirklichkeit als Sporophylle fungieren.
Der komplizierte Entwicklungsgang der Samenpflanzen ist die Folge einer perfekten Anpassung an das Landleben. Die Befruchtung hängt nicht mehr wie bei den Farnen von einem Wasserfilm ab, sie vollzieht sich genau wie die hochempfindliche Gametophytenentwicklung im Schutz des Sporophytengewebes. Die Verbreitungseinheiten sind nicht mehr die Sporen, sondern die *Samen*. Hierbei handelt es sich um embryonale Sporophyten im Ruhezustand, die mit Nährgewebe ausgerüstet und zum Schutz mit Geweben des Muttersporophyten, der Samenschale, umgeben sind.

Bau und Funktion der Angiospermenblüte

Aus morphologischer Sicht entspricht die Blüte einem Kurzsproß mit begrenztem Wachstum, dessen Blattorgane im Dienst der Fortpflanzung stehen. Neben der *Blütenhülle*, die bei den Dikotylen meist in einen Kelch und eine Krone gegliedert, bei den Monokotylen dagegen vorwiegend einheitlich ist, finden wir als Mikrosporophylle die *Staubblätter* und als Makrosporophylle (oder Megasporophylle) die *Fruchtblätter* (Abb. 38). Funktionell entsprechen Blüten somit Sporophyllständen.
Die Fruchtblätter der Angiospermen sind zu einem geschlossenen Gehäuse, dem *Fruchtknoten*, verwachsen, der nach oben meist in einen stielartigen *Griffel* übergeht und an der Spitze immer mit einer *Narbe*, dem Empfängnisorgan für die Pollenkörner, abschließt. Im Inneren des Fruchtknotens finden sich die *Samenanlagen* (Abb. 39), aus denen später die Samen hervorgehen. Die etwa einen Millimeter großen Gebilde sind mit einem Stiel an der Fruchtknotenwand festgewachsen. Die äußeren Zellen der Samenanlagen entwickeln sich zu einer oder zwei Hüllschichten, den *Integumenten*, die an der Spitze eine kleine Öffnung, die *Mikropyle*, freilassen. An dieser Stelle dringt in der Regel der Pollenschlauch ein, außerdem erfolgt hier bei der Samenkeimung der Austritt der Keimwurzel (Radicula). Der Gewebekern im Inneren der Samenanlage wird als *Nucellus* bezeichnet und fungiert als Makrosporangium (= Megasporangium). Hier bildet sich aus einer Makrosporenmutterzelle nach Ablauf einer Meiose eine haploide Makrospore (= Megaspsore), der *Embryosack*, der sich nach starker Vergrößerung und einer Serie von mitotischen Kernteilungen sowie freien Zellbildungen zu einem mehrzelligen Embryosack entwickelt. Er enthält zur Mikropyle gelegen die *Eizelle* mit den beiden *Synergiden-Zellen* (Eiapparat), am anderen Pol befinden sich 3 Antipoden-Zellen, und im Zentrum haben die beiden restlichen Kerne *(Polkerne)* eine zweikernige *Endospermmutterzelle* gebildet. In diesem Stadium entspricht der Embryosack einem haploiden, siebenzelligen Makroprothallium, das nun zur Befruchtung bereit ist.

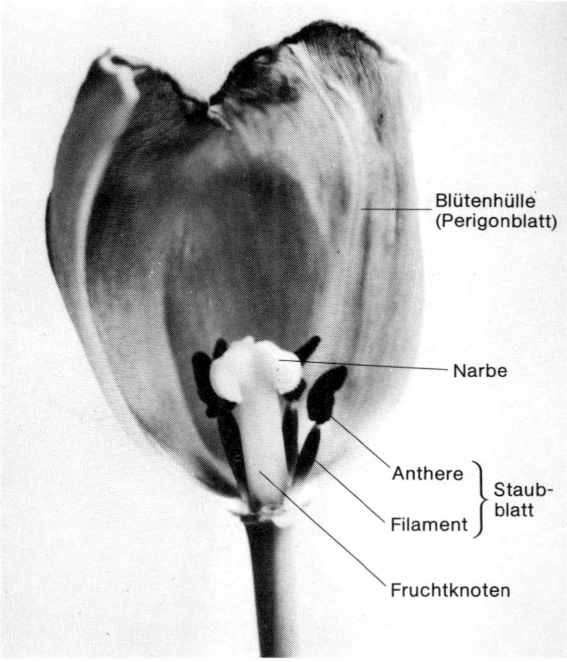

Abb. 38: Bau der Angiospermenblüte am Beispiel der Tulpe.

Die *Staubblätter* (Abb. 40) bilden vier *Pollensäcke* (Mikrosporangien). Hier entstehen unter meiotischen Zellteilungen die einkernigen, haploiden *Pollenzellen* (Mikrosporen). Bereits in den Pollensäcken erfolgt die Weiterentwicklung zu den *Pollenkörnern*, zweizelligen Strukturen, die aus einer vegetativen Zelle und der von ihr umschlossenen generativen Zelle bestehen und einem stark vereinfachten männlichen Prothallium (Mikroprothallium) entsprechen. Die außerordentlich widerstandsfähige Wand dient dem Schutz des Polleninhalts, der das männliche Erbgut einschließt und insbesondere beim Transport der Pollenkörner zur Narbe einer benachbarten oder gar weiter entfernteren Blüte eine wichtige Rolle spielt.
Die haploiden Stadien in den Pollensäcken, aber auch im Embryosack, werden in der Biotechnologie zur Herstellung haploider Pflanzen genutzt[38]. Hierbei erfolgt die Regeneration eines haploiden Sporophyten aus einer Gametophytenzelle, z. B. einer Mikrospore. Haploide lassen sich in der Mutationszüchtung einsetzen, da jede Mutation, selbst eine rezessive, bereits in der betroffenen Generation sichtbar wird. Darüber hinaus dienen Haploide zur Etablierung reiner Linien, da die Verdopplung der Chromosomenzahl, z. B. durch Colchicinbe-

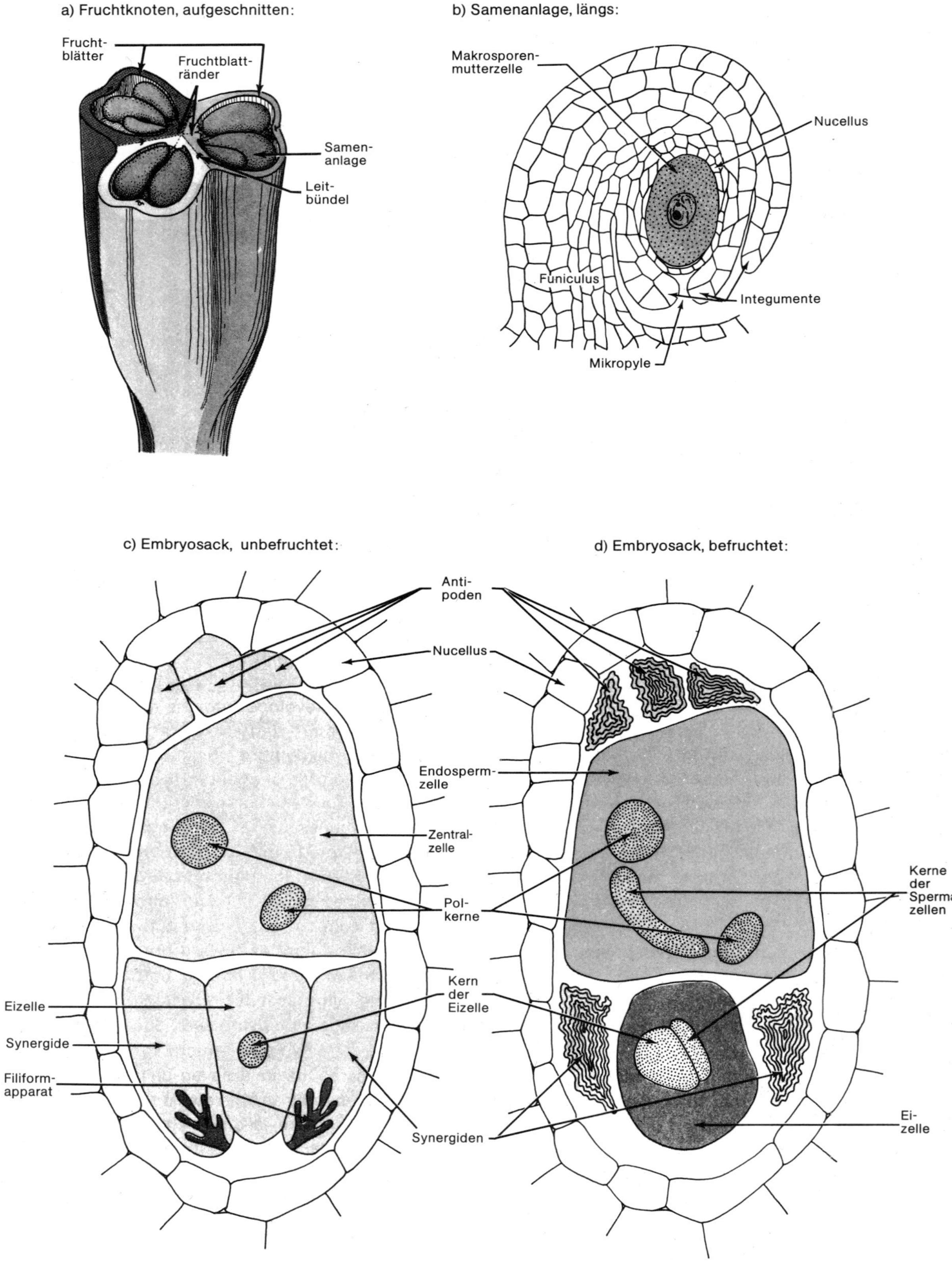

Abb. 39: Bau des Fruchtknotens und der Samenanlagen am Beispiel der Tulpe. Nach Weier et al.[27].

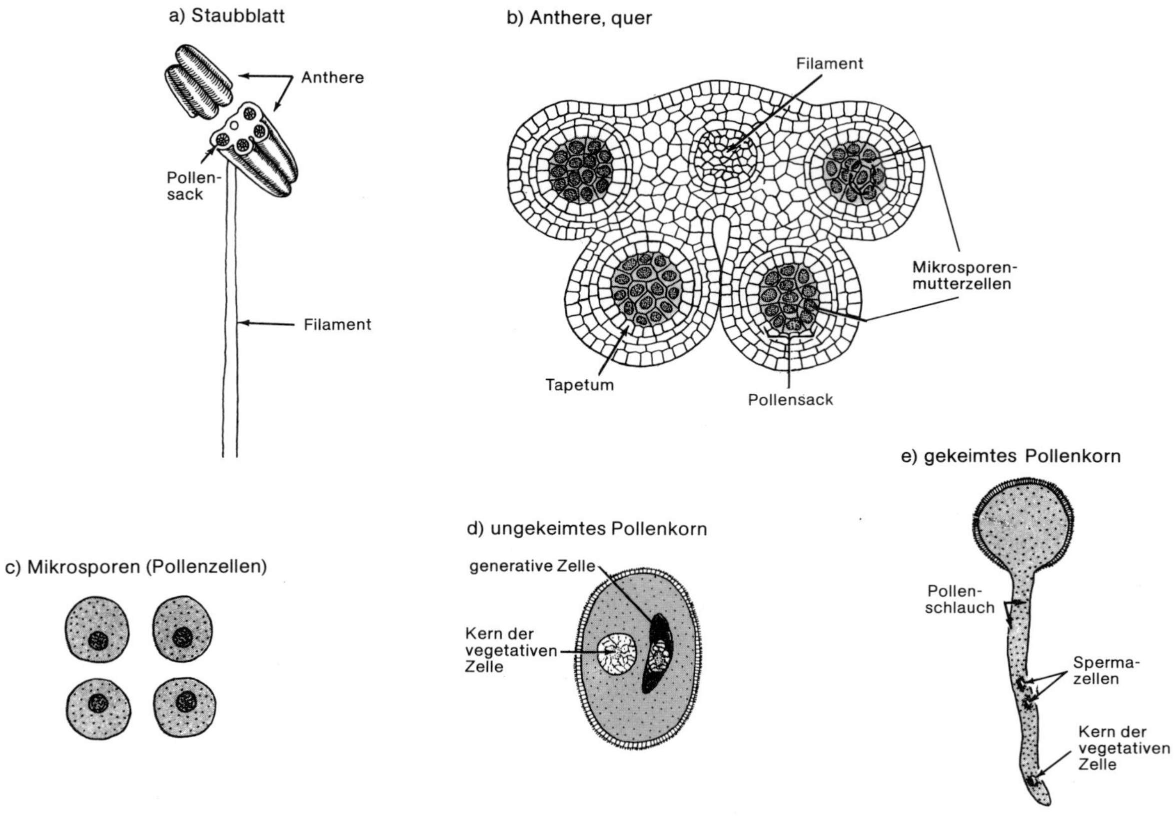

Abb. 40: Bau der Staubblätter und Entwicklung der Pollenkörner. Nach Weier et al.[27].

handlung, sofort zur Homozygotie führt. Damit dienen haploide Pflanzen, bei denen keine Meiose stattfinden kann, als Übergangsstadien zur Gewinnung fertiler Pflanzen. Sie wurden mit Erfolg auch für Gentransfer-Experimente eingesetzt.
Die Verbreitung der reifen Pollen erfolgt im zwei- oder im dreikernigen Zustand. Nach der Übertragung und der Wasseraufnahme aus dem Narbengewebe auf eine geeignete Narbe (Bestäubung) kommt es zur Keimung mit Hilfe eines *Pollenschlauchs.* Spätestens zu diesem Zeitpunkt teilt sich die generative Zelle in zwei *Spermazellen* (die männlichen Keimzellen), die nun zur Spitze des Pollenschlauchs wandern. In vielen Fällen verhindern Selbst-Inkompatibilitätsgene eine Selbstbefruchtung; hierbei werden Keimung oder Pollenschlauchwachstum unterbunden. Die genetische Kontrolle ist entweder gametophytisch oder sporophytisch.
Das Pollenschlauchwachstum zählt zu den sensibelsten Schritten der pflanzlichen Entwicklung. Es wird in hohem Maße durch Umweltschadstoffe beeinträchtigt. Der Pollenschlauch durchdringt das Narbengewebe, wächst durch den Griffel bis in den Fruchtknoten und tritt gewöhnlich über die Mikropyle in den Embryosack ein. Nach Öffnung des Pollenschlauchs an der Spitze kommt es zur *Befruchtung:* eine Spermazelle vereinigt sich mit der Eizelle zur *Zygote,* die andere mit der Endospermmutterzelle, wobei alle drei Kerne miteinander zur primären *Endospermzelle* verschmelzen. Wesentlich ist somit die *doppelte Befruchtung,* für die jede Samenanlage einen eigenen Pollenschlauch benötigt. Während die Antipoden- und Synergidenzellen degenerieren, laufen die weiteren Vorbereitungen zur Frucht- und Samenbildung ab. Narbe und Griffel welken, die Blütenblätter werden meist abgeworfen, die Fruchtknotenwand und manchmal weitere Blütenteile entwickeln sich zur *Fruchtwand,* und die Integumente der Samenanlage bilden die *Samenschale.* Im Inneren der Samenanlage entsteht aus der Zygote der *Embryo* und aus der primären Endospermzelle das Endosperm, das als Nährgewebe fungiert. Es wird häufig bei der weiteren Entwicklung des Samens aufgebraucht.
Abb. 37 macht deutlich, daß am *Samenaufbau* drei Generationen beteiligt sind. Die besondere Struktur der Samen erlaubt auch unter extrem ungünstigen Witterungsperioden ein Überdauern. Im Gegensatz zu den Sporenpflanzen, z. B. den Farnen, sind bei den Samenpflanzen die Samen die eigentlichen Verbreitungseinheiten, die somit zugleich der Arterhaltung dienen. Mit der Samenbildung ist der Fortpflanzungsprozeß abgeschlossen, der mit der Blütenbildung begonnen hatte. Die *Früchte* dienen als Hilfsstrukturen, denen eine wichtige Schutz- und Verbreitungsfunktion für die Samen zukommt.

Vegetative Fortpflanzung

Da die Bildung der vegetativen Fortpflanzungseinheiten ausschließlich mitotische Zellteilungen erfordert, sind die Tochterorganismen mit dem Mutterorganismus genetisch identisch. Wichtige Beispiele sind bei den Einzellern die Zwei- und die Vielfachteilung, bei den vielzelligen Organismen die Bildung von Knollen, Zwiebeln, Ausläufern oder Brutknospen. Auch die Vermehrung durch Ableger oder Stecklinge ist eine asexuelle Vermehrungsart. Bei den Pilzen spielt die Produktion von Mitosporen, z. B. Konidien (s. S. 45), eine große Rolle bei der außerordentlich effektiven Vermehrung und Verbreitung.

Entwicklung

Definitionen

Die Entwicklung einer Pflanze umfaßt sämtliche Veränderungen, welche der Organismus vom Stadium der befruchteten Eizelle bis zum Alterstod durchmacht. Formal läßt sich der Entwicklungsprozeß in verschiedene Teilaspekte untergliedern: Unter *Wachstum* versteht man die irreversiblen quantitativen Veränderungen, die auf der Zellebene als Streckungs- und Teilungswachstum erkennbar sind. Unter den Begriff *Differenzierung* fallen dagegen die qualitativen Veränderungen, welche die Zellen beim Übergang vom Embryonalzustand zum adulten Stadium erfahren und die damit zur Verschiedenheit der Strukturen und Funktionen führen. Die *Morphogenese* kennzeichnet diejenigen Prozesse, die bei einem vielzelligen System die Integration der Zellen zu einer spezifischen Organisation veranlassen und in der charakteristischen Form samt Mustern resultieren.

Die geordnete Entwicklung zeichnet sich durch eine hochgradige Koordination dieser drei Teilprozesse aus. Eine Störung führt zu pathologischen Phänomenen, z. B. beim Ausfall der Differenzierung zur Tumorbildung oder beim Ausbleiben der Morphogenese zur Entstehung von Teratomen.

Der Ablauf der Entwicklung ist durch die genetische Information festgelegt, die komplett in jeder lebenden Pflanzenzelle vorliegt, d. h. auch in der differenzierten Zelle. Der Beweis hierfür läßt sich durch Regenerationsexperimente führen, bei denen hochspezialisierte Zellen sich entdifferenzieren und danach zu einem kompletten Organismus entwickeln können. Entwicklung bedeutet somit einen sequentiellen Abruf verschiedener Abschnitte der genetischen Information.

Bei der extrem umweltabhängigen Pflanze sind Alternativen vorgesehen, die als *Modifikationen* bezeichnet werden. Innerhalb der durch die Gene vorgegebenen Norm können durch unterschiedliche Umwelteinflüsse außerordentlich verschiedene Formen entstehen. Ein wichtiges Beispiel ist die Photomorphogenese, d. h. die Entwicklung im Licht, als Alternative zur Skotomorphogenese, der Entwicklung unter Lichtabschluß.

Gerade Umweltfaktoren wie Schwerkraft und Licht spielen auch bei der Entstehung der *Zellpolarität* eine entscheidende Rolle, die für die inäquale Zellteilung und damit für die Polarität auf der Ebene der Organe und des ganzen Organismus verantwortlich ist. Durch eine gegebenenfalls kontinuierliche Änderung bestimmter Plasmaeigenschaften über eine Zelle oder ein Gewebe hinweg können bei identischer genetischer Konstitution der Zellkerne unterschiedliche Genaktivitäten in verschiedenen Plasmabereichen ausgelöst und damit die Voraussetzungen für Differenzierungs- und Morphogenese-Prozesse geschaffen werden.

Hormonelle Steuerung der Entwicklung

Bei den Pflanzen erfolgt die Koordination zwischen den einzelnen Zellen, Geweben und Organen auf hormonellem Wege. Die *Phytohormone* nehmen dabei eine Zwischenstellung ein zwischen den glandulären Hormonen, bei denen Produktions- und Wirkort auseinander liegen, und den phylogenetisch älteren Zell- oder Gewebshormonen der Tiere, die bereits am Bildungsort wirksam werden; sie unterscheiden sich von den tierischen Hormonen auch durch ein breiteres Wirkungsspektrum.

Im weitesten Sinn lassen sich Phytohormone als Regulatoren definieren, die in der Pflanze produziert werden und in niedrigen Konzentrationen pflanzenphysiologische Prozesse regulieren. Die klassischen Phytohormone bewegen sich innerhalb der Pflanze von ihrem Synthese- zu ihrem Wirkort.

Hormone lösen lediglich bereits vorgegebene Prozesse aus; dieser Mechanismus erklärt ihre Wirksamkeit in außerordentlich geringen Konzentrationen. Der erste Schritt ist die Bindung an einen *Rezeptor.* Die Kompetenz der Zielgewebe, d. h. das Vermögen, auf Hormonsignale zu reagieren, kann bereits mit der Anwesenheit oder dem Fehlen geeigneter Rezeptoren zusammenhängen. Vom Hormon-Rezeptor-Komplex können verschiedene *Primärwirkungen* ausgehen, die immer mit einer *Signalverstärkung* gekoppelt sind. Gegenwärtig zeichnen sich drei Hauptmechanismen ab:

1) Veränderung der Permeabilität von Zellmembranen.
2) Einfluß auf die Genexpression.
3) Direkter Einfluß auf die Enzymkatalyse.

Hieran schließt sich eine Vielfalt von *Sekundärwirkungen* an, die meist langsamer ablaufen.

Nach ihrer Chemie unterscheidet man heute sechs Hauptgruppen von Phytohormonen. In allen Fällen handelt es sich um niedermolekulare Verbindungen. Bei den Auxinen, Cytokininen und Gibberellinen steht die Förderung physiologischer Reaktionen im Vordergrund, bei der Abscisinsäure, dem Ethylen und den Jasmonaten die Hemmung, wenngleich wegen der multiplen Wirkung eine strikte Trennung dieser beiden Prinzipien nicht möglich ist. Komplizierend kommt die Tatsache hinzu, daß viele Hormoneffekte nicht auf ein einzelnes Hormon, sondern auf die Balance zwischen mehreren Hormonen zurückgehen.

Neben der Synthese und dem Abbau bestimmt auch die Bindung an andere Moleküle (z. B. Zucker, Aminosäuren oder Proteine) die jeweils wirksame Hormonmenge. Die *gebundenen Formen* sind entweder Detoxifikations- oder Speicherprodukte, die selbst keine oder nur geringe Wirkung besitzen.

Auxine

Der Name Auxin trifft auf eine Gruppe von Verbindungen zu, die das Wachstum der Pflanze auf ähnliche Weise fördern. Zu den klassischen Testsystemen zählt der *Krümmungstest* mit dekapitierten *Avena*koleoptilen (Abb. 41), der auf der streng polaren Leitung des einseitig applizierten Auxins beruht, sowie der einfachere, aber unempfindlichere *Segmentstreckungstest,* der mit Koleoptilen- oder Sproßachsensegmenten (z. B. Erbsen) durchgeführt wird. Zu den Auxinen gehören die natürlich vorkommende *Indol-(3)-Essigsäure* (IES oder engl. IAA) und die *Phenylessigsäure* (Abb. 42) sowie eine Reihe *synthetischer Auxine,* bei denen entweder der Indolring oder der Essigsäurerest durch andere Gruppen ersetzt sind. Hierzu zählen verschiedene Herbizide, die von besonderem toxikologischen Interesse für die Pflanzen sind und auf S. 169 ff. abgehandelt werden.

Die *IES-Synthese* erfolgt insbesondere in der Apikalregion der Sproßachse einschließlich der jungen Blätter, aber auch in wachsenden Samen und Früchten. Als Ausgangsverbindung dient die Aminosäure Tryptophan. Der endogene *Auxintransport* erfolgt bei der intakten Pflanze polar im Parenchym, aber auch im Kambium mit einer Geschwindigkeit von ca. 10–15 mm/h und ist stoffwechselabhängig. Unklar erscheint die Rolle eines zweiten, nicht polaren Transports, der vor allem nach der äußeren Auxinapplikation auf die Pflanze nachgewiesen werden kann. Hier wird Auxin zusammen mit den Assimilaten im Phloem mit einer Geschwindigkeit von 10–20 cm/h transportiert. Die *Auxinverteilung* in der Pflanze ist nicht gleichmäßig. Im intakten System finden sich die höchsten Auxinkonzentrationen in der Sproß- und Wurzelspitze; von hier erfolgt zur Mitte hin eine Abnahme.

Die Konzentrationen der freien Indolessigsäure liegen bei den pflanzlichen Geweben zwischen 1 und 100 µg pro kg Frischgewicht. Die aktuellen Konzentrationen resultieren aus dem Gleichgewicht zwischen Synthese, oxidativem Abbau über die

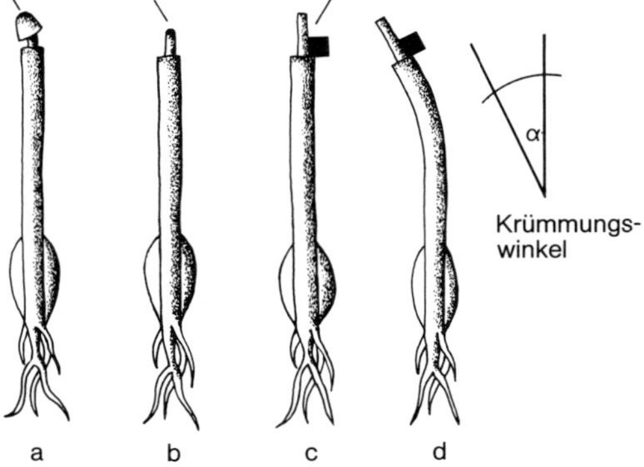

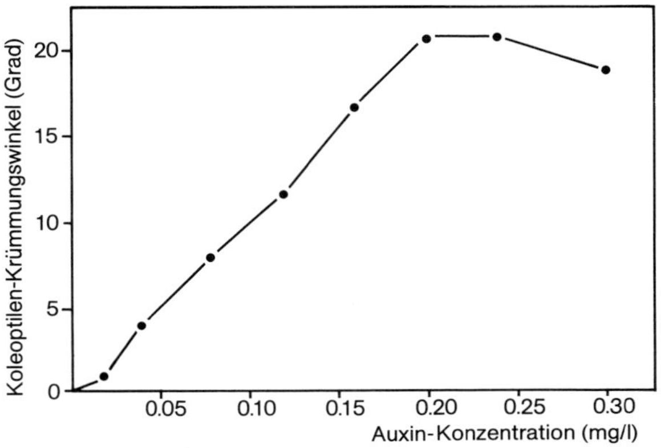

Abb. 41: Krümmungstest mit dekapitierten Avena-Koleoptilen und quantitative Auswertung. Nach Mohr und Schopfer[39] sowie Moore[40].

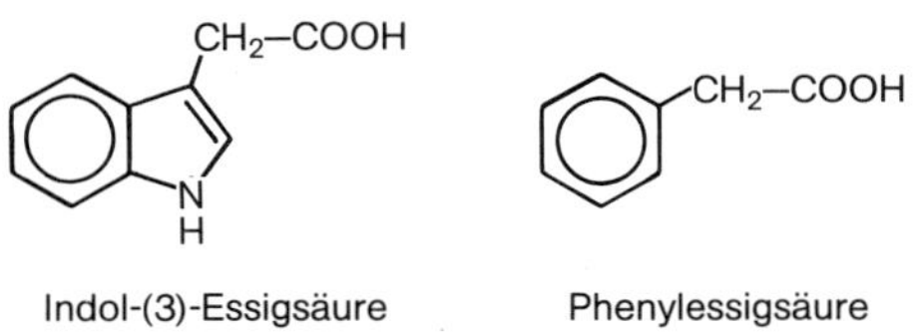

Abb. 42: Natürlich vorkommende Auxine.

IES-Oxidase oder Peroxidase zu 3-Methyloxindol und Bindung an Aminosäuren oder Zucker. Hohe Auxinkonzentrationen fördern über eine Stimulation der ACC-Synthese die Ethylenbildung (vgl. S. 86). Hieraus erklärt sich die Ähnlichkeit von Ethylen- und Auxineffekten bei Applikation überhöhter Auxinkonzentrationen.

Die *Auxinwirkungen* sind außerordentlich vielfältig und hängen vom Differenzierungszustand der Pflanze, von der vorhandenen Auxinkonzentration und der Gegenwart anderer Phytohormone ab. Tab. 3 gibt eine Übersicht über die wichtigsten Auxin-gesteuerten Prozesse.

Durch *Antiauxine* (Auxininhibitoren, Abb. 43) können Auxinwirkungen spezifisch gehemmt werden. Hierzu zählen 2,3,5-Trijodbenzoesäure (TIBA), das den parenchymatischen Auxintransport hemmt und z. B. bei einigen Nutz- und Zierpflanzen einen buschigen Wuchs hervorruft, die ähnlich wirkende p-Chlorphenoxyisobuttersäure (PCIB), sowie t-Zimtsäure und 9-Hydroxyfluoren-9-carboxylsäure.

Tab. 3: Multiple Wirkungen der IES.

Förderung der Zellstreckung
Förderung der Zellteilung
Xylemdifferenzierung
Adventivwurzelbildung
apikale Dominanz
(Hemmung des Austriebs von Seitenknospen durch die apikalen Blätter)
Fruchtwachstum
Produktion parthenokarper (= samenloser) Früchte
Geschlechtsbestimmung
(Bildung pistillater [„weiblicher"] Blüten.

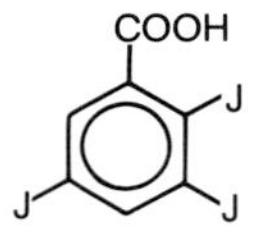

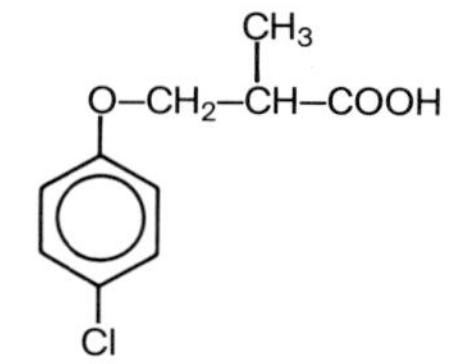

Abb. 43: Auxininhibitoren (links TIBA, rechts PCIB).

Der polare Auxintransport ist eine wichtige Voraussetzung für den Photo- und den Gravitropismus, aber auch für das Zustandekommen der bilateralen Symmetrie bei der frühen Embryogenese.

In den vergangenen Jahren wurden mehrere spezifische Auxinbindungsproteine im Plasmalemma, Tonoplasten, ER und dem Zellkern identifiziert. Hierzu zählen Auxinrezeptoren und Auxintransporter. Die Existenz verschiedener Auxinrezeptoren fügt sich in das Bild der multiplen Wirkung des Auxins. So wurden bereits für das auxininduzierte Streckenwachstum zwei verschiedene Rezeptoren im Plasmalemma und im Zellkern postuliert. In dieses Bild fügt sich die Tatsache, daß eine Auxinbehandlung innerhalb weniger Minuten zu zwei verschiedenen Effekten führt[41]: (1) Ansäuerung des Zellwandraums, gefolgt von einer Erhöhung der plastischen Dehnbarkeit der Zellwand und damit einer Turgor-getriebenen Zellstreckung; die Säurewachstumstheorie stellt einen direkten Zusammenhang zwischen der auxininduzierten H^+-Extrusion durch Plasmalemma-ATPasen und der Zellstrekkung her. (2) spezifische Gentranskription und mRNA-Synthese für die Bereitstellung von Zellwandkomponenten. Hierdurch wird dem Dünnerwerden der sich streckenden Wand entgegengewirkt. Abb. 44 zeigt ein Modell[42] zur Primärwirkung des Auxins im Zusammenhang mit der Zellstreckung. Diesem liegt die Beobachtung zugrunde, daß Auxin gleichzeitig die Menge der Plasmalemma-ATPase und den Membranfluß vom ER zum Plasmalemma erhöht. Durch den Export von Exocytose-Vesikeln werden neue H^+-ATPasen in das Plasmalemma eingefügt; gleichzeitig werden Zellwandvorstufen und Enzyme in den Apoplasten exportiert, die bei der Wandstreckung benötigt werden.

Die biochemischen Vorgänge bei der Streckung selbst sind noch offen. Neuerdings mehren sich die Hinweise auf die Existenz sog. Expansine; dabei handelt es sich um Zellwandproteine, die auch in vitro im sauren Bereich (Optimum bei pH 4,5–5,0) die Zellwanddehnung auslösen (Li et al.[43]).

Als eines der verschiedenen Auxinbindeproteine wurde die Glutathiontransferase identifiziert[44]. Das cytosolische Enzym, das die Konjugation verschiedener elektrophiler Moleküle mit dem Tripeptid Glutathion katalysiert, wird vermutlich als Nicht-Substratligand moduliert.

Cytokinine

Der Name Cytokinine weist auf die Förderung der Zellteilungsaktivität hin. Der erste eindeutige Nachweis für die Existenz solcher Phytohormone erfolgte im Markparenchym des Tabaks, dessen ausdifferenzierte Zellen wieder zur Teilung angeregt werden, wenn in Gegenwart von Auxin ein Cytokinin appliziert wird. Alle bekannten, *natürlich vorkommenden Cytokinine* leiten sich von einem N^6-substituierten Adenin ab. Sie lassen sich einteilen in 1. die N^6-Isoprenoid-Adenin-Analogen, die sich a) vom Zeatin und seinem Ribosid, b) vom Dihydroazetin sowie c) vom Isopentenyladenin ableiten. 2. die N^6-Benzyladenin-Analogen. Die Abb. 45 zeigt einige wichtige der mehr als 40 natürlich vorkommenden Cytokinine. Neben den freien Basen kommen Riboside wie z. B. Ribosylzeatin und Isopentenyladenosin sowie Ribotide wie z. B. Ribosylzeatin-5′-Monophosphat vor.
Ähnlich wie bei den Auxinen gibt es auch hier eine Reihe – mindestens 100 – *synthetischer Cytokinine* (Abb. 46). Interessanterweise gehört hierzu das zuerst entdeckte Cytokinin Kinetin (6-Furfurylaminopurin), das Skoog und Mitarbeiter aus verschiedenen Quellen einschließlich autoklavierter Heringssperma-DNA extrahierten. Von praktischer Bedeutung ist auch das Benzyladenin, das allerdings auch natürlich vorkommt.
Eine Cytokinin-ähnliche Aktivität weist der in Kokosmilch vorkommende N,N′-Diphenylharnstoff auf. Seine Wirkung verdankt er wahrscheinlich der strukturellen Ähnlichkeit mit dem Cytokininribosid Ribofuranosyl-purin-6-carbonyl-threonin (Ad-CO-thr). Auch Fungizide vom Benzimidazol-Typ (z. B. Thiabendazol) haben Cytokinin-Wirkung.
Die Hauptorte der *Cytokinin-Synthese* sind die Wurzeln. Von hier aus erfolgt der *Transport* in die übrigen Pflanzenteile, vor allem in der Ribotidform über die Xylembahnen; aber auch im Phloem sowie im Parenchymgewebe kann eine Leitung dieser Phytohormone erfolgen. In den Blättern kommt es zur Umwandlung zu Glucosiden und freien Cytokininen. Besonders hohe Konzentrationen finden sich in allen sich rasch teilenden

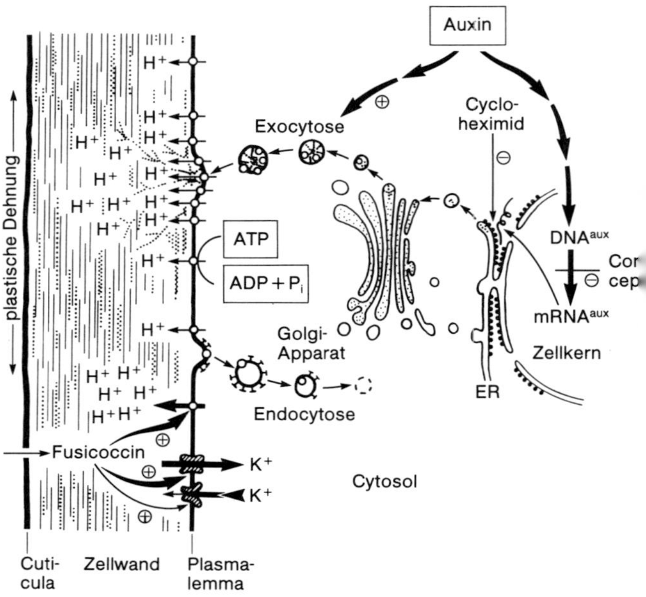

Abb. 44: Modell zur Primärwirkung des Auxins bei der Zellstreckung (nach Hager et al.[42]). Auxin induziert die Exocytose von Vesikeln und die Transkription auxinspezifischer mRNA. Die Wirkung der Antibiotica Fusicoccin (+) und Cycloheximid (–) ist eingetragen. DNA^aux, RNA^aux: auxinaktivierte spezifische Nucleinsäure-Sequenzen.

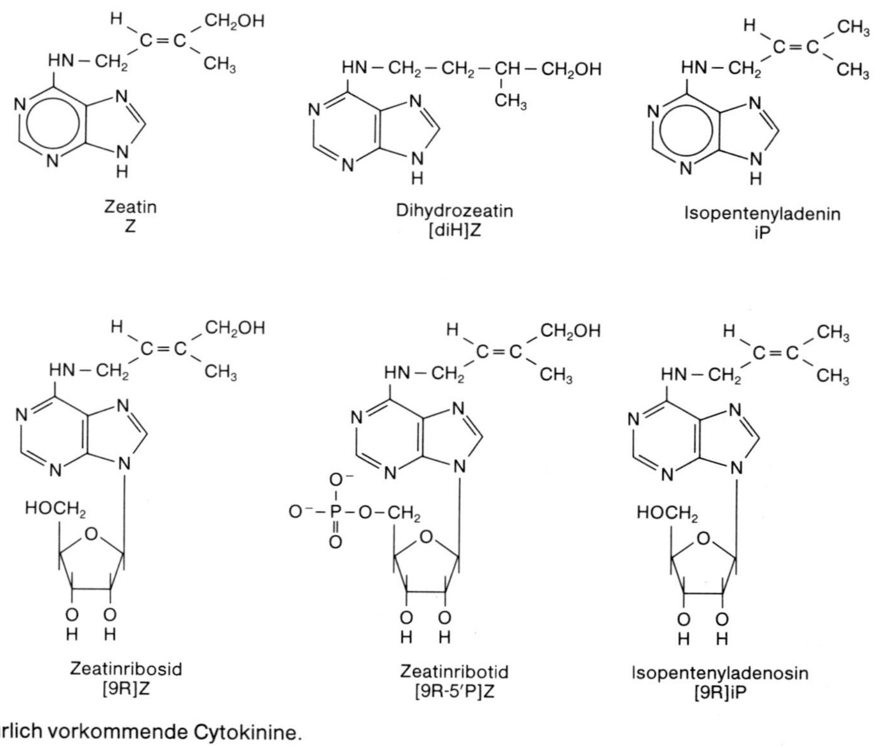

Abb. 45: Natürlich vorkommende Cytokinine.

Geweben, z. B. Meristemen (einschließlich junger Blätter), jungen Früchten und Tumorgeweben. Nicht nur Höhere Pflanzen, sondern auch Moose, Pilze, Algen und sogar Bakterien verfügen über Cytokinine.

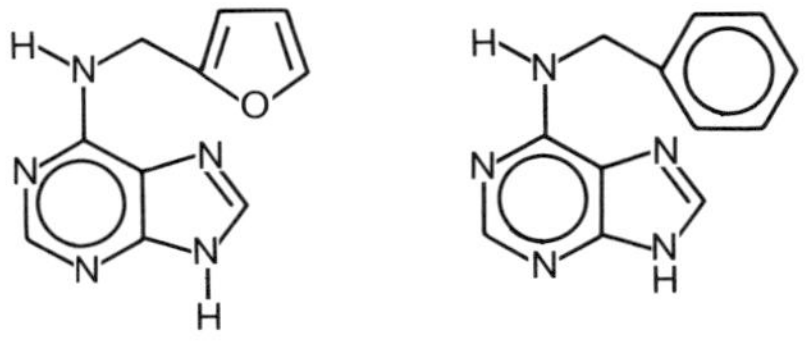

Kinetin Benzyladenin

Abb. 46: Synthetisch hergestellte Cytokinine.

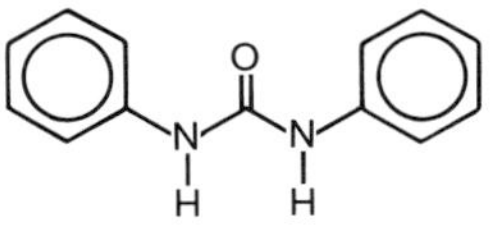

N,N'-Diphenylharnstoff

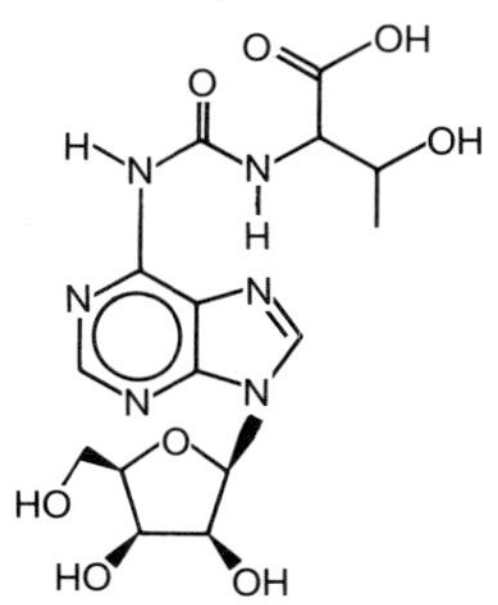

Ad–CO–thr

Abb. 47: Diphenylharnstoff und Ribofuranosyl-purin-6-carbonyl-threonin.

Die *Synthese* erfolgt aus niedermolekularen Vorstufen: An das Adeninmolekül wird in N^6-Stellung die Seitenkette angehängt. Da Cytokinine auch als Bestandteil der tRNA vorkommen (sie entstehen hier durch Übertragung eines Isopentenylrests auf ein Adenin in der Polynukleotidkette), können auch beim Abbau der t-RNA Cytokinine freigesetzt werden. Die Bedeutung dieses Wegs, der zuerst für Bakterien nachgewiesen wurde, ist bei der Höheren Pflanze noch nicht klar.
Die Konzentration der freien Cytokinine liegt im Bereich von 0,1 mg/kg Frischgewicht. Wie bei den anderen Phytohormonen resultiert der Cytokininspiegel aus Biosynthese, Abbau durch die Cytokinin-Oxidase sowie Umwandlung in inaktive Speicherformen, z. B. in Glucosylkonjugate.
Ähnlich wie bei den Auxinen lösen auch die Cytokinine eine *Vielfalt von Wirkungen* aus, die in Tab. 4 zusammengefaßt sind. In der Praxis macht man insbesondere von der seneszenzverzögernden Wirkung Gebrauch, z. B. zur Verlängerung der Haltbarkeit von Schnittblumen oder Gemüsen. Hierzu werden synthetische Cytokinine eingesetzt. Eine Reihe von phytopathogenen Organismen benutzen Cytokinine, um die Seneszenz bestimmter Gewebebezirke aufzuhalten; diese finden sich oft als grüne Inseln um die Infektionsherde (vgl. S. 317 ff., 363).
Über die Primärwirkungen der Cytokinine ist noch wenig bekannt. Gesichert erscheint die Erhöhung der intrazellulären Ca^{2+}-Konzentration bei Moosen durch Bindung an Ca^{2+}-Transportproteine, die Verkürzung der S-Phase im Zellteilungszyklus durch Initiation der DNA-Replikation, die Bindung an ein Ribosomenprotein sowie der Eingriff in den Redoxzustand der Zelle.

Tab. 4: Multiple Wirkung der Cytokinine.

Förderung der Zellteilung
Förderung der Chloroplastenentwicklung
Xylemdifferenzierung
Förderung der Seitenknospenentwicklung
(Hemmung der apikalen Dominanz)
Sproßneubildung
Förderung des Flächenwachstums bei Keimblättern
Förderung der Samenkeimung
Verzögerung der Seneszenz bei Blättern und Blüten
Hemmung des Wurzelwachstums
Induktion der Knospenbildung bei Moosen.

Gibberelline

Der Name dieser Phytohormongruppe leitet sich von dem Ascomyceten *Gibberella fujikuroi* ab, dessen imperfekte Form unter dem Namen *Fusarium moniliforme* bekannt ist. Bereits vor der Jahrhundertwende war entdeckt worden, daß dieser Pilz die Symptome der *Bakanae-Krankheit* („Krankheit der verrückten Keimlinge") hervorruft, die sich bei Reispflanzen in einem übermäßigen Längenwachstum äußern, so daß die Pflanzen abknicken und zugrunde gehen. Als aktiver Faktor wurde später Gibberellin identifiziert, das vom Pilz ausgeschieden wird.

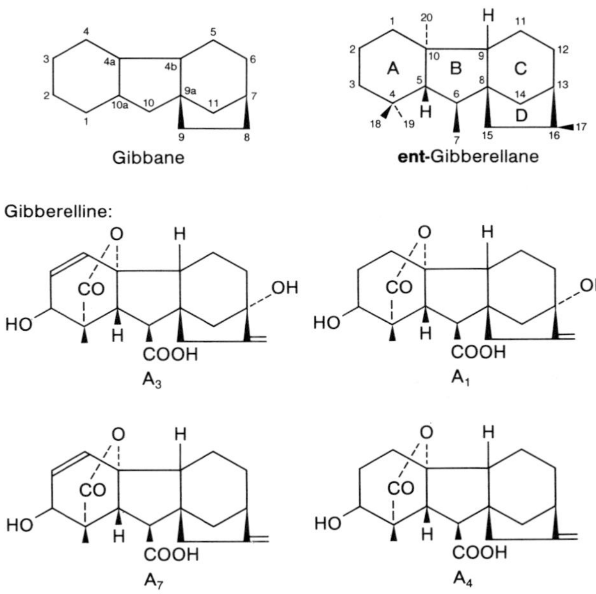

Abb. 48: Ableitung der Gibberelline vom ent-Gibberellan-Ringsystem.

Inzwischen ist bekannt, daß Gibberelline auch als natürliche Phytohormone insbesondere in Höheren Pflanzen, aber auch in Algen vorkommen. Man unterscheidet heute etwa 80 verschiedene Formen, die sich vom *ent*-Gibberellan-Ringsystem (Gibban-Skelett, Abb. 48), einem Diterpenoid, ableiten und von denen ungefähr ein Drittel aktiv ist. Zu experimentellen Zwecken wird vorwiegend das Gibberellin GA_3 verwendet, das hohe Aktivität besitzt. Ähnlich wie bei den Cytokininen finden sich in einer Pflanze auch mehrere verschiedene Gibberelline.
Hauptort der *Gibberellin-Synthese* der Höheren Pflanzen sind die jungen Blätter der Sproßspitze, die meristematischen Achsengewebe, vermutlich auch die Wurzelspitzen. Die Produktion erfolgt vom Mevalonat über den Isoprenoid-Biosynthese-

weg. Die Synthese verläuft bis zur Zwischenstufe des Kaurens in den Plastiden (Chloroplasten). Damit wird auch die Wirkung verschiedener *Wachstumsregulatoren* wie Amo-1618, CCC oder Ancymidol (Abb. 49) verständlich, die diesen Syntheseweg blockieren und damit als Wachstumshemmer eingesetzt werden können. Eine praktische Verwendung erfolgt u. a. bei Zierpflanzen, die infolge der gestauchten Sproßachsen einen dichteren Blatt- und Blütenbesatz und damit einen höheren Dekorationswert aufweisen, oder im Getreidebau, wo die kürzere Sproßachse eine höhere Standfestigkeit bedingt.

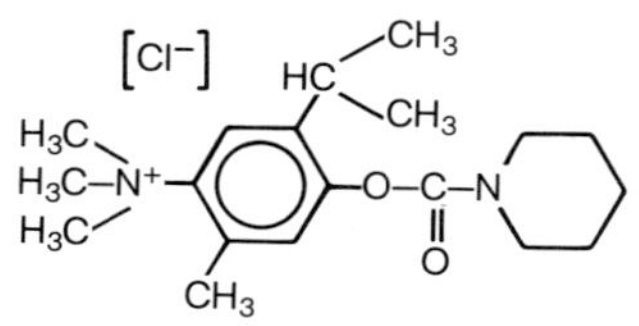

AMO-1618

2'-Isopropyl-4'-(trimethylammoniumchlorid)-5'-methylphenyl-piperidin-1-carboxylat

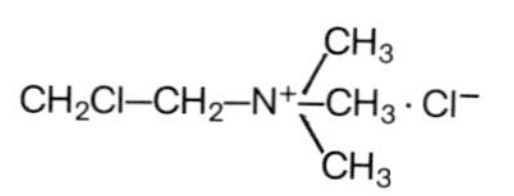

CCC (Cycocel)

(2-Chlorethyl)-trimethylammoniumchlorid

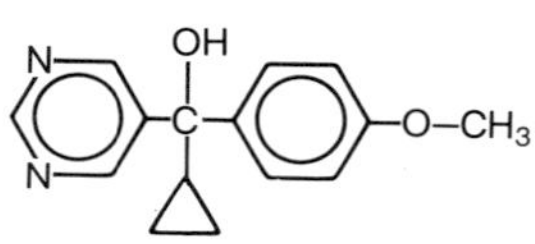

Ancymidol

(α-Cyclopropyl-α-(*p*-methoxyphenyl)-5-pyrimidin-methylalcohol)

Abb. 49: Wachstumsretardanzien, die in die Gibberellinsynthese eingreifen.

Besonders hohe Gibberellinkonzentrationen (oft im Bereich von mg/kg Frischgewicht) findet man in unreifen und keimenden Samen sowie in Früchten. Der *Transport* erfolgt meist in der gebundenen Form, z. B. als GA-Glucoside oder -Glycosylester in den Leitungsbahnen der Pflanze, daneben auch unpolar in parenchymatischen Geweben. Im Gegensatz zu den Auxinen werden exogen applizierte Gibberelline von der unverletzten Pflanze leicht aufgenommen. Die Gewebe vertragen relativ hohe Konzentrationen, ohne daß spezifische Schädigungen zustande kommen.

Die verschiedenen *Wirkungen* sind in Tab. 5 zusammengefaßt. Die Gibberellin-induzierte Synthese von mRNA für α-Amylase und andere Enzyme in Aleuronzellen von Gerste gehört zu den am besten untersuchten Wirkungsmechanismen von Phytohormonen. Der entsprechende Rezeptor wird im Plasmalemma der Aleuronzellen vermutet. Von hier geht eine Signalkette aus, die direkt zu DNA-Bindungsproteinen im Zellkern führt, welche die Transkription der α-Amylase regulieren. Der praktische Einsatz von Gibberellinen, die nach wie vor aus Pilzkulturen angereichert werden, ergibt sich vor allem im Obstbau, z. B. zur Produktion sehr großer und samenloser Trauben, zur Verhinderung der Seneszenz von Orangen-Fruchtschalen, zum verbesserten Blütenansatz bei Kirschen oder zum verbesserten Fruchtansatz bei Äpfeln und Birnen.

Tab. 5: Multiple Wirkungen der Gibberelline.

Förderung der Zellstreckung
Förderung der Zellteilung
Mobilisierung von Speicherstoffen bei Graskaryopsen
De novo-Synthese von Hydrolasen in Aleuronzellen
Phloemdifferenzierung
Austrieb von Ruheknospen
Förderung der Samenkeimung
Produktion samenloser Früchte (Parthenokarpie)
Förderung von Blütenbildung und Fruchtansatz
Beschleunigung des Zapfenansatzes bei Coniferen
Geschlechtsbestimmung
(Bildung staminater [„männlicher“] Blüten)
Ersatz für Kältebedürfnis bei Blütenbildung
und Streckungswachstum von Rosettensprossen.

Abscisinsäure

Die Pflanze paßt sich an die Streßsituation ungünstiger Witterungsbedingungen (z. B. Kälte und Trockenheit des Winters) durch einen rechtzeitigen Übergang in eine Ruhephase (engl. dormancy) an. Hierfür werden wiederum unter Vermittlung von Phytohormonen eine Reihe aktiver Prozesse eingeleitet, die letztlich zur Hemmung und Einstellung von Stoffwechsel- und Wachstumsprozessen führen. Hierzu zählen u. a. die Bildung von Winterknospen und der Blattfall.

Die Bedeutung der Abscisinsäure, die als *Streßhormon* fungiert, wurde an zwei völlig verschiedenen Systemen erkannt. Eine aus Birkenblättern angereicherte Substanz führt nach Applikation an Knospen wachsender Keimlinge zur Bildung von Winterknospen. Bei der Baumwolle wird das Abfallen von

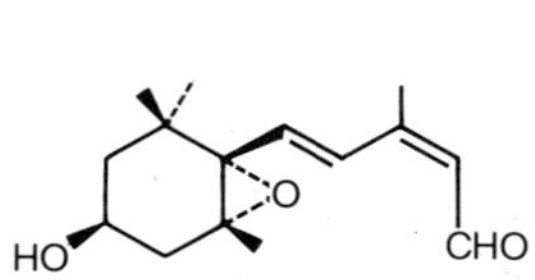

Xanthoxin

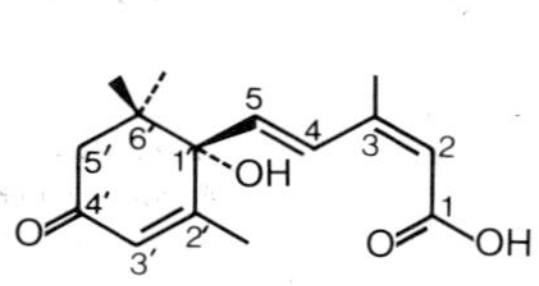

(+)-Abscisinsäure

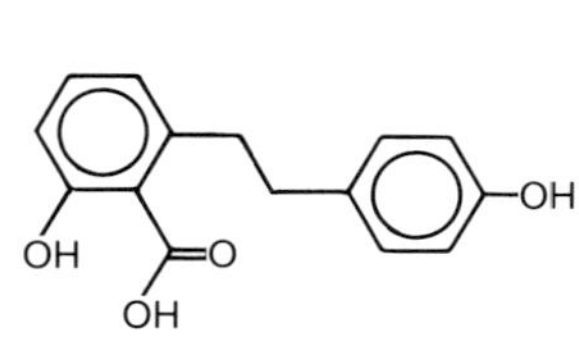

Lunularsäure

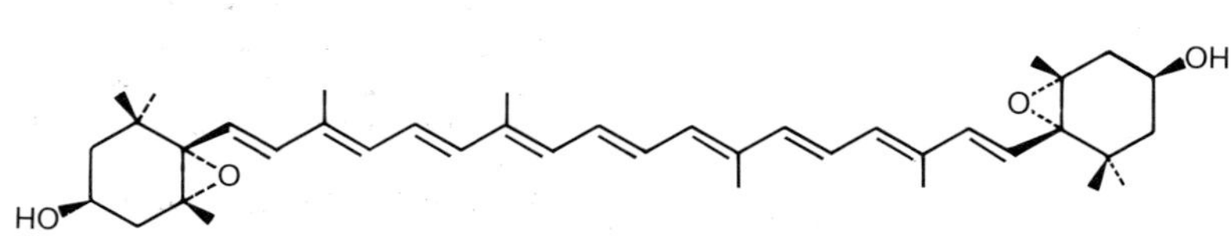

Violaxanthin

Abb. 50: Abscisinsäure, Abscisinsäure-Vorstufen aus dem Carotinoidabbau und Lunularsäure.

jungen Blättern und Früchten mit der aus jungen Samenkapseln isolierten Substanz ausgelöst. Für die wirksame Verbindung wurde schließlich der Name Abscisinsäure (ABA) vereinbart, obwohl für den Blatt- und Fruchtfall in der Regel das gasförmige Phytohormon Ethylen von größerer Bedeutung ist.
ABA zählt zu der Klasse der Terpenoide. Die Sesquiterpenoid (C-15)-Verbindung kommt in der Pflanze als (+)-Abscisinsäure vor (Abb. 50).
Wie bei den Gibberellinen erfolgt die *Biosynthese*, ausgehend vom Mevalonat, über den Isoprenoid-Syntheseweg ebenfalls in den Chloroplasten. Neben diesem direkten Weg wird die ABA auch aus dem Carotinoidabbau über die Zwischenstufen Violaxanthin und Xanthoxin bereitgestellt (Abb. 50).
Die größten Mengen der Abscisinsäure finden sich in ruhenden Knospen, älteren Blättern, Knollen sowie Samen während der Samenruhe und in Früchten. Generell führen Streßfaktoren verschiedenster Art zu einem schnellen und drastischen Konzentrationsanstieg. Turgorverlust ist einer der wichtigsten Auslöser. Dieser Effekt läßt sich auch durch Plasmolyse kopieren.
Der Transport ist noch wenig geklärt. Für den Abtransport aus den Blättern der Triebspitzen stehen die Phloembahnen bereit. Daneben wurden aber auch ein Xylem- und ein Parenchymtransport beschrieben.
Der Abbau erfolgt oxidativ zu Phaseinsäure und Dihydrophaseinsäure, z. B. wenn ein nach Wassermangel erhöhter ABA-Gehalt nach Wiederbewässerung wieder abnimmt.
Tab. 6 zeigt die *multiplen Wirkungen* der Abscisinsäure. Von besonderem Interesse ist der rasche Stomata-Verschluß: Durch ihn ergibt sich ein effektiver Schutzmechanismus gegen Wasserstreß, der allerdings mit einer Hemmung der Nährsalz- und der CO_2-Aufnahme gekoppelt ist. Bei Trockenstreß kommt es zur Neusynthese der ABA in den Blattmesophyllzellen und zum Transport an den Wirkort, die Oberfläche der Schließzellen. Hier erfolgt eine sofortige Hemmung des H^+-Exports und die Öffnung von Anionkanälen, an die sich eine Turgorabnahme und der Stomataverschluß anschließen.

Tab. 6: Multiple Wirkungen der Abscisinsäure.

Hemmung der Zellstreckung
Hemmung der Zellteilung
Photosynthesehemmung
Einleitung von Ruhezuständen bei Knospen und Samen
Förderung von Blatt- und Fruchtfall (bei einigen Systemen)
Stomataverschluß und Hemmung der Transpiration
Erhöhung von Salztoleranz, Dürretoleranz und Frostresistenz.

Eine Verwendung der ABA in der Praxis zur Drosselung der Transpiration zeichnet sich gegenwärtig ab.
Allerdings stehen auch einige ABA-Analoga zur Verfügung, die im Vergleich zur ABA eine verstärkte Wirkung aufweisen[45].
Während Abscisinsäure in Höheren Pflanzen und Laubmoosen auftritt, wird sie bei Lebermoosen und Algen durch den Inhibitor *Lunularsäure* vertreten.

Ethylen

Die Wirkung des einfachen Gases Ethylen ($H_2C=CH_2$) auf die Pflanze war lange Zeit, bevor man seine Bedeutung als natürliches Phytohormon bemerkte, bekannt. Seine Rolle kommt am klarsten durch die Charakterisierung als *Reifungs- und Seneszenzhormon* zum Ausdruck. Es wird wahrscheinlich in allen Geweben der Höheren Pflanze, aber auch von Pilzen und einigen Bakterien gebildet. Darüber hinaus fungiert Ethylen als Pheromon, da es nicht nur auf den Produzenten, sondern auch auf andere Organismen wirkt. Effekte setzen bereits bei Konzentrationen unter 1 µl/l (ppm) ein. Bei reifenden Äpfeln werden Konzentrationen bis zu 2500 µl/l erreicht.
Die Ethylensynthese geht von der Aminosäure Methionin aus. Eine wichtige Zwischenstufe ist die 1-Aminocyclopropan-1-carboxylsäure (ACC), die vor allem in der Wurzel gebildet und über die Xylembahnen in den Sproß weitertransportiert wird. Hauptspeicherort für ACC ist die Vakuole (vgl. S. 96).
Die Ethylensynthese wird durch die ACC-Synthase reguliert. Bei Streß wie Verwundung, Kälte, Überflutung oder Trockenheit, aber auch durch Ethylen selbst (Autokatalyse!) sowie durch hohe IES-Konzentrationen wird eine de novo-Synthese induziert, gefolgt von einer entsprechenden Ethylensynthese.
Mechanische Einflüsse wie erhöhter Druck, Reiben eines Pflanzenteils, Biegung im Wind oder Verletzung, insbesondere durch phytopathogene Organismen, stimulieren die Ethylenproduktion. Der Transport erfolgt hauptsächlich in den Interzellularen.
In Tab. 7 sind die *Hauptwirkungen* zusammengefaßt. Für die Praxis ist insbesondere die Funktion als Fruchtreifehormon bei klimakterischen Früchten wichtig; durch Entfernung von Ethylen, besser auch durch Erhöhung des CO_2- und Verminderung des O_2-Partialdrucks (in einer kontrollierten Atmosphäre) kann die Fruchtreife bis zum gewünschten Zeitpunkt über Monate hinausgezögert werden.

Tab. 7: Multiple Wirkungen des Ethylens.

Hemmung des Zell-Längenwachstums } → Verkürzung und Verdickung von Stengeln
Vergrößerung des Zellquerschnitts }
Hemmung der Chlorophyllsynthese im Blatt
Erhöhung der Membranpermeabilität
horizontales Wachstum (z. B. bei Keimlingen)
Ausbildung von Hypokotyl- oder Epikotylhaken
Epinastie der Blattstiele
Förderung des Blattfalls
Seneszenz von Blütenblättern
Stimulation der Fruchtreife
Förderung der Blütenbildung (bei Ananas und Mango)
Förderung des Längenwachstums bei semiaquatischen Pflanzen, z. B. Reis.

Eine vergleichbare Wirkung läßt sich auch auf genetischem Weg erzielen. Eine Reihe von Reifemutanten, z. B. der Tomate, weist eine verzögerte Fruchtreife und damit eine verbesserte Haltbarkeit auf, weil entweder die Ethylensynthese blockiert oder der Ethylenrezeptor verändert ist. Ein besonders interessantes Beispiel ist die Einführung eines Antisense-Gens für das ethylenbildende Enzym, das die Überführung von ACC in Ethylen katalysiert. Hierdurch kommt es zu einer dramatischen Einschränkung der Ethylensynthese und damit zur langsameren Fruchtreife und Blattseneszenz-Effekte, die durch Ethylenbegasung wieder aufgehoben werden können.
Ungewöhnlich und auf wenige Pflanzenfamilien beschränkt ist die blühinduzierende Wirkung, die in Plantagen von Ananas *(Bromeliaceae)* und Mango *(Anacardiaceae)* benutzt wird, um eine einheitliche Blütenbildung und Fruchreifung zu gewährleisten. Hierzu wurde häufig der synthetische Wachstumsregu-

lator Ethephon (2-Chlor-ethylphosphonsäure) eingesetzt, der in und auf der Pflanze unter Ethylenbildung zerfällt (Abb. 51).

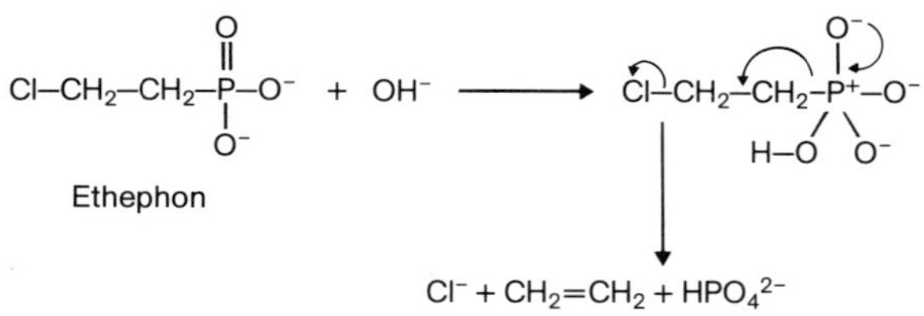

Abb. 51. Ethephon und sein Zerfall unter Ethylenfreisetzung.

Jasmonat-Verbindungen

Die Jasmonate mit ihren Hauptverbindungen Methyljasmonat (MeJa) und Jasmonsäure wurden als Bestandteile etherischer Öle von Jasmin- und Rosmarin-Arten gefunden. Anfang der achtziger Jahre wurde in japanischen Laboratorien die hemmende Wirkung von MeJa auf das Wachstum von Reiskeimlingen und die Beschleunigung der Seneszenz von abgeschnittenen Haferblättern entdeckt. In vieler Hinsicht ähneln die Jasmonat-Effekte, vor allem hinsichtlich der Streßreaktionen, denen der Abscisinsäure.
Die Grundstruktur der C_{12}-Verbindungen (Abb. 52) enthält einen Cyclopentanonring. Wegen der beiden Chiralitätszentren in der C_3- und C_7-Position gibt es verschiedene stereoisomere Verbindungen. Physiologisch besonders aktiv sind die (−)-Jasmonsäure und die (+)-7-Iso-jasmonsäure und ihre flüchtigen Methylester. Am wirksamsten erweist sich hier der MeJa-Ester, vermutlich wegen der rascheren Aufnahme.

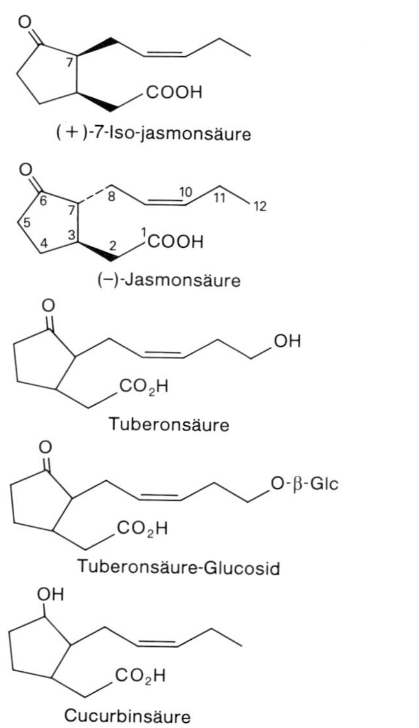

Abb. 52: Jasmonat-Verbindungen, die sich von der α-Linolensäure ableiten.

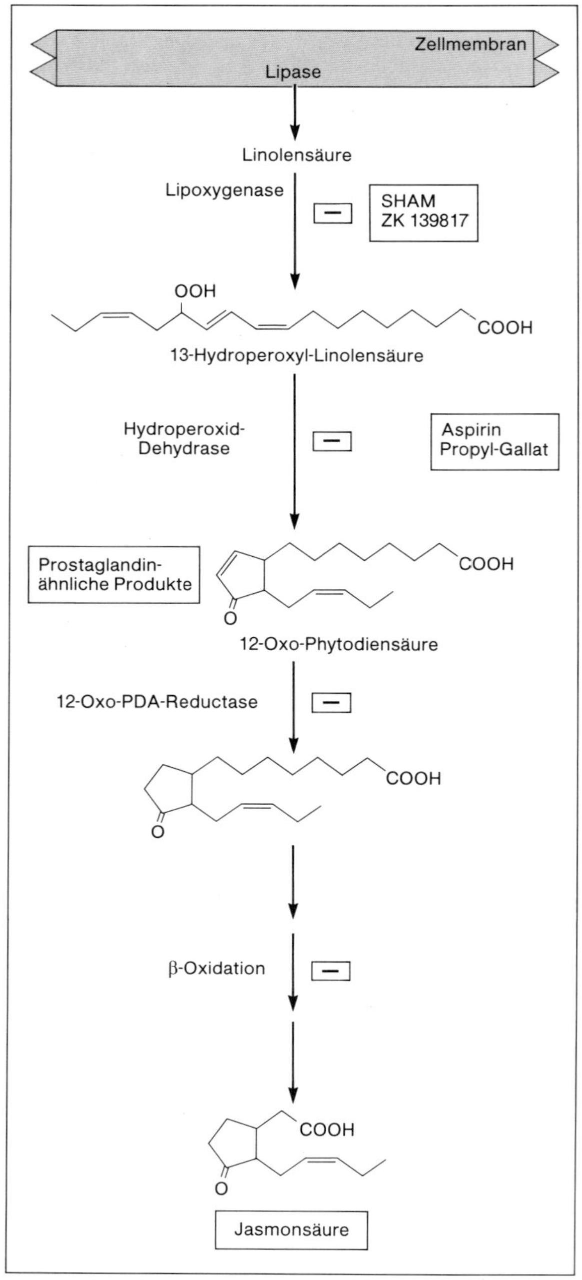

Abb. 53: Biosynthese der Jasmonate und Angriffspunkt einiger Inhibitoren. SHAM: Salicylhydroxamsäure; ZK139817: Lipoxygenase-Inhibitor; PDA: Phytodiensäure[46].

Die Jasmonat-Synthese geht von der α-Linolensäure (Abb. 53) aus, einer C_{18}-Verbindung mit drei Doppelbindungen. Diese wird z. B. durch Streßsignale sowie durch Jasmonate selbst aus Zellmembranen durch Phospholipase freigesetzt und nach einem Oxygenierungsschritt durch Lipoxygenase, anschließender Ringbildung und Verkürzung der Seitenketten zu (+)-7-Jasmonsäure umgewandelt, die im Gleichgewicht mit (−)-Jasmonsäure steht. Bemerkenswert an diesem Syntheseweg sind die Ähnlichkeiten zur Prostaglandin- und Leukotriensynthese, die in der Tierzelle bei Entzündungsreaktionen

und Verwundung freigesetzt werden. Neben der Hydroxylierung der Ketogruppe in C_6-Position des Rings zur Cucurbinsäure kommt es auch zur Bildung von Glucosid- und Aminosäurekonjugaten.
Die Jasomonate treten in den meisten Pflanzenorganen auf. Die Mengen liegen gewöhnlich zwischen 13 mg und 10 mg pro kg Frischgewicht. Neben den höheren Pflanzen finden sich auch in Algen und Pilzen Jasmonate. Tabelle 8 gibt eine Übersicht über die wichtigsten Wirkungen, unter anderem eine Reihe von Hemmwirkungen, die sich gewöhnlich durch Cytokinine – als den natürlichen Gegenspielern der Jasmonate – aufheben lassen.
Wachstumshemmungen werden i. a. in Konzentrationsbereichen von 10^{-4} bis 10^{-6} molar beobachtet. Bereits bei der Samenentwicklung wird beim heranwachsenden Embryo Jasmonat synthetisiert und damit eine vorzeitige Samenkeimung unterbunden. Damit ergänzen die Jasmonate die Abscisinsäure.
Eine völlig andere Wirkung betrifft die Induktion der Rankenbewegung. Weiler[47] konnte nachweisen, daß Jasmonate in der Signalkette Berührungsreiz → Rankenbewegung eine wichtige Rolle spielen. Hier zeigt sich deutlich die Bedeutung des Methyljasmonats als Gas, denn es kann als systemisches Signal seine Wirkung auch auf andere Pflanzenteile und sogar auf andere Pflanzen ausüben.
In letzter Zeit wurde eine Reihe von Jasmonat-induzierbaren Genen identifiziert. Hierzu zählen Gene für vegetative Speicherproteine, z. B. in Sojablättern, Samenspeicherproteine und Ölkörper-Membranproteine in *Brassica napus*-Embryonen sowie Proteinaseinhibitoren, die bei Verwundung freigesetzt werden. Der wichtigste Inhibitor der wundinduzierten Genaktivierung ist Aspirin; es blockiert gleichzeitig die wundinduzierte Jasmonatbildung[46]. Es ist zu vermuten, daß Jasmonate auch in der Signalkette Verwundung → Wundheilung eine Rolle spielen. Neben den Jasmonaten gibt es ähnliche Verbindungen, z. B. die Cucurbinsäure (Abb. 52) aus Kürbissamen, die stark wachstumshemmend wirkt, aber auch bei entsprechenden Pflanzen die Knollenbildung fördert. Tuberonsäureglycosid wird bei Kartoffelpflanzen im Kurztag von den Blättern gebildet und löst die Knollenbildung aus, ähnlich wie auch Jasmonate bei der Yam-Pflanze *Dioscorea batatas*.
Hinsichtlich der Primärwirkung der Jasmonate ist mit verschiedenen Angriffsorten zu rechnen. Sie blockieren den Ca^{2+}-Eintritt in das Cytosol, woraus sich auch der gegenläufige Effekt der Cytokinine erklärt. Weiterhin wird die Ausrichtung der Mikrotubuli und damit auch die Ausrichtung der Zellulose-Mikrofibrillen beeinflußt, so daß z. B. bei der Initiation der Knollenbildung eine radiale Zellstreckung erfolgt.

Tab. 8: Multiple Wirkungen der Jasmonate.

Hemmung von	Embryogenese Samenkeimung Wachstum (einschließlich von Keimlingen) Kalluswachstum
Förderung von	Organreifung Seneszenz Chlorophyllabbau (einschließlich Proteolyse und Atmung)
Induktion der	Rankenbewegung Knollenbildung Genexpression von vegetativen Speicherproteinen des Blatts Genexpression von Proteinase-Inhibitoren

Weitere Phytohormone

Mit den genannten Gruppen sind noch nicht alle Phytohormone und Wachstumsregulatoren erfaßt. Besonders wichtig erscheint die seit langem angestrebte Identifikation des sog. *Blühhormons* (Florigen), das in den Blättern gebildet und zum Vegetationskegel geleitet wird. Seine Existenz ist bisher nur durch indirekte Hinweise gesichert. Ähnliches gilt für das sog. *Vernalin*, das durch einen Kältereiz offensichtlich unmittelbar im Bereich des Vegetationskegels produziert wird und für eine Reihe von Pflanzen (z. B. Wintergetreide) zur Blütenbildung benötigt wird.
Wichtige Regulatoren der pflanzlichen Entwicklung sind schließlich Polyamine (PA), eine Sammelbezeichnung für aliphatische organische Basen. Die Reihe homologer Verbindungen beginnt mit den Diaminen wie Putrescin und Cadaverin, Triaminen, z. B. Spermidin, und Tetraaminen wie Spermin (das auch in menschlichen Spermien vorkommt). Ausgangspunkt für alle Synthesen ist das Putrescin; es entsteht bei Pflanzen über die Decarboxylierung von Arginin, einem Metaboliten des Harnstoffs.
PAs werden bei Streßreaktionen wie K^+-Mangel, Wassermangel, osmotischem Streß, hohen Außenkonzentrationen von H^+ oder NH_4^+ sowie in Gegenwart von Luftschadstoffen (z. B. SO_2) angereichert. Normalerweise finden sich die Polyamine in hohen Mengen in jungen Organen, und die Konzentrationen nehmen bei der Seneszenz ab. Eine exogene Zugabe hält die Seneszenz auf. Praktische Anwendung findet dies vor allem bei Protoplastenkulturen. Vermutlich beruht dieser Effekt auf einer Stabilisierung der Zellmembranen.
Zu den morphogenetischen Effekten der Polyamine zählt bei Tabak-Geweben (Dünnschichtkulturen) die Förderung der Blütenknospenbildung, die Embryoidbildung bei Gewebekulturen der Karotte und die Beteiligung an der Wurzelbildung bei Blattexplantaten (ohne Beteiligung einer Kallusbildung). Hier liegt ein Zusammenhang mit einer Förderung der Zellteilung nahe.
Von erheblicher Bedeutung sind ferner Brassinosteroide sowie sog. *sekundäre Messenger*, zu denen das Ca^{2+} und, zumindest auch bei Pilzen und Niederen Pflanzen, das zyklische AMP zählen.

Steuerung der Entwicklung durch Außenfaktoren

Die ortsfest verankerte Pflanze hängt hinsichtlich ihrer Entwicklung in sehr viel stärkerem Maße von ihrer Umwelt ab als das Tier. Die maßgeblichen Außenfaktoren sind hierbei das Licht, die Schwerkraft, die Temperatur sowie die Versorgung mit Wasser und Mineralsalzen. Erwartungsgemäß bestehen zwischen den entwicklungssteuernden Umweltfaktoren und den organismuseigenen Faktoren außerordentlich komplexe Zusammenhänge.
Im folgenden wird am Beispiel der *Photomorphogenese* der Einfluß des Lichts auf die pflanzliche Entwicklung erläutert. Licht hat neben der Photosynthese eine weitere wichtige Funktion als entwicklungssteuernder Faktor: bei der Entwicklung dient es als Informationsquelle, bei der Photosynthese dagegen als Energiequelle. Während acht bis zehn Lichtquanten benötigt werden, um in der Photosynthese ein Molekül Sauerstoff freizusetzen, kann dieselbe Anzahl von Quanten pro Zelle als Signal für die Blütenbildung oder die Umsteuerung des Sproßachsenwachstums ausreichen.
Als Beispiel für eine klassische photomorphogenetische Reaktion sei die *Hemmung des Etiolements* der Kartoffelpflanze durch Licht angeführt (Abb. 54). Die im Dunkeln austreibende Kartoffelpflanze zeigt neben dem bleichen Aussehen ein starkes Streckungswachstum der Internodien und ein minimales Wachstum der Blattanlagen (Skotomorphogenese). Im

Licht erfolgt neben der Ergrünung eine rasche Entwicklung der Blattanlagen zu Blättern und eine starke Hemmung der Internodienstreckung (Photomorphogenese). Mit diesen Reaktionen muß die Pflanze ihren begrenzten Vorrat an Reservestoffen nur solange in das Internodienwachstum investieren, bis sie ans Licht gelangt. Hier erfolgt eine Wachtumsumsteuerung zugunsten der Photosynthese, die schließlich die Unabhängigkeit von den Speicherstoffen garantiert.

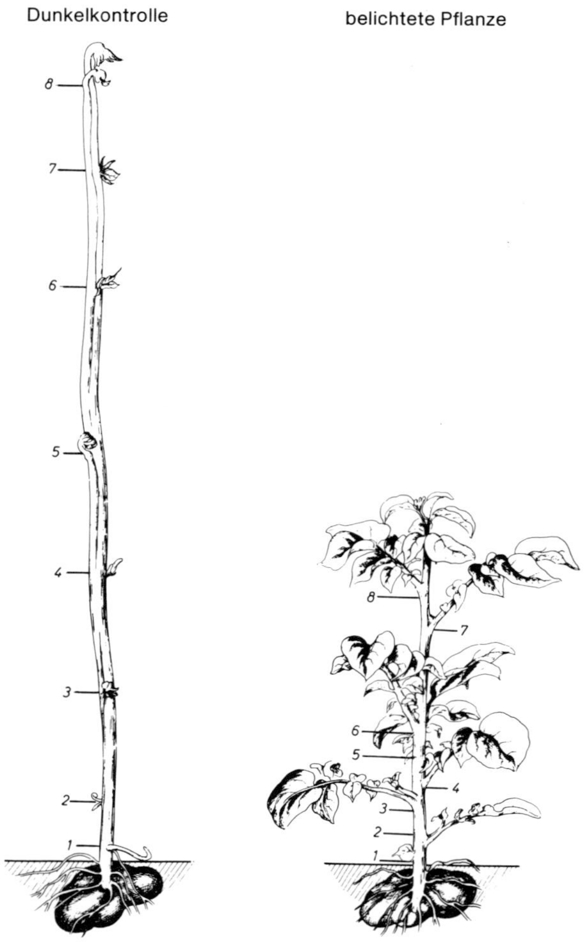

Abb. 54: Der Einfluß von Licht auf das Wachstum einer Kartoffelpflanze. Aus Nultsch[28] nach W. Pfeffer (1904).

Dieses Beispiel zeigt deutlich, daß bei der Photomorphogenese das Licht eine *quantitative* Kontrolle über die Geschwindigkeit der Entwicklung ausübt. Die vorhandenen Muster, die hier durch die Zahl der Knoten und Blattanlagen (vgl. Abb. 54) vorgegeben sind, werden dabei nicht verändert.

Für diese und eine große Zahl weiterer photomorphogenetischer Reaktionen sowie für den Photoperiodismus, der Steuerung der Blütenbildung, der Knospenruhe und anderer Entwicklungsschritte durch die Tageslänge, wurde als Photorezeptor das *Phytochromsystem* identifiziert. Hierbei handelt es sich um ein cytosolisches Chromoproteid mit einem Molekulargewicht von 120 000 bis 129 000; als chromophore Gruppe fungiert ein offenkettiges Tetrapyrol, das über seinen Ring A kovalent an das Apoprotein gebunden ist (Abb. 55).

Die Aufgabe dieses Pigments besteht darin, die Energie des absorbierten Lichts in ein biochemisches Signal umzuwandeln. Zu den herausragenden Eigenschaften dieses „Lichtsensors" zählt die Tatsache, daß er zwei verschiedene Zustandsformen mit unterschiedlicher Lichtempfindlichkeit einnehmen kann und daß diese Zustandsformen durch geeignete Belichtung ineinander überführbar sind.

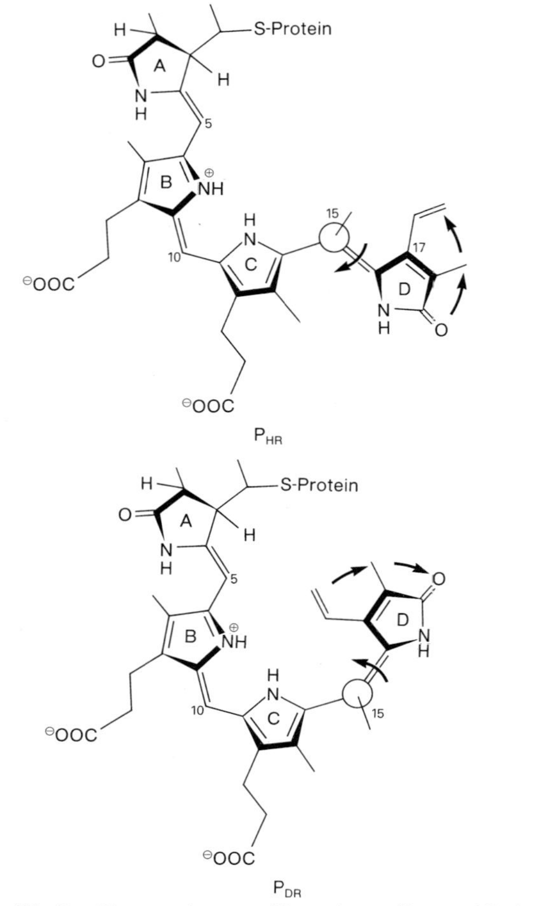

Abb. 55: Der Chromophor von Phytochrom (P_{HR} und P_{DR}). Aus Rüdiger[48]. Oben die inaktive P_{HR}-Form, unten die aktive P_{DR}-Form.

Im Dunkeln wird die inaktive, blau gefärbte Form synthetisiert, die wegen ihres Absorptionsmaximums im hellroten Spektralbereich auch als P_{HR} (Abb. 56) bezeichnet wird. P_{HR} geht nach Bestrahlung mit hellrotem Licht in die physiologisch wirksame, grünlich gefärbte Form über, die im dunkelroten Spektralbereich absorbiert (P_{DR}). Eine Bestrahlung mit dunkelrotem Licht stellt die inaktive Ausgangsform P_{HR} wieder her.

Die physiologische und ökologische Bedeutung des Phytochroms liegt darin, daß es nicht nur die eingestrahlte Lichtmenge wahrnehmen, sondern über das P_{DR}/P_{HR}-Verhältnis Verschiebungen in der spektralen Zusammensetzung des Lichts feststellen kann und damit in der Lage ist, optimal durch Änderung des Wachstums- und Entwicklungsverhaltens zu reagieren. Die spektrale Zusammensetzung des Lichts verändert sich in verschiedenen Umgebungen besonders drastisch im roten Wellenlängenbereich. Durch ein Laubdach, d. h. durch Beschattung von anderen Pflanzen, wird ein großer Teil des hellroten, nicht aber des dunkelroten Anteils ausgefiltert. Auch Streulicht von Nachbarpflanzen ist mit Dunkelrot angereichert. Die Überführung des Phytochroms in die inaktive

Form löst eine Förderung des Längenwachstums aus – eine optimale Strategie, um zu günstigeren Photosynthesebedingungen zu gelangen. Auf diese Weise werden auch Samen von Lichtkeimern daran gehindert, unter ungünstigen Bedingungen aufzulaufen. In den obersten Bodenschichten, die noch vom Licht erreicht werden, nimmt der Hellrotanteil mit zunehmender Tiefe rascher ab als der Dunkelrotanteil. Dies ist einmal für Lichtkeimer in suboptimaler Position wichtig, andererseits wird dem Keimlingswachstum über die Phytochromsteuerung die richtige Wachstumsstrategie ermöglicht.

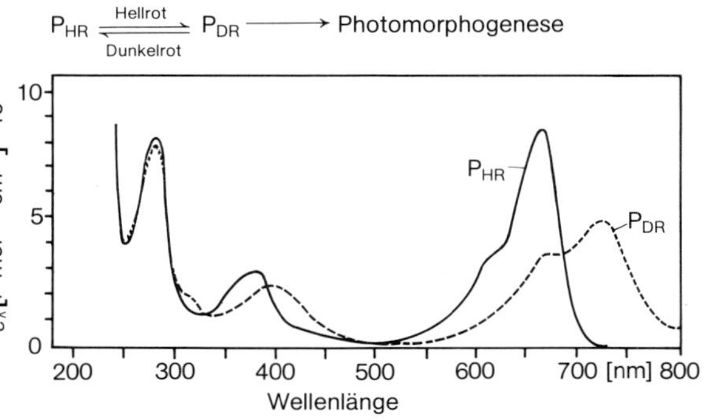

Abb. 56: Revertierbarkeit und Absorptionsspektrum des Phytochroms aus Haferkeimlingen. Nach Mumford und Jenner[49].

Die Spektralzusammensetzung des Lichts verändert sich auch im Tagesverlauf; das Intensitätsverhältnis von Hellrot zu Dunkelrot ist mittags erheblich größer als morgens und abends. Mit Hilfe des Phytochroms erhält die Pflanze Information über den Zeitpunkt von Tagesbeginn und Tagesende und kann damit ihre Wachstumsintensitäten unterschiedlich gestalten, d. h. bei Nacht fördern und bei Tag drosseln. Sie bekommt weiterhin Auskunft über die Tageslänge, die zusammen mit Temperaturmessungen in Informationen über die Jahreszeit umgesetzt werden. Entscheidend für diese erstaunliche Leistung ist die Existenz einer inneren Uhr, die Oszillationen im 24-Stunden-Rhythmus aufweist. Die Koinzidenz der Lichtphase mit bestimmten Phasen der inneren Uhr ermöglicht eine sehr exakte Zeitmessung. In der Regel müssen die entsprechenden Lichtprogramme, d. h. Kurztag oder Langtag, mehrfach wiederholt werden, damit die Pflanze ihre Entwicklung umschaltet und tiefgreifende Änderungen wie Blütenbildung, Eintritt in die Knospenruhe, Blattfall, Geschlechtsbestimmung bei Blüten, Knollenbildung u. v. a. ansteuert. Man bezeichnet solche qualitativen Änderungen, bei denen eine Langzeitkontrolle über das gesamte Entwicklungsmuster ausgeübt wird, als Photoperiodismus. Voraussetzung ist somit ein photoperiodischer Stimulus, bei dem zyklische Lichtprogramme, z. B. in Art des natürlichen Licht-Dunkelwechsels, präsentiert werden. Tab. 9 gibt eine Übersicht über die wichtigsten phytochromgesteuerten Reaktionen.

Der Erforschung des Phytochromsystems kommt in der Pflanzenphysiologie eine erhebliche Bedeutung zu. Die Schlüsselreaktion ist dabei die *Revertierbarkeit,* die sich sowohl im gereinigten Präparat als auch in der intakten Pflanze nachweisen läßt. Im physiologischen Experiment entscheidet bei einer Sequenz von kurzen, alternierenden Hellrot- und Dunkelrot-Bestrahlungen die zuletzt verabreichte Lichtqualität über die physiologische Reaktion: Im Fall einer Hellrot-Bestrahlung wird das *aktive Phytochrom* hergestellt, das eine Reaktion, z. B. die Samenkeimung bei Lichtkeimern, auslöst.

Die Aktivierung des Phytochroms führt zu einer chemischen Veränderung des Pigments. Der erste Schritt ist die Z/E-Isomerisierung des Pigments (vgl. Abb. 55) mit nachfolgender Konformationsänderung im N-terminalen Bereich; daran schließt sich eine ganze Kaskade von Einzelreaktionen an, die zu Signalketten zusammengefaßt werden. Am Ende stehen so verschiedene Einzelreaktionen wie Genexpression, z. B. Transkription des rubisco- und des cab-Gens, Chloroplastendrehung oder Öffnung von Ionenkanälen. Erhebliche Ähnlichkeiten bestehen zu Signaltransduktionsketten in der Tierphysiologie, z. B. bei Zellwachstumsreaktionen und beim Sehprozeß; dies gilt insbesondere hinsichtlich der Beteiligung von Proteinkinasen, G-Proteinen, Ca^{2+} und DNA-bindenden Proteinen. Es ist damit zu rechnen, daß diese Komponenten auch bei der Pflanze noch an anderer Stelle genutzt werden, z. B. bei Hormon- und Schwerkraft-gesteuerten Prozessen. Darüber hinaus deuten strukturelle Vergleiche auf Sequenzhomologien von Phytochrom mit bakteriellen Sensorproteinen z. B. für N-Mangel hin[50].

Tab. 9: Einige Phytochrom-gesteuerte Reaktionen am Beispiel der Angiospermen.

1. Photomorphosen Samenkeimung Hemmung des Längenwachstums der Sproßachse Öffnung des Hypokotylhakens Flächenwachstum der Blätter (Kotyledonen, Laubblätter) Förderung der Wurzelbildung phototrope und gravitrope Reaktionsfähigkeit Reservestoff-Abbau und -Translokation Flavonoid-, Carotinoid- und Ascorbat-Synthese Bildung von Phytohormonen Aktivierung von Photogenen.	2. Photomodulationen Blattbewegungen Chloroplastenwanderung und -drehung Protoplastenschwellung Aktivierung von Ionenkanälen. 3. Photoperiodismus Blütenbildung Knospenruhe Knollenbildung Geschlechtsbestimmung

Als Sensation muß die Entdeckung[50] gewertet werden, daß es sich zumindest bei dem Moosphytochrom um eine lichtregulierte Proteinkinase handelt, die ein 140 kDa-Protein phosphoryliert. Bei der Höheren Pflanze treten mehrere Phytochrome auf, die von verschiedenen Genen codiert werden und sich in ihrem Proteinanteil unterscheiden. Typ I-Phytochrom spielt bei etiolierten Keimlingen die Hauptrolle. Seine aktive Form ist extrem labil. Es steuert das Längenwachstum und die Ergrünungsfähigkeit des Keimlings. Phytochrom II übernimmt bei der ergrünten Pflanze die wesentlichen Aufgaben; es tritt in mehreren Formen auf. Die Gewinnung verschiedener Mutanten, z. B. mit Etiolement im Licht oder umgekehrt der Photomorphogenese im Dunkeln hat wesentlich dazu beigetragen, die Bedeutung der einzelnen Phytochromformen aufzuklären.

Neben dem Phytochrom treten bei der Höheren Pflanze noch mindestens zwei Photorezeptortypen auf, der Blaulicht/UV-A-Photorezeptor oder Cryptochrom, vermutlich ein plasmalemmagebundenes Flavoprotein, und der UV-B-Rezeptor. Während dem Blaulichtrezeptor ähnliche Aufgaben wie dem Phytochrom zufallen und z. T. koordinierte Aktionen auftre-

ten, vermittelt der UV-B-Rezeptor Informationen über das Auftreten schädlicher UV-Strahlung im Bereich von 280–320 nm, worauf die Pflanze mit einer Reihe von Schutzmaßnahmen reagiert, z. B. mit der Synthese von UV-absorbierenden Pigmenten wie Flavonoiden, vor allem in der oberen Epidermis, von reflektierenden Wachsschichten und mit erhöhter Blattdicke bei verringerter Blattfläche.
Die wenigen Beispiele, die sich auf den Außenfaktor Licht beschränken, zeigen die perfekte Anpassung der Pflanze an eine sich ständig ändernde Umwelt.

Die Pilze als heterotrophe Organismen

Die Pilze bilden aufgrund ihres heterophyletischen Ursprungs keine einheitliche Gruppe. Das gemeinsame Merkmal ist die *heterotrophe Lebensweise;* Plastiden fehlen diesen Organismen grundsätzlich. Die Nahrungsaufnahme erfolgt mit Ausnahme der Schleimpilze durch Absorption gelöster Verbindungen aus der Umgebung. Sämtliche Pilze sind Eukaryonten.
Die Heterogenität der Pilze, die mit einer enormen Artenzahl einhergeht (man schätzt heute mindestens 150000 Pilzarten), macht sich im reproduktiven Bereich bemerkbar. In der vegetativen Phase herrscht als häufigste Form die *Hyphe* vor, ein fädiges Vegetationsorgan, das sich durch reiche Verzweigung zum *Myzel* entwickelt (Abb. 57a). Daneben finden sich *Sproßzellen* (Abb. 57b), wie sie für hefeartige Pilze (z. B. Bierhefe) charakteristisch sind, die sich durch Zellsprossung vegetativ vermehren. Seltenere Vegetationseinheiten wie *amöboide Zellen* (Abb. 57c), *Plasmodien* u. ä., die sich auf den Bereich der pilzähnlichen Protisten beschränken, werden hier nicht berücksichtigt.
Tab. 10 gibt eine Übersicht über die Gruppen, die im weitesten Sinne zu den Pilzen gerechnet werden können.

Bau und Wachstum der Hyphen

Hyphen sind reichverzweigte, röhrenförmige Filamente. Die Kerne liegen in einem gemeinsamen Plasma; die Struktur der Zelle ist *coenozytisch* (Abb. 58). Bei den einfacher gebauten Pilzen sind die Hyphen nicht durch Septen unterteilt (Abb. 58a). Nach diesem Prinzip sind die Vertreter der Oomyceten (z. B. falsche Mehltaupilze) und der Zygomyceten (z. B. der gemeine Brotschimmel *Rhizopus nigricans*) aufgebaut. Diese Gruppen wurden früher einer gemeinsamen Klasse der Niederen Pilze *(Phycomycetes)* zugeordnet, obwohl verwandtschaftliche Beziehungen fehlen. Bei den höher organisierten Pilzen, zu denen die Ascomyceten (Schlauchpilze, z. B. Echte Mehltaupilze) und die Basidiomyceten (Ständerpilze, z. B. Hallimasch) zählen, sind die Hyphen durch Querwände mit jeweils einem zentralen Porus unterteilt; man bezeichnet sie als septiert. Typisch für die Ascomyceten sind die *einfachen Septen* (Abb. 58b, 59a), die nach Verletzung der Hyphen von sog. Woronin'schen Körperchen verschlossen werden können, und für die (Höheren) Basidiomyceten die *doliporen* (krugför-

Tab. 10: Übersicht über die Pilze (im weitesten Sinn).

Organisationstyp	Abteilung (Phylum)	deutsche Bezeichnung	besondere Merkmale
Schleimpilze	Acrasiamycota	zelluläre Schleimpilze	Plasmodien, bei denen Einzelzellen durch eine Membran voneinander getrennt bleiben. Cellulose-Glykogen-haltige Zellwände beim Sporophor.
	Myxomycota	echte (plasmodiale) Schleimpilze	Bildung eines echten Plasmodiums
	Plasmodiophoromycota	endoparasitische Schleimpilze	Obligate Parasiten. Vielkernige Plasmodien in der Wirtspflanze.
Pilze	Chytridiomycota	(Chytridiomyceten)	Heterogene Gruppe, z. T. einzellige Parasiten, z. T. echte, querwandlose Hyphen; Chitin-β-Glucan- sowie z. T. zellulosehaltige Zellwände.
	Oomycota	(Oomyceten)	Im Sexualzyklus entstehen Oosporen (Zygoten). Zoosporen mit ungleichen Geißeln. Querwandlose Hyphen mit Zellulose-β-Glucan-haltigen Zellwänden.
	Zygomycota	Jochpilze	Sexualorgane formen bei der Verschmelzung jochähnliche Struktur. Bildung einer Zygospore. Querwandlose Hyphen mit Chitin-Chitosan-haltigen Zellwänden.
	Ascomycota	Schlauchpilze	Fruchtkörper mit Asci, septierte Hyphen, Chitin-β-Glucan- und Mannan-β-Glucan-haltige Zellwände.
	Basidiomycota	Ständerpilze	Fruchtkörper mit Basidien, septierte Hyphen, Chitin-β-Glucan- und Chitin-Mannan-haltige Zellwände.
	Deuteromycota	imperfekte Pilze	Fehlen eines meiotischen Sexualzyklus mit den entsprechenden Reproduktionsstrukturen, aber Parasexualität. Ableitung von Ascomyceten und Basidiomyceten.
Flechten	Mycophycophyta	Flechten	Symbiose aus Pilzpartner (Asco- oder Basidiomycet) und Algen- oder Cyanobakterienpartner

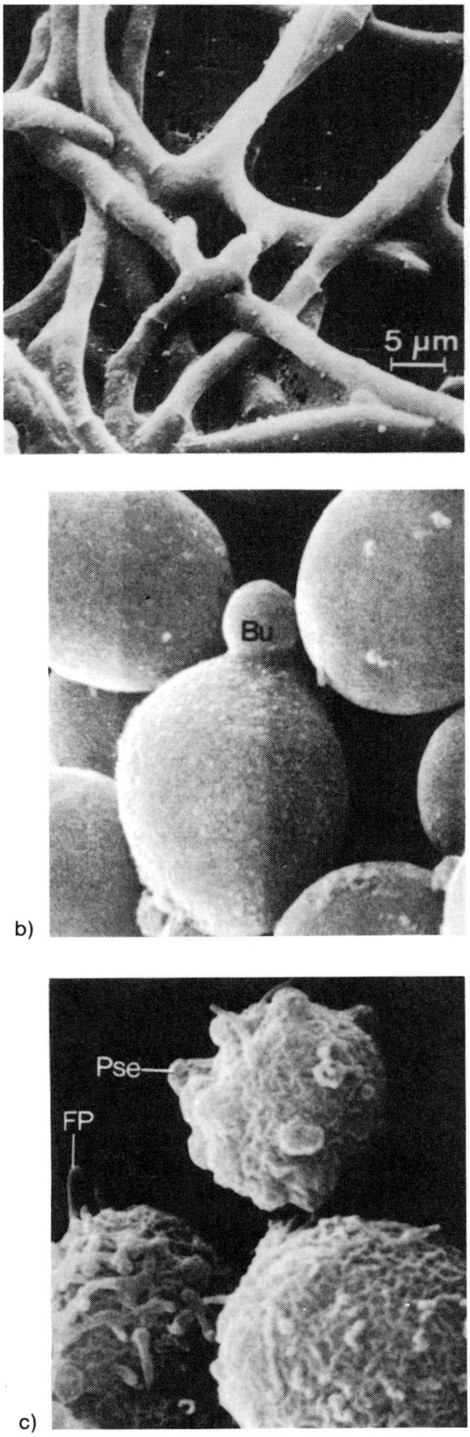

Abb. 57: Vegetationsform der Pilze:
a) Hyphen (*Sordaria macrospora*)
b) Sproßzellen (*Saccharomyces cerevisiae*)
c) amöboide Zellen (*Dictyostelium discoideum*).
Nach Hock et al.[52] (a) und Kessel und Shih[26] (b und c).
Bu: Knospe, FP: Filipodien-ähnlicher Auswuchs, Pse: Pseudopodium.

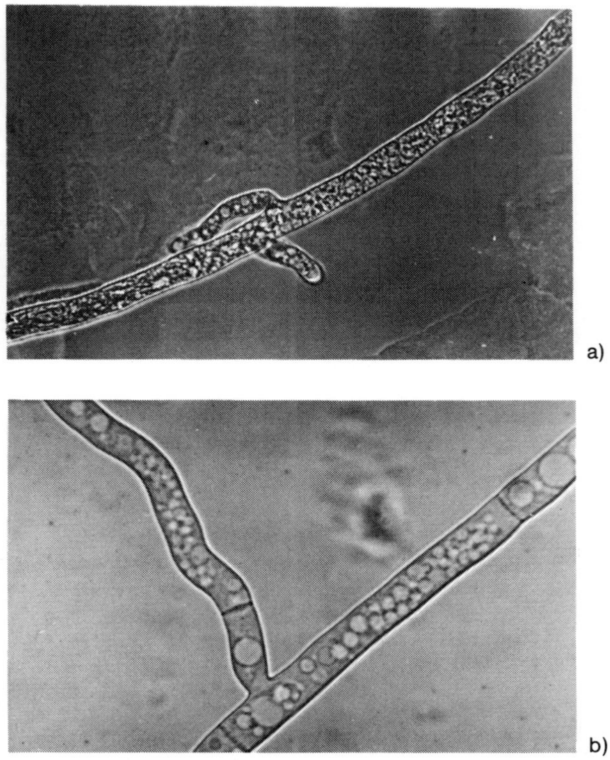

Abb. 58: Bau der Hyphen (Originalphotos: A. Wagner):
a) ohne Septen (*Rhizopus*, ein Zygomycet)
b) durch Septen unterteilt (*Fusarium*, ein Ascomycet).

migen) *Septen*, die beiderseits mit einer porösen Porenkappe (Parenthosom), einer Bildung des endoplasmatischen Reticulums, abgedeckt sind (Abb. 59 b).
Die cytoplasmatische Kontinuität bleibt auch bei den septierten Hyphen gewährleistet. Ein wesentlicher Fortschritt gegenüber dem unseptierten Typ ist die höhere mechanische Stabilität und die raschere Verschließbarkeit bei Verletzungen.
Die reich verzweigte Myzelstruktur muß im Zusammenhang mit einer optimalen Raumdurchdringung gesehen werden (vgl. S. 47), die wegen der absorptiven Ernährungsweise erforderlich wird. Es ist kein Zufall, daß diese Optimallösung in völlig verschiedenen Verwandtschaftskreisen wiederkehrt und als Konvergenzerscheinung im Verlauf der Evolution zu inter-

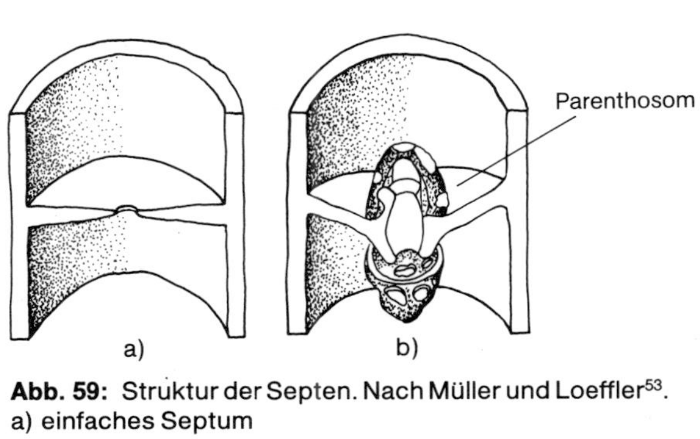

Abb. 59: Struktur der Septen. Nach Müller und Loeffler[53].
a) einfaches Septum
b) dolipores Septum

pretieren ist. Mit Hilfe ihrer Hyphenstruktur können Pilze ein erhebliches Ausmaß und Alter erreichen. So wurde für den Hallimasch *(Armillaria bulbosa)* für ein individuelles Myzel eine Besiedlung von 15 Hektar, ein Gewicht von 10 Tonnen und ein Alter von ca. 1500 Jahren ermittelt[54].

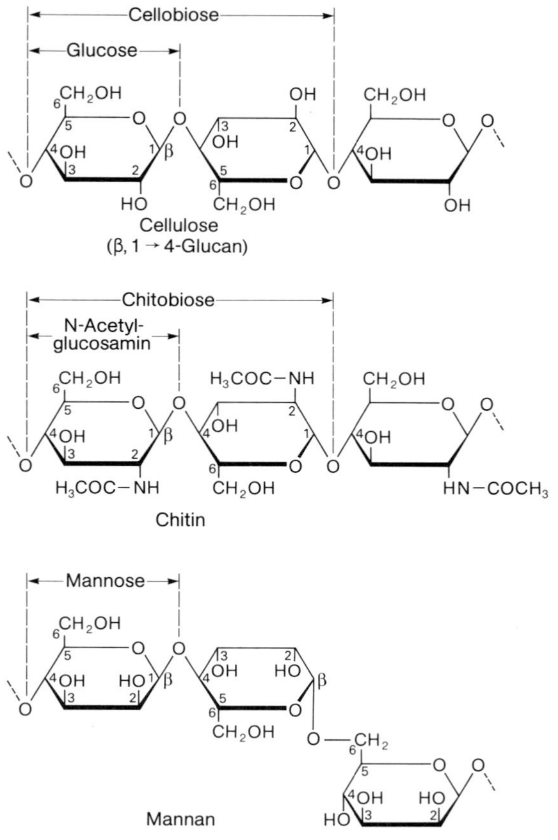

Abb. 60: Bausteine der Pilz-Zellwand.

Wie bei den grünen Pflanzen dienen auch bei den Pilzen die *Zellwände* der Festigkeit und dem Schutz der Zelle. Der Aufbau ist jedoch in der Regel komplexer. Während bei den Oomyceten die Zellulose als Hauptgerüstsubstanz auftritt und das Chitin eine untergeordnete Rolle spielt, steht bei den anderen Hyphenpilzen das Chitin im Vordergrund (Abb. 60). Die Ascomyceten-Hefen verfügen dagegen hauptsächlich über Mannan-β-Glucane als Grundgerüst, die Basidiomyceten-Hefen dagegen über Chitin-Mannane.
Auch im Bereich der amorphen Grundsubstanz herrscht eine beträchtliche Vielfalt. Neben einer Reihe unterschiedlich verknüpfter Glucane (insbesondere β,1→3- und β,1→6-glucosidisch) treten Chitosane, Mannane und Proteine auf.
Die komplizierte *Zellwandarchitektur* mit ihrer Schichtung wird am Beispiel des roten Brotschimmels *(Neurospora crassa)* verdeutlicht (Abb. 61). Auch in diesem Merkmal bestehen wesentliche Unterschiede zwischen den einzelnen Pilzgruppen. Da die Zellwandstruktur eine erhebliche Rolle für die Erkennung eines phytopathogenen Pilzes durch den Wirt (Elicitor-Funktion) spielt, kommt gerade der Zellwandforschung eine grundlegende Bedeutung zu.Das *Hyphenwachstum* erfolgt ausschließlich an der Hyphenspitze. Diese ist zugleich der Schwachpunkt der Zelle, da eine Verdickung erst in einigem Abstand vom Apex stattfindet. Auf diese Weise ist ein Angriff durch Antibiotika, Fungizide und ähnliche Substanzen, welche die apikale Hyphenwand destabilisieren, möglich. Auch Hydrolasen wie z. B. pflanzliche Chitinasen und β-1,3-Glucanasen führen zu einer Verdünnung der Zellwand an der Hyphenspitze, was zu einer ballonartigen Schwellung und schließlich zum Platzen führt. Es überrascht daher nicht, daß Pflanzen von diesem Abwehrprinzip Gebrauch machen.

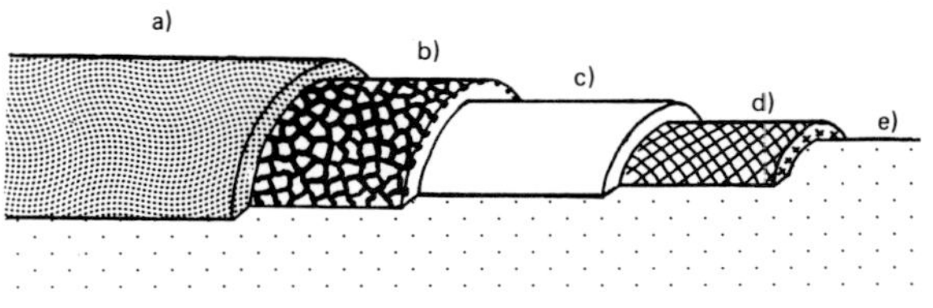

Abb. 61: Modell der Zellwandarchitektur einer ausgewachsenen Hyphe von *Neurospora crassa*. Aus Deacon[55].
a) äußerste Schicht mit amorphen Glucanen (β, 1→3 und β, 1→6),
b) Glycoprotein-Netzwerk, eingebettet in Protein,
c) Proteinschicht,
d) innerste Schicht mit Chitin-Mikrofibrillen (Streuungstextur) und Protein,
e) Plasmalemma.

Abb. 62: Hyphenspitze von *Aspergillus nidulans* mit Spitzenkörper (s), kleinen Vesikeln (sv) und großen Vesikeln (lv). Aus Collinge and Markham[56].

Der *Wachstumsmechanismus* beruht auf der Verschmelzung von Vesikeln (aus dem Golgi-Apparat), die bereits im Lichtmikroskop wegen ihrer Akkumulation vor der wachsenden Hyphenspitze als sog. Spitzenkörper erkannt werden können (Abb. 62), mit dem Plasmalemma. Der Inhalt wird dabei in den Wandbereich abgegeben. Hierzu zählen Enzyme für die Auflösung der vorhandenen und für die Synthese der neuen Zellwand, sowie verschiedene Zellwandvorstufen (Abb. 63).

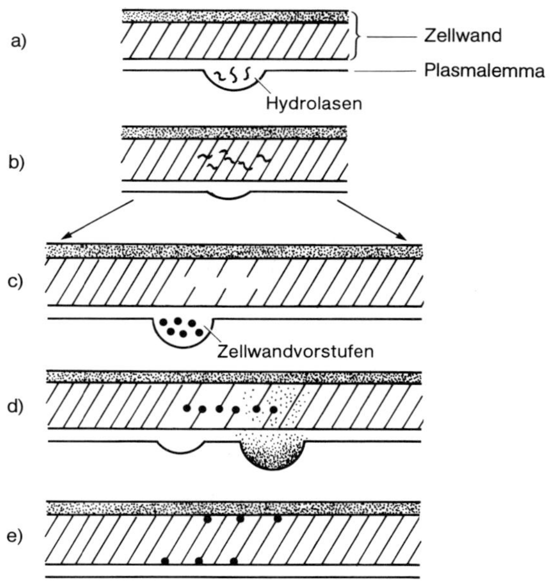

Abb. 63: Abläufe beim Wachstum einer Hyphenspitze. Nach S. Bartnicki-Garcia[57].

Wahrscheinlich erfolgt der Vesikeltransport zur Hyphenspitze mit Hilfe der Plasmaströmung. Cytochalasine, welche die Plasmaströmung hemmen (S. 260), unterbinden auch gleichzeitig das Hyphenwachstum.
Die treibende Kraft für das Hyphenwachstum ist wie bei der Pflanzenzelle der Turgordruck mit Werten bis 1,2 MPa (12 bar).

Verzweigungen

Die Enstehung von *Seitenhyphen* erfolgt gewöhnlich in einiger Entfernung von der Hyphenspitze; auch hier gelten die Regeln der apikalen Dominanz. Häufig bilden sich die Hyphenverzweigungen unmittelbar hinter den Septen. Die Ursache ist offensichtlich ein Stau von Vesikeln, die mit der Plasmaströmung nach vorn geschleppt werden. Bei der weiteren Entwicklung wachsen die Hyphenzweige vorwärts in Richtung auf die Myzelfront, wobei der Kontakt zur Haupthyphe sowie zu anderen Seitenhyphen gemieden wird.

Differenzierungsleistungen im Bereich vegetativer Hyphen

Im Bereich der vegetativen Hyphen können für spezielle Funktionen Abänderungen auftreten. Hierzu gehört bei phytopathogenen Pilzen die Bildung von *Appressorien* (Abb. 64), einfachen angeschwollenen Zellen, mit denen sich der Pilz an der Wirtsoberfläche verankert; von hier aus durchdringt eine dünne Penetrationshyphe die pflanzliche Zellwand (vgl. S. 317 ff.). Hierfür stehen zwei Alternativen zur Verfügung: 1. Die indirekte Penetration über die Spaltöffnung (Abb. 64) wie bei den Rostpilzen. 2. Die direkte Penetration der Cuticula und der Epidermis wie bei den falschen Mehltaupilzen, entweder durch physikalische Kräfte, wobei Turgordrücke bis zu 8,0 MPa (80 bar) erreicht werden, oder mit Hilfe extrazellulärer Enzyme wie z. B. Cutinasen.
Der Eintritt in die Pflanze erfolgt mittels eines Infektionsstiftes (Abb. 64b), einer sehr dünnen Hyphe, die sich später zum Haustorium (Abb. 64c) erweitert. Von hier aus erfolgt die weitere Kolonisierung des Wirtsgewebes.

Die Penetration über die stomatären Poren stellt hohe sensorische Anforderungen an die Keimschläuche, die Schließzellenränder zu erkennen, um direkt über dem Porus das Appressorium zu bilden. Hierbei geben die Cuticularhörnchen, die sich über die stomatäre Apertur heben, den Ausschlag. Dies konnte an Plastikabdrücken und synthetischen Leisten mit vergleichbaren topographischen Eigenschaften bewiesen werden, wo z. B. *Uromyces*-Keimschläuche ebenfalls Appressorien ausbilden.
Die Reaktion einer Wirtspflanze auf Pilzbefall kann sich auf vielfältige Weise äußern (vgl. S. 315 ff.). Von besonderer Bedeutung ist die hypersensitive Reaktion. Die befallene Epidermiszelle wird nach wenigen Stunden nekrotisch. Abb. 65 zeigt das Beispiel eines mit *Phytophthora infestans* befallenen Tomatenblatts. Hier grenzt sich die infizierte Epidermiszelle durch Ablagerung zusätzlichen Wandmaterials, das in Gegenwart von Anilinblau fluoresziert, von ihrer Umgebung ab.
Als weitere Beispiele für Differenzierungen im vegetativen Bereich seien *Sklerotien* genannt. Diese Überdauerungsstrukturen bestehen aus kompakten und oft dunkel pigmentierten Hyphenansammlungen, die durch wiederholte Hyphenverzweigungen entstehen. Häufig dienen sie auch der Verbreitung. Unter günstigen Bedingungen kommt es zur Auskeimung.
Abb. 66 zeigt als Beispiel die Sklerotien von *Rhizoctonia solani,* dem Erreger der Wurzeltöterkrankheit (Pockenkrankheit) der Kartoffel. Hierbei handelt es sich um die imperfekte Form eines Basidiomyceten.
Verschiedene Pilze sind auf den Langstreckentransport von Nährstoffen angewiesen. Hierfür werden zum Teil hochspezialisierte Myzelstränge verwendet, die man als *Rhizomorphen* bezeichnet. Auf diese Weise können mehrere Meter einer nährstofffreien Umgebung überbrückt werden, sofern die Basis ausreichend versorgt ist. Ein bekanntes Beispiel liefert der Hallimasch *(Armillaria mellea),* einer der wichtigsten phytopathogenen Basidiomyceten an Laub- und Nadelhölzern. Seine Rhizomorphen bestehen aus tausend oder mehr parallelen, unverzweigten Hyphen, die alle mit derselben Geschwindigkeit wachsen. Die Strangspitze (Abb. 67) weist bemerkenswerte Differenzierungsleistungen auf, die im Dienste der Absorption stehen. Hier wird allein auf der Basis von sekundär verwachsenen Hyphenzellen der Eindruck eines Konstruktionsprinzips erweckt, wie es für die Wurzelspitze einer Höheren Pflanze charakteristisch ist.

Vegetative Fortpflanzung

Für die vegetative Fortpflanzung steht eine Vielzahl von Sporentypen zur Verfügung, deren Entstehung und Struktur oft für einzelne taxonomische Gruppen charakteristisch ist. Allen Typen gemeinsam ist die Entstehung aus mitotischen Kernteilungen, daher auch die Bezeichnung *Mitosporen.* Mit Hilfe dieser Fortpflanzungszellen erfolgt eine außerordentlich wirksame Vermehrung. Im folgenden werden die häufigsten Mitosporen-Typen vorgestellt. Bei den *Oomyceten,* z. B. dem Erreger der Kraut- und Knollenfäule der Kartoffel *(Phytophthora infestans)* werden Sporangien, d. h. hochspezialisierte, sporenproduzierende Zellen, gebildet (Abb. 68). Unter kühlen Witterungsbedingungen läuft im Inneren unter freier Zellbildung die Differenzierung begeißelter Sporen *(Zoo-* oder *Planosporen)* ab, die das Sporangium in einem Wasserfilm verlassen und auf einem geeigneten Wirt einen neuen Infektionszyklus starten. Derselbe Organismus zeigt bei höheren Temperaturen eine völlig andere Differenzierungsleistung: Hier fallen die *Sporangien* als Ganzes von ihren Traghyphen ab und keimen auf einem Wirt mit Hilfe eines Keimschlauchs; hier wird somit das Zoosporen-Stadium übersprungen.

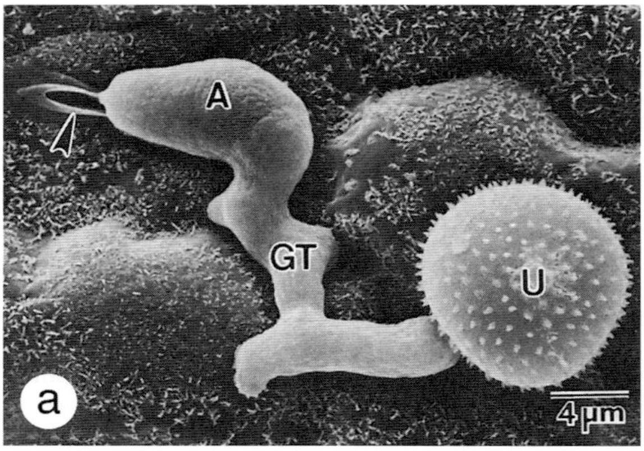

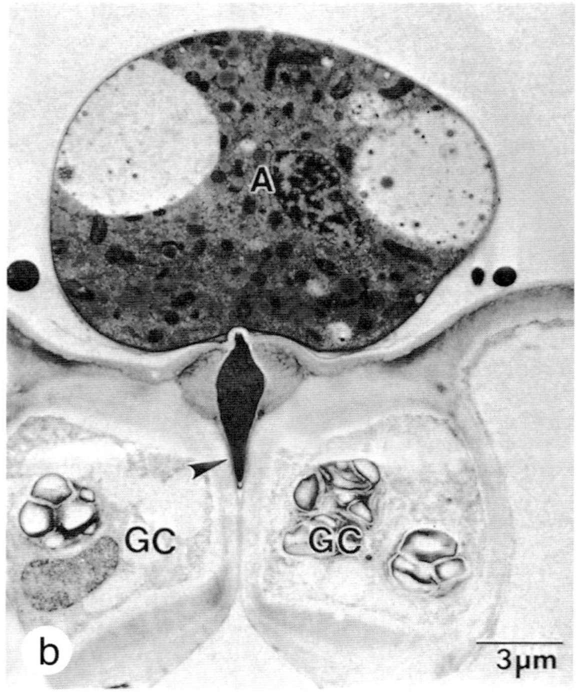

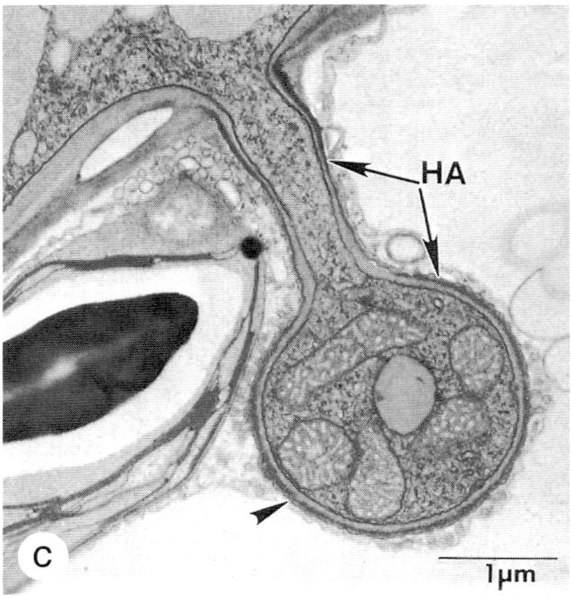

Abb. 64: Infektionsstrukturen phytopathogener Pilze. Aus Mims[58]. (a) Uredospore (U) von *Puccinia sorghi* mit Keimschlauch (GT) und Appressorium (A) auf einem Maisblatt, (b) Penetration von *Puccinia arachidis* über die Spaltöffnung mit Hilfe eines Infektionsstifts (Pfeilkopf), der von Appressorien gebildet wird. GC: Schließzellen eines Erdnußblatts. (c) Haustorium (HA) von *Albugo candida* mit kugelförmigem Haustorialkörper.

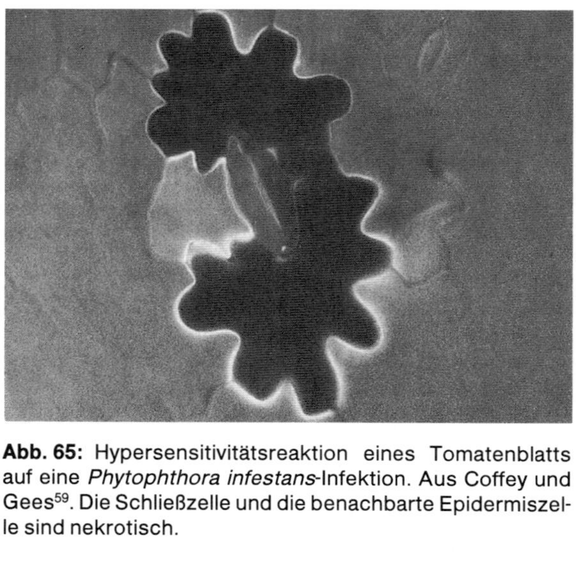

Abb. 65: Hypersensitivitätsreaktion eines Tomatenblatts auf eine *Phytophthora infestans*-Infektion. Aus Coffey und Gees[59]. Die Schließzelle und die benachbarte Epidermiszelle sind nekrotisch.

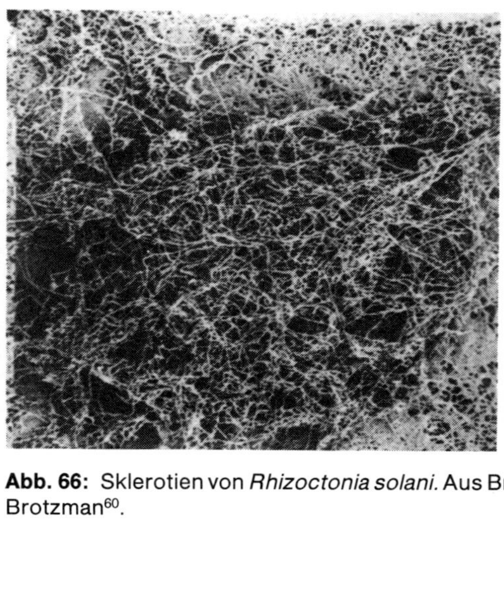

Abb. 66: Sklerotien von *Rhizoctonia solani*. Aus Brown und Brotzman[60].

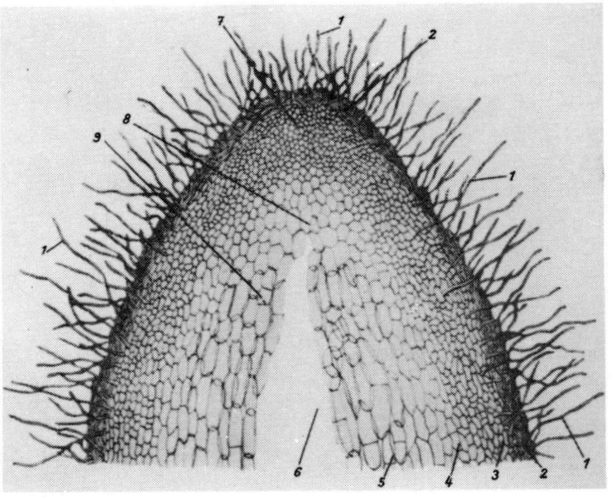

Abb. 67: Längsschnitt durch die wachsende Spitze einer Rhizomorphen des Hallimasch. 1: lose Haare, 2: lockerer Mantel gallertartiger Hyphen, 3: Rindenzone, 4: Übergangszone zum Mark (5), 6: Markraum, 7: Vegetationsspitze, 8: Stelle des Auseinanderweichens der Markzellen, 9: sekundär gebildete Querwände in den Markzellen. Aus Lohwag[61].

Abb. 69: Mitosporangium von *Mucor fragilis.* Aus Troughton und Sampson[62]. S: Sporangiophor.

Bei den *Zygomyceten* werden in den Sporangien grundsätzlich unbewegliche Sporen *(Aplanosporen)* wiederum unter Zerklüftung des Cytoplasmas gebildet. Abb. 69 zeigt am Beispiel von *Mucor gracilis* die charakteristische Struktur. Ebenfalls in dieser Pilzgruppe ist eine Progression zu beobachten, die bis zur Ausbildung mehrerer kleiner Sporangien *(Sporangiolen)* führt, welche im Extremfall nur eine Spore enthalten. Auch hier zeichnet sich eine Parallelentwicklung zur Konidienbildung ab.

Bei den Höheren Pilzen sind die *Konidien* (= Konidiosporen) die charakteristischen Verbreitungseinheiten. Diese unbeweglichen, asexuellen Sporen werden an der Spitze oder Seite einer sporogenen Zelle abgeschnürt. Da sie nicht wie bei den bisher besprochenen Sporangiosporen unter fortschreitender Zerklüftung des Cytoplasmas entstehen, sind sie auch nicht von einer eigenen Sporangienwand umgeben. Die *Fungi imperfecti,* die über keine Sexualstadien verfügen, pflanzen sich fast ausschließlich durch Konidien fort.

In der außerordentlichen Vielfalt der Konidien lassen sich zwei Grundtypen erkennen. Bei den *thallischen Konidien* (= Arthrokonidien) werden vorhandene Hyphen zunächst septiert, erst dann erfolgen Wachstum und Differenzierung zur Konidienzelle (Abb. 70 a). Bei den *blastischen Konidien* (Abb. 70 b) erfolgt die Entstehung durch Zellsprossung. Erst nach dem Ausknospen der Mutterzelle kommt es zur beträchtlichen Vergrößerung und dann zur Abschnürung der künftigen Konidienzelle. Abb. 71 zeigt als Produzenten von Arthrokonidien *Geotrichum candidum* (a), der an Citrusgewächsen die sog. Oospora-Fäule hervorruft, und als Produzenten von Blastokonidien den Echten Mehltau des Getreides *Erysiphe graminis* (b) sowie den Schimmelpilz *Aspergillus nidulans* (c und d).

In diesem Zusammenhang müssen auch die häufig vorkommenden *Chlamydosporen* erwähnt werden, die als Dauersporen fungieren und als dickwandige thallische Konidien aufzufassen sind (Abb. 72).

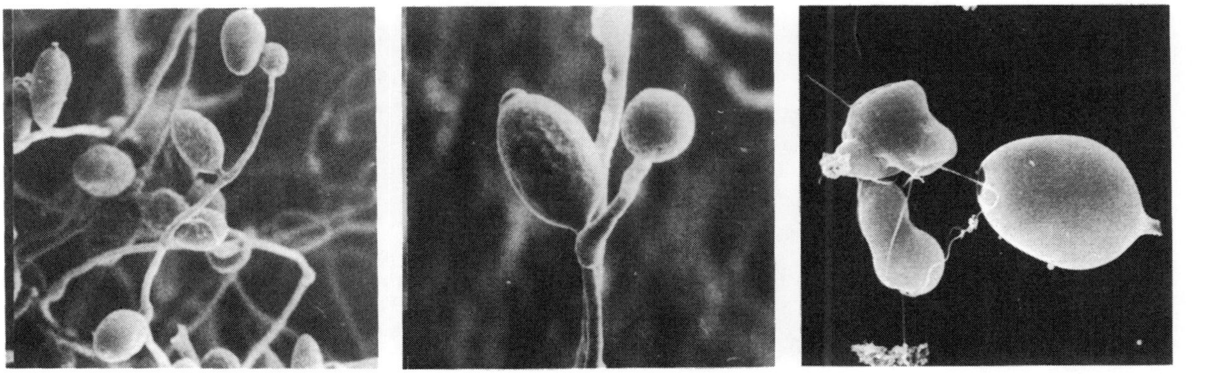

a) b) c)

Abb. 68: Mitosporangien (a, b) und Zoosporen (c) von *Phytophthora infestans.* Aus Brown und Brotzman[60].

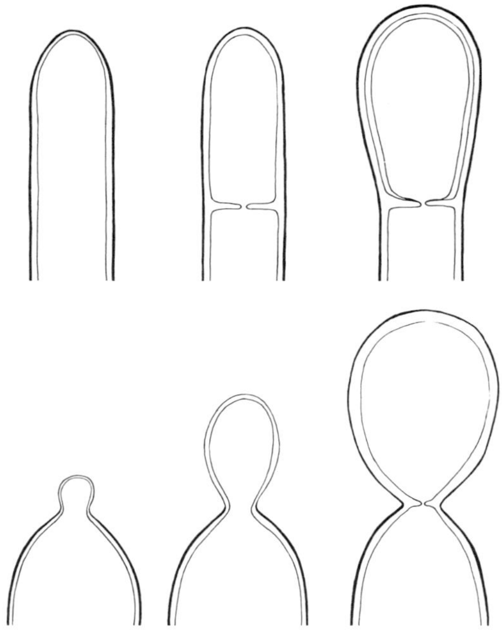

Abb. 70: Die Grundtypen der Konidienentwicklung. Aus Cole und Samson[63].
a) thallische Entwicklung: Arthrokonidien.
b) blastische Entwicklung: Blastokonidien.

a)
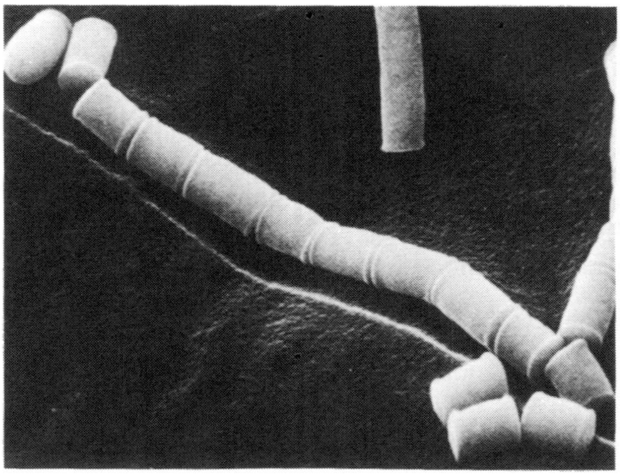

b)
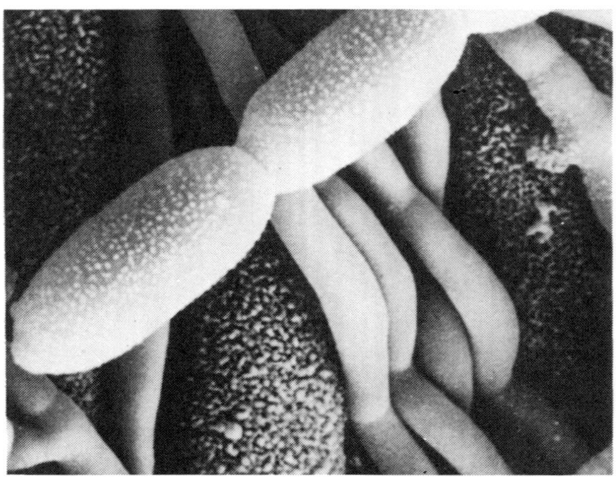

c)

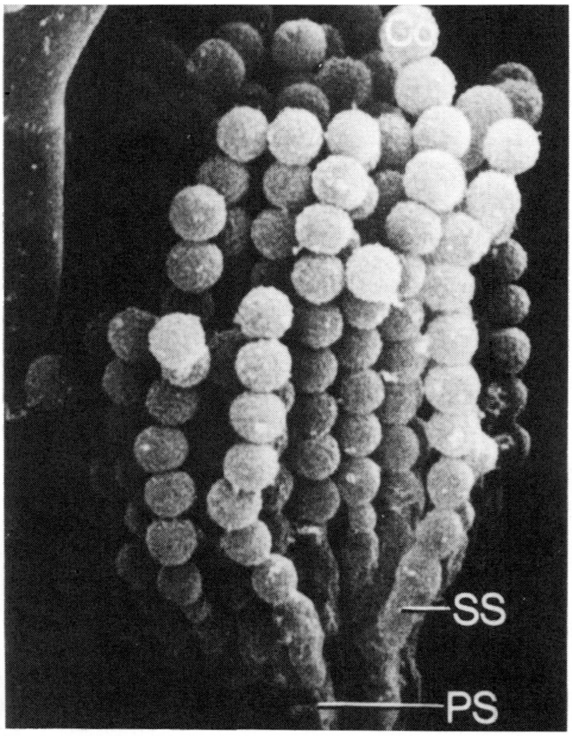

d)

Abb. 71: Konidientypen.
a) Arthrokonidien von *Geotrichum canidum*. Aus Cole und Samson[63]. b)–d) Blastokonidien. b) *Erysiphe graminis* f. sp. *hordei:* Aufsicht auf Haferblatt mit Konidienkette und Hyphen. Aus Har und Jackman[64]. c) und d) *Aspergillus nidulans*. Aus Kessel und Shih[26].
Cp: Konidienträger (Konidiophor), My: Myzel, PS: Primäres Sterigma, SS: Sekundäres Sterigma.

a) 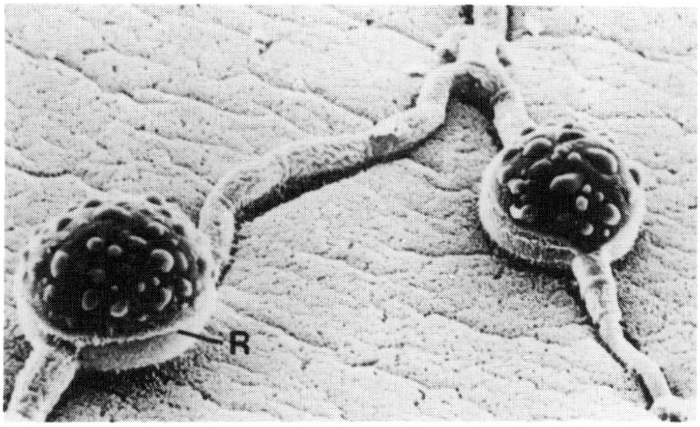

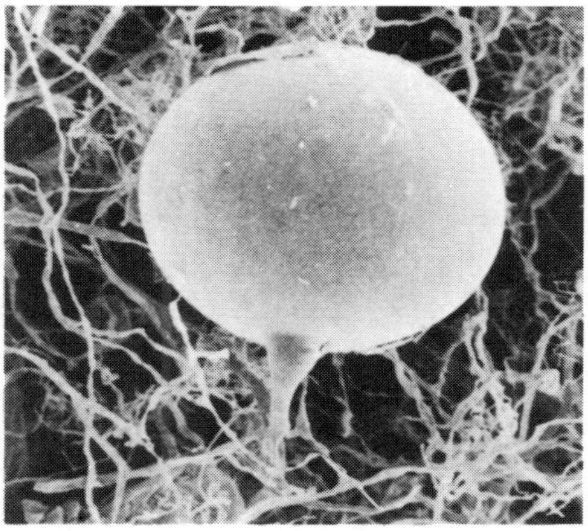 b)

Abb. 72: Chlamydosporen.
a) Interkalare Bildung bei *Arthrobotrys flagrans*. R: Aufgerissene Primärwand. Aus Barron[65].
b) Terminale Bildung bei *Glomus mosseae* mit Traghyphe; darunter Myzel. Aus Brown und Brotzman[60].

Sexuelle Fortpflanzung

Die größte Variationsbreite findet sich im Bereich der Pilze bei der sexuellen Fortpflanzung. So verschieden die Einzelabläufe auch sein mögen, so gilt auch hier die Regel, daß grundsätzlich Karyogamie und Meiose (S. 25) als essentielle Prozesse in den Entwicklungsablauf eingeschlossen sind. Die aus der Meiose hervorgehenden Zellen sind in der Regel keine Gameten (Ausnahme: Oomyceten), sondern Meiosporen. Bei den Höheren Pilzen werden sie von Fruchtkörpern gebildet, bei den Ascomyceten in Asci (Abb. 73 a), bei den Basidiomyceten als Exosporen an den Basidien (Abb. 73 b). Wegen der enormen Sporenzahlen können viele Arten auf eine vegetative Vermehrung verzichten.
Daß Pilze auf einen regulären Sexualzyklus verzichten können, beweist die große Gruppe der *Fungi imperfecti* (Deuteromyceten), die sich in ihrer großen Mehrzahl von den Ascomyceten ableiten. Für eine genetische Variation wird hier durch einen *Parasexual-Zyklus* gesorgt, der in seltenen Fällen abläuft. Hierbei verschmelzen zwei beliebige Kerne miteinander; in Ausnahmefällen findet ein mitotisches crossing-over statt, gefolgt von einer allmählichen Haploidisierung durch Chromosomenverluste.
Daß sich die imperfekten Pilze erfolgreich behaupten können, beweist die Vielzahl der Pflanzenparasiten in dieser Gruppe, z. B. *Botrytis, Cercospora, Cladosporium, Colletotrichum, Fusarium, Helminthosporium, Monilia, Septoria, Verticillium.*

Pilze als Parasiten

Die heterotrophe Ernährung der Pilze bedingt eine saprophytische oder parasitische Lebensweise. Während die Saprophyten ihre Nährstoffe aus pflanzlichen oder tierischen Rückständen gewinnen, beziehen die Parasiten ihre notwendigen Metaboliten aus dem lebenden Wirtsorganismus. Zur zweiten Gruppe gehören die phytopathogenen Pilze, die man als wichtigste Erreger von Pflanzenkrankheiten bezeichnen muß. Die Schäden, die jährlich an Kulturpflanzen hervorgerufen werden, erreichen Milliardenbeträge.
Beim *Parasitismus* lassen sich verschiedene Abstufungen erkennen. *Nekrotrophe* Pilze verhalten sich destruktiv. Sie töten ihren Wirt vor oder kurz nach der Invasion und absorbieren Nährstoffe aus den absterbenden oder toten Wirtszellen. Von hier aus folgt dann eine weitere Ausbreitung. Häufig benutzen die Parasiten neben Enzymen auch Toxine, die im Extremfall an weit entfernte Stellen in der Pflanze transportiert werden.
Zu den nekrotrophen Pilzen zählen *unspezialisierte* Parasiten mit einem weiten Wirtsbereich; sie können alternativ auch als Saprophyten leben. Der Parasitismus ist hier auf junge, beschädigte oder aber seneszente Gewebe beschränkt, denn die Resistenz der gesunden Pflanze kann normalerweise nicht überwunden werden. Typische Beispiele sind verschiedene „Fäule"-Pilze wie mehrere Arten von *Pythium, Phytophthora* (nicht *infestans!*), *Fusarium* und *Rhizoctonia.* Ein charakteristisches Merkmal dieser Pilztypen ist die Produktion von extrazellulären Enzymen, welche die Besiedlung der Wirtszelle ermöglichen. Typisch ist auch die Produktion von außerordentlich widerstandsfähigen Ruhestadien, z. B. Chlamydosporen bei *Fusarium,* mit denen der Pilz ggf. über Jahre hinweg im Boden überdauern kann.
Anders verhalten sich *spezialisierte* nekrotrophe Pilze. Der Wirtsbereich und die Möglichkeit zur saprophytischen Lebensweise sind stark eingeschränkt. Andererseits verfügen sie über effizientere Möglichkeiten, die Resistenz der Wirtspflanzen zu überwinden. Bekannte Beispiele sind verschiedene *Botrytis-* und *Gäumannomyces-*Arten.
In die Gruppe der spezialisierten Nekrotrophen gehören auch Erreger von Welkekrankheiten wie *Ceratocystis ulmi, Fusarium oxysporum* und verschiedene *Verticillium-*Arten, welche die Xylembahnen durch gelartige Substanzen blockieren und damit innerhalb kurzer Zeit ihre Wirte abtöten. Daneben werden Toxine produziert, welche insbesondere die Stomata-Funktionen ausschalten und in anderen Fällen die Viskosität des Xylemsafts erhöhen.
Einer völlig anderen Gruppe gehören die *biotrophen Parasiten* an, die ihre Wirtszellen nicht abtöten. Diese können sogar grün und offensichtlich gesund bleiben, wenn die nicht infizierte Umgebung bereits beginnt, seneszent zu werden. Hier handelt es sich um die höchste Stufe des Parasitismus. Der Wirtsbereich ist extrem begrenzt und kann sich sogar auf eine einzige Varietät beschränken. Bekannte Beispiele sind *Phytophthora infestans,* weitere Falsche, aber auch Echte Mehltaupilze sowie Rostpilze. In wenigen Fällen ist bislang eine Anzucht außerhalb der Wirtsgewebe gelungen.

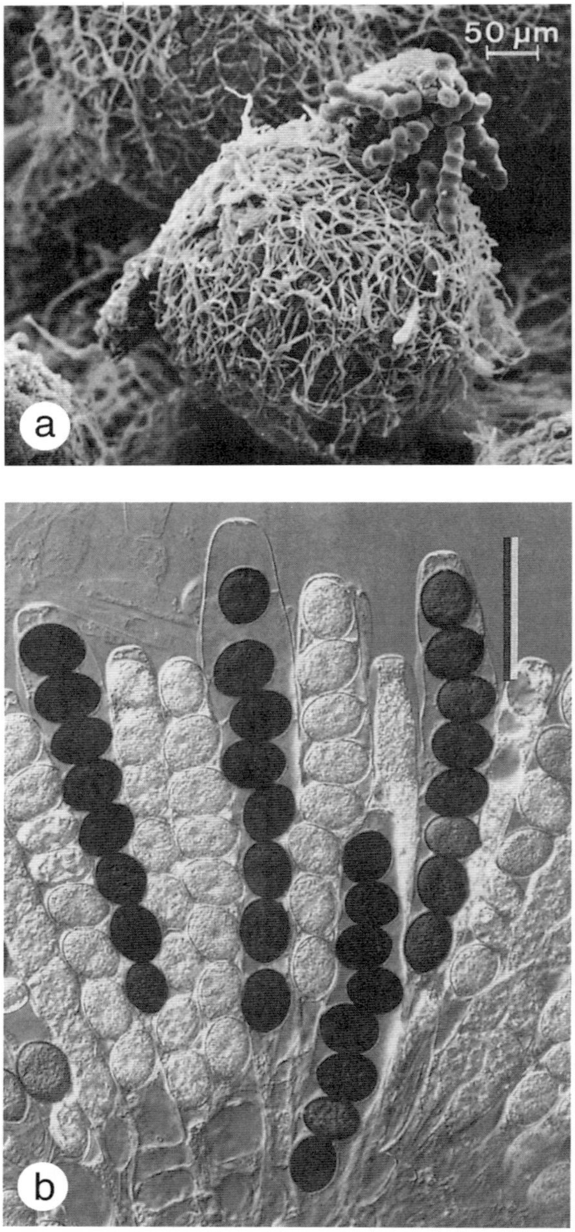

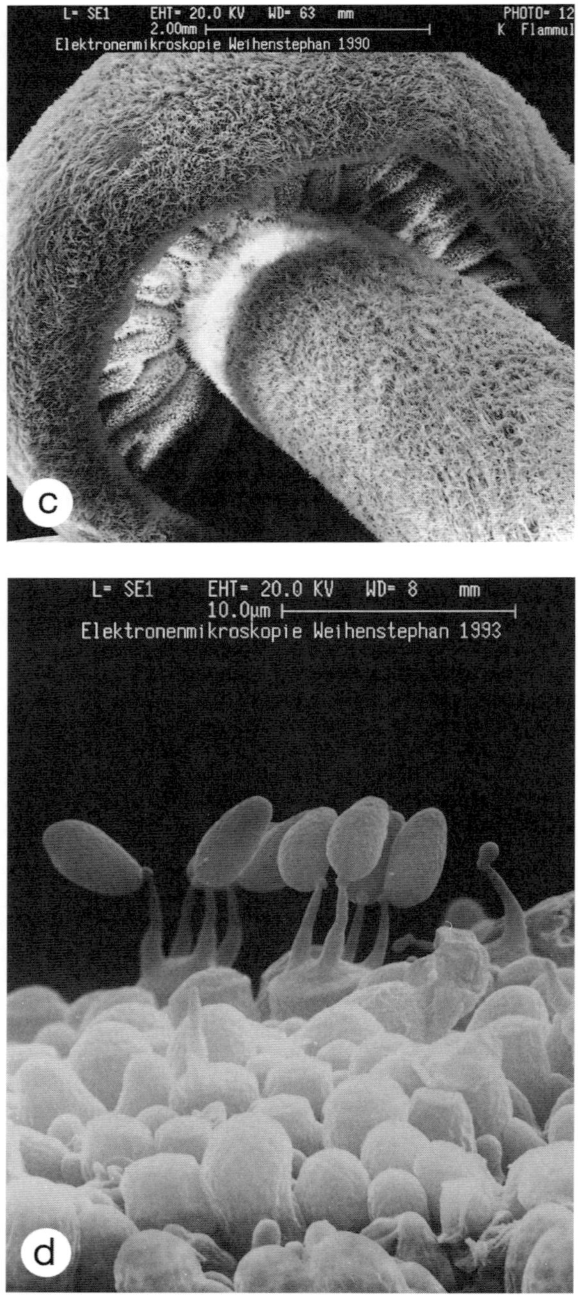

Abb. 73: Meiosporenbildung bei Höheren *Pilzen.* (a) Fruchtkörper (Perithezium) von *Sordaria macrospora* mit ausgetretenen Asci. Aus Hock et al.[52]. (b) Asci mit Ascosporen von *Sordaria macrospora.* Aus Read und Lord[65]. Meßstrich: 50 µm. (c) Junger Fruchtkörper des Basidiomyceten *Flammulina velutipes* mit Lamellen auf der Hutunterseite. Aufnahme: Volker Kern. (d) Hymenium mit Basidien auf der Lamellenoberfläche von *Flammulina velutipes.* Aufnahme: Dr. Volker Kern.

Pilze als Symbiosepartner

Während beim Parasitismus die Interaktion von Parasit und Wirt eindeutig zugunsten des Parasiten ausfällt, verhalten sich bei einer Symbiose die beiden Partner nach dem Prinzip des gegenseitigen Vorteils. Die ökologischen Beziehungen sind teilweise so eng, daß sich daraus morphologische Einheiten höherer Ordnung ergeben können. Die wichtigsten Beispiele sind die Mykorrhizen und die Flechten.

Mykorrhiza

Hierbei handelt es sich um eine Symbiose zwischen Wurzeln Höherer Pflanzen mit Pilzen. Man unterscheidet dabei mehrere Typen (Abb. 74).

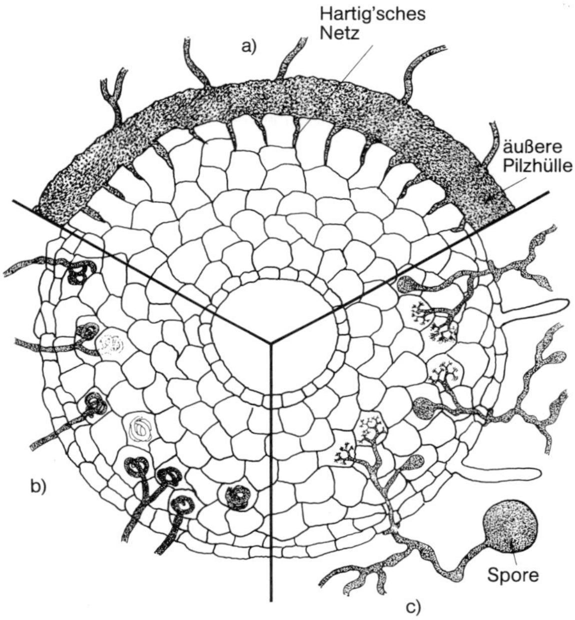

Abb. 74: Die Hauptformen der Mykorrhiza am Beispiel eines Wurzelquerschnitts (schematisch). Nach Deacon[55].
a) Ektomykorrhiza.
b) Endomykorrhiza.
c) Vesikulär-arbuskuläre Mykorrhiza (VAM), wegen des Fehlens von Vesikeln in einigen Fällen neuerdings auch als AM bezeichnet.

Die Ektomykorrhiza ist für Waldbäume nördlich gemäßigter Zonen typisch. Diese gedeihen ohne Pilzpartner oft nur kümmerlich. Die Hyphen spielen bei der Wasser- und Nährstoffaufnahme eine große Rolle; hierbei kommt es vor allem auf das Phosphat an, das im Boden in der Form von unlöslichem Calciumphosphat oder organischem Phosphat vorliegt und im Gegensatz zu den Pilzen für die Pflanzenwurzeln nicht unmittelbar oder zumindest sehr viel langsamer verfügbar ist. Der Pilzpartner profitiert andererseits von der Kohlenhydrat-Zufuhr von seiten der Höheren Pflanze.
Bei der ektotrophen Mykorrhiza wachsen die Pilzhyphen vorwiegend an der Wurzeloberfläche, wo sie den Pilzmantel, eine Hülle aus Pseudogeweben, bilden und von dort aus zu den Interzellularen der äußeren Wurzelschichten, maximal bis vor die Endodermis, vordringen. Hier bilden sie das *Hartigsche Netz.* Durch den Pilz wird das Wurzelwachstum unterdrückt, und auch das Längenwachstum der befallenen Wurzeln wird zugunsten keuliger Formen (s. Farbabb. 2, S. 245) eingeschränkt. Als Symbiosepartner fungieren meist Basidiomyceten, z. B. Röhrlinge, Täublinge, Ritterlinge u. a., die außerhalb der Symbiose nicht zum Fruchten kommen.
Alle Stoffe, die aus dem Boden absorbiert werden, müssen den dicken Pilzmantel passieren. Er macht z. B. bei der Buche 35–40% der Mykorrhiza-Trockenmasse aus, und er ist für die Hälfte der CO_2-Produktion verantwortlich. Der Selektionswert dieser aufwendigen Struktur ist an der Speicherung der Verbindungen zu sehen, die vom Baum oder vom Pilz stammen und jeweils zur Zeit des größten Bedarfs dem anderen Partner zur Verfügung gestellt werden.
Die Geschwindigkeit der Assimilattranslokation zu mykorrhizierten Wurzeln ist um mehrere Größenordnungen schneller als bei nichtinfizierten Kontrollen. Der Pilzmantel kann bis zu 70% der Zucker speichern, die in die Wurzel abgeleitet werden. Die Kohlenhydratspeicherung erfolgt im Sommer, wenn die Photosyntheseraten des Baums am höchsten sind, die Nutzung zur Fruchtkörperbildung jedoch in der überwiegenden Mehrzahl der Fälle im Herbst, d. h. meist nach starken Regenfällen und nachfolgend warmfeuchtem Wetter. Dies spielt bei Pilzen mit ausdauernden Myzelien und jährlicher Produktion großer Fruchtkörper eine große Rolle.
Eine weitere Funktion des Pilzmantels betrifft die Speicherung von Mineralsalzen, die damit auch dem Baum zur Verfügung stehen. Gerade die Verfügbarkeit dieser Nährelemente ist jahreszeitenabhängig. Wenn nach dem Blattfall im Herbst die oberste Bodendecke feucht und die mikrobielle Aktivität hoch ist, stehen durch Auswaschung und Mineralisation genügend Mineralsalze für die Absorption zur Verfügung. In trockenen Sommern sind diese Prozesse stark eingeschränkt. Daraus ergeben sich die Vorteile der Mineralsalzaufnahme nach der Sommerperiode.
Somit ist die Ektomykorrhiza eine hervorragende Anpassung an den jahreszeitlich bedingten Klimawechsel, besonders in der nördlichen gemäßigten Zone, wo Wirt und Pilz phasenverschoben wachsen und sich fortpflanzen.
Schließlich hat die Mykorrhiza eine wichtige Funktion bei der Abwehr von Phytopathogenen. Ektomykorrhizen sind Barrieren gegen pathogene Wurzelinfektionen z. B. durch den Hallimasch *(Armillaria mellea),* den Erreger der Rotfäule *(Fomes annosus)* und der Wurzelfäule *(Fusarium oxysporum)* sowie durch *Phytophthora cinnamomi.* So erweisen sich Sämlinge mit gut entwickelten Mykorrhizen als widerstandsfähiger gegenüber Pathogenen als die nicht-mykorrhizierten Kontrollen. Für die Resistenz kommen mehrere Mechanismen in Frage. Der Pilzmantel selbst fungiert als schwer durchdringbare physikalische Barriere. Der Mykorrhizapilz kann aber auch durch Ausscheidung von Hemmstoffen (z. B. Antibiotika und ähnliche Verbindungen) das Wachstum von Pathogenen einschränken. Selbst die Wurzel reagiert auf die Mykorrhizierung mit der Produktion und Akkumulation großer Mengen an flüchtigen Terpenen. Hierdurch wird nicht nur das Wachstum des Ektomykorrhizapilzes im Wurzelgewebe begrenzt, sondern auch die Ausbreitung von Pathogenen in der Rhizosphäre.
Eine Schwächung der Mykorrhiza, z. B. durch Umwelt-Schadstoffe – und hierzu müssen auch im weitesten Sinn unkontrollierte Düngungsmaßnahmen gerechnet werden – muß zwangsläufig zu schweren Defekten führen, deren Palette von einer Störung der absorptiven Funktionen bis hin zur Infektion durch Pathogene reichen kann.
Bei der *endotrophen* Mykorrhiza fehlt die äußere Pilzhülle. Die Hyphen dringen in tiefere Regionen der Wurzel vor, wo sie in die Zellen eintreten. Die Unterscheidung einer äußeren *Pilzwirts-* von einer inneren *Pilzverdauungszone* weist auf Vorteile für die Höhere Pflanze hin. Wurzelhaare werden nicht gebildet. Endotrophe Mykorrhizen kommen insbesondere bei Orchideen und Heidekrautgewächsen vor, mit denen hauptsächlich septierte Pilzpartner vergesellschaftet sind (z. B. *Rhizocto-*

nia-Arten bei Orchideen). In frühen Stadien sind Orchideenkeimlinge vollständig auf die Ernährung durch den Pilz angewiesen, der hier als echter Wirt fungiert.
Eine Vielzahl von Kulturpflanzen weist einen dritten Mykorrhiza-Typ mit einer hauptsächlich endogenen Lebensweise auf, den man wegen seiner typischen Hyphenverzweigungen und -anschwellungen in den Wirtszellen als *vesiculär-arbusculär* bezeichnet. Hier wird die Wurzelhaarbildung nicht unterdrückt; eine äußere Pilzhülle fehlt. Als Pilzpartner fungieren *Glomus*- und verwandte Zygomyceten-Arten, die man heute in die Ordnung *Glomales* stellt. Die Bedeutung dieser Symbiose kann nicht hoch genug eingeschätzt werden; sie drückt sich in dem viel zitierten Satz aus, daß die meisten Kulturpflanzen ihre Wasser- und Nährstoffaufnahme nicht mit Wurzeln, sondern mit Mykorrhizen bewältigen.

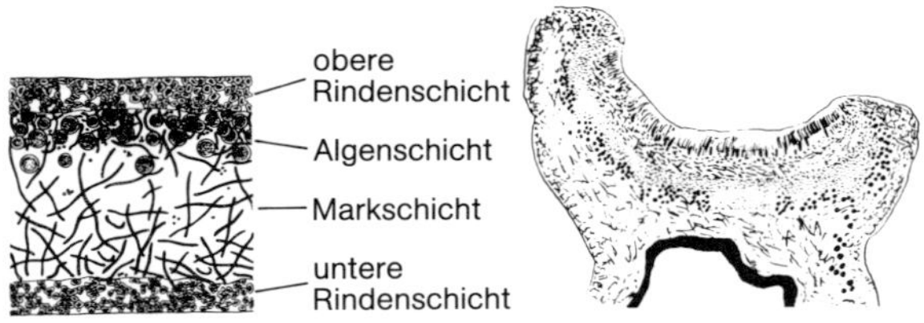

a) Thallus-Querschnitt b) Apothecium-Querschnitt

Abb. 75: Bau der Laubflechte *Parmelia*. Als Pilzpartner fungiert ein Ascomycet, als Algenpartner die coccale Grünalge Treboxia.
Kombiniert aus Urania Pflanzenreich[67] (a) sowie Doll[68].

Flechten

Die Flechten nehmen im Pflanzenreich eine Sonderstellung ein, weil hier zwei grundverschiedene Organismen, ein Mycobiont (der Pilzpartner) und ein Photobiont (ein Algen- oder ein Cyanobakterien-Partner) eine dauerhafte, sich selbst erhaltende und hochdifferenzierte höhere Einheit bilden. Beide Symbiosepartner können – wenn auch häufig nur unter erheblichen Schwierigkeiten – unabhängig voneinander wachsen. Der charakteristische Thallus, welcher der Gesamteinheit das Aussehen einer völlig neuen Pflanze verleiht, kann niemals von einem Partner allein gebildet werden.
Die überwiegende Mehrzahl der möglichen Pilzpartner stammt aus der Gruppe der Ascomyceten; als Fruchtkörper werden meist Apothezien gebildet (Abb. 75b). Als Algenpartner kommen neben den eukaryotischen Chlorophyceen und Xanthophyceen auch häufig die prokaryotischen Cyanobakterien (früher Blaualgen) vor. Zwar bietet der Mycobiont dem Photobionten Schutz, vor allem durch Pigmentsynthese an lichtreichen Standorten, aber hinsichtlich der ernährungsphysiologischen Bedingungen ist der Mycobiont als Wirt anzusehen, denn er liefert im Fall der Grünalgen Zuckeralkohole (Ribit, Erythrit oder Sorbit) und bei Cyanobakterien Glucose, die der Pilz in Mannit umwandelt. Die zum Parasitismus neigenden Flechtenpilze werden durch die resistenten Algen unter Kontrolle gehalten.
Als poikilohydre Systeme sind die Flechten an ein wiederholtes Eintrocknen und Wiedereinquellen angepaßt. Dennoch ist die Vermutung, daß der Pilz der Alge in der Symbiose günstigere Wasserbedingungen bietet und daß hierdurch ihre Austrocknung verlangsamt wird, nicht immer korrekt; denn die freilebenden Algen können ähnlich wie die Photobionten Wasserdampf aus der Luft aufnehmen und diesen für die Photosynthese nutzen.
Das Flechtenwachstum verläuft auch unter günstigen Umweltbedingungen sehr langsam; es bewegt sich im Bereich weniger mm pro Jahr. Ursache dafür sind die kurzen Perioden aktiven Stoffwechsels an extremen Standorten, aber auch der Kohlenhydratentzug durch den Pilz, der mehr als 90% des fixierten Kohlenstoffs ausmacht.
Das Gleichgewicht zwischen Pilz und Photobiont kann durch ungünstige Umweltverhältnisse gestört werden, z. B. durch zuviel Stickstoff oder anhaltende Nässe. Wegen der starken Abhängigkeit der Wachstumsbedingungen vom Mikroklima der Standorte sind Flechten wichtige Bioindikatoren (S. 65). Ihre Empfindlichkeit gegenüber bestimmten Schadstoffen in der Luft ist groß und häufig auf wenige Verbindungen begrenzt; man kann sie somit als „Meßstellen“ nutzen.
Als Beispiel für einen hochentwickelten Thallus wird der geschichtete Aufbau von *Parmelia* vorgestellt (s. Farbabb. 5, S. 245 und Abb. 75); auf die Cortex folgt eine Algenschicht, die wiederum eine Markschicht einschließt.
Die vegetative Vermehrung erfolgt durch Fortpflanzungseinheiten, die sowohl den Algen- als auch den Pilzpartner einschließen. Bei *Parmelia* sind es sog. *Soredien,* kugelige Gebilde, die aus einigen von Hyphen umsponnenen Algenzellen bestehen und sich von dem Mutter-Thallus ablösen.
Die sexuelle Fortpflanzung beschränkt sich bei den Flechten praktisch ausschließlich auf den Mycobionten, ist aber auch hier häufig eingeschränkt oder ganz verloren gegangen.

Literatur

[1] Dose, K. (1991): Biochemie. Eine Einführung. 2. Aufl. Springer-Verlag Berlin, Heidelberg, New York.

[2] Alberts, B., Bray, D., Lewis, J., Raff, M., Roberts, K., Watson, J. D. (1989): Molecular biology of the cell. 2nd ed., Garland Publ., Inc., New York, London.

[3] Braune, W., Leman, A., Taubert, H. (1987): Pflanzenanatomisches Praktikum I. Zur Einführung in die Anatomie der Vegetationsorgane der Samenpflanzen. 5. Aufl., G. Fischer Verlag Stuttgart, New York.

[4] Serrano, R. (1990): Bot. Acta **103**, 230–234.

[5] Nowikoff, A. B., Holtzmann, E (1976): Cells and organelles. 2nd ed. Holt, Rinehart and Winston, New York, Toronto, London, Sydney.

[6] Paolillo Jr., D. J. (1970): J. Cell Sci. **6**, 243.

[7] Buchanan, B. B. (1991): Arch. Biochem. Biophys. **288**, 1–9.

[8] Hanson, Ö., Wydrzynski, T. (1990): Photosynth. Res. **23**, 131–162.

[9] Kreis, W., Hölz, H. (1991): Naturwiss. Rd.schau **44**, 463–470.

[10] Gout, E., Bligny, R., Douce, R. (1992): J. Biol. Chem. **267**, 13903–13909.

[11] Pearce, R. S., Ashworth, E. N. (1992): Planta **188**, 324–331.

[12] Schindler, T. (1993): Biologie in unserer Zeit **23**, 113–120.

[13] Robards, A. W. (1970): Electron microscopy and plant ultrastructure. Mac Graw-Hill. London.

[14] Steward, F. C., Mühlethaler, K. (1953): Ann. Bot. **17**, 295.

[15] Carpita, N. C., Gibeaut, D. M. (1993): Plant J. **3**, 1–30.

[16] Schulten, H.-R. (1993): Naturwissenschaften **80**, 29–30.

[17] Riederer, M. (1991): Naturwissenschaften **78**, 201–208.

[18] Kolattukudy (1980): The biochemistry of plants **IV**, 571 (Stumpf, P. K., ed.), Academic Press, New York, London, Toronto, Sydney, San Francisco.

[19] Margulis, L. (1992): BioSystems **27**, 39–51.

[20] Frey-Wyssling, A., Mühlethaler, K. (1965): Ultrastructural plant cytology. Elsevier Publ. Comp., Amsterdam, London, New York.

[21] Troll, W. (1959): Allgemeine Botanik. 3. Aufl., Enke Verlag, Stuttgart.

[22] Slack, J. M. W., Holland, P. W. H., Graham, C. F. (1993): Nature **361**, 490–492.

[23] Langer, R. H. M. (1979): How grasses grow. 2nd ed., Edward Arnold, London.

[24] Kutschera, L., Lichtenegger, E. (1982): Wurzelatlas mitteleuropäischer Grünlandpflanzen Band I: Monocotyledoneae. Gustav Fischer Verlag, Stuttgart, New York.

[25] Natho, G., Müller, C., Schmidt, H. (1990): Wörterbuch der Biologie. Morphologie und Systematik der Pflanzen. 2 Bde. Gustav Fischer Verlag, Stuttgart.

[26] Kessel, R. G., Shih, C. Y. (1974): Scanning electron microscopy in biology. Springer-Verlag, Berlin, Heidelberg, New York.

[27] Weier, T. E., Stocking, C. R., Barbour, M. G., Rost, T. L. (1982): Botany 6th ed. J. Wiley & Sons, New York, Chichester, Brisbane, Toronto, Singapore.

[28] Nultsch, W. (1991): Allgemeine Botanik. 9. Aufl., G. Thieme, Stuttgart, New York.

[29] Muller, W. H. (1969): Botany, 2nd ed. The Macmillan Company. New York.

[30] Haberlandt, G. (1918): Physiologische Pflanzenanatomie. 5. Aufl., W. Engelmann, Leipzig.

[31] Troughton, J., Donaldson, L. A. (1972): Probing plant structure. Chapman and Hall, London.

[32] Magel, E., Ziegler, H. (1986): Forstwiss. Centralbl. **105**, 234–238.

[33] Raschke, K. (1979): Movements of stomata, p. 383–441. In: Haupt, W., Feinleib, M. E. (eds.): Physiology of movements. Springer-Verlag, Berlin, Heidelberg, New York.

[34] Vogelmann, T. C. (1993): Annu. Rev. Plant Physiol. Plant Mol. Biol. **44**, 231–251.

[35] Braune, W., Leman, A., Taubert, H. (1987): Pflanzenanatomisches Praktikum I. 5. Aufl., G. Fischer-Verlag, Stuttgart, New York.

[36] Davies, W. J., Zhang, J. (1991): Annu. Rev. Plant Physiol. Plant Mol. Biol. **42**, 55–76.

[37] Weberling, F., Schwantes, H. O. (1987): Pflanzensystematik. 5. Aufl., Verlag E. Ulmer, Stuttgart.

[38] Heß, D. (1992): Biotechnologie. Verlag E. Ulmer, Stuttgart.

[39] Mohr, H., Schopfer, P. (1992): Pflanzenphysiologe, 4. Aufl., Springer-Verlag, Berlin, Heidelberg, New York.

[40] Moore, T. C. (1979): Biochemistry and physiology of plant hormones. Springer-Verlag, Berlin, Heidelberg, New York.

[41] Jones, A. M., Prasad, P. V. (1992): BioEssays **14**, 43–48.

[42] Hager, A., Debus, G., Edel, H.-G., Stansky, H., Serrano, R. (1991): Planta **185**, 527–537.

[43] Li, Z.-C., Durachko, D. M., Cosgrove, D. J. (1993): Planta **191**, 349–356.

[44] Bilang, J., Macdonald, H., King, P. J., Sturm, A. (1993): Plant Physiol. **102**, 29–34.

[45] Grossmann, K., Jung, J. (1984): Z. Acker- und Pflanzenbau **153**, 14–22.

[46] Pena-Cortes, H., Albrecht, T., Prat, S., Weiler, E. W., Willmitzer, L. (1993): Planta **91**, 123–128

[47] Weiler, E. W. (1993): Bot. Acta **106**, 2–4.

[48] Rüdiger, W. (1992): Photochem. Photobiol. **56**, 803–809.

[49] Mumford, F. F., Jenner, E. L. (1966): Biochem. **5**, 3657 ff.

[50] Schneider-Poetsch, H. A. W., Braun, B., Marx, S., Schaumburg, A. (1991): FEBS Lett. **281**, 245–249.

[51] Algarra, P., Linder, S., Thümmler, F. (1993): FEBS Lett. **315**, 69–73.

[52] Hock, B., Bahn, M., Walk, R. A., Nitschke, U. (1978): Planta **141**, 93–103.

[53] Müller, E., Loeffler, W. (1982): Mykologie, 4. Aufl., G. Thieme Verlag Stuttgart.

[54] Smith, M. L., Bruhn, J. N., Anderson, J. B. (1992): Nature **356**, 428–431.

[55] Deacon, J. W. (1984): Introduction to modern mycology, 2nd ed., Blackwell Scientific Publication, Oxford.

[56] Collinge, A. J., Markham, P. (1982): Protoplasma **113**, 209 ff.

[57] Bartnicki-Garcia, S. (1973): Symp. Soc. Gen. Microbiol. **23**.

[58] Mims, C. W. (1991): Mycologia **83**, 1–9.

[59] Coffey, M. D., Gees, R. (1991): Adv. Plant Pathol. **7**, 31–51.

[60] Brown, M. F., Brotzman, H. G. (1979): Phytopathogenic fungi: A scanning electron stereoscopic survey. Univ. Missouri Columbia Ext. Div.

[61] Lohwag, H. (1941): Anatomie der Asco- und Basidiomyceten. Gebr. Borntraeger, Berlin.

[62] Troughton, J. H., Sampson, F. B. (1973): Plants. A scanning electron microscope survey. J. Wiley & Sons, Australasia Pty. Ltd. Sydney, New York, London, Toronto.

[63] Cole, G. T., Samson, R. A. (1979): Patterns in development of conidial fungi. Pitman, London.

[64] Har, W., Jackman, J. (1987): Laborpraxis **7**, 60 ff.

[65] Barron, G. L. (1982): Predators and parasites of microscopic animals, p. 167–200. In: Cole, G. T., Kendrick, B. (eds.): Biology of conidial fungi, Vol. 2. Academic Press, New York, London, Toronto, Sydney, San Francisco.

[66] Read, N. D., Lord, K. M. (1991): Exptl. Mycol. **15**, 132–139.

[67] Urania Pflanzenreich (1974): Niedere Pflanzen. Verlag Harri Deutsch, Zürich, Frankfurt/M.

[68] Doll, R. (1982): Die Flechten. A. Ziemsen Verlag. Wittenberg Lutherstadt.

Zusammenfassende Darstellungen

a) Allgemeine Botanik

Kull, U. (1993): Grundriß der Allgemeinen Botanik. G. Fischer Verlag, Stuttgart, Jena, New York.

Mauseth, J. d. (1991): Botany. An introduction to plant biology. Saunders College Publ., Philadelphia.

Nultsch, W. (1991): Allgemeine Botanik. 9. Aufl., G. Thieme-Verlag, Stuttgart, New York.

Sitte, P. (1991): Morphologie. In: Lehrbuch der Botanik. Begründet von E. Strasburger u. Mitarb., 33. Aufl., G. Fischer Verlag, Stuttgart, New York.

Weier, T.-E., Stocking, C. R., Barbour, M. G., Rost, T. L. (1982): Botany, 6. ed., J. Wiley & Sons, New York.

b) Physiologie

Heß, D. (1991): Pflanzenphysiologie. 9. Aufl., Verlag E. Ulmer, Stuttgart.

Libbert, E. (1993): Lehrbuch der Pflanzenphysiologie. 5. Aufl., G. Fischer Verlag, Stuttgart, New York.

Mohr, H., Schopfer, P. (1992): Lehrbuch der Pflanzenphysiologie. 4. Aufl., Springer-Verlag, Berlin, Heidelberg, New York.

Richter, G. (1988): Stoffwechselphysiologie der Pflanzen. 5. Aufl., G. Thieme-Verlag, Stuttgart.

Taiz, L., Zeiger, E. (1991): Plant Physiology. The Benjamin/Cummings Publ. Comp., Inc., Redwood City.

Ziegler, H. (1991): Physiologie. In: Lehrbuch der Botanik. Begründet von E. Strasburger u. Mitarb., 33. Aufl., G. Fischer Verlag, Stuttgart, New York.

c) Mykologie und Lichenologie

Bresinsky, A. (1991): Übersicht des Pflanzenreiches. In: Lehrbuch der Botanik. Begründet von E. Strasburger u. Mitarb., 33. Aufl., G. Fischer Verlag, Stuttgart, New York.

Deacon, J. W. (1984): Introduction to Modern Mycology. 2nd ed., Blackwell Scientific Publications, Oxford.

Henssen, A., Jahns, H. M. (1973): Lichenes. Eine Einführung in die Flechtenkunde. G. Thieme Verlag, Stuttgart.

Hudson, H. J. (1986): Fungal Biology. Edward Arnold. London, Victoria, Baltimore.

Masuch, G. (1993): Biologie der Flechten. Quelle & Meyer Verlag, Heidelberg, Wiesbaden.

Müller, E., Loeffler, W. (1982): Mykologie. 4. Aufl., G. Thieme-Verlag, Stuttgart, New York.

Webster, J. (1983): Pilze. Eine Einführung. Springer-Verlag, Berlin, Heidelberg, New York.

d) Symbiosen

Margulis, L., Fester, R. (1991): Symbiosis as source of evolutionary innovation: Speciation and morphogenesis. The MIT Press, Cambridge, London.

Varma, A., Hock, B. (1995): Mycorrhiza. Structure, function, molecular biology and biotechnology. Springer-Verlag, Berlin, Heidelberg, New York.

Werner, D. (1987): Pflanzliche und mikrobielle Symbiosen. G. Thieme-Verlag, Stuttgart, New York.

Weg der Schadstoffe in der Pflanze

Hubert Ziegler, Institut für Botanik und Mikrobiologie, TU München

Einleitung

Grundsätzlich werden Stoffe mit potentieller Schadwirkung von der Höheren Pflanze hinsichtlich der Aufnahme, dem Transport und der Abscheidung nach innen oder außen nicht anders behandelt als Verbindungen ähnlichen chemischen Baus und ähnlicher physikalischer Eigenschaften mit positiver oder ohne Wirkung. Spezifische Träger-, Transport- oder auch Ausschlußsysteme sind, wenn überhaupt, nur für solche Substanzen denkbar, mit denen sich die Pflanze natürlicherweise seit langem auseinanderzusetzen hatte, oder allenfalls solchen, die von der Pflanze mit solchen natürlichen, in der Evolution wirksam gewordenen Verbindungen verwechselt werden.
Im folgenden können nicht Einzelheiten über den Weg der unzähligen Schadstoffe in der Pflanze geschildert werden. Es wird vielmehr versucht, allgemeine Gesetzmäßigkeiten aufzuzeigen, die Voraussagen über die Aufnahme, den Transport und die Abscheidung von Schadstoffen zu treffen gestatten.

Stoffaufnahme

Die Landbewohner unter den Höheren Pflanzen nehmen gelöste Substanzen, also auch gelöste Schadstoffe, bevorzugt durch das Wurzelsystem auf, durch die Oberfläche der oberirdischen Organe (Sproßachse, Blätter, Früchte) nur in begrenztem Umfang. Gase werden dagegen von allen Pflanzenteilen mit der Umgebung ausgetauscht, wenn auch der quantitativ dominierende Gaswechsel – Wasserdampfabgabe bei der Transpiration und CO_2-Aufnahme bei der Photosynthese – sich vor allem in den Blättern abspielt. Diese sind normalerweise schon durch ihren Bau (große Oberflächen, zahlreiche Spaltöffnungen) dafür prädestiniert.
Submerse Wasserpflanzen, z.T. auch Epiphyten, d. h. nichtparasitische Aufsitzer auf anderen Pflanzen, können dagegen außer durch das Wurzelsystem (falls sie ein solches besitzen) auch durch die Blätter und die Sproßachse gelöste Substanzen ergiebig erhalten.

Aufnahme durch die Wurzel

Normale Erdwurzeln nehmen aus dem dreiphasigen System Boden (feste, flüssige und Gas-Phase) vor allem Wasser und darin gelöste Substanzen auf, daneben auch Gase (z. B. O_2 für die Wurzelatmung, auch N_2 im Falle der Symbiose mit stickstoffixierenden Bakterien). Auch Schadgase, wie z. B. SO_2, NO_x, H_2S und NH_3 können eindringen, daneben grundsätzlich auch in die Gasphase übergetretene Biocide. Für die gelösten Substanzen, seien es notwendige wie viele anorganische Ionen oder toxische (z. B. Schwermetalle wie Blei und Cadmium oder Herbicide, von denen z. B. Dalapon in der Bodenlösung leicht beweglich ist, während etwa die Carbamate durch Absorption an die Bodenkolloide festgelegt werden), gibt es bei den Wurzeln der Landpflanzen zwei Haupteintrittspforten: Die Wurzelhaare (schlauchförmige Auswüchse bestimmter Rhizodermiszellen) und die Hyphen der Mykorrhizapilze; Wurzeln mit Mykorrhiza bilden dabei in der Regel keine Wurzelhaare aus. In beiden Fällen aber werden sehr große Oberflächen entwickelt. Man hat z. B. bei einer einzigen Roggenpflanze ca. $1{,}43 \cdot 10^{10}$ lebende Wurzelhaare ermittelt, mit einer Gesamtoberfläche von ca. 400 m^2, die sich an einem Wurzelsystem in nur 56 dm^3 Boden befanden. Die Oberfläche der im Boden streichenden Hyphen von Mykorrhizapilzen, die durch ihre Verankerung in der Wurzelrinde die Wasser- und Nährsalzversorgung der mit ihnen symbiontisch verbundenen Partner übernehmen (vgl. S. 49), ist kaum exakt zu bestimmen; sie wird aber eher noch höher geschätzt als die von Wurzelhaaren unverpilzter Wurzeln. Da die Wurzeln außer den gasförmigen nur gelöste Verbindungen aufnehmen können, müssen absorptiv im Boden gebundene Ionen durch „Austauschabsorption" freigesetzt werden. Als Austauschionen liefert die Wurzel hauptsächlich H^+ und HCO_3^-. Freigesetzte Schwermetallionen können in Komplexbindungen überführt werden, wodurch die Aufnahme erleichtert wird.
Durch das Angebot von Schwermetallen wird bei vielen Pflanzen die Synthese von komplexierenden Peptiden („Phytochelatine") induziert. Sie haben die Struktur (γ-Glutaminsäure-Cystein)$_n$-Glycin (Abb. 1).

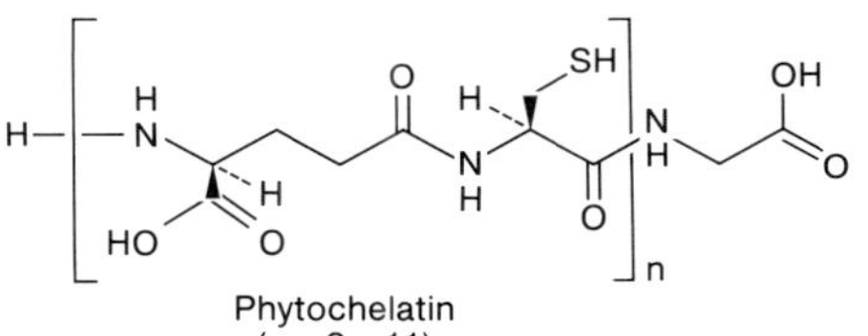

Abb. 1: Struktur des Phytochelatins (Original M. H. Zenk).

Eine andere Schwermetalle-bindende Substanzgruppe sind die Metallothioneine. Es handelt sich um cysteinreiche, niedermolekulare (MW < 10000) Proteine, deren Synthese in der Pflanze ebenfalls durch Schwermetalle ausgelöst wird. Beide Gruppen von komplexierenden Verbindungen können Schwermetalle einerseits aus dem Verkehr ziehen, andererseits die nichtgiftigen bei Bedarf (z. B. als Cofaktoren für Enzyme) wieder in den Zellstoffwechsel einschleusen.
In den zur Stoffaufnahme befähigten Feinwurzeln mit ihren Wurzelhaaren ist ein ansehnlicher Teil (8–25 % des Gesamtvolumens) leicht zugänglich für das Wasser und darin gelöste Substanzen. Dieser **„Freie Raum" (Apparent Free Space, AFS)** besteht im wesentlichen aus den Zellwänden der Wurzelhaare und der Wurzelrindenzellen **(„Apoplast")**. Die Aufnahme in diesen Freien Raum erfolgt „passiv", d. h. ohne Zuhilfenahme von Stoffwechselenergie, und kann daher durch Temperaturerniedrigung oder Stoffwechselgifte nicht wesentlich behindert werden.
Das Eindringen in den Freien Raum erfolgt nicht selektiv (d. h. es ist Nutz- wie Schadstoffen in gleicher Weise möglich), und es ist reversibel, d. h. Substanzen im Freien Raum können auch leicht wieder ausgewaschen werden. Die treibende Kraft für den Influx von gelösten Stoffen in den Freien Raum sind

Gradienten im chemischen Potential μ der einzelnen gelösten Substanz zwischen Bodenlösung und der Lösung im Apoplasten, sowie das Mitverfrachtetwerden mit dem durch entsprechende Gradienten im Wasserpotential ausgelösten Wassereinstrom in die Wurzel. Für geladene Teilchen (seien es Nutz- oder Schadionen) ist der AFS in zwei Teilräume unterteilt: Im **Wasserfreiraum (Water Free Space, WFS)** diffundieren die Ionen in der Lösung im Apoplasten; im sog. **„Donnan-Freiraum" (Donnan Free Space, DFS)** werden sie durch festgelegte Ladungen der Apoplasten-Makromoleküle festgehalten. Festionen finden sich im Apoplasten z. B. als Carboxylionen, vor allem des Protopektins; jedenfalls überwiegen hier stets die negativen Festionen, so daß Kationen festgehalten werden. Im Donnan-Freiraum fixierte Kationen können nicht durch reines Wasser, wohl aber durch andere Kationen aus ihrer Bindung verdrängt werden: Der DFS fungiert als Ionenaustauscher.

Für Nutz- wie Schadstoffe ist der Freie Raum in der Wurzelrinde begrenzt durch die Außenmembran (Plasmalemma) der vom Apoplasten umschlossenen Wurzelhaar-, -epidermis- und -rindenzellen und – im Apoplasten selber – durch die wasserundurchlässige Barriere des Caspary-Streifens (Abb. 2).

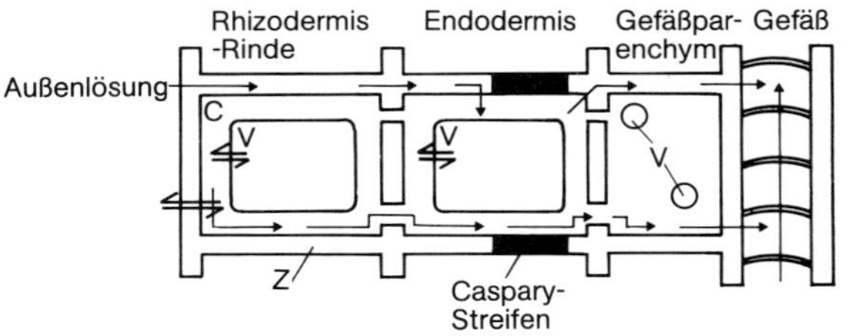

Abb. 2: Stark vereinfachtes Schema eines Wurzelquerschnittes zur Darstellung der Transportprozesse (Pfeile). Z Zellwand, C Cytoplasma, V Vakuole. (Nach Lüttge, aus Ziegler 1991).

Wenig ist bekannt über die Aufnahme von Schadstoffen über die Hyphen der Mykorrhizapilze. Es gibt einige Hinweise darauf, daß die Hyphen zwar Metallionen zu tolerieren und zu akkumulieren vermögen, daß sie diese aber nicht in gleicher Weise zu den Symbiosepartnern weiterleiten, also gewissermaßen eine Filterfunktion ausüben. Diese Zusammenhänge sind besonders interessant und aktuell, wenn man etwa annimmt, daß durch den Protoneneintrag durch den „Sauren Regen" (vgl. S. 79ff.) im Boden Aluminium- oder andere toxische Ionen freigesetzt würden und über die Mykorrhiza-Wurzeln der Waldbäume zur Wirkung gelangten.

Um vom Apoplasten in das Innere der lebenden Zelle zu kommen, müssen die Nutz- oder Schadsubstanzen die äußere Plasmagrenzschicht, das Plasmalemma, passieren. Da das Cytoplasma einer Zelle einerseits mit dem Inneren des Zellkernes (über die Poren der Kernhülle) in Verbindung steht („nucleocytoplasmatisches Kontinuum") und andererseits mit dem Cytoplasma der Nachbarzellen in der Regel durch Plasmabrücken (Plasmodesmen) zum **„Symplasten"** verbunden ist, kann eine in das Cytoplasma aufgenommene Substanz „symplastisch" über weite Strecken transportiert werden, ohne erneut eine Membran durchqueren zu müssen. Dagegen ist jedes Eintreten in eines der geschlossenen Zellkompartimente (z. B. Plastiden, Mitochondrien, Vakuole) mit einer Membrandurchquerung verknüpft.

Das passive Durchtreten einer Substanz durch eine Membran entlang dem chemischen und (für geladene Teilchen) dem elektrochemischen Potentialgradienten kann als eine **behinderte Diffusion** betrachtet werden. Die Durchlässigkeit einer Membran für eine ungeladene Substanz (außer Wasser) ist etwa 100 bis 10 000 mal geringer als die einer Wasserschicht gleicher Dicke.

Es gibt viele Hinweise darauf, daß kleinere Teilchen (z. B. Wasser) durch Poren in den Eiweißbereichen der Membran (mit etwa 0,5 bis 0,8 nm Durchmesser) diffundieren können, während größere durch die Lipidbereiche der Membran diffundieren (Lipidfiltertheorie der Permeabilität). Bei größeren Molekülen stört deshalb im allgemeinen eine Ladung das Eindringen in die Zelle: Es ist eine allgemeine Erfahrung, z. B. auch bei dissoziierbaren Herbiziden und auch bei H_2SO_3 und HNO_2, daß der pH-Wert für die Permeation in die Zelle eine wichtige Rolle spielt und daß das netto ungeladene Teilchen am schnellsten permeiert.

Neben dem Eindringen in membranumhüllte Kompartimente durch behinderte Diffusion gibt es für eine Reihe von Substanzen, vor allem für stoffwechselphysiologisch bedeutsame, auch einen **„aktiven" Transport** durch Membranen. Man versteht darunter eine Verfrachtung von Teilchen unter energetischer Koppelung mit einer Reaktion (bzw. mit Reaktionen), an der (denen) die zu transportierende Substanz selbst nicht beteiligt ist. Vielfach scheinen beim aktiven Transport membrangebundene Trägermoleküle **(Carrier)** beteiligt zu sein, die – ähnlich wie Enzyme – eine z. T. hohe Substratspezifität aufweisen und wie diese aus Proteinen bestehen (Transportproteine). Es lassen sich daher viele Erfahrungen der Enzymkinetik auf die Carrierfunktion übertragen, wobei in unserem Zusammenhang vor allem die Konkurrenz (Kompetition) eines natürlichen Substrates und eines diesem strukturell ähnlichen anthropogenen Schadstoffes um die Bindungsstelle(n) am Carrier interessant ist. So gibt es z. B. Hinweise, daß 2,3,5-Trijodbenzoesäure (TIBA), ein synthetisches Herbizid, die Aufnahme von IAA und ihren (polaren) Transport im Parenchym (vermutlich Carrier-vermittelt) kompetitiv hemmt.

In der Zone der maximalen Stoffaufnahme in der Wurzel (Wurzelhaar- bzw. Mykorrhizazone) ist die innerste Schicht der Wurzelrinde (Endodermis) im Zustand der sog. Primärendodermis, d. h. zwar mit Caspary-Streifen in den Radialwänden (Abb. 2), aber noch ohne weitere Veränderungen. Alle Stoffe, auch die Schadstoffe, müssen wegen der Wandsperre des Caspary-Streifens in der Endodermis aus dem Apoplasten in den Symplasten übertreten (falls sie weiter in das Wurzelinnere gelangen sollen). Auf ihren Weg in das Wurzelinnere (den „Zentralzylinder") passieren sie vermutlich ganz überwiegend die (zahlreichen) Plasmodesmen in den Tangentialwänden zwischen den Endodermiszellen und der äußersten Zellage des Zentralzylinders (dem Periderm). Um in die weiterführende Langstreckentransportbahn des Xylems zu gelangen, müssen alle Wandersubstanzen wieder aus dem Symplasten in den Apoplasten gelangen (also das Plasmalemma queren): Die Wasserferntransportbahnen gehören dem Apoplasten an.

Aufnahme durch Blätter und Achsen

Aufnahme durch die Cuticula

Die Besiedlung des Landes durch die Höheren Pflanzen brachte mit sich, daß sich zwar die Wurzeln im Boden normalerweise in einer Umgebung mit relativ hohem Wasserpotential befinden, daß aber die oberirdischen Teile der Atmosphäre mit ihrem zumeist äußerst niedrigen Wasserpotential ausgesetzt sind: Die Höheren Pflanzen sind in das Wasserpotentialgefälle zwischen Boden und Atmosphäre eingespannt (vgl. S. 15). Damit auch die oberirdischen Organe das für aktiven Stoffwechsel notwendige hohe Wasserpotential aufrechterhalten können (und nicht wie ein nasses Wäschestück in Kürze austrocknen), müssen diese mit einer für den Wasserdampf

sehr wenig durchlässigen Hülle überzogen sein. Diese lipophile Außenhaut ist bei primären bzw. nicht stärker in die Dicke gewachsenen Organen die **Cuticula.**
Aus polarisationsoptischen und elektronenmikroskopischen Untersuchungen hat man erkannt, daß die Cuticula (**„Cuticular Membrane", CM)** bei vielen Pflanzen aus einer dünnen äußeren, **„eigentlichen" Cuticula („Cuticle Proper", CP)** besteht, die nur Cutin enthält, und einer dickeren **Cuticularlamelle („Cuticular Layer", CL);** bei dieser sind der äußeren Wand der Epidermiszelle unterschiedliche Anteile von Cutin eingebaut (Abb. 3).

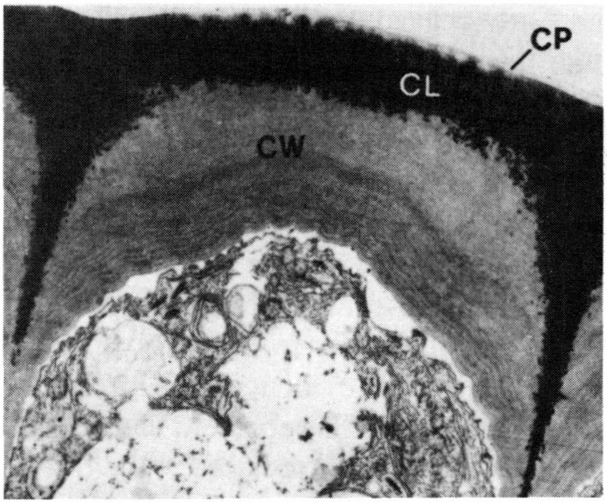

Abb. 3: Epidermisaußenwand eines Blattes von *Clivia miniata* im elektronenmikroskopischen Bild. CW Zellwand, CL Cuticularlamelle, CP eigentliche Cuticula. (Nach Schönherr 1982.)

Auch chemisch ist die Cuticula eine heterogene Schicht. Sie setzt sich einerseits aus der **Polymermatrix (PM)** und andererseits aus löslichen **Cuticularlipiden (Soluble Cuticular Lipids, SCL)** zusammen. Die Polymermatrix enthält Cutin und daneben verschiedene Nichtlipide, wie z. B. Cellulose, Polyuronsäuren, Proteine und phenolische Verbindungen. Das Cutin selbst macht bei der isolierten Cuticula 20–84 % des Gesamtgewichtes aus. Es besteht aus einem dreidimensional polymerisierten Gerüst, das sich aus Fettsäuren und Mono-, Di- und Trihydroxy-Fettsäuren, vorwiegend mit Kettenlängen von C_{16} und C_{18}, mittels Ester-, Peroxid- und Etherbrücken zusammenfügt (Abb. 4). Das Hauptmonomer des *Pinus sylvestris*-Cutins ist z. B. die 9,16-Dihydroxyhexadecansäure. Cutin verhält sich wie ein hochvernetzter Ionenaustauscher hoher Kapazität. Die zweite Komponente der Cuticula, die löslichen Cuticularlipide, tragen 2 bis 30 % zum Gesamtgewicht bei und setzen sich aus einer Fülle von langkettigen (meist C_{21} bis C_{37}), in der Regel unverzweigten Fettsäuren, Fettalkoholen, Estern und Paraffinen zusammen. Es überwiegen bei ihnen demnach die lipophilen Molekülbereiche weit, und es liegen nur wenig polare Gruppen vor. Immerhin ist die Cuticula in Wasser zu begrenzter Quellung fähig, wodurch sich die Permeabilität für polare Substanzen erhöht.
Die lipophile Natur der Cuticula wird oft noch verstärkt durch die artspezifisch geformte Auflagerung von **epicuticulären Wachsen**, die in sehr verschiedener Menge vorhanden sein können. Ihre Entfernung auf mechanischem Wege oder durch Weglösen mit Lipidlösungsmitteln ist kaum ohne Beeinflussung der SCL möglich, so daß eine exakte Trennung der Beiträge von epicuticulären Wachsen und SCL zur Cuticularpermeabilität sehr problematisch ist.

Es gibt Hinweise, daß Schadstoffe (z. B. auch SO_2 oder die Protonen im „Sauren Regen"), die auf die Blattoberfläche gelangen, die Struktur der epicuticulären Wachse und damit die Cuticularpermeabilität beeinflussen können, und zwar scheint unter ihrem Einfluß hauptsächlich eine Beschleunigung der natürlichen Alterung einzutreten. Durch einen Effekt auf die Synthese dieser Wachse können sogar dem Boden zugeführte Herbizide das Eindringen von anderen Herbiziden in die Blätter fördern: So nehmen z. B. Erbsen auf Böden, die mit Trichloressigsäure oder Dalapon gegen die Quecke *(Agropyrum repens)* behandelt worden waren, mehr an Dinoseb (einem nach Keimung der Erbsen applizierten Herbizid gegen einjährige Unkräuter) auf als auf unbehandelten Böden wachsende Kontrollen.
Die gesamte Cuticula ist von der äußeren Zellwand der Epidermiszellen zumeist durch eine Pektinschicht getrennt. Ihre chemische oder enzymatische Auflösung wird zur Isolierung der Cuticula bei Blättern und Früchten benützt.
Die Cuticula kann mehr oder weniger vollständig auch epidermale Anhängsel (z. B. Haare) überziehen und erstreckt sich auch über die gesamte freie Oberfläche der Schließzellen von Stomata bis hinein in den substomatären Hohlraum, ohne diesen ganz auszukleiden. Häufig ziehen sich von der Cuticula noch leistenförmige Fortsätze in die antiklinen Wände der Epidermiszellen.
Soll eine Substanz über die Cuticula in den Symplasten aufgenommen werden, muß sie folgende Etappen durchlaufen: a) Absorption an der Cuticula-Oberfläche; b) Diffusion durch die Cuticula; c) Übertritt in die Wand der Epidermiszelle; d) Aufnahme durch das Plasmalemma der Epidermis- (oder Mesophyll-)Zelle in das Zellinnere.
Die Absorption an der Cuticularoberfläche wird einmal durch deren mikroskopische Struktur (z. B. verschieden geformte epicuticuläre Wachse), zum andern durch ihre chemische Natur bestimmt: Sie ist, wie erwähnt, vorwiegend nicht-polar (lipophil). Die wenigen polaren Gruppen an der Oberfläche sind bei „normalen" (pH 5 bis 7) pH-Werten ± vollständig dissoziiert und zeigen eine schwach negative Ladung.
Der Durchtritt durch die Cuticula wird nicht durch aktiven Transport, sondern durch **Diffusion** bewerkstelligt. Die Diffusionsrate wird bestimmt durch das 1. Fick'sche Gesetz:

$$J = P(C_a - C_i),$$

wobei J = Flux; C_a = Konzentration der gelösten Substanz außerhalb der Cuticula; C_i = Konzentration der gelösten Substanz innerhalb der Cuticula (in der Außenwand der Epidermiszelle); P = Permeabilitätskoeffizient. Die Dimension von J ist mol · $cm^{-2} \cdot s^{-1}$. P kann definiert werden als

$$P = \frac{D \cdot K}{l \cdot \Delta x},$$

wobei D = Diffusionskoeffizient; K = Verteilungskoeffizient; Δx = Dicke der Cuticula; l = Windungsfaktor.

D wiederum ist nach der Stokes-Einstein'schen Gleichung

$$D = \frac{k^B \cdot T}{6\pi r\eta},$$

wobei k^B = Boltzmann-Konstante; T = absolute Temperatur; r = Radius des gelösten Teilchens; η = Viskosität des Lösungsmittels.

Setzt man diese Stokes-Einstein'sche Gleichung in den Ansatz für das 1. Fick'sche Gesetz ein, so erhält man

$$J = \frac{k^B \cdot T \cdot K}{6\pi r\eta \cdot \Delta x \cdot l}(C_a - C_i).$$

Wir wollen den Einfluß der einzelnen Größen auf die Cuticularpermeabilität kurz betrachten.

Suberin

Wichtigste Monomere

$CH_3(CH_2)_mCOOH$

$CH_3(CH_2)_mCH_2OH$

$\underset{OH}{CH_2}(CH_2)_nCOOH$

$HOOC(CH_2)_nCOOH$

(m = 18–30; n = 14–20)

Phenolische Substanzen

Polymer

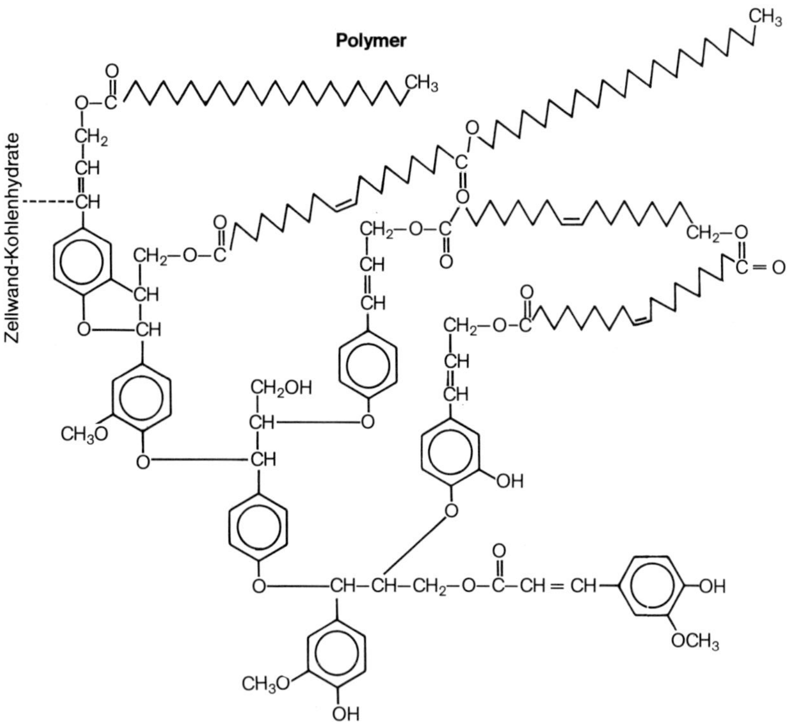

Cutin

Wichtigste Monomere

C_{16}-Familie	C_{18}-Familie
$CH_3(CH_2)_{14}COOH$	$CH_3(CH_2)_7CH = CH(CH_2)_7COOH$
$\underset{OH}{CH_2}(CH_2)_{14}COOH$	$\underset{OH}{CH_2}(CH_2)_7CH = CH(CH_2)_7COOH$
$\underset{OH}{CH_2}(CH_2)_x\underset{OH}{CH}(CH_2)_yCOOH$	$\underset{OH}{CH_2}(CH_2)_7CH\underset{O}{-}CH(CH_2)_7COOH$
(y = 8, 7, 6 oder 5; x + y = 13)	$\underset{OH}{CH_2}(CH_2)_7\underset{OH}{CH}-\underset{OH}{CH}(CH_2)_7COOH$

Polymer

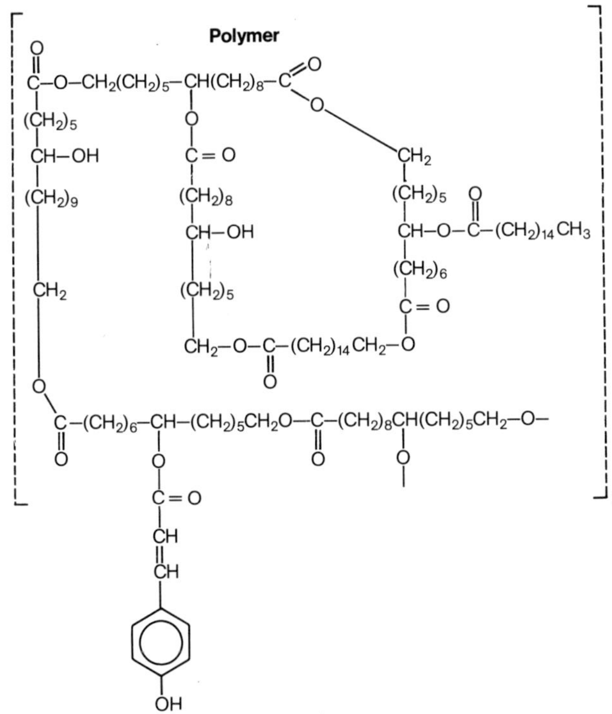

Abb. 4: Struktur der Bausteine von Cutin und Suberin und Modellvorschläge für die beiden Polymeren. (Nach Kolattukudy, aus Ziegler 1991.)

Dicke der Cuticula (Δx) und Windungsfaktor (l). Die Dicke der Cuticula beträgt zwischen etwa 0,1 und < 10 µm. Dazu kommt noch die Schicht der epicuticulären Wachse, die häufig viel dicker ist als die Cuticula selbst. Würden sich dünne und dicke Cuticeln nur im Δx unterscheiden, so wäre das 2. Fick'sche Gesetz für die Diffusionsrate maßgeblich, das feststellt, daß die Zeit (t), die für die Diffusion benötigt wird, mit dem Quadrat der Wegstrecke zunimmt:

$$t = \frac{x^2}{4\,D}.$$

Zumindest beim Vergleich verschiedener Pflanzenarten sagt aber die Cuticulardicke nur wenig aus über die Permeabilität, weil die chemische Zusammensetzung stark variiert und die Permeabilität, vor allem für polare Substanzen, ganz überwiegend durch die Art, Menge und Anordnung der SCL bestimmt wird. Auch die häufig festgestellte Abnahme der Cuticular-Permeabilität mit dem Blattalter oder die Variation bei verschiedenem Vorleben kann neben der Steigerung der Cuticulardicke vor allem auf die Änderung der chemischen Zusammensetzung zurückgehen.

So hatte z. B. der Adlerfarn *(Pteridium aquilinum)* an sonnigen Standorten eine dickere Cuticula als im Schatten, doch war die dickere Cuticula permeabler für Aminotriazol.

In vielen Fällen, vor allem bei der Permeation wasserlöslicher Substanzen durch die Cuticula, wird der Diffusionsweg nicht strikt antiklin (senkrecht zur Flächenerstreckung der Cuticula) erfolgen, die zurückgelegte Wegstrecke also länger sein als die Cuticuladicke: Hydrophile Verbindungen werden z. B. über wassergefüllte Poren, Kohlenhydratfibrillen in der Matrix und Lücken zwischen den SCL ihren Weg ins Blattinnere finden; solche Wasserwege machen bei *Citrus*blättern weniger als 0,25 % der in vivo-Cuticula aus. Der evtl. Umweg beim Queren der Cuticula wird durch den Windungsfaktor l wiedergegeben:

$$\text{Tatsächliche Wegstrecke} = \Delta x \cdot l.$$

Die Größe von l variiert innerhalb der verschiedenen Arten und für die verschiedenen permeierenden Substanzen. Für lipophile Stoffe liegt l häufig nahe 1, für hydrophile < 1. Da die Viskosität (η) der „Wasserroute" aber wesentlich niedriger ist als die der Lipidphase, muß J für hydrophile Substanzen nicht unbedingt kleiner sein als für lipophile. Je nach dem Verteilungskoeffizienten (K) wird eine permeierende Substanz mehr in der Wasser- oder in der Lipidroute oder auch in beiden wandern.

Viskosität (η). Die hochvernetzte Polymermatrix kann als Molekularsieb fungieren und auf diese Weise gelöste Substanzen an der Diffusion behindern. Für die Passage durch die SCL-Schichten ist bedeutsam, daß diese langkettigen Moleküle eine zunehmend schnellere Abnahme der Viskosität mit steigenden Temperaturen zeigen. Jedenfalls sind diese SCL für alle wasserlöslichen Substanzen das Haupthindernis für ihre Cuticula-Permeabilität.

Temperatur (T). Da die Diffusionsrate der **absoluten** Temperatur proportional ist, sollte eine Schwankung der Temperatur im physiologischen Bereich nur einen geringen Einfluß haben. Dies gilt nicht mehr bei relativ hohen Temperaturen (um 45 °C bei *Citrus*-Cuticeln), wenn es zu Phasenübergängen von Cuticula-Komponenten kommt.

Molekülradius (r). Bringt man die Cuticula-Permeabilität verschiedener Pflanzenarten für einige Pestizide in Verbindung mit verschiedenen molekularen Charakteristika (Tab. 1), so ist einmal festzustellen, daß artspezifische Permeabilitätsunterschiede bestehen, zum anderen, daß die Permeabilität mehr mit dem minimalen Molekülradius als mit dem maximalen oder dem Molekulargewicht zusammenhängt.

Verteilungskoeffizient (K). Der Verteilungskoeffizient einer Substanz bestimmt zunächst den Eintritt einer Substanz aus ihrer Lösung an der Oberfläche in das Innere der Cuticula, dann den Weg durch die heterogene Cuticula mit ihren (wenigen) hydrophilen und (überwiegenden) hydrophoben Anteilen und schließlich den Übertritt aus der Cuticula in die wäßrige Phase der Epidermisaußenwände.

Man benutzt zur quantitativen Charakterisierung des Verteilungskoeffizienten den Logarithmus des Verhältnisses der Löslichkeit in Wasser und Octanol. Bei schwachen Säuren, z. B. 2,4-D, ist der Verteilungskoeffizient pH-abhängig: Die undissoziierte Substanz hat die geringste Wasser- und die höchste Lipidlöslichkeit. Im allgemeinen permeieren infolge des Überwiegens der Lipidphase in der Cuticula die apolaren Substanzen (zu denen auch undissoziierte Säuren ohne sonstige polare Gruppen zu rechnen sind) schneller durch die Cuticula als die polaren. Bei Herbiziden, deren Polarität durch Änderung des pH-Wertes wenig beeinflußt wird (Amide, Ester u. ä.), hat der pH-Wert der Applikationslösung des Wirkstoffes keinen oder nur einen geringen Einfluß auf das Eindringen. Wie aber aus dem schnellen Durchtritt des sehr hydrophilen MPC durch die Cuticula hervorgeht (Tab. 1), kann man Lipidlöslichkeit und Cuticularpermeabilität nicht gleichsetzen.

Dies gilt in verstärktem Maß für die Aufnahmerate einer Substanz durch Cuticula und Epidermisaußenwand in die Zelle: Eine Verbindung mit sehr geringer Wasserlöslichkeit hat Schwierigkeiten beim Übertritt aus der lipophilen Phase der Cuticula in die hydrophile der Epidermisaußenwände; dies gilt z. B. für die *Pyrethrum*-Insektizide, deren Lipidlöslichkeit ihre Wasserlöslichkeit um etwa das Millionenfache übersteigt.

Tab. 1: Physikalische Eigenschaften und Aufnahme von verschiedenen Wirkstoffen durch die Cuticula verschiedener Pflanzen. Der Unterschied zwischen dem 2,4-D-Ester und dem 2,4-D-Salz kann entweder auf eine Wasserbindung des Salzes oder auf eine Spaltung der Esterbindung zurückgehen; Esteraseaktivität ist in Cuticeln nachgewiesen worden. (Nach Price, 1982).

Verbindung	Mol.-Gew.	Mol-Radius		% Aufnahme				Durchschnittsaufnahme
		Min.	Max.	Mais	Baumwolle	*Cyperus rotundus*	Orange	
MPC	94	0,19	0,40	95	79	56	20	67
2,4-D-Ester	222	0,24	1,07	97	75	59	32	65
Ethirimol	209	0,19	0,75	81	37	62	20	48
2,4-D-Salz (Na)	221	0,23	0,61	74	31	34	14	38
Permethrin	391	0,42	0,92	60	49	27	16	37
Fomesgamid	438	0,42	0,76	61	32	36	14	35
Dichlobutrazol	328	0,34	0,70	59	49	16	5	30

Manche Substanzen werden in der Cuticula auch irreversibel festgelegt: So kann z. B. 2,4-D an Epoxidgruppen-haltige Cuticularkomponenten kovalent gebunden werden.

Außenkonzentration der Lösung (C_a). Wenn es gelingt, alle anderen Faktoren konstant zu halten, muß innerhalb eines bestimmten Konzentrationsbereiches die Aufnahmerate durch die Cuticula mit der Konzentration der Außenlösung steigen. In der Praxis sind die Verhältnisse weniger einfach, weil die applizierte Lösung mehr oder weniger rasch austrocknen kann, die Substanz sich verflüchtigen, durch Regen abgespült werden, durch Photodestruktion abgebaut oder auch in unlöslicher Form ausfallen kann. Vollkommene Austrocknung der Wirkstofflösung bringt weiteres Eindringen (nichtflüchtiger Verbindungen) zum Stillstand, doch kann erneute Benetzung durch Regen, Tau oder hygroskopisch angezogenes Wasser die Permeation erneut in Gang bringen.

Innenkonzentration der Lösung (C_i). Die Konzentration einer durch die Cuticula in die Epidermisaußenwände gelangten Substanz wird einmal durch die Geschwindigkeit ihres Weitertransportes entweder durch Wasserströmung im Apoplasten oder durch Aufnahme in den Symplasten, zum andern z. B. durch eine Änderung bestimmt (z. B. undissoziierte Verbindung in Cuticula, dissoziierte im Apoplast).

Abgesehen von diesen im 1. Fick'schen Gesetz enthaltenen Faktoren ist für den Flux durch die Cuticula noch die für die permeierende Substanz **zugängliche Fläche** zu berücksichtigen. Ist die Oberfläche nicht homogen, so setzt sich die effektive Fläche aus zwei Komponenten zusammen: a) der insgesamt von der Lösung bedeckten Fläche; b) dem Flächenanteil, der für die Permeation auf Grund seiner physikalischen Eigenschaften verfügbar ist. Durch Herabsetzung der Oberflächenspannung des Lösungsmittels mittels Netzmitteln wird die Benetzbarkeit einer gegebenen Oberfläche erhöht und damit die Kontaktfläche zwischen der applizierten Substanz und der Cuticula vergrößert. Oberflächenaktive Substanzen können aber daneben auch noch Wirkungen auf die Beschaffenheit der epicuticulären Wachse, die Cuticularstruktur und selbst auf die Aufnahme exogen zugeführter Stoffe in den Symplasten haben.

Es häufen sich die Hinweise, daß die Gesamtcuticula für die Stoffwanderung polarisiert sein kann, daß sie also für eine bestimmte Substanz von außen nach innen und von innen nach außen verschiedene Permeabilitätskonstanten aufweist.

Gaspermeabilität der Cuticula. Entsprechend ihrer Hauptaufgabe, die Wasserabgabe der oberirdischen Organe von Landpflanzen zu drosseln, haben Cuticeln eine sehr geringe Durchlässigkeit für Wasserdampf. Bei den untersuchten Objekten und bei den gewählten Versuchsbedingungen war die Durchlässigkeit für CO_2 um etwa eine Zehnerpotenz höher, und nochmals um eine Zehnerpotenz gesteigert für O_2 und SO_2 (Tab. 2). Für das als Schadgas wichtige SO_2 wurde gezeigt, daß es in der Cuticula wesentlich besser löslich ist als in Wasser; es ist deshalb wahrscheinlich, daß sich das SO_2 durch die lipophile Phase der Cuticula „hindurchlöst". NO_x kann z. T. kovalent an phenolische Komponenten (4-Hydroxybenzoesäure und 3,4-Dihydroxybenzoesäure unter Bildung von 4-Hydroxy-3-nitrobenzoesäure bzw. 4,5-Dihydroxy-2-nitrobenzoesäure) gebunden werden. Dadurch wird die Cuticula durchlässiger für Wasserdampf und in ihrer fungistatischen Eigenschaft geschwächt. Die Cuticula ist für NO_2 übrigens wesentlich durchlässiger als für die genannten anderen atmosphärischen Gase (vgl. Tab. 2).

Tab. 2: Permeabilitätskoeffizienten $P_g (m \cdot s^{-1})$ von isolierten Cuticeln von *Citrus aurantium*-Blättern und *Lycopersicon esculentum*-Früchten für verschiedene Gase. Aus Lendzian, 1991[2].

	Citrus	*Lycopersicon*
H_2O	3.6×10^{-5}	5.3×10^{-5}
CO_2	5.3×10^{-7}	3.0×10^{-7}
O_2	7.9×10^{-9}	3.1×10^{-9}
SO_2	2×10^{-7}	1.2×10^{-6}
NO_2	1.8×10^{-6}	1.5×10^{-6}

Aufnahme durch die Stomata

Aufnahme von Gasen. Zwar ist, wie eben dargelegt, die Durchlässigkeit der Cuticula für die lebensnotwendigen Gase CO_2 und O_2 größer als die für Wasserdampf, doch würde eine porenfreie Cuticula allenfalls ausreichend Sauerstoff für die Atmung passieren lassen; einmal wegen des steilen Konzentrationsgradienten zwischen Außenluft und atmendem Zellinnern, zum andern wegen des gegenüber der Photosynthese doch wesentlich geringeren Gasumsatzes bei der Atmung. Der ausreichende CO_2-Nachschub für die Photosynthese wäre dagegen bei einem lückenlos von einer Cuticula überzogenen Blatt unmöglich. Der Ausweg, den die Pflanzen eingeschlagen haben, ist die Ausbildung von gaswegsamen Poren, die die Epidermis und ihre Cuticula durchbrechen. In ihrer vollendeten Form, bei den **Spaltöffnungen (Stomata)**, handelt es sich um regulierbare hydraulische Ventile. Durch ein sinnvolles Regelungssystem, dessen Glieder heute in vielen, aber keineswegs allen Einzelheiten bekannt sind, wird die Öffnungsweite der Stomata so gesteuert, daß bei minimalem Wasserverlust der optimale CO_2-Gewinn erreicht wird.

Die Permeation aller gasförmigen Substanzen, seien es „Nutz-" oder „Schad"gase, von der Außenluft in das Blattinnere wird ganz maßgeblich vom stomatären Diffusionswiderstand, d. h. von der Öffnungsweite der Stomata, daneben auch vom Widerstand gegen das Eindringen in die Mesophyllzellen bestimmt. Beide Widerstände faßt man auch als **Stoma/Mesophyllwiderstand** zusammen (Tab. 3).

Tab. 3: Stoma/Mesophyllwiderstand für verschiedene Spurengase (geordnet nach abnehmender Wasserlöslichkeit). (Nach Heath, 1980).

Spurengas	Pflanzenart	Widerstand[1] ($s \cdot cm^{-1}$)
HF	Alfalfa	0,27
SO_2	Alfalfa	0,4–1,0
	Gras	0,7–0,9
NO_2	Alfalfa	0,50
	Bohne[1]	2,1–2,7
O_3	Alfalfa	0,60
Peroxyacetylnitrat (PAN)	Alfalfa	10,0

[1] Stoma-Widerstand $r = 0{,}6–1{,}0\ s \cdot cm^{-1}$ (für H_2O); $r = 0{,}96 - 1{,}72\ s \cdot cm^{-1}$ (für CO_2).

Einige Gase werden zu 30–80 % an den Blattoberflächen absorbiert: so können bis zu 80 % des Gesamtfluors bei HF-Begasung wieder abgewaschen werden (Wohltatswirkung des Regens!). Auch bei SO_2 können nach einer kurzzeitigen Begasung bis zu 50 % an der Blattoberfläche festgelegt sein; von dort erfolgt dann eine langsame Wanderung in das Blattinnere.

Wegen der großen Bedeutung der stomatären Diffusion haben alle Faktoren, welche die Spaltöffnungsweite regulieren, einen wesentlichen Einfluß auf das Ausmaß der Belastung des Blattinnern mit Schadgasen. Dazu gehören z. B. Licht, relative Luftfeuchtigkeit, Wasserversorgung der Pflanze, Windgeschwindigkeit, CO_2-Partialdruck, aber auch die Wirkung der Schadfaktoren selbst auf die Bewegung der Stomata.

So hat man z. B. bei Bohnenblättern bei einer Begasung mit 0,3 ppm O_3 für 4 Stunden starke Schäden, bei einer solchen mit 0,3 ppm O_3 + 0,4 ppm SO_2 ebenfalls für 4 Stunden dagegen keine negativen Effekte festgestellt (0,4 ppm SO_2 allein bewirken in 4 Stunden keine sichtbaren Schäden): Diese antagonistische Wirkung der beiden Schadgase wird durch einen Stomaschluß durch das SO_2 und die dadurch behinderte Diffusion des Ozons in das Blattinnere erklärt. Bei SO_2-Begasung hat man bei niederen Konzentrationen meist eine verstärkte Öffnung, bei höheren einen Schluß der Stomata gefunden. Es könnte diese Reaktion damit zusammenhängen, daß im ersten Falle die Photosyntheseleistung erhöht, im zweiten aber erniedrigt ist.

Da Licht im allgemeinen eine Öffnung der Stomata auslöst, ist bei einer gegebenen Schadgaskonzentration normalerweise bei Tag mit stärkerem Eindringen in das Blattinnere zu rechnen als bei Nacht (wichtig für die Immergrünen bei der winterlichen Heizperiode). Allerdings erschöpft sich die Wirkung des Lichtes auf die Schadausprägung keineswegs auf seinen Einfluß auf die stomatäre Diffusion.

Auch zunehmende Windgeschwindigkeit steigert durch Erniedrigung des Grenzschichtwiderstandes die Diffusion von Gasen durch die Stomata. So hat sich z. B. gezeigt, daß das **„Verfügbare SO_2"**, ausgedrückt durch das Produkt $C_a \cdot t$, ein brauchbarerer Parameter für die SO_2-Wirkung auf Pflanzen ist als das Produkt $c \cdot t$. Dabei bedeutet t die Expositionsdauer, c die SO_2-Konzentration und C_a das Produkt aus c · Strömungsgeschwindigkeit der Luft (vgl. S. 82).

Aufnahme von Flüssigkeiten. Der Befund, wonach die Absorption von Substanzen aus wäßrigen Lösungen häufig schneller durch die Unterseite als durch die Oberseite von Blättern erfolgt (gezeigt u. a. für 2,4-D und eine Reihe von Insektiziden), wurde von etlichen Autoren mit der naheliegenden Annahme erklärt, das alleinige oder zumindest vermehrte Vorhandensein von Stomata auf der Unterseite erleichtere das Eindringen der wäßrigen Lösung. Eine sorgfältige Analyse ergab aber, daß wäßrige Flüssigkeiten nur unter besonderen Umständen durch Stomata, auch durch geöffnete, eindringen können, ja daß die Stomata speziell so gebaut sind, daß natürliches Benetzungswasser der Blätter (Regen, Tau) nicht in den substomatären Hohlraum eindringen kann.

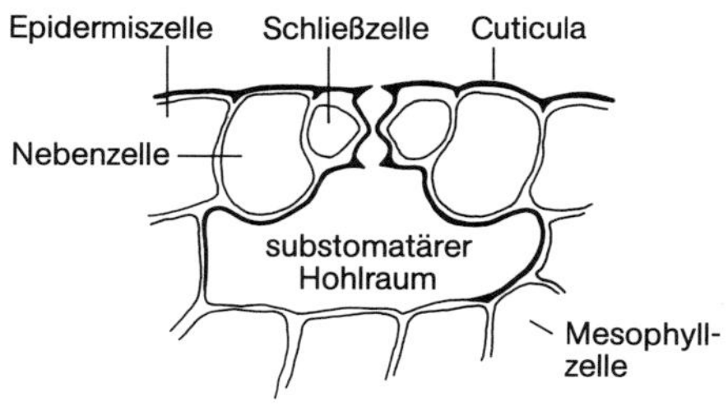

Abb. 5: Schematische Darstellung des Querschnittes einer typischen Spaltöffnung.

Der Spalt zwischen den Schließzellen einer Spaltöffnung erweitert sich zunächst innerhalb der äußeren Cuticularleisten, verengt sich in der Mitte des Spalts und erweitert sich dann erneut (Abb. 5). Die Öffnung zwischen den Schließzellen läßt sich daher durch drei aneinandergereihte konische Kapillaren modellhaft beschreiben. Der Kapillardruck in einer sich verengenden (konvergierenden) Kapillare ist

$$P = \frac{2\gamma_L \sin(\Phi + \theta)}{r}$$

und in einer divergierenden

$$P = \frac{2\gamma_L \sin(\Phi - \theta)}{r},$$

wobei γ_L = Oberflächenspannung der Flüssigkeit, Φ = Neigungswinkel der Kapillarenwand (Abb. 6), θ = Benetzungswinkel, r = Radius der Kapillare.

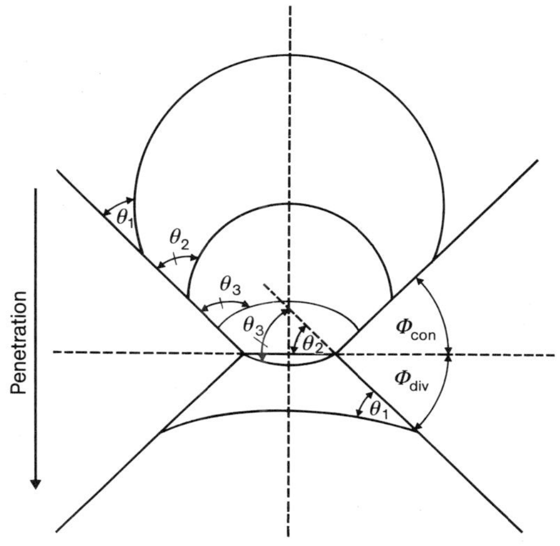

Abb. 6: Schematische Darstellung der Beziehungen zwischen Kapillardruck, Neigungswinkel der Kapillarwand und Benetzungswinkel. Die Wandwinkel im konvergierenden und divergierenden Teil der Kapillare betragen jeweils 45°. Die Menisci von drei Flüssigkeiten mit Benetzungswinkeln von 25° (θ_2) und 90° (Φ_3) sind eingezeichnet. Im konvergierenden Teil der Kapillare ist ($\Phi + \theta$) immer kleiner als 180° und P daher positiv, wie aus der positiven Kurvatur der Menisci ersichtlich ist. Alle drei Flüssigkeiten können in diesen Teil der Kapillare eindringen. In den divergierenden Teil kann dagegen nur noch die Flüssigkeit mit θ = 25° gelangen. Für die beiden anderen ist P entweder null (θ_2 = 45°) oder negativ (θ_3 = 90°). (Nach Schönherr u. Ziegler 1975.)[4]

Eine Flüssigkeit wird dann spontan in einer Kapillare aufsteigen, wenn P positiv ist. Bei den Stomataöffnungen sind die Radien immer klein genug, daß P bei sin $\Phi \pm \theta > 0$ nicht gegen Null geht. In einer konvergierenden Kapillare ist P positiv, wenn $0 < (\Phi + \theta) < 180°$. In einer divergierenden Kapillare ist P positiv, wenn $0 < (\Phi - \theta) < 180°$ oder wenn $\Phi > \theta$. In einer Kapillare mit variablem Durchmesser wie dem Stomaspalt kann der Kapillardruck zuerst in dem divergierenden Abschnitt auf Null absinken oder auch negative Werte annehmen. Der Flüssigkeitsmeniskus kommt zum Stehen, wenn $\Phi = \theta$. Um Flüssigkeit in einen Abschnitt der Kapillare zu pressen, in dem $\Phi < \theta$, muß Druck aufgewendet werden.

Aus diesen Darlegungen ergibt sich, daß das Eindringen von Flüssigkeiten (bei Abwesenheit eines äußeren Überdruckes) abhängt: a) Vom Benetzungswinkel der Flüssigkeit auf der Oberfläche der Wand; dieser ist eine Funktion der Oberflächenbeschaffenheit der Schließzellenwand und der Oberflä-

chenspannung der Flüssigkeit; b) von der Geometrie der Schließzellen.
Ein Kriterium für die Oberflächenbeschaffenheit eines festen Körpers ist die sog. **kritische Oberflächenspannung**; sie ist definiert als die Oberflächenspannung einer Flüssigkeit, unterhalb derer der Benetzungswinkel mit der betrachteten Oberfläche Null ist. Für Cuticeln (wie sie den Zentralspalt der Stomata auskleiden) liegt der Wert bei 25–30 dyn · cm^{-1}. Wegen dieser sehr niedrigen kritischen Oberflächenspannung und wegen der Geometrie der Stomata (Cuticularleisten!) können Flüssigkeiten nur dann eindringen, wenn ihre Oberflächenspannung unter etwa 30 dyn · cm^{-1} liegt. Das ist für wäßrige Lösungen auch durch Zusatz der meisten marktüblichen Netzmittel nicht zu erreichen.
Das bevorzugte Eindringen von Substanzen aus Lösungen auf denjenigen Blattoberflächen, die Stomata tragen, ist demnach nicht durch eine Infiltration durch die Spalten in die substomatären Hohlräume zu erklären. Es gibt aber zahlreiche Hinweise darauf, daß die Cuticula über den Schließzellen und evtl. Nebenzellen durchlässiger ist und nicht nur den Wasserdampf bevorzugt austreten läßt **(„peristomatäre Transpiration")**, sondern auch dem Stoffeintritt geringeren Widerstand entgegensetzt.

Aufnahme durch suberinisierte Abschlußgewebe und Lentizellen

In Organen mit starker primärer (z. B. Früchte, Speicherorgane) oder sekundärer (Achsen) Volumenzunahme wird in der Regel nach einiger Zeit die tangential gedehnte Epidermis gesprengt; ihre Abschlußfunktion übernimmt das Periderm. Es handelt sich um ein von einem sekundären Meristem (dem Phellogen) erzeugtes Gewebe, dessen Zellen (abgesehen von den Lentizellen) lückenlos aneinanderschließen (vgl. S. 19). Die Sekundärwände dieser „Kork"-Zellen bestehen aus Suberin, Polyphenolen und Lipiden, sind also ganz überwiegend hydrophob. Trotzdem kann die Permeabilität für Wasserdampf und wäßrige Lösungen bei bestimmten Peridermen relativ hoch sein, weil die Mittellamellen und Primärwände nicht suberinisiert sein müssen und ein für polare Substanzen wegsames Netzwerk bilden. Es bedarf dann einer relativ dikken Schicht von Peridermzellen (ca. 1 mm), um ausreichenden Transpirationsschutz zu gewähren. So erwies sich z. B. das Birkenperiderm für Wasserdurchtritt als relativ permeabel; dabei wurde der radiale Wasserdurchtritt durch Herauslösen der löslichen Lipide aus der Sekundärwand nicht wesentlich gefördert: Die Sekundärwand stellt hier eben keine Bahn für den Wassereintritt dar.
Beim Periderm der Kartoffelknolle wird dagegen der Wasserdurchtritt durch das Entfernen der löslichen Lipide aus den Zellwänden um mehr als das 100fache gesteigert. Es wird geschätzt, daß hier nur etwa 10 % des Wassers durch die nichtsuberinisierten Wandteile treten, 90 % aber durch die suberinisierten Zellwände, einfach deshalb, weil diese 99,5 % des Gesamtvolumens der Zellwände des Periderms ausmachen.
Für Gase, auch für den Wasserdampf, erleichtern die Lentizellen durch ihre stark ausgebildeten Interzellularen die radiale Diffusion. Zweifellos werden sie auch die Haupteingangspforten für Schadgase sein. Über ihre Durchlässigkeit für wäßrige Lösungen liegen keine Untersuchungen vor.
Für den Eintritt von Herbiziden haben sich verkorkte Abschlußgewebe als starke Barriere erwiesen. Beim Einsatz gegen Holzpflanzen über die Stämme verwendet man deshalb lipophile Formen (z. B. Ester), Formulierungen in Öl, besonders hohe Konzentrationen des Wirkstoffes (5–10 %) und üppiges Auftragen, wenn man nicht gleich in den Holzkörper injiziert.

Transport in der Pflanze

Man unterscheidet beim Stofftransport in der Höheren Pflanze drei Arten: a) Kurzstreckentransport (Transport durch das Plasmalemma und intrazellulärer Transport); b) Mittelstreckentransport (Transport im Gewebsbereich ohne Benutzung der Ferntransportbahnen); c) Langstreckentransport (Transport in spezialisierten Bahnen, bei den Höheren Pflanzen im Xylem und Phloem).

Kurzstreckentransport

Über die Weise, in der Schadstoffe in die Zelle gelangen können, wurde bereits berichtet (S. 53). Über den intrazellulären Transport von Schadstoffen ist wenig bekannt. Sofern sie Reaktionsabläufe im Innern von membranumschlossenen Organellen (z. B. Atmung in Mitochondrien, Photosynthese in Chloroplasten) beeinflussen, müssen sie die diffusionsbeschränkenden Hüllen passieren können. Für Sulfit (wie Sulfat) wird ein aktiver Transport durch die innere Chloroplastenhülle mit Hilfe des Phosphattranslokators angenommen.
Wasserlösliche Substanzen werden häufig in der Vakuole gespeichert (S. 7), wo sie durch den Tonoplasten ähnlich effektiv vom Cytoplasma, also den Orten des Stoffwechsels, abgeschirmt sind wie zelleigene Gifte (z. B. Alkaloide).
Schwermetalle akkumulieren häufig dort, wo sie unlösliche Niederschläge bilden, z. B. mit anorganischem Phosphat oder Gerbstoffen. Zum Teil werden sie aber auch durch Komplexbildung in löslicher Form gehalten (s. S. 53).

Mittelstreckentransport

Über den Transport im Gewebsbereich wurde ebenfalls schon kurz bei der Besprechung der Schadstoffaufnahme durch die Wurzel berichtet. Er vollzieht sich teils apoplastisch, teils symplastisch, häufig auch gemischt apoplastisch/symplastisch (Tab. 4). Die Verfrachtung im Apoplasten, d. h. den Zellwänden, erfolgt durch Wasserströmung entlang von Wasserpotentialgradienten. Stark transpirierende Gewebe sind Akkumulationsorte für wassertransportierte Stoffe; so reichern sich viele wasserlösliche Substanzen, auch Schadstoffe (z. B. Monuron, Simazin und Uracil-Herbizide, die Umwandlungsprodukte nach SO_2-Begasung – Abb. 7 – oder Bleiionen), in oder um die Stomata an.
Im allgemeinen ist der Transport im Parenchym ein langsamer Prozeß: Für 2,4-D wurde auf dem Weg von der Epidermisoberfläche von Bohnenblättern zum Phloem eine Geschwindigkeit von 30 µm pro Stunde ermittelt.
Praktisch nichts ist bekannt über den Schadstofftransport in den radialen Transportgeweben der Markstrahlen. Dies ist nicht verwunderlich, weil man auch über den Transport von essentiellen, natürlichen Substanzen in den Markstrahlen so gut wie nichts weiß.

Tab. 4: Die Transportwege von Bioziden in Pflanzen. Sofern nichts anderes angegeben, waren die Verbindungen bei den Versuchen ^{14}C-markiert. (Nach Ashton u. Crafts, 1973).

leicht beweglich			beschränkt beweglich			keine oder geringe
im Apoplast	im Symplast	in beiden	im Apoplast	im Symplast	in beiden	Beweglichkeit
Atrazin	Amiben	Amitrol	Barban	2,4-D	Naptalam	DCPA
Bioxon	Fenac	Dalapon	Dichlobenil	2,4-DP	Ammonium-thiocyanat	2,4-DB
Bromacil	Malein-hydrazid	Dicamba	Diquat	MCPA	$^{77}AsO_4^{3-}$	DNBP
Chlorpropham	Na-acetat	Picloram	Fluorodiphen	2,4,5-T	Diallat	DNOC
Diuron		Pyriclor	Paraquat	TPA	Duraset	Endothall
Fluometuron		TBA			EPTC	Nitrofen
Monuron					Ioxynil	PCP
Propham					Propanil	Trifluralin
Pyrazon					Na-benzoat	
Simazin						
Na-lauryl-sulfat						
T-1947						
TCA						
Tetramin						
Tween 20						
Tween 80						

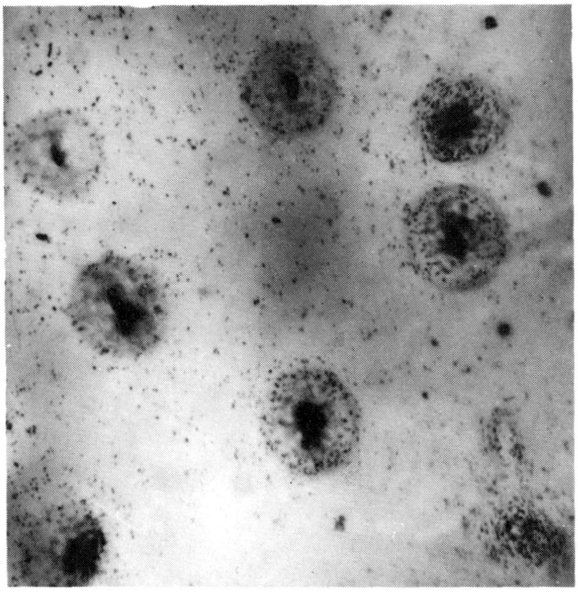

Abb. 7: Mikroautoradiographischer Nachweis von radioaktivem Schwefel in einem Flächenschnitt der Epidermis eines Spinatblattes nach Begasung der Pflanzen mit $^{35}SO_2$. Anreicherung in den Schließzellen. Vergr. 420fach. (Nach Weigl u. Ziegler 1962)[6].

Langstreckentransport

Für den Langstreckentransport in der Höheren Pflanze stehen drei verschiedene Spezialbahnen zur Verfügung, die grundsätzlich auch für Schadstoffe wegsam sind.

Gastransport in den Interzellularen

Dem Langstreckentransport von Gasen in den Höheren Pflanzen dient das System der Interzellularen. Da die wichtigsten am Stoffwechsel beteiligten Gase, CO_2 und O_2, in Luft etwa 10^4 mal so schnell diffundieren wie in Wasser, ist es für die Höhere Pflanze vorteilhaft, möglichst alle stark gaswechselnden Zellen direkt an Interzellularen angrenzen zu lassen. Dies führt naturgemäß dazu, daß auch alle gasförmigen Schadstoffe, die z. B. durch die Stomata oder die Lentizellen in das Organinnere eingedrungen sind, sehr schnell an die Zellen hoher Stoffwechselaktivität herangeführt werden.

Transport in den Wasserleitungsbahnen (Xylem)

Wie früher erwähnt (S. 18), bestehen die Wasserleitungsbahnen bei den Höheren Pflanzen aus im funktionsfähigen Zustand toten, plasmafreien Zellelementen, deren Wände und Lumina dem Apoplasten zuzurechnen sind. Der Hauptantrieb für die Wasserströmung im Xylem (und in der Regel der einzige) ist der Transpirationssog. Eine Mithilfe lebender Zellen ist für das Inganghalten des **„Transpirationsstromes"** nicht erforderlich, da die Pflanze für den Wassertransport im Xylem keine Stoffwechselenergie aufwendet, sondern das Wasserpotentialgefälle zwischen Boden und Atmosphäre ausnützt. Von diesem Potentialgefälle läßt sich die Pflanze sozusagen das Wasser aus dem Boden durch ihren Körper hindurch bis zu den transpirierenden Oberflächen „hindurchziehen". Die Widerstände für die Wasserbewegung in der Pflanze sind dabei relativ groß auf der Strecke von der Wurzeloberfläche bis zu den Xylemelementen im Zentralzylinder und wieder von den Enden der Wasserleitungsbahnen in den Blättern bis zu den transpirierenden (inneren und äußeren) Oberflächen, sehr gering in den Leitbahnen selbst.

Wasserlösliche Schadstoffe, welche den Widerstand der Wurzelrinde (inklusive Sperre des Caspary-Streifens) bei der Druckfiltration durch den Sog im transpirationsbeanspruchten Xylem überwinden und in die Wasserleitbahnen gelangen, werden passiv mit dem Wasser nach den Orten stärkster Transpiration (d. h. geringsten Wasserpotentials) verfrachtet (Tab. 5). Bei Schwermetallionen scheint für die Xylemwegsamkeit des öfteren die Bildung wasserlöslicher Komplexe (z. B. mit Phytochelatinen oder mit Citronensäure) Voraussetzung zu sein.

Als Faustregel kann gelten, daß alle Schadfaktoren, die über den Boden zugeführt in oberirdischen Organen der Pflanzen,

Tab. 5: Beziehungen zwischen der Beweglichkeit einiger Herbizide im Phloem P und Xylem X und einigen physikalischen und chemischen Eigenschaften der Wirkstoffe. (P) und (X) zeigen an, daß die Beweglichkeit zwar wahrscheinlich ist, aber nicht geprüft wurde. (Nach Jacob u. Mitarb. 1973)[1].

Herbizide	Mobilität P	Mobilität X	Löslichkeit in H_2O, g/l	Abbau in Pflanzen	Cl, Br, J	$-NH_2$	–NH	–N–	$-NO_2$	H O –N–C–O–	H O –N–C–S–	H O H –N–C–N–	–COOH	$-CH_3$	$-OCH_3$
2,4-D	P		0,4	+	+								+		
MCPA	P		0,5	+	+								+	+	
2,4,5-T	P		0,3	+	+								+		
2,4-DB	(P)		0,04		+								+		
Dicamba	P	X	8,0	+	+								+		+
2-J-3-nitro-Benzoesäure	P	X			J				+				+		
Amiben	P	(X)	0,7	+			+						+		
2,3,6-TBA	P	P	8,0	+									+		
2,3,5-TJBA	P				J								+		
2,6-Dichlobenil	(P)	(X)	0,02	+ +	+										
TCA	P	X	1 200	+ +	+								+		
Dalapon	P	X	570	+ +	+								+		
Propham		(X)	0,25	+ +						+					
Chlorpropham		(X)	0,1	+ +	+					+					
Eptan (EPTC)	(P)	(X)						+			+				
Diallat	(P)	(X)	0,01	+ + +	+			+			+				
Fenuron			3,85	+								+		+	+
Monuron		X	0,23	+	+			+				+		+	+
Diuron (DCHU)		X	0,04	+	+			+				+		+	
Linuron		X	0,07	+	+			+				+		+	
Metabromuron		X	0,33	+	Br			+				+		+	
Diquat		(X)	670	+ +	Br			+							
Paraquat				+				+				+			
Maleinsäure-Hydrazid	P	(X)	0,4	+ +			+	+							+
Atrazin		X	0,03	+ +	+		+	+							+
Ipazin		X			+		+	+							
Prometon		X	0,75	+			+								
Prometryn		X	0,05	+			+								
Propazin		X	0,008	+	+		+							+	
Pyrazon		X	0,4	+	+	+								+	
Simazin		X	0,005	+	+		+								
Amitrol	P	X	280	+ +		+	+								
Picloram	P	X	0,4	+	+	+							+		
DNOC		(X)	0,12	+ +					+						

vor allem Blättern, Wirkung entfalten, mit dem Transpirationsstrom im Xylem gewandert sein müssen.

Die Bahnen für den Wassertransport sind grundsätzlich in beiden Richtungen wegsam, d. h. nicht polarisiert. Da aber bei einer Landpflanze in der Regel die Blätter die stärkste Transpiration aufweisen, ist der Wassertransport normalerweise von der Wurzel nach oben gerichtet.

Unter Energieaufwand greift die Pflanze nur in die Regulation der Transpiration über die Spaltöffnungsbewegung ein; naturgemäß wird durch die Spaltöffnungsweite die Geschwindigkeit des Transpirationsstromes und damit die der Stoffwanderung im Xylem stark beeinflußt.

Eine selektive Entnahme bestimmter Verbindungen, auch bestimmter Schadstoffe, aus den Wasserleitungsbahnen durch angrenzende lebende Zellen ist möglich, ja wohl zumeist die Regel.

Transport in den Assimilatleitbahnen (Phloem)

Im Gegensatz zu den Wasserleitbahnen sind die Elemente der Assimilatleitbahnen der Pflanzen auch im funktionsfähigen Zustand lebende Zellen, wenn auch von spezifischem Bau (z. B. Fehlen des Zellkernes und des Tonoplasten, Erweiterung der Plasmodesmen zu Siebporen). Eine Substanz, die in den Siebröhren des Phloems wandert, befindet sich also im Symplasten. Liegt eine Substanz zunächst im Apoplasten vor (auch z. B. im Xylem, das ja dem Phloem stets benachbart ist), so muß sie demnach das Plasmalemma der Siebröhren, evtl. (und wahrscheinlicher) das der mit den Siebröhren durch Spezialplasmodesmen verbundenen Geleitzellen (bei den Angiospermen) passieren. Es wird derzeit diskutiert, ob z. B. Assimilate, die in den Plastiden der Chlorenchymzellen, also im Symplasten, gebildet wurden, auf ihrem Weg in die Assimilatleitbahnen zwangsläufig aus dem Symplasten in den Apoplasten (Zellwände) übertreten und im Siebröhren-Geleitzellen-Komplex wieder in den Symplasten zurückgelangen müssen. Jedenfalls sind die Wege von den assimilierenden Zellen im Blatt zu den feinsten Leitbündelenden sehr kurz: im Durchschnitt etwa 2,5 Zelldurchmesser.

Die Beladung der Siebröhren wie des Symplasten allgemein erfolgt selektiv, z. T. wohl aktiv als Substrat-Protonen-Cotransport.

Für den Transport von anorganischen Kationen im Phloem ist wesentlich, daß der Lumeninhalt der Siebröhren einen hohen

Gehalt an anorganischem Phosphat besitzt (ca. 5–10 µeq/ml). Alle Kationen, die schwerlösliche Phosphate bilden, sind daher vom Phloemtransport weitgehend ausgeschlossen (Tab. 6), es sei denn, sie wanderten in Form von wasserlöslichen, stabilen Komplexen. So wird z. B. Blei sehr wohl im Xylem, aber praktisch nicht im Phloem transportiert.

Tab. 6: Beweglichkeit mineralischer Elemente im Phloem.

Beweglich	Mäßig beweglich	Unbeweglich
Kalium	Eisen	Lithium
Rubidium	Mangan	Calcium
Caesium	Zink	Strontium
Natrium	Kupfer	Barium
Magnesium	Molybdän	Bor
Phosphor	Cobalt	Blei
Schwefel		Polonium
Chlor		Silber

Die Frage der Phloemmobilität von Herbiziden hat besondere Beachtung gefunden, weil nur solche über die Blätter applizierten Verbindungen in andere Organe der Pflanze exportiert werden und dort ihre Wirkung entfalten können, die in den Assimilatleitbahnen wandern können. Man hat nach Zusammenhängen zwischen dem chemischen Bau von Herbiziden und ihrer Wanderfähigkeit im Phloem gesucht. Wie Tab. 5 zeigt, besteht bei den geprüften Substanzen kein Zusammenhang zwischen der Wasserlöslichkeit oder der Geschwindigkeit ihres Abbaus im Zellstoffwechsel und ihrer Mobilität im Phloem. Auch die für den Herbizid-Effekt vieler Verbindungen so bedeutsame Chlorierung ist für die Wanderfähigkeit nicht ausschlaggebend. Dagegen scheint eine auffallende Korrelation zwischen dem Vorhandensein von Carboxylgruppen und der Phloemmobilität bei sehr verschiedenen Verbindungen zu existieren. So verliert z. B. 2,4-D seine Wanderfähigkeit im Phloem, wenn die Acetylgruppe durch eine Methylgruppe ersetzt wird (Abb. 8).

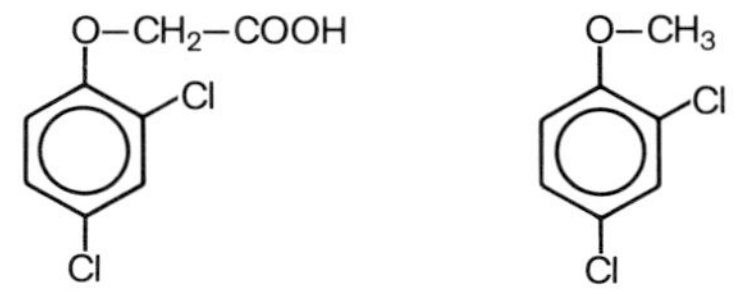

2,4-Dichlorphenoxy-essigsäure (2,4-D) — Methyl-dichlorphenol

Abb. 8: Struktur von 2,4-Dichlorphenoxyessigsäure (2,4-D) und von Methyl-dichlorphenol.

Einige Substanzen scheinen dieser Regel nicht zu gehorchen. So wandern Maleinhydrazid und Amitrol sowohl im Xylem wie im Phloem (Tab. 5). Maleinhydrazid, das gewöhnlich in der Anhydridform formuliert wird, kann aber auch als monovalente Säure auftreten. Amitrol wird von der Pflanze häufig umgesetzt, u. a. zu den Amino-triazolyl-Verbindungen des Alanins, Glycins und Serins, die im Phloem wandern könnten. Ähnliche Umsetzungen werden auch zur Erklärung der (begrenzten) Phloemmobilität von EPTC und Diallat in Erwägung gezogen.
Unter den synthetischen Wachstumsregulatoren besitzen z. B. Alar (B-995) und Chlorflurenol (Morphaktin) Carboxylgruppen und können im Phloem (auch im Xylem) wandern.
Unter den vielen als Fungizide wirksamen Verbindungen gelten nur wenige als systemisch, d. h. als zur Wanderung in den Assimilatleitbahnen geeignet. Bisher hat man keine brauchbaren Anhaltspunkte für die Zusammenhänge zwischen Molekülstruktur und Wanderfähigkeit bei diesen Substanzen; es bedarf jeweils der empirischen Bestimmung.
Der Phloemtransport wird durch das osmotische Gefälle in den Siebröhren angetrieben und gerichtet; dieses wieder hängt von der jeweiligen Lage der Spender- und Empfängerorte ab. Da der osmotische Gradient in der Regel ganz wesentlich durch die Kohlenhydrate bestimmt wird, wandern auch Schadstoffe mit den Assimilaten in deren Transportrichtung. Von der Struktur her sind auch die Siebröhren nicht polarisiert, und durch Umkehr der Spender- und Empfängerorte kann auch die Transportrichtung umgekehrt werden.

Möglichkeiten der Schadstoffabscheidung

Die autotrophe Höhere Pflanze ist als Primärproduzent die Nahrungsgrundlage für alle heterotrophen Organismen, so auch für alle Tiere. Da sie in der Regel ortsstet ist, kann sie sich dem Gefressenwerden nicht durch Flucht entziehen. Ihr häufigster Abwehrmechanismus ist die Produktion von schlechtschmeckenden (z. B. Gerbstoffe) oder giftigen Substanzen. Soweit die toxischen Verbindungen den Stoffwechsel der eigenen Zelle behindern würden, müssen sie durch Einschluß in Spezialkompartimente, z. B. in Vakuolen, aus dem Verkehr gezogen werden (S. 7). Die Höhere Pflanze hat demnach grundsätzlich die Möglichkeit, auch exogen zugeführte Giftstoffe von den Orten des Stoffwechsels fern zu halten und dabei auch zu akkumulieren.
Besonders bekannt ist die Fähigkeit mancher Pflanzen, Schwermetalle in hohen Konzentrationen anzureichern. So hat z. B. die Proteacee *Orites excelsa* bis zu 79 % Al_2O_3 in der Asche des Holzes; bestimmte *Astragalus-Arten* reichern Selen an; die Lamiacee *Aeolanthus biformifolius* hat bis zu 1,3 % Kupfer im Trockengewicht, die Sapotacee *Sebertia acuminata* 26 % Nickel in der Trockensubstanz des blaugrünen Milchsaftes bzw. 1–2 % in den Blättern; die Celastracee *Maytenus bureviana* schließlich weist 3,2 % Mangan in der Trockensubstanz der Blätter auf.
Naphthylessigsäure wird nach der Absorption durch die Pflanze zunächst in den Glucoseester und dann langsamer in stabilere Aminosäurenkonjugate übergeführt, die in der Vakuole gespeichert werden können. Carbaryl, ein Insektizid, wird in glycosylierte, sehr beständige Produkte umgewandelt. Als Entgiftung kann auch die Bindung an Proteine oder der Einbau in polymere Zellwandsubstanzen, wie z. B. Lignin, betrachtet werden.
Neben diese innere Abscheidung bzw. Festlegung tritt in vielen Fällen auch eine solche nach außen. Zwar hat die Pflanze kein der tierischen Niere vergleichbares Ausscheidungsorgan entwickelt, doch gelangen auf andere Weise Stoffe in die Umgebung.
Eine bedeutende Rolle, auch für den Austritt von Schadstoffen, spielt die Auswaschung aus den Organoberflächen, also im wesentlichen durch die Cuticula hindurch, durch den Regen. Es gibt Hinweise, daß diese Auswaschung von Inhaltsstoffen durch Angriff von Luftverunreinigungen (u. a. auch durch die Protonen) verstärkt werden könnte („leaching“).

Es werden auch Flüssigkeiten von vielen Pflanzen an bestimmten Organorten und zu bestimmten Zeiten abgeschieden. So sezernieren Drüsen, die **Nektarien**, zuckerhaltige Säfte, die häufig in den Dienst der Anlockung von Bestäubern (florale Nektarien) oder von Schutzinsekten (extraflorale Nektarien) gestellt sind. Auch mit dem Nektar können natürliche Gifte (z. B. Andromedotoxin bei dem kleinasiatischen *Rhododendron ponticum* und der nordamerikanischen *Kalmia latifolia*) oder systemische anthropogene Biozide ausgeschieden werden.
Durch **Hydathoden** treten beim Vorgang der Guttation mit dem Wasser (in flüssiger Form) auch solche Substanzen aus, die sich im Transpirationsstrom befinden; nachgewiesen ist dies z. B. für die Abscheidung von ^{14}C-Flurenol durch die Hydathoden von *Avena sativa*.
Am ergiebigsten ist für die Höheren Pflanzen, vor allem die Sommergrünen, als Abscheidungsmechanismus für autochthone Schlacken oder exogene Schadstoffe der Blattfall und die Abstoßung von Borkenteilen. Organische Substanzen, die auf diese Weise in den Boden gelangen, werden von der Bodenflora in der Regel schnell abgebaut und unschädlich gemacht. Auf diese Weise abgeschiedene Schwermetalle allerdings können über Boden und Wurzel den Kreislauf durch die Pflanze erneut beginnen.

Literatur

[1] Jacob, F., Neumann, St., Strobel, H. (1973): Transactions 3rd Symp. Accumulation and Translocation of Nutrients and Regulators in Plant Organisms, p. 315–330, ed. Antoszewski, R., Skierniewice.

[2] Lendzian, K. J., Kerstien, G. (1991): Rev. Environm. Contam. and Toxicology **121,** 65–128.

[3] Schönherr, J., Bukovac, M. J. (1972): Plant Physiol. **49,** 813–819.

[4] Schönherr, J., Ziegler, H. (1975): Planta **124,** 51–60.

[5] Schönherr, J., Ziegler, H. (1980): Planta **147,** 345–354.

[6] Weigl, J., Ziegler, H. (1962): Planta **58,** 435–447.

Zusammenfassende Darstellungen

Ashton, F. M., Crafts, A. S. (1973): Mode of action of herbicides. Wiley & Sons, New York, London, Sydney, Toronto.

Bukovac, M. J. (1976): Herbicide entry into plants. In: Herbicides, 2nd ed., Vol. I, pp. 335–364, Audus, L. J. ed., Academic Press, London, New York, San Francisco.

Cutler, D. F., Alvin, K. L., Price, C. E. (eds.) (1982): The plant cuticle. Academic Press, London.

Hay, J. R. (1976): Herbicide transport in plants. In: Herbicides, 2nd ed., Vol. I, pp. 365–396, Audus, L. J. ed., Academic Press, London, New York, San Francisco.

Heath, R. L. (1980): Initial events in injury to plants by air pollutants. Ann. Rev. Plant Physiol. **31,** 395–431.

Price, C. E. (1978): Movement of xenobiotics in plants – perspectives. In: Advances in Pesticide Science, pp. 401–409, Geissbühler, H. ed., Pergamon, Oxford.

Price, C. E. (1982): A review of the factors influencing the penetration of pesticides through plant leaves. In: The plant cuticle, pp. 237–252, Cutler, D. F., Alvin, K. L., Price, C. E. eds., Academic Press, London.

Riederer, M. (1989): The cuticles of conifers: Structure, composition and transport properties. In: Forest decline and air pollution, Ecological Studies **77,** 157–192.

Schulze, E.-D., Lange, O. L., Oren, R., (eds.), (1989): Forest decline and air pollution. Ecological studies 77. Springer, Berlin, Heidelberg, New York.

Schönherr, J. (1978): Transcuticular movement of xenobiotics. In: Advances in Pesticide Science, pp. 392–400, Geissbühler, H. ed., Pergamon, Oxford.

Schönherr, J. (1982): Resistance of plant surfaces to water loss: transport properties of cutin, suberin and associated lipids. In: Physiological Plant Ecology, II, Encycloped. Plant Physiol., N. S., Vol. XII B, pp. 153–179, Lange, O. L., Nobel, P. S., Osmond, C. B., Ziegler, H. eds., Springer, Berlin, Heidelberg, New York.

Ziegler, H. (1975): Nature of transported substances. In: Transport in plants, I, Encycloped. Plant Physiol. N. S. Vol. I, pp. 59–100, Zimmermann, M. H., Milburn, J. A. eds., Springer, Berlin, Heidelberg, New York.

Ziegler, H. (1991): Physiologie. In: Lehrbuch der Botanik für Hochschulen, 33. Aufl., Sitte, P., Ziegler, H., Ehrendorfer, F., Bresinsky, A., eds., Gustav Fischer, Stuttgart, New York.

Pflanzen als Schadstoffindikatoren

A. Huber und W. Huber, Institut für Landespflege und Botanik der TU München (Weihenstephan)

Einführung und Begriffserläuterung

Der Begriff „Schadstoff" bezeichnet alle Stoffe, die potentiell auf Lebewesen, Ökosysteme oder Sachgüter eine schädliche Wirkung ausüben können. Die zunehmende Schadstoffbelastung unserer Umwelt und die damit verknüpfte Gefährdung der menschlichen Gesundheit fördern das Bestreben, schädliche Immissionen möglichst frühzeitig zu erkennen. Neben physikalischen und chemischen Meßmethoden hat sich dabei der Einsatz von Bioindikatoren bewährt – u. a. deshalb, weil hier ein direkter Bezug zur Nahrungskette hergestellt werden kann.

Als *Bioindikatoren* werden alle Organismen zusammengefaßt, die auf einen äußeren Reiz (in Form einer Schadstoffbelastung) mit Stoffwechselveränderungen reagieren, wobei auch eine Schadstoffanreicherung über das normale Maß hinaus als Reaktion betrachtet werden muß.

Jeder als Schadstoffindikator verwertbare Organismus soll eine Reihe von Voraussetzungen erfüllen, die z. B. die Reproduzierbarkeit des Verfahrens, die Spezifizierung des Schadstoffs und der Reaktion, eine genügende Empfindlichkeit und Repräsentanz des Indikators mit einschließen[1]. Prinzipiell können demnach Bakterien, Pflanzen, Tiere und Menschen als Bioindikatoren dienen; sehr häufig sind jedoch Pflanzen am besten geeignet, weil sie a) standortgebunden sind, b) in großer Individuenzahl vorkommen und weil c) ihre Umweltansprüche gut zu erfassen sind[2]. Nach praktischen Gesichtspunkten der Anwendung bietet sich folgende Unterteilung in drei Typen von Bioindikatoren an, deren Abgrenzung untereinander jedoch verwischt sein kann[1,2]:

a) **Zeigerorganismen:** sie können auf Grund ihrer speziellen Lebensansprüche als Anzeiger für bestimmte ökologische Bedingungen im Freiland dienen. Einzelne Arten reagieren auf Veränderungen ihres Lebensmilieus, z. B. auf Schadstoffeinwirkung, mit Verschwinden oder Vermehrung, was zu einer Verschiebung der Artenzusammensetzung führt. Zeigerarten oder -gesellschaften geben zwar kaum Aufschluß über die Quantität eines wirksamen Schadstoffes, sie gewinnen aber bei der Aufdeckung subletaler oder chronischer Belastungen an Bedeutung. Als Beispiel seien die natürlichen Flechtengesellschaften erwähnt.

b) **Testorganismen:** sie sind dadurch ausgezeichnet, daß sie in spezifischer Weise bereits auf geringe Schadstoffmengen reagieren. Sehr häufig besteht die Reaktion in einer Veränderung bestimmter Stoffwechselleistungen, wie z. B. Enzymaktivitäten. Testorganismen werden überwiegend in toxikologischen Labortests eingesetzt.

c) **„Monitor"organismen:** sie ermöglichen eine qualitative und quantitative Erfassung von Schadstoffen – damit sind sie zur Immissionsüberwachung und zur Kennzeichnung von Belastungsräumen geeignet. Im Bereich der Monitororganismen kann man grundsätzlich zwischen *Akkumulations-* und *Wirkungsindikatoren* unterscheiden: Die Akkumulationsindikatoren (z. B. Moose) reichern bestimmte Schadstoffe an und machen diese damit analytisch erfaßbar, ohne daß die Pflanze zunächst sichtbar geschädigt wird; die Wirkungsindikatoren (z. B. Tabak, Gladiolen) zeigen eine spezifische Schadwirkung wie charakteristische Veränderungen der Blattspreiten. Monitororganismen können entweder am natürlichen Standort entnommen werden oder nach standardisierten Verfahren exponiert werden. Ihre Verwendung ermöglicht die Erstellung von Wirkungskatastern, die im Rahmen von Luftreinhalteplänen eine Ergänzung zu Emissions- und Immissionskatastern darstellen und somit wichtige Planungsgrundlagen liefern können.

Im folgenden wird an Hand von Beispielen ein Überblick über die Methodik und Problematik der Schadstoffindikation durch Pflanzen und der Verhütung von Pflanzenschäden gegeben, ohne dabei Anspruch auf eine umfassende, lückenlose Darstellung zu erheben.

Pflanzliche Organismen zur Indikation von Schadstoffbelastungen

Algen als Schadstoffindikatoren

Algen werden – entsprechend ihrer Lebensweise – nahezu ausschließlich als Schadstoffindikatoren im Wasser herangezogen; die in Flechtensymbiosen lebenden Luftalgen bleiben hier unberücksichtigt.

Zeigerarten und -gesellschaften

In Gewässern herrscht ein enger Zusammenhang zwischen Anzahl bzw. Artenzusammensetzung der Phytoplanktonorganismen und dem Belastungszustand. So sind Diatomeen in nährstoffreichen Gewässern sehr verbreitet; dabei erhöht sich einerseits die Gesamtzelldichte, andrerseits die prozentuale Dominanz einzelner – sonst u. U. seltener – Arten. Toxische Substanzen bewirken in der Regel eine Abnahme der Gesamtindividuenzahl sowie der Artenvielfalt[3]. Dennoch wird in vergleichenden Untersuchungen Phytoplankton kaum zur Bioindikation eingesetzt – schon deshalb, weil

a) das Zooplankton nur schwer abzutrennen ist,

b) die Akkumulationsraten verschiedener Schwermetalle und chlorierter Kohlenwasserstoffe in unterschiedlichen Arten stark variieren,

c) die Toleranzgrenze im allgemeinen recht niedrig liegt und sich zudem mit Art und Verbreitungsareal ändert[4].

Eine Verschiebung der Artenzusammensetzung wurde auch für fädige Grünalgen in Gewässern im Einflußbereich einer Zn-Schmelze beobachtet[5]: während in den beeinflußten Gewässern in erster Linie die Gattungen *Mougeotia, Tribonema* und *Zygnema* vorkamen, traten in den weiter entfernten, unbeeinflußten Gewässern die Gattungen *Cladophora, Oedogonium* und *Spirogyra* auf.

Algen als Testorganismen

Einzellige Algen werden in großem Umfang in Labortests eingesetzt, da zum einen ihre Anzucht relativ problemlos ist und zum anderen durch vegetative Vermehrung genetisch einheitliches Material gezüchtet werden kann. Es existieren eine ganze Reihe von standardisierten Prüfverfahren[1], so zum Beispiel:

1) Der Biotest mit *Haematococcus pluvialis* zur Überwachung der Trinkwasserqualität. Gemessen wird in einer Wasserprobe, die mit einer äquivalenten Algenmenge vermischt ist, der O_2-Gehalt, der sich in Abhängigkeit von verschiedenen Verunreinigungen sehr empfindlich ändert.

2) Der Biomassetiter (BMT_A) mit *Scenedesmus quadricauda* zur Feststellung der Wassereutrophierung; der gefilterten Wasserprobe werden Algen zugesetzt und nach 10 Tagen die Trübung der Suspension bestimmt; dabei wird auf eine Kontrolle in definiertem Medium bezogen.

3) Der Biotest mit *Chlamydomonas gelatinosa;* hier werden 21 Tage lang Wachstumsverlauf und Ausmaß des Wachstums bestimmt und hinsichtlich der Wasserqualität interpretiert. In einem ähnlichen Test wird die Blaualge *Microcystis aeroginosa* verwendet.

4) Der Biotest mit *Chlorella pyrenoidosa* dient der Bestimmung von photosynthesehemmenden Herbizidrückständen in Böden und Gewässern. Gemessen werden – im Vergleich zu einer Kontrolle – entweder die Wachstumsdepression oder die O_2-Entwicklung.

5) Der Biotest mit *Scenedesmus subspicatus* im Rahmen des Zulassungsverfahrens für Pflanzenschutzmittel zur Ermittlung von EC_{50}- und NOEC-Werten (NOEC = No Observed Effect Concentration). Mit Hilfe dieses Tests wird in einem standardisierten Verfahren die Konzentration eines Pflanzenschutzmittels bestimmt, bei der entweder das Wachstum um 50% gehemmt wird oder bei der keine Wirkungen auftreten. Dieser Test wird von den Zulassungsbehörden für jedes neue Pflanzenbehandlungsmittel verlangt.

Algen als „Monitor"organismen

(zur Erfassung von Verunreinigungen)

Algen eignen sich generell nur zur Erfassung des wasserlöslichen Anteils von Verunreinigungen. Neuerdings werden Tests mit Algen erprobt, die zur kontinuierlichen Überwachung eines Gewässers auf Verunreinigungen eingesetzt werden können. Verwendet werden *Scenedesmus subspicatus, Chlamydomonas-, Chlorella- und Haematococcus*-Arten, und zwar werden die Algensuspensionen in speziellen Küvetten im Abstand von wenigen Minuten mit Flußwasser versetzt und anschließend wird die Sauerstoffproduktion gemessen. Die Anwesenheit eines Schadstoffs im Wasser wird so frühzeitig erkannt.

Eine weitere interessante Anwendung ist die Cyanobakterien-Elektrode. Dabei wird eine Blaualge (z.B. *Synechococcus* spec.) auf einer Graphitelektrode fixiert. Gemessen wird der photosynthetische Elektronentransport gegenüber einer Referenzelektrode in einer Durchflußzelle. Die Anwesenheit von Herbiziden im Wasser kann mit dieser Meßanordnung frühzeitig erfaßt werden.

Schadstoffgehalte von Algen am Standort

Ein Organismus, der als Bioindikator in Gewässern Verwendung findet, sollte folgende Voraussetzungen erfüllen[6]:

– Akkumulation des Schadstoffes, ohne daß hohe Konzentrationen letal sind,
– Repräsentanz des Organismus für den Standort (d. h. möglichst festgewachsen),
– ausreichend häufiges Vorkommen,
– langlebig, möglichst mehrjährig,
– vernünftige Größe, um ausreichende Mengen Analysenmaterial zu liefern,
– leicht zu sammeln,
– Tolerieren von Brackwasser,
– möglichst hoher Konzentrierungsfaktor für Schadstoffe, um eine direkte Analyse zu erleichtern,
– möglichst einfache Beziehung zwischen Schadstoffgehalt des Organismus und des umgebenden Wassers, wobei vor allem wichtig ist, daß die Indikatororganismen aller Standorte unter sämtlichen Bedingungen dieselbe Beziehung aufweisen.

Am besten treffen diese Punkte auf verschiedene Makroalgen im Salzwasser zu – und zwar speziell für die Erfassung von Schwermetallen. Häufig verwendet werden *Fucus*-Arten *(F. vesiculosus, F. serratus, F. spiralis), Laminaria digitata* und *Ascophyllum nodosum,* die offenbar die Metalle an Alginate der Zellwand binden können[6]. Obwohl die Schwermetallgehalte der Algen mit der Stelle der Probenahme (z. B. Zn-, Pb-, Cu-, Fe-, Al-Gehalt am älteren distalen Ende des Phylloids höher als am apikalen Ende), mit der Jahreszeit (z. B. maximaler Zn-, Fe-, Al-, Mn-Gehalt im Winter und Frühjahr, minimaler Gehalt im Herbst), mit Standort, Tidenhub oder Salzgehalt des Wassers variieren können[7], besteht doch eine deutliche Korrelation zwischen den Schwermetallgehalten des Wassers und der Algen[6]; dies haben Transplantationsversuche mit *Ascophyllum nodosum* bewiesen[8]. Die Schadstofferfassung mit Hilfe von Makroalgen wirft aber auch Probleme auf[4]: Gleiche Mn-Gehalte im Wasser und im Pflanzenmaterial stören die Regulation der Ionenaufnahme bei *Fucus vesiculosus;* Metall-Metall-Wechselwirkungen unterdrücken die Zn-Aufnahme von *Laminaria digitata* durch Cu und Cd; verschiedene Elemente können in *Ascophyllum* durch die Aufnahme von Zn und Cu ausgeschlossen werden.

Auch über Süßwasseralgen ist anscheinend eine Grobeinschätzung der Schwermetallbelastung von Gewässern möglich[5]: für Zn wurde eine lineare Beziehung zwischen der Konzentration im Wasser und in den Algen gefunden; einige Arten dienen als wirkungsvolle Akkumulationsindikatoren, so z. B. *Oscillatoria* spec. für Pb oder die äußerst tolerante *Chlorella pyrenoidosa* für Cd. Es wird sogar beschrieben, daß Algen in unmittelbarer Umgebung einer Bleischmelze zur Gewässerreinigung eingesetzt werden können[9].

Schadstoffgehalte von exponierten Algen

Ein Versuch zur Kartierung von Luftverunreinigungen mit Hilfe von exponierten Algenkulturen wurde mit *Spirogyra fluviatilis* und *S. maiuscula* unternommen[10]: die Algen wurden auf Schrägagar angezogen und 15 Tage lang unter einem Wasserfilm am Standort exponiert; die Bonitierung erfolgte an Hand von mikroskopisch feststellbaren Schädigungen der Chloroplastenstruktur, des Zellkerns und des Plasmas. Dabei ist der Schadensverlauf so einheitlich, daß eine 10-Punkte-Symptom-Skala aufgestellt werden konnte, die sich bestimmten Schadstoffkonzentrationen zuordnen läßt. Die Sensitivität der Algen gegenüber von Autoabgasen nimmt von NO_2 über SO_2 nach Propen hin ab, wobei die Löslichkeit der Gase im Wasser eine Rolle spielt. Vergleichende Kartierungen mit der Blattflechte *Parmelia physodes* haben gezeigt, daß *Spirogyra* empfindlicher und spezifischer reagiert und außerdem die benötigte Expositionsdauer kürzer ist.

Flechten als Schadstoffindikatoren

Epiphytisch wachsende Flechten werden weltweit als Bioindikatoren zum Nachweis gas- und staubförmiger Immissionsbe-

lastungen eingesetzt (Literaturzusammenstellung vgl.[11, 12]). Sie besitzen im Vergleich zu den Höheren Pflanzen eine größere Empfindlichkeit gegenüber Luftverunreinigungen, die in der Regel von Krustenflechten zu Laub- und Strauchflechten hin zunimmt und auf folgende Ursachen zurückzuführen ist[13]:
Flechten
- weisen einen minimalen Chlorophyllgehalt auf, der eine geringe Photosyntheseaktivität und damit eine niedrige Stoffwechselrate, langsames Wachstum sowie eine eingeschränkte Regenerationsfähigkeit nach sich zieht;
- sind poikilohydre Pflanzen und damit in ihrer Stoffwechselaktivität abhängig von der Luftfeuchte bzw. von den Niederschlägen;
- besitzen keine Cuticula, so daß Schadstoffe leicht in die Thalli eindringen können;
- speichern Stoffe unselektiv und besitzen keine Exkretionsmöglichkeiten;
- machen keinen Laubwechsel durch, d. h. einmal abgelagerte Schadstoffe werden akkumuliert;
- fallen in ihren höchsten Vitalitätsperioden im allgemeinen zusammen mit den Perioden der stärksten Immissionsbelastungen, z. B. austauschungünstigen Inversionswetterlagen im Winter.

Damit eigenen sich Flechten generell nicht zur Erfassung akuter Belastungen; auf langzeitige, chronische Einwirkungen sprechen sie jedoch bei minimalsten Konzentrationen an.

Zeigerarten und -gesellschaften

Viele Flechtenarten besitzen hinsichtlich ihrer Ansprüche an Klima und Substrat nur eine sehr enge ökologische Amplitude: Im Hinblick auf die Luftfeuchtigkeit oder Beschaffenheit bzw. pH-Wert der Baumborken sind sie stark eingeschränkt; äußerst tolerant erweisen sie sich jedoch gegenüber Temperaturschwankungen in beide Extreme. Für die in Zentren von Großstädten auftretenden Flechtenwüsten sind zum Großteil Luftverunreinigungen verantwortlich[13], die sich auf verschiedene Arten in unterschiedlichem Maße auswirken. Auf Grund dessen eignen sich Kartierungen der natürlichen Flechtengesellschaften gut zur Erkennung von Luftverunreinigungen.

Methoden zur Flechtenkartierung

Für Kartierungen gilt grundsätzlich[13], daß nur der Flechtenbewuchs gleichartiger und gleichalter Bäume miteinander verglichen werden darf; außerdem müssen die Aufnahmefläche am Stamm (in der Regel 30–200 cm Höhe, nur die Stammseite mit dem stärksten Bewuchs) und der Aufnahmemodus (z. B. Mittelwert aus 10–50 benachbarten Stämmen) genormt sein, um Gebiete mit ähnlichen Deckungsgraden zu Luftreinheitszonen zusammenfassen zu können. Nach Steubing[13] kann für die Flechtenkartierung unterschieden werden zwischen
a) qualitativen Methoden:
- Bestimmung der Flächendeckung der Flechtengemeinschaft (d. h. aller vorhandenen Flechtenarten),
- Bestimmung des Prozentsatzes flechtenbewachsener Bäume,
- Ermittlung der Gesamtartenzahl,
- Bestimmung des Vorkommens spezieller Arten,
- Analyse der Flechtengesellschaften;

b) quantitativen Methoden, die zur Gewinnung exakter Aussagen mehr und mehr in den Vordergrund treten; z. B. die am häufigsten verwendete IAP-Methode. Dieser „Index of Air Purity" bewertet Spezies, Frequenz und Flächendeckung der Flechten in Beziehung zur Luftqualität[1]:

$$\mathrm{IAP} = \sum_{1}^{n} \frac{1}{n} (Q \times f) / 10$$

wobei gilt:
n = Zahl der Arten
Q = ökologischer Index einer Art, der dem Mittel der Begleitarten dieser Art an allen Kartierungseinheiten des betrachteten Gebiets entspricht
f = Frequenz bzw. Flächendeckung (beinhaltet sowohl Dekkungsgrad auf einem Baum als auch Vorkommen auf verschiedenen Bäumen der Kartierungseinheit).

Je höher der IAP-Wert, desto geringer ist die Gesamtimmission in dem betrachteten Gebiet.

Indikation von Staubbelastung und SO_2-Immission

Im allgemeinen werden folgende Immissionsfaktoren für die Entstehung von Flechtenzonierungen verantwortlich gemacht[14]:
- Staub- und Rauchgehalt der Luft
- SO_2-Gehalt der Luft
- Konzentration an Fluor ($F_2 + F^-$) bzw. Fluorwasserstoff
- Konzentration an NO_x ($NO + NO_2$), Schwermetallen, Radioisotopen und Herbiziden.

Staub: Der Zusammenhang zwischen Staubkonzentration und Flechtenbewuchs ist insbesondere in den Stadtgebieten von Interesse; die Literaturangaben schwanken allerdings ziemlich stark[1], so daß Überschneidungen vorkommen. Eine grobe Richtlinie ist in Tab. 1 gegeben.

Tab. 1: Zusammenhang zwischen Flechtenbewuchs und Staubkonzentration der Luft.

Zone	Staubkonzentration
Flechtenwüste	über 20 g/m² · Monat
Kampfzone	16–20 g/m² · Monat
Normalzone	bis 15 g/m² · Monat

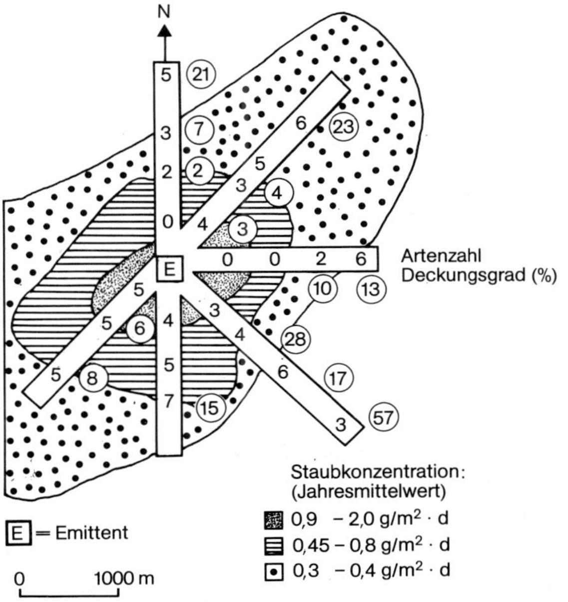

Abb. 1: Artenzahl und Deckungsgrad epiphytischer Flechten bei unterschiedlicher Staubbelastung (aus Steubing[13]).

Vermutlich spielt hier die Zusammensetzung der Stäube eine wesentliche Rolle. Als Beispiel seien Kartierungen von Steubing[13] angeführt, die den Zusammenhang zwischen Artenzahl und Deckungsgrad der Flechten mit der Staubkonzentration in der Umgebung eines Staubemittenten (Eisen- und Zementproduktion, alkalische Stäube) deutlich machen (vgl. Abb. 1): sowohl die Artenanzahl als auch der Deckungsgrad nehmen mit steigender Entfernung vom Werk zu (abhängig von der Windrichtung).
Aus der Auflistung der aufgefundenen Flechtenarten geht außerdem deutlich das Überwiegen basischer Immissionen hervor: es dominiert bis zu einem Abstand von 1 500 m das neutrophytische *Physcietum ascendentis (Xanthoria parietina, Physcia tenellalascendens, Ph. orbicularis, Ph. pulverulenta);* azidophytische Arten wie *Hypogymnia physodes* gewinnen erst in weiterer Entfernung an Bedeutung.

Tab. 2: Zusammenhang zwischen Deckungsgrad und Flechtenzonierung.

Deckungsgrad	Flechtenzone
kein Bewuchs oder Krustenflechten, höchstens ≤ 0,5 % deckend	Flechtenwüste
nur Krustenflechten, Blattflechten 0 % deckend	innere Kampfzone
Blatt- und Strauchflechten 1–25 % deckend (wenn > 25 %, dann z. T. absterbend)	mittlere Kampfzone
Blatt- und Strauchflechten > 25 % ≤ 50 % deckend (wenn 50 %, dann z. T. deutlich absterbend)	äußere Kampfzone
Blatt- und Strauchflechten > 50 % deckend, ohne Schäden	Reinluftzone

Tab. 3: Zusammenhang zwischen Flechtenflora und SO_2-Gehalt der Luft.

Zone	vorhandene Flechten (bzw. Algen in Flechten)	SO_2 (µg/m³)
0	–	?
1	*Pleurococcus viridis* (Stammbasis)	> 170
2	*Pleurococcus viridis* *Lecanora conizaeoides* (Stammbasis)	150
3	*Lecanora conizaeoides* *Lepraria incana* (Stammbasis)	125
4	*Hypogymnia physodes,* *Parmelia saxatilis* (Stammbasis); *Lecanora expallens,* *Chaenotheca ferruginea*	70
5	z. B. *Hypogymnia physodes,* *Parmelia saxatilis, P. glabrata,* *Lepraria candelaris,* *Ramalina farinacea*	60
6	z. B. *Pseudovernia furfuracea,* *Alectoria fuscescens*	50
7	z. B. *Parmelia caperata, P. revoluta,* *Usnea subfloridana*	40
8	z. B. *Usnea ceratina, Parmelia perlata, P. reticulata, Normandina pulchella, Rinodina roboris*	35
9	z. B. *Lobaria pulmonaria,* *L. amplissima, Dimeralla lutea,* *Usnea florida*	< 30
10	u. a. *Lobaria scrobiculata,* *Sticta limbata, Usnea articulata,* *U. filipendula, Teloschistes flavicans*	„rein“

SO_2: Kartierungen der Flechtenflora können ebenso hinsichtlich der SO_2-Belastung ihres Standortes interpretiert werden[15]. Möglich sind:
a) Bestimmung der Flächendeckung von Krusten- und Blattflechten auf Baumborke, die mit steigender Belastung abnimmt. Seitz[16] legt den einzelnen Deckungsgraden, die bestimmten Flechtenzonen entsprechen, Bewertungen wie in Tab. 2 zugrunde.
Auf diese Art und Weise konnten z. B. im Industriegebiet Saarbrücken-Völklingen die Grenzen einer Flechtenwüste festgelegt werden, die mit einer mittleren SO_2-Immissionsbelastung von 60–90 µg SO_2/m³ zusammenfällt.
b) Zusammensetzung der Flechtengemeinschaften:
Hawksworth und Rose[15] unterschieden in ihren Untersuchungen der epiphytischen Flechtenflora von England und Wales 10 Zonen, die mit dem SO_2-Gehalt der Luft in Korrelation zu bringen sind (Tab. 3).
c) Kartierung einzelner Indikatorarten, die mit zunehmender SO_2-Belastung zurückgehen; solche sind[1]:
Xanthoria parietina
Grimmia pulvinata
Parmelia saxatilis, P. sulcata.
Im Gegensatz dazu nimmt z. B. die Häufigkeit von *Lecanora conizaeoides* mit steigender SO_2-Belastung (bis zu 170 µg/m³) zu. Die Kartierung einzelner Indikatorarten ist mit geringem Aufwand durchzuführen und erlaubt trotzdem durch die Kombination von Zeigerarten mit unterschiedlicher Toleranz eine relativ genaue Unterteilung des Gebietes.

Flechten als Testorganismen

Die Früherkennung von Immissionsschäden an Flechten (d. h. durch Schadstoffkonzentrationen, die noch keine sichtbaren Schäden auslösen), ist wegen der hohen Sensibilität von besonderem Interesse. Dazu bietet sich z. B. der Chlorophyll-

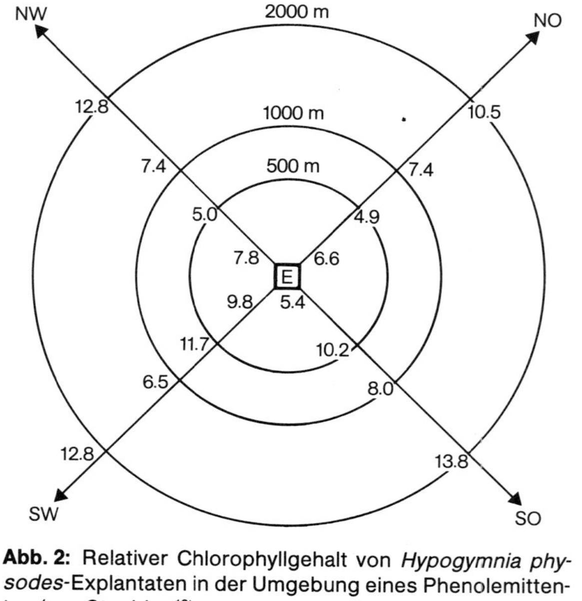

Abb. 2: Relativer Chlorophyllgehalt von *Hypogymnia physodes*-Explantaten in der Umgebung eines Phenolemittenten (aus Steubing[13]).

gehalt von *Hypogymnia physodes* an, der mit zunehmender Luftbelastung absinkt; dies zeigten Bestimmungen des Chlorophyllgehalts von *Hypogymnia physodes*-Explantaten unter dem Einfluß eines Phenolemittenten in Abhängigkeit von der Entfernung[13] (Abb. 2).
Ebenfalls noch vor einer sichtbaren Beeinträchtigung der Flechten sinkt die Aktivität der sauren Phosphatase ab, die Photosyntheserate geht auf eine Hemmung der RubP-Carboxylase zurück, das Absorptionsspektrum ändert sich durch Phaeophytinbildung und die Rotfluoreszenz der Algenchloroplasten von *Hypogymnia physodes* nimmt ab[1].

Flechten als „Monitor"organismen

(zur Erfassung von Verunreinigungen)

Schadstoffgehalte von Flechten am Standort

Während die rückstandsanalytische Schwefelbestimmung in Flechten, die u. a. mit *Hypogymnia physodes* und *Usnea subfloridana* durchgeführt wurde, wegen der hohen SO_2-Sensitivität nur geringe Bedeutung besitzt, eignen sich einige Flechtenarten recht gut als Indikatoren für Fluor (die quantitative Ermittlung gelingt jedoch besser mit Höheren Pflanzen – vgl. S. 73 ff.); Perkins et al.[17] untersuchten die Fluorgehalte mehrerer *Ramalina*-Arten in der Umgebung eines Aluminiumwerks: die Thalli wiesen vor Beginn der Fluoremissionen mittlere Konzentrationen von 9–16 µg F/g TS auf; mit Beginn der Emissionen stiegen die Fluorgehalte an, wobei eine Anreicherung in den Rindenflechten schneller erfolgte als in den Blattflechten. Dabei gibt es eine enge Korrelation zur Entfernung vom Emittenten und zur Windrichtung[17]; außerdem ist eine Abhängigkeit von der relativen Luftfeuchte zu beobachten (vgl. Tab. 4).

Tab. 4: F-Akkumulation (µgF/g Trockensubstanz) nach viertägiger Exposition (5 µg F/m³) bei unterschiedlicher Luftfeuchte[12].

Art	% relative Luftfeuchtigkeit 40	63	87
Cladonia cristatella	10	32	82
Parmelia caperata	11	26	89

Flechten können auch als Bioindikatoren für andere Schadstoffe dienen, z. B. für [12]:

- Schwermetalle (vor allem Cu, Cd, Fe, Pb, Mn, Ni, Zn)
- Radionuklide (^{137}Cs, ^{90}Sr)
- ionisierende Strahlung
- Herbizide, Fungizide.

Insbesondere zur Erfassung der Schwermetallbelastung werden Flechten (neben Moosen) häufig herangezogen, da sie Schwermetalle gut akkumulieren. Anfängliche Berichte über eine Anreicherung bestimmter Spurenelemente in Flechten haben sich in neueren Untersuchungen bestätigt; es wurde eine enorme Schwermetallanreicherung in Flechten aus der Umgebung einer Zn-Schmelze in Pennsylvania gefunden (Tab. 5).

Tab. 5: Zn- und Cd-Gehalte (in µg/g Trockensubstanz) von Flechten aus der Umgebung einer Zn-Schmelze[12].

Art	Zn-Gehalt	Cd-Gehalt
Micarea trisepta	23 000	320
Verrucaria nigrescens	25 000	335

Von speziellem Interesse ist der Gehalt von bis zu 5 000 ppm Cu in *Lecanora vinetorum,* einer Art, die häufig an Holzpfählen in Weinbergen vorkommt und demzufolge unter dem ständigen Einfluß Cu-haltiger Spritzmittel steht[12]. Bestimmte Arten scheinen eine besondere Affinität für Pb zu besitzen – so z. B. *Stereocaulon nanodes* oder *Cornicularia aculeata*[18]. Aus diesen Betrachtungen geht hervor, daß das Ausmaß der Anreicherung, die Toleranz und Selektivität von verschiedenen Flechtenarten für bestimmte Ionen durchaus variieren kann[18].
In besonderer Weise als Bioindikator einsetzbar ist die Krustenflechte *Lecanora conizaeoides:* ihre Häufigkeitsverteilung läßt einerseits Rückschlüsse auf die SO_2-Belastung in industriellen Ballungsgebieten zu, andrerseits dient sie als Akkumulationsindikator für die Schwermetallbelastung[1].
Diese Art ist äußerst toxitolerant, vor allem auch gegenüber SO_2 [12], was sie gerade in Belastungsgebieten oft zur einzigen natürlich vorkommenden Art werden läßt. Pilegaard[19] erhielt einen deutlichen Gradienten im Schwermetallgehalt des Pflanzenmaterials aus der Umgebung eines Stahlwerkes, wobei der Maximalwert immer in unmittelbarer Nähe des Emittenten zu finden war (vgl. Tab. 6).

Tab. 6: Schwermetallgehalt (in µg/g Trockensubstanz) von *Lecanora conizaeoides* in Umgebung eines Stahlwerkes (nach Pilegaard[19]).

Entfernung	Cd-	Cr-	Cu-	Fe-	Ni-	Pb-	Zn-Gehalt
1,0 km	3,2	59	112	11 000	15,9	458	1 510
1,7 km	3,0	53	86	8 600	14,4	374	1 140
2,0 km	1,5	18	43	3 300	7,9	191	359

Schadstoffgehalte von Flechtenexponaten

Eine Kartierung bzw. analytische Untersuchung der natürlichen Flechtenvegetation findet ihre Grenzen dort, wo diese durch hohe Immissionsbelastung oder andere Eingriffe (wie z. B. Vernichtung des Substrats) zerstört worden ist. Man greift dann auf Flechtenexponate zurück, die auch eine Aussage über die Luftverunreinigungen aus jüngerer Zeit erlauben, sofern sie aus unbelasteten Gebieten transplantiert wurden.

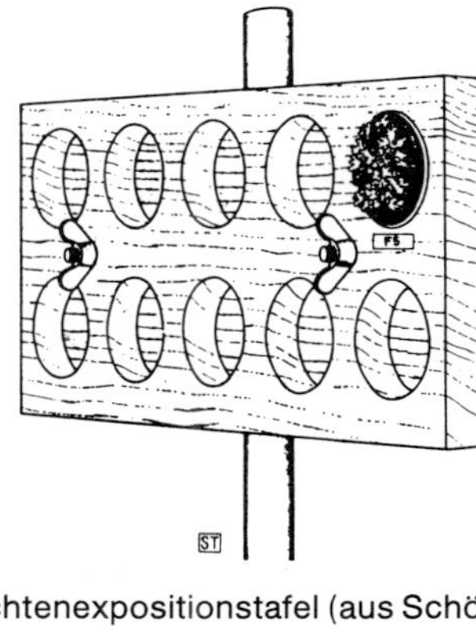

Abb. 3: Flechtenexpositionstafel (aus Schönbeck[20]).

Gut bewährt hat sich bisher die Blattflechte *Hypogymnia physodes*[20], die ubiquitär verbreitet ist und eine mittlere Schadstoffsensibilität aufweist. Die übliche Methode wurde von Schönbeck[20] erarbeitet und standardisiert: die Flechten werden mit ihrer Rindenunterlage kreisförmig (d = 45 mm) aus dem Baumstamm (meist Eichen) ausgestanzt, in 10 Parallelproben auf Flechtenexpositionstafeln mit entsprechenden Bohrlöchern (vgl. Abb. 3) transplantiert und in 1,5 m Höhe an einem Standort mit bewachsenem Boden (zur Vermeidung einer zusätzlichen Kontamination durch aufgewirbelten Bodenstaub) exponiert.

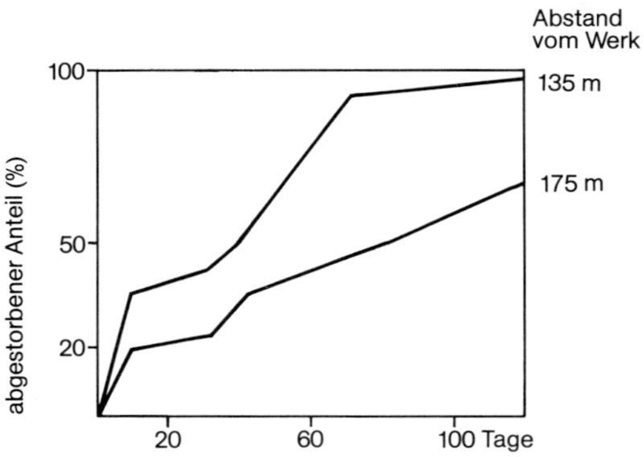

Abb. 4: Absterbeverlauf exponierter Flechten in Umgebung eines HCl-Emittenten (nach Prinz und Scholl[21]).

Als Schädigungskriterium dient die infolge einer Verfärbung der Thalli leicht erkennbare Absterberate, die in regelmäßigen Abständen photographisch registriert wird (vgl. dazu Farbabb. 6, S. 245). Die Photos können anschließend verglichen und ausgewertet werden.

Meßwert ist der Schädigungsgrad in % abgestorbener Thallusfläche, wobei der Absterbeverlauf in typischer Art und Weise von der Expositionszeit abhängig ist (vgl. Abb. 4).

Die durch die Bonitierung von Flechtenexplantaten und Kartierungen der natürlichen Flechtenvegetation erhaltenen Ergebnisse lassen sich mit den SO_2-Immissionswerten korrelieren, wie u. a. Kirschbaum et al.[22] am Beispiel der Stadt Frankfurt zeigen konnten (Abb. 5).

Es ergab sich, daß die Grenzen der Flechtenwüste weitgehend parallel laufen mit einer mittleren SO_2-Belastung von $\geq$ 0,11 mg/m³; der Schädigungsgrad der Explantate steigt mit höheren SO_2-Konzentrationen und sinkt mit geringeren.

Sollen Flechtenexplantate zur Erfassung der Fluorbelastung verwendet werden, so empfiehlt sich die Kombination folgender Arten[23]:

Pseudovernia furfuracea – sehr empfindlich
Parmelia physodes – empfindlich
P. sulcata – empfindlich
P. acetabulum – relativ tolerant.

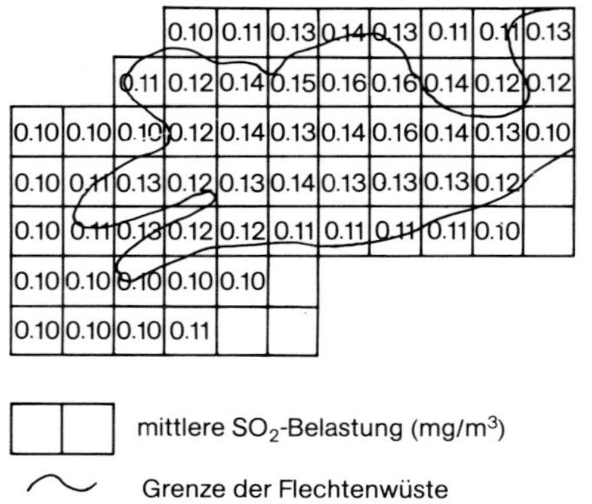

Abb. 5: Zusammenhang zwischen SO_2-Belastung und Schädigungsbonitierung von *Parmelia-physodes*-Explantaten (aus Kirschbaum et al.[22]).

Moose als Schadstoffindikatoren

Landmoose

Moose decken ihren Nährstoffbedarf überwiegend aus der Atmosphäre, d. h. aus Niederschlägen und aus der Luft; die Stoffaufnahme erfolgt direkt über die cuticulafreie Epidermisoberfläche, so daß die Schadstoffaufnahme aus dem Substrat minimal ist – auch wenn z. B. der Schwermetallgehalt der Baumborke bei epiphytischen Moosen nicht ganz unberücksichtigt bleiben sollte[24]. Die Anreicherungsrate der Moose für Schadstoffe ist im Vergleich zu anderen Pflanzen recht hoch, da sie eine große Oberfläche aufweisen, eine hohe Kationen-

Tab. 7: Einfluß von Standort und durchschnittlicher jährlicher SO_2-Konzentration auf die Artenzusammensetzung von Moosen (nach Gilbert[26]).

SO_2-Konzentration (µg/m³ im Jahresmittel)	Standort: Sandstein (sauer)	Laubbaum	Sandstein (alkalisch) Asbestdach
170	*Funaria hygrometrica, Tortula muralis*	–	*Ceratodon* spec. *Bryum argenteum*
125	siehe oben	–	*Bryum capillare* *Tortula muralis*
60–65	siehe oben *Barbula* spec.	–	*Grimmia pulvinata* (steril)
45	*Grimmia* spec. *Hypnum cupressiforme*	–	*Grimmia pulvinata* *Orthotrichum* spec.
40	zunehmend mehr und verschiedene Arten	*Hypnum cupressiforme, Dicranoweisia* spec.	–

austauscherkapazität besitzen und die Stoffaufnahme nicht über die Stomataöffnung regulieren können. Unklar ist bisher, ob die Schwermetallaufnahme passiv erfolgt oder ob auch aktive Prozesse daran beteiligt sind. Vorteilhaft ist die große räumliche und zeitliche Amplitude der Moose, d. h. sie sind nicht an bestimmte Vegetationszeiten gebunden und können nahezu ubiquitär wachsen[1] – so auch auf Sekundärstandorten (Mauern, Dächer) in bebauten Gebieten. Erste Ansätze, Moose auf Grund ihrer besonderen Eigenschaften neben Flechten als Bioindikatoren zu verwenden, stammen u. a. von Wittenberger[25].

Zeigerarten und -gesellschaften

Aufschluß über „verunreinigte Luft" allgemein geben Kartierungen der natürlichen Moosflora; dabei wird durch Symbole das Vorkommen oder Fehlen bestimmter Arten gekennzeichnet – evtl. zusätzlich ihre Vitalität, der Deckungsgrad oder die Häufigkeit. Daraus ergibt sich eine Zoneneinteilung der Epiphyten, die mit den Luftdaten des Gebietes bzw. mit den Zonen der Luftverschmutzung in Verbindung gebracht werden können. So konnte z. B. in Offenbach eine Zone starker Luftverschmutzung durch Mooskartierungen eingegrenzt werden; dabei diente als Kriterium das Fehlen der allgemein recht empfindlichen Arten *Pylaisia polyantha, Bryum caespitium, B. erythrocarpum* und *Funaria hygrometrica*[25].
Analog zu den Flechten wurde auch für die Moose ein Luftreinheitsindex (IAP) ermittelt.
Spezifischer als die Indikation von „verunreinigter Luft" ist die Indikation von SO_2[1]: während hohe SO_2-Konzentrationen zu einem Ausbleichen der Blattspitzen bzw. zum Chlorophyllverlust der ganzen Pflanze führen können oder die Ausbildung der Sporogone verhindern, wirken sich geringe Konzentrationen mehr auf die Vitalität und „Konkurrenzkraft" einzelner Arten aus, d. h. die Zusammensetzung der Bestände ändert sich. Beispielsweise geht im Winter, der Jahreszeit mit den höchsten SO_2-Immissionen, die Artenvielfalt vor allem in den Stadtgebieten deutlich zurück. Wenn auch die SO_2-Toleranz der Moose von den verschiedensten äußeren Faktoren, wie vom Wassergehalt oder der Alkalität des Substrats abhängig ist, erweist sich doch im allgemeinen die Beziehung zwischen durchschnittlicher jährlicher SO_2-Konzentration und der Zusammensetzung der Moosflora als eindeutig. Gilbert[26] definierte in England verschiedene Moosgesellschaften nach ihrer SO_2-Empfindlichkeit (vgl. Tab. 7).

Moose als Testorganismen

Als Testorganismen unter kontrollierten Bedingungen eignen sich Moose vor allem zur Erfassung von SO_2- und HF-Immissionen[1]: zunehmende SO_2-Belastung kann sich einerseits in einer reduzierten Rhizoidbildung (z. B. *Mnium undulatum*), andrerseits in einer Abnahme der Mg^{2+}-Ionen in den Chloroplasten (z. B. *Orthotrichum lyellii, O. diaphanum* und *Radula complanata*) äußern. In Begasungsversuchen von *Funaria hygrometrica* mit HF wurde beobachtet, daß die Reaktion vom Expositionsfaktor (= Konzentration × Zeit) abhängig ist: Comeau und Le Blanc[27] konnten zeigen, daß ein niedriger Faktor geringen Schaden anrichtet, die F-Akkumulation in den Thalli minimal ist und die Regenerationsrate recht hoch liegt; ein hoher Faktor dagegen bewirkt schwere Schäden, eine hohe F-Konzentration in den Blättchen und eine äußerst geringe Erholung.
Ein Schnelltest mit *Mnium punctatum* existiert für die Auswirkung von Zementstäuben auf lebende Zellen: dabei läßt sich durch eine spezielle Färbemethode der Staubschaden nach 2–5 Stunden direkt beobachten[28].

Landmoose als „Monitor"organismen

(zur Erfassung von Verunreinigungen)

Schadstoffgehalte von Moosen am Standort

Überwiegend wird dazu auf das epiphytische Laubmoos *Hypnum cupressiforme* L. zurückgegriffen, das vor allem an höheren Stammteilen von Laubbäumen anzutreffen ist; in Mitteleuropa ist es bis in 2 000 m Höhe nahezu ubiquitär verbreitet – eine für räumliche Untersuchungen unerläßliche Voraussetzung.
Moose finden auf Grund ihrer eingangs erwähnten Charakteristika überwiegend Verwendung als Akkumulationsindikatoren. Die Eigenschaft epiphytischer Moose, Schwermetalle aufzunehmen, wurde schon früh genutzt, um mit recht geringem Aufwand Karten relativer Schwermetallimmissionen zu entwerfen[29]. Daß dies auch für organische Schadstoffe möglich ist, zeigt eine Arbeit von Thomas und Herrmann[30]: entlang eines NW-SO-Profils durch Mitteleuropa (vgl. Abb. 6) wurden an 37 Meßstellen in *Hypnum cupressiforme* eine Reihe von Schwermetallen (Pb, Cd, Cu, Ni, Cr, Zn) und von organischen Schadstoffen (Benzpyren, Fluoranthen, PCB 60, DDT) bestimmt und in Abhängigkeit von der Landnutzung diskutiert: während z. B. Pb, Cd, Cu, Zn sowie die polyzyklischen aromatischen Kohlenwasserstoffe Fluoranthen, Benzpyren (BaP) oder auch PCB 60 ihre maximalen Konzentrationen in der Nähe industrieller Ballungsgebiete (Holländische Küste, Ruhrgebiet) erreichen und mit der Industriebeschäftigtendichte korrelieren, steigt der Gehalt an DDT in den Gegenden intensivster Landwirtschaft, wie Zentren des Obst- und Gemüsebaus (vgl. Abb. 6).
Entsprechende Untersuchungen gibt es für den Bereich der Bundesrepublik Deutschland[29]. Außer *Hypnum cupressiforme* können auch andere Arten verwendet werden – z. B. verschiedene Species der Gattungen *Sphagnum* und *Hylocomium* sowie *Pleurozium schweberi.* Dabei repräsentieren generell die grünen Teile der Pflanze die Schwermetallbelastung der beiden letzten Jahre, die abgestorbenen braunen Teile die des Zeitraumes vorher.
Der Pb-Gehalt steigt mit zunehmendem Alter an[31]. Außerdem ist ganz allgemein eine Zunahme der Schwermetallgrundbelastung während der letzten 20 Jahre zu verzeichnen, wie vergleichende Untersuchungen von Herbarmaterial gezeigt haben. Vielerorts werden auch in kleinerem Maßstab Moosproben entnommen, so in unterschiedlichen Entfernungen und Windrichtungen von Industrieanlagen o. ä. als potentielle Emittenten: es wurden im Innenstadtbereich von Frankfurt Moosproben – überwiegend der Art *Bryum argenteum* – gesammelt und der nicht abwaschbare Anteil des Schwermetallgehalts bestimmt; es ergab sich eine deutliche Abnahme des Pb- und Cd-Gehalts mit zunehmender Entfernung von der Fahrbahn, sowie eine gute Korrelation zur Dichte des Straßenverkehrs[31].
Eine besondere Bedeutung besitzen die Moose für die Erfassung von Hg-Verunreinigungen, da sie ohne Schädigung größere Mengen akkumulieren können als Höhere Pflanzen[32].
Moose sind demnach generell gute Schwermetallakkumulatoren; hinsichtlich des Ausmaßes der Anreicherung und der Selektivität scheinen jedoch gattungsspezifische Unterschiede – evtl. in Abhängigkeit von der Oberfläche – zu bestehen.
Aus 30 verschiedenen Hochmooren der Bundesrepublik Deutschland wurden jeweils von drei verschiedenen Moosarten die oberen zwei Zentimeter entnommen[31]:
von *Sphagnum magellanicum* Brid.
Sphagnum rubellum Wils.
Polytrichum strictum.
Die beiden Sphagnum-Arten unterschieden sich kaum voneinander: sie zeigten die höchste Pb- und die geringste Cd-Akkumulation; *Polytrichum* zeichnet sich durch besonders hohe Cu-Werte aus.

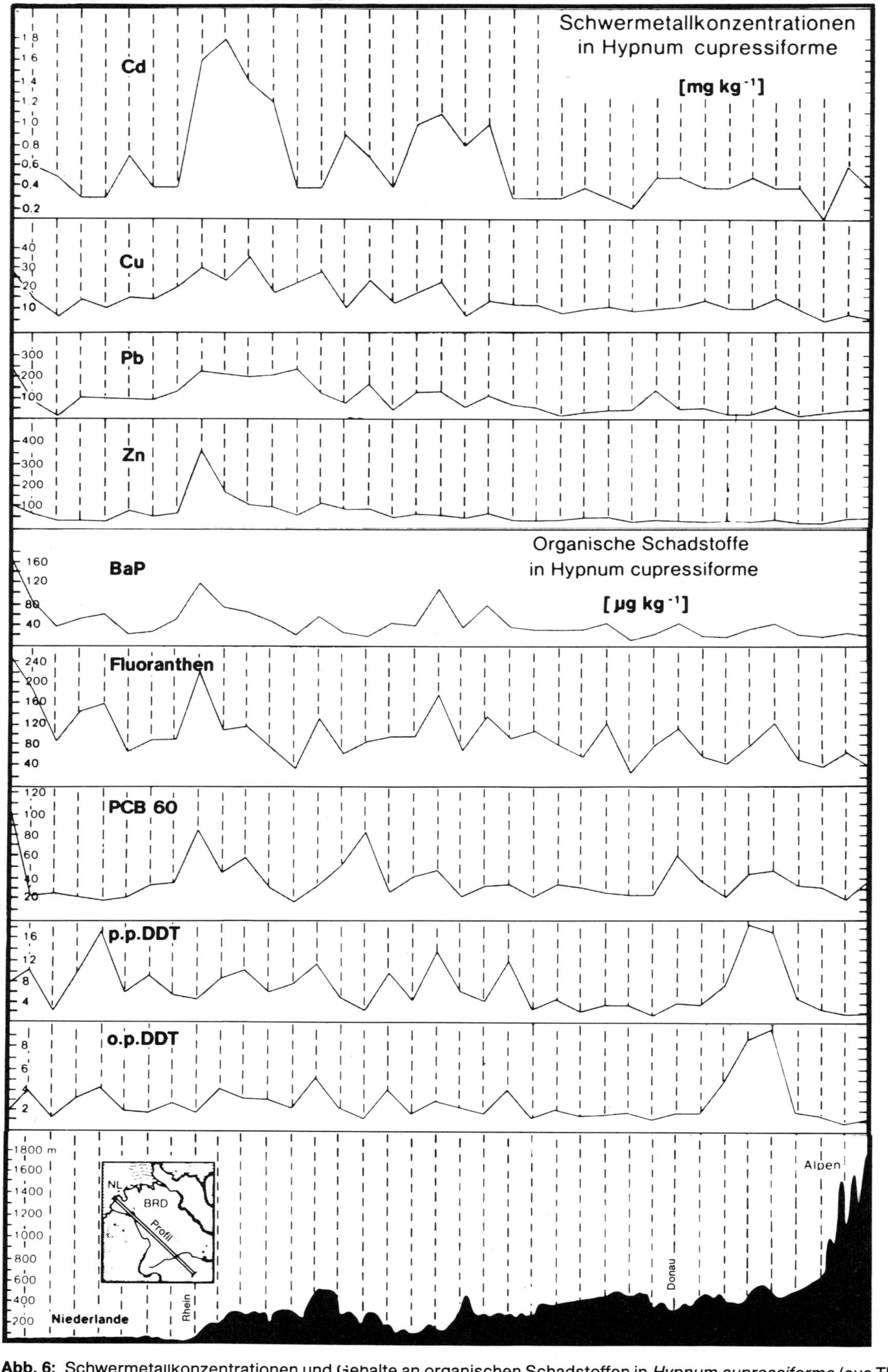

Abb. 6: Schwermetallkonzentrationen und Gehalte an organischen Schadstoffen in *Hypnum cupressiforme* (aus Thomas und Herrmann[30]).

Schadstoffgehalte von Moosexponaten

Unabhängig von der natürlichen Moosflora eines betrachteten Gebietes lassen sich auch Moosexponate als Akkumulationssysteme verwenden: dies gewährleistet einheitliche Bedingungen und ermöglicht die Erfassung von Gebieten ohne natürliche Moosvorkommen. Die Exposition kann auf unterschiedliche Art erfolgen:
a) Transplantation von Moospolstern: Es eignen sich Transplantate von *Hypnum cupressiforme,* um den Schwermetalleintrag innerhalb einer langen Zeitdauer (ca. 6 Wochen) zu umreißen.
b) Exposition in Nylon-Haarnetzen[33]: die Moose werden 2 m über dem Boden frei, d. h. ohne Kontakt zu Blättern oder Ästen aufgehängt, so daß sie nicht durch Abfluß-, Tropf- oder Spritzwasser zusätzlich kontaminiert werden; die Proben müssen von allen Seiten frei zugänglich sein und dürfen nicht zu nahe an Straßenrändern etc. liegen. Für diese Methode eignen sich insbesondere *Hypnum cupressiforme* und *Sphagnum* spec.[33]. Für *Sphagnum* wurde das Verfahren mit Untersuchungen in der Umgebung einer Zn/Pb-Schmelze standardisiert[33]. Die Gattung *Sphagnum* weist eine extrem hohe Akkumulationsrate auf, da sie in trockenem Zustand erhebliche Mengen an Wasser binden kann und dadurch der Ionenaustausch zwischen den gelösten Metallteilen und den Zellwänden gefördert wird. Die günstigste Expositionsdauer variiert von Art zu Art: bei Verwendung von lufttrockenem *Sphagnum squarrosum* ist zur Anreicherung von Pb, Zn und Cd eine Expositionsdauer von 3–4 Wochen optimal; erst dann stimmen die Ergebnisse der Bioindikation gut mit denen anderer Meßverfahren überein[33]. Die Arten *Sphagnum papillosum* und *Sphagnum subsecundum* eignen sich zur Feststellung von Pb-Verunreinigungen; dabei kann die Einwirkungsdauer je nach Höhe der Belastung zwischen ein und vier Wochen schwanken. Ihre Grenzen findet die Exposition von *Sphagnum* bei hohen SO_2- oder HF-Konzentrationen, gegen die sich diese Gattung als höchst sensitiv erwiesen hat[1].
c) Exposition im „Bryo-Meter"[34]: die Moospolster werden in zwei Testkammern eingebracht, wovon eine als Vergleich dienende Kammer mit einem Luftfilter versehen ist. Nach 2–3 Wochen wird der Grad der Luftverunreinigung an den Schäden bzw. Schadstoffgehalten der Exemplare der Meßkammer (immer im Vergleich zu denen der Kontrollkammer) abgeschätzt. Eine zusätzliche Differenzierung läßt sich durch Kombination von verschieden empfindlichen Arten erzielen[1].
Generell wird offensichtlich die Exposition von Moosproben in geringerem Ausmaß praktiziert als dies mit Flechten der Fall ist – für die Entnahme von Proben am Standort dagegen liegt der Schwerpunkt eher bei den Moosen.

Wassermoose

Zeigerarten und -gesellschaften

Bestimmte Moosarten korrelieren mit dem Saprobiengrad (= Gehalt an organisch zersetzungsfähigen Stoffen) von Gewässern und liefern so Hinweise auf deren organische Belastung. Frahm[35] untersuchte die Moosflora im Niederrhein und überprüfte ihren Zeigerwert für die Wasserqualität (vgl. Tab. 8).
Für eine Art, nämlich für *Leptodictyum riparium,* können Richtwerte für die maximale Verträglichkeit einzelner Schadstoffe angegeben werden[1]:

Cl^-	max.	300 mg/l	NH_4^+	max.	5 mg/l
Na^+	max.	200 mg/l	PO_4^{3-}	max.	2 mg/l
$Fe_{ges.}$	max.	5 mg/l	O_3	max.	4 mg/l.

Wassermoose als „Monitor"-organismen

(zur Erfassung von Verunreinigungen)

Bestimmte Wassermoose *(Eurhynchium riparioides, Fontinalis antipyretica)* können in Nylonnetzen im Wasser exponiert werden; es zeigt sich, daß die Schädigung beider Moosarten, gemessen an chemischen Parametern, mit steigender Wasserqualität abnimmt. Allerdings kann die Schädigung keinem bestimmten Schadstoff zugeordnet werden.
Ähnlich wie für Landmoose ist es auch für Wassermoose möglich (z. B. für *Fontinalis antipyretica*), anhand des Schwermetallgehalts die Belastung der Gewässer abzuschätzen[1].

Tab. 8: Indikatormoose für Saprobienstufen (nach Frahm[35]).

Indikatorart	Saprobienstufe*
keine Moose vorhanden	polysaprob
Leptodictyum riparium	α-mesosaprob
Leskea polycarpa	α-mesosaprob mit Tendenz zu β-mesosaprob
Cinclidotus nigricans	
Fissidens crassipes	
F. obtusifolia	β-mesosaprob
F. fontanus	
Tortula latifolia	
Schistidium alpicola	
Fontinalis antipyretica	oligosaprob
Scapania undulata u. a.	

* **polysaprob** = stark verschmutzt, reduzierende Verhältnisse im Wasser, Vorkommen extrem angepaßter Organismen; **β-mesosaprob** = verschmutzt, gut angepaßte Organismen in großer Zahl; **α-mesosaprob** = wenig chemisch verunreinigt, üppige Flora; **oligosaprob** = sauberes Wasser.

Höhere Pflanzen als Schadstoffindikatoren

Höhere Pflanzen finden kaum als Zeigerarten Verwendung und nur in geringem Ausmaß als Testorganismen. Sie dienen überwiegend als Indikatoren zur Erfassung von Luftverunreinigungen, wobei mehr als im Bereich der Niederen Pflanzen zwischen Wirkungs- und Akkumulationsindikatoren unterschieden wird (was nicht ausschließt, daß manche Pflanzen beide Qualitäten besitzen).

Höhere Pflanzen als Testorganismen

Von den wenigen mit Höheren Pflanzen ausgearbeiteten Testsystemen seien drei erwähnt[1]:
a) der Nachweis von Pb mit *Lactuca sativa,* der auf der Bildung eines roten Niederschlags von Rhodizonsäure mit Pb bei pH 2,8 beruht,
b) die Prüfung von Abwässern auf ihre Eignung zur Beregnung an Hand der Keimung von *Sinapis alba*-Samen, und
c) der „Kressetest": Gartenkresse *(Lepidium sativum)* reagiert auf verschiedene phytotoxische Substanzen mit einer – allerdings recht unspezifischen – Wachstumsänderung. Beispielsweise läßt sich eine unterschiedliche Schwermetallkontamination von Böden über einen Vergleich des Kressewachstums abschätzen: Garber[36] konnte zeigen, daß mit zunehmender Annäherung an einen Emittenten der Schwermetallgehalt des Bodens ansteigt und parallel dazu das Kressewachstum reduziert wird. Werden die Pflänzchen in Einheitserde exponiert,

kann über die Ertragsbestimmung auf den Schwermetallgehalt des Luftstaubs rückgeschlossen werden. In Städten wird z. T. die allgemeine Luftverunreinigung anhand von Kressesamen erfaßt, die auf erhöhte Schadstoffkonzentrationen mit abnehmender Keimungsrate und geringerer Wurzellänge reagieren.

Höhere Pflanzen als „Monitor"organismen

(zur Erfassung von Verunreinigungen)

Die folgende Tabelle 9 zeigt eine Zusammenstellung verschiedener als Schadstoffindikatoren verwendeter Höherer Pflanzen, von denen auf einige beispielhaft näher eingegangen werden soll.

Tab. 9: Höhere Pflanzen als Wirkungs- (= W) und Akkumulationsindikatoren (= A). Nach v. Bühnau et al.[1], Steubing und Kirschbaum[37].

Indikation von:	Indikatorart	A	W
„verunreinigte Luft" (allg.)	*Pinus taeda*		x
	Plantago lanceolata		x
	Trifolium pratense, T. repens		x
Staub	*Lepidium sativum*		x
SO_2	*Lolium multiflorum*	x	
	Fagopyrum esculentum		x
	Gossypium hirsutum		x
	Lepidium sativum		x
	Medicago sativa		x
	Brassica oleracea acephala	x	
	Phaseolus vulgaris		x
	versch. Arten von Koniferen	x	x
	Tilia, Betula, Ulmus, Alnus, Fraxinus u. andere Laubbäume	x	
H_2S	*Pseudotsuga menziesii*		x
Fluorverbindungen	*Begonia* spec.		x
	Crocosmia aurea		x
	Freesia refracta		x
	Gladiolus communis	x	x
	Iris germanica		x
	Trifolium incarnatum		x
	Vitis vinifera		x
	Brassica oleracea	x	
	Dactylis glomerata		x
	Hordeum distichum	x	
	Lolium spec.	x	
	Phleum pratense	x	
	Koniferen	x	x
Chlorverbindungen	*Lactuca sativa*		x
	Sambucus nigra		x
	Syringia vulgaris		x
	Tulipa gesneriana		x
	Spinacia oleracea		x
$NO_x(NO+NO_2)$	*Petunia* spec.		x
	Trifolium incarnatum		x
$PAN + O_3$	*Nicotiana tabacum*		x
	Petunia spec.		x
	Phaseolus vulgaris		x
	Urtica urens		x
	Solanum lycopersicum		x
	Poa annua		x
Schwermetalle	*Festuca* spec.	x	
	Lolium spec. (Pb, Zn)	x	
	Lepidium sativum		x
	Phaseolus vulgaris		x
	Vicia faba (Cd, Cu, Pb)	x	
	Sambucus nigra (Cd, Pb, Zn)	x	
	Robinia pseudacacia	x	
	Laubbäume (*Acer, Fagus, Betula:* Pb)	x	
	Koniferen	x	
Kohlenwasserstoffe	*Petunia* spec.		x
	Brassica oleracea	x	

Wirkungsindikatoren

Zur Indikation photochemischer Verunreinigungen dienen häufig Buschbohnen *(Phaseolus vulgaris)*, die besonders problemlos zu handhaben sind: sie wachsen schnell, benötigen wenig Wasser und vertragen volles Sonnenlicht. Schadbilder und schädliche Konzentrationen variieren je nach Art der Verunreinigung (vgl. Tab. 10).

Ein anderer gängiger Indikator für photochemische Reaktionsprodukte mit oxidierender Wirkung ist Tabak *(Nicotiana tabacum)* – speziell die Sorte Bel W 3. Tabak eignet sich besonders auf Grund seiner hohen Empfindlichkeit, der kontinuierlichen Blattbildung während der gesamten Vegetationsperiode, der eindeutigen Reaktion auf Oxidantien mit einfach identifizierbaren Symptomen und der unterschiedlichen Empfindlichkeit der Blätter je nach Alter, d. h. neue Schäden können von alten getrennt werden.

Gerade der letzte Punkt macht jedoch eine strenge Standardisierung des Verfahrens nötig: die Pflanzen werden im Gewächshaus bis zum 6-Blatt-Stadium angezogen und dann in Gefäßen im Untersuchungsgebiet exponiert. Erste Symptome erscheinen auf der Blattoberfläche als Schädigung des Palisadenparenchyms, die als punktförmige, pergamentartige Interkostalnekrosen sichtbar werden (vgl. Farbabb. 7, S. 245). Bonitiert wird in der Regel der nekrotisierte Anteil jedes Blattes, der in Abstufungen von 5 % zur Summe der Schäden pro Einzelpflanze zusammengefaßt wird. Bei der Auswertung muß allerdings beachtet werden, daß meteorologische Faktoren wie Lichtverhältnisse, Temperatur und relative Luftfeuchte auf die Ausbildung der Schäden Einfluß nehmen können – beschattete Pflanzen zeigen eine höhere Empfindlichkeit als besonnte.

Tabak Bel W 3 wird häufig in Ballungsräumen zur Überwachung der Luftqualität eingesetzt[37,38]: neuere Untersuchungen aus der Region Untermain haben ergeben, daß die Tabakblätter akute Schäden aufwiesen (sie reagieren bereits auf O_3-Konzentrationen von 0,04-0,05 µl/l) und daß die Blätter in stadtfernen Gebieten stärker nekrotisiert waren als im Citybereich (Abb. 7). Dieses Ergebnis entspricht theoretischen Berechnungen, die ein Ozonmaximum in 18–28 km Entfernung ermittelt haben, d. h. der „Photosmog" wird erst in einer bestimmten Entfernung vom Emittenten der Auslösergase wirksam.

Zusätzlich wirken sich Oxidantien auf die relative Blattgröße von Tabak und auf den Stärkegehalt der Blätter aus[38].

Die Anwendung von Petunien (*Petunia* spec.) zum Ziel der Bioindikation ist im Gegensatz zum Tabak kaum standardisiert. Es werden eine Reihe verschiedener Arten *(P. hybrida, P. nyctaginiflora, P. multiflorum)* und Sorten (Snowstorm, Pink Cascade, White Joy, Red Magic) verwendet. Photochemische Verunreinigungen verursachen schon in geringsten Konzentrationen deutlich sichtbare Schäden – die Symptome variieren mit der Zusammensetzung der Schadgase. Petunien eignen sich daher gut zur Eingrenzung der Art der schädigenden

Tab. 10: *Phaseolus vulgaris* als Indikator für O_3 und PAN (nach v. Bünau et al.[1]).

	Ozon	Peroxyacetylnitrat (PAN)
Schadbild	helle, gelbgrüne, nekrotische Flecken auf Blattoberseite, evtl. rotbraun pigmentiert	silbrig metallischer Glanz (Schrägbänder) auf Blattunterseite (v. a. junge Blätter)
wirksame Konzentration	mind. 0,13 mg/m³ oder durchschnittl. wöchentl. Konz. > 0,1 mg/m³	0,02–0,05 mg/m³
Bonitierung	Einteilung in 5 Schadensstufen (vereinheitlicht durch Referenzfotografie)	prozentualer Anteil der geschädigten Blattfläche
spezielle Sorte	–	„Provider" (PAN-sensitiv, ozonresistent)

Tab. 11: Symptome verschiedener Luft-Verunreinigungen an Petunien (nach v. Bünau et al.[1]).

Art der Verunreinigung	Symptom
O_3	Blattunterseite silbrig glänzend, Blattoberfläche mit nekrotisch eingesunkenen Flecken
NO/NO_2	teils dunkelgrüne Verfärbungen, teils Chlorosen
NO_x/Propylen (UV-bestrahlt)	Erschlaffung einzelner Gewebezonen am Blattrand, unregelmäßige, silbrig glänzende rotbraune Flecken, Chlorophyllabbau
Ethylen	reduziertes Blattwachstum, Epinastie
UV-bestrahltes Gemisch aus: Aldehyden NO_2 + Kohlenwasserstoffen, Autoabgasen, PAN, O_3 + Olefinen	Blattoberseite: wasserdurchtränkte Zonen, nekrotische Bänder; Blattunterseite: glasig trüb

Immission, aber weniger zur quantitativen Erfassung[1] (vgl. Tab. 11).
Speziell den vermehrten Blütenabfall der Petunien versucht man zur Bioindikation zu verwerten; so verändert sich das Verhältnis „vorhandene Blüten/abgefallene Blüten" mit der Entfernung der Pflanzen vom Fahrbahnrand (vgl. Abb. 8), was u. a. auf Ethylenwirkung zurückgeführt wird[38].
Die Einwirkung von Luftverunreinigungen, vor allem SO_2, kann an Coniferen mit Hilfe der Bonitierung äußerer Merkmale sowie an Hand von biochemischen Parametern festgestellt werden. Nadeln in belasteten Gebieten unterscheiden sich in ihrer Färbung deutlich von denen eines unbelasteten Gebietes; die Prüfung der Nadelfarbe erfolgt im Spätsommer an zweijährigen Nadeln nach einem genormten Pflanzenfarbenatlas; sie bezieht sich auf Farbton, Sättigung und Dunkelstufe der Nadeln – stellt allerdings nur ein unspezifisches Merkmal dar. Eine stärkere Schädigung drückt sich in der Entstehung nekrotischer, hellbraun bis rotbraun gefärbter Flecken aus. Rückschlüsse auf die SO_2-Belastung erlaubt auch die Leitfähigkeit der wässrigen Extrakte von Fichtenborken; das adsorbierte SO_2 wird gelöst und oxidiert und erhöht als Sulfit und Sulfat die elektrische Leitfähigkeit. Spezifischer wird die Bestimmung, wenn die Sulfatleitfähigkeit durch eine Fällungsreaktion getrennt erfaßt wird – die Differenz, d. h. die Nicht-Sulfat-Leitfähigkeit, erlaubt dann eine grobe Abschätzung des Staubanteils der Immissionen[39]. Nach bisherigen Beobachtungen eignen sich die Borkenwerte (v. a. Fichtenborke) gut zur Kartierung der Luftgüte – die Werte stimmen mit denen anderer Methoden überein (z. B. mit Luftanalysen, Staubmessungen, Flechtenkartierungen etc.), wie Messungen in verschiedenen Entfernungen von einem Emittenten zeigen (Tab. 12).

Tab. 12: Zusammenhang zwischen SO_2-Konzentration der Luft und der elektrischen Leitfähigkeit der Borke (nach Härtel und Grill[40]).

Entfernung (km) von Emittenten	SO_2-Konzentration der Luft (mg/m³)	elektr. Leitfähigkeit der Borke (µS)
2,4	0,025	435
1,7	0,045	555
1,0	0,055	590
0,7	0,060	1 960
0,6	0,090	2 850

Es kommen auch eine Reihe von pflanzenphysiologischen Parametern zur Immissionsabschätzung in Betracht: in erster Linie ist dies die Aktivität der Peroxidase, mit deren Hilfe z. B. Fluorschäden an Waldbäumen nachgewiesen werden konnten[41]; die Aktivität steigt bei gasförmiger Belastung (SO_2, F_2, Autoabgase) an. Die Methode ist äußerst empfindlich, allerdings nicht schadstoffspezifisch.
Gladiolen *(Gladiolus communis)* sind anerkannt als Bioindikatoren für atmosphärisches Fluor. Sie dienen gleichermaßen als Wirkungs- und Akkumulationsindikatoren – die Diagnose ist an Hand von charakteristischen Schadbildern oder über die Bestimmung des F-Gehaltes im Blattgewebe möglich: Die Blattschäden entstehen als grau-weißliche Chlorosen, die sich ausgehend von den Blattspitzen und -rändern interkostal ausdehnen, im Extremfall nekrotisch rotbraun werden und absterben. (Farbabb. 8, S. 246) zeigt am Beispiel von Buchen- und Apfelblättern die typischen Schadsymptome. Der geschädigte Bereich bleibt vom ungeschädigten stets scharf getrennt. Im fortgeschrittenen Stadium tritt Hyponastie auf. Am besten ausgebildet sind die Schadsymptome stets an den mittelalten Blättern.
Zur Wirkungsindikation werden die Schädigungen der fluorsensitiven Gladiolensorte „Snow Princess" bonitiert – häufig in Kombination mit einem resistenteren Akkumulationsindikator (die Sorten „Tequendana" oder „Masoev").

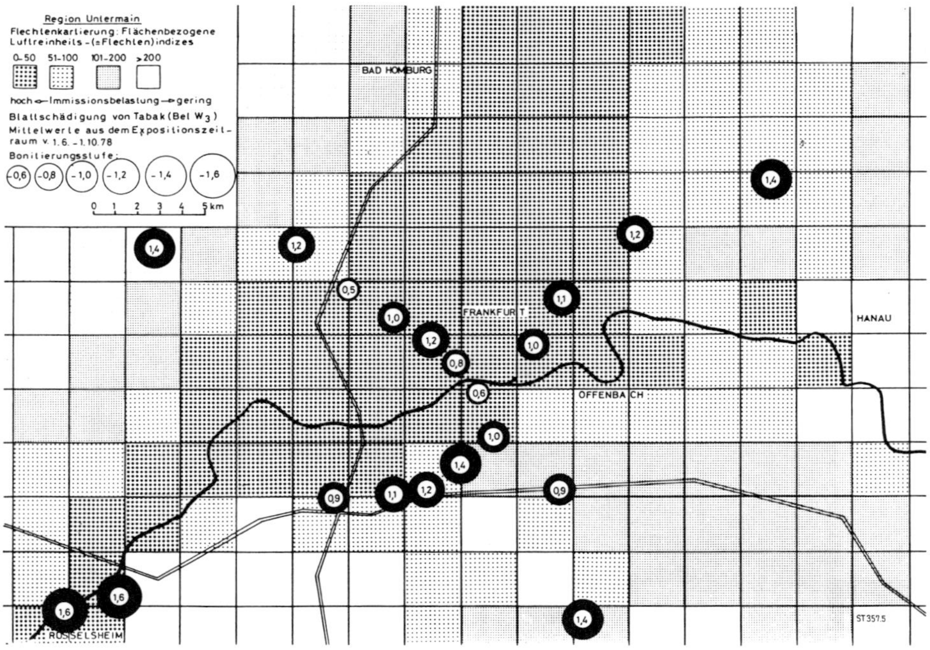

Abb. 7: Blattschädigungen von Tabak in der Region Untermain (aus Steubing und Kirschbaum[37]).

Die Pflanzen werden in unbelasteter Atmosphäre angezogen und dann 6–16 Wochen im Untersuchungsraum exponiert. Als Maß für die Schädigung dient der prozentuale Anteil der veränderten Blattfläche. In einem bestimmten Bereich (vgl. Tab. 13) läßt sich das Ausmaß der Fluorimmission über die Einwirkungszeit bis zum Auftreten der typischen Schadbilder abschätzen.

Abb. 8: Abhängigkeit des Verhältnisses „vorhandene/abgefallene Blüten" bei Petunien von der Entfernung zum Fahrbahnrand (aus Rudolph[38]).

Tab. 13: Einfluß der Fluorkonzentration auf das Auftreten von Schäden an Gladiolen.

Schaden nach	Fluorkonzentration in der Luft ($\mu g/m^3$)
5 Wochen	0,1
einigen Tagen	1–2
24 Std.	>10

Mit dem Schädigungsgrad der Blätter korreliert der F-Gehalt der Blattspitzen linear: sowohl das Ausmaß der äußeren Symptome als auch der F-Gehalt nehmen mit steigender F-Belastung zu – das Verfahren ermöglicht demnach quantitative Aussagen.

Akkumulationsindikatoren

Bevorzugt werden Laub- und Nadelbäume als Akkumulationsindikatoren verwendet, wobei folgende Eigenschaften zur Erfassung der Schadstoffe herangezogen werden[1]:

- Anreicherung in den Blättern,
- Anreicherung in Zweigen und im Stamm,
- Anreicherung in der Borke.

Tab. 14: Laubbäume als Indikatoren für bestimmte Schadstoffe (nach v. Bünau et al.[1]).

Baumart	Schadstoff
Fraxinus spec.	SO_2
Salix nigra	SO_2
Ulmus spec.	SO_2
Acer platanoides	Pb
Fagus silvatica	Pb
Alnus serulata	SO_2
Betula spec.	SO_2/Pb
Carpinus betulus	Pb
Robinia pseudacacia	Schwermetalle

Speziell bei Koniferen kommt hinzu, daß ihre Nadeln perennieren; damit sind sie auch im Winter der Umweltbelastung ausgesetzt und können einmal aufgenommene Schadstoffe nicht durch den jährlichen Laubwechsel abgeben und damit von der Verlagerung in andere Organe ausschließen. Über

rückstandsanalytische Bestimmung kann die Immission von SO_2 (als Indiz für die allgemeine Grundbelastung), Fluor, Schwermetallen und Kohlenwasserstoffen erfaßt werden.
Für die Empfindlichkeit gilt, daß Laubbäume im allgemeinen gegenüber Luftverunreinigungen widerstandsfähiger sind als Nadelbäume und daher in unseren Städten noch weiter verbreitet vorkommen. Die Blätter verschiedener Gattungen eignen sich jeweils zur Ermittlung bestimmter Schadstoffe (Tab. 14).
In verschiedenen Bundesländern wurden Bioindikatornetze zur Überwachung der Luftqualität eingerichtet – in Bayern z. B. mit Fichten[38]. Von diesen Bäumen werden einmal im Jahr Nadelproben entnommen und auf ihren Gehalt an S und F untersucht; als Beispiel seien die Verhältnisse im Belastungsgebiet Ingolstadt/Kelheim dargestellt (Farbabb. 9, S. 246): der teilweise stark erhöhte Schwefelgehalt der Fichtennadeln ist auf die ortsansässige Industrie (Raffinerien!) zurückzuführen, wenn auch eine Zuordnung einzelner Belastungsschwerpunkte zu bestimmten Emittenten infolge der hohen Dichte schwierig ist. Die Struktur der Belastungskurven macht weiter deutlich, daß im Jahresmittel überwiegend W-, SW- und NO-Winde auftreten – ein Faktor, der neben geographischen Gegebenheiten vor allem für Emissionen aus großen Quellhöhen (hohe Kamine!) von Bedeutung ist. Insgesamt sind immerhin > 50 % des Gebietes durch SO_2 belastet (Tab. 15).
Die neben den S-Analysen durchgeführten F-Bestimmungen machen ebenfalls einen unmittelbaren Zusammenhang mit verschiedenen Emittenten deutlich: ein erhöhter F-Gehalt wurde z. B. im Bereich von Ziegeleien etc. festgestellt[38] (Farbabb. 10, S. 246).
Gerade zur Abschätzung des SO_2-Gehalts der Luft wird oft auch das Adsorptionsvermögen der Borke genutzt: neben der elektrischen Leitfähigkeit des wäßrigen Borkenextraktes stehen auch der S-Gehalt und der pH-Wert mit der SO_2-Konzentration der Luft in enger Korrelation[43] (Tab. 16).
Äußerst umfangreiche Untersuchungen liegen zum Schwermetallgehalt von Koniferen vor, der eindeutig von der Entfernung zum Emittenten abhängig ist. Z. B. korreliert der Bleigehalt von Fichtennadeln mit dem Abstand vom Fahrbahnrand[38] (Abb. 9) bzw. mit der Verkehrsdichte[44] (Tab. 17).
Eine besondere Bedeutung kommt der Spurenanalyse in Jahrringen von Bäumen zu, da diese über die Entwicklung der Belastungen in den letzten Jahrzehnten Aufschluß geben kann. Herrmann et al.[45] untersuchten Jahrringe von *Quercus sessiliflora* Sal. auf ihren Gehalt an Cu, Mn, Pb und Zn: es zeigte sich, daß immer in den Jahren des wirtschaftlichen Aufschwungs (Gründerzeit, Zeit nach dem 2. Weltkrieg) die Spurenelemente in höheren Konzentrationen vorlagen. Analog spiegeln die Jahrringe von Eichen am Autobahnrand die Pb-Immissionen wider: es herrschte zunächst eine steigende Tendenz, die unmittelbar mit den zunehmenden Verkehrszahlen in Verbindung zu bringen war.

Tab. 15: Flächenanteile unterschiedlicher S-Anreicherung in Fichtennadeln (aus Rudolph[38]).

µg S/g Trockensubstanz der Nadeln		Flächenanteil (km^2)
< 1 550 = unbelastet		440
1 550–1 700	belastet	310
1 700–1 850	belastet	210
1 850–2 000	belastet	140
> 2 000	belastet	30

Tab. 16: Zusammenhang zwischen dem SO_2-Gehalt der Luft und dem S-Gehalt von Baumborken (nach Köhm[43]).

SO_2-Gehalt der Luft (mg/m^3)	S-Gehalt der Baumborke ($\mu g/cm^3$)
0,12	200
0,10–0,11	150–200
0,09–0,10	100–150
0,9	100

Tab. 17: Zusammenhang zwischen dem Pb-Gehalt in Fichtennadeln und der Verkehrsdichte (aus Steubing[44]).

Pb-Gehalt der Fichtennadeln (µg/g Trockensubstanz)	Anzahl der Kfz/Stunde
0	0
10–20	bis 500
20–30	1 000
80–100	1 500
100–200	2 000

Nach 1972, d. h. nach dem Inkrafttreten des 1. Benzin-Blei-Gesetzes, war dies nicht mehr der Fall[46].
Abschließend seien noch zwei Akkumulations-Indikatoren erwähnt, die sich für eine Exposition eignen:
Arten der Gattung *Lolium (L. multiflorum, L. perenne)* reichern sowohl Fluor[44] als auch Schwermetalle (v. a. Pb, Cd und Zn[21]) an; dies wird zur Erfassung von räumlichen und zeitlichen Schwankungen der Immissionen genutzt, indem standardisierte Graskulturen zwei Wochen lang exponiert werden. Die Methode liefert recht gute, repräsentative Ergebnisse mit relativ geringen Standardabweichungen vom Mittelwert[47].

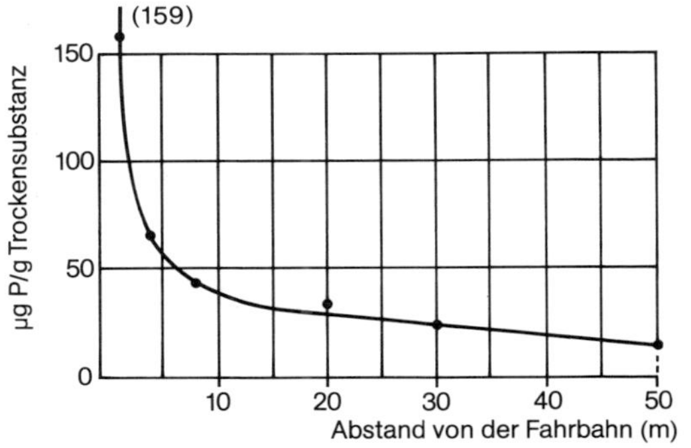

Abb. 9: Abhängigkeit des Pb-Gehalts in Fichtennadeln von der Entfernung zur Fahrbahn (aus Rudolph[38]).

Außer F-, SO_2- und Pb-haltigen Komponenten werden von Grünkohlblättern *(Brassica oleracea acephala)* auch Cl-Verbindungen und polyzyklische Aromaten, darunter Benzpyren, angereichert[48]. Letztere werden von der Wachsschicht auf der Blattoberfläche adsorbiert und gegen Oxidation geschützt.

Literatur

[1] v. Bünau, H., Bruhn, A., Arndt, U. (1979): Bioindikation zur Beurteilung von Schadstoffbelastungen der Umwelt. Umweltforschungsplan des Bundesministers des Inneren.

[2] Umweltgutachten 1978 des Rates von Sachverständigen für Umweltfragen. Bundesministerium des Inneren (ed.), Heger, H., Bonn.

[3] Körner, H. (1977): Wasser und Boden **12,** 332–337.

[4] Phillips, D. H. J. (1980): In: Quantitative aquatic biological indicators, pp. 377–411, Mellanby, K. (ed.), Applied Science Publishers Ltd., London.

[5] Trollope, D. R., Evans, B. (1976): Environm. Poll. **11,** 109–116.

[6] Phillips, D. H. J. (1977): Environm. Poll. **13,** 281–317.

[7] Bryan, G. W., Hummerstone, L. G. (1973): J. Mar. Biol. Ass. UK **53,** 705–720.

[8] Eide, I., Myklestad, S. (1980): Environm. Poll. **23,** 19–28.

[9] Jennett, J. C., Bolter, E., Gale, N., Tranter, W., Hardie, M. (1974): In: Internat. Symp. on minerals and the environment. Institution of Mining and Metallurgy, London.

[10] Bartnik, E. (1976): Staub-Reinh. d. Luft **36,** 168–173.

[11] Jürging, P. (1975): Epiphytische Flechten als Bioindikatoren der Luftverunreinigung. Bibliotheca Lichenologica, Bd. 4.

[12] Ferry, B. W., Baddeley, M. S., Hawksworth, D. L. (eds.) (1973): Air pollution and lichens. The Athlone Press of the University of London.

[13] Steubing, L. (1978): In: Natur- und Umweltschutz in der BR Deutschland, pp. 710–718, Olschowy, G. (ed.) Verlag Paul Parey, Hamburg und Berlin.

[14] Doll, R., Ziebold, A. (1976): Biol. Rundschau **14,** 78–94.

[15] Hawksworth, D. L., Rose, L. (1970): Nature **227,** 145–148.

[16] Seitz, W. (1972): Ber. Dtsch. Bot. Ges. **85** (5/6), 239–247.

[17] Perkins, D. F., Millar, R. O., Neep, P. E. (1980): Environm. Poll. **21,** 155–168.

[18] Noeske, O., Lächli, A., Lange, O. L., Vieweg, G. H., Ziegler, H. (1970): Vort. Bot. Ges. (Dtsch. Bot. Ges.) N. F. **4,** 67–79.

[19] Pilegaard, K. (1978): Environm. Poll. **17,** 81–92.

[20] Schönbeck, H. (1969): Staub – Reinh. d. Luft **29,** 14–18.

[21] Prinz, B., Scholl, G. (1975): Erhebungen über die Aufnahme und Wirkung gas- und partikelförmiger Luftverunreinigungen im Rahmen eines Wirkungskatasters. Schriftenreihe der Landesanstalt für Immissions- und Bodennutzungsschutz des Landes Nordrhein-Westfalen in Essen **36,** 62–86.

[22] Kirschbaum, U., Klee, R., Steubing, L. (1971): Staub – Reinh. d. Luft **31,** 21–24.

[23] Steubing, L., Kirschbaum, U., Gwinner, M. (1976): Angew. Bot. **50,** 169–185.

[24] Lötschert, W., Köhm, H. J. (1978): Oecologia **31,** 121–132.

[25] Wittenberger, G. (1975): Natur & Landschaft **50,** 143–145.

[26] Gilbert, O. L. (1970): New Phytologist **69,** 605–627, 629–634.

[27] Comeau, G., Le Blanc, F. (1972): Can. J. Bot. **50,** 847–856.

[28] Czaja, A. Th. (1966): Angew. Bot. **40,** 106–115.

[29] Herrmann, R. (1976): Erdkunde **30,** 241–253.

[30] Thomas, W., Herrmann, R. (1980): Staub – Reinh. d. Luft **40,** 440–444.

[31] Lötschert, W., Wandtner, R. (1982): Ber. Dtsch. Bot. Ges. **95,** 341–351.

[32] Modano, M., Smith, W. H. (1974): Enivronm. Conservation **1** 201–203.

[33] Little, P., Martin, H. (1974): Environm. Poll. **6,** 1–19.

[34] Taoda, H. (1972): Jap. J. Ecol. **22,** 125–133.

[35] Frahm, J.-P. (1974): Gewässer und Abwässer **53/54,** 91–106.

[36] Garber, K. (1974): Staub – Reinh. d. Luft **34,** 1–7.

[37] Steubing, L., Kirschbaum, U. (1982): Staub – Reinh. d. Luft **42,** 273–280.

[38] Rudolph, E. (1978): Schriftenreihe Naturschutz und Landschaftspflege des Bayerischen Landesamtes für Umweltschutz, **9,** 7–44.

[39] Härtel, O. (1977): Umschau **77,** 308–309.

[40] Härtel, O., Grill, D. (1972): Europ. J. Forest Pathol. **2,** 205–215.

[41] Keller, Th., Schwager, H. (1979): Europ. J. Forest Pathol. **1,** 6–18.

[42] Van Haut, H., Stratmann, H. (1970): Farbtafelatlas über Schwefeldioxid-Wirkungen an Pflanzen. Landesanstalt für Immissions- und Bodennutzungsschutz des Landes Nordrhein-Westfalen in Essen (ed.) Verlag W. Giradet, Essen.

[43] Köhm, H. J. (1976): Indikatoreigenschaften der Baumborke (Dissertationes Botanicae). Cramer, J. (ed.) Verlag A. R. Gantner KG, Vaduz.

[44] Steubing, L. (1976): Landschaft und Stadt **3,** 97–103.

[45] Herrmann, R., Neuland, H., Buss, G. (1978): Staub – Reinh. d. Luft **38,** 366–369.

[46] Wickern, M., Breckle, S.-W. (1982): Blei in Eichenholz vom Autobahnrand. Kurzfassung der Vorträge und Poster der Jubiläumstagung der Deutschen Botanischen Gesellschaft in Freiburg.

[47] Scholl, G. (1971): Landwirtschaftliche Forschung **26,** 29–35.

[48] Van Haut, H. (1972): Staub – Reinh. d. Luft **32,** 109–111.

Zusammenfassende Darstellungen

Fellenberg, G.: Umweltforschung – Einführung in die Probleme der Umweltverschmutzung. Springer-Verlag, Berlin-Heidelberg-New York, 1977.

Ferry, B. W., Baddeley, M. S. und D. L. Hawksworth: Air pollution and lichens. The Athlone Press, London, 1973.

Odzuck, W.: Umweltbelastungen. Ulmer-Verlag, Stuttgart, 1982.

Phillips, D. J. K.: Quantitative aquatic biological indicators. Applied Science Publishers, London, 1980.

Steubing, L., Schwantes, H. O.: Ökologische Botanik. Quelle & Meyer, Heidelberg, 1981.

Schadstoffe aus der Luft

E. F. Elstner und S. Hippeli, Lehrstuhl für Phytopathologie der TU München (Weihenstephan)

Einleitung

Die ersten Beschreibungen von Luftverschmutzungen und ihren Schadwirkungen auf Pflanzen reichen bis zur Mitte des vorigen Jahrhunderts zurück. Um die Jahrhundertwende wurde auch in der Neuen Welt, wie schon Jahrzehnte zuvor in Sachsen (Erzgebirge), die Bildung von Kahlflächen in der Nähe von Röstöfen für Erze (CuS) beschrieben, wobei die Verminderung des Baumbestandes auf Abholzen für Brennzwecke (Rösten) und auf starke Schwefeloxidemissionen zurückzuführen war. Heute wird in unmittelbarer Emissionsnähe kaum noch ein direkter Schaden an Tieren und Pflanzen gemessen, da die Höhe der Kamine eine Konzentration am Emissionsort verhindert. Schäden anderer Gase als Schwefeloxide sind erst seit ca. 1940 bekannt geworden, obgleich ebenfalls schon um die Jahrhundertwende Symptome von HF-Belastungen beschrieben wurden. HF als akkumulierendes Gift wurde lange Zeit als diagnostisches Hilfsmittel zur Bestimmung von Verschmutzungsausmaßen (z. B. bei der Analyse von Viehfutter) verwendet.

Direkte Großschäden an Pflanzen sind aus der Gegend um Los Angeles in Südkalifornien seit ca. 1950 bekannt, wo wie heute in zahlreichen Metropolen mit starker Lichteinstrahlung der „Photochemische Smog“ besonders aggressiv gegenüber Pflanzen wirkt. Im folgenden soll versucht werden, die chemischen und biochemischen Grundlagen der Toxizität der wichtigsten Luftverschmutzungen aufzuzeigen, wobei die Mechanismen der Primärreaktionen gegenüber Nachfolgereaktionen hervorgehoben werden.

Pflanzentoxische Luftverunreinigungen

Grundsätzlich könnte man die Luftverunreinigungen in anorganische und organische Komponenten unterteilen. Wegen der komplizierten Verknüpfung z. B. von Ozon, NO_2 und zahlreicher organischer Verbindungen im photochemischen Smog ist diese Aufteilung wenig sinnvoll. Auch eine Unterteilung der gasförmigen Pflanzenschadstoffe in a) oxidierende Verbindungen, b) reduzierende Verbindungen, c) Säuren und d) Phytoeffektoren ist kaum nützlicher, da sich die Primäreffekte auf die pflanzliche Zelle (unabhängig von den elementaren chemischen Eigenschaften) vielfach überschneiden.

Es wäre bestenfalls eine Einteilung in 1) anthropogene (von unserer Zivilisation und/oder Industriewelt erzeugte) und 2) naturbedingte Schadstoffe (aus Vulkanausbrüchen oder biogenen Ursprüngen) vertretbar, da (praxisbezogen) der Mensch auf die unter 2) gemeinten Singulärgeschehen und Kreisläufe kaum Einfluß nehmen kann, für die unter 1) zusammengefaßten Schadstoffe dagegen alleinverantwortlich und für ihre Beseitigung zuständig ist.

Die wichtigsten pflanzentoxischen Schadstoffe in der Luft

Die wichtigsten pflanzentoxischen Schadstoffe in der Luft sind SO_2 (Schwefeldioxid), O_3 (Ozon), HF (Fluorwasserstoff), NO_2, NO (Stickstoffoxide), PAN (Peroxyacetylnitrat), C_2H_4 (Ethylen) und Stäube.

Diese Komponenten der Luftverschmutzung zeigen mehr oder weniger typische Symptome ihrer Toxizität in Pflanzen, die man wiederum in Frühsymptome und Spätsymptome unterteilen kann. Grundsätzlich läßt sich verallgemeinern, daß
1) SO_2, HF, NO_2 und PAN als wichtigste Komponenten der zivilisationsbedingten Luftverschmutzung charakteristische Primärsymptome zeigen,
2) Stäube als zivilisationsbedingte und natürliche Luftverschmutzungen (Zementwerke, „Wüstenwind“) im wesentlichen über Sekundärwirkungen die Pflanzen schädigen und
3) Ethylen und komplexe organische Verbindungen („Allelopathie“) anthropogener und natürlicher Genese über längerfristige Reaktionen (Wachstumshemmungen, Seneszenz) in die pflanzliche Entwicklung und in Ökosysteme eingreifen.

Dabei soll hier jedoch schon betont werden, daß über kumulative Effekte die Primärsymptome verschleiert und Spätwirkungen (z. B. von Substanzen der Kategorie 1) möglich sind.

Das Ethylen nimmt unter den Luftverschmutzungen insofern eine Sonderstellung ein, als es nicht nur ein Bestandteil der Verbrennungsgase organischer Brennstoffe darstellt, sondern auch ein von Pflanzen selbst (nach Verwundung oder in reifenden Früchten) erzeugtes „Phytohormon“ ist. Es wurde bereits kurz nach der Jahrhundertwende im Leuchtgas festgestellt, wo es entlang undichter Leuchtgasleitungen (Alleen!) zu Entlaubungen führte. Heute ist das Ethylen, nachdem sowohl das Stadtgas als auch das Ferngas praktisch ethylenfrei sind, nur noch in innerstädtischen Bereichen von untergeordneter Bedeutung, trägt jedoch zur Bildung des photochemischen Smogs mit bei (vgl. S. 80).

Andere Komponenten der Luftverschmutzung sind verblasene Pestizide, Chlorgas, freie oder derivatisierte Schwermetalle, saure Aerosole, NH_3, Aldehyde, HCl, H_2S, radioaktive Stoffe und CO.

Das Kohlenmonoxid, welches für Tiere und Menschen wesentlich schädlicher ist als für Pflanzen, wird von Höheren Pflanzen und Algen zum CO_2 oxidiert oder in Serin eingebaut und spielt als „Lufttoxin“ für Pflanzen keine Rolle. Das Kohlendioxid dessen Konzentration in den letzten Jahren in der Atmosphäre ebenfalls angestiegen ist („Treibhauseffekt“), hätte auf die Pflanzen unter bestimmten Bedingungen eher positive als negative Effekte, da es unter Lichtsättigung den limitierenden Faktor der Photosynthese darstellt.

Die Herkunft gasförmiger Pflanzentoxine und ihre Interaktionen

Oxidativer Smog:	NO_2, PAN, O_3 (Los Angeles Typ)
Reduktiver Smog:	SO_2 (London Typ)
Säuren:	HF, H_2SO_3, H_2SO_4, HCl
Stäube:	vor allem Zementstaub und verblasene Erde
Phytoeffektoren:	Ethylen, verblasene Herbizide und andere Pflanzenschutzmittel
Allelopathische Effektoren (z. B. Terpenoide)	

Tab. 1: Unterschiede zwischen den Smogtypen „London“ und „Los Angeles“.

Kennzeichen	Smogtyp	
	London	Los Angeles
erreicht höchste Konzentration	morgens	mittags
optimale Temperatur	ca. 5 °C	ca. 30 °C
relative Luftfeuchtigkeit	hoch	niedrig
Wetterlage	Nebel	klarer Himmel
chemische Eigenschaften	reduzierend	oxidierend
Hauptkomponenten	SO_2, HSO_3^-	O_3, NO, NO_2, PAN
medizinische Indikationen	greift Bronchien an	greift die Augen an
hauptsächliche Herkunft	Heizung	Autoabgase, chem. Industrie

Obgleich eine Kategorisierung der Luftverschmutzungskomponenten aus pflanzentoxikologischer Sicht nicht sehr sinnvoll erscheint (s. vorige Seite), soll doch eine häufig verwendete Einteilung wiedergegeben werden.

Der Begriff „smog“ ist entstanden aus einer Kombination der Wörter „smoke“ und „fog“ und ist seit langer Zeit chrakteristisch für London, dessen Smog sich vom photochemischen Smog in der Gegend von Los Angeles unterscheidet (vgl. Tab. 1).

Das Schwefeldioxid SO_2 stammt aus schwefelhaltigen Brennstoffen (Kohle, Heizöle, Benzin), und mehr als 60 % des globalen SO_2 ist allein auf die Verbrennung dieser Stoffe zurückzuführen.

Daneben entsteht SO_2 aber auch in atmosphärischen Reaktionen S-haltiger Substanzen (H_2S vulkanischer oder mikrobieller Herkunft, CS_2 und andere organische Schwefelverbindungen), die durch OH-Radikale ($OH^\bullet$) zu SO_2 oxidiert werden, wobei SO_2 wiederum mit OH-Radikalen zu SO_3 weiteroxidiert wird. Dies führt in der wasserdampfhaltigen Atmosphäre zu Schwefelsäure-Aerosolen.

Der photochemische Smog entsteht in komplexen radikalischen Kettenreaktionen, wobei aus *primären* Luftverschmutzungen (CO, NO, Alkane, Alkene, Aromaten, Aldehyde) u. a. aus Verbrennungsmotoren *sekundäre* Luftverschmutzungen gebildet werden (NO_2, O_3, Peroxyalkylnitrate-PAN). Die Zusammensetzung dieser sekundären Luftverschmutzungen zeigt charakteristische, tagesperiodische Veränderungen, wobei im Laufe des Vormittags die Konzentrationsgipfel von NO, NO_2, O_3 und PAN in einer Verschiebung um ca. je 2 St. aufeinander folgen (von 6 h bis 12 h). Eingeleitet wird der Umwandlungsprozeß mit der morgendlichen Autoabgasemission („morning rush hour“), wo vor allem NO und Kohlenwasserstoffe bzw. flüchtige organische Verbindungen (VOC = volatile organic compounds) freigesetzt werden, die dann letzlich mittags mit der höchsten Lichtintensität zu den erwähnten O_3- und PAN-Gipfeln führt. Hierbei sind folgende Initialreaktionen von Bedeutung:

$$N_2 + O_2 \longrightarrow 2\,NO \text{ (Brennkammer)} \qquad (1)$$

Nach der Bildung von NO in der Verbrennungskammer (1) kommt es zu Nachfolgereaktionen in der Atmosphäre (2–6):

$$2NO + O_2 \longrightarrow 2NO_2 \qquad (2)$$

$$NO_2 \xrightarrow[\lambda < 430\text{ nm}]{h \cdot \nu} NO + [O] \text{ (Lichtreaktion)} \qquad (3)$$

$$[O] + O_2 \longrightarrow O_3 \qquad (4)$$

$$O_3 + NO \longrightarrow O_2 + NO_2 \qquad (5)$$

$$H_2O + NO + NO_2 \longrightarrow 2HNO_2 \text{ (salpetrige Säure)} \qquad (6)$$

Schließlich stellt sich ein lichtabhängiges Gleichgewicht zwischen O_3, NO und NO_2 ein:

$$O_2 + NO_2 \xleftrightarrow{h \cdot \nu} NO + O_3 \qquad (7)$$

In Anwesenheit ungesättigter Kohlenwasserstoffe (unvollständige Verbrennungen in Motoren) entstehen u. a. organische Peroxide wie das Peroxyacetylnitrat (PAN) als charakteristische Komponente im Los Angeles-Typ Smog. Bei der Synthese solcher organischer Peroxide in der Atmosphäre erfolgt der erste Angriff auf Kohlenwasserstoffe durch reaktive Sauerstoffspezies wie Ozon (O_3) oder das äußerst aggresive OH-Radikal ($OH^\bullet$), welches seinerseits u. a. lichtabhängig aus salpetriger Säure (siehe Reaktion 6) entstehen kann:

$$HO\text{–}NO \xrightarrow{h \cdot \nu} OH^\bullet + NO^\bullet \qquad (8)$$

Insgesamt laufen dabei eine Vielzahl überlagerter Kettenreaktionen ab (ca. 60 bis 80 radikalische Teilreaktionen).

Die wichtigsten Schritte der Synthese von PAN sind in den Reaktionen 9–12 wiedergegeben, wobei deutlich wird, daß reaktive Sauerstoffradikale eine zentrale Rolle als Zwischenstufen und Initiatoren bei diesen Photokonversionen spielen.

$$\underset{\text{Propen}}{CH_3CH{=}CH_2} + 2O_2 + 2NO \rightarrow \underset{\text{Acetaldehyd}}{CH_3CHO} + \underset{\text{Formaldehyd}}{HCO} + 2NO_2 \qquad (9)$$

$$CH_3CHO + OH^\bullet \rightarrow C^\bullet H_2CHO + H_2O \qquad (10)$$

$$C^\bullet H_2CHO + O_2 \rightarrow CH_3C(O)O_2^\bullet \qquad (11)$$

$$CH_3C(O)O_2^\bullet + NO_2 \rightarrow \underset{\text{PAN}}{CH_3C(O)O_2NO_2} \qquad (12)$$

„Primäre“ Luftverschmutzungen mit Bedeutung für die Pflanzentoxikologie sind ein Zivilisationsproblem. Dies geht aus den Tab. 2 und 3 hervor.

Im Vergleich zu den zivilisatorischen (anthropogenen) haben biogene Gasemissionen (Allelopathie, Ethylen, Sumpfgase u. a.) eine anders geartete Bedeutung, vor allem wegen der breiten Verteilung ihrer Genese oder der mangelnden Bedeutung für die (auf den Menschen gerichtete!) pflanzliche Produktion. Eine gewisse Bedeutung kommt dagegen sicherlich der klimabezogenen Fragestellung (Treibhauseffekte!) sowie bestimmten Katastrophen (vor allem Vulkanerruptionen) zu, bei denen insbesondere schwefelhaltige Gase (H_2S, SO_2) in größerem Umfang an die Atmosphäre in höhere Regionen abgegeben werden.

Allelopathische Gase umfassen organische Komponenten verschiedener Strukturen (Terpenoide wie Camphen, Pinen und viele andere), welche von Oberflächen (hauptsächlich von

Tab. 2: Jährliche globale Emissionsraten von Spurengasen.

	Emissionsrate (in 10^9 kg/Jahr)			Hauptquellen
CO_2	830 000	na	800 000	Atmung, biologischer Abbau
		a	30 000	Verbrennung
CO	3 400	na	–	
		a	3 400	haupts. Verbrennung
Kohlenwasserstoffe ohne CH_4	1 000	na	930	Bäume
		a	70	Industrie, Automobile
CH_4	500	na	300	Sümpfe, Reisfelder
		a	200	Wiederkäuer
SO_2	400	na	20	Vulkane
		a	380	Kohle- und Ölverbrennung
NO_x	160	na	10	Blitze
		a	150	Verbrennung

na, nicht anthropogen; a, anthropogen, Daten aus[1]

Tab. 3: Prozentuale jährliche anthropogene Emissionen der wichtigsten Spurengase in der Bundesrepublik (alt[1]) und den USA[2].

	CO	SO_2		NO_x		VOCs	
Quellen	BRD	BRD	USA	BRD	USA	BRD	USA
Industrie	18,7	24,0	14,5	10,7	4,6	49,9	47,6
Verkehr	59,2	3,6	1,9	57,3	38,8	45,2	42,4
Energieerzeugung	0,6	62,9	69,9	27,7	33,7	1,1	–
übrige Verbrennungsprozesse	21,5	9,5	14,7	4,3	20,9	3,8	10,0
Totale Emissionen (Mio. Tonnen)	7,4 = 100%	2,6 = 100%	21 = 100%	3,0 = 100%	18,6 = 100%	1,8 = 100%	20 = 100%

BRD, Daten von 1984; USA, Daten von 1985

Blättern) zahlreicher Pflanzen (vor allem in ariden Gebieten) freigesetzt werden. Nach Einwaschung in den Boden wirken sie meist als Keimungsinhibitoren und sind verantwortlich für Zonen gehemmten Wachstums um bestimmte Populationen wie *Juglans, Eucalyptus, Artemisia* und *Salvia*-Arten (vgl. S. 284).

Beurteilungskriterien für Schadstoffkonzentrationen

Folgende Kürzel wurden für die Benennung von Schadstoffkonzentrationen eingeführt:
MEK: Maximale Emissionskonzentration
(z. B. aus einem Schornstein, Auspuff usw.)
MIK: Maximale Immissionskonzentration
(z. B. als Niederschlag, Kondensat usw.)
Zwischen Emission und Immission liegen Transport sowie Diffusion.
Unter $\mathbf{MIK_D}$ versteht man die Immissionkonzentration während einer Dauerbelastung (als Ursache chronischer Schäden),
unter $\mathbf{MIK_K}$ die Immissionskonzentration während einer Kurzzeitbelastung (als Ursache akuter Schäden).
Da weder MEK noch MIK allgemeingültige Definitionen für zumutbare Toleranzen erlauben (diese sind, wie wir unten sehen werden, nicht nur Spezies-, sondern sogar Rassen-unterschiedlich), wurden Toleranzgrenzen auf den (relativ toleranten) Menschen bezogen und als MAK = maximale Arbeitsplatzkonzentrationen definiert. MAK-Werte sind jedoch für pflanzentoxikologische Betrachtungen von untergeordneter Bedeutung.

Maße für Schadstoffkonzentrationen und Expositionszeiten

Verunreinigungen der Atmosphäre bewegen sich bei Gasen in den Volumenteilen ppm und ppb:

ppm: = „parts per million" (Verdünnung 1:10^6 in Luft)
ppb: = „parts per billion" (Verdünnung 1:10^9 in Luft)

Diese Volumenanteile können in die Massenkonzentration mg/m³ bzw. µg/m³ nach folgender Formel umgerechnet werden.

$$[\text{ppm}] \cdot \frac{\text{Molgewicht}}{\text{Molvolumen}} = [\text{mg/m}^3]$$ (im Normalzustand: 0 °C; 1013 mbar)

Der Gehalt der Luft an Fremdgasen wird heute in der Regel als Masse pro Volumen angegeben.

Expositionszeiten werden häufig unterteilt in Kurzzeit-Belastung (ca. 30–120 min) und Langzeitbelastung. Kurzzeitbelastungen mit hohen Toxindosen rufen häufig akute, erkennbare Schadenssymptome, Langzeitbelastungen dagegen häufig chronische Schädigungen ohne unmittelbar auftretende Schadsymptome hervor. Kurzzeitbelastungen sind vor allem von experimentellem Interesse zur Erfassung biochemischer Folgephänomene und molekularer Reaktionsmechanismen, Langzeitbelastungen (experimentelle Langzeitstudien) sind dagegen physiologisch relevanter, da sie tatsächliche und häufiger auftretende Immissionsfälle „naturgetreuer" wiedergeben.

Untersuchungsmethoden und Modellreaktionen (-systeme)

Häufig muß sich der Praktiker bei Freilandbeobachtungen die Frage stellen: „Hat die Gegend Luftverschmutzungsprobleme oder nicht?" Eine brauchbare Beurteilung gelingt dabei nur kompetenten Beobachtern, die eine Reihe von Kriterien berücksichtigen müssen, wie z. B. Ortslage, Großwetterlagen, Geschichte der Pflanzen, Gewebealter und Tauglichkeiten als Indikatorpflanzen. Der Beobachter wird dabei nur in seltenen Fällen auf die Menge des Toxins, die Dauer der Belastung oder die Anzahl der Belastungsfälle schließen können. Es wird mit 3 Eingrenzungen zu arbeiten sein:

1) Man kann verschiedene spezifische, nekrotische Symptome identifizieren, die von einigen wenigen Toxinen verursacht werden, wie z. B. von SO_2, O_3, HF und PAN.

2) Die Beobachtung ist abhängig von empfänglichen Pflanzenspezies, die zur Zeit der Belastung im empfindlichen Wachstumsstadium sind.

3) Genau zur kritischen Zeit muß der Gutachter zugegen sein, nämlich noch bevor Sekundärsymptome (z. B. Parasitenbefall) auftreten, welche die unter 1) erwähnten charakteristischen Symptome verwischen.

Die Gegenwart und die Menge von Flechten und Moosen sind Indikatoren in Stadt- und Industriearealen (vgl. S. 68 ff.); solche Langzeitindikatoren geben aber nur bedingt Hinweise auf gegenwärtige und lokale Probleme (vgl. S. 83 ff.).

Die Analysen von SO_4^-- sowie F^--Gehalten in Blattgeweben werden ebenfalls als Imissionsindikatoren verwendet, wobei besonders ein F^--Gehalt von wesentlich mehr als 20 mg/kg (bezogen auf Trockengewicht) auf überdurchschnittliche Belastungen schließen läßt.

Da wesentliche Punkte im Kapitel über Pflanzen als Schadstoffindikatoren (S. 65 ff.) bereits abgehandelt sind, sollen hier nur summarisch grundsätzliche Möglichkeiten für die Erfassung von Imissionsschäden aufgeführt werden, wobei folgende Parameter pflanzlicher Leistungen erfaßt werden:

1) Symptomentwicklung: die Pflanzen müssen unter kontrollierten Bedingungen vorgezogen, genau definierten Zeiten der zu prüfenden Luft ausgesetzt und anschließend wieder in die Kontrollräume zurückgebracht werden. Dort wartet man die *Symptomentwicklung* ab und schätzt anschließend auf die Stärke der Belastung *(Abschätzung von Schäden).*

2) Immission und Akkumulation von Schadstoffen: Entnahme von Organen oder Gewebeteilen und anschließende (nach entsprechender Aufarbeitung) *chemische Analyse* (F^-, SO_4^{2-}, Schwermetalle).

3) Die biochemische Analyse von Pigmenten (Chlorophylle, Carotinoide) sowie von (vor allem ungesättigten) Fettsäuren und anderen Indikatormolekülen (vgl. S. 86) spiegelt häufig quantifizierbar das Ausmaß der abgeschätzten (siehe 1) Schäden wider.

4) Mikroskopische und elektronenmikroskopische Befunde sind vorwiegend deskriptiv und beschreiben schwer quantifizierbare Destruktionserscheinungen (vgl. S. 85).

5) Analyse physiologischer Leistungen: hier werden Stomaapertur, CO_2-Fixierung (Ultrarot-Absorptions-Spektrometrie, URAS), Wasserabgabe (Porometer), Ionenlecks (Leitfähigkeitsmessung), Abgabe von Ethylen und Ethan (C_2H_4- und C_2H_6-Bestimmung, Gaschromatographie) und Sauerstoffbilanzen (Sauerstoff-Potentiometer) in ganzen Pflanzen, Pflanzenorganen und isolierten Organellen bestimmt.

Die Veränderung oder der Abfall einer Leistung (CO_2-Fixierung, O_2-Entwicklung, Stomaapertur) oder das plötzliche Auftreten eines „Indikators" (Ionenleck, Ethylenbildung, Erhöhung des Ethan/Ethylen-Verhältnisses) korreliert meist schadens- und artspezifisch mit der Expositionszeit oder der Schadstoffkonzentration. Bei den meisten der oben aufgezählten Analysenmethoden ist es sehr schwer zu entscheiden, ob die Beobachtungen physiologische Reaktionen darstellen, die im Zusammenhang mit der Bewältigung der Belastung (Reparaturanzeichen und -mechanismen) stehen, oder ob sie schon einen Schaden widerspiegeln. Im Angelsächsischen wird hier unterschieden zwischen „injury" and „damage".

Der Hintergrund dieser Unterscheidung soll an einem Beispiel aufgezeigt werden:

Blattnekrosen an Sojabohne und Salat würde man als „injury" *(Verletzung)* bezeichnen; die Pflanze kann weiterleben (nach dem Verlust gewisser Gewebeanteile), falls die schädigende Immission abklingt. Im Falle des Salats wird die Reduktion des ökonomischen Wertes schon bei niedrigem prozentualen Nekrotisierungsgrad beträchtlich sein und den Salat unverkäuflich machen (100 % *Schaden*), während ein geringer Nekrotisierungsgrad der Sojablätter nur eine relativ geringe Ertragseinbuße (Früchte) zur Folge haben kann. Der Grad der Verletzung korreliert demnach nicht in jedem Falle mit dem Ausmaß des angerichteten Schadens („damage").

Die Problematik der Quantifizierung von Schäden

Wie schon erwähnt, muß bei der Beurteilung von Pflanzenschädigungen von äußerst unterschiedlichen Bemessungsgrundlagen ausgegangen werden. In der Praxis des Pflanzenzüchters wird zugrunde gelegt, daß die Pflanze verletzt oder abgetötet, und der Mensch und das Tier dadurch letztlich geschädigt werden. Das Schadensausmaß ist demnach vektoriell auf den Menschen ausgerichtet, wobei nicht unterschieden wird zwischen ideellen (Aussterben von Pflanzen in bestimmten Ökotopen, Verlust von Ökotopen) und kommerziellen Schäden (Ertrags- und damit Geldeinbußen).

Ertragseinbußen können angenähert durch folgende einfache Regressionsgleichung ausgedrückt werden:

$$y = a + bx,$$

wobei:

y = Ertrag in % der unbelasteten Kontrolle
a = eine Konstante von ca. 100 %
(Ertrag in Gewichtsprozent, experimentell ermittelt)
b = Neigung der Ertrags-Blattdestruktions-Kurve
(wie hängt der Ertrag von der intakten Laubmasse ab, experimentell ermittelt)
x = % der Oberfläche der Blätter zerstört (nekrotisiert) oder entfernt.

Man hat am Beispiel der Luzerne (Begasung mit 1 bis 5 ppm SO_2 für 1–2 h) die obige Gleichung angewendet und die folgende Abhängigkeit von der Anzahl der Belastungen gefunden:

1mal begast: $y = 99{,}5 - 0{,}30\,x$
2mal begast: $y = 95{,}5 - 0{,}49\,x$
3mal begast: $y = 96{,}5 - 0{,}75\,x.$

Hier wird festgestellt, daß die Neigung der Ertrags-Blattdestruktionskurve mit der Anzahl der Belastungen etwa linear ansteigt. Die Ergebnisse für andere Kulturen weichen vom

Tab. 4: Ertragsverluste nach Ozonbelastung verschiedener Kulturpflanzen[3].

Pflanze	Versuch	Konzentration und Zeit	Effekt (% Verlust im Vergleich zur Kontrolle) (FG = Frischgewicht) % Verlust	Organ
Rettich	Gewächshaus	2–140 µg/m³, 5 Wochen, 5 Tage/Woche	54 20	Wurzel (FG) Blatt (FG)
Bohnen	Gewächshaus	300 µg/m³, 2 h/Tag 63 Tage	33 46	ganze Pflanze Schoten
Spinat	Versuchsfeld	200 µg/m³, 7 h/Tag 37 Tage	32	Blatt (FG)
		280 µg/m³, 7 h/Tag 37 Tage	72	Blatt (FG)
Wein	freies Feld	häufig, 500 µg/m³ (Mai–Sept.)	12 61	1. Jahr Trauben 2. Jahr Trauben

Befund für Luzerne stark ab, da der Ertrag (bei Luzerne als Futter ist die *„Masse“* ausschlaggebend!) nicht immer dem vegetativen Wachstum direkt proportional ist. Bei Gerste, Weizen oder Baumwolle zum Beispiel haben „Lufttoxine“ während der Blüte oder der Fruchtentwicklung einen größeren Effekt als während anderer Wachstumsstadien, wie hier für Gerste bei einmaliger SO_2-Belastung gezeigt ist:

Belastung während des frühen vegetativen Stadiums:

$$y = 98 - 0{,}06\,x.$$

Belastung während des Aufblühstadiums:

$$y = 98 - 0{,}4\,x.$$

In Tab. 4 soll zusammenfassend verdeutlicht werden, daß Ertragsverluste je nach Kultur abhängig sind vom untersuchten Erfolgsorgan (Rettich), von Belastungsepochen und Zeiten zwischen den Ernten (Weintrauben) und von der Über- oder Unterschreitung gewisser Schwellenwerte der Schadstoffimmissionen (Spinat).
Der Rückschluß vom beobachteten Schadensausmaß auf die Art der Belastung und das verantwortliche Toxin wird noch weiter kompliziert durch die „Verfügbarkeit“ des Schadstoffs während der Immission. Experimentell ermittelte „Belastungsschwellen“ in Relation zum Schadensausmaß mögen für viele Pflanzen-Schadstoff-Paarungen interessante Richtwerte darstellen, sie sind jedoch nur gültig für die individuellen Versuchsanordnungen oder örtliche Gegebenheit zur Versuchszeit. Bei derartigen Versuchen wird die Indikatorpflanze häufig in einem geschlossenen Gefäß mit einer bestimmten Menge des Untersuchungsgases inkubiert, oder dieses Gas wird als Luft-Gemisch über die Pflanze geblasen. Bei der Untersuchung der schädigenden Wirkung von SO_2 auf das Enzym Ribulosebisphosphat-Carboxylase aus Spinatblättern wurde festgestellt, daß die Strömungsgeschwindigkeit der SO_2-haltigen Luft eine bedeutende Rolle spielt. Deshalb gilt als Maß der SO_2-Toxizität bzw. der Schädigung *(S)* des Enzyms nicht einfach das Produkt aus Expositionszeit *(t)* und SO_2-Konzentration *(c)*

$$S = c \cdot t$$

sondern vielmehr die abgewandelte Gleichung

$$S = C_a \cdot t$$

wobei C_a das Produkt aus SO_2-Konzentration *(c)* und der Strömungsgeschwindigkeit *v* (ml/min) in der Begasungskammer darstellt.
Zusammenfassend kann man feststellen, daß die Quantifizierung von Schäden äußerst problematisch und nicht generell einer einfachen Dosis-Effekt-Gleichung zuzuordnen ist.

Effekte pflanzentoxischer Gase

Makroskopische und mikroskopische Beobachtungen

Makroskopisch ist eine Schädigung Höherer Pflanzen durch Luftverschmutzungen an *morphologischen Veränderungen* (Zwergwuchs, Verkrüppelungen, Verkrebsungen, Verkrümmungen, Blattepinastien), Verfärbungen, Chlorosen und Nekrosen erkennbar. Ein frühes Phänomen ist häufig das Auftreten von „Wasserflecken“ („water logging“) in Blättern, die sich später in Nekrosen (Zonen mit braunem, totem Gewebe) umwandeln.
Nach Fink[4] ist der Phloemkollaps ein gutes Diagnosekriterium zur Unterscheidung zwischen direkten Schädigungen durch Luftschadstoffe und indirekten Schädigungen durch versauerungsbedingten Nährstoffmangel. Koniferennadeln, die gegenüber hohen Ozondosen exponiert werden, zeigen stets mehr oder weniger starke Schäden im Mesophyllbereich, nicht jedoch im Leitbündel.
Makroskopisch sind die Symptome dabei gekennzeichnet durch zunächst auftretende Gelbfleckigkeit, die vor dem endgültigen vorzeitigen Nadelabfall kurzfristig in eine völlige Vergilbung übergehen kann. Diese Vergilbung beruht zumindest teilweise auf einem raschen Abzug Phloem-mobiler Elemente (u. a. Mg) vor dem endgültigen Nadelfall.
Beim Schwefeldioxid kommt es ebenfalls immer zuerst zu Mesophyllschäden, jedoch in einem fortgeschrittenen Stadium auch zur Phloemnekrose. Makroskopisch ist damit meist eine fortschreitende Verbräunung ohne deutliche Vergilbung verbunden. In diesem Fall ist durch den Phloemkollaps eine Nährstoffumverteilung nicht mehr möglich, die Nadeln vergilben nicht, sondern verbräunen aufgrund der Phloemnekrose.

Infolge eines Mineralstoffmangels wird ein Phloemkollaps bei völlig intaktem Mesophyll beobachtet. Insbesondere bei gleichzeitiger Mg- und K-Unterversorgung setzt eine Phloemnekrose ein, noch bevor ein Großteil des Mg aus den Nadeln abgezogen wurde und diese dadurch grün bleiben. Bei einem so frühen Phloemkollaps infolge von Mineralstoffmangel kann in einer Nadelanalyse möglicherweise noch gar kein Magnesiummangel festgestellt werden.
Den makroskopischen, sichtbaren Schädigungen muß man *latente Schäden* gegenüberstellen („unterschwellige Effekte"), die mikroskopische Verletzungen darstellen. Viele kumulative Effekte sind auf solche Schädigungen auf subzellulärer Basis zurückzuführen. Sie können auf die Dauer, solange die zellulären Reparatur- und Schadstoffabbaumechanismen ein metabolisches „steady state" gewährleisten, jedoch zu Wachstums-, Ertrags- und Populationsveränderungen führen (z. B. über den Abbau oder die Schädigung von Resistenzfaktoren).
Bei *sichtbaren Effekten* kann man zwischen *akuten* und *chronischen Symptomen* unterscheiden. Wie schon erwähnt, treten akute Symptome nach kurzzeitiger Belastung mit hohen Toxindosen auf und erscheinen häufig schon 24 bis 48 h nach Beginn der Belastung, wogegen chronische Symptome auf Langzeitbelastung mit niedrigen Toxindosen zurückzuführen und nur äußerst schwer mit dem symptomauslösenden Prinzip zu korrelieren und von anderen pathologischen Erscheinungen (Mangelernährung, Schaderregerbefall usw.) zu unterscheiden sind.

Sichtbare, akute Schäden

Akute Pflanzenschäden beginnen mit dem Tode einiger Zellen und dem spezifischen oder undiskriminativen Kollaps von Gewebeteilen. Ein erstes Symptom ist häufig das Auftreten von Wasserflecken und nachfolgendes Eintrocknen der Wundflächen. Dies führt zu Braunfärbungen, die man als Nekroseflecken bezeichnet. Charakteristische Verfärbungen bestimmter Organteile können als Hinweise auf die zugrunde liegenden Mechanismen der Schadwirkung und damit der Art der Toxine dienen.
Hier werden Bleichungen aller Pigmente im Zusammenhang mit SO_2-Einwirkung, Vergilbung (Chlorophyllbleichung) mit NH_3-Einwirkung und schnelle Bräunung (Geweberänder!) mit HF-Einwirkung korreliert. Verfärbte Kleinzonen („Farbtupfer") im Palisadengewebe sind in manchen Pflanzen charakteristisch für O_3. Silber- und Bronzetönungen im Schwammparenchym deuten häufig auf akute PAN-Belastung hin. Dabei ist die Symptomausprägung konzentrationsabhängig:
Bei niedrigeren Konzentrationen
a) von PAN, HCl, Cl_2
verfärben sich abaxiale Blattoberflächen bronze,
b) von O_3 und NO_2
werden adaxiale Blattflächen silberig,
c) von SO_2 und HF
werden Blattränder und Blattspitzen nekrotisch braun.
Diese Beschreibungen von Symptomen sind stark generalisiert und werden in der Praxis nur recht selten als „reine" Symptome zu beobachten sein.
Chronische Schäden können mild oder schwerwiegend sein. Sie sind nicht durch den anfänglichen Tod einzelner Zellen gekennzeichnet, sondern vielmehr durch langsam voranschreitende Chlorosen und andere Seneszenzerscheinungen (intermittierende Welke, verursacht durch endogene Ethylensynthese?) welche letztendlich zum Absterben oder zur Abszission einzelner Organe führt. Chronische Schäden sind nicht charakteristisch für bestimmte gasförmige Toxine und sind makroskopisch leicht zu verwechseln mit
a) parasitischen Erkrankungen (z. B. Pilzbefall)
b) akutem oder überstandenem Insektenbesatz
c) suboptimalen Ernährungsbedingungen (Mangelkrankheiten)
d) physikalischen Umwelteinflüssen („Streß": Wassermangel oder Überflutung, zu hohe oder zu niedrige Temperaturen, zu wenig oder zu viel Licht, Hagel)
e) natürlicher Seneszenz (Ende der Vegetationsperiode).
Versteckte (latente) Schäden durch „submakroskopische" Verwundungen lassen sich durch 3 Kriterien einkreisen:
a) Verminderte Produktivität durch verminderte Photosyntheseleistung
b) Auftreten der Schadagenzien (oder deren Metaboliten) im Blatt
c) Verstärkte Anfälligkeit gegen Krankheiten (Schaderregerbefall).
Die Symptome a) bis c) können dabei von unterschiedlichen oder gleichen Toxinschwellenwerten gesteuert werden, was damit auch häufig zu unterschiedlicher Koppelung der einzelnen Phänomene führt.
Als Definition für latente Schäden könnte gelten, daß es sich hier um biochemische oder physiologische Veränderungen handelt, die zu Ertragsminderungen führen, ohne dabei makroskopische oder genauer definierbare Schadstrukturen erkennen zu lassen.

Subzelluläre Veränderungen

Elektronenmikroskopisch und mikroskopisch wahrnehmbare primäre Schadstrukturen (eigentlich müßte man „Schadensstrukturen" sagen, vgl. „Schaderreger") sind für die verschiedenen Lufttoxine recht ähnlich und deshalb für quantitative postimmissionäre Schadanalysen wenig geeignet.
Zusätzlich werden durch Schadgase ausgelöste subzelluläre Veränderungen durch abiotische und biotische Faktoren sowie durch die natürlichen Vorgänge der Seneszenz überlagert. Dies ist in Abb. 1 am Beispiel der Chloroplastenmodifikation dargestellt.
Es kommt unter einer Vielzahl von Einflüssen zu Granulation und Verdichtungen im Chloroplastenstroma sowie zu Brüchen der Chloroplastenmembranen, des Plasmalemma und des Tonoplasten mit anschließendem Kollaps der betroffenen Zellen. Häufig werden „kristalline" Strukturen im Stroma der Chloroplasten neben fibrillären Figuren sichtbar, die ähnlich denen sind, die unter Dürrebedingungen oder unter hypertonischen Bedingungen auftreten (siehe Abb. 1 c, d). Dieser Vergleich legt nahe, daß (z. T. reversible) Dehydratationen für diese subzellulären Strukturveränderungen verantwortlich sind. NO_2-Begasung bewirkt Änderungen der Chloroplastenkoformation (Abb. 1 d, f), wobei Ausstülpungen mit räumlicher Annäherung an Mitochondrien auftreten – ähnlich wie sie in virusinfizierten Blättern beobachtet wurden. Prinzipiell sind die Symptome ähnlich wie für O_3 und PAN, was auf eine enge Verwandtschaft primärer Reaktionen schließen läßt.
Ultrastrukturelle Frühsymptome, die durch SO_2 ausgelöst werden, umfassen die Granulation des Chloroplastenstroma (Abb. 1 c), Chloroplastenschwellungen (Abb. 1 i), Akkumulation größerer Stärkekörner (Abb. 1 k) und Bildung von Vesikeln und Vakuolen innerhalb des Chloroplasten oder zwischen den Membranen der Chloroplastenhülle (Abb. 1 h). SO_2 in niedrigen Konzentrationen verursacht ein reversibles Anschwellen der Thylakoide (Abb. 1 g), während hohe Konzentrationen zur Zerstörung dieses Organells führen.
HF-Schäden werden eingeleitet durch Aggregationen im endoplasmatischen Reticulum (ER), gefolgt von Tonoplastenbrüchen, Anschwellen und anschließendes Verkümmern von Mitochondrien und Zusammenklumpen der Reste intrazellulärer Kompartimente im Zentrum der Zelle. Man muß wohl annehmen, daß diesen frühen Symptomen der Tonoplasten-

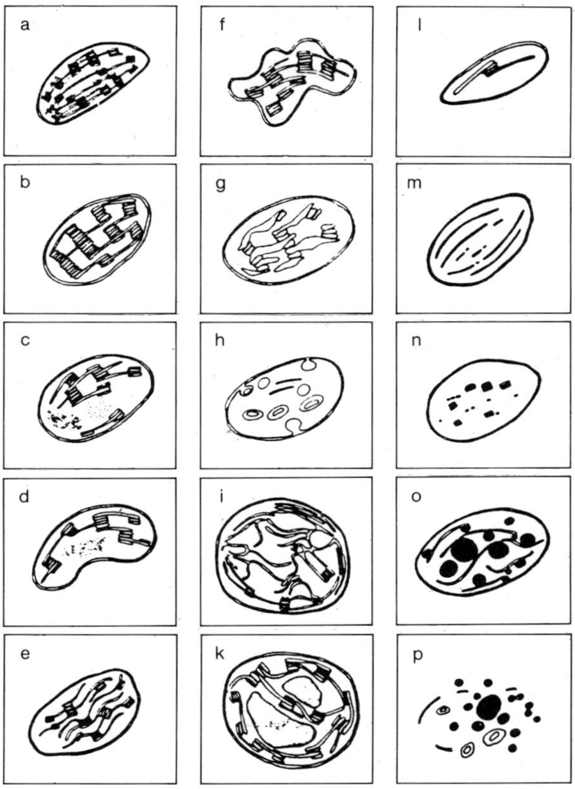

Abb. 1: Klassifikation verschiedener Typen einer pathologischen Veränderung des Chloroplasten[5].

a) normaler Chloroplast;
b) Vermehrung der Grana-Thylakoide: typisch für Schattenblätter; Herbizidbehandlung;
c) Granulation des Stromas: typisch bei Einwirkung von SO_2, O_3, PAN; Mangelernährung; Dürreerscheinungen;
d) Krümmung des Chloroplasten und Bildung von thylakoidfreien Arealen im Stroma, die Granula oder kristalline Strukturen enthalten: typisch bei Einwirkungen von O_3, NO_2 oder saurem Regen;
e) Kräuselung der Stromathylakoide: typisch bei SO_2- und Ozon-Einwirkungen sowie unter Kälteeinfluß;
f) Verformung der Chloroplastenmembran infolge einer Schrumpfung des Chloroplasten: typisch bei Schadgaseinwirkung;
g) Anschwellen der Thylakoide: typisch bei Eisenmangel, bei durch Mineraldefizite induzierter vorzeitiger Seneszenz und durch Einwirkung von Luftschadstoffen;
h) Bildung von Vesikeln und Vakuolen im Chloroplasten oder zwischen den Membranen der Chloroplastenhülle: typisch für biotische Schäden, bei Calcium-Mangel und bei SO_2-Einwirkung;
i) Dilatation und parallele Ausrichtung des Thylakoidsystems: typisch bei Frost, Kalium-Mangel und durch Luftschadstoffeinwirkung;
k) wie i) mit erhöhter Akkumulation größerer Stärkekörner: typisch bei Magnesium- sowie bei Wassermangel; durch SO_2 und Photooxidation;
l) Unterentwickelter Chloroplast infolge von Stickstoffmangel;
m) Reduziertes Membransystem ohne oder mit rudimentären Granathylakoiden aufgrund mangelnder Differenzierung: typisch bei Phosphor- und Eisenmangel oder infolge von Luftschadstoffeinwirkung;
n) Erhöhte Verkürzung der Thylakoide, oft reduziert bis auf einzelne Grana: typisch bei Manganmangel;
o) Akkumulation von Plastoglobuli: generelles Anzeichen von Seneszenz: typisch für alternde Blätter sowie bei frühzeitigem Altern durch Mineralmangel;
p) Aufbrechen und Auflösung der Chloroplastenhülle und der Thylakoidmembranen unter Zurücklassung von Plastoglobuli: typisch für fortgeschrittene Seneszenz sowie für Frosteinwirkung und intensive UV-Strahlung.

desintegration (Zusammenbruch des lysosomalen Kompartiments?) eine Schlüsselrolle in der Seneszenz und im Kollaps der Zellverbände zukommt.
Im Zug der durch Ethylen induzierten beschleunigten Seneszenz unterliegen auch die Chloroplasten einem Alterungsprozeß, der sich in einer Akkumulation von Plastoglobuli (Abb. 1 o) äußert.
Nach *Ethylen-Einwirkung* wird, ähnlich wie nach der Einwirkung subakuter anderer Toxine, die Ultrastruktur in den Abszissionszonen von Blättern und Früchten verändert, die typisch für Seneszenzphänomene sind: 2 bis 3 Std. nach C_2H_4-Behandlung wird eine Anreicherung von rauhem ER (Polyribosomen als Anzeichen metabolischer Aktivität) sichtbar, bevor es zum Abbau (Neusynthese von lytischen Enzymen) von Zellwänden kommt und Abszission erfolgt.
Zusammenfassend kann bemerkt werden, daß verschiedenartige Schadstoffimmissionen zu recht ähnlichen ultrastrukturellen Veränderungen führen, die reversibel oder irreversibel sein können.

Biochemische Befunde: Die Membranzerstörung als übergeordnetes Toxizitätsprinzip

Auf Grund makroskopischer, physiologischer und biochemischer Daten gibt es kaum Zweifel daran, daß primäre Angriffsorte der wichtigsten Luftverschmutzungen (oxidativer und reduktiver Komponenten, Säuren, Ethylen) zelluläre Membranen sind. Auf Grund von Modellreaktionen muß man nun wiederum annehmen, daß die Angriffspunkte an Molekülen liegen, die „SH"- oder „En"-Gruppen ($-C=C-$) enthalten. Sowohl PAN, NO_2 und O_3 sind zum Beispiel sehr effektive Oxidantien für ungesättigte Fettsäuren. Ein im Vergleich zur heutigen Zeit höherer O_3-Gehalt der phylogenetischen Vergangenheit könnte das verstärkte Vorkommen von Monoen- und Dienfettsäuren in Pflanzen und Insekten im Vergleich zu Höheren Tieren (die phylogenetisch jünger sind) erklären, da weniger-ungesättigte Verbindungen resistenter gegen Oxidationen sind als die Polyen-Fettsäuren der Säuger. Meerestiere und planktische Algen enthalten demgegenüber in weit höherem Maße ungesättigte Fettsäuren, evtl. wegen des Fehlens von NO_2 und O_3 in ihrer Umwelt.
Pflanzen sind demnach sehr sensitiv gegenüber O_3 und NO_2, und vermutlich sind hier wie bei der Toxizität für Tiere die Effekte auf Zellmembranen dominierend.
Nach dem heutigen Konzept des Aufbaus biologischer Membranen („fluid mosaic membrane model" nach Singer und Nicolson) unterliegen die Membran-Bausteine (vgl. Abb. 2) einer ständigen Assoziation-Dissoziation:

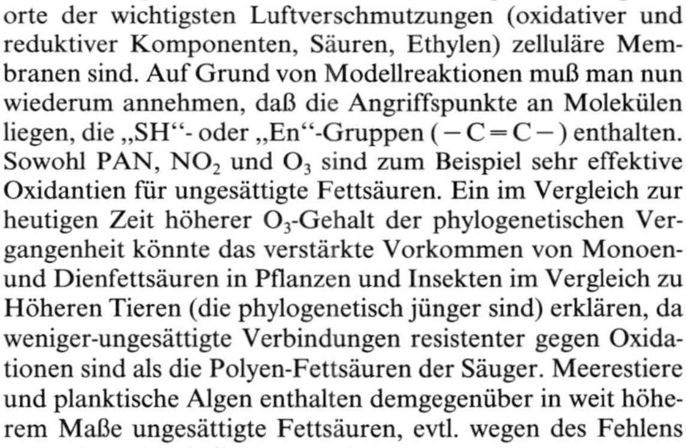

Abb. 2: Membranmodell.

Die Peroxidation von Lipiden in ihrer unmittelbaren Umgebung führt (u. a.) zu Bindungen zwischen Fettsäureresten und damit durch permanente Assoziation zum Verlust der Fluidität, was wiederum den Funktionsverlust nach sich zieht.

Die Lipidperoxidation als Initialreaktion der Membranzerstörung

Freie Radikale (Moleküle mit ungepaarten Elektronen $X^{\bullet}$) leiten u. a. Kettenreaktionen an Fettsäuren (RH) ein, die über Fettsäureperoxide zu den verschiedensten Verknüpfungsreaktionen und Abbauprodukten (gesättigte und ungesättigte Kohlenwasserstoffe, Aldehyde, Alkohole) führen:

$$\begin{aligned} RH + X^{\bullet} &\longrightarrow R^{\bullet} + HX \\ R^{\bullet} + O_2 &\longrightarrow ROO^{\bullet} \\ ROO^{\bullet} + RH &\longrightarrow R^{\bullet} + ROOH \end{aligned} \qquad (13)$$

Kettenreaktion

wobei $R^{\bullet}$ = Fettsäureradikale, $ROO^{\bullet}$ = Peroxyradikale und ROOH Fettsäurehydroperoxide darstellen. Bestimmte Moleküle (Antioxidantien), wie z. B. das α-Tocopherol (QH) können diese Kettenreaktion abbrechen:

$$ROO^{\bullet} + QH \longrightarrow Q^{\bullet} + ROOH; 2\,Q^{\bullet} \rightarrow Q + Q^{-} \qquad (14)$$

Nehmen wir als Beispiel die Reaktion einer dreifach ungesättigten (ω − 3, 18 : 3) Fettsäure, z. B. α-Linolensäure als bedeutendste Fettsäure pflanzlicher Membranen (vor allem in den Thylakoidmembranen der Chloroplasten), mit einem freien Radikal, etwa dem freien OH-Radikal an. Das $OH^{\bullet}$ kommt in der lebenden Zelle in dieser Form vermutlich nicht vor. Ähnliche Spezies, wie z. B. bestimmte Eisen-O_2-Komplexe haben jedoch ähnliche Reaktivität, deshalb dient das $OH^{\bullet}$ häufig als Modell für „aktivierten" Sauerstoff als Initiator. Wir können, neben anderen Reaktionsmöglichkeiten, folgende Sequenz (Abb. 3) formulieren, die auch enzymatisch (z. B. durch Lipoxigenase) eingeleitet werden kann.

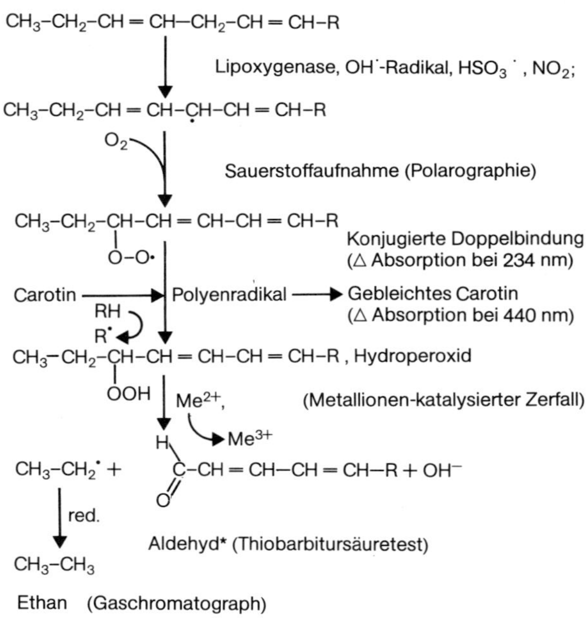

* Aldehyde wie z. B. der Dialdehyd der Malonsäure als charakteristisches peroxidatisches Abbauprodukt ungesättigter Fettsäuren, sind für die Bildung der fluoreszierenden „Lipofuscinpigmente" in seneszenten Geweben verantwortlich: sie entstehen durch Vernetzung mit NH_2-Gruppen in Proteinen.

Abb. 3: Ethan- und Aldehydbildung aus α-Linolensäure.

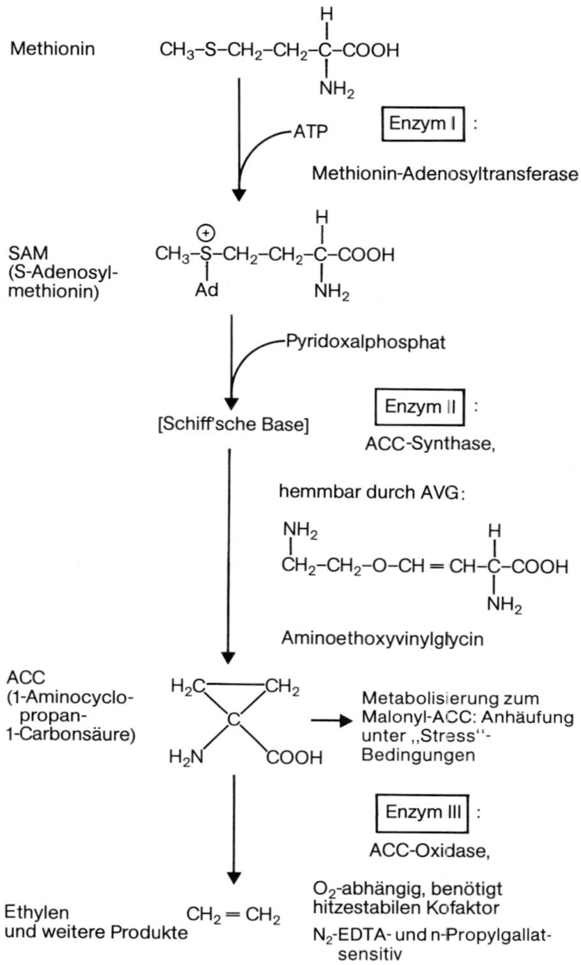

Abb. 4: Biosynthese des Ethylens in Höheren Pflanzen.

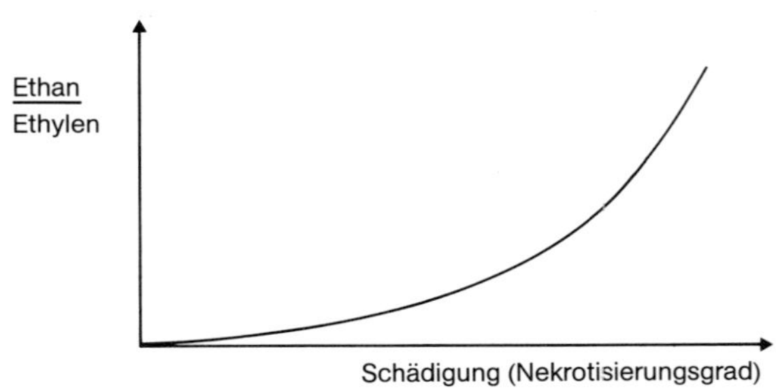

Abb. 5: Das Ethan-Ethylen-Verhältnis als Schädigungsanzeichen[6,7,8].

Aus dem Schema der Abb. 3 wird ersichtlich, daß sich je nach experimentellen Bedingungen verschiedene Meßmethoden zur Verfolgung dieser Reaktionssequenz anbieten. Die gebräuchlichsten Verfahren sind die Messung a) der Abnahmen der entsprechenden Fettsäure, b) des O_2-Verbrauchs und der

Bildung von Aldehyden (Malondialdehyd). In der letzten Zeit hat sich als „nichtdestruktive Methode" (d. h. das Gewebe bzw. das Organ oder die ganze Pflanze müssen nicht aufgearbeitet werden, sondern nur in einer gasdichten Küvette inkubiert werden) die Ethanbestimmung bzw. die Ethylenbestimmung durchgesetzt und bewährt. Nach dem Versuch wird aus der Gasphase ein Aliquot gaschromatographisch analysiert[6]. Wie im Vergleich zu Abb. 3 gezeigt werden soll, hat die Synthese des Pflanzenhormons Ethylen (Abb. 4) mit der Ethansynthese (trotz der Ähnlichkeiten der Produkte Ethylen und Ethan!) nichts gemeinsam. Das Ethylen entsteht aus der Aminosäure Methionin, wobei eine Reihe von „Irritationen" mechanischer und metabolischer Art über die Induktion der ACC-Synthase die Ethylenbildung einleiten (Induktion von Enzym II). Man weiß, daß die Ethylenbildung die „Anregung" von stoffwechselmäßig intakten Zellen, die Ethanbildung jedoch die schwere Schädigung bzw. Nekrotisierung oder den Tod einiger direkt betroffener Zellen und die beginnende oder fortschreitende Desintegration von Anliegerzellen reflektiert. Das Verhältnis von Ethan zu Ethylen ist deshalb in einigen Fällen als Indikator für das Ausmaß der Schädigung herangezogen worden (Abb. 5).

Systematische Betrachtung wichtiger pflanzentoxischer Komponenten der Luftverschmutzung

SO_2, PAN, NO_x, O_3 und HF

Die genannten Gase sollen im folgenden näher auf die heute diskutierten Mechanismen ihrer möglichen toxischen Wirkungen in Pflanzenzellen analysiert werden. Wie mikroskopische und physiologische Untersuchungen zeigten, verbindet sie (vielleicht mit der Ausnahme von HF) zahlreiche Primärsymptome, wie z. B. die Membrandesintegration. In den meisten Fällen sind konkrete Mechanismen der primären Schadensauslösung nicht bekannt. Deshalb sollen allgemeine chemische und biochemische Reaktionen dieser Schadstoffe den physiologischen und (mikro-)morphologischen Veränderungen gegenübergestellt werden, um so die Palette der möglichen Toxizitätsmechanismen nicht auf mehr oder weniger gesicherte Einzelbefunde zu beschränken.

Schwefeldioxid, SO_2

Umrechnungsfaktoren: 1 ppm = 2 670 μg/m³; ppb = μg/m³ · 0,375; μg/m³ = ppb · 2,67. Das SO_2 in der Atmosphäre unterliegt entweder einer Hydratation, wobei das Bisulfition entsteht

$$SO_2 + H_2O \rightleftharpoons HSO_3^- + H^+ \qquad (15)$$

oder der Oxidation durch atmosphärische OH-Radikale, wobei SO_3 oder Schwefelsäure-Aerosole entstehen

$$SO_2 \xrightarrow{OH^\bullet} SO_3; \quad SO_3 + H_2O \rightleftharpoons H_2SO_4. \qquad (16)$$

Die unkatalysierte Oxidation von SO_2 durch H_2O_2 ist nach neueren Erkenntnissen vermutlich der dominierende Prozeß der atmosphärischen Schwefelsäurebildung[9]:

$$SO_2 + H_2O_2 \longrightarrow H_2SO_4 \qquad (17)$$

H_2O_2 entsteht sowohl in der wäßrigen als auch in der Gasphase durch Reaktion von Hydroperoxylradikalen ($HO_2^\bullet$), die ihrerseits durch Oxidation verschiedener atmosphärischer Radikale mittels molekularen Sauerstoffs generiert werden:

$$\begin{aligned} H^\bullet &+ O_2 \longrightarrow HO_2^\bullet \\ CH_3O^\bullet &+ O_2 \longrightarrow HO_2^\bullet + HCHO \\ SO_2HO^\bullet &+ O_2 \longrightarrow HO_2^\bullet + SO_3 \\ HO_2^\bullet &+ HO_2^\bullet \longrightarrow H_2O_2 + O_2 \end{aligned} \qquad (18)$$

Für Pflanzen ist Sulfit (SO_3^{2-}) ca. 20mal toxischer als Sulfat (SO_4^{2-}). Als akute *Symptome* von SO_2-Belastungen treten neben Chlorosen der Interkostalfelder Bräunungen und Nekrosen (s. o.) auf. Zu den sensitiven Pflanzen gehören z. B. Spinat, Gurken und Hafer, zu den resistenten Pflanzen z. B. Mais, Sellerie und viele Citrus-Arten, wobei Symptome bei sensitiven Pflanzen nach 8stündiger Begasung mit 0.14–1.34 mg/m³ SO_2, bei resistenten Pflanzen erst nach mehr als 8stündiger Begasung mit 5.34 mg/m³ SO_2 oder 30 min mit 26.7 mg/m³ SO_2 auftreten.

Gerade beim SO_2 kann man von einem typischen Schwellenphänomen sprechen, wobei unterhalb der Schwelle kein Schaden sichtbar wird; hier sind z. T. Wachstumsverstärkungen und eine Steigerung der Photosyntheseleistung beschrieben worden. Anscheinend überbrücken niedrige, metabolisierbare und regulierbare (Schutzenzyme!) SO_2-Konzentrationen limitierende Schritte (Photophosphorylierung? s. u.) oder limitierte Metabolismen (S-Mangel).

Der Schwellenwert wird hier (unabhängig von der Ertragsleistung, nur auf Symptome beziehbar!) nach der O'Gara-Gleichung ausgedrückt, wobei

$$K = t\,(C - C_R),$$

mit

K = Schwellendosis (= eine bestimmte Konzentration für eine bestimmte Zeit)
t = Minimalzeit bis zum Erreichen erster Schadsymptome
C = SO_2-Konzentration
C_R = Schwellenkonzentration (z. B. 881.1 μg/m³).

Durch diese Gleichung wird deutlich, daß 1. unter einer gewissen Konzentration von SO_2 (C) kein Schaden auftritt, gleichgültig wie lange die Einwirkdauer ist (Metabolisierung, Detoxifizierung oder Reparatur halten hier Schritt) und daß sich 2. oberhalb einer bestimmten Konzentration das Schadensausmaß aus dem Produkt aus Konzentration und Zeit ergibt, wobei die Verfügbarkeit von SO_2 (Strömungsgeschwindigkeit v, s. o.) ebenfalls eine Rolle spielt und C deshalb wohl besser als $C_A = C \cdot v$ eingesetzt werden sollte.

Chemische Reaktivität; physiologische und biochemische Effekte

SO_2 bzw. HSO_3^- ist aus folgenden Gründen ein sehr aggressives Molekül:

a) mit Aldehyden und Ketonen bilden sich Hydroxysulfonate, die zahlreiche Enzyme hemmen
b) mit Olefinen ergeben sich Sulfonsäuren (unter Verlust der Doppelbindung)
c) mit Pyrimidinen bilden sich Dihydrosulfonate (mutagene Effekte?)
d) mit Disulfiden entstehen S-Sulfonate (unter Spaltung der S-S-Brücke)
e) mit Superoxid ($O_2^{\bullet -}$) entsteht das reaktive Bisulfit-Radikal

$$O_2^{\bullet -} + HSO_3^- + 2H^+ \rightleftharpoons HSO_3^\bullet + H_2O_2. \qquad (19)$$

Aus diesen primären Reaktionen lassen sich vermutlich die meisten physiologischen Effekte ableiten, wobei aber sicherlich keiner der unter a)–e) angeführten Aktivitäten eine absolute Priorität zukommt.

Physiologische Effekte unter der Toxizitätsschwelle

a) **Die Stomaapertur** wird in einigen Fällen (z. B. bei *Vicia* durch 267–1335 µg/m³ SO_2) erhöht und in anderen Fällen (Tabak) erniedrigt.

b) **Die Photosyntheseleistung** wird in zahlreichen Fällen durch unterschwellige SO_2-Dosen erhöht; dies kann man mit der Annahme erklären, daß bei limitierendem CO_2-Partialdruck und Lichtsättigung Elektronen auf den Sauerstoff übergehen und Superoxid bilden,

$$O_2 + e^- \longrightarrow O_2^{\bullet -} \qquad (20)$$

welches seinerseits die Sulfatbildung erhöht:

$$O_2^{\bullet -} + HSO_3^- + 2H^+ \rightleftarrows HSO_3^{\bullet} + H_2O_2 \qquad (21)$$
$$2\,HSO_3^{\bullet} + H_2O \rightleftarrows SO_4^{2-} + HSO_3^- + 3\,H^+ \qquad (22)$$
$$SO_4^{2-} + 8\,e^- + 10\,H^+ \longrightarrow H_2S + 4\,H_2O. \qquad (23)$$

Das entstehende H_2O_2 wird über die plastidäre Ascorbatoxidase, Glutathion, Glutathionreductase und letztlich NADPH detoxifiziert, das entstehende Sulfat wird photosynthetisch zum Sulfid reduziert und der Schwefel schließlich in Cystein eingebaut (siehe dazu auch S. 89).

Aus (20) bis (23) ergäbe sich neben einem Gewinn von Sulfid-Schwefel, der in manchen Fällen metabolisch limitierend sein könnte, ein positiveres P : 2e Verhältnis (durch Koppelung der ATP-Bildung an den photosynthetischen Elektronentransport) und eine reduktive Detoxifizierung von SO_2; der letztere Gesichtspunkt steht im Einklang mit der Beobachtung, daß die SO_2-Metabolisierung bei maximaler Photosyntheseleistung ebenfalls maximal abläuft.

Physiologische Effekte über der Toxizitätsschwelle

Die Chlorophyllbleichung ist der markanteste SO_2-Effekt. Er mag auf mehreren Grundeffekten aufgebaut sein:

1) über die Ansäuerung erfolgt ein Abbau des Chlorphylls zum Phaeophytin (Mg^{2+}-Verlust des Porphyringerüstes);

2) über die Induktion einer Radikalkettenreaktion (siehe S. 86 f.) erfolgt Lipidperoxidation und Pigmentkooxidation. Dieser Mechanismus ist durch physiologische und biochemische Modellreaktionen näher untersucht und wie folgt beschrieben worden[10].

Man muß annehmen, daß SO_2 und Bisulfit in einer Art Verstärkerreaktion in die lichtabhängige Peroxidationssequenz eingreifen und ab einer bestimmten Konzentration das Fließgleichgewicht stören und auch die Kapazitäten der Reparatur-

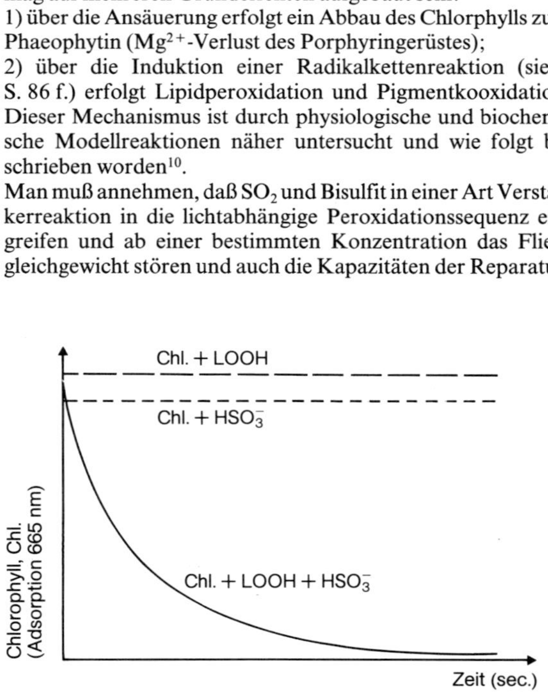

Abb. 6: Pigmentbleichung als Folge einer Lipidkooxidation[11].

systeme (Reduktasen, Peroxidasen, Superoxiddismutase) verlagern.

Man vermutet, daß photodynamisch oder radikalisch gebildete Lipidhydroperoxide (LOOH) durch HSO_3^- wie folgt abgebaut werden (wobei $HSO_3^{\bullet}$ als Initiator in Frage kommt, s. S. 86, Abb. 3).

$$HSO_3^- + LOOH \longrightarrow LO^{\bullet} + HSO_3^{\bullet} + OH^-$$
(homolytische Spaltung)

$$LO^{\bullet} + HSO_3^- + H^+ \longrightarrow HSO_3^{\bullet} + LOH$$

$$LO^{\bullet} \xrightarrow[\text{katalysiert}]{\text{Fe-, Cu-}} \text{Zerfall}$$
(Ethan-, Aldehydbildung)

$$LO^{\bullet} + \text{Chlorophyll} \longrightarrow \text{Kooxidation}$$
(Bleichung)

$$2HSO_3^{\bullet} + H_2O \longrightarrow SO_4^{2-} + HSO_3^- + 3H^+$$

$$HSO_3^{\bullet} + O_2 + H_2O \longrightarrow SO_4^{2-} + O_2^{\bullet -} + 3H^+$$

$$O_2^{\bullet -} + H^+ \xrightarrow[pK\,=\,4{,}8]{} HO_2^{\bullet} \qquad (24)$$
(aggressives Hydroperoxyl-Radikal, potentieller Initiator)

Die letzte Reaktion (24) sowie Reaktion (21) werden durch Superoxiddismutase gehemmt. Weder LOOH noch HSO_3^- allein können in einem Modellexperiment Chlorophyll bleichen, wohl aber beide Komponenten zusammen (Abb. 6).

Die Bleichung läuft bei leicht saurem pH optimal (pH 4,0), wobei dieses niedrige pH-Optimum auf die erhöhte Phaeophytinbildung und auf die Begünstigung der homolytischen Spaltung von LOOH unter $LO^{\bullet}$-Bildung („bleichendes Alkoxyradikal") zurückzuführen sein mag; darüber hinaus ist das Phaeophytin selbst ein Photooxidans.

Der oben angeführte Mechanismus wird bestärkt durch die Beobachtung, daß eine SO_2-Resistenz mit der Superoxiddismutase-(SOD-)Aktivität korreliert

$$2O_2^{\bullet -} + 2H^+ \xrightarrow{SOD} H_2O_2 + O_2$$

(siehe auch Paraquat-Resistenz, S. 185 f.): eine SOD-Hemmung führt zu erhöhter $SO_2^{\bullet -}$-Toxizität, und umgekehrt induziert SO_2-Begasung eine Erhöhung der SOD-Aktivität (siehe auch O_3-Toxizität).

Durch die Lipid-Kooxidation werden vor allem Chlorophyll a und Carotinoide zerstört: in Spinatblättern erfolgt der Beginn des Chlorophyll a- und Carotin-Abbaus nach 2 h Begasung mit 5340 µg/m³ SO_2, während Chlorophyll b nach 8 h noch nicht abnimmt. Ähnliche Ergebnisse liegen mit Herbizid-(Paraquat, DCMU)Versuchen vor, was auf verwandte Mechanismen schließen läßt[12]. Radikalfänger wie α-Tocopherol hemmen die Bisulfit-stimulierte Chlorophyllbleichung, bei welcher Wasserstoffperoxid (H_2O_2) die Lipidhydroperoxide (LOOH) nicht ersetzen kann. Man kann somit annehmen, daß das oxidierende Agens ein Alkoxyl-($RO^{\bullet}$) oder Peroxyl-($LOO^{\bullet}$) Radikal sein muß. Die Induktion der Superoxiddismutase (SOD) durch SO_2 ist ein (indirekter) Indikator dafür, daß $O_2^{\bullet -}$ eine (intermediäre?) Rolle in der SO_2-induzierten Lipidoxidation und damit der Pigmentkooxidation spielt. Wie schon erwähnt, kann man die SO_2-induzierte Lipidoxidation anhand der Ethylen- und Ethanbildung verfolgen (Gaschromatographie), wobei der Ursprung der Gase verschieden ist (Ethylen aus Methionin, Ethan aus α-Linolensäure, s. S. 86).

In verschiedenen Modellreaktionen und auch in physiologischen Versuchen wurde gezeigt, daß das Ethylen/Ethan-Verhältnis zuverlässig das „Schädigungsausmaß" anzeigt, wobei eine Verschiebung zum Ethan eine Verstärkung der Schad-

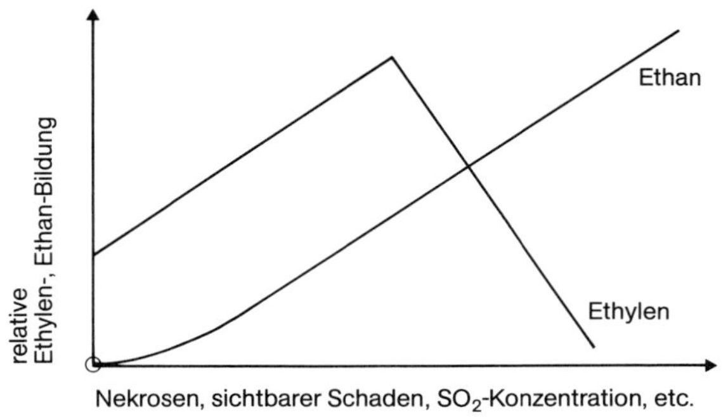

Abb. 7: Ethan- und Ethylenbildung in Abhängigkeit vom Schädigungsgrad[6,13].

symptome (Nekrosen) widerspiegelt. Ergebnisse mit Luzerne (*Medicago sativa*) und verschiedenen Arten und Rassen von Cucurbitaceen *(Cucumis sativus, Cucurbita pepo)* können als Beispiele für SO_2-Resistenz oder auch des Ausmaßes der SO_2-Schädigungen herangezogen werden, wobei es (wie bei rein mechanischer Schädigung!) eine Korrelation zwischen Schadstoffkonzentration, sichtbarem Schadensausmaß und den gebildeten „Wundgasen" gibt:
Das Verhältnis Ethan zu Ethylen (C_2H_6/C_2H_4) ist dabei ein Maß für die Gewebezerstörung (Abb. 7).

Eingriff von SO_2 in die Enzymregulation und Enzymaktivität

SO_2 hemmt Carboxylasen (RUDP-Carboxylase, PEP-Carboxylase) und Phosphorylasen. Darüberhinaus gibt es einen wichtigen Aspekt der SO_2/HSO_3^--Toxizität unabhängig von der schädigenden Wirkung auf spezielle Enzyme: SO_2 inaktiviert höchstwahrscheinlich auch das reduktive Regulationssystem für einige photosynthetische Enzyme (Licht-Effekt-Mediator, LEM-System; Thioredoxin-System), wobei vor allem die Enzyme RUDP-Kinase, Sedoheptulose- und Fructosebisphosphat-Phosphatase betroffen sind, und steigert die H_2O_2-Produktion in den Chloroplasten. H_2O_2 wiederum „blockiert" Schlüsselenzyme des Calvin-Zyklus[14,15].

Ozon, O_3

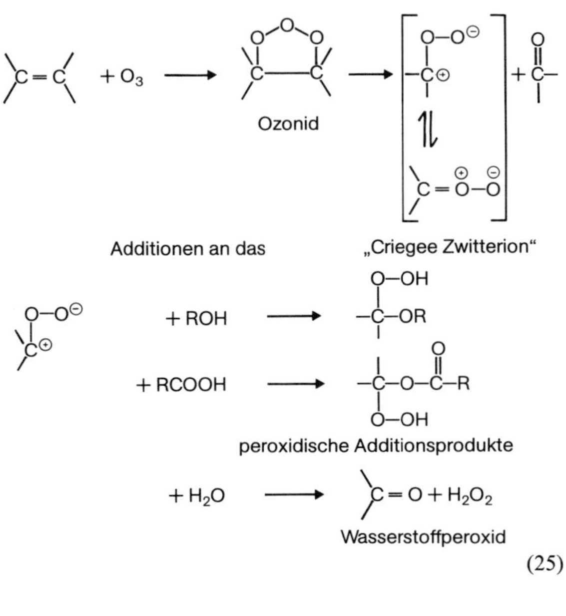

(25)

Umrechnungsfaktoren: (1 ppm = 2 000 µg/m³; ppb = µg/m³ · 0,501; µg/m³ = ppb · 2,00). Ozon mit einem Standard-Redoxpotential von ca. 2,1 Volt ist ein sehr reaktives Molekül, dessen „aktive" Form eine ionische Resonanzstruktur darstellen mag: $^{(-)}O - O^{(+)} = O$.
Als charakteristische chemische Grundreaktionen mit biochemischer Relevanz sind die Ozonspaltung olefinischer Bindungen und die Reaktion mit Thiolen anzusehen.
Charakteristischer Reaktionsort sind die Biomembranen. Ozonisierung der Alkene liefert Additionsprodukte (Ozonide), die zu Ketonen und dem „Criegee-Zwitterion" zerfallen. Diese liegen in zwei mesomeren Formen vor. Die mesomeren Formen ermöglichen die Addition von Carbonsäuren, Alkohol und Wasser, wobei Peroxide gebildet werden.

Die **Thioloxidation** führt zu Sulfonsäuren oder zu Disulfiden:

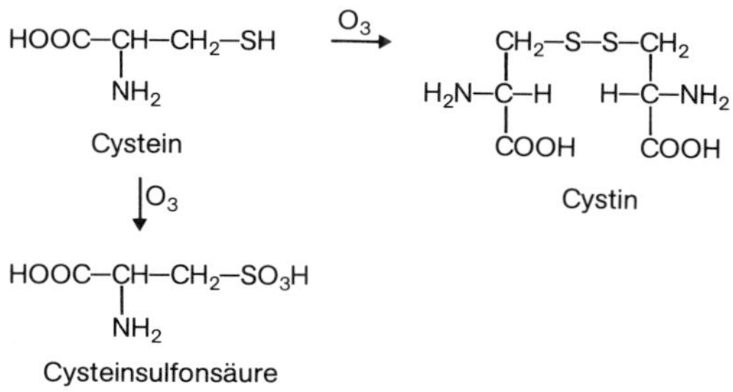

(26)

In ähnlicher Weise werden auch Glutathion (Glutamylcysteinglycin) und SH-Gruppen in Proteinen oxidiert.
Die Reaktion von Ozon mit einer Reihe biologischer Moleküle (Cystein, Methionin, GSH, Ascorbinsäure, NADPH und NADH) führt zur Bildung von Singulettsauerstoff ($^1O_2$). Die Reaktion von Ozon mit SH-Gruppen-tragenden Verbindungen findet nach folgendem Mechanismus statt:

$$O_3 + RSH \rightarrow RSOH + {}^1O_2 \qquad (27)$$

Bei Oxidation von GSH und Cystein entstehen als Hauptprodukte die entsprechenden Disulfide. Wahrscheinlich reagiert das intermediär gebildete Sulfoxid mit einem zweiten Substratmolekül:

$$RSOH + RSH \rightarrow RSSR + H_2O \qquad (28)$$

Über die Reaktion sterisch gehinderter Olefine mit Ozon entsteht ebenfalls Singulettsauerstoff:

$$RR^1C = CR^2R^3 + O_3 \rightarrow R - R^1 \qquad R^2R^3 + {}^1O_2 \quad (29)$$

Die Hydrolyse des Epoxides ergibt ein Diol. Bei der Oxidation von NADH bzw. NADPH wird ebenfalls das Diol als Produkt gefunden[16].
Singulettsauerstoff ist in seiner Reaktivität ein dem OH-Radikal vergleichbares Molekül, das in der Lage ist, die Lipidperoxidation zu initiieren, und darüber hinaus Membranschäden verursachen kann. Ozon bewirkt somit sowohl eine direkte als auch eine indirekte, radikalvermittelte Schädigung von Biomolekülen, die den zellulären Redoxstatus und metabolische Funktionen verändert.
Durch die oben erwähnte ionische Grenzstruktur ist O_3 mit 0,25 ml O_3 pro ml H_2O wesentlich besser wasserlöslich als molekularer Sauerstoff. Im Sauren ist O_3 beständig, im Basischen zerfällt es zu molekularem (Triplett!) O_2; bei 22 °C führen 100 ppm O_3 über einer Wasserfläche zu mikromolaren Lösungen: 10^{-6} Mole O_3 befinden sich dann in 55 Molen H_2O.
In Anwesenheit von Aromaten bildet O_3 das aggressive OH-Radikal[17].

Physiologische und biochemische Effekte

Wie schon bei der Abhandlung der SO_2-Toxizität erwähnt, gibt es große Unterschiede in der Sensitivität verschiedener Pflanzen gegenüber Schadstoffen; dies trifft auch für das Ozon zu. Ebenso wie beim SO_2 kann auch für die Ozontoxizität kein genereller, alleinverantwortlicher Mechanismus aufgezeigt werden.

Sensitive Pflanzen (s. u.) zeigen nach Begasung mit 200 $\mu g/m^3$ O_3 für 1 h nach wenigen Tagen sichtbare Symptome (Nekrosen, Chlorosen, „Wasserflecken"); Tiere sprechen auf so niedrige Dosen noch nicht an.

Nach dem obigen Kriterium läßt sich eine Tabelle der Sensitivität aufstellen (Begasung für 1 h – Symptome nach Tagen, Tab. 5).

Tab. 5: Sensitivitäten gegenüber Ozon.

Empfindlichkeit (Begasung mit O_3)		
sensitiv 200 $\mu g/m^3$	rel. sensitiv 400 $\mu g/m^3$	rel. resistent 700 $\mu g/m^3$
Spinat	Zwiebel	Rüben
Rettich	Weizen	Karotten
Bohnen	Mais	Erdbeeren
Kartoffel	Chrysanthemen	Zinnien
Tomaten	Begonien	

Effekte auf die Photosynthese nach Kurzzeitexposition (< 1 Tag) gegenüber Ozon treten bei verschiedenen Pflanzenarten auf. Am empfindlichsten reagiert Alfa alfa *(Medicago sativa)*. Bei dieser Pflanze genügt eine Exposition gegenüber 200 $\mu g/m^3$ für eine Stunde, um eine 4%ige Hemmung der Photosynthese zu erzielen.

Eine Exposition gegenüber 800 $\mu g/m^3$ für 1,5 Stunden bewirkt bei der ozonsensitiven Tabaksorte „Bel B" eine 78%ige Inhibierung der Photosynthese. Eine Beeinträchtigung der Photosynthese nach Langzeitbegasung (> 1 Tag) kann bei Getreidearten schon bei Exposition gegenüber 70–90 $\mu g/m^3$ beobachtet werden, wobei die Begasung intermittierend über einen Zeitraum von drei Wochen (reine Expositionszeit 147–180 Stunden) erfolgte. Bei Bäumen werden Effekte erst ab höheren Konzentrationen oder nach längeren Begasungsperioden erreicht, z. B. bei *Pinus elliotii* mit 100 $\mu g/m^3$ über 126 Tage oder bei *Pinus strobus* mit 300 $\mu g/m^3$ über 19 Tage[18].

Über die Wirkung von O_3 auf die **Stomaapertur** liegen sehr widersprüchliche Angaben vor, wobei man primäre und Folgeeffekte nicht voneinander trennen kann: vermutlich ist der Stomaverschluß nach höheren O_3-Dosen eine Folge des beobachteten Zusammenbruchs des Zell-Wasserpotentials (das „water logging" ist dafür ein deutliches Anzeichen!) und damit schon ein Zeichen der Schädigung.

Die Stomaapertur wird von einer Reihe von Faktoren modifiziert: Zu nennen sind in erster Linie Dürrebedingungen („Wasserstreß"), Licht, Temperatur, relative Luftfeuchtigkeit, CO_2-Konzentration und das Blattalter.

Pflanzen unter „Wasserstreß" sind ozontoleranter als ungestreßte Pflanzen. Dies beruht im allgemeinen auf einem niedrigeren stomatären Leitwert unter Trockenheitsbedigungen und damit auf einer reduzierten O_3-Aufnahme. „Radiotracer"-Studien haben ergeben, daß Ozon die Verteilung der Assimilate stört, wobei die primären Angriffsstellen die Vorgänge bei der Assimilat-Allokation oder der Translokation sind. Eine reduzierte Versorgung der Wurzel oder heranreifender Früchte mit Kohlenhydraten wird nach einer Ozon-Behandlung (≥ 300 $\mu g/m^3$ für 3–4 Stunden täglich über 4 Tage) beobachtet. Eine reduzierte Kohlenhydratversorgung der Wurzel begünstigt das Sproßwachstum und damit die Entwicklung von Blättern. Es scheint, daß dies ein Adaptationsmechanismus ist, um die individuelle Wachstumsrate unter Bedingungen einer eingeschränkten Verfügbarkeit von Kohlenhydraten zu erhalten. Bei niedrigen Schadstoffkonzentrationen kann solch ein Kompensationseffekt die Wachstumsrate konstant halten, bei höheren Konzentrationen stellt sich jedoch ein reduziertes Wachstum ein.

Behandlung von Pflanzen mit Abscisinsäure (ABA), welche ihrerseits zu einem „physiologischen" Stomaverschluß führt, reduziert die beobachteten O_3-Schäden.

Ozonschäden sind vor allem im Palisadengewebe angesiedelt – demnach unterläge die O_3-Penetration ähnlichen Gesetzmäßigkeiten wie das CO_2, welches jedoch einem photosynthetisch erzeugten Gradienten folgt, während das O_3 seinerseits nur passiv eindringt, wenn man einmal von der O_3-Fixierung an Doppelbindungen oder der Reaktion mit SH-Gruppen absieht (vgl. Reaktionen 25–29, S. 89). Der Netto-O_3-Flux wäre also bestenfalls (ohne die Berücksichtigung des obigen Gesichtspunktes) $^1/_{1000}$ des CO_2-Fluxes, da die CO_2-Konzentration bei ca. 600 mg/m^3 und die Ozonkonzentration kaum über 600 $\mu g/m^3$ liegt; das kommt einer molaren Konzentration von 0,02 bis 0,05 $\mu mol\ O_3/cm^2$ Blattfläche nahe.

Die Morphologie des Blattinneren ist wesentlich für das Schadensausmaß verantwortlich, wobei das Verhältnis zwischen Oberfläche und Innenraum (über das Blattalter) maßgebend ist: unabhängig von der Stomaapertur sind weder ganz junge noch ganz alte Blätter anfällig. Der Gipfel der Sensitivität fällt zusammen mit

a) Perioden kurz nach maximaler Blattexpansion
b) einem maximalen Verhältnis von Oberfläche zu Volumen
c) der Entwicklungsepoche kurz vor dem Erreichen des endgültigen Blattumfangs, also kurz vor der Bildung von Sekundärwänden und der Lignifizierung.

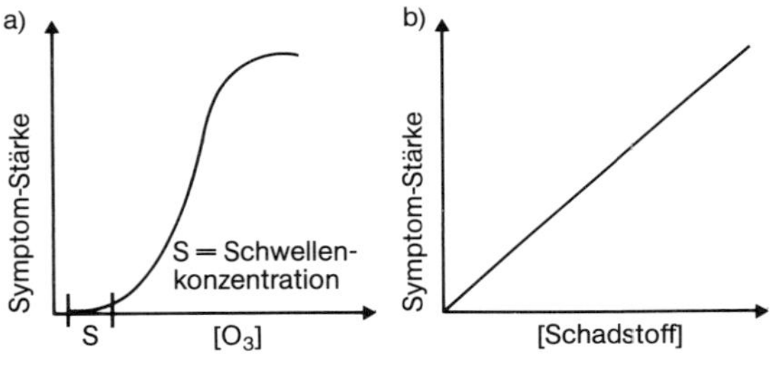

Abb. 8: Dosis-Effekt-Kurven: a, sigmoid; b, linear.

In dem unter a) bis b) angeführten Abschnitt sind Proteingehalt, Nukleotide und SH-Gruppen in den Blattzellen in einem metabolischen Minimum, was evtl. mit einem Minimum an „Abwehr"- oder „Reparatur"-potential korrelieren mag.

An der „Schädigungskurve" (Abhängigkeit der Symptomstärke von der Schadstoffkonzentration) kann man erkennen, daß auch (wie für SO_2) für die O_3-Toxizität eine Schwelle angenommen werden muß, da die Dosis-Effekt-Kurve sigmoid und nicht linear verläuft:

Wie in Abb. 8 gezeigt, unterscheiden sich die Abb. 8a) und 8b) dadurch, daß in Abb. 8a der sigmoide Dosis-Effekt-Verlauf eine Schadstoffschwelle (S) andeutet, während eine lineare Abhängigkeit auf die Abwesenheit solch einer Schwelle hinweist. Der Ort der primären Ozonschädigung ist nicht lokalisierbar, jedoch sprechen viele Befunde wiederum für die Membranen als erstes Angriffsziel. Ein Modellversuch mit isolierten Chloroplasten macht dies deutlich: Behandelt man intakte (CO_2-Fixierung!) Chloroplasten 1 min mit 200 mg/m^3 O_3, so

zeigt sich keine Hemmung des photosynthetischen Elektronentransports. In Chloroplastenfragmenten (isolierte Thylakoidstapel ohne Hüllmembranen und Stromaproteine) hätte diese Dosis das Elektronentransportsystem geschädigt. Anscheinend kann O_3 die äußere Chlorplastenmembran und den Stromabereich nicht durchdringen. Es ist deshalb anzunehmen, daß Komponenten (ungesättigte Fettsäuren) der äußeren Membran evtl. zusammen mit SH-haltigen Verbindungen im Stroma Ozon bis zu einem bestimmten Ausmaß „inaktivieren", bis höhere Dosen (siehe Schwellenphänomen!) über die Destruktion von Schlüsselmolekülen und über die Überflutung der Reparaturmechanismen (Radikalfänger, Biosyntheseraten) zu sichtbaren und meßbaren Schädigungen führen.
Demgegenüber zeigten Floyd et al.[19], daß der Gehalt an 8-Hydroxyguanin (8-HG) nach Ozonbehandlung von Bohnen und Erbsen (400 $\mu g/m^3$, 2 Stunden) in der Chloroplasten-DNA auf den doppelten Kontrollwert anstieg, wobei aber eine direkte Reaktion von DNA mit Ozon keine 8-HG-Bildung hervorrief. Dieser Befund deutet darauf hin, daß nicht O_3 selbst, sondern vielmehr sekundäre Oxidantien für diesen Ozoneffekt verantwortlich sind.
Die Problematik geeigneter „Ozonanzeiger" (siehe auch S. 75 ff.) im Zusammenhang mit dem angedeuteten Schwellenwert geht aus einem Vergleich zwischen einzelligen Algen und Höheren Pflanzen als Zielorganismen hervor:
Tabakblätter nehmen ca. $3 \cdot 10^{-8}$ Mole O_3/min auf, Bohnenblätter ca. $4{,}2 \cdot 10^{-8}$ Mole/min; einzellige Algen werden getötet, wenn ca. $3 \cdot 10^8$ Moleküle O_3 pro Zelle einwirken (die LD_{50} = „halbletale" Dosis für *Escherichia coli* wird mit $4 \cdot 10^8$ Molekülen O_3/Zelle angegeben). Wenn man von ca. 10^8 Palisadenzellen pro Blatt ausgeht und auf das Algensystem umrechnet, so kommt man auf eine ca. 100fach höhere Dosis, die benötigt wird, um Blätter Höherer Pflanzen zu schädigen. Der Grund dafür ist vermutlich in den relativ inerten Zellwandkomponenten Höherer Pflanzen zu suchen.

Primäre physiologische und biochemische Effekte

Permeabilitätsänderungen in Blattscheiben (z. B. Bohnen) nach O_3-Begasung deuten auf eine primäre Schädigung des Plasmalemma, wobei zeitlich gestaffelt unmittelbar nach Begasung eine erhöhte Wasserpermeabilität, etwas später eine Verdoppelung der Glucosepermeabilität messbar wird. Längere Zeit nach der Begasung oder nach längeren O_3-Inkubationen treten *lichtabhängige Bleichungsreaktionen* auf. Mit isolierten Chloroplasten hat man festgestellt, daß O_3 den Energietransfer von den primären Lichtakzeptoren zu den Reaktionszentren blockiert, ohne dabei als Entkoppler des Elektronentransports zu wirken (s. S. 185). Dieser Befund erlaubt den Rückschluß, daß der gehemmte Energietransfer photodynamische Reaktionen vom Typ II

$$\text{Pigment} \xrightarrow{h \cdot \nu} P^* \xrightarrow{O_2} {}^1O_2 \text{ (Singulett- } O_2\text{)} \longrightarrow \text{Bleichungsreaktionen}$$

favorisiert und damit über das angeregte Pigment (P*) und Singulett-Sauerstoff (${}^1O_2$) zu den Pigmentdestruktionen führt.
Im Photosynthesegeschehen stellt man ferner eine Hemmung der RUDP-Carboxylase, einem Enzym mit 90 SH-Gruppen im Molekül, fest. Der *Proteinmetabolismus* wird ebenfalls beeinflußt: nicht-proteinbildende Aminosäuren wie Phosphoserin und Phosphoethanolamin nehmen ab, andere lösliche Aminosäuren nehmen dagegen zu.
Im *Lipidstoffwechsel* stellt man Phänomene fest, wie sie in Pflanzen nach Dürreperioden (siehe Wasserverluste nach O_3-Begasung, „water logging") auftreten: 3–5 h nach O_3-Begasung (1 h mit 0,5 µl/l) von Bohnenblättern nimmt der Phosphatidylglyceringehalt ab, und nach 24 h ist das Verhältnis von Monogalactosyldiglyceriden zu Digalactosyldiglyceriden abgesenkt, wobei der Gesamtverlust an (z. B. 18 : 3) Fettsäuren trotz Malonaldehydbildung (s. o.) anfänglich sehr gering bleibt (Schutzmechanismen? Reparaturen?); die Dissoziation von Chloroplasten-Polysomen zu einzelnen Ribosomen, die Abnahme der Nitratreductase-Aktivität und die begleitende Ethylenbildung (proportional zur O_3-Konzentration) können als Folgereaktionen oder Folgeschäden eingestuft werden und reflektieren mehr oder weniger charakteristisch den Verlust der metabolischen Kontrolle. In jüngster Zeit wurden Versuche beschrieben, die über Erfolge bei der „chemischen Aktivierung" endogener Schutzmechanismen unter Erhalt hoher Raten oxidativer Metabolismen berichten: Nach Behandlung mit (50 mg pro Pflanztopf) EDU (= N-[2-(2-oxo-1-imidazolidinyl)-ethyl]-N′-phenylharnstoff) wurden O_3-sensitive Bohnenrassen vor O_3-Schäden geschützt. Hier korreliert vor allem ein Ansteigen der Superoxiddismutase (SOD), aber auch von Katalase und Peroxidase, mit der O_3-Resistenz. Es ergeben sich somit auffallende Parallelen zur SO_2-Toxizität bzw. -Resistenz, wo ebenfalls eine Schutzfunktion von SOD diskutiert wird[20].
Auch im Sekundärstoffwechsel treten Veränderungen auf. Rosemann und Mitarbeiter[21] berichten über die Induktion der Stilbene Pinosylvin und Pinosylvin-3-Methylether sowie der Stilbensynthase in Nadeln sechs Wochen alter Kiefern-Setzlinge, die mit Ozon exponiert wurden. Beide Stilbene kommen normalerweise im Kernholz der Kiefer vor und werden bei Pilzbefall als Phytoalexine im Splintholz gebildet. Die Akkumulation der Stilbene sowie der zeitliche Verlauf der Aktivität der Stilbensynthase sind in Abb. 9 dargestellt. Der Gehalt der Stilbene 36 Stunden nach Beginn der Exposition gegenüber Ozon unterscheidet sich nicht wesentlich bei Belastung mit 0,15 oder 0,30 µl/l Ozon, danach nimmt aber die Stilbenkonzentration bei der niedrigeren Ozondosis ab, während sie unter der höheren Ozonbelastung konstant hoch bleibt. Die Abnahme wird mit einer Metabolisierung der Stilbene erklärt, die unter den Bedingungen der höheren Ozonbelastung, bei der im Gegensatz zur niedrigeren sichtbare Schäden beobachtet werden, unterbleibt. Die Zeitkinetik der Stilbenakkumulation korreliert positiv mit dem Verlauf der Aktivität der Stilbensynthase, so daß von einer de novo Synthese der Stilbene ausgegangen werden kann. Diese Annahme wurde durch Versuche mit radioaktiv markierten Vorläufersubstanzen bestätigt. Die Induktion der Stilbenbiosynthese stellt nach diesen Autoren das erste Beispiel einer dosisabhängigen biochemischen Reaktion einer Konifere auf eine Ozonbelastung dar und eignet sich deshalb möglicherweise als Indikator für „Streß"-Situationen bei Kiefern.
Neben einem Anstieg der Stilbensynthaseaktivität wurde eine Stimulierung der Phenylalaninammoniumlyase (PAL), und der Chalkonsynthase, einem Schlüsselenzym des Flavonoidstoffwechsels, gemessen. Diese Beobachtungen werfen die Frage auf, ob Ozon eine Gen-Induktion auslösen kann. Für drei Proteine (Ubiquitin in Soja, β-1,3-Glucanase in Tabak und Extensin in Kiefer), die bei pflanzlichen Abwehrreaktionen allgemein eine Rolle spielen, konnten Anhaltspunkte (Induktion der entsprechenden mRNA) für eine Geninduktion durch Ozon erhalten werden[22].
Ozon könnte daher im phytopathologischen Sprachgebrauch als ein „Elicitor" pflanzlicher Abwehr- bzw. Schutzreaktionen bezeichnet werden (vgl. S. 323 f.).
Von der gleichen Arbeitsgruppe um Sandermann werden sogenannte „Frühe Effekte" durch Ozon den „Memory-Effekten" gegenübergestellt. Unter frühen Effekten werden Streßreaktionen von Pflanzen auf Ozon verstanden, ohne daß sichtbare Schäden oder Einbußen bei der Photosyntheseleistung auftreten. Hierher gehören z. B. die Induktion von Stilbenen und auch von Polyaminen.

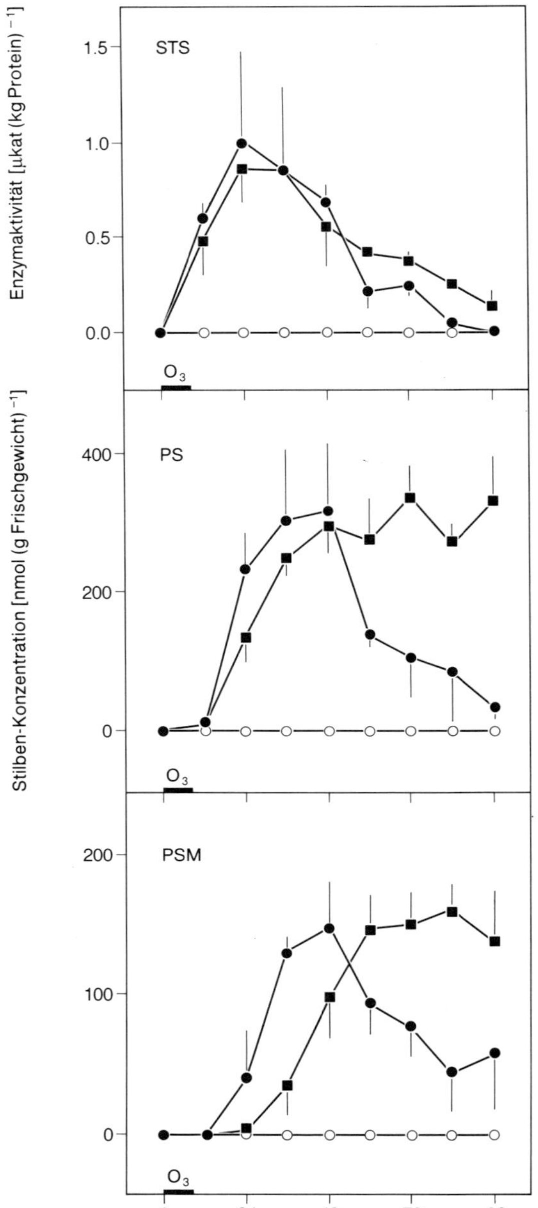

Abb. 9: Aktivität der Stilbensynthase (STS) sowie Anreicherung von Pinosylvin (PS) und Pinosylvin-3-Methylether (PSM) in Nadeln sechs Wochen alter Kiefernsetzlinge nach Exposition gegenüber 0,15 µl/l Ozon (■) und 0,3 µl/l Ozon (●) bzw. Reinluft (O) (verändert aus [21]).

„Memory-Effekte" werden bei Bäumen beobachtet, die sich an frühere Ozon-Ereignisse „erinnern" und mit großer zeitlicher Verzögerung sichtbare Schadsymptome entwickeln. Frühe Streßreaktionen treten bei Ozonkonzentrationen von 60, 100 und 250 µl/l für Buche, Kiefer und Fichte auf (Belastung 7 h/Tag über 3–6 Wochen im Herbst). Im Anschluß an die Ozonbelastungen wurden in der Arbeitsgruppe Sandermann die Bäume unter Freilandbedingungen weiter kultiviert. Die folgenden verzögerten Schadsymptome traten erst viele Monate später auf. Bei Buchen trat zunächst ein beschleunigter Blattfall und später im Folgejahr bei zusätzlicher Belastung mit saurem Nebel ein verzögerter Knospenaustrieb auf. Bei der Fichte zeigten während des Neuaustriebs im Frühjahr die früher behandelten Nadelklassen chlorotische Symptome und Pigmentverluste. Die Nadeln des Neuaustriebs blieben jedoch ohne sichtbare Schäden. Auch die „neuartigen" Waldschäden (Nadelverluste und Vergilbungen, vgl. S. 104 ff.) treten überwiegend an den älteren, nicht an dem jüngsten Nadeljahrgang auf[22]. Sandermann und Mitarbeiter sind der Auffassung, daß der „Memory-Effekt" das Fehlen einer unmittelbaren Dosis/Effekt-Beziehung zwischen Ozonbelastung und sichtbaren Symptomausprägungen erklären könnte.

Stickstoffoxid, NO_2

Umrechnungsfaktoren: 1 ppm = 1910 µg/m³; ppb = µg · 0,523; µg/m³ = ppb · 1,91).
In recht ähnlicher Weise wie O_3 kann auch NO_2 olefinische Bindungen angreifen. Diese chemische Reaktivität zusammen mit morphologischen und physiologischen Befunden geben Grund zu der Annahme, daß auch im Falle des NO_2 der primäre Angriffspunkt ungesättigte Fettsäuren in Biomembranen sind.
Da NO_2 ein Radikal ist, kann es Wasserstoffatome von Fettsäuren abstrahieren und so die erwähnte Lipidperoxidation einleiten. Für Linol- und Linolensäure wurden folgende Initialreaktionen bestätigt:

$$NO_2 + -CH=CH-CH_2- \longrightarrow HONO + -CH-\dot{C}H-CH- \xrightarrow{O_2} \text{Kettenreaktion} \qquad (30)$$

HNO_2 kann mit sekundären Aminen weiterreagieren und die für Säugetierzellen mutagenen Nitrosamine erzeugen. Auch Additionsreaktionen an Doppelbindungen werden beobachtet, die ebenfalls zu einer Radikalkettenreaktion führen:

$$NO_2 + -C=C- \longrightarrow NO_2-C-C^{\bullet}$$
$$NO_2-C-C^{\bullet} + O_2 \longrightarrow NO_2-C-C-OO^{\bullet} \longrightarrow \text{Kettenreaktion} \qquad (31)$$

Wie eingangs erwähnt, entsteht NO_2 u. a. aus dem NO der Verbrennungsmotoren. Daneben ist jedoch der biologische (bakterielle) Ursprung erheblich: man schätzt, daß weltweit ca. $50 \cdot 10^7$ t NO_2/Jahr bakteriellen und $5 \cdot 10^7$ t NO_2/Jahr anthropogenen Ursprungs sind. Da die biologische NO_2-Genese jedoch über die feste Erdoberfläche annähernd gleichmäßig verteilt und in „gewachsene" Kreisläufe integriert, die zivilisatorische NO_2-Genese dagegen auf die Ballungsräume konzentriert ist, sind überschwellige NO_2-Werte (z. B. 2–29 mg/m³ für den Geruch) nur in stark besiedelten Gebieten mit relativ hohem Lebensstandard (Automobil) zu erwarten.
Pflanzen reagieren auf NO_2 wiederum unterschiedlich: akute Symptome sind denen von SO_2 ähnlich, nämlich interkostale, bifaziale Nekrosen und Wasserflecken.
Bei monokotylen Pflanzen (Getreidearten) sind Blattspitzennekrosen weit verbreitet. An Nadelhölzern äußern sich akute Schädigungen in rotbraunen und fuchsroten Verfärbungen, die von der Nadelspitze ausgehen[23]. Chronische Symptome machen sich durch eine anfänglich tiefere Grünfärbung, später durch Chlorosen und Abszission bemerkbar, wobei zu bemer-

ken wäre, daß sich unter feuchten Bedingungen meist stärkere Schäden ergeben als unter Trockenheit (Säureeffekt!).
In Tab. 6 sind einige Pflanzen nach ihrer relativen Empfindlichkeit gegenüber NO_2 eingeteilt.
Als Beurteilungskriterium dient, wie beim Ozon, die Blattschädigung.

Tab. 6: Sensitivitäten gegenüber NO_2.

sensitiv	rel. unempfindlich	rel. resistent
Erbsen	Ahorn	Buche
Karotten	Linde	Holunder
Salat	Tanne	Ulme
Petersilie	Rhododendron	Eibe
Hafer	Dahlien	Eiche, Kiefer
Rosen	Roggen	Kohlrabi, Kohl
Lärchen	Weizen	Zwiebel
Birken	Mais	Spargel
Apfel	Sellerie	Gladiolen
Birne	Erdbeere	Heide
Oleander	Tomate	
Sonnenblume	Kartoffel	

Die Auswirkungen einer NO_2-Belastung können als Reaktionen erhöhter NO_2^-- und NO_3^--Konzentrationen im Zellinneren interpretiert werden.
Das durch Lösung von NO_2 gebildete Nitrit und Nitrat kann durch die Enzyme Nitritreduktase (lokalisiert in den Chloroplasten) bzw. Nitratreduktasen (lokalisiert im Zytoplasma) metabolisiert werden. Das Nitrit-Ion stellt die eigentliche phytotoxische Verbindung dar. Die Entgiftung des Nitrits hängt von der Aktivität der Nitritreduktase ab, die reduziertes Ferredoxin, das bei der Photosynthese entsteht, für seine Reduktion zu Ammoniak benötigt[24]. NO_2-belastete Pflanzen, die im Dunkeln exponiert oder mit einem Photosynthesehemmer behandelt wurden, zeigten stärkere Blattschädigungen als im Licht[25]. Bei zahlreichen Pflanzenarten ist eine Korrelation zwischen einer Nitritakkumulation und der Blattschädigung gefunden worden[26, 27, 28, 29].
Unklar ist, ob die Toxizität eine Folge der Reaktivität des NO_2-Ions oder der Säurewirkung der salpetrigen Säure ist.
Negative Effekte auf die Photosynthese selbst werden bei Begasung mit NO_2 erst bei hohen Konzentrationen von 955–1337 µg/m³ und mehr erreicht[18].
Die Atmung wird durch NO_2-Konzentrationen von 76–764 µg/m³ nicht beeinflußt. Bei höheren Konzentrationen (1910–13 370 µg/m³) treten unterschiedliche Reaktionen auf; es kommt sowohl zu einer Hemmung als auch zu einer Stimulierung der Respiration in Abhängigkeit von der Pflanzenart[18].
NO_2 bewirkt im allgemeinen unter einer Konzentration von 1910 µg/m³ keine Veränderung der stomatären Leitwerte[18].

Peroxyacylnitrate, Peroxyacetylnitrat (PAN)

Umrechnungsfaktoren: 1 ppm = 4 370 µg/m³; ppb = µg/m³ · 0,229; µg/m³ = ppb · 4,37).

Peroxyacylnitrate, $R-C(=O)-O-O-NO_2$ erreichen in manchen Industrielandschaften und Ballungsgebieten (Los Angeles District) bis 5–20 % der Ozonkonzentrationen und setzen sich zusammen aus

a) Peroxyacetyl – ($R = CH_3-$), PAN
b) Peroxypropionyl – ($R = CH_3-CH_2-$), PPN
c) Peroxybutyryl – ($R = CH_3-CH_2-CH_2-$), PBN und
d) Peroxybenzyl – ($R = C_6H_5-$), PBzN

-nitraten. Die wichtigste Verbindung aus dieser Gruppe ist PAN mit einer physiologischen (pH = 7,2) Halbwertszeit von 4,4 min. Es zerfällt basenkatalysiert im wesentlichen zu Acetat und salpetriger Säure (siehe NO_2-Toxizität) und wird in der Pflanze als Acetat weitermetabolisiert:

$$CH_3-C(=O)-OONO_2 + 2OH^- \longrightarrow CH_3COO^- + NO_2^- + O_2 + H_2O \quad (32)$$

Die Toxizität der Peroxyacylnitrate für Pflanzen folgt derselben Reihung wie die Augenirritation:

PBN > PPN > PAN.

Chemische und biochemische Reaktivitäten

PAN reagiert
a) mit Thiolgruppen z. B. in Enzymen wie den SH-Gruppen der Glucose-6-phosphat-Dehydrogenase, wobei das Enzym durch seine Substrate (Glu-6-P, NAD) geschützt wird. Kleinere S-haltige Moleküle werden oxidiert, wobei Methionin zum Methioninsulfoxid, Liponsäure und Coenzym A zu Disulfiden oxidiert werden. Bei der Reaktion mit Glutathion kann 1 Mol PAN mit 3 Mol SH-Gruppen reagieren;
b) mit NAD(P)H, welches ebenfalls oxidiert wird, wobei die oxidierten Verbindungen (NAD, NADP) nicht mit PAN weiterreagieren;
c) mit Olefinen unter Bildung von Epoxiden und Lipidperoxidation

$$PAN + Olefin \longrightarrow CH_3COO^{\bullet} + NO_2 + Epoxid$$
$$\downarrow$$
Alkylierungen?

$$CH_3COO^{\bullet} \longrightarrow CO_2 + CH_3^{\bullet} \quad (33)$$

$$CH_3^{\bullet} + LH \longrightarrow L^{\bullet} + CH_4$$
$$\searrow$$
Kettenreaktion (vgl. Reaktion 13)

d) Mit primären Aminen erfolgen Acetylierungen:

$$PAN + R{-}NH_2 \longrightarrow O_2 + HNO_2 + CH_3-C(=O)-NH-R \quad (34)$$

Physiologische Phänomene

Sichtbare Symptome an sensitiven Pflanzen erreicht man durch 2–4 stündige PAN-Begasung im ppb-Bereich (Tab. 7).

Tab. 7: Sensitivitäten gegenüber PAN.

sensitiv	rel. sensitiv	resistent
(87.4 µg/m³)	(87.4–437 µg/m³)	(≧ 437 µg/m³)
Bohnen	Tabak	Gurken
Salat	Weizen	Baumwolle
Hafer		

Die sichtbaren Phänomene unterscheiden sich nicht nach PAN, PPN oder PBzN-Begasung; wie im Falle des Ozons sind Blätter mittleren Alters (Oberfläche/Volumen-Verhältnis im Palisadengewebe) besonders anfällig. Als *unterschwellige Effekte* werden häufig Wachstumseinschränkungen („stunting“) beobachtet. Diese sind erklärbar durch den Befund, daß PAN (ähnlich wie Peroxidasen mit H_2O_2) Indolylessigsäure (IES, Wachstumshormon) oxidieren kann, wobei der Wachstumsinhibitor 3-Hydroxymethyloxindol (HMO) entsteht.

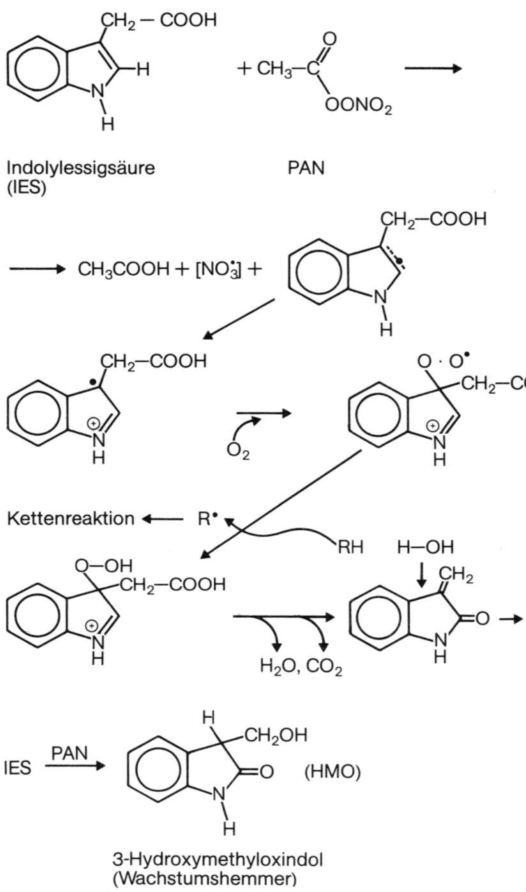

(35)

In Haferkoleoptilen hat man weiterhin beobachtet, daß PAN die Synthese von UDP-Glucose hemmt, die Aktivität einer Pyrophosphorylase dagegen (als Konsequenz der Freisetzung aus Membranen?) erhöht.

Die Toxizität von PAN wird durch verschiedenartige Lichteffekte beeinflußt (oder überlagert?):

1) Die CO_2-Fixierung in isolierten (intakten) Chloroplasten wird durch PAN gehemmt. Dabei stellte sich heraus, daß Licht der Wellenlängen um 420 bis 480 nm den Hemmeffekt verstärkt und daß Ascorbinsäure, die als Reduktionsmittel und auch als Radikalfänger fungiert, dem Hemmeffekt entgegenwirkt.

Auf Grund des ungefähren Aktionsspektrums im Carotin- und Flavinabsorptionsbereich hat man auch eine Beteiligung dieser Substanzklassen an der lichtabhängigen PAN-Aktivierung angenommen, wobei unterschiedliche Effekte gemessen werden, je nachdem ob vor, während oder nach der PAN-Begasung belichtet wird.

2) Dem Blaulicht-Effekt (420–480 nm Aktionsmaximum) steht ein Rotlichteffekt gegenüber: man hat beobachtet, daß die PAN-abhängige SH-Gruppen-Inaktivierung durch Licht der Wellenlänge 660 nm verstärkt und durch 700 nm Licht wieder abgeschwächt wurde. Am Beispiel der Ribulose-5-phosphat-Kinase-Aktivität wurde gezeigt, daß dieses Enzym durch Licht oder durch das (SH-haltige) Reduktionsmittel Dithiothreitol (DTT) aktiviert, durch den SH-Gruppen-Blokker N-Ethylmaleimid (NEM) und durch PAN inaktiviert wird. Man könnte also annehmen, daß die PAN-Inaktivierung auf einer Inaktivierung „offener“ SH-Gruppen beruht (reduktive, lichtabhängige „Öffnung“ durch das Thioredoxin-System):

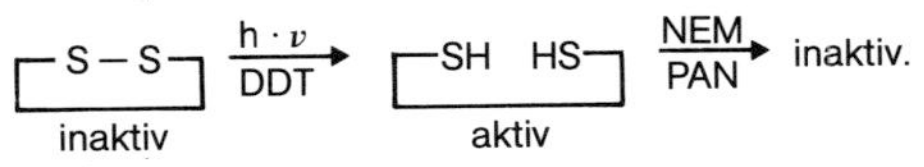

(36)

Den Blaulichteffekt muß man evtl. anders interpretieren: Wenn wir annehmen, daß lichtabhängig (photodynamisch) eine Toxizitätsverstärkung auftritt, die durch den Radikalfänger Ascorbinsäure aufgehoben wird (b), so kann man von photodynamischen Reaktionen (Flavinkatalyse? FMN) vom Typ I (s. S. 91) ausgehen (a) und damit von einer reduktiven Sauerstoffaktivierung:

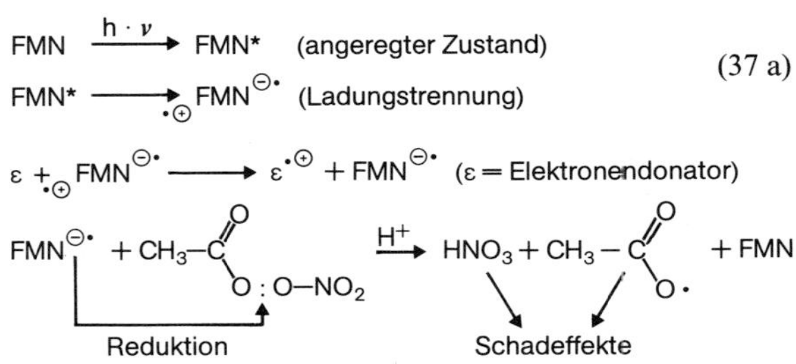

(37 a)

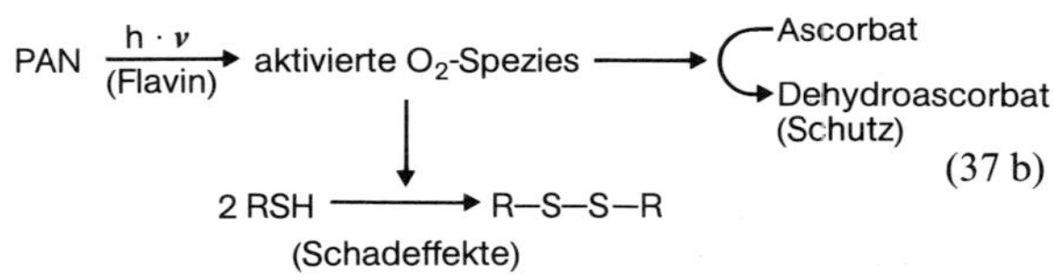

(37 b)

Fluorwasserstoff, HF

Umrechnungsfaktoren: 1 ppm = 830 $\mu g/m^3$; ppb = $\mu g/m^3 \cdot 1{,}202$; $\mu g/m^3$ = ppb $\cdot$ 0,83).

Alle Pflanzen enthalten Fluorid (F^-) in verschiedenen Konzentrationen zwischen ca. 4 und 41 mg/m^3; mit Unterbrechung können Pflanzen 5 bis 10 μg F^-/cm^3 ohne größere Schädigung ertragen. Typische Fluorschäden zeichnen sich durch Spitzen- und Randnekrosen der Blätter aus („tip burn“). Untersuchungen an Gladiolen haben ergeben, daß die Blätter mittleren Alters (siehe O_3 und PAN) die größten Schädigungen erfahren, obgleich ältere Blätter viel mehr F^- akkumulieren als junge Blätter. Auch bei der Fluortoxizität wurden Schwellenphänomene beobachtet; über gewissen Schwellenwerten korreliert der Schaden mit der Schadstoff (HF)-Dosis.

Die Aufnahme von HF und F^- erfolgt passiv (im Gegensatz zum CO_2) und der Transport innerhalb der Pflanze mit dem Transpirationsstrom nur aufwärts. Dabei wurde (in Hafer) keine irreversible Bindung beobachtet, wohl aber organellspezifische Akkumulationen in der Reihenfolge:

Zellwand > Chloroplasten > lösliches Protein > Mitochondrien > Mikrosomenfraktion.

Chemische, biochemische und physiologische Effekte

Im Gegensatz zu SO_2, O_3, PAN oder NO_2 kann HF nicht direkt durch eine radikalische Induktionsreaktion destruktive

Kettenreaktionen auslösen wie z. B. die Lipidperoxidation oder Oxidation von SH-Gruppen. Beim F^- sind es vor allem Additionsreaktionen und Interaktionen mit dem Kationen- und Phosphathaushalt sowie spezifische Hemmungen von Enzymen, die für den komplexen Toxizitätsmechanismus verantwortlich sind, wobei die Effekte auf Enzyme unterschiedlich sind: bei F^--Konzentrationen, die noch keine Wachstumsreduktionen oder gar sichtbare Schäden verursachen, werden manche Enzymaktivitäten anfänglich erhöht (Enolase, Pyruvatkinase, Katalase), später aber gehemmt. Höhere F^--Dosen (10^{-3} bis $5 \cdot 10^{-3}$ mol/l) erhöhen anfänglich die Respiration um ca. 25 %; zeitlich später erfolgt eine Hemmung der Atmung, und anschließend treten erst sichtbare Schäden auf. Dieser Befund führte zur Annahme, daß F^- als Atmungsentkoppler (s. S. 276) ähnlich wie Dinitrophenol wirken könnte. Dem stand jedoch gegenüber, daß man nach F^--Behandlung vielfach erhöhte zelluläre ATP-Konzentrationen vorfand.
Eine weitere Hypothese für die Erklärung der gesteigerten Atmungsaktivität geht davon aus, daß das Enzym Enolase in Anwesenheit von Mg^{2+} durch *Fluorophosphat* gehemmt wird. Über diese Enolase-Hemmung (im glykolytischen Abbauweg) könnte es zu verstärkten Substratflüssen im Pentosephosphat-Weg und damit zu einem erhöhten NAD(P)H-Angebot kommen, welches wiederum eine Erhöhung des „Elektronenflusses“ in die Respirationskette zur Folge haben könnte. Das wirksame Fluorophosphat würde durch eine „Fluorokinase“ synthetisiert:

$$\mathrm{ATP} + \mathrm{F}^- \xrightarrow[\text{„Fluorokinase“}]{\mathrm{CO_2},\ \mathrm{Mg}^{2+}} \mathrm{ADP} + \mathrm{F{-}O{-}\overset{\overset{\displaystyle O}{\|}}{\underset{\underset{\displaystyle OH}{|}}{P}}{=}O}$$

Fluorophosphat (38)

Bei dieser Reaktion würde eine „energiereiche“ Anhydridbindung gespalten und somit gleichzeitig das ATP/ADP-Verhältnis als Kontrollgröße des respiratorischen Elektronentransports (anfänglich!) erniedrigt.
Die Rolle von Mg^{2+} bei der F^--induzierten Schadensauslösung wird ersichtlich aus der reversiblen (5 Tage Begasung mit 2,5–16,5 µg/m³ HF) Hemmung des gekoppelten photosynthetischen Elektronentransports („Hill-Reaktion“) und der regulierenden Rolle von Mg^{2+} dabei. Allgemein wird beobachtet, daß nach HF-Behandlung die Konzentrationen der freien, zellulären Mg^{2+}-Ionen abnehmen. Mit der Berücksichtigung der Bedeutung von Mg^{2+} für alle ATP-abhängigen Prozesse lassen sich die gemeinhin beobachteten Wachstumshemmungen im Zusammenhang mit folgenden metabolischen Effekten recht zwanglos erklären:
1) Enolase, Succinatdehydrogenase, sowie Phosphoglucomutase und andere Phosphat- und ATP-umsetzende Enzyme (Mg^{2+}!) werden gehemmt.
2) Abnahme von Polyribosomen und Abbau von RNA durch Aktivierung von Ribonucleasen.
3) Hemmung der Freisetzung von Orthophosphat aus Phytinsäure während der Samenkeimung (Phytinsäure = Hexahydroxycyclohexan-Hexaphosphorsäureester; fungiert als Phosphatspeicher).
4) Anhäufung von intermediärmetabolischen organischen Säuren durch folgenden Rückkoppelungseffekt:
F^- wird in Fluoroacetat (stark toxisch für Tiere; F^--Schädigung des Tierfutters!), dieses wiederum in Fluorocitrat eingebaut, welches seinerseits die Aconitase-Aktivität (Citrat-Zyklus) hemmt. Es *staut* sich *Citrat* auf, welches rückkoppelnd („Pasteur-Effekt“) die Phosphofructokinase-Aktivität hemmt. Insgesamt muß also die F^--Toxizität neben dem Säureeffekt über die Umsteuerung und Hemmung einer Reihe von Reaktionen intermediär- und zentral-metabolischer Bedeutung gesehen werden, wobei das Hauptgewicht auf der Blockierung des Mg^{2+}-abhängigen Phosphatstoffwechsels (keine Redoxreaktionen!) liegen mag, im Gegensatz zur Katalyse oder Initiation von radikalischen Redoxreaktionen durch SO_2, NO_2, O_3 oder PAN.

Ethylen

Umrechnungsfaktoren: C_2H_4, 1 ppm = 1 160 µg/m³; ppb = µg/m³ · 0,859; µg/m³ = ppb · 1,16).
Allein in den USA werden durch Pflanzen jährlich $2 \cdot 10^4$ t Ethylen pro Jahr in die Atmosphäre abgegeben, während der jährliche Ausstoß der Industrie pro Jahr auf ca. $15 \cdot 10^6$ t veranschlagt wird, was zusammen einen Eintrag von 17 kg/(ha · a) ergibt. Nicht miteinberechnet ist hier, daß Pflanzen auf „Streß“ aller Art, so auch auf die Beeinträchtigung durch andere gasförmige Schadstoffe wie SO_2 oder O_3, mit einer erhöhten Ethylenbildung reagieren[30].
In freier Atmosphäre kommt das Pflanzenhormon Ethylen kaum als Schadstoff oder pflanzenschädigende Immission in Betracht, da es in den allermeisten Fällen extern in viel niedrigeren Konzentrationen immittiert, als kontinuierlich in der Pflanzenzelle selbst erzeugt wird (vgl. Abb. 4).
In geschlossenen Räumen wie Gewächshäusern oder Obstspeichern kann es jedoch in physiologisch wirksamen Konzentrationen angereichert werden, genauso wie in der unmittelbaren Nähe von Brandherden oder bestimmten Industriebetrieben.
Als Schadwirkungen kommen im wesentlichen vorzeitige und ungewollte Fruchtreifung, Verblühen von Zierpflanzenblüten und Blattfall in Frage.
Bei der Diskussion von Ethylen als Schadgas kann man nach einer Faustregel folgende Konzentrationen einsetzen[31]:

0.0116 mg/m³:	keine Effekte
0.116 mg/m³:	halbmaximale Effekte
1.16–11.6 mg/m³:	Sättigung

In ländlichen Gegenden muß man durchschnittlich mit ca. 3,5–11,5 µg/m³ Ethylen rechnen, während in Städten 116 µg/m³ erreicht werden können; bei dieser Konzentration können nach der oben angegebenen Faustregel bereits Effekte ausgelöst werden.
Die häufigsten auf Ethylen zurückzuführenden Schadeffekte („damage“ als ertragsmindernder Parameter, ausgedrückt in Kapitaleinbuße pro m² oder m³ eingesetztem Produktionsareal) beobachtet man in stadt- oder straßennahen Gewächshäusern, da 90 % des atmosphärischen Ethylens aus dem Kraftfahrzeug stammen.
In der Luft reagiert Ethylen mit Ozon unter Bildung von Wasser, Formaldehyd, CO_2, CO und Ameisensäure. Mit NO und NO_2 reagiert es lichtabhängig (UV) unter Bildung von Ozon und Formaldehyd. Neben diesem Abbau des Ethylens in der Luft erfolgt eine starke Bindung im Boden, der weltweit eine Kapazität zur Absorption von der doppelten Produktionsmenge besitzt. Die mögliche Bedeutung des Ethylens bei der Schädigung von Blattoberflächen in Kooperation mit anderen Spurengasen (O_3) ist an anderer Stelle (Abb. 19, S. 114) diskutiert.

Stäube

Der Staubniederschlag auf Pflanzenoberflächen kann anthropogener (z. B. in unmittelbarer Nähe von Zementfabriken; Niederschläge von 1,5 bis 4 g/(m² · d)) oder natürlicher (Verblasung von Erde und Sand aus Dürregebieten und Wüsten; Winderosion) Herkunft sein. Dementsprechend enthalten Stäube unterschiedliche Mengen an Schadstoffen, wie z. B.

Metalle, Metalloxide, Fluoride. Diese Schadstoffimmissionen führen somit über eine direkte Wirkung (Ablagerung auf Blättern; Schadstoffaufnahmen durch die Blätter; Verkrustungen auf Blättern) und über eine indirekte Wirkung (Aufnahme der niedergeschlagenen Schadstoffe durch das Wurzelsystem) zur Schädigung der Pflanzen. Bei der direkten Schädigung, die hier angesprochen werden soll (indirekte Wirkung: s. S. 74 ff.), kann man wiederum zwischen physikalischen Schädigungen und chemischen Schädigungen unterscheiden.
Staub in Kombination mit Feuchtigkeit führt zu Verkrustungen auf Blättern, was über eine erhöhte Infrarotabsorption zu Überhitzungseffekten führen kann. Trockener Staub zeigt demgegenüber relativ wenig direkte Effekte. Bei verstaubten Kirschblüten führte die Verhinderung der Pollenkeimung an den Stempeln zu Ertragseinbußen. Vereinzelt wurde über das Eindringen von Laugen ($CaO + H_2O \longrightarrow Ca(OH)_2$; Calciumhydroxid, pH-Werte zwischen 9,5 und 12) durch die Stomata eine Schädigung umliegender Zellen und auch der Cuticula, mit der Freisetzung von Fettsäuren (Hexadecansäure) aus Wachsen als Indikator, beobachtet. Über eine erhöhte Anfälligkeit von Zuckerrüben gegen den Schaderreger *Cercospora beticola* als Spätfolge von Staubimmissionen wurde ebenfalls berichtet.
Zusammenfassend kann zur Toxikologie von Staubemissionen gesagt werden, daß wohl die chemische Zusammensetzung (Stäube als Schadstoffträger) der Stäube und nicht die physikalische Komponente (z. B. durch Verkleben der Stomata) der Staubimmission für das Schadensausmaß bestimmend ist.

Entgiftungsmetabolismus

Eine lebende Pflanzenzelle stellt ein kompliziertes System aus Einzelreaktionen in Kompartimenten nach biochemischen und biophysikalischen Gesetzmäßigkeiten dar, die wiederum durch komplizierte Regelmechanismen gesteuert werden. Wirken auf solch ein System von außen her Gase ein, so kann man grundsätzlich zweierlei Reaktionen unterscheiden:
1) Die Gase sind der Pflanze aus phylogenetischen Gründen „bekannt" und werden metabolisiert.
2) Die Gase sind „unnatürlich" (anthropogenen Ursprungs), und somit dem Metabolismus der Pflanze „unbekannt". In diesem Falle können sie nicht metabolisiert werden, häufen sich an und entfalten konzentrationsabhängig ihre (schädigende?) Wirkung. Aus diesem Grund hat sie eine Vielzahl von Reparatur- und Entgiftungsmechanismen entwickelt, welche jedoch nur ganz bestimmten Konzentrationen bzw. „metabolischen Flüssen" angepaßt sind.
Zu diesen *Reparatur- und Entgiftungsmechanismen* tragen bei:
a) *kleine Moleküle* wie die Ascorbinsäure, α-Tocopherol, Glutathion, o-Diphenole, Carotine als Antioxidantien;
b) *Enzyme* wie die DNS- oder RNS-Restriktionsenzyme, Nucleasen und Polymerasen, Peroxidasen, Katalase, Superoxiddismutasen, Reductasen;
c) *metabolische Sequenzen* wie der Ascorbat-Peroxidase-Glutathionreductase-Weg, anaplerotische Sequenzen („Lückenfüller"), sowie
d) *hormonbedingte Umsteuerungen* von katabolischen auf anabolische Stoffwechselwege[32].
In der Pflanzenzelle werden auf diese Weise alle wesentlichen gasförmigen Immissionen metabolisiert und dadurch gleichzeitig detoxifiziert; sie werden als „bekannt" (SO_2, NO_2, O_3) oder zumindest als „nicht fremd" (Peroxide wie PAN) innerhalb relativ weiter Konzentrationsbereiche in den Stoffwechsel eingeschleust.

Schwefeldioxid

SO_2 penetriert das Plasmalemma und wird im Cytoplasma schnell zu HSO_3^- und SO_3^{2-} umgewandelt. Im Mesophyll erfolgt die Metabolisierung von HSO_3^- und SO_3^{2-} hauptsächlich im belichteten Chloroplasten. Die Anionen werden entweder photosynthetisch auf die H_2S-Stufe reduziert oder aber zum Sulfat oxidiert. Die Oxidation erhöht die Gefahr einer zellulären Ansäuerung. Die Kontrolle des zytoplasmatischen und plastidären pH-Wertes ist von größter Bedeutung für die Funktionstüchtigkeit des zellulären Metabolismus. Das Chloroplastenstroma benötigt einen pH-Wert um 8, um die Photosynthese aufrecht zu halten. Überschüssige Protonen werden entweder durch zelluläre Puffer abgefangen oder aus dem Cytoplasma exportiert, nicht jedoch in die Vakuole[33].
Außerdem können Säuren durch Reaktion mit Basen (OH^--Ionen) neutralisiert werden. OH^--Ionen werden während der Reduktion von Nitrat im Licht (oder im Dunklen) gebildet[33].

$$\text{Licht:}\quad NO_3^- + 3H_2O \rightarrow NH_4^+ + 2OH^- + 2O_2 \qquad (39)$$

$$\text{Dunkel:}\quad 3NO_3^- + C_6H_{12}O_6 + 2H_2O \rightarrow 3NH_4^+ + 6OH^- + 6CO_2 \qquad (40)$$

Tatsächlich nehmen die Nitratgehalte von Blättern, die gegenüber sauren Gasen exponiert wurden, rasch ab. Zusätzlich wird durch einen allerdings begrenzten Abbau endogener organischer Säuren, wie z. B. Malat, einer Anreicherung von Protonen im Cytoplasma entgegengetreten[33].
Protonen werden über die Wurzel im Austausch gegen Kationen wie K^+ oder Ca^{2+} ausgeschieden. Obwohl nichts über einen Langstreckentransport von Protonen aus Blättern zu den Wurzeln bekannt ist, erscheint die Möglichkeit einer Detoxifizierung von Säuren über eine Protonenexkretion durch das Wurzelsystem als nicht ausgeschlossen[33].
Die Reduktion von SO_2 umgeht das Versauerungsproblem. Im Gegenteil, durch die lichtabhängige Bildung der (schwachen!) Schwefelwasserstoffsäure werden Protonen „gebunden":

$$SO_3^{2-} + 2H^+ \rightarrow H_2S + 1\tfrac{1}{2}O_2 \qquad (41)$$

$$SO_4^{2-} + 2H^+ \rightarrow H_2S + 2O_2 \qquad (42)$$

Ein Teil des gebildeten H_2S (10–15% der SO_2-Absorption) kann von den Blättern ausgeschieden werden, der Rest wird in schwefelhaltige Verbindungen wie Cystein, Methionin und Glutathion eingebaut. Offen ist die Frage, wie effektiv die Reduktion des SO_2 an dessen Detoxifizierung gekoppelt ist, denn der Bedarf der Zelle an reduziertem Schwefel ist gering. Pflanzenproteine enthalten nur ca. 1% Schwefel. Deshalb scheinen schnellwachsende, proteinreiche, krautige Pflanzen toleranter gegenüber einer hohen SO_2-Exposition zu reagieren als Bäume, die nur wenige Prozent Proteinanteil an ihrer Biomasse besitzen[33].

Stickstoffdioxid

Wie SO_2 penetriert NO_2 leicht das Plasmalemma und bildet in der wäßrigen zellulären Phase salpetrige und Salpetersäure.
Im Blattmesophyll wird Nitrat und Nitrit lichtabhängig auf die NH_4^+-Stufe reduziert:

$$NO_3^- + 3H_2O \rightarrow NH_4^+ + 2O_2 + 2OH^- \qquad (43)$$

$$NO_2^- + 3H_2O \rightarrow NH_4^+ + 1\tfrac{1}{2}O_2 + 2OH^- \qquad (44)$$

Der zelluläre Bedarf an reduziertem Stickstoff ist hoch. Pflanzenproteine beinhalten ca. 16% Stickstoff. Aus diesem Grund kommt dem atmosphärischen NO_2 (in den heutigen durchschnittlichen Konzentrationen) eher eine Dünger- als eine Schadstoffwirkung zu (s. S. 295).

Ozon

Ozon wird zum großen Teil im Plasmalemma abgefangen. Die intrazelluläre Ozonkonzentration nimmt rasch mit steigender Entfernung zum Plasmalemma ab. Die Membranen der Zellorganellen sind deshalb weit weniger von einer Ozonschädigung betroffen. Ozon wird an Doppelbindungen der Membranlipide angelagert, und die entsprechenden Peroxide werden wie endogene Peroxide reduktiv (z. B. durch das mikrosomale Hydroxylierungssystem) metabolisiert bzw. entgiftet. Im Cytoplasma stellen die Oxidation von SH-Gruppen und von Ascorbat die wichtigsten Ozon-verbrauchenden Reaktionen dar.
Bei einer Belastung mit Ozon wird vor allem der Abbau von Reaktionsprodukten unter gleichzeitiger Detoxifizierung hochreaktiver Zwischenprodukte (s. u.) von Bedeutung sein, wobei im Gegensatz zur SO_2- oder NO_2-Belastung keine endogene Akkumulation eines charakteristischen Elements (S, N) meßbar ist.

Detoxifizierung hochreaktiver Zwischenprodukte

Reaktive Zwischenprodukte wie Superoxidradikalanionen, Wasserstoffperoxid, Singulettsauerstoff und peroxidische bzw. radikalische Metaboliten aus der Lipidperoxidation entstehen durch Reaktionen von Biomolekülen mit Ozon, aber auch SO_2, NO_2 und PAN, wie schon ausführlich dargestellt wurde (vgl. S. 87 f.).
Im Stroma des Chloroplasten ist ein Detoxifizierungssystem lokalisiert, bei dem der Ascorbinsäure eine zentrale Funktion zukommt[34, 35].
Ascorbat (AA) reagiert spontan mit Superoxidradikalanionen ($O_2^{\cdot -}$), wobei H_2O_2 und Dehydroascorbat (DHA) entstehen. Auch H_2O_2 kann über Ascorbat entgiftet werden. Dieser Vorgang wird durch das Enzym Ascorbat-Peroxidase (AA-POD) katalysiert. Um Ascorbat wieder zu regenerieren, wird DHA mit Hilfe der Glutathion(GSH)-abhängigen Dehydroascorbat-Reduktase (DHA-R) reduziert. Das oxidierte Glutathion (GSSG) wird seinerseits auf Kosten von $NADPH/H^+$ durch die Glutathionreduktase (G-R) reduziert gehalten. Eine schnelle Regenerierung des Ascorbats ist deshalb notwendig, weil die Ascorbat-Peroxidase in Abwesenheit von Ascorbat rasch an Aktivität verliert und danach anfällig für eine Hemmung durch H_2O_2 wird[36].
Einen Überblick über die bisher beschriebenen Entgiftungsreaktionen gibt die Abb. 10.
In der Thylakoidmembran übernehmen α-Tocopherol- und β-Carotinmoleküle die Entgiftung von Fettsäureradikalen ($R^{\cdot}$) und Singulettsauerstoff ($^1O_2$). Die oxidierten α-Tocopherolmoleküle werden ihrerseits über die direkte Reaktion mit Ascorbinsäure reduziert[37]. Das bei dieser Reaktion entstehende Monodehydroascorbat-Radikal (MDHA) disproportioniert spontan zu AA und DHA[38] oder wird durch die $NADPH/H^+$-abhängige Monodehydroascorbat-Reduktase (MDHA-R) wieder zu Ascorbat reduziert[39].
Außerdem dient Ascorbat als Scavenger von $OH^{\cdot}$-Radikalen[40] (Abb. 11).
Auch das Glutathion soll eine membranstabilisierende Rolle spielen. Acylperoxide (ROOH), die während der Lipidperoxidation entstehen, können durch Reaktion mit Glutathion entgiftet werden. Diese Reaktion wird durch die Glutathion-S-Transferase (GTS), die hier als Peroxidase fungiert, katalysiert[41]:

$$2\,GSH + ROOH \xrightarrow{GTS} GSSG + ROH + H_2O \quad (45)$$

Die Chloroplasten enthalten 20–40% des Ascorbatgehaltes eines Mesophyllprotoplasten. Das restliche Ascorbat ist im Cytosol und in der Vakuole lokalisiert, aber für die Chloroplasten verfügbar, da die Chloroplastenhülle einen spezifischen Ascorbattranslokator besitzt. Castillo und Greppin[42] nehmen

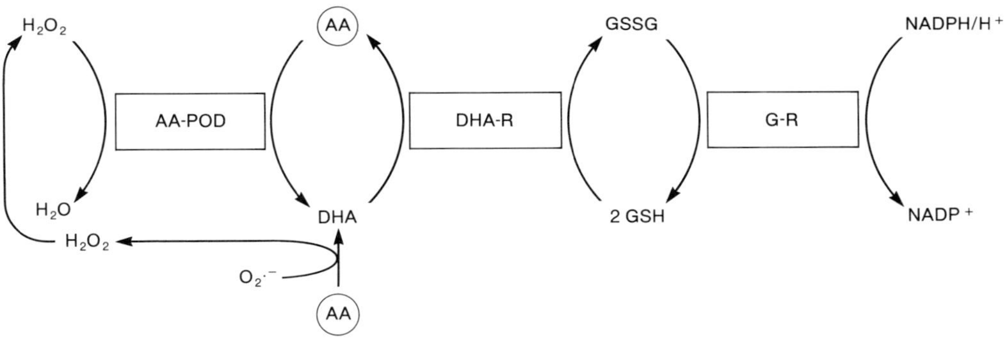

Abb. 10: Entgiftungsreaktionen im Chloroplasten.

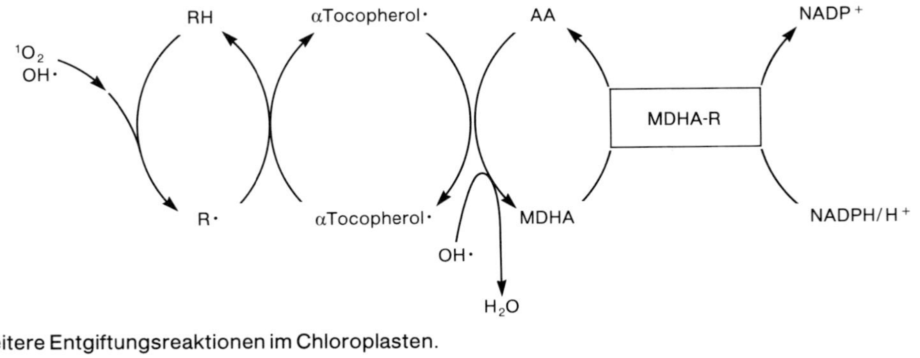

Abb. 11: Weitere Entgiftungsreaktionen im Chloroplasten.

an, daß Ascorbat auch das Plasmalemma passieren kann und zusammen mit der AA-POD, die in der Zellwand lokalisiert ist, als initiales Abwehrsystem im Apoplasten fungiert und die Detoxifizierung von H_2O_2 ermöglicht. DHA würde erneut die Plasmamembran passieren, um zu AA regeneriert zu werden.
Barnes[43] berichtet über einen Anstieg der Ascorbinsäurekonzentration in Nadeln verschiedener *Pinus*-Arten nach einer chronischen Ozonbelastung. Einen gestiegenen Gehalt an Ascorbat fanden auch Lee et al.[44] für ozontolerante Bohnen nach Ozonexposition. AA schützt auch als konstitutives Agens bestimmte Pflanzenspezies vor einer Ozon-Toxizität. Lee et al.[44] fanden, daß ozontolerante Bohnen- und Spinatpflanzen immer höhere endogene AA-Konzentrationen aufwiesen. Bei hohen, die im Freiland gemessenen bei weitem übersteigenden Konzentrationen wird ein Abfall des Vitamin C-Gehaltes in Spinatblättern[45] und in Koniferennadeln[46] beobachtet. Grill und Mitarbeiter[47] verglichen die Ascorbinsäuregehalte von Nadeln in Regionen unterschiedlicher SO_2-Belastung. Nadeln aus stark SO_2-belasteten Gebieten wiesen eine deutlich niedrigere Ascorbatkonzentration auf.
Wird die Ascorbat-Peroxidase-Aktivität von Mungbohnen *(Vigna radiata)* und Erbsen *(Pisum sativum)* durch Vorbehandlung mit Ethylen stimuliert, reagieren diese Pflanzen weniger empfindlich auf eine Ozonbegasung[48]. Im Gegensatz dazu weisen ozontolerante Tabaksorten im Vergleich zu ozonsensitiven Tabaksorten keine Unterschiede in ihren Ascorbat-Peroxidase-Aktivitäten auf. Hier korreliert also die Ozontoleranz nicht mit einer erhöhten Ascorbat-Peroxidase-Aktivität[49].
Zahlreiche Untersuchungen der Arbeitsgruppe um Grill zeigten, daß Fichtennadeln auf erhöhte SO_2-Gehalte in der Luft bzw. eine direkte SO_2-Belastung mit einer Erhöhung ihrer Glutathiongehalte reagieren. Es wurde vorgeschlagen, das Tripeptid als Indikator für einen „Schwefeldioxid-Streß" heranzuziehen.
Oßwald und Mitarbeiter[50] fanden bei Untersuchungen von Fichtennadeln aus den Hochlagen des Bayerischen Waldes und des Fichtelgebirges auf der Basis des Vergilbungsgrades innerhalb eines Nadeljahrganges, daß in den vergilbten Nadeln die Ascorbat- und Glutathiongehalte im Vergleich zu grünen Nadeln stets erhöht waren (Tab. 7). Im Nadelmaterial aus dem Bayerischen Wald wurden zudem die Aktivitäten von Enzymen des antioxidativen Entgiftungssystems überprüft. DHA-R und GR zeigten eine signifikant gesteigerte Aktivität in den vergilbten Nadelteilen[51].
Diese Befunde werfen die Frage auf, warum ausgerechnet Nadeln oder Nadelteile mit einer gesteigerten Detoxifizierungskapazität des endogenen Entgiftungssystems innerhalb der Chloroplasten vergilben. Die Autoren argumentieren mit der Kompartimentierung des antioxidativen Systems. Singulettsauerstoff ist **die** reaktive Sauerstoffspezies, die unter den Bedingungen einer „überreduzierten" Elektronentransportkette innerhalb der Thylakoidmembranen entsteht und eine Pigmentoxidation auszulösen vermag[52]. Da Ascorbat und Glutathion im Stroma lokalisiert sind, können sie mit dem oxidierenden Agens nicht in Kontakt treten. Sie entgiften vielmehr in der Folge entstandene reaktive Sauerstoffspezies wie $O_2^{\cdot -}$ und H_2O_2, die an den Thylakoiden gebildet und in das Stroma abgegeben werden. Weitere destruktive Reaktionen wie die Zerstörung der Chloroplastenhülle werden deshalb nicht beobachtet, die vergilbten Nadelteile werden über einen langen Zeitabschnitt nicht nekrotisch und können auch wieder ergrünen.
Erhöhte Gehalte an SOD und GR wurden in SO_2- oder O_3-exponierten Pflanzen gefunden. Alscher et al.[53] berichten, daß das Gesamt-GSH im Gegensatz zu einer SO_2-sensitiven Sorte in einer SO_2-toleranten Erbsensorte nach Belastung mit diesem Luftschadstoff viel schneller akkumulierte und damit gekoppelt auch die GR-Aktivität anstieg. Die Aktivität der SOD nahm ebenfalls deutlich zu, während keine oder nur geringfügige Veränderungen bei der sensitiven Art beobachtet wurden. Die erhöhte Enzymaktivität geht auf eine gesteigerte Synthese sowohl der cytosolischen als auch der in Chloroplasten enthaltenen SOD-Formen in der toleranten Sorte zurück.
In der Erholungsphase nach der Exposition bleiben der GSH-Gehalt und die SOD-Aktivität hoch, auch wenn die unterdrückte Photosynthese zu 75 % wiederhergestellt ist. Die Vermutung liegt nahe, daß diese erhöhten Konzentrationen an GSH, GR und SOD eine Adaptation an Luftschadstoffbelastungen ermöglichen. In der Tat konnte gezeigt werden, daß mit SO_2-vorbehandelte Pappelblätter resistenter gegenüber einer nachfolgenden SO_2-Exposition reagierten als nicht vorbehandelte Kontrollblätter[54].

Tab. 7: a) Ascorbinsäure- und Glutathiongehalte gesunder und geschädigter Fichtennadeln aus dem Fichtelgebirge (Schneeberg, ca. 1000 m NN, Probennahme April 1985).

Jahrgang	84 (+)	84 (−)	83 (+)	83 (−)	82 (+)	82 (−)
Chlorophyll (mg/g TG)	1,5	1,2	1,2	0,9	1,6	0,7
Asc. (mg/g TG)	5,6	7,9	6,9	13,9	5,7	10,7
Dehydroasc. (mg/g TG)	0,6	0	0	1,2	0	0,9
GSH (µg/g TG)	88,9	137,5	71,6	199,8	95,9	97,4

b) Ascorbinsäure- und Glutathiongehalte gesunder und geschädigter Fichtennadeln aus dem Bayerischen Wald (Hochstraße, ca. 1000 m NN, Probennahme April 1985).

Jahrgang	84 (+)	84 (−)	83 (+)	83 (−)	82 (+)	82 (−)	81 (+)	81 (−)	80 (+)	80 (−)
Chlorophyll (mg/g TG)	2,2	2,0	2,7	1,7	3,2	0,76	3,3	0,7	2,9	1,4
Asc. (mg/g TG)	1,97	4,4	3,9	5,1	5,55	7,6	4,6	6,2	4,4	7,8
Dehydroasc. (mg/g TG)	0,39	1,0	0,3	0,8	0,06	0,3	0,6	0,6	0,2	2,0
GSH (µg/g TG)	51	84	46	104	84	203	57	120	41	202

(+): gesund („vollgrün") erscheinende Nadeln
(−): Nadeln mit sichtbaren Vergilbungssymptomen
Asc.: Ascorbinsäure; Dehydroasc.: Dehydroascorbinsäure; GSH: Glutathion; TG: Trockengewicht

Der Mechanismus der Verknüpfung von SOD-Aktivität und Toleranz gegenüber Luftschadstoffen ist noch unverstanden, die Daten in der Literatur uneinheitlich. Matters und Scandalios[55] fanden keine veränderten SOD-Aktivitäten in Maispflanzen nach Kurz-Zeit-Belastung mit hohen Konzentrationen an SO_2 und O_3. Eine Abnahme der SOD-Aktivität beobachtete Wingsle[56] bei *Pinus sylvestris* nach SO_2/NO_2-Belastung und Hansladen et al.[57] bei *Picea abies* nach Ozonexposition. Ebenfalls kein Zusammenhang zwischen der SOD-Aktivität und der Ozontoleranz wurde in Pflanzen von neun unterschiedlich ozonsensitiven Tabaksorten beobachtet, während die Aktivität der Glutathionreduktase eng korreliert war: Die sensitivste Sorte besaß die geringste Aktivität dieses Enzyms[49].

Eine weitere Gruppe von pflanzlichen Metaboliten mit antioxidativer Funktion sind Polyamine.

Ormrod und Beckersch[58] zeigten, daß durch Ozonbegasung hervorgerufene Blattnekrosen bei Tomatenpflanzen durch exogen zugeführte Polyamine verhindert werden. Eine ozoninduzierte Schädigung von Blättern der ozonsensitiven Tabaksorte Bel W3 konnte wirkungsvoll durch eine Verabreichung der Polyamine Putrescin, Spermin und Spermidin über die Wurzel unterdrückt werden[59].

In Tabakpflanzen liegen Polyamine überwiegend als Konjugate von Hydroxyzimtsäuren vor. In dieser gebundenen Form stellen sie wirkungsvolle Radikalfänger dar, wobei diese Funktionen aber ausschließlich auf den Hydroxyzimtsäurerest des Moleküls zurückgeht. Freie Polyamine dienen selbst nicht als Radikalscavenger[59].

Ozon induziert einen raschen und bedeutenden Anstieg des freien und konjugierten Putrescin in der ozontoleranten Tabaksorte (Abb. 12). Bei der ozonsensitiven Sorte verläuft die Induktion langsam und erreicht ihr Maximum erst, wenn schon sichtbare Schadsymptome auftreten. Monocaffeoyl-Putrescin wird in Apoplasten der ozontoleranten Pflanzen gefunden, und dessen Konzentration nimmt dort während der Exposition zu. Diese extrazelluläre Lokalisation könnte eine Entgiftung von Sauerstoffradikalen, die in Reaktion auf eine Ozonbelastung gebildet wurden, an der Stelle ihrer Entstehung ermöglichen[60].

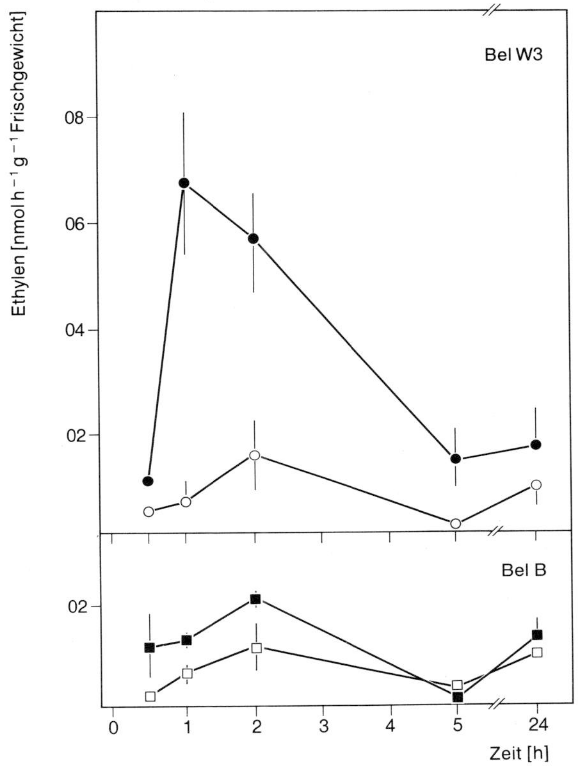

Abb. 13: Zeitabhängige Ethylenbildung von Tabakblättern. Tabakpflanzen der Sorten Bel W3 und Bel B wurden mit 0,15 µl/l Ozon (●, ■) oder mit sauberer Luft (○, □) 5 Stunden begast[60].

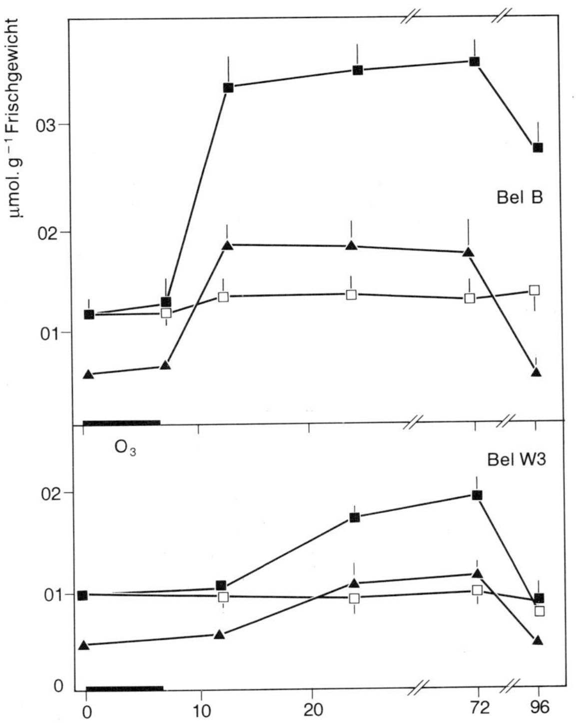

Abb. 12: Polyamingehalte in Blättern ozonbelasteter und Kontrolltabakpflanzen. Die Pflanzen wurden gegenüber 0,15 µl/l Ozon oder sauberer Luft über 7 Stunden exponiert und der Gehalt an freiem (▲) und konjugiertem (■) Putrescin gemessen. Konjugiertes Putrescin der Kontrollpflanzen (□) (verändert nach[60]).

Der endogene Gesamt-Putrescingehalt der ozontoleranten Tabaksorte Bel B liegt zudem um 50 % höher als der der ozonsensitiven Sorte Bel W3[60].

Im Gegensatz zu der ozontoleranten Sorte weist die ozonsensitive eine rasche Ethylenbildung (Abb. 13) und hohe ACC-Gehalte nach 1–2stündiger Ozonexposition auf.

Polyamin- und Ethylenstoffwechsel reagieren demnach sehr früh und sensitiv auf eine Ozonexposition, werden aber in Abhängigkeit von der Ozonempfindlichkeit unterschiedlich induziert (s. Abb. 12 und 13).

Der Mechanismus des Polyaminschutzes ist zur Zeit noch nicht bekannt. Peters und Mitarbeiter[61] stellten in diesem Zusammenhang fest, daß durch Ozon speziell die zellwandassoziierte Diaminoxidase inaktiviert wird, während die POD keine O_3-Schädigung erkennen läßt. Da man annimmt, daß über die Diaminoxidase in der Zellwand H_2O_2 gebildet wird und dieses seinerseits an „Resistenzprozessen" direkt (Lignifizierung) oder indirekt als „Meldesubstanz" zur Einleitung verschiedener Abwehrreaktionen fungiert[62], deutet sich ein noch unklarer Zusammenhang zwischen diesen Funktionen an. Durch

den Befund, daß Ozon in Sojabohnen die Neusynthese der Phytoalexine Daidzein, Cumestol und Sojagol[63] sowie in Kiefersetzlingen die Phytoalexine Pinosylvin und Pinosylvin-3-Methylether[21] (vgl. auch S. 329) induziert, wird diese Sicht erhärtet.
Wie aus a), b) und c) zu ersehen ist (vgl. S. 96), gehören diese Mechanismen zu bereits bestehenden Regelsystemen. Metabolismus, Entgiftung und Reparatur von eingetretenen Schäden sind an die Leistungsfähigkeit der schon vorhandenen oder an die Induzierbarkeit genetisch verfügbarer Kapazitäten gebunden und nur innerhalb dieser variabel. Die Energie, die für die Detoxifizierung im Bereich c) nötig ist, wird im Zusammenhang mit den Bereichen a) und b), nämlich innerhalb photosynthetischer Kapazitäten gewonnen. Treffen jedoch Komponenten zusammen, welche sowohl die Bereiche a)/b) und c) belasten und kombiniert auf die Pflanzenzelle einwirken, so sind gleichzeitig alle Komplexe der Schadstoffbewältigung angesprochen: ist dabei die Konzentration der unter a)/b) zu metabolisierenden und zu detoxifizierenden Schadstoffe gerade an der Grenze der Leistungsfähigkeit des angesprochenen Metabolismus, so wird er auf die Dauer geschädigt und steht somit für Probleme, die sich aus dem Bereich c) ergeben, nur noch in eingeschränktem Umfang zur Verfügung[64,65,66].

Schadstoffkombinationen

In unserer Atmosphäre gibt es kaum „isolierte Immissionen" nur einer einzigen Schadstoffkomponente; fast immer liegen Kombinationen (s. „Photochemischer Smog") beliebiger Zusammensetzung mit variabler Toxizität vor.
Die Toxizität von Schadstoffkombinationen ist abhängig von
1) der Konzentration der Einzelkomponenten mit ihren individuellen Schädigungsschwellen,
2) dem Verhältnis der Konzentrationen der Einzelkomponenten und
3) den Immissionsperioden der Einzelkomponenten, d. h. ob die Einzelkomponenten simultan, sequenziell oder intermittierend auf die exponierten Pflanzen einwirken.

Bedeutende Schadstoffkombinationen

Kombinierte Belastung mit SO_2 und O_3

In der Nähe von Großstädten ist häufig eine kombinierte Immission von *SO_2 und O_3* anzutreffen. Die kombinierte (unterschwellige!) Immission von je 0,1 µl/l führt zum Abfall der Produktivität, wobei sich relativ spät O_3-Symptome, nicht aber SO_2-Symptome anzeigen. In Abhängigkeit der belasteten Spezies und der einwirkenden Dosis ergeben sich weniger als additive, additive oder überadditive Schädigungen.
SO_2 in Kombination mit Ozon führt bei Begasungsexperimenten in den meisten Fällen zu einer Abnahme der stomatären Leitfähigkeit, wobei eine Begasungsperiode unter sechs Stunden mit Konzentrationen von 1068 µg/m³ SO_2 und 260 µg/m³ Ozon bzw. eine Behandlungsdauer über einen Tag bei Konzentrationen von 150 nl/l SO_2 und O_3 genügen[18].
Verglichen mit den Effekten der Einzelgase führt die Belastung durch die Kombination bei einer Reihe von Arten zu einer überadditiven Hemmung der Photosynthese (Tab. 8). Wird durch eines der Schadgase schon eine substantielle Reduktion der Photosynthese erreicht, unterbleibt meistens der Kombinationseffekt.
In Feldversuchskammern wurden Bohnen mit SO_2 begast. Es ergab sich eine lineare Korrelation zwischen der SO_2-Konzentration und dem Ertragsverlust, wenn das SO_2 zur Entfernung des Ozons in der Trägerluft mit holzkohlegefilterter Luft kombiniert wurde. In ungefilterter Luft, also in Kombination mit Luft, die ca. 0,07 µl/l O_3 enthielt, deutete sich ein Synergismus an, wo bis zu dreifach höhere Ernteverluste erzielt wurden als bei den niedrigen SO_2-Belastungen (0,06 µl/l) allein[67].

Tab. 8: Beeinträchtigung der Photosynthese nach Belastung mit SO_2 und Ozon[18].

Species	Konzentration SO_2 (nl/l)	O_3 (nl/l)	Dauer	Reaktion in % der Kontrolle
Vicia faba	40	40	4 h	87
(Ackerbohne)	40	40	4 h	83
cv. Dylan		40	4 h	100
	40	100	4 h	80
	40		4 h	83
		100	4 h	90
	40	200	4 h	70
	40		4 h	83
		200	4 h	70
Acer saccharum	500	500	1–2 d	26
(Zuckerahorn)	500		1–2 d	78
		500	1–2 d	79
	500	500	5 d/wk	59
	500		5 d/wk	46
		500	5 d/wk	73
Quercus velutina	500	500	1–2 d	55
(Schwarzeiche)	500		1–2 d	60
		500	1–2 d	70
	500	500	5 d/wk	56
	500		5 d/wk	52
		500	5 d/wk	54
Fraxinus	500	500	1–2 d	54
americana	500		1–2 d	73
(Esche)		500	1–2 d	100
	500	500	5 d/wk	62
	500		5 d/wk	80
		500	5 d/wk	100
Glycine max	700	200	2 h	67
(Sojabohne)	700		2 h	100
cv Essex		200	2 h	100
	40	50	4 h	86,5
	40		4 h	83
		50	4 h	100

d = Tag; wk = Woche

Dieses Beispiel spricht für die potenzierende Schadwirkung von SO_2 und Ozon, wenn beide Gase in Konzentrationen appliziert werden, in denen sie einzeln gegeben akut noch gar keine Schadstoffe, sondern lediglich immittierte, detoxifizierbare Gase darstellen.

Kombinierte Belastung mit SO_2 und NO_2

In der Nähe von Kohlekraftwerken (bei niedrigen Windgeschwindigkeiten, wenn schneller Abtransport der Emission trotz hoher Schornsteine nicht gewährleistet ist!) findet man Kombinationen von *SO_2 und NO_2*. Bei Expositionen von je 0,75 und 1 µl/l beider Gase zusammen zeigten sich überadditive Effekte an Rettichblättern; eine Belastung mit den individuellen Gasen (einzeln) erbrachte keine Effekte. Der beobachtete Schadeffekt war überraschenderweise nicht verbunden mit Symptomen von SO_2 und/oder NO_2, sondern vielmehr mit

Tab. 9: Begasungexperimente mit SO_2 und NO_2[68].

Behandlung mit:	Zuwachsraten (in % zur Kontrolle)							
	Schwarzpappel *Populus nigra*		Moorbirke *Betula pubescens*		Grauerle *Alnus incana*		Winterlinde *Tilia cordata*	
1. Luft (gefiltert)	100		100		100		100	
2. 0,062 µl/l NO_2	120		115		125		130	
3. 0,062 µl/l SO_2	95		75		40		135	
4. $NO_2 + SO_2$:	a. M.*	gem.**	a. M.	gem.	a. M.	gem.	a. M.	gem.
	107	60	95	45	82	30	132	95

* arithmetische Mittel; ** gemessen

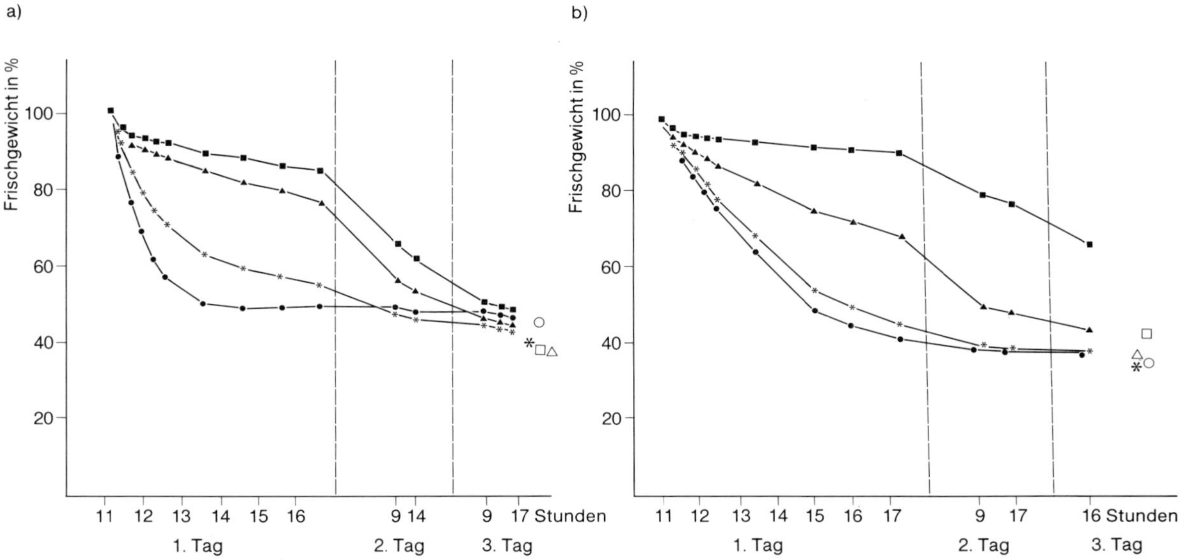

Abb. 14: Frischgewicht abgeschnittener Blätter von *Betula pubescens*-Setzlingen (Abb. 14 a) und *Betula pendula*-Setzlingen (Abb. 14 b), die 30 Tage in sauberer Luft (■) gezogen oder mit 20 nl/l SO_2 + 20 nl/l NO_2 (▲), 40 nl/l SO_2 + 40 nl/l NO_2 (▼), 60 nl/l SO_2 + 60 nl/l NO_2 (●) belastet wurden[69].

Symptomen, die für O_3-Exposition typisch wären. Eine Konsequenz, die sich aus diesem Versuch ergibt, ist, daß die Kombination von gasförmigen Schadstoffen unterschwelliger Dosis zu Symptomen führt, die für überschwellige Dosen anderer Schadstoffe charakteristisch sein können.

Zweijährige Waldbäume wurden entweder nur mit 0,062 µl/l SO_2, mit 0,062 µl/l NO_2 oder kombiniert mit beiden Gasen von Mitte Mai bis Mitte August 1981 behandelt und anschließend ihre Zuwachsraten (Trockengewichte) bestimmt[68].

Aus diesen Ergebnissen (s. Tab. 9) geht hervor, daß 0,062 µl/l NO_2 allein in fast allen Fällen „düngend" wirkt, die Reaktion gegenüber SO_2 jedoch beachtlich (artspezifisch) zwischen Förderung und Hemmung schwankt. Bei allen untersuchten Baumarten lag der gemessene Zuwachs nach Begasung mit dem Schadstoffgemisch signifkant unter den arithmetischen Mittelwerten; die älteren Blätter zeigten nach Mischbegasung Symptome von Seneszenz und Abszission. NO_2 als Radikal in Kombination mit SO_2, welches neben der Reduktion zum H_2S photosynthetisch auch zum HSO_3-Radikal umgewandelt werden kann, hat die Metabolisierungs- bzw. Detoxifizierungskapazitäten der belasteten Bäume überschritten.

In mehreren Untersuchungen konnte gezeigt werden, daß eine Exposition gegenüber SO_2 in Kombination mit NO_2 die Transpirationsraten drastisch erhöht und dadurch die belasteten Pflanzen empfindlicher auf einen Wassermangel reagieren.

Mansfield und Mitarbeiter[69] begasten *Betula pendula*- und *Betula pubescens*-Setzlinge mit SO_2 und NO_2 30 Tage lang mit Konzentrationen zwischen 20 und 60 nl/l. Blätter gleichen Alters wurden anschließend abgeschnitten und ihre Gewichte über die folgenden 24 Tage bestimmt (Abb. 14). Die Blätter der belasteten Birken verloren viel rascher an Gewicht infolge einer schnelleren Austrocknung. Für diesen erhöhten Wasserverlust wurden Veränderungen in der Wasserdurchlässigkeit der Kutikula verantwortlich gemacht.

Die Nettophotosynthese- und Transpirationsraten ganzer *Betula pubescens*-Setzlinge, die 20 Tage lang gegenüber 20–60 nl/l SO_2 und NO_2 exponiert waren, wurden zu drei unterschiedlichen Tageszeiten bestimmt: am Morgen, wenn die Stomata ganz geöffnet sind, am Nachmittag bei teilweisem Spaltenschluß und in der Nacht bei maximalem Spaltenschluß. Die Abb. 15 zeigt, daß die Nettophotosyntheseraten (bzw. die CO_2-Flüsse) auch bei der höchsten Schadstoffkonzentration im Vergleich zur Kontrolle keiner Veränderung unterlagen. Die Transpirationsraten waren ab einer Belastung mit 40 nl/l SO_2 und 40 nl/l NO_2 signifikant erhöht, unabhängig von der Öffnungsweite der Stomata. Es wird deutlich, daß diese Pflanzen mehr Wasser benötigen, um die gleichen Photosyntheseraten wie die Kontrolle zu erreichen.

In einem anschließenden Experiment wurden *Betula pubescens*-Setzlinge für 35 Tage mit einer Mischung aus 40 nl/l SO_2 und 40 nl/l NO_2 begast und dann in sauberer Luft, aber unter Wassermangelbedingungen weitergezogen. Die Transpirationsraten pro Blattflächeneinheit waren über mehrere Tage anhaltend um 50–100% größer als bei den unbelasteten Kontrollpflanzen. Dann fiel die Transpirationsrate infolge eines Absterbens der Blätter ab. Die Kontrollpflanzen konnten ihre intakte Blattfläche für 5–7 Tage länger erhalten.

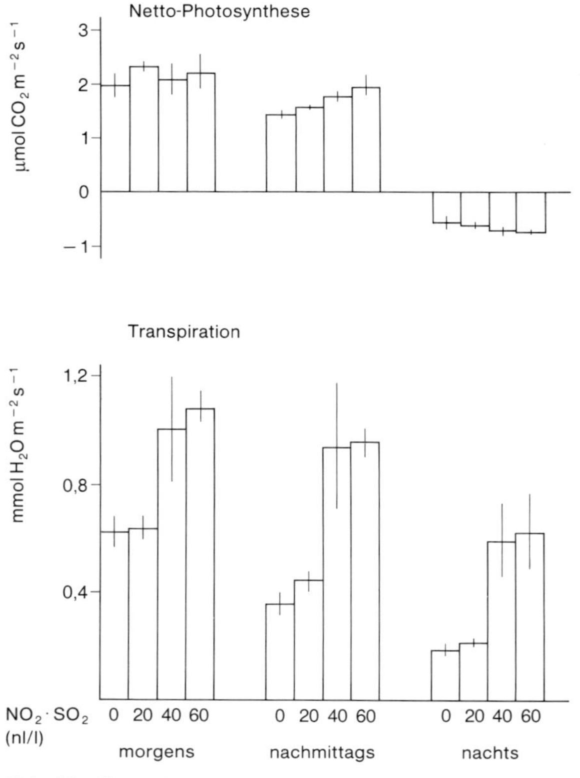

Abb. 15: Nettophotosynthese und Transpiration von *Betula pubescens* zu unterschiedlichen Tageszeiten[69].

Werden Gräser *(Phleum pratense)* bei guter Wasserversorgung über 40 Tage mit SO_2 und NO_2 in Konzentrationen zwischen 30 und 90 nl/l begast, so weisen die mit 60 und 90 nl/l belasteten Pflanzen im Vergleich zu unbelasteten Kontrollpflanzen ein signifikant reduziertes Wachstum auf. Dieser Wachstumsunterschied hob sich wieder auf, wenn belastete und unbelastete Pflanzen in sauberer Luft bei ausreichender Wasserversorgung weiterkultiviert wurden. Unter Wassermangelbedingungen in der Periode nach der Schadstoffexposition erhielt sich dagegen das verminderte Wachstum. Ein Vergleich der Wurzelmasse von belasteten und unbelasteten Pflanzen ergab keinen Unterschied, der Verbrauch von Bodenwasser durch das Wurzelsystem belasteter, ungegossener Pflanzen war aber deutlich erhöht gegenüber dem Bedarf des Wurzelsystems von unbelasteten, aber ebenfalls ungenügend mit Wasser versorgten Pflanzen[69].

Diese Befunde veranschaulichen, daß eine Exposition gegenüber der Kombination SO_2/NO_2 die Fähigkeit von Pflanzen, die Transpiration bei limitierter Wasserverfügbarkeit im Boden zu regulieren, beeinträchtigt.

Kombinierte Wirkung von Luftschadstoffen und Frost

Streßfaktoren für Pflanzen unter winterlichen Bedingungen sind neben hohen Strahlungsintensitäten Frosttrocknis und niedrige Temperaturen.

Wintergrüne Pflanzen begegnen der Frosttrocknis mit einem Schluß der Stomata, so daß Wasserverluste hauptsächlich durch cuticuläre Transpiration auftreten. Jeder Effekt von Luftschadstoffen auf Entwicklung und Funktion der Cuticula kann das Risiko, im Winter zu viel Wasser zu verlieren, erhöhen. Außerdem beeinträchtigen Luftschadstoffe, insbesondere in Kombination, die stomatäre Funktion und fördern die „Verwitterung" der Cuticula.

Aufgrund der Tatsache, daß bei gleichen Arten die cuticuläre Schicht mit zunehmender Meereshöhe weniger gut ausgeprägt ist, sollte eine Schadstoffwirkung in größeren Höhen ausgeprägter sein. In verschiedenen Untersuchungen an Koniferen, die durch urbane Emissionen belastet waren, zeigten sich chronische Schäden nach strengen Winterperioden[70, 71].

Physiologische Messungen an der Fichte ergaben, daß Bäume in luftschadstoffbelasteten Gebieten unter einem größeren Frosttrocknisstreß litten als unbelastete Kontrollbäume. Man führte dies auf eine Beeinträchtigung der stomatären Funktion und auf „Erosion" der epicuticulären Wachse zurück[72]. Den niedrigen Wintertemperaturen begegnen Pflanzen mit einer Winterhärtung.

Koniferen erwerben die Kältetoleranz während des frühen Herbstes. Dieser Prozeß ist photoperiodisch sowie temperaturabhängig, und der Zeitpunkt der Frosthärtung variiert von Art zu Art. Die Frosthärtung wird von einer Erhöhung der löslichen Zucker und Proteine sowie von einer Veränderung der Tylakoidlipide begleitet, wobei sowohl der Gehalt an ungesättigten Fettsäuren als auch das Verhältnis von Mono- und Digalactosylresten, die mit den Membranen assoziiert sind, betroffen sind. Der erhöhte Grad an ungesättigten Bindungen geht mit einer erhöhten Anfälligkeit für Peroxidationen durch freie Radikale einher. Die Zellen begegnen diesem erhöhten Risiko mit einer gesteigerten Aktivität ihres antioxidativen Schutzsystems. GSH und GR akkumulieren in Koniferennadeln während der kalten Periode. Die Aktivität der AA-POD und der SOD nimmt bei der „eastern white pine" *(Pinus strobus L.)* zu. Um GSH unter Winterbedingungen im reduzierten Zustand zu halten, muß die GR bei diesen niedrigen Temperaturen aktiv sein. Guy und Carter[73] zeigten, daß die GR aus winterharten Spinatpflanzen eine größere Affinität zu GSSG bei 5° C entwickelt als das Enzym aus nicht winterharten Pflanzen. Dieses niedrige Temperaturoptimum erklärt sich aus der de novo Synthese von Isoenzymen[53].

Unterschiedliche GR-Aktivitäten in kältesensitiven und kälteresistenten Spezies werden für die unterschiedlichen Reaktionen dieser Pflanzen auf Froststreß verantwortlich gemacht. Im Vergleich zur sensitiven zeigte die tolerante Art nur eine geringfügige Photooxidation, GSSG akkumulierte nicht, der Gesamt-GSH-Gehalt nahm nur geringfügig ab und eine Lipidperoxidation fand nicht statt[74].

Die Erhöhung der Aktivität des antioxidativen Abwehrsystems in winterharten Pflanzen ist so effektiv, daß keine Veränderungen des Sättigungsgrades der Membranlipide, also keine Lipidperoxidation, nach in vitro-Behandlung mit reaktiven Sauerstoffspezies beobachtet werden, wohl aber eine Anhäufung freier Fettsäuren. 5–10 Mol% freier Fettsäuren in Membranen bewirken einen Anstieg der Lipidphasen-Übergangstemperatur und einen Anstieg der Mikroviskosität, die zu einem „Leckwerden" der Membranen führen[75].

Keller[76] war der erste, der experimentell zeigen konnte, daß SO_2 die Frostresistenz reduziert. Eine Belastung von Fichtensprößlingen mit 1068–1869 μg/m³ SO_2 führte zu einer erhöhten Membranpermeabilität für Elektrolyte und Zucker.

Diese veränderten Membraneigenschaften wurden für die verminderte Frostresistenz der Bäumchen verantwortlich gemacht[77, 78].

Davison und Bailey[79] zeigten, daß eine Exposition von *Lolium-perenne*-Setzlingen gegenüber 250 µg SO_2/m^3 diese für eine Frostschädigung prädisponiert. Dieser SO_2-Effekt hing von der Mineralversorgung ab und war am größten, wenn die Pflanzen auf einem stickstoff- und schwefelreichen Boden gezogen wurden. Waren diese beiden Nährelemente limitierend, unterblieb der SO_2-Effekt.

Es besteht allgemein ein inverser Zusammenhang zwischen Frostresistenz und Wachstumsrate. Schnellwachsende Bäume sind anfälliger gegenüber Frost[80, 81].

Stickstoffdüngung, speziell spät in der Vegetationsperiode und bei geringer Kaliumversorgung, erhöht den Frostschaden bei Bäumen oder Gräsern. Nasse und trockene Deposition reduzierter Stickstoffverbindungen kann die Winterhärtung durch Verlängerung der Wachstumsperiode und Verzögerung der Cuticalentwicklung[82, 83, 84] reduzieren. Leaching anderer essentieller Elemente, insbesondere Kalium, verstärkt diese Effekte zusätzlich.

Wintergetreide reagiert ebenfalls mit einer verminderten Frosthärte nach SO_2-Exposition, wie in Freiland-Begasungsexperimenten gezeigt werden konnte. An Winterweizen (*Triticum aestivum* cv. Bounty), der mit 267 µg/m³ SO_2 belastet wurde, entwickelten sich nach einem plötzlichen Temperaturabfall auf −9° C schwere Blattschäden[85].

Physiologische Untersuchungen an 10 Wochen alten Setzlingen von *Lolium perenne,* die zwei Wochen lang mit 187 µg/m³ SO_2 und 134 µg/m³ NO_2 in Kombination während der Frosthärtung belastet wurden, ergaben eine signifikante Abnahme des Prolingehaltes in den Blättern und einen Anstieg des osmotischen Potentials nach Absetzen der Exposition[86]. Der Prolingehalt von Blättern korreliert positiv mit der Frostresistenz. Man nimmt an, daß Prolin als Osmotikum wirkt[87] und eine „kryoprotektive" Rolle durch Assoziation mit den zellulären Membranen übernimmt[88]. Frosthärtung und Frosttoleranz gehen gewöhnlich mit einem stark negativen osmotischen Potential einher. Die schadstoffinduzierte Reduktion des Prolingehaltes und das weniger negative osmotische Potential werden von den Autoren für eine verminderte Kälteresistenz verantwortlich gemacht.

Freer-Smith und Mansfield[89] exponierten Setzlinge von *Picea sitchensis* während der Knospenruhe gegenüber 80 µg/m³ und 57 µg/m³ NO_2 in Kombination und setzten diese Pflanzen anschließend Nachttemperaturen zwischen 4 und −15° C aus. Im Vergleich zu unbelasteten Kontrollbäumchen wiesen die belasteten Pflanzen eine geringere Überlebensrate an Knospen auf.

Neben SO_2 kann auch Ozon einen Abfall der Frostresistenz auslösen. Davison und Barnes[90] belasteten in Kammerexperimenten eine Woche alte Erbsensetzlinge *(Pisum sativum)* mit 300 µg/m³ Ozon für 8 Stunden täglich über 7 Tage und kultivierten diese Pflanzen anschließend in sauberer Luft bei einer Tagestemperatur von 4° C und einer Nachttemperatur von 2° C. Nach zwei Wochen wurden die Pflanzen Nachtfrösten bis zu −16° C ausgesetzt. In der Folge traten Chlorophyllabbau und ein erhöhtes „leakage" auf.

Von verschiedenen Autoren wird angenommen, daß die Schadbilder an Koniferen, aber auch an Laubbäumen in Europa und den USA durch Frost und/oder Trockenheit ausgelöst sind. Das Ausmaß der Schäden an *Picea rubens* und *Abies fraberi* in den USA und der neuartigen Waldschäden in Europa nimmt mit ansteigender Meereshöhe zu. Dies korreliert außerdem mit härteren Umweltbedingungen, insbesondere im Winter, mit in der Höhe ansteigenden Ozonkonzentrationen und mit erhöhten Depositionsraten von sauren Wolkenniederschlägen.

Die Annahme einer Beteiligung niedriger Wintertemperaturen an den Schäden von Fichten an subalpinen (> 800 m) Standorten in Zentraleuropa ist gerade zu zwingend. Das Auftreten dieser Schäden fiel mit einer Dekade strenger Winter und trockener Jahre zusammen, wobei der Hauptanstieg der Schädigungsschwere und des Schädigungsausmaßes nach den strengen Frösten 1980 und 1983 zu verzeichnen war, die nach relativ mildem Wetter einsetzten.

Wechselwirkungen zwischen gasförmigen Schadstoffen und biogenen Krankheiten

Da gasförmige Schadstoffe sowohl bei Niederen Pflanzen, Pilzen, Bakterien als auch bei Höheren Pflanzen das Wachstum und die Entwicklung beeinflussen, ist es nicht verwunderlich, daß auch zahlreiche Wirt-Parasit-Interaktionen durch Luftverschmutzungen verändert werden. Das gilt sowohl für kompatible (der Wirt „verträgt, duldet" den Parasiten) als auch für inkompatible (der Wirt „reagiert" auf den Befall, z. B. hypersensitiv, indem das befallene Gewebe oder die Eintrittstelle des Parasiten nekrotisiert, s. S. 352) Wirt-Parasit-Paarungen. Häufig führen Luftverschmutzungen zu einer Schwächung der endogenen Abwehr des Wirtes (= Verstärkung der Krankheits- oder Befallssymptome); oder Nekrosen als Folge überschwelliger Schadstoff-Immissionen bilden Eintrittsstellen für Schaderreger (Viren, Bakterien, Pilze); oder Luftverschmutzungen führen zu einer Modifikation der Virulenz des Parasiten.

Alle diese „Sekundäreffekte" von Luftverschmutzungen führen somit auch zu neuen Symptomen, die die Primärsymptome überlagern oder ersetzen und deshalb eine Kausalanalyse (Kinetik) der Einzelphänomene erschweren oder gar unmöglich machen.

Im folgenden sollen einige typische Fälle von gegenseitigen oder wechselseitigen Beeinflussungen von Luftverschmutzungen und Pflanzeninfektionen beschrieben werden.

Luftverschmutzungen sind Fungizide und Bakterizide

SO_2 ist unterschiedlich toxisch für Pilze und Bakterien („Ausschwefeln" von Bier- und Weinfässern!); HF ist stark fungitoxisch und wurde im vorigen Jahrhundert zur Holzimprägnierung (Schutz vor holzabbauenden Pilzen) verwendet; O_3 hemmt das Wachstum von Mikroorganismen sowie die Sporenkeimung in Konzentrationen zwischen 1000–2000 µg/m³. Die Ozonbehandlung von Früchten (Sterilisierung vor der Lagerung) wurde geprüft, wird jedoch kaum praktiziert.

Luftverschmutzungen induzieren oder erleichtern den Befall durch Schaderreger

Bei der Diskussion dieses Problems ist vorauszuschicken, daß z. B. niedere SO_2-Dosen über eine erhöhte Stomaapertur zu stärkeren Pilzinfektionen (s. S. 318) führen mögen. In japanischen Industriegebieten ist beobachtet worden, daß der Pilz *Rhizosphaera kalkhoffii* nur SO_2-geschädigte Fichtennadeln besiedeln kann. Auf der anderen Seite wurde festgestellt, daß Lilien in der Stadt New York auffällig weniger Infektionen aufwiesen als Lilien in ländlichen Gebieten. Dieser Befund wurde darauf zurückgeführt, daß unterschwellige Dosen von O_3 und SO_2 über die Hemmung der Keimung von Pilzsporen einen gewissen Pflanzenschutz darstellen. In dieselbe Richtung gehen Beobachtungen mit HF (7–10 µg/m³), das Bohnen in dieser Konzentration weitgehend vor Mehltaubefall schützte. Demgegenüber wurden Geranien erst dann stärker von *Botrytis cinerea* infiziert, wenn eine Ozonbehandlung sichtbare Schäden an Blättern verursachte. Womöglich existiert eine Korrelation zwischen gasförmigen Schadstoffen und Infektionen in Einzelfällen dergestalt, daß unterschwellige Schadgaskonzentrationen die Pflanze eher schützen, überschwellige Konzentrationen dagegen einem Schaderregerbefall Vorschub leisten. In anderen Fällen ist es denkbar, daß unterschwellige Dosen auf die Dauer Resistenzschwellen erniedrigen.

Die umgekehrte Situation, nämlich die Effekte von Schaderregerbefall auf die Schadstoffempfindlichkeit ist weniger gut untersucht. Es ist jedoch beschrieben worden, daß Mehltaubefall im Frühstadium die O_3-Resistenz erhöht (Synthese von Antioxidantien?), im Spätstadium dagegen (Verbauch der Antioxidantien und Abbau der Schutzsysteme?) eine erhöhte O_3-Sensitivität sichtbar war. Nach Virusinfektionen war allgemein die O_3-Sensitivität erhöht.

Es ist bekannt, daß bei vielen Virusinfektionen auch der Abbau von Blattpigmenten mit der Lipidperoxidation korreliert; damit würden dann ebenfalls Schutzsysteme abgebaut werden.

Verallgemeinert könnte man sagen, daß nach einer Schädigung (gleichgültig welcher Genese) obligat biotrophe Parasiten durch fakultative Saprophyten oder Nekrotrophe ersetzt werden können.

Baumkrankheiten und Waldschadensforschung

Das Ausmaß der Schäden

Berichte über regionale, epidemische Tannenkrankheiten, die in einem großflächigen Tannensterben kulminierten, gab es schon im vorigen Jahrhundert. In unserem Jahrhundert sind mindestens schon zweimal großflächig auftretende Schadsymptome besonders an Tannenbeständen beobachtet worden, so zum Beispiel in den dreißiger Jahren in Westpreußen. Seit knapp einem Jahrzehnt und besonders stark seit etwa 1976, wird in der ehemaligen CSSR (Sudeten), im Erzgebirge, den Deutschen Mittelgebirgen und besonders in Nordostbayern ein Baumsterben (Tanne, Fichte, Buche) in großem, bis zu diesem Zeitpunkt noch nicht beschriebenen Umfang, beobachtet. Zu diesen Berichten gesellt sich seit Herbst 1982 und Winter 82/83 eine zunehmende und nach Süden fortschreitende Erkrankung von Fichten und Laubbäumen. Abb. 16 gibt eine Übersicht über die diskutierten Auslöse- und/oder Verstärkermechanismen.

Symptome und Schadbilder

Als ein Maßstab für die Erfassung von Schäden an unseren Hauptbaumarten (Fichte, Tanne, Kiefer, Buche) sind 3 Schadensstufen eingeführt worden (Tab. 10).

Die neuartigen Waldschäden lassen sich in verschiedene Schadtypen einteilen, die regional unterschiedlichen Standortverhältnissen zugeordnet werden können. Nach dem Bericht des Forschungsbeirates Waldschäden/Luftverunreinigung der Bundesregierung und der Länder 1986 spricht man folgende Schadtypen bei der Baumart Fichte an:

a) Nadelvergilbung in den höheren Lagen der deutschen Mittelgebirge;
b) Kronenverlichtung in mittleren Höhenlagen der Mittelgebirge;
c) Nadelröte älterer Bestände in Süddeutschland;
d) Nadelvergilbung in den höheren Lagen der Kalkalpen;
e) Kronenverlichtung in Küstennähe.

Tab. 10: Grober Maßstab für die Erfassung von Baumschäden.

Schadensstufe	Baumart		
	Tanne, Fichte	Kiefer	Buche
I schwach geschädigt (kränkelnd)	Nadelverluste: 10 bis 25 % weniger als 5 Nadeljahrgänge Kronen verlichtet Nadelverfärbungen	Nadelverluste: 10 bis 25 % weniger als 2 Nadeljahrgänge Kronen verlichtet Langtriebe kürzer als 5 cm	Blattverluste: 10 bis 25 % Blattfarbe und -form verändert; verfrühter Blattfall
II geschädigt (krank)	Nadelverluste: 25 bis 50 % Kronen stark verlichtet Triebverkürzungen Nadeln stark verfärbt „Storchennestkronen“ bei Tannen	Nadelverluste: 25 bis 50 % Kronen stark verlichtet Triebverkürzungen Nadeln hell- bis olivgrün z. T. nur ein Nadeljahrgang	Blattverluste: 25 bis 50 % Kronen stark verlichtet absterbende Triebe Blattvergilbungen und -verformungen sind die Regel
III stark geschädigt (sehr krank bis sterbend)	Nadelverluste: mehr als 50 % Krone teilweise absterbend Nadeln schmutzgrün bis gelb z. T. nekrotisiert (braun bis rot)	Nadelverluste: mehr als 50 % Krone teilweise absterbend Nadeln gelb bis nekrotisch braun	Blattverluste: mehr als 50 % Kronen absterbend Blattfall im Sommer, Rindenrisse; Verjüngungen bleiben aus.

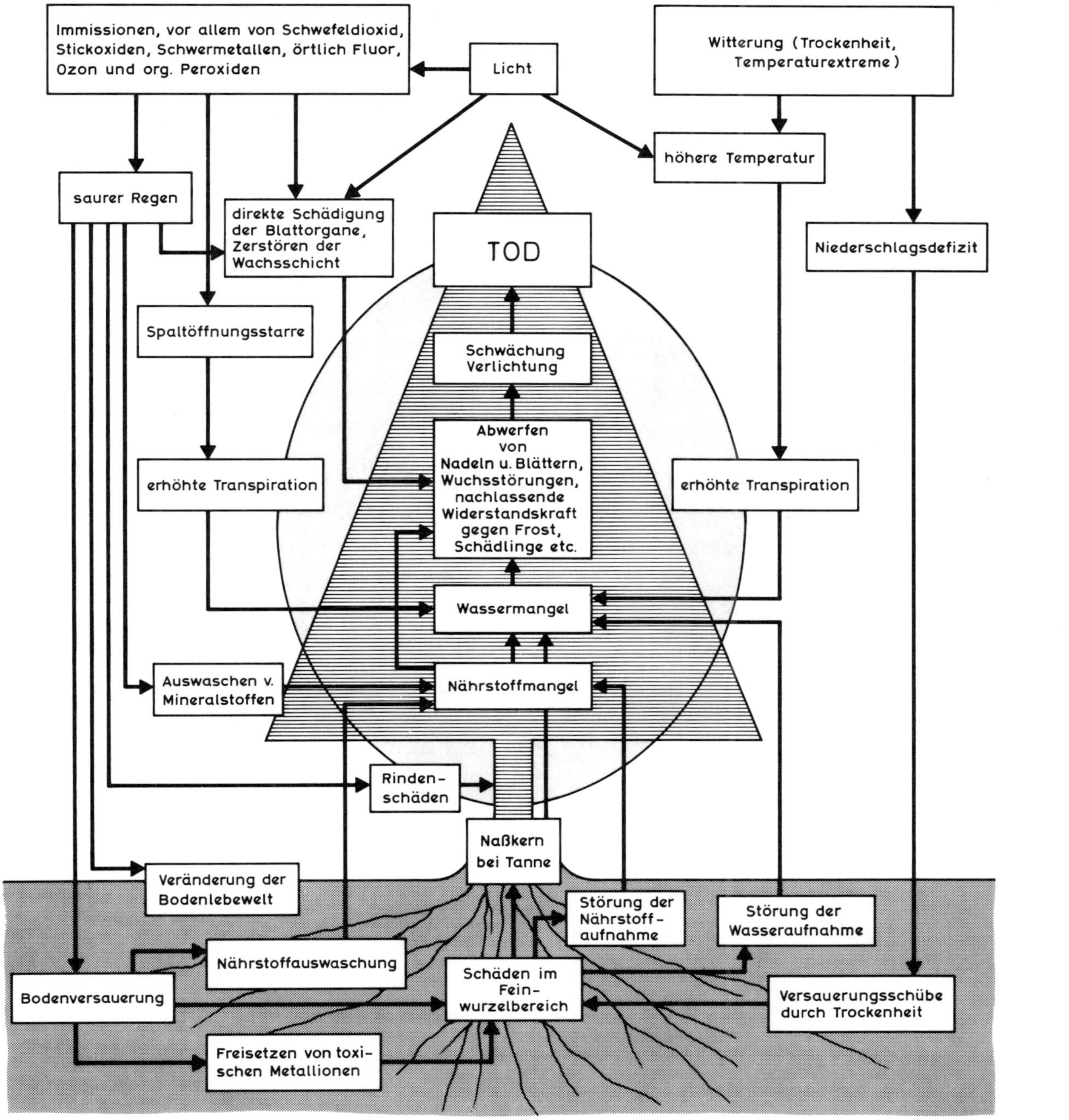

Abb. 16: Schema möglicher Kausalketten beim „Baumsterben"[91].

Das Schadbild der Nadelvergilbung in den höheren Lagen von Mittelgebirgen wird auf sauren Braunerde-Böden über Granit oder Sandstein ab einer Höhe von ca. 800 m NN beobachtet. Es äußert sich in der Regel als Vergilbung der ältesten Nadeljahrgänge, während der jüngste Zutrieb grün bleibt (Farbabb. 11, S. 248). Die vergilbten Nadeln dieses Schadbildes weisen häufig punkt- oder bandförmige nekrotische Abschnitte auf. Die Vergilbung beginnt in der Regel an der Nadelspitze und schreitet zur Basis fort. Die Vergilbungserscheinungen an lichtexponierten Nadeln sind stärker ausgeprägt als bei beschatteten Nadeln. Diese Beobachtung läßt auf eine Beteiligung photooxidativer Mechanismen am Vergilbungsvorgang schließen. Erkrankte Fichten weisen einen geringeren Gehalt an Calcium, Zink und insbesondere Magnesium in ihren Nadeln auf.

Die „Nadelröte" bezeichnet die rostrote Nadelverfärbung, die im Herbst ältere Nadeljahrgänge erfaßt. Im Spätherbst 1982, 1983 und abgeschwächt 1984 wurden in Süddeutschland ältere Fichtenbestände von der Nadelröte und in der Folge von Verlichtung der Kronen betroffen. Die Nadelröte ging einher mit starkem Befall der älteren Nadeln durch die Pilze *Lophodermium piceae, L. macorsporum* und *Rhizosphaera kalkhoffii,* die als typische Sekundärparasiten gelten. Von der Nadelröte werden fast nur ältere Fichten auf allen Bodenformen und völlig unabhängig vom Ernährungszustand befallen. Weiterhin sind „autochthone und fremdrassige Bestände, subalpine Fichtenwälder und Bestände in den Tieflagen weit außerhalb des natürlichen Verbreitungsgebietes, Reinbestände und Fichten in Mischwäldern, gleichaltrige und stufige Bestände“[92] betroffen.

Die Nadelröte der Fichte wird nach Butin und Wagner[93] als unspezifische Nadelverfärbung verstanden, die primär durch abiotische Faktoren ausgelöst wird. Die unmittelbar folgenden Pilze werden als begleitende Elemente aufgefaßt.

Die Fichtenerkrankung in den höheren Lagen der Kalkalpen korreliert mit einem ausgeprägten Kalium- und Manganmangel, der charakteristische Chlorosen auslöst, mit einer unzureichenden Stickstoff- und Phosphorversorgung, aber guter Ernährung mit Calcium und Magnesium. Besonders ausgeprägt ist dieser Schadtyp auf flachgründigen, steinig-felsigen Rendzinen in exponierten Geländepositionen, aber auch auf jungen flachgründigen Kalkschotterböden der Talauen[92].

Das Schadensausmaß

Aus dem Bericht der Waldschadenserhebung 1991 geht hervor, daß in der Bundesrepublik im Durchschnitt jeder 4. Baum „deutliche Nadel- bzw. Blattverluste“ aufweist (Schadstufe 2 und 3, s. Tab. 11, d. h. über 25 % Nadel- bzw. Blattverlust).

Regional ist das Schadensniveau sehr unterschiedlich (Abb. 17).

Hauptschadensgebiete sind der nördliche und zentrale Teil Mecklenburg-Vorpommerns, der nördliche Teil Sachsen-Anhalts und Thüringen. Deutliche Schäden finden sich nach wie vor auf den Hochlagen des Fichtelgebirges, des Bayerischen Waldes, des Erzgebirges, der Rhön, des Hessischen Berglandes und der Bayerischen Alpen. Laub- und Nadelbäume zeigen annähernd gleich hohe Schäden: am schwersten betroffen ist nach wie vor die Tanne mit 41 % deutlichen Schäden, gefolgt von Eiche (31 %), Kiefer (29 %), Buche (28 %) und Fichte (23 %).

In der Tab. 12 ist die Entwicklung der deutlichen Schäden nach Baumarten und Ländergruppen ab 1984 dargestellt.

Im NO-bayerischen Raum und insbesondere im südlichen Teil der neuen Bundesländer wird vor allem SO_2 und saurer Nebel als primäre Verursacher der Waldschäden diskutiert. Die Jahresmittelwerte für SO_2 liegen hier mit 60–70 µg/m³ über der für die Vegetation toxischen Schwelle von ca. 50 µg/m³ [96]. Die lokale SO_2-Belastung spiegelt sich in den S-Gehalten der jüngsten Zutriebe des 7. Wirtels wider. Sie liegen zwischen 1550 und 2000 µg/g TG. Ein S-Gehalt von ca. 1200 µg/g TG wird als normaler endogener Wert angesehen.

Tab. 11: Schadstufenklassifizierung bei der Waldschadensinventur.

Schadstufe	Nadel-/ Blattverlust	oder Vergilbungsgrad
0: „ohne Schadmerkmale“	bis 10 %	unwesentlich
1: „schwach geschädigt“	11–25 %	über 25 %
2: „mittelstark geschädigt“	26–60 %	über 60 %
3: „stark geschädigt“	über 60 %	
4: „abgestorben“	abgestorben	

Dem NO-bayerischen Raum wird der gesamte Bayerische Wald, das Voralpengebiet und der Alpenraum gegenübergestellt. Auch hier sind Schäden an Tanne und Fichte von mehr als 50 % registriert. Die SO_2-Belastung liegt mit Jahresmittelwerten von ca. 10 µg/m³ jedoch deutlich unter der für die Vegetation kritischen Schwelle (Lufthygienischer Jahresbericht 1984). SO_2 wird in diesen Gebieten deshalb als primärer Verursacher der Waldschäden ausgeschlossen. Diese Waldgebiete werden daher auch als sog. „Reinluftgebiete“ zusammengefaßt. Hier werden die Photooxidantien (mit Ozon als Leitkomponente) als mögliche Mitverursacher der Waldschäden diskutiert[97].

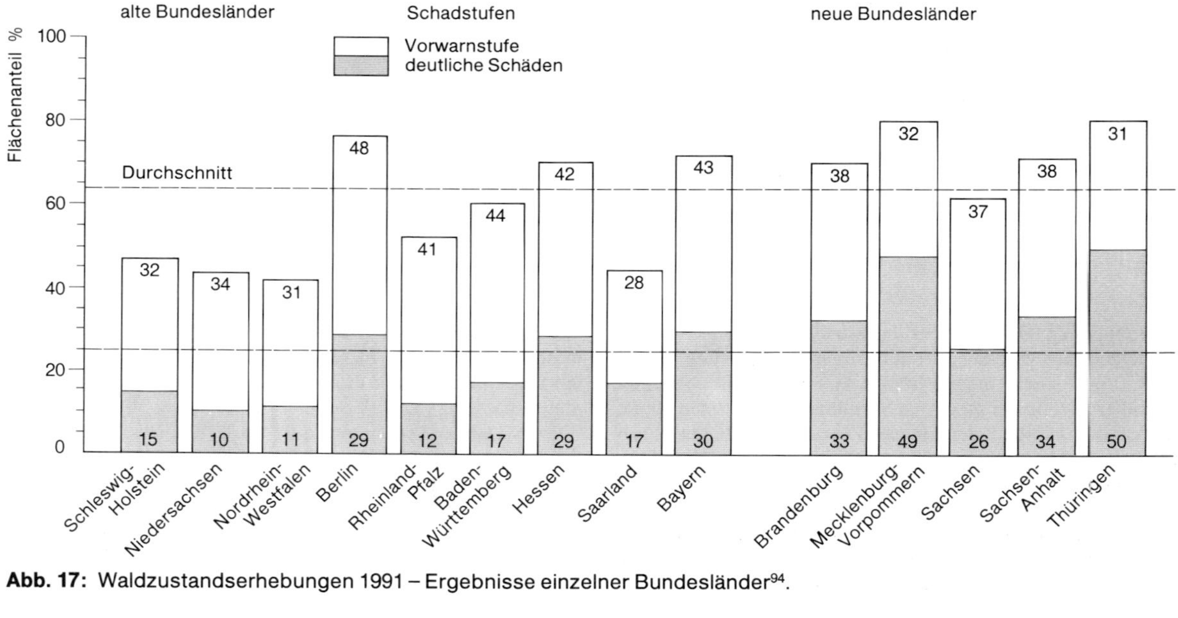

Abb. 17: Waldzustandserhebungen 1991 – Ergebnisse einzelner Bundesländer[94].

Tab. 12: Entwicklung der deutlichen Schäden nach Baumarten und Ländergruppen in den Jahren 1984 bis 1991[95].

Anteil der Schadstufen 2–4 (in %)

Jahr	Fichte				Kiefer				Buche				Eiche			
	N	O	S	D	N	O	S	D	N	O	S	D	N	O	S	D
1984	14	–	22	21	13	–	25	21	6	–	14	11	8	–	10	9
1985	13	–	27	24	11	–	20	17	7	–	17	15	9	–	20	16
1986	14	–	24	22	8	–	18	15	13	–	21	19	11	–	24	20
1987	13	–	18	17	3	–	16	12	25	–	20	22	18	–	24	22
1988	13	–	15	15	6	–	15	12	14	–	18	17	18	–	25	24
1989	11	–	14	14	4	–	14	11	21	–	22	22	22	–	27	26
1990	14	31	–	*	5	30	–	*	34	54	–	*	19	69	–	*
1991	13	38	22	23*	4	39	25	29*	20	41	28	2*	16	50	32	31*

* = Beginn einer neuen Zeitreihe für das seit dem 3. 10. 1990 erneuerte Bundesgebiet
– = keine Angaben verfügbar
N = Nordwestdeutsche Länder: Schleswig-Holstein, Niedersachsen, Nordrhein-Westfalen, Bremen, Hamburg; Gesamtfläche 9,8 Mio. ha, Waldfläche 2,0 Mio. ha.
O = Ostdeutsche Länder: Brandenburg, Berlin, Mecklenburg-Vorpommern, Sachsen, Sachsen-Anhalt, Thüringen; Gesamtfläche 10,9 Mio. ha, Waldfläche 3,0 Mio. ha.
S = Süddeutsche Länder: Baden-Württemberg, Bayern, Hessen, Rheinland-Pfalz, Saarland; Gesamtfläche 15,0 Mio. ha, Waldfläche 5,4 Mio. ha.
D = Bundesrepublik Deutschland; Gesamtfläche 35,7 Mio. ha, Waldfläche 10,4 Mio. ha.

Bei der Waldschadensinventur erfolgt die Eingruppierung der Probebäume in fünf Schadstufen anhand des Nadel- bzw. Blattverlustes (s. Tab. 11). Beim Zusammentreffen von Nadel/Blattverlusten und einem bestimmten Grad der Nadel/Blattvergilbung wird die Schadstufe entsprechend erhöht.
Die Frage, ab wieviel Prozent Blattverlust ein Baum als geschädigt gilt, ist nicht eindeutig geklärt. Von verschiedener Seite wird die Meinung vertreten, daß Kronenverlichtungen ein schon immer zu beobachtendes Phänomen sind. Hinzu kommt die genetische Variabilität in der natürlichen Benadelung und Belaubung der Bäume. Bei der Fichte kommt es im allgemeinen erst bei Nadelverlusten von mehr als 30–40 % zu Zuwachsverlusten. Aufgrund dieser Unsicherheiten wird heute die Schadstufe 1 als Vorwarnstufe betrachtet, die erste Hinweise auf eine beeinträchtigte Vitalität der Bäume geben kann.

Hypothesen über die Ursachen der neuartigen Fichtenerkrankungen

Neben einigen unwahrscheinlichen Vorstellungen über die mögliche Auslösung der jüngsten Baumschäden (Atomkraftwerke, zunehmende Weltraumstrahlung, Radar) werden heute folgende Verursacherprinzipien ernsthaft diskutiert:
a) **Waldbauliche Fehler** (Monokulturen, Fehlstandorte, mangelnde Waldhygiene) und Vernachlässigung der Nährsalzzufuhr unter Beibehaltung der intensiven Nutzung bis hin zum Raubbau schwächen in zunehmendem Maße unsere Baumbestände.
b) Eine Schädigung tritt infolge **versauerungsbedingten Nährstoffmangels** im Boden auf, wobei Waldböden mit geringen Nährstoffvorräten und niedriger Basensättigung besonders betroffen wären.
c) Verkümmerung des Feinwurzelbereichs führt zu Wasser- und Nährstoffmangel in der Baumkrone; als Auslöser werden vor allem die durch den zunehmenden **Säureeintrag in den Boden** mobilisierten und zelltoxischen Aluminiumionen (Al^{3+}) diskutiert.
d) Eine direkte Schädigung von Nadeln erfolgt durch saure **Naß- und Trockendepositionen** (H_2SO_4, HNO_3) oder Gifte wie chlorierte Kohlenwasserstoffe.
e) Eine Reihe von extremen **Trockenjahren** bringt vor allem auf kritischen Standorten die Bäume in Grenzsituationen der Wasserversorgung bis hin zum Dürrestreß.
f) Stickoxide und ungesättigte Kohlenwasserstoffe aus Abgasen von Kraftfahrzeugen und Industrie werden durch die Sonnenstrahlung (UV-A, B: Bereich zwischen den Wellenlängen 290 nm und 450 nm) zu den pflanzentoxischen Komponenten **Ozon und organischen Peroxiden** wie etwa dem Peroxiacetylnitrat (PAN) umgewandelt: diese Verbindungen schädigen die Pflanzen direkt.
g) Bis heute in dem diskutierten Rahmen unbekannte oder noch nicht erfaßte **Pathogene** (Viroide, Viren, Mykoplasmen, Rikettsien, Bakterien) breiten sich zunehmend aus und führen zu Erscheinungsbildern, wie sie schon früher mehrfach für die Tanne beschrieben wurden („Epidemiehypothese“).
h) Eine chronische Vorschädigung von Nadeln durch photodynamische Prozesse, Photooxidantien und/oder trockene Säuredepositionen führt zu einem partiellen **Verlust der strukturellen Resistenz** (Nicht-Wirt-Resistenz) und gleichzeitig zu einem teilweisen Verlust der endogenen Abwehrkapazität gegenüber Schaderregern. Schwächeparasiten können unter diesen Bedingungen entweder erfolgreich siedeln oder erfahren als mögliche Endophyten einen Wachstumsschub, der zu Nadelnekrosen führt (Sequenzhypothese).
i) Ein seit Jahren überhöhter **Stickstoffeintrag** in den Boden **(„Überdüngungshypothese“)** führt zu einem „Stickstoff-Kationen-Ungleichgewicht“.
j) Alle unter a–h aufgeführten Möglichkeiten sind je nach Standort mit unterschiedlicher Betonung am beobachteten Schadensbild mitbeteiligt.
Die Möglichkeiten a–f schließen immer mit ein, daß „aufgepfropfte“ Schädigungen wie z. B. Borkenkäferbefall in Europa oder der Fraß des „spruce budworm“ *(Choristoneura fumiferana)* in den USA (Colorado) das Schadensbild zusätzlich oder nachträglich verändern und das Schadensausmaß lokal dramatisch verstärken können.

Diskussion der Hypothesen über die Auslösung neuartiger Baumerkrankungen

Allen obengenannten Vorstellungen über die Auslösung der neuartigen Baumerkrankungen begegnet berechtigte Kritik:

„Waldbauliche Fehler, mangelnde Waldhygiene"

Es gibt keinerlei Korrelation der Fichtenerkrankung mit der Art des Waldbaues, mit der individuellen Waldpflege oder mit dem Bodentyp. Einzelstehende Bäume erkranken z. T. schneller, Fichten in Mischwäldern genauso schnell wie Monokulturen; Bestände auf Kalk oder in basischen Mooren unterscheiden sich im Erkrankungszustand kaum von Beständen auf sauren Böden oder auf Urgestein, obgleich die Primärsymptome (z. B. der Vergilbungsgrad oder die Vergilbungszentren) unterschiedlich sein können. Waldbauliche Fehler, mangelnde Waldhygiene oder Nachlässigkeiten im Bereich der Pflanzenernährung können als alleinige Ursachen der neuartigen Baumerkrankungen ausgeschlossen werden.

„Schädigung infolge versauerungsbedingten Nährstoffmangels im Boden"

Der hohe Eintrag von Protonen, Sulfat und Nitrat in bestimmte Böden und in bestimmten Landschaften senkt den pH-Wert, beschleunigt die Auswaschung von Ca, Mg und K und schüttet Al und Schwermetalle in die Bodenlösung aus[98,99,100]. Auf den intensiv untersuchten Standorten im Solling gingen die Ca-Vorräte zwischen 1966 und 1985 im Mineralboden (0–50 cm) unter Fichte deutlich zurück. Eine Abnahme war auch für Nordböhmen im Auflagehumus unter Fichte zwischen 1974–1990, für das rheinisch-westfälische Bergland, für das südliche Mittelschwaben im Auflagehumus, für oberpfälzer Kiefernbestände im Auflagehumus und oberen Mineralboden (bis 20 cm Tiefe) zwischen 1974 und 1984 und für ehemals gekalkte Standorte des Schwarzwaldes und Odenwaldes zu verzeichnen.

Ein Rückgang an austauschbarem Magnesium wurde in Nordböhmen im Auflagehumus und in den O-Horizonten südschwedischer Wälder beobachtet. Es wird bemängelt, daß in den Untersuchungen die Bioelementflüsse, die die Vorräte an Basen-Kationen im Oberboden bestimmen, nicht präzise genug quantifiziert wurden und deshalb die örtlich festgestellte Veränderung des Basenstatus nicht eindeutig auf atmogene Säuredeposition zurückgeführt werden kann. Trotzdem wird eingeräumt, daß die Auswaschung von Erdalkaliionen aus dem Boden in den montanen und subalpinen Höhenstufen und im Lee von Ballungsräumen durch verhältnismäßig hohe Protonen- und Gesamtsäure- sowie Schwefel- und Stickstoffeinträge beschleunigt werden kann[101]. Eine maßgebliche Rolle des Bodens und damit des Ernährungszustandes ist bisher nur für die Hochlagenerkrankung der Fichte nachgewiesen. Dieser Schadtyp kommt nur auf Böden vor, die extrem arm an austauschbarem Mg und Ca sind, die im Mineralboden hohe Al-Sättigungen und -Aktivitäten aufweisen und gleichzeitig über viel Stickstoff, Phosphat und Kalium verfügen[101].

Die Armut der Böden an schnellverfügbarem Mg und Ca ist demnach eine wichtige Vorbedingung für das Auftreten dieses Schadtypes, aber nicht dessen alleinige Ursache. Denn an anderen Mg-Mangelstandorten, z. B. in der Oberpfalz, fehlt die Erkrankung.

Krause und Prinz[102] kommen zu der Schlußfolgerung, daß eine weit stärkere Abhängigkeit der Waldschäden von den Untergrundgesteinen als von der Höhenlage bestehen müßte, wenn der Boden – Bodenversorgung infolge säurehaltiger Niederschläge eingeschlossen – eine dominierende Einflußgröße darstellt. Dies trifft nicht zu.

„Schädigung des Feinwurzelbereichs durch säurebedingte Aluminium-Toxizität"

Die vorherrschende Pufferreaktion in stark versauerten Mineralböden ist die Reaktion von Protonen mit Al-Hydroxoverbindungen. Das mobilisierte Al verdrängt dann Alkali- und Erdalkaliionen von Sorptionsplätzen. Dadurch steigt die Aluminium-Sättigung an den Austauscheroberflächen an.

Al-Ionen werden in der Matrix der meristematischen und parenchymatischen Zellen der Wurzelrinde und Wurzelspitze gebunden und das normalerweise dort vorhandene Ca und Mg verdrängt. Die Folgen sind erstens eine Veränderung der kolloidchemischen Eigenschaften der Zellwandmatrix von Zellen der Wurzelspitze, die einen Verlust der Plastizität der Zellwände bewirkt. Dadurch kommt es zur Nekrotisierung und Ablösung am Übergang von der Wurzelrinde zum Zentralzylinder und im Bereich des Spitzenmeristems der Wurzel. Diese Schäden werden auch im Freiland beobachtet. Zweitens werden die Ionenaustauscheigenschaften der Zellwandmatrix blockiert. Al hat eine ca. 1000fach größere Affinität zu den sauren Gruppen der Protopektinate als Ca oder Mg und verhindert so deren Aufnahme[103].

Die höchsten Al-Konzentrationen, die in Bodenlösungen gefunden wurden, traten im Solling (240 µmol/l), im Fichtelgebirge (237 µmol/l) und im Harz (82 µmol/l) auf. Ein Großteil des Al liegt als organische Komplexe vor. Al-Chelate sind weniger toxisch und zeigen geringere Auswirkungen auf die Ca^{2+}- und Mg^{2+}-Aufnahme als anorganische Formen des Al[104]. Al kann durch Komplexbildung im Mucigel von der Pflanze selbst zum Teil detoxifiziert werden. Außerdem nehmen Fichten an den Wurzelspitzen bevorzugt Nitrat auf und erhöhen dadurch den pH-Wert der Rhizosphäre. Durch den pH-Anstieg wird Al an den Wurzeloberflächen ausgefällt (entgiftet)[105]. Diese Reaktionen der Mykorrhiza bewirken z. B. ein Anheben der Toxizitätsschwelle von 1500 µmol/l auf 3000 µmol/l bei der Kiefer[106]. Allerdings sind weder die Toleranzgrenzen noch die pflanzlichen Toleranzmechanismen bisher ausreichend geklärt, um generelle Aussagen bezüglich der Waldschadenssituation zuzulassen[107].

Al-bedingte Schäden an Mykorrhizen sind bisher nach Kottke und Oberwinkler[108] weder experimentell noch in Untersuchungen von versauerten Standorten nachgewiesen. Kottke und Oberwinkler führen aus, daß Beeinträchtigungen des Spitzenwachstums der nicht mykorrhizierten Primärwurzel von Fichtensämlingen durch Aluminiumsalze in Hydrokulturen mehrfach beobachtet wurden, insbesondere dann, wenn das Kulturmedium häufig gewechselt[109,110] oder mit Durchflußkulturen[111] gearbeitet wurde. Durch diese Techniken kommt es möglicherweise zu einer Beschädigung der Mucigelschicht an der Wurzeloberfläche, die Aluminium-Ionen zu binden vermag. In Untersuchungen mit Sandkulturen[104] und belüfteten Stecklingskulturen[112] konnten nämlich keine Al-induzierten Wurzelschäden festgestellt werden.

Untersuchungen über einen Zusammenhang zwischen der Ausbildung des Feinwurzelwerkes und der Schadensausprägung sind widersprüchlich. Eine Abnahme der Feinwurzel-Biomasse wurde an schwer geschädigten Beständen im Solling[113] und im Fichtelgebirge[114] gefunden. Demgegenüber stellten Zöttl und Hüttl[115] im Bayerischen Wald und Eichhorn[116] im Kaufunger Wald keine Unterschiede der Wurzelentwicklung gesunder und geschädigter Fichten fest.

Gegen eine Beteiligung des Al an der Schadensausprägung in einer Koppelung mit Mg-Mangel bei den Fichtenerkrankungen spricht, daß eine Kalkung des Bodens mit $CaCO_3$ die Vergilbungserscheinungen nicht abschwächte, obwohl die Kalkung einen Anstieg des pH-Wertes und in der Folge eine verminderte Löslichkeit des Al nach sich zog[117]. Nur wenn der verwendete Kalk Mg-haltig war, konnte eine Verbesserung in

bezug auf den Vergilbungsgrad beobachtet werden (Schwarzwald[115]; Bayerischer Wald[118]; Fichtelgebirge[119]).
Für die Waldschäden unseres Betrachtungsraumes läßt sich feststellen, daß keine Korrelation zwischen Al-Mobilisierung, Säureeintrag und Erkrankungszustand besteht. Die Erkrankung ist auf gut gepufferten und z. T. alkalischen Kalkstandorten nicht schwächer ausgeprägt als auf sauren Standorten oder auf podsolisierten Böden über Urgestein. Hier könnte man einschränkend sagen, daß die Standorte bestimmter Schadensareale im Harz, im Solling, in Nordostbayern (Fichtelgebirge) sicherlich Voraussetzungen bieten, unter denen bei Mg^{2+} und Ca^{2+} Mangel zusätzlich eine Wurzel- und Transportbahnschädigung der Tanne (Naßkern) über eine Primärschädigung der Rhizosphäre (Wurzelzone) durch Al^{3+} erfolgen mag. Die Al^{3+}-Rhizosphären-Hypothese erklärt aber nicht das fast gleichzeitige Auftreten der Schäden auf extrem unterschiedlichen Standorten.

„Direkte Säureschädigung von Nadeln und Blättern"

Saure Niederschläge bewirken ein Auswaschen von Nährstoffen aus den Blättern. Dieses „leaching" kann durch schadstoffbedingte Erhöhung der Permeabilität der Zellmembranen pathologisch verstärkt werden. Die kombinierte Einwirkung von Ozon und saurem Nebel führt zu einer gesteigerten Auswaschung verschiedener Kationen, vor allem Magnesium, Zink, Mangan und Calcium. Die Auswaschung scheint von der Vitalität der Bäume und der Bonität des Bodensubstrates abzuhängen: je schlechter beide Faktoren, desto höher der Auswaschungsgrad[102]. Insgesamt ist der Nährstoffverlust durch leaching jedoch gering[120–125]. Er kann die Nährstoffmangelsituation der vergilbten Nadeln geschädigter Bäume nicht erklären.
Die experimentell durch Behandlung der Nadeln mit saurem Nebel induzierten Chlorosen und Nekrosen entsprechen nicht den typischen Vergilbungserscheinungen älterer Nadeln im Freiland. Hinzu kommt, daß saure Komponenten in der Atmosphäre von Reinluftgebieten die Grenzen der experimentell ermittelten „akuten Toxizität" nur sporadisch erreichen, geschweige denn überschreiten. Eine direkte Schädigung oberirdischer Pflanzenteile wie Fichtennadeln durch „sauren Regen" als Ursache für die beobachteten Symptome ist fast mit Sicherheit auszuschließen.

Klimatische Einflüsse

Mehr als bisher vermutet, muß von der Bedeutung natürlicher Einflußfaktoren auf die Waldvitalität ausgegangen werden. Aus den Berichten anläßlich einer Expertentagung der Ökologiekommission der Bayerischen Akademie der Wissenschaften (Okt. 1991) über Zustand und Gefährdung der Laubbäume geht eindeutig hervor, daß überwiegend klimatische und phytopathologische Mechanismen der Laubbaumschädigung (mit Ausnahme von SO_2-Effekten entsprechend belasteter Gebiete) vorliegen.
Tannen sind im Vergleich zu Kiefern und Lärchen recht frostempfindlich. Der Temperatursturz in der Silvesternacht 1978/1979 führte bei der Tanne, die durch das vorausgehende Weihnachtswetter bereits einen Teil ihrer Frosthärte eingebüßt hatte, in einigen Gebieten der ehemaligen CSSR und DDR zu außergewöhnlich hohen Schäden. In diesen Gebieten waren bis dahin noch keine sichtbaren Immissionsschäden beobachtet worden. Bei der Fichte und einigen Laubgehölzen kam es zu einer schlagartigen Verschlechterung ihrer Vitalität[126].
Langanhaltende Trockenperioden, insbesondere eine Häufung von Trockenjahren, beeinträchtigen Baumpopulationen auf Problemstandorten.
Roberts und Mitarbeiter[127] kommen in ihrem Übersichtsartikel über Ursachen der montanen Nadelvergilbung zu dem Schluß, daß eine zu geringe Verfügbarkeit von Mg im Boden zu einer zu niedrigen Aufnahmerate und in der Folge zu Mg-Mangel in den Nadeln führt. Die geringe Verfügbarkeit von Mg auf Standorten Zentraleuropas in größeren Höhen führen die Autoren auf eine ungenügende atmosphärische Mg-Deposition und eine verlangsamte Mg-Freisetzung durch Verwitterungsprozesse aufgrund niederschlagsarmer Jahre zurück. Die Verarmung der Böden an austauschbarem Mg wird durch erhöhte Wachstumsraten von Bäumen infolge des hohen atmosphärischen Stickstoff-Inputs (s. u.) und durch ein erhöhtes leaching, bedingt durch hohe Einträge mobiler Anionen, zusätzlich gefördert.
Das plötzliche weiträumige Auftreten von Schadsymptomen hängt demnach mit einer Häufung trockener Jahre zusammen.
Ungewöhnliche Trockenperioden gab es in der Bundesrepublik 1975, 1976, 1982 und 1983[128]. Schmidt[129] analysierte im Detail die klimatischen Daten der Jahre 1981–1985, also einer Periode, in der die Waldschäden deutlich zunahmen. Im Ergebnis fand er eine bemerkenswerte Übereinstimmung der Häufung trockener Sommer mit dem Schadensausmaß (Abb. 18).
Auch nach Rehfuess[101] erfolgte die Synchronisation der verschiedenen Schadtypen im Zeitraum 1980–85 durch großräumigen „Witterungsstreß", genauer durch Trockenheit, Frost oder deren Kombination. Immissionen, atmogene Stoffdeposition, Schädlingsbefall und ungünstiger Boden- oder Ernährungszustand stellen regionale schadtypspezifische Faktoren dar.
Die Abnahme der Mg-Konzentrationen der älteren Nadeln von Fichten im Fichtelgebirge zu Gunsten des Neuaustriebs fiel in den Trockenjahren vor 1985 größer aus als in den folgenden feuchten Jahren[130].
Kandler und Mitarbeiter[131] verfolgten den Mg-Status und den Vergilbungsgrad von Fichtennadeln im Bayerischen Wald von 1984 (trocken) bis 1986 (feucht). Bei ca. 30% der Bäume mit Vergilbungserscheinungen entwickelten sich die charakteristischen Chlorosen am Nadeljahrgang 1985 während des Neuaustriebs 1986 nicht. An 20% der Bäume konnte eine Ergrünung des vorher chlorotischen Gewebes beobachtet werden. Übereinstimmend wurde in der Periode von 1985–1988 durch die Waldschadensinventur eine Erholung bei der Tanne und Fichte festgestellt. Der Schadtyp der montanen Nadelvergilbung fehlt in Gebieten, in denen der atmosphärische Mg-Input den Mg-Output (Aufnahme von Mg durch Pflanzen und Bodenlebewesen) ersetzen kann. Zu nennen sind hier Großbritannien und Westnorwegen[127].

„Direkte Toxizität von Photooxidantien"

Nach den Angaben verschiedener offizieller und halboffizieller Stellen läßt sich in den vergangenen zwölf Jahren jahresdurchschnittlich ein leichtes Abnehmen von SO_2 und eine leichte Zunahme von O_3 (Ozon) als Leitkomponente für die sogenannten Photooxidantien erkennen. Die Verbrennungsabgase NO und NO_2 gibt es in unserer Atmosphäre in Konzentrationen, die weit unter dem chronischen oder gar akut pflanzentoxischen Niveau liegen. Kohlenmonoxid (CO) als Verbrennungsgas ist bis in extrem hohe, in der Natur nie erreichte oder erreichbare Konzentrationen nicht pflanzentoxisch. Als einzige erfaßte und bekannte gasförmige Komponente der Reinluftgebiete erreicht das Ozon an strahlungsintensiven und heißen Sommertagen für bestimmte Baumarten (Buche, Eiche oder Kiefer) einen kritischen Pegel (s. u.).
Verbindungen wie Peroxiacetylnitrat (PAN), die typisch für photodynamische Prozesse sind, erreichen nicht die Konzen-

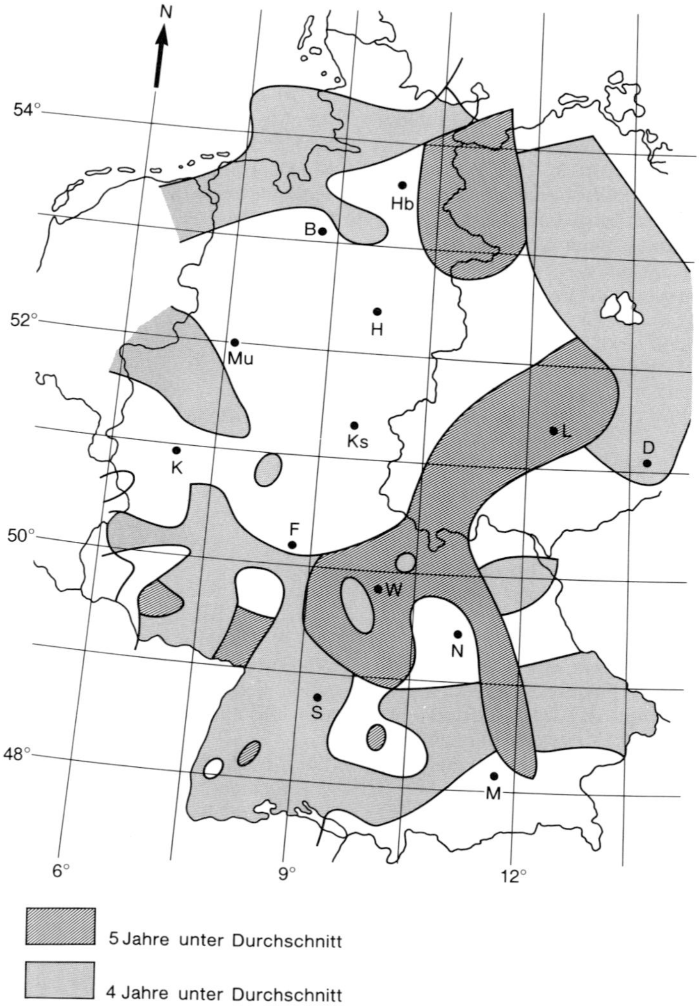

Abb. 18: Häufigkeit trockener Sommer (Juni–August) 1981–1985[127].

trationen, die nötig wären, um allein die Toxizitätsschwelle zu überschreiten.

Ein Zusammenwirken von Ozon und Witterungsfaktoren gilt als „allgemein wahrscheinlich". Ozonbelastete Bäume leiden verstärkt unter Trockenheit. Erhöhte Ozonkonzentrationen verändern direkt oder indirekt die Kälteresistenz. Interaktionen zwischen Ozonbelastung und extremen Frostereignissen sind möglicherweise bedeutungsvoll für Erkrankungen von Bäumen der mittleren und höheren Lagen der Alpen und der Mittelgebirge.

In einem Langzeitversuch (14 Monate) in den Expositionskammern der GSF (Neuherberg bei München) wurden dreijährige Fichten-Klonpflanzen mit einer Ozonkonzentration von 100 $\mu g/m^3$ im Jahresmittel und Belastungsspitzen von 130–360 $\mu g/m^3$ behandelt. Weitere Belastungsfaktoren waren Bodennährstoffunterschiede und Frostereignisse. Im Ergebnis korrelierten signifikante Effekte mit dem Pflanzenmaterial und den Bodennährstoffverhältnissen. Ozon spielte, wenn überhaupt, eine untergeordnete Rolle[132]. Allerdings erweist sich die Fichte als relativ ozontolerant. Bei Begasungsexperimenten, die nach einer Belastungszeit von drei bis sechs Wochen sichtbare Symptome auslösten, mußten Fichten gegenüber 1600 $\mu g/m^3$ exponiert werden. Demgegenüber genügten Ozonkonzentrationen von 150 bzw. 300 $\mu g/m^3$, um bei der Buche bzw. Kiefer sichtbare Schäden hervorzurufen[133]. Weitere Begasungsversuche mit Ozon haben gezeigt, daß die Laubholzarten Eiche und Ahorn bei 400 $\mu g/m^3$ bzw. 800 $\mu g/m^3$ nach drei- bis vierwöchiger Versuchsdauer mit typischen Vergilbungen bzw. Interkostalfeldnekrosen reagierten[102].

Nach Reuter[134] deuten die Freiland- und Laborergebnisse insgesamt darauf hin, daß die Fichte durch Ozon allein in den natürlich vorkommenden Konzentrationen vergleichsweise wenig belastet ist. Für empfindliche Baumarten wie Buche, Eiche, Kiefer oder Lärche trifft dies aber nicht zu. Gerade bei diesen Baumarten sind Schäden durch eine chronische, langfristige Ozonbelastung, insbesondere im Zusammenwirken mit anderen natürlichen oder anthropogenen Faktoren, nicht auszuschließen.

„Noch nicht erfaßte oder unbekannte Pathogene"

Die Epidemiehypothese geht davon aus, daß es schon mehrfach großflächige Baum-(Tannen-)schäden gab, lange bevor unsere Zivilisationsabgase (Automobile, Großkraftwerke mit hohen Schornsteinen) eine größere Rolle spielten; seuchentypisch treten die charakteristischen Vergilbungen nestartig auf.

Die durchaus logische Folgerung dieser Überlegungen und Beobachtung führte zu der Vermutung, daß Pathogene wie Viroide, Viren, Mykoplasmen oder Rickettsien als Parasiten lokale Epidemien auslösen, die periodisch nach einem unbekannten Auslösungsmechanismus unsere Baumbestände heimsuchen. Man hat bis heute jedoch noch keine, mit dem Schädigungsgrad einhergehende Mikroorganismenpopulation aus dem obigen Sortiment entdecken können. Daß man in vielen Organen oder Organteilen beinahe aller höheren Lebewesen nach gründlicher Suche schließlich auch Viren oder andere potentielle Kleinsterreger finden kann, ist keineswegs erstaunlich. Die Schaderregerhypothese stößt zudem auf die Schwierigkeit zu erklären, daß gleiche oder ähnliche Erreger im Hochgebirge von Colorado, auf Meeresniveau in NO-Amerika, im Harz, im Schwarzwald und in den verschiedensten Lagen der Voralpen und Alpen in unterschiedlichen Wirtsarten gleichzeitig virulent werden. Wenn wir hier nicht einen noch unbekannten, globalen Auslöser zusätzlich zu den bis jetzt noch nicht gefundenen Erregern annehmen, ist diese Hypothese nur schwer vertretbar.

„Sequenzhypothese“

Durch abiotische Faktoren kann es zu einer primären Schädigung der Nadel kommen, die sich einerseits in der teilweisen Zerstörung der strukturellen Resistenz, andererseits in einer physiologischen Schwächung äußert. Beide Vorgänge könnten eine Sekundärinfektion durch Schwächeparasiten erleichtern oder das Wachstum von bereits in den Nadeln vorhandener Endophyten beschleunigen.

Rasterelektronenmikroskopische Aufnahmen von geschädigten Fichtennadeln aus dem Bayerischen Wald und dem Fichtelgebirge zeigen, daß mit zunehmender Schädigung bei vergilbenden bzw. vergilbten Nadeln vor allem die Struktur der stomatären Wachsdeckel verändert ist[135]. Die im Normalfall „pseudokristallin“ angeordneten Wachsstäbchen scheinen zu verkleben (Farbabb. 12, S. 248). Auch Risse oder Spalten in der Mitte oder an den Rändern der Wachsdeckel sind zu beobachten. Magel und Ziegler[136] konnten die Verklebung und Rißbildung der Wachsdeckel durch kombinierte Behandlung von Ozon und saurem Nebel erzielen.

Unter extremen Bedingungen (Temperatur, Wassermangel, Starklicht) synthetisieren Nadelbäume ungesättigte Kohlenwasserstoffe wie Pinen oder Ethylen. Diese reagieren dann an den Grenzflächen zur Außenwelt (Stomadeckel) mit externem Ozon unter Bildung von Peroxiden und reaktiven Aldehyden (vgl. Abb. 21, S. 114). Möglicherweise reagieren Wachskomponenten mit diesen Molekülen unter den beschriebenen Strukturveränderungen[137]. Weiterhin könnte es durch konzentrierte Säuren, die durch trockene Deposition und saure Nebeltröpfchen direkt auf der Nadel entstehen, lokal zu Verätzungen kommen. Auf nekrotischen Nadeln konnten zahlreiche Sporenlager, die aus dem Innern der Nadel nach außen durchbrechen, beobachtet werden (s. Farbabb. 13 und 14, S. 248).

Pflanzen, insbesondere resistente Pflanzen, sind dem Befall von Pathogenen nicht wehrlos ausgesetzt. Sie verfügen über breitgefächerte Abwehrmechanismen, die in mehreren Stufen zeitlich versetzt ablaufen. Neben der strukturellen Resistenz, die im wesentlichen eine mechanische Barriere für das eindringende Pathogen darstellt, findet man typische Toxine, die als chemische Barriere während der Abwehrreaktion fungieren. Oßwald et al.[138] fanden als einzige fungitoxische Substanz in Fichtennadeln p-Hydroxyacetophenon (pHAP), das Aglycon des pHAP-β-D-Glucopyranosids (Picein). Aus Picein kann pHAP durch β-Glucosidasen freigesetzt werden. Ein hoher pHAP-Gehalt bedeutet zugleich eine Reduktion des Piceingehaltes.

Der Waldschäden am Standort „Wank“ zeichnen sich durch eine teilweise akute Kronenverlichtung aus. Wenn die auf der Kronenverlichtung beruhenden Nadelverluste auf einen Pilzbefall von primär geschädigten Nadeln zurückgehen, dann sollten sich Fichten einer hohen Schadstufe durch starken Pilzbefall (meßbar in Form der Glucosaminkonzentration), gesunde Bäume durch einen niedrigen Pilzbefall auszeichnen. Untersuchungen am Standort „Wank“ auf der Ebene der grünen Nadel (generelle Konzeption der Probenahme am Standort „Wank“) führten zu folgenden Ergebnissen[139]: Die Nadeln aller untersuchten Bäume, unabhängig von der Schad- und Höhenstufe, unterschieden sich nicht in ihren Chlorophyll-, Picein-, pHAP- und Glucosamingehalten. Ein niedriger pHAP-Gehalt korrelierte mit einem geringen Glucosamingehalt. Die gemessenen Glucosaminkonzentrationen entsprechen denjenigen von nicht pilzinfizierten Nadeln, und sind wahrscheinlich auf apathogene Endophyten und auf endogenes Glucosamin zurückzuführen. Auf der Ebene der grünen Nadel scheidet nach diesen Ergebnissen eine Pilzinfektion als Ursache oder Mitverursacherin der Symptome am „Wank“ aus. Es stellt sich zwangsläufig die Frage, ob auf der Ebene der grünen, am Baum (welcher Schadstufe auch immer) verbleibenden Nadel eine Einteilung in „gesund“ und „geschädigt“ erfolgen kann. Anhaltspunkte über die Ursachen des Nadelverlustes erhält man möglicherweise nur über die Untersuchung von Nadeln, die der Baum letzlich abwirft.

Eine Quantifizierung des Pilzbefalls von Nadeln ist auch über die Bestimmung der Ergosterolkonzentration möglich[140]. Ergosterol, ein pilzspezifisches Sterol, erlaubt im Gegensatz zum Glucosamin eine eindeutige Zuordnung. Untersuchungen von gesunden und geschädigten Nadeln aus dem Fichtelgebirge, dem Bayerischen Wald und den Voralpen ergaben, daß die Ergosterolwerte gelber Nadeln häufig über denen grüner Vergleichsnadeln lagen. Eine Korrelation zwischen dem Vergilbungsgrad und dem Pilzbefall war jedoch nicht zu erkennen, was Pilze als primäre Ursache der Nadelvergilbung an den untersuchten Standorten ausscheiden läßt. Nekrotisierte Nadeln zeigten dagegen in allen Fällen deutlich erhöhte Ergosterolkonzentrationen. Außerdem konnte eine positive Korrelation zwischen dem Grad der Nekrotisierung und dem Ergosterolgehalt festgestellt werden. Eine Mitbeteiligung pilzlicher Pathogene an der Nekrotisierung der Nadeln gilt deshalb als sehr wahrscheinlich[141].

„Stickstoffüberdüngung“

Jährlich werden in Europa 4,8–10 kg Stickstoff/ha und in der Bundesrepublik (alt) 4,2–10,1 kg Stickstoff/ha eingetragen. Dieser Stickstoff-Input ist dafür verantwortlich, daß in Ökosystemen mit N-Mangel, der in humiden Gebieten weit verbreitet ist, die biologische Produktivität gesteigert ist.

Kenk und Mitarbeiter[142] untersuchten Wachstumsverläufe von Fichten (Einzelbäume und Bestände) im Schwarzwald, im Neckarland, in der Schwäbischen Alb und im Südwestdeutschen Alpenvorland. In allen untersuchten Wuchsgebieten wiesen die alten und sehr alten Bestände seit Jahrzehnten baum- und flächenbezogen ein mindestens gleichbleibendes, überwiegend jedoch beachtlich gestiegenes Wachstum auf. Das gilt für alle drei Wachstumskomponenten: Durchmesser-, Höhen- und Volumenwachstum.

Der Zuwachsanstieg ist nach Kenk et al. nicht nur auf die Fichte beschränkt. Er wird ebenso für die Tanne aus den Vogesen[143] und dem französischen Jura[42] sowie für die Kiefer in der Oberpfalz[144] berichtet. Weiterhin bezieht sich der Zuwachsanstieg nicht nur auf Gebiete in Baden-Württemberg, sondern auch auf Bayern[145], die Schweiz[146, 147] und auf Frankreich[142]. Als Hauptursache wird der hohe atmosphärische Stickstoffeintrag angesehen.

Besonders gefährdet in Hinblick auf einen erhöhten Stickstoffeintrag sind nährstoffarme Vegetationsgesellschaften wie Heidelandschaften und Moore, die durch Eutrophierung mehr oder weniger gestört werden.
Änderungen in den interspezifischen Konkurrenzbedingungen mit Folgen für die Zusammensetzung der entsprechenden Pflanzengesellschaften sind mögliche weitere Wirkungen.
Durch das exzessive Angebot an Stickstoff einerseits und den Mangel an bestimmten Kationen andererseits wird außerdem nicht nur die Anfälligkeit der Pflanzen gegenüber Luftschadstoffen[148], sondern auch gegenüber phytopathogenen Pilzen und tierischen Schädlingen[149, 150, 137] sowie gegenüber Frost- und Trockenstreß erhöht. Eine Überversorgung mit Stickstoff in Verbindung mit einer Unterversorgung an Kalium führt zu Störungen im Wasserhaushalt, zu einer erhöhten Atmung, zu einem gehemmten Abtransport der Photosyntheseprodukte aus den Blättern und zu einer Anreicherung niedermolekularer C- und N-Verbindungen.
Über die Entkopplerwirkung von NH_4^+ lassen sich pathologische Vergilbungen zwanglos erklären.

Die Physiologie und Biochemie pflanzlicher Vergilbungsreaktionen

Wenn grüne Pflanzenteile während der Vegetationsperiode plötzlich vergilben, so ist dies häufig auf eine Mangelerkrankung, auf Vergiftung durch Herbizide, auf eine Infektion oder auf abiotische Stressoren wie Wassermangel oder Überflutung, osmotische Veränderungen wie Salzüberangebot, Einwirkung von UV-, Gamma- oder anderen Strahlen, Starklicht und starke Temperaturschwankungen wie Hitze und Frost zurückzuführen. Als gemeinsame Konsequenz der obengenannten Einflüsse ergibt sich ein limitierter Elektronentransport: gleichgültig durch welchen Auslöser der intermediäre Metabolismus oder Transportvorgänge reduziert oder blokkiert werden, letztlich wirken sich (im Licht!) alle „Einschränkungen" auf den photosynthetischen Elektronentransport aus. Daraus ergibt sich eine primär erhöhte Photorespiration und anschließend ein stetiger Übergang zu photodynamischen Reaktionen.
In einem kürzlich erschienenen Übersichtsartikel[151] wird dargelegt, daß die bei hohen Lichtintensitäten eintretende Schädigung des Photosystems II (Photoinhibition) durch zusätzlich wirkenden Streßfaktoren signifikant zunimmt.
Der Abbau der photosynthetischen Pigmente (Chlorophyll, Carotine) läuft in allen Fällen nach einem recht einheitlichen Mechanismus ab: durch einen „Auslöser" wie der Blockierung des photosynthetischen Elektronentransports oder den Angriff auf zelluläre Membranen werden Bedingungen geschaffen, unter denen membrangebundene, ungesättigte Fettsäuren in die entsprechenden Peroxide umgewandelt werden. Beim Zerfall dieser Peroxide werden Pigmente kooxidiert. Diese Sequenz von Abbaureaktionen wird häufig durch Licht ausgelöst und stimuliert, wobei angeregte Pigmentmoleküle ihre Anregungsenergie auf den Sauerstoff abgeben, der seinerseits aktiviert wird und in den hochreaktiven Singulettzustand übergeht. Der Singulettsauerstoff ($^1O_2$) kann wiederum selbst Pigmente angreifen („Wäschebleichung im Licht") oder mit Fettsäuren reagieren, wobei erneut Peroxide entstehen. Auf diese Weise werden metabolisch kaum kontrollierbare Kettenreaktionen ausgelöst und in Gang gehalten. Das Ergebnis ist, unabhängig vom individuellen Auslöser, eine unspezifische Vergilbung. Untersuchungen an Nadeln von Fichten mit typischen Symptomen der montanen Vergilbung vom Standort Kälbelescheuer/Südschwarzwald ergaben, daß in den frühen Stadien der Vergilbung alle Pigmente (Chlorophyll a und b, Carotinoide und Xanthophylle) simultan abnahmen, in fortgeschrittenen Vergilbungsstadien der Abbau der Carotinoide im Vergleich zur Chlorophylldestruktion verlangsamt war. Siefermann-Harms[153] führt aus, daß auch an Fichten des Bayerischen Waldes eine gleichzeitige Abnahme aller Pigmente beobachtet wurde[131] und daß an stark geschädigten Fichten und Tannen des Nordschwarzwaldes ein im Vergleich zum Carotinoidabbau verstärkter Chlorophyllabbau festzustellen war[154].
Weiterhin wurde gezeigt[153, 155], daß der Nadelvergilbung eine Destabilisierung des lichtsammelnden Chlorophyll a/b-Proteinkomplexes (LHC) vorausgeht. Die mit der Destabilisierung verbundene Säure- und Photolabilität des LHC soll die photooxidative Zerstörung der Pigmente erst ermöglichen. Ist der LHC destabilisiert, ausgelöst durch unterschiedliche Streßfaktoren, genügt Sauerstoff, um im Licht die Vergilbung einzuleiten. Ein spezifischer Schadstoff ist dafür nicht erforderlich. Eine simultane Zerstörung der Chlorophylle und Carotinoide, ein Merkmal der montanen Vergilbung, wird auch im isolierten LHC unter Belichtung erreicht, und zwar dann, wenn die Tertiärstruktur des Apoproteins des LHC, nicht aber dessen Pigmentanordnung modifiziert wurde. Diese Befunde bedeuten, daß es nicht einer intakten Thylakoidmembran bedarf, um die Pigmente vor Photooxidation zu schützen. Auch die Anwesenheit von Carotinoiden im LHC reicht nicht für einen effektiven Photoschutz. Damit diese Pigmente ihre Schutzfunktion ausüben können, muß die Bildung von Chlorophyll-Carotinoid-Kollisionskomplexen sterisch möglich sein[152]. Bei frühen Stadien der Vergilbung ist die Integrität des LHC-Apoproteins gestört, bei fortgeschrittenen zusätzlich die Pigmentanordnung. Im ersten Fall kann noch die Bildung von Chlorophyll-Carotinoid-Kollisionskomplexen erfolgen, mit zunehmender Schädigung wird sie zunehmend behindert, wodurch sowohl die Schutzfunktion der Carotinoide als auch die durch Chlorophyll sensibilisierte Carotinoidausbleichung entfällt. Dies erklärt die verstärkte Abnahme der Chlorophylle bei fortgeschrittenen Vergilbungsstadien.

Die Herkunft der Schadgase: Neuere Analysen

Die „primären Schadgase" SO_2 und NO_2 stammen aus anthropogenen Quellen (siehe Tab. 2).
Wie schon erwähnt, entsteht Ozon lichtabhängig auf den Wanderstrecken primärer Emissionen von NO über NO_2 in Abhängigkeit gewisser flüchtiger organischer Verbindungen (VOC, volatile organic compounds). VOC-Emissionen sind anthropogenen wie auch biogenen Ursprungs: Weltweit werden vor allem von Bäumen ca. $19 \cdot 10^7$ t VOC und aus anthropogenen Quellen ca. $2 \cdot 10^7$ t VOC abgegeben.
Biogene Emissionen umfassen Homoterpene (C_{10}) wie die Pinene oder das Limonen und Hemiterpene wie das Isopren

$$CH_2=C-\overset{\displaystyle CH_3 \atop |}{CH}=CH_2. \quad \text{(Isopren)}$$

Koniferen emittieren temperatur- und lichtabhängig von 0,4 bis 3,5 ppb an Terpensubstanzen pro g Blattgewicht und min[156].
Obwohl die biogenen VOC-Emissionen mengenmäßig die anthropogen verursachten weit übertreffen, spielen bezüglich des Ozonbildungspotentials vor allem aromatische Verbindungen eine dominierende Rolle, unabhängig von der Methode der Bestimmung des Ozonbildungspotentials[157].
90% der anthropogenen VOC-Emissionen entstammen zu etwa gleichen Teilen den Quellengruppen Verkehr und Industrie.

SO_2

Die Schwefeldioxidemissionen erreichten im Jahr 1973 in den alten Bundesländern einen Höhepunkt mit rd. 3,9 Mio. t und sanken bis 1982 auf etwa 2,9 Mio. t pro Jahr ab. Seit diesem Zeitpunkt verringerten sich die jährlichen Emissionen weiter um ca. 60 % auf rd. 1,0 Mio. t 1989, hauptsächlich durch die Rauchgasentschwefelung der Kraftwerke. Dagegen stiegen in den neuen Bundesländern die jährlichen SO_2-Emissionen bis auf 5,2 Mio. t 1989 an. Bezogen auf die Bevölkerungszahl bedeutet dies ein Anstieg von 17 kg SO_2 im Bereich der alten Bundesländer im Vergleich zu 313 kg je Einwohner in den fünf neuen Ländern[94].

Halbstündliche Spitzenwerte in Reinluftgebieten (Schwarzwald, Bayer. Wald) lagen zwischen ca. 120 und 220 $\mu g/m^3$. Für das SO_2 wird nach Begasungsversuchen für die Auslösung von Waldschäden ein Langzeitgrenzwert (Schwellenwert) von 20 bis 50 $\mu g/m^3$ angegeben (Information 1/83, Bayer. Staatsforstverwaltung Januar 1983). In Ostbayern wurden SO_2-Immissionen von 30 bis 70 $\mu g/m^3$ im Jahresmittel gemessen, an der Grenze zur ehemaligen DDR und CSSR im Januar 1982 Spitzenwerte von 1500 $\mu g/m^3$.

Stickoxide

NO, NO_2 bzw. N_2O_4 entstehen durch Verbrennungen bei hohen Temperaturen (s. S. 80) und liegen in emissionsfernen Reinluftgebieten als $2NO_2 \rightleftharpoons N_2O_4$ vor, und zwar in Durchschnittskonzentrationen zwischen ca. 2 und 20 $\mu g/m^3$. In Ballungsgebieten werden demgegenüber 30 bis 60 $\mu g/m^3$ NO_2 und ebenfalls 30 bis 60 $\mu g/m^3$ NO gemessen, in diesem Falle aber mit eindeutig steigender Tendenz seit ca. 15 Jahren.

Durch Entstickung von Kraftwerken und Industrieanlagen konnten deren NO_x-Emissionen in den alten Bundesländern von 790 000 t im Jahr 1982 auf 240 000 t im Jahr 1991 gesenkt werden. Große Sorge bereitet der Anstieg der Emissionen im Straßenverkehr. Der Pkw-Bestand hat sich in den alten Ländern verdoppelt. Außerdem verdoppelte sich die Gesamtfahrleistung der Pkws, die der Lkws verdreifachte sich sogar bei insgesamt deutlich gestiegener Fahrgeschwindigkeit[94].

1980 emittierte die Quellengruppe Straßenverkehr in der Bundesrepublik alt 1 350 kt NO_x. Dies entspricht einem Anteil von 45,8 % am Gesamt-NO_x-Ausstoß. 1989 wurden vom Straßenverkehr 1 600 kt ausgestoßen, wobei der Beitrag am Gesamtausstoß auf 58,8 % kletterte[158].

Da für sensitive Pflanzen (Birke, Lärche, Blaufichte, Weißtanne, Linde) eine Maximalbelastung für 30 min bei 6 000 $\mu g/m^3$ liegt (im Vergleich dazu maximal 250 $\mu g/m^3$ für SO_2), ist eine **Direkt**schädigung von Pflanzen durch NO_2 nur in seltenen Fällen unter extremen Bedingungen bzw. nur als sog. „Kombinationsschäden" (s. o.) denkbar.

Die lufthygienisch bedeutungsvollste Eigenschaft der Stickoxide besteht maßgeblich in ihrer Funktion, als Vorläufersubstanzen für Komponenten des photochemischen Smogs zu dienen – und zwar in Konzentrationen, die deutlich unter derjenigen der eigenen Schadwirkung liegen.

Photooxidantien

Photooxidantien sind oxidierende Gase, die lichtabhängig in der Troposphäre (Luftschicht zwischen 0 und 12 km) wie folgt gebildet werden[159]:

Rk. 1: $NO_2^{\bullet} \xrightarrow{h \cdot \nu} NO^{\bullet} + (O)$

Rk. 2: $(O) + O_2 \longrightarrow O_3$

Rk. 1 + 2 = 3: $NO_2^{\bullet} + O_2 \overset{h \cdot \nu}{\rightleftharpoons} NO^{\bullet} + O_3$

Aufgrund der schnellen Rückreaktion würde kein Ozon gebildet werden, wenn nicht andere Reaktionen in Gang gesetzt würden, die NO verbrauchen, so z. B. die Oxidation von NO zu NO_2 durch Alkyl- oder Acylperoxiradikale ($RO_2^{\bullet}$).

Rk.4: $RO_2^{\bullet} + NO^{\bullet} \rightarrow NO_2^{\bullet} + RO^{\bullet}$

Auf diese Weise wird nicht nur das Gleichgewicht von Rk. 3 nach rechts verschoben, sondern auch gleichzeitig weiteres NO_2 nachgeliefert. Die einzelnen Peroxiradikale entstehen ihrerseits wiederum lichtabhängig in komplexen Reaktionsfolgen. Hierbei kommt vor allem den aromatischen Verbindungen[158] sowie dem Kohlenmonoxid und Methan (CH_4) besondere Bedeutung zu[160].

Am Beispiel des Moleküls Methan soll dies verdeutlicht werden:

Rk. 5: $O_3 \xrightarrow{h \cdot \nu} (O) + O_2$

Rk. 6: $(O) + H_2O \longrightarrow 2HO^{\bullet}$

Rk. 7: $CH_4 + HO^{\bullet} \longrightarrow CH_3^{\bullet} + H_2O$

Rk. 8: $CH_3^{\bullet} + O_2 \longrightarrow CH_3OO^{\bullet}$

Rk. 9: $CH_3OO^{\bullet} + NO^{\bullet} \longrightarrow CH_3O^{\bullet} + NO_2^{\bullet}$

Rk. 10: $CH_3O^{\bullet} + O_2 \longrightarrow CH_2O + HO_2^{\bullet}$

Rk. 11: $HO_2^{\bullet} + NO^{\bullet} \longrightarrow HO^{\bullet} + NO_2^{\bullet}$

Von einem Ozonmolekül wird unter Absorption energiereicher, kurzwelliger Sonnenstrahlung (Wellenlänge zwischen 300 und 315 nm) ein Sauerstoffatom abgespalten. Dieses reagiert spontan mit Wasser unter der Bildung von zwei HO-Radikalen ab. Letzere oxidieren Methan, wobei ein Methylradikal entsteht. Unter Sauerstoffaddition kommt es zur Bildung eines Methylperoxiradikals, welches seinerseits Stickstoffmonoxid zu Stickstoffdioxid oxidiert. Das bei dieser Reaktion gebildete Methoxiradikal wird oxidativ zu Formaldehyd und einem Hydroperoxiradikal umgesetzt. HO_2-Radikale zeichnen sich durch eine hohe Selektivität gegenüber NO-Molekülen aus und reagieren nahezu nur mit Stickstoffmonoxid. Es entsteht erneut NO_2. Das während der Oxidation gebildete OH-Radikal kann den beschriebenen Zyklus erneut in Gang setzen. Formaldehyd (CH_2O) kann weiterhin durch energiereiches Licht ($\lambda = 330$ nm) in verschiedene Radikale zerfallen. Folgereaktionen führen zu Hydroperoxiradikalen, die ihrerseits wieder NO zu NO_2 oxidieren. (Rk. 12–15)

Rk. 12: $CH_2O \xrightarrow{h \cdot \nu} H^{\bullet} + HCO^{\bullet}$

Rk. 13: $H^{\bullet} + O_2 \longrightarrow HO_2^{\bullet}$

Rk. 14: $HCO^{\bullet} + O_2 \longrightarrow HO_2^{\bullet} + CO$

Rk. 15: $HO_2^{\bullet} + NO^{\bullet} \longrightarrow HO^{\bullet} + NO_2^{\bullet}$

Heutzutage wird davon ausgegangen, daß das Ozon der Troposphäre zu einem Teil anthropogenen (Reaktionen 1 bis 15) und zum anderen natürlichen Ursprungs ist. Die Quelle für das natürliche Ozon ist im wesentlichen die Stratosphäre (Luftschicht über 12 km). Durch Intrusionen gelangt es bei bestimmten Wetterlagen durch die Tropopause (Trennschicht zwischen Stratosphäre und Troposphäre in ca. 12 km Höhe) in die unteren Luftschichten.

In der freien Troposphäre oberhalb der Mischungsschicht liegt der Ozonjahresmittelwert über der Bundesrepublik bereits bei 80 $\mu g/m^3$. Diese Ozonhintergrundkonzentration wird weitgehend durch chemische Prozesse in der Troposphäre bestimmt[157].

Für das Auftreten hoher Ozon-Konzentrationen (über 300–400 $\mu g/m^3$) müssen folgende meteorologischen Voraussetzungen erfüllt sein:

- Vorliegen einer Hochdruckwetterlage mit hoher Strahlungsintensität;
- eine ausgeprägte Mischungsschicht (Höhe meist 1500 bis 2000 m);

- eine hinreichend hohe Emissionsdichte und
- eine relativ schwache Windgeschwindigkeit (< 5 m/sec in der Mischungsschicht)[161].

Fricke[162] stellte bei Herkunftsanalysen hoher Ozonwerte (über 180 µg/m³) über Deutschland fest, daß Luft aus der mittleren oder hohen Troposphäre nicht nachweislich zum Entstehen dieser Konzentrationen beitrug, sondern die nunmehr ozonbelastete Luft tatsächlich mit bodennahen Quellen von ozonbildenden Substanzen in Berührung kam.

Die besondere Bedeutung der VOC für die lokale Ozonbildung wird aus Versuchen von Fricke[163] im Großraum Köln klar. Er konnte zeigen, daß beim Durchfliegen einer Olefinfahne in 450 m über Petrochemieanlagen ein deutlicher Ozonanstieg zu verzeichnen war, der auch in 900 m Höhe noch gemessen werden konnte. Demgegenüber wurde beim Durchflug einer NO-Fahne über Kraftwerksanlagen ein lokal begrenzter Ozonabfall aufgrund der Abreaktion von Ozon mit Stickstoffmonoxid (Rk. 3) registriert.

Auch die Konzentrationen von „Photooxidantien" wie PAN liegen in Ballungsräumen zwischen 2,5 und 7 nl/l und damit deutlich unter der für sensitive Pflanzen angegebenen Toxizitätsschwelle. Andere organische Verbindungen, z. B. Kohlenwasserstoffe mit Kohlenstoffatom-Ketten zwischen 2 und 9 C-Atomen, liegen ebenfalls im Bereich zwischen 0,1 und 3,5 nl/l. Ozon gilt als Indikator für z. T. Tage andauernde photodynamische Umwandlungsprozesse (vgl. S. 80) primärer Luftverschmutzungen wie NO, NO_2 und Kohlenwasserstoffe. Deshalb treten Ozonspitzenwerte häufig relativ weit (bis einige hundert km) entfernt von Emissionsquellen mit zeitlichen Verschiebungen auf.

Ozon-Tagesmittelwerte betragen in Ballungsgebieten um 50 µg/m³, während sie in Reinluftgebieten bei 100 µg/m³ und darüber liegen können. Spitzenwerte über 200 µg/m³ treten dagegen in Ballungsgebieten häufiger auf als in Reinluftgebieten. In Süddeutschland (Hohenpeißenberg, Stuttgart) ist seit ca. 1967 ein stetiger Anstieg der Ozonkonzentration in der Troposphäre gemessen worden. In den primär belasteten Gebieten fallen die Ozonmaxima mit den Maxima der Lichtintensität (Mittagsstunden) zusammen[164], in Reinluftgebieten korrelieren die Ozonmaxima mit der Windrichtung aus den primären Emissionszentren. Photodynamische Umwandlungsprozesse führen zu Produkten wie PAN und können in Kombination mit O_3 und NO_2 ebenfalls über weite Strecken transportiert werden[165].

Kamens[166] zeigte, daß neben anthropogenen Kohlenwasserstoffen auch biogene Kohlenwasserstoffe, wie z. B. α-Pinen, die lichtabhängige Ozonbildung aus Stickoxiden treiben können. Nadelbäume setzen in der Regel α-Pinen und Ethylen, Laubbäume dagegen hauptsächlich Isopren frei[167]. Tingey et al[168] wiesen nach, daß die Terpenbildung mit steigender Blatttemperatur exponentiell zunimmt. Rasmussen[157] schätzt die globale biogene Kohlenwasserstoffemission mit 175 × 10⁶ t/a etwa sechsmal höher ein als die Emission durch anthropogene Quellen.

Dies könnte bedeuten, daß unter bestimmten Bedingungen (hohe Lichteinstrahlung und Wärme) in unmittelbarer Umgebung von Blättern und Nadeln und in Anwesenheit von Stickoxiden und biogen emittierten Terpenen lichtabhängig Ozon gebildet werden könnte, was letztlich die lokale Ozonkonzentration ansteigen ließe (Abb. 19).

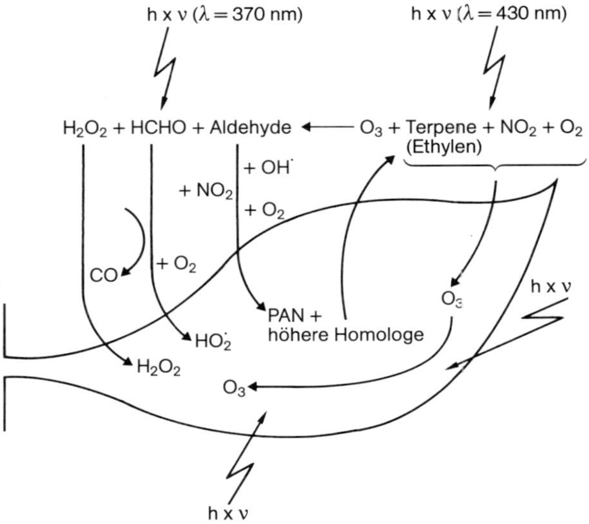

Abb. 19: Mögliche Bildung von Photooxidantien (O_3, PAN) und weitere Folgeprodukte im Mikroklima der Blattorgane (eine Hypothese).

Die Ozonbildung über biogene Kohlenwasserstoffe und die nachfolgende Ozonolyse natürlich auftretender Alkene erklären die hohen H_2O_2-Konzentrationen, die in Waldgebieten, speziell bei hoher Luftfeuchtigkeit, gemessen werden[169]. In diesem Zusammenhang erfährt die Beobachtung von Masuch et al.[170], daß H_2O_2-enthaltender saurer Nebel die Frostresistenz von Bäumen herabsetzen kann, eine besondere Gewichtung.

Neben H_2O_2 werden auch organische Hydroperoxide gebildet, wie Hewitt et al.[171] an Ozon-exponierten, Isopren-emittierenden Blättern zeigen konnte. Diese organischen Peroxide verursachen möglicherweise Schäden, insbesondere in Gebieten mit saurer Deposition (Erhöhung der Stabilität von organischen Hydroperoxiden).

Literatur

[1] Fond der Chem. Industrie (ed.) (1987): Umweltbereich Luft, Karlstr. 21, 60329 Frankfurt am Main.

[2] NAPAP (1990): 1989 Annual Report to the President and Congress, The National Acid Precipitation Assessment Program, 722 Jackson Place, NW, Washington D. C. 20503.

[3] Heck, W. W., Anderson, C. E. (1980): In: Introduction to Environmental Toxicology. Gutherie, F. E., Perry, J. J. (eds.) Elsevier, New York, 383.

[4] Fink, S. (1991): In: 7. Statuskolloquium des PEF vom 5.–7. März 1991 im Kernforschungszentrum Karlsruhe, Projekt Europäisches Forschungszentrum für Maßnahmen zur Luftreinhaltung (PEF) (ed.), Kernforschungszentrum Karlsruhe GmbH, Postfach 3640, 76133 Karlsruhe, 57.

[5] Fink, S. (1988): In: Air pollution and plant metabolism, Schutte-Hostede, S., Darral, N., Plank, L., Wellburn, A. (eds.) Elsevier, New York, 36.

[6] Elstner, E. F., Konze, J. (1976): Nature **236**, 351.

[7] Peiser, G., Young, S. F. (1979): Plant Physiol. **63**, 142.

[8] Bressan, R., LeCureux, L., Wilson, L. G., Filner, P. (1979): Plant Physiol. **63**, 924.

[9] Neftel, A., Jacob, P., Klocker, D. (1984): Nature **311**, 43.

[10] Lizada, M., Yang, S. F. (1981): Lipids **15**, 189.

[11] Peiser, G., Yang, S. F. (1978): Phytochemistry **17**, 79.

[12] Elstner, E. F. (1980): In: Developments in Biochemistry. Bannister, J. V., Hill, H. A. O. (eds.), Elsevier, North Holland, Amsterdam, 434.

[13] Kimmerer, T., Koszlowski, T. (1982): Plant Physiol. **69**, 840.

[14] Tanaka, K., Kondo, N., Sughara, K. (1982): Plant and Cell Physiology **23** (6), 999.

[15] Tanaka, K., Mitsuhashi, H., Kondo, N., Sugahara, K. (1982): Plant and Cell Physiology **8**, 1467.

[16] Kanofsky, J. R., Sima, P. (1991): J. Biol. Chem. **266** (14), 903.

[17] Grimes, H. D., Perkins, K. K., Boss, W. F. (1983). Plant Physiol. **72**, 1016.

[18] Darrall, N. M. (1989): Plant Cell and Environ. **12**, 1.

[19] Floyd, R. A., West, M. S., Hogsett, W. E., Tingey, D. T. (1989): Plant Physiol. **91**, 644.

[20] Lee, E., Bennett, J. (1982): Plant Physiol. **69**, 1444.

[21] Rosemann, D., Heller, W., Sandermann, H. Jr. (1991): Plant Physiol. **97**, 1280.

[22] Sandermann, H. Jr., Langebartels, C., Heller, W. (1990): UWSF-Z Umweltchem. Ökotox. **32** (1), 14.

[23] Guderian, R., Tingey, D. T., Rabe, R. (1985): In: Air Pollution by Photochemical Oxidants. Formation, Transport, Control and Effects on Plants. Guderian, R. (ed.), Ecological Studies 52, Springer Verlag, Berlin, Heidelberg, New York, Tokio, 25.

[24] Guderian, R., Tingey, D. T., Rabe, R. (1983): In: Luftqualitätskriterien für photochemische Oxidantien, Umweltbundesamt (ed.), Schmid Verlag, Berlin, Berichte **5**/83, 205.

[25] Hogsett, W. E., Gumpertz, M. C., Holman, S. R., Tingey, D. T. (1989): J. Am. Soc. Hort. Sci. **109**, 250.

[26] Zeevaart, A. J. (1976): Environ. Pollut. **11**, 97.

[27] Kato, T., Tachibana, S., Inden, T. (1974): Environ. Control. Biol. **12**, 103.

[28] Inden, T. (1975): Agriculture Horticulture **50**, 788.

[29] Yoneyama, T., Sasakawa, H. (1979): Plant Cell Physiol. **20**, 263.

[30] Abeles, F. B. (ed.). (1973): Ethylene in Plant Biology, Academic Press, New York, San Francisco, London.

[31] Abeles, F. B. (1982): Agriculture and Forest Bull. **5**, 4.

[32] Heiterfuss, R., Williams, P. H. (eds.) (1976): Physiological Plant Pathology, Encyclopedia of Plant Physiol. **4**, Springer Verlag, New York, Berlin.

[33] Lange, O. L., Heber, U., Schulze, E.-D., Ziegler, H. (1989): In: Ecological Studies, Schulze, E.-D., Lange, O. L., Ogren, R. (eds.), Springer-Verlag, Berlin, Heidelberg, **77**, 238.

[34] Foyer, C. H., Halliwell, B. (1976): Planta **133**, 21.

[35] Elstner, E. F. (1987): In: The Biochemistry of Plants, Davies, D. D. (ed.), Academic Press, London and New York, 253.

[36] Foyer, C. H., Lelandais, M., Edwards, E. A., Mullineaux, P. M. (1991): In: siehe Lit. 41.

[37] Packer, J. E., Slater, T. F., Willson, R. L. (1979): Nature **278**, 737.

[38] Shigeoka, S., Yasumoto, R., Onishi, T., Nakano, Y., Kitaoka, S. (1987): J. General Microbiol. **133**, 227.

[39] Arrigoni, O., Dipieno, S., Borraccino, G. (1981): FEBS Letters **125**, 242.

[40] Rose, R. C. (1990): Biochem. Biophys. Res. Comm. **169** (2), 430.

[41] Pell, E. J., Reddy, N. G. (1991): In: Active Oxygen/Oxidative Stress and Plant Metabolism, Pell, E. J., Steffen, K. L. (eds.), American Society of Plant Physiologists, 15501 Monona Drive Rockville, Maryland 20855–2768 USA, 67.

[42] Castillo, F. J., Greppin, H. (1988): Environ. Exper. Botany **28**, 231.

[43] Barnes, R. L. (1971): Canad. J. Bot. **50**, 215.

[44] Lee, E. H., Jersey, J. A., Gifford, C., Bennett, J. (1984): Environ. Exp. Bot. **24**, 331.

[45] Tanaka, K., Suda, Y., Kondo, N., Sugahara, K. (1985): Plant Cell Physiol. **26**, 1425.

[46] Castillo, F. J., Miller, P. R., Greppin, H. (1987): Experientia **43**, 111.

[47] Grill, D., Esterbauer, H., Welt, R. (1979 b): Environ. Pollut. **79**, 187.

[48] Mehlhorn, H. (1990): Plant Cell Environ. **13**, 971.

[49] Tanaka, K., Machida, T., Sugimoto, T. (1990): Agric. Biol. Chem. **54** (4), 1061.

[50] Oßwald, W. F., Senger, H., Elstner, E. F. (1987): Z. Naturforsch. **42 c**, 879.

[51] Oßwald, W. F., Kraus, R., Hippeli, S., Benz, B., Volpert, R., Elstner, E. F. (1992): J. Plant Physiol. **139**/6, 742.

[52] Wagner, G. (1986): Dissertation, TU München.

[53] Alscher, R. G., Madamancki, N. R., Cramer, C. L. (1991): In: siehe Lit. 41, 97.

[54] Tanaka, K., Sugahara, K. (1980): Plant Cell Physiol. **21**, 601.

[55] Matters, G. L., Scandalies, J. G. (1987): J. Exp. Bot. **38**, 842.

[56] Wingsle, G. (ed.) (1991): Superoxide Dismutase, Glutathione Reductase and Glutathione in **Pinus sylvestris** (L.) with Reference to Effects of Air Pollutants, The Swedish University of Agricultural Sciences, Umea.

[57] Hansladen, A., Madamanchi, N. R., Fulehrs, S., Alscher, R. G., Amundson, R. G. (1990): New Phytol. **115**, 447.

[58] Ormrod, D. P., Beckersch, D. W. (1986): Hort. Sci. **21**, 1070.

[59] Bors, W., Langebartels, C., Michel, C., Sandermann, H. Jr. (1989): Phytochemistry **28**, 1589.

[60] Langebartels, C., Kerner, K., Leohardi, S., Schraudner, M., Trost, M., Heller, W., Sandermann, H. Jr. (1991): Plant Physiol.**95**, 882.

[61] Peters, J. L., Castillo, F. J., Heath, R. L. (1988): Plant Physiol. **89**, 159.

[62] Apostol, J., Heinstein, P. F., Low, P. S. (1989): Plant Physiol. **90**, 109.

[63] Keen, N. T., Taylor, O. C. (1975): Plant Physiol. **55**, 731.

[64] Elstner, E. F., Wagner, G. A., Schütz, W. (1988): In: Randall, D. D., Blevin, D. G., Campall, U. H. (eds.), Columbia: University of Missouri **7**, 159.

[65] Elstner, E. F. (1990): Der Sauerstoff – Biochemie, Biologie, Medizin; Mannheim B. I.-Wissenschaftsverlag.

[66] Barber, J., Andersson, B. (1992): TIBS **17**, 61.

[67] Heggestad, H., Bennett, J. (1981): Science **213**, 1008.

[68] Whitemore, M. E., Freer-Smith, P. H. (1982): Nature **300**, 55.

[69] Mansfield, T. A., Wright, E. A., Lucas, P. W., Cottam, D. A. (1988): In: Air Pollution and Plant Metabolism, Schulte-Hostade, S., Darrall, N. M., Blank, L. W., Wellburn, A. R. (eds.), Elsevier Applied Science Publishers LTD, London, New York, 288.

[70] Havas, P. J. (1971): Acta Forest Fenn. **121**, 1.

[71] Havas, P. J., Huttunen, S. (1980): Ann. Rev. Plant Physiol. **31**, 395.

[72] Huttunen, S., Havas, P., Laine, K. (1981): Holarctic Ecol. **4**, 94.

[73] Guy, C. L., Carter, J. V. (1984): Cryobiology **21**, 443.

[74] Wise, R. R., Naylor, A. W. (1987): Plant Physiol. **83**, 272.

[75] McKersie, B. D. (1991): In: siehe Lit. 41, 107.

[76] Keller, T. (1978 b): Environ. Poll. **16**, 243.

[77] Michael, G., Feiler, S., Ranft, H., Tesche, M. (1982): Flora **172**, 317.

[79] Feiler, S. (1985): Flora **177**, 217.

[79] Davison, A. W., Bailey, I. F. (1982): Nature **297**, 400.

[80] Nienstaedt, H. (1985): Can. J. For. Res. **15**, 498.

[81] Alden, J., Hermann, R. K. (1971): Bot. Rev. **37**, 37.

[82] Johnson, D. W., Richter, D. D., Miergot, H. V., Cole, D. W. (1983): JAPCA **33**, 1036.

[83] Reinert, R. A. (1984): Ann. Rev. Phytopath. **22**, 421.

[84] Frieland, A.-J., Gregory, R. A., Karenlampi, L., Johnson, A. H. (1984): Can. J. For. Res. **14**, 963.

[85] Baker, C. K., Unsworth, M. H., Greenwood, P. (1982): Nature **299**, 149.

[86] Davison, A. W., Barnes, J. D. (1986 a): In: Proc. Cost/CEC Workshop, Roskilde, 16.

[87] Hellergren, J., Li, P. H. (1981): Aquilo Ser. Bot. **12**, 1.

[88] Withers, L. A., King, P. L. (1979): Plant Physiol. **64**, 675.

[89] Freer-Smith, P. H., Mansfield, T. A. (1987): New Phytol. **7**, 35.

[90] Davison, A. W., Barnes, J. D. (1986 b): In: Proc. Cost/CEC Workshop, Gothenberg, Sweden.

[91] Bayerische Staatsforstverwaltung (ed.) (1983): Informationen, **1/83**.

[92] Rehfuess, K. E. (1985): In: Was wir über das Waldsterben wissen. Nießlein, E. (ed.), Deutscher Instituts-Verlag, Köln, 124.

[93] Butin, H., Wagner, C. (1985): Forstw. Cbl. **104**, 178.

[94] Bayerische Staatsforstverwaltung (ed.) (1991): Informationen, **8/91**, 1–2.

[95] Waldzustandsbericht des Bundes BML 1991.

[96] Wentzel, K. F. (1982): Allg. Forstzeitschrift **37**, 1365.

[97] Elstner, E. F., Oßwald, W. F. (1984): Naturwiss. Rdsch. **37**/2, 51.

[98] Ulrich, B. (1985): In: siehe Lit. 92, 190.

[99] Matzner, E., Ulrich, B. (1987): In: Effects of Atmospheric Pollutants on Forests, Wetlands and Agricultural Ecosystems. Hutchinson, T. C., Meena K. M. (eds.), Springer Verlag, Berlin, New York, Tokio, 25.

[100] Ulrich, B., Matzner, E. (1983): VDI-Berichte 500, 289.

[101] Rehfuess, K. E. (1988): In: 4. Statuskolloquium des PEF vom 8.–10. März im Kernforschungszentrum Karlsruhe, Projekt Europäisches Forschungszentrum für Maßnahmen zur Luftreinhaltung (PEF) (ed.), Kernforschungszentrum Karlsruhe GmbH, Postfach 3640, 76133 Karlsruhe, 1.

[102] Krause, G. H. M., Prinz, B. (1989): LIS-Berichte Nr. 80, Landesanstalt für Immissionsschutz (LIS) Nordrhein-Westfalen (ed.), Wallneyer Str. 6, 45133 Essen.

[103] Huttermann, A., Godbold, D. L. (1985): In: siehe Lit. 92, 197.

[104] Van Praag, H. J., Wiessen, F. (1985): Plant and Soil **83**, 331.

[105] Marschner, H. (1987): Tagungsbericht Statusseminar KfA Jülich vom 30. 3.–3. 4. 1987, 314.

[106] Abrahamsen, G., Treite, B., Stuanes, A. O. (1988): In: Woody Plant Growth in a Changing Physical and Chemical Environment, Lavender, D. (ed.), Proc. IUFRO Conference Vancouver, 1987.

[107] Kottke, I., Oberwinkler, F. (1991): In: siehe Lit. 4, 185.

[108] Kottke, I., Oberwinkler, F. (1990): In: siehe Lit. 151, 65.

[109] Junga, U. (1984): Dissertation, Universität Göttingen.

[110] Bartlett, R. J., Rieger, D. C. (1972): Plant Soil **37**, 419.

[111] Rost-Siebert, K. (1985): Can. J. For. Res. **15**, 29.

[112] Evers, F. H. (1983): Forst- und Holzwirt, **38**, 305.

[113] Matzner, E., Murach, D., Fortmann, H. (1986): WASP **31**, 273.

[114] Schultze, E. D., Oren, R., Zimmermann, R. (1987): Allg. Forst.Z. **27–29**, 725.

[115] Zöttl, H. W., Hüttl, R. F. (1986): WASP **31**, 449.

[116] Eichhorn, J. (1987): Dissertation, Universität Göttingen.

[117] Wachter, H. (1986): Forst- und Holzwirt **41**, 146.

[118] Bosch, C., Pfannkuch, F., Baum, U., Rehfuess, K. E. (1983): Forstw. Cbl. **102**, 167.

[119] Kaupenjohann, M., Zech, W., Hantschel, R., Horn, R. (1987): Forstw. Cbl. **106**, 78.

[120] Mengel, K., Lutz, H. J., Breininger, M. T. (1987): Z. Pflanzenernähr. Bodenk, **150**, 61.

[121] Seufert, G.,Arndt, U. (1986): Allg. Forst.Z. **41**, 545.

[122] Bosch, C., Pfannkuch, E., Rehfuess, K. E., Runkel, K. H., Schramel, P., Senser, M. (1986): Forstw. Cbl. **105**, 218.

[123] Roberts, T. M., Skeffington, R. A., Brown, K. A., Blank, L. (1988): In: Woody Plant Growth in a Changing Physical and Chemical Environment, Lavender, D. P. (ed.), UNFRO, Vancouver.

[124] Bredemeier, M., Matzner, E. (1986): In: IMA-Querschnittsseminar Deposition. Höfken, K. D., Bauer, H. (eds.), BPT-Bericht 8/86, GSF, München, 46.

[125] Hantschel, R., Horn, R., Kaupenjohann, M., Zech, W. (1988): In: The Effects of Atmospheric Pollutants on the Spruce-Fir Forests of the Eastern United States and the FRG. Hertel, G. D. (ed.), Proc. Symp. Oct. 1987, Burlington, USDA, Forest Service.

[126] Kirchner, M. (1987): In: Mensch + Umwelt 9/87, Gesellschaft für Strahlen- und Umweltschutz mbH München (GSF) (ed.), Ingolstädter Landstraße 1, 85758 Oberschleißheim, 39.

[127] Roberts, T. M., Skeffington, R. A., Blank, L. W. (1989): Forestry **62**, 179.

[128] Prinz, B. (1987): Environment **29**, 11.

[129] Schmidt, M. (1986): In: Proc. Klima und Witterung in Zusammenhang mit neuartigen Waldschäden, München, 13/14 Oktober, GSF Bericht 10/87, 209.

[130] Lange, O. L., Zellner, H., Gebel, J., Schramel, P., Kostner, B., Czygan, F. C. (1987): Oecologia **73**, 351.

[131] Kandler, O., Miller, W., Ostner, R. (1987): AFZ **27/29**, 715.

[132] Blank, L. W., Payer, H. D., Pfirrmann, T., Rehfuess, K. E. (1990): Environ. Pollution **64**, 385.

[133] Sandermann, H., Heller, W., Langebartels, C. (1989): In: Internationaler Kongreß Waldschadensforschung: Wissensstand und Perspektiven, Friedrichshafen, Okt. 1989, Ulrich, B. (ed.), 17.

[134] Reuter, M. (1991): In: siehe Lit. 157.

[135] Elstner, E. F., Oßwald, W. F., Youngman, R. J. (1985): Experientia **44**, 591.

[136] Magel, E., Ziegler, H. (1986): Karst Forstw. Cbl. **105**, 234.

[137] Oßwald, W. F., Elstner, E. F. (1986): Ber. Deutsch. Bot. Ges. **99**, 313.

[138] Oßwald, W. F., Zieboll, S., Schütz, W., Firl, J., Elstner, E. F. (1987): Z. Pflkrankh. **94**, 572.

[139] Elstner, E. F., Hippeli, S. (1991): In: 2. Statusseminar der PBWU zum Forschungsschwerpunkt „Waldschäden" vom 4. 2.–6. 2. in München-Neuherberg, Projektgruppe Bayern zur Erforschung der Wirkung von Umweltschadstoffen (PBWU) (ed.), GSF-Bericht 26/91, Ingolstädter Landstraße 1, 85758 Oberschleißheim, 193.

[140] Oßwald, W. F., Höll, W., Elstner, E. F. (1986): Z. Naturforsch. **41 c**, 542.

[141] Oßwald, W. F., Elstner, E. F. (1989): Eur. J. For. Path **19**, 161.

[142] Kenk, G., Spiecker, H., Diener, G. (1991): Referenzdaten zum Waldwachstum, Projekt Europäisches Forschungszentrum für Maßnahmen zur Luftreinhaltung (PEF) (ed.), Kernforschungszentrum Karlsruhe GmbH, Postfach 3640, 76133 Karlsruhe.

[143] Becker, M. (1989): Canadian J. Forest Res. **19** (9), 1110.

[144] Pretzsch, H. D. (1985): AFZ **42**, 1122.

[145] Utschig, H. (1989): Forstl. Forschungsberichte **97**, 185.

[146] Bräker, O. U., Zgraggen, S. (1987): In: Proceedings of the Workshop on „Forest Decline and Production: Regional and Global Consequences", 23.–31. März, Krakau.

[147] Hartmann, P., Schneider, O. (1990): In: Sanalilva Tagungsberichte, Tagung „Wachstum und Waldschäden" an der ETH Zürich vom 14. Juni 1989, WSL, CH-8903 Birmensdorf.

[148] Guderian, R., Kuppers, K., Six, R. (1985): VDI-Berichte **560**, 657.

[149] Tamm, C. O., Cowling, E. B. (1975): In: Proceedings of the International Symposium Acid Precipitation and the Forest Ecosystem, 12.–15. Mai 1975, Dockinger, C. S., Seliga, T. A. (eds.), U. S. Forest Service, General-Technical Report NE-23, Columbus, Ohio, 845.

[150] Roelofs, J. G. M., Kempers, A. J., Hondijk, A. C. F. M., Jansen, C. S. (1984): Manuskript, Laboratory of Aquatic Ecology, Laboratory of Biology, Faculty of Science, University of Nijmegen, 6525 ED Nijmegen, Niederlande.

[151] Barber, J., Andersson, B. (1992): TIBS **17**, 61.

[152] Siefermann-Harms, D. (1987): Physiol. Plantarum **69**, 561.

[153] Siefermann-Harms, D. (1988): In: siehe Lit. 98.

[154] Lichtenthaler, H. K., Buschmann, C. (1984): In: Advances in Photosynthesis Research, Sybesma, C. (ed.), Martinus Nijhoff/Dr. Junk, W. Publishers, Le Hague, 245.

[155] Siefermann-Harms, D. (1990): In: 6. Statuskolloquium des PEF vom 6.–8. März 1990 im Kernforschungszentrum Karlsruhe, Projekt Europäisches Forschungszentrum für Maßnahmen zur Luftreinhaltung (PEF) (ed.), Kernforschungszentrum Karlsruhe GmbH, Postfach 3640, 76133 Karlsruhe, 285.

[156] Rasmussen, R. (1972): Air Poll. Cont. Ass. **22**, 527.

[157] Becker, K. H. (1991): In: Bericht zum Ozon-Symposium in München vom 2.–4. Juli 1991, TÜV Akademie Bayern/Hessen GmbH (ed.), Westendstraße 199, 80686 München.

[158] Friedrich, A. (1991): In: siehe Lit. 157.

[159] Pryor, W. A. (ed.) (1976): Free Radicals in Biology, Academic Press, New York, San Francisco, London.

[160] Schurath, U. (1986): Pers. Mitteilung.

[161] Beilke, S. (1991): In: siehe Lit. 157.

[162] Fricke, W. (1991): In: siehe Lit. 157.

[163] Fricke, W. (1980): In: Bericht des Institutes für Meteorologie und Geophysik der Universität Frankfurt **44**, 1.

[164] Arndt, U., Lindner, G. (1981): Staub Reinhalt. Luft. **41**, 349.

[165] Nielsen, T., Samuelsson, U., Grennfelt, P., Thomsen, E. L. (1981): Nature **293**, 553.

[166] Kamens, R. M. (1981): In: Atmospheric Biogenic Hydrocarbons, Bufalini, J. J., Arnts, R. R. (eds.), Ann. Arbor Science Publishers Michigan **2**, 187.

[167] Kohlmeier, G. H., Bröhl, H., Sire, E. O. (1983): Allg. Forst-Jagdztg. **154**, 170.

[168] Tingey, D. T., Manning, M., Grothaus, L. C., Burns, W. F. (1980): Plant Physiol. **65**, 797.

[169] Becker, K. H., Brechman, K. J., Bechara, J. (1990): Nature **346**, 256.

[170] Masuch, G., Kettrup, A., Mallaut, R. K. A. M., Slanina, J. (1986): Int. J. Environ. Anal. Chem. **27**, 183.

[171] Hewitt, C. N., Kok, G. L., Fall, R. (1990): Nature **344**, 56.

Schadstoffe aus dem Boden

P. R. Wallnöfer und G. Engelhardt, Bayerische Landesanstalt für Ernährung (München)

Herkunft der organischen und anorganischen Schadstoffe Möglichkeiten der Bodenkontamination

Jeder Fremdstoff ist im Boden chemischen, physikalischen und biologischen Umwandlungen ausgesetzt. Über das jeweilige Verhalten entscheidet dabei die chemische Struktur der Substanz und die Zusammensetzung des Bodensystems. Die Immissionen kann man folgendermaßen unterteilen:

1) Beabsichtigtes Einbringen des Fremdstoffes,
2) Miteinbringen von Beistoffen oder Umwandlungsprodukten des Fremdstoffes,
3) Unbeabsichtigtes Einbringen des Fremdstoffes.

Mit der Düngung werden bewußt Pflanzennährstoffe in den Boden eingebracht, während Bodenherbizide das Auflaufen von Unkräutern verhindern sollen (Fall 1). Bei Verwendung von Müllkompost können jedoch unter Umständen Stoffe in den Boden gelangen, die mit dem eigentlichen Zweck der Bodenverbesserung nichts zu tun haben und dann als ökologisch bedenklich gelten (Fall 2). Unbeabsichtigte Kontaminationen des Bodens (Fall 3) werden heute durch eine Vielzahl zivilisatorischer Quellen bewirkt, die überwiegend nicht mit der Bewirtschaftung des Bodens zusammenhängen. Hierzu gehört die Emission von Schwermetallen und organischen Schadstoffen. Die Bewertung einer Bodenkontamination kann von allgemeinen ökologischen Gesichtspunkten, der Frage der nachhaltigen Ertragsfähigkeit der Böden oder der Funktion des Bodens als Wasserfilter abhängen.

Quellen und Wege der Schadstoffe

Schadstoffe aus Gewerbe und Industrie können als Luftverunreinigungen, als flüssige oder feste Abfallstoffe (Klärschlämme und Komposte) sowie mit Agrochemikalien dem Boden zugeführt werden. Organische und anorganische Schadstoffe aus Brennstoffen gelangen vornehmlich über die Abluft in den Boden. Nach ihrer Umwandlung wird häufig die Aufnahme durch die Pflanze oder auch eine Auswaschung ermöglicht. Festlegung im Boden, Aufnahme durch die Pflanze, Wanderung zum Grundwasser und Wirkung auf die Bodenfruchtbarkeit sind unterschiedlich, sowohl was die einzelnen Schwermetalle und organischen Schadstoffe als auch die verschiedenen Bodensysteme betrifft. Nach der Einbringung in den Boden beginnt ein Kreislauf der Schadstoffe, der für die Existenz des Menschen, insbesondere in Belastungsgebieten, bedeutend, aber noch weitgehend ungeklärt ist (vgl. Abb. 1).

Die Schadstoffe gelangen nach der Aufnahme durch die Pflanze aus dem Boden direkt oder über das Tier zum Menschen und schließlich wieder zum Boden, wo sie erneut zusammen mit neu zugeführten Schadstoffen von den Pflanzen aufgenommen werden. Aus diesem Kreislauf kommen die nicht abbaubaren Schwermetalle nie mehr heraus. Wenn eine bestimmte Konzentration erreicht ist, wird der Kreislauf durch Vergiftung von Pflanze, Tier oder Mensch unterbrochen.

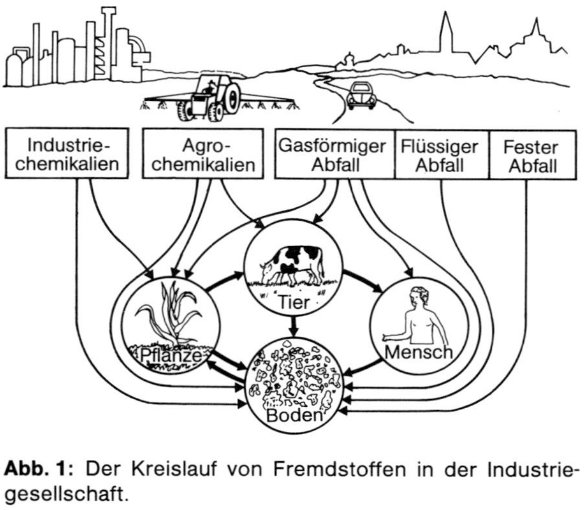

Abb. 1: Der Kreislauf von Fremdstoffen in der Industriegesellschaft.

Luftverunreinigungen (Verblasschäden)

Erdöl, Kohle und Holz als Brennstoffe enthalten zahlreiche chemische Elemente in unterschiedlichen Mengen (Tab. 1) sowie eine Vielzahl organischer Verbindungen. Sie werden nach der Verbrennung an die Luft abgegeben und gelangen dann direkt oder mit den Niederschlägen zum Boden.

Tab. 1: Konzentrationen einiger Elemente in Kohleflugaschen von 23 Kohlekraftwerken in den USA im Jahre 1974 (nach Cramer et al., 1981).

Element	mg Element/kg Flugasche Bereich	Mittel
Titan	2 758–8 310	5 629
Kupfer	45–616	240
Vanadium	68–312	213
Chrom	43–259	132
Zinn	27–334	131
Arsen	2–312	86
Zink	14–406	78
Thorium	13–68	44
Blei	3–241	40
Nickel	2–115	33
Kobalt	5–73	30
Molybdän	7–40	21
Selen	1–17	8
Uran	1–19	7
Brom	0,3–21	5
Cadmium	0,1–3,9	0,9
Quecksilber	0,02–0,7	0,2
Gold	0,004–0,08	0,02

So liegt der normale Quecksilbergehalt der Luft bei 0,01 µg/m³ und der Zinkgehalt bei 1–2 µg/m³. In Gewerbe- und Industriegebieten sind diese Werte durch Emissionen erhöht. Die Hauptmenge der in die Luft emittierten Schwermetalle wird nach einem Transport von 2–3 km abgelagert. Emittierte organische Schadstoffe besitzen einen großen Verteilungskoeffizienten, verursacht durch einen hohen Dampfdruck, geringe Wasserlöslichkeit sowie hohe Persistenz. Damit wird eine gute Verteilung auch in höheren Luftschichten gewährleistet. Der Transport mit den Luftströmungen in verschiedenen Schichten der Atmosphäre bedingt die globale Verteilung dieser Stoffe.
Messungen in den unteren 6 Kilometern der Atmosphäre haben ergeben, daß die Schadstoffbelastung global in den mittleren Breiten der Nordhalb- und auch Südhalbkugel der Erde um ein vielfaches höher ist als über den Polkappen und den Tropen. Dies wird verständlich, wenn man bedenkt, daß sowohl Industrie als auch intensive Landwirtschaft in diesen Breitengraden angesiedelt sind und der Westwindgürtel eine Verteilung rund um die Erde garantiert.

Klärschlämme

Die Wasserabgabebestimmungen der Bundesrepublik Deutschland fordern eine Klärung der Abwässer vor dem Einleiten in Flüsse und Seen. Dies macht die Einführung der „chemischen Reinigungsstufe“ notwendig. Hierdurch wird das Schadstoffproblem auf die Klärschlämme verlagert.

Tab. 2: Zulässige Grenzwerte für einige Schwermetalle in Klärschlämmen und Böden nach der Klärschlammverordnung vom 25. 6. 1982.

Metall	mg Metall/kg Trockenmasse Klärschlamm	Boden
Zink	3 000	300
Chrom	1 200	100
Blei	1 200	100
Kupfer	1 200	100
Nickel	200	50
Cadmium	30	3
Quecksilber	25	2

Von den in der Bundesrepublik anfallenden Klärschlämmen werden 8 % verbrannt, 50 % in Deponien abgelagert, 40 % in der Landwirtschaft eingesetzt und 2 % durch Verklappung im Meer entfernt.
Um die Zufuhr von Schwermetallen in den Boden zu senken, wurde im Juni 1982 die Klärschlammverordnung verabschiedet, die am 1. April 1983 in Kraft trat. Diese Verordnung regelt die Voraussetzungen für das Aufbringen von Klärschlamm auf landwirtschaftlich, forstwirtschaftlich oder gärtnerisch genutzte Böden und verlangt, daß so genutzte Schlämme keine größeren Schwermetallmengen enthalten dürfen, als in Tab. 2 angegeben ist.
Auf 18 Millionen Hektar landwirtschaftliche Nutzfläche der Bundesrepublik Deutschland werden mehr oder weniger regelmäßig Klärschlämme aufgebracht. Wenn die oben genannte Verordnung konsequent durchgeführt wird, dürfte bei dem derzeitigen Schwermetallgehalt der Einsatz von Klärschlämmen in der Landwirtschaft von heute 38 % auf etwa 10 % zurückgehen.
Neben den Schwermetallen spielen auch organische Schadstoffe eine Rolle.

Tab. 3: Profilanalyse der polycyklischen aromatischen Kohlenwasserstoffe in Klärschlamm (Gehalte in mg/kg Trockensubstanz) (nach Schmid et al., 1978)[1].

Verbindung	München	Nürnberg	Ingolstadt
Fluoranthen	3,40	4,29	6,69
Pyren	3,37	4,01	6,94
Benzo(a)fluoren	1,05	1,15	1,95
Benzo(b/c)fluoren	0,82	1,02	1,31
Benzo(b)naptho-(2,1-d)thiophen	1,10	1,20	1,79
Benzofluoranthen (3 Isomere)	2,46	3,54	8,01
Benzo(e)pyren	1,24	1,54	3,46
Benzo(a)pyren	1,09	1,90	4,81
Perylen	0,44	0,58	1,37

Tab. 4: PCDD/PCDF in Klärschlamm, Abfall, Kompost und Boden (ng TEQ/kg TS)[2]

Bodenart	Proben-zahl	Arith-metr. Mittel	Geo-metr. Mittel	Median
Hintergrundwerte:				
Untersuchungsreihe 1 (1988)	20	1	0,7	0,9
Untersuchungsreihe 2 (1989)	19	1	0,6	0,8
Waldboden (oberste Schicht 2 cm)	13	35	27	26
Industrialisiertes Gebiet	10	18	13	17
Straßenrand	23	21	8	8
Umgebung von Müllverbrennungs-anlagen	19	2,9	2,6	2,5
Klärschlamm				
Baden-Württemberg 1979–1984	15	121	89	110
Baden-Württemberg 1986	13	341	203	159
Baden-Württemberg 1987–1989	22	104	60	53
BRD 1986	30	142	100	76
Boden nach Klärschlamm-ausbringung				
5 t/ha	20	5	2	1,4
bis 150 t/ha	8	12,3	8,6	13
100–700 t/ha	15	63	39	56
Hausmüll 1989	6	57	43	41
Kompost 1989	26	18	15	15

Tab. 3 zeigt, daß polyzyklische aromatische Kohlenwasserstoffe in beachtlichen Mengen in fast allen Klärschlämmen unterschiedlicher Herkunft nachweisbar sind.
Problematisch sind die schwer abbaubaren chlorierten aromatischen Kohlenwasserstoffe, unter denen die sog. PCBs (polychlorierte Biphenyle) und die hochtoxischen polychlorierten Dibenzo-p-dioxine (PCDD) sowie Dibenzofurane (PCDF) in Klärschlämmen und Müllklärschlammkomposten nachzuwei-

sen sind. Dabei ist es wichtig, die Grundbelastung von Böden unterschiedlicher Herkunft mit PCDD/PCDF zu kennen, um einen Vergleich mit emissionsbelasteten Gebieten oder Böden mit Klärschlamm-Anwendungen machen zu können. Von den insgesamt 210 Dioxinen und Furanen gilt das 2,3,7,8-Tetrachlordibenzo-p-dioxin (auch TCDD oder „Seveso-Dioxin") als das toxischste jemals synthetisierte, nicht natürlich vorkommende Molekül. Dabei werden sog. Toxizitäts-Äquivalenzfaktoren (TEF) oder Toxizitätsäquivalente (TEQ) als grobe Hilfsmittel für administrative Zwecke zur Abschätzung des Gesamtrisikos von Gemischen von PCDD/PCDF eingeführt.
Tab. 4 zeigt einen Überblick über die Bodenbelastung in Baden-Württemberg mit PCDD/PCDF. Inzwischen haben das Bundesgesundheitsamt (BGA) und Umweltbundesamt (UBA) im Hinblick auf den Handlungsbedarf Bodenrichtwerte herausgegeben (vgl. Tab. 5), ohne daß zweifelsfrei wissenschaftlich abgesicherte Grundlagen hierfür vorhanden wären.

Tab. 5: Bodenrichtwerte nach BGA/UBA (ng I-TEQ/kg TS)

TEQ (I-TEF)	Nutzung/Maßnahmen
< 5	Uneingeschränkte landwirtschaftliche Nutzung
< 40	Eingeschränkte landwirtschaftliche Nutzung
> 40	Landwirtschaftliche Nutzung nur mit nachweislich minimalem Dioxintransfer
> 100	Bodenaustausch auf Kinderspielplätzen, etc.
> 1000	Bodenaustausch in Siedlungen
> 10 000	Bodenaustausch unabhängig vom Standort; Entsorgung der belasteten Erde als Sonderabfall

Komposte

In der Bundesrepublik Deutschland werden etwa 2 % der Klärschlämme (siehe oben) kompostiert. Organische und anorganische Schadstoffe gelangen über kontaminierten Kompost, der teilweise aus den jährlich anfallenden 27 bis 30 Millionen t Hausmüll (alte Bundesländer) hergestellt wird, auf die landwirtschaftlich und gärtnerisch genutzten Böden. Über die Kompostmengen sowie die Größe der zur Nahrungsproduktion verwendeten Flächen, die mit Komposten gedüngt werden, sind keine genauen Zahlen bekannt. Es wird aber angenommen, daß Komposte wegen der damit verbundenen Kosten kaum weiter als 20–30 km transportiert werden. Die Gehalte an Schwermetallen in Komposten sind beträchtlich, schwanken aber sehr stark, wie Tab. 6 zeigt.

Tab. 6: Konzentrationen einiger Schwermetalle in Müll- und Müllklärschlammkomposten (nach Cramer et al., 1981).

Metall	mg Metall/kg Trockenmasse
Zink	300–12 000
Blei	20–6 000
Kupfer	50–5 000
Nickel	10–500
Cadmium	1–40

Bei der Verwendung von Komposten sind die in Tab. 2 genannten Grenzwerte für Böden zu beachten. Auch PCBs und PCDD/PCDF sind in derartigen Komposten nachzuweisen.

Agrochemikalien

Während die Verunreinigung des Bodens mit anorganischen und organischen Schadstoffen durch Immissionen, Komposte und Klärschlämme unerwünscht ist, werden bestimmte Schwermetalle und organische Wirkstoffe bewußt mit Agrochemikalien auf den Boden gebracht. Einige Schwermetalle sind in bestimmten Agrochemikalien als Verunreinigungen enthalten. Eisen, Kupfer, Zink, Kobalt, Mangan und Magnesium sind für Pflanze, Tier und Mensch essentiell und werden gezielt mit Düngemitteln auf den Boden gebracht. In einigen Pflanzenbehandlungsmitteln sind Kupfer, Zink und Mangan Bestandteile der Wirkstoffe.
Düngemittel und Pflanzenbehandlungsmittel enthalten Elemente in unterschiedlichen Mengen. Blei und Chrom dürfen laut Düngemittelgesetz bestimmte Konzentrationen nicht überschreiten. Rohphosphate enthalten je nach Herkunft zwischen 0,1 mg und 75 mg Cadmium pro kg. Die in der Bundesrepublik Deutschland überwiegend aus Florida-Phosphaten mit 10–15 mg Cd/kg hergestellten und eingesetzten Düngemittel sind mit 5–7 mg Cd/kg verunreinigt, so daß durch eine Düngung mit 70 kg P_2O_5/ha in Form eines 18%igen Phosphatdüngers pro Jahr 2–3 g Cd auf 1 ha Boden gebracht werden. Mit Beizmitteln wurden den landwirtschaftlichen Nutzflächen früher 3–4 g Hg/ha zugeführt. Inzwischen ist die Zulassung dieser Mittel zurückgenommen worden.
Problematisch waren bis vor kurzem auch einige toxisch wirkenden Dibenzodioxine und Dibenzofurane, die als Begleitstoffe bei der Herstellung der Herbizide aus den Klassen der Phenoxyalkansäuren und Phenylamide entstehen. Bekannt geworden ist, wie oben erwähnt, besonders das äußerst toxische 2,3,7,8-Tetrachlordibenzo-*p*-dioxin (TCDD), das früher bis max. 47 mg/kg reinem Wirkstoff in den Herbiziden 2,4,5-T und 2,4-D als Verunreinigung vorkam (vgl. Kapitel Herbizide). Als „Agent Orange" wurden diese Herbizide mit ihrer hohen TCDD-Verunreinigung zur Entlaubung im Dschungelkrieg von Vietnam eingesetzt und verursachten ernste toxikologische Probleme.
Heute ist gesetzlich geregelt, daß in derartigen Herbiziden der Maximalwert von 0,01 mg TCDD/kg reinem Wirkstoff nicht überschritten werden darf.
Als Beimischungen verschiedener Pflanzenschutzmittelformulierungen sind auch Detergenzien (oberflächenaktive Substanzen) von Bedeutung und können über eine Bodenkontamination Kulturpflanzen schädigen.

Verhalten der anorganischen und organischen Schadstoffe im Boden

Bei der Untersuchung über das Verhalten von organischen und anorganischen Schadstoffen im Boden steht die Frage nach ihrer Aufnahme durch Pflanzen im Vordergrund. Für die Elemente Blei, Quecksilber und Cadmium wurden Richtwerte für tolerierbare Gehalte in Lebensmitteln festgelegt. Diese können bei der Produktion von Nahrungspflanzen nur dann eingehalten werden, wenn die Konzentrationen dieser Metalle im Boden eine bestimmte Höhe nicht überschreiten. Für diejenigen Elemente, welche die Umwelt derzeit am meisten gefährden, sind die zulässigen Grenzwerte in Tab. 2 genannt. Vorsorglich wurden derartige Orientierungsdaten über tolerierbare Gehalte in Kulturböden für weitere Elemente vorgeschlagen (Tab. 7). Die Pflanzenverfügbarkeit aller Elemente wird

Tab. 7: Orientierungsdaten für tatsächliche und tolerierbare Gesamtkonzentrationen einiger Elemente in lufttrockenen Kulturböden (nach Cramer et al., 1981).

Element	mg Element/kg Boden häufig	maximal*		tolerierbar
Arsen	0,1–20	<	8 000	20
Bor	5–20	<	1 000	25
Beryllium	0,1–5	<	2 300	10
Brom	1–10	<	600	10
Cadmium	0,01–1	<	200	3
Kobalt	1–10	<	800	50
Chrom	2–50	<	20 000	100
Kupfer	1–20	<	22 000	100
Fluor	50–200	<	8 000	200
Gallium	0,1–10	<	300	10
Quecksilber	0,01–1			2

Element	mg Element/kg Boden häufig	maximal*		tolerierbar
Molybdän	0,2–5	<	500	5
Nickel	2–50	<	200	50
Blei	0,1–20	<	10 000	100
Antimon	0,01–0,5	<	4 000	5
Selen	0,01–5	–		10
Zinn	1–20	<	1 200	50
Thallium	0,01–0,5	<	800	1
Titan	10–5 000	<	40	5 000
Uran	0,01–1	<	20 000	5
Vanadium	10–100	<	115	50
Zink	3–50	<	1 000	300
Zirkon	1–300	<	20 000	300
		<	6 000	

* in besonderen oder kontaminierten Böden.

nicht nur von deren chemisch-physikalischen Eigenschaften bestimmt, sondern auch von chemischen und physikalischen Bodenfaktoren, die durch Kulturmaßnahmen variiert werden. Über das Verhalten von organischen Schadstoffen im Boden und die Aufnahme durch die Höhere Pflanze ist vergleichsweise wenig bekannt. Es soll, soweit Datenmaterial vorliegt, im anschließenden Kapitel zur speziellen Toxikologie dieser Substanzen näher behandelt werden.

Wirkung von anorganischen Schadstoffen auf die Pflanze und den pflanzlichen Stoffwechsel

Spurenelement – Schadstoff

Heute ist bekannt, daß die Unter- oder Überschreitung des optimalen Versorgungsgrades an Spurenelementen in dem System Boden-Pflanze zu Schäden und Ertragseinbußen führt und Folgen auch für Tier und Mensch haben kann (vgl. S. 292). Änderungen in der Bodenbewirtschaftung sowie Witterungseinflüsse können zur Minderung oder Erhöhung ihres löslichen Anteils führen, so daß eine unerwünscht starke Aufnahme durch die Pflanze bis zu ihrer Vernichtung sowie eine Auswaschung aus dem Oberboden und Versickerung in das Grundwasser eintreten kann.

Wirkungsweise von Spurenelementen

Einige Elemente sind in geringen Mengen wirksam und für das Pflanzenwachstum unentbehrlich. Sie werden als Mikronährstoffe oder „Spurenelemente" den Makro- oder Hauptnährstoffen gegenübergestellt. Die Konzentration soll nach Lang (1974)[3] unter der Grenze von 0,005 % im biologischen Material liegen. Im Gegensatz zu den Hauptnährstoffen, deren Wirkung bei steigender Konzentration über einen weiten Bereich günstig verläuft, zeigen die Spurennährstoffe (Abb. 2) in solchen Fällen einen raschen Anstieg und einen ebenso raschen Abfall der Ertragsbeeinflussung.
Viele Pflanzenarten benötigen die Spurenelemente Mangan, Zink, Kupfer, Bor und Molybdän. Neben diesen essentiellen Stoffen gibt es eine Reihe von Spurenelementen, die für die Pflanze nicht schädlich, aber durchaus entbehrlich sind, wie Brom, Jod und Kobalt.
Die Elemente Chrom, Jod, Selen und Kobalt sind im wesentlichen für Tiere, das Bor nur für Pflanzen, Vanadium für einige Algen notwendig.

Nachfolgend wird die Wirkung einiger Spurenelemente auf das Pflanzenwachstum kurz skizziert:
Kupfer ist Bestandteil von Redoxystemen und für zahlreiche, am intermediären Stoffwechsel beteiligte Enzyme notwendig. Es wirkt bei der Luftstickstoffbindung von frei lebenden und symbiotischen Mikroorganismen, bei der Nitrifikation und Denitrifikation sowie beim Binden von Vorstufen wertvoller Huminsäuren durch Mikroorganismen mit.
Manganenzyme katalysieren Redoxreaktionen, u. a. die photolytische Wasserspaltung und O_2-Entwicklung im Photosy-

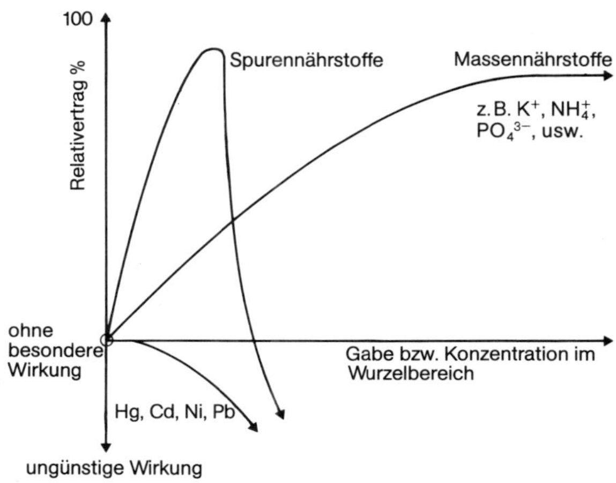

Abb. 2: Kurve der Ertragsbeeinflussung (nach Cramer et al., 1981).

stem II. Bor wird in Verbindung mit Zuckern und polymeren Kohlenhydraten in die Zellwand eingebaut. Gewebedifferenzierungen und Befruchtungsvorgänge sind ohne organische Borsäureverbindungen nicht möglich. Zink dient der Aktivierung und Stabilisierung von Enzymen, die an der Chlorophyll- und Wuchsstoffbildung beteiligt sind. Molybdän ist Bestandteil von Enzymen, z. B. der Nitratreduktase, welche die Umwandlung von Nitrat zu Nitrit bewirkt. Kobalt ist kein essentieller Nährstoff für die Höheren Pflanzen. Als Bestandteil des Vitamins B_{12} ist es für den Aufwuchs der Wiederkäuer unentbehrlich. So wurde Kobalt indirekt ein essentielles Element für die Pflanzen. Es wird ebenfalls in Form von Vitamin B_{12} von den für die N_2-Bindung wichtigen Knöllchenbakterien benötigt.

Verfügbarkeit der Spurenelemente

Die Aufnahme der Spurenelemente durch die Pflanzen hängt von ihrer Löslichkeit im Boden ab. Die Verfügbarkeit ist als Funktion einer Wechselwirkung der Ionen zwischen der flüssigen und festen Phase im Bodensystem anzusehen. Der aufnehmbare Anteil wird somit vorwiegend von zwei Prozessen beeinflußt:

1) Von der Adsorption: Maßgebend ist die Größe und Ladung der Ionen sowie die Austauschkapazität des Bodens (Bodenart, adsorptive Bindung an Tonminerale und organische Substanzen).

2) Von der Ausfällung: Maßgebend ist der pH-Wert und die anwesenden Anionen in der Bodenlösung; Mitfällung in Fe- und Mn-Oxiden und organokomplexen Verbindungen.

Tab. 8: Repräsentative Gesamtgehalte der Spurenelemente im Pflanzenmaterial in der Trockenmasse (mg/kg). Nach El-Bassam, 1978.

Element	Symbol	Gehalt im Pflanzenmaterial (mg/kg Trockenmasse)
Arsen	As	0,1–1,0
Beryllium	Be	0,1
Blei	Pb	0,1–5
Bor	B	30–75
Brom	Br	15
Cadmium	Cd	0,05–0,2
Chrom	Cr	0,2–1,0
Eisen	Fe	20–300
Fluor	F	2–20
Kobalt	Co	0,3–0,5
Kupfer	Cu	2–12
Mangan	Mn	10–100
Molybdän	Mo	0,3–5
Nickel	Ni	0,4–3,0
Quecksilber	Hg	0,005–0,01
Selen	Se	0,02–2,0
Vanadium	V	0,1–10
Zink	Zn	15–100
Zinn	Sn	0,8–6,0

Eine Verschiebung der Konzentration der Spurenelemente im Boden beeinflußt beide Prozesse. Der Transport der Ionen im Boden hängt vom Massenfluß und der Diffusion ab, bei der die Konzentration und die Konzentrationsgradienten eine große Rolle spielen. Die Dynamik der Spurenelementaufnahme wird nicht nur durch Prozesse gesteuert, die sich im Boden vollziehen, sondern auch durch die Pflanze selbst: Die Pflanzen unterscheiden sich beträchtlich in ihrem Vermögen, Spurenelemente aufzunehmen, zu speichern und verschiedene Ionen zu selektieren (Tab. 8).

Mikrobielle Aktivität und Wurzelausscheidungen können zur Erhöhung der Konzentration einiger Ionen in der Bodenlösung beitragen.

Einfluß der Chelate auf die Verfügbarkeit von Spurenelementen

Organische Verbindungen, die aus Wurzelausscheidungen und Zersetzung der organischen Substanzen im Boden entstehen, können als Chelatoren mit Kationen aus schwerlöslichen Verbindungen metallorganische Komplexe (Chelate) bilden, die über einen weiten pH-Bereich wasserlöslich sind.

Je nach Element und Konzentration können Spurenelemente als Zellgifte wirken und zu Ertragsabnahme und Pflanzenschäden führen. Sie beeinflussen unter bestimmten Voraussetzungen auch die Mikroorganismentätigkeit im Boden, so daß organische Substanzen unvollständig abgebaut werden und eine Vertorfung eintritt. In der Bundesrepublik Deutschland liegt etwa 7 % der gesamten Nutzfläche im Bereich verstärkter Immissionen[4].

Phytotoxizität von chemischen Elementen

Mangan, Eisen, Aluminium, Chrom, Arsen, Selen, Antimon und Quecksilber gehören zu den Elementen, die eine relativ geringe Gefahr für die Pflanzenproduktion hinsichtlich der Akkumulation über den Boden in den Pflanzen darstellen, da sie entweder eine geringe Löslichkeit in leicht sauren und in neutralen, gut belüfteten Böden besitzen oder, wie im Falle des Selens, in sehr geringen Mengen vorzufinden sind. Die meisten Spurenelemente dieser Gruppe sind nicht kumulativ, d. h. ihre Aufnahme durch die Pflanzen steht in keinem Verhältnis zu dem Gehalt im Boden. Als Folge ist die Verfügbarkeit dieser Elemente für die Pflanze relativ gering.

Verbindungen von Hauptgruppenelementen

Bor

Vorkommen und Möglichkeiten der Bodenkontamination

Pulverisierte Asche aus Brennmaterialien fällt in großen Mengen als Abfallprodukt bei Kohlekraftwerken an, wobei es problematisch ist, derartige Aschen billig abzulagern. Eine Möglichkeit, das Abfallproblem zu lösen, bietet eine Verwendung der Aschen als Bodenameliorationsmittel – ein Verfahren allerdings, das die Gefahr der Kontamination des Bodens mit unerwünschten Schadstoffen mit sich bringt. Als Schadstoffe sind in erster Linie Bor, Aluminium, Arsen und Kupfer analysiert worden. Der pH-Wert dieser Aschen kann starken Schwankungen unterliegen, was von entscheidender Bedeutung für die Pflanzenverfügbarkeit ihrer Inhaltsstoffe ist.

Bor und lösliche Salze werden unabhängig vom pH-Wert durch Niederschlagswasser ausgewaschen.

Eine andere Kontaminationsquelle für Bor stellen die als „Schaumbremsen" verwendeten Bor-haltigen Zusätze in Waschmitteln dar. Nach Erhebungen des Verbandes Deutscher Landwirtschaftlicher Versuchs- und Forschungsanstalten (VDLUFA) besteht durch den steigenden Borsalzgehalt der Waschmittel, der zwischen 20 und 35 % liegt, zunehmend die Gefahr einer Boranreicherung in Grund- und Gießwasser, was einen direkten Transfer in den Boden mit sich bringt. Man hat feststellen können, daß der Borgehalt in Gießwässern in den letzten Jahren von 5–10 auf 25 µg/l angestiegen ist.

Aufnahme in die Pflanze: Sichtbare Symptome, biochemische Wirkung

Das Spurenelement Bor ist für die normale Entwicklung der Pflanzen unentbehrlich. Überdüngungsschäden sind dann zu fürchten, wenn in relativ sauren, kalkarmen, überwiegend aus organischer Masse bestehenden Substraten Mehrnährstoffdünger mit relativ hohen Borgehalten benutzt wird. Schädigungen durch Bor sind gewöhnlich auf aride und semiaride Standorte beschränkt, wo die natürlichen Borkonzentrationen häufig überhöht sind. Bor-Schäden können bei Kulturpflanzen auftreten, sobald die Konzentrationen des heißwasserlöslichen Bors im Boden 3–5 ppm übersteigen. Dagegen sind weniger als 1 ppm im Boden kaum noch für ein optimales Wachstum geeignet. Das bedeutet, daß die Konzentrationsbereiche zwischen Wachstumsstimulation und -hemmung oder Schädigung sehr eng sind. Bor-empfindliche Pflanzen sind Erbsen, Weintrauben, einige Bohnenarten und Feigen, während weiße Rüben, Zuckerrüben und Baumwolle sehr bortolerant sind. Die toxische Wirkung des Bors zeigt sich häufig in Vergilbungen der Blattspitzen mit fortschreitender Nekrotisierung des Gewebes.

Neuere Untersuchungen haben gezeigt, daß sowohl Bor-Mangel wie auch überhöhte Bor-Konzentrationen den N-Gesamtgehalt und die Aktivität der Nitratreduktase in Wurzeln und Schößlingen von jungen Sonnenblumenpflanzen (*Helianthus annuus* L.) vermindern, während der Gehalt an Nitrat ansteigt. Die Hemmung der Nitrogenasenaktivität durch Bor kann möglicherweise darin begründet sein, daß enzymgebundenes Mo und B wechselseitig antagonistisch wirken, so daß ein Bor-Überschuß einen gleichzeitigen Molybdän-Mangel verursacht.

Aluminium

Vorkommen und Möglichkeiten der Bodenkontamination

Mehr als 15 % der Erdkruste besteht aus Al_2O_3. Dabei ist die Löslichkeit von Aluminiumoxid in neutralen und alkalischen Böden zu gering, um toxische Konzentrationen für Pflanzen zu erreichen. In Böden mit pH-Werten unter pH 5,5 steigt die Löslichkeit des Aluminiums stark an, wobei mehr als die Hälfte der Kationenaustauschorte durch Aluminium besetzt sein können.

Aufnahme in die Pflanze: sichtbare Symptome

Aluminium kann sehr schnell von Pflanzen aufgenommen werden, besonders wenn die Böden einen sauren Charakter aufweisen. Das bedeutet, daß Aluminium dort wachstumsbegrenzend sein kann. Die Symptome der Aluminium-Toxizität bei Pflanzen lassen sich nicht immer klar diagnostizieren. Die wichtigsten Veränderungen, die bei Pflanzen durch eine Aluminium-Belastung hervorgerufen werden, sind auffällige Hemmungen des Wurzel- und Sproßbereiches. Bei vielen Feldfrüchten ähneln die äußeren Schadsymptome einem Phosphatmangel, wobei häufig zu kleine, dunkelgrün verfärbte Blattspreiten zu beobachten sind. Ferner können purpurfarbene Veränderungen der Stiele, Blätter und Blattadern sowie Chlorosen und Nekrosen der Blattspitzen auftreten. Gefleckte Chlorosen und Nekrosen ähneln einem Calcium-Mangel, Chlorosen der Blattadern dagegen mehr einem Eisen-Mangel. Immer sind die Wurzelbereiche stärker durch Aluminium-Belastung beeinflußt als die Pflanzensprosse.

Charakteristisch für eine Aluminium-Intoxifikation ist auch die Hemmung der Ausbildung von Seitenwurzeln, wobei dem Wurzelsystem überhaupt die feine Verzweigung an Haarwurzeln fehlt und die geringere Größe sowie eine korallenähnliche Veränderung auffallen. Erste Anzeichen einer Aluminium-Intoxifikation von Pflanzen auf zellulärem Niveau sind Störungen an der Plasmamembran. Häufig findet man in den Wurzelkappenzellen vermehrt Vakuolen, wobei die Golgi-Funktionen gestört sein können. Ebenso kann die Plastidenentwicklung eingeschränkt sowie der Zellkern in seiner Struktur verändert sein. Aluminium-beeinflußte epidermale, endodermale und corticale Zellen autolysieren schneller, können aber auch anschwellen oder gänzlich zerstört werden. Die meristematischen Zonen der primären und Seitenwurzeln werden soweit aufgelöst, so daß nicht mehr zwischen den Wurzelkappen und vaskulären Bausteinen unterschieden werden kann. Nicht alle Pflanzen reagieren ähnlich auf steigende Aluminium-Konzentrationen: Einige Pflanzen werden durch niedrige Aluminium-Mengen im Boden sogar gefördert, wie z. B. die aluminiumtoleranten Pflanzen Sojabohne (*Glycine max*), Gerste (*Hordeum vulgare*), Luzerne (*Medicago sativa*), Tabak (*Nicotiana plumbaginifolia*), Wasserglanzgras (*Phalaris aquatica*), Roggen (*Secale zereale*), Hirse (*Sorghum dicolor*) sowie Mais (*Zea mays*), deren Aluminium-Toleranz ein genetisch vererbtes Merkmal darstellt. Für die Aluminium-Intoxifikationen von Pflanzen spielen neben der Konzentrationsfrage zweifelsohne auch andere Faktoren eine bedeutende Rolle, wie die Bodenreaktion (pH-Wert), die Bildung von unlöslichen Aluminium-Verbindungen, die Ionenstärke der Bodensole, die Schutzfunktion bestimmter Ionen, die Gegenwart von Chelatliganden sowie natürlich auch der eben erwähnte Genotyp einer Pflanze.

Die chemischen Reaktion des Aluminiums in Böden sind außerordentlich komplex und vielseitig, wobei Hydrolyse- und Polymerisationsprodukte sowie Füllungsreaktionen entscheidend für die durch Aluminium bedingten Belastungen bei Pflanzen sein können. Einige aus Hydrolyse-Reaktionen hervorgegangene monomere Aluminium-Verbindungen haben sich als phytotoxisch erwiesen. Allerdings sind die Angaben über die Wirkungspotenz der einzelnen Aluminium-Hydroxide sehr widersprüchlich: So soll z. B. $Al(OH)_2 \cdot 5\ H_2O$ am stärksten bei Weizen (*Triticum aestivum*) wirken, während $Al^{3+} \cdot 6\ H_2O$ und $Al(OH)^{2+} \cdot 4\ H_2O$ bei Kaffee (*Coffea arabica*) am meisten schädigt. Bei Sojabohne (*Clycine max*) wird das Wurzelwachstum durch $Al(OH)^{2+} \cdot 5\ H_2O$, $Al(SO_4)^+$, $Al(OH)^{2+} \cdot 4\ H_2O$ und $Al^{3+} \cdot 6\ H_2O$ gestört. Hier sollte man anmerken, daß die polymeren Aluminium-Verbindungen generell toxischer als die monomeren Formen sind, bis heute aber als weniger bedeutungsvoll für die Umweltbelastung mit Aluminium angesehen werden. Unlängst[4] ist jedoch bei Untersuchungen von Bodenproben des Spodosol-Bodenhorizonts mit der ^{27}Aluminium-Kernresonanzspektrometrie (^{27}Al-NMR) der polymere Al_{13}-Komplex $AlO_4Al_{12}\ (OH)_{24}\ (H_2O)_{12}^{7+}$ nachgewiesen worden. Da immerhin 30% dieser polymeren Aluminium-Verbindung mit Hilfe der ^{27}Al-NMR-Spektrometrie als wasserlösliches Aluminium analysiert wurden, stellen die polymeren Aluminium-Derivate zumindest in derartigen Bodentypen einen wesentlichen Beitrag zur Toxizität von Aluminium-Verbindungen dar.

Vermutlich ist die Permeation von ionisierten Formen des Aluminiums durch die Kohlenwasserstoffkomponenten der Plasmamembran gering, während die elektroneutralen Al-Verbindungen oder Al-Komplexe, wie z. B. $Al(OH)_3 \cdot 3\ H_2O$ oder $AlCl_3$ mobiler sind. Außerdem kann Aluminium durch die Plasmamembran der Zelle mit Phospholipiden als negativ geladener, mit organischen Chelaten als neutraler Träger passieren, oder durch hydrophile Poren oder Proteinkanäle direkt in die Zelle gelangen. Der hohe pH-Gradient an der Plasmamembran gewährleistet, daß die membranmobile Al-Form im sauren pH-Bereich vorhanden ist, während die toxische im Cytosol bei annähernd neutralem pH-Wert zu finden ist.

Da die monomeren Al-Verbindungen in ihrer Wirkungsweise untereinander in ständiger Wechselbeziehung stehen, ist es sehr schwierig, die aktuelle toxische Einzelkomponente zu ermitteln. Daher bietet die Aufsummierung aller monomeren Al-Formen im Boden oder in Bodenlösungen die beste Garantie zur Abschätzung eines mutmaßlichen Al-Effekts. Ungeachtet der Gleichheit der Membran-beweglichen Al-Verbindungen ist es klar, daß die Plasmamembran ebenso wie der Wurzelapoplast eine bemerkenswerte Barriere für die Al-Aufnahme wie auch dessen Anreicherung darstellen. Es kann aber auch eine passive Akkumulierung von Aluminium ins Apoplasma nachgewiesen werden. Möglich ist ferner, daß das Apoplasma nicht voll permeabel für Aluminium ist, da das Gewebe außerhalb der Endodermis häufig unterschiedliche Verteilungsmuster an Aluminium zeigt. So kann man bei Mais (*Zea mays*) beobachten, daß Aluminium an der Oberfläche der Wurzelepidermiszellen ausgefällt wird, ohne in den Kortex zu dringen, solange die Wurzeln intakt bleiben. Die Wurzelkappenzellen sind dagegen für Aluminium durchdringbar und weisen somit die höchsten Al-Konzentrationen auf.

Biochemische Wirkung

Eine Aluminium-Intoxifikation von Pflanzen wirkt sich zunächst im unmittelbaren Bereich der Berührungszone Wurzel/Boden/Bodensole aus, wo die primär beschriebenen Veränderungen in der Membranstruktur oder auch Membranfunktionen der Wurzelepithelzellen zu beobachten sind. Aluminium beeinflußt also im zellulären Bereich die Plasmamembran sowie das Cytosol, und möglicherweise kann es auch Veränderungen im Apoplasma induzieren. Ferner ist bekannt, daß Aluminium-Verbindungen die Aktivität mehrerer membrangebundener Enzyme – besonders Transportenzyme – verändert. Diese Effekte sind vermutlich die Grundlage für die aluminiuminduzierten Mineralmangelerscheinungen. Eine direkte Einflußnahme auf verschiedene Zellwandkomponenten kann sich negativ auf das Längenwachstum auswirken. So bindet sich Aluminium an die freien Carboxylgruppen des Pektins, was eine Kreuzverknüpfung der Pektinmoleküle nach sich zieht, die Zellelastizität verringert und damit eine Einschränkung des Längenwachstums der Zellen bewirkt. Natürlich kann dieses Phänomen des verringerten Zellängenwachstums auch durch eine aluminiuminduzierte Reduktion der Zellwandbiosynthese verursacht sein.

Wenn Aluminium in das Cytosol gelangt ist, kann es sich an das Phosphat der DNA binden und somit die Aktivitäten der Matrizen reprimieren, letztlich also die DNA-Biosynthese hemmen. Spezielle Wirkungen von Al-Verbindungen auf die wichtigen Reaktionen des zellulären Phosphatstoffwechsels wie z. B. die ATP-Hydrolyse, Phosphat-Veresterung oder die Hydrolyse von Phosphorsäuremonoestern sowie die Einflußnahme auf noch andere Enzym-katalysierte Reaktionen müssen ebenfalls in Betracht gezogen werden.

Besonders interessant sind Überlegungen, daß Al-Verbindungen das Ca-Calmodulin-System negativ beeinflussen können. Dieses Calcium-abhängige Regulationsprotein scheint eines der Hauptangriffsziele von Aluminium auf die Pflanzenzelle zu sein. Vermutlich wird durch die Bindung von Aluminium seine Molekülstruktur so verändert, daß die Aktivität vieler Calmodulin-abhängiger Enzyme und damit die Regulation des Zellstoffwechsels beeinflußt wird. Calmodulin kann bis zu 4 Ca^{2+}-Ionen pro Molekül an spezifischen Zentren binden. Die durch die Bindung von Ca bewirkten Konformationsänderungen von Calmodulin exponieren im stärkeren Maße die hydrophobe Oberfläche, welche für das Zusammenwirken mit seinem Zielprotein notwendig ist. Vor kurzem konnte gezeigt werden, daß sich Aluminium stöchiometrisch an Rinderhirn-Calmodulin bindet. Dabei ist die Bindungsaffinität der ersten Al-Bindung an ein Calmodulin-Molekül sehr viel stärker als die von Calcium. Die Bindung von Aluminium induziert größere Konformationsänderungen von Calmodulin durch Übergang in eine Helix-Struktur und verstärkt damit die hydrophobe Oberfläche sehr viel mehr als Calcium. Organische Säuren, wie z. B. Citrat, schützen Calmodulin vor aluminiuminduzierten Konformationsänderungen.

Interessant ist ferner, daß die Calmodulin-abhängige NAD-Kinase bei verschiedenen Pflanzen maßgeblich an deren Al-Sensibilität bzw. -Toxizität beteiligt ist. Die Al-Toleranz scheint dabei mit der Konzentration der NAD-Kinasenaktivität zu korrelieren, während die Al-Sensibilität möglicherweise durch die Störung vieler NADP-abhängiger Stoffwechselvorgänge, wie z. B. Pentosephosphat- und Shikimisäurestoffwechsel oder des Stoffwechsels von Fett-, Amino- und Nukleinsäuren sowie der Photosynthese verursacht wird.

Da die Forschungen auf dem Gebiet der Al-Phytotoxizität intensiv fortgeführt werden, wird in naher Zukunft wesentlich mehr Information über die physiologisch-biochemische Wirkung von Al-Verbindungen auf Pflanzen zur Verfügung stehen.

Arsen

Vorkommen und Möglichkeiten der Bodenkontamination

Arsen wurde viele Jahre lang als Pflanzenschutzmittel in Form von Kupferacetarsenit, Bleiarsenat und Calciumarsenat verwendet. Der Einsatz von arsenhaltigen Pflanzenschutzmitteln ist aber in den letzten 15 Jahren wegen der toxikologischen Bedenklichkeit drastisch zurückgegangen. Arsenat wird in gut strukturierten Böden sehr schnell in einer für Pflanzen nicht mehr verfügbaren Form festgelegt.

In den oberen Bodenschichten kann Arsen nach der Applikation jahrelang stabil bleiben. Durch Zugabe von Phosphat allerdings kann sich der Anteil an löslichem Arsen im Boden erhöhen und wieder pflanzenverfügbar werden. In manchen Böden findet man infolge der früheren Anwendung arsenhaltiger Pflanzenschutzmittel häufig stark erhöhte Arsengehalte, die bis zu 25 mg/kg erreichen können (vgl. Tab. 7).

Aufnahme in die Pflanzen: Sichtbare Symptome, biochemische Wirkung

Arsen kann durch Pflanzen schnell aus dem Boden aufgenommen werden. Der Arsengehalt von Obst und Gemüse auf unbehandelten Böden liegt etwa bei 0,1 mg/kg in der Frischsubstanz. Bei Böden mit künstlich erhöhten Arsenkonzentrationen nimmt der Arsengehalt der Pflanzen allgemein in der Reihenfolge Wurzel > Blatt > Frucht ab. Auch zwischen äußerer Schale und Knolleninnerem bei Kartoffeln ist ein großer Konzentrationsunterschied zu beobachten: So können Kartoffelschalen bis zu 84, Kartoffelknollen aber nur 0,5 mg/kg Arsen speichern.

Bei Untersuchungen des Längenwachstums von Salat-Radiculae wurde festgestellt, daß schon geringe Arsenit- und Arsenatkonzentrationen (1 bzw. 2 mg/l) das Wurzelwachstum bis zu 50 % hemmen. Arsenat in den Konzentrationen zwischen 1,0 und 0,01 mM (mM = mmol/l) hemmt das Wachstum von Erbsen (*Pisum sativum* L.)-Keimlingen in einem Agarmedium ohne Mineralstoffe sehr stark. Bei der Zugabe einer Arnon-Hoagland-Spurenelementlösung tritt der Hemmeffekt erst ab Arsenatkonzentrationen von 0,1 mM stärker auf. Ganz offensichtlich beeinflußt Arsenat das Wurzelwachstum weit stärker als das Sproßwachstum. Die Aktivität der sauren Phosphatase aus Kotyledonen von Erbsen wird zunächst in den niedrigeren Arsenatkonzentrationen von 0,01 und 0,1 mM gefördert, nach

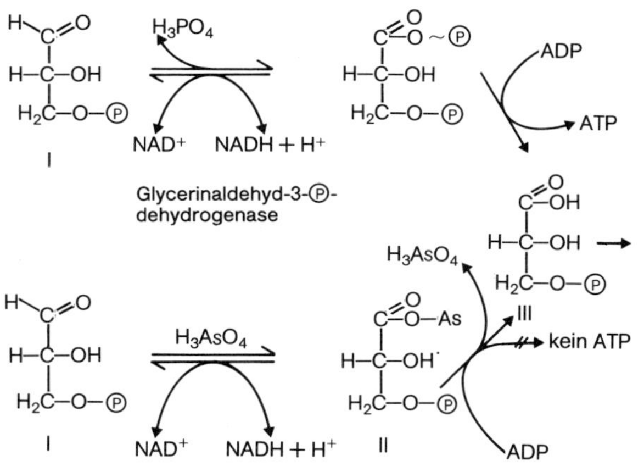

Abb. 3: Schematische Darstellung der Arsenatwirkung auf die Substratkettenphosphorylierung.

längerer Arsenat-Exposition (7 Tage) aber gehemmt. Bei Torfmoos (*Sphagnum nemoreum* Scop.) bewirkt 0,1 mM Arsenat eine Cytoplasmadegeneration und die Entwicklung zu hyalinen Zellen ist klar erkennbar. Bei den Chloroplasten ist ein Bruch der Chloroplastenmembran und eine Anschwellung der Thylakoide zu beobachten. In photosynthetisch aktiven Zellen finden sich große Mengen an kleinen Lipidtröpfchen in der Nähe der Zellwand, während die Chloroplasten mehr Stärke enthalten als die unbehandelten Kontrollen.
Arsenat wirkt *in vitro* als Entkoppler der Substratkettenphosphorylierung (Abb. 3). Die Carbonylgruppe des Glycerinaldehyd-3-phosphat(I) wird an eine SH-Gruppe der Glycerin-3-phosphatdehydrogenase addiert, dann wird dehydriert und der Wasserstoff auf NAD^+ übertragen. Die aktivierte Aryl-S-Enzym-Verbindung reagiert nun (anstatt mit Phosphat) mit Arsenat, wobei die entstehende aktivierte Arsenverbindung(II) anschließend in 3-Phosphoglycerinsäure(III) und Arsenat hydrolysiert wird. Die Bildung von ATP ist somit nicht möglich.

Selen

Vorkommen und Möglichkeiten der Bodenkontamination

In nahezu allen Böden kommt Selen in relativ niedrigen Konzentrationen (oft weniger als 0,2 ppm) vor. Zusätzlich kann Selen aber auch als Emission von Kohlekraftwerken zur Bodenkontamination führen (vgl. Tab. 1). In sauren und neutralen Böden ist die Pflanzenverfügbarkeit von Selen gering, wobei dieses häufig als Selenit vorliegt und als Eisen(III)-selenit festgelegt ist. Selenate, welche Pflanzen aufnehmen können, treten nur in gut durchlüfteten, alkalischen Böden auf. Se-reiche Böden findet man vornehmlich in ariden Klimaten.

Aufnahme in die Pflanze und biochemische Wirkung

Es gibt Indikator-Pflanzen für Se-reiche Böden, wie z. B. verschiedene *Astragalus*-Arten, die große Mengen von Selen (bis zu 5000 ppm) ohne Wachstumsstörungen speichern können. Gewöhnlich bilden selenakkumulierende, also Se-resistente Pflanzen, eine große Menge von Se-Methylselenocystein, eine Aminosäure, die nicht in Proteinen vorkommt. Selen-empfindliche Pflanzen enthalten diese Aminosäure nicht. Die Selentoxizität kann damit erklärt werden, daß Schwefel in S-haltigen Aminosäuren gegen Selen ausgetauscht wird. Durch das negative Redoxpotential der Se-Verbindungen wird die Oxidation von SH- zu S-S-Gruppen gestört.

Blei

Vorkommen und Möglichkeiten der Bodenkontamination

Der Gesamtgehalt an Blei in landwirtschaftlichen Böden liegt normalerweise zwischen 2 und 200 ppm. Regionen mit Ablagerungen von Pb-Mineralien können Pb-Konzentrationen von über 3 000 ppm in den oberen Bodenschichten erreichen. Im Rahmen der Schwermetallbelastung dicht besiedelter Lebensräume stellt die Pb-Emission sowohl in qualitativer als auch in quantitativer Hinsicht einen Sonderfall dar.
Während die meisten Schwermetalle als Bestandteile von fossilen Brennstoffen und Erzen bei der industriellen Nutzung dieser Rohstoffe in die Biosphäre gelangen, lag die Hauptquelle der Pb-Emission in der künstlichen Erhöhung der Klopffestigkeit von Kraftfahrzeugtreibstoffen durch Zusatz von Pb-Alkylen. Sie mag etwa 90–95 % des gesamten im Ökosystem vorkommenden Pb ausmachen. Vor 1971 enthielt handelsübliches Motorbenzin etwa 400–500 mg Pb/l. Nach Erlaß des Benzin-Pb-Gesetzes sind diese Werte auf 150 mg Pb/l reduziert worden.
An den Rändern viel befahrener Autostraßen können die Pb-Werte durch die emittierten Pb-haltigen Abgase in den obersten Zentimetern der Bodenkrume erheblich überhöht sein, wobei aber schon nach etwa 150 m Entfernung von der Emissionsquelle im Boden wieder normale Pb-Werte erreicht werden. Eine nicht unerhebliche Pb-Kontamination des Bodens kann auch über die Anwendung von Klärschlämmen erfolgen (vgl. Tab. 2).

Aufnahme durch die Pflanze

Pb kann in beschränktem Umfang vom Boden aus in die Pflanze gelangen. Dabei zeigen die Wurzeln eine gewisse Korrelation der Pb-Aufnahme mit dem Pb-Gehalt des umgebenden Bodens. Translokationsstudien mit Tomaten, Gerste, Bohnen und Möhren haben ebenfalls belegt, daß die Wurzeln 1 bis 2mal mehr Pb aufnehmen als die übrige Pflanze. Einen Einfluß auf den Pb-Einbau in die Pflanzen hat auch der pH-Wert des Bodens. In sauren und leicht sauren pH-Bereichen steigen die Anteile an wasserlöslichem Pb im Boden an, während sie ab pH 6,0 deutlich abnehmen, was sich damit in einer verminderten Pb-„Beweglichkeit" äußert. Die Pb-Aufnahme durch Salat (*Lactuca sativa* L.) und Hafer (*Avena sativa* L.) aus Pb-verseuchtem Boden kann somit durch Aufkalkung erfolgreich vermindert werden. Bei stark erhöhten Pb-Mengen im Boden (3 200 kg/ha) beträgt die Pb-Menge in darauf kultiviertem Mais immerhin bis zu 37,8 ppm, ein Wert, der humantoxikologisch bedenklich ist, für die Pflanze aber selbst noch wirkungslos bleibt. Interessanterweise sind die Maiskörner trotz der hohen Pb-Gesamtbelastung nahezu schadstofffrei.
Etwas detaillierteren Einblick in den Mechanismus des Pb-Transportes in den Höheren Pflanzen haben Untersuchungen erbracht, in denen die Versuchspflanzen in Flüssigkeitskulturen gehalten werden: $Pb(NO_3)_2$ in einer Konzentration von 0,1 ppm wird in Weidelgraswurzeln (*Lolium hybridum* Hausskn c. v. Tetrelite) in größeren Mengen gespeichert, aber auch in geringerem Maße in die oberen Teile der Pflanze transportiert. In einer ersten Phase wird Pb relativ schnell durch die Wurzeln aufgenommen, was darauf schließen läßt, daß der Pb-Aufnahme ein Austauschphänomen zugrunde liegt. Die rasche Pb-Einlagerung nimmt mit der Bildung neuen Wurzelmaterials zu, da offensichtlich auch neue Austauschstellen mitsynthetisiert werden. Daneben spielen mit Sicherheit stoffwechselphysiologisch kontrollierte Aufnahmemechanismen eine Rolle, da die Schadstoffinkorporation bei erhöhter Photosyntheseleistung wie auch ganz allgemein bei Erhöhung der Reaktionstemperatur ansteigt. Elektronenmikroskopische Aufnahmen

haben ferner gezeigt, daß durch Pflanzenwurzeln aufgenommenes Pb zunächst in Dictyosomen-Vesikeln angereichert wird, die dann miteinander verschmelzen und die Pb-Ablagerungen umschließen. Diese gelangen auf die Außenseite des Plasmalemmas, um mit der Zellwand zu verschmelzen. Die für den Weitertransport in den Sproß verfügbare Pb-Menge ist demnach auf das nicht ausgefällte oder lediglich aus der festgelegten Form wieder demobilisierte Pb beschränkt. Die Wurzel fungiert als eine Art Sperre für den weiteren Pb-Transport.

Innerhalb der Pflanze wird Pb vermutlich in Form von Chelaten weitertransportiert.

Chelate spielen eine große Rolle bei Aufnahmeprozessen. Viele Elemente, die wegen der geringen Wasserlöslichkeit ihrer Salze von Pflanzen in nur sehr geringen Mengen aufgenommen werden können, werden durch Liganden-Bindung für die Pflanze „verfügbarer". Alle Aminosäuren, die im Phloem transportiert werden, können unter bestimmten Umständen mit Metallionen Chelate bilden. Histidin und Cystein sind beispielsweise starke Chelat-Bildner. Die hohe Stabilität von 1 : 1-Komplexen zwischen Pb und Histidin sowie Cystein machen es sehr wahrscheinlich, daß der Pb-Transport im Phloem auf diese Weise selbst in Gegenwart hoher Phosphatkonzentrationen funktioniert.

Äußere Schadsymptome

Bei Gerste *(Hordeum vulgare)* und Bohne *(Phaseolus vulgaris)* begünstigt $Pb(NO_3)_2$ in einer Konzentration von 10^{-5} M das Wachstum meßbar, während 10^{-1} M eindeutige Schäden hervorrufen. Die Hemmgrenze liegt bei 10^{-3} M. Durch Turgorverlust knicken bei Bohnen die Blätter nach unten. Interessanterweise zeigen die Blätter an der Stengelbasis keine Reaktion auf hohe Pb-Konzentrationen, während noch nicht ausdifferenzierte Blätter schon zu Beginn der Pb-Exposition Chlorosen aufweisen. Die oberirdischen Pflanzenteile zeigen bei allen hier angeführten Pb-Konzentrationen ein geringeres Trockengewicht, während die Wurzelgewichte besonders bei Gegenwart geringer Pb-Mengen ansteigen.

Über den Einfluß von Pb auf das Wurzelsystem liegen ebenfalls Hinweise vor: vor allem höhere Pb-Konzentrationen hemmen das Wurzelwachstum beträchtlich. Nach einer Pb-Behandlung sind bei Getreidepflanzen verdickte Wurzeln mit abnorm verlängerten Wurzelhaaren beobachtet worden, allerdings sind bei anderen Pflanzen auch exakt die gegenteiligen Symptome festgestellt worden.

Bei Erbsenkeimlingen (*Pisum sativum* L.) kann man die Wirkung von Pb verstärken, wenn man in der Kulturlösung die Spurenelemente wegläßt. Dabei werden die Trockengewichte der Wurzeln nach 12tägiger $PbCl_2$-Exposition in den Konzentrationsbereichen von 0,1–1,0 mM signifikant verringert, während das Trockengewicht der Schößlinge unbeeinflußt bleibt.

In Freilandversuchen konnte wiederholt festgestellt werden, daß Pb selbst bei großem Bodenverseuchungsgrad trotz hoher Einlagerungsraten kaum zu Schadsymptomen, geschweige denn zu Ertragseinbußen führt. Maispflanzen, die in mehrjährigen Versuchen auf künstlich mit Pb kontaminierten Böden kultiviert worden waren, enthielten zwar bis zu 37,8 ppm Pb, wiesen aber weder morphologische noch farbliche Veränderungen auf und brachten normale Erträge (siehe oben).

Biochemische Wirkung

Über die Wirkung von Pb-Ionen auf stoffwechselphysiologische Vorgänge in der Pflanzenzelle, vor allem aber auf die Photosynthese liegt eine Reihe interessanter Erkenntnisse vor. In Maismitochondrien wird die Oxidation von NADH durch $PbCl_2$ in Konzentrationen von 50–62 µM je nach Medium bis zu 640 % gefördert, während schon 12,5 µM $PbCl_2$ die Oxidation von Succinat um 80 % hemmen. Fügt man dem Reaktionsmedium anorganisches Phosphat hinzu, bleibt die weitere Pb-Zugabe wirkungslos, da das gebildete Pb-Phosphat eine sehr geringe Wasserlöslichkeit aufweist. Pb mit zusätzlicher Phosphatgabe hebt damit die Hemmung der Succinatoxidation weitgehend auf, während die Oxidation von NADH weder gefördert noch gehemmt wird. Man kann vermuten, daß die Pb-Wirkung auf das Pflanzenwachstum noch verstärkt wird, wenn Phosphatmangel herrscht.

In vitro-Untersuchungen haben ergeben, daß Pb das IES-induzierte Zellängenwachstum von Weizen *(Triticum sativum)* stark reduziert. Diese Hemmung kann durch zusätzliche IES- und Ca-Gaben vermindert werden. Der Hemmeffekt des Pb ist vermutlich auf Veränderungen in den Eigenschaften der Zellwand zurückzuführen. Elektronenmikroskopische Aufnahmen zeigen, wie schon erwähnt, daß Pb in Dictyosomen-Vesikeln abgelagert werden kann. Derartige Vesikel sind pektinreich, wobei bekannt ist, daß Pektine große Pb-Mengen absorbieren. Es erscheint somit möglich, daß die Pb-Akkumulierung in der Zellwand allein auf dem Pektingehalt in den Vesikeln beruht und damit auch einen markanten Einfluß auf die Elastizität der Zellwand ausübt.

Photosynthese

2 bis 200 µM $Pb(NO_3)_2$ hemmen die $^{14}CO_2$-Fixierung durch isolierte Spinatchloroplasten. Diese Hemmung ist nicht kompetitiv. Der Gehalt an verschiedenen ^{14}C-markierten Verbindungen, wie z. B. Phosphoglycerat, Malat, Citrat und Aspartat sowie Glucose ist gegenüber den unbehandelten Kontrollen deutlich vermindert. Die Konzentrationen der Zuckerdiphosphate sind verringert, was im Fehlen von freiem Phosphat begründet sein könnte. In isolierten Chloroplasten kann auch nachgewiesen werden, daß Pb in den genannten Konzentrationen die ATP-Synthese herabsetzt.[5] Pb hemmt im Bereich von Photosystem I sowie im Photosystem II. Für das Redoxpaar Pb/Pb^{2+} ist ein Redox-Potential von −126 mV angegeben; damit können nach rein thermodynamischen Gesichtspunkten Pb-Ionen theoretisch von beiden Photosystemen reduziert werden. Untersuchungen am Reaktionszentrum P_{700} in isolierten Maischloroplasten haben gezeigt, daß die Anwesenheit von Pb^{2+} in Chloroplasten gleichzeitig zwei Effekte verursacht: Die Hemmung der P_{700}-Photooxidation sowie eine Veränderung der Kinetik der Rück-Reduktion von P_{700}.

In Wurzel- und Blatthomogenaten von Spinat sind folgende Enzyme in Gegenwart von $Pb(NO_3)_2$ in Konzentrationsbereichen von 5–200 mM untersucht worden: Ribulosediphosphat-Carboxylase (EC 4. 1. 1. 39), Ribulokinase (EC 2. 7. 1. 16), Pyruvatkinase (EC 2. 7. 1. 40), Lactatdehydrogenase (EC 1. 1. 1. 27) und Glycerinaldehydphosphatdehydrogenase (EC 1. 2. 1. 12). Es zeigt sich, daß die Ribulosediphosphat-Carboxylase schon von 5 µM Pb^{2+} gehemmt wird, wobei die Hemmung bei 100 µM Pb^{2+} 50 % erreicht. Lactatdehydrogenase weist einen ähnlichen, wenn auch nicht so drastischen Aktivitätsabfall auf. Die Pyruvatkinase dagegen wird von allen Pb^{2+}-Konzentrationen mit einem Maximum bei 200 mM gefördert. Beim System Glycerinaldehydphosphatdehydrogenase/Glycerokinase ist eine Überlagerung von Förderung und Hemmung zu beobachten.

Die Aktivierung von NAD- und NADP-abhängigen Triosephosphat-Dehydrogenase-Systemen in Gegenwart von Pb^{2+} kann durch die hohe Affinität des Schwermetalls zu freien Phosphatgruppen erklärt werden. Während der Reduktion von Phosphoglycerinsäure wird diese Säure zunächst zu 1,3-Diphosphoglycerinsäure phosphoryliert und zu Glycerinaldehyd-3-phosphat reduziert, wobei die Phosphat-Gruppe vom C-1-Atom abgespalten wird.

Wenn Pb das Phosphat durch Bindung aus dem Gleichgewicht entfernt, sollte ein höherer Umsatz von Phosphorglycerinsäure eintreten. Diese Aktivierung konkurriert mit der Hemmung des Enzyms durch die Blockierung funktioneller SH-Gruppen. Die Hemmung des Enzyms wird dann größer als die Förderung, sobald eine kritische Pb-Konzentration überschritten worden ist. Neben der Reaktion von Pb^{2+} mit SH-Gruppen, die parallel mit der Bildung von Proteinen verläuft, scheint auch die Blockierung von Carboxylgruppen durch Pb^{2+} eine große Rolle im Stoffwechsel zu spielen. Ferner werden unter dem Einfluß von Pb^{2+} die Konzentrationen einer Reihe von Stoffwechselzwischenprodukten (z. B. Acetyl-CoA, Malat, organische Säuren) in Pflanzengeweben erniedrigt[5].

Verbindungen von Nebengruppenelementen

Chrom

Vorkommen und Möglichkeiten der Bodenkontamination

Der natürliche Chromgehalt in Böden beträgt häufig weniger als 100 ppm. Lediglich in Böden, die aus Verwitterung von Serpentingesteinen stammen, kann der Chrom-Gehalt bis auf einige Prozent ansteigen. Erhebliche Chrommengen werden aber über phosphathaltige Dünger zusätzlich dem Boden zugeführt. So können in Einzelfällen in Thomasphosphaten bis zu 5000 ppm Cr enthalten sein. Eine andere Möglichkeit der Cr-Kontamination besteht bei der Verwendung von Siedlungsabfällen, die ebenfalls erhebliche Cr-Rückstände aufweisen können.

Aufnahme in die Pflanze

Aufnahme und Translokation von Chrom sind in Pflanzen gering. Beispielsweise übersteigt der Chromgehalt des Xylems von Tomatenpflanzen in Hydrokultur die Chromkonzentration der Nährlösung nur um etwa 10 %. Durch die geringe Aufnahmerate sowie wegen der normalerweise geringen Cr-Mengen im Boden betragen die üblichen Cr-Gehalte in pflanzlichen Materialen höchstens 0,02–1 ppm. Hohe Kalkgehalte sowie chromfestlegende Verbindungen wie Phosphorsäure, Blei und Eisen führen zu einer Hemmung der Chromaufnahme. Die Chromgehalte der Erntemassen steigen aber beispielsweise bei Spinat mit Zunahme der Chromgaben an.

Sichtbare Symptome und biochemische Wirkung

Geringe Konzentrationen von Chrom-III-Ionen stimulieren das Pflanzenwachstum, die Chlorophyllbildung und die Photosynthese. Die Chromempfindlichkeit verschiedener Pflanzenarten weist erhebliche Unterschiede auf.
Chromschlämme beeinträchtigen das Wachstum, wenn durch die Schlammgaben der Chromgehalt des Bodens auf etwa 500 mg Cr je kg angehoben wird und eine Bodenreaktion im schwach sauren oder sauren Bereich liegt. Bei pH-Werten des Bodens über pH 6,0, besonders in Gegenwart von $CaCO_3$, und bei höheren Gehalten an Ton liegt die Schadensgrenze bei 1 000 mg Cr je kg Boden.
Toxische Wirkungen von Chrom auf Pflanzen sind vor allem auf der Grundlage von Gefäßversuchen beschrieben worden. Bei Hafer, der mit mehr als 5 ppm Chromsulfat behandelt wurde, konnte man z. B. beobachten, daß die Wurzeln klein und die Blätter schmal blieben und dabei eine rotbraune Verfärbung und kleine nekrotische Flecken aufwiesen.

Kobalt

Vorkommen und Möglichkeiten der Bodenkontamination

Kobalt kommt in Böden in Konzentrationen von 1 bis 40 ppm vor. Allerdings sind auch schon bedeutend höhere Co-Mengen beobachtet worden. Eine zusätzliche Co-Quelle können Staubniederschläge aus Flugaschen in der Nähe von Kohlekraftwerken sein (vgl. Tab. 1).

Aufnahme in die Pflanze

Im Boden kommt Co vorherrschend in den Kristallgittern von Ferromagnesium-Mineralien vor. Es ist in dieser Form nicht pflanzenverfügbar. Durch Verwitterung kann Co als Co^{2+} freigesetzt werden, bindet aber irreversibel in Organometallkomplexe. Austauschfähiges Co^{2+} ist stark gebunden, und ähnlich wie bei Cu^{2+} sind die Konzentrationen in der Bodensole extrem niedrig. Freiverfügbares Co^{2+} wird durch die Pflanzenwurzel aufgenommen und folgt dem Transspirationsstrom, so daß man eine gewisse Co-Anreicherung in den Blatträndern und -spitzen feststellen kann. Der Co-Gehalt in Pflanzen, die auf Böden mit durchschnittlichen Co-Mengen wachsen, beträgt zwischen 0,02 und 0,5 mg/kg Trockengewicht.

Sichtbare Symptome und biochemische Wirkung

Co verhält sich ähnlich wie andere Schwermetalle: In einer Weise wie Fe, Mn, Zn und Cu kann es Chelatverbindungen eingehen. Es kann ebenso andere Ionen von physiologisch wichtigen Bindungsorten verdrängen und damit die Aufnahme und Wirkungsweise essentieller Schwermetalle herabsetzen. Co-Überschuß bewirkt beispielsweise ein Fe- und Cu-Defizit: das bedeutet, daß der toxische Effekt von Co ein Verdrängungseffekt ist. Eine Co-Vergiftung in Pflanzen äußert sich zunächst in einer Zunahme von chlorotischen Blättern, die nekrotisch werden und häufig ganz verwelken.
Es gibt allerdings auch einige wenige Pflanzenarten, die gegenüber einer Co-Vergiftung sehr unempfindlich sind. Manche Pflanzen, wie z. B. *Nyssa sylvatica* oder *Crotolaria cobalticola,* können Co bis zu 100mal stärker speichern als andere Pflanzen, die auf demselben Standort wachsen. Die Co-Gehalte erreichen bei diesen Co-toleranten Pflanzen bis zu 1000 mg Co/kg Trockensubstanz. Untersuchungen mit Maulbeersämlingen ergaben, daß eine Überdosis an Co Blattnekrosen zwischen den Blattadern sowie gelblich verfärbte Blattadern bewirkt. Diese Erscheinungen sind am deutlichsten bei Co-Dosierungen von mehr als 100 mg/kg Boden. Bei zusätzlicher Verabreichung von 10–40 mg Cu, je 100 mg Mn und Zn zu 20–80 mg Co beschleunigt sich die Ausbildung dieser Krankheitssymptome an den Blättern, während die Zugabe von 225 mg Fe wirkungslos bleibt. Mit den erhöhten Gaben an Co steigt der Co-Gehalt in der Trockenmasse der Blätter kontinuierlich an, während die Konzentration der anderen Elemente dementsprechend abnimmt.

Nickel

Vorkommen und Möglichkeiten der Bodenkontamination

Der Nickelgehalt im Boden übersteigt selten 100 ppm und liegt damit beträchtlich unter den Werten, die für Pflanzen toxisch sind. Erhöhte Ni-Mengen können aber auch über die Applikation von Müllklärschlamm sowie Müllklärschlammkomposten dem Boden zusätzlich zugeführt werden (vgl. Tab. 2).
Ni verhält sich chemisch und physiologisch recht ähnlich wie Co. Es bildet also ebenfalls rasch Chelate und verdrängt andere Schwermetalle von ihren Wirkorten.

Aufnahme durch die Pflanze

Aufkalken von Böden vermindert die Ni-Toxizität beträchtlich, dabei wirkt der durch Kalk bedingte Neutralisierungseffekt des Bodens mehr auf die Immobilisierung von Ni als der Ca-Anstieg. K-Gaben reduzieren ebenfalls die Ni-Toxizität, während umgekehrt Phosphatdünger die Ni-Wirkung bei Pflanzen verstärken. Über die exakten Vorgänge der Ni-Aufnahme durch Pflanzen liegen keine Angaben vor. Der Ni-Gehalt in Pflanzen korreliert aber anscheinend mit den Ni-Konzentrationen des Bodens. Der normale Ni-Gehalt liegt bei Pflanzen zwischen 0,1 und 5 mg/kg Trockensubstanz, während er bei besonders Ni-reichen Böden, wie z. B. Serpentinböden je nach Pflanzengattung 200 mg überschreiten kann. In Hydrokulturen zeigt sich, daß Ni bevorzugt in der Wurzel angereichert wird, wobei eine geringe Verlagerung auch in Sproß und Blatt möglich ist.

Sichtbare Symptome und biochemische Wirkung

Äußeres Symptom einer Ni-Vergiftung ist bei Pflanzen eine beginnende Chlorose. Bei Getreidepflanzen durchlaufen blaßgelbe Streifen die Blätter. Zum Teil können die Blätter das ganze Chlorophyll verlieren, und in Extremfällen treten Blattrandnekrosen auf. Bei den dikotylen Pflanzen macht sich eine Ni-Intoxikation ähnlich wie bei Mn-Mangel durch chlorotische, engbegrenzte Bezirke zwischen den Blattadern bemerkbar.

In Hydrokultur wird das Wachstum von Bohnen (*Phaseolus vulgaris* L.) bei einer Steigerung der Ni-Konzentration auf 50 µM $NiSO_4$ nahezu linear reduziert. Da die Ertragsminderungen bei Wurzeln, Stengeln und Blättern ziemlich gleich sind, die Ni-Gehalte aber von den Wurzeln zu den Blättern hin signifikant abnehmen, ist zu vermuten, daß zumindest bei Bohnen die Blätter wesentlich sensitiver auf den Schadstoff reagieren. Über die genaueren biochemischen Ursachen dieser durch Ni verursachten sichtbaren Schadsymptome und Ertragsminderungen ist noch nichts bekannt.

Kupfer

Vorkommen und Möglichkeiten der Bodenkontamination

Der natürliche Kupfergehalt in Böden schwankt zwischen 5 und 50 ppm; Cu kommt dabei fast ausschließlich in der zweiwertigen Form vor. Die größte Cu-Menge befindet sich im Kristallgitter von Mineralien. Daneben findet sich Cu in organischen Verbindungen als austauschbares Kation an Bodenkolloiden sowie als Bestandteil der Bodensole, wobei hier die Cu-Konzentrationen außerordentlich gering sind. Zusätzlich kommen erhebliche Cu-Mengen durch die Anwendung Cu-haltiger Spritzmittel in den Boden, wobei die Konzentration in Böden von Hopfengärten und Weinbergen viele hunderte ppm erreichen kann. Auch die Verwendung von Siedlungsabfällen zu Düngezwecken bringt eine Erhöhung des Cu-Gehalts im Boden mit sich (vgl. Tab. 2). Sogar regelmäßiges Düngen mit Schweinegülle kann zu einer unerwünschten Cu-Anreicherung führen.

Aufnahme durch die Pflanze

Im Vergleich zu anderen Kationen wird Cu stark von den anorganischen Austauschstellen des Bodens festgehalten, wobei die austauschfähige Form schwer pflanzenverfügbar ist. Allerdings ist ein Kationenaustausch für Cu^{2+} und $Cu(OH)^+$ im Boden prinzipiell möglich. Die Cu-Konzentration in der Bodensole verringert sich mit steigenden pH-Werten, verursacht durch eine stärkere Cu-Adsorption.

Cu wird unter normalen Verhältnissen von Pflanzen in nur geringen Mengen aufgenommen und erreicht zumeist Konzentrationen von 2–20 mg/kg Pflanzentrockengewicht.

Die Aufnahme von Cu durch Pflanzen ist ein geregelter Prozeß, wobei bekannt ist, daß Cu die Zn-Aufnahme hemmt, wie umgekehrt auch Zn die Cu-Aufnahme einschränkt.

Cu-Konzentrationen in Böden bis zu 400 ppm führen zur Anreicherung von Cu in Korn, Knolle, Stroh und Blatt von Kulturpflanzen. Hohe Cu-Werte und ein großes Cu-Aufnahmevermögen besitzen Kartoffeln, Karotten und Buchweizen.

Cu ist in der Pflanze selbst nicht leicht beweglich, obwohl ein Transfer von älteren in jüngere Blätter möglich ist. Dabei liegt Cu in Xylem-Exudaten als anionischer Cu-Komplex vor. Da Cu eine starke Affinität zu Aminogruppen aufweist, vermutet man, daß derartige Verbindungen als Cu-Carrier fungieren.

Schadsymptome und biochemische Wirkung

Cu kann, auch wenn es für die Pflanzen ein essentielles Element ist, in höheren Konzentrationen Schäden hervorrufen. Schadsymtome eines Cu-Überschusses sind Chlorosen und Wurzelveränderungen, die sich in der Ausbildung zahlreicher kurzer, braungefärbter Nebenwurzeln äußern.

Der Chloroseeffekt wird offensichtlich dadurch hervorgerufen, daß Cu andere Metallionen, insbesondere Fe von den stoffwechselphysiologisch wichtigen Zentren verdrängt.

Die Hemmung des Wurzelwachstums ist eine der schnellsten Reaktionen der Pflanze auf toxische Cu-Mengen. Versuche an einer Cu-empfindlichen und einer Cu-toleranten Rasse des roten Straußgrases *(Agrostis tenuis)* zeigen, daß das Plasmalemma der sensitiven Rasse durch überhöhte Cu-Gaben zerstört wird, so daß vermehrt K^+ austreten kann (Membranzerstörung). Cu-tolerante Pflanzen dagegen können wahrscheinlich diese direkte Reaktion mit dem Plasmalemma umgehen.

Ca spielt bei der Erhaltung der Membranstruktur der Zelle eine entscheidende Rolle. Der Befund, daß ein hohes Ca-Niveau in der Zelle die Cu-Toxizität mindert, erhärtet die Vermutung, daß Cu-Überschuß einen schädlichen Einfluß auf Membranstrukturen ausübt. Neuere Untersuchungen haben auch gezeigt, daß Cu^{2+} in stärkerem Maße die Aufnahme von K^+ in Weizen hemmt. Dabei wird aber die K^+-Adsorption in hitzeinaktivierten Wurzeln und in intakten Wurzeln bei 0 °C nicht gestört, was vermuten läßt, daß Cu^{2+} die geregelte K^+-Aufnahme stört.

Bei erhöhten Cu-Gaben hat man u. a. bemerken können, daß bei Gerstenkeimlingen die IES-Menge erhöht wird, während drei Wochen alte Pflanzen einen verminderten IES-Gehalt aufweisen. Unter den verschiedenen Reaktionsmechanismen, mit denen eine mögliche Toleranz Höherer Pflanzen gegenüber Metallen erklärt werden kann, sind u. a. der Transport der Metalle in Zellvakuolen oder deren Einbau in Zellwandelemente zu nennen. Interessant sind jedoch neuere Befunde, wonach besondere metallbindende Peptide, sogenannte Phytochelatine am Detoxifikationsprozeß mit Metallen bei Höheren Pflanzen beteiligt sind (vgl. Cd). Phytochelatine sind Peptide mit der generellen Struktur $(\gamma\text{-Glutamyl-cysteinyl})_n$-glycin (n = 2 bis 4mal).

Untersuchungen an Lichtnelken (*Silene cucubalus*), einer Pflanzenart, die auf mit Schwermetallen angereicherten Böden vorkommt und Cu-sensitive sowie Cu-tolerante Arten bilden kann, haben gezeigt, daß sich bei beiden Pflanzenvarianten aus dem Wurzelmaterial zwei Peptidkomponenten isolieren lassen, wenn die Testpflanzen mit 40 µM Cu inkubiert worden waren: Eine Verbindung weist vermutlich ein Molgewicht von 12 KD auf und bindet etwa 60 % des applizierten Cu, während das zweite Peptid ein Molgewicht von 5,3 KD hat. Die Zusammensetzung der Aminosäuren der mit Ionenaustauscherchromatographie und Gelfiltration gewonnenen

Peptide beider Pflanzentypen sind sehr ähnlich mit der Aminosäuresequenz schon bekannter Phytochelatine. Es ist zu vermuten, daß diese Cu-bindenden Peptide sowohl in den Cu-sensitiven, wie auch Cu-toleranten Pflanzen nach demselben Mechanismus induziert werden.

Zink

Vorkommen und Möglichkeiten der Bodenkontamination

Zinkvorkommen im Boden

Zink kommt in der Natur als Zinksulfid (Zinkblende, Wurzit), Zinkspat (Galmei, $ZnCO_3$) und Kieselzinkerz (Kieselgalmei, $Zn_4([Si_2O_7(OH)_2] \cdot H_2O)$ vor. Normale Böden enthalten zwischen 10 und 300 ppm Zink. Der durchschnittliche Zinkgehalt der Lithosphäre beträgt etwa 80 ppm. In der Umgebung von Zinkhütten sind Zinkgehalte von 50 000 ppm im Boden möglich. Im Boden liegt Zink in Form löslicher und unlöslicher Organokomplexe vor, wobei die löslichen durch Bindung an Amino-, Organo- und Fulvosäuren, die unlöslichen durch Bindung an Huminsäuren entstehen.

Zink in industriellen Emissionen

Die ständig steigende Kontamination mit dem Schwermetall Zink ist durch dessen vielfältige industrielle Anwendung bedingt. Zusammen mit Cadmium, Nickel und Blei ist Zink in der Atmosphäre vorhanden (besonders in städtischen Bereichen), da diese Schwermetalle bei den industriell angewendeten Prozeß-Temperaturen verflüchtigt werden. Darüber hinaus können sich durch Einwirkung von Säuren, einschließlich der Kohlensäure, auf verzinkte Baukörper und Gegenstände (Leitungsrohre, Gefäße) erhöhte Zinkmengen im Boden anreichern. Beim direkten Auftropfen auf Blätter entstehen scharf umgrenzte Nekrosen.

In herabtropfendem Regenwasser von Gewächshäusern konnten Zinkgehalte von 5–80 ppm, in Blättern der Bromelie *Vriesea splendens* aus denselben Häusern Gehalte von 300–400 ppm Zn in der Trockensubstanz gefunden werden. Der Normalgehalt liegt in der Regel weit unter 200 ppm.

Am Beispiel eines Industriezentrums in Niedersachsen konnte gezeigt werden, daß sich in der Nähe der Zinkhütte Anreicherungen von Zink im Boden und im Weidegras bis in mindestens 12 km Entfernung von den Werken nachweisen lassen. Im Nahbereich bis 1,5 km Entfernung treten derartig hohe Gehalte auf, daß diese Flächen landwirtschaftlich nicht mehr genutzt werden können.

Neben Blei und Cadmium sind an Straßenrändern auch die Zinkkonzentrationen deutlich erhöht. Diese Zinkmengen stammen von verzinkten Tanks, Leitungen und Schrauben und von zinkhaltigen Additiven, wie z. B. dem Antioxidans Zinkdithiophosphat im Schmieröl.

Zink in Klärschlämmen

Zink ist das in Klärschlämmen am weitesten verbreitete Metall. Die relativ hohen Gehalte (s. Tab. 6) sind im Gegensatz zu anderen Schwermetallen selten definierbaren Verursachern zuzuschreiben, sondern vielmehr den sauren Eigenschaften von Leitungs- und Niederschlagswasser, das verzinkte Oberflächen angreift.

Zink in Pflanzenschutzmitteln

Die Fungizide Zineb (Zink-ethylen-bis-dithiocarbamat) und Ziram (Zinkdimethyldithiocarbamat) sowie das Rodentizid (gegen Nagetiere gerichtetes Bekämpfungsmittel) Zinkphosphid enthalten Zink (vgl. S. 192). Ihre Anwendung kann zu weiterer Erhöhung des Zinkgehaltes im Boden beitragen.

Aufnahme in die Pflanze

Die Beweglichkeit des Zinks im Boden ist gering und steigt mit zunehmender Acidität. Bei hohem Ca-Gehalt des Bodens nimmt sie ab und damit auch die Pflanzenverfügbarkeit des Elements. Durch Zusatz hoher Phosphatmengen kann die Zinkaufnahme der Pflanzen erniedrigt werden, und zwar in Abhängigkeit von Bodenart, Bodenreaktion und der Art des verwendeten P-Düngers in verschieden starkem Maß.

Zink wird von der Pflanze vorwiegend als Zn^{2+}-Ion aufgenommen. Versuche mit Stoffwechselhemmstoffen lassen eine aktive Aufnahme von Zink vermuten, die durch Cu, Fe, Mn und Erdalkalimetallionen gehemmt wird.

Die Beweglichkeit des Zinks innerhalb der Pflanze ist gering, jedoch gelangt es stärker in die oberen Pflanzenteile als Cd und führt zu erhöhten Zinkkonzentrationen in allen Pflanzenteilen, wobei die stärkste Zinkanreicherung in Wurzeln, Sproßachse und älteren Blättern erfolgt. Der Zinkgehalt von Pflanzen liegt im allgemeinen zwischen 15 und 100 ppm, er kann jedoch auf sauren Böden wegen erhöhter Mobilität erheblich höhere Werte erreichen. Mangelsymptome treten zwischen 10 und 20 ppm auf. Besonders hohe Werte nimmt der Zinkgehalt in Pflanzen an, die sich an hohe Zinkgehalte des Bodens angepaßt haben. So konnten z. B. zwischen 600 und 7800 ppm Zink in der Trockensubstanz von Pflanzen der sog. „Galmeiflora" (Flora der Galmeiböden) nachgewiesen werden. Da die Schwermetallgehalte in Pflanzen in hohem Grad von der Höhe ihres Zuwachses („Verdünnung" der aufgenommenen Ionen) abhängig sind, werden allgemein die stärksten Schadstoffanreicherungen zu Zeiten der Vegetationsruhe ermittelt.

Sichtbare Symptome

Zink gehört zu den essentiellen Mikronährstoffen. Toxische Zinkkonzentrationen im Boden verursachen Verlust der Turgeszenz, Absterbeerscheinungen (Nekrosen) an älteren Blättern, chlorotische Blattflecken sowie schwaches Wachstum der ganzen Pflanze. Die Symptome der Zn-Toxizität ähneln denen der Phosphattoxizität. Mit den Symptomen ist ein erhöhter Zinkgehalt der Pflanzen verbunden.

Bei Bohnen und Sojabohnen tritt bei Zink-, wie auch Cadmium-, Cobalt- und Nickelbelastung der Pflanze eine rotbraune Pigmentierung auf, die zuerst in den Blattadern erscheint: Diese Schwermetalle bewirken eine Verschiebung des Strukturspektrums der löslichen Phenole in den Blättern von den polaren in Richtung der unpolaren Verbindungen. Die rotbraun gefärbten Adern enthalten Ablagerungen solcher phenolischer Verbindungen. Viele Gefäßwände sind mit fädigem, amorphem Material und blasenförmigen Ablagerungen bedeckt, ähnlich wie nach Invasion pilzlicher, bakterieller und viraler Erreger.

Daneben verursacht Zinküberschuß wie auch Co-, Cd- und Ni-Überschuß bei Bohnen auf Grund einer Änderung der Wasserversorgung der Blätter eine Umorientierung der Blätter von der Horizontale in die Vertikale. Der phytotoxische Grenzwert, d. h. derjenige Gehalt eines Elements in der Trokkensubstanz der Pflanze, der zu einer 5- bzw. 10 %igen Ertragsdepression führt, variiert bei Zink stark mit der Pflanzenart. Er liegt z. B. für Mais bei 190 ppm Zn im Boden bzw. 448–456 ppm Zn in Wurzel und Sproß.

In der gleichen Größenordnung liegen die für Rotklee und Hafer ermittelten Toxizitätsgrenzwerte von 290–410 ppm Zn. Für Sommergerste wird ein Grenzwert von 290 ppm Zn angegeben. Da die Zinkgehalte des Bodens lokal weit über 200 ppm angehoben werden, sind nach diesen Befunden im

Einflußbereich von Emittenten Pflanzenschädigungen durch Zink unvermeidbar. Zink wird als Passagegift vom tierischen Organismus rasch über Harn und Kot wieder ausgeschieden und gilt damit aus lebensmittelhygienischer Sicht als unproblematisch.

Biochemische Wirkung

Aus dem Vergleich der Zinkaufnahme von Zink-toleranten und nicht-toleranten Stämmen des roten Straußgrases *(Agrostis tenuis)* konnten wertvolle Informationen über die Schwermetalltoxizität gewonnen werden. Zink-tolerante Stämme nehmen mehr Zink auf als die nicht-toleranten. Der Mechanismus dieser Toleranz scheint wie bei Cd auf der Induktion sog. Phytochelatine zu beruhen, das sind metallbindende, cysteinreiche Peptide, welche Schwermetallionen durch Thiolatbindung festlegen (siehe Cd S. 132). Solche Phytochelatine konnten auch in Wurzeln schwermetall-toleranter *Acer-pseudoplatanus*- und -resistenter *Silene-cucubalus*-Pflanzen, die auf zinkreichen Böden einer Bergwerksabraumhalde gewachsen waren, nachgewiesen werden. Pflanzen von einem nahegelegenen, nicht schwermetallbelasteten Standort enthielten keine Phytochelatine.

Zink beeinträchtigt wie Cadmium die CO_2-Fixierung und den photosynthetischen Elektronentransport. So wurde die CO_2-Fixierung von isolierten Spinat-Chloroplasten durch Zink- und Cadmiumkonzentrationen von 1,0 bis 1000 µM gehemmt, wobei 22,5 µM Zink und 3,5 µM Cadmium jeweils eine halbmaximale Erniedrigung (= K_i-Wert) der CO_2-Fixierungsrate im Vergleich zur Kontrolle verursachten. Die Art der Hemmung ist bei beiden Schwermetallen nicht-kompetitiv. Mischungen beider Schwermetalle zeigen eine additive Wirkung auf die CO_2-Fixierung. Auch der nicht-zyklische Elektronentransport wird durch Zink beeinflußt, wobei sich eine eindeutige Wirkung erst bei Konzentrationen über 100 µM zeigt. Es wird angenommen, daß Zink und noch stärker Cadmium den Elektronenfluß zwischen der Wasserspaltung und dem Photosystem II hemmt. Da Mangan an der Photooxidation von Wasser beteiligt ist, nimmt man an, daß eine Hemmung an dieser Stelle durch Verdrängung des Mangans durch Zink oder Cadmium zustande kommt. Dies zeigt auch die Tatsache, daß sich der Mangangehalt von Pflanzen durch Zusatz von Zink erniedrigt.

Ein weiteres Angriffsziel von Zn ist der Phloemtransport. Eine Konzentration von 0,2 mM Zn beeinträchtigte die Kohlenhydrattranslokation in Buschbohnen (*Phaseolus vulgaris*). Innerhalb von 1–2 Tagen, nach der Behandlung war der Transport zum Verbrauchsort drastisch reduziert und Saccharose, reduzierende Zucker und Stärke reicherten sich in den Primärblättern an. Auch bei Bohnen und Gerste konnte in Gegenwart hoher Konzentrationen von Zink, Kobalt und Nickel eine Akkumulation von Stärke in den Blättern nachgewiesen werden. Das Wurzelwachstum war stärker gehemmt als das der Blätter. Da die Wurzeln von der Kohlenhydratzufuhr der Blätter abhängig sind, ist es wahrscheinlich, daß diese Schwermetalle in die Translokation der Kohlenhydrate eingreifen.

Ein überhöhtes Zinkangebot kann Eisenmangelchlorosen an Pflanzen hervorrufen. Ein Teil der an Mais von Zink verursachten Wachstumshemmungen kann durch erhöhte Eisengaben aufgehoben werden. Die Chlorose ist jedoch nicht mit erniedrigten Fe-Gehalten der Blätter verbunden und Fe scheint die Aufnahme und Translokation von Zn zu beeinträchtigen. Da der Zusatz von Fe-Chelat den Effekt aufhebt, wird vermutet, daß hohe Zn-Konzentrationen denn Gehalt der Verbindungen erniedrigen, die zu Fe-Translokation nötig sind. Hohe Phosphatgaben rufen Zinkmangelsymptome hervor. Vermutlich beeinflußt das Phosphat die physiologische Verfügbarkeit von Zn in pflanzlichem Gewebe.

Verschiedentlich wird auch berichtet, daß Zn die Membrandurchlässigkeit von Pflanzenzellen verändert. Hohe Zn-Konzentrationen bewirken z. B. einen vermehrten K-Verlust in Maiswurzeln. Ein hoher Zinkgehalt des Bodens beeinflußt die Chlorophyll-Synthese und auch die Biosynthese von Indolverbindungen und gibberellinähnlichen Substanzen: Die Biosynthese von Tryptophan, einem Vorläufer der Indolessigsäure, ist Zn-abhängig. Die Erhöhung der Zinkzufuhr führt bei Gerste zunächst zu einer Erhöhung von Tryptophan- und Auxingehalt. Höhere Zinkkonzentrationen dagegen hemmen das Wachstum, wobei der Tryptophan – sowie der Auxingehalt der Pflanzen unter den Wert der jeweiligen Kontrollpflanzen sinkt. Ebenso steigt bei zunehmenden Zinkkonzentrationen bei Gerstenpflanzen zunächst der Gehalt an gibberellinähnlichen Verbindungen, um dann bei toxischen Zinkkonzentrationen unter den Wert der Kontrollpflanzen zu fallen.

Cadmium

Von allen für lebende Organismen toxischen Elementen verdient das Cadmium zur Zeit aus folgenden Gründen die stärkste Beachtung:

1) Es besitzt eine wesentlich höhere Warmblütertoxizität als Blei. Die Weltgesundheitsorganisation (WHO) hat als Grenze für die duldbare wöchentliche Aufnahmemenge von Cd für eine 70 kg schwere Person 400–500 µg festgelegt; bei Blei beträgt sie 3,5 mg.

2) Die Aufnahmewerte werden mit der „Bundesdurchschnittsnahrung" bei Blei etwa zu einem Drittel und bei Cadmium bereits zu nahe zwei Drittel erreicht.

3) Cadmium ist kein Passagegift wie Zink, sondern ein Akkumulationsgift, das über die Nahrungskette besonders in den Nieren angereichert und dort mit Halbwertszeiten von 10–40 Jahren retiniert wird[6]. Es besteht eine enge Beziehung zwischen der Cd-Konzentration in Reis und dem Vorkommen der schmerzhaften „Itai-Itai" – oder „Aua-Aua"-Krankheit in Japan. Weitere durch Cd verursachte Krankheiten sind Erythrozyten-Zerstörung, Proteinurie, Rhinitis, Emphysem und chronische Bronchitis.

4) Einige Cadmiumverbindungen wie z. B. $CdCl_2$ haben karzinogene Eigenschaften.

5) Cadmium besitzt in Boden und Pflanze eine höhere Beweglichkeit als das Blei.

6) Auf Standorten, wo der Cd-Gehalt des Bodens durch Abraum des Erzbergbaus, Luftverunreinigungen oder Klär- und Flußschlämme erhöht wurde, werden in den Pflanzen Cadmiumgehalte gefunden, die über den Richtwerten des Bundesgesundheitsamtes liegen.

Vorkommen und Möglichkeiten der Bodenkontamination

Das Schwermetall Cadmium liegt in Konzentrationen von 0,01 bis ca. 1 ppm in Böden vor. Düngung, Kompost-, Abwasser- und Klärschlammausbringung, Industrieabfälle, Autoabgase und Immissionen führen zu Cadmiumanreicherungen bis zu 100 ppm, vorwiegend in den oberen Bodenschichten. Cadmium unterliegt hier aufgrund seiner Adsorption an organische Bodenbestandteile kaum einer Auswaschung. Da diese Anreicherungszone mit der Rhizosphäre der Vegetationsschicht zusammenfällt, sind die Pflanzen solcher kontaminierter Böden einer zunehmenden Cadmiumbelastung ausgesetzt.

Cadmium kommt als Cadmiumblende (Grenokit, CdS), Cadmiumcarbonat (Otavit, $CdCO_3$) und Cadmiumoxid (CdO) fast immer als Begleiter der Zinkblende (0,1–0,2% Cd) und des Galmei (0,5 % Cd) vor; es tritt daher immer in der Umgebung von Zink verarbeitenden Betrieben auf. Auch wird es überall angetroffen, wo Kohle, Öl, Holz, Papier und organische Abfäl-

Tab. 9: Erhöhung der Cadmiumgehalte in Böden durch Phosphatdüngemittel (alle Zahlen wurden abgerundet). Nach Kloke, 1980[7].

Herkunft des Rohphosphates	P_2O_5-Gehalt*	Cadmiumgehalt	Cd-Gehalt eines daraus hergestellten P_2O_5-Düngers mit 18 % P_2O_5	Cd-Zufuhr zum Boden bei einer Düngung von 70 kg P_2O_5/ha		1 mg Cd/kg Boden werden bei jährl. Düngung erreicht
	%	mg/kg	mg/kg	g Cd/ha	mg Cd/kg Bod.**	in ... Jahren
Kola	36	0,1	0,05	0,02	0,000006	166 667
Florida	36	10	5,0	2	0,0006	1 667
Florida	36	15	7,5	3	0,001	1 000
Westafrika	36	75	37,5	15	0,005	200

* Zur besseren Übersicht wurde ein einheitlicher Phosphatgehalt zugrunde gelegt.
** Umrechnungsformel: 1 mg/kg Boden = 3 kg/ha.

le verbrannt werden. Weiterhin findet es in Farbpigmenten und als Stabilisator im PVC Verwendung. Verschiedene Kohleproben ergaben einen Cadmiumgehalt von 1 bis 2 ppm, Schmieröle, Dieselöle und Heizöle enthielten 0,07 bis 0,53 ppm, während bei 12 untersuchten Benzinsorten nur in einer Sorte meßbare Mengen gefunden wurden. Verschiedene Papierarten enthielten 0,08 bis 0,55 ppm Cd.
Der Kraftfahrzeugverkehr stellt eine weitere Quelle der Verunreinigung des Bodens mit Cadmium dar. So steigen in Abhängigkeit von der Verkehrsdichte beiderseits der Verkehrswege nicht nur die Bleigehalte im Boden an, sondern auch die Gehalte von Cadmium, Nickel und Zink.
Rohphosphate enthalten je nach Herkunft unterschiedliche Mengen an Cadmium, so daß mit daraus hergestellten Phosphatdüngern der Cadmiumgehalt des Bodens angehoben wird (Tab. 9). Mit den Phosphatdüngern werden dem Boden jährlich etwa 2–3 g Cd/ha zugeführt. Es wird geschätzt, daß der Entzug durch Pflanzen und die Auswaschung in gleicher Höhe liegen, die Cd-Bilanz in Böden ländlicher Räume, also ohne Cd-Zufuhr durch Immissionen und Siedlungsabfälle, daher ausgeglichen ist.
Für die Zufuhr von Cadmium aus Staubniederschlägen zum Boden wird aufgrund einer Vorschrift zur Reinhaltung der Luft derzeit ein Grenzwert von 5 $\mu g/(m^3 \cdot Tag)$ (18 g Cd/(ha · Jahr)) toleriert.
Noch größere Mengen an Cd werden dem Boden mit Klärschlämmen, Flußschlämmen und Komposten zugeführt. Um das Einbringen von Cd aus diesen Quellen zu begrenzen, wurde der Cd-Gehalt in landwirtschaftlich genutzten Klärschlämmen gesetzlich auf 20 mg/kg Trockensubstanz beschränkt.

Vergleich der Cd-Zufuhr aus verschiedenen Quellen

Jährliche Zufuhr mit Phosphatdüngern: 3 g Cd/(ha · a)
Erlaubte Zufuhr durch Immissionen: 18 g Cd/(ha · a)
Erlaubte Zufuhr mit Klärschlämmen: 33 g Cd/(ha · a)
Diese Gegenüberstellung zeigt, wie gering die Cd-Zufuhr aus Phosphatdüngern ist und wie hoch sie aus den jeweils vorhandenen anderen Quellen sein kann. Als zulässiger Richt- bzw. Grenzwert gilt derzeit ein Cadmiumgehalt von 3 mg/kg Boden (vgl. Tab. 2).

Einflußfaktoren des Bodens auf die Cadmiumaufnahme

Cadmium ist eines der mobilsten Schwermetalle im Boden. Seine Löslichkeit wird bestimmt durch den pH-Wert des Bodens, seine Mineralzusammensetzung (Tongehalte, Eisen-, Aluminium- und Manganoxide), Kationenaustauschkapazität, Menge und Typ der organischen Verbindungen im Boden und Bodenlösung, Redoxpotential, Textur, Gegenwart anderer Schwermetalle sowie von Bodentemperatur, -feuchte und anderen Faktoren, die die mikrobielle Aktivität des Bodens beeinflussen. Eine Veränderung eines dieser Parameter führt immer zu einer Veränderung des Gesamtgleichgewichts und einer Überführung eines Elements von einer Bindungsform in eine andere. Zwischen dem pH-Wert des Bodens und der Cd-Löslichkeit bzw. der Cd-Aufnahme durch Pflanzen besteht eine klare Beziehung: Je niedriger der pH-Wert ist, um so höher sind Cd-Löslichkeit und die Cd-Gehalte in Pflanzen. So sinkt z. B. der Cd-Gehalt im Weidelgras um 1 mg/kg (1 ppm), wenn der pH-Wert um eine Stufe steigt. Neben dem pH-Wert bestimmt die Kationenumtauschkapazität (KUK), welche vom Gehalt eines Bodens an organischer Substanz und Ton abhängt, die Löslichkeit und damit die Verfügbarkeit von Cd für Pflanzen. Im Regelfall ist die Cd-Aufnahme zur Fähigkeit eines Bodens, Cd zu adsorbieren, umgekehrt proportional: Je höher die KUK ist, desto mehr Schwermetalle kann ein Boden adsorbieren. Während an Tonoberflächen die Schwermetalle spezifisch adsorbieren, kann die organische Substanz des Bodens Schwermetalle sowohl durch Kationenaustausch wie auch durch Bildung von organometallischen Komplexen binden. Da die Chelatierung jedoch weniger wichtig ist als die Adsorption, steht die Fähigkeit der organischen Substanz, Cd zu immobilisieren, in enger Beziehung zu ihrer KUK. Die Cd-Festlegung durch Adsorptionsvorgänge läßt sich bei geringen Konzentrationen durch Adsorptionsisothermen nach Freundlich oder Langmuir beschreiben.
Gegenüber den anderen Schwermetallen hat Cd eine geringere Spezifität für die Bindung an verschiedene Bodenkomponenten und ist in seinem Sorptionsverhalten mit Ca und Mn vergleichbar. In Gegenwart anderer Schwermetalle sowie von Ca und Mn wird seine Löslichkeit gesteigert, Ca konkurriert mit Cd um vorhandene Adsorptionsstellen.

Pflanzenphysiologische Faktoren

Wie bei anderen Schwermetallen gibt es auch bei Cd Pflanzen, die auf stark belasteten Böden wachsen. Dabei können diese schwermetallresistenten Pflanzen sowohl höhere als auch niedrigere Cd-Gehalte aufweisen als ihre normalen Vertreter. So haben z. B. bestimmte Varietäten der Gräser *Agrostis tenuis* und *Festuca ovina* auf Grund der Fähigkeit Cd in unauslöslicher Form in den Zellwänden der Wurzel festzulegen, eine spezifische Cd-Toleranz. Hinsichtlich des Cd-Aufnahmevermögens gibt es je nach Pflanzenart beträchtliche Unterschiede. So reagieren dikotyle Pflanzen auf Cd wesentlich empfindlicher mit Ertragsdepressionen als monokotyle, welche Cd in hundertfach höheren Konzentrationen ohne sichtbare Symptome ertragen können. Dikotyle Pflanzen nehmen umgekehrt ein Vielfaches der Cd-Menge auf als monokotyle.

Aufnahme durch Wurzel und Blatt-Translokation

Obwohl die Cd-Aufnahme durch die Wurzel stark überwiegt, kann dieses Element auch über die Blätter aufgenommen und zu verschiedenen Teilen der Pflanze transportiert werden. Für Körnerfrüchte ist dies von geringerer Bedeutung. Ein Problem entsteht dagegen bei Gemüse und Futterpflanzen, die kontinuierlich der Kontamination aus der Atmosphäre ausgesetzt sind. So kann z. B. die Kontamination von Cd bei Rettichpflanzen aus der Luft mehr als 40 % des gesamten Cd-Inhalts der oberen Rettichteile betragen, wenn der Rettich in 200 m Abstand von einer Autobahn gewachsen war. Das Schwermetall Cadmium wird in der Pflanze akkumuliert, d. h. es kann von den meisten Kulturpflanzen in relativ großen Mengen aufgenommen und angereichert werden. Es gibt daher primär nicht wegen möglicher Ertragseinbußen Anlaß zur Sorge, sondern wegen der Gefahr, gesundheitliche Schäden durch Verzehr kontaminierter Pflanzen anzurichten (vgl. „injury – damage“, S. 82).

Tab. 10 gibt die Cd-Gehalte der eßbaren Teile von Kulturpflanzen in Abhängigkeit von der Cd-Konzentration des Bodens wieder. Auf nicht-kontaminiertem Boden kultivierte Pflanzen weisen meist Cd-Gehalte unter 1 ppm der Trockensubstanz auf, die als normal zu bezeichnen sind. Bereits bei 4 ppm Cd im Boden steigen jedoch die Cd-Gehalte in sämtlichen Teilen der Pflanzen stark an. Dies deutet auf eine leichte Aufnahme des Cd aus dem Boden hin, auch dann, wenn es als schwerlösliches Oxid im Boden vorliegt. Von den oberirdischen Teilen weisen die Blätter jeweils die höchsten Cd-Gehalte auf, ältere Blätter mehr als jüngere. Dies zeigt, daß Cd mit dem Transpirationsstrom in der Pflanze verteilt wird und sich an den Stellen intensivster Transpiration anreichert. Salat und Kresse akkumulieren mehr Cd in den Blättern als in der Wurzel. Der Cd-Transport von der Wurzel in den Sproß ist bei Radieschen und Kohlrabi besonders ausgeprägt, während z. B. Zwiebeln, Möhren, Petersilie und insbesondere Erbsen und Bohnen das Schwermetall stärker in den Wurzeln zurückhalten. Damit lassen die letztgenannten Pflanzen eine ausgeprägte Wurzel-Sproß-Barriere erkennen. Eine ähnliche Wurzel-Sproß-Barriere für den Cd-Transport wurde auch für Sojabohne, Weidelgras, Winterweizen, -hafer und -gerste, Reis, Luzerne, Sonnenblume und viele andere Pflanzen nachgewiesen.

Geringere Risiken für die menschliche Gesundheit sind im Vergleich zu den vegetativen pflanzlichen Nahrungsmitteln mit dem Verzehr der Samen und Früchte kontaminierter Pflanzen verbunden (s. Tab. 10).

So liegen bei den Fruchtgemüsen Erbsen, Bohnen, Tomaten und Mais die Cd-Gehalte sämtlicher Pflanzenteile unter 1 ppm der Trockensubstanz. Aus den bisher erhaltenen Ergebnissen läßt sich die prinzipielle Tendenz ableiten, daß die Cd-Aufnahme verschiedener Pflanzenarten normalerweise in der Reihenfolge Blattgemüse > Wurzelgemüse > Futterpflanzen > Getreidekörner abnimmt.

Tab. 10: Cadmiumverteilung in Kulturpflanzen (µg Cd/g Trockensubstanz) in Abhängigkeit vom Cadmiumgehalt des Bodens (µg Cd/g Boden-Trockensubstanz); Kontrolle: 1,4, µg Cd/g Boden (nach Klein et al., 1981)[8].

Pflanze	Pflanzenteil	Cadmiumgehalt des Bodens 1,4	4	10	30
Grünkohl	Ältere Blätter	0,7	9,0	18	36
	Junge Blätter	0,4	2,3	5,6	21
	Sproßachse	0,5	3,1	4,5	9,6
	Wurzel	0,7	2,3	6,7	8,3
Petersilie	Blätter	0,8	3,5	12	30
	Wurzel	0,7	10	20	31
Kopfsalat	Ältere Blätter	1,1	9,6	26	44
	Junge Blätter	0,9	3,8	8,1	18
	Wurzel	0,9	4,2	11	21
Radieschen	Blätter	0,9	11	21	49
	Knolle	0,4	3,1	7,4	13
	Wurzel	0,8	5,3	11	34
Kohlrabi	Ältere Blätter	0,9	11	30	38
	Junge Blätter	0,5	2,5	10	24
	Knolle	0,4	1,4	2,3	3,9
	Sproßachse	0,6	1,1	1,9	6,8
	Wurzel	0,8	2,1	3,5	7,9
Möhren	Blätter	1,1	7,2	12	16
	Rübe	0,9	4,6	8,2	14
	Wurzel	0,8	12	15	35
Zwiebel	Blätter	0,4	2,6	4,8	9,2
	Zwiebel	0,5	1,7	2,6	7,3
	Wurzel	3,2	31	45	79
Lauch	Blätter	0,6	3,5	16	28
	Stange	0,5	3,4	3,7	17
	Wurzel	0,7	4,1	9,3	24
Tomate	Ältere Blätter	2,9	18	32	36
	Junge Blätter	2,4	10	27	30
	Frucht	0,4	1,2	1,6	2,4
	Sproßachse	1,9	3,9	14	24
	Wurzel	1,0	5,3	9,2	18
Mais	Ältere Blätter	1,1	9,3	27	31
	Junge Blätter	0,7	1,3	14	20
	Sproßachse	0,4	0,6	1,2	2,3
	Korn	0,5	0,6	0,7	0,8
	Wurzel	0,7	2,1	4,3	9,3
Erbse	Ältere Blätter	0,6	1,8	3,3	4,3
	Junge Blätter	0,5	1,1	1,4	2,1
	Samen	0,5	0,8	1,2	2,9
	Sproßachse	0,6	1,8	2,2	3,7
	Wurzel	0,8	16	27	32
Bohne	Blätter	0,2	0,4	0,5	0,9
	Samen	0,2	0,2	0,2	0,2
	Sproßachse	0,5	0,6	0,9	1,6
	Wurzel	0,9	2,8	8,2	14

Intrazelluläre Verteilung und chemische Form in der Zelle

Einige Pflanzen, wie z. B. Tabak (*Nicotiana tabacum* L.), sind bekannt dafür, daß sie relativ hohe Cd-Konzentrationen in den Blättern anreichern. Daher werden auch bei Rauchern häufig erhöhte Cd-Konzentrationen in Leber und Nieren gefunden. Da das Speicher- und Transportprotein für Metallionen, Metallothionein, bei Tieren und einigen Pilzen als Cd-„Entgifter“ von großer Bedeutung ist, wurde vermutet, daß es eine ähnliche Rolle auch bei Pflanzen spielen könnte, so wie man in Pflanzen bei Cu-Belastung auch niedermolekulare Cu-bindende Proteine nachweisen konnte. Cadmiumthioneine von Tieren sind induzierbare und konstitutive Proteine mit relativen Molekülmassen (MM) von 6 500 Da (Daltons) und einem hohen Cysteingehalt. Da sie keine aromatischen Aminosäuren enthalten, haben sie eine niedrige Absorption bei 280 nm,

wegen des Vorhandenseins von Cadmiummercaptidbindungen jedoch eine hohe Absorption bei 255 nm.
Metallbindende Polypeptide, die funktionelle Anlaloge der Metallothioneine darstellen, wurden bei einer Reihe von Pflanzenarten beschrieben. Sie werden als Phytochelatine bezeichnet und bestehen aus einer Serie von γ-gebundenen Glutamylcysteinyleinheiten, die über α-Bindungen an eine einzige Glycineinheit gebunden sind. Sie bilden mit den Metallionen Thiolate und dienen der Entgiftung lethaler Metallionenkonzentrationen. Die allgemeine Struktur der Phytochelatine ist $[\gamma\text{-Glu-Cys}]_n\text{-Gly}$ (n = 2–11). Angefangen von den phylogenetisch einfachen Algen bis zu den hochentwickelten Orchideen sind sie im ganzen Pflanzenreich induzierbar. Eine Ausnahme stellt die Ordnung *Fabales* dar, bei denen das am Carboxyende stehende Glycin durch β-Alanin ersetzt ist, woher sich die homologe Serie der Homophytochelatine ableitet. Die chemische Struktur der Phytochelatine wurde in voneinander unabhängigen Untersuchungen mit pflanzlichen Zellkulturen aufgeklärt. So wird z. B. bei Cd- und Cu-resistenten Zellen von *Datura innoxia* > 80 % des zellulären Cd an Poly-(γ-glutamylcysteinyl)glycin [$(\gamma\text{-EC})_n$ G; n = 2 bis 10] gebunden.
Die Fähigkeit $(\gamma\text{-EC})_n$ G-Cd-Komplexe zu bilden, spielt eine wichtige Rolle in der Cd-Toleranz dieser Pflanzen. Cd-sensitive und Cd-tolerante bilden nach Cd-Exposition zwar dieselbe Menge an $(\gamma\text{-EC})_n$ G, die $(\gamma\text{-EC})_n$ G-Cd-Komplexe werden jedoch bei den sensitiven Zellen langsamer gebildet als bei den toleranten, haben ein niedrigeres Molekulargewicht und binden nicht die gesamte Menge des zellulären Cd.
Untersuchungen an Tabakblättern zur Lokalisation der Cadmium bindenden Peptide innerhalb der Zelle zeigten, daß nahezu die gesamte Menge des Cd-Peptidkomplexes und des Cadmiums in der Vakuole gefunden wurde, und zwar in der Vakuolenflüssigkeit, nicht an der Tonoplastenmembran. Daher wird vermutet, daß diese Moleküle am Transport von Cd in die Vakuole beteiligt sind.

Sichtbare Symptome

Cadmium zählt zu den nicht-essentiellen Elementen, da cadmiumspezifische Mangelsymptome bisher nicht beschrieben sind. Schon niedrige Cadmiumkonzentrationen im Boden führen zu ausgeprägten Schadbildern. Im Gegensatz zum Zink sind diese, abhängig von der Pflanzenart, meist nicht auf unspezifische Ertragsdepressionen von Sproß und Wurzel beschränkt, sondern bestehen zusätzlich in einer Stauchung der Sproßachse und einer intensiv gelben Streifung bei *älteren* Blättern. Diese korrelieren mit den Cd-Konzentrationen im Blatt. Sie unterscheiden sich deutlich von Eisenmangelchlorosen, die bei hohen Cd-Konzentrationen im Substrat an den *jüngsten* Blättern auftreten. Bei Sojabohne (*Glycine max.* L.), Weizen *(Triticum sativum)* und Mais (*Zea mays* L.) führen Cadmiumkonzentrationen von 13–35 ppm in den Pflanzen bereits zu 25–50 %igen Ertragsdepressionen. Daher müssen Toxizitätsgrenzen um 10 ppm in der Pflanze als kritisch gelten, da sie sich schon bei geringem Cadmiumgehalt des Bodens einstellen.
Bei Bohnen *(Phaseolus vulgaris)* konnte gezeigt werden, daß Cadmium die Bildung eines rotbraunen Pigments induziert, das zuerst in den Blattadern und später in Petiolen und Stengeln erscheint. Bei höheren Cadmiumbelastungen orientierten sich die Blätter aus der Horizontalen in die Vertikale.
Beim Mais scheint Cadmium die Samenkeimung nicht zu beeinflussen, wohingegen sich die Keimrate sortenabhängig bei Reis *(Oryza sativa)*, Bartgras *(Andropogon scoporius)*, röhrenblütiger Monarde *(Monarda fistulosa)* und rauhem Sonnenhut *(Rudbeckia hirta)* verringerte.
Auch die Keimung von Pollen wird negativ beeinflußt. Der Mechanismus der Keimungshemmung ist unklar.

Als ertragsbezogener Toxizitätsgrenzwert (TG-Wert) wird diejenige Cadmiumkonzentration definiert, deren Überschreitung mit einem Ertragsrückgang, also einem Schaden korreliert. Dabei ergeben sich zwei Möglichkeiten der Korrelation, nämlich die Korrelation des Ertrags mit der Schadstoffkonzentration im Substrat und mit der Schadstoffkonzentration in der Pflanze.
Legt man die Cadmiumkonzentration im Boden zugrunde, bei deren Überschreitung Ertragsdepressionen eintreten, so ergeben sich fünf Empfindlichkeitsstufen. Lauch stellt die empfindlichste Pflanze dar, gefolgt von der Erbse, die der zweiten Empfindlichkeitsstufe zugehört. Eine mittlere Empfindlichkeit zeigen Petersilie, Bohne, Kohlrabi und Zwiebel, während Möhre, Mais und Radieschen erst bei 30 ppm Cadmium und Salat, Grünkohl und Tomate sogar erst bei mehr als 30 ppm Ertragsrückgänge zeigen und damit als relativ unempfindlich einzustufen sind. Ordnet man dagegen die Pflanzen nach der Cadmiumkonzentration im Blattgewebe, bei deren Überschreitung Ertragsdepressionen eintreten, so erscheint die Bohne, die in Tab. 11 als mittelempfindlich eingestuft ist, als mit Abstand empfindlichste Pflanze, während der Lauch, der in Tab. 11 an der Spitze der Empfindlichkeitsskala steht, in Tab. 12 erst an dritter Stelle erscheint. Geringer sind dagegen die Verschiebungen, die sich für unempfindliche Arten ergeben. Im Hinblick auf die Cadmiumbelastbarkeit der unter-

Tab. 11: Ertragsbezogene Toxizitätsgrenzwerte für Cadmium im Boden für verschiedene Kulturpflanzen (nach Klein et al., 1981)[8].

Pflanze	Cadmium im Boden (µg Cd/g Boden-TS)
Lauch	4
Erbse	4–10
Petersilie	10–30
Bohne	10–30
Kohlrabi	10–30
Zwiebel	10–30
Möhre	30
Mais	30
Radieschen	30
Salat	> 30
Grünkohl	> 30
Tomate	> 30

Tab. 12: Ertragsbezogene Toxizitätsgrenzwerte für Cadmium in verschiedenen Kulturpflanzen (nach Klein et al., 1981)[8].

Pflanze	Cadmium in der Blatt-TS (µg Cd/g TS)
Bohne	0,7
Erbse	2
Lauch	3
Zwiebel	7
Möhre	16
Petersilie	22
Mais	23
Kohlrabi	26
Radieschen	40
Grünkohl	> 30
Tomate	> 35
Salat	> 40

suchten Pflanzen läßt sich bei Zugrundelegung des Ertrags als Wirkungskriterium (vgl. Tab. 11 und 12) festhalten, daß zwar die Mehrzahl der Kulturpflanzen mit 10 und mehr ppm Cadmium im Boden belastbar ist, daß andererseits hiermit jedoch in fast allen Fällen eine starke Cadmiumakkumulation verbunden ist.
Ähnlich wie beim Quecksilber (siehe unten) besteht eine enge Korrelation zwischen dem Cd-Gehalt im Boden und der Aufnahme durch Pilze (z. B. Champignon, Steinpilz).

Biochemische Wirkung

Ertragsrückgängen schadstoffbelasteter Pflanzen gehen stets Störungen des Stoffwechsels voraus. Latente Schädigungen sind durch stoffwechselphysiologische Kriterien erfaßbar, welche die Überschreitung der Belastbarkeitsgrenze anzeigen. Analog zum ertragsbezogenen TG-Wert wird daher der stoffwechselphysiologische TG-Wert als diejenige Cadmiumkonzentration in der Pflanze definiert, deren Überschreitung eine Veränderung stoffwechselphysiologischer Parameter bedingt. Gesamtstickstoff- oder Gesamtproteingehalt der Pflanzen zeigen eine Cadmiumwirkung nicht an. Die freien Aminosäuren, die empfindlicher auf Änderungen ökologischer Faktoren ansprechen, zeigen dagegen in Blättern schon bei niedrigen Cadmiumkonzentrationen Konzentrationsverschiebungen an: Schon bei 4 ppm Cadmium sind im Erbsenblatt lange vor dem Einsetzen von Ertragsrückgängen deutliche Veränderungen festzustellen. Somit erscheinen die freien Aminosäuren geeignet, eine Cd-Belastung von Pflanzen anzuzeigen.
Die Konzentrationen von Glucose, Fructose und Saccharose werden ähnlich wie die der freien Aminosäuren bereits bei niederen Cadmiumgehalten im Erbsenblatt verändert. Schon bei einem Anstieg der Cadmiumkonzentration von 0,3 (Kontrolle) auf 1,1 ppm (4 ppm Cadmium im Boden) im Sproß nimmt die Fructosekonzentration in den Blättern zu, die Saccharosekonzentration dagegen ab. Damit stellen beide Zucker ebenfalls empfindliche Kriterien für eine Cadmiumbelastung des pflanzlichen Stoffwechsels dar.
Eine der primären, direkten Folgen der Cd-Belastung ist die Störung des Ionengleichgewichts der Zellen und die Änderung der Permeabilität der Plasmamembran für Ionen und Wasser. Cadmium verringert sowohl Wasseraufnahme und -transport sowie die Resistenz der Pflanzen gegenüber Trockenheit. Bei Buschbohnen (*Phaseolus vulgaris* L.) fällt die Abnahme des Wassergehalts der Blätter mit der Bildung mikroskopisch sichtbarer Ablagerungen im Xylem der Stengel und Primärblätter zusammen, die als die Ursache für den verringerten Wassertransport betrachtet werden.
Cadmium erniedrigt die Photosynthese- und Transpirationsrate und erhöht die Atmungsrate. Die Cd-bedingte Hemmung der Photosynthese von abgetrennten Maisblättern ist in Abb. 4 wiedergegeben. Die positive lineare Korrelation zwischen Photosynthese- und Transpirationsrate bei verschiedenen Cadmiumkonzentrationen (Abb. 5) zeigt, daß Cadmium proportional zu Konzentration und Verweildauer ein Schließen der Stomata verursacht. Darüber hinaus hemmt das Schwermetall die Photosynthese auf der Ebene der Antennenpigmente, verringert die Aktivität von Photosystem II und verursacht einen Abbau der inneren Chloroplastenstruktur. Die Hemmung der Chlorophyllbildung wird auf eine Reaktion von Cd^{2+} mit essentiellen Thiolgruppen von an der Chlorophyllsynthese beteiligten Enzymen, wie z. B. Protochlorophyllidreductase, zurückgeführt. Da sie durch Zufuhr von reduziertem Glutathion verhindert werden kann, wird vermutet, daß Cd die Chlorophyllsynthese über die Verfügbarkeit von Glutathion blockiert. Die Hemmung der Photosystem II-Aktivität scheint wie bei Zink (vgl. S. 130) an der Stelle der Sauerstofffreisetzung am Photosystem II stattzufinden.

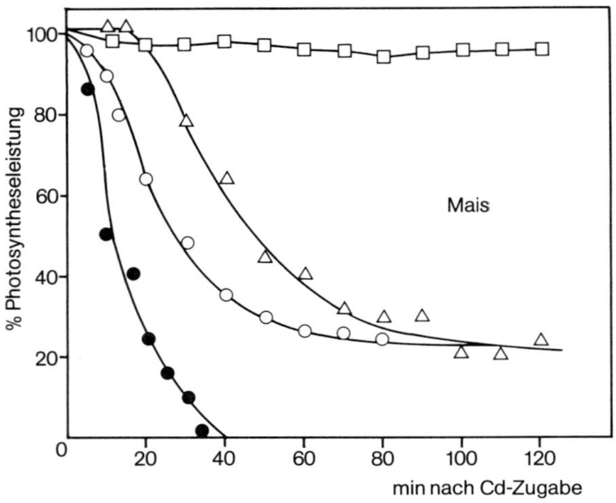

Abb. 4: Beeinflussung der Photosynthese von Maisblattbruchstücken (*Zea mays* L.) durch verschiedene Cd-Konzentrationen in Abhängigkeit von der Zeit: (●) 18 m M, (o) 9 m M, (△) 4,5 m M $CdCl_2$, (□) 27 m M KCl (nach Bazzaz et al., 1974)[9].

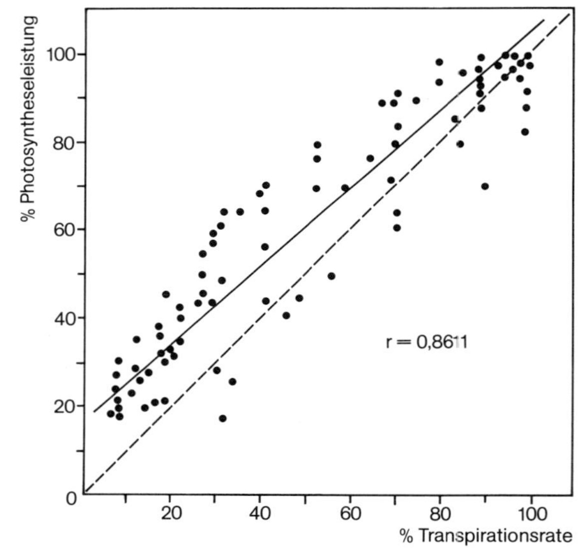

Abb. 5: Zusammenhang zwischen Photosyntheseleistung und Transpirationsrate nach der Zugabe von Cd in Mais und Sonnenblumenblättern. Ausgezogene Linie = Regressionsgerade mit einem Korrelationskoeffizienten von 0,8611; durchbrochene Linie = 1 : 1 Übereinstimmung zwischen Photosynthese und Transpiration (nach Bazzaz et al., 1974)[9].

Zusätzlich hemmt Cd^{2+} den Elektronentransport in den Mitochondrien und führt zu deren Schwellung. Bei den Süßwasseralgen *Ankistrodesmus falcatus, Chlorella pyrenoidosa* und *Scendesmus quadricauda* führt der Zusatz von Cadmiumchlorid zum Medium zu deutlichen Änderungen in der Feinstruktur der Mitochondrien, wobei intramitochondriale Cd-haltige Granula auffallen. Darüber hinaus sind die Mitochrondrien geschwollen und weisen Vakuolen mit elektronenhellen Bereichen auf. Bei Pflanzen, die in einem cadmiumhaltigen Medium wachsen, hemmt oder aktiviert dieses Element *in vivo* eine Reihe von Enzymen. So ist bei Blättern von Sojabohnenkeimlingen (*Glycine max.* L.), die in Gegenwart von 1,35 μM Cd gewachsen waren, neben der Atmungsrate auch die Aktivität verschiedener hydrolytischer Enzyme und die der Peroxidase erhöht, die der Kohlensäureanhydrase erniedrigt (Tab. 13).

Tab. 13: Atmungsrate (μl O_2/(g · h)) und Aktivitäten von Malatdehydrogenase (μMol NADH/(g · h)), Ribonuclease (μMol Nucleotid/(g · h)), Deoxyribonuclease (μMol Nukleotid/(g · h)), Saure Phosphatase (μMol *p*-Nitrophenol/(g · h)), Peroxidase (μMol H_2O_2/(g · h)), Kohlensäureanhydrase (Geschwindigkeitskonst./g) in Blattspreiten von Sojabohnensämlingen 10 Tage nach der Cadmiumbehandlung (Daten beziehen sich auf Frischgewicht). Nach Lee et al., 1976[10].

Enzymaktivität	Cd^{2+}-Konzentration (μMolar)			
	0	0,45	0,90	1,35
Atmung	480	539	784	737
Malatdehydrogenase	230	250	400	390
RNase	3,0	10,1	6,4	9,8
DNase	1,2	3,6	3,6	4,8
Saure Phosphatase	190	260	400	410
Peroxidase	880	840	3 440	4 450
Kohlensäureanhydrase	0,28	0,24	0,22	0,23

Die Aktivität der Malatdehydrogenase (MDH) steigt proportional zur Atmungsrate. Das deutet an, daß Cadmium *in vivo* den Durchsatz im Tricarbonsäurezyklus stimuliert.

Auch die Ribonuclease-Aktivität ist in Gegenwart höherer Cadmiumkonzentrationen erhöht (Tab. 13). Da auch Abscisinsäure, die das Altern der Blätter beschleunigt, eine Erhöhung der Ribonuclease-Aktivität verursacht, scheint Cd^{2+} die Seneszenz der Blätter auf ähnliche Weise zu beschleunigen. Dies stimmt auch mit der Beobachtung überein, daß die DNA-se-Aktivität bei erhöhtem Cd-Gehalt der Blätter ebenfalls ansteigt.

Ein Enzym, das relativ unspezifisch auf physiologische Streßsituationen, darunter auch Immissionsauswirkungen, anspricht, ist die Peroxidase, die, gefolgt von Isocitratdehydrogenase, die höchste Cadmiumtoleranz besitzt. An verschiedenen Pflanzen konnte gezeigt werden, daß eine Cd-Behandlung die Peroxidaseaktivität der Blätter drastisch erhöht. Da die Peroxidaseaktivität auch in ethylenbehandelten Blättern ansteigt, gilt sie u. a. als Indikator für Alterungsvorgänge. Die erhöhte Peroxidaseaktivität zusammen mit der Erhöhung der Aktivitäten hydrolytischer Enzyme wird als Indikator für verfrühtes Altern nach Cd-Behandlung betrachtet. In einer Untersuchung an Buschbohnen wurde festgestellt, daß Cd auch die Bildung von Ethylen induziert. Cd akkumulierte dort stärker in den Wurzeln als in den Sprossen; auch die Ethylenproduktion war in den Wurzeln höher.

Gleichzeitig bewirkt Cd^{2+} eine Hemmung der Kohlensäureanhydraseaktivität in Sojabohnenkeimlingen und in Blättern des Silberahorns (*Acer saccharinum* L.). Da dieses Enzym Zn^{2+}-abhängig ist, wird vermutet, daß Cd^{2+} hier antagonistisch zu Zink wirkt.

Aufgrund seiner Affinität zu SH-Gruppen vermag das Cadmium viele Enzyme zu hemmen. So ist die Nitratreduktase eines der Enzyme, welches *in vitro* am stärksten durch Cadmium gehemmt wird. Bereits 2,5 μM Cd^{2+} inhibieren die Aktivität dieses Enzyms zu 50 %, erst bei einer Konzentration < 0,5 μM ist keine Wirkung mehr festzustellen. Die Wirkung von Cd auf die Aktivität der Nitratreduktase *in vivo* scheint konzentrationsabhängig zu sein. Während eine niedrige Cd^{2+}-Konzentration (10 μM) sowohl die Nitratreduktaseaktivität wie auch die Nitratakkumulation leicht stimuliert, wirken hohe Cd-Konzentrationen hemmend. Auch bei der assimilatorischen Sulfatreduktion konnte bei Maissämlingen (*Zea mays* L.) eine ähnliche stimulierende Wirkung bei niedrigen und eine Hemmung bei hohen Cd-Konzentrationen gezeigt werden. Eine Erklärung dafür wäre, daß der erhöhte Bedarf an Cystein zur Synthese der cysteinreichen Phytochelatine (Verhältnis Stickstoff zu Schwefel 25 : 1 in Proteinen, 2,5 : 1 in Phytochelatinen) zusätzlich zu den Proteinen durch die Erhöhung der Enzymaktivitäten gedeckt wird. Die verringerten Enzymaktivitäten bei hohen Cd-Konzentrationen werden auf eine allgemeine Hemmung der Proteinsynthese und verfrühtes Altern zurückgeführt. Bei Maiskeimlingen kann auch eine direkte Wirkung auf die Nitrataufnahme beobachtet werden. Wenn Leguminosen ohne Stickstoffquelle kultiviert werden und die Stickstoffversorgung durch N_2-Fixierung allein von symbiotischen N_2-bindenden Bakterien abhängt, hemmen 18 μM Cd^{2+} die Nitrogenasekativität *in vitro* zwischen 30 und 70 %. Diese Wirkung ist jedoch nicht spezifisch für Cadmium; andere Schwermetalle wie Zn, Ni, U und Hg verhalten sich ähnlich.

Quecksilber

Vorkommen und Möglichkeiten der Bodenkontamination

Der normale Quecksilbergehalt im Boden liegt zwischen < 0,1 und 1 mg Hg/kg. Regional müssen jedoch eine Reihe von Hg-Immissionen berücksichtigt werden, die eine größere Bedeutung erlangen können: Man kann annehmen, daß die Erdkruste durch Entgasung ca. 0,5–3 g Hg/(ha · Jahr) an die Luft abgibt. Zusätzlich werden aber durch Verbrennung von Kohle und Öl sowie bei der Verhüttung von Metallen allein in der Bundesrepublik Deutschland 21 t Hg/Jahr emittiert. Diese Hg-Mengen werden mit den Niederschlägen zur Erde zurückgeführt und tragen damit zur Erhöhung des Hg-Gehaltes im Boden bei[7].

Die Höhe der durch Müll, Kompost und Klärschlamm dem Boden zugeführten Hg-Menge hängt von Aufbringungsmengen der Siedlungsabfälle ab, und ist gesetzlich festgelegt (vgl. Tab. 2). Eine beachtliche Kontaminationsquelle des Bodens mit Hg stellten bis vor kurzem die Hg-haltigen Beizmittel dar: Allein 1976 wurden in der Bundesrepublik jährlich 28 t Hg als Beizmittel eingesetzt, wobei mit jedem Getreideeinsatz bis zu 4 g Hg/ha in den Boden gelangten[11]. Da die Zulassung der Hg-haltigen Pflanzenschutzmittel mit dem Frühjahr 1982 ausgelaufen ist, scheidet in Zukunft diese bedeutende zusätzliche Hg-Quelle für den Boden aus.

Aufnahme in die Pflanze

Normalerweise liegt der Hg-Gehalt bei den meisten Pflanzen zwischen 0,01 und 0,20 ppm. Hg wird als Folge seiner großen Affinität zu festem Bodenmaterial an der Oberfläche festgehalten, so daß es für die Wurzeln nicht verfügbar ist.

Untersuchungen über die Aufnahme von Hg, das in hohen Mengen als $HgCl_2$ zugeführt wurde, lassen erkennen, daß die Aufnahme mit den Gehalten im Boden zwar ansteigt, insgesamt aber trotz günstiger Aufnahmebedingungen gering ist. Erst bei einer Erhöhung des Hg-Gehaltes von 0,2 auf 177 mg Hg/kg Boden überschreiten die Gehalte in Roggen und Weizen den vom Bundesgesundheitsamt mit 0,3 ppm herausgegebenen Richtwert in den genannten Nahrungsmitteln[7].

Allerdings müssen die bei Bodengehalten von mehr als 50 mg Hg/kg Boden in Buschbohnenblättern, Weizen- und Roggenstroh nachgewiesenen Mengen (2,1; 0,53 bzw. 1,13 mg/kg Trockensubstanz) für die Tierhaltung als bedenklich angese-

hen werden. Derartig hohe Hg-Gehalte im Boden wurden bisher nur in Japan gefunden.
Ein höheres Aneigungsvermögen für Hg ist bei Moosen und Pilzen zu beobachten; so können wildgewachsene Pilze (Steinpilz, Wald- und Wiesenchampignon) bis zu 21,6 mg Hg/kg Trockensubstanz erreichen.

Sichtbare Symptome und biochemische Wirkung

Über die Toxikologie des Hg bei Höheren Pflanzen ist bis jetzt noch wenig bekannt. Bei der Wasserschwade (*Glyceria maxima* [Hartm.]) hat man feststellen können, daß Hg erst in Konzentrationen ab 100 ppm chlorotische Veränderungen bewirkt. Die Biomassenproduktion bleibt im Bereich von 0–200 ppm ohne Beeinflussung.
Wurzeln von Gurken-Sämlingen (*Cucumber sativus* L.) zeigen einen auffallenden Unterschied hinsichtlich der Wirkung von organischen und anorganischen Hg-Verbindungen. So verursachten bei Wurzeln schon 3 mg/l Mercurochrom ageotropische Effekte, die erst bei 100 mg/l $HgCl_2$ beobachtet werden konnten.
In isolierten Spinatchloroplasten bewirkt $HgCl_2$ in stöchiometrischem Verhältnis zur Chlorophyllmenge eine spezifische Hemmung des Elektronentransportes vom Cytochrom f zum Reaktionszentrum P_{700} des Photosystems I. Die Photooxidation des Cytochrom f ist hochempfindlich gegen Hg^{2+}, während die Wirkung von Hg^{2+} auf das Photosystem II nur gering ist. Die Photoreduktion von Cytochrom f sowie die Erhöhung der Fluoreszenz (als Anzeichen für PS_{II}-Schädigung) werden in $HgCl_2$-behandelten Chloroplasten in geringem Ausmaß gefördert. Dies ist zu erwarten, wenn der Elektronentransport zum Photosystem I gehemmt wird. In gleicher Weise sind die Photooxidation von P_{700} und die Aktivität von Photosystem-I-Partikeln, die den lichtabhängigen Elektronentransport von reduziertem Plastocyanin zu Methylviologen katalysieren, gegenüber $HgCl_2$ ziemlich resistent. Der Angriffspunkt von Hg^{2+} liegt also vermutlich zwischen dem Cytochrom f und P_{700}.
Bei höheren $HgCl_2$-Konzentrationen treten zusätzliche Hemmeffekte im Bereich von Photosystem I und II auf, was sich in einer Verminderung der Photooxidation von P_{700} ausdrückt. Vermutlich wirkt $HgCl_2$ in höheren Konzentrationen direkt auf das Pigmentsystem oder das Reaktionszentrum der beiden Photosysteme.
$HgCl_2$ reagiert auch mit dem reduzierten Plastocyanin (kupferhaltiges Protein), während oxidiertes Plastocyanin außerordentlich widerstandsfähig gegenüber Hg^{2+} ist.
Die wesentlich größere Unempfindlichkeit der Hill-Reaktionen gegenüber Hg^{2+} in Chloroplasten, die mit Ferricyanid vorbehandelt worden sind, bestärkt die Vermutung, daß die Hg-bedingte Veränderung von endogenem Plastocyanin die Ursache der durch $HgCl_2$ induzierten Hemmung des Elektronentransportes ist.
In diesem Zusammenhang sei auch darauf hingewiesen, daß Hg^{2+}-Verbindungen generell mit freien SH-Gruppen von Proteinen reagieren und damit SH-Gruppen enthaltende Enzyme hemmen.

Halogenverbindungen

Fluoride

Vorkommen und Möglichkeiten der Bodenkontamination

Der Fluoridgehalt in Böden kann beträchtlich sein. Da aber der größte Teil des Fluorids in Silikat- und Phosphatmineralen gebunden ist, ist nur eine geringe Menge der Gesamtfluoride wasserlöslich. Normalerweise liegen die Werte der wasserlöslichen Fluoride zwischen 0,3 und 0,5 ppm, während sich die Gehalte an Gesamtfluoriden in Grenzen zwischen 10 und 1 000 ppm halten.
Besonders in der Nähe von Aluminiumwerken und Ziegeleien, die fluoridhaltigen Staub oder fluoridhaltige Gase emittieren, können die Fluoridgehalte im Boden um mehrere 100 ppm ansteigen. Wesentlich beunruhigender ist jedoch der gleichzeitige Anstieg der wasserlöslichen Fluoride in Böden, die in Extremfällen Konzentrationen bis zu 25 ppm aufweisen können.

Aufnahme in die Pflanze

Die Pflanze kann Fluoride nur in löslicher Form aufnehmen, daneben natürlich über die Blätter in Form von gasförmigem HF. Sobald der pH-Wert des Bodens hoch ist oder wenn Ca und P in höheren Konzentrationen vorhanden sind, liegen die im Boden verfügbaren Fluoride als CaF_2 oder $Al_2(SiF_6)_2$ gebunden vor. Aber selbst wenn die Konzentrationen an löslichem Fluorid wie z. B. in sauren Böden hoch sind, wird F^- nur langsam von Pflanzen aufgenommen. Gerstenwurzeln inkorporieren beispielsweise bei gleicher Ionenkonzentration Cl^- 100mal stärker als F^-. Dieser Effekt und die geringe Verfügbarkeit von F^- in Böden bewirken den niedrigen F-Gehalt in Pflanzen.

Sichtbare Symptome und biochemische Wirkung

Steigende Gaben von Fluorid bewirken in Versuchspflanzen nicht nur steigende Fluorid-, sondern auch höhere Aluminium-Gehalte. Parallel zur Zunahme an Aluminium und Fluorid in der Pflanze geht eine Schadwirkung einher, die an einer geringeren Trockengewichtsproduktion erkennbar ist. Biochemische Vorgänge einer Fluorid-Intoxikation aus dem Boden sind wenig untersucht worden, da wie oben erwähnt, selbst bei Gaben bis zu 10 000 ppm (als NaF) die Fluorid-Gehalte in den Pflanzen lediglich bei sauren Böden stärker ansteigen. Dagegen weiß man, daß HF als gasförmige Schadstoffimmission bei oberirdischen Pflanzenteilen ausgeprägte Chlorosen induziert (siehe S. 94). Einige Hinweise über den Einfluß von F^- auf die Zellfeinstruktur geben Untersuchungen mit Moosen in Flüssigkeitskulturen: Die Effekte von niedrigen F^--Konzentrationen (0,01 mM) auf die Ultrastruktur des Cytoplasmas von Torfmoos (*Sphagnum nemoreum* Scop.) sind nur sehr gering. Ab Konzentrationen von 0,1 mM allerdings verursacht F^- eine beginnende Cytoplasma-Degeneration. Die Mitochondrien weisen geschwollene Cristae auf, während die Anzahl der Ribosomen abnimmt. Einige Chloroplasten enthalten vergrößerte Plastoglobuli, wobei die Chloroplastenmembran aufgerissen erscheint und einige Grana-Thylakoide ihre lamellare Struktur verloren haben.

Chloride

Vorkommen und Möglichkeiten der Bodenkontamination

In der Natur ist Cl^- weit verbreitet und unterliegt einem raschen Kreislauf. Dabei ist das Chloridion im Boden nicht an Mineralien adsorbiert und somit eines der beweglichsten Ionen überhaupt, das auch leicht ausgewaschen werden kann. Überdurchschnittlich hohe Salzgehalte sind in ariden und semiariden Böden sowie in strandnahen Zonen anzutreffen. Auch in manchen gärtnerischen Kulturen, insbesondere Unterglaskulturen, können mit dem Gießwasser Metallchloride zugeführt werden und schädliche Konzentrationen erreichen. Das trifft besonders für Gärtnereien im nordwestdeutschen Raum zu, soweit Flußwasser für die Bewässerung benutzt wird, welches über die Werra und damit über die Weser erhebliche Chloridmengen der früheren DDR-Kaliindustrie transportiert. Eine andere Chloridbelastung des Bodens ist durch die übermäßige Verwendung von Auftausalzen gegeben.

Aufnahme in die Pflanze

Die Aufnahmerate von Cl^- hängt in erster Linie vom Chloridgehalt des Bodens ab.
Der Cl^--Transport wird sowohl durch die Temperatur als auch durch Stoffwechselinhibitoren beeinflußt. Die Cl^--Aufnahme kann prinzipiell auch gegen einen elektrochemischen Gradienten erfolgen. Beim Eindringen von Cl^- in das pflanzliche Gewebe ist das Plasmalemma relativ permeabel: Wenn die Cl^--Konzentration im Außenmedium hoch ist, wird eher der Tonoplast als das Plasmalemma zur Sperre für die Chloridpenetration. Chlorid kann daher bei hohen Aufnahmeraten im Cytoplasma angereichert werden. Beim Weitertransport durch die Cortex zum Zentralzylinder erscheint vermutlich der symplastische Weg die wichtigste Transportkomponente zu sein. Bei grünen Pflanzenteilen wird die Cl^--Aufnahme durch Belichtung erhöht, da das durch die photosynthetische Phosphorylierung gebildete ATP eine Energiequelle für den aktiven Cl^--Transport darstellt. Cl^- wird nicht nur über die Wurzeln aufgenommen, sondern kann auch oberirdisch als Chloridion oder Chlorgas in die Pflanze eindringen. Die durchschnittlichen Chlorgehalte der meisten Pflanzen schwanken zwischen 2 und 20 mg Cl^-/g Trockensubstanz, obwohl auch Spitzenwerte von 100 mg Cl^-/g nicht ungewöhnlich sind.

Sichtbare Symptome

Chloridbelastungen von Pflanzen sind heute ein ernstes Problem (vgl. S. 136). Als Vergiftungsbild fallen Nekrosen der Blattspitzen und Blattränder auf, gefolgt von vorzeitiger Vergilbung und Laubfall. Bei Streusalzschäden können die Symptome so stark werden, daß die Zweige von der Spitze her ganz absterben, bei Bäumen mehr oder weniger umfangreiche Kronenpartien ausfallen oder der ganze Baum zugrunde geht.
Untersucht man die Hauptnährstoffe in den Blättern salzgeschädigter Bäume, so kann man feststellen, daß die Gehalte an Stickstoff, Phosphat und Kalium erniedrigt, die an Calcium und Magnesium beträchtlich erhöht sind. Hieraus resultiert wahrscheinlich die vorzeitige Alterung des Gewebes.
Allerdings weisen Pflanzen hinsichtlich ihrer Cl^--Toleranz große Unterschiede auf: Zuckerrübe, Gerste, Mais, Spinat und Tomaten sind außerordentlich chloridtolerant, während Tabak, Bohnen, Zitrusfrüchte, Kartoffeln, Salat und einige Leguminosen empfindlicher auf Cl^- reagieren. Die „chlorophoben" Pflanzen sollten besser sulfat- anstatt chloridhaltige Dünger erhalten. Extrem empfindlich sind auch Roßkastanie, Ahorn und Linde. Die kritische Cl^-Konzentration liegt bei 10 mg Cl^-/g TG. Zu den salztoleranten Baumarten gehören u. a. Eiche, Platane und Robinie, aber auch die ausländischen Baumgattungen *Ailanthus, Gleditschia* und *Sophora* (Butin, 1983)[12].

Biochemische Wirkung

Untersuchungen über die Wirkung von NaCl, getrennt nach Na^+- und Cl^--Ionen, auf die Chlorplastenfeinstruktur bei Buschbohnen haben ergeben, daß eine Ausweitung der Thylakoidstapel eintritt, die den Chlorplasten eine aufgequollene Form verleiht. Dieser Effekt wird offensichtlich über einen durch NaCl bewirkten K-Entzug induziert. Da nun aber andere Na-Salze wie etwa Na_2SO_4 die gleichen Veränderungen der Chloroplastenfeinstruktur hervorrufen, kann die gleichzeitige Cl^--Akkumulation nicht an den beobachteten Strukturveränderungen beteiligt sein.
Bei einigen Halophyten konnte man feststellen, daß sie unter „Salzstreß", d. h. bei Belastung mit konzentrierteren NaCl-Lösungen, eine signifikante Prolin-Überproduktion aufweisen; zunächst tritt in salzbehandelten Blättern von Halophyten, z. B. in *Mesembryanthemum nodiflorum* binnen kurzer Zeit ein Wasserverlust ein, der mit einer Prolinanreicherung ausgeglichen wird und zu einem um 60 % erhöhten Wassergehalt der Blätter führt. Die Konzentration der Pyrrolin-5-carboxylat-Reduktase, welche die Reduktion des Prolins bei der Prolinbiosynthese katalysiert (Abb. 6), ist bei salzadaptierten Pflanzen erheblich höher, als bei unbehandelten Pflanzen. Diese Befunde geben allerdings keinen Aufschluß darüber, ob Na^+ oder Cl^- der entscheidende Faktor für diese Eingriffe in den Zellstoffwechsel ist.

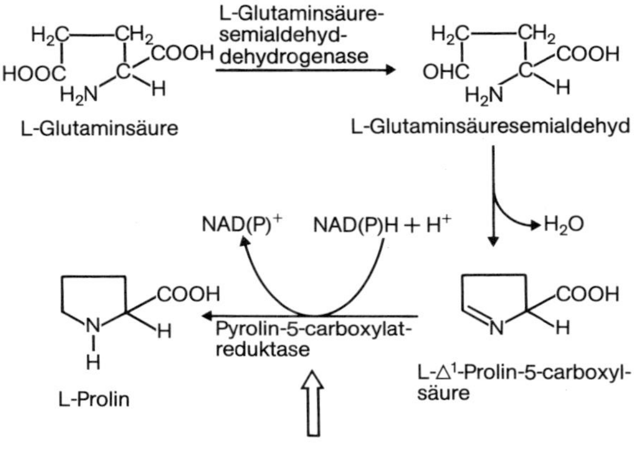

Abb. 6: Schematische Darstellung der Prolinbiosynthese. Pfeil = Effektorenwirkung von NaCl.

Einigen Aufschluß über die Wirkung von „Salzstreß" auf salz-empfindliche und salz-resistente Pflanzen haben Untersuchungen an Chilepfeffer (*Capsicum annuum* cv. Yolo wonder) und an der Färberdistel (*Carthamus tinctorius* L. cv. Gila) gebracht. Neben einer Wachstumshemmung weisen die Schößlinge beider Pflanzenarten verminderte Nucleotid-Vorräte in den Zellen auf.
So nimmt bei beiden Arten der ATP-Vorrat in den ausgewachsenen Urkeimblättern ab, in denen sich die Vorgänge der Photosynthese sowie Transpirationsstoffwechsel abspielen. Der ATP-Gehalt in den Stielchen der Keimblätter bei Pfeffer oder den Knospen der Distel bleibt vom Salzstreß unbeeinflußt. Neben einer geringen Verminderung des ATP-Vorrats, aber einer deutlichen Einbuße des UTP- sowie UDPG-Gehalts findet sich in den Keim- und jungen Blättern von Pfeffer eine Anreicherung an Hexose. Dies ist offensichtlich die Folge davon, daß die photosynthetische C-Reduktion die weitere Verwertung der Hexosen im pflanzlichen Stoffwechsel bei weitem überwiegt. Durch den begrenzten Vorrat an ATP, UTP sowie UDPG in jungen wachsenden Pfefferblättern kann so der Hexosestoffwechsel eingeschränkt sein. Diese Zuckeranreicherung ist in den Schößlingen der Färbedistel nicht zu beobachten, da sich bei dieser Pflanze die salzstreßinduzierte ATP-Verminderung auf die Keimblätter beschränkt, während in den Knospen kein negativer Effekt auf den Nukleotid-Vorrat feststellbar ist, ein Hinweis darauf, daß diese salz-tolerante Pflanze einen gemäßigten Salzstreß unbeschadet überstehen kann.
Interessant sind in diesem Zusammenhang auch eingehende Untersuchungen an der Eispflanze[13] (*Mesembryanthemum*

orystallinum), einem bekannten fakultativen Halophyten. Bei Wasserstreß in Form von Trockenheit oder damit verbundenem hohem Salzgehalt kann diese Pflanze von der C_3-Photosynthese auf den Crassulaceen-Säurestoffwechsel (CAM) umschalten. Obwohl der CAM eindeutig durch Umweltfaktoren gesteuert wird und reversibel auf die Rücknahme der Streßfaktoren reagiert, ist die Befähigung von C_3-Photosynthese auf CAM umzuwechseln entwicklungsmäßig geregelt. Man kann drei Parameter für die Expression eines Genes messen, das die streßspezifische Isoform eines Schlüsselenzyms des CAM, der Phosphoenolpyruvatcarboxylase (PEPCase, Ppc1) codiert:
1) die Anreicherung von Protein,
2) der stabile Zustand des mRNA-Gehalts sowie
3) die transskriptionelle Aktivität in den isolierten Nuclei.

Junge, drei Wochen alte Pflänzchen zeigen unter Streß eine nur geringe PEPCase-Proteininduktion, mRNA oder Transkription. In sechs Wochen alten Pflanzen erzeugt Salzstreß dagegen eine starke Induktion aller drei Parameter. Im Alter von neun Wochen haben die Pflanzen keine transskriptionelle Aktivität der PEPCase mehr, obwohl noch ein Anstieg sowohl der PEPCase-Aktivität wie auch mRNA und Protein zu beobachten ist. Es besteht also ein entwickeltes Programm, das die Transkription der PEPCase und der mRNA Stabilität reguliert.

Wirkung von organischen Schadstoffen auf die Pflanze und den pflanzlichen Stoffwechsel

Halogenierte Kohlenwasserstoffe

Polychlorierte Biphenyle

Vorkommen und Möglichkeiten der Bodenkontamination

Polychlorierte Biphenyle (PCBs) umfassen eine Klasse chlorierter aromatischer Kohlenwasserstoffe, die thermisch wie chemisch außerordentlich stabil sind (Abb. 7). Die PCBs stellen eine Mischung von Biphenylen mit unterschiedlichem Chlorierungsgrad dar. Dabei kennt man 209 Isomere, was die exakte Analytik dieser Substanzklasse sehr erschwert.

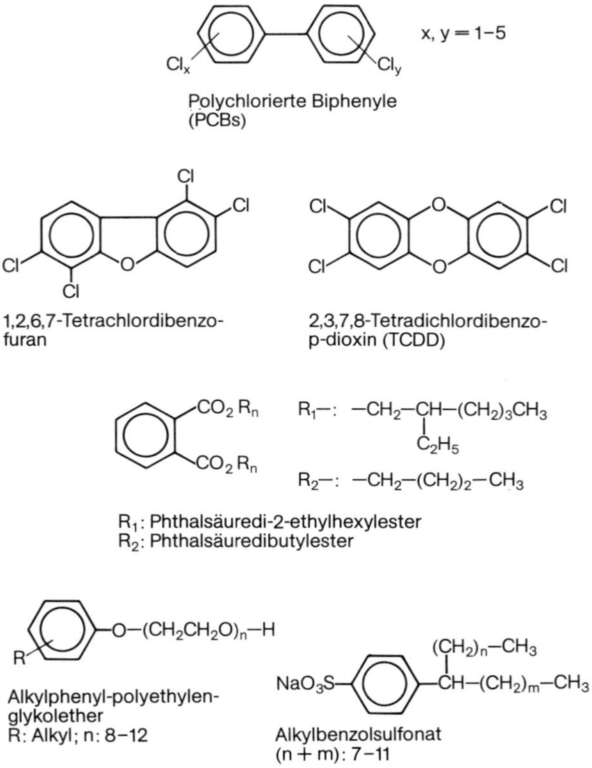

Abb. 7: Strukturformeln von organischen Schadstoffen.

PCBs sind synthetische Stoffe, die in der Natur nicht vorkommen und seit etwa 1930 industriell in größeren Mengen hergestellt werden. Durch ihre Isolier- und feuerhemmende Wirkung werden sie z. B. zur Isolierung von Transformatoren, in Getriebeölen oder auch in Farben, Lacken und Einwickelpapieren verwendet. Durch die auf S. 148 erwähnten Eigenschaften als „klassische" Umweltchemikalien sind PCBs heute weltweit in Spuren vorhanden, so daß eine Kontamination des Bodens vor allem in Ballungsgebieten fast immer gegeben ist. Von Bedeutung ist hier auch die Düngung mit Müllklärschlämmen und Müllkomposten (vgl. S. 119). Der PCB-Gehalt erreicht beispielsweise in japanischen Böden in Extremfällen bis zu 100 ppm[14]. Normalerweise sind die PCB-Konzentrationen in Böden aber bedeutend niedriger und liegen etwa zwischen 0,001 und 0,01 mg/kg Boden.

Aufnahme in die Pflanzen

Da PCBs stark an andere organischen Makromoleküle adsorbiert werden, ist es nicht verwunderlich, daß die Aufnahmefähigkeit bzw. das Akkumulierungsverhalten der PCBs stark von Pflanze zu Pflanze variiert. Besonders bei Wurzelgemüsen wie Möhren und Radieschen sowie in Zuckerrüben und Sojabohnen ist eine aktive Aufnahme von PCB belegt[15]. Wegen der Gefahr der Anhäufung in Endgliedern von Nahrungsketten sollten heute PCBs in Ernteprodukten einen Grenzwert von 0,05 mg/kg nicht überschreiten.

Sichtbare Symptome der Schädigung

Über den Einfluß von PCBs auf Pflanzen ist vergleichsweise wenig bekannt. Einzelne Experimente belegen zwar, daß die Zugabe der PCB-Formulierung Arochlor 1254 zu Versuchböden schon in Konzentrationen von 1 mg/kg Boden das Wachstum hemmen kann. 100 mg Arochlor bewirken bei Sojabohnen bereits einen Wachstumsrückgang auf etwa 23 % der Kontrollpflanzen. Ebenso ist eine Verminderung der Wasseraufnahme zu beobachten. Bei der aquatisch lebenden Teichlinse (*Spirodela oligorhiza* (Kurz) Helm) bewirken PCBs ebenfalls schon in Konzentrationen ab 5 ppm einen drastischen Rückgang des Frischgewichts.

Biochemische Wirkung

Zur biochemischen Wirkungsweise von PCBs auf den Stoffwechsel von Pflanzen liegen bis jetzt kaum Daten vor. Untersuchungen über den Einfluß von PCB-Formulierungen auf isolierte Spinatchloroplasten zeigen z. B., daß die Sauerstoffentwicklung vermindert ist.

Dibenzofurane und Dibenzodioxine

Vorkommen und Möglichkeiten der Bodenkontamination

Wie erwähnt, können chlorierte Dibenzofurane und Dibenzodioxine (Abb. 7) als Verunreinigungen in Pflanzenschutzmitteln vorkommen und mit diesen in den Boden gelangen. In letzter Zeit wird auch ihr Eintrag in landwirtschaftliche Produkte über die Verwendung von Klärschlamm auf landwirtschaftlich genutzten Flächen sowie der Einfluß von Müllverbrennungsanlagen stark diskutiert. Die Entstehung von Dioxinen und Furanen bei der Müllverbrennung läßt sich zurückführen auf im Verbrennungsgut bereits enthaltene Dibenzofurane und Dibenzodioxine sowie auf Bildung über chlorierte Verbindungen wie PCBs, Chlorphenole und -benzole. Dioxine können also nach den bisherigen Erkenntnissen vornehmlich über die Atmosphäre in die Nahrungskette gelangen. Sie werden entweder gasförmig oder gebunden an Staubteilchen durch Blattoberflächen aus der Luft absorbiert. Weniger Bedeutung kommt aufgrund der sehr niedrigen Transferrate dem Übergang vom Boden in die Pflanze zu. TCDD kann selbst in hohen Konzentrationen weder über die Wurzel aufgenommen noch über die Blätter in Pflanzen transloziert werden, wie Untersuchungen bei Seveso gezeigt haben. Man kann den Boden somit als Filter und Deaktivator dieses gefährlichen Giftes ansehen. Über die exakte Wirkung dieser Verbindungsgruppe auf den Ertrag und den pflanzlichen Stoffwechsel ist im Gegensatz zur Warmblütertoxikologie nichts bekannt. Allerdings können sich TCDD und verwandte Verbindungen in Böden anreichern, da sie eine ungewöhnlich hohe Persistenz zeigen, die z. T. höher ist als die der PCBs.

Nicht halogenierte Kohlenwasserstoffe

Phthalsäureester

Vorkommen und Möglichkeiten der Bodenkontamination

Phthalsäureester werden etwa seit drei Jahrzehnten in großer Menge als Hilfsstoffe in der Plastikindustrie hergestellt. Di-2-ethylhexylphthalat (Abb. 7) ist die am häufigsten eingesetzte Substanz und erreicht als Zusatz in Plastikwaren bis zu 40 % des Gesamtgewichts des Plastikmaterials. Die Fähigkeit der Phthalate, aus den Plastikgeweben herauszudiffundieren, wird vermutlich unterschätzt, da ihre Flüchtigkeit und Wasserlöslichkeit gering ist. Ihre ubiquitäre Verbreitung in der Atmosphäre sowie in Gewässern lassen jedoch darauf schließen, daß eine meßbare Verflüchtigungsrate gegeben ist. In Ballungsräumen beträgt z. B. die Konzentration des Phthalsäureesters Di-n-butylphthalat (DBP) (Abb. 7) in der Luft bis zu 0,130 ng/l, in ländlichen Bezirken dagegen nur etwa zwischen 0,017 und 0,036 ng/l.

Verschiedene Phthalat-Formulierungen werden auch als Trägerstoffe für Pestizide, Kosmetika, Parfüms, industrielle Öle sowie als Insekten-Repellantien verwendet. Phthalate als Trägerstoff von Schädlingsbekämpfungsmitteln können direkt in die Atmosphäre, ins Wasser oder in den Boden diffundieren.

Aufnahme in die Pflanze

Die umwelttoxikologische Bedeutung von Phthalsäureestern ist nicht bekannt. Fest steht jedoch, daß diese Verbindungsgruppe trotz guter Mineralisierbarkeit in Boden und Wasser wegen der großen Mengen ihres Einsatzes – die jährliche Produktion beträgt z. Zt. 2 Millionen Tonnen – ubiquitär vorkommt und sich über Nahrungsketten anreichert. Über die direkte Aufnahme von Phthalsäureestern durch Pflanzen aus Böden ist wohl auch deshalb wenig bekannt, weil diese Substanzen zu schnell mikrobiell umgewandelt werden. So zeigten Versuche über die mögliche Aufnahme des Phthalatesters DEHP (Diethylhexylphthalat) durch Salat (*Lactua sativa* L.), Karotten (*Daucus carota* L.), Chilepfeffer (*Capsicum annuum* L.) sowie dem großen Schwingelgras (*Festuca arundinacea* Schreb.) aus künstlich kontaminierten Böden nur sehr geringe Biokonzentrationsraten von 0,01 bis 0,03, wobei unmetabolisiertes DEHP in Pflanzen nicht nachweisbar war. Eine Kontamination von Pflanzen scheint, wenn überhaupt, vornehmlich über die Gasphase zu geschehen. Rettich (*Raphanus sativus* L. cv. cherry Belle) und Weizen (*Triticum aestivum* L. cv. Starke II Weibull) akkumulierten z. B. DBP innerhalb von 3 Tagen 10fach aus der umgebenden Luft. Besonders hohe Anreicherungen konnten in Kuticula und Wachsschichten der Epidermiszellen gefunden werden.

Sichtbare Symptome und biochemische Wirkung

Es wird beobachtet, daß in schlecht gelüfteten Räumen, die mit DBP-haltigen Farben gestrichen sind, Pflanzen an Chlorophyll-Störungen leiden, wobei gänzlich weiße, chlorophyllfreie Zonen allerdings nur bei Blättern auftreten die dem Tageslicht ausgesetzt sind[16]. DBP-Dampf verursacht offensichtlich in grünen Pflanzen wie der Browallie (*Browallia speciosa* L. cv. Major) und dem Rettich lichtabhängige Störungen in der Carotinoid-Biosynthese, gefolgt von einem Chlorophyllverlust, der in extremen Fällen zu völlig chlorophyllfreien Blättern führt; man findet in diesen Blättern größere Mengen eines UV-absorbierenden Wirkstoffes (vermutlich Phytoen). Die Gegenwart von Phytoen in unter Licht kultivierten, durch DBP-Behandlung ausgeblichenen Blättern zeigt an, daß die Hemmung der Pigment-Biosynthese hier stattfindet. Jedoch weist der rasche Carotinoidverlust in DBP-behandelten Pflanzen daraufhin, daß neben der erwähnten Beeinflussung der Carotinoid-Biosynthese auch photobedingte Chlorophyllstörungen auftreten. Der während der Photosynthese gebildete Singulett-Sauerstoff wird normalerweise durch die Carotinoide deaktiviert, womit die Photooxidation der Chlorophylle verhindert wird. Der DBP-bedingte Verlust von Carotinoiden in den Blättern verursacht eine schnelle Zerstörung des Chlorophylls. Gleichzeitig bewirkt er den Abbau der Feinstruktur der Etio-/Chloroplasten. Ferner ist zu vermuten, daß die vermehrte Anreicherung der Phthalatester in den lipidreichen Membranen die dort vorhandenen Pigmente aus ihren Bindungen an Proteinen und anderen Substanzen löst und damit für eine Photooxidation empfänglicher macht. An DBP-behandelten Blättern hat man außerdem beobachten können, daß der Lichtsammelkomplex im Vergleich zu unbehandelten Kontrollpflanzen völlig verschwunden ist und zudem die Ribulosebisphosphatcarboxylase nur noch in geringen Konzentrationen vorhanden ist. Gleichzeitig mit dieser markanten Proteinveränderung tritt eine signifikante Zerstörung der Blatt-Ultrastruktur auf, sobald die Versuchspflanzen einer starken Belichtung ausgesetzt werden. In diesem Zusammenhang sei zu erwähnen, daß Phthalatestern ausgesetzte Pflanzen ähnliche Schadstoffsymptome aufweisen wie Norflurazon behandelte, die unter gleichzeitiger starker Lichteinwirkung vergleichbare negative Veränderungen der Feinstrukturen zeigen. Norflurazon behandelte Maissämlinge, die unter minimaler Belichtung kultiviert worden sind und damit Chlorophyll, aber keine Carotinoide enthalten, weisen im wesentlichen dieselbe Chloroplastenzusammensetzung auf wie normal kultivierte Sämlinge. Unter starker Belichtung wird allerdings das Chlorophyll photooxidiert und der Abbau der Proteine eingeleitet. Es ist daher nicht verwunderlich, daß Phthalatester die Photosynthese schon in sehr geringen Konzentrationen, vermutlich noch vor dem Beginn der Membranzerstörung beeinflussen. Die negative Wirkung dieser Verbindungsgruppe auf Pflanzen ist somit in erster Linie auf eine Hemmung des mit dem Photosystem II gekoppelten Elektronentransports zurückzuführen.

Polyzyklische Kohlenwasserstoffe

Über den möglichen Transfer von polyzyklischen Kohlenwasserstoffen (Abb. 7), die aus Emissionen mit dem Niederschlagswasser, oder bei der Verwendung von Siedlungsabfällen zur Düngung in den Boden gelangen, ist nichts bekannt. Auch fehlen Angaben zur Toxizität dieser Verbindungsgruppe gegenüber Pflanzen. Nur bei der Alge *Belenastrum capricornutum* Printz wurde festgestellt, daß bei drei untersuchten polyzyklischen Kohlenwasserstoffen (Naphthalin, Anthrazen und Phenanthren) lediglich das Naphthalin ab Konzentrationen von 10 ppm die Photosynthese (gemessen als $^{14}CO_2$-Fixierung) hemmt.

Detergenzien (Surfactants)

Vorkommen und Möglichkeiten der Bodenkontamination

Detergenzien werden häufig herbiziden Wirkstoffen beigegeben, um eine bessere Emulgierbarkeit der Spritzformulierungen und damit eine Verstärkung der phytotoxischen Effekte herbeizuführen. Ihre Konzentrationen erreichen ca. 0,1–0,5 % des Spritzbrühevolumens. In der Regel werden nicht-ionische Wirkstoffe wie z. B. Alkylphenyl-polyethylenglykolether oder anionische Verbindungen wie etwa Alkylbenzolsulfonate verwendet (Abb. 7). Obwohl diese Verbindungen in Böden sehr instabil sind und zumeist schnell mikrobiell abgebaut werden können, ist nicht auszuschließen, daß Pflanzen derartige Stoffe aufnehmen können.

Wirkung auf die Pflanze

Werden Detergenzien der beschriebenen Wirkstoffklassen in einer Konzentration von 10 ml/kg Boden zugegeben, ist eine deutliche Keimungs- und Entwicklungshemmung z. B. bei Senfpflanzen zu beobachten. In Hydrokulturen von *Sorghum*-Pflanzen (Hirse) kann man feststellen, daß die genannten Verbindungen in Konzentrationen von 10–10 000 µl/l vor allem nach längerer Einwirkungsdauer eine Ausscheidung von K-, Na- und Mg-Kationen aus den Wurzeln und zugleich die Ausscheidung von nicht näher definierten Aminosäuren induzieren. Derartig behandelte Pflanzen zeigen Welkesymptome. Vermutlich verursachen diese Wirkstoffe einen Verlust der Membranintegrität. Untersuchungen an Wasserpflanzen (*Ceratophyllum, Lemna, Salvinia, Spirodella*) zeigen, daß lineare Alkylbenzoate (LAB) schon in Konzentrationen von 0,003 % einen drastischen Rückgang des Chlorophyllgehalts bewirken. Neben einer Verminderung des Gesamtproteingehalts sind auch Veränderungen an epidermalen Zellen zu beobachten.

Literatur

[1] Schmid, G., Rosopulo, A., Süß, A., Diez, Th., Born, H. I., Stärk, H. (1978): Bayer. Landw. Jahrb. **55**, 877–894.

[2] Fiedler, H., Hutzinger, O. (1991): Literaturstudie. Polychlorierte Dibenzo-p-dioxine und Dibenzofurane (PCDD/PCDF). Organohalogen Compounds. Eco-Informa Press, Bayreuth.

[3] Lang, K. (1974): Biochemie der Ernährung. 3. Aufl. – Verlag Steinkopf Darmstadt.

[4] Kloke, A. (1978): Der Einfluß von Schadgasen und Schadstoffen auf die Vegetationsdecke. – In: Olschowy, G. (Hrsg.) Natur- und Umweltschutz in der BRD, Berlin und Hamburg, Verlag Paul Parey.

[5] Hampp, R., Ziegler, H., Ziegler, I. (1973): BPP **164**, 588.

[6] Chadwick, I. I. (1979): Biologist. **23**, 23–30.

[7] Kloke, A. (1980): Nachrichtenbl. Dt. Pflanzenschutzd. (Braunschweig) **32**, 120–124.

[8] Klein, H., Priebe, A., Jäger, H.-J. (1981): Angew. Bot. **55**, 295–308.

[9] Bazazz, F. A., Rolfe, G. L., Carlson, R. W. (1974): Plant Physiol. **32**, 373–376.

[10] Lee, K. C., Cunningham, B. A., Paulsen, G. M., Liang, G. H., Moore, R. B. (1976): Physiol. Plant **36**, 4–6.

[11] Lyre, H. (1975): Nachrichtenbl. Dt. Pflanzenschutzd. (Braunschweig) **25**, 170.

[12] Butin, H. (1983): Krankheiten der Wald- und Parkbäume. G. Thieme Verlag, Stuttgart-New York.

[13] Cushman, J. C., Michalowski, Ch. B., Bohnert, H. J. (1990): Plant Physiol. **94**, 1137–1142.

[14] Fugiwara, K. (1975): Science of the Total Environment **4**, 219.

[15] Pal, D., Weber, J. B., Overcash, M. R. (1980): Residue Reviews **74**, 45–98.

[16] Hemming, I. V., Holst, A.-M., Mörner, J. (1981): Physiol. Plant **53**, 158–163.

Zusammenfassende Darstellungen

Cramer, H. H., Kloke, A., Jarczyk, H. J., Kick, H. (1981): Bodenkontamination. Ullmanns Ezyklopädie der technischen Chemie, 4. Aufl. Band **6**, 501–516, Verlag Chemie, Weinheim.

El-Bassam, N. (1978): Spurenelemente: Nährstoffe und Gift zugleich. Kali-Briefe (Büntehof) **14**, 255–272.

Ernst, W. O. (1980): Biochemical Aspects of Cadmium in plants. In: I. O. Nriagu (Hrsg.) Cadmium in the Environment. Vol. **1**: Ecological Cycling, pp. 639, Wiley & Son, New York.

Lepp, N. W. (1981): Effects of Heavy Metal Pollution on Plants. Applied Science Publishers Ltd. Bd. **1** und **2**, London and New Jersey.

Mengel, K. (1979): Ernährung und Stoffwechsel der Pflanze. 5. Aufl., G. Fischer Verlag. Stuttgart–New York.

Taylor, G. J. (1988): The Physiology of Aluminum Phytotoxicity. In: Metal. Ions in Biological Systems. H. Sigel and A. Sigel (Hrsg.). Vol. **24** – Aluminum and its Role in Biology, pp 123, Marcel Dekker Inc. New York and Basel.

SCHADSTOFFBELASTUNGEN FÜR WASSERPFLANZEN

W. Huber und A. Huber, Lehrstuhl für Botanik der TU München (Weihenstephan)

Einleitung

Die zunehmende Belastung unserer Umwelt durch Schadstoffe wird besonders deutlich am Zustand der Flüsse, Seen und Flachmeere in den dicht besiedelten, hochindustrialisierten Gebieten unserer Erde. Viele dieser Gewässer sind in ihrem biologischen Bestand unmittelbar bedroht.

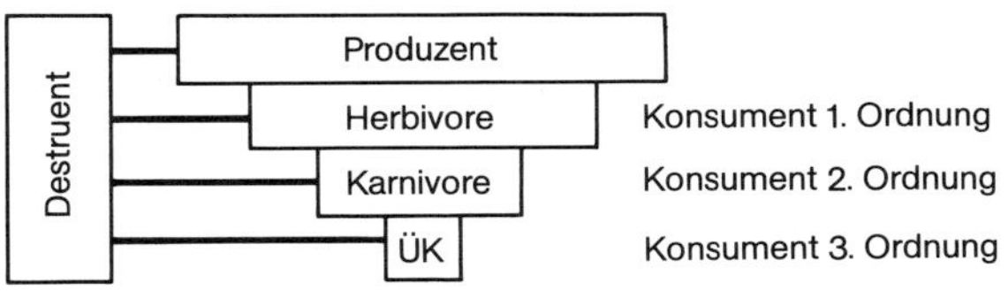

Abb. 1: Vereinfachte Energiepyramide im Ökosystem (ÜK = Überkarnivore).

Diese bedenkliche Entwicklung ergibt sich als Folge des Bevölkerungswachstums und der erhöhten Lebensansprüche, die das Aufkommen von Abfallstoffen aus dem industriellen, kleingewerblichen und individuellen Bereich in den vergangenen Jahrzehnten ansteigen ließen. Das Hauptproblem stellt dabei der sprunghafte Anstieg dar. Es wurden schon immer Schadstoffe ins Wasser abgegeben, denn viele Organismen verunreinigen ihre unmittelbare Umgebung – zumindest durch ihre Exkretionsprodukte. Diese Verunreinigung ist allerdings weniger schwerwiegend, da die im Wasser natürlich vorkommenden Organismen kaum in so großen Dichten auftreten, daß der Schadstoffausstoß durch Exkretion ein bedenkliches Ausmaß erreichen könnte. Diese Situation hat sich mit der zunehmenden Industrialisierung geändert. Der Mensch gibt nicht nur Abfälle, die durch den Abbau der natürlichen Nahrungsmittel entstehen, an die Umgebung ab, sondern auch in steigendem Maße toxische Substanzen aus seinen Fabriken und Städten, wobei es unerheblich bleibt, ob dies auf zu hohe Bevölkerungsdichten zurückzuführen ist oder darauf, daß nur der Mensch die Fähigkeit besitzt, nachhaltige und dauerhafte Veränderungen seiner Umwelt herbeizuführen[1, 2].

Die unmittelbaren Folgen einer zunehmenden Schadstoffbelastung der Binnengewässer für unsere Trinkwasserversorgung und für unsere marinen Nahrungsquellen werden immer deutlicher: Zwangsläufig steigt die Schadstoffkonzentration in den Seen, Fließgewässern und Meeren an. Dies gilt insbesondere für die Flachmeere am Rande von dicht besiedelten Industriegebieten. Sie werden nicht nur direkt durch den Eintrag von Schadstoffen aus den anliegenden Industriegebieten belastet, sondern es gelangen zusätzlich hohe Konzentrationen von Schadstoffen in gelöster, kolloidaler oder fester Form über die Fließgewässer in diese Meeresabschnitte. Da die Giftstoffe z. T. in der aquatischen Nahrungskette eine weitere Anreicherung erfahren, werden zunehmend Grenzwerte in Fischen oder anderen nutzbaren Meeresorganismen überschritten, die diese unbrauchbar für die Ernährung des Menschen machen. Diese Entwicklung ist ausgesprochen bedenklich, da gerade das Meer in Zukunft die Rolle eines Hauptlieferanten für Proteine übernehmen soll[3].

Glücklicherweise – zumindest für den Menschen – werden hohe Schadstoffbelastungen schon an den Gewässerorganismen erkannt, so daß die Schadstoffe letztlich nicht bis zum Menschen gelangen. Man hat daher auch schon früh begonnen, Schadstoffeinwirkungen auf Tiere – vor allem Fische – zu testen. Diese Untersuchungen wurden in den letzten Jahren in verstärktem Maße vorangetrieben, so daß man über Schadstoffbelastungen von Tieren in limnischen und marinen Systemen relativ gut Bescheid weiß. Dies gilt nicht in gleichem Umfang für die Wirkung dieser Substanzen auf die Mikro- und Makroflora, obwohl diese als photoautotrophe Produzenten die Grundlage jeden Lebens im Wasser darstellen (Abb. 1). Immerhin ist zwischenzeitlich bekannt, daß die verschiedenen Wasserpflanzen gegenüber einzelnen Schadstoffen unterschiedlich empfindlich sind, und daß sogar Resistenzausbildungen gegenüber einzelnen Herbiziden (z. B. Atrazin) beobachtet werden können[4,5].

Im folgenden soll versucht werden, die wichtigsten Schadstoffeinwirkungen auf Wasserpflanzen zu beschreiben und ihre Bedeutung zu diskutieren.

Schadstoffe in den Gewässern

Grundsätzlich können „Belastungen“ von Gewässern unterteilt werden in biologische (pathogene Keime), anorganische (Trübstoffe, Salze, Nährstoffe und Spurenelemente), organische (Phenole, Öl, Tenside, Planktontoxine, polycyclische Aromaten, Pestizide) und physikalische Komponenten (Radionuklide, Abwärme). Aus den vielen erwähnten Möglichkeiten sollen die wichtigsten genauer betrachtet werden.

Eutrophierungsfolgen

Wie alle Tiere verbraucht auch der Mensch organische Nährstoffe und hinterläßt in seinen Fäkalien unverdaute organische Reste. Weiterhin bleibt bei der Zubereitung der Nahrung als Abfall organische Substanz übrig, sei es nun in der Lebensmittelfabrikation oder im Haushalt. Gelangen diese Abfallstoffe in die Gewässer, kommt es zu einer Nährstoffanhäufung im Ökosystem. Die Zufuhr von Nährstoffen in Gewässer wird als *Eutrophierung* bezeichnet. Sie ist oft schon an auffälligen Massenentwicklungen von Blau- und Grünalgen zu erkennen (Farbabb. 15, S. 249), denen im Laufe der Vegetationsperiode auch andere Gewässerorganismen in großen Mengen folgen können.

In den natürlichen Lebensräumen existieren Zersetzer – überwiegend Bakterien und Mikropilze –, welche auf den Abbau toter organischer Substanz spezialisiert sind. Genauer ausgedrückt, sie decken ihren Energiebedarf mit der toten organischen Substanz.

Unter idealen Bedingungen sind die Kreisläufe des Kohlenstoffs und des Sauerstoffs in Gewässern ausgeglichen (Abb. 2).

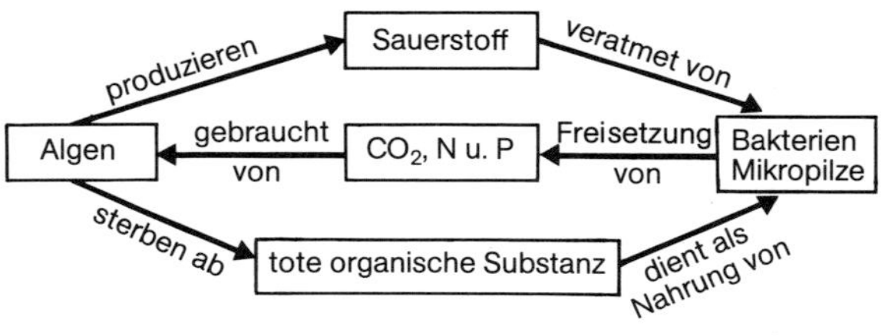

Abb. 2: Sauerstoff- und Nährstoffkreislauf im Wasser (nach Gerlach (1976)[3]).

Werden z. B. Abwässer einer Stadt in ein Gewässer eingeleitet, so bedeutet dies eine zusätzliche Lieferung von toter organischer Substanz und anorganischen Nährstoffen. Es erhebt sich dann die Frage, ob diese Belastung von der Natur toleriert werden kann. Die Gewässermikroorganismen können sich zwar in ihrer Anzahl auf die Menge der vorhandenen organischen Substanz bzw. Nährstoffe einstellen, doch benötigen sie dann in verstärktem Maße Sauerstoff für die Atmung.
Für die Beurteilung der Abwassersituation ist es daher entscheidend zu wissen, ob durch den Austausch mit der Atmosphäre, durch Photosynthese oder durch Vermischung hinreichend Sauerstoff verfügbar ist, um den Abbau organischer Substanz zu gewährleisten. Ist der vorhandene Sauerstoff aufgebraucht, findet der weitere Abbau anaerob statt. Anaerobe Bakterien „arbeiten" jedoch langsamer, und sie produzieren als Endprodukt ihres Stoffwechsels organische Verbindungen, die einerseits Toxine sein können und andrerseits einen unangenehmen Geruch verbreiten. Um diesem Problem aus dem Weg zu gehen, ist ein aerober Abbau der häuslichen Abwässer wünschenswert.
Verallgemeinernd können die Erfahrungen mit dem Abbau häuslicher Abwässer im Süßwasser auf die Verhältnisse im Meer übertragen werden. An offenen Küsten mit guter Wasserdurchmischung (Gezeiten, Strömungen) treten mit häuslichen Abwässern gewöhnlich keine Probleme auf. Anders ist die Situation, wenn Abwassereinleitungen in enge Fjorde, Buchten und Ästuare erfolgen. Besondere Negativbeispiele stellen verschiedene englische Ästuare dar. So treten z. B. im Tyne-Ästuar auf einer 10 km langen Strecke im Sommer regelmäßig bei Ebbe sauerstofflose Zonen auf, weil häusliche Abwässer von ca. 1 Million Menschen und eine entsprechende Menge industrieller Abwässer eingeleitet werden[6].

Einfluß der Eutrophierung auf die Gewässer

Die Veränderung der chemischen Beschaffenheit der Oberflächengewässer, die man auf der ganzen Welt beobachtet, ist überwiegend auf die Zunahme der Pflanzennährstoffe Stickstoff und Phosphor zurückzuführen. Diese Substanzen bringen eine starke Umgestaltung der Wasser- und Ufervegetation mit sich. Dafür gibt es mehrere Beispiele in limnischen und marinen Systemen.
Lange bekannte Auswirkungen der Eutrophierung sind das übermäßige Wachstum der Planktonalgen und damit verbunden das Auftreten von Wasserblüten und die Verminderung der Sichttiefen auf wenige Zentimeter. Gleichzeitig ändern sich die Algenpopulationen im Süßwasser nachhaltig zugunsten von Grün- und Blaualgen[7].
Ähnliche Befunde gibt es auch für marine Algenpopulationen. Weltweit beobachtet man in der Nähe von Eutrophierungsstellen (z. B. Küstenstädten) eine Verarmung der Pflanzenwelt, und am auffälligsten wiederum in den Gezeitenzonen und im Flachwasser. In der Adria z. B. ist besonders das Verschwinden der Braunalgen der Gattung *Cystoseira* auffällig. Aber auch in norwegischen Fjorden verschwinden die Tange aus der Nähe von Ansiedlungen. Dafür breiten sich Grünalgen wie *Cladophora* oder *Enteromorpha* aus. Besonders bemerkenswert ist, daß schon geringe Menschenansammlungen die Küstenvegetation nachhaltig stören können. 76 km vor der kalifornischen Küste liegt die Insel St. Clemente, die von 300 Marinesoldaten bevölkert wird. Täglich gelangen nur etwa 100 m³ „gewöhnlicher" Abwässer in das Meer. Trotzdem sind im Verlauf von 10 Jahren mehrere Algenarten aus der Uferzone nahe der Abwassereinleitung verschwunden; z. B. *Halidrys, Phyllospadix* oder *Sargassum.* Sie sind durch *Ulva, Gelidium* oder auch Blaualgen ersetzt worden[3]. 100 m von der Einleitungsstelle entfernt stellen diese bedrohten Arten wieder etwa ein Drittel der Pflanzenbedeckung. Neben den Algen sind im Meer auch Makrophyten wie *Posidonia* betroffen. Sowohl in der Gegend von Marseille als auch in der Adria ist das Seegras in der Nähe vieler Ortschaften verschwunden. Stattdessen haben sich verschiedene Algengattungen wie *Ulva* und *Halopteris* stark vermehrt.
Die Veränderung des Trophiegrades wirkt sich auch auf den Bestand der benthischen und der unter Wasser oder an der Oberfläche frei schwimmenden Wasserpflanzen im Süßwasser aus. Beim Übergang vom sauberen, nährstoffarmen über das mäßig verunreinigte bis zum stark verschmutzten Gewässer ist zuerst eine Artenzunahme, dann eine Verarmung in der Pflanzenvielfalt festzustellen (Abb. 3).

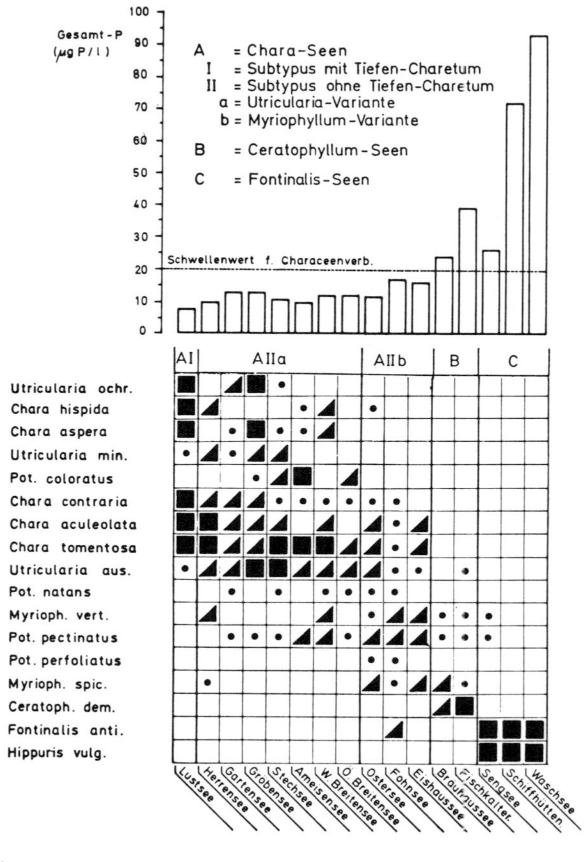

Abb. 3: Makrophytenverbreitung in den Osterseen (Oberbayern) als Basis für floristisch-ökologische Seetypen. Neben dem Vorkommen der Makrophyten dient der Gesamtphosphorgehalt der Seen als Information. Bei hohem Phosphatgehalt werden die Arten der Chara-Seen zurückgedrängt (nach Melzer et al. (1977)[8]).

Durch die Nährstoffanreicherung oligotropher Stillgewässer verlieren Characeen-Rasen an Umfang und Artenzahl, was vor allem durch den erhöhten Phosphatgehalt des Wassers bewirkt wird. Oberhalb eines Schwellenwertes von 20 $\mu g \cdot l^{-1}$ Phosphat ist die Toleranzgrenze für die Characeen erreicht und sie sterben ab[8]. Andere Hydrophyten wandern in von Natur aus nährstoffarme Gewässer ein, sobald infolge von Eutrophierung das Nährstoffangebot ein gewisses Minimum übersteigt; hier sind z. B. zu nennen *Ceratophyllum demersum, Elodea canadensis, Myriophyllum verticillatum* u. a. Außerdem nehmen bereits vorhandene Arten wie *Lemna minor, Utricularia vulgaris* und *Potamogeton obtusifolius* zu. Das vermehrte Auftreten dieser Pflanzenarten ist zugleich mit einem Verlust oligotraphenter Arten (Reinwasserarten), wie z. B. *Myriophyllum alternifolium* verbunden[7].

Eine exakte Ursache für die veränderte Artenzusammensetzung in belasteten Gewässern ist bisher nicht bekannt. Nitrat und Phosphat selbst wirken sicher nicht toxisch. Es gibt allerdings einige Beispiele sowohl im anatomisch-morphologischen als auch im physiologischen Bereich, wo veränderte Nitrat- und Phosphatkonzentrationen bei einzelnen Pflanzen unterschiedliche Wirkungen hervorrufen.

Dies wurde z. B. von Raghi-Atri u. Bornkamm[9] an Schilf *(Phragmites communis)* beobachtet. Sie konnten zeigen, daß hohe Phosphat- und z. T. auch hohe Nitratkonzentrationen die Zerreißfestigkeit von Schilfhalmen erniedrigen können. Im Falle des Phosphats ist dies auf dünnere Halme mit geringeren Sklerenchymringflächen zurückzuführen. Stickstoff dagegen bewirkt zwar dickere Halme, doch enthalten diese einen noch geringeren Anteil an Sklerenchymzellen. Die dadurch verringerte Stabilität der Schilfhalme führt dann in belasteten Gewässern schnell zum Absterben des Schilfs. Stattdessen können sich weniger empfindliche Arten ausbreiten.

Die Stickstoffverbindungen in den Gewässern können das Auftreten oder Verschwinden von bestimmten Wasserpflanzen auch auf andere Weise beeinflussen: Als Substrat für den N-Stoffwechsel dient den Makrophyten gelöstes Nitrat oder Ammonium. In unbelasteten Gewässern stellt NO_3 die überwiegende Stickstoffquelle dar. NH_4^+ ist nur in Spuren vorhanden. Belastete Gewässer charakterisiert meist ein hoher Gehalt an Ammonium-Stickstoff. Je nachdem, welche Stickstoffverbindung aufgenommen und verarbeitet werden kann, wird die eine oder andere Art bevorzugt. Dafür gibt es einige Beweise. Während NH_4^+ generell von den Pflanzen direkt aufgenommen und in die Aminosäuren eingebaut wird, muß das NO_3^- zunächst reduziert werden:

$$NO_3^- \xrightarrow[\text{Reduktase}]{\text{Nitrat-}} NO_2^- \xrightarrow[\text{Reduktase}]{\text{Nitrit-}} NH_4^+ \longrightarrow \text{Aminosäuren}$$

Die erste Reaktion der Nitratassimilation, die Reduktion von Nitrat zu Nitrit, wird von der Nitratreductase (NR) katalysiert. Die Aktivität dieses Enzyms wird von zahlreichen Faktoren reguliert. Unter anderem konnte gezeigt werden, daß NO_3^- die NR-Aktivität fördert[10], während NH_4^+-Ionen hemmend auf dieses Enzym wirken[11].

Werden nun Wasserpflanzen aus unbelasteten Gewässern, die entsprechend dem Angebot weitgehend an die Nitraternährung angepaßt sind, plötzlich mit einer hohen Ammoniumkonzentration konfrontiert, erhebt sich die Frage, ob diese Pflanzen in solchen Gewässern noch existieren können. Ammonium ist bekanntlich ein Inhibitor der Photosynthese. Dies hängt in erster Linie von der Fähigkeit der Pflanzen zur Ammoniumaufnahme ab. Die Problematik dieser Vorgänge wurde eingehend untersucht[12, 13]. Es konnte gezeigt werden, daß bestimmte Arten wie z. B. *Potamogeton coloratus* nur in NO_3^--haltigen Gewässern wachsen können. Diese Arten weisen hohe Nitratreductase-Aktivitäten auf und werden offensichtlich in Anwesenheit von NH_4^+ in ihrem Wachstum gehemmt. Andere Arten wie z. B. *Fontinalis antipyretica* wachsen in NH_4^+-haltigem Wasser und zeigen dort praktisch keine NR-Aktivität, d. h. das Wassermoos könnte Nitrat überhaupt nicht verarbeiten.

Aus diesem Beispiel wird deutlich, wie ein verändertes Nährstoffangebot infolge von Eutrophierung die Artenzusammensetzung eines Gewässers beeinflussen kann. Dies gilt sicher in ähnlicher Weise auch für das limnische und marine Phytoplankton und die benthischen Algen.

Zum Schluß sei ferner erwähnt, daß eine Eutrophierung auch indirekt Toxine ins Wasser einbringen kann. Es ist schon lange bekannt, daß bei hohen Nährstoffkonzentrationen in den Gewässern Blau- und Grünalgenblüten auftreten. Von zellfreien Filtraten oder Zellextrakten aus diesen Wasserblüten sind verschiedene Wirkungen bekannt, welche die Populationsdynamik von Phytoplanktonsukzessionen beeinflussen können. Das Wirkungsspektrum dieser komplexen Hemmstoffe reicht von der Autinhibition bis zur Allelopathie (vgl. S. 284 ff.). Diese algenbürtigen Schadstoffe umfassen sehr unterschiedliche chemische Stoffklassen, und zumindest von einigen wie z. B. dem zur Klasse der Nor-Carotinoide gehörigen trans-Geranylaceton ist bekannt, daß sie bei anderen Algen zu Schädigungen führen können. Diese Substanz bewirkt bei *Synechococcus* eine Anhäufung von Phytofluen, was auf die Hemmung der Carotinoidsynthese hindeutet[14].

Wahrscheinlich läßt sich hinsichtlich der Eutrophierungsschäden die Entwicklung im Wasser mit der auf dem Land vergleichen. Dort hat sich ebenfalls die natürliche Vegetationsdecke verändert, und überall dort, wo der Mensch dominiert, hat sich eine Ruderalflora angesiedelt: die Organismenwelt wird nicht vernichtet, sondern umgestaltet und in der Artenzahl reduziert. Nach dem Absterben empfindlicher Organismen bleibt keine leere Wüste in den betroffenen Gebieten zurück, sondern es werden robustere Arten begünstigt, deren Bestände in der Regel reicher an Biomasse und Produktionskraft sind als die angestammte Vegetation.

Schwermetalle und Spurenelemente

Besonders vielseitige Umweltgifte stellen die Schwermetalle dar. Sie sind für den biologischen Bestand der Gewässer toxisch, stören bei der Wasseraufbereitung und führen zu latenten oder akuten Gesundheitsschäden im tierischen und menschlichen Organismus[3]. Einige spektakuläre Unfälle, vor allem in Japan (Minamata- und Itai-Itai-Krankheit), mit Cadmium und Quecksilber in Binnen- und Küstengewässern haben die Gefährlichkeit dieser Stoffe nachdrücklich ins Gedächtnis gerufen. Dabei wurde vor allem deutlich, daß die Hauptmenge der Schwermetalle in Oberflächengewässern anthropogenen Ursprungs ist und bei der industriellen Gewinnung und Rückgewinnung sowie beim Verbrauch oder der Abnutzung von metallhaltigen Produkten im landwirtschaftlichen, kleingewerblichen und industriellen Bereich anfällt. Es ist einerseits an schwermetallhaltige Stäube zu denken, die durch den Regen ausgewaschen werden, andrerseits an die mechanische und besonders an die Oberflächenbehandlung der Metalle, wobei schwermetallhaltige Lösungen abgeschieden werden, die beim Verlassen des Fabrikgeländes nicht vollständig gereinigt sind (vgl.[15]).

Zum Teil wird in der Industrie nicht nur ein Schwermetall verarbeitet – wie z. B. in der Lederindustrie, sondern gleichzeitig mehrere, wie in der Düngemittelproduktion, in Erdölraffinerien und Stahlwerken[16]. Eine zusätzliche Belastung kommt durch die Abwässer der Haushalte hinzu. Dies macht sich besonders durch hohe Zinkgehalte bemerkbar[17]. Auch der Einfluß der Mülldeponien und Kompostlagerstätten darf nicht vergessen werden.

Beim Einbringen der Metalle in die Gewässer können sie je nach der chemischen Reaktion entweder als schwerlösliche Niederschläge in das Sediment eingelagert und somit immobilisiert oder durch Adsorption an feinkörnige Schwebstoffe bei genügend hoher Strömungsgeschwindigkeit weitertransportiert werden. Über die Bindung an teilweise lösliche Substanz bis zum Vorliegen in Ionenform, und damit als Lösungen, sind unter geeigneten Bedingungen alle Zustandsarten anzutreffen[15].

Der geringste Anteil der Metalle liegt in gelöster Form vor. Die Konzentrationen bewegen sich für die meisten Spurenelemente im Bereich von $\mu g \cdot l^{-1}$ (ppb). Trotzdem ist der anthropogene Anteil der Metalle in Fließgewässern z. B. so hoch, daß ein natürlicher „background" kaum mehr zu ermitteln ist. Nach Auffassung von Turekian[18] ist Zink in unkontaminierten Gewässern mit 10–20 $\mu g \cdot l^{-1}$ häufig anzutreffen, während Kupfer mit 7 und Blei mit 3 $\mu g \cdot l^{-1}$ seltener vorkommen. In deutlich geringeren Konzentrationen ist Cadmium vertreten, das nach Hem[19] zu weniger als 1 $\mu g \cdot l^{-1}$ gefunden wird. In Gewässern mit industriellem Einzugsgebiet werden diese Werte deutlich übertroffen (Tab. 1).

Tab. 1: Durchschnittskonzentrationen in Gewässern für toxisch relevante Elemente ($\mu g \cdot l^{-1}$).

Entnahmestelle	Hg	Pb	Cd	Zn	Cr	Ni
Bodensee	0,1	2	1	18	3	9
Rhein	0,6	55	5	330	32	25
Ruhr	0,03	8	2	116	8	55
Donau	0,1	10	2	38	6	10
Weser	0,4	15	2	150	5	20

(abgeändert nach Förstner (1982)[14]).

Neben dem Vorkommen der Schwermetalle im freien Wasser müssen auch die Ablagerungen in den Gewässersedimenten beachtet werden. Nach Förstner und Müller[1] betragen die Konzentrationen für unbelastete Rheinsedimente z. B. 95 $mg \cdot l^{-1}$ für Zn, 45 $mg \cdot l^{-1}$ für Cu und 20 $mg \cdot l^{-1}$ für Pb, dagegen nur 0,3 $mg \cdot l^{-1}$ für Cd.

Inzwischen haben sich besonders in den oberen Sedimentschichten die Verhältnisse stark verändert. Durch die zivilisatorische Belastung der letzten 100 Jahre stieg der Zinkgehalt auf 1 000 bis über 3 000 $mg \cdot l^{-1}$. Er ist damit in jedem Fluß höher als der von 7 anderen Schwermetallen zusammen. Kupfer wurde auf 340 bis 1 600 $mg \cdot l^{-1}$ angereichert, Blei auf 100–1 200 $mg \cdot l^{-1}$. Cadmium weist Werte zwischen 10 und 60 $mg \cdot l^{-1}$ auf, die teilweise noch weit überschritten werden. Damit sind Anreicherungsfaktoren von 5 bis über 100 erwiesen[21, 14]. Die Schwermetallgehalte nehmen vom Bodensee zu den norddeutschen Flüssen hin sehr stark zu[14]. Eine Mobilisierung dieser in den oberen Schichten gelagerten toxischen Metalle ist unter zivilisationsbedingten Umständen möglich, so daß gewässerbewohnende Organismen geschädigt werden und die Nahrungskette negativ beeinflußt wird[22].

Für die Remobilisierung von Schwermetallen aus Schwebstoffen und Sedimenten kommen vier Arten von chemischen Veränderungen in Frage:

1) Erhöhte Salzkonzentrationen, die zur Desorption von Schwermetallen führen.

2) Eine Absenkung des pH-Wertes, der zu einer Auflösung von Carbonaten und Hydroxiden führt, daneben aber auch durch die Konkurrenz von Protonen eine verstärkte Desorption von Metallkationen bewirkt. Besondere Bedeutung hat in diesem Zusammenhang das Auftreten freier Kohlensäure in den Gewässern.

3) Die Veränderung der Redoxverhältnisse, meist verbunden mit einer Senkung des Sauerstoffpotentials durch fortgeschrittene Eutrophierung. Eisen- und Manganhydroxide können dadurch aufgelöst werden und ein Teil ihrer inkorporierten bzw. sorbierten Schwermetallfracht kann freigesetzt werden.

4) Die Zunahme natürlicher und synthetischer Komplexbildner, die mit Schwermetallen aus Feststoffpartikeln wasserlösliche Metallkomplexe von teilweise hoher Stabilität bilden können.

Hier soll vor allem auf den letztgenannten Faktor eingegangen werden. Natürliche Komplexbildner sind Humussubstanzen, die überall in der Natur verbreitet sind. Sie stammen aus dem chemischen und biologischen Abbau von Pflanzenmaterial, nehmen jedoch auch mit anthropogener Belastung an Häufigkeit zu[23]. Sie sind in allen natürlichen Gewässern vertreten und können Konzentrationen von 0,1–10 $mg \cdot l^{-1}$ erreichen[24]. Dabei sind sie oft nicht vollständig gelöst, sondern bilden Kolloide, die dem Wasser seine charakteristische Färbung geben.

Synthetische Komplexbildner spielen ebenfalls in zunehmendem Maße eine Rolle. Hier ist besonders der – in einigen Ländern geplante und in anderen bereits durchgeführte – Ersatz von Polyphosphaten in Waschmitteln durch synthetische Substanzen wie Nitriloessigsäure (NTA) und Ethylendiamintetraessigsäure (EDTA) zu nennen. Diese Verbindungen sind in der Lage, auch in relativ geringen Konzentrationen Schwermetalle aus den Schwebstoffen und Sedimenten zu komplexieren und als teilweise sehr stabile Chelatverbindungen in Lösung zu halten.

Banat et al.[25] untersuchten die Remobilisierung von Schwermetallen aus aquatischen Sedimenten verschiedener Flüsse durch NTA. Eine besondere Freisetzungsrate war für Kupfer und Cadmium zu beobachten, und die entsprechenden Metallchelate waren sehr stabil. Durch den Ersatz der Polyphosphate in den Waschmitteln ist zwar die Gefahr einer Eutrophierung geringer geworden, doch schaffen komplexierende Substanzen wie NTA neue Probleme, welche die Remineralisierung von Schwermetallen betreffen[26].

Wirkungen von Schwermetallen und Spurenelementen

Die Bedeutung verschiedener Schwermetalle als Spurenelemente für Pflanzen ist unumstritten, wenn auch nicht immer feststeht, welche Elemente als essentiell zu bezeichnen sind. Außerdem ist nicht abschließend geklärt, in welchen Konzentrationen sie zu Mangel- oder Toxizitätserscheinungen führen. Von den 38 bekannten Schwermetallen sind in Überdosis alle als giftig zu betrachten und verursachen den Tod der Organismen[27]. Der Einfluß der Konzentration hängt überwiegend davon ab, wie groß die Verfügbarkeit des Metalls für den zu beeinflussenden Lebensprozeß ist. Die Toxizität vieler Schwermetalle kommt erst durch Anreicherung innerhalb des Organismus zustande.

Starke Vegetationsveränderungen in den Gewässern, wie sie bei der Eutrophierung auftreten, wurden bisher infolge von Schwermetallbelastungen nicht direkt beobachtet, obwohl durchaus Unterschiede in der Schwermetallempfindlichkeit einzelner Arten festgestellt werden konnten (s. S. 125 f.). Im anatomisch-morphologischen Bereich wurden Wachstumshemmungen und vor allem Blattchlorosen beobachtet. Für *Ceratophyllum demersum* konnte gezeigt werden, daß z. B. durch Blei die Grana- und Stromathylakoide in den Chloroplasten stark reduziert werden[28]. Auch hier sind damit ähnliche Befunde festzustellen wie für Landpflanzen.

Bevor die Schwermetalle in Pflanzen wirksam werden können, müssen sie aufgenommen und zu den Wirkorten transportiert werden. Viele Wasserpflanzen können die Schadstoffe aus zwei Substraten aufnehmen, entweder aus dem umgebenden Wasser oder aus dem Bodensediment[29]. Die Aufnahmevorgänge sind in den einzelnen Pflanzengruppen unterschiedlich. Algen nehmen Schwermetalle überwiegend durch Kationenaustausch auf. Dieser passive Prozeß kann allerdings oft indirekt durch den Stoffwechsel beeinflußt werden. So konnte gezeigt werden[30], daß Zink von der Diatomee *Phaeodactylon tricornutum* zunächst einmal an die Zellmembran adsorbiert wird. Von hier gelangt das Zink dann durch kontrollierte Diffusion in die Zelle und wird an Proteine gebunden. Diese Bindung kontrolliert möglicherweise die Konzentration von Zink in der Zelle. Während des Wachstums nimmt die Zinkmenge zu, um schnell wieder abzufallen, wenn die Bindeproteine abgebaut werden. Ähnliche Befunde wurden auch für Nikkel beschrieben[31].

Auch in marinen Benthosalgen finden Adsorptions- und Ionenaustauschprozesse bei der Zinkaufnahme statt. Bei *Ulva lactuca* und *Porphyra umbilicalis* folgt die Aufnahme von Zink der Adsorptionsisotherme „nach Freundlich". Dabei wird die Aufnahme durch hohe pH-Werte, Temperatur und Licht beeinflußt. Die Kopplung zwischen Aufnahme von Schwermetallen und Licht wird damit erklärt, daß durch die Photosyntheseprozesse der innere pH-Wert der Zellen verändert wird, womit eventuell mehr Bindungsstellen für Schwermetalle geschaffen werden[31]. Daß es sich in vielen Fällen wirklich nur um Ionenaustauschphänomene handelt, zeigt ein Versuch, in dem Algen (z. B. *Ascophyllum*) von belasteten an unbelastete Standorte umgepflanzt wurden. Die zuvor aufgenommenen Schwermetalle wurden in dieser neuen Umgebung sehr schnell wieder abgegeben[32].

Bei makrophytischen Wasserpflanzen erfolgt die Aufnahme – soweit vorhanden – über die Wurzeln oder aber über die Blätter und Sproßachsen. Eine Aufnahme über die Wurzeln kann zur Speicherung eines Teils der Metalle im Aufnahmeorgan führen. Die Stoffaufnahme wird allerdings von Makrophyten – im Gegensatz zu den Algen – durch physiologische und umweltbedingte Faktoren geregelt. Da die Substanzen immer in relativ geringen Konzentrationen vorliegen, ist eine aktive Aufnahme entgegen dem Konzentrationsgefälle bei diesen Wasserpflanzen offensichtlich. Dabei zeigt sich durchaus eine einheitliche Reaktionsweise der einzelnen Arten. Kupfer wird aus gleich konzentrierten Lösungen von verschiedenen Pflanzen immer in derselben Menge aufgenommen; für Zink ist die Variationsbreite größer. Auch hier spielt der pH-Wert eine wichtige Rolle. H_3O^+-Ionen können die Aufnahme von Zink und Kupfer massiv behindern. Werden die Hydronium-Ionen durch Ca^{2+} ersetzt, wird diese Behinderung aufgehoben[15].

Da die Aufnahmemechanismen Höherer Pflanzen für Blei, Cadmium, Quecksilber, Zink, Nickel, Kupfer u. a. sowie deren Wirkungen auf Anatomie und Physiologie der Pflanzen im Kap. 6 behandelt werden, soll hier nicht näher auf diese Vorgänge eingegangen werden. Es ist nicht anzunehmen, daß Wasserpflanzen – seien es nun Algen oder Makrophyten – grundsätzlich andere Reaktionen gegenüber Schwermetallen zeigen. Dies ergibt sich auch aus Untersuchungen der Nettophotosyntheseraten unter Schwermetallbelastungen von Makrophyten[15] oder Algen.

Detergenzien

Detergenzien oder Tenside (Abb. 4), deren charakteristisches Merkmal die Grenz- oder Oberflächenaktivität ist, sind in den letzten 30 Jahren in vielen Bereichen des täglichen Lebens sowie in technischen Prozessen zu wichtigen Hilfsmitteln geworden.

Sie werden überall da eingesetzt, wo innige Kontakte zwischen Grenzflächen nicht mischbarer Phasen hergestellt werden sollen. Bedingt durch Molekülbereiche mit hydrophobem und hydrophilem Charakter erfolgt an den Phasengrenzen eine orientierte Anreicherung der Tensidmoleküle. Solche Phasengrenzen sind z. B. die Grenzen Wasser/Luft, Wasser/Boden oder auch Wasser/Organismus. Nach Angaben von Henning[33] dürften in der BR Deutschland im Jahre 1975 ca. 350 000 t Tenside hergestellt worden sein, von denen etwa ⅔ auf anionische und der Rest auf nichtionische sowie zu einem kleinen Teil auf kationische Tenside entfallen. Anionenaktive Tenside (AAT) werden als waschaktive Substanzen in den gebräuchlichen Haushaltswasch-, Spül- und Reinigungsmaschinen verwendet. Sie gelangen damit hauptsächlich mit den Wasch- und Spülmittelflotten in die Gewässer.

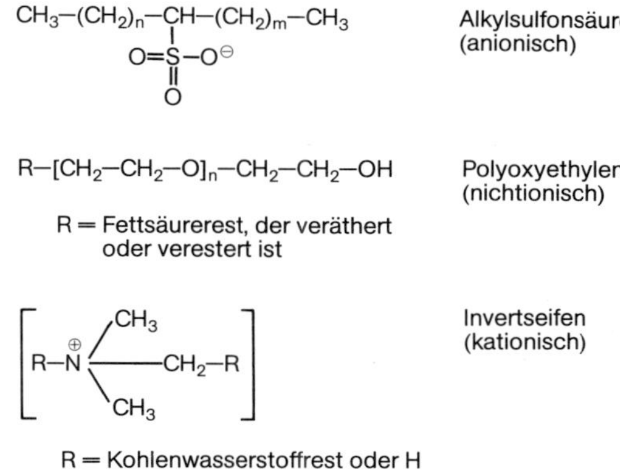

Abb. 4: Allgemeine Strukturen der verbreitetsten Detergenzien.

Bereits Mitte der fünfziger Jahre hatte sich bei stark ansteigendem Waschmittelverbrauch und der biologischen Abbaufestigkeit der in ihnen enthaltenen verzweigtkettigen anionenaktiven Tenside eine deutliche Zunahme der AAT-Belastung der Oberflächengewässer abgezeichnet. Schaumberge, die ab einer AAT-Belastung von 1 mg waschaktiver Substanz pro Liter nicht nur unterhalb von Stauwehren auftraten, sondern zuweilen das Aussehen ganzer Gewässerabschnitte bestimmten, brachten manche Kläranlage zum Erliegen.

Die heute in Waschmitteln verwendeten linearkettigen anionenaktiven Tenside sind entsprechend der Vorschrift des Gesetzgebers seit 1964 innerhalb eines bestimmten Zeitraumes zu mindestens 80 % biologisch abbaubar. Bei realen Abbauwerten von 90–95 % werden die AAT-Belastungen der Oberflächengewässer heute in der Regel mit Werten von 0,1 mg MBAS (= methylenblauaktive Substanz) pro Liter angegeben. Dieser Messung wird das Deutsche Einheitsverfahren H 23 zu Grunde gelegt, das anionenaktive Tenside als Methylenblaukomplex erfaßt[34].

Allerdings treten lokal und zeitlich begrenzt auch deutlich höhere AAT-Belastungen auf. Nach Fischer und Winkler[35] konnten im Rhein Belastungsspitzen bis $5\ mg \cdot l^{-1}$ MBAS festgestellt werden, wobei neuere Daten einen weiteren Rückgang signalisieren. Ähnliche Werte existieren auch für das marine Milieu. Die Stadt Marseille bringt z. B. mit ihren Abwässern täglich etwa 4 t Detergenzien in das Mittelmeer. Nahe der Einleitungsstelle wurden daher etwa $0,5\ mg \cdot l^{-1}$ MBAS gefunden. In 6 km Entfernung von dieser Stelle verringerte sich die Konzentration auf $0,01\ mg \cdot l^{-1}$, was als unbedenklich anzusehen ist[36].

Wirkungen von Detergenzien

Bezüglich der Umweltverträglichkeit von Detergenzien (Tensiden) liegen in erster Linie Unbedenklichkeitsergebnisse in

trinkwasser- und fischtoxikologischer Hinsicht vor. Auch einige Phytoplanktonorganismen wurden untersucht, wobei z. B. für Konzentrationen von 2 mg · l^{-1} MBAS keine Schädigungen festgestellt werden konnten[37].
Über die Auswirkungen der Tenside auf die Vegetationszusammensetzung gibt es praktisch keine Hinweise. Allerdings lassen unterschiedliche Empfindlichkeiten von Makrophyten durchaus Veränderungen erwarten[36].
In anatomisch-morphologischer Hinsicht konnten nach Behandlung verschiedener Makrophyten mit dem anionenaktiven Tensid Marlon A folgende Beobachtungen gemacht werden[38]:

a) Verfärbung der Blätter von frischem Grün in ein „schmutziges" oliv getöntes Grün.
b) Braunwerden von Sproßteilen.
c) Verfaulen von Sproßteilen, Verfärbung von Blattabschnitten nach dunkelbraun.
d) Totale Pigment- und Zellinhaltsverluste der Blattzellen.

Außerdem zeigten die untersuchten Makrophyten allgemeine Wachstumsstörungen, welche aber nur nach sehr langen Belastungsperioden auftraten. Ähnliche Befunde wurden auch an Hydrokulturen von Senfkeimlingen gewonnen (siehe S. 140).
Alle erwähnten anatomisch-morphologischen Veränderungen nach einer Tensidbehandlung sprechen für einen Einfluß auf physiologischer Ebene. Bevor jedoch darauf eingegangen werden kann, stellt sich die Frage, ob Tenside von den Pflanzen überhaupt aufgenommen und transportiert werden. Natriumdodecylsulfat

$$[C_{12}H_{25}\text{-O-SO}_2\text{-O}]^{\ominus}Na^{\oplus}$$

kann, sobald es mit Zell- oder Chloroplastenmembranen in Interaktion getreten ist, kaum mehr von diesen getrennt werden. Eine Translokation ist unwahrscheinlich[38]. Man konnte zeigen, daß nach 20tägiger Belastung von Wasserpflanzen mit Marlon A (tech. Gemisch von ca. 20 linearkettigen Alyklbenzosulfonaten mit 10–13 C-Atomen im Alkylrest und statistischer Verteilung des Benzolkerns) im Konzentrationsbereich von 1–5 mg · l^{-1} MBAS immer wieder neue, vital grüne Blattflächenabschnitte an der Blattbasis älterer Blätter festzustellen waren. Auch die Neubildung grüner Blätter an der Sproßachse spricht gegen eine Translokation des Tensids in den Testsprossen. Offensichtlich wirkt ein Tensid als konzentrationsabhängiges „Kontaktgift". Je höher die Konzentration und je länger der Kontakt, desto deutlicher fallen die meßbaren und sichtbaren Schädigungen am Kontaktort aus.
Die physiologische Wirkung der Tenside ist sicher in den Wechselwirkungen dieser Stoffe mit den zellulären und subzellulären Membranen der Pflanzen zu suchen. Es ist erwiesen, daß oberflächenaktive Substanzen an der Protein-Lipid-Interphase, an der sie sich wie Phospholipide orientieren, in die Grana der Chloroplasten eindringen. In ähnlicher Weise werden durch Reaktionen mit Lipoproteiden die chemischen und biologischen Eigenschaften von Zell- und Mitochondrienmembranen verändert, was zu Permeabilitätsänderungen führen kann. Möglicherweise wird durch Wechselwirkungen mit Chloroplastenmembranen der Chlorphyll-Protein-Komplex wasserlöslich. Es wurde nämlich in Belastungsversuchen mit Alkylbenzosulfonaten an der Grünalge *Cladophora* das Austreten von Chlorophyll aus den Algenzellen festgestellt.
Außerdem konnte gezeigt werden, daß durch die Anreicherung von Tensiden an den Zell- oder Organellmembranen eine negative Ladungsanhäufung auftritt; dies führt zu einer Attraktion von Protonen aus dem umgebenden Medium, so eventuell auch in die Thylakoidmembranen der Chloroplasten. Eine erhöhte Protonenkonzentration in diesen Lamellen bewirkt aber eine Umwandlung von Chlorphyll in das bräunlich gefärbte, photosynthetisch nicht aktive Phaeophytin. Mit diesen Befunden lassen sich zwangsläufig auch die schon erwähnten makroskopischen Befunde wie Pigmentverlust, Verlust des Zellinhaltes oder die Braunfärbung von Blättern und Sproßachsen erklären.
Neben dieser Wirkung der Tenside auf Membranen (vgl. auch S. 140), wurden auch eine Desaktivierung von Ribonuclease A, eine Inhibierung der Hill-Reaktion und signifikante Hemmungen der Nettophotosynthese bei Makrophyten beobachtet. Die Reaktionen der einzelnen Wasserpflanzen waren jedoch sehr unterschiedlich. Als relativ empfindlich kann *Potamogeton crispus* gelten, während *Elodea canadensis* und *Groenlandia densa* weniger sensitiv waren. Die Schädigungen durch Tenside sind bei 8,5 °C wesentlich geringer als bei 11,5 °C[36].
Neben den Einflüssen der Wassertemperatur auf die Wirksamkeit von Tensiden, sind sicher auch Wechselwirkungen mit anderen Umweltchemikalien, wie z. B. synergistische Effekte mit Schwermetallen zu erwarten.
Zusammenfassend kann festgestellt werden, daß aquatische Makrophyten wesentlich empfindlicher auf Belastungen mit anionenaktiven Tensiden reagieren als Algen, Protozoen oder Fische[38]. Ihre Bedeutung liegt allerdings mehr in der Schädigung der Pflanzen als in einer toxikologischen Wirkung für den Menschen.

Öl und Kohlenwasserstoffe

Schätzungen darüber, wieviel Erdöl jährlich die Binnengewässer und die Weltmeere verschmutzt, gehen weit auseinander. Frühere Berechnungen sprachen von 5–10 Millionen Tonnen; neuere Schätzungen kommen zu niedrigeren Zahlen, obwohl gerade die jüngsten Ereignisse im Persischen Golf, an der Spanischen Küste oder an der Küste der Shetland-Inseln die Situation wieder völlig verändert haben könnten. Offenbar ist die Ölmenge überbewertet worden, welche durch Unglücksfälle in die Gewässer gelangt. Dagegen hat sich bestätigt, daß große Ölmengen aus vielen kleinen Lecks und routinemäßigen Unachtsamkeiten stammen, und zwar nicht nur auf See und im Küstenbereich, sondern auch im Binnenland.
Im Binnenland kann das Öl mit dem Regenwasser von den Straßen oder bei Ölunfällen (Verkehrsunfälle mit Tankfahrzeugen, Bruch von Öl-Pipelines, Korrosion von ufernahen Heizöltanks) in die Seen gelangen. Wichtig ist auch die Belastung durch Motorboote (v. a. bei Zweitaktern), deren öliger Auswurf in das Wasser geleitet wird. Nach einem Gutachten des Bundesgesundheitsamtes von 1966 sind als Obergrenze für stehende Gewässer je 200 000 Liter Wasser und Jahr der

Tab. 2: Schätzungen an Rohöl- und Erdölkohlenwasserstoffen, die 1969 in die Weltmeere gelangten[40].

Verschmutzungsquelle	Millionen Tonnen
Normale Tankerfahrt	0,53
untermeerische Ölförderung	0,10
Normale Schiffahrt	0,50
Raffinierieabwässer	0,30
Ölabfälle von Land (Industrie u. Verkehr)	0,55
Unglücksfälle	0,20
Direkter Eintrag (insgesamt)	2,18
Eintrag über die Atmosphäre (aus Verbrennungsprozessen von Industrie, Haushalt und Verkehr)	10,00
Vom Menschen verursachter Eintrag	12,18
Natürliche untermeerische Quellen	0,10

Verbrauch von 1 l Brennstoffgemisch anzusehen. Bei einem mittleren Verbrauch von 400 Liter Brennstoffgemisch je Boot und Jahr müssen also etwa 100 000 m^3 Wasser je Motorboot zur Verfügung stehen, wenn der See nicht durch Verölung beeinträchtigt werden soll. Dies ist nicht in allen Binnengewässern gewährleistet, obwohl der Betrieb von Zweitaktmotoren auf Binnengewässern zwischenzeitlich weitgehend verboten ist[39]. Viel größer als die Menge der direkt in die Ozeane und wohl auch in die Binnengewässer eingetragenen Erdölprodukte ist aber sicher die Menge an Erdölkohlenwasserstoffen, welche durch unvollständige Verbrennung in die Atmosphäre gelangen und sich anschließend wieder als „fall out“ in den Gewässern niederschlägt. Für die Weltmeere ist hierfür in Tab. 2 ein Beispiel gegeben.
Die lange Zeit steigende Menge an gefördertem Erdöl sowie der Transport mit immer größeren Tankschiffen haben die Gefahr einer Ölpest zunehmend vergrößert. Dies gilt besonders für die ständig bedrohten Küstengebiete, wie die Tankerunfälle im März 1967 vor der englischen Küste, 1978 an der Küste der Bretagne oder jüngstens in Spanien und den Shetland-Inseln drastisch gezeigt haben.
Beim Wort „Ölpest“ denkt man zunächst nur an zwei unangenehme Folgen: einmal an die Beeinträchtigung des Badevergnügens am Strand und zum zweiten an das Sterben der Seevögel, die ihr Gefieder mit Öl verschmutzen. Ökologisch bedeutungsvoller sind oft aber ganz andere Folgen eines Ölunfalls. Viele Jahre geschah die Bekämpfung einer Ölpest mit Detergenzien, die eine Öl-Wasser-Emulsion schaffen. Es gibt Beispiele, wo 10 000 t Detergenzien verbraucht wurden, um 14 000 t Öl zu bekämpfen. Die früher verwendeten Detergenzien waren generell ziemlich giftig (siehe oben), was auf ihren hohen Anteil an aromatischen Bestandteilen zurückzuführen war. Heute kennt man zwar weniger toxische Detergenzien, dennoch ist ein Emulgieren des Öls mit diesen Substanzen problematisch, da das emulgierte Öl dann in der gesamten Wassersäule giftig wirken kann, während es sonst nur auf der Wasseroberfläche schwimmt. Es verdampfen zwar zunächst alle leichtflüchtigen Substanzen, aber andere Komponenten, die z. T. sicher ebenfalls giftig sind, lösen sich im Wasser; über sie und ihren Verbleib ist jedoch wenig bekannt. Die Hauptmenge des auf der Meeresoberfläche verbleibenden Öls besteht jedoch aus weniger toxischen Verbindungen, die teils unter der Wirkung des Sonnenlichts (UV) oxidiert oder von Bakterien, Pilzen oder auch Algen abgebaut werden[41]. *Pseudomonas oleovorans* etwa baut mit Hilfe einer ω-Hydroxylase (siehe nachfolgendes Schema) Erdöl mit einer Umsatzrate von 0,5 g/Tag und m^2 ab.

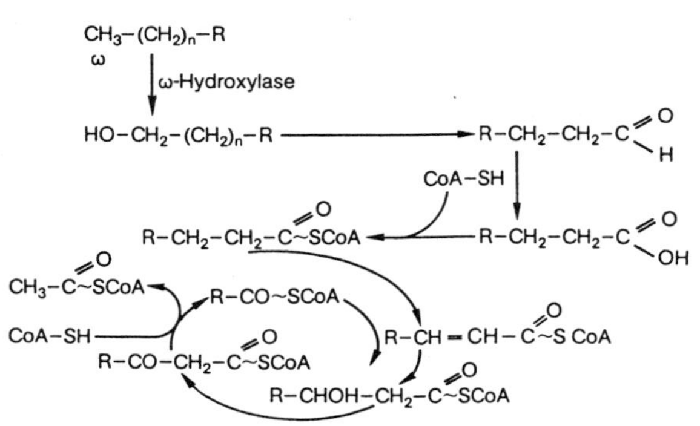

Die Geschwindigkeit des Abbaus hängt stark von der Verfügbarkeit an Sauerstoff oder von mineralischen Stickstoff- oder Phosphorverbindungen ab. Dies zeigen Experimente, in denen der Ölabbau in einer vergleichbaren Zeiteinheit durch Nährstoffzugabe von 5 auf 70 % gesteigert werden konnte[3].

Insgesamt ist damit – wegen des mikrobiellen Abbaus – Erdöl kein Schadstoff, der sich weltweit an der Meeresoberfläche ansammeln könnte. Allerdings sind im Erdöl teerige Substanzen enthalten, die als persistent bezeichnet werden müssen. Diese treten in Form von Teerklumpen auf, die auf dem Wasser treiben. Sie enthalten neben anderen aromatischen Kohlenwasserstoffen z. B. das hochkanzerogene 3,4-Benzpyren. Da geringste Konzentrationen solcher kanzerogenen Chemikalien das Krebsrisiko für den Menschen stark erhöhen, muß ihr Vorkommen in der aquatischen Nahrungskette mit Aufmerksamkeit verfolgt werden.

Wirkungen von Öl und Kohlenwasserstoffen[42]

Die Auswirkungen einer Ölverschmutzung von Gewässern und ihre Wirkung auf Wasserpflanzen sind relativ schwierig zu untersuchen. Das hängt in erster Linie damit zusammen, daß Rohöl keine einheitliche Chemikalie darstellt, sondern ein Gemisch von komplexen aliphatischen und aromatischen Kohlenwasserstoffen ist. Weiterhin erschwert werden solche Untersuchungen dadurch, daß Rohöle von verschiedenen Förderorten sehr unterschiedlich zusammengesetzt sind. Zusätzlich muß bei einem Eintrag von Rohöl ins Wasser beachtet werden, daß die Zusammensetzung des Öls durch Abdestillation leicht flüchtiger Kohlenwasserstoffe oder durch mikrobiellen Abbau sehr schnell verändert wird. Es muß daher versucht werden, zwischen den Wirkungen einer Gesamtölfraktion und einzelner Komponenten auf die Pflanze zu unterscheiden. Dies soll nachfolgend geschehen.
Wie über die Tenside ist über die Auswirkungen einer Ölkontamination auf die Vegetationszusammensetzung relativ wenig bekannt. Einige wenige Erkenntnisse existieren in bezug auf Algen, die auf Ölbelastungen sehr unterschiedlich reagieren. Zum Beispiel sind *Chlorella vulgaris, Chlamydomonas*-Arten und *Ankistrodesmus*-Arten sehr viel unempfindlicher gegen Rohöle als die Alge *Selenastrum capricornutum*[42]. Dies bezieht sich zunächst nur auf das Wachstum. Doch gibt es auch Hinweise, daß die Primärproduktionsraten verschiedener Phytoplanktonalgen und benthischer Formen wie *Laminaria saccharina* oder *Phyllophora truncata* durch alle Konzentrationen und alle Ölsorten stark eingeschränkt werden. Dies ist vergleichbar mit Befunden bei terrestrischen Ökosystemen, wo ebenfalls Produktionseinschränkungen bis zu 74 % festgestellt werden konnten[44]. Die erwähnte, unterschiedliche Resistenz der Algen führt sicher früher oder später zu Populationsverschiebungen, vorausgesetzt, die Öleinwirkung hält genügend lang an.
Während über anatomisch-morphologische Veränderungen durch Rohöle bei Wasserpflanzen keine verwertbaren Befunde vorliegen, ist einiges über Auswirkungen auf physiologischer Ebene bekannt. Hier muß zwischen den Wirkungen der Gesamtölfraktion, der Destillatfraktion und der aromatischen Anteile unterschieden werden.
a) **Gesamtölfraktion:** Hemmungen des Algenwachstums sowie der Photosynthese von Algen und Makrophyten durch Rohöl wurden mehrfach beobachtet[42]. Dabei ist zwischen zwei prinzipiell unterschiedlichen Wirkungsweisen zu differenzieren, nämlich zwischen physikalischen Effekten und chemischen Wirkungen. Gelangt Rohöl ins Wasser, so bildet sich zunächst ein Ölfilm auf der Wasseroberfläche, der den Gasaustausch zwischen Wasser und Luft einschränkt. Ähnliche Ölfilme überziehen auch die Blätter und Sproßachsen von Makrophyten und verhindern so den Gasaustausch zwischen Pflanze und Wasser, was sich auf Photosynthese und Atmung auswirken muß[45]. Auf gleiche Weise kann natürlich auch der Gasaustausch von Makro- und Mikroalgen beeinflußt werden und so zu Behinderungen der Photosynthese führen. Chemische Effekte auf das Wachstum spielen sich möglicherweise auf der

Ebene der DNS- oder RNS-Synthese ab. Einige Makroalgen wie *Grateloupia dichotoma* oder *Polysiphonia opaca* (Rotalgen) sowie *Ulva lactuca* (Grünalge) zeigen in Gegenwart von Öl-Seewasser-Emulsionen geringere DNS- oder RNS-Gehalte.
Die Empfindlichkeit von Algen gegenüber Öl variiert sehr stark von Art zu Art. Manche Algen zeigen – sowohl in Reinkulturen als auch in natürlichen Phytoplanktonpopulationen – in Gegenwart von niedrigen Ölkonzentrationen ($< 50\ \mu g \cdot l^{-1}$) sogar eine Steigerung der Photosynthese. Erst ab $50\ \mu g \cdot l^{-1}$ setzt eine Hemmung ein, die bis zu $300\ \mu g \cdot l^{-1}$ stetig zunimmt. Die schon erwähnte, ständige Veränderung der Ölfraktion während einer längeren Versuchsperiode erfordert allerdings, die Befunde mit größter Vorsicht zu betrachten.
b) **Destillat-Fraktion:** Auf Grund der erwähnten Schwierigkeiten mit Gesamt-Rohölfraktionen, wurden in vielen Experimenten genau definierte Destillatfraktionen eingesetzt. Hierbei ergaben sich z. T. gravierende Unterschiede für verschiedene Algen. So wird das Wachstum der Grünalge *Chlorella autotrophica* durch niedrig siedende Fraktionen stark eingeschränkt, während Blaualgen und Diatomeen eher gegen höher siedende Fraktionen empfindlich sind. Jedoch hängen auch hier die Wirkungen zum Teil von der Herkunft des Rohöls ab.
c) **Aromatische Kohlenwasserstoffe:** Diese Fraktion wurde in den vergangenen Jahren ausführlich untersucht. Dafür gibt es folgende Gründe:
1) Die Toxizität von Rohölen scheint überwiegend durch diese Substanzen bedingt zu sein.
2) Sie sind in wässrigen Ölfraktionen in größeren Mengen zu finden.
3) Sie zeigen eine recht gute Löslichkeit im Süß- und Salzwasser.
Viele dieser aromatischen Kohlenwasserstoffe hemmen das Wachstum von Grün- und Blaualgen, wobei eine Toxizitätsreihe aufgestellt werden kann. Die Toxizität für Algen steigt in folgender Reihenfolge: Benzol < Toluol < Xylol < Phenanthren < Naphthalin < Kresol < Trimethyl-Benzol < Dimethyl-Naphthalin. Wegen seiner Mittelstellung wurde speziell Naphthalin ausführlicher untersucht. Dieser Schadstoff wird offensichtlich gut von Algenzellen aufgenommen und hemmt Zellwachstum und Photosynthese[42]. Allerdings werden beide Vorgänge nach Entfernung des Naphthalins schnell wieder regeneriert. Bis jetzt bleibt dabei unklar, ob die Algen in der Lage sind, das Naphthalin selbst wieder zu entfernen, sei es durch Exkretion oder durch metabolischen Abbau. Gewisse

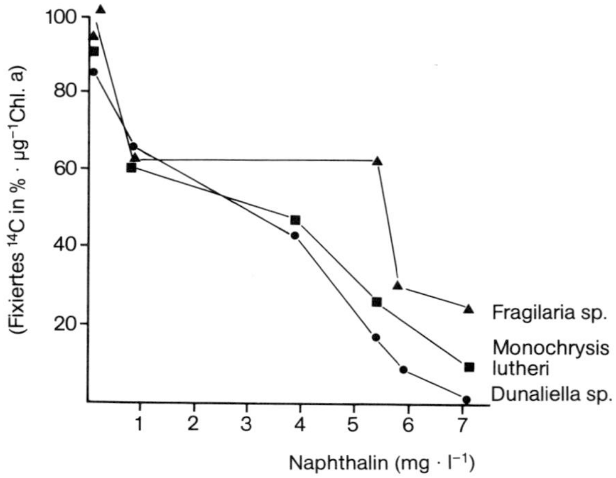

Abb. 5: Wirkungen von Naphthalin auf die Photosynthese mariner Algen (nach Vandermeulen und Ahern (1976)[42].

Tab. 3: ATP-Konzentrationen in *Monochrysis lutheri* in Gegenwart von $5{,}4\ mg \cdot l^{-1}$ Naphthalin[42].

Behandlung	ATP-Gehalt ($ng \cdot \mu g^{-1}$ Chlorophyll a) Licht	Dunkel
Kontrolle	40,24 ± 4,06	38,40 ± 2,65
Naphthalin	26,56 ± 4,89	20,52 ± 7,11

Befunde weisen allerdings darauf hin, daß Naphthalin nicht entfernt, sondern nur bei der Zellteilung verdünnt wird.
Zur Wirkung von Naphthalin auf die Photosyntheseaktivität und die Stabilität des Photosyntheseapparates wurde eine ausführliche Untersuchung durchgeführt. Dabei wurden die Effekte dieser Substanz auf drei repräsentative marine Einzeller untersucht: *Fragilaria* spec., *Monochrysis lutheri* und *Dunaliella* spec. Die Reaktionen der Algen auf das Naphthalin waren ähnlich (Abb. 5).
Zwischen 0 und $1\ mg \cdot l^{-1}$ wurden die Photosyntheseraten der Algen um 30–40 % erniedrigt; mit steigenden Konzentrationen erfolgte ein weiterer, kontinuierlicher Abfall. Durch $7\ mg \cdot l^{-1}$ war die Photosynthese von *Dunaliella* völlig gehemmt. Aber auch hier konnte nach Entfernung des Naphthalins eine Regenerierung des Photosyntheseapparates festgestellt werden. Während des Versuchszeitraumes wurden weder Veränderungen der Chlorophyll a-Konzentration noch eine Zunahme des Phaeophytingehaltes festgestellt. Eine signifikante Veränderung ließ sich nur in der ATP-Konzentration messen: sowohl im Licht als auch im Dunkel nahm der ATP-Gehalt ab (Tab. 3).
Die beschriebenen Ergebnisse lassen folgende Schlüsse zu: Marine einzellige Algen sind empfindlich gegen Naphthalinspuren und wahrscheinlich auch gegen andere aromatische Kohlenwasserstoffe. Nach Kurzzeiteinwirkungen sind die Schädigungen reversibel, was auf eine reversible Bindung des Naphthalinmoleküls hindeutet. Offensichtlich wird der Photosyntheseapparat auch durch hohe Konzentrationen nicht geschädigt. Die Hemmung der CO_2-Fixierung ist möglicherweise sekundär durch Hemmung der ATP-Synthese bedingt, die auch in der Dunkelphase festzustellen ist.
Die beschriebenen Befunde zeigen, daß Rohöle oder Ölderivate durchaus toxische Wirkungen auf Wasserpflanzen – speziell Algen – haben können. Allerdings stellt sich die Frage, ob die Laborbefunde ins Freiland übertragen werden dürfen. Die im Meer auftretenden Konzentrationen von Naphthalin sind mit $0{,}032\ mg \cdot l^{-1} - 0{,}15\ mg \cdot l^{-1}$ viel geringer als die getesteten Laborkonzentrationen ($1\ mg \cdot l^{-1}$). Normalerweise dürfte daher ein Einfluß auf Algen nicht zu erwarten sein. Ausnahmen ergeben sich vielleicht bei Unfällen, wenn gleichzeitig wenig Verdunstung stattfindet, d. h. bei niedrigen Temperaturen, in Meeresbuchten oder in Binnengewässern, wo das ausgelaufene Öl nicht schnell genug verdünnt wird. Unter solchen Bedingungen bleiben die toxischen Verbindungen in Lösung und können Schäden an den Wasserpflanzen anrichten.

Chlorierte Kohlenwasserstoffe und andere Pestizide

Eine wichtige Gruppe von Chemikalien sind auch die PCBs (= polychlorierte Biphenyle):

Diese werden schon seit 1929 in zunehmendem Maße verwendet. Es handelt sich dabei um ölige Substanzen, welche kaum mit anderen Stoffen reagieren und auch gegen hohe Temperaturen unempfindlich sind. Deshalb werden sie als Kühlflüssigkeit und Wärmeaustauscher z. B. in elektrischen Transformatoren eingesetzt. Aber auch als Träger für andere Substanzen sind sie weit verbreitet[3]. Bis vor einigen Jahren enthielten Chlorkautschukfarben und PVC ca. 5–8 % PCB, bewuchshemmende Unterwasserschiffsfarben 3–5 % und farbloses Kopierpapier 1–2 %[46].

In Gewässern wurden PCBs zum ersten Mal 1966 in Skandinavien entdeckt[46]. Seit dieser Zeit gibt es zunehmend Berichte über PCBs in aquatischen Ökosystemen. So konnten in Muscheln PCB-Konzentrationen von wenigen $\mu g \cdot l^{-1}$ festgestellt werden. Doch stiegen die Konzentrationen in den Endgliedern der Nahrungskette (Fische) bis auf 240 $mg \cdot l^{-1}$ an. In den Fischen wurden dann auch Leberschäden festgestellt, die offensichtlich durch die PCB-Akkumulation ausgelöst worden waren. Ob die nachgewiesenen Mengen auch für den Menschen toxikologisch relevant sind, ist noch nicht eindeutig geklärt. Trotzdem wurde die Produktion der PCBs – nach Erkennen der Umweltgefahren – drastisch eingeschränkt. Wegen ihrer hohen Persistenz sind sie aber in den Gewässern noch weltweit verbreitet.

Große Bedeutung als Umweltchemikalien besitzen auch eine Reihe von Pestiziden, von denen stellvertretend das Herbizid Atrazin sowie die Insektizide Aldrin, Hexachlorcyclohexan (HCH) und DDT sowie einige verwandte Verbindungen genannt werden sollen.

Atrazin wurde viele Jahre als selektives Herbizid im Mais- und Hirseanbau eingesetzt. Lange Zeit wurde es weiterhin von vielen Eisenbahnunternehmen als Totalherbizid zum Entkrauten von Schienen verwendet. Neben dem bestimmungsgemäßen Gebrauch ist das Atrazin wohl auch durch punktuelle Belastung infolge von Unfällen, unsachgemäßer Reinigung von Werkzeugen usw. in erheblichem Maße in der Umwelt verbreitet worden.

Das Triazinherbizid wird in der Umwelt zwar durch Hydrolyse, durch N-Dealkylierung oder durch mikrobiellen Abbau des Triazinringes abgebaut, doch sind die Abbauraten sowohl im Boden als auch im Wasser sehr unterschiedlich, da eine Vielzahl physikalischer (z. B. Temperatur), chemischer (z. B. pH-Wert) und biologischer (z. B. Vorkommen bestimmter Destruenten) Faktoren den Abbau beeinflussen können. So liegen die Halbwertszeiten im Wasser zwischen 3 und 300 und im Boden zwischen 20 und mehr als 385 Tagen[47]. Die relative Persistenz des Herbizids hat dazu geführt, daß sowohl in Oberflächengewässern als auch im Grundwasser Atrazin nachgewiesen werden konnte. In den Oberflächengewässern wurden in Fließwassersystemen selten mehr als 10 $\mu g \cdot l^{-1}$ gefunden und in stehenden Gewässern blieben die Konzentrationen meist unter 0,1 $\mu g \cdot l^{-1}$. Natürlich können die Konzentrationen im Runoff-Wasser von Maisfeldern erheblich höher sein, welches aber nur kurzzeitig auftritt. Die genannten Konzentrationen können im Prinzip als relativ unbedenklich für die aquatischen Ökosysteme angesehen werden (s. unten).

Viel problematischer ist das Auftreten von Atrazin im Grundwasser. In verschiedenen Ländern wurden Werte von deutlich über 1 $\mu g \cdot l^{-1}$ gefunden, was um eine Zehnerpotenz über dem Trinkwassergrenzwert (0,1 $\mu g \cdot l^{-1}$) der EG liegt. Es ist aber darauf hinzuweisen, daß sowohl die Probenahme als auch die Analytik mit einer Reihe von Fehlerquellen behaftet ist, die die gemessenen Werte vielfach zweifelhaft erscheinen lassen. Zum Beispiel gibt es in Deutschland keine repräsentative Untersuchung der Grundwasserbelastung mit Atrazin, sondern die hohen Konzentrationswerte wurden entweder in Flachbrunnen oder in Regionen mit ungünstiger Bodenstruktur gefunden[48,49]. Weiterhin ist die Probennahme nicht standardisiert und die Analytik genügt vielfach nicht den geforderten Ansprüchen[49]. Trotz dieser offensichtlichen Verfahrensmängel wurde die Zulassung für das Atrazin 1991 zurückgezogen, und es wurde ein Anwendungsverbot erteilt.

Bei den Insektiziden geriet zuerst das DDT in die Diskussion. Diese Verbindung wurde nach dem zweiten Weltkrieg in zunehmendem Maße gegen Schadinsekten eingesetzt. Dabei stieg die Produktion von 3500 t im Jahre 1945 bis auf über 100 000 t im Jahre 1970 an[50].

DDT:
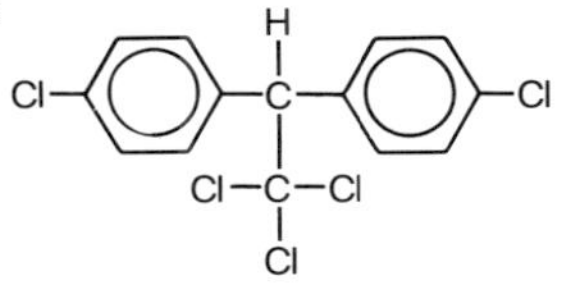

Aldrin:
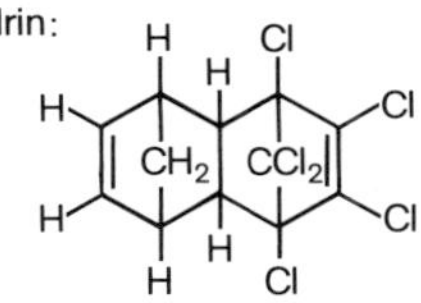

HCH:
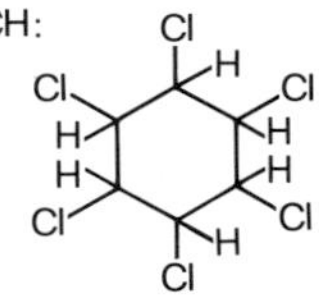

Nachdem die Gefährlichkeit von DDT und seiner Metabolite erkannt worden war, wurde deren Anwendung in vielen Ländern verboten. Es darf nur noch dort benutzt werden, wo sich bestimmte Schädlingsarten bisher nicht auf anderem Wege bekämpfen lassen, wie bei Zwiebel-, Pfeffer- und Süßkartoffelkulturen in den USA. In Deutschland dagegen war das DDT-Problem nie gravierend. Auch in den 60er Jahren wurde DDT nur zu 3 % als Pflanzenschutzmittel verwendet. In den Entwicklungsländern dagegen glaubt man vielfach, auch in Zukunft nicht auf die weiträumige Verwendung von DDT verzichten zu können, weil kein anderes Mittel bisher in Wirksamkeit, relativer Ungiftigkeit für Mensch und Vieh sowie Herstellungskosten konkurrieren kann[3].

1966 wurde es – obwohl Pestizide nur zu einem sehr geringen Teil als Holzschutzmittel im Bootsbau verwendet werden – als Sensation angesehen, daß sogar in Robben und Pinguinen der Antarktis 0,05 $mg \cdot kg^{-1}$ DDT-Verbindungen gespeichert wurden. Zunehmende Verbesserungen der Analysenmethoden erlaubten es in der Folge auch, DDT im Wasser direkt nachzuweisen. Dabei wurden im verschmutzten Meerwasser DDT-Konzentrationen von 0,001–0,002 $\mu g \cdot l^{-1}$ gefunden, in stärker belasteten Meeresabschnitten vor Kalifornien jedoch bis zu 0,005 $\mu g \cdot l^{-1}$.

Zu den organischen Schadstoffen im Wasser gehören auch die Phenole. Die Gewässerbelastung mit diesen Verbindungen stammt sowohl aus natürlichen wie auch aus technischen Quellen. Von der Vielzahl natürlicher Phenole spielen vor allem die algenbürtigen Schadstoffe eine große Rolle[14]. Synthetische Phenole können aus vier Quellen in den Wasserkreislauf gelangen: durch die Herstellung bestimmter phenolischer Produkte, durch deren Transport und Lagerung, durch die Anwendung dieser Stoffe in Haushalt und Industrie. In der chemischen Industrie werden die verschiedensten Phenole produziert und zu zahlreichen Zwischen- und Endprodukten verarbeitet. Hier sind Arzneimittel, Farbstoffe, Weichmacher, Kunststoffe, Emulgatoren, Detergenzien, Desinfektionsmittel sowie Konservierungsmittel zu nennen.

Bei vielen dieser Stoffe handelt es sich um substituierte Monophenole, die Aryl-, Alkyl-, Halogen-, Nitro-, Methoxy- oder andere funktionelle Gruppen tragen. Speziell diese Phenole sind besonders toxisch, oft schwer abbaubar und können im Organismus akkumuliert werden. Im Verlauf der Herstellung und Verarbeitung dieser Substanzen bleibt natürlich nicht aus, daß mehr oder weniger große Mengen mit dem Abwasser aus den Fabriken in die Oberflächengewässer gelangen. Gleiches gilt für Transport, Umschlag und Lagerung. In steigendem Maße gelangen phenolhaltige Desinfektionsmittel über Reinigungs-, Wasch-, Putz- und Scheuermittel usw. in das häusliche Abwasser. In den industriellen und technischen Abwässern spielen vor allem die Konservierungsmittel eine große Rolle. Diese gelangen bestimmungsgemäß, aber auch ungewollt z. B. durch Abstoß von Restlösungen, Reinigung von Behältern u. ä. ins Abwasser. Hier sei speziell auf Pentachlorphenol verwiesen, welches in der Papierindustrie als Konservierungsmittel eingesetzt wird:

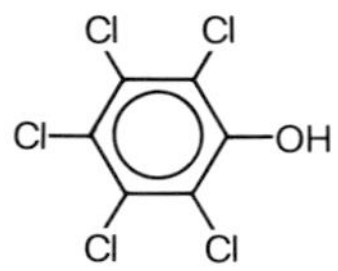

Pentachlorphenol

So werden z. B. in Abwässern von Papierfabriken Konzentrationen zwischen 20 und 680 $\mu g \cdot l^{-1}$ gefunden. In unbelasteten Gewässern liegen die Konzentrationen bei 0,1 $\mu g \cdot l^{-1}$ (0,1 ppb). Diese Werte werden jedoch durch Abwassereinleitungen oder Unfälle oft stark erhöht (bis ca. 15 $\mu g \cdot l^{-1}$). Damit kommt dem Pentachlorphenol (PCP) und seiner Wirkung auf die aquatischen Organismen gleichfalls eine große Bedeutung zu[51].

Wirkungen von Atrazin und chlorierten Kohlenwasserstoffen

Atrazin wird von pflanzlichen Organismen aus dem Wasser auf verschiedene Art und Weise aufgenommen. Beim Phytoplankton spielt wohl nur die Adsorption eine Rolle, die zu einer Bioakkumulation des Atrazins in den Algen führt. Es wurden bei unterschiedlichen Algen verschiedene Anreicherungsfaktoren beobachtet. Die Grünalge *Scenedesmus acutus* weist Anreicherungsfaktoren zwischen 10 und 50 auf. Diese Faktoren steigen bei Kieselalgen auf etwa 100 an. Die Aufnahme erfolgt in wenigen Minuten. Wobei allerdings gleichzeitig eine sehr schnelle Elimination des Atrazins beobachtet wurde. Dies führt dazu, daß eine schädliche Anreicherung wohl nur in Gewässern zu erwarten ist, in welchen über längere Zeit hohe Konzentrationen auftreten.

Dies gilt in ähnlicher Weise für Wasserpflanzen (z. B. *Potamogeton, Myriophyllum*), bei denen das Atrazin bevorzugt über die Wurzeln aufgenommen wird. Dabei liegen die Anreicherungsfaktoren deutlich unter denen der Planktonalgen[52,53].

Ein direkter Einfluß des Atrazins auf die Populationsentwicklungen in Gewässern konnte bisher nicht gefunden werden. Vermutungen, daß die Gewässervegetation in einem stark durch Atrazin-Runoff belasteten Brackwassersystem durch das Herbizid verändert worden sein könnte, haben sich bisher nicht bestätigen lassen[54]. Im Prinzip ist dies auch nicht zu erwarten, da die gefundenen Atrazinmengen immer deutlich unter den Wirkschwellen der Wasserpflanzen liegen. Die Konzentrationen, die bei Planktonalgen zu ersten Wirkungen führen, schwanken zwischen 1 $\mu g \cdot l^{-1}$ bis zu über 900 $\mu g \cdot l^{-1}$, wobei alle beobachteten Effekte bis zu einer Konzentration von ca. 20 $\mu g \cdot l^{-1}$ reversibel waren und somit nicht zu einer Dauerschädigung führen können. Ähnliche Verhältnisse liegen bei den aquatischen Makrophyten vor. Die Wirkschwellen verschiedener Spezies differieren von 3 bis 1200 $\mu g \cdot l^{-1}$. Irreversible Effekte traten erst ab 20 $\mu g \cdot l^{-1}$ auf[54].

Wie andere Triazinherbizide hemmt Atrazin den photosynthetischen Elektronentransport im Bereich des Photosystems II (s. Kapitel Herbizide). Durch die Hemmung der Photosynthese werden Prozesse, die indirekt von der Photosynthese abhängen, wie Spaltöffnungsbewegungen, Transpiration, Ionentransport und andere energieabhängige Reaktionen in den Pflanzen, gleichfalls beeinflußt. Weiterhin gibt es Hinweise, daß der Phytohormonhaushalt und die Ionenbalance durch Atrazin gestört werden können[55]. Einige Pflanzen wie z. B. Mais oder Hirse besitzen effiziente Detoxifizierungsmechanismen[56], weshalb Atrazin ja erst als selektives Herbizid im Mais- und Hirseanbau eingesetzt werden kann. Für Wasserpflanzen gibt es allerdings keine Hinweise für ähnliche Reaktionsmechanismen.

Wegen ihrer sehr ähnlichen Wirkungsweise auf Wasserpflanzen sollen die PCBs, DDT und PCP zusammen abgehandelt werden. Über Aufnahme und Wirkungen dieser Stoffe auf Wasserpflanzen liegen relativ wenig Befunde vor. Überwiegend wurden Untersuchungen an Tieren wie Fischen und Crustaceen durchgeführt. Einige Arbeiten gibt es auch über Algen, während aquatische Makrophyten bisher größtenteils ausgeklammert wurden[57,58,59,60].

Ein direkter Einfluß von PCBs, DDT und PCP auf die Vegetationszusammensetzung in den Gewässern wurde bisher gleichfalls selten beobachtet. Immerhin konnte aber gezeigt werden, daß nach PCB-Belastung die Zahl von kettenförmigen Diatomeen abnimmt, während sich die Zahl der freilebenden Formen von Kieselalgen und Mikroflagellaten vergrößert[61]. Auch gegenüber DDT zeigen manche Algen eine höhere Empfindlichkeit als andere. So ist die Grünalge *Coelastrum* ausgesprochen resistent gegenüber DDT. Die Resistenz ist offenbar auf einen erhöhten Fettgehalt zurückzuführen. Die Speicherkapazität der Algen für DDT hängt eindeutig von ihrem Fettgehalt ab[58]. Dies gilt sicher in gleicher Weise für PCP. Durch die differenzierten Empfindlichkeiten der Wasserpflanzen sind nach Dauereinwirkungen von chlorierten Kohlenwasserstoffen sicher auch signifikante Populationsverschiebungen zu erwarten.

Betrachtet man die Wirkungen von PCBs, DDT und PCP im anatomisch-morphologischen Bereich, so sind hier in erster Linie Wachstumshemmungen bei Algen zu nennen. Nur wenige Untersuchungen belegen die gleichen Effekte auch bei Höheren Pflanzen[57,58]. Cytologische Veränderungen in Chloroplasten und Mitochondrien wurden ebenfalls beobachtet. PCBs sind in der Lage, Chloroplasten durch Auflösung der Thylakoidmembranen in Chromoplasten umzuwandeln, bevor sie völlig zerstört werden[57]. Auch DDT greift in die Chloroplastenmembran ein, wobei allerdings Membranzerstörungen direkt nicht festgestellt werden können[58]. PCP führt zu Chlorophyllabbau bei Algen und Höheren Pflanzen und zerstört deren Chloroplastenstruktur. Die Chloroplasten der Wasserpflanze *Lemna minor* z. B. waren nach einer 60stündigen Behandlung mit 6 $mg \cdot l^{-1}$ PCP stark verkleinert und zeigten erheblich veränderte Thylakoidmembranen. Durch höhere Konzentrationen wurden die Chloroplasten völlig desintegriert (Abb. 6).

Ähnliche Auswirkungen wurden auch in allen drei Fällen für Mitochondrien beschrieben. So schwellen nach einer PCP-Behandlung schon bei einer Konzentration von 1 $mg \cdot l^{-1}$ die Cristae der Mitochondrien an; oberhalb von 5 $mg \cdot l^{-1}$ ist ein zunehmender Abbau der Mitochondrienstruktur festzustellen[63].

Die geschilderten Veränderungen der Organellenstrukturen durch PCBs, DDT und PCP weisen darauf hin, daß diese Substanzen von den Pflanzen aufgenommen und verarbeitet werden können und daß sie somit auch physiologische Prozesse beeinflussen. Wahrscheinlich können alle chlorierten Kohlenwasserstoffe wegen ihres lipophilen Charakters durch nicht-cutinisierte Zellwände, wie sie für Algen die Regel sind, rasch und in großen Mengen aufgenommen werden, wobei die Aufnahme wohl passiv erfolgt. Die eigentliche Barriere stellt das Plasmalemma dar. Dort werden die Schadstoffe zunächst abgelagert, bis diese Biomembran gesättigt ist. Erst danach dringen die Schadstoffe zu den weiter innen liegenden Membranen vor. Bei den Höheren Pflanzen sind die Verhältnisse wegen der Cutinauflagerungen anders. Dies zeigen Experimente mit PCP. Bei aquatischen Makrophyten ist die Aufnahme und die Ablagerung von PCP in den verschiedenen Arten sehr unterschiedlich, was wohl mit den Fettgehalten zusammenhängen dürfte. Wie bei Tieren wurde auch bei Pflanzen eine positive Korrelation zwischen PCP-Akkumulation und Fettgehalt festgestellt. PCP kann aber nicht nur aufgenommen und abgelagert werden, sondern es wird – im Gegensatz zum DDT – offensichtlich in den Pflanzen auch über größere Strecken transportiert. Mit Hilfe von ^{14}C-markiertem PCP konnte in *Sium erectum* und *Mentha aquatica* ein Transport im Phloem und Xylem nachgewiesen werden[58].

Die Wirkungen von PCBs, DDT und PCP auf physiologische Leistungen sind gleichfalls sehr ähnlich. Für alle drei Stoffe wird von einer Hemmung der Photosynthese berichtet. Die Hemmung der Photosynthese in Algen durch PCBs und DDT war lange nicht eindeutig, weil sich herausstellte, daß die Gesamtphotosynthese in einer Algenkultur nicht verringert wird, wenn man die Zellzahl als Bezugsgröße heranzieht. Dies läßt vermuten, daß in einer Algenkultur eher das Wachstum gehemmt wird als die Photosynthese. Allerdings hemmen PCBs auch die Photosynthese in isolierten Chloroplasten. An Spinatchloroplasten wurde eine 60 %ige Reduktion der O_2-Produktion in Gegenwart von 10^{-4} molarem Aroclor 1221 (handelsübliches PCB) beobachtet. Die gleiche Hemmung wurde auch in Anwesenheit von Entkopplern festgestellt. Man kann vermuten, daß durch Aroclor 1221 das Photosystem II gehemmt wird. Ob diese an Landpflanzen gewonnenen Erkenntnisse auf Wasserpflanzen übertragen werden dürfen, bleibt abzuwarten.

Auch DDT hemmt in isolierten Chloroplasten von Algen oder Höheren Pflanzen die Hill-Reaktion, die Photophosphorylierung und den nicht-cyclischen Elektronentransport[58]. Damit ist – im Gegensatz zu den in vivo-Versuchen – ein direkter Einfluß von PCBs und DDT auf die Photosynthese festzustellen. Dies ist wohl darauf zurückzuführen, daß durch die Isolierung der Chloroplasten die doppelte Hüllmembran beschädigt wird. Damit entfällt die Schutzfunktion dieser Membran, und die Schadstoffe können leichter zu den Thylakoidmembranen gelangen, wo sie direkt in die Primärreaktionen eingreifen können. Eine DDT-Wirkung auf Membranen ist auch deshalb anzunehmen, weil z. B. an Tieren gezeigt werden konnte, daß in Gegenwart von Phospholipiden – einem Hauptbestandteil der Biomembran – die DDT-Wirkung praktisch nicht festzustellen ist[64]. Gleichfalls für eine Reaktion an der Biomembran spricht die Tatsache, daß während anderer Einwirkungen, die ebenfalls die Membran beeinflussen, die DDT-Effekte um ein vielfaches größer sind[58].

Für PCP wurden Wirkungen auf die Photosynthese bei Algen und aquatischen Makrophyten festgestellt. An der Alge *Chlamydomonas reinhardii* wurde eine Hemmung der Photophosphorylierung nachgewiesen, während bei der Wasserpflanze *Lemna minor* eine Reduktion der gesamten Photosynthese festgestellt werden konnte[62]. Untersuchungen der Nettophotosynthese von *Elodea canadensis* in Gegenwart von PCP über einen längeren Zeitraum zeigten ähnliche Befunde. Eine Konzentration von 0,1 mg · l^{-1} über einen Zeitraum von 9 Tagen zeigte keinen Einfluß auf die Photosynthese; 1 mg · l^{-1} erniedrigte die Photosynthese um 50 % und 2,5 mg · l^{-1} brachten die Photosynthese vollständig zum Erliegen. Selbst nach Behandlung mit 2,5 mg · l^{-1} erholte sich allerdings der Photosyntheseapparat innerhalb weniger Tage wieder, wenn die Pflanzen in PCP-freies Medium umgesetzt wurden. Durch eine oszillierende Belastung im Wechsel von 24 Std. über drei Wochen hinweg verringerte sich die Photosyntheseleistung

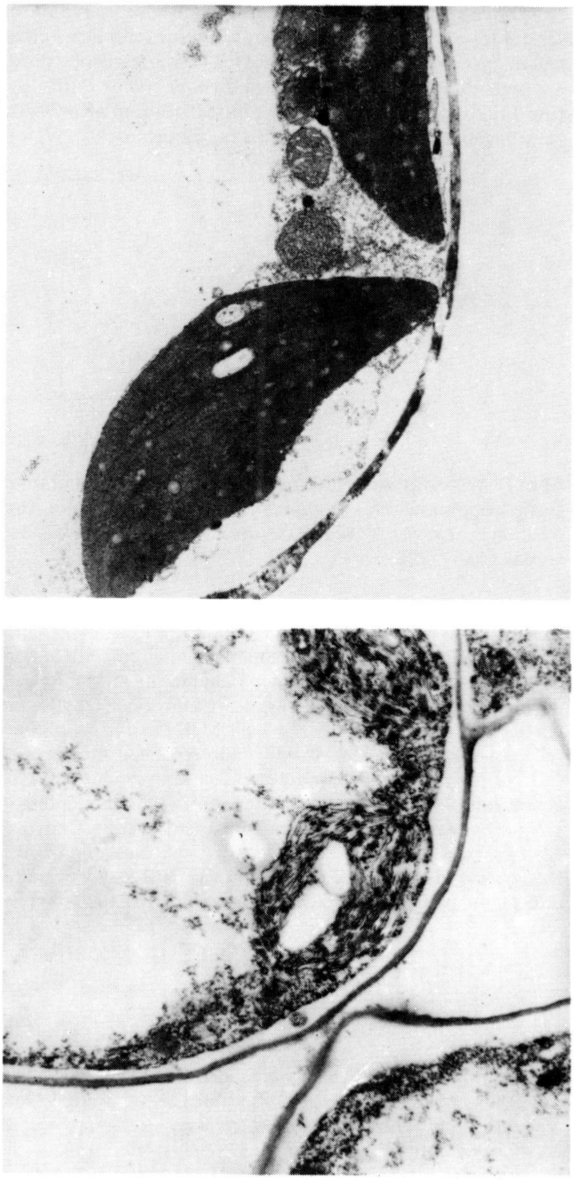

Abb. 6: Wirkung von PCP auf die Chloroplastenultrastruktur von *Lemna minor*. Oben: Kontrolle, unten: PCP (6 mg · l^{-1}).

von *Elodea* um 50 %. Die Abnahme der Photosynthese nach PCP-Einwirkung kann einmal dem verringerten Chlorophyllgehalt oder dem Abbau der Thylakoidmembranen zugeschrieben werden, was sich beides auf den Elektronentransport auswirken muß.

Neben der Photosynthese wird auch die Atmung durch die halogenierten Kohlenwasserstoffe beeinträchtigt. Speziell PCP wurde näher untersucht. Die Respiration der Alge *Chlamydomonas reinhardii* wird schon durch 2,5 mg · l^{-1} deutlich gehemmt. *Lemna minor* dagegen zeigt noch bei 6 mg · l^{-1} keinen signifikanten Effekt. Niedrige Konzentrationen (3 mg · l^{-1}) wirken sich eher fördernd auf die Atmung aus. Dies stimmt mit elektronenmikroskopischen Beobachtungen an *Lemna minor* überein, die bei 6 mg · l^{-1} noch keine Strukturänderungen der Mitochondrien zeigen[62], was aber – wie Befunde an *Elodea* belegen – nicht bei allen Pflanzen identisch zu sein scheint. Offensichtlich reagieren auch hier die Pflanzen sehr unterschiedlich auf PCP, was wiederum mit den Fettgehalten zusammenhängen könnte. Der Atmungsanstieg durch niedrige PCP-Konzentrationen in *Lemna minor* dürfte auf eine Entkoppelung der Atmung zurückzuführen sein, wie es verschiedentlich auch an Tieren beobachtet wurde[65].

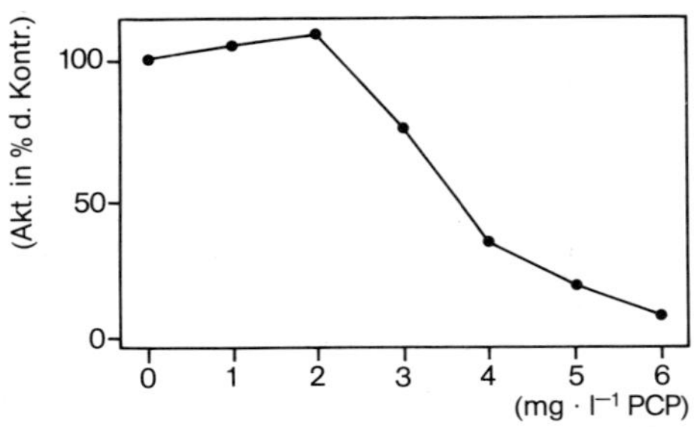

Abb. 7: Wirkung von PCP auf die Aktivität der Glutamat-Dehydrogenase aus *Lemna minor.* Die Aktivität in der Kontrollpflanze betrug 0,18 ± 0,02 µmol · g^{-1} FG · min^{-1} (nach Huber et al. (1982)[62]).

Zusätzlich zu Photosynthese und Atmung greifen halogenierte Kohlenwasserstoffe bei Wasserpflanzen auch noch in andere physiologische Prozesse ein. Nach Behandlung mit PCBs wurde mehrfach eine Erniedrigung des Chlorophyllgehalts und der RNA-Konzentration festgestellt[46]. DDT verringert ebenfalls den Chlorophyllgehalt und inhibiert die Proteinsynthese[58]. An *Lemna minor* konnte beobachtet werden, daß eine Reihe von Enzymen des Aminosäurestoffwechsels (Glutamat-Dehydrogenase, Alanin-Aminotransferase, Prolin-Dehydrogenase), des Stickstoffmetabolismus (Nitrat- und Nitrit-Reductase), der Atmung (z. B. NAD-Malat-Dehydrogenase) und der anaplerotischen CO_2-Fixierung (z. B. PEP-Carboxylase) durch PCP beeinflußt werden[62]. Dabei konnten sowohl Wirkungen von PCP im Anzuchtmedium als auch bei *in vivo*-Testansätzen verschiedener Makrophyten festgestellt werden. Grundsätzlich zeigen alle genannten Enzyme geringere Aktivitäten. Die getesteten Enzyme lassen sich allerdings in zwei Gruppen einteilen: die eine Gruppe wird schon durch geringe PCP-Konzentrationen gehemmt (Abb. 7); die zweite zeigt oft bis zu 2 mg · l^{-1} keinen Effekt (Abb. 8).

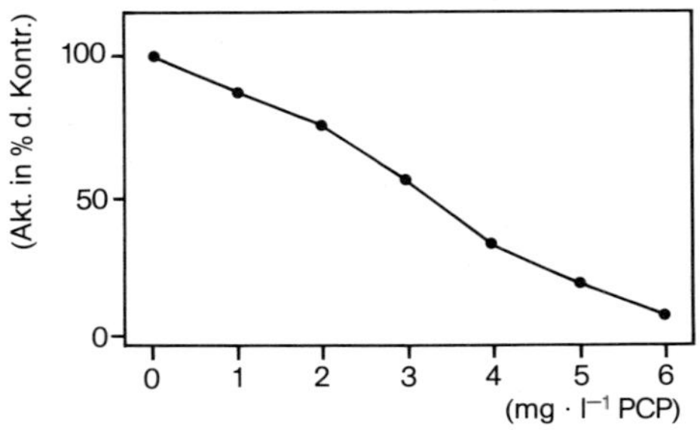

Abb. 8: Aktivität der Alanin-Aminotransferase aus *Lemna minor,* die in Gegenwart von PCP kultiviert wurde.
Die Kontrollpflanzen zeigten eine Aktivität von 0,28 ± 0,06 µmol · g^{-1} FG · min (nach Huber et al. (1982)[62]).

Diese abgestufte Wirkung von PCP auf Enzyme wurde auch verschiedentlich an Tieren beobachtet. Daraus kann geschlossen werden, daß PCP prinzipiell in ähnlicher Weise in den Stoffwechsel von Pflanze und Tier eingreift. Eine Erklärung für die unterschiedliche Wirkung auf einzelne Enzymproteine kann vielleicht ein Befund von Strik et al.[66] geben, der vermuten läßt, daß polychlorierte Aromaten mit SH-Gruppen von Proteinen reagieren, die in dem betroffenen Protein sicher in unterschiedlicher Anzahl vorhanden sind. Je nach SH-Gruppenzahl setzt dann die Reaktion mit PCP mehr oder weniger schnell ein.

Ausblick

Die anthropogen produzierten Schadstoffe, die in die Gewässer gelangen, werden auch in Zukunft ein Umweltproblem bleiben. Auch wenn für fast alle Gewässer strengere gesetzliche Reglementierungen über den Schadstoffeintrag in die Gewässer gelten oder in Zukunft gelten werden, werden immer Schadstoffe ins Wasser gelangen. Die verschiedentlich aufgestellten Forderungen nach Oberflächenwasser, welches Trinkwasserkriterien genügt, sind sicherlich illusorisch. Dies wäre nur bei einer drastischen Einschränkung unserer jetzigen Lebensqualität möglich. Trotzdem sollte alles daran gesetzt werden, den Eintrag von schädlichen Substanzen in die Gewässer, auch wenn er mit Opfern der Gesellschaft verbunden ist, gering zu halten, zumal diese Forderung auch noch aus ganz anderen Gründen ausgesprochen wichtig erscheint.
Mit Abwässern werden wertvolle Rohstoffe unwiederbringlich fortgespült, auf die wir angesichts der in einigen Jahrzehnten drohenden Rohstoffverknappung nicht verzichten können. Sie werden nach und nach gleichmäßig in den Weltmeeren und Gewässern verteilt. Nach verschiedenen Berechnungen reichen die Eisenvorräte noch 500 Jahre, die Phosphatlagerstätten noch 30 Jahre und die Kupfervorkommen gerade noch etwa 10 Jahre (Abb. 9).
Wie die Abbildung demonstriert, gilt dies auch für andere wichtige Rohstoffe. Deshalb wird es in den kommenden Jahren notwendig sein, solche Substanzen aus den Abwässern

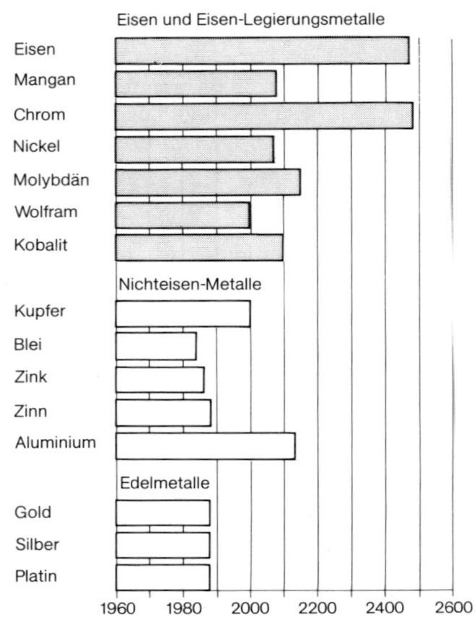

Abb. 9: Verfügbarkeit metallischer Rohstoffe bei Anhalten der gegenwärtigen Steigerungsraten des Verbrauchs (aus Förstner und Müller (1974)[1]).

oder auch aus den Oberflächengewässern zurückzugewinnen. Damit werden zwei wichtige Ziele erreicht: Die Schadstoffe gelangen erst gar nicht in die Oberflächengewässer oder werden wieder daraus entfernt, was sich unmittelbar positiv auf die Wasserqualität (Trinkwasser!) und auf die Gefährdung der Gewässerorganismen auswirken wird. Zum zweiten werden wertvolle Rohstoffe zurückgewonnen, was zu einem volkswirtschaftlich bedeutenden Faktor werden könnte.

Literatur

[1] Förstner, U., Müller, G. (1974): Schwermetalle in Flüssen und Seen als Ausdruck der Umweltverschmutzung. Springer-Verlag, Berlin-Heidelberg-New York.

[2] Phillips, D. J. K. (1980): Quantitative aquatic biological indicators. Applied Science Publishers, London.

[3] Gerlach, S. A. (1976): Meeresverschmutzung – Diagnose und Therapie. Springer-Verlag, Berlin-Heidelberg-New York.

[4] Bandeen, J. D., McLaren, R. D. (1976). Can. J. Plant Sci. **56**, 411–412.

[5] DeNoyelles, F.; Kettle, W. D.; Sinn, D. E. (1982): United States. Ecology **63**, 1285–1293.

[6] Ratasuk, S. (1972): Water Res. **6**, 1525–1532.

[7] Krause, A. (1972): Ber. über die Landwirtschaft **50**, 140–146.

[8] Melzer, A., Haber, W., Kohler, A. (1977): Mitt. flor. soz. Arbeitsgem. **19/20**, 139–152.

[9] Rahgi-Atri, F., Bornkamm, R. (1980): Arch. Hydrobiol. **90**, 90–105.

[10] Dortsch, Q., Ahmed, S. J., Pachard, T. T. (1979): J. Plankton Res. **1**, 1–12.

[11] Rigano, C., Rigano, V., Di, M., Vona, V., Fuggi, A. (1979): Arch. Microbiolog. **121**, 117–120.

[12] Braun, S. (1980): Ökologische Aspekte der Stickstoffernährung makrophytischer Fließwasserpflanzen. Zulassungsarbeit TU München.

[13] Melzer, A., Exler, D. (1982): In: Studies on aquatic vascular plants. J. J. Symoens, S. S. Hooper, und Compère, P. (eds.), pp. 128–135. Royal Botanical Society of Belgium, Brussels.

[14] Förstner, U. (1982): Schadstoffe im Wasser, Metalle – Phenole – algenbürtige Schadstoffe. Springer-Verlag, Berlin-Heidelberg-New York.

[15] Schuster, H. K. (1979): Experimentelle Untersuchungen zur Schwermetallresistenz von submersen Makrophyten. Dissertationes Botanicae, Bd. **50**, J. Cramer, Vaduz.

[16] Dean, J. G., Bosqui, F. L., Lanouette, V. H. (1972): Envir. Sci. Techn. **6**, 518–522.

[17] Schleichert, V., Hellmann, H. (1973): Auftreten und Herkunft von Zink in Gewässern. Literaturbericht, Bundesanstalt für Gewässerforschung, Koblenz.

[18] Turekian, K. K. (1969): In: K. H. Wedepohl (ed.) Handbook of Geochemistry, Vol. 1. Springer-Verlag, Berlin-Heidelberg-New York.

[19] Hem, J. D. (1972): Water Res. **8**, 661–679.

[20] Eisler, R. (1989): Atrazine hazards to fish wildlife and invertebrates: a synoptic review. Biol. Report **85** (1.18), Fish and Wildlife Service. US Department of the Interior.

[21] Banat, K., Förstner, U., Müller, G. (1972): Naturwissenschaften **59**, 525–528.

[22] Förstner, U., Müller, G. (1973): Geoforum **14**, 53–61.

[23] Dietz, F. (1977): Z. f. Wasser- und Abwasserforschung **1**, 20–24.

[24] Stumm, W., Morgan, J. J. (1970): Aquatic chemistry. Wiley-Interscience, New York, London, Syndey, Toronto.

[25] Banat, K., Förstner, U., Müller, G. (1974): Chem. Geol. **14**, 199–207.

[26] Wernet, J., Ebert, J. (1977): Z. f. Wasser- und Abwasserforschung **1**, 24–30.

[27] Antonovics, J., Bradshaw, A. D., Turner, R. G. (1971): Adv. Ecol. Res. **7**, 1–85.

[28] Rebechini, H. M., Hanzely, L. (1974): Z. Pflanzenphysiol. **73**, 377–386.

[29] Marquenie-Van der Werff, M., Ernst, W. H. O. (1979): Z. Pflanzenphysiol. **92**, 1–10.

[30] Davies, A. G. (1973): In: Radioactive contamination of the marine environment, pp. 403–420. International Atomic Energy Agency, Wien.

[31] Bryan, G. W. (1976): In: Effects of pollutants on aquatic organisms, Lockwood, A. P. M. (ed.) pp. 7–34, Cambridge University Press, Cambridge.

[32] Myklestad, S., Eide, J. (1978): Env. Poll. **16**, 277–284.

[33] Henning, K. (1978): Seifen, Öle, Fette, Wachse **104**, 407–418.

[34] Huber, L. (1969): Wasser- und Abwasser-Forschung **5**, (Sonderdruck).

[35] Fischer, W. K., Winkler, K. (1976): Vom Wasser **47**, 81–129.

[36] Duursma, E. G., Marchand, M. (1974): Ann. Rev. **12**, 315–431.

[37] Labus, B. C., Kohler, A. (1981): Limnologica (Berlin) **13**, 373–398.

[38] Labus, B. C. (1979): Der Einfluß des Waschrohstoffs Marlon A (anionenaktives Tensid) auf das Wachstum und die Nettophotosynthese verschiedener submerser makrophytischer Wasserpflanzen unter besonderer Berücksichtigung primärer Standortfaktoren. Dissertation Hohenheim.

[39] Schmidt, E. (1974): Ökosystem See. Quelle-Meyer, Heidelberg.

[40] McCaul, J., Crossland, J. (1974): Water pollution. Hartcourt Brace Jovanovich, New York.

[41] Walker, J. D., Colwell, R. R., Vaituzis, Z., Meyer, S. A. (1975): Nature (Lond.) **254**, 423–424.

[42] Vandermeulen, J. H., Ahern, T. P. (1976): In: Effects of pollutants on aquatic organisms, Lockwood, A. P. M. (ed.), pp. 106–125, Cambridge University Press, Cambridge.

[43] Gaur, J. P., Kumar, H. D. (1981): Envir. Poll. (A) **25**, 77–85.

[44] Kinako, P. D. S. (1981): Envir. Poll. (A) **26**, 87–91.

[45] Odzuck, W. (1982): Umweltbelastungen. Ulmer-Verlag, Stuttgart.

[46] Jensen, S. (1972): Ambio **1**, 123–131.

[47] Amann, W., Schuster, M., Gilsbach, W., Kees, H., Rappel, A. (1989): In: Pflanzenschutzmittel und Grundwasser, Milde, G., Müller-Wegener, U. (eds.), Schriftenr. d. Vereins f. Wasser-, Boden- und Lufthygiene. Bd. **79**, pp. 159–182. Gustav-Fischer-Verlag, Stuttgart/New York.

[48] IPS (1987): Pflanzenschutzwirkstoffe und Trinkwasser. Industrieverband Agrar e. V., Frankfurt/Main.

[49] DFG (1990): Pflanzenschutzmittel im Trinkwasser. Mitteilung XVI der Kommission für Pflanzenschutz-, Pflanzenbehandlungs- und Vorratsschutzmittel. Verlag Chemie, Weinheim.

[50] Goldberg, E. D. (1975): Proc. Roy. Soc. London B **189**, 277–289.

[51] Longhurst, A. R., Radford, P. J. (1975): Nature **256**, 239.

[52] Gunkel, G., Kausch, H. (1987): Wirkung, Anreicherung und Weitergabe des Herbizids Atrazin (s-Triazin) in einer aquatischen Nahrungskette. In: Bioakkumulation in Nahrungsketten, Lillelund, K., de Haar, U., Elster, H.-J., Karbe, L., Schwoerbel, I., Simonsi, W. (eds.), Verlag Chemie, Weinheim, pp. 180–186.

[53] Gunkel, G. (1984): Arch. Hydrobiol., Suppl. **69 (1)**, 130–168.

[54] Huber, W. (1993): Environ. Toxicol. Chem. **12**, 1865–1881.

[55] Ebert, E., Dumford, S. W. (1976): Residue Reviews **65**, 2–103.

[56] Warwick, D. D. (1976): Residue Reviews **65**, 50–63

[57] Strik, H. J., Weber, J. B. (1982): Envir. Poll. (A) **28**, 291–312.

[58] Munz, A. (1977): Der Einfluß von DDT auf das Massenwachstum von Laborkulturen einiger Süßwasseralgen. Dissertation, TU München-Weihenstephen.

[59] Kobayashi, K. (1978): In: Pentachlorophenol. Chemistry, pharmacology and environmental toxicology. K. R. Rao (ed.), pp. 89–106. Plenum Press, New York und London.

[60] Krieger, T. (1981): Langzeitbilanz über Verteilung und Verhalten zweier typischer Umweltchemikalien in einem natürlichen aquatischen Biotop. Dissertation, TU München-Weihenstephan.

[61] Biggs, D. C., Rowland, R. G., Connors, H. B., Powers, C. D., Wurster, C. F. (1978): Envir. Poll. (A) **15**, 253–263.

[62] Huber, W., Schubert, V., Sautter, C. (1982): Poll. (A) **20**, 215–233.

[63] Sigl, A. (1983): Einfluß von Pentachlorphenol auf den Stoffwechsel aquatischer Makrophyten. Dissertation, TU München.

[64] Sharp, C. W., Hunt, D. G., Clements, S. T., Wilson, W. F. (1974): Mol. Pharmcol. **10**, 119–130.

[65] Doughtie, D. G., Rao, K. R. (1978): In: Pentachlorphenol. Chemistry, pharmcology and environmental toxicology. K. R. Rao (ed.), pp. 213–250. Plenum Press, New York und London.

[66] Strik, J. J. T. W. A., Debets, F. H. M., Koss, G. (1980): In: Halogenated biphenyls, terphenyls, naphthalenes, dibenzodioxins and related compounds. R. D. Kimbrough (ed.), pp. 191–239. Elsevier/North Holland Biomedical Press, Amsterdam-New York-Oxford.

Zusammenfassende Darstellungen

Fellenberg, G. (1976): Umweltbelastungen – Einführung in die Probleme des Umweltschutzes. Springer-Verlag, Berlin – Heidelberg – New York.

Fellenberg, G. (1985): Ökologische Probleme der Umweltbelastung. Springer-Verlag, Berlin – Heidelberg – New York – Tokyo.

Förstner, U., Müller, G. (1974): Schwermetalle in Flüssen und Seen als Ausdruck der Umweltverschmutzung. Springer-Verlag, Berlin – Heidelberg – New York.

Gerlach, S. A. (1976): Meeresverschmutzung – Diagnose und Therapie. Springer-Verlag, Berlin – Heidelberg – New York.

Lockwood, A. P. M. (1976): Effects of pollutants on aquatic organisms. Cambridge University Press, Cambridge.

Odzuck, W. (1982): Umweltbelastungen. Ulmer-Verlag, Stuttgart.

Herbizide

Gerhard Sandmann und Peter Böger, Lehrstuhl für Physiologie und Biochemie der Pflanzen, Universität Konstanz

Interaktion von Herbiziden mit Pflanzen*

Der moderne Pflanzenbau basiert auf einem integrierten System von Ertragsfaktoren. Ein wesentlicher Anteil am Ernteertrag sowie der Kontinuität der Ernten in den letzten Jahrzehnten ist auf den chemischen Pflanzenschutz, d. h. auf Schädlingsbekämpfung und Unkrautbeseitigung zurückzuführen. Zur Kontrolle von Unkräutern werden überwiegend speziell entwickelte Chemikalien, die Herbizide, benutzt. Unkräuter kann man als Pflanzen ansehen, die in Kulturen von Nahrungspflanzen wachsen und dort unerwünscht sind. Sie stellen eine Konkurrenz für die Kulturpflanzen dar, was z. B. die Versorgung mit Wasser, Mineralsalzen und Licht betrifft.
Unkrautkontrollmittel werden im sogenannten Vorauflauf- und Nachauflaufverfahren appliziert. Beim Vorauflauf wird das Herbizid bereits ausgebracht, bevor sich die Kulturpflanze entwickelt (z. B. nach der Einsaat von Wintergetreide). Dadurch werden früher und schneller keimende Unkräuter beseitigt, die sonst einen Wachstumsvorsprung hätten. Nachauflauf bedeutet, daß die Herbizidbehandlung in den heranwachsenden Kulturen durchgeführt wird. Dies erfolgt in der Regel im Frühjahr hauptsächlich durch Besprühen der Blätter der Kultur- und Unkrautpflanzen. Dabei muß sichergestellt sein, daß eine **selektive** Kontrolle erfolgt, d. h. daß das Herbizid nur auf Unkräuter toxisch wirkt. Auf Mechanismen, die Selektivität bewirken können, wird später noch eingegangen.
Ein Herbizid muß für seine gezielte Wirkung auf den Pflanzenstoffwechsel an den entsprechenden Wirkort gelangen. Dazu muß es aufgenommen und innerhalb der Pflanze transportiert werden. Die Herbizidaufnahme erfolgt bei der Vorauflaufbehandlung wesentlich über die Wurzel und im Nachauflaufverfahren hauptsächlich über das Blatt. Befinden sich Herbizide im Boden gelöst in der Wasserphase, so diffundieren sie passiv in die Wurzel. Dort werden sie in das Xylem eingeschleust. Der Weitertransport und die Verteilung in der Pflanze läuft mit dem Transpirationsstrom. Dieser Transport wird über die Transpiration der Blätter angetrieben und gesteuert, und es ist somit auch eine Verteilung der über die Wurzel aufgenommenen Herbizide in die Blätter zu beobachten. Wird ein Herbizid auf die Blätter gesprüht, so stellt die Kutikula die erste Barriere für den Eintritt dar. Nach dem Durchtritt in das Blatt können die Herbizide von dort über Xylem und/oder Phloem zusammen mit den Photosyntheseprodukten in andere Teile der Pflanze transportiert werden. Zusätze („Formulierungen") erleichtern den Durchtritt des Herbizids durch die Kutikula des Blattes.
Kulturpflanzen sollen für bestimmte Herbizide möglichst resistent bzw. tolerant sein. Die Begriffe Resistenz und Toleranz werden im chemischen Pflanzenschutz häufig synonym gebraucht. Oft wird der Ausdruck Toleranz im Zusammenhang mit Selektivitätsfragen für „geringe" Resistenzen vorgezogen. Ein Herbizid wird für eine Kulturpflanze dann als selektiv bezeichnet, wenn diese die Herbizidapplikation tolerieren kann, während Unkräuter in der gleichen Kultur abgetötet werden. Man spricht hier von Selektivität bezogen auf ein bestimmtes Herbizid.
Die verminderte Phytotoxizität eines Herbizids bei einer bestimmten Pflanze kann verschiedene Ursachen haben. Dies kann an der Art der Herbizidapplikation liegen, die unter bestimmten Umständen so durchgeführt werden kann, daß die Unkrautpflanze einer wesentlich höheren Dosis als die Kulturpflanze ausgesetzt ist. Eine andere Möglichkeit besteht in einer morphologisch bedingten, unterschiedlich starken Herbizidaufnahme durch Zellwand und Zellmembran. Im wesentlichen sind aber zwei Mechanismen in der Pflanze für eine Resistenz von Bedeutung: Zum einen kann ein Herbizid von bestimmten Pflanzenspezies während des Transports zum Wirkort und in der Zelle des Zielenzyms chemisch modifiziert (d. h. inaktiviert), abgebaut und/oder in der Vakuole abgelagert werden. Dies ist mit einer Verminderung seiner Konzentration am Wirkort verbunden. Zum anderen können funktionell gleiche Zielenzyme eine unterschiedliche Herbizidsensitivität in verschiedenen Pflanzengruppen aufweisen. Dadurch wird die Hemmung dieses Enzyms trotz gleicher Konzentration am Wirkort unterschiedlich stark ausfallen. Auf entsprechende Beispiele wird bei der Behandlung der Zielenzyme für Herbizide eingegangen. Neben der „gewünschten" Resistenz von Kulturpflanzen gegen Herbizide kann auch eine „unerwünschte" Resistenz bei Unkräutern nach langjährigem Einsatz eines Herbizidtyps auftreten. So haben sich im Laufe der Zeit Mutanten herausselektioniert, die ein modifiziertes und somit ein stärker resistentes Zielenzym besitzen.
Bis vor wenigen Jahren wurde bei der Entwicklung von Herbiziden nach selektiven Kulturpflanzen ausschließlich in aufwendigen Gewächshaustests gesucht. Für viele Herbizide konnte dabei keine resistente Kulturpflanze gefunden werden. Seit neuestem ist es mit Hilfe von gentechnischen Methoden in einigen Fällen gelungen, gezielt resistente Kulturpflanzen herzustellen. Auf diese Möglichkeit wird ebenfalls in den folgenden Abschnitten eingegangen.

Eingriff von Herbiziden in pflanzliche Prozesse

Herbizide greifen in vier große Stoffwechselbereiche ein:
1. den Photosyntheseapparat, der für die Energieversorgung der Pflanzen und die Bildung von Kohlenhydraten sorgt;
2. die Biosyntheseprozesse zum Aufbau zelleigener Komponenten;
3. das Phytohormonsystem, das für Wachstum, Entwicklung und Differenzierung verantwortlich ist;
4. den Mechanismus der Zellteilung.

Der Einfluß von Herbiziden auf die Photosynthese wird in einem gesonderten Kapitel dieses Buches abgehandelt. Auf die anderen, in Tabelle 1 zusammengefaßten Stoffwechselprozesse wird im Zusammenhang mit Herbizideinwirkung in diesem Beitrag eingegangen. Dies schließt sowohl die Hemmung von Biosynthesewegen (Carotinoidsynthese, Lipidstoffwechsel,

* Herbizide, die unmittelbar in die Photosynthese eingreifen, werden in einem gesonderten Kapitel (S. 175 ff.) abgehandelt.

Tab. 1: Der Einfluß von Herbiziden auf die wichtigsten pflanzlichen Prozesse

Prozeß	Herbizidklasse (typische Beispiele)
Photosynthetischer Elektronentransport	Harnstoffe, Triazine, Triazinone
Carotinoidbiosynthese	Phenylpyridazinone, Phenylpyridinone
Fettsäurestoffwechsel	Oxyphenoxypropionsäuren, Oxim-Cyclohexandione
Ammoniumassimilation und Aminosäurebiosynthese	Phosphinothricin; Glyphosat, Sulfonylharnstoffe, Imidazolinone
Lichtinduzierte Radikalbildung	p-Nitrodiphenylether, Tetrahydrophthalimide
Bildung und Wirkung von Wachstumshormonen/ -regulatoren	
a. Gibberellinsynthese	AMO 1618, Cycocel, Tetcyclacis,
b. Auxinwirkung	Phenoxysäuren, Naptalam
Zellteilung und Keimung	Dinitroaniline, Phenylcarbamate, Chloracetamide

Aminosäurestoffwechsel) durch Herbizide ein als auch die lichtinduzierten Peroxidationen, die aus einer Hemmung des Porphyrinstoffwechsels im Plastiden resultieren. Die direkte oder indirekte Wechselwirkung von Herbiziden bzw. Wachstumsregulatoren mit Phytohormonen ist im Falle der Gibberelline auf eine Hemmung deren Biosynthese zurückzuführen. Bei den Herbiziden des Auxinmetabolismus handelt es sich um Verbindungen, die als synthetische Auxine Wachstumsanomalien hervorrufen oder als Antagonisten der β-Indolylessigsäure wirken („Wuchsstoff-Herbizide").

Biosynthese der Carotinoide

Der Carotinoidbiosyntheseweg ist ein Seitenzweig des Terpenoidstoffwechsels. Ausgangssubstanzen sind verschiedene Prenylpyrophosphate mit unterschiedlich langen Kohlenstoffketten (Abb. 1). Der erste Schritt, der spezifisch zu den Carotinoiden führt, ist die Dimerisierung des C_{20}-Prenylphyrophosphats Geranylgeranylpyrophosphat (GGPP). Hierbei entsteht das farblose Phytoen, ein C_{40}-Kohlenwasserstoff mit drei konjugierten Doppelbindungen. Es ist das erste Carotin, das in Algen und höheren Pflanzen in mehreren Schritten in α- und β-Carotin überführt wird. In dieser Reaktionssequenz werden vier weitere Doppelbindungen eingefügt, die das konjugierte System damit auf 11 konjugierte Doppelbindungen erweitern, was zur Farbigkeit führt. Solche Carotinoide sind in der Regel gelb bis rot gefärbt. Die Desaturierungsreaktionen

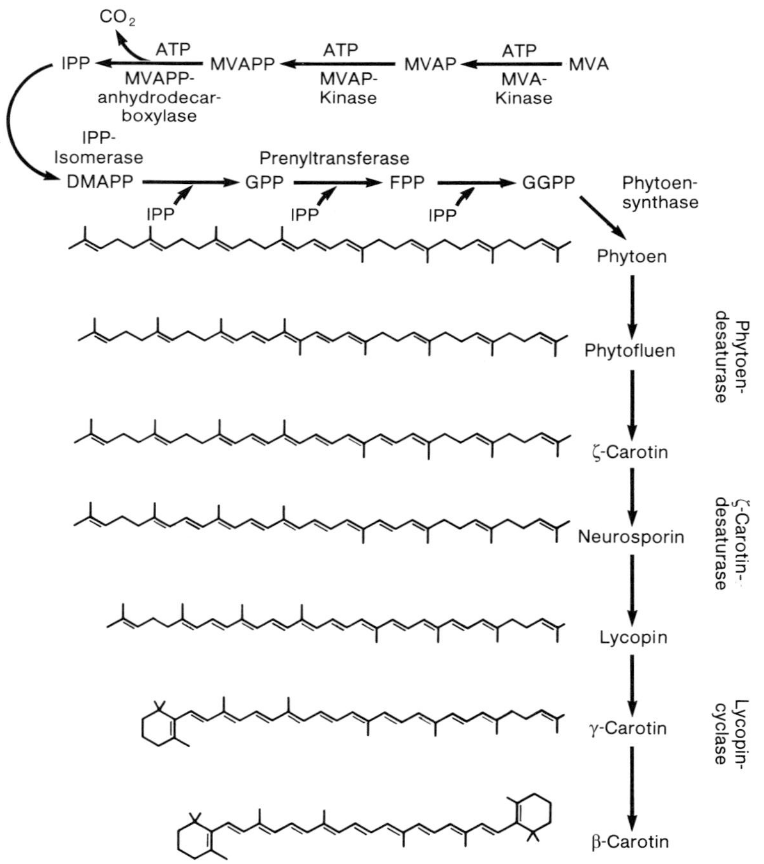

Abb. 1: Biosyntheseweg der Carotinoide.

MVA = Mevalonsäure, MVAP = MVA-monophosphat, MVAPP = MVA-pyrophosphat, IPP = Isopentenylpyrophosphat, DMAPP = Dimethylallyl-pyrophosphat, GGPP = Geranyl-PP, FPP = Farnesyl-PP, GGPP = Geranylgeranyl-PP.

laufen als Dehydrogenierungsschritte ab, wobei während des Entstehens einer Doppelbindung Wasserstoff als H^- auf das Enzym übertragen und dazu ein Proton abstrahiert wird. Es gibt zwei unterschiedliche Typen der Phytoendesaturase: Der in Bakterien und Pilzen vorkommende Typ unterscheidet sich in Struktur, Funktion und Hemmbarkeit von dem der Blaualgen, eukaryotischen Algen und Höheren Pflanzen.

Beide Enzyme wurden im Laufe der Evolution unabhängig voneinander erworben und sind daher vom Aminosäureaufbau her nicht verwandt. Sie liefern beide unterschiedliche Reaktionsprodukte. Das bakterielle Enzym führt vier Desaturierungsschritte durch und bildet Lycopin aus Phytoen. Cofaktor dieser Reaktion ist FAD. Die pflanzliche Phytoendesaturase ist für nur zwei Desaturierungsschritte verantwortlich und wandelt Phytoen in ζ-Carotin um mit NAD^+ oder wahlweise $NADP^+$ als Cofaktor. Es soll an dieser Stelle hervorgehoben werden, daß nur die Phytoendesaturase aus Algen und Pflanzen eine deutliche Empfindlichkeit gegen bisher bekannte Herbizide aufweist. Außerdem gibt es offenbar in Höheren Pflanzen eine zweite Desaturase, eine ζ-Carotindesaturase, für die beiden letzten Desaturierungsschritte zu Lycopin. Darauf weist auch die andersartige Inhibitorspezifität der Desaturierung von ζ-Carotin im Vergleich zur Desaturierung von Phytoen hin. In Abb. 1 sind die Enzyme der Algen und Höheren Pflanzen für die Biosynthesekette von GGPP bis zu β-Carotin aufgeführt, und es sind bei der Beschreibung der Herbizidwirkung immer nur diese Desaturasen gemeint. Die schrittweise Einführung der Doppelbindung erfolgt so, daß alternativ rechts und links eine Erweiterung des konjugierten Doppelbindungssystems zu beobachten ist. Dabei wird von der Phytoendesaturase sowie von der ζ-Carotindesaturase jeweils eine Hälfte des symmetrischen Carotins als Substrat akzeptiert, und es entsteht durch das erste Enzym aus Phytoen über Phytofluen als Intermediat ζ-Carotin und dann daraus durch das nächste Enzym über Neurosporin Lycopin. Im Anschluß werden beide Enden von Lycopin zyklisiert, und die Umwandlung der Carotine ineinander führt schließlich über γ-Carotin zu β-Carotin mit zwei β-Iononringen und α-Carotin mit einem β- und einem ε-Iononring. Der Biosyntheseweg für β-Carotin ist in Abb. 1 zusammengefaßt. Aus α- und β-Carotin entstehen dann die typischen Xanthophylle des Chloroplasten durch Einführung von Hydroxy- und Epoxygruppen. Enzyme, die an diesen Reaktionen beteiligt sind, haben als Angriffsziel für Herbizide bisher keine Bedeutung.

Das Herbizid Clomazone (2-(2-Chlorophyl)methyl-4,4-dimethyl-3-isoxazolidon) greift möglicherweise in Reaktionen des Terpenoidsynthesewegs ein, die den hier beschriebenen biosynthetischen Sequenzen, d. h. der Bildung von Geranylgeranylpyrophosphat vorausgehen. Pflanzen, die mit Clomazone behandelt wurden, zeigen einen erniedrigten Carotinoid- und Chlorophyllgehalt. Letzteres ist wahrscheinlich auf eine gehemmte Phytylierung von Chlorophyllid zurückzuführen. Es gibt weitere Anzeichen, daß die Bildung von anderen Substanzen, die mit dem Terpenoidstoffwechsel in Verbindung stehen, wie α-Tocopherol und Gibberellin beeinflußt ist. Alle diese Ergebnisse deuten darauf hin, daß frühe Schritte der Terpenoidbiosynthese, z. B. Bildung und Umwandlung von Prenylpyrophosphaten ineinander von Clomazone gehemmt werden könnten. Es ist möglich, daß es sich bei Clomazone um ein Proherbizid handelt, das erst in der Pflanze zur aktiven Verbindung metabolisiert wird.

Funktion der Carotinoide im Chloroplasten

Zur Veranschaulichung des phytotoxischen Effekts der Herbizide, die in die Carotinoidbiosynthese eingreifen, muß zuerst auf die Rolle dieser Pigmente eingegangen werden. Sie sind neben Chlorophyll Bestandteile der membrangebundenen Pigment-Protein-Komplexe des Photosyntheseapparats. Eine ihrer Aufgaben ist es, als akzessorische Pigmente Licht zu absorbieren und die so aufgenommene Energie auf Chlorophyll zu übertragen, um sie photosynthetisch nutzbar zu machen. Eine weitere, wichtigere Funktion der Carotinoide ist der Schutz des Photosyntheseapparats vor photosensibilisierten Reaktionen. Bei Anregung der Chlorophylle durch Licht tritt unvermeidlich auch der Triplettzustand auf. Das relativ langlebige Triplett-Chlorophyll überträgt seine Energie bevorzugt auf Sauerstoff, der bei der Photosynthese entsteht. Der dabei gebildete Singulett-Sauerstoff ist äußerst reaktiv und oxidiert verschiedene Bausteine des Photosyntheseapparats. Dies geschieht besonders schnell mit den Chlorophyllen, in deren Nähe er entsteht. Davor schützen Carotinoide. Sie befinden sich in den Pigment-Protein-Komplexen, eng mit Chlorophyllen assoziiert. Dort löschen sie den Triplettzustand des Chlorophylls, indem sie dessen Energie aufnehmen, und leiten diese als Wärme ab. Möglicherweise reagieren Carotinoide auch direkt mit dem Singulett-Zustand des O_2. Sobald der Gehalt des Chloroplasten an farbigen Carotinoiden durch Herbizidwirkung („Bleichherbizide“) erniedrigt wird, ist dieser Schutz nicht mehr gewährleistet. Man erkennt dies am Ausbleichen des Chlorophylls im Licht. Außerdem limitiert eine reduzierte Carotinoidbildung den Aufbau des Photosyntheseapparats, wodurch die Photosyntheseleistung dieser Chloroplasten beeinträchtigt wird.

Inhibitoren der Carotinoidbiosynthese

Der wichtigste Wirkort der Bleichherbizide im Carotinbiosyntheseweg von Blaualgen (Cyanobakterien), eukaryotischen Algen und höheren Pflanzen ist die Desaturierung von Phytoen (Abb. 2). Diese Reaktion wird von einer Vielzahl von kommerziellen Herbiziden mit unterschiedlichen Grundstrukturen gehemmt. Die älteste und am besten untersuchte Gruppe sind die Phenylpyridazinone wie Norflurazon, dessen Dimethylaminoderivat Metflurazon und das Phenylfuranon Difunon (Abb. 3). Andere Herbizide mit genau den gleichen Hemmeigenschaften sind Fluridone, Fluorochloridone und Flurtamone (= RE 40885). Diese Verbindungen werden hauptsächlich als Vorauflaufherbizide in Baumwolle eingesetzt. Eine Ausnahme bildet Diflufenican, ein weiterer Phytoendesaturase-Hemmstoff. Dieses neuentwickelte Herbizid wirkt sowohl im Vor- als auch im Nachauflauf und zeigt sehr gute Selektivität für Weizen und Gerste.

Durch in-vitro-Reaktionsstudien konnte für alle diese hier genannten Herbizide gezeigt werden, daß sie direkt das Enzym, die Phytoendesaturase, angreifen. Man beobachtet in diesen zellfreien Untersuchungen genau das gleiche wie mit intakten Pflanzen oder Algensuspensionen: Mit zunehmender applizierter Konzentration dieser Herbizide nimmt die Bildung von farbigen Carotinoiden ab, und es wird statt dessen die farblose Vorstufe Phytoen akkumuliert. Parallel hierzu geht eine photooxidative Zerstörung von Chlorophyll einher. Neben Phytoen werden in Pflanzen auch verschiedene Hydroxyphytoenderivate angereichert. Diese entstehen nichtenzymatisch aus dem akkumulierten Phytoen in einer durch Chlorophyll sensibilisierten Photooxidationsreaktion im Licht. Für die beiden Herbizide Norflurazon und Fluridone wurden auch enzymkinetische Messungen durchgeführt. In beiden Fällen konnte gezeigt werden, daß es sich um reversibel bindende, nicht-kompetitive Hemmstoffe der Phytoendesaturase handelt. Da diese Herbizide das gleiche Zielenzym besitzen, könnten sie dort alle an der gleichen Bindungsstelle angreifen. Untersuchungen mit Blaualgenmutanten, die gegen Phytoendesaturase-Hemmstoff selektioniert wurden und un-

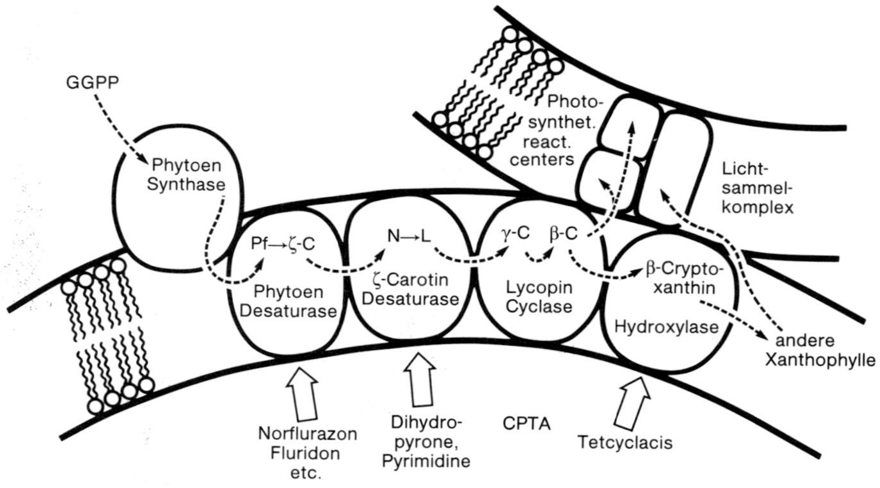

Pf = Phytofluen, ζ-C = zeta-Carotin, N = Neurosporin, L = Lycopin, γ-C = gamma-Carotin, β-C = beta-Carotin.

Abb. 2: Membrangebundene Enzyme des Carotinoidbiosynthesewegs als Angriffsort für herbizidale Hemmstoffe.

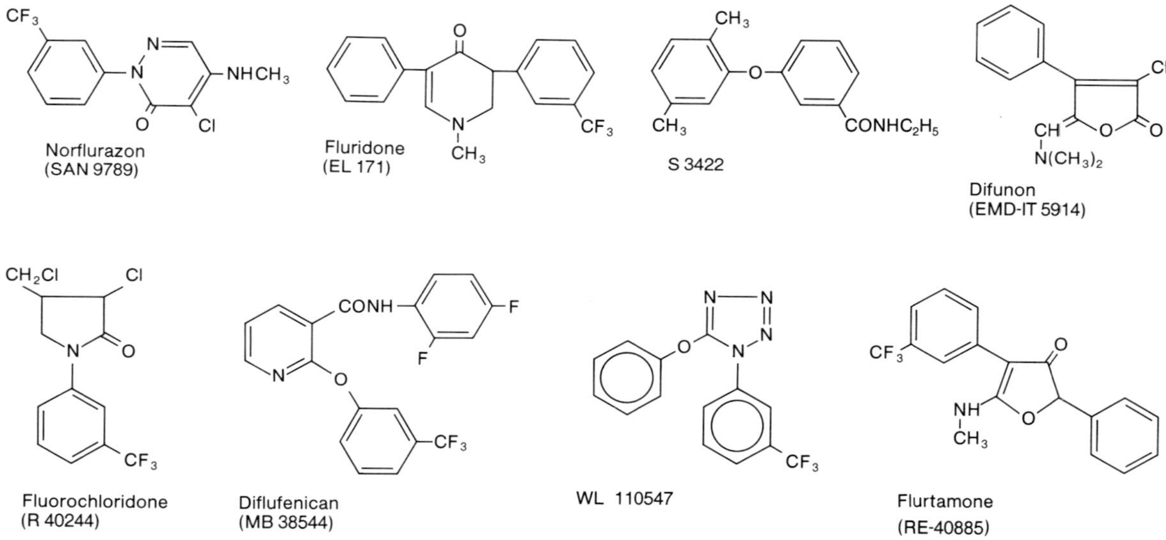

Abb. 3: Strukturen von Bleichherbiziden, die auf die Phytoendesaturase wirken.

terschiedliche Bindungseigenschaften der Phytoendesaturase besetzen, zeigen unterschiedliche Kreuzresistenzen. Es wird daher angenommen, daß die verschiedenen Herbizide, die die Phytoendesaturase hemmen, alle im gleichen Bereich des Enzyms interagieren, aber doch über verschiedene Aminosäuren gebunden werden.

Eine Gruppe von Bleichherbiziden, die Benzoylcyclohexandione, die die Carotinoidbiosynthese auf der Stufe der Phytoendesaturierung hemmen, zeigen ein von anderen Phytoendesaturase-Hemmstoffen abweichendes Verhalten. Sie weisen die typischen Symptome nur in ausdifferenzierten Pflanzen und nicht in Suspensions- oder in Mikroalgenkulturen auf. Außerdem konnte keine Hemmung der zellfreien Desaturierung von Phytoen mit Membranen aus Chloroplasten oder Chromoplasten festgestellt werden. An der Aufklärung des Wirkmechanismus wird gearbeitet. Es gibt Hinweise, daß diese Verbindungen direkt in die Biosynthese der Chinone eingreifen.

Im Vergleich zur Phytoendesaturase-Reaktion gibt es für den Folgeschritt, die Desaturierung von ζ-Carotin (Abb. 2) nur wenige Inhibitoren, aus denen bisher keine kommerziellen Herbizide entwickelt wurden. Folgende Verbindungen führen zur Akkumulation von ζ-Carotin, dem Substrat der o. g. Reaktion: Pyrichlor, Amitrole, Dichlormate, Methoxyphenone sowie 6-Methylpyrimidine und Dihydropyrone. Lediglich von den beiden letzten Substanzklassen ist die Wirkungsweise eindeutig belegt. So hemmen LS 80707, J 852 und SAN 380H (Formeln in Abb. 4 A) direkt das Enzym, das die Desaturierung von ζ-Carotin über Neurosporin zu Lycopin katalysiert. Enzymkinetische Messungen wurden für LS 780091 durchgeführt. Die Verbindung LS 780091 leitet sich von LS 80707 ab und besitzt noch einen 2-(4-Fluorphenyl)- und 6-Methyl-Sub-

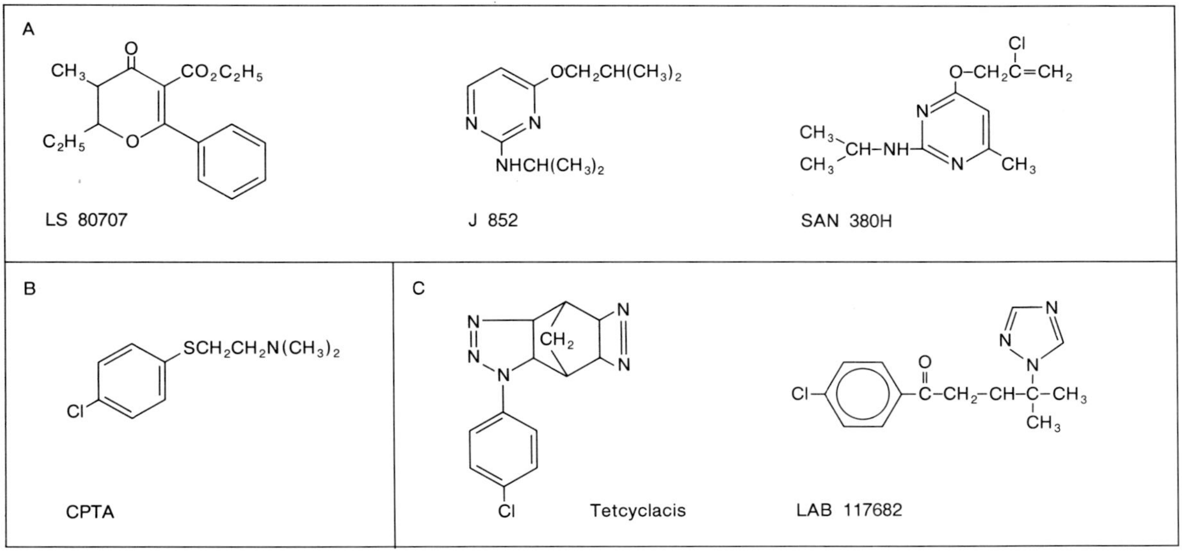

Abb. 4: Strukturen von Hemmstoffen der Carotinoidbiosynthese, die folgende Enzyme hemmen: ζ-Carotindesaturase (A), Lycopinzyklase (B), β-Carotinhydroxylase (C).

stituenten. Unsere Untersuchungen ergaben, daß dieses Dihydropyron ein irreversibler, nicht-kompetitiver Hemmstoff der ζ-Carotindesaturase ist. Behandelt man Pflanzen oder Algen mit diesen Verbindungen, so steigt deren ζ-Carotingehalt an, und es werden weniger α- und β-Carotin sowie deren Folgeprodukte gebildet. Werden diese Herbizide in Konzentrationen eingesetzt, die etwa eine halbmaximale Hemmung bewirken, dann kann zusätzlich β-Zeacarotin nachgewiesen werden. Dies ist ein Carotin, das im nicht durch Hemmstoffe beeinflußten Biosyntheseweg keine Rolle spielt. Es entsteht aus Neurosporin, das in geringen Mengen angereichert und dann weiter umgesetzt wird. Eine Hälfte dieses Moleküls besitzt bereits den Desaturierungsgrad von Lycopin, und nur diese Hälfte wird von der Lycopinzyklase erkannt und zu einem β-Iononring umgewandelt. Somit entspricht β-Zeacarotin einem γ-Carotin, in dem die Doppelbindung an Position 7 ebenso wie in Neurosporin fehlt. Die drei in Abb. 4 A aufgeführten Inhibitoren der ζ-Carotindesaturase hemmen auch die Phytoendesaturase, allerdings deutlich schwächer.

Die einzigen spezifischen Hemmstoffe der Lycopinzyklase sind substituierte Triethylamine. Von CPTA (Abb. 4 B) ist schon lange bekannt, daß es Lycopin in verschiedenen Organismen, einschließlich Höherer Pflanzen, akkumuliert. Je nach analytischen Möglichkeiten können auch geringe Mengen an γ-Carotin nachgewiesen werden. Gleichzeitig ist ein Rückgang von β-Carotin und anderen zyklischen Carotinoiden zu beobachten. In-vitro-Untersuchungen zeigten, daß die Wirkungsweise von CPTA auf eine direkte Hemmung der Lycopinzyklase zurückzuführen ist und nicht auf eine Stimulierung der Lycopinbildung. Enzymkinetiken ergaben einen nicht-kompetitiven Lineweaver-Burk-Plot für die CPTA-Hemmung der Lycopinzyklase.

Xanthophylle sind Carotinoide mit verschiedenen Sauerstoffgruppen. Sie entstehen aus α- und β-Carotin. Eine der am besten charakterisierten Reaktionen ist die Hydroxylierung von β-Carotin zu β-Cryptoxanthin (= 3-Hydroxy-β-carotin) und weiter zu Zeaxanthin (= 3,3′-Dihydroxyderivat). Dieser Schritt wird von einer sauerstoff- und NADPH-abhängigen Monooxygenase katalysiert. Es gibt einige Verbindungen, die Oxygenasen im Sterol- und Gibberellinbiosyntheseweg der Pflanzen hemmen. Werden die Bioregulatoren Tetcyclacis oder LAB 117682 (Abb. 4 C) in relativ hohen Konzentrationen eingesetzt, so hemmen sie auch die β-Carotinhydroxylase. Dies konnte zellfrei gezeigt werden. Die o. g. pflanzentypischen Monooxygenase-Inhibitoren beeinflussen auch die Carotinoidzusammensetzung von Algen. Kulturen, die damit behandelt wurden, zeigen eine relative Abnahme von Zeaxanthin und eine Zunahme an β-Carotin.

Fettsäurestoffwechsel

Der Hauptort der Fettsäurebiosynthese in Pflanzen ist der Chloroplast. Dort können potentiell alle Fettsäuren gebildet werden, wie dies z. B. bei Grünalgen der Fall ist (er entspricht dem sog. „prokaryotischen Weg"). Es gibt aber partiell eine alternative Reaktionssequenz, den sog. „eukaryotischen Weg" für die Desaturierung von C_{18}-Fettsäuren. Diese werden nach Austritt aus dem Chloroplasten am endoplasmatischen Retikulum weiter desaturiert und auch wieder eingeschleust. In verschiedenen Pflanzenspezies sind die Aktivitäten dieser beiden Wege stark variabel untereinander. Da desaturierte C_{16}-Fettsäuren ausschließlich im Chloroplasten gebildet werden, ist die Menge an z. B. 16:3-Fettsäuren ein Maß für die Aktivität der plastidären Desaturierungssequenz. Aufgrund dessen können Pflanzen in „16:3"-Typen (d. h. diese Fettsäure wird gebildet) und „18:3"-Typen (d. h. 18:3 ist die einzige 3fach ungesättigte Fettsäure) eingeteilt werden.

Acetyl-CoA, das von der plastidären Pyruvatdehydrogenase aus Pyruvat erzeugt werden kann, ist die direkte Vorstufe aller Fettsäuren. Zusätzlich kann auch Acetat in den Chloroplasten aufgenommen und in Acetyl-CoA überführt werden. Aus Acetyl-CoA entsteht dann durch Carboxylierung unter ATP-Verbrauch Malonyl-CoA als weiterer Grundbaustein für die Bio-

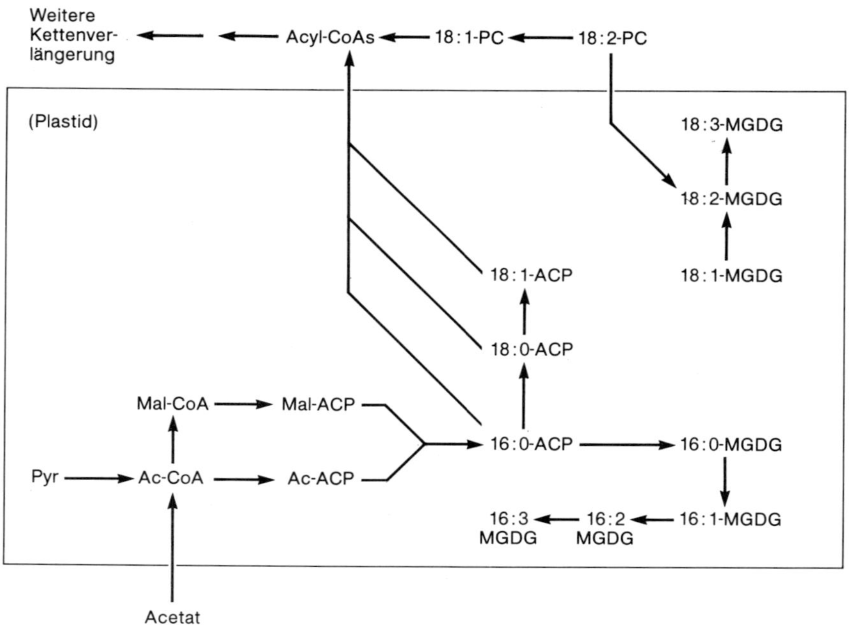

Pyr = Pyruvat, Mal = Malonyl, Ac = Acetyl, PC = Phosphatidylcholin, MGDG = Monogalactosyldiglycerid, ACP = Acylcarrier-Protein.

Abb. 5: Biosyntheseschema der Fettsäuren in Pflanzen.

synthese. Diese Reaktion und weitere Folgereaktionen (s. Abb. 5) werden an der Fettsäuresynthetase durchgeführt. Dieser Enzymkomplex aus Pflanzen ähnelt demjenigen von E. coli, der aus individuellen Enzymen aufgebaut ist, die die einzelnen Teilreaktionen katalysieren. Im nächsten Schritt werden Acetyl-CoA und Malonyl-CoA an ein Acylcarrier-Protein (ACP) gebunden, dann geht der Aufbau der Fettsäuren mit der Kondensation von mehreren Molekülen Malonyl-ACP an Acetyl-ACP weiter. Die Biosynthese bis zur C_{16}-Kette (16:0, für Palmitinsäure), gefolgt von der Verlängerung auf 18:0 (für Stearinsäure) und einer Desaturierung zu 18:1 (für Ölsäure) wird durch Enzyme des Fettsäuresynthetase-Komplexes katalysiert. In den 18:3-Pflanzen mit dem „prokaryotischen Weg" ermöglicht die Hydrolyse des Oleyl-ACP die Ölsäure, als Oleyl-CoA außerhalb des Chloroplasten zu gelangen. Dann wird Oleat an Phosphatidylcholin (PC) des endoplasmatischen Retikulum gebunden, das das bedeutendere extraplastidäre Lipid darstellt, und danach durch eine 12-Desaturase (Einfügung einer Doppelbindung zwischen C_{12} und C_{13}) zu 18:2-PC desaturiert. Die Desaturierung zu 18:3-Linolenat geht wiederum im Plastiden vor sich (15-Desaturase), nachdem die Fettsäure dort an Monogalactosyldiacylglycerol (MGDG) gebunden wird. Im „prokaryotischen Weg", der ausschließlich im Chloroplasten lokalisiert ist, werden Doppelbindungen in 16:0 und 18:1 nach Bindung an MGDG eingeführt. So entstehen neben 16:1 (Palmitinsäure) die mehrfach ungesättigten Fettsäuretypen 16:2, 16:3, 18:2 (Linolsäure) und 18:3 (Linolensäure) als Bestandteile der Acylgalactolipide der Plastidmembran.

Die ungesättigten C_{18}-Fettsäuren, nämlich Öl-, Linol- und Linolensäure machen bis zu 80 % der gesamten Fettsäuren des Gewebes Höherer Pflanzen aus. Dazu kommen 5–10 % ungesättigte C_{16}-Fettsäuren in den 16:3-Pflanzen. α-Linolensäure hat an den gesamten Blatt-Fettsäuren einen Anteil von 50–70 %. Säuren mit Kettenlänge über C_{18} sind Bestandteile von Wachs, Cutin und Suberin, die man hauptsächlich in oder an der pflanzlichen Cuticula findet. Sie werden durch Malonyl-CoA-abhängige C_2-Verlängerung der vorgeformten C_{18}-Ketten gebildet. Es gibt Hinweise auf drei kettenspezifische Elongasen, die für die Bildung von C_{22}-, C_{24}- und C_{30}-Fettsäuren verantwortlich sind.

Das am besten untersuchte Zielenzym für Herbizide im Fettsäurebiosyntheseweg ist die Acetyl-CoA Carboxylase (ACC). Dieses biotinhaltige Enzym wird von Oxyphenoxypropionsäuren („Oxy" bezieht sich auf Phenoxy, Pyridinyloxy, Quinoxalinyloxy, usw.) und Cyclohexandionen (Abb. 6 A) gehemmt. Dies sind gute Herbizide gegen Gräser in dikotylen Kulturen und verursachen alle ähnliche Symptome bei Gräsern. Nach Behandlung der Pflanzen werden neugebildete Blätter chlorotisch. Später treten nekrotische Bereiche am Vegetationspunkt in meristematischen Regionen von Blatt und Wurzel auf. Diese Herbizide beeinflussen auch die Membranpermeabilität und den Transport von Auxinen. Die wesentliche herbizidale Wirkung wird in der Hemmung der Fettsäurebildung gesehen. Im Vergleich zu unbehandelten Kontrollen vermindert Diclofop-methyl in Wurzelstücken von Maiskeimlingen den Gehalt an verschiedenen Fettsäuren. Durch Einsatz von radioaktiv markiertem Acetat, Malonat und Ölsäure konnte gezeigt werden, daß die Hemmstelle von Sethoxydim und Haloxyfop zwischen Acetyl-CoA und Malonyl-CoA liegt. Durch in-vitro-Versuche mit den beiden o. g. Herbiziden konnte eine Hemmung des Enzyms, das diese Reaktion katalysiert, gezeigt werden. Allerdings sind nur ACC-Präparationen aus Gräsern sensitiv gegen diese Herbizide. An isolierten Plastiden zeigen die Ester geringe Hemmaktivität. Es kann davon ausgegangen werden, daß die Ester in Abb. 6 A in intakten Pflanzen besser aufgenommen und zu aktiven Substanzen hydrolysiert werden, die in der Pflanze gut transportiert werden können. Von den zwei Teilreaktionen, die durch ACC katalysiert werden, wird hauptsächlich die erste Reaktion von Oxyphenoxypropionsäuren und Cyclohexandionen gehemmt. Beide Herbizidgruppen scheinen im gleichen Bereich an der ACC zu binden.

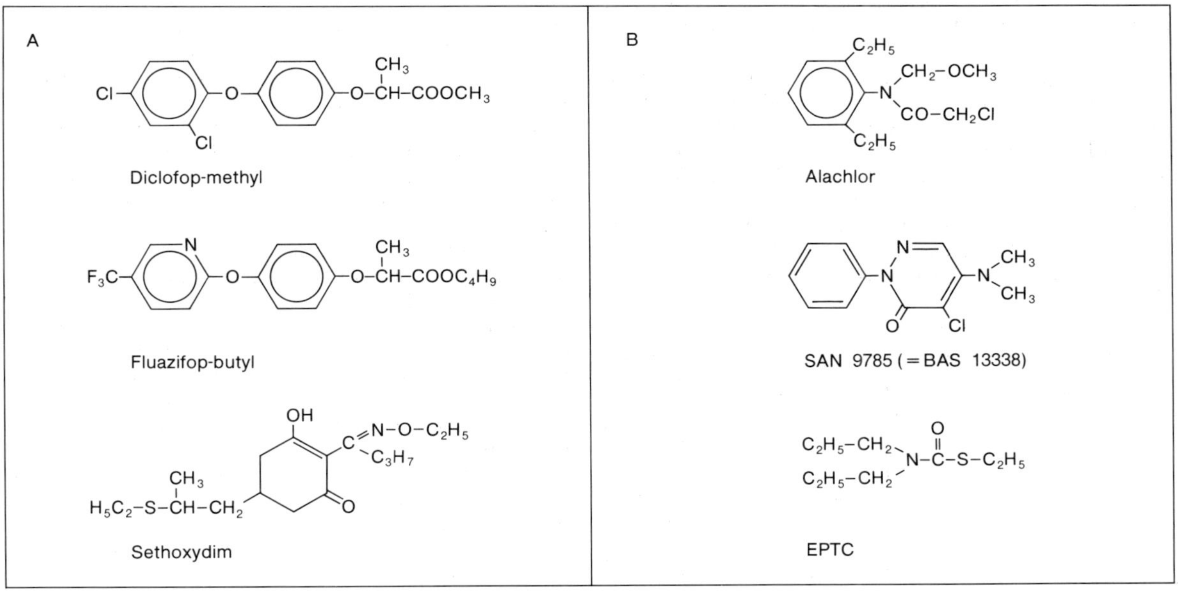

Abb. 6: Strukturen von Herbiziden der Fettsäurebiosynthese. Substanzen in Teil A hemmen die Acetyl-CoA-Carboxylase, die in Teil B wirken auf andere Reaktionen.

Man kann Pflanzen in empfindliche Monokotyledonen wie Mais oder Wildhafer und in tolerante Dikotyledonen wie Zuckerrübe oder Sojabohne, in denen die Fettsäuresynthese nur leicht beeinflußt wird, einteilen. Die Toleranz konnte nicht durch reduzierte Aufnahme der Oxyphenoxys oder durch gesteigerten metabolischen Abbau erklärt werden, da man auch mit isolierten, intakten Chloroplasten Toleranz beobachtete. So erwiesen sich für Sethoxydim und Clethodim, 2-(1-3(-Chloro-2-propenyl)oxyiminopropyl)-5-(2-ethylthio)-propyl-3-hydroxy-2-cyclohexen-1-on, die Hemmkonstanten für ACC als 400 bis 60 000mal höher mit der Carboxylase aus toleranten Dikotyledonen-Spezies als von empfindlichen Monokotyledonen. Ähnliches wurde auch mit dem Herbizid Fluazifop (= freie Säure des Fluazifop-butyl) vom Oxyphenoxy-Typ gezeigt. Bei den Herbiziden mit ACC-Hemmung haben wir das einzigartige Beispiel, daß eine natürliche Selektivität gegen chemisch unterschiedliche Verbindungen durch verschiedene Affinität des Zielenzyms in unterschiedlichen Pflanzengruppen hervorgerufen wird. Hinzu kommt noch eine andere Art von Selektivität, z. B. von Weizen gegen Diclofop. Sie beruht in dieser Pflanze darauf, daß Diclofop metabolisiert wird.

Pyridazinone sind hauptsächlich dafür bekannt, daß sie in die Carotinbiosynthese eingreifen (Abb. 2). Sie können aber, abhängig von ihren Substituenten (s. SAN 9785 in Abb. 6 B als Beispiel), Nebeneffekte auf die Fettsäuresynthese ausüben. In erster Linie ist die Desaturierung der 18:2- zur 18:3-Fettsäure, d. h. die plastidäre 15-Desaturase betroffen. Der Einfluß auf diesen Desaturierungsschritt wurde auch mit Fluorochloridone, einem anderen Bleichherbizid, beobachtet.

Thiocarbamate wie EPTC (Abb. 6 B) beeinträchtigen die Synthese von langkettigen Fettsäuren und vermindern so die Ausbildung von epicutulären Wachsen.

Auch Chloracetamide, die den Thiocarbamaten strukturell ähneln, zeigen den gleichen Effekt. Es wird diskutiert, daß verschiedene Elongasen durch EPTC und Metolachlor gehemmt werden. Für beide Herbizide steht der direkte Beweis ihrer Interaktion mit Elongasen noch aus. Möglicherweise sind Metabolite der Thiocarbamate die aktiven Substanzen.

Es soll noch darauf hingewiesen werden, daß die Antibiotika Cerulenin und Thiolactomycin die β-Ketoacyl-ACP-Synthetase des Fettsäuresynthesekomplexes, d. h. die Kettenverlängerung zu C_{16} und C_{18}, hemmen.

Ammonium- und Aminosäurestoffwechsel

Mit verschiedenen herbizidalen Hemmstoffen kann die Ammonium-Inkorporation, die Biosynthese von aromatischen Aminosäuren über den Shikimatweg sowie die Bildung von verzweigtkettigen Aminosäuren beeinflußt werden. Auf diese Reaktionen soll im folgenden eingegangen werden.

Ammoniumfixierung

Ammonium wird von Pflanzen direkt aufgenommen oder aber es entsteht endogen durch Reduktion von Nitrat und über den Abbau von stickstoffhaltigen Stoffwechselverbindungen in der pflanzlichen Zelle. Für die Fixierung des Ammoniums, d. h. dessen Bereitstellung für anabolische Reaktionen, ist wesentlich das Enzym Glutaminsynthetase (GOGAT) verantwortlich. Hierbei wird unter ATP-Verbrauch Ammoniak an die Carboxylgruppe des Glutamats gebunden (Abb. 7). Daneben spielt die reduktive Aminierung von 2-Ketoglutarat über die reversible Glutamatdehydrogenase aufgrund der geringen Affinität zu NH_3 nur bei hohen Ammoniumkonzentrationen eine Rolle. Von beiden Enzymen gibt es sowohl eine plastidäre als auch eine cytosolische Form. Glutamin stellt einen NH_2-Speicher und -Verteiler dar und dient der Bildung von weiteren Glutamatmolekülen aus 2-Ketoglutarat in der durch GOGAT unter NADPH-Verbrauch katalysierten Reaktion. Glutamat ist der wichtigste NH_2-Donor bei der Bildung von Aminosäuren.

Es sind einige Inhibitoren der Glutaminsynthese bekannt. Dies sind Methioninsulfoximin (MSO) und Derivate, ferner Phosphinothricin (PPT) und Bialaphos (s. Abb. 8 A). Letzteres wurde aus Kulturen von *Streptomyces hygroscopicus* isoliert. Es ist ein Tripeptid mit herbizidalen Eigenschaften, vorausgesetzt, es wird in der Pflanze enzymatisch in zwei Moleküle Alanin und L-2-Amino-4-Hydroxymethylphosphinobuttersäure gespalten. Letztere ist die aktive Verbindung. Sie ist als Phosphinothricin (PPT) oder Glufosinat bekannt.

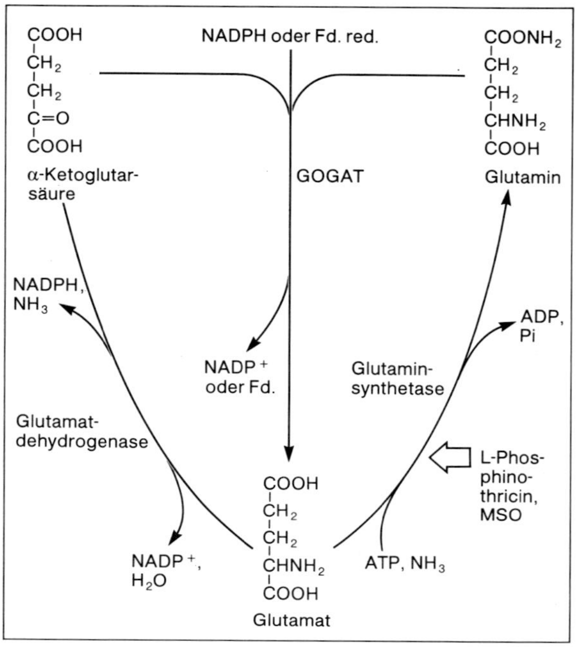

Abb. 7: Fixierung von NH_3 über Glutaminsynthetase und Glutaminsäurebildung durch Glutaminoxoglutarat-Aminotransferase (GOGAT). Für die Bildung von Glutamat spielt unter Bedingungen hohen NH_3-Angebots noch die Glutamatdehydrogenase-Reaktion eine gewisse Rolle für die NH_3-Fixierung. Fd. red. = reduziertes Ferredoxin.

Der Reaktionsmechanismus der Glutaminbildung läuft in zwei Stufen ab. Zuerst binden ATP und Glutamat am Enzym, und es entsteht intermediär γ-Glutarylphosphat. Im nächsten Schritt entsteht durch Anlagerung von NH_3 ein tetrahedrischer Übergangszustand, bevor Glutamin, ADP und Phosphat freigesetzt werden. Sowohl MSO als auch PTT zeigen den gleichen Hemmechanismus. MSO bindet als Substratanalog irreversibel an die aktive Stelle der Glutaminsynthetase. Dabei wird der Sulfoximin-Stickstoff phosphoryliert.

Für das PTT gilt das gleiche. Auch dieses Phosphinanalog des Glutamats (Abb. 8 A) ist ein Inhibitor der Glutaminsynthetase. Der geschwindigkeitsbestimmende Schritt der PPT-Hemmung ist die Bindung des Inhibitors. Dabei kompetiert es mit Glutamat um das aktive Zentrum nach bereits erfolgter Beladung von ATP an die Glutaminsynthetase. PPT wird dann phosphoryliert und bindet dadurch irreversibel am Enzym. Dabei liegt der k_i-Wert für PPT bei etwa 6 μM, was einer mehr als 10fach besseren Hemmung als für MSO entspricht. PTT beeinflußt auch die Glutaminsynthetase von Bakterien und Säugern, ist aber für die letzteren nicht toxisch, da es die Blut-Hirn-Schranke nicht passieren kann und schnell durch die Nieren ausgeschieden wird.

In der Pflanze führt PPT zu Ammoniumakkumulation und Blattschäden im Licht. Das Herbizid hemmt unter photorespiratorischen Bedingungen die Photosynthese, und es kann ihm durch Glutamingabe über die Blattstiele entgegengewirkt werden. Unter nicht-photorespiratorischen Bedingungen des Laborversuchs treten weder Ammoniumakkumulation noch eine Hemmung der Photosynthese auf. Die Verarmung an Glutamin scheint die entscheidende phytotoxische Wirkung von PPT zu sein, wodurch sowohl der oxidative C_2-Kohlenstoffzyklus als auch der Aminosäureaufbau blockiert wird. Möglicherweise können akkumulierende Zwischenstufen dieses Zyklus, wie Glyoxylat die Photosynthese beeinträchtigen. Für MSO sind ähnliche Wirkungen bei behandelten Pflanzen beschrieben. Auch nekrotische Spätwirkungen aufgrund von Membranzerstörung (durch Ammoniak?) tragen zum phytotoxischen Effekt bei.

Es gibt zwei Möglichkeiten, Resistenz gegen PPT zu erreichen. Die eine besteht in der Überexpression der Glutaminsynthetase mittels Genamplifikation. Ein 5fach höherer Enzymgehalt ergab 20- bis 100fache Resistenz in selektierten Luzerne-Zellkulturen. Eine Regeneration zu intakten Pflanzen gelang mit derartigen Zellen nicht. Ein erfolgreicher Weg zu resistenten, intakten Pfanzen wurde mit dem Einbringen eines Gens zur Detoxifizierung des Wirkstoffs mittels Acetylierung beschrit-

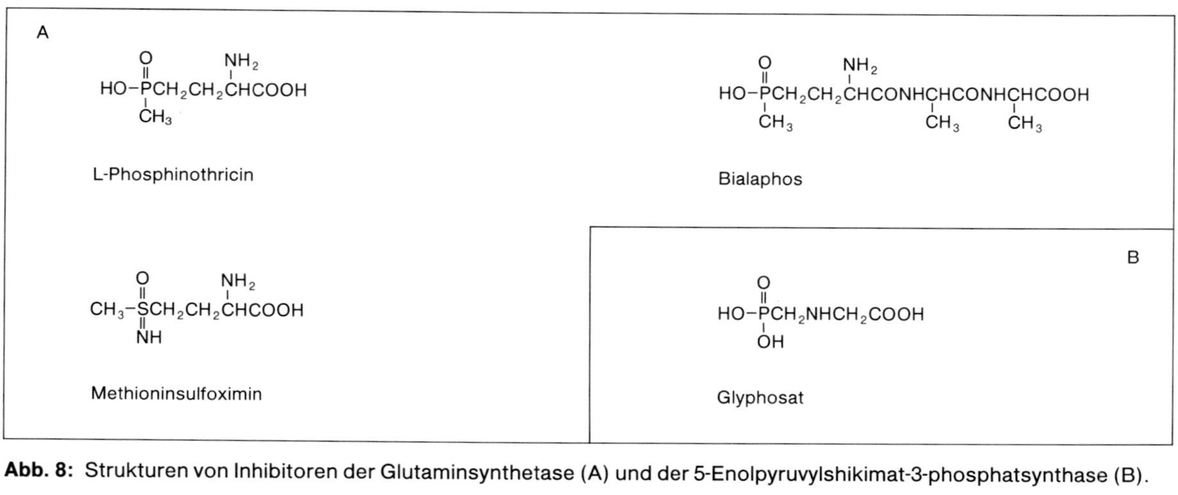

Abb. 8: Strukturen von Inhibitoren der Glutaminsynthetase (A) und der 5-Enolpyruvylshikimat-3-phosphatsynthase (B).

ten. Das „bar"-Gen aus *Streptomyces hygroscopicus* bzw. das „pat"-Gen aus *Streptomyces viridochromogenes* kodieren eine spezifische PPT-Acetyltransferase (= PAT). Das acetylierte PPT ist herbizidal inaktiv. Transgene Pflanzen (Tabak, Tomate, Kartoffel, Mais) konnten mit beiden Genen produziert werden, die bei dem 4- bis 10fachen der normalen Aufwandmengen das Herbizid symptomlos tolerierten. Diese Verträglichkeit besteht auch gegenüber Bialaphos.

Hemmung der 5-Enolpyruvylshikimat-3-phosphat-Synthase

Die meisten aromatischen Verbindungen in Pflanzen einschließlich der Aminosäuren Tyrosin, Phenylalanin und Tryptophan werden über den Shikimat-Biosyntheseweg gebildet. Ihre Biosynthese beginnt mit der Zusammenlagerung von Erythrose-4-phosphat mit Phosphoenolpyruvat zu 3-Deoxy-D-arabinose-heptulonat-7-phosphat (DAHP). Sie ist in Abb. 9 schematisch aufgeführt.

Für einen einzigen Schritt, der durch 5-Enolpyruvylshikimat-3-phosphat-Synthase (EPSPS, auch 3-Phosphoshikimat-1-carboxyvinyl-transferase genannt) katalysiert wird, ist ein sehr wirksamer Hemmstoff bekannt. Dieses Enzym wird durch das Herbizid Glyphosat (Abb. 8 B) gehemmt, wobei Shikimisäure in behandelten Pflanzen akkumuliert und die Bildung von aromatischen Aminosäuren wie dargestellt (Abb. 9) verhindert wird. Phenolverbindungen, die über aromatische Aminosäuren gebildet werden, nehmen ab, was z. B. zu verminderter Anthocyansynthese führt. Auch die Bildung von Phytoalexinen wird beeinträchtigt; dies hat geringe Resistenz gegen phytopathogene Pilze zur Folge.

Glyphosat ist ein kompetitiver Inhibitor hinsichtlich Phosphoenolpyruvat (PEP) und wirkt nicht-kompetitiv bezüglich Shikimat-3-phosphat (S3P). In der EPSPS-Reaktion bindet zuerst S3P an das Enzym und dann PEP. Die k_m-Werte für die Substrate in Gegenwart von S3P liegen zwischen 4 und 8 µM. Glyphosat bindet reversibel an die EPSPS, nachdem dort bereits S3P gebunden worden ist. Die Bindung von Glyphosat an den EPSPS-S3P-Komplex ist ca. 115fach stärker als PEP. Die Dissoziationsrate ist 2300fach langsamer als die des PEP. Damit liegt ein sogenannter „dead-end"-Komplex vor, der nicht zur Bildung eines E-EPSP-P_i-Komplexes führen kann, der beim Zerfall des Reaktionsprodukts EPSP freisetzt. Glyphosat bindet offenbar an die Phosphatbindestelle des PEP, wodurch beide Substanzen am Reaktionszentrum kompetieren. Mit Shikimat und Glyphosat wird eine tetrahedrische Intermediatstruktur aufgebaut, die zur Weiterreaktion unfähig ist. PEP, das zweite für die Reaktion benötigte Substrat, kann das Glyphosat von diesem Komplex nicht verdrängen, weil der k_m-Wert vergleichsweise hoch ist (10 µM) und es in der Zelle in der dazu benötigten Konzentration nicht vorliegt.

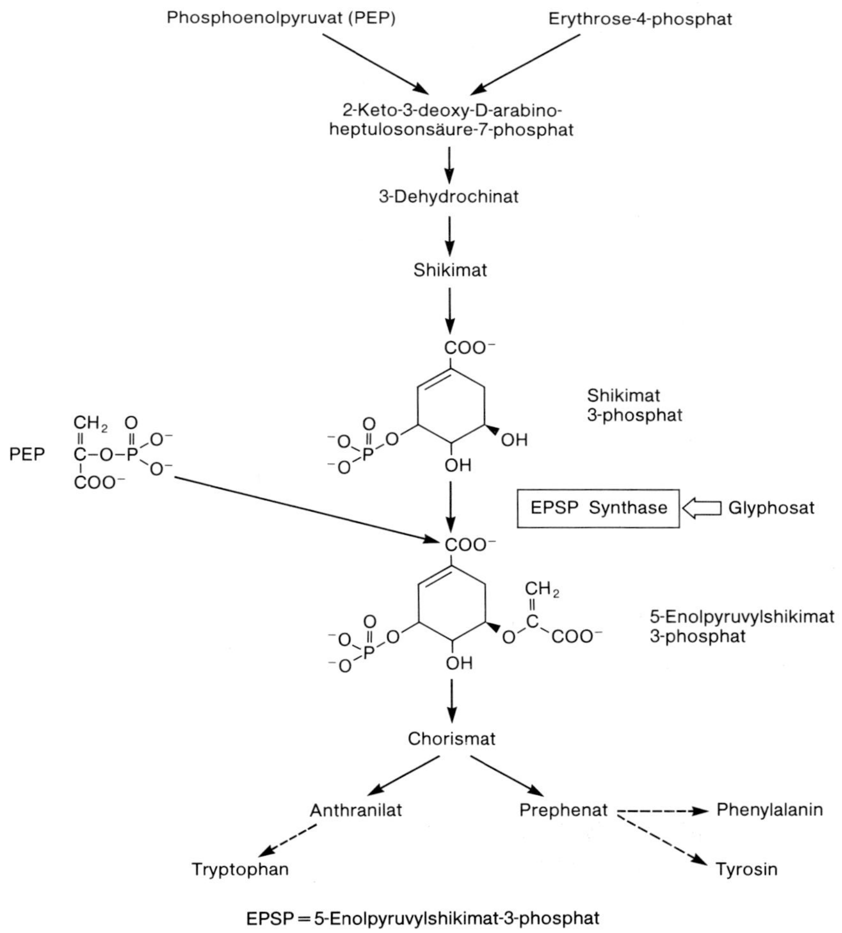

Abb. 9: Der Shikimatweg zur Bildung von aromatischen Aminosäuren.

Eine detaillierte Reinigung und Charakterisierung einer pflanzlichen EPSPS ist kürzlich gelungen. Den größten Teil des Enzyms findet man im Chloroplasten. Es wird durch ein Kerngen kodiert und als ein Vorstufenprotein synthetisiert (55 kDa, bestehend aus einem reifen Enzym von 444 Aminosäuren und einem Transitpeptid von 72 Aminosäuren). Beide Formen binden Glyphosat gleich gut. Innerhalb des Chloroplasten wird das Transitpeptid durch eine Endoprotease abgespalten. Von einem der ersten zu beobachtenden Glyphosateffekte, nämlich dem Anschwellen der Chloroplasten, nimmt man an, daß es mit der gehemmten Aufnahme des EPSP-Präproteins durch den Chloroplasten verbunden ist. Das führt zu gesteigerter Aktivität der 3-Deoxy-D-arabinoheptulosonat-7-phosphat-Synthase (DAHP-Synthase). Dieses Enzym katalysiert die erste Reaktion in Abb. 9 und wird durch Folgeprodukte reguliert. Wird diese Regulation gestört, so führt dies zu einem unregelmäßigen Kohlenstoff-Fluß im Plastiden mit phytotoxischen Konsequenzen. Hohe Konzentrationen an Shikimat findet man in der Vakuole von glyphosatbehandelten Pflanzen. Die Hemmung des Imports des EPSP-Synthase-Präproteins in den Plastiden durch Glyphosat, die Verarmung an aromatischen Aminosäuren, die Unregelmäßigkeit des Kohlenstoff-Flusses und die damit einhergehende Hemmung der Photosynthese bestimmen die herbizidale Aktivität.

Glyphosat-resistente Pflanzen erhielt man durch Einführung eines mutierten EPSP-Synthase-Gens. Dazu wurde ein cDNA-Klon für EPSPS aus Glyphosat-resistenten Petunia-Zellsuspensionen isoliert. Dieser Klon kodierte das Enzym mit seiner Transitsequenz, die den Übergang vom Cytosol in den Chloroplasten ermöglicht. Verschiedene transgene Petunien mit unterschiedlich resistenten Genen zeigten auch verschiedene Resistenzgrade gegen Glyphosat. Die höchsten Resistenzen ergaben sich durch gezielte Mutagenese. Die I_{50}-Werte der EPSPS in den transformierten Pflanzen liegen im Bereich von 9–32 mM gegenüber 6–37 µM bei den Wildformen. Die kinetischen Daten des resistenten Enzyms sind allerdings für Physiologie und Fitneß der Pflanze unvorteilhaft geändert. Man kann diesen Nachteil durch Überexpression auffangen. Glyphosat-resistente, transgene Pflanzen müssen beides aufweisen: ein resistentes Gen und dessen Amplifikation mit einer gewissen Enzymüberexpression. Eine Glyphosat-Resistenz durch eine „resistente" EPSPS wurde bislang im Feld an Unkräutern nicht gesehen, obwohl das Herbizid seit mehr als 20 Jahren eingesetzt wird.

Ein alternativer Weg zur Erzeugung transgener Pflanzen war die Überexpression von EPSP-Synthase durch Genamplifikation. Das Enzym würde dann einen größeren Überschuß von Glyphosat wegbinden. Dadurch konnte eine 40fache Resistenz gegenüber Glyphosat erzielt werden. Andere Enzyme des Shikimatweges (z. B. DAHP-Synthase) waren unverändert. Auch in selektierten, resistenten Tabakzellen wurde eine Beziehung zwischen der verringerten Wachstumshemmung durch das Glyphosat und der exprimierten EPSPS-Aktivität gefunden. Diese stärkere Aktivität geht auf Genamplifikation mit erhöhter EPSPS-mRNA zurück.

Überproduktion der EPSP-Synthase zur Resistenzbildung – obwohl überzeugend an Zellkulturen gezeigt – ist keine Methode für transgene Pflanzen. Die Ansammlung des Wirkstoffs in Meristemen kann die erhöhte Enzymmenge kompensieren.

Beeinflussung der Acetolactat-Synthase und Biosynthese der verzweigten aliphatischen Aminosäuren

Die verzweigtkettigen Aminosäuren Valin, Leucin und Isoleucin werden von Bakterien und Pflanzen produziert („essentielle Aminosäuren"). In den Pflanzen läuft die Biosynthese im Chloroplasten ab. Die Anfangsschritte werden von vier Enzymen katalysiert, einer Ketohydroxysäure-Synthase, einer Ketosäure-Reduktoisomerase (KARI), einer Dihydroxysäure-Dehydratase und einer Transaminase. Alle Enzyme sind in der Lage, zwei Parallelwege zu katalysieren, die entweder von Pyruvat oder 2-Ketobutyrat (=2 Oxobutyrat) ausgehen (Abb. 10). Das erste Enzym in dieser Sequenz, die Acetohydroxysäure-Synthase, ist auch unter dem Namen Acetolactat-Synthase (ALS) bekannt und soll auch im folgenden so benannt werden. In der durch sie katalysierten Reaktion werden aus zwei Pyruvatmolekülen 2-Acetolactat für die Synthese von Valin und Leucin gebildet, während die Reaktion zwischen Pyruvat und 2-Oxobutyrat die Isoleucinbildung initiiert. Das erste Enzym ist unter Rückkopplungs-Kontrolle, sowohl Valin als auch Leucin können als kooperative Effektoren wirken. Valin plus Leucin zusammen zeigte die beste synergistische (kooperative) Hemmung. Das isolierte Pflanzenenzym ist instabil, und kleine Mengen sind erst kürzlich aus etiolierten Gerstenkeimlingen gereinigt worden. Gelfiltration ergab zwei Formen mit 200 bzw. 440 kDa, die auf SDS-Gel-Elektrophorese in nur eine 58-kDa-Spezies gespalten wurden. Wie mit bakterieller ALS gezeigt, sind Thiaminpyrophosphat, Mg^{2+} und FAD notwendig, um das Enzym zu aktivieren, obwohl das letztere bei der Katalyse keine Redoxfunktion hat.

Mit den Sulfonylharnstoffen gelang es erstmalig, den pflanzlich-spezifischen Biosyntheseweg der verzweigten Aminosäuren, d. h. die Bildung von Isoleucin, Valin und Leucin zu hemmen. Weitere Herbizidklassen traten bald hinzu wie Imidazolinone (s. Abb. 11 A), Triazolopyrimidinsulfonamide und substituierte Pyrimidyloxybenzoate. Alle diese Wirkstoffe greifen an der ALS an.

Inhibitoren der ALS sind sog. „langsam bindende Inhibitoren", d. h. Bindung und Hemmung laufen in jeweils zwei Phasen ab und entwickeln sich mit einer Zeitverzögerung (bis zu einer Stunde im Reagenzglas). Unter Reaktionsbedingungen, also in Gegenwart von gebundenem Pyruvat, werden die Inhibitoren rasch und reversibel mit einer vergleichsweise „hohen" Hemmkonstante (k_i = 68 nmol/l für Gerste-ALS) gebunden. Dieser Anfangshemmung schließt sich eine langsame, feste Bindung des Wirkstoffs an das Enzym an, wobei die Hemmkonstante des Chlorsulfurons auf 3 nmol/l absinkt. Für Imazaquin (Imidazolinon-Typ) wurden entsprechende Werte von 10 und 0,55 µmol/l gefunden. Defacto handelt es sich bei der langsamen Inhibitor-Enzym-Komplexbildung um ein irreversibles „Wegtitrieren" des Inhibitors durch vorhandene ALS, wobei pro Pyruvat ein Herbizidmolekül gebunden wird. Diese „tight binding"-Komplexe können sehr langsam (Halbwertszeit 3,5 h für Chlorsulfuron) dissoziieren. Die Dissoziationskonstante ist mehr als 10mal höher als die Hemmkonstante. Trotzdem gelingt z. B. eine Verdrängung von markiertem Chlorsulfuron mit unmarkiertem Wirkstoff. Es handelt sich bei den Hemmstoffen der ALS nicht um funktionell oder reaktiv bedingte „transition state"-Inhibitoren, obwohl das Ergebnis bezüglich der Hemmwirkung ähnlich ist. Anscheinend sind die Inhibitoren an eine Chinon-Bindestelle gebunden, für die in der ALS keine Funktion bekannt ist. Möglicherweise gibt es Unterschiede im Bindungsverhalten von Inhibitoren unterschiedlicher chemischer Struktur.

Mit den Sulfonylharnstoffen und den Imidazolinon-Herbiziden (Abb. 11 A) gibt es Substanzen, die die ALS spezifisch blockieren. Bei der Behandlung von Pflanzen mit diesen Herbiziden fallen die sehr niedrigen Dosen auf, die für die Unkrautkontrolle mit z. B. Chlorsulfuron benötigt werden. Die äußerst geringen Aufwandmengen können durch die niedrige Hemmkonstante erklärt werden (k_i für Interaktion von Chlorsulfuron mit dem Weizenenzym 19 nmol/l), ferner durch die feste, quasi irreversible Bindung dieser Substanz an die ALS,

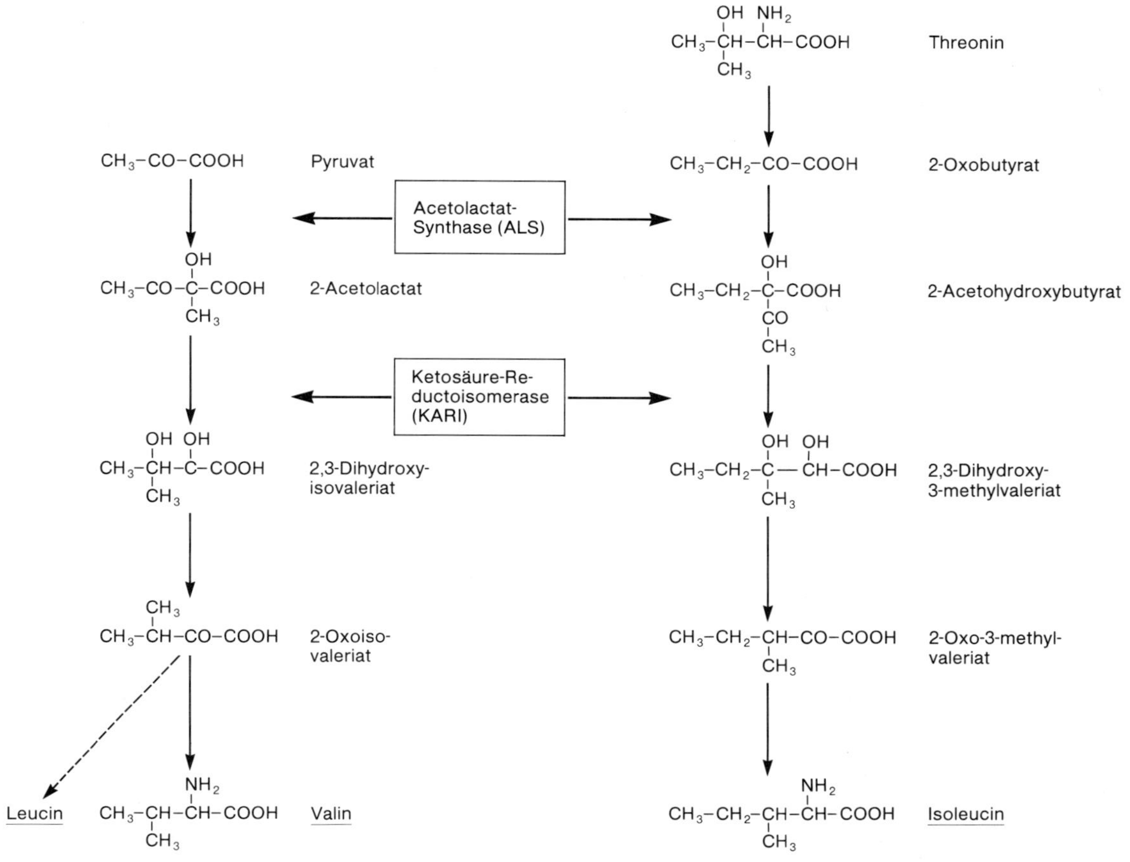

Abb. 10: Biosyntheseweg der verzweigtkettigen Aminosäuren Valin, Isoleucin und Leucin. Die von herbizidalen Hemmstoffen angegriffenen Enzyme sind Acetolactatsynthase (ALS) und die Ketosäure-Reduktoisomerase (KARI).

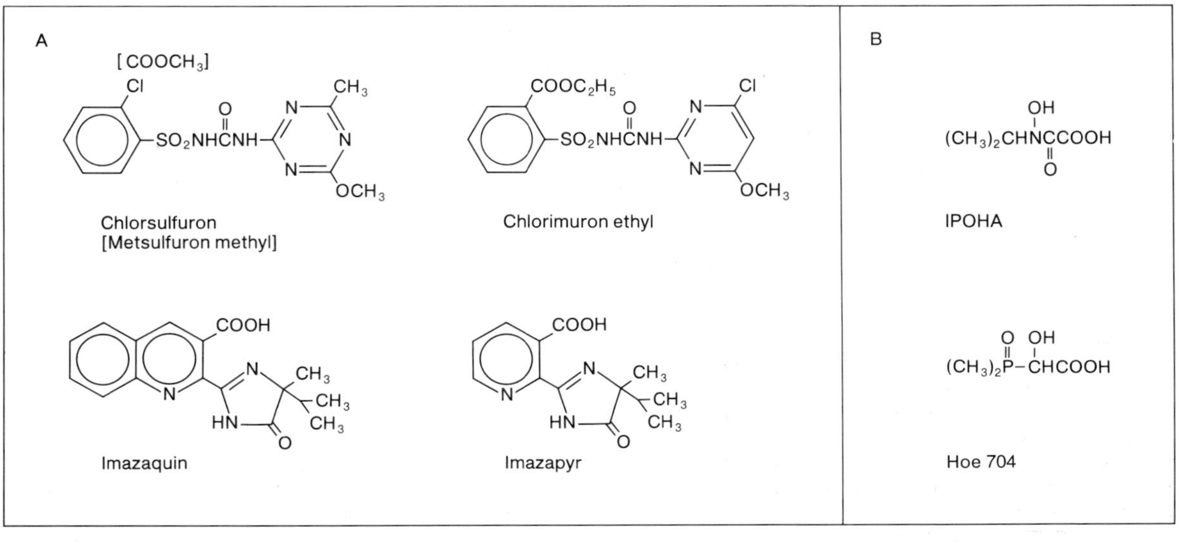

Abb. 11: Strukturen herbizidaler Hemmstoffe der Acetolactatsynthase (A) und der Ketosäurereduktoisomerase (B).

durch die niedrige Konzentration des in den Geweben vorliegenden Enzyms (weniger als 0,1 % des löslichen Proteins in Gerstenkeimlingen) und schließlich durch Inaktivierung der ALS nach der festen Bindung des Herbizids, wie zumindest im Falle des Chlorsulfurons gezeigt wurde. Besprühen der Blätter mit Chlorsulfuron oder Imazapyr führt sofort zur Einstellung des Wachstums. Ebenso wird das Wachstum von Wurzeln in Lösungen mit diesen Herbiziden gehemmt. Sehr schnell wird die Mitose unterbunden, und man kann zu einem späteren Zeitpunkt eine Abnahme des Anteils von verzweigtkettigen Aminosäuren an der Gesamtmenge aller Aminosäuren beobachten. Wie durch Studien mit Bakterien belegt, kann auch 2-Oxobutyrat akkumulieren, das durch Deaminierung von Threonin entsteht, da eine Feedback-Regulation der Threonindehydratase durch Isoleucin fehlt. Mit Oxobutyrat wurde gezeigt, daß es in viele Prozesse, z. B. den Tricarbonsäure-Zyklus oder die Aspartatbildung eingreift. Die Wirkung dieser Zwischenstufe auf Pflanzen ist nicht bekannt. Ein weiterer phytotoxischer Effekt ist der verminderte Assimilattransport unter dem Einfluß von Chlorsulfuron und Imidazolinonen.

Ähnliche Hemmkonstanten von Sulfonylharnstoffen fand man in toleranten und sensitiven Spezies. Die Selektivität (wie z. B. mit Chlorsulfuron in Weizen beobachtet) basiert auf unterschiedlicher Detoxifizierung, wie auch für Imidazolinone berichtet wurde. Eine Veränderung der Sensitivität des Zielenzyms in toleranten Nutzpflanzen wurde bisher nicht berichtet. Sulfonylharnstoffe und andere ALS-Hemmer werden in Pflanzen oxidativ abgebaut, wesentlich durch mischfunktionelle Oxidasen (Monooxygenasen, Cytochrom-P450-Systeme) und Glycosyl-Transferasen (Konjugation). Darauf beruht ihre Selektivität. Über diese pflanzlichen Enzyme ist wenig bekannt. Sie kommen konstitutiv und induzierbar vor. Leider breitet sich natürliche Resistenz der Unkräuter schnell in Feldern aus, die ständig mit Sulfonylharnstoffen wie Chlorsulfuron behandelt werden. Offenbar sind spontane resistente Mutanten in hoher Frequenz in der Wildtyp-Population vorhanden, da keine wesentliche Wachstumsbeeinträchtigung der Mutanten zu beobachten ist. Deshalb kann eine hohe natürliche Mutationshäufigkeit in den Feldern bei Einbringen des selektierenden Herbizids schnell die Oberhand gewinnen und zu einer schnellen Verbreitung der resistenten Unkräuter beitragen.

Es gelang mit Hilfe der Gentechnologie, resistente Pflanzen zu produzieren. ALS ist wie EPSPS ein kernkodiertes, aber in Plastiden lokalisiertes Enzym. Das Gen der ALS ist aus verschiedenen Pflanzen kloniert und sequenziert worden. Innerhalb der konservierten Bereiche des Gens konnten durch „site-directed“ Mutagenese einzelne Aminosäure-Substitutionen erreicht werden, die zu hoher Resistenz gegen Sulfonylharnstoffe führte. Dabei bleibt die ALS in vielen Fällen enzymatisch voll aktiv. Diese veränderten ALS-Gene mit Herbizidresistenz konnten in verschiedene Pflanzen eingebracht und so gegen Sulfonylharnstoffe resistente Pflanzen erhalten werden. Eine andere Möglichkeit, resistente Kulturpflanzen herzustellen, ist folgende: Es wurden Mais-Zellkulturen mit Imidazolinonen behandelt und hieraus resistente Zellinien selektioniert. Die daraus regenerierten Maispflanzen zeigten eine mehr als 100fach gesteigerte Resistenz gegen Imidazolinone und ebenfalls eine Kreuzresistenz gegen Sulfonylharnstoffe.

Das Enzym Ketosäure-Reduktoisomerase (KARI) katalysiert die Umwandlung sowohl von 2-Acetolactat als auch von 2-Acetohydroxybutyrat, die beide von der ALS gebildet werden. Dabei zeigt 2-Acetobutyrat eine etwa 5fach höhere Affinität als Substrat als 2-Acetolactat. Die Reduktion mit NADPH in Gegenwart von Mg^{2+} führt zu 2,3-Dihydroxyisovaleriat und 2,3-Dihydroxy-3-ethylvaleriat. Diese Reaktionen laufen in zwei katalytischen Schritten ab, einem Alkyltransfer (Methyl bzw. Ethyl) von C-2 auf C-3 und anschließender Reduktion der α-Ketogruppe zu einer Hydroxygruppe. Aufgrund dieses Reaktionsmechanismus kann ein Übergangszustand postuliert werden, bei dem Mg^{2+} über die beiden Sauerstoffatome koordinativ gebunden ist. Dabei tragen die beiden C-Atome, die mit Mg^{2+} und Sauerstoffgruppen eine 5-Ring-Struktur bilden, eine partielle positive Ladung. Zwei Substanzen (Abb. 11 B), Hoe 704 (2-Dimethylphosphinoyl-2-hydroxyessigsäure) und IPOHA (N-Isopropyloxalhydroxamat), die eine gewisse Strukturübereinstimmung zu den Substraten der KARI aufweisen, können als Analoga der Substrate im Übergangszustand angesehen werden. Sie sind ebenfalls in der Lage, mit Mg^{2+} einen entsprechenden 5-Ring zu bilden, wobei die positive Ladung auf dem P- bzw. N-Atom lokalisiert ist. Beide Verbindungen sind langsam bindende Inhibitoren, d. h. mit sich langsam einstellendem Gleichgewicht, und hemmen die KARI sehr effektiv mit k_i-Werten im nanomolaren Bereich.

Bei Behandlung von Pflanzen mit Hoe 704 ist ein Anstau von Acetolactat und dessen Abbauprodukt Acetoin zu beobachten. Obwohl damit die Wirkung auf die KARI im intakten System belegt ist, wird mit den beiden o. g. Hemmstoffen kein guter herbizidaler Effekt erzielt. Sehr geringe Enzymaktivitäten sind für die physiologische Funktion im Biosyntheseweg ausreichend.

Lichtinduzierte Radikalbildung

p-Nitrodiphenylether, bestimmte Lutidinderivate, zyklische Imide u. a. (Abb. 12) induzieren im Licht die Zerstörung von pflanzlichen Membranen, Pigmenten und Zellbestandteilen. Besonders die ungesättigten Fettsäuren der Acyllipide der Membranen werden angegriffen. Sichtbare Symptome von Pflanzen, die mit den o. g. Herbiziden besprüht und im Licht gehalten wurden, sind stark vertrocknete Blätter. Es scheint, daß alle peroxidierenden Verbindungen als Primärwirkung die vermehrte Bildung von Tetrapyrrolen in Zellen induzieren, die Proplastiden bzw. Chlorophyllbiosynthese aufweisen. Die Alge *Bumilleriopsis,* die gegen Oxyfluorfen höchst tolerant ist, scheidet Protoporphyrin IX und/oder Protoporphyrinogen in das Kulturmedium ab, wenn sie mit chemisch unterschiedlichen, peroxidierenden Verbindungen während des autotrophen Wachstums behandelt wird. In den Zellen dieser Alge ist nur geringe peroxidative Aktivität zu beobachten. In anderen Algen und Pflanzen wird Protoporphyrin IX nur nach Kurzzeit-Inkubation mit peroxidierenden Herbiziden gefunden, nach längerer Lichtbehandlung verschwindet es aber. In Höheren Pflanzen ist eine wesentliche Tetrapyrrol-Bildung am besten nach einer Dunkelinkubation zu beobachten. Es wurde kürzlich von einer starken Hemmung der Protoporphyrinogen-Oxidase aus pflanzlichem oder tierischem Gewebe durch peroxidierende Diphenylether mit I_{50}-Werten im nanomolaren Bereich berichtet (Abb. 13). Es sollte dabei das Substrat dieses Enzyms, Protoporphyrinogen, angereichert werden. Dies ist aber nicht der Fall, statt dessen findet man in Pflanzen größere Mengen an Protoporphyrin IX. Es kann davon ausgegangen werden, daß zumindest teilweise Protoporphyrin IX durch nicht-enzymatische Oxidation mit molekularem Sauerstoff gebildet wird. Es ist anzunehmen, daß Tetrapyrrole als photodynamische Farbstoffe wirken, die sowohl Peroxidationsreaktionen als auch die Photooxidation dieser Chlorophyllvorstufe selbst in Gang setzen. Folglich werden in belichteten herbizidbehandelten, autotrophen Zellen weniger Tetrapyrrole beobachtet.

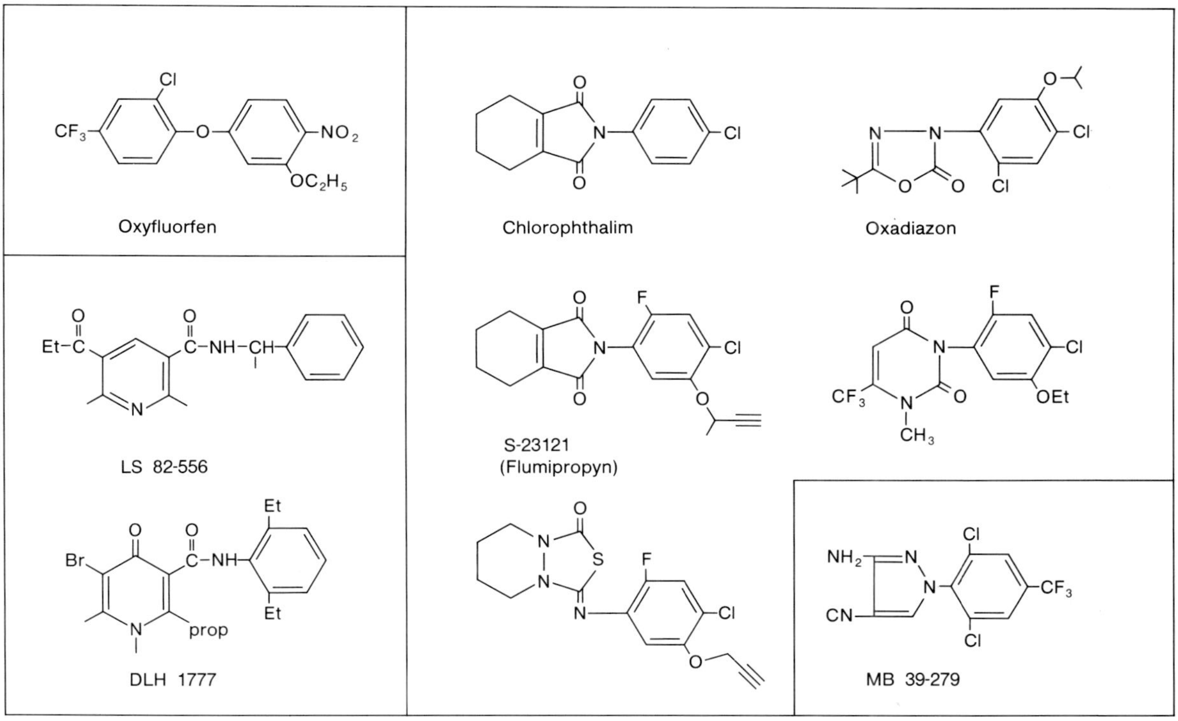

Abb. 12: Strukturen von Herbiziden, die Peroxidationsreaktionen bewirken.

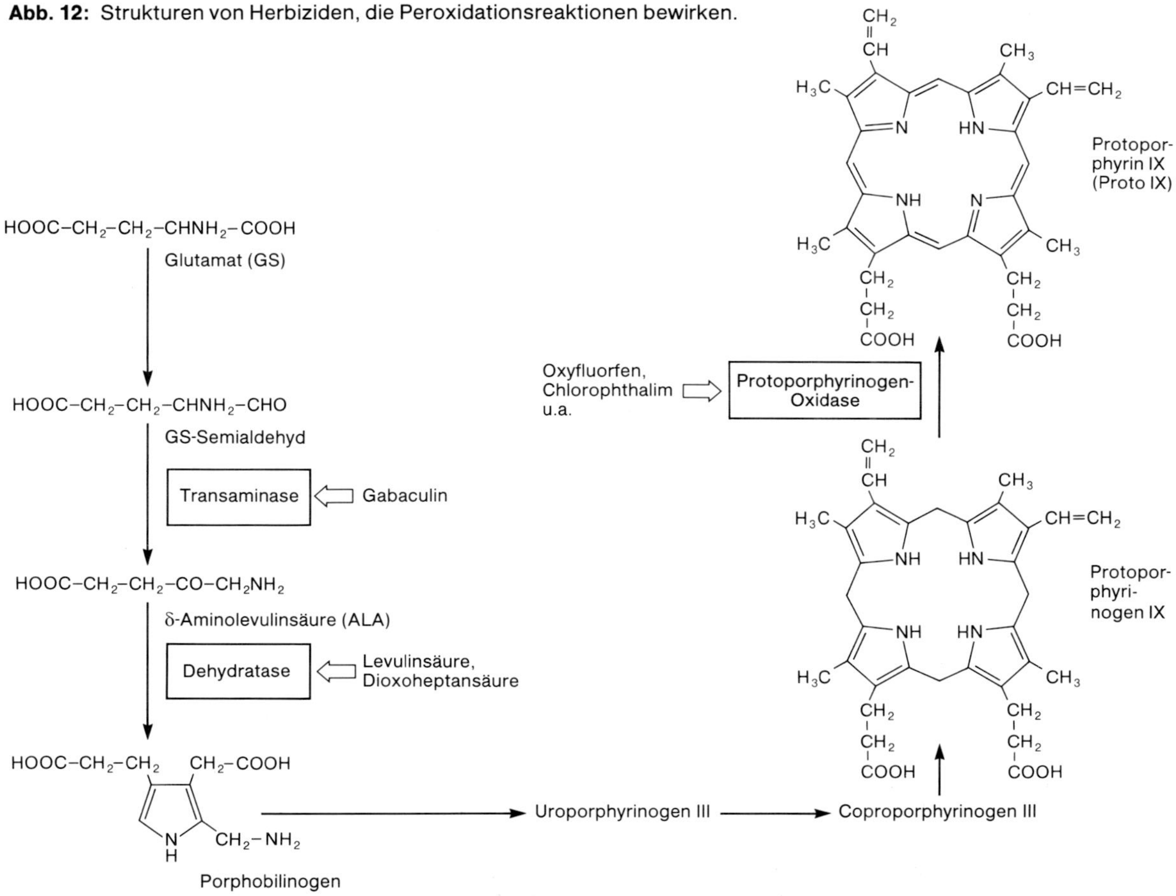

Abb. 13: Hemmstellen für Inhibitoren im plastidären Tetrapyrrolbiosyntheseweg bis zu Protoporphyrin IX ausgehend von Glutamat.

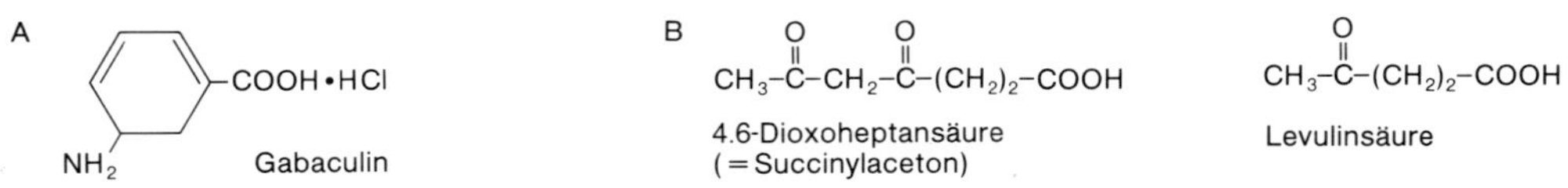

Abb. 14: Strukturen von Hemmstoffen der Bildung (A) von Aminolevulinsäure und deren Umwandlung zu Porphobilinogen (B).

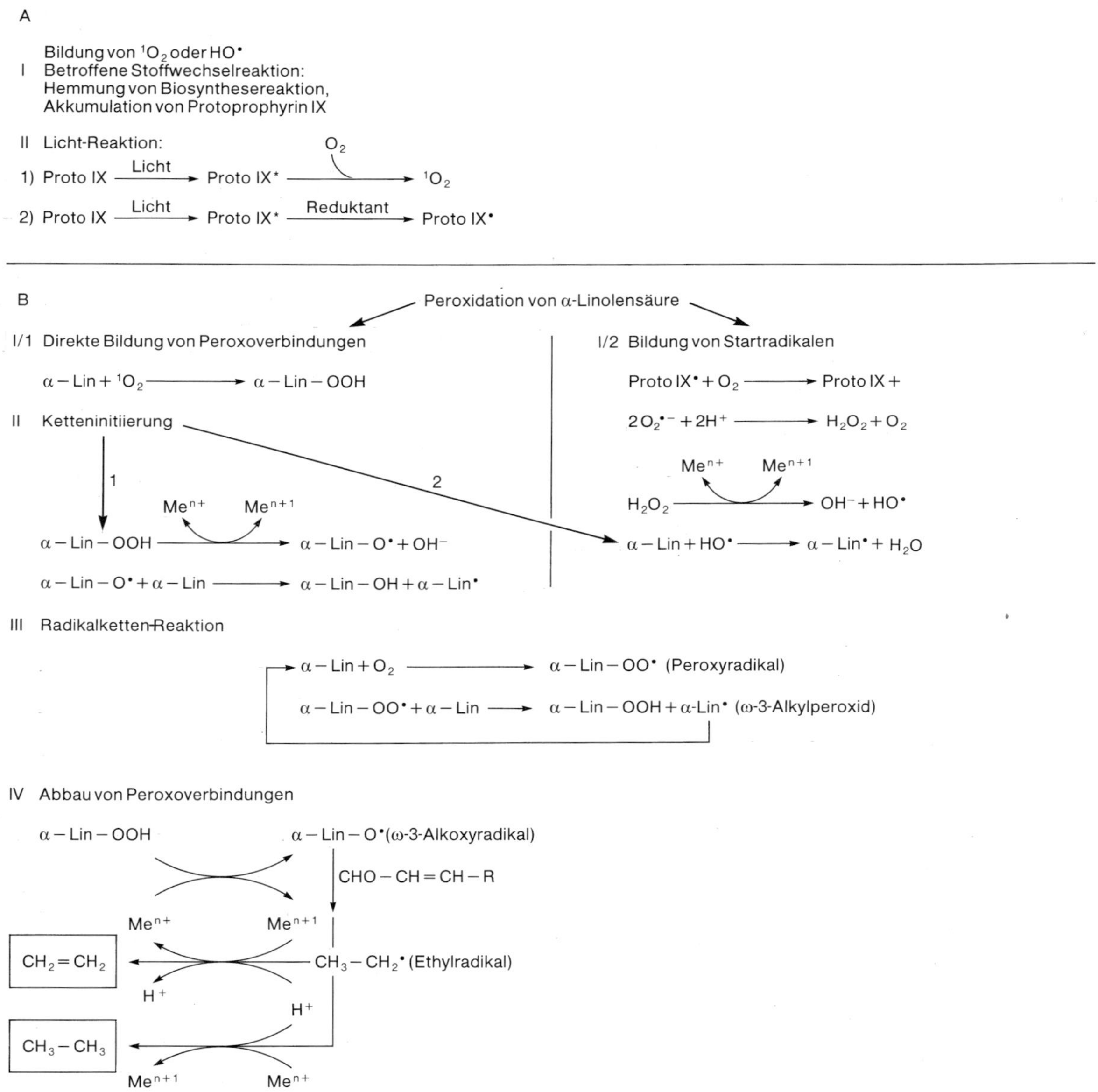

Abb. 15: Mechanismus der herbizidinduzierten radikalischen Peroxidationsreaktionen am Beispiel von α-Linolensäure unter Bildung von Sauerstoffradikalen (A) und Peroxoradikalen (B I), Initiierung (B II) und Ablauf (B III) der Radikalkettenreaktion sowie Abbaureaktionen der Fettsäureperoxide. Proto IX*, sensibilisiertes Protoporphyrin IX; Proto IX•, Anionradikal.

Es gibt noch zwei weitere Hemmstellen im Tetrapyrrolbiosyntheseweg des Chloroplasten für Inhibitoren. Gabaculin (Abb. 14) hemmt die Bildung von δ-Aminolevulinsäure (ALA) auf der Stufe der Glutamat-1-semialdehydaminotransferase. Dabei wirkt es als Pyridoxalphosphat-Antagonist. Für ALA-Dehydratase, die die Kondensation von 2 ALA-Molekülen katalysiert, sind verschiedene Hemmstoffe, die alle als Substratanaloge angesehen werden können, bekannt (Abb. 13). So hemmen Levulinsäure und 4,5-Dioxovaleriansäure (Abb. 14) die ALA-Dehydratase kompetitiv.

Hemmstoffe des Tetrapyrrolbiosynthesewegs, die die Bildung von Protoporphyrinogen IX verhindern wie Levulinsäure und Gabaculin (Abb. 14), schützen bei gleichzeitigem Besprühen mit peroxidierenden Herbiziden die Pflanze vor der herbizidalen Wirkung. Die Pflanzen sehen dabei gesund aus, und es können keine Parameter, die Peroxidationsreaktionen anzeigen, gemessen werden.

Die durch Herbizide hervorgerufenen Peroxidationsreaktionen laufen über einen Radikalmechanismus ab, wie er in Abb. 15 schematisch dargestellt ist. In radikalischen Reaktionen erfolgt zuerst die Bildung von Starterradikalen, die dann zu der eigentlichen Radikalkettenreaktion führen. Wie bewirken die o. g. Herbizide die Bildung von Radikalen, die für die Initiierung der peroxidativen Radikalkettenreaktionen verantwortlich sind? Der Mechanismus, in dem die Startradikale für die Peroxidation gebildet werden, ist noch nicht vollständig aufgeklärt. Eine direkte Radikalisierung am Herbizidmolekül kann jedoch ausgeschlossen werden. Auf jeden Fall ist Licht an dieser Radikalbildung beteiligt. Die berichteten Aktionsspektren sind nicht eindeutig. Es scheint aber der Blauanteil des Lichtspektrums zu sein, der die beste peroxidative Wirkung der entsprechenden Herbizide hervorruft.

Das akkumulierte Protoporphyrin IX kann in einer photosensitierten Reaktion durch Energieübertragung auf Sauerstoff dessen Singulett-Zustand ($^1O_2$) bilden oder in Gegenwart eines Reduktanten in ein Protoporphyrin-IX-Anionradikal übergehen (Abb. 15, A). Am Beispiel von α-Linolensäure sind die beiden Möglichkeiten der Startreaktion, d. h. die Bildung des α-Linolensäureradikals α-Lin• aufgezeigt. Durch $^1O_2$ entstehen zuerst α-Linolensäureperoxid (α-Lin-OOH) und dann in einer metallkatalysierten Fenton-Reaktion (z. B. mit Fe^{2+} bzw. Cu^+) zusammen mit einem zweiten α-Lin-Molekül α-Lin• (Teil B, I, 1 und II). Alternativ hierzu könnte ein Proto•-Radikal entstehen, das mit Sauerstoff zu Superoxid, $O_2^{\bullet -}$, reagiert, aus dem durch Disproportionierung H_2O_2 und über eine weitere metallkatalysierte Reaktion Hydroxylradikale HO• entstehen. Durch Reaktion mit α-Lin entsteht wiederum α-Lin• (Teil B, I, 2). α-Lin• setzt anschließend eine Radikalkette in Gang (Abb. 15, B, III), in der Sauerstoff an α-Lin• addiert. Das dabei kontinuierlich gebildete Peroxid α-Lin-OOH geht durch weitere metallkatalysierte Reaktionen in ein entsprechendes Alkoxylradikal über, das zu einem Ethylradikal CH_3-CH_2• und entsprechende Aldehyde (einschließlich Malondialdehyd) zerfällt (Teil B, IV). Durch Reduktion bzw. Oxidation entstehen aus CH_3-CH_2• dann Ethan und Ethylen.

Die Zerstörung der Membranen kann über verstärkten Ionenausfluß oder das Austreten radioaktiv markierter O-Methylglucose z. B. mit Gurkenkeimblättern gemessen werden. Beim Einsatz von Mikroalgen kann man herbizidinduzierte Peroxidationsreaktionen entweder über den Abbau von ^{35}S-markiertem Sulfolipid oder die Bestimmung von kurzkettigen Kohlenwasserstoffen quantifizieren. Die peroxidativ gebildeten kurzkettigen Alkantypen hängen von den Fettsäuren ab, die sich in den Acyllipiden befinden. Die Position der vom Carboxyl-Ende entferntesten Doppelbindung bestimmt die C-Kettenlänge des gebildeten Kohlenwasserstoffgases (sog. „ω-1 Regel"). So entstehen Ethan und Ethylen aus der im Thylakoid vorherrschenden α-Linolensäure. Neben der Bestimmung von Kohlenwasserstoffen kann auch Thiobarbitursäure als Indikator verwendet werden. Damit werden die entstehenden Aldehyde, besonders Malondialdehyd, quantifiziert.

Pflanzen besitzen ein antioxidatives System, um Radikale zu entgiften. Einer dieser Radikalfänger ist α-Tocopherol, das durch Reduktion mit Ascorbat wieder regeneriert werden kann. Folglich kann ein α-Tocopherol-Molekül viele Radikale wegfangen und dadurch die Peroxidation stoppen. Das Verhältnis von Ascorbat zu α-Tocopherol ist entscheidend für die Toleranz einer Pflanze gegen Peroxidierer. Die Kapazität des antioxidativen Systems scheint von der Reduktion von Dehydroascorbat durch Glutathion bestimmt zu werden. Glutathion wird selbst wiederum durch photosynthetisch gebildetes NADPH reduziert. Außerdem sind die Poolgrößen von Glutathion und Ascorbat wichtig, deren Biosynthese eng an den assimilatorischen Teil der Photosynthese geknüpft ist. Der herbizidale Effekt eines peroxidierenden Herbizids, d. h. die irreversible Zerstörung von Zellbestandteilen ist erst dann zu beobachten, wenn das antioxidative System nicht mit der Menge an herbizidinduzierten Radikalen fertig wird. Manipulation der antioxidativen Aktivitäten entweder durch geeignete Inhibitoren oder genetische Veränderung (z. B. Verstärkung der Glutathion-Reduktase) kann ein Mittel sein, um die Empfindlichkeit von Pflanzen gegenüber dieser Herbizidklasse zu modifizieren und somit bessere Selektivität hervorzurufen.

Wachstumsregulatoren und Wuchsstoffherbizide

Phytohormone wie β-Indolessigsäure (IES) und Gibberelline regulieren Wachstum und Differenzierung von Pflanzen (s. S. 30 f.). Es soll an dieser Stelle nicht auf die Wirkung dieser Substanzen eingegangen, sondern nur prinzipiell erläutert werden, wo und wie verschiedene Herbizide in die Abläufe bis zur Bindung der Wuchsstoffe an deren Rezeptor eingreifen können. Bevor Phytohormone ein Signal auslösen können, müssen diese erst in hinreichenden Mengen synthetisiert und dann nach Überführung in eine Transportform zum Rezeptor transportiert werden. Die Bindung an einen Rezeptor und die Ablösung der Phytohormone wird über deren Konzentration in der direkten Umgebung des Rezeptors bestimmt. Die vorliegende Menge wird sowohl über den Abtransport als auch durch Abbau oder durch Inaktivierung, d. h. Konjugation an Aminosäuren oder Zucker, reguliert.

Auf allen diesen Ebenen können verschiedene Substanzen potentiell in den Wuchsstoffhaushalt eingreifen. So sind für die Gibberellinbiosynthese spezifische Inhibitoren bekannt. Außerdem gibt es Herbizide, die antagonistisch zu IES wirken, d. h. möglicherweise direkt am Rezeptor oder durch Hemmung des Auxintransports. Außerdem gibt es Herbizide, die selbst eine sehr hohe Auxinaktivität besitzen. Der wesentliche Unterschied der letzten Gruppe zu den natürlichen Auxinen besteht darin, daß die synthetischen Auxine in den Pflanzen schlecht oder gar nicht inaktiviert werden können.

DPX1840, Naptalam, TIBA und Chlorfenprop-methyl (Abb. 16 A) beeinflussen die Wirkung von Auxinen in der Pflanze. Möglicherweise agieren sie als Auxintransport-Inhibitoren. Für Chlorfenprop-Methyl konnte eine Hemmung des polaren IES-Transports mit Koleoptilsegmenten gezeigt wer-

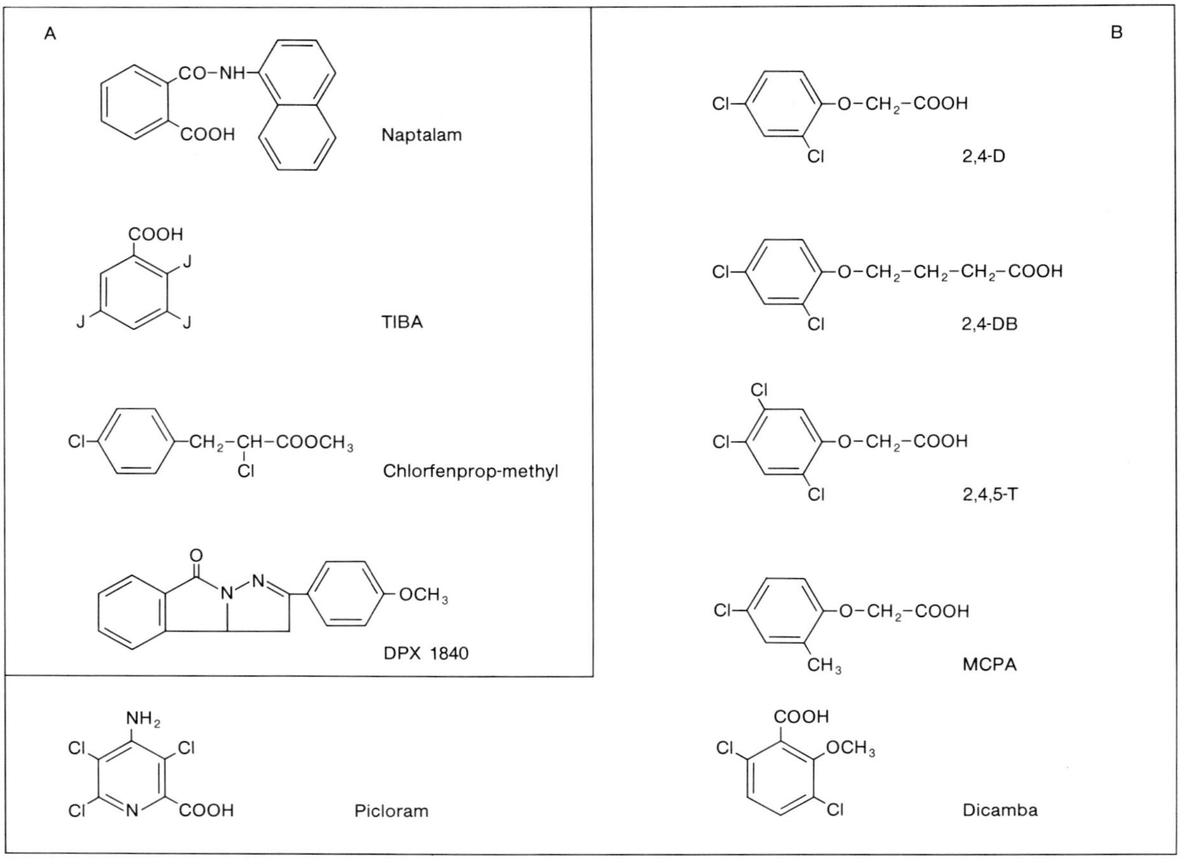

Abb. 16: Strukturen von Verbindungen mit Einfluß auf den Auxinhaushalt. Substanzen A verringern die Auxinwirkung, Substanzen B zeigen selbst Auxinwirkung.

den. Eine ähnliche Wirkung wird auch Diclofop-methyl zugeschrieben. Die primäre herbizidale Wirkung dieser Substanz ist aber die Hemmung der Fettsäurebiosynthese.

Die wichtigsten Herbizide mit Auxinwirkung sind die Phenoxysäure- und Benzoesäurederivate (Abb. 16 B). Allerdings tritt die Auxinwirkung von z. B. 2,4-DB erst nach Metabolisierung in der Pflanze ein. Dort entsteht aus dieser Phenoxybuttersäure durch β-Oxidation die Phenoxyessigsäure 2,4-D.

Kürzlich ist ein Auxinrezeptor aus Koleoptilmembranen von Mais isoliert worden. Das gereinigte Protein hat eine hohe Affinität für Auxine – der k_b-Wert für Naphthylessigsäure liegt bei $5{,}7 \times 10^{-8}$ mol/l. Es handelt sich um ein glycosyliertes Monodimer mit einem Molekulargewicht von 22 kd. Es steht somit ein gutes in-vitro-System für Bindungsstudien mit Auxinherbiziden zur Verfügung. Die herbizidale Wirkung von Substanzen wie 2,4-D und 2,4,5-T besteht wohl darin, daß sie viel länger den Auxinrezeptor blockieren als IES, da sie von der IES-Oxidase nur sehr langsam abgebaut werden. Es ist bislang unklar, ob es nur einen funktionellen Auxinrezeptor oder mehrere gibt. Diese Auxinherbizide werden hauptsächlich gegen dikotyledone Unkräuter in Getreide eingesetzt, da es drastische Konzentrationsunterschiede in ihrer Wirkung auf monokotyledone und dikotyledone Pflanzen gibt.

Hohe Aktivität der Gibberellinbiosynthese ist in Samen und in den Sproßspitzen im Bereich des Vegetationspunktes zu finden, dort wo Entwicklungsprozesse durch Gibberellin gesteuert werden. Eine Beeinträchtigung der Gibberellinbildung führt zum Zwergwuchs von Pflanzen. In verschiedenen Zwergformen von Erbsen und Mais sind durch Mutation einzelne Gene betroffen, die für Enzyme der Gibberellinsynthese kodieren. Verbindungen, die entsprechende Enzyme hemmen, können einen ähnlichen herbizidalen Effekt in Pflanzen bewirken. Weiter spielen Gibberelline eine wichtige Rolle bei der Frucht- und Samenentwicklung sowie bei der Samenkeimung.

Die Biosynthese des Gibberellan-Grundgerüsts dieser Diterpene mit 20 bzw. 19 C-Atomen zweigt wie der spezifische Carotinoidbiosyntheseweg (s. Abb. 1) auf der Stufe des Geranylgeranylpyrophosphats (GGPP) ab (Abb. 17). Man kann die Folgereaktionen in zwei Abschnitte einteilen, die Bildung von GA_{12}-Aldehyd, der zentralen Vorstufe aller Gibberelline, und dessen Modifikation durch eine Decarboxy-Lactonbildung und weitere Hydroxylierung zu den verschiedenen Endprodukten. Da alle bisher bekannten Inhibitoren auf den ersten Teil dieses Biosynthesewegs einwirken, soll nur auf ihn näher eingegangen werden.

Die Zyklisierung von GGPP zu *ent*-Kauren läuft über Copalylpyrophosphat. Diese beiden Schritte (Abb. 17) werden von Kaurensynthase A und B katalysiert, bei denen es sich wahrscheinlich um zwei verschiedene Enzyme handelt. Alle folgenden Reaktionen bis zu GA_{12}-Aldehyd sind Monooxygenasereaktionen, die unter O_2- und NADPH-Verbrauch ablaufen. Zuerst wird C-19 am *ent*-Kauren schrittweise oxidiert, und es entstehen *ent*-Kaurenal und *ent*-Kaurensäure. *ent*-Kaurensäure wird dann an Position 7 hydroxyliert, und nach einem

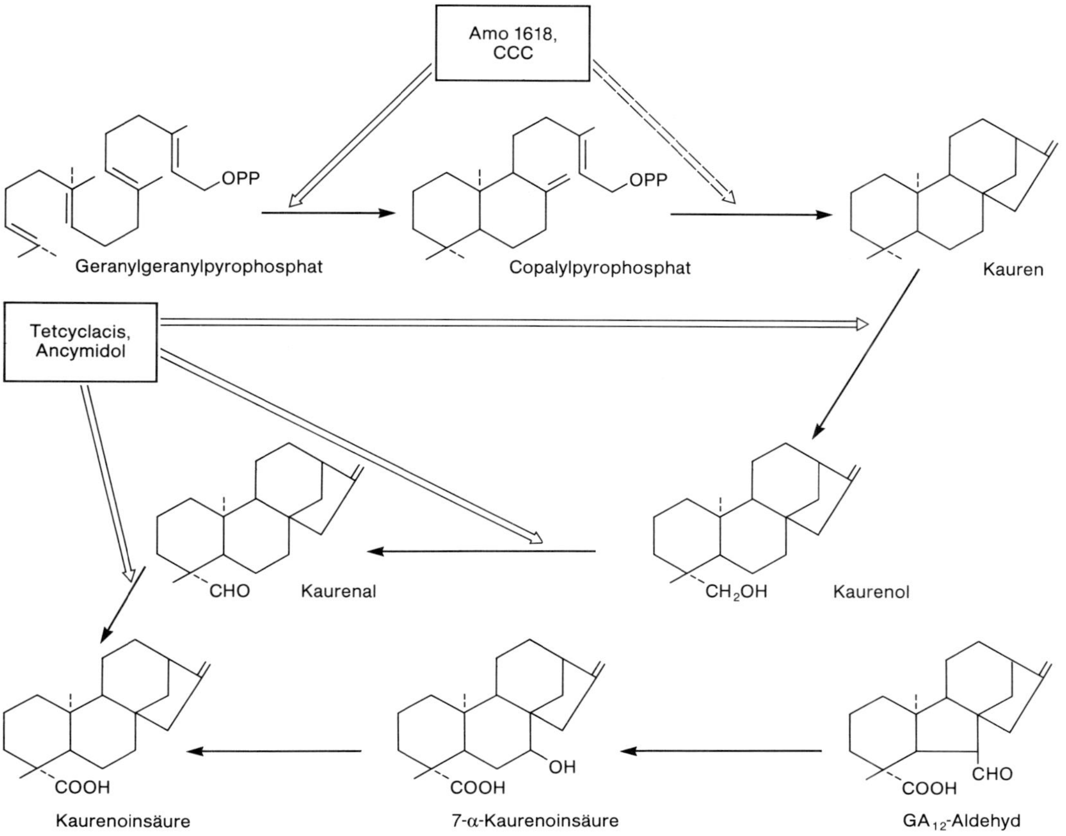

Abb. 17: Biosynthese der Gibberelline von Geranylgeranylpyrophosphat bis zu Gibberellin-A_{12}-aldehyd. Die Angriffstellen verschiedener Hemmstoffe sind angegeben.

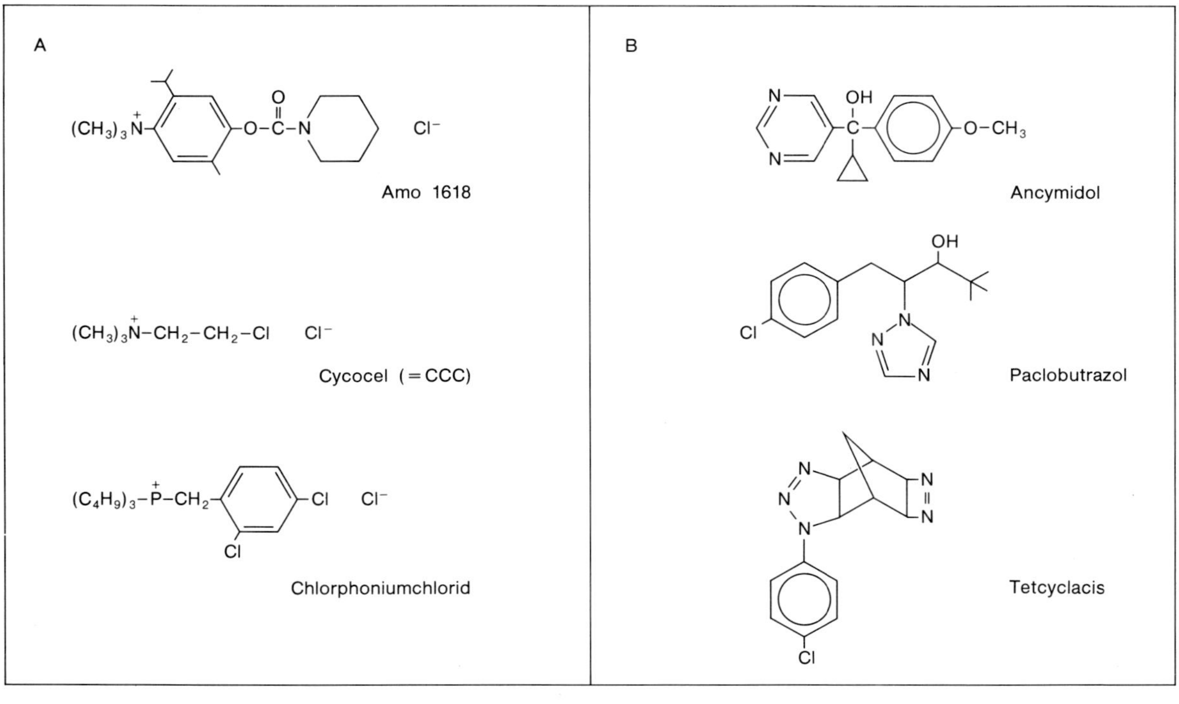

Abb. 18: Strukturen von Verbindungen, die die Gibberellinbiosynthese hemmen auf der Stufe der Kaurensynthase (A) und der Oxidation (B) von Kauren.

weiteren Oxidationsschritt und Ringumlagerung entsteht der GA_{12}-Aldehyd.
Inhibitoren der Gibberellinbiosynthese bewirken eine Verlangsamung der Zellteilung und einen Rückgang des Streckungswachstums, was zu einer Stauchung der Pflanzen führt. Dabei zeigen diese behandelten Pflanzen eine gewisse Ähnlichkeit mit den Zwergmutanten. Außerdem kann eine starke Abnahme des endogenen Gibberellinpools festgestellt werden. Die Inhibitorwirkung wird durch Applikation von Gibberellinen aufgehoben. Dies zeigt, daß der Eingriff in die Gibberellinbildung monospezifisch ist. Die Inhibitoren der Gibberellinbiosynthese sind im eigentlichen Sinn keine Herbizide. Ihre Applikation dient der Reduzierung des Längenwachstums und führt dadurch zu kompakteren Pflanzen. So wird z. B. CCC (Cycocel, 2-Chlorethyltrimethyl-ammoniumchlorid) zur Halmverkürzung von Weizen und Hafer eingesetzt. Damit wird das zu starke Schießen und Umfallen der Pflanzen verhindert.
Ausgehend von der Interaktion dieser Wachstumshemmer mit den Enzymen des Biosynthesewegs kann man die verschiedenen Verbindungen in zwei Gruppen einteilen. Die Verbindungen in Abb. 18 A hemmen die Zyklisierung von Kauren, und die Verbindungen in Abschnitt B inhibieren die in drei Schritten ablaufenden Oxygenasereaktionen bei der Bildung der Carboxylgruppe an C_{19} (Abb. 18).
Eine Reihe von Oniumverbindungen wie Cycocel und Amo 1618 mit einer positiv geladenen Ammoniumgruppe oder Chlorphoniumchlorid mit einer positiv geladenen Phosphoniumgruppe hemmen die Zyklisierung von Geranylgeranylpyrophosphat zu Copalylpyrophosphat im zellfreien Enzymsystem. Die Folgereaktion, die Zyklisierung zu Kauren, scheint dagegen von diesen Verbindungen nur schwach gehemmt zu werden.
Die chemisch unterschiedlichen Verbindungen in Abb. 18 B hemmen alle die durch Monooxygenasen katalysierte Oxidation von Kauren zur entsprechenden Säure. Eine Gemeinsamkeit in den Sturkturen ist ein stickstoffhaltiger Heterozyklus. Es handelt sich dabei um ein Pyrimidin- (Ancymidol), Norbornandiazetin- (Tetcyclacis) und Triazolderivate (Paclobutrazol). Es wird angenommen, daß diese Monooxygenasen Cytochrom P450 besitzen und daß ein peripheres N-Atom des Heterozyklus den Sauerstoff von seiner Bindungsstelle am Eisenatom des Cytochrom P450 verdrängt. Von den o. g. Verbindungen werden auch andere P450-Enzyme in Pflanzen gehemmt. Dies sind eine oxidative Demethylase, die Position 14 der Sterole modifiziert, Cinnamat-4-Hydroxylase, 4-Cumaroyl-3-Hydroxylase und Flavonon-2-Hydroxylase. Auf die Hemmung der β-Carotinhydroxylase wurde bereits eingegangen.
Alle diese Enzyme werden aber erst durch stark erhöhte Konzentrationen gehemmt. Die oxidative Demethylierung von Sterolen in Pilzen ist ein wichtiger Angriffspunkt für verschiedene Fungizide. Einige Fungizide hemmen ebenfalls zu einem gewissen Grad die Oxidation von Kauren.
Verschiedene Herbizide werden in bestimmten Pflanzen über Monooxygenase-Reaktionen hydroxyliert und dadurch inaktiviert. Für Tetcyclacis konnte gezeigt werden, daß es schon in relativ geringen Konzentrationen die oxidative Entgiftung der Photosynthese-Herbizide Chlorotoluron und Bentazon hemmt.

Zellteilungs- und Keimungsinhibitoren

Diese Substanzen werden auch als Wachstumshemmer bezeichnet. Pflanzliches Wachstum ist eine Kombination aus Zellteilung und irreversibler Zellvergrößerung. Wird die Zellteilung gehemmt, erfolgt auch kein Wachstum. Auch Aminosäurebiosynthese-Herbizide blockieren rasch die Zellteilung. Dies ist offenbar eine regulatorische Reaktion aufgrund fehlender Aminosäuren. Die hier behandelten Wirkstoffe haben eine direkte Wirkung auf den Mitosevorgang bzw. die Zellteilung selbst.
Die **Dinitroanilin**-Herbizide (Trifluralin, Oryzalin, Abb. 19) sind Zellteilungs- bzw. Mitosehemmer. Sie verhindern die Ausbildung des Spindelapparats, ähnlich dem Colchicin. Sie binden an das Tubulin und blockieren dessen Polymerisation zu Mikrotubuli, d. s. die Elemente des für die Mitose erforderlichen Spindelapparates (s. S. 259). Das Tubulin kann genetisch bedingte Aminosäure-Änderungen aufweisen, die zum Verlust der Bindung des Herbizids und damit zu resistenten Biotypen führen (berichtet z. B. für *Eleusine indica, Gramineae,* ein Unkraut in den südlichen USA). Die Polymerisation von tierischem Tubulin wird nicht beeinträchtigt. Ein typischer Effekt der Dinitroaniline ist das Schwellen der Streckungszone von Wurzelspitzen. Pflanzenzellen vergrößern sich in isotroper Weise in Gegenwart dieser Wirkstoffe, nicht – wie normal – anisotrop also in der Längsrichtung. Die Anordnung der Cellulose-Mikrofibrillen in der sich bildenden Sekundärwand wird durch die Mikrotubuli bestimmt, und eine Störung des Spindelapparates wirkt sich dementsprechend aus. Die Mikrofibrillenorientierung in der Zellwand wird zufällig, was zu gleichmäßiger Ausdehnung der wachsenden Zelle führt. Sehr gut läßt sich dieser Herbizideffekt an der Armleuchteralge *Chara* beobachten und quantitativ auswerten. Das sich normalerweise stark streckende Internodium (von wenigen Mikrometern auf einige cm) bleibt in Gegenwart von Trifluralin kurz und verdickt sich stark. – Die **Phosphorothioamidate** (z. B. APM, s. Abb. 19) gehört zu einer anderen Wirkstoffklasse mit gleichen Effekten wie Trifluralin, doch wurden bislang daraus keine Herbizide entwickelt.
N-Phenylcarbamate, zu denen Herbizide wie Asulam, Propham oder Chlorpropham gehören, beeinflussen Wachstum und Keimung, doch haben sie offenbar multiple Wirkungen: sie hemmen den photosynthetischen Elektronentransport, entkoppeln die Phosphorylierung und unterbinden die Mitose. Der Wirkort am Spindelapparat ist nicht bekannt. Es werden weiterhin Microtubuli in der Zelle vorgefunden, doch ist ihre Anordnung verändert. Statt paralleler Spindeln werden radiale, dysfunktionale Zusammenlagerungen beobachtet, und die Chromosomen orientieren sich an verschiedenen Stellen der Zelle. Offenbar wirken diese Substanzen auf das „microtubule organizing center", doch ist die molekulare Grundlage nicht bekannt. Chromosomenabnormitäten, z. B. Brückenbildung der Tochterchromosomen durch unvollständige Trennung in der Anaphase, wurden oft beschrieben.
Eine dritte große Gruppe der Wachstums- oder Keimungshemmer und als Herbizide von großer Wichtigkeit sind die **Chloracetamide** wie Alachlor, Metazachlor oder Metolachlor (Abb. 19). Sowohl Zellteilung wie Zellvergrößerung sind sofort gehemmt. Das Angriffsziel ist immer noch hypothetisch, sicher ist es nicht der Spindelapparat selbst. Als eine der ältesten Herbizidklassen wurde die Biochemie der Chloracetamide intensiv bearbeitet, bislang ohne eindeutige Klärung des Wirkorts. Viele beschriebene Effekte, wie Hemmung der Terpenoid- oder Proteinbiosynthese sind offenbar sekundäre physiologische Folgen heute noch unbekannter früher Hemmeffekte. Augenblicklich verdichtet sich das Interesse auf eine

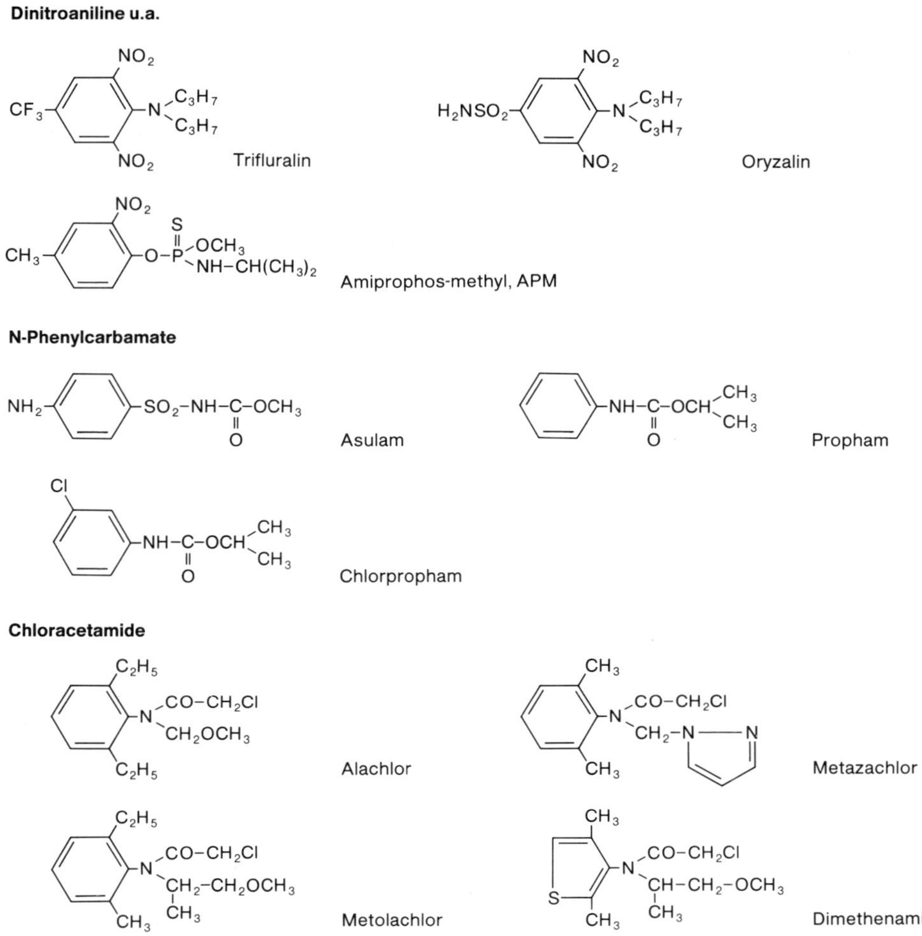

Abb. 19: Strukturen von Zellteilungs- und Keimungshemmern. Dinitroaniline u. a., N-Phenylcarbamate und Chloracetamide.

Hemmung der Bildung ungesättigter Fettsäuren, wodurch die Ausbildung von Membranen unterbunden würde. Auch ein Einfluß auf die Acetylierung von Histonen und damit auf die Zellteilung wurde geprüft und negativ befunden. Multiple Wirkungen sind nicht ausgeschlossen.
Chloracetamide werden in Mais und Hirse (Sorghum) oft zusammen mit sog. „Safenern“ eingesetzt. Das sind Substanzen, die wenig oder keine herbizidale Wirkung haben, jedoch in der Nutzpflanze Enzyme induzieren, die das Herbizid in nichtphytotoxische Derivate überführen. Damit wird die Selektivität von Chloracetamiden verbessert oder sogar erst erreicht.
Es handelt sich dabei um Glutathiontransferasen, die das Herbizid unter Verlust des Cl an Glutathion koppeln oder auch um P450-Enzyme, die eine oxidative Modifizierung des Wirkstoffs katalysieren.

Zusammenfassende Darstellungen

Baker, N. R. & Percival, M. P., Hrsg. 1991: Herbicides, Topcis in Photosynthesis, Vol. 10, Elsevier, Amsterdam.

Böger, P. & Sandmann, G., Hrsg. 1989: Target Sites of Herbicide Action, CRC Press, Boca Raton, Florida.

Böger, P. & Sandmann, G. 1990: Modern herbicides affecting typical plant processes. In: Chemistry of Plant Protection (W. S. Bowers, W. Ebing, D. Martin und R. Wegler, Hrsg.), Vol. 6, pp. 173–216, Springer-Verlag, Berlin.

Böger, P. & Sandmann, G., Hrsg. 1993: Target Assays for Modern Herbicides and Related Phytotoxic Compounds, Lewis Publ., Boca Raton, FL.

Duke, S. O., Hrsg. 1985: Weed Physiology, Vol. I, Reproduction and Ecophysiology, and Vol. II, Herbicide Physiology, CRC Press, Boca Raton, Florida.

Devine, M., Duke, S. O. & Fedtke, C. 1993: Physiology of Herbicide Action. PTR Prentice Hall Publ., Englewood Cliffs, NJ.

Gronwald, J. W. 1991: Lipid biosynthesis inhibitors. Weed Sci. **39**, 435–449.

Hathway, D. E. 1989: Molecular Mechanisms of Herbicide Selectivity, Oxford University Press, Oxford.

Hock, B., Fedtke, C. & Schmidt, R. R. 1995: Herbizide. Entwicklung, Anwendung, Wirkungen, Nebenwirkungen. Georg Thieme Verlag, Stuttgart, New York.

Holt, J. S., Powles, S. B. & Holtum, J. A. M. 1993: Mechanisms and agronomic aspects of herbicide resistance. Annu. Rev. Plant Physiol. Plant Mol. Biol. **44**, 203–229.

Imamura, S., Taniyama, H. & Isogawa, T., Hrsg. 1991: Short Review of Herbicides and PGRs, 6. Aufl., Zenkoku Noson Kyoiku Kyokai Publishing Co., Ltd., Tokyo (enthält Formeln auch weniger bekannter herbizidaler Verbindungen, die im Text nicht aufgeführt sind).

Kishore, G. M. & Shah, D. M. 1988: Amino acid biosynthesis inhibitors as herbicides. Annu. Rev. Biochem. **57**, 627–663.

Mazur, B. J. & Falco, S. C. 1989: The development of herbicide resistant crops. Annu. Rev. Plant Physiol. Plant Mol. Biol. **40**, 441–470.

Moore, T. C. 1989: Biochemistry and Physiology of Plant Hormones, 2. Aufl., Springer-Verlag, New York.

Takahashi, N., Hrsg. 1986: Chemistry of Plant Hormones, CRC Press, Boca Raton, Florida.

Herbizide im photosynthetischen Elektronentransport

A. Trebst, Lehrstuhl für Biochemie der Pflanzen, Ruhr-Universität Bochum

Zahlreiche Herbizide hemmen die Photosynthese. Dabei kommen recht verschiedene Wirkungsmechanismen zum Tragen. Es kann der Mechanismus der Photosynthese oder ein Schritt in der Biogenese des Photosyntheseapparates blockiert sein. Dieser Beitrag beschäftigt sich mit Herbiziden, die den photosynthetischen Elektronentransport unterbinden. Dabei spielen jene Substanzen, die Photosystem II hemmen, die wichtigste Rolle, denn sie stellen (immer noch) 30% der derzeit kommerziell eingesetzten Herbizide.

Der Kenntnisstand in der Photosyntheseforschung ist in den Jahren seit Erscheinen der 1. Auflage 1984 durch die molekularbiologische Methodik erheblich vertieft worden[1]. Dazu hat besonders die molekulargenetische Manipulation von Proteinuntereinheiten von Photosystem II einschließlich des Herbizidbindeproteins beigetragen. Dies hat gleichzeitig das Verständnis des molekularen Wirkungsmechanismus der Herbizide verfeinert. Da dies vor allem bei den Herbiziden, die auf Photosystem II wirken, deutlich wird, soll diesen besonders breiter Raum eingeräumt werden.

Der photosynthetische Elektronentransport

An der oxygenen Photosynthese, von Cyanobakterien bis zu Höheren Pflanzen, beteiligen sich 2 Photosysteme an der Sauerstoffentwicklung und NADP-Reduktion. Dieser nichtzyklische Elektronentransport ist mit einer ATP-Synthese gekoppelt (=nichtzyklische Photophosphorylierung). Dabei baut das Elektronentransportsystem eine chemiosmotische Kraft mit einem Protonengradienten auf, der durch die ATP-Synthese verbraucht wird. Die nicht ganzzahlige ATP/NADPH-Stöchiometrie in der Photophosphorylierung errechnet sich aus einer $4H^+/2e^-$-Bildung im Elektronentransport und einem $3H^+$/ATP-Verbrauch in der ATP-Synthase. Die zyklische Photophosphorylierung bildet nur ATP und braucht nur Photosystem I. NADPH und ATP werden im reduktiven Pentosephosphatzyklus (= Calvinzyklus) zur Reduktion von CO_2 zu Kohlenhydrat verbraucht.

$$2\,H_2O + 2{,}7\,ADP + 2{,}7\,P_a + 2\,NADP \longrightarrow O_2 + 2{,}7\,ATP + 2\,NADPH$$

$$ADP + P_a \longrightarrow ATP$$

$$CO_2 + 2\,NADPH + 3\,ATP \longrightarrow 1/6\ \text{Glucosephosphat} + 2\,NADP + 3\,ADP + 2\,P_a$$

$$\overline{CO_2 + H_2O + P_a \longrightarrow 1/6\ \text{Glucosephosphat}}$$

Wesentliche Fortschritte wurden in der Zuordnung der im Elektronentransport beteiligten Redoxsysteme – Chlorophylle, Chinone, Cytochrome usw. – zu den Membranproteinen und deren Topologie in der Membran erzielt. Dies kulminierte in der Aufklärung der Röntgenstruktur eines kristallisierten Photosystems aus den Purpurbakterien[1], das dem Photosystem II homolog ist. Entsprechend wird jetzt das Elektronentransportsystem in der Pflanze in vier integrale Membranenkomplexe unterteilt, die die Pigmente und Redoxkomponenten tragen: Photosystem I, Photosystem II, Cytochrom b_6/f-Komplex und der LHCP-Komplex (light harvesting chlorophyll protein complex). Ein fünfter integraler Komplex ist die ATP-Synthase. Jeder integrale Membrankomplex besteht aus mehreren, meist sehr hydrophoben, die Membran durchspannende integralen Proteinuntereinheiten, und jeder trägt mehrere Redoxsysteme. Auf beiden Seiten der Thylakoidmembran – auf der Lumen- bzw. Matrixseite – können hydrophile, periphere Proteinuntereinheiten angeheftet sein. Zu den löslichen Komponenten des Elektronentransportsystems gehören Ferredoxin im Matrixraum, Plastocyanin im Lumenraum und Plastochinon im lipophilen Raum der Membran.

Photosystem II

Photosystem II katalysiert im Licht die Reduktion von Plastochinon und die Entwicklung von Sauerstoff. Die Protonen der Wasserspaltung werden ins Innere des von der Thylakoidmembran umschlossenen Raumes (Lumen) abgegeben. Photosystem II besteht aus einem integralen Teil mit ca. 15 hydrophoben Polypeptiduntereinheiten. Davon tragen zwei mit dem Molekulargewicht von je 32 kDa – Dl- und D2-Protein genannt – das Reaktionszentrum P_{680} (wahrscheinlich ein Chlorophyll a-Dimer), zwei weitere monomere Chlorophylle, zwei Phäophytine, zwei Plastochinone, ein Fe, die Bindestelle für einen Mn_4-Komplex und ein Tyrosinradikal, das zwischen der Wasserspaltung und P_{680} vermittelt. Diese beiden Polypeptide sind für die Stabilisierung der primären Ladungstrennung nach Anregung des Reaktionszentrums P_{680} und den Elektronentransport vom Mangankomplex der Wasserspaltung bis zum Plastochinon verantwortlich. Zwei weitere kleinere Polypeptid-Untereinheiten tragen die Hämgruppen eines Cytochrom b_{559}, dessen Rolle im Photosystem II weiter unklar ist. Eine 47 und eine 43 kDa große Untereinheit binden je ca. 10–15 Chlorophyllmoleküle und sind sowohl die unmittelbare Antenne für Photosystem II als auch Vermittler für weitere Excitonen aus weiteren Polypeptiden der peripheren Antenne und des LHCP-Komplexes, die insgesamt ca. 300 Chlorophylle und accessorische Pigmente tragen.

Drei periphere Untereinheiten sind auf der Lumenseite der Membran an den integralen Teil des Photosystems II angeheftet. Sie sind für die Stabilisierung des Mangankomplexes am D1- und D2-Protein zuständig. Eines davon ist ein Calcium-Bindeprotein, das für die Stabilisierung des Mangankomplexes wichtig ist.

Die Rolle weiterer hydrophober Untereinheiten des Photosystems II ist unklar. Manche könnten als transmembrane Proteinlipide angesehen werden, die den Kern von Photosystem II gegenüber der Lipidphase der Membranen abschirmen. Die Reaktionsfolge gibt dem Weg eines Elektron vom Wasser zum Plastochinon über die verschiedenen Intermediate an (Abb. 1).

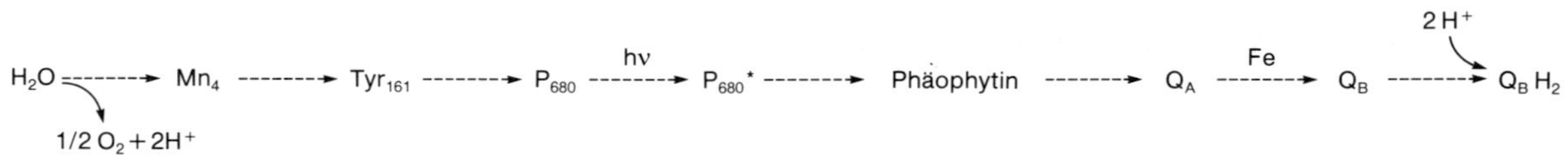

Abb. 1: Elektronentransport im Photosystem II-Komplex

Nach der primären Ladungstrennung des angeregten Reaktionszentrums P_{680}* wird das Elektron in Picosekunden zu Phäophytin und von da zum ersten gebundenen Plastochinon Q_A transportiert. Das zweite Plastochinon Q_B kann zwei Elektronen nach einer zweiten Ladungstrennung am P_{680} aus dem Q_A übernehmen. Das nach Aufnahme von zwei Protonen von außen (Matrixraum) stabilisierte Q_B-Hydrochinon verläßt den Photosystem II-Komplex und wird durch ein neues Plastochinon ersetzt. Das oxidierte $P_{680}{}^+$ aus der primären Ladungstrennung wird von einem Tyrosin an der Position 161 in der Aminosäuresequenz des D1-Proteins reduziert. Das entstehende relativ stabile Tyrosinradikal holt sich ein Elektron aus dem Mangankomplex. Nach viermaliger Anregung und Abgabe von vier Elektronen oxidiert der Mangankomplex zwei Moleküle Wasser zu einem O_2 und vier Protonen, die in das Thylakoidlumen abgegeben werden. Photosystem II hat also nicht nur Plastochinon (E'_O ca. 0 Volt) aus Wasser (E'_O = + 820 mV) reduziert, sondern auch einen Protonengradienten aufgebaut. Q_A und Q_B sind proteingebundene Plastochinone, die eine spezifische Bindungsstelle im D2- bzw. D1-Protein besetzen.

Herbizide können Q_B aus seiner Bindung am D1-Protein verdrängen. Im Zusammenhang mit dem Wirkungsmechanismus der Herbizide werden die Struktur von Photosystem II und diese Herbizidbindungsstelle detaillierter diskutiert (s. S. 180).

Der Cytochrom b_6/f-Komplex

Dieser Komplex hat die Funktion einer Plastohydrochinon-Plastocyanin-Oxidoreduktase. Das die Q_B-Bindestelle von Photosystem II auf der Matrixseite der Membran verlassende Plastohydrochinon wird sowohl lateral wie transmembran transportiert. Im integralen Cytochrom b_6/f-Komplex der Thylakoide wird Plastohydrochinon auf der Lumenseite der Membran oxidiert. Der Cytochrom b_6/f-Komplex besteht aus vier integralen Proteinuntereinheiten und noch ein oder zwei weiteren kleineren Untereinheiten unbekannter Funktion. Die Untereinheit, die das sogenannte Rieske-FeS-Zentrum trägt, oxidiert Plastohydrochinon zum Semichinon. Dieses Semichinon wird durch die auf der Innenseite der Membran liegende Hämgruppe der Cytochrom b_6 – bestehend aus einer 23 und einer 17 kDa großen Untereinheit, die zusammen die zwei Hämgruppen eines b-Cytochroms tragen – zum Chinon oxidiert. Die Protonen werden ins Thylakoidlumen abgegeben. Die Hämgruppe des Cytochrom f (mit einer kovalent gebundenen Hämgruppe vom c-Typ) oxidiert das Rieske-FeS-Zentrum und gibt das Elektron dann an das im Thylakoidlumen bewegliche hydrophile Plastocyanin ab. Die innere Hämgruppe des Cytochrom b_6 (Q_z-site) gibt sein Elektron an die äußere Hämgruppe des Cytochrom b_6 (Q_c-site) auf der anderen Seite der Membran ab. Dies ist eine elektrogene Reaktion, die zu einem Membranpotential führt. Die äußere Hämgruppe kann dann wieder ein Plastochinon unter Aufnahme von Protonen aus dem Matrixraum reduzieren. Dieser Q-Zyklus genannte Mechanismus erhöht die im Cytochrom b_6/f-Komplex abgegebene Menge von Protonen entsprechend der Anzahl übertragener Elektronen und erhöht damit das Protonenpotential und die Stöchiometrie von ATP zu zwei Elektronen aus der nichtzyklischen Photophosphorylierung (Abb. 2).

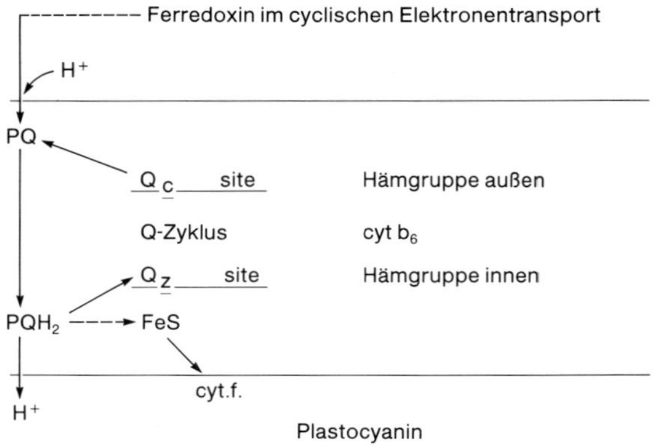

Abb. 2: Elektronentransport im Cytochrom b_6/f-Komplex.

Auch Ferredoxin – vom Photosystem I kommend – kann Plastochinon an einer Bindestelle (Q_c-site genannt) an der äußeren Hämgruppe des Cytochrom b_6 reduzieren. Damit wird ein zyklischer Elektronentransport, der nur Photosystem I und den Cytochrom b_6/f-Komplex enthält, geschlossen. Bei jedem Durchgang werden Protonen für die ATP-Bildung über die Membran gepumpt.

Hemmstoffe des Cytochrom b_6/f-Komplexes sind DBMIB, DNP – INT (Abb. 3) und eine Reihe von bakteriellen Hemmstoffen, wie Stigmatellin und Aurachin (Formeln s. Tab. 1); alle 4 Substanzen hemmen in höheren Konzentrationen auch Photosystem II. Interessanterweise wird der Cytochrom b_6/f-Komplex der Chloroplasten nicht durch Antimycin oder Myxothiazol gehemmt, zwei wichtigen Hemmstoffen des homologen Cytochrom b/c_1-Komplexes des respiratorischen Elektronentransportsystems in Mitochondrien. Keiner der Hemmstoffe hat jedoch herbizide Eigenschaften und wird deshalb nicht besprochen.

DBMIB

2,5-Dibrom-6-methyl-3-i-propyl-p-benzochinon

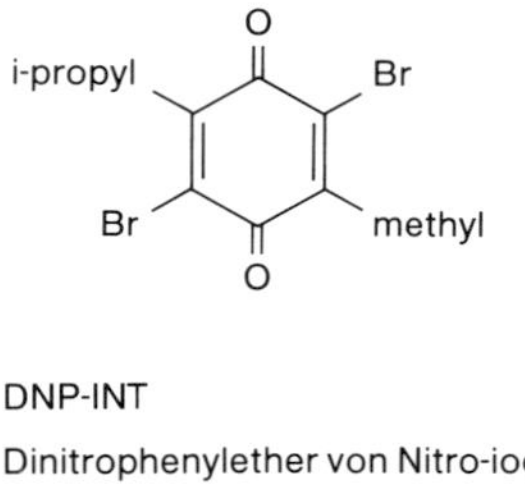

DNP-INT

Dinitrophenylether von Nitro-iod-thymol

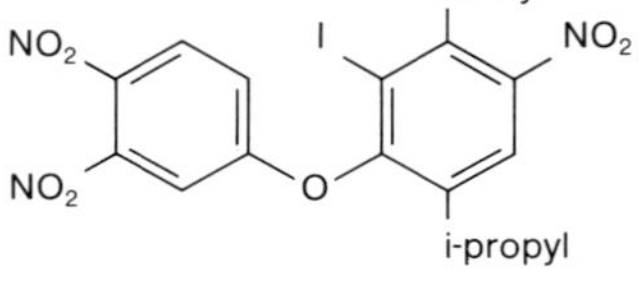

Abb. 3: Hemmstoffe des Cytochrom b_6/f-Komplexes.

Tab. 1: Photosystem II-Hemmstoff-Herbizide

1) Harnstoffderivate

Benzthiazuron
1-(2-Benzthiazoyl)-3-methylharnstoff

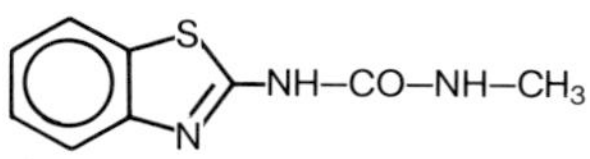

Cisanilid
3′,4′-Dichlor-(2,5-dimethyl)-pyrrolidin-anilid

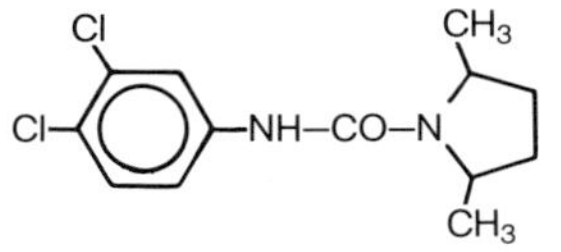

Cycluron
3-Cyclooctyl-1,1-dimethylharnstoff

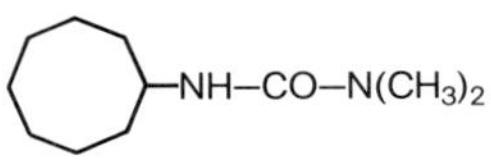

Diuron = DCMU
3-(3,4-Dichlorphenyl)-1,1-dimethylharnstoff

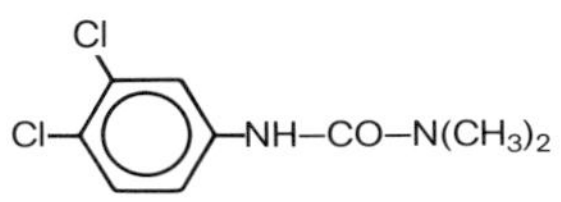

Ethidimuron

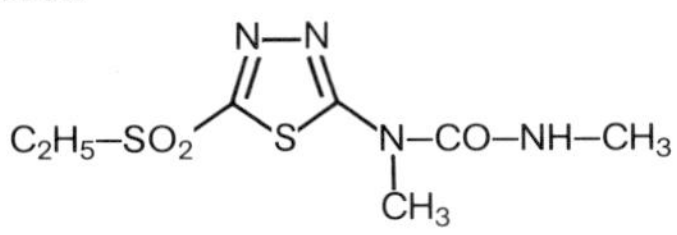

Monuron
3-(4-Chlorphenyl)-1,1-dimethylharnstoff

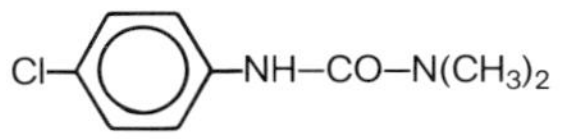

Noruron
3-(Hexahydro-4,7-methanoindan-5-yl)-1,1-dimethyl-harnstoff

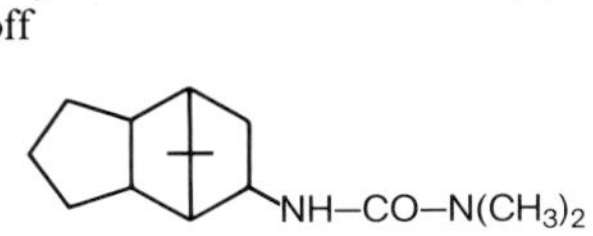

2) Uracile

Bromacil
5-Brom-3-s-butyl-6-methyluracil

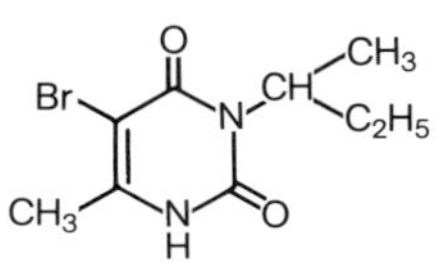

Lenacil
3-Cyclohexyl-5,6-trimethylenuracil

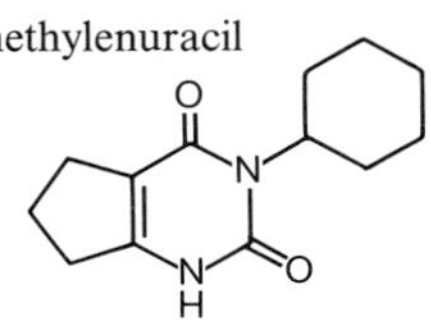

3) s-Triazine

Atrazin
2-Chlor-4-ethylamino-6-isopropylamino-1,3,5-triazin

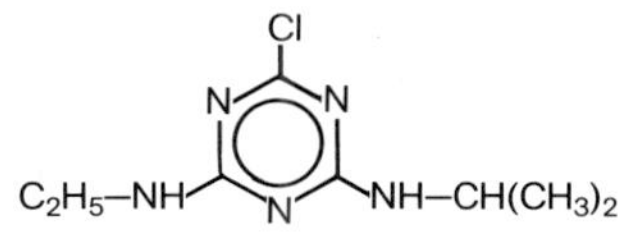

Prometryn
2-Methylthio-4,6-bisisopropyl-amino-1,3,5-triazin

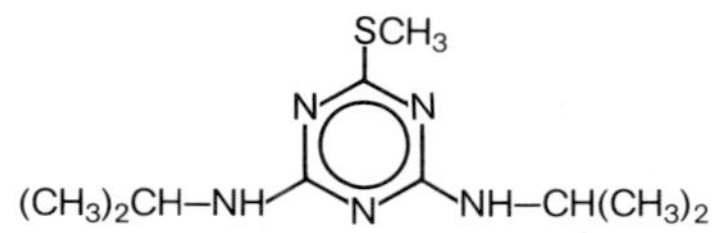

Simazin
2-Chlor-4,6-bisethylamino-1,3,5-triazin

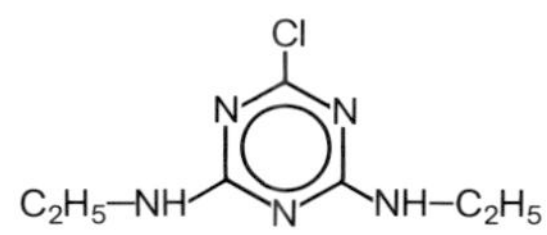

Simeton
2-Methoxy-4,6-bisethylamino-1,3,5-triazin

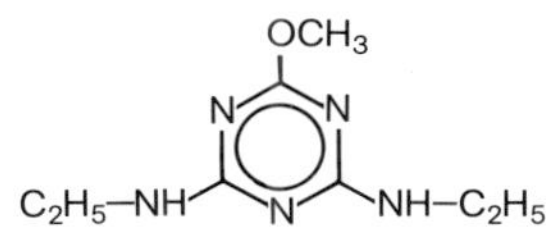

Trietazin
2-Chlor-4-ethylamino-6-diethylamino-1,3,5-triazin

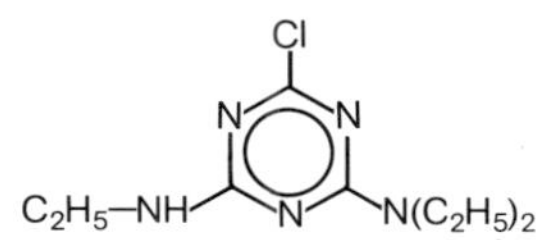

4) Triazinone

Metamitron
4-Amino-3-methyl-6-phenyl-1,2,4-triazin-5-on

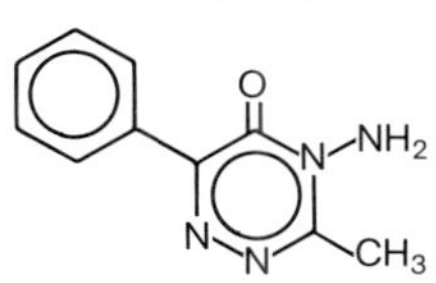

Metribuzin
4-Amino-6-t-butyl-3-(methylthio)-1,2,4-triazin-5-on

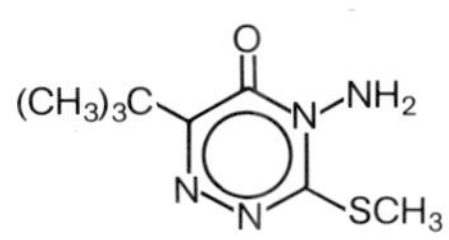

5) Anilide

Cypromid
3′,4′-Dichlorcyclopropancarboxanilid

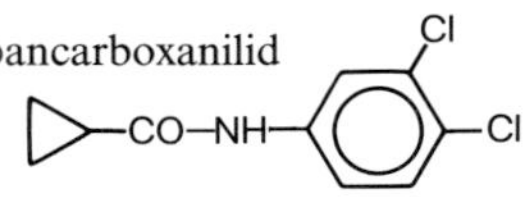

Tab. 1: Fortsetzung

Karsil
N-(3,4-Dichlorphenyl)-2-methylpentaminid

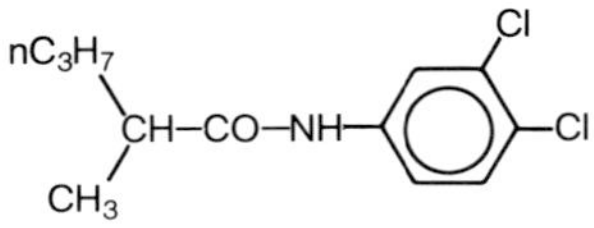

Propanil
3′,4′-Dichlorpropionanilid

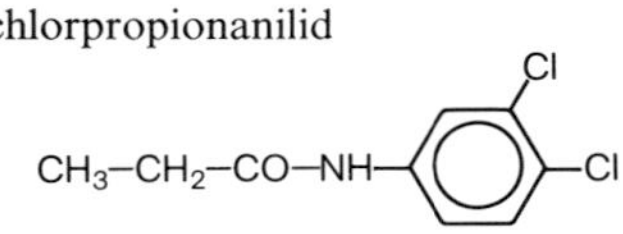

Swep
Methyl-N-(3,4-dichlorphenyl)-carbamat

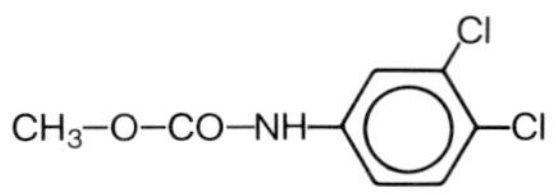

6) Biscarbamate

Karbutilat
3-(3,3-Dimethylureido)-phenyl-t-butylcarbamat

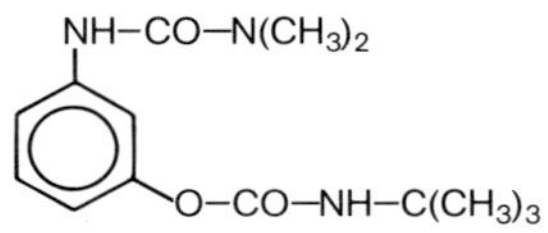

Phenmedipham
3-Methoxycarbonylaminophenyl-(3′-methylphenyl)-carbamat

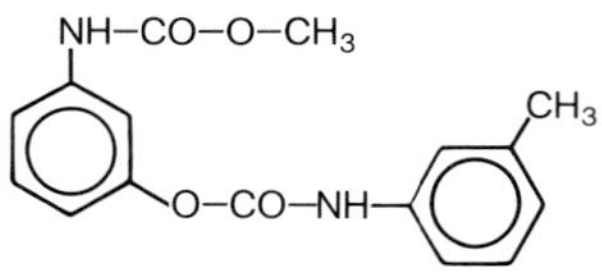

7) Nitrophenole

Dinoseb
2-(s-Butyl)-4,6-dinitrophenol

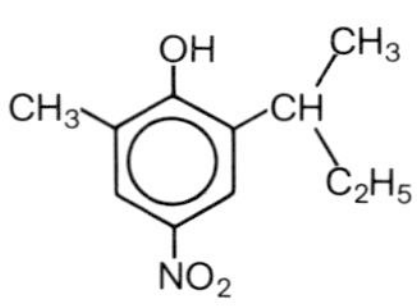

DNOC
2,4-Dinitro-6-methylphenol

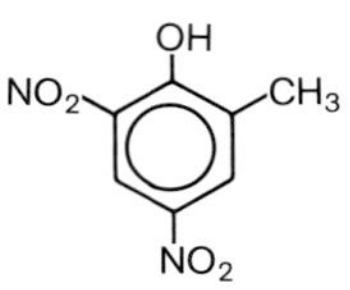

8) Benzimidazole

Chlorfurazol
4,5-Dichlor-2-trifluormethyl-benzimidazol

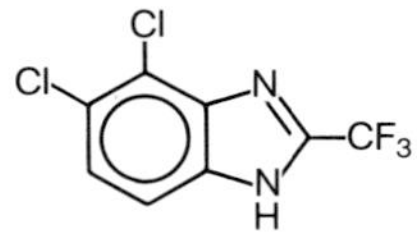

Fluromidin
6-Chlor-2-trifluormethyl-3H-imidazo-(4,5-b)-pyridin

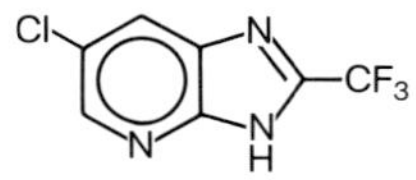

9) Hydroxybenzonitrile

Ioxynil
3,5-Dijod-4-hydroxybenzonitril

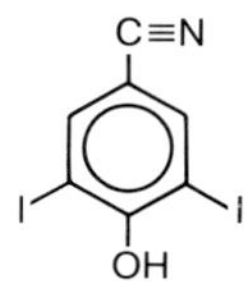

10) Cyanoacrylate

2-Cyano-3-ethyl-3-benzyl-aminoacrylat-ethoxyethyl-ester

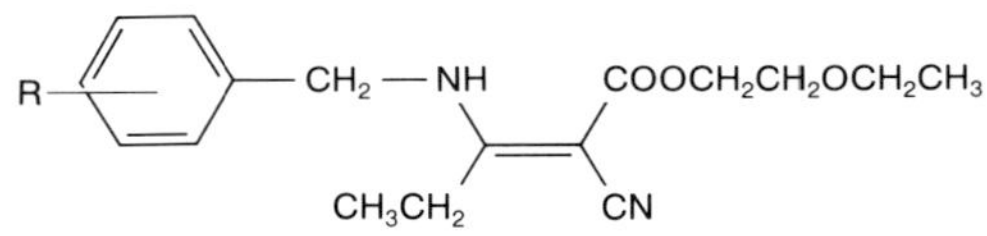

11) Heterocyclen

Hydroxypyridine

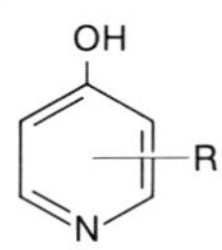

Hydroxychinoline

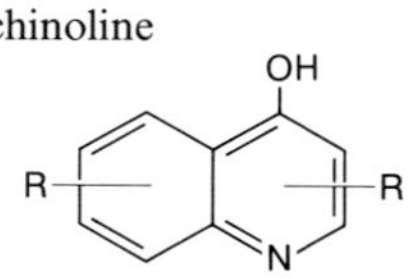

Aurachin C
3-Farnesyl-4-hydroxychinolin-N-oxid

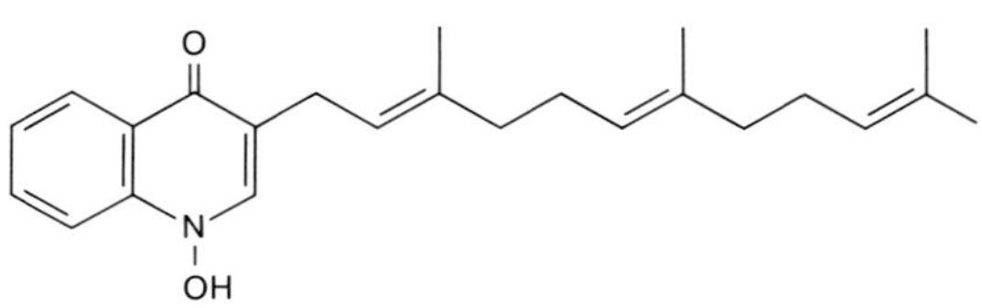

Tab. 1: Fortsetzung	
Stigmatellin 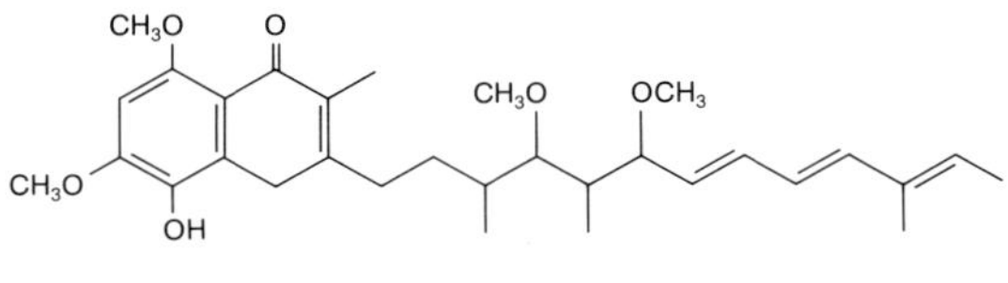	„Ketonitril" 2-Phenylthiazol-3-hydroxy-4-phenyl-butenonitrile 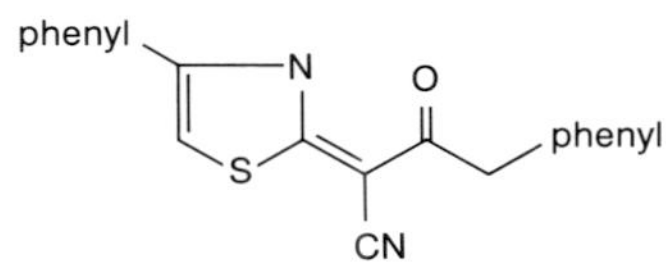
Decacyl-pyridate 6-Chlor-3-phenyl-4-hydroxy-pyridazin 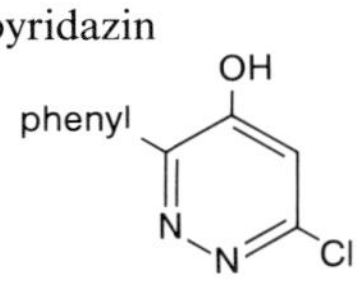	

Photosystem I

Photosystem I oxidiert Plastocyanin auf der Innenseite der Membran und reduziert Ferredoxin auf der Matrixseite. Mehrere hydrophobe und hydrophile Untereinheiten sind dabei beteiligt. Wie im Photosystem II katalysieren davon zwei fast 70 kDa große Proteinuntereinheiten die essentielle Reaktionsfolge (Abb. 4): Ladungstrennung des angeregten P_{700}* über einen aus Chlorophyll a bestehenden primären Akzeptor auf ein Eisenschwefelzentrum F_x auf der anderen Seite der Membran. Menachinone fungieren zwischen Chlorophyll und den Fe-Zentren. Das nach der Ladungstrennung entstandene oxidierte P_{700}^+ wird vom Plastocyanin reduziert, während das Eisenschwefelzentrum über weitere FeS-Zentren (F_A und F_B) schließlich Ferredoxin reduziert. Das hydrophile Ferredoxin überträgt seine Elektronen entweder über eine periphere flavinhaltige Reduktase auf NADP oder im zyklischen Elektronentransport auf den Cytochrom b_6/f-Komplex. Es ist kein Hemmstoff von Photosystem I bekannt. Aber Elektronen können vom Reaktionszentrum und den gebundenen Eisenschwefelzentren statt auf Ferredoxin auf künstliche Akzeptoren übertragen werden. Dann kann keine NADP-Reduktion stattfinden. Diese Abzweigung von Elektronen entspricht einer Blockierung des natürlichen Elektronentransportes. Dies wird später (s. S. ■) besprochen.

ATP-Synthase und Photophosphorylierung

Der Elektronentransport hat ein Protonenpotential über die Membran angelegt. Protonen werden sowohl bei der Wasserspaltung als auch bei der Plastohydrochinonoxidation in das Lumen der Thylakoide abgegeben. Die Stöchiometrie ist dabei 4 $H^+/2e^-$, die durch den Q-Zyklus im Cytochrom b_6/f-Komplex durch eine bislang nicht eindeutige Stöchiometrie erhöht werden kann. Das Protonenpotential wird durch die ATP-Synthase zur Synthese von ATP verwendet. Dabei werden drei H^+ pro ATP benötigt. Die ATP-Synthase besteht aus einem integralen Protonenkanal CF_0 und einem (auf der Matrixseite) peripheren CF_1-Teil aus fünf verschiedenen Proteinuntereinheiten. Entkoppler transportieren Protonen über die Membran an der ATP-Synthase vorbei. Energietransferhemmstoffe blockieren den Protonenkanal CF_0. Beide Hemmstofftypen unterbinden die ATP-Synthese, wie kurz auf S. 185 besprochen.

Abb. 4: Elektronentransport im Photosystem I

Hemmstoffe des photosynthetischen Elektronentransportes

Der photosynthetische Elektronentransport kann an mehreren Stellen unterbunden werden. Dabei können diese Hemmstellen auch Herbizidbindestellen sein und damit Angriffspunkt von Herbiziden. Hier sollen auch solche Verbindungen einbezogen werden, die effektive Hemmstoffe der Photosynthese, aber keine kommerziellen Herbizide sind, denn sie tragen zum Verständnis von Wirkungsmechanismen bei.
Die Tabelle aus der 1. Auflage dieses Buches führte bereits zahlreiche Verbindungen auf, die als Herbizide wichtig sind[2].

Die Tabelle wird ergänzt durch relativ wenige neue Verbindungen. Dies zeigt, daß in den letzten Jahren zwar viele neue Hemmstoffe der Photosynthese, nicht aber erfolgversprechende Herbizide entwickelt werden konnten. Oettmeier führt in seiner Übersicht[3] weitere neue Substanzklassen auf. Wirkungsmechanismen von Herbiziden sind aber mit den großen Fortschritten in der Photosyntheseforschung nun erheblich detaillierter beschreibbar. Dabei wird auch deutlich, welchen Beitrag die Herbizidforschung zur Aufklärung des Mechanismus der Photosynthese erbracht hat.

Herbizide des Photosystems II

Der Elektronentransport im Photosystem II, also vom O_2-Entwicklungssystem bis zur Reduktion des Plastochinons, kann an mehreren Stellen blockiert werden. Aber nur die Hemmstoffe, die an der Akzeptorseite von Photosystem II die Reduktion des Plastochinons Q_B unterbinden, sind auch Herbizide geworden. Carbonylcyanidphenylhydrazone (Abb. 5) sind z. B. nicht nur sehr potente Entkoppler, sondern sie hemmen auch die Elektronendonorseite von Photosystem II, vermutlich im Wasserspaltungssystem. Sie sind dennoch keine Herbizide *in vivo* geworden.
Es ist schon sehr lange bekannt, daß Herbizide vom Typ des Diurons und Atrazins das Photosystem II hemmen. Sie verdrängen ein Plastochinon an der Q_B-Bindestelle. Diese Tatsache wurde erst klar, als man erkannte, daß es überhaupt zwei Plastochinonbindestellen, Q_A und Q_B, im Photosystem II gibt. Obwohl schon van Rensen eine Strukturanalogie von Plastochinon mit diesen Herbiziden erkannte, war es Velthuys[4], der als erster deutlich formulierte, daß die Reduktion von Plastochinon Q_B durch Plastochinon Q_A (s. Abb. 1) durch die Herbizide unterbunden wird, und die Gruppe von Vermaas[5], daß dies durch Verdrängung des Plastochinons aus seiner Q_B-Bindestelle erfolgt. Ist die Q_B-Bindestelle in Anwesenheit des Herbizids nicht mehr durch ein Plastochinon besetzt, kommt der Elektronentransport im Reaktionszentrum von Photosystem II sofort zum Erliegen. Darauffolgende sekundäre Antworten führen zu einer Zerstörung des Photosyntheseapparates (s. S. 88).
Die in Tabelle 1 aufgeführten Verbindungen unter 1–6, 8 und 10 werden inzwischen als klassische Herbizide von Photosystem II bezeichnet. Diese Eingruppierung erfolgte zur Unterscheidung zu den unter 7, 9 und 11 aufgeführten Nitro- und Cyanophenolen sowie heterocyclischen phenolischen Verbindungen, die eine weitere Klasse der Phenoltypherbizide bilden. Die beiden Hemmstoffgruppen haben etwas unterschiedliche Eigenschaften in ihrer Hemmung der Q_B-Bindestelle und in den weiter unten noch zu besprechenden Mutanten. Neben den in 7 und 9 aufgeführten Dinitro- und Cyanophenolen gehören dazu auch Halogennitrophenole und die Gruppe der heterocyclischen Phenole, wie Hydroxypyridine und Hydroxychinoline, sowie das Deacylderivat des Pyridats. Pyridat (Phenylchlor-hydroxypyridazinyl-S-octyl-thiocarbonat) ist inzwischen ein erfolgreiches Herbizid geworden. Auch die Gruppe der Ketonitrile (s. Tab. 1) gehört in diese phenolische Klasse von PS II-Hemmstoffen.

Das Herbizidbindeprotein D1 in Photosystem II

Wie schon besprochen, setzt sich Photosystem II aus mehreren Proteinuntereinheiten zusammen. Die durch SDS-Gelelektrophorese voneinander trennbaren Proteine sind inzwischen verschiedenen Funktionen des Photosystems II und seinen Redoxkomponenten zugeordnet worden. Das erste Protein, dessen Funktion eindeutig identifiziert werden konnte, war das Herbizidbindeprotein. Durch Photoaffinitätsmarkierungen mit Azidoatrazin fanden Pfister et al.[6] 1983 ein 32 kDa großes Thylakoidmembranprotein kovalent mit dem Atrazinderivat markiert. Durch seine Trypsinempfindlichkeit zeigte es sich als identisch mit dem von Renger postulierten „Proteinschild" über Photosystem II und mit dem von Edelman[7] untersuchten sogenannten „rapid-turnover"-Protein von Photosystem II (s. unten). Letzteres war bereits D1-Protein genannt worden, doch nun wurde seine Bedeutung als „Herbizidprotein" deutlich. Wegen des 1981 bereits bekannten Wirkungsmechanismus der Herbizide – Verdrängung von Plastochinon Q_B (s. oben) – war damit das Herbizidbindeprotein D1 funktionell als Q_B-Bindeprotein im Photosynthesemechanismus erkannt. Erst einige Jahre später wurde deutlich, daß das D1-Protein jedoch noch weitere funktionelle Gruppierungen trägt und sogar Teil des Reaktionszentrenproteins von Photosystem II ist[8,9]. Somit hat das Herbizidbindeprotein inzwischen mehrere Namen, die die verschiedenen Eigenschaften hervorheben: D1-Protein, „rapid-turnover"-Protein, Reaktionszentrenpolypeptid, Q_B-Bindeprotein, Herbizidbindeprotein und schließlich *psb*A-Gen-Produkt.

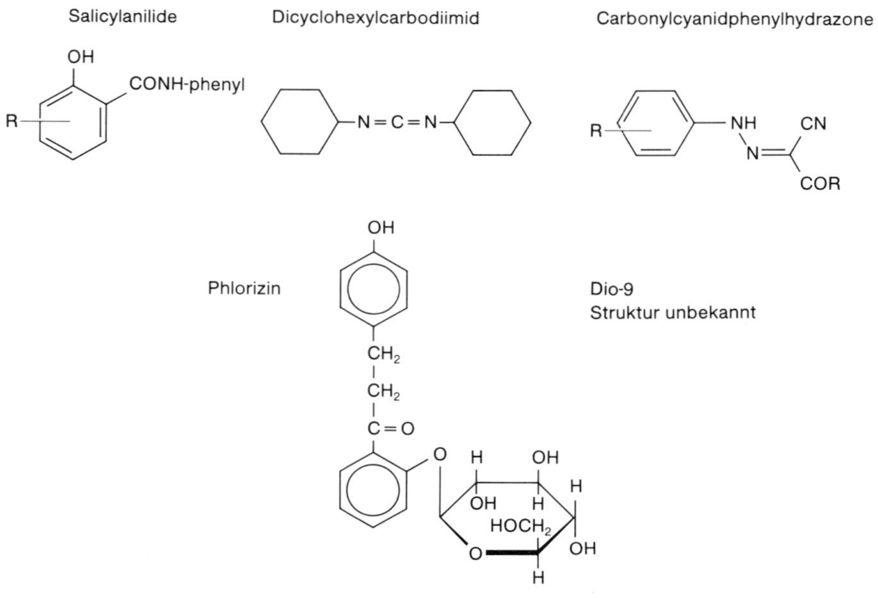

Abb. 5: Entkoppler und Energietransferhemmstoffe (untere 3) in der Photophosphorylierung.

Das *psbA*-Gen für das Herbizidprotein: DNA und Aminosäuresequenz des D1-Polypeptids

Mit der Identifizierung des Herbizidproteins von Photosystem II als das D1-Protein wurde auch das für dieses Polypeptid codierende Gen im Chloroplastengenom erkannt. Es erhielt als erstes für Photosystem II identifiziertes Gen die Bezeichnung *psb*A für Photosystem *(ps)* II *(b)* und dann A für das erste identifizierte Gen dieses Systems. Die *psb*A-Gene von Spinat und Tabak wurden 1982 zum ersten Mal von Zurawski[10] et al. sequenziert. Aus der DNS-Sequenz wurde die Aminosäuresequenz abgelesen und das exakte Molekulargewicht berechnet. Vom Startcodon AGT für die erste Aminosäure Methionin besitzt das Herbizidbindeprotein von Spinat 345 Aminosäuren und ein Molekulargewicht von ca. 37900. Inzwischen ist das *psb*A-Gen von zahlreichen Cyanobakterien, grünen Algen und Höheren Pflanzen sequenziert worden. Die Aminosäuresequenz ist zu etwa 95% konserviert, d. h. es unterscheidet sich in verschiedenen Organismen nur durch Austausch, Insertion oder Deletion von etwa 10 Aminosäuren. Diese Abweichungen sind zudem auf wenige Bereiche in der Sequenz beschränkt und oft konservativ, also ein Ersatz einer Aminosäure durch eine chemisch ähnliche (z. B. von Val durch Leu). Weiterhin zeigte sich, daß das primäre Translationsprodukt der m-RNS des *psb*A-Gens prozessiert wird: Das N-terminale Methionin des D1-Proteins – wie bei den meisten Proteinen – wird abgespalten, die Aminosäuresequenz beginnt also mit der zweiten Aminosäure, einem Threonin. Dieses Threonin ist in den meisten Oganismen phosphoryliert und acetyliert. Der N-Terminus ist also blockiert. Auch der C-Terminus wird – was selten ist – prozessiert. Die Länge des abgespaltenen Stückes schwankt in den verschiedenen Organismen von 0 (Euglena) über 6 (Spinat) bis zu 12 Aminosäuren (Cyanobakterien). Nach der Prozessierung endet der C-Terminus aller D1-Proteine (in allen Oganismen) mit einem Alanin.

Herbizidtolerante Mutanten mit Aminosäuresubstitutionen im D1-Protein

1979 wurde erkannt, daß in der Umgebung von ständig mit Atrazin behandelten Monokulturen atrazinresistente Pflanzen wachsen und deren Resistenz auf einer Veränderung in der maternalen Vererbung, also im Chloroplastengenom beruht. 1983 wurde von Hirschberg und McIntosh[11] gezeigt, daß die Änderung eines Nukleotids in der DNS-Sequenz des *psb*A-Gens eines atrazintoleranten *Amaranthus* zu einer Aminosäuresubstitution von Serin 264 zu Glycin im D1-Protein führt. In zahlreichen weiteren herbizidtoleranten Mutanten von Höheren Pflanzen ist es immer diese Substitution von Serin 264 zu Glycin. Vor allem in der grünen Alge *Chlamydomonas reinhardtii* und in Cyanobakterien, aber auch in Euglena, in Bumilieriopsis und in Zellkulturen wurden weitere Aminosäuresubstitutionen gefunden bzw. durch Mutagenese induziert[12, 13]. Einerseits wurden nach Mutagenese „site selected“ Mutanten isoliert, die tolerant gegenüber Atrazin, Diuron oder Metribuzin waren. Dabei führt wegen des Codongebrauchs in den Algen (TCT in *Chlamydomonas* versus AGT in Spinat) die Änderung des Tripletts für das Serin zu einer Alanin-Substitution in Position 264, während das Serin in der Höheren Pflanze von Glycin ersetzt wird. Andererseits wurden in der „site directed“ Mutagenese Grün- und Blaualgen gezielt mit modifizierter DNS transformiert. Für die Orientierung der Herbizide in der D1-Protein-Bindungsnische sind die folgenden Aminosäuren besonders wichtig geworden (s. dazu auch Tab. 2): Phe 211, Leu 218, Val 219, Ala 251, Phe 255, Ser 264 und Leu 275.

Dieser Bereich in der Polypeptid-Kette des D1-Proteins von Aminosäure 211 bis 275 ist also an der Bindung der Herbizide beteiligt. Die gezielt mit „site directed“ Mutagenese herbeigeführten Aminosäuresubstitutionen im D1-Protein werden zur Zeit intensiv in mehreren Laboratorien in Europa, USA und Israel fortgesetzt, so daß bald alle denkbaren Veränderungen in allen Aminosäuren, die für die Herbizidwirkung im D1-Protein in Frage kommen könnten (von Aminosäure 211 bis 275) vorliegen werden. Gleichzeitig werden viele weitere Aminosäuren im D1-Protein mutiert, um z. B. die Rolle des Reaktionszentren-Chlorophylls (an His 198), des Tyrosinradikals an Tyr 161, oder die Manganbindungsstelle (möglicherweise an Asp 170 und His 190) zu verstehen. Diese Mutanten sind für das Verständnis des Q_B und der Herbizidbindungsstelle indirekt ebenfalls von Bedeutung.

Photoaffinitätsmarkierungen

Die Photosystem II-Herbizide binden nicht kovalent an das D1-Protein. Sie verdrängen Plastochinon von der Q_B-Bindungsstelle und können ihrerseits kompetitiv aus dieser Bindungsstelle wieder durch Analoga der Verbindungen vom Harnstoff-/Triazintyp etc. und nichtkompetitiv durch Phenolhemmstoffe verdrängt werden. Mit einem Bindetest, d. h. mit der Vorgabe eines radioaktiven Herbizids und Verdrängung der Radioaktivität durch eine weitere Verbindung, lassen sich nach Tischer und Strotmann[14] direkt die Bindungsaffinitäten der Herbizide zum D1-Protein bestimmen. Die Photoaffinitätsmarkierung führt statt dessen eine kovalente Bindung der Herbizide an das D1-Protein herbei: bei Belichtung eines radioaktiven Azidoderivates mit einer geeigneten Wellenlänge spaltet das Azid in ein sehr reaktives Nitren, das sich sofort an ein passendes Atom im Protein anbindet. Azidoatrazin wurde von Arntzen und Pfister et al.[6] zur erstmaligen Identifizierung des 32 kDa-Proteins verwendet, wie oben bereits beschrieben.

Tab. 2: Toleranz von Herbiziden in Mutanten von *Chlamydomonas rh.* mit Aminosäuresubstitutionen im Herbizidbindeprotein nach Wildner et al.[17]

Herbizid	pI_{50} Wildtyp	Resistenzfaktor Val 219 Ile	Ala 251 Val	Phe 255 Tyr	Ser 264 Ala	Leu 275 Phe
Atrazin	6,7	2	25	16	160	1
Metribuzin	7,3	20	500	1	5000	25
Metamitron	5,5	1,3	530	0,3	30	6
Diuron	7,7	20	9	1	250	8
Ioxynil	6,1	50	15	3	0,2	0,6

Die Mutanten wurden nach Mutagenese des Wildtyps durch „screening“ gegen Metribuzin isoliert[17]. pI_{50}: negat. Logarith. der Konzentration für 50%ige Hemmung (I_{50}) des photosynthet. Elektronentransportes Resistenzfaktor: Verhältnis der I_{50} von Mutante/Wildtyp.

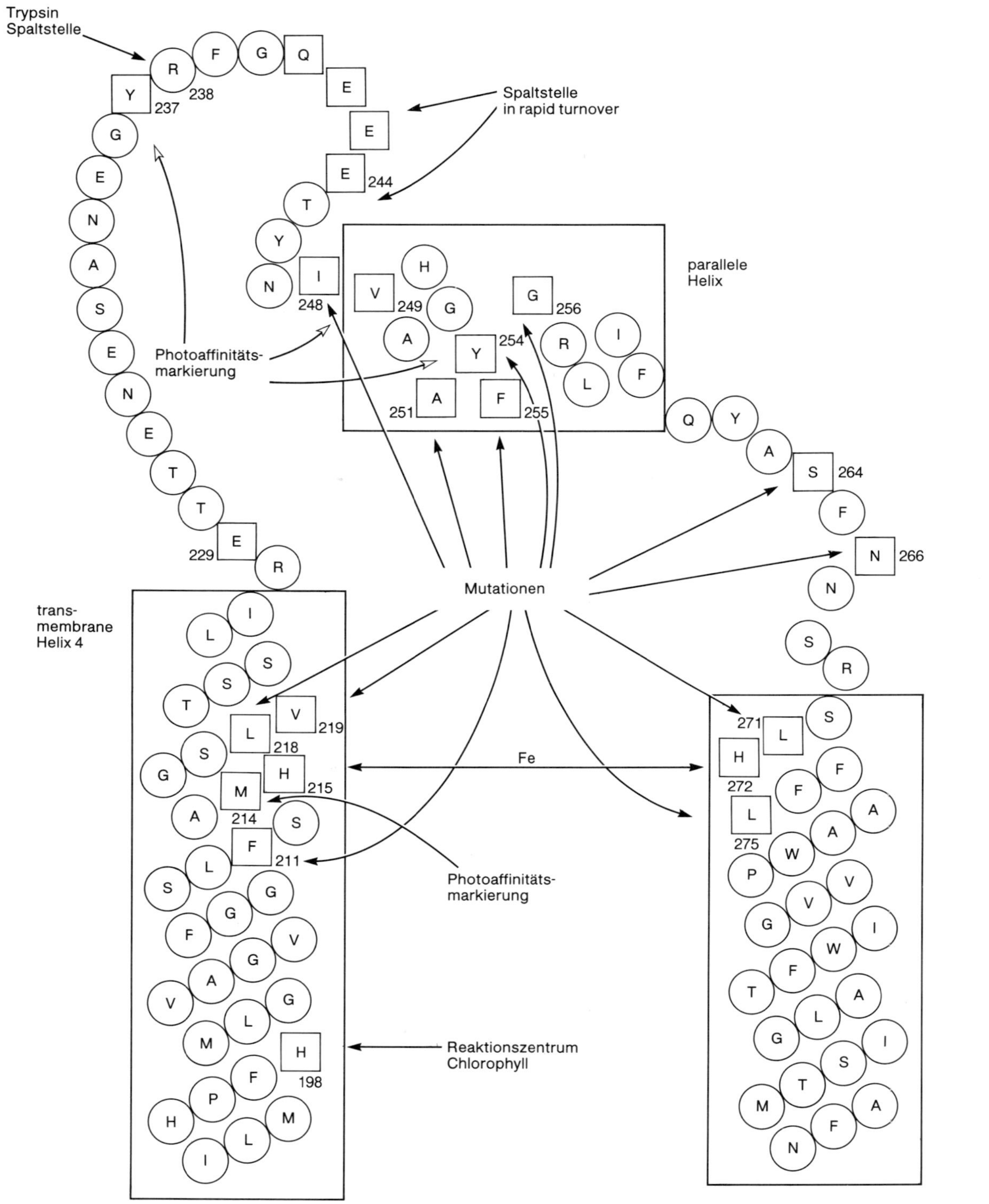

Abb. 6: Faltung der Aminosäuresequenz des Herbizidbindeproteins D1 von Photosystem II.
Es ist nur jener Teil der Sequenz angezeigt, der bei der Bindung der Herbizide eine besondere Rolle spielt. In den Kästen befinden sich Sequenzstücke, die in zwei transmembranen bzw. einer parallelen Helix angeordnet sind. Die Pfeile bzw. Quadrate zeigen jene Aminosäuren an, die nach der Mutantenanalyse oder der Photoaffinitätsmarkierung identifiziert wurden. Man kann sich vorstellen, daß Plastochinon Q_B sowie die Herbizide an Stelle des Wortes „Mutationen" liegen, wobei die Carbonylgruppen zu Ser 264 und His 215 hin orientiert sind. Die Spaltstelle im „rapid turnover" des D1-Proteins wird in der Nähe der Glutaminsäure 243 vermutet. Die Trypsinempfindlichkeit des D1-Proteins beruht auf der leichten Zugänglichkeit von Arg 238. Die Histidine 215 und 272 sind an der Bindung eines Fe-Atoms und His 198 an der Bindung des Reaktionszentrenchlorophylls P_{680} beteiligt.

Nach Proteaseverdauung des D1-Proteins und anschließender Proteinsequenzierung kann schließlich festgestellt werden, an welche Aminosäure das Azidoderivat kovalent gebunden ist. Wolberg und Steinback[15] machten so wahrscheinlich, daß das aktivierte Azidoatrazinderivat an Methionin 214 des D1-Protein gebunden vorliegt. W. Oettmeier[3] hat mehrere Azidoderivate verwendet. Bislang wurden folgende Aminosäuren im D1-Protein durch Photoaffinitätsmarkierung identifiziert:

Azidoatrazin Met 214
Azidodiuron Tyr 237, Tyr 254
Azidoioxynil Val 249

Für die Festlegung der Orientierung der Herbizide in der Bindungsnische komplementiert diese Methode die Mutantenanalyse.

Orientierung der Herbizide in der dreidimensionalen Faltung des D1-Proteins

Wie gerade ausgeführt, ist die Polypeptidkette des D1-Proteins von Aminosäure 211 bis 275 an der Herbizidbindung beteiligt. Die dreidimensionale Faltung dieses Bereiches bildet eine Nische, in die Herbizide und das Plastochinon Q_B spezifisch „andocken" können. Unsere Kenntnis dieser dreidimensionalen Faltung stammt aus dem fuktionellen und strukturellen Vergleich von Photosystem II mit dem Photosystem der Purpurbakterien, denn das Photosystem II ist funktionell in seiner Zusammensetzung an Pigment- und Redoxkomponenten, aber auch in seinen Elektronentransferreaktionen analog zum Photosystem der Purpurbakterien. Chlorophyll ist in Purpurbakterien, durch Bakteriochlorophyll, Phäophytin durch Bakteriophäophytin und Plastochinon durch Ubichinon ersetzt. Weiterhin stellte sich heraus, daß auch wichtige Polypeptide homologe Sequenzen mit jenen in der Pflanze zeigen (D1-Protein = L-Untereinheit; D2-Proteine = M-Untereinheit). Die Purpurbakterien können allerdings keinen Sauerstoff entwickeln, aber ihr Reaktionszentrum (P_{870}) reduziert zwei gebundene Chinone, ebenfalls Q_A und Q_B genannt (meist Ubichinone). Das Photosystem der Purpurbakterien wird auch durch (allerdings sehr wenige) Herbizide gehemmt, z. B. Terbutryn und Ketonitrile. Das Reaktionszentrum von *Rh. viridis* wurde von Michel kristallisiert und eine Röntgenstruktur in hoher Auflösung durch Deisenhofer, Huber und Michel[1] erstellt. Die bereits erreichte hohe Auflösung bis 2.3 Å zeigt deutlich die Faltung der hydrophoben, integralen Membranpolypeptide (L, M und H genannt), aber auch an welche Aminosäuren die Pigmente und Redoxkomponenten gebunden sind. Aus der Homologie der Aminosäuresequenzen der L- und M-Untereinheiten des bakteriellen Photosystems mit den beiden Untereinheiten D1 und D2 des Reaktionszentrums von Photosystem II können konservierte, funktionell wichtige Aminosäuren erkannt, aber auch ein Faltungsmodell der beiden Polypeptide von Photosystem II vorgeschlagen werden[8]. Die Homologisierung gilt besonders für die Q_B- und Herbizidbindungsnische. Für die vorgeschlagene Faltung des D1-Proteins (Abb. 6) geben die Aminosäuresubstitutionen in den herbizidtoleranten Mutanten von Photosystem II, wie weiter oben ausgeführt, wichtige Unterstützung, zeigen sie doch an, welche Aminosäuren in der Bindenische zu liegen kommen müssen. Schematisch sind solche Nachbarschaften in Abb. 7 angegeben. Auch in herbizidresistenten Purpurbakterien wurde die Mutation identifiziert. Eine Terbutrynresistenz in Purpurbakterien beruht auf einer Aminosäuresubstitution in der L-Untereinheit an einer exakt homologen Position wie in Photosystem II: Serin 223 in *Rh. spheroidis* entsprechend Serin 264 im D1-Protein in *Amaranthus* und in *Chlamydomonas*. Gebundenes Terbutryn bzw. Diuron konnte direkt von Sinning und Michel[13] in einer Röntgenstruktur des kristallisierten Photosystems von *Rh. viridis* gesehen werden und damit seine Bindung an Aminosäuren in der Bindungsnische identifiziert werden.

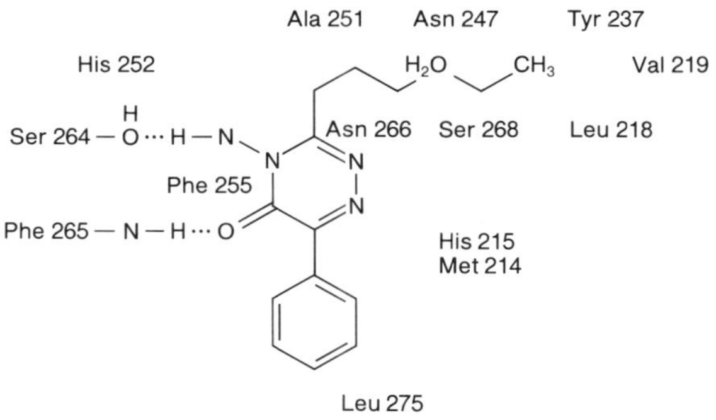

Abb. 7: Aminosäuren des D1-Proteins in der Nachbarschaft der Substituenten eines 4-Amino-6-phenyl-3-pentyl-1,2,4-triazin-5-on-Herbizids[18].

Das Modell der dreidimensionalen Faltung des Herbizidbindeproteins von Photosystem II konnte noch durch die Ausnutzung der Kreuzresistenz verfeinert werden. Dazu werden zahlreiche Derivate effizienter Herbizide in mehreren *Chlamydomonas*-Mutanten getestet, die durch Toleranz gegen zunächst nur ein Herbizid isoliert worden waren[17]. Das Ausmaß der Toleranz gegenüber den anderen Verbindungen (Tab. 2), die bei einer bestimmten Aminosäuresubstitution erreicht werden kann, wird mit der Veränderung in der chemischen Substitution der Herbizide korreliert. Mit computergestütztem Modellieren können so verfeinerte dreidimensionale Stereobilder der Q_B-Bindungsnische erstellt werden[18].

Phenolherbizide in der D1-Proteinbindungsnische

Wie schon aufgeführt, stellen die phenolischen Herbizide (7, 9, 11 in Tab. 1) eine eigene Klasse von Photosystem II-Hemmstoffen dar, weil sie sich im Hemm-Muster gegenüber den klassischen Herbiziden vom Diuron/Atrazin-Typ unterscheiden. Zur Abgrenzung ihres Bindeverhaltens wurde das Konzept von spezifischen und überlappenden Bindungen in einer gemeinsamen Bindungsnische entwickelt. Dieses ausführlich diskutierte Konzept[2] hat sich bestätigt und kann jetzt durch die vermutliche Orientierung der beiden Herbizidklassen in der Q_b-Bindungsnische am D1-Protein spezifiziert werden.
Das Kreuzresistenz-Muster von verschiedenen Herbiziden in den *Chlamydomonas*-Mutanten (s. Beispiel in Tab. 2) betonte zunächst die unterschiedliche Bindungsweise der Phenole. Denn die zunächst getesteten Phenolderivate werden in den meisten Mutanten nicht toleriert, sondern sie werden im Gegenteil supersensitiv oder „negativ kreuzresistent", d. h. die Mutanten werden stärker gehemmt als der Wildtyp. Vor allem die Mutante mit der Aminosäuresubstitution von Ser 264 zu Alanin, die zu einer beträchtlichen Verringerung der Bindung der klassischen Herbizide führt, machte die Inhibierung durch Phenole wirksamer statt geringer. Ser 264 ist also bei der Bindung von Phenolen in einer gänzlich anderen Weise beteiligt als bei den klassischen Herbiziden. Kürzlich ergab die Untersuchung einer Serie von Bromnitrophenolen in der Val 129 Ile-Mutante eine klare Abhängigkeit der Toleranz von der Größe und Form der Substituenten. Dies erlaubt eine vorläufige Orientierung der Phenolherbizide im D1-Protein[19]. Damit wurde auch die erste Toleranz gegen Phenole bei einer Veränderung der Aminosäurenkette des D1-Proteins beob-

achtet. Dadurch wird deutlich, daß phenolische Herbizide keineswegs in ihrem Wirkungsmechanismus prinzipiell verschieden sind vom klassischen Herbizid. Nur sind die Herbizide in der Bindungsnische etwas „gedreht"; somit werden andere Substituenten in den Substanzen und andere Aminosäuren im D1-Bindeprotein für die hochaffine Bindung wichtig. Der Hauptunterschied ist, daß Serin 264 für die Bindung der klassischen Herbizide eine besondere Rolle spielt, aber nicht bei der Bindung der Phenole.

Die Rolle eines 42 kDa-Proteins in der Bindung von Phenolherbiziden, wie sie in der 1. und 2. Auflage dieses Buches[2] beschrieben wurde, bleibt weiterhin unklar. Es scheint aber nicht für die Wirkung der Phenole auf den Elektronentransport verantwortlich zu sein, denn dann könnten die D1-Protein-Mutanten nicht zur Toleranz führen.

Bedeutung eines „rapid turnover" des Herbizidbindungsproteins für die Herbizidwirkung in vivo

In der 1. und 2. Auflage dieses Buches[2] wurde diskutiert, warum die Hemmung des photosynthetischen Elektronenflusses – also das „Verhungern" der Pflanze – nicht ausreichend sein kann, den Tod der Pflanze zu erklären. Eine photodynamische Konsequenz, die zum Ausbleichen und völliger Störung des Photosyntheseapparates der ganzen Pflanze führt, muß zur primären Wirkung hinzu kommen. Dieser wichtige sekundäre Effekt könnte in dem „rapid turnover" des D1-Proteins beruhen. Wie schon erwähnt, hat das Herbizidbindungsprotein D1 eine überraschende Eigenschaft: es wird als einziges der Thylakoidmembranproteine ununterbrochen abgebaut und wieder neu synthetisiert[7]. Die physiologische Bedeutung dieses Prozesses ist noch nicht völlig geklärt. Aber ein einleuchtender Vorschlag von Ohad[20] zur physiologischen Bedeutung des „rapid turnovers" ist, daß der dauernde lichtabhängige Abbau des D1-Proteins eine offenbar selbst bei vergleichsweise niedrigen Lichtintensitäten unvermeidbare Schädigung des D1-Proteins signalisiert. Diese Schädigung kann zur Wiederherstellung der Funktion des Photosystems nur durch völligen Abbau und Neusynthese des D1-Proteins kompensiert werden. Wird der Abbau des Proteins schneller – etwa bei höherer Lichtintensität oder in Streßsituationen, wie bei der Anwesenheit von Herbiziden – als der Aufbau, dann kann der Verlust der photosynthetischen Aktivität nicht kompensiert werden. Damit werden die Proteine des Photosystems II, beginnend mit dem D1-Protein, völlig abgebaut, und die freigesetzten Pigmente bleichen aus.

Dies ist der molekulare Hintergrund des seit langem bekannten Phänomens der Photoinhibierung der Photosynthese durch einen Lichtüberschuß. Die Verhinderung des Abbaus des D1-Proteins durch Herbizide verhindert die Möglichkeit einer Reparatur eines geschädigten D1-Proteins. Erst wenn das alte D1-Protein abgebaut ist, kann neues D1-Protein wieder in aktives Photosystem II eingebaut werden. Die Untersuchung dieser zusätzlichen Wirkung der Photosystem II-Herbizide ist von besonderer Bedeutung für die Praxis, um wirksame Substanzen zu konzipieren. Sie ist der Schlüssel zum molekularen Verständnis der gesamten physiologischen Wirkung der Herbizide, die primär das Photosystem II hemmen.

Herbizide des Photosystems I

Methylviologene oder Bipyridiliumsalze, wie Paraquat oder Diquat, sind effektive Herbizide (Tab. 3). Sie sind allerdings keine echten Hemmstoffe von Photosystem I, sondern dirigieren den Elektronenfluß in eine falsche Richtung: statt Ferredoxin und NADP (s. Abb. 4) werden Methylviologene vom Photosystem I reduziert. Die Elektronen des photosynthetischen Elektronentransportes werden also am Photosystem I nicht über die NADP-Reduktion für die CO_2-Assimilation verwendet, sondern es bilden sich lichtabhängig hochtoxische Sauerstoffradikale ($O_2^{\bullet -}$, s. S. ▮), da die reduzierte Form der Methylviologene autoxidabel ist.

Tab. 3: Photosystem I-Akzeptor-Herbizide.

Cyperquat
1-Methyl-4,4′-bipyridylium-chlorid

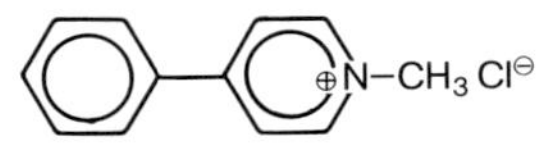

Difenzoquat
1,2-Dimethyl-3,5-diphenyl-1,4-pyrazolium-methyl-sulfat

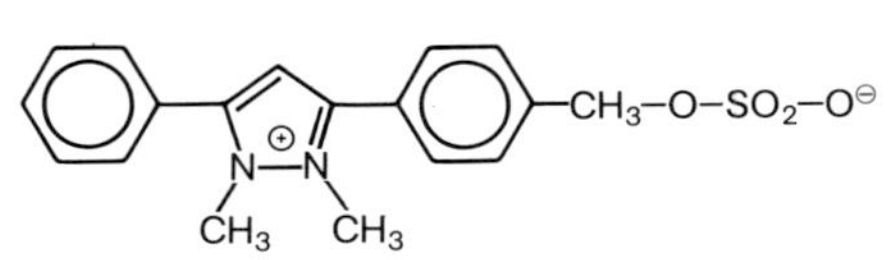

Diquat
1,1′-Ethylen-2,2′-bipyridylium-dibromid

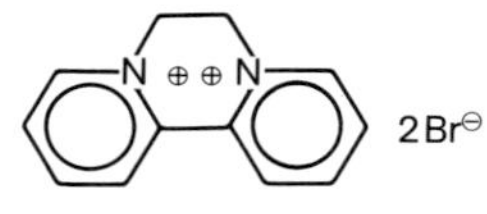

Morphamquat
1,1′-Bis-(3,5-dimethylmorpholino-carbamoylmethyl)-4,4′-bipyridylium-dichlorid

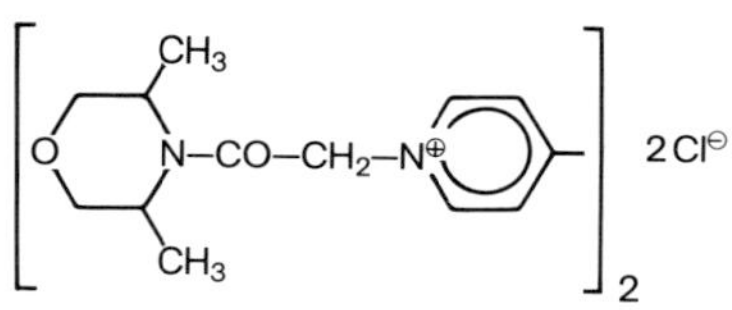

Paraquat
1,1′-Dimethyl-4,4′-bipyridylium-dichlorid

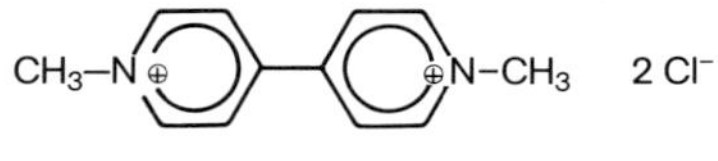

Die Herbizidaktivität ist im wesentlichen auf Substanzen mit Redoxpotentialen zwischen −300 mV und −500 mV beschränkt, welche schnell durch PS I reduziet werden.

Dabei ist die Herbizidaktivität ziemlich unabhängig von der Struktur oder der Stereochemie der eingesetzten Verbindung. Eine Voraussetzung ist jedoch, daß das durch Reduktion entstandene Radikalkation in Abwesenheit von Sauerstoff stabil ist. Dies ist nur der Fall, wenn die zwei Ringe mehr oder weniger koplanar sind, wobei das übertragene Elektron über alle Positionen des kombinierten Ringsystems verteilt vorliegt. Obgleich zahlreiche Bipyridyliumsalze die benötigte Grundstruktur für diese Elektronendelokalisierung aufweisen, haben nur die Diquaternärsalze vom 2,2′- und 4,4′-Typ Herbizidaktivität. Andere Salze, wie die 2,4′- und 3,3′-Verbindungen sind zu elektronegativ, um schnell genug vom PS I (Ferredoxin, $E_0' = -430$ mV) reduziert zu werden.

Reaktionsmechanismus der Herbizidaktivität von Photosystem I-Akzeptoren

Wie von Youngman und Elstner in der 2. Auflage[2] ausgeführt, legt die Tatsache, daß für die Toxizität der PS I-Akzeptorherbizide sowohl Licht als auch Sauerstoff nötig sind, nahe, daß ähnlich wie bei den PS II-Hemmstoffen die Phytotoxizität nicht einfach mit einem „Aushungern" (NADPH-Defizit) gleichzusetzen ist. Es ist schon länger bekannt, daß reduziertes Diquat in sauerstoffhaltiger Lösung sofort reoxidiert, wobei Wasserstoffperoxid gebildet wird. Deshalb nahm man an, daß H_2O_2 das toxische Element im Rahmen dieser Destruktionen darstellt.

Eine der ersten sichtbaren Effekte von Paraquat auf die Pflanzenzelle ist der Abbau zellulärer Membranen, insbesondere von Tonoplast und Plasmalemma. Dabei entstehen kontinuierlich Produkte der Peroxidation ungesättigter Fettsäuren, die durch radikalische Wasserstoffatomabstraktion eingeleitet wird (s. o.). Das Paraquat selbst autoxidiert in sauerstoffhaltiger, wäßriger Lösung sehr rasch ($k = 7{,}7 \cdot 10^8\ M^{-1} \cdot s^{-1}$) und kommt somit nicht unmittelbar als peroxidierendes Agens in Frage. Aus diesem Grund nimmt man an, daß nicht das Paraquatradikal, sondern ein vom Paraquatradikal erzeugtes Sauerstoffradikal die Membranlipide angreift und dann letztendlich die Zerstörung einleitet. Man kann folgende Reaktionen des Paraquatradikals formulieren:

(1) $MV^{2+} + e^- \longrightarrow MV^{\bullet +}$
(2) $MV^{\bullet +} + O_2 \longrightarrow MV^{2+} + O_2^{\bullet -}$
(3) $2O_2^{\bullet -} + 2H^+ \longrightarrow H_2O_2 + O_2$
(4) $MV^{\bullet +} + H_2O_2 \longrightarrow MV^{2+} + OH^- + OH^\bullet$

Diese Reaktionen zeigen deutlich, daß das Paraquat einen Redoxzyklus durchläuft und somit als Katalysator fungiert. Jede der angeführten reduzierten Sauerstoffspezies ($O_2^{\bullet -}$, H_2O_2, $OH^\bullet$) wurde als Initiator der Lipidperoxidation vorgeschlagen. Es ist auch bekannt, daß die Pflanzenzelle und insbesondere der Chloroplast eine Reihe von Abwehrmechanismen gegen diese aktiven Sauerstoffspezies besitzen: das Enzym Superoxiddismutase (E.C.1.15.1.1) beschleunigt die oben angeführte Reaktion (3) und entfernt somit das Superoxid, während Peroxidasen und Katalasen für den Abbau von H_2O_2 verantwortlich sind (vgl. S. 96). Diese endogenen und konstitutiven Schutzsysteme sind jedoch auf ein bestimmtes metabolisches Gleichgewicht ausgerichtet, wobei im intermediären Metabolismus kontinuierlich nur geringe Mengen Superoxid und Wasserstoffperoxid entstehen. Es ist somit unwahrscheinlich, daß diese Schutzmechanismen ausreichen, um die dramatisch gesteigerte Radikalproduktion während der Herbizidwirkung zu entsorgen. Es erhebt sich hier die Frage, welche der angeführten verschiedenen Sauerstoffspezies für die beobachtete Toxizität verantwortlich ist. Das erste Produkt der Paraquatautoxidation ist das Superoxid, welches sicherlich zum Teil selbst für eine Reihe von Effekten verantwortlich ist. Paraquatresistente Pflanzen, die entweder natürlich vorkommen oder auf Resistenz hin gezüchtet wurden, haben erhöhte Superoxiddismutase-Pegel im Vergleich zu den anfälligen Biotypen derselben Art. Weder Superoxidanion noch das Produkt seiner Dismutation, H_2O_2, haben eine ausreichende Reaktivität, um die Peroxidation ungesättigter Fettsäuren einzuleiten, d. h. sie können Wasserstoffatome von ungesättigten Fettsäuren nicht abstrahieren. Es ist deshalb zu vermuten, daß diese beiden Spezies weiterreagieren und zu einem anderen, aktiven Sauerstoffprodukt führen, welches verantwortlich für die Einleitung dieser destruktiven Prozesse ist. Eine solche aktive Spezies könnte das Hydroxylradikal ($OH^\bullet$) sein, welches in einer metallkatalysierten Haber-Weiss-Reaktion entsteht:

$M^{n+} + O_2^{\bullet -} \longrightarrow M^{(n-1)+} + O_2$
$M^{(n-1)+} + H_2O_2 \longrightarrow M^{n+} + OH^- + OH^\bullet$

Haber-Weiss-Reaktion (Summenreaktion):

$O_2^{\bullet -} + H_2O_2 \longrightarrow O_2 + OH^- + OH^\bullet$

(M^{n+}, $M^{(n-1)+}$ könnten dabei Fe^{3+}, Fe^{2+} sein).

Das $OH^\bullet$ mit einem Redoxpotential von ca. +2 V ist hoch reaktiv und existiert biologisch nicht in freier Form. Es könnte jedoch als Metall-H_2O_2-Komplex oder als $MV^{\bullet +} - H_2O_2$-Komplex „latent" vorliegen. Solche Elektronendonor-H_2O_2-Komplexe haben ähnliche Reaktionskräfte wie freie $OH^\bullet$-Radikale, und ihre Bildung wäre ebenfalls abhängig von Superoxid und H_2O_2 (siehe oben). Die dem $O_2^{\bullet -}$ korrespondierende Säure, $HO_2^\bullet$, das Perhydroxylradikal ($O_2^{\bullet -} + H^+ \rightleftharpoons HO_2^\bullet$), kommt ebenfalls als eine Peroxidation-initiierende Spezies in Frage. Logischerweise läßt sich dann eine Initiation formulieren wie sie auf S. 86 ausführlich dargestellt ist.

$LH + (OH^\bullet) \longrightarrow L^\bullet + H_2O$
$L^\bullet + O_2 \longrightarrow LOO^\bullet \xrightarrow{H^\bullet} LOOH$
$LOOH \longrightarrow$ Abbauprodukte, Kooxidationen

(L = ungesättigte Fettsäure wie z. B. Linolsäure, Linolensäure)

Die beobachteten Bleicheffekte, die *in vivo* und in Modellreaktionen durch Paraquat ausgelöst werden und, wie oben angeführt, immer mit Produkten der Lipidperoxidation korrelieren, lassen sich zwanglos als Kooxidationen während der Lipidperoxidation erklären, wobei vermutlich $LO^\bullet$ und $LOO^\bullet$ die Pigmentoxidantien darstellen.

Es gibt in Chloroplasten eine Reihe von detoxifizierenden Mechanismen. Superoxiddismutasen und Glutathion- und Ascorbatreduktase werden jedoch mit der massiven Bildung dieser Sauerstoffradikale nicht fertig. In paraquatresistenten Pflanzen ist die Menge dieser Enzyme erhöht.

Entkoppler und Energietransferhemmstoffe

Das Protonenpotential, das der vektorielle Elektronentransport aufbaut, wird in der ATP-Synthase verbraucht. Entkoppler dissipieren den pH-Gradienten, Energietransfer-Hemmstoffe hemmen die ATP-Synthase (Beispiele in Abb. 5). Nach beiden Mechanismen kann keine Photophosphorylierung mehr ablaufen, es wird kein ATP mehr gebildet.

Die meisten phenolischen Hemmstoffe von Photosystem II, wie Ioxynil und Dinoseb sind auch sehr potente Entkoppler. Da sie sowohl den photosynthetischen als auch den respiratorischen Elektronenfluß hemmen, könnte dies sogar ein wesentlicher Teil ihrer Herbizidwirkung *in vivo* ausmachen. Die heterocyclischen phenolischen Derivate, wie Pyridat, sind jedoch keine wirksamen Entkoppler. Deren Wirkung beruht also allein auf der Hemmung des Elektronentransportes.

Herbizide können durchaus multiple Wirkungen haben. Moreland (siehe zusammenfassende Darstellungen) hat für solche interagierenden multiplen Effekte den Begriff der „inhibierenden Entkopplung" geprägt. Auch die Veränderung der Lipidmembran, wenn der Elektronentransport durch ein Herbizid verlangsamt wird (so als würde die Pflanze auf eine Lichtlimitierung antworten), ist ein Beispiel für eine sekundäre Reaktion.

Die Frage nach der primären molekularen Wirkung eines Herbizids *in vivo* ist also gelegentlich nicht einfach zu beantworten. Die molekulargenetische Charakterisierung einer Einzelmutation in einem herbizidtoleranten Organismus bringt hier allerdings die überzeugende „Klärung" der primären Wirkung.

Literatur

[1] Deisenhofer, J., Epp, O., Miki, K., Huber, R., Michel, H. (1985): Nature **318**, 618.

[2] Youngman, R. J., Elstner, E. F. (1984): in: Hock, B., Elstner, E. F. (eds.), Pflanzentoxikologie, B. I.-Wissenschaftsverlag Mannheim/Wien/Zürich, 132.

[3] Oettmeier, W. (1992): in: Barber, J. (ed.), Topics in Photosynthesis, Elsevier, Amsterdam, London, New York, Vol. **11**, 349.

[4] Velthuys, B. R. (1981): FEBS Letters **126**, 277.

[5] Bowyer, J. R., Camilleri, P., Vermaas, W. F. J. (1991): in: Baker, N. R., Percival, M. P. (eds.), Topics in Photosynthesis, Elsevier, Amsterdam, London, New York, Vol. **10**, 27.

[6] Pfister, K., Steinback, K. E., Gardner, G., Arntzen, C. J. (1982): Proc. Natl. Acad. Sci. USA **78**, 981.

[7] Mattoo, A. K., Pick, U., Hoffmann-Falk, H., Edelman, M. (1981): Proc. Natl. Acad. Sci. USA **78**, 1572.

[8] Trebst, A. (1986): Z. Naturforsch. **41 c**, 240.

[9] Nanba, O., Satoh, K. (1987): Proc. Natl. Acad. Sci. USA **84**, 109.

[10] Zurawski, G., Bohnert, H. J., Whitfeld, P. R., Bottomley, W. (1982): Proc. Natl. Acad. Sci. **79**, 7699.

[11] Hirschberg, J., McIntosh, L. (1983): Science **222**, 1346

[12] Rochaix, J. D., Erickson, J. (1988): Trends Biochem. Sci. **13**, 56.

[13] Hirschberg, J., Ohad, I., Pecker, I., Rahat, A. (1987): Z. Naturforsch. **42 c**, 758.

[14] Tischer, W., Strotmann, H. (1977): Biochim. Biophys. Acta, **460**, 143.

[15] Wolber, P. K., Eilmann, M., Steinback, K. E. (1986): Proc. Natl. Acad. Sci. USA, **81**, 7303.

[16] Sinning, I., Koepke, J., Schiller, B., Michel, H. (1990): Z. Naturforsch. **45 c**, 455.

[17] Wildner, G. F., Heisterkamp, U., Trebst, A. (1990): Z. Naturforsch. **45 c**, 1142.

[18] Draber, W., Tietjen, K., Kluth, J. F., Trebst, A. (1991): Angew. Chem. **30**, 1621.

[19] Draber, W., Hilp, U., Schindler, M., Trebst, A. (1993): Z. Naturforschung **48 c**, 213.

[20] Prásil, O., Adir, N., Ohad I. (1992): in: Barber, J. (ed.), The Photosystems: Structure and Molecular Biology. Elsevier Science Publishers B. V., Amsterdam, 195.

Zusammenfassende Darstellungen

Fedtke, C. (1982): Biochemistry and physiology of herbicide action. Springer-Verlag, Berlin, Heidelberg, New York.

Moreland, D. E. (1980): Mechanism of action of herbicides. Ann. Rev. Plant Physiol. **31**, 597.

Pfister, K., Urbach, W. (1983): Effects of biocides and growth regulators: physiological basis. Encyclop. Plant Physiol. New Series, Vol. **12** D, 329.

Trebst, A., Draber, W. (1989): Photosynth. Res. **10**, 381.

Fungizide

Hans Scheinpflug und Rolf Pontzen, Bayer AG, Leverkusen

Einleitung

Parasitäre Pflanzenkrankheiten bei Kulturpflanzen können die Quantität und Qualität des Erntegutes stark reduzieren. Die wirtschaftlich wichtigsten Pflanzenkrankheiten werden durch eine große Anzahl verschiedener Pilze verursacht, doch können auch Bakterien und Viren Pflanzen befallen und gefährliche Krankheiten hervorrufen.
In dem vorliegenden Kapitel „Fungizide“ werden solche chemischen Präparate behandelt, die eine Verhütung und Bekämpfung von einer oder auch mehreren durch Pilze verursachten Pflanzenkrankheiten bewirken können und dadurch Schäden bei Pflanzen verhindern. Dabei soll nicht nur auf die Wirkstoffe eingegangen werden, die eine **fungizide**, also pilzabtötende Wirkung haben, sondern auch auf solche, die das Pilzwachstum hemmen, also **fungistatisch** sind und infektionsverhindernd auf den Erreger wirken. Ferner werden chemische Stoffe besprochen, die bei Kulturpflanzen eine **Resistenzinduktion** bewirken und vor einer Erkrankung schützen oder erkrankte Pflanzen sogar heilen. Es sollen also alle chemischen Substanzen abgehandelt werden, die durch Abwehr von Infektionskrankheiten zur Gesunderhaltung von Pflanzen beitragen. Somit stehen diejenigen Mechanismen im Vordergrund, die zu einer Beeinträchtigung der pathogenen Pilze führen. Behandlungsbedingte Schäden an Pflanzen sind bei sachgemäßer Fungizidanwendung nicht zu erwarten und werden daher nur kurz gestreift.

Hinweise aus der Geschichte der Phytopathologie

Untersuchungen an fossilen höheren Pflanzen beweisen, daß sich parallel zu deren Evolution Mikroorganismen, z. B. Pilze, darauf spezialisiert haben, parasitisch von diesen Pflanzen zu leben und dadurch Krankheiten zu verursachen.
Verschiedene Pflanzenkrankheiten mit besonders auffälligen Symptomen, wie z. B. die Brand- und Rosterkrankungen des Getreides und die von ihnen bewirkten Schäden, wurden schon sehr früh von den Menschen erkannt und sind bereits in der ältesten überlieferten Literatur beschrieben. Seitdem der Mensch seßhaft geworden ist und Ackerbau betreibt, wird auch von verheerenden Ernteschäden berichtet, die zu großen Hungersnöten und Massenvergiftungen von Menschen geführt haben. So berichtet das Alte Testament mehrfach über Rost- und Brandkrankheiten bei Getreide. Auch im Verlauf der weiteren Geschichte gibt es zahlreiche Beispiele, so die Mutterkornepidemie aus dem Jahre 994, in deren Verlauf viele Menschen durch Vergiftung mit dem Mutterkorn-Alkaloid Ergotamin den Tod fanden. Das Auftreten von Pflanzenkrankheiten ist bis in die jüngere Geschichte hinein ausschlaggebend für bedeutende historische Entwicklungen gewesen.
Das Bemühen der Menschen, die Ernten von Kulturpflanzen durch die Verwendung von chemischen Mitteln wie Schwefel, Asche u. a. zu sichern, ist sehr alt, doch waren die Bekämpfungserfolge meist völlig unzureichend. Es ist darum nicht verwunderlich, daß man Pflanzenkrankheiten als göttliche Fügung ansah und daß es bis ins späte Mittelalter hinein Versuche gab, durch magische und rituelle Handlungen dem Übel beizukommen.
Im 17. Jahrhundert, als man sich noch nicht über die Ursache von Pflanzenkrankheiten im klaren war, wurden die ersten empirischen Bekämpfungsversuche mit Glaubersalz, Schwefel- und Kupferverbindungen begonnen. Erst nachdem von de Bary erkannt und schlüssig bewiesen wurde, daß parasitäre Pilze Pflanzenkrankheiten verursachen, setzte eine gezielte Suche nach geeigneten chemischen Bekämpfungsmitteln ein. Es wurden die Wirkung von Kupfer-, Schwefel-, Quecksilber- und Arsenverbindungen gefunden und frühere Beobachtungen über eine Wirkung experimentell bestätigt.
Während man im 19. Jahrhundert vorwiegend die Symptome der Pflanzenkrankheiten beschrieb und Entwicklungskreisläufe von pilzlichen Krankheitserregern erforschte, hat man im 20. Jahrhundert – anfangs in kleinerem Maße, später mit einem großen Aufwand – nach geeigneten neuen chemischen Mitteln zur Bekämpfung von Pflanzenkrankheiten gesucht. Zunächst beurteilte man ein neues Präparat nur aufgrund seiner Wirkung gegen Pflanzenkrankheiten. Seit den 50er Jahren bemüht man sich vermehrt um Substanzen, die sowohl für den Anwender der Pflanzenschutzmittel als auch für den Verbraucher des Erntegutes chemisch behandelter Pflanzen toxikologisch unbedenklich sind. In zunehmendem Maße werden auch Versuche gemacht, die beweisen müssen, daß die Verwendung der Präparate keine irreversiblen Schäden in der Umwelt verursachen. Solche Untersuchungen sind die Voraussetzung für die immer strenger gewordene amtliche Registrierung von neuen und der Reregistrierung von alten Pflanzenschutzmitteln. Es ist dadurch in den 80er Jahren zu erheblichen Veränderungen des Präparateangebotes gekommen.
Die Kenntnisse über die Wirkungsweise und den speziellen Wirkungsmechanismus von Fungiziden haben in der jüngsten Vergangenheit weiter zugenommen, und dadurch ist die Phytopharmakologie ein interessantes Arbeitsgebiet geblieben.

Schäden und Verluste durch parasitäre Pflanzenkrankheiten

Parasitäre Pflanzenkrankheiten können beachtliche Ertragsschäden an Pflanzen verursachen. Es gibt viele Bemühungen, den Umfang der Ertragsverluste zu ermitteln, die durch Pflanzenkrankheiten, aber auch durch tierische Schädlinge und Unkrautwuchs entstehen. Die Arbeiten auf diesem Gebiet erweisen sich als außerordentlich schwierig, da man unter Praxisbedingungen meist den potentiellen Ertrag vollkommen gesunder Pflanzen nicht kennt. Dennoch gibt es eine Anzahl von Publikationen, die sich mit der Erfassung von Ertragsverlusten bei einzelnen Kulturpflanzen und bestimmten Krank-

heiten befassen und die dabei verwendeten Methoden beschreiben. Auf die Spezialliteratur auf diesem Gebiet (crop loss appraisal) kann hier nicht eingegangen werden.
Schätzungen über weltweit auftretende Verluste durch Krankheiten, Schädlinge und Unkrautwuchs sind nach Auswertung der gesamten Literatur, die aus den einzelnen Regionen vorlag, bei 60 verschiedenen Kulturpflanzen von Cramer (1967) vorgenommen und publiziert worden. Danach schätzt man z. B. die Verluste durch Krankheiten in Höhe von 9,2 % bei Getreide, 21,8 % bei Kartoffeln und 12,6 % bei Früchten (Obst, Citrus, Trauben). Verfolgt man die Ertragsentwicklung von wichtigen Kulturpflanzen aufgrund der Angaben der FAO-Jahrbücher, so ist eine beträchtliche Steigerung der Flächenerträge und der weltweiten Produktion festzustellen. Bei Weizen erhöhte sich die Gesamtproduktion in der Welt bei nur geringfügig vergrößerten Anbauflächen (212 Mio ha 1970; 221 Mio ha 1987) von 328 Mio t 1970 auf 517 Mio t 1987, was im wesentlichen auf die Steigerung der Flächenerträge von 1,5 t/ha 1970 auf 2,3 t/ha 1987 zurückzuführen ist. Diese Produktionssteigerung von 57 % war für die Ernährung der ständig anwachsenden Weltbevölkerung dringend nötig. Trotz des auf die Welt bezogenen Anstiegs der pro-Kopf-Versorgung war in einer Reihe von Entwicklungsländern durch den drastischen Bevölkerungszuwachs die Versorgungslage immer schwieriger geworden.
Experten rechnen damit, daß sich mit erhöhter Produktion die prozentualen Verluste durch Pflanzenkrankheiten weltweit nicht reduziert haben. Sie sind zwar in einigen Ländern mit intensiver Landwirtschaft und regelmäßiger Krankheitsbekämpfung mit Fungiziden deutlich niedriger geworden, doch wirkt sich das insgesamt nicht aus, da in vielen Ländern durch ertragssteigernde Maßnahmen oft vermehrt auftretende Krankheiten nicht bekämpft werden und dadurch höhere Verluste entstehen.
Ausgehend von den bei Cramer (1967) angegebenen prozentualen Verlusten hat Agrios (1988) durch Verwendung neuerer Produktionszahlen (FAO Yearbook) errechnet, daß sich 1982 der Ernteverlust weltweit auf 238 Mio t bei Getreide, 82 Mio t bei Kartoffeln und 50 Mio t bei Früchten beläuft.
Um den Wert zu verdeutlichen, wird von Agrios für die USA angegeben, daß der Verlust durch Pflanzenkrankheiten auf 9,1 Milliarden $ geschätzt wird. Für die gesamte Welt wird nach Brader (1987) für das Jahr 1981 ein Verlust von 348,5 Milliarden $ durch Krankheiten, Schädlinge und Unkräuter gerechnet, wobei die Pflanzenkrankheiten etwa 1/3 der Schäden verursachen. Nicht in diese Rechnung sind Verluste einbezogen, die beim Lagern und Verarbeiten des Erntegutes entstehen und die je nach Kulturart auf 8–20 % geschätzt werden.
Nach neueren noch nicht veröffentlichten Untersuchungen entsteht der Eindruck, daß die Verluste durch Krankheiten nicht nur proportional zu den Ertragssteigerungen zugenommen, sondern sich auch prozentual erhöht haben. Dafür gibt es mehrere Gründe. Mit zunehmendem Warenverkehr, dem Austausch und weltweiten Versand von landwirtschaftlichen Produkten, von Saatgut und von Zuchtmaterial ist eine starke Verbreitung von Krankheiten im Gange. Durch eine manchmal einseitige Intensivierung der Landwirtschaft mit ertragsstarken, aber oft nicht ausreichend resistenten Sorten, mit zu engen Fruchtfolgen, unausgewogener Düngung und zu dichten Pflanzenbeständen kann die Anfälligkeit der Kulturpflanzen erhöht werden.
In alle Betrachtungen über Mengenverluste sind oft nicht die Verluste an Qualität durch die Einwirkungen von Pflanzenkrankheiten einbezogen. Unansehnliche, zur Fäule neigende Äpfel oder Kartoffeln, mykotoxinhaltiges Getreide gehen zwar nicht ganz verloren, kommen aber in geringere Qualitätsstufen und werden schlechter bezahlt oder sind unverkäuflich.
In extremen Fällen können Krankheiten sogar zum Verzicht auf den Anbau von wertvollen Kulturpflanzenarten in bestimmten Lagen führen, wodurch dem einzelnen Landwirt, aber auch der Volkswirtschaft hohe Schäden entstehen können.

Grundprinzipien der Gesunderhaltung von Pflanzen

Ein auf die Dauer sinnvoller Pflanzenschutz, der Pflanzenkrankheiten ausschaltet oder reduziert, muß ökologisch vertretbar und ökonomisch machbar sein. Er ist darauf gerichtet, möglichst gesunde Kulturpflanzenbestände zu bekommen oder zumindest den Krankheitsbefall so stark zu beschränken, daß die Qualität und Quantität des Erntegutes nicht ungünstig beeinflußt oder stark vermindert werden.
Drei wichtige Grundprinzipien sind dabei zu beachten:

1. Verhinderung des Zusammentreffens von Krankheitserregern mit ihren Wirtspflanzen
2. Erhöhung der Widerstandskraft von Kulturpflanzen gegen Pflanzenkrankheiten
3. Bekämpfung der Krankheitserreger vor und nach der Infektion der Kulturpflanzen

Das Erreichen dieser Ziele wird mit den ständig weiterentwikkelten modernen Methoden des **integrierten Pflanzenschutzes** angestrebt. Dazu gehören eine wirksame Pflanzenquarantäne, krankheitsreduzierende Kulturmaßnahmen, Verwendung krankheitsresistenter Sorten und ein gezielter Einsatz von Pflanzenschutzmitteln unter Berücksichtigung des Schadschwellenprinzips. Dies erfordert eine sehr genaue Diagnose und möglichst auch eine darauf aufbauende Prognose der auftretenden Krankheiten. Auf diesem Gebiet muß für einzelne Kulturpflanzen und die wichtigsten bei ihnen auftretenden Krankheiten dringend Forschungsarbeit geleistet werden. Geeignete Methoden für die Krankheitsdiagnose werden in einigen Fällen heute schon mit den Präparaten verkauft.

Wirkungsweise von Fungiziden

Definitionsgemäß sind **Fungizide** chemische Substanzen, die Pilze abtöten. Die Präparate können aber auch nur Pilzwachstum hemmen, also **fungistatisch** sein, und trotzdem ausreichend gut gegen Pflanzenkrankheiten wirken.
Bildet ein Fungizid auf Pflanzenoberflächen einen Belag, so erwartet man eine **protektive** oder schützende Wirkung. Diese wird meist durch eine Hemmung der Sporenkeimung oder auch anderer für die Infektion wichtiger Organe, wie Appressorien und Keimhyphen, erzielt. Die meisten Pathogene, die oberirdische Pflanzenteile wie Blätter, Stengel, Blüten, Früchte usw. befallen, können im Prinzip mit protektiven Fungiziden bekämpft werden.

Eine Infektion kann aber auch durch Präparate verhindert werden, die in die Pflanze eindringen und sich in ihr weiter verteilen (**systemische Fungizide**), wodurch eine innertherapeutische Schutzwirkung zustandekommt. Wenn durch eine Saatgutbehandlung (Beizung) bei jungen Sämlingen der Angriff von Krankheitserregern inner- und außerhalb des Bodens verhindert wird, ist das mit einem solchen innertherapeutischen Effekt zu erklären. Die bisher bekannten Präparate, die eine **Resistenz** der Wirtspflanze induzieren, müssen meist schon mehrere Tage vor der Infektion appliziert werden, um ausreichend zu wirken. In allen bisher beschriebenen Fällen müssen die Präparate **prophylaktisch** verabreicht werden, also vor der erwarteten Infektion.
Eine bereits erfolgte Infektion kann nur von systemischen Fungiziden erfaßt werden. Wird ein Krankheitserreger während der Inkubationszeit, also vor Sichtbarwerden der Symptome, von einem Präparat ausgeschaltet, spricht man von einer **kurativen** oder heilenden Wirkung. Hat der Erreger das Pflanzengewebe noch nicht irreversibel geschädigt, kann sogar eine echte Heilung ohne Pflanzenschäden erzielt werden. Wird ein pathogener Pilz in und auf der Pflanze ganz abgetötet und sind die vor und nach der Behandlung gebildeten Sporen nicht mehr infektionstüchtig, spricht man von einer **eradikativen** Wirkung. Wird der Pilz in der Pflanze nicht vollkommen abgetötet, aber daran gehindert, infektionstüchtige Sporen zu bilden, nennt man die Präparate **Sporulationshemmer**.
Systemische Fungizide können von den Wurzeln oder von oberirdischen Pflanzenteilen, vor allem von den Blättern, aufgenommen werden. Sie müssen die Fähigkeit haben, in der Wurzel die Endodermis und beim Blatt die Kutikula zu überwinden, um ins Parenchym oder ins Mesophyll vorzudringen. Bleibt das Präparat am Ort des Eindringens oder verteilt es nur in unmittelbarer Nähe dieser Stelle, nennt man es **locosystemisch**. Die meisten systemischen Fungizide werden aber mehr oder weniger schnell vom Ort des Eindringens in den Zellwandschichten, im Interzellularsystem sowie im Xylem, also im Apoplasten, in Richtung des Transpirationsstroms akropetal in andere Pflanzenteile transportiert. Sie verteilen sich deswegen gut im behandelten Pflanzengewebe, kommen auch in nicht behandelten Teilen der Pflanzen zur Wirkung und sind weitgehend vor einem Abwaschen durch Regen geschützt. So kann auch ein späterer Befall von Pflanzenteilen verhindert werden, die nach der Behandlung neu hinzugewachsen sind. Außerdem war es mit systemischen Präparaten erstmals möglich, Pflanzenpathogene zu bekämpfen, die im „System" der Pflanze wachsen und dort Schäden verursachen. Das ist z. B. bei den **Tracheomykosen** der Fall, die Welkekrankheiten verursachen. Erreger solcher Krankheiten dringen über die Wurzeln in die Leitungsbahnen ein, wachsen dort weiter und verteilen sich so in der gesamten Pflanze.
Auch bei tief im Saatkorn sitzenden Infektionsherden, wie es beim Flugbrand bei Gerste (*Ustilago nuda*) und Weizen (*Ustilago tritici*) der Fall ist, kann eine Wirkung nur von einem Präparat erwartet werden, das systemisch in das Getreidekorn und den daraus entstehenden Sämling eindringt. Es gibt mehrere moderne systemische Fungizide, mit denen eine voll befriedigende, meist sogar 100%ige Wirkung gegen diese schwer bekämpfbaren Krankheiten erzielt wird.
Ein basipetaler Transport von Fungiziden im Phloem ist nur in einer Ausnahme (bei Fosetyl-Aluminium) beobachtet worden. Die ideale Vorstellung, Präparate auf oberirdische Pflanzenteile zu applizieren und aufgrund des basipetalen Transportes Krankheiten an der Stengelbasis und Wurzel zu bekämpfen, konnte bisher noch nicht verwirklicht werden. Diese Art der Bekämpfung von Wurzelerkrankungen ist aber erstrebenswert, da die heute noch praktizierte chemische Bodendesinfektion eine nicht befriedigende Methode ist, weil sie verständlicherweise zu nachhaltigen Störungen der Bodenflora führt. Ein gewisser Fortschritt ist mit sehr spezifisch gegen bestimmte Erreger oder Erregergruppen, z. B. Oomyceten, wirkenden Fungiziden erzielt worden, da durch sie die übrige Bodenflora praktisch nicht geschädigt wird.

Formulierung und Applikation

Eine optimale Wirkung und sinnvolle Nutzung von Fungiziden kann erst dadurch erreicht werden, daß die Wirkstoffe durch Verarbeitung mit bestimmten Zusatzstoffen zu anwendungsfertigen Präparaten formuliert werden. Von einer guten Formulierung wird verlangt, daß sie die positiven Eigenschaften eines Wirkstoffes im Sinne der Krankheitsbekämpfung unterstützt oder verbessert. Ferner muß eine Formulierung sowie der in ihr enthaltene Wirkstoff nach mehrjähriger Lagerung, z. T. auch unter extremen Temperaturbedingungen (unter 0° C, über 40° C) stabil bleiben. Außerdem muß sie sich einfach, schnell und ohne Gefährdung für den Anwender verarbeiten lassen. Die weitaus häufigste Art der Krankheitsverhütung und -bekämpfung mit Fungiziden wird durch das Ausspritzen einer wässrigen Verdünnung der Präparate auf oberirdische Pflanzenteile erreicht. Je nach den physikalischen und chemischen Eigenschaften eines Wirkstoffes können für die Spritzapplikation mehrere Formulierungen hergestellt werden, die sich im Hinblick auf Wirkungshöhe, Stabilität, Verarbeitbarkeit, Anwenderfreundlichkeit und positivem Umweltverhalten unterscheiden. Es ist aber außerordentlich schwer, in einem Formuliertyp ein Optimum bei allen genannten Punkten zu erzielen.
Die bei Fungiziden am häufigsten verwendeten Formulierungen sind wasserdispergierbare Pulver (WP) oder Granulate (WG) als Feststofformulierung, sowie Emulsionskonzentrate (EC), Suspensionskonzentrate (SC) und Emulsionen von Öl in Wasser (EW) als Flüssigformulierung. Bei der Anwendung werden heute die nicht stäubenden und gut dosierbaren WG-Formulierungen oder die auf Wasserbasis formulierten EW- und SC-Präparate bevorzugt, da sie im Hinblick auf Umweltverhalten und Anwendertoxizität günstiger als WP- und EC-Formulierungen sind. Die bisher erarbeiteten WG- und EW-Rezepturen entsprechen aber nicht immer allen für eine gute Formulierung geforderten Eigenschaften, so daß auf diesem Gebiet auch weiterhin eine intensive Forschung betrieben werden muß.
Alle genannten Formulierungen müssen sich leicht zu wässrigen Spritzbrühen verarbeiten lassen, in denen der formulierte Wirkstoff bis zum Ausbringen genügend gleichmäßig im Wasser verteilt bleiben muß. Beim Spritzvorgang dürfen keine Düsenverstopfungen auftreten, und die Spritzflüssigkeit muß so gleichmäßig wie möglich auf die zu schützenden Pflanzen kommen.
Zur Behandlung von oberirdischen Pflanzenteilen werden vor allem in Gebieten mit Wassermangel bei bestimmten Pflanzenkrankheiten, z. B. Echtem Mehltau bei Reben, auch heute noch Staubformulierungen (DP = **d**ustable **p**owder) verwendet, obwohl sie hinsichtlich ihres Umweltverhaltens ungünstiger als andere Applikationsarten sind.
Die **Beizung** ist sowohl zur Bekämpfung von Krankheiten, die mit dem Saatgut übertragen werden, als auch zum Schutz der Samen und Sämlinge vor Angriffen von bodenbürtigen und

luftbürtigen Erregern zu einer wichtigen umweltverträglichen und oft unverzichtbaren Pflanzenschutzmaßnahme geworden. Mit systemischen Fungiziden können z. B. bei Weizen und Gerste heute die wichtigsten samenbürtigen Krankheiten bekämpft werden, u. a. auch die früher mit quecksilberhaltigen Präparaten nicht bekämpfbaren Flugbrände. Aufgrund des akropetalen Transportes solcher Fungizide in die Getreidesämlinge können diese während eines gewissen Zeitraumes auch vor Befall durch Bodenpilze, z. B. Fusariumarten, und windbürtige Erreger, wie Echter Mehltau oder Rostkrankheiten, geschützt werden.
Während früher vorwiegend Saatgutpuder zur Trockenbeize (DS = powder of **d**ry **s**eed treatment) und Naßbeizen auf Lösungsmittelbasis (LS = **l**iquid solution for **s**eed treatment) verwendet wurden, strebt man heute das auf Wasserbasis formulierte Mehrphasenkonzentrat (FS = **f**lowable concentrate for **s**eed treatment) zur Naßbeizung an. Wenn die physikalischen Eigenschaften des Wirkstoffes es erlauben, ist ein anderer Naßbeizentyp (SS = water **s**oluble powder for **s**eed treatment) sehr interessant. Relativ selten werden heute die früher häufig genutzten Schlämm- oder Slurry-Beizen (WS = **w**ater dispersible powder for slurry **s**eed treatment) verwendet.
Eine bessere Nutzung von Wirkstoffen kann durch Saatgutinkrustierung oder -pillierung erreicht werden (PS = **p**illiertes oder inkrustiertes **S**aatgut). Diese Art der Saatgutbehandlung, die sich bei einigen insektiziden Wirkstoffen, z. B. zur Bekämpfung von Rübenschädlingen, sehr bewährt hat, wird bei den Fungiziden aus Kostengründen nur in einigen Spezialfällen angewandt.
Zur Bekämpfung von Krankheitserregern, die unterirdische Pflanzenteile wie Wurzeln, Knollen, Zwiebeln usw. befallen oder Erkrankungen der Leitbündel (Tracheomykosen) verursachen, werden fungizide Wirkstoffe als wasserverdünnte Flüssigkeitsformulierungen (EC, WS, SC) verwendet oder in Form von Granulaten (GR) und Feingranulaten (FG) in den Boden eingebracht. Diese Applikation in oder auf den Boden kann bei systemischen Fungiziden auch zum Schutz vor Blatterkrankungen, z. B. Kaffeerost, genutzt werden.
Außer den genannten, bei Fungiziden hauptsächlich verwendeten Formuliertypen gibt es für spezielle Applikations- und Bekämpfungsverfahren sowie für Wirkstoffe mit sehr spezifischen Eigenschaften noch zahlreiche weitere Formuliertypen, die hier nicht behandelt werden können.

Chemische Strukturen und Verwendung von Fungiziden

Nachfolgend werden, zusammengefaßt in chemischen Gruppen, Wirkstoffe abgehandelt, die durch protektive, kurative und eradikative Wirkung oder durch Induktion pflanzlicher Resistenz zur Gesunderhaltung oder Heilung von Kulturpflanzen beitragen. Aus Gründen einer kurzen und übersichtlichen Darstellung findet eine Beschränkung auf die Wirkstoffe statt, die zur Zeit in der Praxis noch verwendet werden und im In- oder Ausland eine Zulassung als Pflanzenschutzmittel haben. Kurz erwähnt werden aber auch einige Wirkstoffe, die früher im Pflanzenschutz eine große Bedeutung hatten und die jetzt aus verschiedenen Gründen nicht mehr oder nur beschränkt zugelassen sind. Diese wurden inzwischen durch wirksamere oder umweltverträglichere Präparate ersetzt.

Schwermetallverbindungen

In diesem Abschnitt werden die anorganischen und organischen schwermetallhaltigen Verbindungen gemeinsam beschrieben.
Die ersten Wirkstoffe, bei denen ein positiver Effekt bei der Bekämpfung von Pflanzenkrankheiten entdeckt wurde, sind die sehr breit gegen Mikroorganismen toxisch wirkenden schwermetallhaltigen Verbindungen. Unter ihnen hatten jene eine größere Bedeutung bekommen, die Kupfer, Quecksilber, Zinn, Arsen, Zink, Mangan oder Nickel enthielten, doch gab es auch Präparate auf der Basis von Cadmium, Chrom, Eisen und Silber.
Anorganischen Kupferverbindungen kommt jetzt noch weltweit eine erstaunlich große Bedeutung zu, da die Präparate in vielen Ländern der Welt selbst produziert werden können und relativ billig sind. Ein weiterer Vorteil dieser Wirkstoffe ist, daß mit ihnen ein breites Spektrum von Pflanzenkrankheiten bekämpft werden kann. Sie haben andererseits den Nachteil, daß sie aufgrund ihrer breiten bioziden Wirksamkeit oft nicht gut pflanzenverträglich sind und es bei regelmäßiger Verwendung zu Rückstandsproblemen auf der Pflanze und im Boden kommen kann.
Die Herstellung der Kupferkalkbrühe (**Bordeaux-Brühe**), ein Gemisch aus gelöschtem Kalk und Kupfersulfat, $(Ca(OH)_2)_3 \cdot CuSO_4$, ist 1885 von Millardet beschrieben und ihre Verwendung zur Bekämpfung des Falschen Mehltaus bei Reben (*Plasmopara viticola*) empfohlen worden. Seit dieser Zeit wird die Bordeaux-Brühe für den gleichen Zweck verwendet und eignet sich auch zur Bekämpfung von mehreren Erkrankungen, die von Erregern aus der Klasse der Oomyceten verursacht werden, z. B. *Phytophthora infestans* (Kraut- und Knollenfäule der Kartoffel), und viele andere wichtige Krankheitserreger.
Kupferoxychlorid, $3Cu(OH)_2 \cdot CuCl_2$, ist die am häufigsten im Pflanzenschutz verwendete Kupferverbindung. Sie wirkt protektiv gegen viele Krankheitserreger. Der Schwerpunkt liegt bei der Bekämpfung von Krankheiten, die durch Oomyceten verursacht werden, z. B. *Phytophthora-*, *Plasmopara-*, *Peronospora-* und *Pseudoperonospora*-Arten, doch hat sie auch eine Wirkung gegen andere wichtige Pflanzenkrankheiten, z. B. Schorf (*Venturia inaequalis*) und Krebs (*Nectria galligena*) bei Kernobst, Kräuselkrankheit (*Taphrina deformans*) und Zweigsterben (*Monilinia*-Arten) bei Steinobst. Pilzkrankheiten an den verschiedensten Wirtspflanzen, verursacht durch *Alternaria-*, *Septoria-* und *Colletotrichum*-Arten können auch mit diesem Wirkstoff bekämpft werden. Keine ausreichende Wirkung ist dagegen bei den Echten Mehltau-Pilzen zu erzielen. Eine gewisse Bedeutung im Pflanzenschutz haben auch Kupferhydroxid, $Cu(OH)_2$ (Blaukupfer) und Kupferoxid, Cu_2O (Rotkupfer) gewonnen.
Kupferpräparate haben nach wie vor eine beachtliche Bedeutung als Mischpartner für organische Fungizide. In Ermangelung von gut wirksamen Bakteriziden für den Pflanzenschutz werden sie auch zur Bekämpfung von Bakterienkrankheiten, z. B. *Xanthomonas vesicatoria* bei Tomaten und Paprika, genutzt, obwohl die Wirkung oft nicht ausreichend ist. In Kombination mit Streptomycin werden Kupferpräparate in USA gegen den schwer bekämpfbaren Feuerbrand (*Erwinia amylovora*) bei Birnen verwendet.
Wirkungsmechanismus: Bei allen Kupfermitteln ist das Kupfer für die toxische Pilzwirkung verantwortlich. Da eine biochemische Selektivität kaum vorhanden ist, treten Pflanzenschäden nur deswegen nicht auf, weil die verwendeten Kupferverbindungen wegen ihrer geringen Wasserlöslichkeit nicht in die Pflanzenzellen gelangen. Wie auch bei anderen Schwerme-

tallen entwickeln Kupferionen ihre toxische Wirkung durch eine unspezifische Interaktion mit Proteinen und anderen Zellbestandteilen, die zu Funktionsstörungen, Membranleakage etc. führen.

Quecksilberhaltige Verbindungen sind für die meisten Organismen hoch toxisch und so auch für Mensch und Tier, so daß eine Vergiftungsgefahr besteht, besonders bei nicht sachgemäßer Anwendung. Andererseits waren sie früher bei einigen sehr gefährlichen Pflanzenkrankheiten die einzige Bekämpfungsmöglichkeit. Seit einiger Zeit sind sie jedoch durch wirksamere und untoxische Präparate abgelöst und für den Pflanzenschutz in Deutschland (1982) und in den meisten Ländern der Welt verboten worden.

Die wichtigsten früher verwendeten Substanzen sind organische Quecksilberverbindungen, die vorwiegend als Saatbeizen zur Bekämpfung von samen- und bodenbürtigen Krankheitserregern gebraucht wurden und zeitweise die einzigen ausreichend wirksamen Präparate für diesen Zweck waren.

Methylethylquecksilberchlorid, $CH_3 - (CH_2)_2 - HgCl$, Ethylquecksilberchlorid, $C_2H_5 - HgCl$, und Methoxyehtylquecksilberchlorid, $CH_3O\text{-}(CH_2)_2\text{-}HgCl$, sowie Methoxyethylquecksilber-Silikat, $CH_3O(CH_2)_2Hg$-silikat, waren die Wirkstoffe der wichtigsten Beizmittel, die gegen Brandpilze (mit Ausnahme von *Ustilago nuda*), Schneeschimmel (*Fusarium nivale*) und eine Reihe anderer Erreger in relativ niedriger Aufwandmenge wirkten. Phenylquecksilberacetat, $C_6H_5 - Hg\text{-}O\text{-}CO\text{-}CH_3$, war bis 1963 das einzige wirksame Präparat gegen die gefährliche „blast"-Krankheit bei Reis (*Pyricularia oryzae*), verursachte aber große Probleme aufgrund seiner hohen Fischtoxizität und wurde von anderen Präparaten abgelöst.

Der zuletzt erwähnte Wirkstoff und Phenylquecksilberchlorid, $C_6H_5 - HgCl$, zeigten auch eine sehr gute Wirkung gegen den Schorf (*Venturia inaequalis*). Es waren die ersten Fungizide, bei denen die kurative Wirkung genutzt werden konnte.

Anorganischen Quecksilberverbindungen wie z. B. Quecksilberchlorid und Quecksilbernitrat, hatten im Vergleich zu den organischen Verbindungen im Pflanzenschutz keine große Bedeutung und werden hier nicht besprochen.

Der **Wirkungsmechanismus** der organischen Quecksilberverbindungen ist nicht genau untersucht. Man nimmt an, daß dem organischen Komplex lediglich eine Vehikelfunktion zukommt und daß die freigesetzten Quecksilberionen bzw. Ionen des Typs $R\text{-}Hg+$ für die fungizide Wirkung verantwortlich sind. Vom Methylquecksilberion weiß man beispielsweise, daß es wesentlich toxischer ist als freie Quecksilberionen.

Organische Zinnverbindungen sind breit fungizid wirksam und vielseitig verwendbar. Zur Zeit werden noch Fentinacetat, $(C_6H_5)_3\text{-}SnO\text{-}CO\text{-}CH_3$, und Fentinhydroxid, $(C_6H_5)_3\text{-}Sn\text{-}OH$, in der Praxis verwendet. Ein wichtiges Anwendungsgebiet ist die Bekämpfung von *Cercospora beticola* bei Rüben, doch wirken die genannten Verbindungen auch gut gegen andere Krankheiten, so z. B. Kraut- und Knollenfäule bei Kartoffeln.

Wirkungsmechanismus: Für die fungizide Wirkung der organischen Zinnverbindungen scheinen Anzahl und Art der Substituenten sehr wichtig zu sein. Die größte Aktivität haben Verbindungen mit drei Substituenten, während Derivate mit vier Substituenten völlig wirkungslos sind. Die Fentinverbindungen haben vielfältige Wirkungen im Pilzstoffwechsel. Neben einer direkten Störung der oxidativen Phosphorylierung sowie einer Inhibition der mitochondrialen ATPase, ähnlich wie Oligomycin, binden die Wirkstoffe auch unspezifisch an SH-Gruppen verschiedener Proteine.

Schwefelverbindungen

Die Verwendung von Schwefel zur Bekämpfung von Krankheiten und Schädlingen bei Pflanzen ist bereits im Altertum erwähnt worden. Die erste genauere Beschreibung der Wirkung von schwefelhaltigen Präparaten auf Pflanzenkrankheiten stammt von Anfang des 19. Jahrhunderts. Eine größere wirtschaftliche Bedeutung bekamen diese Präparate aber erst Mitte des selben Jahrhunderts, als in Frankreich die gute Wirkung gegen den zu der Zeit aus Amerika eingeschleppten Echten Mehltau der Reben (*Uncinula necator*) gefunden wurde.

Außer den anorganischen Kupferverbindungen sind Schwefelpräparate die wichtigsten „klassischen Fungizide", die auch in heutiger Zeit weltweit noch eine beachtliche Bedeutung haben. Das früher hauptsächlich verwendete Calciumpolysulfid ($CaS\text{-}S_x$) und der sehr feingemahlene Stäubeschwefel sind heute weitgehend von den in Wasser leicht suspendierbaren Netzschwefelpräparaten abgelöst. Da die pilzhemmende Wirkung des Schwefels mit zunehmender Partikelgröße abnimmt, ist der Netzschwefel im Vergleich zum Stäubeschwefel (8–30 µm-Teilchen) schwächer wirksam. Ferner sind noch Haftstäube und zum Verdampfen in Gewächshäusern geeignete Formulierungen in der Praxis üblich.

Der Wirkungsschwerpunkt von Schwefelpräparaten liegt bei Echten Mehltauerkrankungen. Eine größere Verwendung finden sie derzeit allein oder in Mischung mit anderen Fungiziden bei Reben, Hopfen, Obst, Gemüse und Zierpflanzen sowie im Forst. Die Wirkung und Nebenwirkung gegen viele andere parasitäre Pilze, wie z. B. Schorf im Obstbau, *Cercospora*-Arten bei Erdnüssen und Bananen usw., werden genutzt. Die oft gleichzeitig erzielte Wirkung gegen Spinn- und Kräuselmilben bei den verschiedensten Kulturen, das günstige Umweltverhalten, die geringe Humantoxizität und der niedrige Preis sind trotz der meist nicht voll ausreichenden fungiziden Wirkung der Grund für ihren anhaltenden Gebrauch. Ein begrenzender Faktor, vor allem bei warmer oder heißer Witterung, ist die schlechte Pflanzenverträglichkeit bei bestimmten Kulturpflanzenarten und -sorten. So reagieren bestimmte Apfelsorten (Golden Delicious, Jonathan, James Grieve u. a.) mit diffusen, gelblich bis rötlich-braunen Blattverfärbungen, Laubfall sowie Abwerfen der meist vorher vertrocknenden unreifen Früchten. Typisch sind auch dunkle Flecken auf den Äpfeln, insbesondere nach Schwefelbehandlung bei hohen Temperaturen und starker Lichteinstrahlung.

Wirkungsmechanismus: Die Ursache für die fungizide Wirkung von Schwefel wird mit verschiedenen Theorien erklärt. Einerseits sollen Oxidationsprodukte wie Schwefeldioxid, -trioxid und Schwefelsäure zum Tod der Pilzzellen führen, andererseits auch der vom Pilz zu Schwefelwasserstoff reduzierte Schwefel. Der von den meisten Autoren favorisierte Wirkungsmechanismus ist jedoch eine direkte Störung des mitochondrialen Elektronentransportsystems durch elementaren Schwefel: Elektronen werden anstatt auf Sauerstoff an einer Stelle zwischen den Cytochromen b und c auf den Schwefel übertragen. Dadurch kann die Energie der Elektronen nur teilweise zur ATP-Gewinnung genutzt werden; dies führt letztlich zu einem Mangel an ATP und einer Störung des gesamten Energiestoffwechsels. Aber auch die Oxidation von Thiolgruppen durch den Schwefel nach dem Schema $2\ R\text{-}SH + S \rightarrow R\text{-}S\text{-}S\text{-}R + H_2S$, verbunden mit Funktionsverlust der betroffenen Proteine, könnte eine Erklärung für die fungizide Aktivität des Schwefels sein.

Dithiocarbamate

1931 wurde erkannt, daß das als Vulkanisationsbeschleuniger verwendete **Thiram** (TMTD) eine fungizide und bakterizide Wirkung hat. In den folgenden Jahren wurden daraus geeignete Präparate für die Saatgutbehandlung entwickelt. Von diesem Zeitpunkt an begann eine intensive Suche nach weiteren

Tab. 1: Dithiocarbamate

Wirkstoff		Anwendungsgebiete und Kulturpflanzen	Krankheitserreger
Common name Handelsname(n)	Struktur		
Thiram (TMTD) Pomarsol Arasan Fernasan	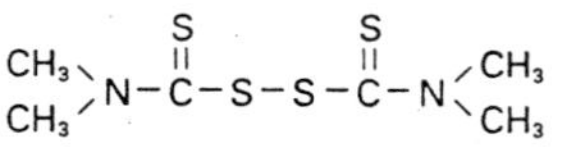 Bis-(dimethylthio-carbamoyl)-disulfid	protektives Fungizid Saatgutbehandlung Mais, Getreide, Rüben, Leguminosen, Gemüse Blatt- und Fruchtbehandlung Obst und andere Kulturen	relativ breites Wirkungsspektrum Samen- und bodenbürtige Erreger Auflaufkrankheiten z.B. *Pyrenophora-*, *Pythium-*, *Fusarium-*, *Rhizoctonia*-Arten, Schorf (*Venturia*-Arten) *Botrytis*-Arten
Zineb Dithane Z Lonacol	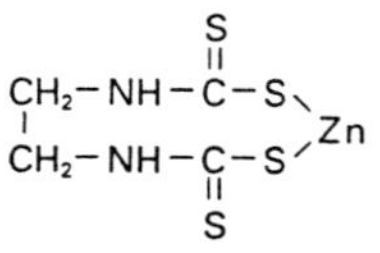 Zink-ethylenbis-(dithiocarbamat)	protektives Fungizid Blatt- und Fruchtbehandlung Obst, Reben, Kartoffeln, Gemüse, Zierpflanzen, Bananen, u. a. Kulturpflanzen Saatgut- und Bodenbehandlung verschiedene Kulturpflanzen	Krankheitserreger aus allen Pilzklassen mit Ausnahme der Echten Mehltaupilze *Venturia*-Arten (Schorf), *Plasmopora viticola* (Rebenperonospora), *Phytophthora infestans*, (Kraut- u. Knollenfäule) und viele andere Blatt- und Fruchtkrankheitserreger *Pythium-*, *Fusarium-* u. *Rhizoctonia*-Arten
Mancozeb Dithane M-45 Manzate	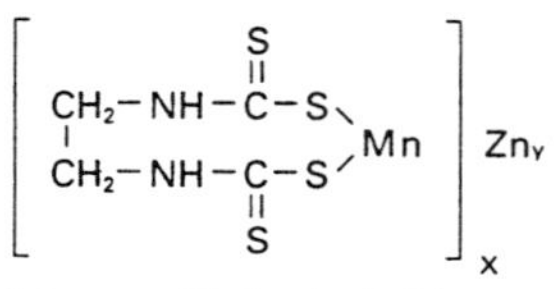 Mangan-Zink-ethylenbis-(dithiocarbamat)	wie Zineb, aber in niedrigeren Aufwandmengen wirksam	wie Zineb
Propineb Antracol	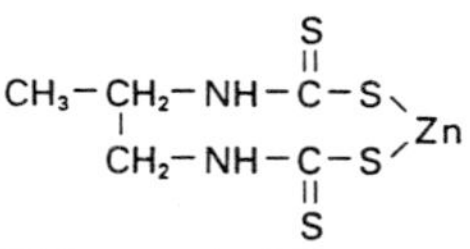 Zink-propylenbis-(dithiocarbamat)	wie Zineb, aber in niedrigeren Aufwandmengen wirksam	wie Zineb
Weitere Verbindungen: Ziram, Ferbam, Nabam, Maneb, Metiram			

fungizid wirkenden Dithiocarbamaten. Zuerst wurden Metallsalze der Alkyldithiocarbamidsäure gefunden, auch als Dialkyldithiocarbamate bezeichnet, von denen **Ziram** und **Ferbam** sich aufgrund ihrer guten Wirkung und Pflanzenverträglichkeit besonders für den Obst- und Citrusbau eigneten. 1943 wurden **Nabam** und **Zineb** und wenige Jahre danach **Maneb** als erste Metallsalze der Ethylenbisdithiocarbamidsäure beschrieben, die auch als Monoalkyldithiocarbamate bezeichnet werden. Die sehr breite protektive fungizide Wirkung dieser Präparate wurde später von **Mancozeb** und **Propineb** eindeutig übertroffen. Sie sind gegen viele Pflanzenkrankheiten in der halben Aufwandmenge gleich gut oder besser wirksam als die älteren Verbindungen Zineb und Maneb und haben sich in der Praxis durchgesetzt.

Schwierigkeiten bei den Dithiocarbamaten haben sich ergeben, nachdem beim Ethylenthioharnstoff (ETU), einem Metaboliten von Zineb und Mancozeb, ungünstige toxikologische Daten in der Langzeitprüfung bekannt wurden. ETU verursacht u. a. bei Ratten Schilddrüsenkrebs und bei Mäusen Leberkrebs; es wird deswegen von den Behörden als „Stoff mit begründetem Verdacht auf krebserzeugendes Potential" geführt. Die Verwendung der Dithiocarbamate wurde daraufhin bei verschiedenen Kulturen stark eingeschränkt. Die anfangs angenommene Belastung des Endverbrauchers mit Rückständen auf dem Erntegut ist jedoch nach einer umfassenden neueren Studie aus dem Jahr 1989 wesentlich niedriger. Die Diskussion über das toxikologische Risiko für den Endverbrauchers ist deswegen noch nicht abgeschlossen.

Thiram (TMTD) wird derzeit hauptsächlich als fungizide Komponente in Saatgutbeizen für Gerste, Mais, Raps, Rüben, Leguminosen sowie für Gemüse- und Forstpflanzen-Saatgut verwendet und hat gleichzeitig abschreckende Wirkung auf Vogelfraß. Aufgrund der Wirkung gegen *Rhizoctonia-*, *Fusarium-* und *Pythium*-Arten wird es als Bodenfungizid genutzt. Seltener wird Thiram als Blattfungizid im Obst- und Gemüsebau verwendet, wo es besonders gegen Erkrankungen durch *Botrytis*-Arten wirkt.

Mancozeb und **Propineb** haben ein sehr breites Wirkungsspektrum: außer den Echten Mehltaupilzen werden die meisten anderen Krankheitserreger erfaßt. Ein Schwerpunkt liegt bei den Oomyceten, z. B. Kraut- und Knollenfäule der Kartoffel, Falschem Mehltau bei Reben, Hopfen, Tabak usw., und den Rosterkrankungen an den verschiedensten Wirtspflanzen (vgl. Tab. 1).

Wirkungsmechanismus: Die Dithiocarbamate sind wie Schwefel- und Schwermetallverbindungen auch multi-site-Inhibitoren, d.h. sie greifen an verschiedenen Stellen im Zellstoffwechsel ein. Dabei unterscheidet sich der Wirkungsmechanismus der Dialkyldithiocarbamate etwas von dem der Monoalkyldithiocarbamate. Während erstere als Kupferkomplexe mit Proteinen und anderen Zellkomponenten interagieren bzw. Schwermetalle als Chelatkomplex in die Pilzzellen einschleusen, spalten letztere Isothiocyanat ab, was für die fungizide Wirkung verantwortlich gemacht wird.

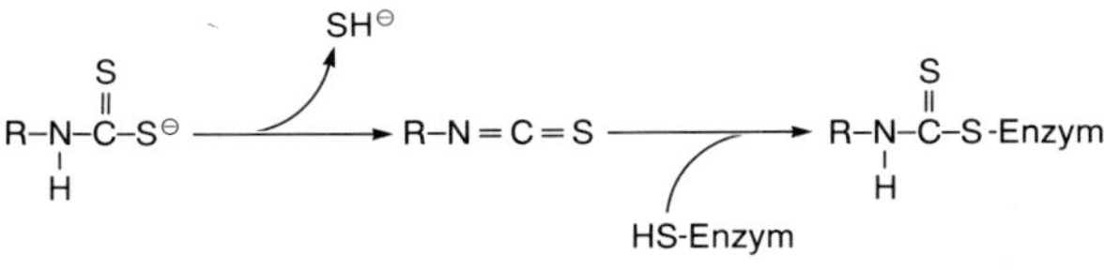

Abb. 1: Isothiocyanatbildung aus Monoalkyldithiocarbamaten.

Isothiocyanat inaktiviert SH-Gruppen nach dem in Abb. 1 beschriebenen Mechanismus und hemmt so Enzymaktivitäten und andere essentielle Proteinfunktionen.

Phthalimide

In dieser Verbindungsklasse wurde erstmalig 1952 das **Captan** beschrieben, bei dem der Polyhalogenalkylmercapto-Rest entscheidend für die fungizide Wirkung des Präparates ist.

Captan ist ein breitwirkendes, protektives Fungizid mit einer besonders guten Pflanzenverträglichkeit, das sich bei sehr empfindlichen Sorten im Obst-, Gemüse- und Zierpflanzenbau meist günstiger als Dithiocarbamate verhält. Oft beobachtet man sogar einen positiven Einfluß von Captan auf das Blatt- und Fruchtwachstum. Die Blätter sind oft größer und dunkelgrün, die Früchte größer mit kräftigerer Ausfärbung und geringerer Berostung. Die Bekämpfung von Blattkrankheiten, besonders von Apfelschorf (*Venturia inaequalis*), ist das wichtigste Anwendungsgebiet, das weltweit zu einer häufigen Nutzung des Präparates geführt hat. Captan wird auch zur Saatgutbeizung, z. B. bei Mais, und zur Bodenbehandlung, vor allem gegen *Pythium*- und *Phytophthora*-Arten, gebraucht. In den letzten Jahren sind ungünstige toxikologische Daten bekannt geworden, die in einigen Ländern zu einer Einschränkung der Registrierung geführt haben. Verschiedene in vitro-Studien haben gezeigt, daß Captan ein potentielles Mutagen ist. Zur Zeit werden weitere Studien durchgeführt, um die toxikologische Bewertung des Präparates auf eine noch breitere Datenbasis zu stellen.

Folpet hat eine ähnliche Wirkung wie Captan, hat jedoch im Obstbau nicht die positiven Nebenwirkungen auf das Pflanzenwachstum. Die wichtigste Verwendung fand das Präparat im Weinbau, wo es gegen den Falschen Mehltau, den Roten Brenner und den Grauschimmel besonders wirksam ist. Aufgrund ähnlicher toxikologischer Bedenken wie beim Captan ist das Präparat in Deutschland nicht mehr zugelassen.

Bei **Captafol** wurden aufgrund von ungünstigen toxikologischen Daten (krebserregend) die Produktion und der Vertrieb eingestellt (Tab. 2).

Wirkungsmechanismus: Captan und Folpet entfalten die fungizide Wirkung durch Oxidation von SH-Gruppen sowie Inaktivierung von SH- und Aminogruppen unter Bildung von $SCCl_3$- oder CSCl-Derivaten. Dadurch wird der Pilzstoffwechsel an verschiedenen Stellen gestört bzw. gehemmt.

Verschiedene protektive Fungizide

In diesem Abschnitt werden eine Reihe von protektiven Wirkstoffen mit unterschiedlichen chemischen Strukturen abgehandelt.

Tab. 2: Phthalimide

Wirkstoff		Anwendungsgebiete und Kulturpflanzen	Krankheitserreger
Common name Handelsname(n)	Struktur		
Captan Orthocide	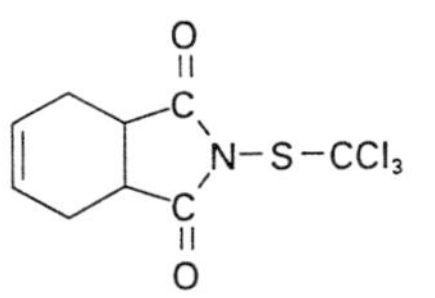 1,2,3,6-Tetrahydro-N-(trichlormethyl-thio)-phthalimid	protektives, besonders pflanzenverträgliches Fungizid Blatt-, Fruchtbehandlung Obst, Gemüse, Zierpflanzen Saatgutbehandlung Mais und andere Kulturpflanzen	Krankheitserreger aus allen Pilzklassen mit Ausnahme der Echten Mehltaupilze. *Venturia*-Arten (Schorf) und andere Blatt- und Fruchtkrankheiten *Pythium-, Fusarium-, Rhizoctonia*-Arten u. a. samen- u. bodenbürtige Erreger
Folpet Phaltan	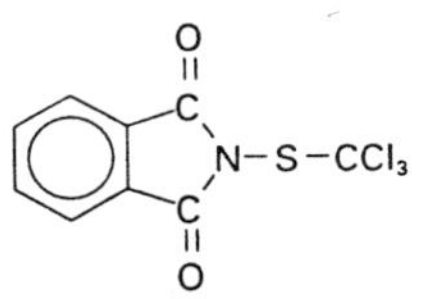 N-(Trichlormethyl-thio)-phthalimid	protektives Fungizid Blatt- und Fruchtbehandlung Reben Obst, Hopfen, Gemüse, Zierpflanzen	relativ breites Wirkungsspektrum *Plasmopora viticola* (Rebenperonospora), *Botrytis cinerea, Pseudopezziza tracheiphila* (Roter Brenner) usw. *Venturia*-Arten (Schorf), *Botrytis*-Arten, verschiedene Oomyceten und andere Blattkrankheiten
Weitere Verbindungen: Captafol			

Tab. 3: Verschiedene protektive Fungizide

Wirkstoff		Anwendungsgebiete und Kulturpflanzen	Krankheitserreger
Common name Handelsname(n)	Struktur		
Dinocap Karathane	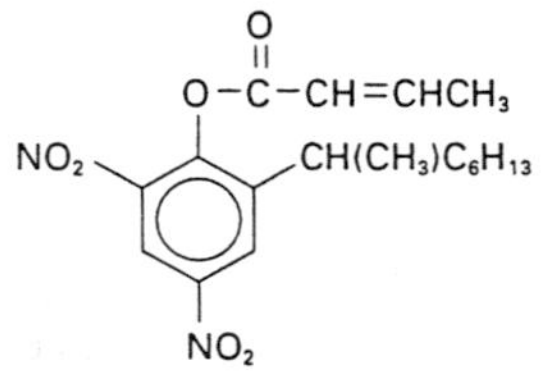 2-(1-Methylheptyl)-4.6-dinitrophenyl(E)-2-butenoat	Blatt- und Fruchtbehandlung Obst, Reben, Gemüse, Zierpflanzen, Citrus	enges Wirkungsspektrum Echte Mehltau-Arten, Spinnmilben
Quintozen (PCNB) Brassicol	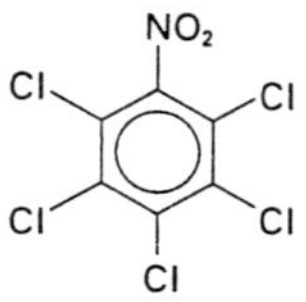 Pentachlornitrobenzol	Bodenbehandlung Brassica-Arten, Klee, Gemüse, Zierpflanzen, Saatgutbehandlung Weizen	*Rhizoctonia-, Sclerotium-, Sclerotinia-, Botrytis*-Arten *Tilletia caries*
Chlorothalonil Daconil Bravo	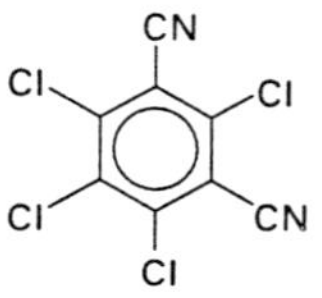 Tetrachlorisophthalonitril	Blatt- und Ährenbehandlung Getreide Blatt- und Fruchtbehandlung Gemüse, Zierpflanzen, Rosen, Bananen und andere Kulturpflanzen	*Septoria nodorum*, Schwärzepilze, *Fusarium-, Alternaria-, Septoria-, Colletotrichum-, Cercospora*-Arten und andere Blatterkrankungen
Anilazin Dyrene	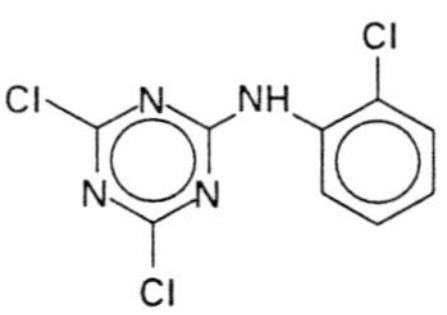 4,6-Dichlor-N-(2-chlorphenyl)-1,3,5-triazin-2-amin	Blatt- und Ährenbehandlung Getreide Blatt- und Fruchtbehandlung Gemüse, Zierpflanzen, Tabak	*Septoria*-Arten, Schwärzepilze *Alternaria-, Colletotrichum-, Cercospora-, Botrytis*-Arten
Pencycuron Monceren	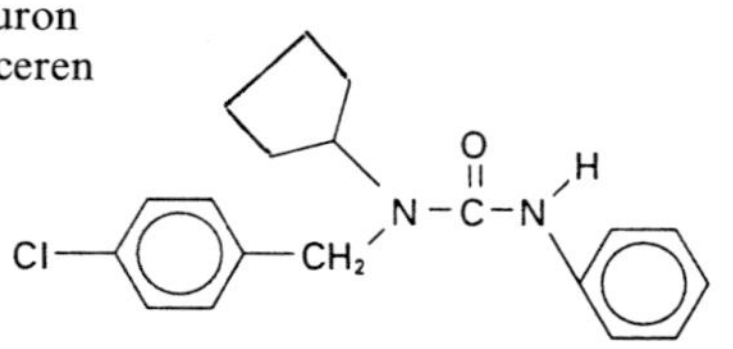 N-[(4-Chlorphenyl)-methyl]-N-cyclopentyl-N-phenylharnstoff	Blatt- und Halmbehandlung Reis Knollen-, Saatreihenbehandlung Kartoffeln Bodenbehandlung Gemüse, Zierpflanzen	*Rhizoctonia solani* (sheath blight) *Rhizoctonia solani* (Wurzel- und Triebfäule) *Rhizoctonia*-Arten
Chinomethionat Morestan	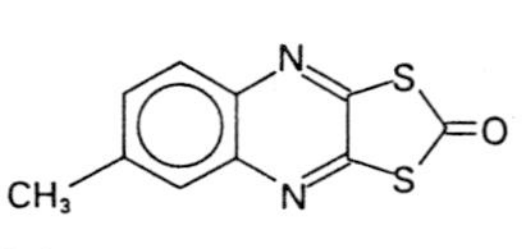 S,S-(6-Methylquinoxalin-2,3-diyl)-dithiocarbamat	Blattbehandlung Gemüse, Zierpflanzen	Echte Mehltau-Arten Spinnmilben

Tab. 3: Verschiedene protektive Fungizide

Wirkstoff		Anwendungsgebiete und Kulturpflanzen	Krankheitserreger
Common name Handelsname(n)	Struktur		
Dichlofluanid Euparen	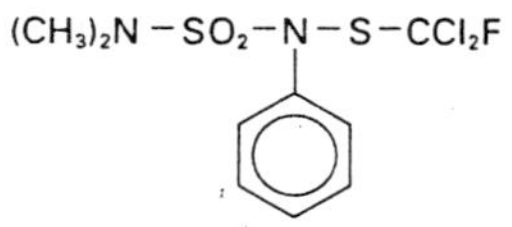 N-[(Dichlorfluormethyl)-thio]N'N'-dimethyl-N-phenylsulfamid	Blatt- und Fruchtbehandlung Reben Obst Gemüse, Hopfen, Zierpflanzen	breites Wirkungsspektrum *Plasmopara viticola* (Rebenperonospora), *Botrytis cinerea*, *Pseudopeziza tracheiphila* (Roter Brenner), *Phomopsis viticola*, *Venturia inaequalis* (Schorf), u. a. Blatt- und Fruchtkrankheiten Blattkrankheiten einschließlich Echte Mehltau-Arten, *Botrytis*-Arten
Weitere Verbindungen: Tolylfluanid, Dithianon			

Dinocap, **Binapacryl** und **Chinomethionat** sind Präparate mit einer speziellen fungiziden Wirkung gegen Echte Mehltau-Arten sowie mit einer beachtlichen akariziden Wirkung. Mit ihnen wurde bei einigen Kulturpflanzen, bei denen Schwefelverbindungen aus Gründen der schwachen Wirkung oder schlechten Verträglichkeit versagten, ein erheblicher Fortschritt erzielt, doch ließen sich auch damit nicht alle Probleme mit Echten Mehltauerkrankungen lösen.

Quintozen (PCNB) war während vieler Jahre das einzige gut wirkende Präparat zur Bekämpfung von *Rhizoctonia*-Arten und hier speziell von *Rhizoctonia solani*. Mittlerweile gibt es einige andere gute Präparate zur Bekämpfung dieser Pathogene wie z. B. Pencycuron, Carboxin, Flutolanil und Tolclophosmethyl.

Pencycuron hat eine spezielle Wirkung gegen *Rhizoctonia*-Arten und wirkt besonders gut bei Reis gegen *Rhizoctonia solani* („sheath blight") sowie gegen andere Stämme des gleichen Pilzes bei Kartoffeln (Wurzel- und Triebfäule).

Chlorothalonil und **Anilazin** sind zwei sehr alte protektive Fungizide, die bei vielen Pflanzenkrankheiten mit Erfolg verwendet werden können. Durch die Wirkung auf Erreger von Blatt- und Ährenkrankheiten bei Getreide, z. B. *Septoria nodorum*, haben sie in letzter Zeit an Bedeutung gewonnen.

Dichlofluanid ist ein breitwirkendes protektives Fungizid, das bei Obst, Reben, Gemüse und Zierpflanzen Verwendung findet. Der Schwerpunkt liegt bei der Bekämpfung von Falschen Mehltaupilzen, z. B. Rebenperonospora, von Grauschimmel (*Botrytis cineria*) in verschiedenen Kulturen, sowie von Schorferkankungen (*Venturia*-Arten). Zusätzlich ist in höheren Konzentrationen auch eine Wirkung gegen einige Echte Mehltaupilze zu erwirken, z. B. gegen Rosenmehltau (*Sphaerotheca pannosa*). Dem Dichlofluanid wird ein ähnlicher Wirkungsmechanismus zugeschrieben wie den Phthalimiden, weil im Wirkstoffmolekül anstelle des $SCCl_3$-Restes ein vergleichbar reaktiver $SCCl_2F$-Rest enthalten ist. Dichlofluanid wirkt jedoch selektiver als die Phthalimide.

Carboxamide

Die zu dieser Fungizidgruppe gehörenden Verbindungen **Carboxin** und **Oxycarboxin** (patentiert 1966) sind die ersten systemischen Fungizide, die im Pflanzenschutz praktisch genutzt wurden. Es konnte nachgewiesen werden, daß sie über die Wurzel, die Samen und das Blatt aufgenommen und akropetal in der Pflanze transportiert werden können. Sie zeigen eine vorzügliche Wirkung auf Krankheitserreger, die zu den Basidiomyceten gehören, und haben Nebenwirkungen gegen einige andere samenbürtige Erreger, z. B. *Pyrenophora*- und *Cochliobolus*-Arten. Aufgrund der systemischen Eigenschaften konnten mit Carboxin erstmalig die tief im Samen lebenden Brandpilze *Ustilago nuda* und *U. tritici* bekämpft werden, wodurch die Wirkung von Quecksilberpräparaten in dieser Hinsicht übertroffen wurden.

Carboxin (Vitavax) erwies sich besonders geeignet zur Saatgutbehandlung, während Oxycarboxin (Plantvax) besser gegen zahlreiche Rostkrankheiten wirkt, die oberirdische Pflanzenteile befallen.

Aufgrund der Erfolge mit den genannten Präparaten begann weltweit eine intensive Suche nach weiteren verwandten Verbindungen mit gleich guter oder besserer Wirkung. Es wurden auch eine Reihe von Handelspräparaten entwickelt, von denen Mebenil, Pyracarbolit, Benodanil, Fenfuram, Methfuroxam und Furmecyclox eine gewisse Bedeutung erlangten, doch sind sie wegen ungünstiger toxikologischer Befunde, schlechter Pflanzenverträglichkeit (Auflaufverzögerung, Blattfall) oder zu schwacher Wirkung im Vergleich zu Präparaten aus neuen chemischen Gruppen weitgehend vom Markt verschwunden. Heute werden noch **Mepronil** (Basitac) und **Flutolanil** (Moncut) zur Bekämpfung von *Rhizoctonia* verwendet (Tab. 4).

Wirkungsmechanismus: Die Carboxamide hemmen die Atmung in den Mitochondrien, wirken zunächst nur fungistatisch; erst nach längerer Einwirkung oder sehr hohen Konzentrationen des Wirkstoffes kommt es zum Tod der Pilzzellen. Der Wirkungsmechanismus der Carboxamide ist einer der am besten verstandenen Mechanismen bei Fungiziden. Die Wirkstoffe dieser Fungizidklasse hemmen hochspezifisch die Succinat-Dehydrogenase oder genauer die membrangebundene Succinat-Ubichinon-Oxidoreductase (Komplex II der Elektronentransportkette). Die Inhibition ist kompetitiv, und die Bindungsstelle am Enzymkomplex ist identisch mit der des bekannten Succinatdehydrogenase-Inhibitors Theonyltrifluoraceton (TTFA). Durch UV-Bestrahlung von *Ustilago maydis* konnten Carboxin-resistente Stämme induziert werden; die genauere Analyse des Resistenzmechanismus ergab, daß eine Punktmutation im Succinatdehydrogenase-Gen zu einer stark verminderten Bindeaffinität des Wirkstoffs an das veränderte Enzym führte.

Unter Feldbedingungen hat sich bis heute bei keinem Pathogen eine weit verbreitete Resistenz gegen die Carboxamide entwickelt, jedoch sind bei Brandpilzen erste Meldungen über Resistenz bekannt geworden.

Tab. 4: Carboxamide

Wirkstoff		Anwendungsgebiete und Kulturpflanzen	Krankheitserreger
Common name Handelsname(n)	Struktur		
Carboxin Vitavax	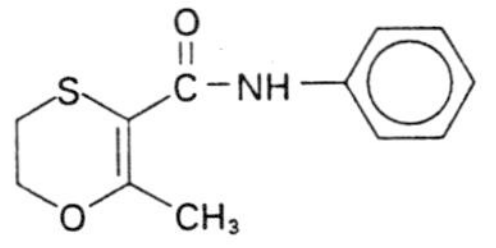 5,6-Dihydro-2-methyl-1,4-oxathiin-3-carboxanilid	systemisches Fungizid Saatgutbehandlung Getreide Mais, Raps, Baumwolle, Sojabohne und andere Leguminosen	Wirkung vorwiegend gegen Basidiomyceten *Ustilago-*, *Tilletia*-Arten (Brandpilze), *Pyrenophora graminea* (Streifenkrankheit), *Rhizoctonia*-Arten, verschiedene Brandpilze
Oxycarboxin Plantvax	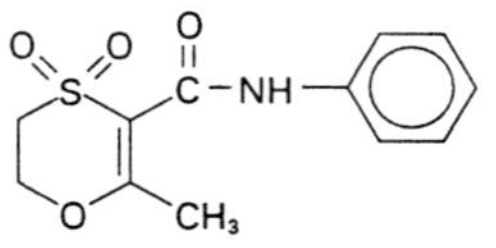 5,6-Dihydro-2-methyl-1,4-oxathiin-3-carboxanilid-4,4-dioxid	systemisches Fungizid Blattbehandlung Getreide Kaffee, Bohnen, Gemüse, Zierpflanzen	Wirkung vorwiegend gegen Basidiomyceten *Puccinia*-Arten (Rostpilze) *Hemileia vastatrix* (Kaffeerost) und andere Rostarten
Mepronil Basitac	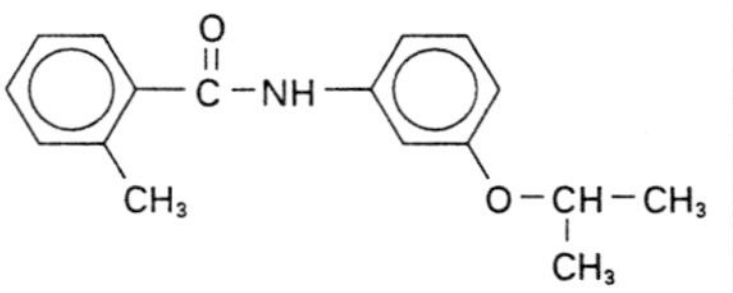 3'-Isopropoxy-2-methylbenzanilid	protektives und kuratives Fungizid (locosystemisch) Blatt- u. Halmbehandlung Reis Weizen Knollenbehandlung, Kartoffeln	 *Rhizoctonia solani* (sheath blight) *Puccinia recondita* (Braunrost) *Rhizoctonia solani* (Wurzel- und Triebfäule)
Flutolanil Moncut	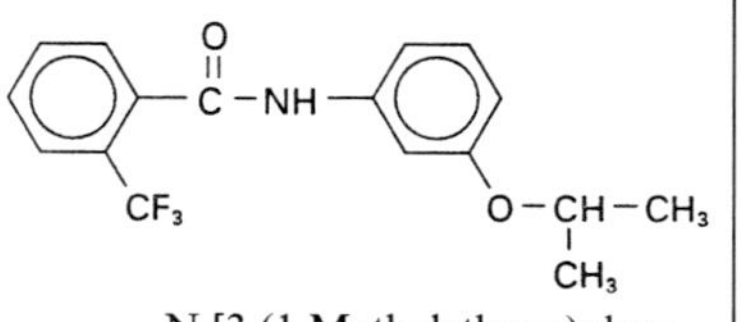 N-[3-(1-Methylethoxy)phenyl]-2-(triflourmethyl)benzamid	wie Mepronil	wie Mepronil

Weitere Verbindungen: Mebenil, Benodanil, Pyrocarbolit, Fenfuram, Methfuroxam

Benzimidazole

Fungizide, die zu den Benzimidazolen gezählt werden oder deren wirksames Prinzip eine Benzimidazolstruktur ist, haben aufgrund ihrer Wirkung in sehr niedrigen Konzentrationen, ihrer systemischen Eigenschaften und des sehr breiten Wirkungsspektrums Ende der 60er Jahre eine neue Fungizid-Ära eingeleitet. Die vorwiegend für die Saatgutbeizung oder Bodenbehandlung geeigneten Präparate **Thiabendazol** und **Fuberidazol** waren die ersten im Markt genutzten Benzimidazole. Fuberidazol ist der Wirkstoff der ersten quecksilberfreien Getreidebeizen. **Benomyl und Thiophanat-methyl**, beides „Prodrugs", die in Carbendazim umgesetzt werden, sowie **Carbendazim** selber haben im Vergleich zu den erstgenannten Verbindungen ein deutlich breiteres Spektrum von bekämpfbaren Krankheitserregern. Mit Ausnahme der zu den Oomyceten zählenden Pilze werden Pathogene aller anderen Pilzklassen erfaßt. Der enorme Fortschritt, der mit diesen Präparaten erzielt wurde, besteht darin, daß eine Reihe von Krankheitserregern, die sich nach erfolgter Infektion im Pflanzensystem befinden, dort weiterwachsen und Schäden verursachen, erfaßt und ausgeschaltet werden kann. Die kurative und eradikative Wirkung der Präparate kann sowohl bei Blattkrankheiten als auch bei Tracheomykosen und samenbürtigen Erregern genutzt werden.

Der sehr spezifische Wirkungsmechanismus der Benzimidazole führte bei einigen parasitären Pilzen mit breiter genetischer Variation sehr schnell zur Selektion von resistenten Pathotypen. So ließen sich z. B. der Echte Mehltau bei Gurken (*Sphaerotheca fuliginea*) und *Botrytis cineria* bei Reben nach relativ kurzer Behandlungszeit nicht mehr bekämpfen (vgl. Tab. 5).

Wirkungsmechanismus: Der Hauptangriffsort der Benzimidazole ist die Kernteilung. Die Wirkstoffe dieser Fungizidklasse binden ähnlich wie Colchicin an einer der beiden Untereinheiten der Mikrotubili, an ß-Tubulin. Dadurch wird die Organisation der Mikrotubuli gestört und somit auch alle Strukturen und Vorgänge in den Zellen, an denen Mikrotubuli beteiligt sind, wie z. B. die Ausbildung der Kernspindel, Stofftransport innerhalb der Zelle und Cytoskelett (vgl. S. 259 f.).

Tab. 5: Benzimidazole

Wirkstoff: Common name Handelsname(n)	Wirkstoff: Struktur	Anwendungsgebiete und Kulturpflanzen	Krankheitserreger
Benomyl Benlate	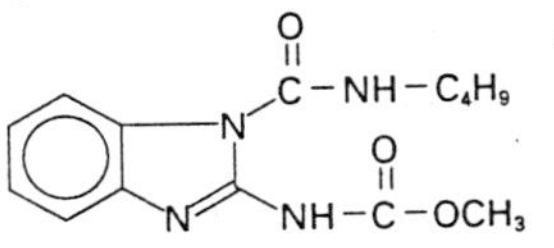 Methyl-1-(butylcarbamoyl)-2-benzimidazolcarbamat	systemische Fungizide mit protektiver, kurativer Wirkung Blatt-, Fruchtbehandlung Obst, Reben, Gemüse, Zierpflanzen, Bananen, Citrus u. andere Kulturpflanzen	Wirkung gegen Krankheitserreger in allen Pilzklassen mit Ausnahme der Oomyceten *Venturia-*, *Botrytis-*, *Cercospora-*, *Mycosphaerella*-Arten, Echte Mehltaupilze u. a. Blatt- und Fruchtkrankheiten
Carbendazim Bavistin Derosal	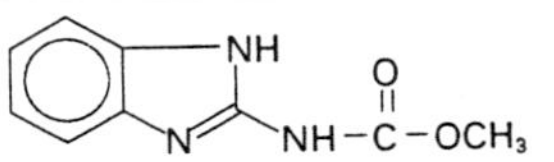 Methyl-1H-benzimidazol-2-ylcarbamat	Blatt-, Halm-, Ährenbehandlung Getreide, Reis u. andere monokotyle Pflanzenarten	*Pseudocercosporella*-Arten (Halmbruch), Echter Mehltau, Rost, *Pyricularia oryzae* u. a. Blatt- und Ährenkrankheiten
Thiophanat-methyl Topsin M Cercobin M	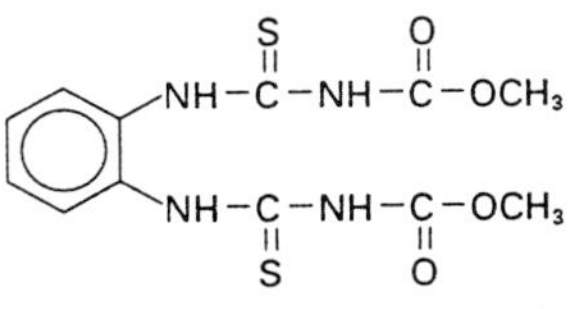 1,2-Bis-(3-Methoxycarbonyl-2-thioharnstoff)-benzol	Nacherntebehandlung Citrus, Bananen, Obst Boden- u. Saatgutbehandlung bei vielen Kulturpflanzen	*Penicillium-*, *Gleosporium*-Arten usw. Brandpilze, *Fusarium-*, *Rhizoctonia*-Arten usw.
Thiabendazol Tecto Mertect	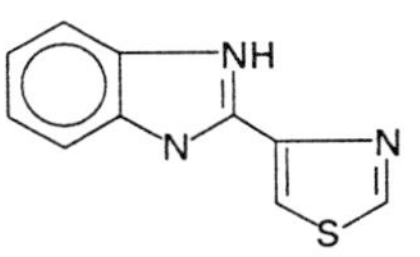 2-(4-Thiazolyl)-benzimidazol	protektives, kuratives Fungizid (z.T. locosystemisch oder systemisch) Saatgut-, Knollen- u. Zwiebelbehandlung Getreide, Reis, Kartoffeln, Zwiebelgewächse Nacherntebehandlung Obst, Citrus, Gemüse Blattbehandlung nur in wenigen Kulturen	Relativ breites Wirkungsspektrum ohne Oomycetenwirkung Teilwirkung gegen Flug- und Hartbrände und *Pyrenophora*-Arten (z.B. Streifenkrankheit der Gerste), *Fusarium*-Arten *Penicillium-*, *Aspergillus*-Arten, *Gibberella-*, *Gloesporium*-Arten usw. Blattkrankheitserreger
Fuberidazol Voronit	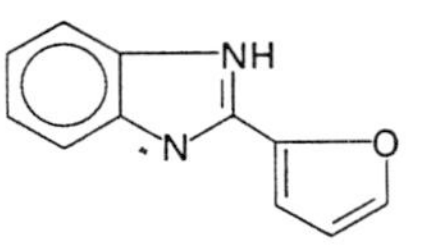 2-(2-Furanyl)1H-benzimidazol	locosystemisches Fungizid Saatgutbehandlung Einzelkomponente in Getreidebeizmitteln	*Fusarium*-Arten, hauptsächlich *Fusarium nivale* (Schneeschimmel)

Weitere Verbindungen: Thiophanat

Bei resistenten Stämmen von *Botrytis cinerea* bindet an „Tubulin-ähnliche" Proteine weniger Carbendazim (BCM) als bei sensitiven. Auch hier konnte wie bei den Carboxamiden gezeigt werden, daß eine einzige Punktmutation im Tubulin-Gen zur Resistenz führt.
Man hat aber auch gefunden, daß die BCM-resistenten Stämme wiederum hochspezifisch mit Fungiziden aus der Gruppe der Phenylcarbamate (s. Tab. 9) bekämpft werden können, die gegen die BCM-sensitiven Stämme völlig wirkungslos sind; man spricht dann hier von negativer Kreuzresistenz. Sehr wahrscheinlich binden diese Wirkstoffe ähnlich wie auch BCM an das durch Mutation veränderte β-Tubulin.

Dicarboximide

Ende der 60er Jahre, fast gleichzeitig mit Benomyl, wurde in Japan das Dichlozolin (Sclex) gefunden. Es zeigte eine sehr spezifische, praktisch 100 %ige Wirkung gegen *Botrytis cinerea* bei Reben und Erdbeeren, was mit den damals bekannten Fungiziden bei dieser schwer bekämpfbaren Krankheit noch nie erreicht worden war. Das Präparat wurde aber aus toxikologischen Gründen (verursacht Augenkatarakte bei Tieren) nicht entwickelt, und Benomyl gewann einen großen Teil dieses Marktes. Die hervorragende Wirkung von Dichlozolin hatte eine intensive Bearbeitung dieser Präparategruppe zur Folge, die Mitte der 70er Jahre zu den drei Präparaten **Iprodio-**

Tab. 6: Dicarboximide

Wirkstoff		Anwendungsgebiete und Kulturpflanzen	Krankheitserreger
Common name Handelsname(n)	Struktur		
Vinchlozolin Ronilan Ornalin	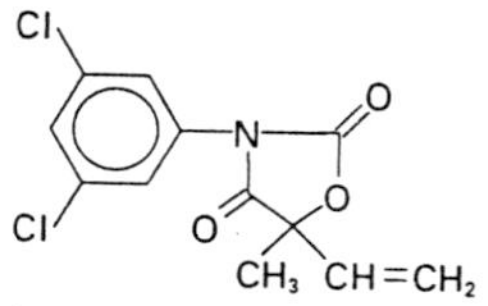 3-(3,5-Dichlorphenyl)-5-ethenyl-5-methyl-2,4-oxazolidindion	protektives Fungizid, in einigen Fällen mit schwacher Systemizität Blatt- und Fruchtbehandlung Reben, Erdbeeren, Steinobst, Hopfen, Raps, Gemüse, Zierpflanzen und andere Kulturpflanzen	spezifische Wirkung *Botrytis-*, *Sclerotinia-* und *Monilinia*-Arten, schwächere Wirkung gegen *Alternaria-*, *Phoma*-Arten
Procymidone Sumisclex Sumilex	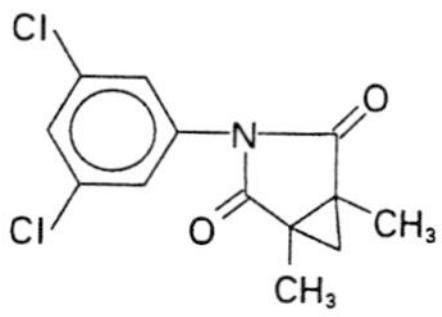 3-(3,5-Dichlorphenyl)-1,5-dimethyl-3-azabicyclo [3.1.0]hexan-2,4-dion	Tulpenzwiebelbehandlung	*Botrytis tulipae* (Tulpenfeuer)
Iprodione Rovral	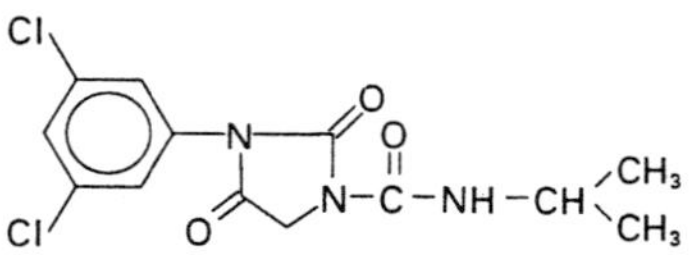 3-(3,5-Dichlorphenyl)-N-(1-methyl-ethyl)-2,4-dioxo-1-imidazolidincarboxamid	wie Vinclozolin Saatgutbehandlung Getreide und andere Kulturen Blatt- und Ährenbehandlung Getreide	wie Vinchlozolin *Pyrenophora-*, *Alternaria-*, *Rhizoctonia-* und *Septoria*-Arten *Septoria*-Arten, Schwärzepilze
Weitere Verbindungen: Dichlozolin (Sclex), Chlozolinate, Metomeclan, Myclozolin			

ne, **Vinclozolin** und **Procymidone** führte. Sie wurden auch dringend für die Botrytisbekämpfung gebraucht, da Benomyl aufgrund von vollkommener Resistenz bei *Botrytis* in großen Weinbaugebieten keinerlei Wirkung mehr zeigte.

Die drei Präparate haben ein sehr ähnliches Wirkungsspektrum und sind vorwiegend protektiv, obwohl in Versuchen vor allem bei Procymidone und Vinclozolin mehrfach ein Eindringen ins Pflanzengewebe und ein systemischer Transport nachgewiesen wurden. Die Präparate wirken bei *Botrytis*-Arten und bei nahe verwandten Pilzgattungen wie z. B. *Sclerotinia* und *Monilinia*. Eine gewisse Wirkung wird auch bei *Alternaria-*, *Phoma-*, *Didymella-* und *Rhizoctonia*-Arten beobachtet, die mit Iprodione als Spritz- und Beizmittel bei Getreide, Raps und anderen Kulturen genutzt wird.

Obwohl in Laborversuchen nachgewiesen wurde, daß es relativ einfach ist, bei *Botrytis* Resistenz gegen Dicarboximide zu induzieren, hat es in der Praxis einige Jahre gedauert, bis tatsächlich Resistenz auftrat. Heute findet man bei Reben und Erdbeeren in allen Anbaugebieten Dicarboximid-resistente *Botrytis*-Stämme, doch ist bei eingeschränkter Verwendung und der alternierenden Nutzung nicht kreuzresistenter Fungizide noch eine beachtliche Wirkung von den Präparaten zu erwarten (vgl. Tab. 6). Unter Kreuzresistenz versteht man die gegenüber zwei oder mehreren Fungiziden gleichzeitig vorhandene Resistenz, die durch denselben genetischen Faktor verursacht wird.

Der **Wirkungsmechanismus** der Dicarboximide ist noch nicht vollständig aufgeklärt. Die Atmung und alle in einer Pilzzelle wesentlichen Stoffwechselwege werden nicht oder nur schwach gestört; lediglich die DNS-Synthese ist etwas stärker betroffen. Hierbei handelt es sich jedoch sehr wahrscheinlich nur um sekundäre Effekte. Histologische und elektronenoptische Studien haben gezeigt, daß unter Präparateeinfluß neben den auch bei vielen anderen Wirkstoffen beobachteten Zellwandverdickungen und vermehrten Mycelverzweigungen die innere Mitochondrienmembran geschädigt wird, verbunden mit einem starken Anschwellen der Mitochondrien. Weitere Analysen haben gezeigt, daß der Lipidperoxidgehalt im Pilzmycel sehr gut mit der Wachstumsinhibition durch Dicarboximide korreliert und daß membrangebundene flavinhaltige Oxidoreduktasen (z. B. Cytochrom-c-Reduktase) gehemmt werden. Diese Hemmwirkung führt möglicherweise zur Bildung von reaktiven Sauerstoffradikalen, die ihrerseits mit Membranlipiden und anderen Zellbestandteilen zu Peroxiden abreagieren und so unspezifisch Membran- und andere Zellfunktionen zerstören. Dieser Wirkungsmechanismus könnte viele bei Dicarboximidbehandelten Pilzen beobachtete Effekte erklären (vgl. auch S. 86 f. und 185)

Tab. 7: Aminopyrimidine

Wirkstoff		Anwendungsgebiete und Kulturpflanzen	Krankheitserreger
Common name Handelsname(n)	Struktur		
Ethirimol Milgo E Milstem	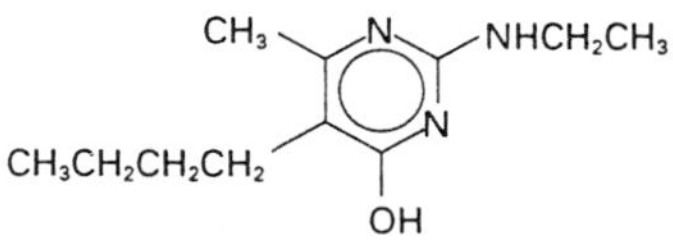 5-Butyl-2-(ethylamino)-6-methyl-4-pyrimidinol	systemisches Fungizid Blatt- und Saatgutbehandlung Getreide	enges Wirkungsspektrum *Erysiphe graminis* (Getreidemehltau)
Bupirimate Nimrod	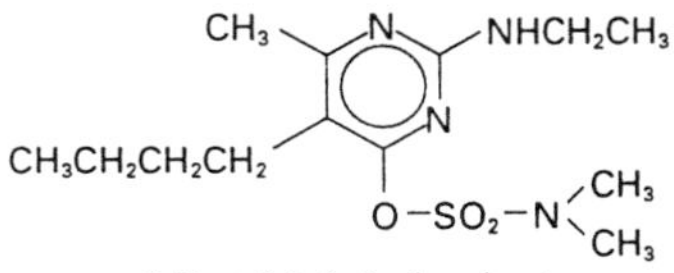 5-Butyl-2-(ethylamino)-6-methyl-4-pyrimidinyl-dimethylsulfamat	systemisches Fungizid Blattbehandlung Obst, Gemüse und Zierpflanzen	*Podosphaera leucotricha* (Apfelmehltau), *Sphaerotheca pannosa* (Rosenmehltau) und andere Echte Mehltaupilze
Weitere Verbindung: Dimethirimol			

Aminopyrimidine

Über die systemischen Eigenschaften von **Dimethirimol** und **Ethirimol** wurde gleichzeitig wie über Benomyl erstmalig 1968 berichtet. Damit gab es nach vieljähriger Suche zur selben Zeit zwei chemische Gruppen, in denen systemische Fungizide gefunden und entwickelt wurden.

Mit Ethirimol gelang es zum ersten Mal aufgrund des systemischen Transportes des Präparates vom Samen in den Sämling, durch eine Saatgutbehandlung den Echten Mehltau auf jungen Getreidepflanzen zu bekämpfen. Auch die Verhinderung von Gurkenmehltaubefall durch Applikation solcher Präparate als Granulat in den Boden war ein ganz neuer Weg, windbürtige Krankheiten zu bekämpfen. Leider traten bei diesen sehr spezifisch gegen Echten Mehltau wirkenden systemischen Fungiziden schon nach kurzfristiger Anwendung resistente Pathotypen des Mehltaus auf, gegen die die Präparate nicht ausreichend wirkten. Die Folge war, daß Dimethrimol für die Gurkenmehltaubekämpfung zurückgezogen wurde. Außerdem kam es zu einer Beschränkung der Verwendung von Ethirimol auf die Wintergerste und zu einem Verzicht der Behandlung von Sommergerste, um den sonst das ganze Jahr bestehenden Selektionsdruck durch das Fungizid zu unterbrechen.

Später wurde Ethirimol als Beiz- und Spritzmittel weitgehend von den besser und breiter wirkenden Azolen verdrängt. Gegenwärtig hat Ethirimol als nicht kreuzresistenter Mischpartner von Azolen wieder an Bedeutung gewonnen.

Das Mitte der 70er Jahre entwickelte **Bupirimate** ist besonders zur Bekämpfung des Apfelmehltaus (*Podosphaera leucotricha*) geeignet und ist noch heute vor allem als Mischpartner für andere, nicht kreuzresistente Fungizide (z. B. Azole) im Gebrauch (vgl. Tab. 7).

Wirkungsmechanismus: Die Aminopyrimidine verhindern beim Mehltau die Ausbildung der Appressorien. Einen ersten Hinweis auf den Wirkungsmechanismus dieser Fungizide erhielt man durch Reversionsexperimente: Zugabe der Purinbase Adenin zum Wirkstoff hatte sehr stark antagonistische Wirkung. Demnach beruhte die fungizide Aktivität der Aminopyrimidine möglicherweise auf einer Störung des Purin-Metabolismus. Weitere Analysen mit zellfreien Extrakten aus Mehltaukonidien zeigten, daß sehr spezifisch die Adenosindeaminase von dieser Wirkstoffgruppe gehemmt wird. Pflanzen enthalten dieses Enzym nicht, sie deaminieren anstelle von Adenosin das Nukleotid 5'AMP. Außer dem Echten Mehltau haben alle anderen Pilze eine gegenüber den Aminopyrimidinen unempfindliche Adenosindeaminase. Dies erklärt die hohe Selektivität dieser Fungizidklasse.

Organophosphor-Verbindungen

Bis 1960 wurden bei den Organophosphor-Verbindungen nur Insektizide und Akarizide gefunden und als Pflanzenschutzmittel entwickelt. **Triamiphos** ist die erste Verbindung aus dieser Präparateklasse, die eine fungizide Wirkung zeigte und zur Bekämpfung des Echten Mehltaus im Obst-, Gemüse- und Zierpflanzenbau verwendet wurde. Danach fand man in den 60er Jahren mehrere Phosphorsäureester, die eine vorzügliche Wirkung gegen „blast" (*Pyricularia oryzae*), der wichtigsten Krankheit bei Reis, haben. **EBP**, **Edifenphos** und **Iprobenphos** (IBP) waren ein vollwertiger Ersatz für das zu der Zeit einzige wirksame Fungizid Phenylquecksilberacetat, das anschließend aufgrund seiner Human- und Fischtoxizität sofort verboten wurde. EBP und Iprobenphos haben außer einer protektiven und kurativen Wirkung auch systemische Eigenschaften und waren die ersten Präparate, die nach Granulatgaben ins Saatbeet und Bewässerungswasser die Entwicklung von „leafblast" verhinderten. Heute sind sie durch wirksamere Präparate wie Probenazole und Tricyclazole weitgehend verdrängt. Edifenphos hat eine gute kurative Wirkung gegen *Pyricularia oryzae* und eine beachtliche Nebenwirkung auf Reiskrankheiten verursacht durch *Cochliobolus miyabeanus*, *Pellicularia sasakii* usw. Die Verbindung wird heute noch in Japan und anderen reisanbauenden Ländern in größerem Maße zur Bekämpfung von Schäden bei Reis auf dem Blatt und vor allem der Rispe genutzt. Das 1969 vorgestellte **Pyrazophos** ist vorwiegend gegen Echte Mehltaupilze bei verschiedenen Kultur-

Tab. 8: Organophosphor-Verbindungen

Wirkstoff		Anwendungsgebiete und Kulturpflanzen	Krankheitserreger
Common name Handelsname(n)	Struktur		
Fosetyl-Aluminium Aliette Mikal	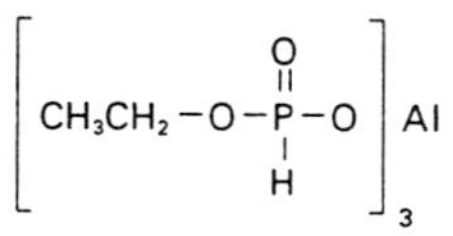 Tris-(O-Ethylphosphonat)-Aluminium	systemisches Fungizid Blatt- und Fruchtbehandlung Reben, Kartoffeln, Hopfen, Gemüse, Zierpflanzen Stamminjektion bei Avocado Tauchbehandlung bei Ananas	Oomyceten *Plasmopara viticola* (Rebenperonospora) *Phytophthora*-Arten und Falsche Mehltaupilze Falsche Mehltaupilze *Phytophthora cinnamoni* *Phytophthora parasitica*
Edifenphos (EDDP) Hinosan	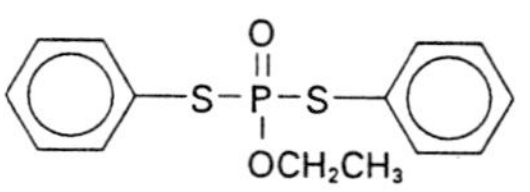 O-Ethyl-S,S-diphenyl-phosphoro-dithioat	protektives und kuratives Fungizid Blatt- und Rispenbehandlung Reis	*Pyricularia oryzae* (blast), Nebenwirkung gegen *Cochliobolus miyabeanus* und *Rhizoctonia solani* (sheath blight) und einige Reiszikaden
Pyrazophos Afugan	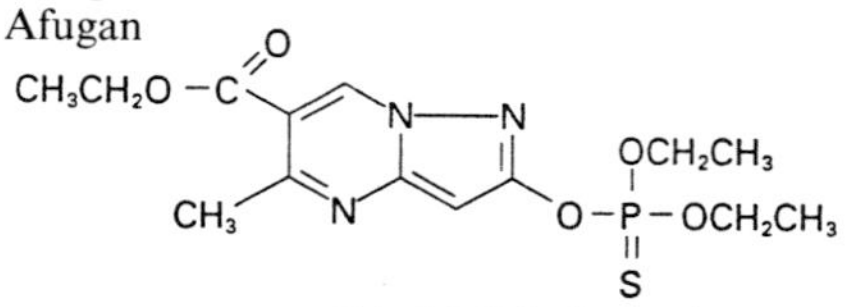 Ethyl-2-[(diethoxyphosphinothioyl)oxy]-5-methyl-pyrazolo-[1,5.a]-pyrimidin-6-carboxylat	protektives und kuratives Fungizid Blatt- und Ährenbehandlung Getreide und andere Kulturpflanzen	*Erysiphe graminis* (Getreidemehltau) u.a. Echte Mehltaupilze insektizide Nebenwirkung
Tolclofos-methyl Risolex	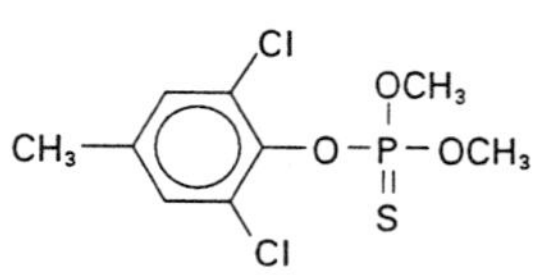 O-(2,6-Dichlor-4-methyl-phenyl)-O,O-dimethylphosphorthioat	protektives Fungizid Bodenbehandlung Kartoffeln und anderen Kulturpflanzen Saatgut- und Knollenbehandlung Kartoffeln, Zuckerrüben, Baumwolle	*Rhizoctonia solani, Sclerotium rolfsii, Typhula*-Arten u. a. Basidomyceten *Rhizoctonia*-Arten

Weitere Verbindungen: Triamiphos, EBP (Kitazin), Iprobenphos (IBP, Kitazin P)

pflanzen wirksam und wird derzeit meistens als Mischpartner mit anderen nicht kreuzresistenten Fungiziden wie z. B. Azolfungizide, Chlorothalonil und Iprodione im Getreidebau verwendet.

Das Aluminiumsalz des Ethylphosphonats **Fosetyl-Aluminium** ist eine relativ einfache und billige Verbindung, die systemisch gegen Oomyceten wirkt und hauptsächlich zur Bekämpfung des Falschen Mehltaus bei Reben (*Plasmopara viticola*) verwendet wird. Fosetyl-Aluminium ist das einzige Fungizid, das über weitere Strecken im Symplasten transportiert wird und bei dem eine basipetale Bewegung in den Pflanzen nachgewiesen wurde, was sich bei dem innertherapeutischen Schutz der nachgewachsenen Pflanzenteile besonders bei Reben positiv auswirkt.

Tolclofos-methyl ist ein Spezialpräparat zur Bekämpfung von *Rhizoctonia*- und *Sclerotium*-Arten und hat sich bei Baumwolle, Kartoffeln, Zuckerrüben und Zierpflanzen bewährt (vgl. Tab. 8).

Wirkungsmechanismus: Die Organophosphor-Fungizide sind, was den Wirkungsmechanismus angeht, keine einheitliche Gruppe. Edifenphos und IBP inhibieren spezifisch die Methylierung von Phosphatidylethanolamin zu Phosphatidylcholin, wodurch die Membranpermeabilität und die unterschiedlichsten Membranfunktionen verändert werden. Dies führt schließlich zum Verlust von Zellinhaltsstoffen und letztlich zum Zelltod.

Die Wirkungsmechanismen von Pyrazophos und Fosetyl-Aluminium sind noch nicht schlüssig aufgeklärt. Bei letzterem wird eine indirekte Wirkung durch Resistenzinduktion in der Wirtspflanze diskutiert, aber auch eine direkte fungizide Wirkung durch die freigesetzte Phosphorige Säure (H_2PO_3) kann nicht ausgeschlossen werden.

Tab. 9: Carbamate

Wirkstoff: Common name Handelsname(n)	Wirkstoff: Struktur	Anwendungsgebiete und Kulturpflanzen	Krankheitserreger
Propamocarb Previcur N	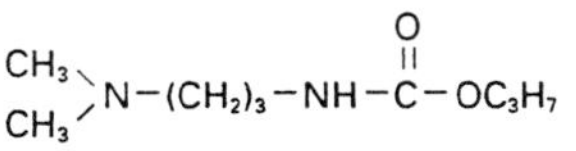 Propyl-[3-(dimethylamino)-propyl]-carbamat	Locosystemisches Fungizid Boden- u. Tauchbehandlung häufig in Saatbeeten und bei Jungpflanzen, Zierpflanzen, Gemüse, Tabak	Oomyceten *Pythium*- und *Phytophthora*-Arten und weitere Falsche Mehltaupilze
Diethofencarb Sumico	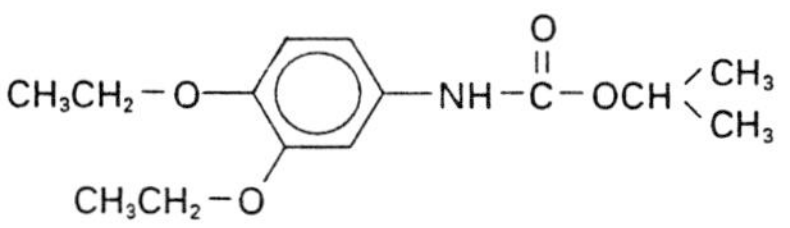 1-Methylethyl-(3,4-diethoxy-phenyl)-carbamat	protektives u. kuratives Fungizid Blatt- und Fruchtbehandlung Reben, Erdbeeren, Gemüse	sehr enges Wirkungsspektrum *Botrytis*-Arten wirkt nur gegen Benzimidazol-resistente Stämme
Weitere Verbindungen: Prothiocarb			

Carbamate

Propamocarb wirkt ausschließlich gegen Oomyceten und hat sich aufgrund seiner systemischen Eigenschaften besonders nach Applikation zum Boden gegen boden- und windbürtige Erreger dieser Pilzklasse bewährt. Praktisch wird dieses Fungizid hauptsächlich zur Bekämpfung von *Aphanomyces-*, *Pythium-* und *Phytophthora*-Arten, die vom Boden angreifen, verwendet, doch wirkt es auch gegen *Bremia-*, *Peronospora-* und *Pseudoperonospora*-Arten, die oberirdische Pflanzenteile angreifen. Das Präparat wird vorwiegend im Gemüse- und Zierpflanzenbau verwendet.

Mit **Diethofencarb** ist ein Präparat gefunden worden, das sehr spezifisch gegen *Botrytis cinerea* wirkt, aber nur die gegen Benzimidazole resistenten Pathotypen erfaßt, was aufgrund seines spezifischen Wirkungsmechanismus erklärt werden kann. Um alle in einer Kultur vorhandenen Pilzstämme zu erfassen, eignet sich das Präparat nur in Mischung mit anderen Botrytis-wirksamen Fungiziden, besonders mit Benzimidazolen (vgl. Tab. 9).

Der **Wirkmechanismus** von Propamacarb und Prothiocarb ist nicht bekannt. Die fungizide Wirkung kann in vitro durch Zugabe von Sterolen revertiert werden; die pilzliche Sterolsynthese wird aber von den Wirkstoffen nicht gestört. Bei bestimmten Arten der Saprolegniales, die nur von Prothiocarb erfaßt werden, wird die fungizide Aktivität dem Metaboliten Äthylmercaptan zugeschrieben. Hier läßt sich die Wirkung durch Zugabe von L-Methionin revertieren.

Phenylamide

Metalaxyl ist einer der ersten Vertreter Oomyceten-wirksamer Phenylamide, mit denen es gelang, eine wichtige Lücke bei den systemischen Fungiziden zu schließen, da weder die Benzimidazole noch die Azole eine Wirkung auf Erreger dieser Pilzklasse haben. Vor allem bei der Bekämpfung von *Phytophthora infestans* bei Kartoffeln und bei *Plasmopara viticola* bei Reben wurde durch die kurative und eradikative Wirkung dieser Präparate ein großer Fortschritt erzielt.

Heutzutage werden Metalaxyl und andere Phenylamide, wie z. B. **Oxadixyl**, ausschließlich in Mischung mit anderen Oomyceten-wirksamen Fungiziden, wie Kupferpräparaten, Dithiocarbamaten und Cymoxanil (s. Tab. 16) verwendet, um Resistenzbildung zu vermeiden oder vorhandene resistente Stämme auszuschalten bzw. zurückzudrängen (vgl. Tab. 10).

Wirkungsmechanismus: Unter Verwendung von radioaktiv markierten Vorstufen wurde der Einfluß von Phenylamiden auf verschiedene Biosynthesewege bei *Phytophthora* untersucht. Dabei zeigte sich, daß der Einbau von markiertem Uridin in die RNS am stärksten gestört wird. Protein-, DNS- und Lipidsynthese wurden erst später oder deutlich schwächer gehemmt. Der Einbau von Uridin in die RNS wird allerdings je nach untersuchter Pilzspecies nur zu 20–60 % gehemmt, auch wenn sehr hohe Wirkstoffkonzentrationen verwendet werden.

Weitere Analysen ergaben, daß die Phenylamide hochspezifisch nur die Synthese von ribosomaler RNS (rRNS) verhindern, während die Synthese von mRNS und tRNS völlig unbeeinflußt bleibt. Die Hemmung wird durch eine Interaktion mit dem RNS-Polymerase I-Komplex im Zellkern verursacht; die exakte Bindestelle ist noch nicht bekannt. Interessanterweise haben die Phenylamide auf die Enzymaktivität von partiell gereinigter RNS-Polymerase I keinen Einfluß. In vitro kann die Hemmwirkung nur mit isolierten, völlig intakten Zellkernen nachgewiesen werden.

Piperazine und Pyridine

Das 1969 bekannt gewordene **Triforine** war, wie aus späteren Untersuchungen hervorging, das erste systemische Fungizid, welches in die für viele Pilze lebensnotwendige Sterolbiosynthese hemmend eingreift. Das breite Spektrum von Pilzen, das mit Triforine bekämpft werden kann, entspricht annähernd dem der Benzimidazole, doch hat das Präparat einen völlig anderen Wirkungsmechanismus. Später entwickelte Fungizide, die wie Triforine die Sterolbiosynthese hemmen, zeigten bei vielen wichtigen Krankheitserregern eine noch wesentlich stärkere Wirkung, wodurch die anfängliche Bedeutung von

Tab. 10: Phenylamide

Wirkstoff: Common name Handelsname(n)	Wirkstoff: Struktur	Anwendungsgebiete und Kulturpflanzen	Krankheitserreger
Metalaxyl Ridomil Apron	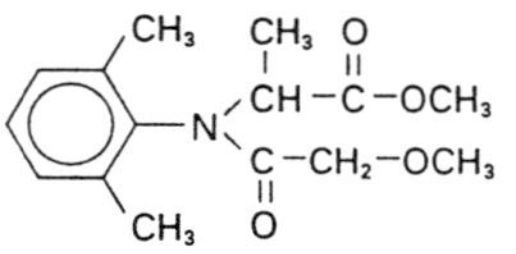 Methyl-N-(2,6-dimethyl-phenyl)-N-(2-methoxy-acetyl)-DL-alaninat	systemische Fungizide Blatt-, Stengel- u. Fruchtbehandlung Reben Kartoffeln, Tabak, Hopfen, Avocado, Ananas, Gemüse und andere Kulturpflanzen	Oomyceten *Plasmopara viticola* (Rebenperonospora), *Phytophthora-, Peronospora, Bremia*-Arten u. a. Oomyceten
Oxadixyl Sandofan	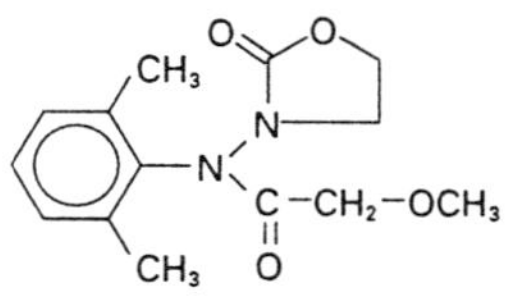 2-Methoxy-N-(2-oxo-1,3-oxa-zolidin-3-yl)acet-2',6'-xylidid	Saatgut- und Bodenbehandlung Mais, Hirse-Arten, Rasen usw.	*Peronosclerospora-, Sclerospora-, Sclerophthora-, Pythium-, Phytophthora*-Arten
Weitere Verbindungen: Furalaxyl, Benalaxyl, Ofurace, Cyprofuram			

Tab. 11: Piperazine und Pyridine

Wirkstoff: Common name Handelsname(n)	Wirkstoff: Struktur	Anwendungsgebiete und Kulturpflanzen	Krankheitserreger
Triforine Saprol Funginex	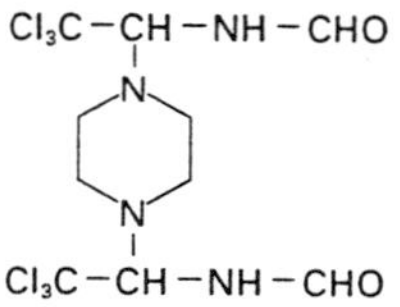 N,N'-[1,4-Piperazindiylbis-(2,2,2-trichlorethyliden)]-bisformamid	Systemisches Fungizid Blatt-, Stengel- u. Fruchtbehandlung Kern-, Stein- und Beerenobst Hopfen, Gemüse, Zierpflanzen, z. B. Rosen, Rasen u. andere Kulturpflanzen Nacherntebehandlung Obst	breites Wirkungspektrum gegen viele Erreger in allen Pilzklassen mit Ausnahme der Oomyceten *Venturia-, Monilinia*-Arten, Echte Mehltaupilze, Rostpilze, Blattfleckenerreger, Hexenring Fruchtfäulen
Pyrifenox Dorado	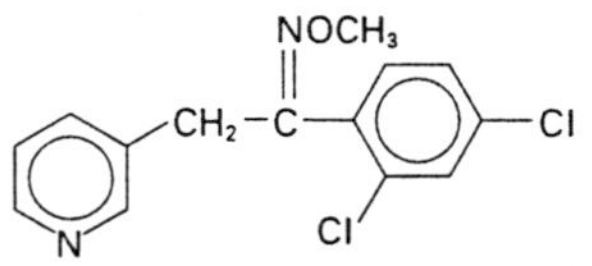 1-(2,4-Dichlorphenyl)-2-(3-pyridinyl)-ethanon-O-methyl-oxim	Systemisches Fungizid Blatt-, Stengel- u. Fruchtbehandlung Kern- u. Steinobst, Reben, Bananen, Erdnüsse, Gemüse u. Zierpflanzen	relativ breites Wirkungsspektrum, nicht wirksam gegen Oomyceten *Venturia-, Monilinia*-Arten, Echte Mehltaupilze, *Septoria-, Cercospora*-Arten und andere Blattfleckenerreger
Weitere Verbindung: Buthiobate			

Triforine abgenommen hat. Trotzdem gibt es eine Reihe von Anwendungsgebieten, wo das Präparat auch heute noch gebraucht wird.

Relativ jung ist das 1986 erstmals vorgestellte **Pyrifenox**, das aufgrund seiner gleichzeitigen Wirkung gegen Schorf und Echten Mehltau sowie durch seine gute Pflanzenverträglichkeit ein sehr interessantes Präparat für den Obstbau geworden ist. Wie die Tabelle 11 zeigt, hat das Präparat aber auch noch andere Anwendungsgebiete.

Wirkungsmechanismus: Piperazine und Pyridine inhibieren die Sterol-C_{14}-demethylase (siehe **Triazole**, S. 205 und Abb. 2).

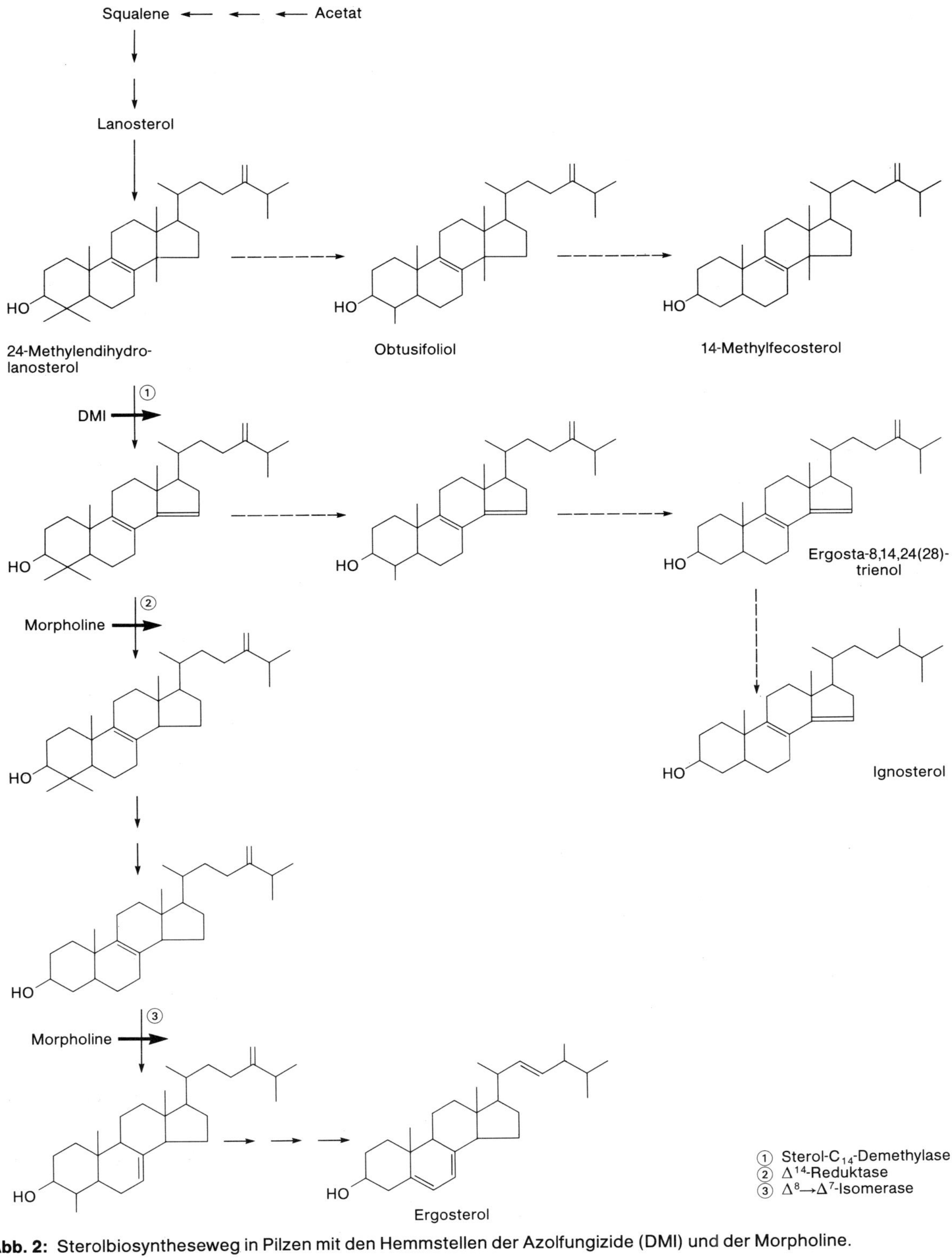

Abb. 2: Sterolbiosyntheseweg in Pilzen mit den Hemmstellen der Azolfungizide (DMI) und der Morpholine.

Pyrimidine und Imidazole

Die zu diesen chemischen Gruppen zählenden Präparate sind systemische Fungizide, die in den 70er Jahren entwickelt wurden.

Fenarimol wird vorwiegend zur protektiven und kurativen Bekämpfung von Echtem Mehltau bei Reben und bei Kernobst verwendet, hat aber auch eine gute Wirkung gegen verschiedene Blattkrankheitserreger, wie z. B. Schorf (*Venturia inaequalis*) im Obstbau oder *Cercospora*-Arten bei Zuckerrüben, Erdnüssen und Bananen. Das Präparat verteilt sich relativ schnell systemisch in den Blättern, ist also auch gut kurativ wirksam, hat aber unter bestimmten Bedingungen wachstumshemmende Effekte auf Wirtspflanzen, besonders bei Äpfeln.

Nuarimol wird vorwiegend als Beizmittel zur Bekämpfung von Brandpilzen und Echtem Mehltau verwendet.

Imazalil ist das erste Imidazolfungizid mit einem Wirkungsspektrum, das weniger breit ist als das bei den im nächsten Absatz beschriebenen Triazolfungiziden und bei den meisten Wirtspflanzen nur einen locosystemischen Effekt hat. Es wird vorwiegend als Beizmittelkomponente zur Bekämpfung der Streifenkrankheit der Gerste (*Pyrenophora graminea*) verwendet, wird aber auch gegen andere *Pyrenophora*-Arten und samenbürtige *Septoria*- und *Fusarium*-Arten eingesetzt. Ein zweites Anwendungsgebiet für das Präparat ist die Bekämpfung von Lagerkrankheiten, vor allem von *Penicillium*-Fäulen bei Citrus, Bananen und Kernobst.

Prochloraz ist derzeit das einzige gegen alle wichtigen Arten und Pathotypen von *Pseudocercosporella*, dem Erreger der Halmbruchkrankheit, wirksame Präparat. Seine Bedeutung als Getreidefungizid hat beachtlich zugenommen, nachdem die Benzimidazole durch das Auftreten von resistenten Erregerstämmen in vielen Gebieten ihre Wirkung verloren. Prochloraz führt aufgrund seiner relativ langsamen systemischen Verteilung in der Pflanze dazu, daß der Wirkstoff eine gewisse Zeit am Ort der Applikation bleibt. Es ist daher besonders geeignet, den an der Halmbasis angreifenden Erreger zu erfassen. Darüber hinaus wirkt das Präparat auch gegen eine Reihe von anderen Krankheitserregern bei Getreide und anderen Kulturpflanzen, so z. B. gegen *Septoria-*, *Pyrenophora-*, *Fusarium-*, *Sclerotinia-* und *Phoma*-Arten sowie gegen Erreger des Echten Mehltaus (vgl. Tab. 12).

Wirkungsmechanismus: siehe **Triazole**

Tab. 12: Pyrimidine und Imidazole

Wirkstoff		Anwendungsgebiete und Kulturpflanzen	Krankheitserreger
Common name Handelsname(n)	Struktur		
Fenarimol Rubigan Rimidin	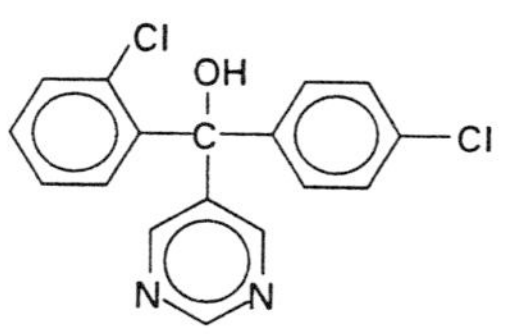 2,4-Dichlor-α-(pyrimidin)-5-diphenylmethanol	Systemisches Fungizid Blatt- und Fruchtbehandlung Kern- u. Steinobst, Reben, Zuckerrüben, Erdnüsse, Sojabohnen, Gemüse, Zierpflanzen und andere Kulturpflanzen	relativ breites Wirkungsspektrum *Venturia-* u. *Monilinia*-Arten, Echte Mehltaupilze z.B. *Podosphaera leucotricha*, *Cercospora-*, *Diaporte-*, *Glomerella*-Arten und andere Blattfleckenerreger
Imazalil Fungaflor Fecundal	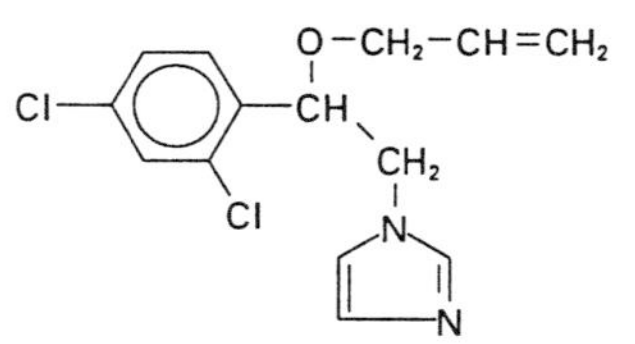 1-[2-(2,4-Dichlorphenyl)-2-(2-propenyloxy)ethyl]-1H-imidazol	Locosystemisches Fungizid Saatgut- u. Knollenbehandlung Getreide, besonders Gerste, Kartoffeln Nacherntebehandlung Citrus, Bananen Blatt- u. Fruchtbehandlung Gemüse, Zierpflanzen	Wirkungsspektrum enger als bei Triazolen *Pyrenophora-*, *Fusarium-*, *Septoria*-Arten *Phoma exigna* und andere Erreger *Penicillium-*, *Gleosporium*-Arten Blattfleckenerreger Fruchtfäulen
Prochloraz Sportak	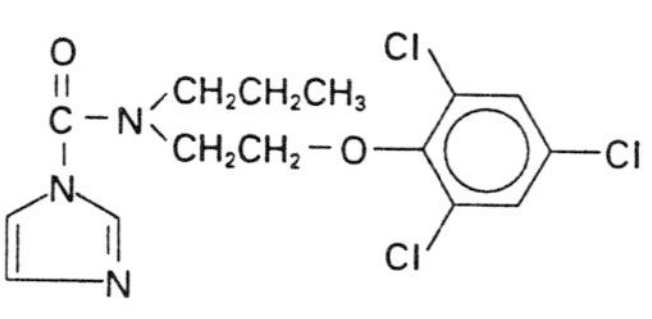 N-Propyl-N-[2-(2,4,6-trichlorphenoxy)-ethyl]-1H-imidazol-1-carboxamid	Systemisches Fungizid Blatt-, Stengel- u. Ährenbehandlung Getreide Reis, Raps, Bananen Saatgutbehandlung Getreide Reis	relativ breites Wirkungsspektrum *Pseudocercosporella*-Arten (Halmbruch), *Erysiphe graminis*, *Pyrenophora-*, *Septoria*-Arten, *Rhynchosporium secalis* *Cochliobolus miyabeanus*, *Sclerotinia-*, *Phoma-*, *Mycospaerella*-Arten, *Pyrenophora-*, *Fusarium-*, *Septoria*-Arten *Gibberella fujikuroi*
Weitere Verbindungen: Triarimol, Nuarimol, Triflumizole			

Triazolverbindungen

Zu den Triazolen zählen derzeit die wichtigsten systemischen Fungizide, die weltweit bei sehr vielen Kulturpflanzenarten zur Bekämpfung von Erregern aus allen Pilzklassen mit Ausnahme der Oomyceten verwendet werden. Seit den 70er Jahren sind ständig neue Fungizide in dieser Verbindungsklasse entwickelt worden, die z. T. eine Wirkungssteigerung, ein breiteres Wirkungsspektrum und günstigere systemische Eigenschaften brachten. Obwohl etwa 25 weitere Triazolfungizide bekannt sind, werden in der Tabelle nur die Präparate erwähnt, mit denen die Entwicklung begann und die heutzutage den größten Marktanteil haben.
Mit den Anfang der 70er Jahre entwickelten **Triadimefon** und **Triadimenol** wurde durch die sehr gute Wirkung in niedrigen Aufwandmengen (125 g a.i./ha) und durch das breite Wirkungsspektrum eine entscheidende Verbesserung bei der Bekämpfung von Getreidekrankheiten erreicht. Vor allem die hervorragende Wirkung gegen Rostpilze und den Echten Mehltau reduzierten die durch diese Krankheiten früher regelmäßig entstandenen Ertragsverluste. Beachtlich ist auch der Fortschritt, der durch die Verwendung von Triadimenol als Beizmittel erzielt wurde. Mit relativ niedrigen Aufwandmengen können alle wichtigen Brandpilze und andere samenbürtige Krankheitserreger bekämpft werden. Durch das systemische Eindringen des Präparates in den Samen und den Transport in den jungen Sämling können tief im Samen sitzende Erreger, wie die Flugbrände bei Weizen und Gerste (*Ustilago tritici* u. *U. nuda*), aber auch windbürtige Erreger, wie Echter Mehltau und Rost, die den Sämling angreifen, durch eine Saatgutbehandlung bekämpft werden. Die gute Wirkung von Azolen als Beizmittel hat in Deutschland Anfang 1980 zu einem Verbot der relativ toxischen Organoquecksilberverbindungen geführt, was als sehr bedeutender Fortschritt im Pflanzenschutz gewertet wird (vgl. auch S. 135 f.).
Die genannten Präparate wirken bei Getreide und den verschiedensten anderen Kulturpflanzen auf zahlreiche Krankheitserreger, von denen die wichtigsten in der Tabelle 13 zusammengestellt sind.
Propiconazole wurde vorwiegend für den Getreidebau entwickelt und brachte Fortschritte im Hinblick auf das Wirkungsspektrum. Neben Echtem Mehltau und Rost konnte bei Gerste die in den 80er Jahren wichtig gewordene *Pyrenophora teres* gut bekämpft werden, und auch die Wirkung gegen *Septoria*-Arten bei Weizen wurde deutlich verbessert.
Mit **Bitertanol** gelang es, ein besonders gut verträgliches und gegen den Schorf wirksames Fungizid mit locosystemischen Eigenschaften zu entwickeln, was gerade bei der kurativen

Tab. 13: Triazol-Verbindungen

Wirkstoff: Common name Handelsname(n)	Wirkstoff: Struktur	Anwendungsgebiete und Kulturpflanzen	Krankheitserreger
Triadimefon Bayleton	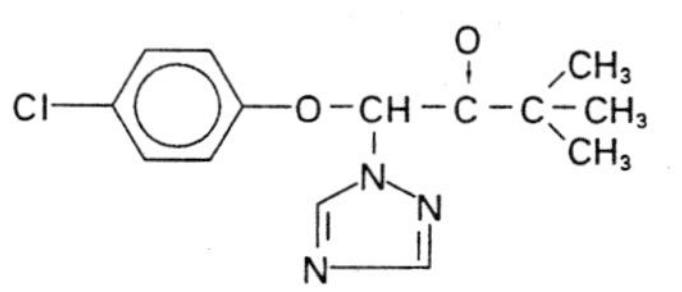 1-(4-Chlorphenoxy)-3,3-dimethyl-1-(1H-1,2,4-triazol-1-yl)-2-butanon	Systemisches Fungizid Blatt-, Halm- u. Ährenbehandlung Getreide Blatt- und Fruchtbehandlung Kernobst Reben, Gemüse, Zierpflanzen, Rosen, Hopfen, Kaffee, Bananen und andere Kulturpflanzen Wundbehandlung	breites Wirkungsspektrum gegen Erreger in allen Pilzklassen mit Ausnahme der Oomyceten *Puccinia*-Arten (Roste), *Erysiphe graminis, Septoria tritici, Rhynchosporium secalis* usw. *Podosphaera leucotricha* (Apfelmehltau), *Gymnosporangium*-Arten Echte Mehltaupilze, Rostkrankheiten sowie Blatt- u. Fruchtkrankheiten *Nectria*-Arten, z.B. Apfelkrebs
Triadimenol Bayfidan Baytan	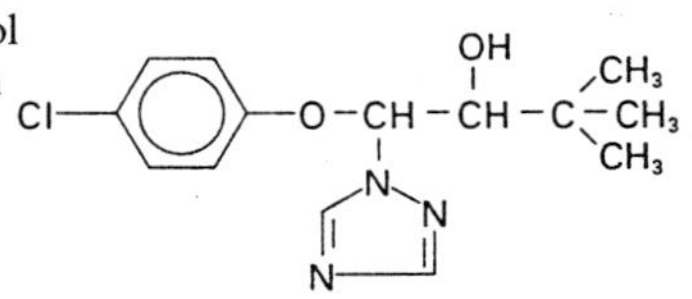 1-(4-Chlorphenoxy)-3,3-dimethyl-1-(1H-1,2,4-triazol-1-yl)-butan-2-ol	wie Triadimefon zusätzlich Saatgutbehandlung Getreide	wie Triadimefon *Ustilago*-Arten (Flugbrand), *Tilletia*-Arten (z.B. Steinbrand) und andere Brandkrankheiten, *Pyrenophora-, Septoria*-Arten, *Fusarium nivale, Erysiphe graminis, Puccinia*-Arten
Propiconazole Tilt Desmel	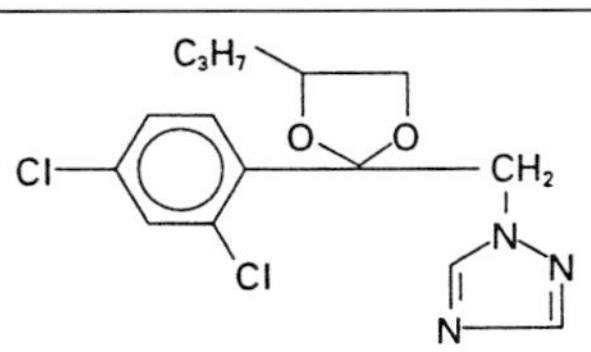 1-[[2-(2,4-Dichlorphenyl)-4-propyl-1,3-dioxolan-2-yl]-methyl]-1H-1,2,4-triazol	Systemisches Fungizid Blatt-, Halm- und Ährenbehandlung, Getreide Reben, Bananen, Erdnüsse und andere Kulturpflanzen	breites Wirkungsspektrum gegen Erreger in allen Pilzklassen mit Ausnahme der Oomyceten *Puccinia*-Arten (Roste), *Erysiphe graminis* (Echter Mehltau), *Pyrenophora-, Septoria*-Arten, *Rhynchosporium secalis* usw. Echte Mehltaupilze, Rostkrankheiten, *Mycosphaerella*-Arten, usw.

Tab. 13: Triazol-Verbindungen

Wirkstoff		Anwendungsgebiete und Kulturpflanzen	Krankheitserreger
Common name Handelsname(n)	Struktur		
Bitertanol Baycor Sibutol	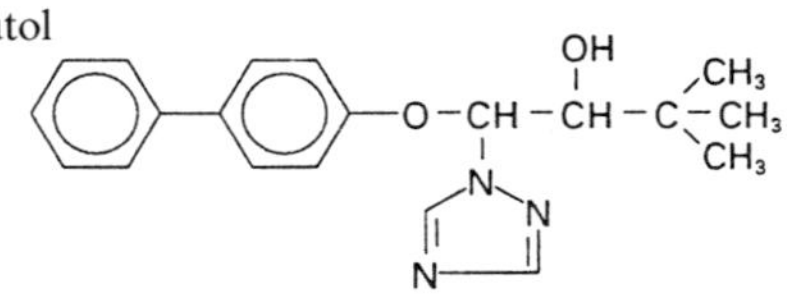 1-(Biphenyl-4-yloxy)-3,3-dimethyl-1-(1H-1,2,4-triazol-1-yl)-butan-2-ol	Locosystemisches Fungizid Blatt-, Zweig-, Fruchtbehandlung Kern-, Stein-, Beerenobst, Gemüse u. Zierpflanzen, Erdnüsse, Bananen, Zuckerrüben und andere Kulturpflanzen Saatgutbehandlung Getreide	relativ breites Wirkungsspektrum, nicht wirksam gegen Oomyceten *Venturia-* u. *Monilinia-*Arten, Echte Mehltaupilze, Rostkrankheiten, *Mycosphaerella-, Sclerotinia-, Phoma-*Arten *Ustilago-, Tilletia-, Septoria-* und *Fusarium-*Arten einschl. *Fusarium nivale*
Flutriafol Impact	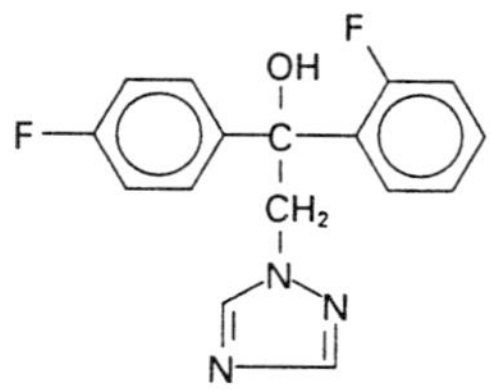 2,4'-Difluor-a-(1H-1,2,4-triazol-1-yl-methyl)-benzhydrylalkohol	Systemisches Fungizid Blatt-, Halm-, Ährenbehandlung Getreide Saatgutbehandlung Getreide	relativ breites Wirkungsspektrum, nicht wirksam gegen Oomyceten *Puccinia-*Arten (Roste), *Erysiphe graminis* (Echter Mehltau), *Septoria-*Arten, *Rynchosporium secalis* usw. *Tilletia-, Ustilago-*Arten, *Erysiphe graminis*
Flusilazole Nustar Benocab	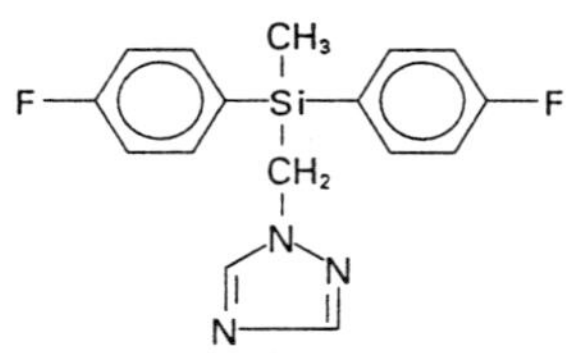 1-[[Bis-(4-Fluorphenyl)-methylsilyl]-methyl]-1H-1,2,4-triazol	Systemisches Fungizid Blatt-, Halm-, Ährenbehandlung Getreide Blatt- und Fruchtbehandlung Kernobst Reben, Bananen, Erdnüsse, Zuckerrüben usw.	breites Wirkungsspektrum gegen Erreger in allen Pilzklassen mit Ausnahme der Oomyceten *Puccinia-*Arten (Roste), *Erysiphe graminis* (Echter Mehltau), *Pyrenophora-, Septoria-*Arten, einige Stämme von *Pseudocercosporella herpotrichoides* usw. *Venturia-*Arten (Schorf), *Podosphaera leucotricha* (Apfelmehltau), Echte Mehltaupilze, *Mycosphaerella-, Cercospora-*Arten usw.
Tebuconazole Folicur Horizon Elite Raxil	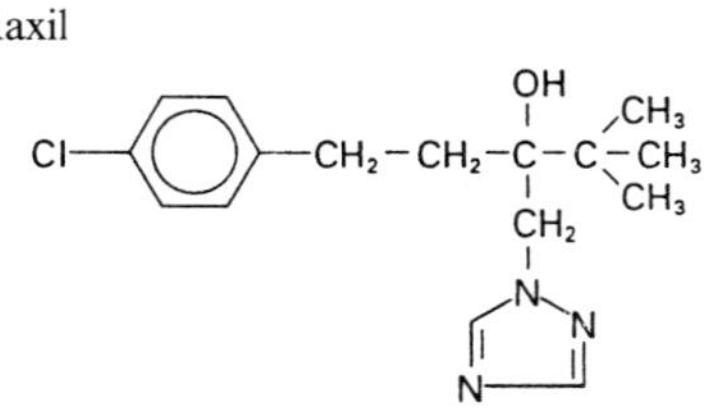 α-[2-(4-Chlorphenyl)-ethyl]-α-(1,1-dimethyl-ethyl)-1H-1,2,4-triazol-1-ethanol	Systemisches Fungizid Blatt-, Halm- u. Ährenbehandlung Getreide Blatt- und Fruchtbehandlung Reben, Obst Raps, Erdnüsse, Bananen, Zuckerrüben, Kaffee, Gemüse, Zierpflanzen und andere Kulturpflanzen Saatgutbehandlung Getreide	breites Wirkungsspektrum gegen Erreger in allen Pilzklassen mit Ausnahme der Oomyceten *Puccinia-*Arten (Roste), *Erysiphe graminis* (Echter Mehltau), *Pyrenophora-, Septoria-, Fusarium-*Arten, *Rynchosporium secalis* usw. *Uncinula necator* (Rebenmehltau), *Botrytis cinerea, Venturia-*Arten (Schorf), *Podosphaera leucotricha* (Apfelmehltau), *Sclerotinia-, Phoma-*Arten, *Mycosphaerella-, Cercospora-*Arten, Rostpilze, Echte Mehltaupilze u. a. Erreger *Ustilago-, Tilletia-*Arten

Weitere Verbindungen: Diniconazole, Penconazole, Cyproconazole, Hexaconazole, Myclobutanil, Difenoconazole, Bromuconazole, Epoxyconazole, Triticonazole, Metconazole usw.

Bekämpfung dieser Krankheit nach Befallsprognose große Vorteile brachte. Der gleiche Wirkstoff hat auch aufgrund seiner sehr guten Wirkung gegen den Schneeschimmel (*Fusarium nivale*) und andere *Fusarium*-Arten sowie gegen Brandpilze als sehr gut verträgliches Beizmittel Bedeutung erlangt.
Während **Flutriafol** als Spritz- und Beizmittel hauptsächlich im Getreidebau Verwendung findet, wird **Hexaconazole** vorwiegend bei Obst, Reben, Kaffee u. a. gebraucht.
Flusilazole ist das einzige siliziumhaltige Triazol; es hat ein sehr breites Wirkungsspektrum und wird wegen seiner guten Pflanzenverträglichkeit bei vielen Kulturpflanzen verwendet. Es wirkt auch gegen einige Pathotypen von *Pseudocercosporella herpotrichoides* (Halmbruchkrankheit) und ist in gewissen Gebieten zur Bekämpfung dieser Getreidekrankheit geeignet.
Mit **Tebuconazole** ist ein Fungizid gefunden worden, das in vieler Hinsicht die bis dahin bekannten Triazole übertrifft. Es ist besonders geeignet zur Bekämpfung der meisten wichtigen Getreidekrankheiten. Die außergewöhnlich gute Wirkung des Präparates gegen alle wichtigen Rost- und Brandpilze im Getreide und bei anderen Kulturen sowie die Möglichkeit, die gefährlicher werdenden *Fusarium*-Arten bei Getreide zu erfassen, ist hervorzuheben (vgl. Tab. 13).
Obwohl die Azolfungizide schon seit Mitte der 70er Jahre verwendet werden, gibt es nur wenige Pflanzenpathogene, die aufgrund von Resistenz nicht mehr vollständig bekämpft werden können. Hierzu zählen Gurkenmehltau, Gerstenmehltau und in manchen Anbaugebieten in zunehmendem Maße auch Rebenmehltau und Apfelschorf. Die Wirkstoffe sind alle kreuz-resistent, d. h. ein Pilzisolat mit Resistenz gegenüber einem Azolfungizid ist gleichzeitig auch gegen alle anderen Azole resistent. Die Resistenzfaktoren sind allerdings je nach Wirkstoff und Pflanzenpathogen unterschiedlich hoch.
Wirkungsmechanismus: Alle hier besprochenen Fungizide aus den chemischen Gruppen der Piperazine, Pyridine, Pyrimidine, Imidazole und Triazole haben den gleichen Wirkungsmechanismus; sie hemmen die Sterolbiosynthese in Pilzen (Abb. 2). Sterole sind eine wichtige Strukturkomponente von Zellmembranen und für deren Funktion von großer Bedeutung. Die meisten Pilze enthalten als Sterolkomponente Ergosterol ($\Delta^{5,7,22}$-Ergostatrienol), einige aber auch andere Sterole, wie z. B. $\Delta^{5,24(28)}$-Ergostadienol in Getreidemehltau oder $\Delta^{7,24(28)}$-Stigmastadienol in vielen Rostpilzen.
Die Sterolbiosynthese geht von Lanosterol aus und führt über mehrere Demethylierungen (an C_4 und C_{14}) und Verschiebungen von Doppelbindungen zum funktionsfähigen Endsterol. Die Triazole wie auch alle anderen oben genannten Fungizidgruppen hemmen hochspezifisch die Sterol-C_{14}-Demethylierung, die von einer Cytochrom P_{450}-Monooxygenase katalysiert wird. Sie werden deswegen auch unter dem Begriff DMI (**De**methylierungs**in**hibitor) zusammengefaßt.
Die Inhibition der Demethylase hat eine starke Akkumulation von 14-Methyl-Sterolen, wie 24-Methylen-dihydrolanosterol, Obtusifoliol und 14-Methyl-Fecosterol, zur Folge und führt gleichzeitig zu einer Verminderung des Gehaltes an demethylierten Sterolen. Anstelle der letzteren werden die 14-Methyl-Sterole in die Zellmembranen eingefügt und verursachen eine Veränderung der physiko-chemischen Eigenschaften dieser Membranen, verbunden mit einer Störung vieler Funktionen.
Cytochrom P_{450}-Enzyme enthalten Haem als Cofaktor und übertragen an Haem-Eisen gebundenen Sauerstoff auf die verschiedensten Substrate. Die DMIs enthalten mit Ausnahme der Piperazine alle einen Heterocyclus mit unsubstituiertem Stickstoff in meta-Position. Sie werden anstelle des natürlichen Substrates 24-Methylen-dihydrolanosterol im aktiven Zentrum der Demethylase gebunden, wobei das freie Elektronenpaar des Stickstoffs mit dem Haem-Eisen in Wechselwirkung tritt. Dadurch wird die katalytische Wirkung verhindert.

Morpholine

Unter den Morpholinen wurden Fungizide gefunden, mit denen vor allen Dingen Echte Mehltaupilze sehr gut bekämpft werden können. **Tridemorph** ist eines der ersten Fungizide, die in größerem Maße zur Mehltaubekämpfung im Getreide verwendet wurden, und hat seit Anfang der 70er Jahre bis heute seine Bedeutung beibehalten. Da keine Crossresistenz zu den Azolen besteht, ist es ein ganz wichtiger Mischpartner für diese Präparategruppe und hat mit bewirkt, daß Resistenzprobleme bei Mehltau im Getreide bisher keine unüberwindlichen Schwierigkeiten machen. Das Tridemorph wirkt protektiv und kurativ und ist besonders geeignet für die Mehltaubekämpfung bei Gerste. In höheren Aufwandmengen können bei Weizen unter bestimmten Bedingungen Schäden entstehen. Aufgrund seiner Wirkung gegen die Sigatokakrankheiten bei Bananen, die durch *Mycosphaerella*-Arten verursacht werden, hat Tridemorph eine gewisse Bedeutung gewonnen. Das 10 Jahre später auf den Markt gekommene **Fenpropimorph** ist ein gegen Echten Mehltau im Getreide hervorragend protektiv und eradikativ wirkendes Präparat, das wegen seines hohen Dampfdrucks eine sehr gute Wiederverteilung im Getreidebestand hat. Fenpropimorph hat in den verwendeten Konzentrationen eine deutliche Wirkung gegen Rost-Arten und *Rhynchosporium secalis*. Aus der gleichen Präparategruppe sind vor einigen Jahren noch **Aldimorph** und die Piperidinverbindung **Fenpropidin** auf den Markt gekommen und werden häufig wie die anderen Morpholine als Mischpartner bei Getreidefungiziden verwendet (vgl. Tab. 14).
Wirkungsmechanismus: Die Morpholine sind wie die DMIs auch Inhibitoren der pilzlichen Sterolbiosynthese, hemmen jedoch an anderer Stelle; betroffen sind $\Delta^8 \rightarrow \Delta^7$-Isomerase und Sterol- Δ^{14}-Reduktase (Abb. 2). Die Hemmaktivität gegenüber den beiden Enzymen ist je nach Wirkstoff und untersuchtem Pilz etwas unterschiedlich. Das primäre „Target" von Fenpropimorph und Fenpropidin ist die Δ^{14}-Reduktase, während Tridemorph vorwiegend die Isomerase inhibiert.

Guanidin-Verbindungen

Dodine ist ein relativ altes Fungizid, über das erstmalig 1957 berichtet wurde und das vor allem im Kern- und Steinobst zur Bekämpfung von *Venturia*-Arten (Schorf), aber auch gegen andere Krankheiten, wie *Monilinia*-Arten und *Taphrina deformans,* empfohlen wird. Bei der Schorfbekämpfung kann aufgrund seiner locosystemischen Verteilung die kurative Wirkung des Präparates genutzt werden. Die Beschränkung von Dodine liegt in seiner bei vielen Obstsorten schlechten Pflanzenverträglichkeit (Fruchtberostung), was dazu führt, daß das Präparat vorwiegend für die Vorblütespritzungen geeignet ist. Das zweite zu der Verbindungsklasse gehörende Präparat **Guazatine** wird vor allem wegen seiner Wirkung gegen samen- und bodenbürtige *Fusarium*-Arten einschließlich dem Schneeschimmel hauptsächlich als Komponente in Getreidebeizmitteln verwendet (vgl. Tab. 15). Guazatine und Dodine haben einen sehr ähnlichen **Wirkungsmechanismus**: beide Wirkstoffe verändern vermutlich durch direkte Interaktion mit der Plasmamembran deren Permeabilität, was zum Verlust von wesentlichen Inhaltsstoffen der Pilzzellen führt.

Tab. 14: Morpholine und verwandte Verbindungen

Wirkstoff		Anwendungsgebiete und Kulturpflanzen	Krankheitserreger
Common name Handelsname(n)	Struktur		
Tridemorph Calixin	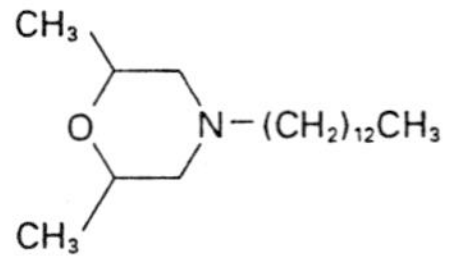 3,4-Dimethyl-4-tridecyl-morpholin	protektives, kuratives und eradikatives Fungizid Blatt- und Stengelbehandlung Getreide, besonders Gerste Tabak, Leguminosen, Zuckerrüben, Bananen, Tee und andere Kulturpflanzen Wurzel- und Stammbehandlung *Hevea*	Wirkung bei einigen Ascomyceten, Basidiomyceten und Fungi imperfecti *Erysiphe graminis* (Getreidemehltau) Echte Mehltaupilze *Mycosphaerella*-Arten, *Exobasidium vexans* usw. *Fomes*-Arten, *Ganoderma philippi* usw.
Fenpropimorph Corbel	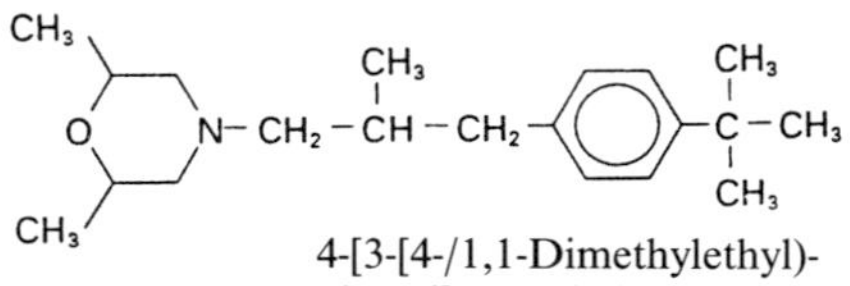 4-[3-[4-/1,1-Dimethylethyl)-phenyl]-2-methylpropyl]-2,6-dimethyl-morpholin	protektive, kuratives und eradikatives Fungizid Blatt-, Stengel- und Ährenbehandlung Getreide Mais, Bohnen, Zuckerrüben und andere Kulturpflanzen	Wirkung bei einigen Ascomyceten, Basidiomyceten und Fungi imperfecti *Erysiphe graminis* (Getreidemehltau), *Rhynchosporium secalis*, *Puccinia*-Arten (Roste) *Uromyces*-Arten, Echte Mehltaupilze
Fenpropidin Patrol Sorilan	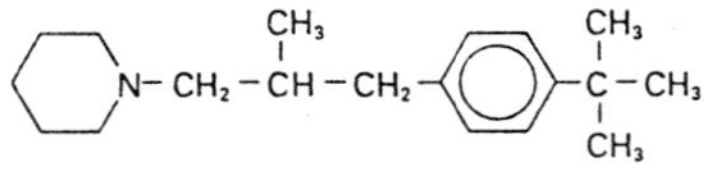 1-[3-[4-(1,1-Dimethylethyl)-phenyl]-2-methylpropyl]-piperidin	wie Fenpropimorph	wie Fenpropimorph

Weitere Verbindungen: Dodemorph, Aldimorph

Tab. 15: Guanidin-Verbindungen

Wirkstoff		Anwendungsgebiete und Kulturpflanzen	Krankheitserreger
Common name Handelsname(n)	Struktur		
Dodine Cyprex Melprex	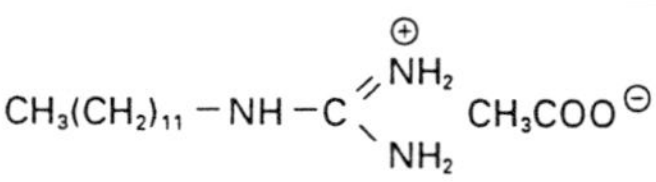 Dodecylguanidinmono-acetat	Protektives und kuratives Fungizid Blatt-, Zweig- u. Fruchtbehandlung Kern- u. Steinobst Gemüse u. Zierpflanzen	relativ enges Wirkungsspektrum *Venturia*-Arten (Schorf), *Monilinia*-Arten, *Taphrina deformans, Coccomyces hiemacis,* Verschiedene Ascomyceten
Guazatine Panoctine	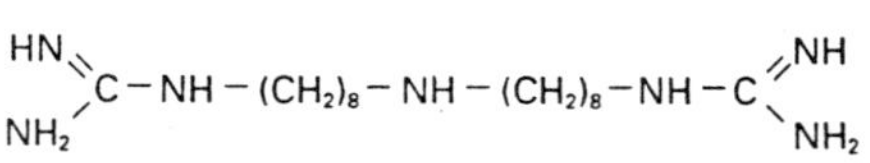 1,1'-Iminodi(octamethylen)-diguanidin	Protektives Fungizid Saatgutbehandlung meist in Mischung mit anderen Beizmittelkomponenten Getreide Nacherntebehandlung Citrus, Ananas und Kartoffeln	relativ enges Wirkungsspektrum *Fusarium*-Arten einschließlich Schneeschimmel, Nebenwirkung bei *Pyrenophora-*, *Septoria*-Arten *Penicillium*- u. *Fusarium*-Arten

Weitere Verbindungen: Iminoctadine (Befran)

Tab. 16: Verschiedene systematische Fungizide

Wirkstoff: Common name Handelsname(n)	Wirkstoff: Struktur	Anwendungsgebiete und Kulturpflanzen	Krankheitserreger
Cymoxanil Curzate	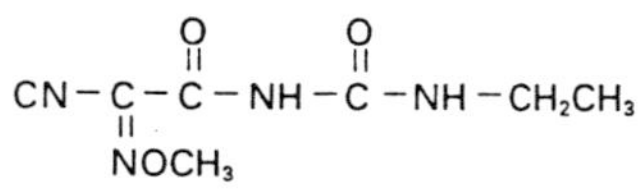 2-Cyano-N-[(ethylamino)-carbonyl]-2-(methoxyimino)-acetamid	Locosystemisches Fungizid mit protektiver und kurativer Wirkung Blatt- u. Fruchtbehandlung Reben Kartoffeln, Tomaten, Hopfen u. andere Kulturpflanzen	Wirkung gegen Oomyceten *Plasmopara viticola* (Rebenperonospora), *Phytophthora infestans* (Kraut- u. Knollenfäule), Oomyceten
Dimethomorph CME 151	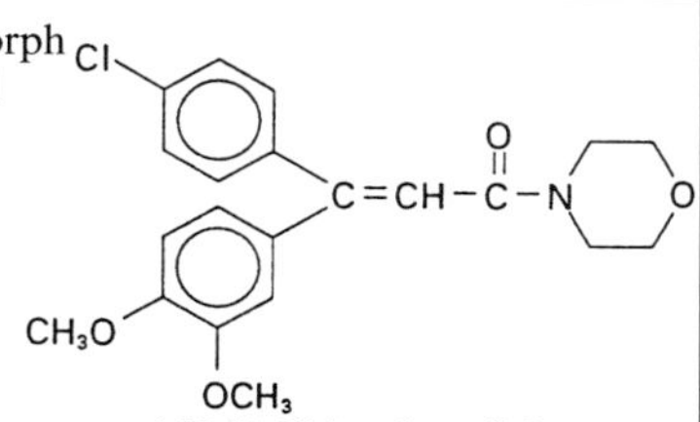 4-[3-(4-Chlorphenyl)-3-(3,4-dimethoxy-phenyl)-1-oxo-2-propenyl]-morpholin	Systemisches Fungizid mit protektiver, kurativer und eradikativer Wirkung wie Cymoxanil	wie Cymoxanil
Fenpiclonil Beret	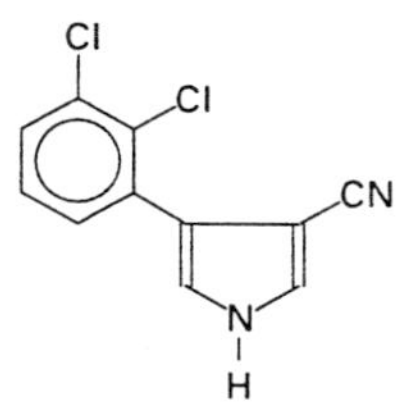 4-(2,3-Dichlorphenyl)-1H-pyrrol-3-carbonitril	Protektives Fungizid Saatgutbehandlung meist in Mischung mit anderen Beizmittelkomponenten Getreide andere Kulturpflanzen	relativ enges Wirkungsspektrum *Fusarium*-Arten einschließlich Schneeschimmel, *Tilletia caries*, *Pyrenophora-*, *Septoria*-Arten, verschiedene samen- u. bodenbürtige Erreger
Tricyclazole Beam Blascide Bim	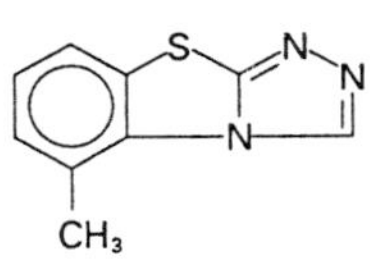 5-Methyl-1,2,4-triazol-[3,4-b] benzthiazol	Systemisches Fungizid mit protektiver und kurativer Wirkung Saatbeet- u. Saatkastenbehandlung (nurserybed) Reis Granulatbehandlung im Feld sowie Blatt-, Stengel- und Rispenbehandlung Reis	sehr spezifische Wirkung *Pyricularia oryzae* (blast) *Pyricularia oryzae* (blast)
Probenazole Oryzemate	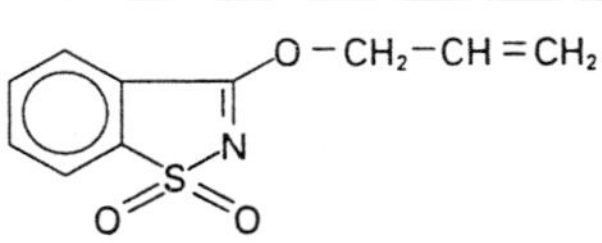 3-Allyloxy-1,2-benzoisothiazol-1,1-dioxid	Resistenzinduzierendes Präparat Anwendungsgebiete: wie Tricyclazole außer Saatkastenbehandlung	wie Tricyclazole

Weitere Verbindungen: Hymexazol, Pyroquillon, Isoprothiolane, Zarilamid

Verschiedene systemische Fungizide

Die Wirkung von **Cymoxanil** konzentriert sich auf Oomyceten und wird vorwiegend zur Bekämpfung von *Plasmopara viticola* bei Reben und *Phytophthora infestans* bei Kartoffeln genutzt. In den meisten Fällen wird die Verbindung nicht allein, sondern in Kombination mit Phenylamiden oder Dithiocarbamaten verwendet. Cymoxanil ist locosystemisch, so daß von dem Präparat eine protektive und kurative Wirkung ausgeht.
Dimethomorph ist ein neues Fungizid, das zwar eine Morpholingruppe enthält, aber im Hinblick auf Wirkungsspektrum und -mechanismus nicht zu den besprochenen Morpholinen gehört. Die Verbindung ist wie Cymoxanil gegen Oomyceten wirksam und wird auch in gleichen Gebieten verwendet. Die

Fähigkeit, in die Pflanzen einzudringen, bringt einen guten kurativen und eradikativen Effekt.
Fenpiclonil hat als Beizmittel eine vorzügliche Wirkung gegen den schwer bekämpfbaren Schneeschimmel (*Fusarium nivale*) sowie andere samen- und bodenbürtige *Fusarium*-Arten und kann zusätzlich weitere samenbürtige Erreger ausschalten oder hemmen (Tab. 16). Da das Präparat aber nicht das ganze Spektrum an wichtigen Saatgutkrankheiten bei Weizen und Gerste erfaßt, ist es als Mischkomponente für andere Beizmittelwirkstoffe geeignet.
In den 70er Jahren wurden mehrere systemische Fungizide aus verschiedenen chemischen Gruppen gefunden und entwickelt, die vorwiegend gegen „blast" (*Pyricularia oryzae*), der weltweit wichtigsten Krankheit bei Reis, wirken. Bei „paddy"-Reis, der in Saatbeeten oder -kästen angezogen und dann ins Feld verpflanzt wird, bieten diese Fungizide die Möglichkeit, den Reis vor dem Verpflanzen mit einem Granulat zu behandeln. Die Aufnahme des Fungizids erfolgt im Saatbeet, und die Reispflanzen sind nach dem Auspflanzen mehrwöchig innertherapeutisch vor Krankheitsbefall geschützt. Bei Nachlassen der Wirkung im Felde können die gleichen Fungizide als Granulat ins Bewässerungswasser oder als Spritz- oder Staubformulierung verabreicht werden, wodurch die Reispflanzen während der gesamten Kulturzeit geschützt sind. Diese Pflanzenschutzmaßnahme hat in Japan und anderen Ländern mit intensivem Reisbau im Vergleich zu früher verwendeten Methoden im Hinblick auf Wirkung und Umweltverträglichkeit einen großen Fortschritt gebracht.
Für diesen Zweck sind z. Z. vier Fungizide vorhanden. **Tricyclazole** und **Pyroquilon**, zwei Fungizide mit dem gleichen Wirkungsmechanismus, verhindern eine Infektion durch Inhibition der Melaninsynthese und die dadurch bedingten Veränderungen in den Appressorien des Erregers. Weiterhin ist das **Isoprothiolan** zu nennen, das in gleicher Weise verwendet wird, von dem aber höhere Aufwandmengen benötigt werden. Das vierte Präparat, **Probenazole**, hat in der Praxis eine sehr große Bedeutung bekommen. Diese dem Saccharin ähnliche Substanz ist kein Fungizid, sondern bewirkt bei den behandelten Reispflanzen eine Resistenz gegen *Pyricularia oryzae*. Probenazole ist das erste praktisch genutzte Präparat, das eine **Resistenz induziert**, also nicht den Erreger bekämpft, sondern die Pflanzen gesund erhält (Tab. 16).

Verhalten in der Pflanze

Einfluß auf den Pflanzenstoffwechsel

Die in der Praxis verwendeten Fungizide haben fungistatische, fungizide und teilweise auch unspezifisch zelltoxische Eigenschaften. Die meisten rein protektiv wirksamen Präparate, wie z. B. Kupfer-Verbindungen, Dithiocarbamate oder PCNB, sind breit wirksame, allgemeine Zellgifte. Bei der Anwendung dieser Präparate kommt es nur deswegen nicht zu Pflanzenschäden, weil die Wirkstoffe nicht durch die Kutikula ins Blattgewebe eindringen können. Für die anderen Fungizide gilt, daß ihre Toxizität für den Pilz deutlich höher ist als die Wirkung auf die Pflanze, was in dem sogenannten chemotherapeutischen Index zum Ausdruck kommt (chemoth. Index Pilz/Pflanze: 1/10 bis 1/1000). Deswegen sind durch Fungizide verursachte Schäden an Kulturpflanzen nicht zu erwarten, wenn die Präparate **sachgemäß** angewendet werden, d.h. strenge Beachtung der Empfehlungen von Hersteller und Zulassungsbehörde bezüglich Anwendungsart, Aufwandmenge, Anwendungszeitpunkt sowie zu behandelnder Kulturpflanzenart. Manchmal kommt es jedoch zu Aufhellungen der Blattfärbung (z. B. bei Probenazole) oder leichten Nekrosen auf Blatt und Frucht (z. B. bei Kupferpräparaten, Dichlofluanid), was allerdings meist keine Auswirkungen auf den späteren Ertrag hat. Auch eine Formveränderung der Blätter und Früchte kann auftreten. Azolfungizide führen z. B. bei bestimmten Rebsorten zu krallenförmig deformiertem Laub und bei Äpfeln zu kleineren Blättern und Früchten, wenn mit zu hoher Dosis behandelt wird. Als positive Veränderung wird angesehen, daß Captan die Berostung von Äpfeln reduziert, wenn Apfelbäume zum richtigen Zeitpunkt der Fruchtentwicklung behandelt werden. Kupferpräparate haben beim Kaffeestrauch einen positiven Einfluß auf die Belaubung und den Fruchtansatz, vermutlich durch Behebung eines vorhandenen Spurenelementemangels. Langjährige Applikation von kupferhaltigen Mitteln führt jedoch zu einer Akkumulation im Boden und wirkt sich auf die Dauer negativ auf das Wachstum aus.
Viele Fungizide haben mehr oder weniger stark ausgeprägte **wachstumsregulatorische Nebenwirkungen** auf die Pflanze. So wird durch Carboxamide das Wachstum von Bohnen unabhängig von einer Pilzbekämpfung stimuliert, wobei die Pflanzengröße, die Anzahl der Blätter und die Länge der Internodien zunehmen und die Blätter im Vergleich zu unbehandelten Kontrollpflanzen eine deutlich kräftigere und dunkelgrüne Farbe annehmen. Auch bei Gerste werden solche positiven wachstumsregulatorischen Nebenwirkungen beobachtet: eine Beizbehandlung mit Carboxin führt zu vermehrter Ausbildung von Bestockungstrieben und deutlich grüneren Pflanzen. Der genauere, für diese Nebeneffekte verantwortliche Wirkungsmechanismus ist nicht bekannt.
Am stärksten ausgeprägt sind wachstumsregulatorische Nebenwirkungen bei den Triazolfungiziden. Sie sind sehr vielfältig und in vieler Hinsicht positiv für die Kulturpflanze. So werden die Pflanzen im allgemeinen viel unempfindlicher gegen die verschiedensten Formen von Stress: Trockenheit, Frost, hohe Temperaturen sowie Luftschadstoffe wie Ozon werden besser vertragen. Am auffälligsten ist jedoch die Hemmung des Trieblängenwachstums, die bei dikotylen Kulturpflanzen noch stärker ausgeprägt ist als bei Getreide. Behandelte Pflanzen haben bei unveränderter Blattzahl verkürzte Internodien, und wirken deswegen kräftiger und kompakter. Wie bei den Carboxamiden sind auch hier die Blätter deutlich grüner und haben einen höheren Chlorophyllgehalt.
Bei Getreide machen sich die wachstumsregulatorischen Wirkungen der Azole am deutlichsten nach Beizung bemerkbar. Das Wachstum der Keimlinge wird verzögert, und es kann bei zu großer Saattiefe oder bei langanhaltender kühl-nasser Witterung mit Bodenverschwemmungen zum Steckenbleiben der Keimlinge kommen. Andererseits wird unter dem Einfluß der Azolbeize der Bestockungsknoten nicht an der Erdoberfläche gebildet, sondern tiefer in der Nähe des Saatkorns. Das führt zu verminderten Auswinterungsschäden, da die Getreidepflanzen die Bodenbewegungen durch Frost besser überstehen.
Die molekularen Ursachen für die Nebenwirkungen der Azolfungizide auf den Pflanzenstoffwechsel sind nicht völlig aufgeklärt. Man weiß, daß die Inhibition der Gibberellinsäure-Biosynthese (Hemmung der Kauren-Oxidase) eine gewisse Rolle spielt und daß auch die pflanzliche Sterolsynthese gestört werden kann (Hemmung der Obtusifoliol-C_{14}-Demethylase). Beide Wirkungen erklären aber nur teilweise die wachstumsregulatorischen Effekte der Azole. In behandelten Pflanzen sind

die verschiedensten Stoffwechselprozesse beeinflußt, wobei völlig offen ist, welche Effekte primärer und welche sekundärer Natur sind. Beispielsweise werden neben Gibberellinsäure auch andere Phytohormone in ihren Konzentrationen verschoben. Viele positive Effekte können auf ein Hinausschieben der Seneszens zurückgeführt werden, ähnlich der Wirkung von außen applizierter Cytokinine. Für einige Azolwirkstoffe konnte außerdem gezeigt werden, daß die Abscisinsäure-Konzentration in behandelten Pflanzen angehoben wird; möglicherweise eine Erklärung für die erhöhte Resistenz gegen Stress.
Die nach Fungizidbehandlung von Getreide beobachteten **höheren Erträge** beruhen nicht immer nur auf dem Erfolg einer Pilzbekämpfung, sondern gehen bei einigen Fungiziden (Azolen) teilweise auch auf wachstumsregulatorische Wirkungen zurück. Erhöhte und/oder längere Photosynthese der Fahnenblätter in Verbindung mit besserem Abtransport der Assimilate in die Körner wird als Hauptursache für die Ertragssteigerung angesehen.
Durch die Fungizide kann aber auch eine **Resistenzerhöhung der Kulturpflanzen** ausgelöst werden. Solche Wirkstoffe haben in der Regel in vitro keine fungizide Aktivität, vermögen aber in der Pflanze die natürlichen Abwehrsysteme zu stimulieren; sie werden deswegen auch als **Resistenzinduktoren** bezeichnet. Das einzige zur Zeit im Handel erhältliche Fungizid mit diesem Mechanismus ist Probenazole, das im Reisbau gegen *Pyricularia* verwendet wird. Das Wirkungsprinzip der Resistenzinduktoren ist hochinteressant und wird an vielen Stellen in Hochschulen und Industrie erforscht. Die Wirkung von Resistenzinduktoren ist häufig Wirtspflanzen-spezifisch, d.h. es werden nicht wie bei anderen Fungiziden taxonomisch verwandte Pathogene erfaßt, sondern nur solche, die eine bestimmte Kulturpflanze befallen. Behandelte Pflanzen zeigen die arttypischen Resistenzreaktionen wie Zellwandverdickungen, Calloseablagerungen (Papillen) und Lignifizierung oder Synthese von Phytoalexinen, lytischen Enzymen (Chitinase, ß-1.3-Glucanase) und sogenannten PR-Proteinen (PR von: **p**athogenesis **r**elated). Über die molekularen Ursachen und Zusammenhänge der Resistenzinduktion weiß man trotz intensiver Forschung noch recht wenig (vgl. S. 323 ff.).

Metabolisierung

Sobald ein Fungizid auf Pflanzen ausgebracht worden ist, leiten vielfältige chemische, photochemische und enzymatische Prozesse die Metabolisierung des Wirkstoffs ein. Die Kenntnis der Abbauwege von Fungiziden in Pflanzen ist aus verschiedenen Gründen notwendig: einerseits sind Metabolismusstudien Voraussetzung für eine umfassende toxikologische Bewertung des betreffenden Wirkstoffs, denn sie geben näheren Aufschluß über die zu erwartende Konzentration von Wirkstoffresten sowie über Art und Menge der Metaboliten im Erntegut. Deswegen werden diese Studien auch von den Behörden für die Zulassung von Pflanzenschutzmitteln verlangt. Andererseits kann die Kenntnis des Abbauweges auch wertvolle Hinweise zum Verständnis des Wirkungsmechanismus geben. Einige Fungizide sind nämlich lediglich Vorprodukte, sogenannte Prodrugs, d.h. erst die Metabolisierung führt zum fungiziden Wirkstoff (**Benomyl** und **Thiophanat-methyl** werden z. B. zu Carbendazim umgesetzt und **Triadimefon** zu Triadimenol, vgl. Abb. 3 und 6). Im allgemeinen führt aber schon die erste metabolische Veränderung der Wirkstoffstruktur zum Verlust der biologischen Aktivität.

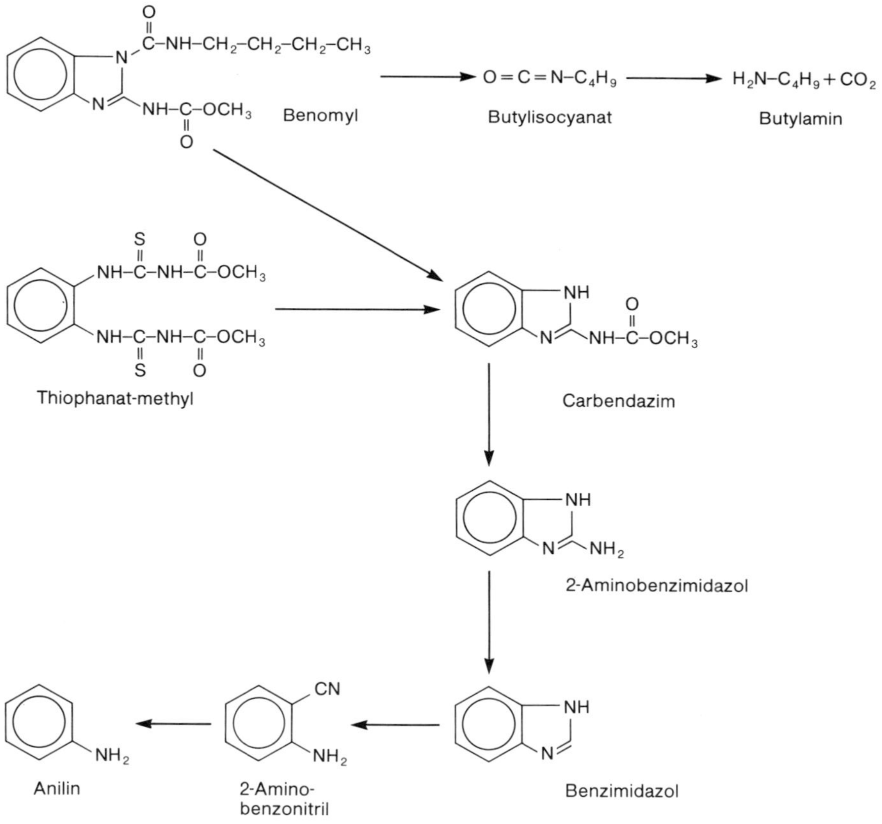

Abb. 3: Metabolismus der Benzimidazol-Fungizide

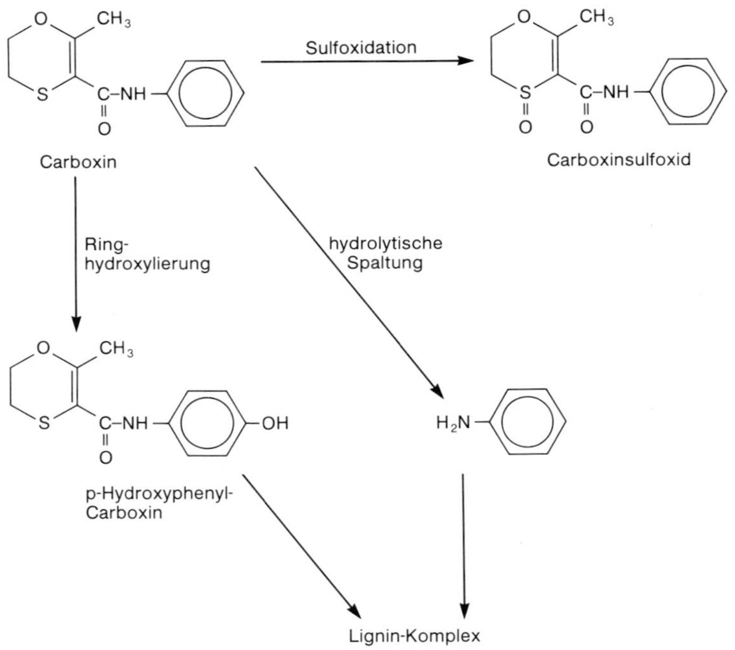

Abb. 4: Metabolismus von Carboxin.

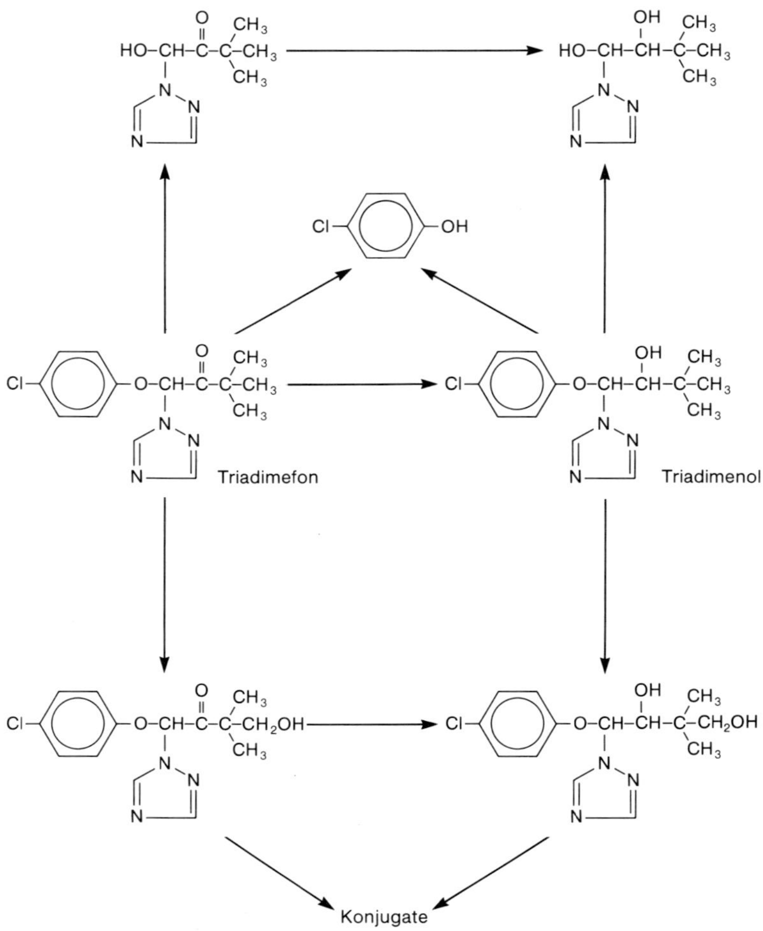

Abb. 5: Metabolismus von Triadimefon und Triadimenol.

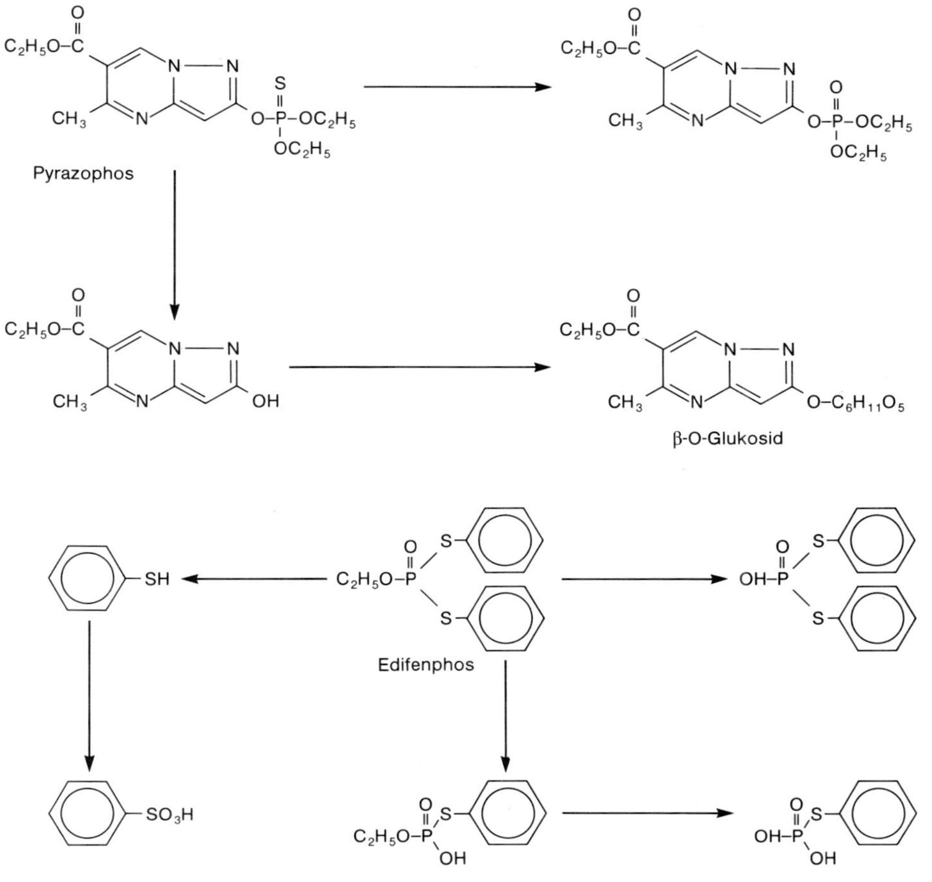

Abb. 6: Metabolismus von Pyrazophos und Edifenphos.

Über den Abbau von Fremdsubstanzen in Pflanzen und insbesondere über die an ihm beteiligten Enzyme weiß man im Vergleich zu anderen Organismen relativ wenig. Darüberhinaus scheint bei Pflanzen die Fähigkeit zur Metabolisierung insgesamt etwas weniger entwickelt zu sein. Dies wird damit erklärt, daß sich Tiere im Laufe der Evolution diese Fähigkeit in vermehrtem Maße angeeignet haben, um mit der Vielzahl an Pflanzeninhaltsstoffen ohne Schaden fertig zu werden, die sie gezwungenermaßen mit der Nahrung aufnehmen. So ist beispielsweise das Grundgerüst von aromatischen oder heterocyclischen Verbindungen in Pflanzen wesentlich stabiler als in Mikroorganismen oder Tieren.

Im allgemeinen erfolgt die Metabolisierung von Fungiziden in Pflanzen mit den gleichen Mechanismen wie in Tieren: es werden weitgehend die gleichen funktionellen Gruppen mit ähnlichen Enzymsystemen angegriffen; Differenzen bestehen meist nur in der Geschwindigkeit der Metabolisierung sowie im Metabolitenmuster. Im folgenden werden die wichtigsten Abbauprinzipien und -wege am Beispiel einiger Fungizidwirkstoffe aufgezeigt.

Die größte Bedeutung beim Abbau von Fungiziden im Pflanzengewebe haben oxidative Veränderungen sowie hydrolytische Spaltungen des Wirkstoffs. Bei der **Wirkstoffoxidation** spielt die Hydroxylierung die größte Rolle, wobei zwischen Ring- und Alkylhydroxylierung unterschieden werden muß. Ringhydroxylierung wird weniger häufig beobachtet. **Carboxin** wird beispielsweise zum p-Hydroxyphenylderivat hydroxyliert (Abb. 4). Alkylhydroxylierung ist ein in Pflanzen weit verbreiteter Mechanismus bei der Metabolisierung vieler Pflanzenschutzmittel. Am häufigsten werden Methylgruppen hydroxyliert, wobei die gebildeten Hydroxymethyl-Verbindungen anschließend oft mit Glucose oder anderen Zellbestandteilen konjugiert werden oder auch weiter oxidativ demethyliert werden. Von **Tridemorph** ist der Hauptmetabolit beispielsweise ein nicht näher identifiziertes Hydroxy-Derivat. Beim Triadimenol wird die tertiäre Butylgruppe hydroxyliert und anschließend glycosyliert (Abb. 5). Über die beteiligten Enzyme weiß man nur sehr wenig; es gibt aber mehrere Hinweise, daß es sich teilweise um mischfunktionelle Oxidasen handelt, für deren Enzymaktivität sowohl O_2 als auch NAD(P)H nötig sind.

Eine weitere Form der Oxidation ist die Sulfoxidation. Sie tritt bei der Metabolisierung von **Carboxin** auf und ist möglicherweise durch einen rein chemischen Mechanismus bedingt und nicht enzymatisch. Das Carboxin-Sulfoxid hat im Gegensatz zum Sulfon (= Oxycarboxin) keine fungizide Aktivität mehr (Abb. 4). Auch Buthiobate hat ein Sulfoxid als Metaboliten; hier ist bemerkenswert, daß nur eines der beiden Schwefelatome des Wirkstoffmoleküls oxidiert wird.

Für die oxidative Desulfurierung sowie für die Epoxidierung gibt es bei den Fungiziden kein publiziertes Beispiel, obwohl diese beiden Oxidationsprozesse bei der Metabolisierung von anderen Xenobiotika beobachtet werden.

Die **hydrolytische Spaltung** von Wirkstoffen ist neben der Oxidation der häufigste Abbaumechanismus im Pflanzengewebe. Die Organophosphor-Fungizide **Edifenphos, IBP** und **Pyrazophos** werden ähnlich wie die insektiziden Phosphorsäureester hydrolysiert: die Aryl- und teilweise auch die Alkylreste werden vom Phosphat abgespalten (Abb. 6).

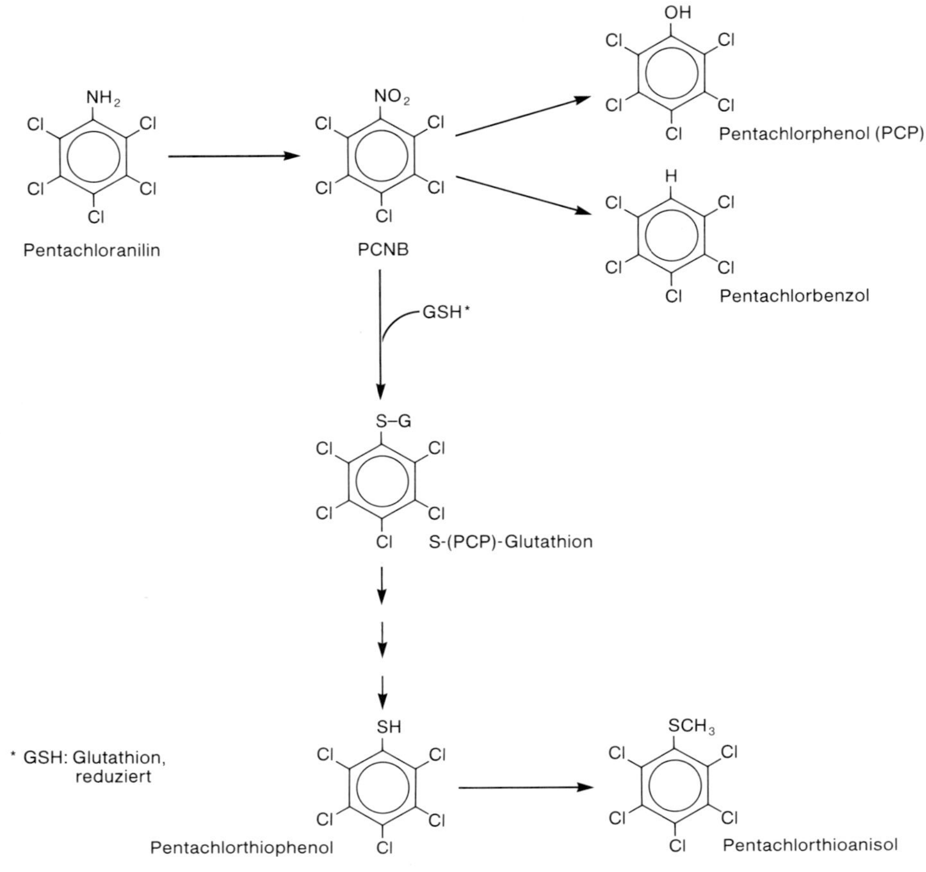

Abb. 7: Metabolismus von PCNB (Quintozen).

Bei **Prothiocarb** wird in der Tomate N,N-Dimethylpropan-1,3-diamin als Hauptmetabolit gefunden, der durch Hydrolyse der Thiocarbamat-Gruppe freigesetzt wird. Die Analyse der Metabolisierung von **Triadimenol** liefert ein Beispiel für die hydrolytische Spaltung einer Ätherbindung: in mehreren Kulturpflanzen konnte in kleinen Mengen 4-Chlorphenol als Abbauprodukt nachgewiesen werden (Abb. 5). Auch beim Imazalil wird die Ätherbindung gespalten.

Bei den Benzimidazolen ist der hydrolytische Abbau ebenfalls von Bedeutung (Abb. 3). **Benomyl** wird sehr rasch zum fungiziden Carbendazim umgesetzt. Zunächst nahm man eine hydrolytische Spaltung an, die Umsetzung beruht aber wahrscheinlich auf der Bildung von Butylisocyanat. Außerdem fördert **Photolyse** die Bildung von Carbendazim. Letzterer Wirkstoff liefert erst nach langer Verweildauer im Pflanzengewebe durch Abspaltung der Carbamatgruppe in geringem Umfang den Metaboliten 2-Aminobenzimidazol und weitere Abbauprodukte.

Eine **Reduktion** von Fungiziden tritt bei der Metabolisierung relativ selten auf. Es gibt zwei bekannte Beispiele: die Reduktion der Carbonyl-Gruppe vom **Triadimefon** führt zum Alkohol **Triadimenol** (Abb. 6) und die Reduktion der Nitrogruppe von **PCNB** zur Bildung von Pentachloranilin (Abb. 7).

Als letzter bedeutender Mechanismus beim Abbau von Fungiziden muß noch die **Konjugation** genannt werden. Am häufigsten treten Glucose-Konjugate auf, sowie Bindung an Zellwandbestandteile wie Lignin oder Hemicellulose. Im tierischen Organismus dient die Konjugation häufig zur Vorbereitung und Erleichterung der Ausscheidung von Fremdsubstanzen; Pflanzen haben diese Möglichkeit nicht – Exkretion durch Guttation spielt nur eine untergeordnete Rolle. Stattdessen legen sie Wirkstoffe und deren Metabolite in der Zellwand fest bzw. sezernieren sie als Glykoside in die Vakuole. Über das weitere Schicksal so festgelegter Abbauprodukte der Fungizide weiß man noch sehr wenig. Ein großer Teil der sogenannten gebundenen Rückstände, die mit den verschiedensten Extraktionsmethoden nicht mehr aus dem Pflanzenmaterial herausgelöst werden können, gehen wahrscheinlich auf Konjugationsprozesse zurück.

Die Bindung an Glucose wurde bei vielen Fungiziden gefunden: bei **Dimethyldithocarbamaten, Ethirimol, Dimethirimol** und **Hymexazole,** sowie bei den Metaboliten von **Pyrazophos, Ethirimol** und **Triadimenol** (Abb. 5 u. 6). Am häufigsten werden ß-O-Glykoside gebildet, aber auch N-Glykoside konnten nachgewiesen werden, beispielsweise mit Hymexazole. Dimethyldithiocarbamate (z. B. Thiram) haben ein ß-S-Glycosid als Metabolit, was sonst bei keinem anderen Pflanzenschutzmittel als Konjugat gefunden wurde.

Für die Konjugation mit dem Tripeptid Glutathion (GSH) gibt es bei den Fungiziden im Vergleich zu den Herbiziden nur wenig Beispiele. So wird der $SCCl_3$-Rest von **Captan** und **Folpet** auf Glutathion genauso wie auch auf andere Thiolverbindungen übertragen. Anschließend wird möglicherweise Thiophosgen (Cl_2CS) freigesetzt, was wiederum mit Glutathion unter Bildung eines Thiazolidin-Derivats reagiert. Diese Erkenntnise hat man mit in vitro Studien gewonnen; inwieweit diese Reaktionen auch im Pflanzengewebe zum Tragen kommen, ist nicht restlos geklärt und unter dem Gesichtspunkt, daß Captan nur in Spuren ins Blatt aufgenommen wird, nur von untergeordneter Bedeutung. Die Bindung von **PCNB** an Glutathion sowie die weitere Metabolisierung des Konjugats in den Wurzeln von Zwiebeln wurde sehr genau untersucht. Mehrere enzymatische Schritte führen letztlich zur Bildung von Pentachlorthioanisol (Abb. 7).

Die angeführten Beispiele für den Metabolismus von Fungiziden in Pflanzen sowie die daran beteiligten Abbaumechanismen zeigen nur einen kleinen Ausschnitt der insgesamt vorliegenden Informationen zu dem Thema. Trotzdem sind noch viele Aspekte unzureichend erforscht. So sind beispielsweise die metabolisierenden Enzyme meistens nicht näher bekannt.

Wirkungen auf den Boden und dessen Organismen

Fungizide gelangen entweder durch direkte Applikation (Bodenfungizide) oder bei der Spritzung auf Blätter (Blattfungizide) indirekt durch Abtropfen bzw. Verfehlen der Zielfläche auf den Boden. Viele Stoffe beeinträchtigen das Wachstum und die Aktivität der Organismen im Boden, die letztlich zur Erhaltung der Bodenfruchtbarkeit beitragen. Dadurch werden direkt oder indirekt die meisten Metabolisierungs- und Stoffumsatzprozesse im Boden beeinflußt.

Die Erfassung von Wirkungen in Organismen wird in der Regel mit Toxizitätstests vorgenommen. Bei einer Reihe von Fungiziden konnte man mit empfindlichen Forschungsmethoden feststellen, daß geringfügige Nebeneffekte auf die Populationen kleinerer Tiere und Mikroorganismen entstehen können. Diese Beeinträchtigungen sind allerdings meist nur vorübergehend. Bald stellt sich qualitativ und auch quantitativ der ursprüngliche Zustand der Lebensgemeinschaft wieder ein. Länger anhaltende Störungen verursachen nur wenige Substanzen: Bodenentseuchungsmittel reduzieren beispielsweise zahlreiche Organismen sehr deutlich. Im allgemeinen hat man aber – trotz intensiver Suche danach – keine gravierenden Auswirkungen auf kleinere Tiere und Mikroorganismen nachweisen können.

Einige Fungizide führen in ihrer Anwendungskonzentration und damit im Bereich üblicherweise subtoxischer Dosen auch zu einer Stimulierung von Mikroorganismen. Dieses Phänomen, das insbesondere bei der Messung von Stoffumsatzprozessen im Boden beobachtet wird, ist in der direkten oder indirekten Stimulierung mikrobieller Populationen und Prozesse begründet. Als direkte positive Wirkung ist u.a. der Effekt auf den Mineralstoffgehalt und die Bioverfügbarkeit der Mineralstoffe durch einige Fungizide (z. B. **Benomyl**, **Captan**) zu nennen. Der Gehalt an $CaCl_2$-löslichem Phosphor nimmt zu und die Löslichkeit von Phosphorverbindungen wird allgemein verstärkt, was letztlich zur starken Vermehrung von phosphatnutzenden Bakterien und Pilzen führt. Der Gehalt an löslichen Spurenelementen im Boden wird indirekt vergrößert, was auf einer teilweisen Abtötung einzelner Organismengruppen und deren Verwertung durch nicht betroffene Teile der Population beruhen kann. Dies führt schließlich zu einem vorübergehend erhöhten Stoffumsatz. Weiterhin werden auch stimulierende Effekte durch eine Mobilisierung von Nährstoffen oder abbaubarer organischer Substanz durch pH-Veränderungen sowie Austausch- und Komplexierungsreaktionen nach einer Fungizidbehandlung ausgelöst. Natürliche Mangelsituationen an Spurenelementen im Boden werden so durch Fungizide direkt positiv beeinflußt.

Auch können verschiedene zellphysiologische Vorgänge, z. B. eine erhöhte Zellwandpermeabilität verursacht durch oberflächenaktive Begleitstoffe, als Folge einer Fungizidbehandlung zu einem freieren Fluß von Nährstoffen und damit zu einer meßbar gesteigerten metabolischen Aktivität führen.

Fungizide (z. B. **Captan**, **Thiram**) verstärken die **Ammonifikation** unter Bildung größerer Mengen an Ammoniumstickstoff. Die Menge und Zusammensetzung der Aminosäuren im Boden wird verändert, wobei niedrige Fungizidkonzentrationen den Gehalt erhöhen, höhere Konzentrationen dagegen den Gehalt an freien Aminosäuren herabsetzen. Die Ammonifikation wird zweifellos am stärksten von Bodenentseuchungsmitteln beeinflußt, wobei die abgetöteten Organismen den Aminosäuregehalt im Boden stark erhöhen.

Die **Nitrifikation** wird durch Fungizide wie Metham und besonders durch die meisten Bodenentseuchungsmittel unterschiedlich intensiv verringert, jedoch nie dauerhaft unterdrückt. Niedrige Konzentrationen systemischer Fungizide stimulieren die Nitratbildung, was auf verstärkte Ammonifikation infolge Substratvermehrung zurückgeht. Durch **Benomyl** und **Fentinacetat** wird der Nitratgehalt in gleichem Maße erhöht, bei Benomyl durch Oxidation von Nitrit zu Nitrat, während **Fentinhydroxid** die Denitrifikationsrate senkt. Die Denitrifikation wird durch **Captan**, **Maneb** und ähnliche Stoffe gehemmt ebenso durch Dithiocarbamate.

Die **Stickstoffixierung** wird durch einige Fungizide stärker beeinträchtigt als durch Insektizide oder Herbizide. Thiram hemmt beispielsweise auch die N-Fixierung durch *Azotobacter* und *Rhizobium*. Andere Fungizide wie z. B. die Azole haben auf die genannten Organismen keine nachteilige Auswirkung.

Die **Bodenatmung** wird durch Cu-Verbindungen, Schwefel, **Mancozeb**, **Folpet**, **Benomyl** usw. stark vermindert; bei anderen Wirkstoffen, z. B. **Captan**, steigt die Atmung beträchtlich.

Bestimmte Fungizide beeinflussen die im Boden durch Mikroorganismen bewirkten Metabolisierungsprozesse. Der **Zelluloseabbau** als wichtiger Prozeß u.a. zur Verrottung von Stroh wird durch Fungizide wie Cu-haltige Verbindungen, **Captan** und **Thiram**, verzögert. Dieser Einfluß auf die Strohrotte und den Stoffumsatz kann sich bis zu 3–4 Monate auswirken.

Die Aktivitäten von **Bodenenzymen** (Dehydrogenasen, Xylanase, Urease) verringern sich nach Behandlung mit Cu- und Schwefel-Verbindungen sowie nach Applikation von Mancozeb, Captan, Folpet und Benomyl zunächst signifikant; nach wenigen Tagen ist aber schon ein Wiederanstieg zu verzeichnen, worauf sich schließlich der Normalzustand einpendelt.

Leider werden einige **bodenbewohnende Tiere** durch bestimmte Fungizide stärker geschädigt. **Benomyl** vermindert die Population von Regenwürmern. Dadurch bleibt u. a. das Fallaub länger auf der Bodenoberfläche. Da es nicht in den Boden gezogen wird, kann es nicht so schnell verrotten. Doch wird andererseits bei Benomyl-behandeltem Laub die Bildung von Ascosporen verhindert.

Benomyl hat aber auch positive Nebeneffekte im Boden, nämlich gegen pflanzenpathogene Nematoden der Gattung *Heterodera*. Das Eindringen der Nematoden in die Wurzeln wird durch das unter Fungizideinfluß ausgebildete derbe Wurzelgewebe sehr erschwert.

Die Beeinträchtigung der Bodenbiozönose ist von großer Bedeutung. Daher finden Nebeneffekte eines Wirkstoffes auf diesem Gebiet beim Hersteller und bei den Behörden besondere Beachtung. Bei der Mittelprüfung im Zulassungsverfahren wird der Einfluß der Wirkstoffe auf das Bodenleben abgeklärt. Auch wenn bisher noch keine gravierenden und nachhaltigen Auswirkungen auf kleinere Tiere und Mikroorganismen nachgewiesen werden konnten, muß doch auch in Zukunft alles getan werden, um negative Nebeneffekte früh zu erkennen und zu vermeiden.

Ausblick: Zukünftige Methoden zur Vermeidung von Schäden bei Kulturpflanzen durch parasitäre Krankheiten

Um in Zukunft Schäden durch Pflanzenkrankheiten zu vermeiden oder einzuschränken, sollte man alle bekannten und bewährten Methoden und Verfahren nutzen. Aufgrund der in letzter Zeit gewonnenen Erkenntnisse und Erfahrungen müßte aber auch nach neuen Möglichkeiten der Gesunderhaltung von Pflanzen gesucht werden. Um die in verschiedenen Gebieten der Welt zunehmenden Verluste durch Pflanzenkrankheiten zu reduzieren, wird es in Zukunft mehr als in der Vergangenheit nötig sein, sich um strengere Quarantäne, intensivere Resistenzzüchtung und geeignete pflanzenbauliche Maßnahmen zu bemühen. Die Erfahrung lehrt aber, daß es mit diesen Methoden allein nicht gelingt, mit allen endemisch und epidemisch auftretenden Krankheiten fertig zu werden. Das ist der Grund, warum auch zukünftig auf gezielte chemische und physikalische Maßnahmen zur Verhütung und Bekämpfung von parasitäten Pflanzenkrankheiten auf keinen Fall verzichtet werden kann. An Möglichkeiten, auch biologische und biotechnologische Verfahren in der Praxis zu nutzen, wird zur Zeit intensiv gearbeitet, so daß zu hoffen ist, daß einige Probleme auch auf diesem Wege zu lösen sind.

Die derzeit zur Verfügung stehenden Fungizide sollten in der pflanzenbaulichen Praxis vernünftig gebraucht werden, damit ihre Verwendung sowohl für den Landwirt und Gärtner als auch für die Volkswirtschaft ökonomisch und für die Umwelt unschädlich ist.

Eine sinnvolle und gezielte Nutzung von Fungiziden setzt voraus, daß eine genaue Diagnose von Pflanzenkrankheiten sowie aufbauend darauf eine Prognose über ihr Auftreten und ihre Entwicklung vorgenommen werden können. Für das Erarbeiten und Verbessern solcher Methoden besteht für die Zukunft, auch für die Forschung, ein dringender Handlungsbedarf.

Weiterhin ist noch mehr als bisher darauf zu achten, daß mit resistenzgefährdeten Fungiziden durch alleinige und langzeitige Verwendung kein anhaltender Selektionsdruck auf die Erregerpopulation ausgeübt wird. Es hat sich in der Praxis bewährt, durch abwechselnde Nutzung nicht kreuzresistenter Fungizide oder Verwendung entsprechender Mischpräparate Resistenzbildung zu verhindern oder stark zu verzögern. Voraussetzung dafür ist, daß genügend geeignete und verschiedenartige Präparate zur Verfügung stehen, was heute für eine Reihe von Pflanzenkrankheiten aufgrund eines stark reduzierten Präparatesortiments leider nicht mehr gegeben ist.

In den letzten 20–30 Jahren sind erhebliche Fortschritte bei der Entwicklung neuer Fungizide erzielt worden, die dazu beigetragen haben, daß bestimmte Krankheiten jetzt besser oder überhaupt erst bekämpfbar sind und daß ältere Präparate mit Mängeln im Umweltverhalten und mit kritischen toxischen Eigenschaften abgelöst werden konnten. Trotzdem ist auch heutzutage die Bekämpfung einer Reihe wichtiger Pflanzenkrankheiten nicht möglich oder unbefriedigend. So ist es bisher nicht gelungen, Schäden durch Gefäßkrankheiten (Tracheomykosen), Wurzelfäule und Lagerkrankheiten sowie Bakterienbefall ausreichend zu verhindern.

Da vorhandene Präparate wegen Resistenzproblemen, schwieriger und zu teurer Herstellung, neuer Erkenntnisse hinsichtlich Toxikologie und Umweltverhalten ausfallen können, ist es wichtig, selbst wenn man nur auf dem gleichen Bekämpfungsniveau wie bisher bleiben will, neue chemische Verbindungen mit bisher nicht bekannten Wirkungsmechanismen zu finden und zu entwickeln.

Um Fortschritte auf diesem Gebiet zu erzielen, wird es zukünftig nötig sein, nach neuen Quellen für unterschiedlich strukturierte Verbindungen zu suchen und diese in weiter entwickelten und variierten Testmethoden zu prüfen.

Beim Auffinden neuer chemischer Strukturen und Wirkungsprinzipien sowie auch bei der Resistenzzüchtung würde man erfolgreicher werden, wenn mehr als heute über molekulare Zusammenhänge und Ursachen der in Pflanzen vorkommenden Krankheitsresistenz bekannt wäre. Zwar wird auf diesem Gebiet intensiv gearbeitet, doch sind die Erkenntnisse trotz beachtlicher Fortschritte noch immer begrenzt.

Angeregt durch chemische Inhaltsstoffe, die in krankheitsresistenten Pflanzen oder in antibiotisch wirkenden Mikroorganismen vorkommen, können neue chemische Strukturen gefunden werden, die selber oder als wirksame Derivate der Ausgangsverbindungen einer chemischen Synthese zugänglich sind.

Gezielte Untersuchungen mit einem sogenannten „biorational design“ waren bisher bei der Auffindung ganz neuer Verbindungsklassen mit unbekannten Mechanismen nicht erfolgreich, doch ist mit diesen Methoden eine Wirkungsoptimierung in bestimmten Stoffklassen gelungen. Bei der biologischen Prüfung neuer Substanzen im System „Wirtspflanze und Krankheitserreger“ müssen solche Methoden verwendet werden, mit denen außer einer fungistatischen und fungiziden Wirkung auch eine Resistenzinduktion erkannt werden kann. Dadurch können Stoffe aufgefunden werden, mit denen nicht der Erreger bekämpft, sondern die Pflanze unzugänglich für Krankheiten gemacht wird und dadurch gesund bleibt. Es gibt Beobachtungen, daß bei einem Präparat fungizide und resistenzinduzierende Effekte auch kombiniert auftreten können, was in mehrerer Hinsicht Vorteile bringen kann. Mit solchen chemischen Verbindungen könnte man gegebenenfalls besonders gute Sofort- und Langzeitwirkung erzielen, ohne daß Probleme mit Rückständen auftreten.

Ferner sind Methoden wichtig, die geeignet sind, die systemische Verteilung von Präparaten nicht nur in akropetaler, sondern auch in basipetaler Richtung im Symplasten und damit auch im Phloem zu erkennen. Chemische Stoffe mit diesen Eigenschaften könnten neue Bekämpfungsmöglichkeiten bei Wurzel- und Stengelbasiserkrankungen ergeben und das Einwandern in neu zugewachsene, unbehandelte Pflanzenteile erheblich verbessern.

Folgende Wünsche werden heute an neue Fungizide gestellt: Sie sollen einen speziell Pilze erfassenden, neuen Wirkungsmechanismus haben und in möglichst niedriger Dosis wirken. Ein breites Wirkungsspektrum ist von Vorteil, doch können durchaus auch Stoffe mit einem engeren Spektrum interessant sein. Es ist erwünscht, daß die Stoffe neue, bisher nicht bekannte Eigenschaften haben, die zu rationelleren Pflanzenschutzmaßnahmen führen. Neue Präparate dürfen nicht durch in der Praxis auftretende resistente Erreger schnell unwirksam werden, da sich dann die teure Entwicklung nicht lohnt. Ferner müssen neben einer guten Wirkung ein günstiges Umweltverhalten und eine geringe Toxizität verlangt werden.

Bei intensiver Forschung auf dem Gebiet der pflanzenbaulichen Maßnahmen, der Resistenzzüchtung und von chemischen, physikalischen und biologischen Bekämpfungsmethoden sind zwar Fortschritte zu erwarten, doch werden erfahrungsgemäß auf die Dauer bei allen Methoden und Maßnahmen auch nachteilige Folgen erkannt werden, auf die man schnell, aber bedacht reagieren muß. Für einen dauerhaften Erfolg ist es besonders wichtig, daß die anstehenden Probleme vielseitig, intelligent und mit großem Verantwortungsbewußtsein bearbeitet werden.

Zusammenfassende Darstellungen

Agrios, G. N. (1988): Plant pathology, Third Edition, Academic Press, Inc., London, pp. 1–803.

Anonymus (1989): Farm chemicals handbook, Meister Publishing Co., Willoughby, DH.

Börner, H. (1983): Pflanzenkrankheiten und Pflanzenschutz. 5. Aufl., Verlag Ulmer, Stuttgart.

Brader, L. (1987): Plant protection and land transformation. In: Wolman MG, Fournier FGA (eds) Land Transformation in Agriculture, John Wiley & Sons, New York, pp. 227–248.

Braun, H. (1965): Geschichte der Phytopathologie. In: Sorauer (Herausg.), Handbuch der Pflanzenkrankheiten, Bd. I, 7. Aufl., Paul Parey, S. 1–140.

Bruin, G. L. A., Edgington L. V. (1983): The chemical control of diseases caused by zoosporic fungi. In: Buczacki ST (ed) Zoosporic plant pathogens – A modern perspective, Academic Press, London, pp. 193–232.

Büchel, K. H. (1977): Pflanzenschutz und Schädlingsbekämpfung, Thieme Verlag, Stuttgart.

Buchenauer, H. (1990): Physiological reactions in the inhibition of plant pathogenic fungi. In: Haug G, Hoffmann H (eds.) Chemistry of plant protection, Vol. 6, Springer, Berlin, pp. 217–292.

Chaube, H. S., Singh U. S. (1991): Plant disease management: principles and practices, CRC Press, Boston, pp. 227–304.

Cole D. (1983): Oxidation of xenobiotics in plants. In: Hutson, DH, Roberts, TR (eds) Progress in Pesticide Biochemistry and Toxicology, Vol. 3, John Wiley & Sons Ltd., New York, pp. 199–254.

Corbett, J. R., Wright K., Baillie A. C. (1984): The Biochemical Mode of Action of Pesticides, Academic Press, London, New York.

Cramer, H. H. (1967): Pflanzenschutznachrichten Bayer 20: 3–523.

Heddergott, H. (1991): Taschenbuch des Pflanzenarztes, Landwirtschaftsverlag Hiltrup.

Hoffmann, G. M. (1985): Lehrbuch der Phytomedizin, 2. Auflage, Paul Parey.

Köller, W. (1992): Target sites of fungicide action, CRC Press, London.

Millardet, A. (1885): Traitement du mildiou et du rot, J. Agric. pratique 2: 513–516

Lamoureux, G. L., Rusness, D. G. (1986): Xenobiotic conjugation in higher plants. In: Paulson, G. D., Caldwell, J., Hutson, D. H., Menn, J. J. (eds.) Xenobiotic conjugation chemistry, ACS Symposium Series 299, Washington, pp. 62–105.

Lyr, H. (1987): Modern selective fungicides, Longman, London.

Mayer, K. (1959): 4500 Jahre Pflanzenschutz, Ulmer, Stuttgart.

Perkow, W. (1983): Wirksubstanzen der Pflanzenschutz- und Schädlingsbekämpfungsmittel, Band 1, Verlag Paul Parey, Berlin, Hamburg, 2. Aufl.

Ragsdale, N. N., Sisler H. D. (1991): The nature, modes of action, and toxicity of fungicides. In: Pimentel D (ed.) CRC Handbook of pest management in Agriculture, Vol. II, CRC Press, Boston, pp. 461–495.

Schönbeck, F. (1979): Pflanzenkrankheiten, Teubner, Stuttgart.

Schwinn, F. J., Margot, P. (1991): Control with chemicals. In: Ingram, D. S., Williams, P. H. (eds.) Advances in plant pathology, Vol. 7: Phytophthora infestans, the cause of late blight of potato, Academic Press, London, pp. 225–265.

Siegel, M. R., Sisler, H. D. (eds.) (1977): Antifungal Compounds. Vol. 2, Interaction in Biological and Ecological Systems, Marcel Dekker Inc., New York and Basel.

Vonk, J. W. (1983): Metabolism of fungicides in plants. In: Hutson, D. H., Roberts, T. R. (eds.) Progress in Pesticide Biochemistry and Toxicology, Vol. 3, John Wiley & Sons Ltd., New York, pp. 111–162.

Wegler, R. (Hrsg.) (1970–1981): Chemie der Pflanzenschutz- und Schädlingsbekämpfungsmittel, Bände 1–6, Springer-Verlag, Berlin, Heidelberg, New York.

Worthing, C. R. (ed.) (1991): The Pesticide Manual, British Crop. Protection Council, 9th ed.

Grundlagen toxischer Mechanismen: Hemmung wichtiger Funktionen durch Antibiotika und andere Zellgifte

B. Hock, Lehrstuhl für Botanik der TU München (Weihenstephan)

Einleitung

Pflanzen und Pilze verfügen über eine Reihe gruppenspezifischer Stoffwechsel- und Entwicklungsprozesse. Damit bieten sich selektive Angriffsmöglichkeiten, sei es für Mikroorganismen im Verlauf der Pathogenese, für Herbizide oder Fungizide zur gezielten Ausschaltung von Pflanzen und Pilzen oder für solche Umweltschadstoffe, die bevorzugt die genannten Organismengruppen schädigen.
Mit Hilfe sorgfältig charakterisierter Hemmstoffe lassen sich oft Schlüsselreaktionen identifizieren, deren Beeinträchtigung zu den beobachteten Schäden führt. Häufig werden in der Forschung auch Toxine eingesetzt, um die Existenz einer bestimmten Reaktion in einem Zielorganismus zu überprüfen und ihre Beteiligung an bestimmten Stoffwechselwegen und Entwicklungsprozessen zu identifizieren.
Der Schwerpunkt des folgenden Kapitels liegt bei den Antibiotika und ihrer Wirkung auf Pflanzen und Pilze. Hinzu kommen synthetische Verbindungen ähnlicher Wirkung. Bei Herbiziden und Fungiziden, die in eigenen Kapiteln abgehandelt werden, erfolgen in der Regel nur Querverweise.

Definition der Antibiotika

Nach der klassischen Definition von Waksman (1945[1]) werden Antibiotika von Mikroorganismen gebildet und haben selbst in starker Verdünnung eine hemmende oder zerstörende Wirkung auf andere Mikroorganismen. Viele dieser Verbindungen zeigen auch bei Höheren Organismen spezifische Wirkungen, und ebenso können auch Höhere Organismen Antibiotika synthetisieren. Wie bereits Zähner (1965[2]) vorschlug, wird deshalb hier die Bezeichnung Antibiotika auf sämtliche Verbindungen biogenen Ursprungs erweitert, die eine selektive Toxizität gegenüber beliebigen anderen Organismen zeigen.

Antibiotika als Reagenzien für die pflanzenbiologische Forschung

Wegen der spezifischen Wirkung zahlreicher Antibiotika auf eukaryotische Organismen ergeben sich im Bereich der Biochemie und Physiologie der Pflanzen viele Verwendungsmöglichkeiten. Sehr oft hemmen Antibiotika in geeigneten Konzentrationsbereichen spezifisch den Ablauf bestimmter Stoffwechselprozesse.
Selbstverständlich muß durch Kontrollen sichergestellt sein, daß das verwendete Antibiotikum an seinen potentiellen Wirkort gelangt und daß spezifische Wirkungen vorliegen. Häufig resultieren Fehler aus der Gewohnheit, nach Antibiotikum-Applikation allein aus negativen Resultaten auf die Nichtbeteiligung einer bestimmten biochemischen Reaktion zu schließen. Andererseits werden oft durch Verwendung überhöhter Konzentrationen unspezifische Wirkungen hervorgerufen, die beim Verzicht auf erforderliche Kontrollen nicht erkannt werden, so daß der Satz „Mit Giften erhält man auch vergiftete Ergebnisse" zuzutreffen scheint.
Als Beispiel für einen kontrollierten Antibiotikaeinsatz seien Untersuchungen zur Aufklärung des Syntheseorts der organellengebundenen Malat-Dehydrogenase-Isoenzyme bei Wassermelonen-Kotyledonen aufgeführt. Die glyoxysomale und mitochondriale MDH werden bei der Samenkeimung *de novo* synthetisiert, die Enzymaktivitäten nehmen dabei drastisch zu. Bei der Synthese an 80 S-Ribosomen im cytosolischen Kompartiment ist eine Hemmung durch Cycloheximid (S. 232) zu erwarten, bei der Synthese in Organellen mit 70 S-Ribosomen eine Hemmung durch Chloramphenicol (S. 232). Um die Wirksamkeit der beiden Antibiotika nachzuweisen, wurde der Einfluß auf die Cytochrom-Oxidase *in vivo* getestet. Das Enzym besteht aus sieben verschiedenen Untereinheiten, die alle für die Aktivität erforderlich sind. Drei Untereinheiten werden an mitochondrialen, vier Untereinheiten an cytosolischen Ribosomen hergestellt. Aus der Tatsache, daß beide Antibiotika die Enzymsynthese ausschalten (Tab. 1), geht hervor, daß die Antibiotika ihren Wirkort erreicht haben. Die Hemmung beider MDH-Isoenzyme durch Cycloheximid, nicht aber durch Chloramphenicol, konnte somit als Indiz für die Synthese dieser Isoenzyme an cytosolischen Ribosomen gewertet werden. Durch Experimente mit zellfreien Proteinsynthese-Systemen wurde sichergestellt, daß Cycloheximid, nicht aber Chloramphenicol, die cytosolische Proteinsynthese blockiert (vgl. Tab. 3, S. 233).
In der Praxis zeigt sich regelmäßig, daß die Antibiotika-Hemmung subzellulärer Systeme erwartungsgemäß verläuft, wäh-

Tab. 1: Einfluß von Antibiotika auf die Enzymsynthese in Wassermelonen-Kotyledonen (ergänzt nach Walk und Hock[3]).

Wassermelonen-Keimlinge wurden für vier Tage in Nährlösung mit den Antibiotika angezogen. Die Zahlen geben die Zunahme der Enzymaktivitäten (in %) im Verlauf von vier Tagen an. Sie wurden bei den Kontrollen (ohne Antibiotika) als 100 % festgesetzt.

Behandlung	Cytochrom-Oxidase	glyoxysomale MDH	mitochondriale MDH
Kontrolle (ohne Antibiotika)	100	100	100
Cycloheximid (20 µg/ml)	0	0	11
D(−)threo-Chloramphenicol (40 µg/ml)	0	95	101

rend beim Übergang zum Gewebe, Organ oder gar zur ganzen Pflanze in der genannten Reihenfolge mit zunehmenden Komplikationen gerechnet werden muß.

Antibiotika-Produzenten

Die überwiegende Mehrzahl der heute bekannten und chemotherapeutisch genutzten Antibiotika stammt von Bakterien oder Pilzen. Die taxonomische Verteilung der Produzenten beschränkt sich auf wenige Gruppen. Dies mag den gegenwärtigen Stand der Forschung widerspiegeln, kaum jedoch die potentiellen Möglichkeiten. An erster Stelle stehen Bakterien aus der Ordnung der *Actinomycetales* (z. B. *Streptomyces*), dann folgen die Pilze mit den *Fungi imperfecti* (z. B. *Penicillium, Cephalosporium*) und schließlich Bakterien aus der Ordnung der *Eubacteriales* (z. B. *Bacillus*).

Bei den Antibiotika handelt es sich um sekundäre Metaboliten, die unter natürlichen Verhältnissen in den Boden ausgeschieden werden. Allerdings ist die ökologische Bedeutung als chemische Waffe zum Schutz vor anderen Organismen umstritten. Die am natürlichen Standort ermittelten Antibiotika-Konzentrationen sind gewöhnlich sehr gering, auch beschränkt sich anscheinend die Synthese dieser Verbindungen auf späte Abschnitte des Wachstumszyklus, so daß ein Selektionsvorteil schwer zu erkennen ist[4]. Es werden jedoch verschiedene Rollen der Antibiotika im Stoffwechsel der Produzenten diskutiert, z. B. die Funktion als Repressor[5] oder als Entgiftungsprodukt eines toxischen Metaboliten[6] sowie eine Beteiligung bei der Sporogenese von Bakterien[7]. Eine Funktionserweiterung dieser Verbindungen zur Abwehr konkurrierender Organismen ist in einigen Fällen nicht auszuschließen. Bei der Komplexität der Bodenverhältnisse dürfte eine definitive Aussage in naher Zukunft kaum möglich sein.

Sehr viel klarer kommt die ökologische Rolle der Antibiotika bei den Höheren Pflanzen als Antibiotikaproduzenten zum Ausdruck. Bei der Infektion durch Pilze oder Bakterien wird in der Pflanze die Produktion von Phytoalexinen induziert, die wegen ihrer antimikrobiellen Wirkung einen integralen Bestandteil des pflanzlichen Abwehrsystems darstellen (vgl. S. 323) und damit als Antibiotika der Höheren Pflanze definiert sind.

Darüber hinaus werden biochemische Wechselwirkungen zwischen Höheren Pflanzen ebenfalls durch antibiotikaartige Verbindungen vermittelt, die ggf. der Abwehr dienen. Hierfür hat Molisch (1937[8]) den Ausdruck „Allelopathie" geprägt (S. 284).

Einteilung der Antibiotika

Zur Einteilung der Antibiotika können verschiedene Prinzipien benützt werden. In chemischer Hinsicht gehören die Antibiotika den verschiedensten Stoffklassen an. Meist handelt es sich um niedermolekulare Verbindungen von sehr verschiedener Struktur und unterschiedlichen physikalisch-chemischen Eigenschaften. Bei einer Reihe von Antibiotika ist die chemische Synthese gelungen. Die technische Produktion durch Fermentation aus den Mikroorganismen-Kulturen ist in der Regel jedoch wirtschaftlicher. Eine wichtige Ausnahme bildet die Totalsynthese des Chloramphenicols.

Im Bereich der Chemotherapie ermöglicht die systematische Einteilung nach Stoffklassen eine befriedigende Klassifizierung, da die Antibiotika sich im allgemeinen wenigen Gruppen unterordnen lassen. In der medizinischen Praxis hat sich eine Einteilung nach dem Wirkungsspektrum, d. h. nach den auszuschaltenden Krankheitserregern, bewährt. Für die Verwendung der Antibiotika als Hemmstoffe biochemischer Prozesse ist dagegen eine Einteilung nach der Wirkungsweise zweckmäßiger; die ungeheure Vielfalt der Verbindungen würde keine Zuordnung zu wenigen Stoffklassen erlauben.

Im folgenden werden die wichtigsten Einsatzgebiete der Antibiotika in der Pflanzenbiologie vorgestellt und an einigen repräsentativen Beispielen ausführlicher behandelt. Hierdurch sollen vor allem auch Anregungen für neue experimentelle Anwendungen gegeben werden. Daß die meisten der hier aufgeführten Verbindungen eine starke Humantoxizität aufweisen, muß ausdrücklich betont werden.

Hemmung der Nukleinsäure- und Proteinsynthese

Die genetische Information ist durch die Nukleotidsequenz der DNA festgelegt. Die Übersetzung in die Aminosäuresequenz eines Proteins, das letztlich die Ausbildung eines Merkmals bestimmt, erfolgt in zwei Stufen, der Transkription und der Translation:

$$\text{DNA} \xrightarrow{\text{Transkription}} \text{RNA} \xrightarrow{\text{Translation}} \text{Protein} \rightarrow \text{Merkmal}$$

Neben der Rolle als Informations*speicher* besitzt die DNA auch die Fähigkeit zur identischen Reproduktion. Dies ist eine wesentliche Voraussetzung für die Vererbung. Der Mechanismus der DNA-Synthese wird als Replikation bezeichnet. Bei der Eukaryontenzelle findet sich die Hauptmenge der DNA im Zellkern; hier laufen auch Replikation und Transkription ab, während die Translation im Cytosol erfolgt. Ferner enthalten auch Mitochondrien und Plastiden DNA. In diesen Organellen findet neben der Replikation und Transkription auch eine organelleneigene Proteinsynthese statt.

Die kerngesteuerte Nukleinsäure- und Proteinsynthese unterscheidet sich in zahlreichen Einzelheiten von den entsprechenden Vorgängen in den Mitochondrien und Plastiden. Eine Erklärung hierfür liefert die Symbiontenhypothese der Mitochondrien- und Plastiden-Evolution: Hiernach leiten sich diese Organellen von prokaryotischen Organismen (Bakterien und Cyanobakterien) ab; diese vereinigten sich im Laufe der phylogenetischen Entwicklung mit den Urformen der eukaryotischen Einzeller und wurden domestiziert.

Heute sind eine Vielzahl von Antibiotika bekannt, die in die Nukleinsäure- und vor allem in die Proteinsynthese eingreifen. Häufig ist auf Grund einer spezifischen Hemmwirkung eine Unterscheidung zwischen den kerngesteuerten und den Mitochondrien- bzw. Plastiden-eigenen Prozessen möglich. Meist zeigen Antibiotika, die bei Prokaryonten als Transkriptions- und Translationsinhibitoren bekannt sind, entsprechende Wirkungen bei Mitochondrien und Plastiden. Die Symbiontenhypothese bietet hierfür eine plausible Erklärung.

Antibiotika mit Einfluß auf Nukleinsäure-Funktionen

Wirkungsmechanismen von Antibiotika, die Nukleinsäure-Funktionen ausschalten, wurden wegen ihrer potentiellen Verwendung bei der Chemotherapie von Tumoren besonders intensiv untersucht. Eine Hemmung der Nukleinsäure-Synthese beeinträchtigt vor allem Zellen mit hohen Teilungsraten, wie sie für die meisten Tumoren typisch sind. Der Einsatz dieser Antibiotika als antimikrobielle Wirkstoffe ist dagegen wegen der hohen Toxizität seltener. Im folgenden sind diejenigen Verbindungen aufgeführt, die besonders intensiv in der pflanzlichen Molekularbiologie genutzt werden. Sie blockieren die Polymerisationsreaktionen, greifen in die Bereitstellung der Nukleinsäure-Vorstufen (Nukleotide) ein oder interferieren mit der Konformation der DNA-Doppelhelix.

a)

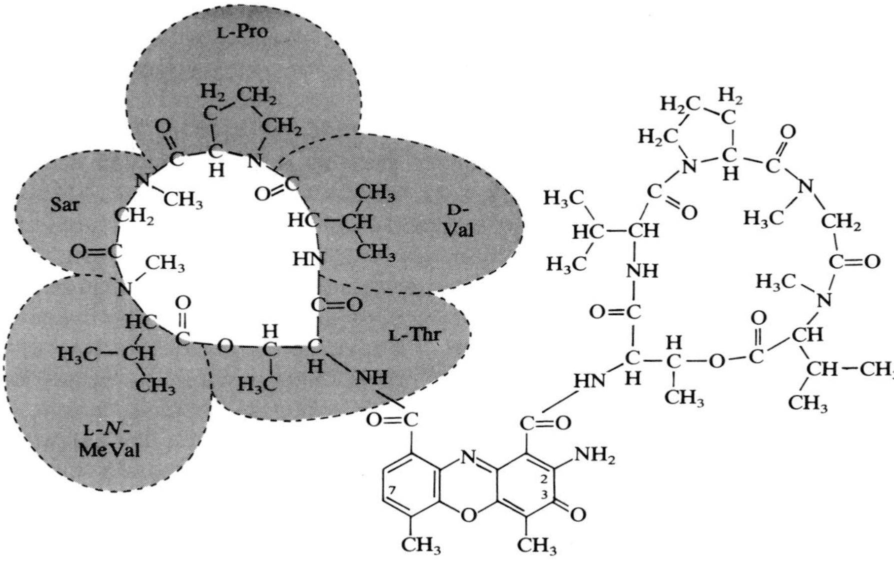

Interkalierende Verbindungen

Verschiedene Verbindungen gehen mit der DNA-Doppelhelix Komplexe ein, indem ihre planaren aromatischen Ringe zwischen zwei aufeinanderfolgende Basenpaare eingeschoben werden, ohne daß hierdurch die strukturelle Integrität der DNA beeinträchtigt wird. Allerdings ergeben sich hierdurch tiefgreifende Konsequenzen für anschließende Modifikationen der DNA, wie sie z. B. bei Konformationsänderungen oder Syntheseprozessen notwendig werden.

Actinomycin D

Die Actinomycine zählen zu den Polypeptid-Antibiotika; sie wurden zum ersten Mal 1940 aus dem Actinomyceten *Steptomyces antibioticus* isoliert. *Die* Wirkungsweise hängt mit der spezifischen Bindung an die DNA-Doppelhelix zusammen. Hierdurch wird die DNA-abhängige RNA-Synthese gehemmt.

Abb. 1 a) zeigt den bekanntesten Vertreter dieser Verbindungen, das **Actinomycin D** (= C_1). An den Phenoxazon-Chromophor, der die orangerote Farbe bedingt, sind über Amidbrükken zwei identische Pentapeptid-Laktonringe gebunden. Die spezifische Wechselwirkung mit der Doppelstrang-DNA beruht auf Interkalation, bei der das Phenoxazon-Ringsystem zwischen zwei GC-Basenpaare der Doppelhelix eingefügt wird, sowie auf der spezifischen Wasserstoffbrückenbindung zwischen den Desoxyguanosinresten der Nachbarstränge und den beiden Peptidringen, die in der kleinen Furche der DNA liegen[9] (Abb. 1 b). Hierdurch wird die DNA als Matrize für die RNA-Polymerase unbrauchbar, und die Transkription, nicht aber die Translation, wird gehemmt[10]. *In vivo* bindet das Antibiotikum bevorzugt an die aktiven Chromatinregionen[11]. Offensichtlich beeinträchtigt Actinomycin D die DNA-Synthese kaum.

Ein repräsentatives Beispiel für die Verwendung von Actinomycin D bei Pflanzen ist die Analyse der lichtgesteuerten Zunahme der Phenylalaninammoniumlyase-Aktivität. Am Beispiel von Zellsuspensionskulturen der Petersilie wurde nachgewiesen[12], daß der Aktivitätsanstieg nach Belichtung durch Actinomycin D hemmbar ist (Abb. 2). Dieser erste Hinweis auf die RNA-Synthese als Glied in der Signalkette Licht/

b)

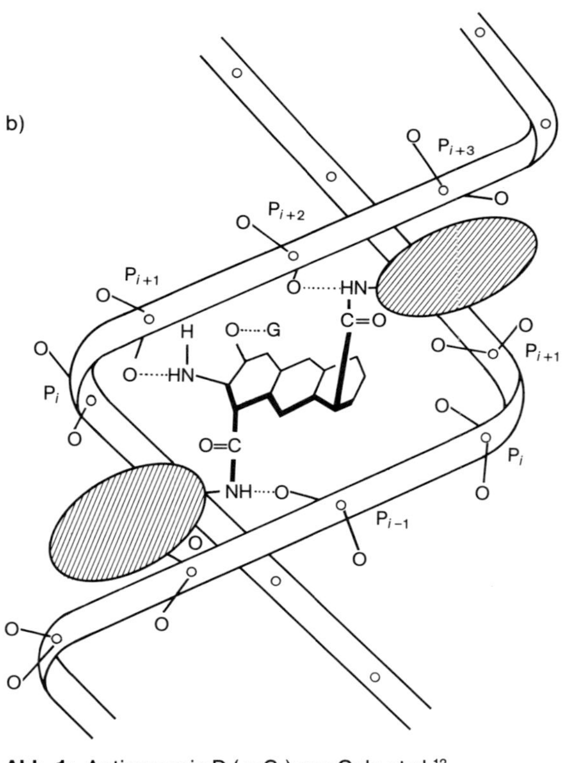

Abb. 1: Actinomycin D (= C_1) aus Gale et al.[12]
a) Strukturformel. Beide Peptid-Lactonringe sind identisch. Abkürzungen für die Aminosäure-Reste (links): Sar = Sarcosin, L-N-MeVal = L-N-Methylvalin, L-Tr = L-Threonin, D-Val = D-Valin, L-Pro = L-Prolin.
b) Modell des Actinomycin D-DNA-Komplexes. P_i und P_j bezeichnen die aufeinanderfolgenden Phosphatgruppen der beiden DNA-Stränge. Das ausgebreitete Antibiotikum-Molekül füllt die kleine Furche der Doppelhelix über eine Strecke von ca. 6 Basenpaaren.

Enzymanstieg wurde durch den exakten Nachweis anhand von zellfreien Systemen bestätigt, daß Licht die Neubildung von mRNA induziert[14]. Wegen der Hintereinanderschaltung von Transkription und Translation läßt sich die Aktivitätszunahme in den Zellkulturen notwendigerweise auch durch den Translationshemmer Cycloheximid (S. 232) blockieren.

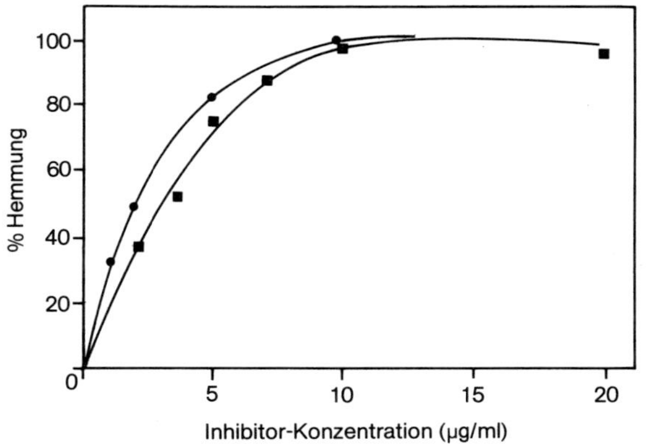

Abb. 2: Die Hemmung der lichtinduzierten Phenylalaninammoniumlyase durch Actinomycin D (■) und Cycloheximid (●) bei Zellsuspensionskulturen der Petersilie (aus Hahlbrock und Ragg[13]). Die Antibiotika wurden 30 min vor Lichtbeginn zugegeben. Die Enzymextraktion erfolgte 7 Stunden nach Lichtbeginn (Dauerweißlicht).

Die Phenylalaninammoiumlyase (PAL) nimmt eine Schlüsselstellung bei der Biosynthese sekundärer Pflanzenstoffe ein: Von der Zimtsäure als Reaktionsprodukt zweigen die Biosynthesewege des Lignins, der Flavonoide und Stilbene sowie der Cumarine und Phenolcarbonsäuren ab. Daraus wird klar, daß Actinomycin D z. B. die Licht-induzierte Anthocyansynthese hemmt, wenn die Applikation vor Lichtbeginn erfolgt[15]. Die spezifische Blockade der PAL durch das Aminooxy-Analog von Phenylalanin, **L-α-Aminooxy-β-phenylpropionsäure (AOPP),** führt verständlicherweise ebenfalls zur Synthesehemmung der oben genannten Stoffklassen[16].
Das hier skizzierte Beispiel unterstreicht die Eignung der Antibiotika für Screening-Tests. Selbstverständlich können ausschließlich auf Inhibitordaten beruhende Schlußfolgerungen nicht überzeugen, da unspezifische Effekte (z. B. bei der Verwendung überhöhter Konzentrationen) schwer zu erkennen sind. Umgekehrt können negative Resultate allein durch Permeabilitätsprobleme bedingt sein.
Sogenannte paradoxe Effekte von Actionomycin D, bei denen Enzymaktivitäten gesteigert oder gar morphogenetische Prozesse (z. B. Bewurzelung abgeschnittener Kotyledonen) ausgelöst werden, widersprechen nicht notwendigerweise der Wirkung des Antibiotikums als Transkriptionshemmer. So wurde z. B. bei der wundinduzierten RNase von Kohlrabi-Scheiben gezeigt, daß eine Erhöhung der Enzymaktivität (Superinduktion) durch das Antibiotikum erfolgt, wenn die Verwundung mindestens 45 min vor der Antibiotikum-Applikation gesetzt wird[17]. Dies ist verständlich, wenn die RNase-Produktion von zwei Faktoren abhängt: einer langlebigen mRNA für das Enzym und einer kurzlebigen mRNA für ein Repressorprotein, das die Translation RNase-spezifischer mRNA hemmt.
Actinomycin D wurde ferner als hochwirksamer kompetitiver Inhibitor bei Serin-Proteinasen von Mikroorganismen identifiziert[18].

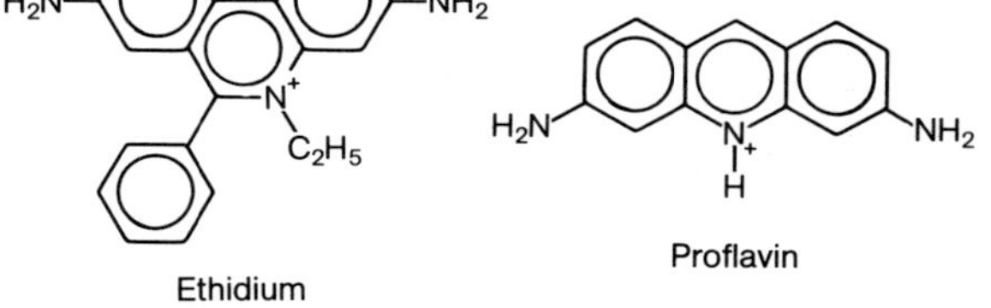

Abb. 3: Ethidium und Proflavin.

Ethidium und Acridine

Bei Ethidium und Acridinen wie z. B. Proflavin handelt es sich um synthetische interkalierende polyzyklische Aromaten (Abb. 3). Die Farbstoffe sind durch ihre mutagene und karzinogene Wirkung bekannt. Ihre Applikation führt zu Konformationsänderungen am DNA-Doppelstrang.
Der unspezifische Interkalator bindet bei Eukaryonten primär an den Enden der DNA-Termini von Nucleosomen-Core-Partikeln[19]. Dies führt zunächst zur Freisetzung je eines H2A- und H2B-Histons. Hierdurch werden neue DNA-Bindungsstellen freigelegt. Die weitere Ethidiumbindung resultiert in einer vollständigen Dissoziation des Nucleosomen-Partikels zu freier DNA und Histonen. Die Ethidium-induzierte Dissoziation ist reversibel. Abb. 4 zeigt den Ablauf im Schema.

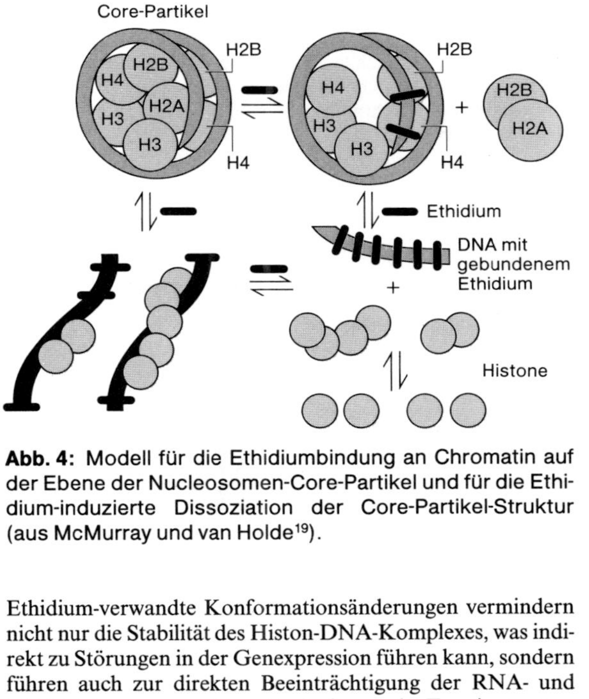

Abb. 4: Modell für die Ethidiumbindung an Chromatin auf der Ebene der Nucleosomen-Core-Partikel und für die Ethidium-induzierte Dissoziation der Core-Partikel-Struktur (aus McMurray und van Holde[19]).

Ethidium-verwandte Konformationsänderungen vermindern nicht nur die Stabilität des Histon-DNA-Komplexes, was indirekt zu Störungen in der Genexpression führen kann, sondern führen auch zur direkten Beeinträchtigung der RNA- und DNA-Polymerase sowie zur Veränderung der Topoisomerase-Wirkung (s. u.).
Eine Ethidium- oder Acridinbehandlung führt bei zirkulärer DNA zu DNA-Brüchen und damit zur Beeinträchtigung der DNA-Replikation, aber auch der Transkription. Acridine und Ethidium werden unter anderem dazu verwendet, um bei Hefezellen den Verlust der mitochondrialen DNA zu erzielen und somit atmungsdefekte Mutanten zu gewinnen[20]. Auch bei Chloroplasten lassen sich DNA-Verluste auslösen[21].

Coffein

Auch das Trimethylxanthin Coffein (Formel vgl. Abb. 72, S. 266) zählt zu den DNA-interkalierenden Stoffen. Da es vor allem an beschädigte Regionen der DNA bindet, wird die DNA-Reparatur und die Photoreaktivierung gehemmt, die z. B. UV-induzierte Schäden beseitigen. Damit verstärkt Coffein mutagene und letale Effekte von genotoxischen Substanzen. Hiervon ist die Wirkung auf die Mikrotubuli (vgl. S. 262) zu unterscheiden.

Topoisomerasen

Der genetische Code ist durch die eindimensionale Anordnung von Nucleotiden festgelegt. Dennoch bestimmen auch die topologischen Eigenschaften der DNA zu einem wesentlichen Anteil, wie die genetische Information exprimiert und von einer Generation zur nächsten weitergegeben wird. Als Beispiel seien dreidimensionale Änderungen wie superhelikale Windungen, d. h. die Überführung in die negative bzw. positive Superschraube (s. u.), genannt, die Initiations- und Elongationsraten für DNA-Replikation und -Transkription bestimmen. Topologische Probleme sind auch bei der Rekombination sowie bei der Trennung der Tochterchromatiden bei der Zellteilung zu lösen.
Für die Änderung der DNA-Topologie über eine Änderung des Verdrillungsgrades sind die Topoisomerase I und II zuständig und daher besonders gut untersucht; in jüngster Zeit kamen noch weitere Typen hinzu. Die Funktion wird zunächst am Beispiel der Topoisomerase II erläutert; sie entspricht ungefähr der bakteriellen sowie der Chloroplasten- und Mitochondrien-gebundenen DNA-Gyrase. Die Topoisomerase II ändert den topologischen Zustand der DNA, indem sie eine intakte DNA-Doppelhelix durch einen vorübergehenden Doppelstrangbruch hindurchführt, den sie in einem anderen Abschnitt desselben DNA-Moleküls oder eines anderen DNA-Moleküls erzeugt. Abb. 5 zeigt die Konsequenzen am Beispiel einer ringförmigen DNA, wie sie in Chloroplasten und Mitochondrien vorliegt. Der Vorgang ist jedoch ebenso wichtig für die Chromosomen des Zellkerns. Diese liegen während der Interphase in Schlaufen, einer Suprastruktur der Nucleosomen, vor und sind dabei an der Kernmembran verankert. Beim Übergang in die Mitose oder Meiose werden sie durch einen Kondensationsvorgang in die Transportform überführt und dekondensieren wieder beim Eintritt in die nächste Interphase.

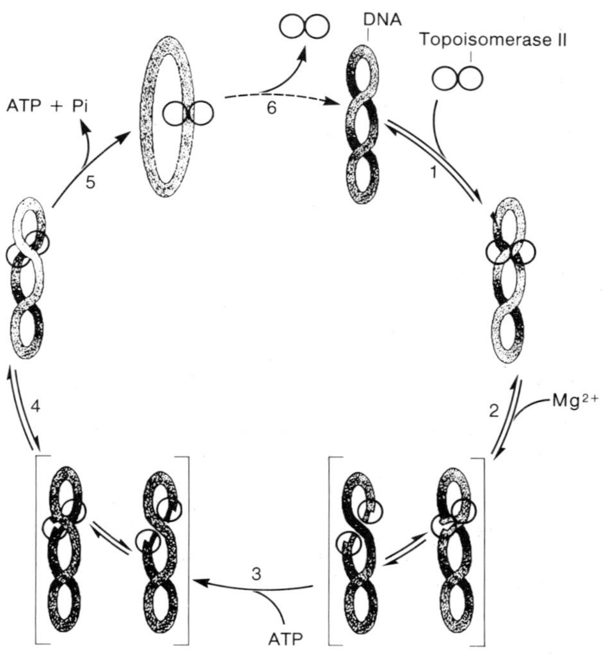

Abb. 5: Katalytischer Zyklus der Topoisomerase II (aus Osherhoff et al.[22]).

Die eukaryotische Topoisomerase II kann sowohl positive Superschrauben (mit einer Überzahl von Windungen) als auch negative Superschrauben (mit einer Unterzahl von Windungen) entspannen, nicht jedoch bei der entspannten DNA den umgekehrten Vorgang durchführen wie die homologe DNA-Gyrase. Das Modell in Abb. 5 zeigt den katalytischen Zyklus zur Entfernung von negativen superhelikalen Verdrillungen. Das homodimere Enzym bindet an die DNA (1), führt einen Doppelstrangbruch aus (2), führt den Nachbardoppelstrang hindurch (3) und ligiert den Doppelstrangbruch (4). Nach ATP-Hydrolyse (5) kommt es zur Ablösung des Enzyms (6).
Die Topoisomerase I führt lediglich einen Einzelstrangbruch durch. Die relative Rotation der beiden getrennten DNA-Enden und die anschließende Ligation haben die Relaxation der DNA zur Folge.
Eine Übersicht über die wichtigsten Inhibitoren findet sich bei Liu[23].

Inhibitoren der DNA-Topoisomerase II und I

Prinzipiell lassen sich die pflanzlichen Topoisomerasen durch dieselben Inhibitoren hemmen wie die entsprechenden Säuger-Enzyme, wo der Einstz für die Chemotherapie (Antitumorwirkung) im Vordergrund steht. Hierzu zählen die interkalierenden Farbstoffe aus der Gruppe der Acridine und Anthrazykline (Abb. 6), aber auch Actinomycin D (Abb. 1). Unter dem Einfluß dieser Inhibitoren kommt es zum Topoisomerase II-induzierten Strangbruch, der nicht mehr ligiert wird.
Die nicht-interkalierenden Epipodophylltoxine (Abb. 6) VP-16 (Etoposid) und VM-26 (Teniposid) sind Glycosid-Derivate der Podophyllotoxine, Inhibitoren der Tubulinpolymerisation. Mit VM-26 wurde an Kernextrakten von Maisembryonen die Existenz der Topoisomerase II nachgewiesen[24]: in Gegenwart des Enzyms, des Inhibitors und ATP wurde das Plasmid pBR 322 aus der Superhelix in die lineare Form überführt. Interessanterweise stimuliert das Herbizid 2,4-D *in vivo* die Aktivität der Topoisomerase II auf das Doppelte, während ABA die Aktivität drastisch reduziert. Bei Hefen wurden große Mengen des Enzyms im Bereich des Chromatins lokalisiert[25].
Zu den Inhibitoren der Topoisomerase I zählt Camptothecin (Abb. 6), ein cytotoxisches pflanzliches Alkaloid aus dem chinesischen Baum *Camptotheca acuminata (Nyssaceae),* das vor allem Zellen in der S-Phase abtötet. Das Toxin verursacht durch seine Einzelstrangbrüche in Gegenwart von Topoisomerase I Schwester-Chromatidenaustausch und chromosomale Aberrationen. Hierbei bleibt das Enzym kovalent an die 3′-Phosphorylenden der gebrochenen DNA-Stränge gebunden. Camptothecin bindet an den DNA-Topoisomerase I-Komplex, nicht jedoch an freie DNA oder freies Enzym.
Ein weiterer Inhibitor ist Berenil. Diese Verbindung sowie Camptothecin erwiesen sich als wirksame Inhibitoren der Topoisomerase I aus Tabakzellen[26].
Die prokaryotische Topoisomerase II (= Gyrase), die auch in Chloroplasten und Mitochondrien auftritt, läßt sich durch die synthetische Verbindung Nalidixinsäure und andere Chinolin-Verbindungen wie Norfloxacin und Oxolinsäure (vgl. Abb. 7) hemmen. Die Inhibitoren verhindern eine Verheilung des DNA-Doppelstrangbruchs, indem sie ein kovalentes Gyrase-DNA-Intermediat blockieren. Die Folge ist u. a. eine Hemmung der DNA-Replikation und die Induktion des DNA-Abbaus.
Prokaryotische Gyrasen induzieren im Gegensatz zu den eukaryotischen Topoisomerasen auch die Bildung positiver und

Inhibitoren der Topoisomerase I

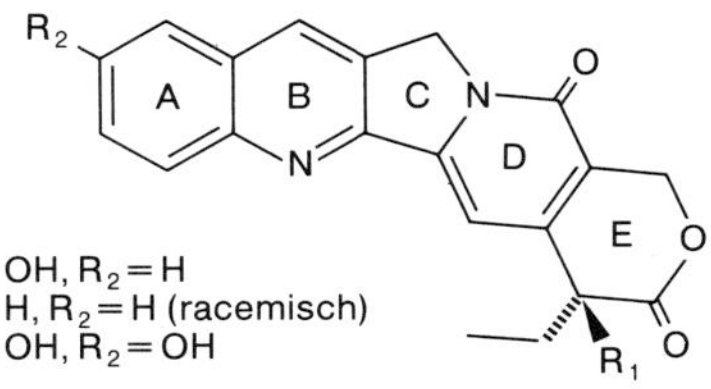

1 $R_1 = OH, R_2 = H$
2 $R_1 = H, R_2 = H$ (racemisch)
3 $R_1 = OH, R_2 = OH$

Camptothecin

Inhibitoren der Topoisomerase II

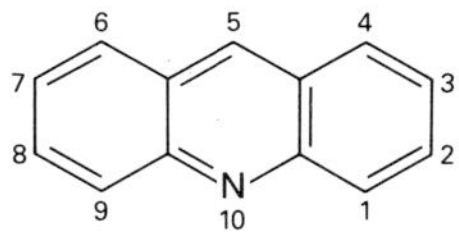

Acridin (10-Azaanthracen)

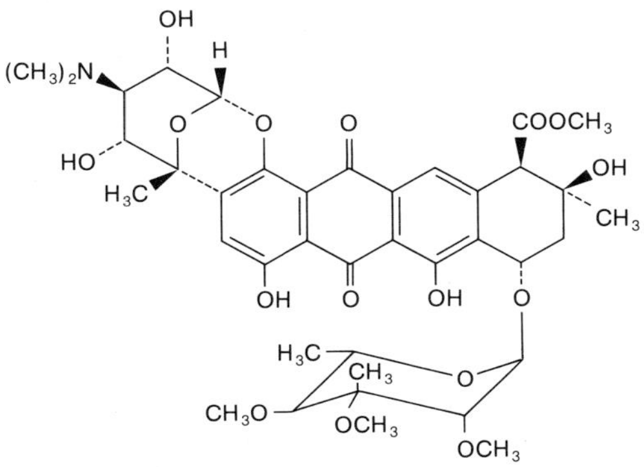

Nogalamycin, ein Anthrazyklin

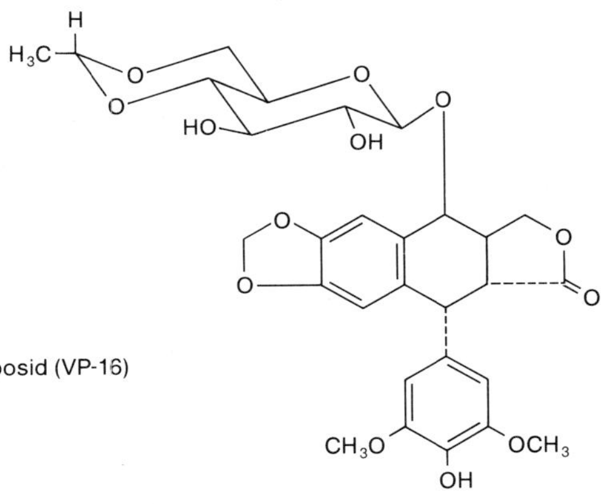

Etoposid (VP-16)

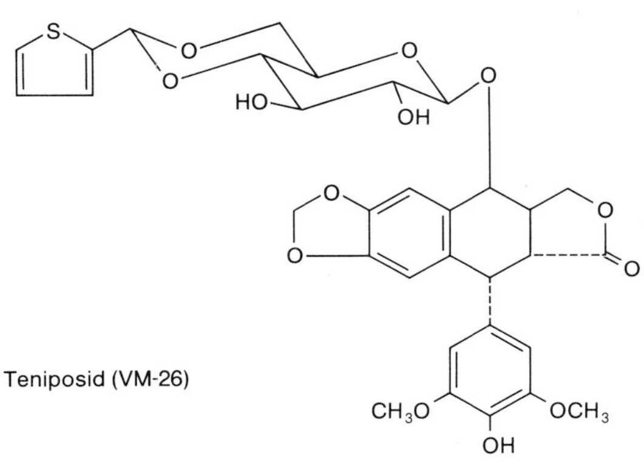

Teniposid (VM-26)

Abb. 6: Inhibitoren der eukaryotischen Topoisomerasen.

negativer Superschrauben (Supercoiling) aus der entspannten DNA-Form in Gegenwart von DNA.
Die Überführung des entspannten DNA-Rings in die negative Superhelix ist eine Voraussetzung für die Replikation des Organellen- und Prokaryonten-Genoms. Die Applikation von Nalidixinsäure verursacht den allmählichen Verlust des Organellengenoms. Bei Chloroplasten verschwinden innerhalb von 2 bis 3 Generationen die Nukleoide, der Chlorophyllgehalt ist reduziert, während die Organellenreplikation zunächst nicht betroffen ist[27].

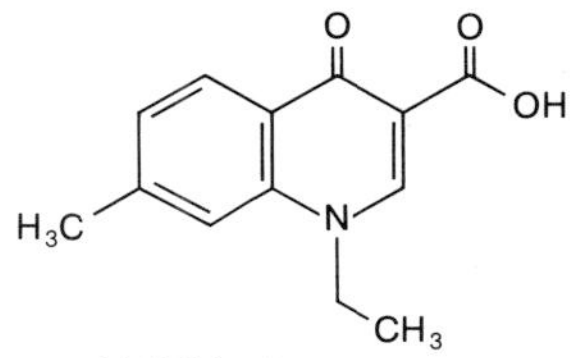

Nalidixinsäure

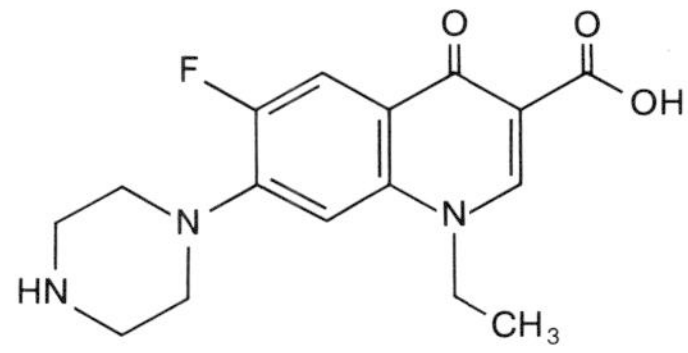

Norfloxacin

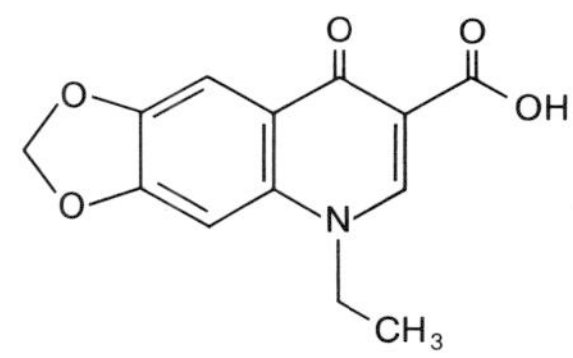

Oxolinsäure

Abb. 7: Topoisomerase II (= Gyrase)-Inhibitoren (Chinolin-Verbindungen).

Hemmung enzymatischer Prozesse der Nukleinsäuresynthese

Aphidicolin

Bei der Replikation der chromosomalen DNA von Eukaryonten spielt die DNA-Polymerase α die wichtigste Rolle. Sie wird direkt und spezifisch durch **Aphidicolin,** ein tetrazyklisches Diterpen mit 4 OH-Gruppen aus dem imperfekten Pilz *Cephalosporium aphidicola* (Abb. 8), gehemmt, nicht jedoch die ebenfalls kerngebundene DNA-Polymerase β (ein Reparaturenzym) oder die mitochondriale DNA-Polymerase γ, ein Replikationsenzym[28].

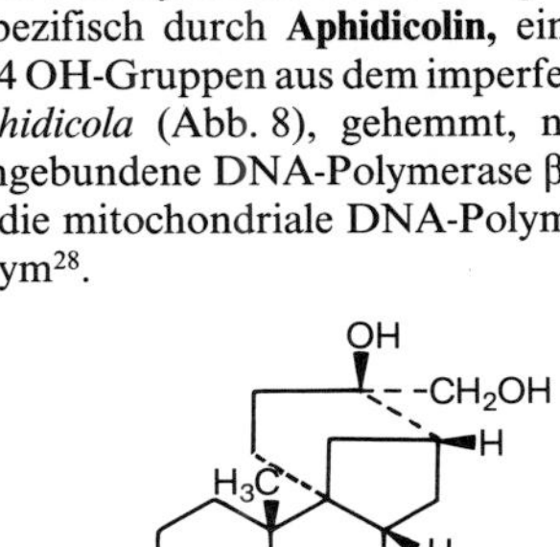

Abb. 8: Aphidicolin.

Wahrscheinlich bindet Aphidicolin an den DNA-Polymerase-Komplex, der hierdurch inaktiviert wird. Man vermutet, daß eine natürliche Substanz mit einer strukturellen Ähnlichkeit zu diesem Antibiotikum (z. B. ein Steroid oder ein anderes Diterpen) über dieselbe Rezeptorstelle die zelluläre DNA-Replikation reguliert.

α-Aminitin

Bei dieser hochtoxischen Verbindung handelt es sich um eines der Hauptgifte des Knollenblätterpilzes. Das bizyklische Octapeptid, quervernetzt durch Hydroxytryptathionin-Sulfoxid (Abb. 9), hemmt spezifisch die im Zellkern lokalisierte DNA-abhängige RNA-Polymerase II, die für die Synthese von mRNA-Vorstufen benötigt wird. Andere Polymerasen werden nicht angegriffen. Bereits 1971 zeigten Seitz und Seitz[29] bei Zellsuspensionskulturen der Petersilie die selektive Synthesehemmung von AMP-reicher RNA.

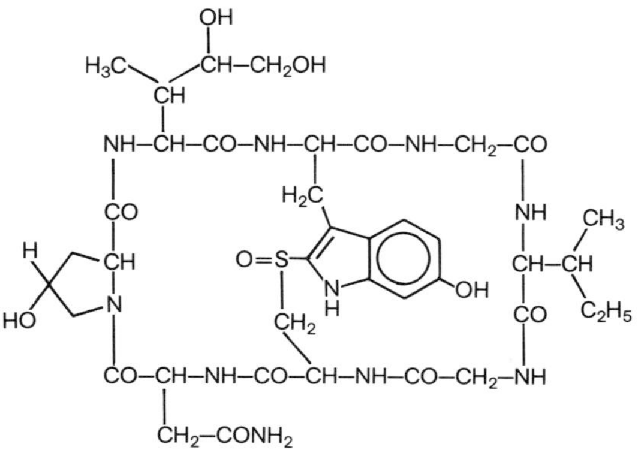

Abb. 9: α-Amanitin.

Eingriff in den Nukleotid-Stoffwechsel

Eine Vielzahl von Antibiotika und ähnlichen Verbindungen steht zur Verfügung, um bereits auf der Ebene des Nukleotidstoffwechsels die Nukleinsäurefunktionen zu hemmen. Die wichtigsten Wirkungsmechanismen lassen sich in drei Gruppen einteilen.:

1. **Hemmung der Purin- und Pyrimidin-Synthese,** z. B. durch **Azaserin** und **DON** (Abb. 10) aus Streptomyceten, die wegen ihrer Hemmung der Purinsynthese als Antitumor-Antibiotika bekannt sind.

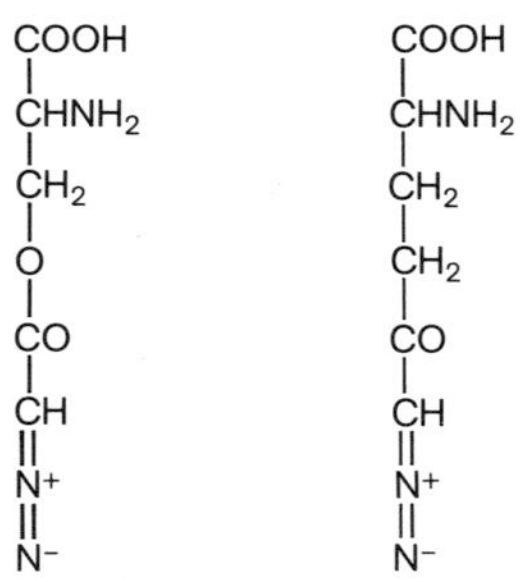

Azaserin Don

Abb. 10: Purin- und Pyrimidin-Synthesehemmer.

2. **Hemmung von Nukleotid-Synthesen.** Die Analoga **5-Fluoruracil** und **5-Fluordesoxyuridin** (Abb. 11), die *in vivo* zu 5-Fluordesoxyuridylat umgewandelt werden, hemmen spezifisch die Thymidylat-Synthetase. Durch den Mangel an Thyminnukleotiden wird die DNA-Synthese beeinträchtigt.

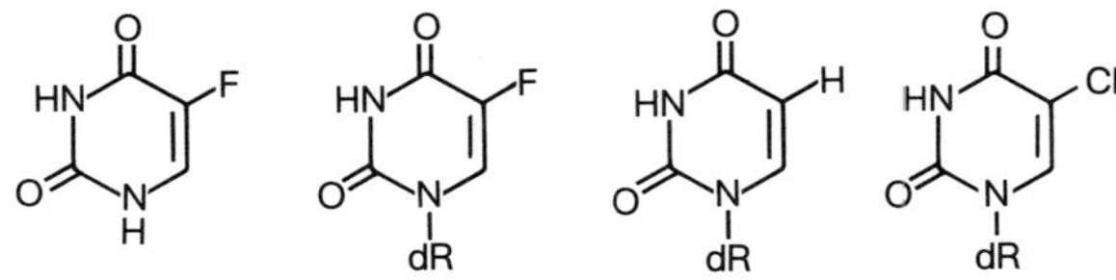

5-Fluoruracil 5-Fluordesoxyuridin Desoxyuridin Thymidin
(dR = Desoxyribose)

Abb. 11: Nucleotid-Synthesehemmer und Thymidin.

Bei Hypokotylen von Senfkeimlingen konnte eine Hemmung der DNA-Synthese bereits 30 min nach Applikation des Inhibitors (4×10^{-5}molar) beobachtet werden[30]; eine Hemmung des Streckungswachstums wurde dagegen erst nach ca. 6 Stunden festgestellt.

Durch Thymingabe (4×10^{-4}molar) wurden beide Prozesse mit vergleichbaren lag-Phasen wie zuvor wieder aufgenommen.

5-Fluoruracil hemmt eine Reihe morphogenetischer Prozesse. Als Beispiel sei die Fruchtkörperbildung des Ascomyceten *Sordaria fimicola* genannt, die bereits bei 1 μ molarer Konzentration ohne nennenswerte Beeinträchtigung des vegetativen Wachstums selektiv gehemmt wird[31].

Morphogenetische Effekte wurden auch bei *Zinnia elegans* beobachtet[32]. Hier hemmt 5-Fluordesoxyuridin (FdU) bei isolierten Mesophyllzellen die Differenzierung zu Tracheenelementen, die gewöhnlich mit hoher Häufigkeit nach einer Kulturzeit von 48 h gebildet werden. Vergleichbare Hemmwirkungen wurden an den verschiedensten Systemen beobachtet. Es ist hier anzunehmen, daß der Effekt nicht allein auf die Hemmung der Thymidylat-Synthase (nach Überführung von FdU in Fluordesoxyuridin-Monophosphat) zurückzuführen ist, sondern vermutlich auch auf einen Einbau von FdU in die DNA.

3. **Einbau von Nukleotid-Analoga in die RNA und DNA:** Eine Reihe natürlicher und synthetischer Analoga von Nukleinsäure-Komponenten kann zu Nukleotid-Analoga umgewandelt werden. Nach dem Einbau in die Nukleinsäuren werden die Eigenschaften der Makromoleküle auf verschiedene Weise verändert. Wichtige Beispiele sind die synthetischen Verbindungen **8-Azaguanin** (Abb. 12), ein Guaninanalog, das zum entsprechenden Adenosinanalog umgewandelt und in die

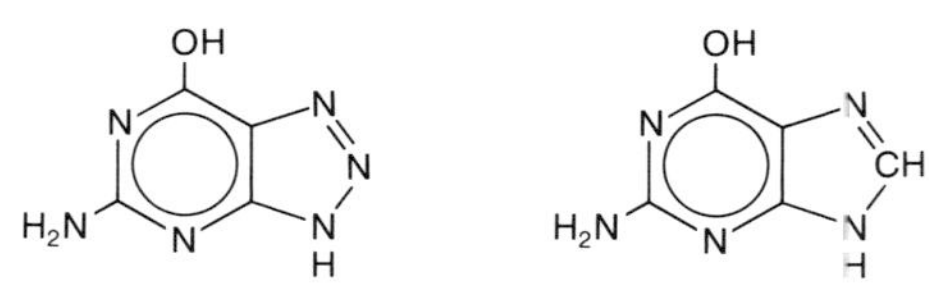

8-Azaguanin Guanin

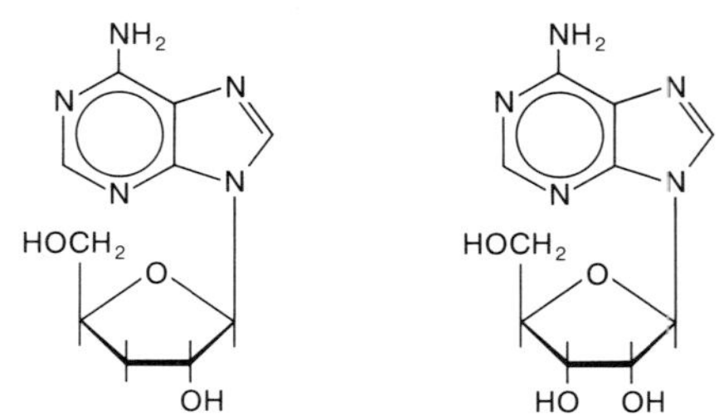

Cordycepin (3'-Desoxyadenosin) Adenosin

Abb. 12: 8-Azaguanin, Guanin, Cordycepin und Adenosin.

RNA eingebaut wird. Hierdurch kommt es zu Störungen in der Codon-Anticodon-Erkennung bei der Proteinsynthese (S. 226, 229).

Vielfach verwendet wird auch **Cordycepin (3′-Desoxyadenosin),** ein Nukleosid-Analog, das am 3′-Ende der wachsenden RNA-Ketten eingebaut wird und die weitere Verlängerung blockiert (Abb. 12). Besonders effektiv wird die Bildung des Poly(A)-Segments am 3′-terminalen Ende der mRNA-Vorstufen im Zellkern gehemmt und damit die Produktion von mRNA. Das Antibiotikum, das 1951 zuerst aus dem Ascomyceten *Cordyceps militaris* und später auch aus *Aspergillus nidulans* isoliert wurde, läßt sich heute synthetisch herstellen. Bei Pflanzen wurde Cordycepin u. a. dazu benutzt, die Stabilität von mRNA zu messen[33].

Eingriff in ribosomale Funktionen

Grundlagen

Bei der zweiten Stufe der Informationsübertragung vom Gen zum Protein, der Translation, wird die Basensequenz der mRNA in eine Folge von Aminosäuren übersetzt, welche die Polypeptidkette aufbauen. Ein großer Teil der heute bekannten Antibiotika greift in diesen Ablauf ein. Unser heutiges Verständnis der Proteinbiosynthese basiert wesentlich auf Experimenten mit den genannten Antibiotika.

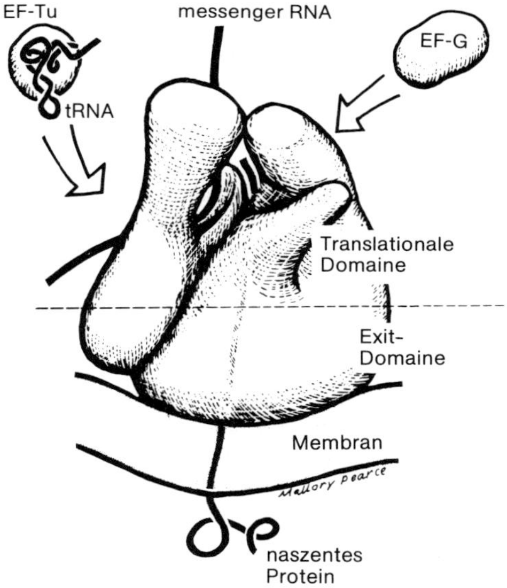

Abb. 13: Modell eines (membrangebundenen) Ribosoms mit Bindungsstellen der mRNA sowie verschiedenen prokaryotischen Elongationsfaktoren. Die naszente Polypeptidkette passiert ungefaltet das Ribosom (aus Bernabeu und Lake[34]).

Eine entscheidende Rolle bei der Proteinsynthese spielt das Ribosom (Abb. 13). Es ist an der Translation der mRNA zur Herstellung der Proteine beteiligt. Zwischen den cytosolischen Ribosomen der Eukaryonten einerseits und den Organellen- sowie den Prokaryonten-Ribosomen andererseits bestehen deutliche Größenunterschiede, die sich in unterschiedlichen S-Werten widerspiegeln: Die erste Gruppe besteht aus 80S-Ribosomen, die zweite aus 70S-Ribosomen. Die exakten Werte können allerdings bei den einzelnen Organismen etwas variieren. Unabhängig von der Zugehörigkeit ist jedes Ribosom aus zwei Untereinheiten verschiedener Größe aufgebaut: Die 80S-Ribosomen bestehen aus 40S- und 60S-Untereinheiten, die 70S-Ribosomen aus 30S- und 50S-Untereinheiten. Die jeweilige Zusammensetzung aus rRNA und Proteinen und die topographische Lage der einzelnen Komponenten sind bekannt.

Ribotoxine

Eine beträchtliche Zahl von Pflanzen produziert Ribosomen-inaktivierende Proteine (= Ribotoxine). Als biologische Funktion wird ein Schutz vor Virusinfektionen vermutet: Ribotoxine könnten eine Ausbreitung der Infektion durch Ribosomen-Inaktivierung verhindern. Diese Toxine greifen an der großen ribosomalen Untereinheit an; es erfolgt eine Inaktivierung, so daß die Elongation der Polypeptidkette (s. u.) nicht mehr stattfinden kann.

Unter den Ribotoxinen lassen sich 2 Gruppen unterscheiden: (1) die Typ I-Ribotoxine, die aus einer Polypeptidkette bestehen, und (2) die Typ II-Ribotoxine mit zwei ungleichen Polypeptidketten; eine ist für die toxischen Eigenschaften verantwortlich, die andere dient als Carrier zur Durchquerung der Plasmamembran. Einige dieser Verbindungen gehören zu den toxischsten Verbindungen überhaupt. Ein Molekül pro Zelle reicht aus, um die Proteinsynthese auszuschalten.

Besonders genau untersucht ist das Typ II-Ribotoxin Ricin aus der Euphorbiacee *Ricinus communis.* Es besteht aus einer A- und einer B-Kette, die durch Disulfidbrücken zusammengehalten werden. Die B-Kette ist ein Galactose-spezifisches Protein mit zwei Galactose-Bindungsstellen; damit kann das Toxin an eine Vielzahl von Zellen binden und anschließend die Zellmembran durchqueren. Die A-Kette ist eine RNA-N-Glycosidase. Sie katalysiert die Herausspaltung von Adenin aus der Position A 4324 der 28S rRNA (Abb. 14), was zum Stopp der Kettenverlängerung führt. Bei *Ricinus* schützt die Kompartimentierung des Toxins in der Vakuole von Endospemzellen die cytoplasmatische Proteinsynthese während der Samenkeimung[36].

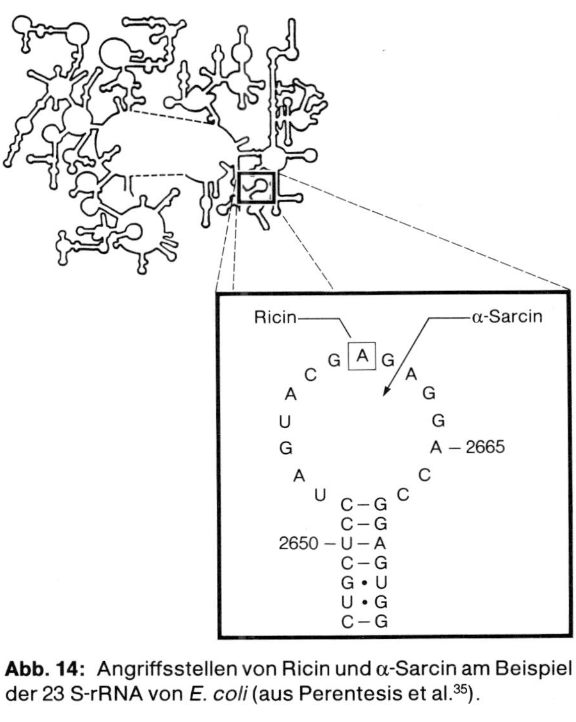

Abb. 14: Angriffsstellen von Ricin und α-Sarcin am Beispiel der 23 S-rRNA von *E. coli* (aus Perentesis et al.[35]).

Einen vergleichbaren Wirkungsmechanismus weisen auch die Typ II-Ribotoxine Abrin aus *Abrus precarorius (Leguminosae)* sowie Modeccin aus *Modecca digitata* auf. Es handelt sich um Glycoproteine, die in intakten und zellfreien Systemen die Proteinsynthese blockieren. Hierzu zählt ferner das Shiga-Toxin aus dem Bakterium *Shigella dysenteriae* und die Shiga-ähnliche Toxin-II-Variante (SLT-II v) aus *Escherichia coli.*
Die bisher genannten Proteine sind besonders wirksam bei tierischen Zellen. Eine hohe Effektivität bei pflanzlichen Systemen, aber auch bei Prokaryonten zeigt ein antivirales Protein aus der Wunderblume *Mirabilis,* MAP. Es handelt sich um ein unglycosyliertes Ribotoxin vom Typ I, das eine beträchtliche Homologie zur Ricin A-Kette aufweist und ebenfalls eine Adeninabspaltung bewirkt. Über vergleichbare Aktivitäten verfügt das Ribotoxin Petroglaucin aus der in Nordspanien endemisch auftretenden Pflanze *Petrocoptis glaucifolia (Caryophyllaceae).* Es hemmt u. a. zellfreie Extrakte von *Vicia sativa,* weniger dagegen das Weizenkeimsystem[37]. Strukturelle Ähnlichkeiten bestehen zu Saponin aus *Saponaria officinalis* sowie zu Momordin I und II aus *Momordica charantia.*
Eine Ähnlichkeit zu den A-Ketten von Ricin, Abrin und Modeccin weisen auch die antiviralen Proteine Phytolaccin aus Wurzeln von *Phytolacca americana,* Gelonin aus Samen von *Gelonium multiflorum (Euphorbiaceae),* Crotin aus Samen von *Croton tiglium* sowie Curcin aus Samen von *Satrophia curcas* auf.
Eine Übersicht über in letzter Zeit entdeckte Typ I-Ribotoxine findet sich bei Merino et al.[38]. Besonders hohe Inhibitorgehalte treten bei *Lychnis flos-cuculi, Euphorbia serrata, Capsella bursa-pastoris* auf. α-Sarcin, das von *Aspergillus giganteus* sezerniert wird, weist eine weitgehende Homologie zu den *Aspergillus restrictus*-Toxinen Mitogillin und Restrictocin auf. Das Typ-I-Ribotoxin α-Sarcin fiel zunächst durch seine Anti-Sarkom-Wirkung auf. Es handelt sich um eine RNAse, welche die Phosphodiesterbindung auf der 3′-Position von G-4325 spaltet[39] (vgl. Abb. 14). Die Wirksamkeit des Toxins wurde bei der Proteinsynthese von Weizenkeimextrakten sowie bei Hefen nachgewiesen. Der Eintritt in die lebende Zelle ist allerdings eingeschränkt.

Proteinsynthese

Bei der Proteinsynthese am Ribosom lassen sich drei funktionelle Schritte unterscheiden: 1. Die Initiation, die den Start ermöglicht. 2. Die Elongation, ein zyklischer Prozeß, bei dem die vorhandene Peptidkette um eine Aminosäure verlängert wird. 3. Die Termination, welche die Proteinsynthese beendet. Jeder einzelne Schritt benötigt eine Reihe von Faktoren, d. h. Proteine, die vorübergehend an das Ribosom gebunden werden. Der gesamte Prozeß ist energieabhängig. In Tab. 2 sind die hier besprochenen Inhibitoren der Proteinsynthese samt ihren Angriffspunkten zusammengefaßt.
Vor dem Einbau in die Polypeptidkette werden die Aminosäuren durch Bindung an spezifische tRNA-Moleküle aktiviert. Sie gelangen somit als Aminoacyl-tRNAs zum Ribosom. Die Spezifität bei der Proteinsynthese wird durch die Basenpaarung zwischen dem Anticodon der Aminosäure-beladenen tRNA und dem komplementären Codon der mRNA gewährleistet. Dieser Vorgang erfolgt ebenso wie die Verknüpfung der Peptidbindungen am Ribosom.

Initiation

Prokaryonten

Bei Prokaryonten stellen die Operons die Transkriptionseinheiten dar; sie umfassen jeweils mehrere Gene. Codieren diese für Proteine, so führt das Ablesen eines Operons zur Produktion einer polycistronischen mRNA. Jedes Cistron codiert für eine eigene Polypeptidkette. Während der Translation einer polycistronischen Matrize werden verschiedene Cistrons gewöhnlich unabhängig voneinander gelesen. Das Ribosom heftet sich an den Start eines Cistrons an, liest dieses bis zum Ende, synthetisiert die entsprechende Polypeptidkette und dissoziiert dann von der Matrize, ohne die anderen Regionen dieser speziellen Matrize besonders zu berücksichtigen. Jedes Cistron trägt einen Marker, der dem Ribosom die Erkennung des Starts ermöglicht: (1) das Initiatortriplett AUG und (2) einen Oligopurinblock (die sog. Shine-Dalgarno-Sequenz), die

Tab. 2: Inhibitoren der Proteinsynthese.

Verbindung	Angriffspunkt	Hemmungsreaktion
a) **Initiation**		
Aurintricarboxylsäure	80S- und 70S-Ribosomen	verhindert mRNA-Bindung an die kleine ribosomale Untereinheit
Edein A	80S- und 70S-Ribosomen	blockiert die P-Stelle der kleinen ribosomalen Untereinheit
Streptomycin	70S-Ribosomen von Plastiden und Prokaryonten	Destabilisierung des Initiationskomplexes sowie Lesefehler bei der Translation der mRNA,
Kasugamycin	70S-Ribosomen der Prokaryonten; Proteinsynthese bestimmter Pilze	verhindert fMet-tRNA-Bindung
b) **Elongation**		
Tetracyclin	80S- und 70S-Ribosomen	hemmt Anheftung der Aminoacyl-tRNA an der A-Stelle des Ribosoms
Puromycin	80S- und 70S-Ribosomen	vorzeitiger Kettenbruch
Cycloheximid	80S-Ribosomen	Bindung an die 60S-Untereinheit; Hemmung der Translokation
Chloramphenicol	70S-Ribosomen	hemmt Peptidyltransferase-Reaktion
Erythromycin A	70S-Ribosomen	Bindung an 50S-Untereinheit; Hemmung der Translokation

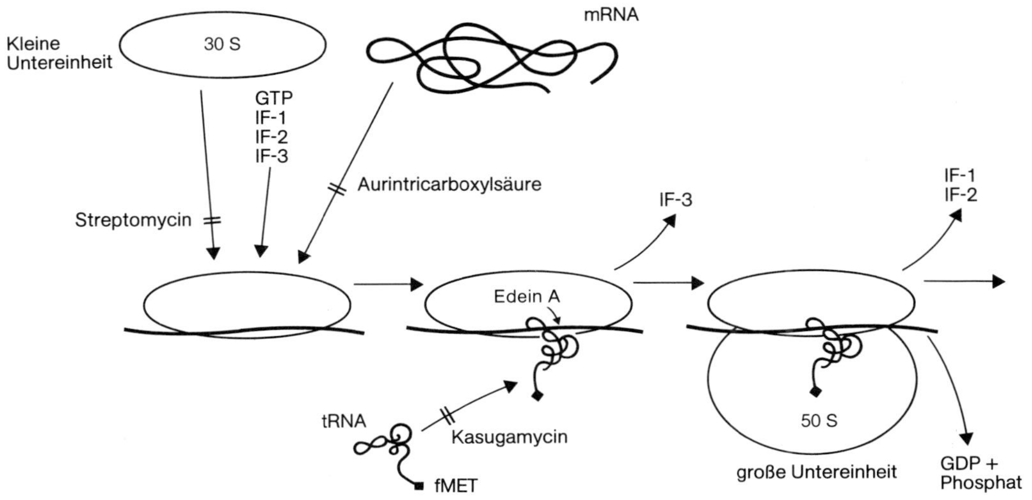

Abb. 15: Initiation der prokaryotischen Proteinsynthese (nach Lake[40], ergänzt). Der Vorgang wird durch Bindung von drei Initiationsfaktoren (IF), GTP (als Energiequelle) und mRNA eingeleitet. Dann erfolgt die Bindung der mit fMet beladenen Initiator-tRNA (prokaryotische, mitochondriale und plastidäre Systeme). Dieser 30S-Initiationskomplex bindet die große Untereinheit. Die Angriffspunkte einiger Antibiotika sind eingezeichnet.

vor dem Initiatortriplett liegt und komplementär zur 16s-rRNA ist. Wenn das Ribosom das mRNA-Molekül mit Hilfe dieser beiden Marker identifiziert, richtet es das Initiationscodon präzise in der richtigen Position aus.

Abb. 15 zeigt den schematischen Ablauf der Initiation, wie er für die prokaryotische sowie im Prinzip für die mitochondriale und plastidäre Proteinsynthese bekannt ist. Hier trägt die Initiations-tRNA ein formyliertes Methionin (fMet).

Eukaryonten

Erheblich komplizierter verläuft die Initiation bei der eukaryotischen Proteinsynthese. Eukaryonten verfügen über kein Operonsystem; die mRNA-Moleküle sind hier verschieden organisiert. Normalerweise fehlt den Eukaryonten eine Shine-Dalgarno-Sequenz. Für die Initiation spielt die 5′-terminale cap-Struktur (am Anfang der mRNA) die Hauptrolle. Abb. 16 zeigt die wichtigsten Schritte[41]. Der m^7G-cap-Terminus wird von den Initiationsfaktoren erkannt. Hierzu gehört eine RNA-Helicase, welche die gewöhnlich feste Sekundärstruktur in der 5′-Region der Matrize in einer ATP-abhängigen Reaktion denaturiert (eIF-4A mit B). Dann heftet sich die 40S ribosomale Untereinheit als 43S-Präinitiationskomplex mit Methionyl-mRNA (anstelle der fMet-rRNA) an den denaturierten Teil der mRNA an, dessen Primärstruktur keine besondere Rolle spielt und der als mRNA-Initiationsfaktorenkomplex vorliegt. Dann bewegt sich die Untereinheit an der Matrize wie auf einer Schiene entlang. In dieser ATP-abhängigen Reaktion wird die Nucleotidsequenz überprüft (gescannt). Wird ein AUG-Triplett gefunden, heftet sich die 60S-Untereinheit an. In dem hieraus resultierenden Komplex läuft eine Reihe von Reaktionen ab, die zur Bildung der ersten Peptidbindung führt.

Ausführliche Darstellungen der prokaryotischen Proteinsynthese finden sich bei Noller[42], der eukaryotischen Proteinsynthese bei Weeks[43] und Merrick[44].

Hemmung der Initiation

Aurintricarboxylsäure, ein synthetischer Farbstoff aus der Gruppe der Triphenylmethane (Abb. 17), läßt sich in eukaryotischen und prokaryotischen zellfreien Systemen verwenden, um bei sorgfältig ausgewählten Konzentrationen ohne Beeinträchtigung der Elongation und Termination die Initiation zu hemmen (sog. Read-out-Systeme). Aurintricarboxylsäure blockiert die Bindung der mRNA an die kleine ribosomale Untereinheit. Intakte Zellen werden wegen der schlechten Aufnahme dagegen kaum beeinträchtigt.

Auch **Edein A,** ein basisches Peptid aus *Bacillus brevis* (Abb. 17), zeigt ganz ähnliche Effekte. Das Antibiotikum bindet ebenfalls an die kleine Untereinheit, wobei es die P-Stelle (s. u.) blockiert.

Eine spezifische Wirkung auf die prokaryotische und die Organellen-Proteinsynthese zeigt eine Reihe von **Aminoglycosid-Antibiotika,** die an die kleine ribosomale Untereinheit (30S) binden und damit in die Initiationsphase eingreifen. Besonders häufig wird hierfür **Streptomycin** verwendet, ein Antibiotikum aus *Streptomyces griseus* (Abb. 17). Es induziert eine Konformationsänderung im Ribosom, die wiederum zur Destabilisierung des Initiationskomplexes führt. Hierdurch treten Lesefehler auf. Darüber hinaus greift Streptomycin aber auch in den Elongationszyklus ein (s. u.).

Bei vielen Algen, wie z. B. *Chlamydomonas, Scenedesmus* oder *Euglena,* läßt sich durch die spezifische Hemmung der plastidären Proteinsynthese der Aufbau des Photosyntheseapparats unterdrücken, und man erhält bleiche Formen (Farbabb. 16, S. 249). Bekannt wurden Kreuzungsexperimente von Sager[45], bei denen die Vererbung der Plastidengene von *Chlamydomonas* durch Kreuzung des Streptomycin-empfindlichen Wildstamms mit einer Streptomycin-bedürftigen Mutante studiert wurde.

Kasugamycin, ein weiteres Antibiotikum aus der Aminoglycosidgruppe (Abb. 17), das von *Streptomyces kanamyceticus* gebildet wird, verhindert die Bindung von Formylmethionin-tRNA an die 30S-Untereinheit, ohne jedoch Lesefehler hervorzurufen. Die meisten eukaryotischen Zellen sind erwartungsgemäß unempfindlich. Eine Ausnahme bildet der Pilz *Piricularia oryzae,* der Erreger einer Reiskrankheit, der durch Kasugamycin als Pflanzenschutzmittel ausgeschaltet wird. Möglicherweise ist hier die mitochondriale Proteinsynthese betroffen.

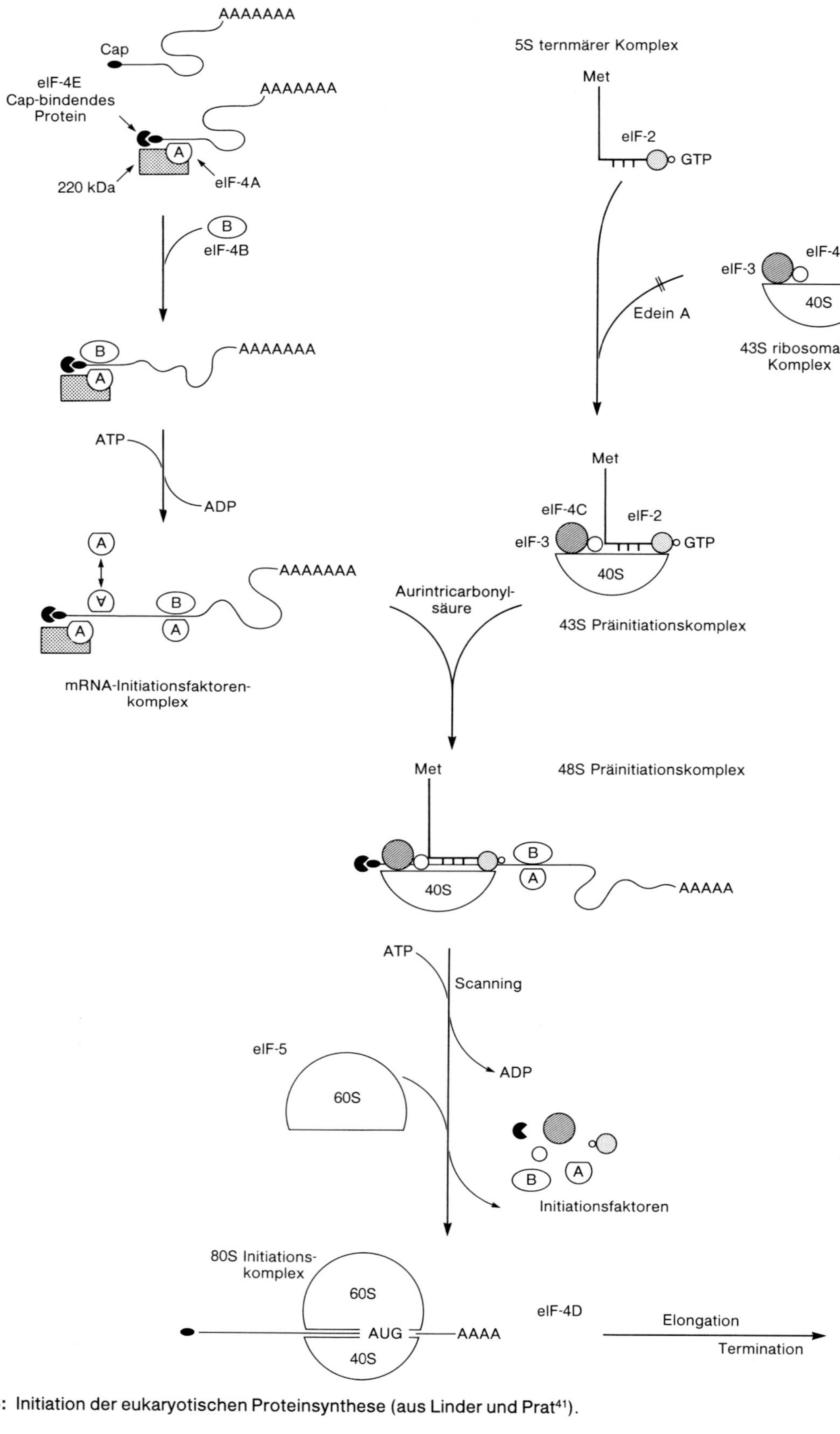

Abb. 16: Initiation der eukaryotischen Proteinsynthese (aus Linder und Prat[41]).

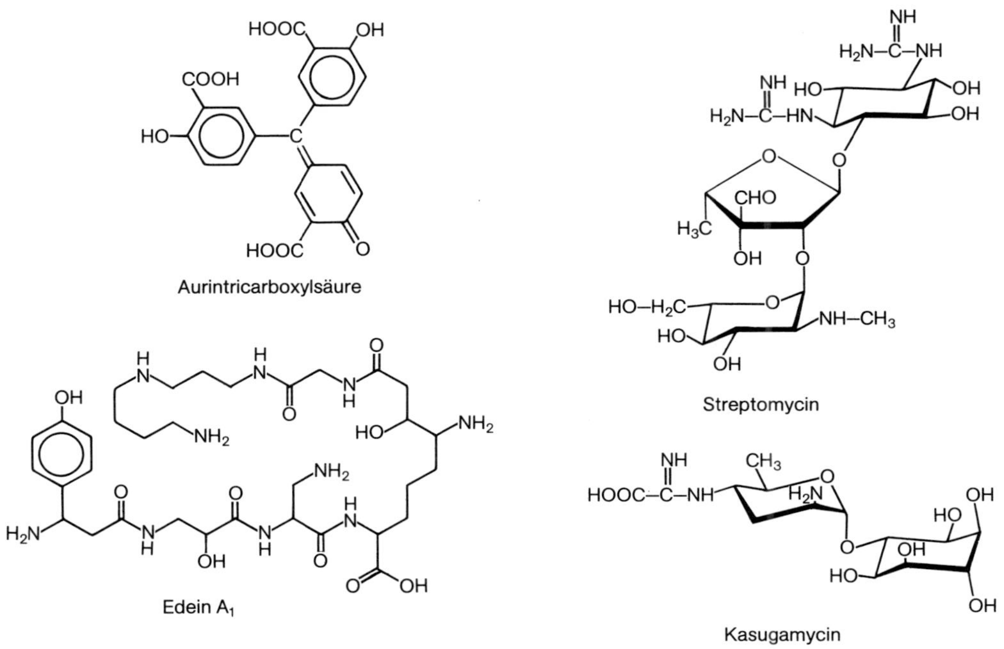

Abb. 17: Inhibitoren der Initiation.

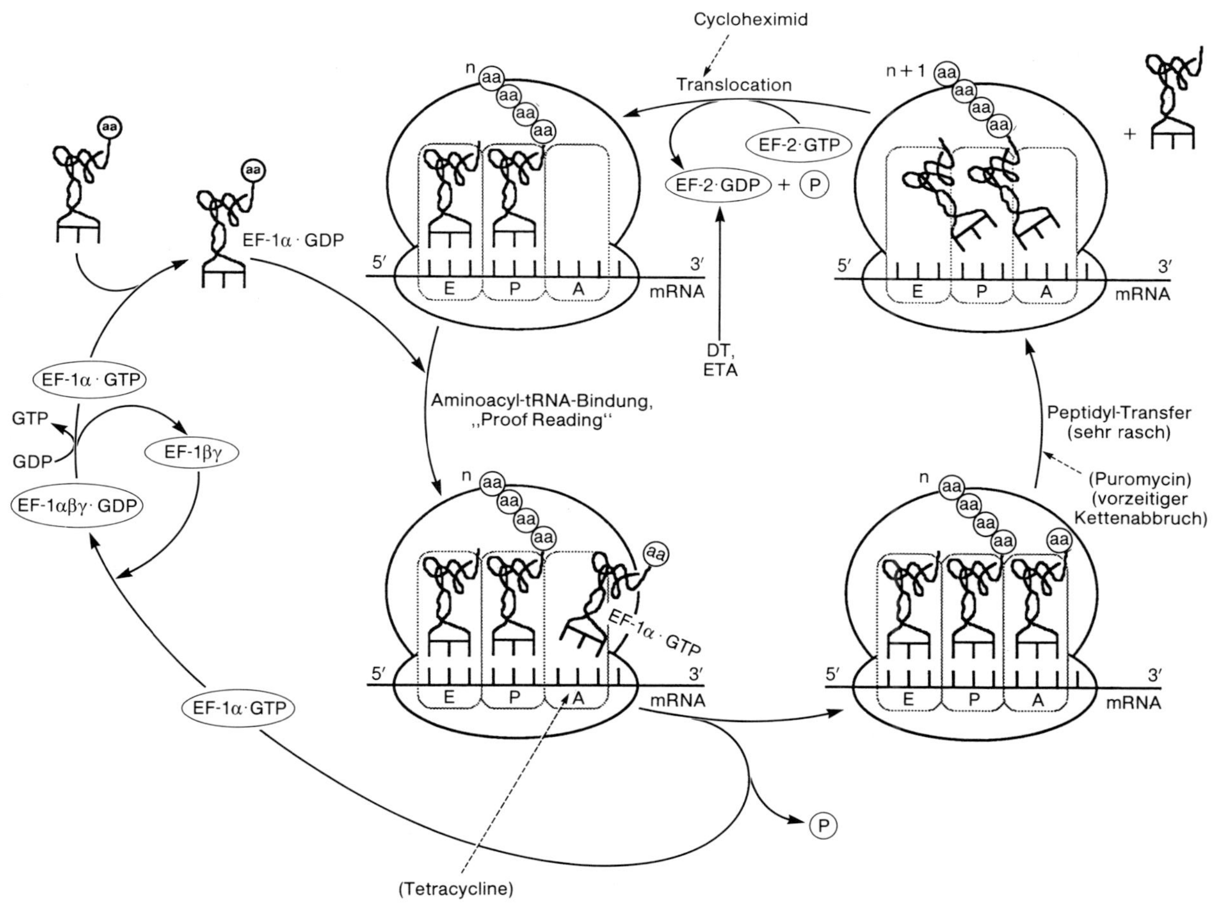

Abb. 18: Angriffsort verschiedener Antibiotika am eukaryotischen Elongationszyklus (nach Merrick[44], ergänzt). aa: Aminoacyl-Rest. Die in Klammern gesetzten Antibiotika hemmen auch die prokaryotische Proteinsynthese.

Der Elongationszyklus

Nach Bildung des Initiationskomplexes zu Beginn der Proteinsynthese folgt eine Reihe zyklischer Prozesse der Peptidkettenverlängerung, bis das Terminationscodon erreicht ist. An der Elongation sind 3 verschiedene Elongationsfaktoren beteiligt, die eine auffallende Homologie bei der prokaryotischen und eukaryotischen Proteinsynthese aufweisen.

Abb. 18 zeigt ein Schema des Elongationszyklus der eukaryotischen Proteinsynthese[44]. Jedes Ribosom verfügt über drei codonspezifische Bindungsstellen für tRNA-Moleküle (three-site model[46]): (1) eine P(eptidyl)-Stelle für die tRNA, welche den bereits synthetisierten Peptidylrest (bzw. nach der Initiation den ersten Aminosäurerest) trägt und als Donorstelle fungiert, (2) eine A(kzeptor)-Stelle, an der eine neue Aminoacyl-tRNA in einem ternären Komplex mit dem Verlängerungsfaktor EF-1 α (bei Prokaryonten: EF-Tu) und GTP wiederum codonspezifisch bindet, (3) eine E(xit)-Stelle, welche die deacylierte t-RNA bindet. Eine räumliche Darstellung findet sich in Abb. 19.

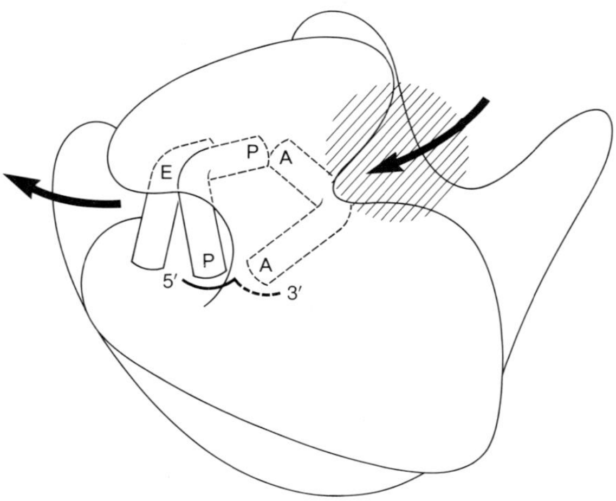

Abb. 19: Räumliche Lage der A-, P- und E-Stelle für die ribosomengebundenen tRNAs (aus Noller[42]). Die Pfeile weisen auf den vermuteten Weg der tRNA während der Translation. Die schraffierte Fläche zeigt die Region mit der Interaktion mit dem Elongationsfaktor. Schließlich ist die Polarität eines mRNA-Abschnitts angezeigt.

Die Kettenverlängerung verläuft auf folgende Weise (vgl. Abb. 18): Nach Abspaltung des EF-1α-GDP-Komplexes trennt die Peptidyltransferase, ein integraler Bestandteil der großen ribosomalen Untereinheit, den Peptidylrest (zu Beginn den Methionin-, bei Prokaryonten den fMet-Rest) von der tRNA in der P-Stelle ab und überträgt diesen auf die Aminocyl-tRNA in der A-Stelle. Dieser Peptidyltransfer verläuft sehr rasch; hierdurch verlängert sich die Peptidkette um einen Aminosäurerest. Sie ist nunmehr an der A-Stelle an die tRNA gebunden. Beim letzten Schritt, der Translocation, rückt die mRNA um eine Codoneinheit, d. h. um drei Nucleotide, weiter. Dies wird von dem Elongationsfaktor EF-2 (bei Bakterien: EF-G, vgl. Abb. 20) in einer GTP-abhängigen Weise besorgt und führt zu folgenden Veränderungen: An der A-Stelle taucht ein neuer Codon auf. Damit werden aber auch die Anticodons der deacylierten tRNA und der neuen Peptidyl(-tRNA) verschoben. Die deacylierte tRNA rückt vollständig an die E-Stelle und die Peptidyl-tRNA vollständig in die P-Stelle. Damit kann das Ribosom in einen neuen Elongationszyklus eintreten.

Der Energiebedarf ist sehr hoch. Es werden zwei GTP pro Zyklus bei der EF-1α und EF-2 sowie 2 ATP für die Synthese der Aminoacyl-tRNA (aa-tRNA) nach der Gleichung

$$\text{ATP} + \text{aa} + \text{tRNA} \rightarrow \text{AMP} + \text{PP}_i + \text{aa} - \text{tRNA}$$

benötigt.

Hemmung der Elongation

Abb. 18 zeigt Angriffspunkte für Inhibitoren der eukaryotischen Proteinsynthese. Die in Klammern gesetzten Antibiotika hemmen auch die prokaryotische und Organellen-gebundene Proteinsynthese. Ausschließliche Inhibitoren der prokaryotischen und Organellen-gebundenen Proteinsynthese finden sich in Abb. 20.

Tetracycline (Abb. 21) hemmen in niedrigen Konzentrationen bei Eukaryonten und Prokaryonten spezifisch die Anheftung der Amioacyl-tRNA an die Akzeptorstelle A, die sich in der Kontaktregion zwischen der großen und kleinen ribosomalen Untereinheit befindet. Die Grundstruktur dieser Antibiotika, die von mehreren *Streptomyces*-Arten produziert werden, besteht aus vier linear angeordneten Sechsringen, dem Tetracyclin-System.

Chlortetracyclin ist neben seiner Funktion als Proteinsynthesehemmer auch als Chelator für intrazelluläre Ca^{2+}-Ionen bekannt, die in Gegenwart des Antibiotikums an Membranen gebunden werden. Hierdurch wird die Dynamik des Ca^{2+}-Gleichgewichts gestört, und es kommt zu schweren Wachstumsstörungen, z. B. bei Pollenschläuchen[47].

Zur Hemmung des Peptidyltransfers stehen eine Reihe von Antibiotika zur Verfügung. Beim **Puromycin** (Abb. 22), einem Produkt von *Streptomyces alboniger,* wurde zum ersten Mal der molekulare Wirkungsmechanismus eines Antibiotikums aufgeklärt. Puromycin ist ein Analog des Aminoacyl-Adenosin-Endes einer Aminoacyl-tRNA (Abb. 23 a). Beim Antibiotikum ist der Aminoacyl-Rest über eine Amidbrücke, bei der Aminoacyl-tRNA dagegen über eine Esterbindung an den Zuckerrest gebunden. Puromycin, das an der A-Stelle bindet, übernimmt den Peptidylrest der wachsenden Kette. Da jedoch die Amidbrücke des Antibiotikums von der Peptidyltransferase nicht mehr gespalten werden kann, erfolgt damit der Kettenabbruch (Abb. 23 b). Dieser Vorgang erfolgt bei 80S- und 70S-Ribosomen.

Hieraus wird verständlich, daß der Peptidylrest nur dann auf Puromycin übertragen werden kann, wenn die Peptidyl-tRNA sich in der P-Stelle befindet. Dagegen kann kein Transfer erfolgen, wenn die Peptidyl-tRNA in der Stelle sitzt, d. h. eine positive Puromycin-Reaktion weist auf eine P-Stellen-Belegung der Peptidyl-tRNA hin, eine negative Reaktion auf eine A-Stellen-Belegung[46].

Eine spezifische Hemmung der Peptidyltransferase-Reaktion bei 70S-Ribosomen wird durch **Chloramphenicol** (Abb. 24) erreicht. Das Antibiotikum wurde ursprünglich aus *Streptomyces venezuelae* gewonnen, dann aber bald vollsynthetisch produziert. Es handelt sich um eine einfache Verbindung auf der Basis einer Phenylpropylamin-Struktur. Wirksam ist nur das D-threo-Isomer, dies kann zur Überprüfung der Spezifität der Antibiotikumwirkung genutzt werden. Chloramphenicol bindet an der großen Untereinheit von 70S-Ribosomen im Bereich der A-Region des Peptidyltransferase-Zentrums und interferiert mit der korrekten Ausrichtung des Aminoacylrests einer Aminoacyl-tRNA, ohne jedoch deren Bindung an die mRNA zu beeinträchtigen. Damit wird die Erkennung des Akzeptorsubstrats durch die Peptidyltransferase verhindert. Chloramphenicol blockiert außerdem die Puromycinreaktion. Neben der Proteinsynthesehemmung bewirkt Chloramphenicol eine Stabilisierung der Polysomen. Dies resultiert bei der Isolierung membrangebundener Polysomen in höheren Aus-

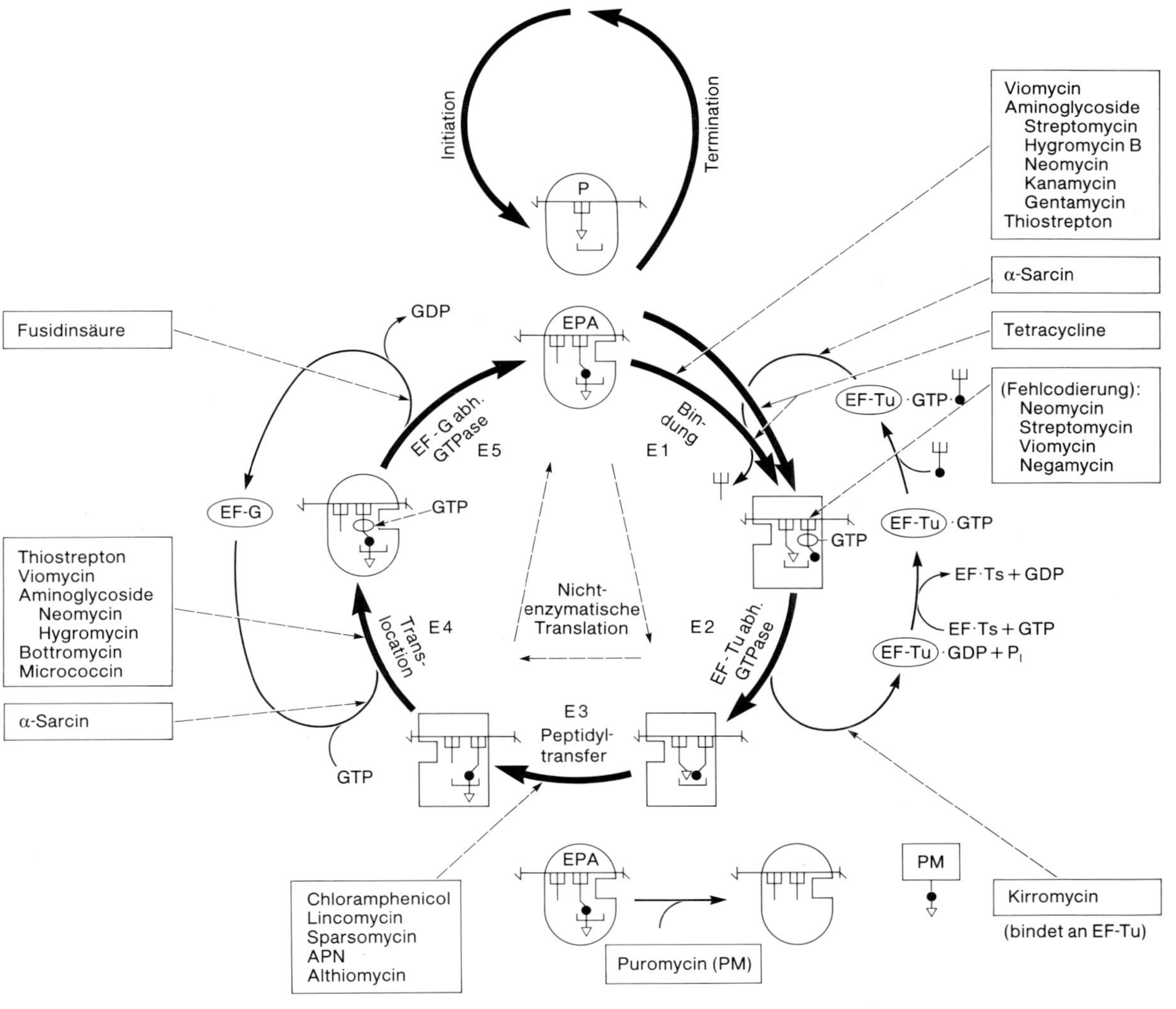

Abb. 20: Angriffsorte verschiedener Antibiotika am prokaryotischen und Organellen-gebundenen Elongationszyklus (aus Nierhaus[46]).

beuten. Chloramphenicol spielt u. a. eine wichtige Rolle, um den Beitrag der Kern- und der Chloroplastengene zur Biogenese von Chloroplasten zu ermitteln. Bei bestimmten Arten, z. B. der Erbse, stimmen die *in vivo*-Befunde, die auf der differentiellen Hemmung der plastidären Proteinsynthese beruhen, ausgezeichnet mit den *in vitro*-Ansätzen überein[45].

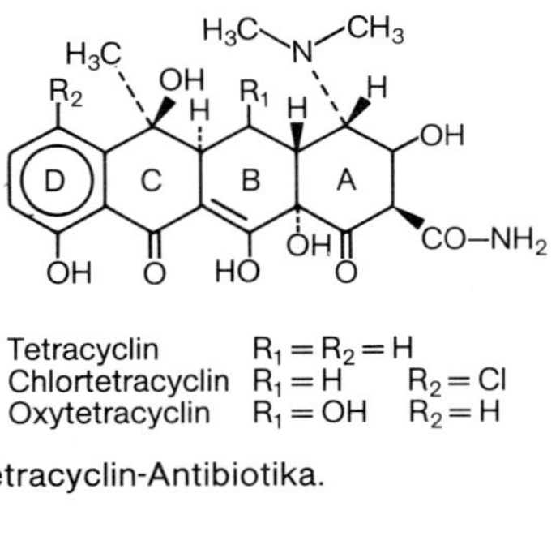

Abb. 21: Tetracyclin-Antibiotika.

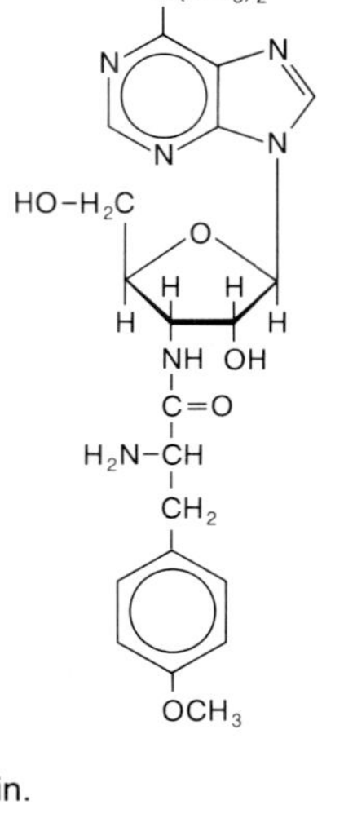

Abb. 22: Puromycin.

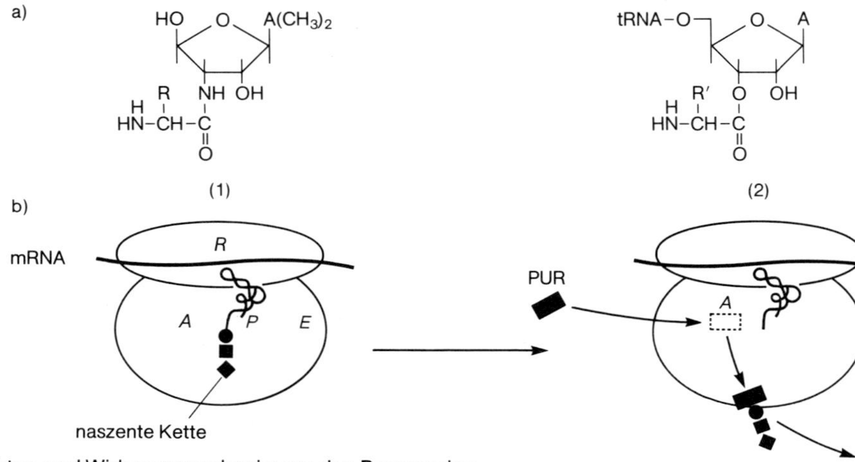

Abb. 23: Struktur- und Wirkungsmechanismus des Puromycins.
a) Puromycin (1) im Vergleich zum 3′-Ende einer Aminoacyl-tRNA (2) (aus Nierhaus und Wittmann[48]). A = Adenin, R = Methoxyphenylrest. R′ = Seitenkette am α-C-Atom der Aminosäure.
b) Wirkungsmechanismus. Zu Beginn des Elongationszyklus belegt eine Peptidyl-tRNA die P-Stelle. Nach der Bindung von Puromycin im Bereich der A-Stelle übernimmt das Antibiotikum die naszente Polypeptidkette und fällt vom Ribosom ab (nach Lake[40]).

In Suspensionskulturen grüner Sojabohnenzellen führt eine Chloramphenicol-Zugabe neben einer Wachstumshemmung und starken Abnahme der Cytochromoxydase-Aktivität zu einem erhöhten Anteil der cyanid-resistenten Atmung (alternative Oxidase) an der Gesamtrespiration[50]. Dennoch zeigt gerade auch dieses Antibiotikum, daß mit Nebenwirkungen gerechnet werden muß: Der erste Bericht über den Einfluß von Chloramphenicol auf die Pflanze weist eine Hemmung der Ionenaufnahme nach[51].

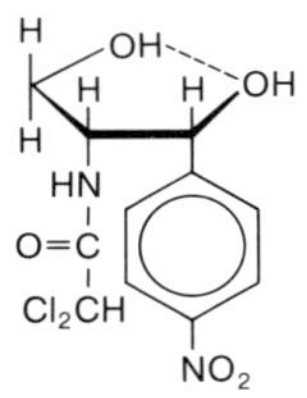

Abb. 24: Chloramphenicol (alizyklische Ringform).

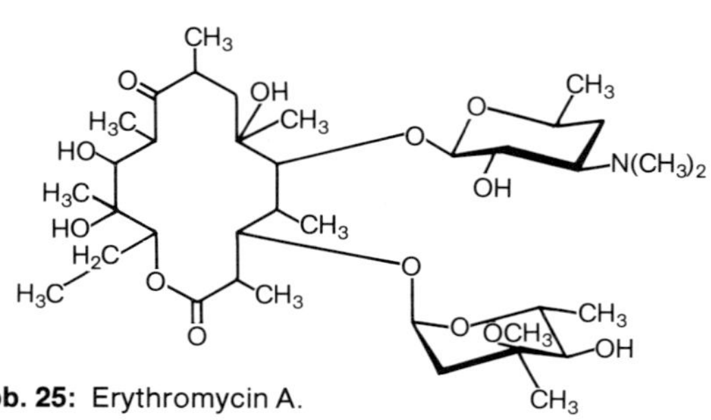

Abb. 25: Erythromycin A.

Erythromycin A, ein Vertreter der Macrolidantibiotika, wird von *Streptomyces erythreus* produziert und hemmt ebenfalls 70S-Ribosomen. Der große Lactonring trägt zwei Zuckerreste (Abb. 25). Die spezifische Wirkung beruht auf der Bindung an die große Untereinheit. Hierdurch wird die korrekte Ausrichtung des Peptidylrests der Peptidyl-tRNA sowie die Bindung dieses Moleküls an das Ribosom verhindert. Die Folge ist eine Hemmung des Peptidyltransfers und der Translokation. Die Proteinsynthese kommt rasch nach Beginn zum Erliegen. Bei Gewebekulturen von *Nicotiana sylvestris* wird die Chloroplasten-Proteinsynthese spezifisch durch Erythromycin gehemmt, während bei den Mitochondrien kein Einfluß festzustellen ist[52].

Cycloheximid (= Actidion), ein Glutarimid-Antibiotikum mit einem zyklischen Keton (Abb. 26), wird von *Streptomyces griseus* produziert. Es hemmt ausschließlich die Proteinsynthese an 80S-Ribosomen; somit wird weder die mitochondriale noch die plastidäre Proteinsynthese tangiert. Hierfür ist die spezifische Bindung an die große Untereinheit von 80S-Ribosomen verantwortlich. Cycloheximid unterbindet die Translokation der Peptidyl-tRNA von der A- zur P-Stelle in der letzten Phase des Elongationszyklus. Unklar sind die molekularen Grundlagen für die Beobachtung, daß Cycloheximid in niedrigen Konzentrationen auch die Initiation der Peptidkette spezifisch blockieren kann. Das Antibiotikum stabilisiert insbesondere in Gegenwart von Puromycin die Polysomen.

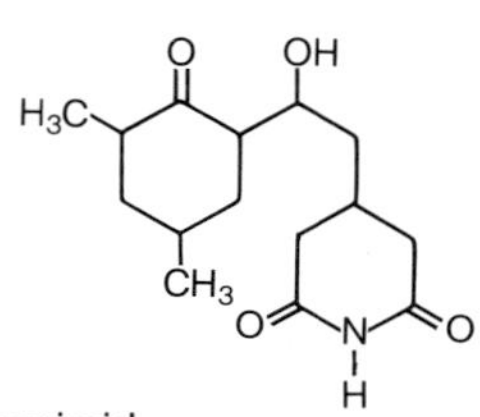

Abb. 26: Cycloheximid.

In frühen Stadien der Samenkeimung findet eine de-novo-Proteinsynthese statt. Es ist daher verständlich, daß sich mit Cycloheximid die Samenkeimung vollständig unterdrücken läßt.

Ungeachtet der hohen spezifischen Wirkung von Cycloheximid, die sich im zellfreien Protein-Synthese-System[53] leicht nachweisen läßt (Tab. 3), sollten bei der Anwendung des Antibiotikums beim intakten System (ganze Pflanze, einzelne Organe) mögliche Nebenwirkungen nicht außer acht gelassen werden. Bei Hefe, *Aspergillus* und anderen Organismen ist die rasche und wirksame Hemmung der DNA-Synthese bekannt. Bei Höheren Pflanzen wurde bereits bei Konzentrationen von 1 µg/ml über eine effektive Hemmung der Ionenaufnahme von Wurzeln berichtet, die möglicherweise auf eine Störung im Energiestoffwechsel zurückgeht[54]. Auch bei der Grünalge *Chlamydomas reinhardii* wurden Cycloheximidwirkungen auf eine Vielzahl zellulärer Funktionen gefunden; eine Unterscheidung zwischen Primär- und Sekundäreffekten, z. B. auf Grund des zeitlichen Verlaufs, erscheint hier ausgeschlossen[55].

Tab. 3: Der Einfluß von Cycloheximid und Chloramphenicol auf die zellfreie Proteinsynthese im Weizenkeimsystem. Gemessen wurde der Einbau von ^{35}S-Methionin in Säure-präzipitierbare Polypeptide nach 90 min (nach Walk und Hock[53]).

Ansatz	Radioaktivität (cpm)
Wassermelonen-mRNA	180 740
Kontrolle ohne mRNA	3 822
Wassermelonen-mRNA + Cycloheximid (15 µg/ml)	6 153
Wassermelonen-mRNA + D-threo-Chloramphenicol (400 µg/ml)	198 814

Damit besteht eine deutliche Gefahr von Fehlinterpretationen, wenn lediglich aus der Cycloheximid-Hemmung einer Reaktion (z. B. eines Morphogenese-Schritts) auf die Abhängigkeit dieser Reaktion von der Proteinsynthese geschlossen wird. Eine molekulare Analyse sowie die Verwendung alternativer Antibiotika ist hier dringend erforderlich.
Cycloheximid, das von der Upjohn Company unter dem Namen Actidion als wirksame Komponente eines gegen Blattfäulen und Rostkrankheiten gerichteten Fungizids hergestellt wurde, kann wegen seiner phytotoxischen Effekte nur begrenzt eingesetzt werden. In Orangen-, Grapefruit- und Olivenkulturen diente es als Abscissionsmittel. Eine ähnliche Wirkung kommt auch dem Stereoisomer des Cycloheximids, dem **Naramycin B,** zu[56].
Das Aminoglycosid-Antibiotikum Streptomycin (Abb. 17) verursacht u. a. Lesefehler am 70S-Ribosom. Dies beruht offensichtlich auf der Bindung an die 16SrRNA. Bei Streptomycin-resistenten Mutanten von Nicotiana wurde ein einziger Nucleotidaustausch (C anstelle von T) im 16SrRNA-Gen festgestellt[57].

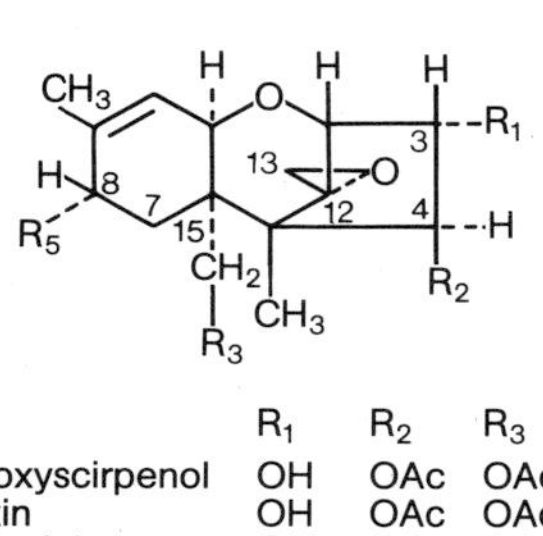

Trichothecene (aus Fusarium)

	R_1	R_2	R_3	R_5
Diacetoxyscirpenol	OH	OAc	OAc	H
T-2 Toxin	OH	OAc	OAc	$OCOCH_2CH(CH_3)_2$
Neosolaniol	OH	OAc	OAc	OH
HT-2 Toxin	OH	OH	OAc	$OCOCH_2CH(CH_3)_2$

Abb. 27: Trichothecene.

Eine Reihe von Mycotoxinen blockiert ebenfalls die Proteinsynthese. Die Trichothecene aus *Fusarium,* z. B. das **T-2-Toxin,** das die Kettenverlängerung an 80S-Ribosomen hemmt, mögen stellvertretend für eine Vielzahl an wirksamen Verbindungen erwähnt werden (Abb. 27).
Neben der Hemmung der Proteinsynthese führen Trichothecen-Mycotoxine wie T-2 und ähnliche zu einer raschen Atmungshemmung bei Hefen, gemessen an der CO_2-Abgabe[58].

ADP-ribosylierende Toxine

Die Elongation zählt zu den sensitivsten Prozessen der Proteinsynthese. Auf S. 230 f. wurden Ribosomen-Modifikationen durch Pflanzen- und Pilztoxine erörtert, wodurch eine normale Interaktion mit dem Elongationsfaktor EF-2 entfällt. Im folgenden werden kovalente Modifikationen von EF-2 besprochen, die eine Interaktion mit dem Ribosom verhindern. Zusammenfassungen finden sich bei Kato[59] sowie Perenthesis et al.[35]. Hierbei handelt es sich um das Diphtherie-Toxin (DT) aus *Corynebacterium diphtheria* und um das Pseudomonas-Exotoxin A aus *Pseudomonas aeruginosa* (ETA), die wegen ihrer humantoxischen Wirkungen besonders genau untersucht wurden. Beide bestehen aus einer A- und einer B-Untereinheit, wobei die toxische Enzymaktivität in A und die Bindungsfähigkeit an einen Zellmembran-Rezeptor, einem Anionen-Antiporter, in B liegt. Diphtherie-Toxin katalysiert die Inaktivierung von EF-2. Dies resultiert aus einem Transfer von ADP-Ribose aus NAD^+ auf das Protein nach der Gleichung

$$EF\text{-}2 + NAD^+ \rightarrow ADP\text{-}Ribosyl\text{-}EF\text{-}2 + Nicotinamid + H^+$$

Die Reaktion ist praktisch irreversibel und läuft bei ETA in gleicher Weise ab.

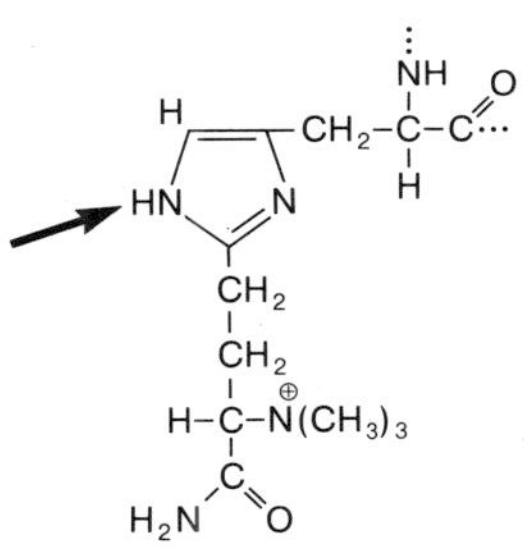

Abb. 28: Struktur von Diphthamid. Der Pfeil zeigt die ADP-Ribosylierungsstelle (aus Perentesis et al.[35]).

Die Erkennungsstelle an EF-2 ist Diphthamid (Abb. 28), eine ungewöhnliche Aminosäure, die durch post-translationale Modifikation eines Histidinrests entsteht. Hierbei handelt es sich um die Erkennungsstelle für eine Ca^{2+}-abhängige Proteinkinase III; sie weist eine ähnliche Spezifität für EF-2 auf wie DT und ETA. Diese Kinase wird durch eine Vielzahl hormoneller Stimuli angeregt. Es wäre nicht verwunderlich, wenn der seit langem bekannte Cytokinin-Einfluß auf Ribosomen ebenfalls auf diesem Weg erfolgen würde.
Die Wirkung von DT auf Pflanzenzellen wurde über die Expression der A-Kette in Tabakzellen bewiesen[60]. Ein Genkonstrukt aus Pflanzenpromotor und DT-A-Gen wurde hergestellt, um ein negatives Selektionsverfahren für den Funktionstest von Pflanzenpromotoren auszuarbeiten. Wie zu erwarten, erwies sich die Expression der A-Kette als toxisch.

Peptidkettentermination

Taucht ein Stop-Codon (UAA, UGA oder UAG) an der A-Stelle auf, so ist die Peptidkette vollständig. Während Bakte-

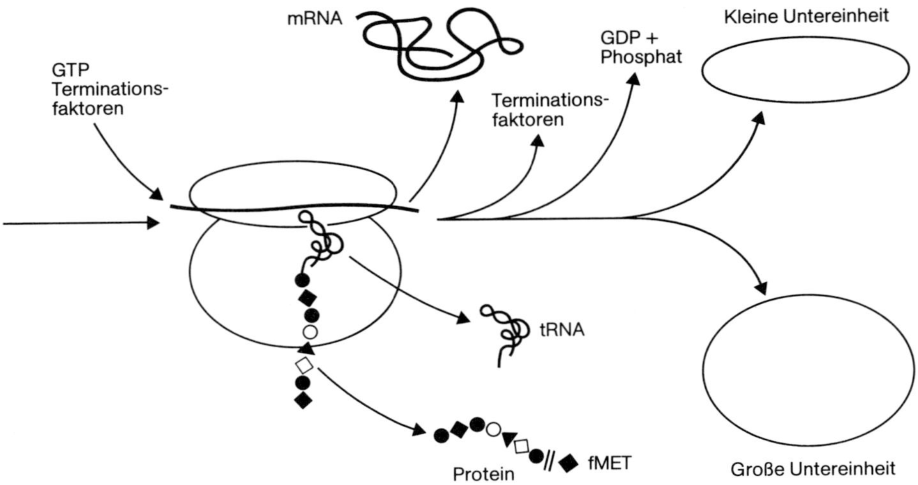

Abb. 29: Termination. Hierdurch wird die Proteinsynthese beendet, und es kommt zur Freisetzung der beteiligten Komponenten vom Ribosom (aus Lake[40]).

rien über zwei Proteine mit codonspezifischer Terminationserkennung verfügen, besitzen Eukaryonten nur einen Faktor RF (release factor). In der Bindung an GTP erkennt RF das Stop-Codon, induziert die Hydrolyse der Aminoacyl-Bindung sowie die Hydrolyse von GTP und die anschließende Freisetzung der naszenten Peptidkette sowie von RG · GDP. Damit ermöglicht RF eine effiziente Termination und auch die Wiederverwendung der Ribosomen und der mRNA für die nächste Translationsrunde. Abb. 29 zeigt ein Schema für die Termination bei Prokaryonten.
Zahlreiche Antibiotika interferieren mit Terminationsreaktionen. Hierzu gehören besonders solche Verbindungen, welche die Peptidyltransferase hemmen, z. B. Chloramphenicol, aber auch Tetracycline. Dies ist ein Hinweis, daß die Bildung von Peptidbindungen und die Spaltung der Esterbindung zwischen Polypeptid und tRNA bei der Termination von einem Enzym durchgeführt wird.

Störung von Membranfunktionen

Biomembranen dienen der äußeren Begrenzung der Zelle sowie der Unterteilung der Zelle in Reaktionsräume oder Kompartimente. Die Hauptbestandteile sind Lipide und Proteine, die durch nicht-kovalente Kräfte zusammengehalten werden. Die Lipide bilden einen bimolekularen Film, wobei die hydrophilen Pole nach außen gekehrt sind; sie fungieren als Barrieren für den Durchtritt polarer Moleküle. Die Proteine sind für die meisten dynamischen Prozesse von Membranen verantwortlich; z. B. treten sie als Pumpen, Kanäle, Rezeptoren, Elektronencarrier oder Enzyme auf. Man unterscheidet integrale und periphere Proteine (s. S. 2). Die nur 7–10 nm dicken Membranen bilden grundsätzlich geschlossene Begrenzungen. Der asymmetrische Aufbau bedingt Unterschiede zwischen der Außen- und Innenfläche. Die Moleküle sind seitlich frei beweglich, sie können jedoch nicht um ihre eigene Achse senkrecht zur Membranebene rotieren.
Entsprechend der verschiedenen Membran-Komponenten gibt es zwei Möglichkeiten für den Stoffdurchtritt, die auf zwei völlig unterschiedlichen Mechanismen beruhen:
1) *Freie Permeation oder Diffusion:* Hydrophobe Moleküle können sich entsprechend ihrer Verteilungskoeffizienten durch die Lipidschicht hindurch lösen. Dagegen können nur wenige kleine, hydrophile Moleküle wie z. B. Wasser eine Biomembran frei passieren; dies erfolgt durch Poren in der Doppelschicht. Auf dieser semipermeablen Eigenschaft beruht die Osmose.
2) *Spezifischer Transport:* Er ist für bestimmte Ionen oder ungeladene Moleküle spezifisch und meist schneller als die Diffusion. Hierfür stehen besondere Translokatoren zur Verfügung: Transport-ATPasen, Ionenkanäle und mobile Carrier. Beim spezifischen Transport unterscheidet man die *katalysierte Diffusion* (erleichterte Diffusion) vom *aktiven Transport.* Die katalysierte Diffusion erfordert keine Energiezufuhr; sie führt lediglich zum Konzentrations- und Ladungsausgleich zwischen den durch die Membran getrennten Räumen. Hierfür gibt es drei Möglichkeiten: a) unidirektionaler Transport (Uniport), der nur eine Molekülsorte umfaßt und bei Ionen distinkte Kanäle benutzt, b) Symport oder Cotransport, bei dem zwei Moleküle in gleicher Richtung transportiert werden, wobei eines davon (z. B. H^+) einem Konzentrationsgradienten folgt, c) Antiport, bei dem zwei Moleküle in entgegengesetzter Richtung wandern und wiederum eines davon einem Konzentrationsgradienten folgt. Der *aktive Transport* dagegen ist ein unindirektionaler Transport von Ionen und Metaboliten gegen einen Konzentrationsgradienten und benötigt Energie, die meist durch Hydrolyse von ATP bereitgestellt wird.
Führt ein Angriff auf Membranen zur Aufhebung der Kompartimentierung, so hat dies immer den Zelltod zur Folge. Die Membrandestruktion geschieht häufig durch 1) Lipidperoxidation (vgl. S. 86), 2) durch Tenside (Detergenzien) und ähnliche oberflächenaktive Verbindungen, die Proteine durch Micellenbildung aus dem Membran herauslösen (z. B. Triton-X-100, Digitonin, Na-Cholat), 3) durch Transportantibiotika, welche die Permeabilität der Membrane z. B. durch Erzeugung einer Porenstruktur selektiv durchlässig machen, 4) Störung des spezifischen Transports, z. B. auf der Ebene der Transport-ATPasen und der Ionenkanäle. 5) Von erheblicher Bedeutung sind auch mechanische Schäden, z. B. Frostschäden, wenn es durch Eiskristallbildung zur Verletzung von Membranen kommt, was sich beim Auftauen bemerkbar macht. Die Membranen von Protoplasten und Organellen lassen sich auch durch osmotische Einflüsse zerstören; sie platzen, wenn eine osmotische Wasseraufnahme über den Elastizitätspunkt der Membran hinaus erfolgt.

Allgemeine Desorganisation der Membran

Zu einer Zerstörung der Zellmembran führen eine Reihe von oberflächenaktiven Verbindungen, z. B. Tenside (früher: Detergenzien). Die Wirkung beruht auf der Solubisierung von Membranproteinen, die häufig über eine mizellare Form der Tenside (Abb. 30) verläuft. Charakteristisch für viele Tenside ist ein langgestreckter Molekülteil mit hydrophoben Eigenschaften und ein polarer Molekülteil. Abb. 31 zeigt einige wichtige Verbindungen. Bei der Mizellenbildung sind die hydrophoben Bereiche dem Membranprotein zugekehrt, und die polaren Gruppen ragen in die wäßrige Phase.

Weitere oberflächenaktive Verbindungen mit membranzerstörenden Wirkungen sind zyklische Peptidantibiotika (Abb. 32) wie **Subtilin** aus *Bacillus subtilis* oder **Tyrocidin** und **Gramicidin S,** beide aus *Bacillus brevis.* Gramicidin S unterscheidet sich in Struktur und Aktivität von den anderen Gramicidinen (S. 236 f.). Die genannten oberflächenaktiven Antibiotika führen zur Protoplasten-Lyse.

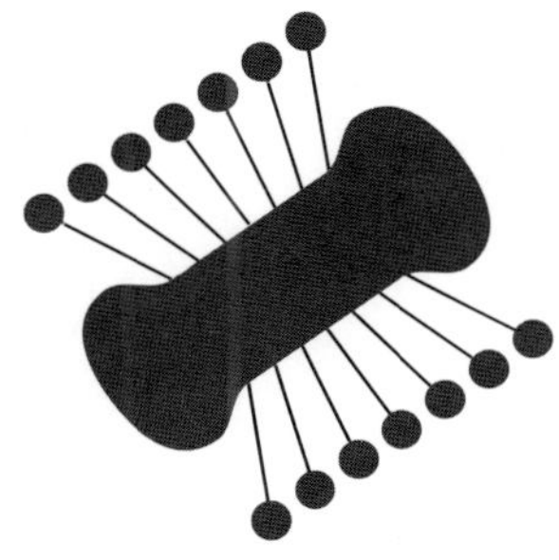

Abb. 30: Solubilisierung eines Membranproteins (im Zentrum) durch Tenside über eine Mizellenbildung.

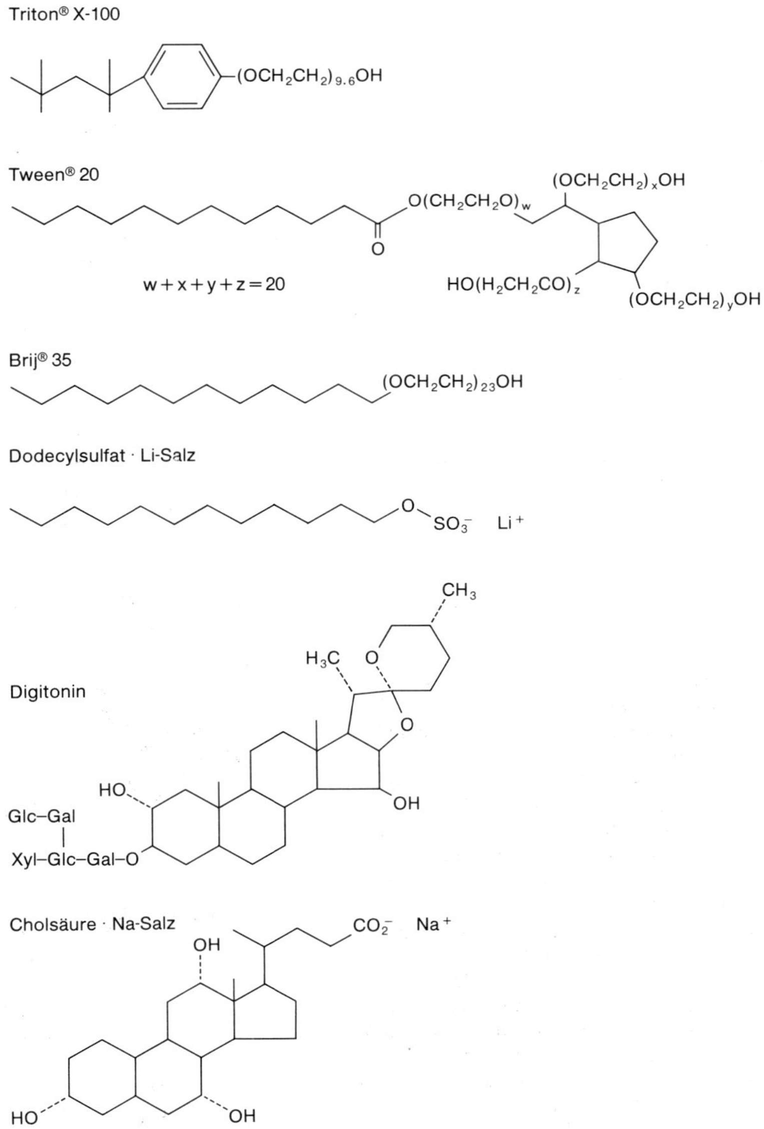

Abb. 31: Tenside mit membransolubilisierender Wirkung.

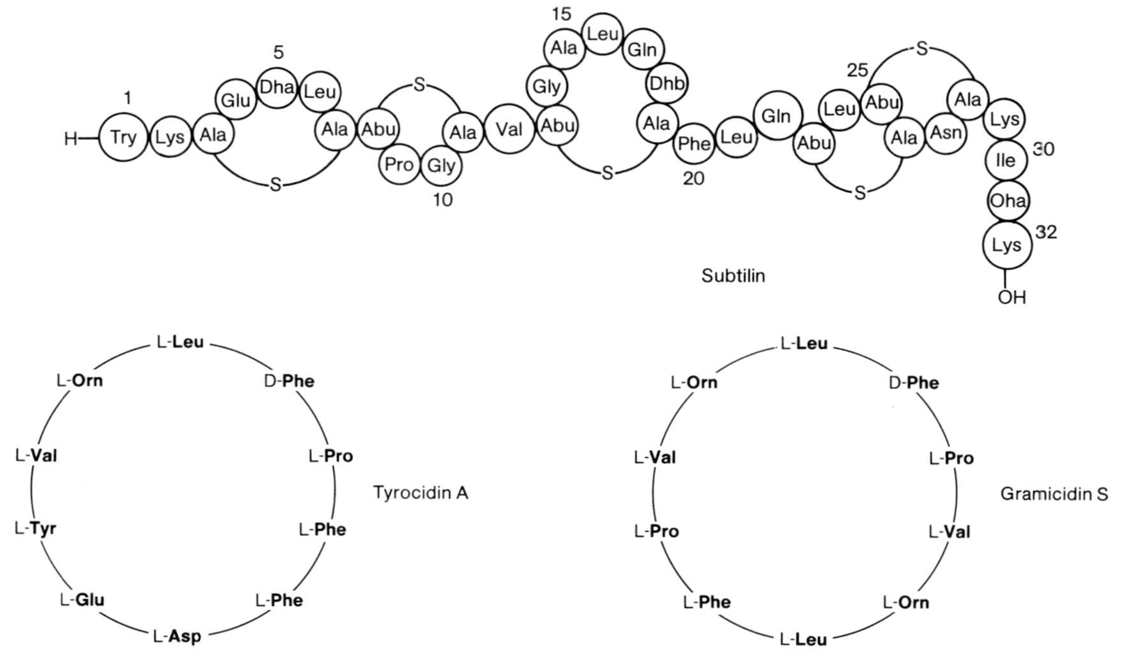

Abb. 32: Zyklische Peptid-Antibiotika.

Bildung künstlicher Poren

Die sog. Transportantibiotika erhöhen die Membranpermeabilität, d. h. die selektive Durchlässigkeit für einzelne Stoffe. Damit wird ein Gleichgewicht auf beiden Seiten der Membran eingestellt. In einigen Fällen handelt es sich um mobile, lipidlösliche Carrier (Ionophoren), die bestimmte Ionen auf Diffusionsbasis durch die Membran transportieren, in anderen Fällen fungieren diese Antibiotika als feste Membranporen, durch die einzelne Ionen permeieren. Die im nachfolgenden Abschnitt besprochenen Antibiotika spielen auch beim Energietransfer eine Rolle (vgl. S. 276).

Valinomycin

Das von *Streptomyces fulvissimus* gebildete Antibiotikum ist ein zyklisches Peptid, dessen 12 Ringkomponenten in alternierenden Paaren von D- und L-Konfigurationen angeordnet sind (Abb. 33). Es handelt sich um eine dreimal sich wiederholende Sequenz von D-Valin, D-Hydroxyisovalerat, L-Valin und L-Lactat, die alternierend durch Ester- und Peptidbindungen miteinander verbunden sind.
Valinomycin weist eine hohe Affinität zu K^+ auf, das tausendmal stärker als Na^+ gebunden wird. Das Antibiotikum schließt K^+ vollständig ein; es wird durch Wasserstoffbindungen festgehalten. Die Komplexbildung beruht wesentlich auf den alternierenden D- und L-Paaren. Ein K^+-Ion paßt exakt in das Zentrum des Valinomycin-Rings; dies ist bei anderen Alkalimetall-Ionen nicht der Fall. Als hydrophobes Molekül, das selbst keine geladenen Gruppen enthält, kann das Antibiotikum als Ionophor durch die Doppellipid-Schicht der Membran diffundieren. In Gegenwart von K^+ wandert der positiv geladene Komplex auf Grund des negativeren Membranpotentials als Ionophor in Richtung Matrix und gibt das K^+ ab. Zum Beispiel nutzen Mitochondrien in Gegenwart von Valinomycin die Energie des Elektronentransports zur K^+-Akkumulation; dies geht zu Lasten der ATP-Synthese. Valinomycin ist somit ein K^+-spezifischer, elektrophoretischer Carrier. Allerdings bindet das Antibiotikum auch an die Cytochrom C-Oxidase, was zur Hemmung des Enzyms führt.

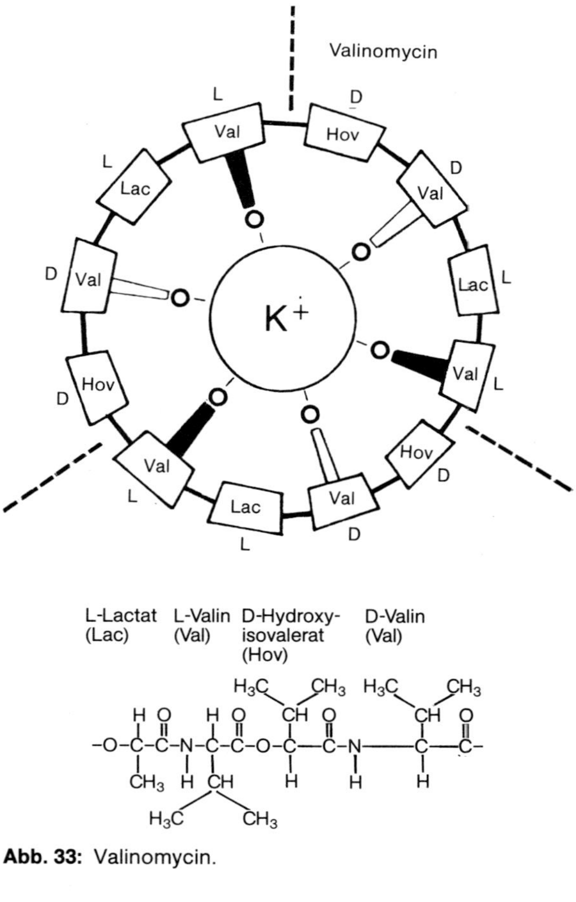

Abb. 33: Valinomycin.

Nigericin

Das offenkettige Macrotetralid-Antibiotikum aus *Streptomyces violaceoniger* bildet mit monovalenten Ionen (K^+, weniger gut mit Na^+ Komplexe (Abb. 34). Der Transport erfolgt ähnlich wie bei Valinomycin.

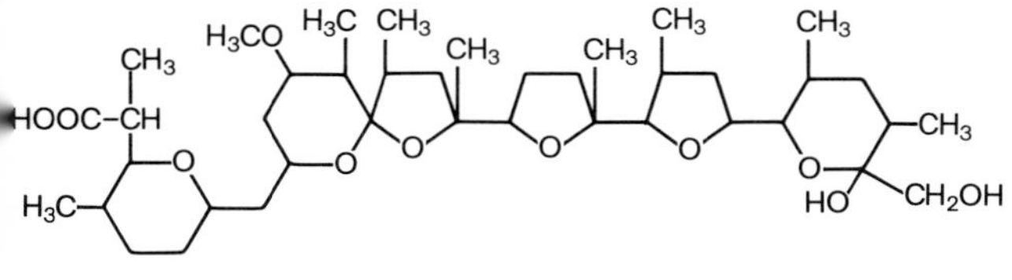

Abb. 34: Nigericin.

Gramicidin A

Es handelt sich um ein weiteres Transportantibiotikum aus *Bacillus brevis* und ist ein offenkettiges Peptid aus fünfzehn Aminosäureresten mit alternierender D- und L-Konfiguration (Abb. 35).

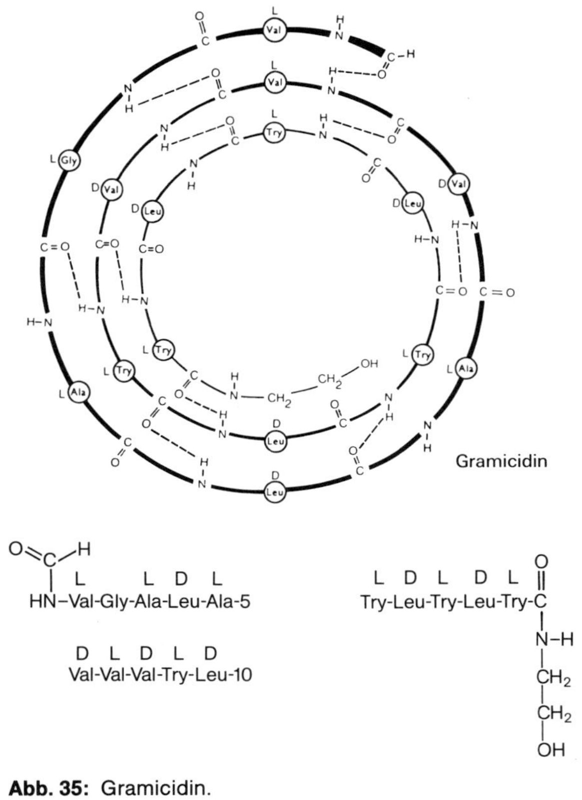

Abb. 35: Gramicidin.

Im Gegensatz zu dem mobilen Carrier Valinomycin bildet Gramicidin einen festen Kanal, der die Membran durchquert. Dieser Unterschied macht sich bei tiefen Temperaturen bemerkbar. Sie führen zu einer Verfestigung der Membran: Die Transportgeschwindigkeit der Gramicidin-Pore wird kaum beeinträchtigt, während die Diffusion und damit auch der Transport des Valinomycin-Carriers erheblich behindert werden.

Die Porenbildung von Gramicidin A beruht auf der Bildung eines helikalen Zylinders, der die Lipidmembran durchquert. Dies erfolgt durch Assoziation von zwei Gramicidin-Monomeren von beiden Seiten der Lipiddoppelschicht aus. Hierbei zeigen die lipophilen Gruppen nach außen und die hydrophilen Gruppen nach innen. Durch die hydrophile Pore, die sich im Sekundenabstand spontan öffnet und wieder schließt, können bis zu 10^7 monovalente Kationen pro Sekunde, nicht aber bivalente Kationen oder Anionen strömen. Das Antibiotikum diskriminiert nicht zwischen K^+ und Na^+. Bei Ionophoren dagegen, wie z. B. Valinomycin, liegt die Transportgeschwindigkeit bei weniger als 10^3 Ionen pro Sekunde.

Eine Reihe weiterer Verbindungen kann auch divalente Kationen binden. Hierzu zählt insbesondere das carboxylische Makrotetralid **A 23187** (Abb. 36) aus *Streptomyces chartreusensis*, das mit Mn^{2+}, Ca^{2+} und Mg^{2+} mit den relativen Affinitäten 210 : 2,6 : 1 stabile Komplexe bildet. Jeweils zwei Antibiotikamoleküle ergeben mit dem Kation einen ringförmigen Komplex, der als Ionophor fungiert.

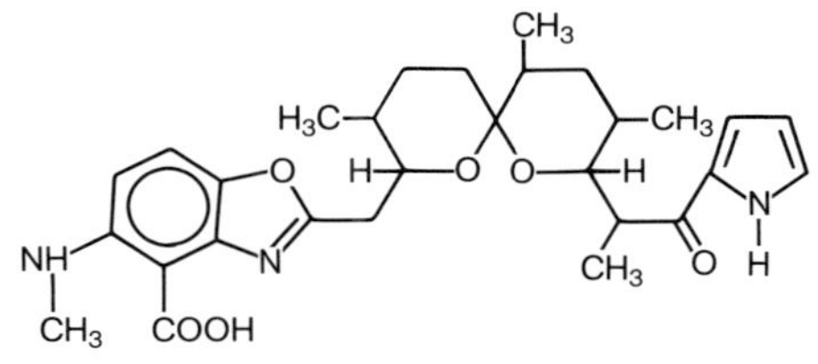

Abb. 36: A 23187.

Die biologische Applikation ergibt sich infolge der Ionophoren-induzierten Änderung der intrazellulären Ca^{2+}-Konzentration. Bei dem Laubmoos *Funaria* wurde das Antibiotikum verwendet, um artifiziell den intrazellulären Ca^{2+}-Spiegel zu erhöhen; dies resultiert auch in Abwesenheit von Cytokininen in der Stimulation der Mitose und damit der Knospenbildung[61].

Sterolabhängige Permeabilitätsänderungen

In einer Reihe von Fällen gelingt die Antibiotika-abhängige Erhöhung der Membranpermeabilität nur in Gegenwart bestimmter Sterole. Sterole sind wichtige Membranbestandteile mit stabilisierender Funktion. Ihre Entfernung führt zur Erhöhung der Permeabilität und im Extremfall zum Brechen der Membran. Die verschiedenen Organismengruppen unterscheiden sich in ihrer Sterol-Zusammensetzung. Abb. 37 zeigt einige wichtige Verbindungen. Während bei tierischen Zellen das Cholesterol (= Cholesterin), eine C-27-Verbindung, im Vordergrund steht, enthalten Höhere Pflanzen verschiedene Phytosterole (C-29-Verbindungen) mit Sitosterol und Stigmasterol als Hauptkomponenten. Bei Pilzen dagegen dominiert das C-28-Sterol Ergosterol. Der Anteil der Sterole und ihrer Ester ist im Plasmalemma besonders hoch.

Ergosterol nimmt bei der Sicherstellung eines relativ hohen Membran-Fluiditätsgrades eine Schlüsselrolle ein; dieses ist für die Aktivität zahlreicher membrangebundener Enzyme erforderlich. Ein Angriff auf Ergosterol wirkt sich damit auch auf viele membrangebundene Enzyme aus.

Eine wichtige Ausnahme bilden VA-Mykorrhizapilze, die nur minimale Ergosterolmengen, statt dessen jedoch die Cholesterole Campesterol (24-Methylcholesterol) und 24-Methylencholesterol enthalten[62].

Polyen-Antibiotika

Diese zu den Macroliden zählenden Antibiotika erhöhen selektiv die Permeabilität von sterolhaltigen Membranen. Dies beruht häufig auf der Bildung einer Porenstruktur (Abb. 38).

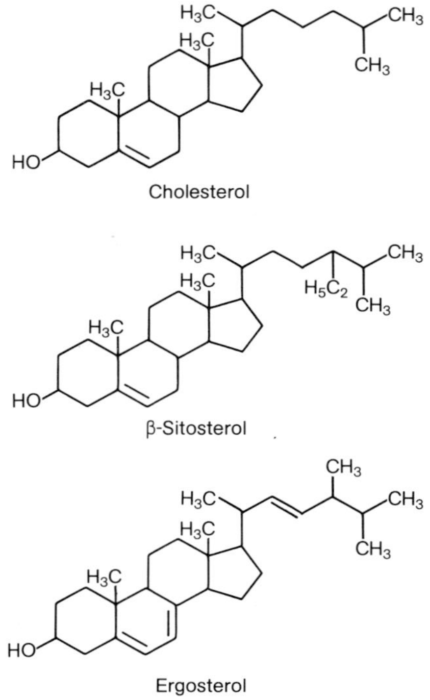

Abb. 37: Sterole.

Da eine Reihe von Polyenen eine spezifische Affinität zu Ergosterol aufweist, ist die selektive Wirkung gegenüber Pilzen verständlich; sie findet besonders intensiv in der Therapie von Human-Mykosen Anwendung.

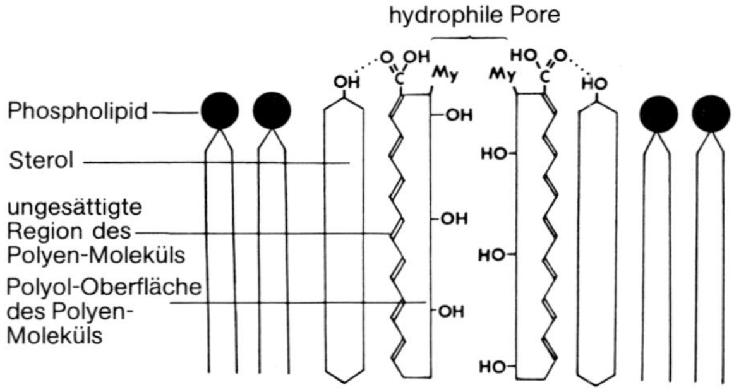

My: Mycosamin

Abb. 38: Modell einer Polyen-Sterol-Pore (aus Hammond und Lambert[63]).

Amphotericin B aus *Streptomyces spec.* besitzt wie alle Polyen-Antibiotica einen großen Lactonring mit einem hydroxylierten Anteil und einem System von nicht-substituierten, alltrans-konjugierten Doppelbindungen (Abb. 39). Ein Modell findet sich in Abb. 40. Die Wirkung beruht auf hydrophoben Wechselwirkungen zwischen einem Ergosterolmolekül

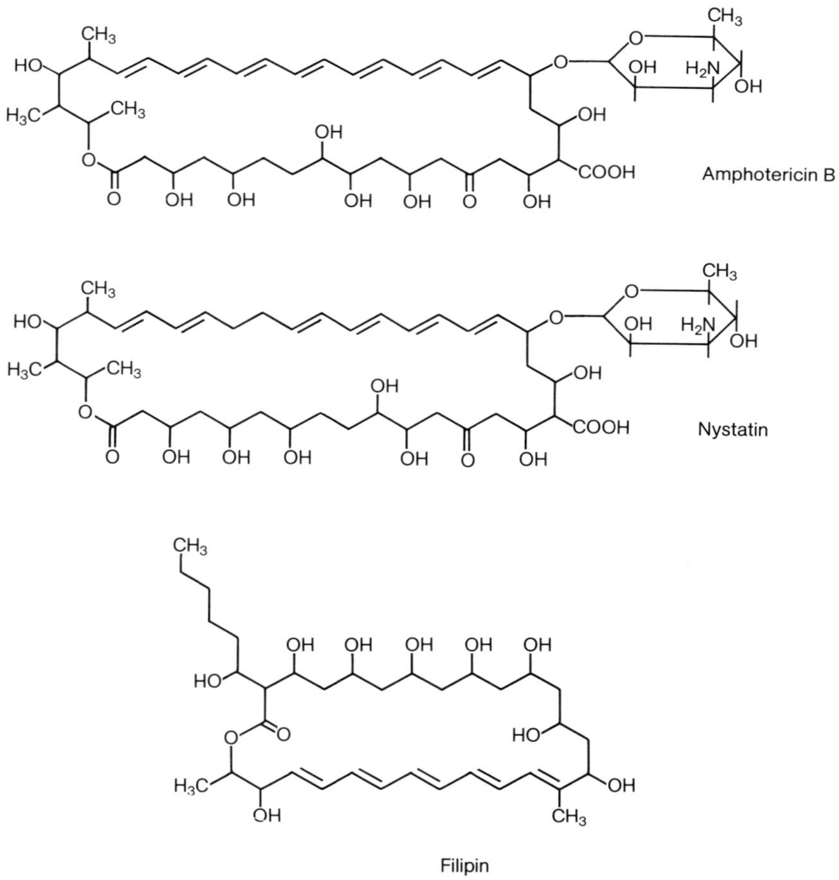

Abb. 39: Polyen-Antibiotika.

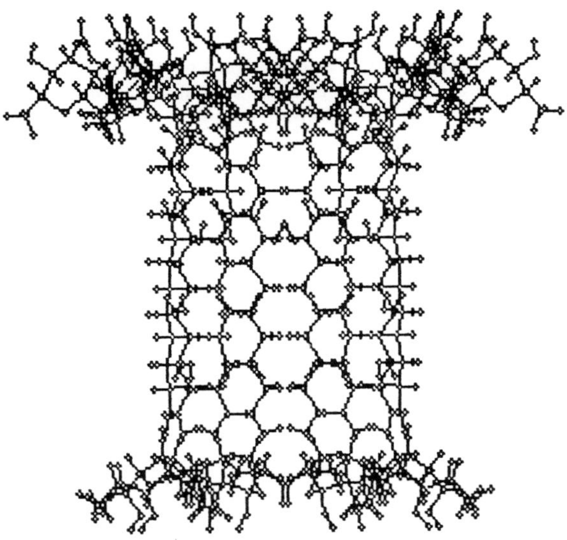

Abb. 40: Amphothericin B-Kanal. Modell von Bonilla-Marin et al.[64].

und dem Doppelbindungssystem des Antibiotikums unter Bildung eines Sterol-Polyenkomplexes. Dies führt zur Verdrängung des Sterols aus der Phospholipid-Interaktion und damit zur lokalen Veränderung des physikalischen Zustands der Membran, insbesondere der Membranfluidität. Vermutlich ist dies die Ursache für eine erhöhte Protonenpermeabilität, wie sie bei Hefen der Gattung *Saccharomyces* und *Candida* festgestellt wurde[65].
Das Antibiotikum wird bei System-Mykosen des Menschen eingesetzt, wenngleich toxische Nebenwirkungen (Nierenschäden, Hämolyse) in Kauf genommen werden müssen.
Nyastin (Abb. 39), ein wichtiges Antimykotikum aus *Streptomyces noursei* und anderen *Streptomyces*arten, wird zur Behandlung lokaler Mykosen (Dermatosen) herangezogen. Auch hier kommt es zur Bildung von Nystatin-Sterol-Poren, die zur Störung der Membranfunktionen führen. Eine Nystatin-resistente Mutante von *Aspergillus niger* weist eine veränderte Zusammensetzung der Membranlipide mit erheblich verringerten Sterolmengen auf[66].
Filipin (Abb. 39) aus *Streptomyces filipensis* bindet spezifisch an Cholesterol und schwächer an verwandte Sterole, z. B. Ergosterol der Pilze. Dabei kommt es zur Bildung von Filipin-Sterol-Aggregaten in der hydrophoben Domäne der Membran, die in elektronenmikroskopischen Aufnahmen als granuläre Vorsprünge des Plasmalemmas sichtbar sind (Abb. 41) und damit zum Nachweis der Membran-Sterol-Verteilung genutzt werden können[67]. Mit Hilfe der Filipin-Sterol-Komplexe läßt sich die Hauptmenge der Sterole dem Plasmalemma zuordnen; daneben enthält auch die Chloroplasten-Außenmembran Sterole[68].
Der Wirkungsmechanismus unterscheidet sich von den vorangegangenen Polyen-Antibiotika: Wahrscheinlich werden keine Poren gebildet. Die hohe Toxizität ist auf Membranschädigungen zurückzuführen. Diese beruhen auf Störungen der Lipid-Doppelschicht, die Änderungen der Membranpermeabilität nach sich ziehen, sowie auf Membranfragmentation.
Wegen seiner Wirksamkeit gegen viele phytopathogene Pilze wurde Filipin mehrfach im Pflanzenschutz verwendet, z. B. gegen den Mehltau von Limabohnen *(Phytophthora phaseoli)*.

Hemmung der Membranlipid-Synthese

Cerulenin (Abb. 42), ein Antibiotikum aus dem imperfekten Pilz *Cephalosporium caerulens,* ist gegen Pilze und einige Bakterien wirksam.

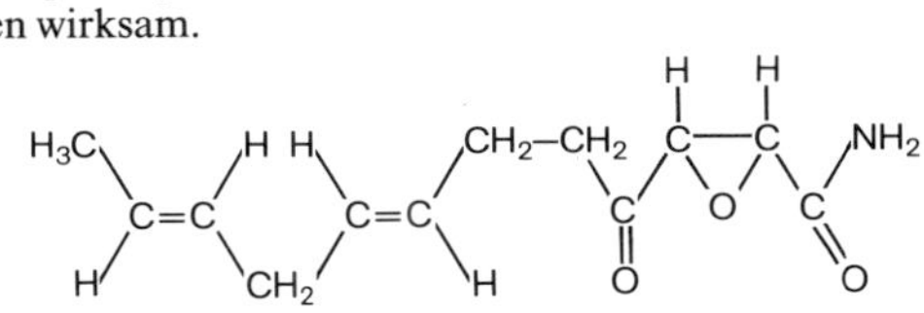

Abb. 42: Cerulenin.

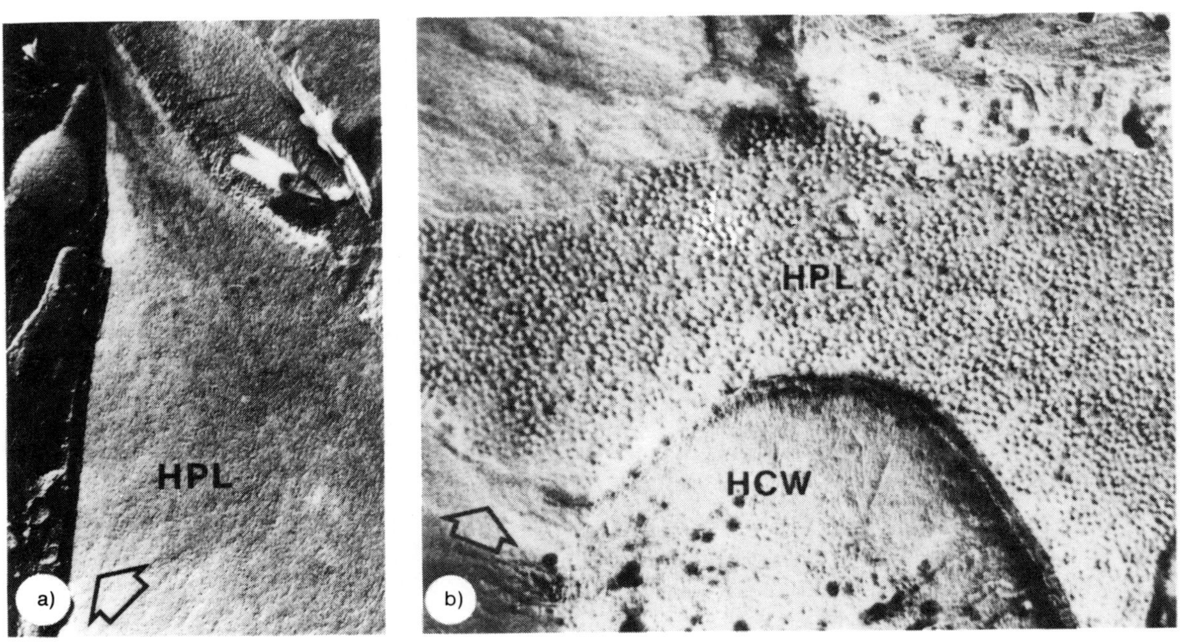

Abb. 41: Die Wirkung von Filipin auf Mesophyllzellen von Bohnen. a) Kontrolle, b) Filipin-Behandlung (10 µg/ml). Über das Plasmalemma (HPL) sind 20–25 nm große Granula verteilt. HCW: Zellwand (aus Harder und Mendgen[67]).

Es blockiert die Sterol-Synthese durch Hemmung der Hydroxymethylglutaryl-CoA-Synthase sowie die Fettsäuresynthese durch Angriff auf die β-Ketoacylthioester-Synthetase.

Inhibitoren der Ergosterol-Biosynthese

Eine Schädigung von Pilzmembranen läßt sich auch durch direkten Eingriff in die Ergosterol-Biosynthese erreichen. Hierfür kommen vor allem zwei Möglichkeiten in Frage (vgl. auch S. 111) (1) Inhibitoren der Squalen-Epoxidase wie z. B. die Allylamine Naftifin und Terbinafin und die Thiocarbamate Tolnaphtat und Tolciclat (Abb. 43), die den Schritt vom Squalen zum Squalenepoxid unterbrechen. Abb. 44 zeigt die Naftifin-Wirkung auf die Hefe *Candida parapsilosis,* wo es zu Faltungen, Agglutinationen (Abb. 44 c) und verklebten Zellverbindungen kommt (Abb. 44 d, Pfeile). (2) Inhibitoren der Cytochrom P-450-abhängigen 14α-Demethylierung von Lanosterol[65]. Diese blockieren den Schritt zum Ergosterol (vgl. S. 203). Hierfür steht eine Reihe von Imidazol- und Triazol-Verbindungen zur Verfügung, die sowohl in der Medizin als auch als Fungizide zum Einsatz kommen. Abb. 45 zeigt als Beispiele das Imidazol Clotrimazol und das Triazol Itraconazol. Beide Verbindungen werden gegen pathogene *Candida*-Arten eingesetzt. Itraconazol bindet fest an die cytosolischen P-450-Isoenzyme in Mikrosomen von *Saccharomyces cerevisiae* und *Candida albicans* und unterbindet hierdurch die Demethylierung. Die Folge sind Störungen von Membranen und membrangebundener Enzyme, u. a. in Mikrosomen und Mitochondrien, direkte Einflüsse auf Membran-Fettsäuren sowie Hemmung von Atmungscytochromen.

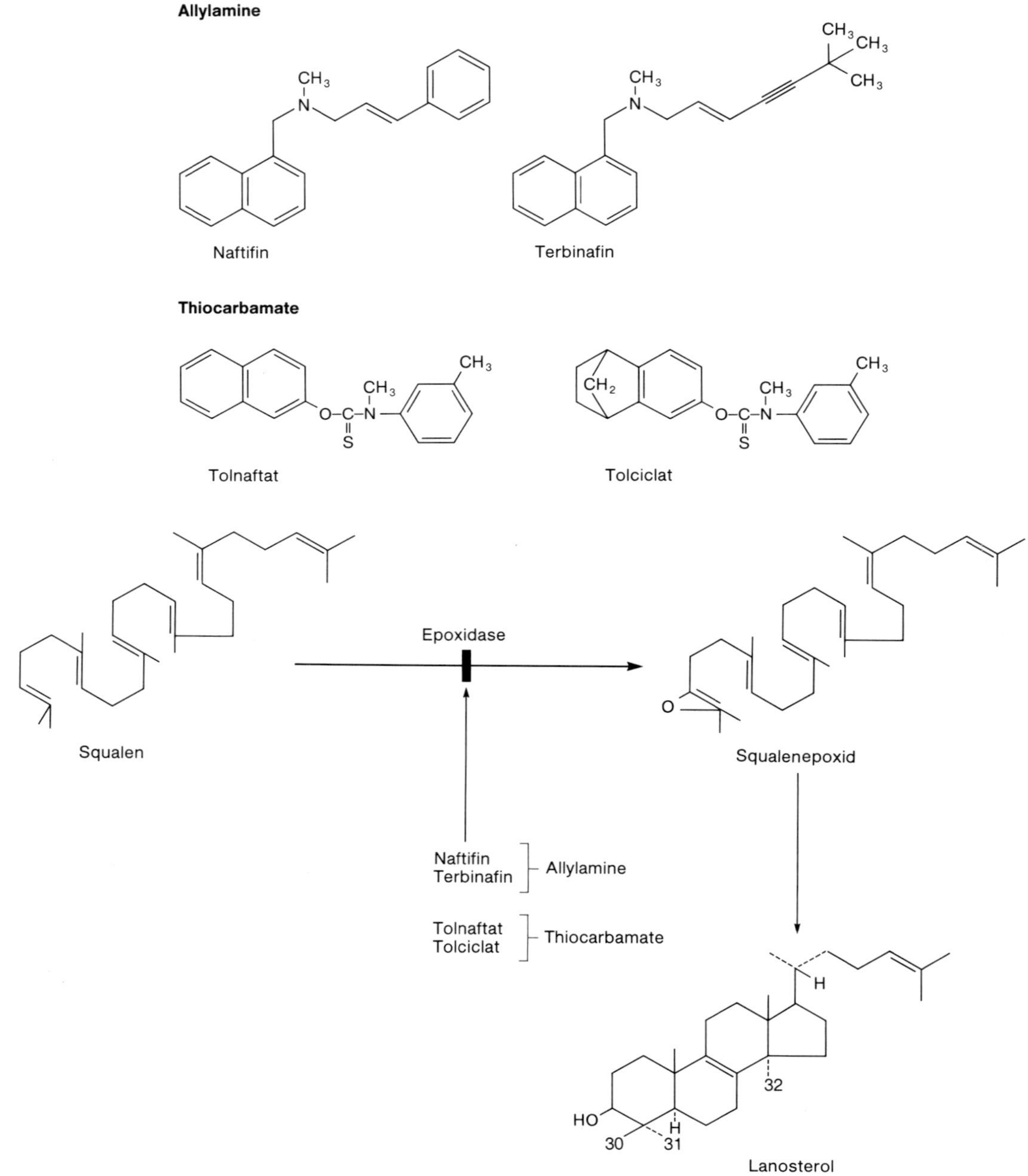

Abb. 43: Squalenepoxidase-Inhibitoren und ihre Wirkungsweise.

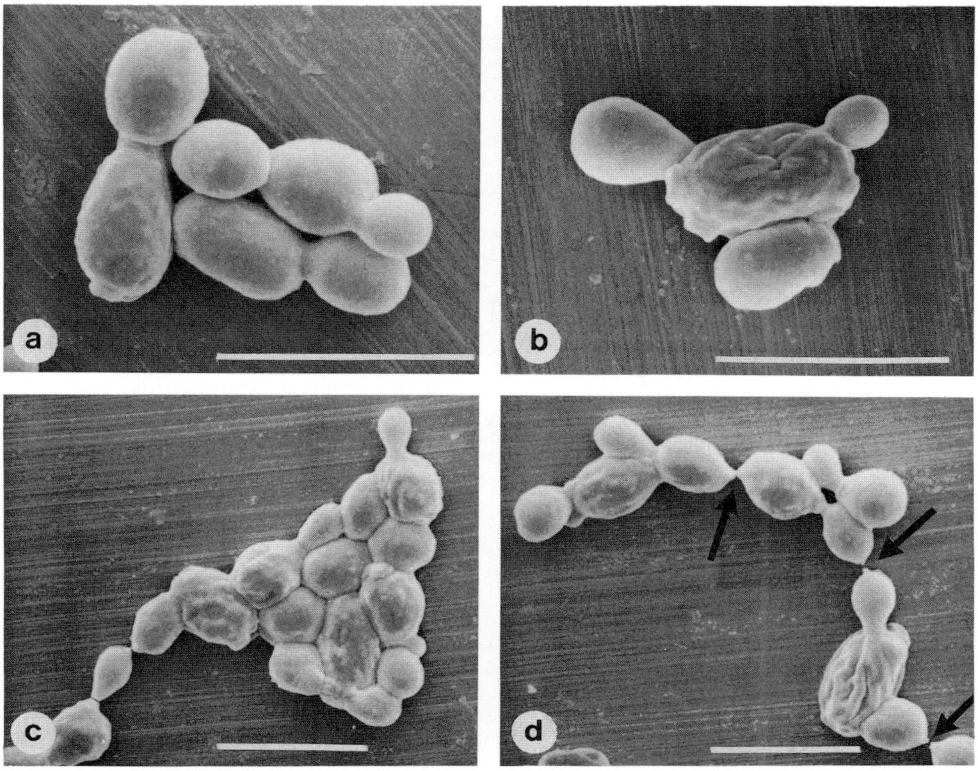

Abb. 44: Die Wirkung von Naftifin (50 µg/ml) auf *Candida parapsilosis*. Aus Mallié et al.[69]. (a) Kontrolle, (b) behandelte Zellen nach 2 h und (c, d) nach 24 h. Meßstriche: 5 µm.

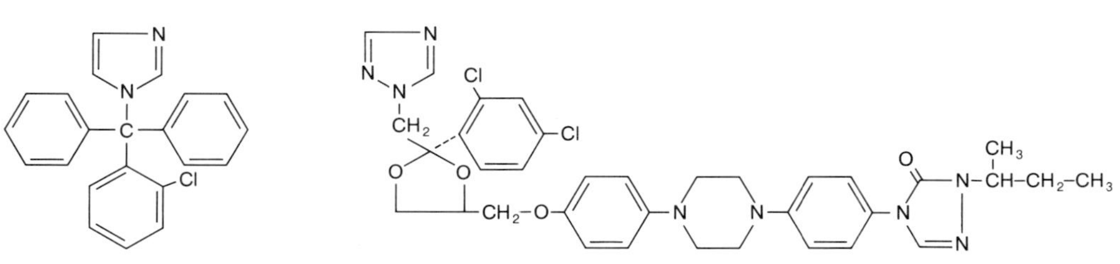

Abb. 45: Azole als Inhibitoren der Lanosterol-Demethylierung.

Die Anhäufung von 14α-Methylsterolen durch die Blockade des Demethylierungsschritts führt zur unkoordinierten Chitinsynthese, zu morphologischen Veränderungen und zur Zellyse. Bei Hefen wie z. B. *Candida albicans* ist Chitin die Hauptkomponente des primären Septums, das Knospe und Mutterzelle voneinander trennt. Bei der Mycelform von *Candida* wird Chitin beim Wachstum der Hyphenspitzen sowie beim Septum-Verschluß benötigt. Hieraus erklären sich Azol-bedingte Schäden auch bei Hefen.

Veränderungen von Membran-ATPasen

Die Grenzmembranen der Zelle enthalten eine Reihe von Ionenpumpen; ihnen fallen zentrale Transportfunktionen zu. Der primäre aktive Transportprozeß von Pflanzen und Pilzen ist ein elektrogener Protonentransport. Als Protonenpumpen fungieren die H^+-ATPasen des Plasmalemmas und des Tonoplasten. Der elektrochemische H^+-Gradient wird für den Transport von Kationen, Anionen sowie Zuckern und Aminosäuren genutzt. Darüber hinaus sind die H^+-ATPasen an der Regulation des cytoplasmatischen pH, der Stomataöffnung, der Phloembeladung und der Zellstreckung beteiligt. Auf diese Weise kann ein Stoff-Ungleichgewicht aufrechterhalten werden, eine Grundvoraussetzung für den Stoffwechsel und die Entwicklung der Pflanze. Während die genannten H^+-ATPasen unter ATP-Verbrauch Protonen aus dem Cytosol entfernen und damit für eine elektrochemische Potentialdifferenz zwischen Apoplast und Symplast (innen negativ) sorgen, nutzen umgekehrt die sog. F-ATPasen der Chloroplasten und Mitochondrien (s. S. 255; 276 und 278) den elektrochemischen Protonengradienten, um ATP zu synthetisieren. Schließlich sei noch die H^+-translocierende anorganische Pyrophosphatase (PPase) erwähnt, die zum Protonentransport in die Vakuole beiträgt.

P-ATPasen der Plasmamembran

Die H^+-ATPase des Plasmalemmas fungiert als ein Schlüsselenzym. Es regelt das Membranpotential, die Nährstoffaufnahme und den cytosolischen pH-Wert. Dieses Enzym zählt zur eigenständigen Familie der P-ATPasen, die sich durch ihre besonderen Struktur- und Funktionsmerkmale von allen übrigen ATPasen deutlich absetzt. Zur P-ATPase-Gruppe zählen neben der H^+-ATPase des Plasmalemmas auch die Ca^{2+}-ATPase sowie die Na^+/K^+-ATPase. Die P-ATPasen weisen von allen ATPasen die geringste Größe auf.

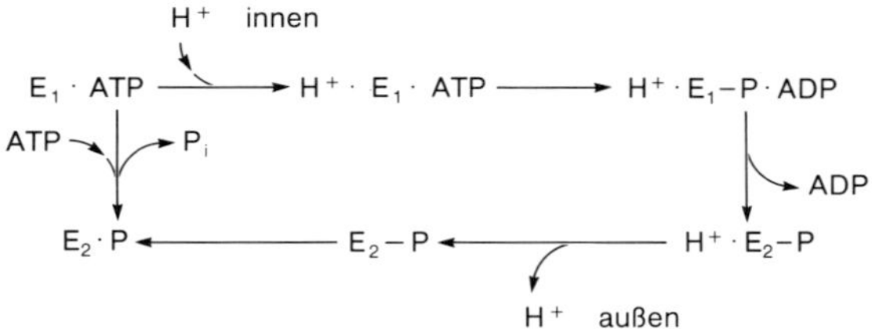

Abb. 46: Katalytischer Zyklus der P-ATPase (aus Bickel-Sandkötter[70]).

Bei den P-ATPasen wird während der ATP-Hydrolyse ein kovalentes Intermediat am Enzym geformt, indem der hydrolysierte, endständige Phosphatrest des ATP an einen Asparaginsäurerest der Aminosäurekette bindet und Aspartylphosphat bildet. Das Enzym existiert in zwei Konformationen, dem E_1- und E_2-Zustand (daher auch der Name E_1/E_2-ATPasen). E_1 und E_2 alternieren während des katalytischen Zyklus. In der Konformation E_1 liegt die Transportseite zum Cytoplasma gerichtet vor, und das Enzym besitzt eine hohe Affinität zu seinem zu transportierenden Substrat, nämlich einem der oben genannten Kationen. In der Konformation E_2 findet man die Transportseite nach außen gerichtet vor, und die Affinität zum Substrat ist niedrig. Bewirkt werden die sequentiellen Konformationsänderungen nacheinander durch folgende Vorgänge (Abb. 46):

1. Bindung von ATP und dem entsprechend zu transportierenden Kation an das Enzym.
2. Hydrolyse des ATP zu ADP und Phosphat unter Phosphorylierung des Asparaginsäurerests.
3. Freisetzung des entstandenen ADP ins Medium.

Die beiden letzten Schritte führen zum E_2-Zustand und zur Freisetzung des Kations nach außen. Im Schema ist als Beispiel der sequentielle Ablauf des ATP-vermittelten Transports von Protonen durch pilzliche Plasmamembran-ATPasen dargestellt. Beim H^+-Transport liegt eine H^+/ATP-Stöchiometrie von 1 vor, d. h. 1 H^+ wird pro hydrolysiertem ATP transportiert. Eine ausführliche Darstellung findet sich bei Bickel-Sandkötter[70].

Die Plasmamembran H^+-ATPase findet sich bei Höheren Pflanzen in besonders hohen Konzentrationen in den Schließzellen, wo die lichtstimulierte Stomaöffnung über eine H^+-Extrusion läuft. Der Aufbau des elektrochemischen Gradienten treibt die K^+-Aufnahme durch K^+-selektive Ionenkanäle, die zusammen mit einer entsprechenden Malatsynthese und/oder Cl^--Aufnahme zur Absenkung des interzellulären Wasserpotentials, zum Wassereinstrom, zur Turgorzunahme und damit zur Stomaöffnung führt.

Im Sproßbereich ist das Enzym vor allem noch in sämtlichen Phloemzellen vertreten, von denen hohe Transportleistungen im Zusammenhang mit der Phloembeladung erbracht werden. Alle übrigen Gewebe im Sproß enthalten deutlich geringere Aktivitäten. Bei Zuckerrübenblättern erfolgt die Phloembeladung über einen gekoppelten H^+-Saccharose-Symport (1:1-Stöchiometrie). An isolierten Plasmamembranvesikeln wurde eine Saccharose-induzierte Alkalisierung des Außenmediums beobachtet. In diesem Fall erfolgt der P-ATPase-abhängige H^+-Transport von außen nach innen.

In der Wurzel findet sich die P-ATPase vor allem in den Epidermiszellen einschließlich der Wurzelhaare sowie in den Geleitzellen des Phloems. Besonders gut untersucht ist das Enzym auch in der Plasmamembran verschiedener Hefen. Hier ist unter anderem der Aminosäureimport an die H^+-Extrusion gekoppelt.

Wie bei allen Enzymen, die eine kovalente Phosphoenzym-Intermediärverbindung bilden, wirkt auch hier das Phosphat-Analogon **Orthovanadat ($H_2VO_4^-$)** als starker Inhibitor. Sämtliche der oben aufgeführten Prozesse, z. B. die lichtstimulierte Turgorzunahme der Schließzellen, werden spezifisch durch Vanadat gehemmt. Dagegen unterbleibt eine Hemmung bei den F-ATPasen der Mitochondrien und Chloroplasten sowie bei den V-ATPasen des Tonoplasten, da hier entsprechende Zwischenverbindungen fehlen.

Andere Inhibitoren wie DCCD (vgl. S. 254), Diethylstilbestrol, Octylguanidin sowie verschiedene Sulfhydryl-Inhibitoren hemmen das Plasmalemma-Enzym unspezifisch. Auch Mykotoxine wie Zearalenon aus Fusarium oder das *Cercospora beticola*-Toxin sind wirksam. Dagegen wird das Enzym durch Molybdat, Nitrat oder Oligomycin nicht beeinträchtigt. Tab. 4 gibt einen Überblick über weitere Inhibitoren, Tab. 5 über Modulatoren der H^+-ATPase des Plasmalemmas. Syringomycin ist eine Mischung verwandter Lipodepsilpeptide aus pflanzenpathogenen Stämmen von *Pseudomonas syringae,* pv. *syringae,* dem Erreger der Braunfleckenkrankheit bei Bohnen und anderer Krankheiten. Die Stimulation der H^+-ATPase des Plasmalemmas erfolgt über die Syringomycin-Aktivierung einer membrangebundenen Proteinkinase, die u. a. die H^+-ATPase des Plasmalemmas, nicht jedoch die anderen H^+-ATPasen, phosphoryliert und aktiviert. Dies führt über eine Stimulation des H^+/K^+-Antiports schließlich zum K^+-Efflux aus der Zelle.

Fusicoccin

Fusicoccin ist ein Aktivator der H^+-ATPase des Plasmalemmas. Hierbei handelt es sich um ein Diterpen-Glucosid (Abb. 47) aus dem imperfekten Pilz *Fusicoccum amygdali.* Es wirkt als Welketoxin und ist für phytopathologische Erscheinungen an Mandel- und Pfirsichbäumen verantwortlich. Vergleichbare physiologische Wirkungen erzielt auch das strukturell ähnliche Cotylenen aus *Cladosporium.*

Die intensive Nutzung des Fusicoccins in der pflanzenphysiologischen Forschung setzte 1971 mit der Entdeckung ein, daß Fusicoccin das Zellwachstum dramatisch stimuliert. Eine ausführliche Beschreibung findet sich bei Marré[71].

Eine Applikation von Fusicoccin führt unmittelbar zur Ansäuerung des Apoplastenraums. Dies beruht auf der Aktivierung der Plasmamembran-H^+-ATPase durch Veränderungen in der C-terminalen Domäne und der Hyperpolarisation der Plasmamembran. Gegenwärtig zeichnet sich folgender Mechanismus ab: Fusicoccin bindet mit hoher Affinität an einen Plasmamembran-Rezeptor, der aus einem heterotrimeren Protein besteht, nur in geringen Mengen vorliegt und nicht mit der H^+-ATPase identisch ist.

Rekonstitutionsexperimente an Liposomen mit Fusicoccin-Rezeptoren und H^+-ATPase aus Mais führten zu funktionellen Vesikeln, bei denen es nach Fusicoccin- oder Cotyleninbehandlung zur Ansäuerung im Lumen kommt[72]. Einzelheiten zur Signalübertragung liegen noch nicht vor.

Die Hyperpolarisation der Plasmamembran nach Fusicoccin-Aktivierung erklärt so unterschiedliche Effekte wie die Stomataöffnung, Förderung des Streckenwachstums und der Samen-

Tab. 4: Inhibitoren der Plasmamembran-H^+-ATPase (P-ATPase)

Verbindung	Struktur	Bemerkung
Vanadat	VO_4^{3-}	hemmt Reaktionszyklus hinter der Phosphatfreisetzung
Erythrosin B	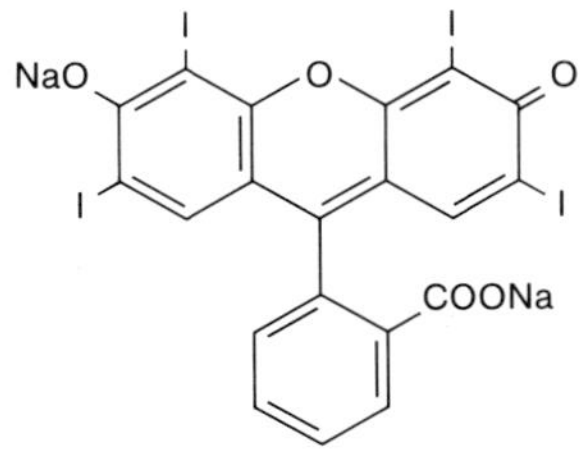	hemmt die ATP-Bindung, den ersten Schritt des Reaktionszyklus
schweres Wasser	D_2O	kinetischer Effekt
N,N′-Dicyclohexylcarbodiimid (DCCD)	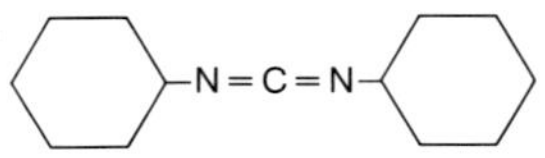	Bindung an eine Proteolipid-Untereinheit
Diethylstilbestrol	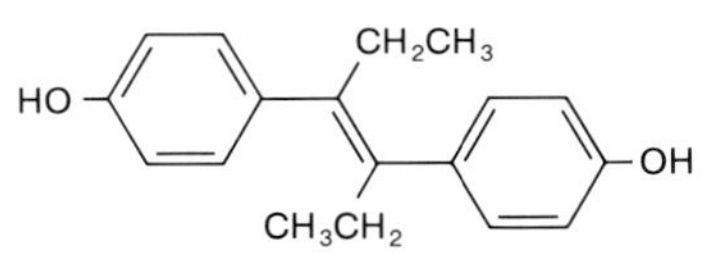	unspezifische Hemmung
Suloctidil	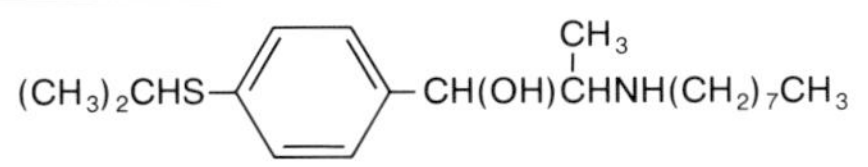	hemmt vor allem Hefe-P-ATPase
Miconazol	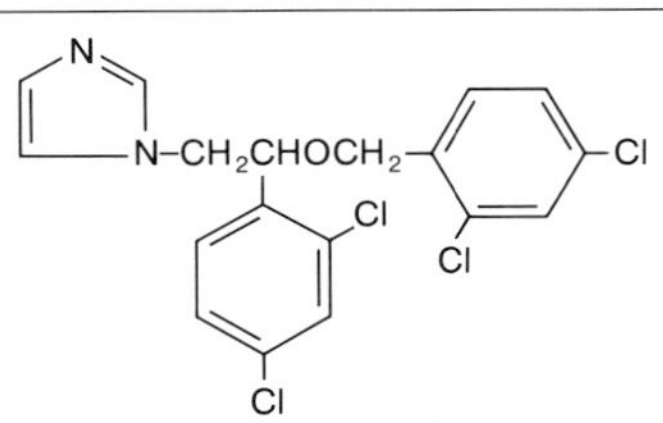	hemmt vor allem Pflanzen-P-ATPase
Carbonylcyanid-m-chlorphenylhydrazon (CCCP)	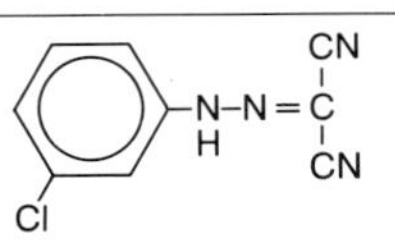	Protonophor, hebt den pH-Gradienten auf
p-Chlormercuribenzolsulfonsäure	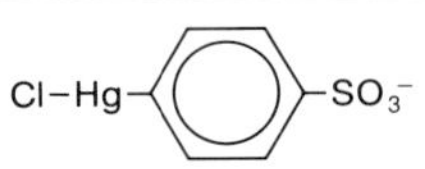	Sulfhydryl-Reagenz
Diethylpyrocarbonat (DEPC)	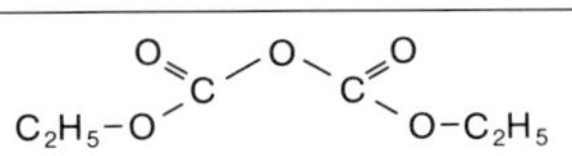	Histidin-Reagenz, DEPC-Hemmung durch Hydroxylamin aufhebbar
Gramicidin D		lineares Gramicidin (Polypeptid)
Octylguanidin		

keimung. Tabelle 6 faßt eine Reihe von Vorgängen zusammen, die von Fusicoccin *in vivo* stimuliert werden. Interessanterweise ähneln sich einige Effekte von Fusicoccin und Auxin, obwohl die Rezeptoren nicht identisch sind. Deutliche Unterschiede bestehen z. B. im Abbau von Phosphatidylinositol, der durch Auxin, nicht jedoch durch Fusicoccin gefördert wird[73]. Die Stimulierung des Streckenwachstums durch Fusicoccin steht im Einklang mit der Säurewachstums-Theorie: Durch Aktivierung der H^+-ATPase kommt es zur Sekretion von Protonen in den Zellwandbereich, und die Zellwand wird plastisch verformbar. Mit Sicherheit steigern Fusicoccin und das Zellstreckungshormon Auxin die Protonenexkretion über verschiedene Wirkungsmechanismen. Die Rezeptoren für die beiden Verbindungen sind verschieden. Auxin beeinflußt auch nicht die Rezeptorbindung von Fusicoccin[74]. Wie zuerst durch Cycloheximid-Experimente bewiesen wurde, ist der Auxin-

Tab. 5: Modulatoren der Plasmamembran-H^+-ATPase (P-ATPase)

Verbindung	Wirkung
Fettsäurereste von Phospholipiden, z. B. 1-Palmitoyl-2-oleoyl-phosphatidylserin, Asolectin	Aktivierung (abhängig vom Grad der Sättigung und Kettenlänge) durch Interaktion von Enzym und Phospholipiden
H^+ (schwache Säuren)	Aktivierung: cytosolischer pH wird durch Protonenpumpe reguliert
K^+, Mg^{2+}	Aktivierung bei niedrigen Konzentrationen
Licht (Blaulicht)	Stimulation bei Schließzellen
Auxin	Stimulation (vermutlich indirekt)
Frost	bei leichten (reversiblen) Frostschäden Erhöhung der Aktivität, bei schweren (irreversiblen) Schäden Abnahme der Aktivität
Syringomycin (aus *Pseudomonas syringae,* pv. *syringae*)	fördert P-ATPase über eine Aktivierung einer membrangebundenen Proteinkinase, die u. a. die ATPase phosphoryliert und damit aktiviert
Elicitoren, z. B. Arachidonsäure	Rezeptor-gebundener Elicitor hemmt P-ATPase und induziert hierdurch den Phenylpropanweg und damit die Phytoalexinbildung
Fusicoccin	Aktivierung (indirekt über Fusicoccin-Rezeptor)
Nekrose-induzierende Peptide (aus dem Pilz *Rhynchosporium secalis*)	Aktivierung (direkt)
Calmodulin-Antagonisten (Chlorpromazin, Trifluoperazin)	Aktivierung
Lysolecithin	Aktivierung
Platelet activating factor (PAF)	Aktivierung

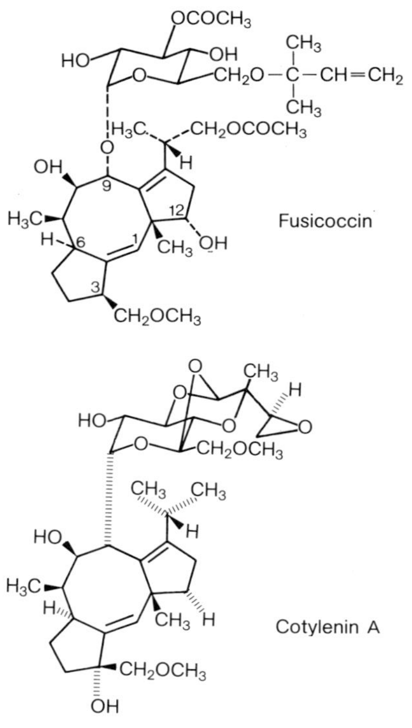

Abb. 47: Fusicoccin und Cotylenin.

induzierte Vorgang von der Proteinsynthese abhängig, nicht jedoch der Fusicoccin-induzierte Prozeß[75].
Unklar ist noch die Funktion des Fusicoccin-Rezeptors. Bei der Mungbohne *(Vigna radiata)* finden sich beim Hypokotyl die größten Rezeptor-Mengen nicht in meristematischen, sondern in ausdifferenzierten Zellen, die auch die stärksten Reaktionen auf Fusicoccin zeigen[76].

Tab. 6: *In vivo*-Effekte von Fusicoccin (nach Marré[71]).

1. Ansäuerung des Inkubationsmediums (durch H^+-Abgabe).
2. Hyperpolarisation des Membranpotentials.
3. Stimulation des Stofftransports:
   a) Aufnahme von K^+- und anderen Kationen,
   b) Aufnahme von Cl^- und anderen Anionen,
   c) Aktive Na^+-Abgabe,
   d) Aufnahme von Glucose, Saccharose und Aminosäuren.
4. Steigerung von Stoffwechselleistungen:
   a) Atmung und Dunkel-CO_2-Fixierung (als Malat),
   b) Zunahme der Pyruvat- und Glucose-6-Phosphat-Spiegel; Abnahme des C_1/C_6-Verhältnisses.
5. Physiologische Effekte:
   a) Stimulation des Zellstreckungswachstums,
   b) Stimulation der Stomataöffnung (Antagonismus zu Abscisinsäure),
   c) Beschleunigung der Samenkeimung (Antagonismus zu Abscisinsäure und solchen Bedingungen, die Ruhezustände auslösen).

Neben der H^+-ATPase wird auch die Ca^{2+}-ATPase der Plasmamembran durch Fusicoccin aktiviert[77], die als primäre Ionenpumpe Ca^{2+} aus der Zelle entfernt (s. u.).

Ca^{2+}-ATPase

Ebenfalls zu den P-ATPasen zählen die Ca^{2+}-ATPasen des Plasmalemmas und des endoplasmatischen Reticulums. Sie sind entscheidend am aktiven Ca^{2+}-Transport aus der Zelle und damit an der cytosolischen Ca^{2+}-Homöostase beteiligt,

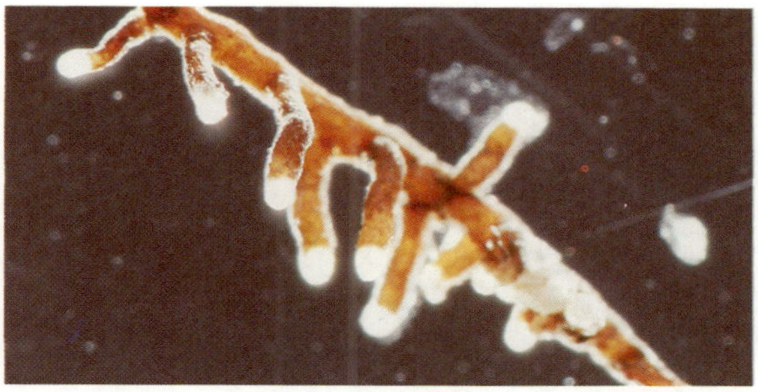

Abb. 1 (zu S. 24): Mykorrhiza-Wurzel bei der Fichte (Originalphotos A. Bartunek). Links: Hellfeldaufnahme (Cenococcum). Rechts: Dunkelfeldaufnahme, die den Umfang des Pilzmantels erkennen läßt.

Abb. 2 (zu S. 24): Habitusaufnahme einer Kiefernmykorrhiza mit dem Pilz Pisolithus tinctorius. Charakteristisch sind die dichotomen Verzweigungen der Seitenwurzeln.

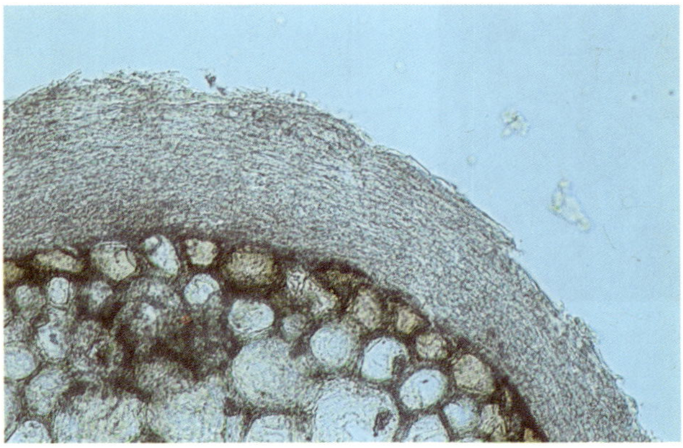

Abb. 3 (zu S. 24): Querschnitt durch eine mykorrhizierte Wurzel mit dickem Pilzmantel.

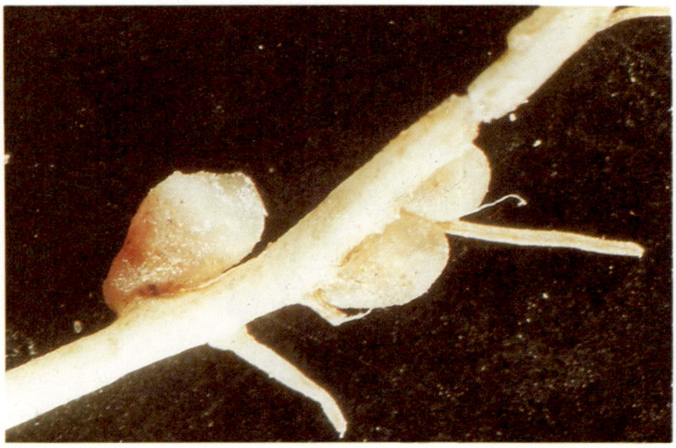

Abb. 4 (zu S. 24): Wurzelknöllchen des Klees (Originalphoto A. Bartunek).

Abb. 5 (zu S. 50): Die Laubflechte *Parmelia.*

Abb. 6 (zu S. 70): *Parmelia physodes*, durch Immissionseinflüsse teilweise abgestorben (aus Schönbeck[20]).

Abb. 7 (zu S. 74): Ozonschäden an Tabak Bel W 3 (aus Rudolph[38]).

Abb. 8 (zu S. 75): Blattnekrosen an Buchenblättern (links) und an Apfelblättern (rechts) nach HF-Einwirkung (aus Däßler[49]).

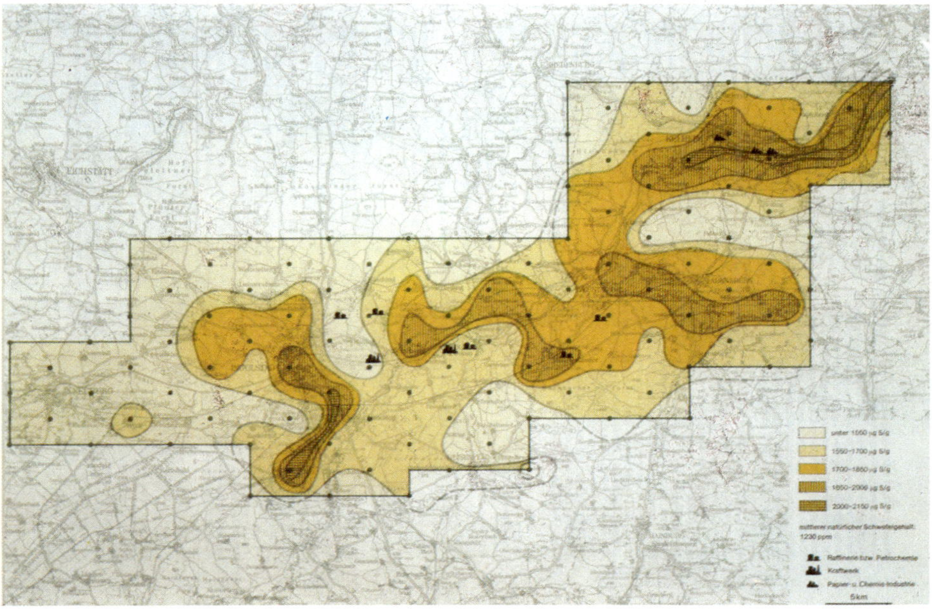

Abb. 9 (zu S. 77): Isoplethen (= Linien, die Punkte gleicher Konzentration verbinden) für den S-Gehalt in Fichtennadeln (Probenahme 1975/76) und Lage potentieller Emittenten im Raum Ingolstadt/Kelheim (aus Rudolph[38]).

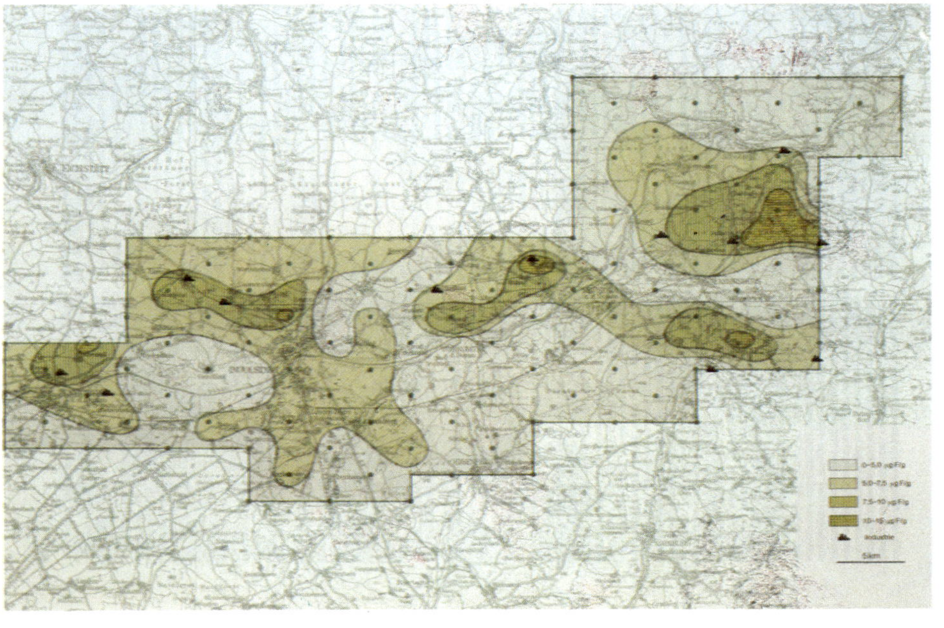

Abb. 10 (zu S. 77): Isoplethen für den F-Gehalt in Fichtennadeln (Probenahme 1975/76) und Lage potentieller Emittenten im Raum Ingolstadt/Kelheim (aus Rudolph[38]).

Abb. 11 (zu S. 105): Typische Vergilbungssymptome von Fichten in den höheren Lagen des Mittelgebirges.

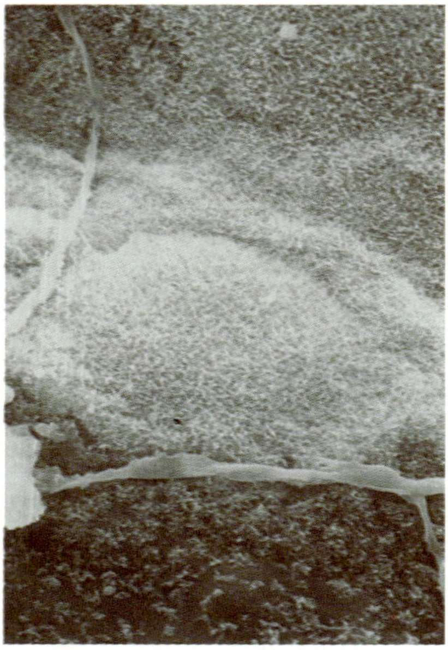

Abb. 12 (zu S. 111): Intakter Wachsdeckel einer Fichtennadel.

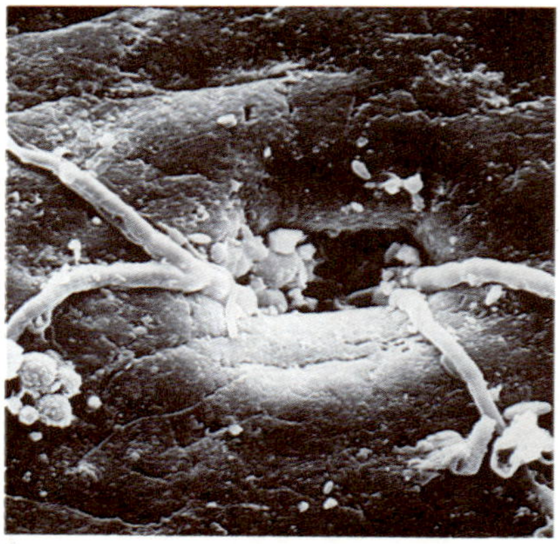

Abb. 13 (zu S. 111): Pilzhyphe wächst an defektem Wachsdeckel in die Nadel ein (Vergrößerung × 1600).

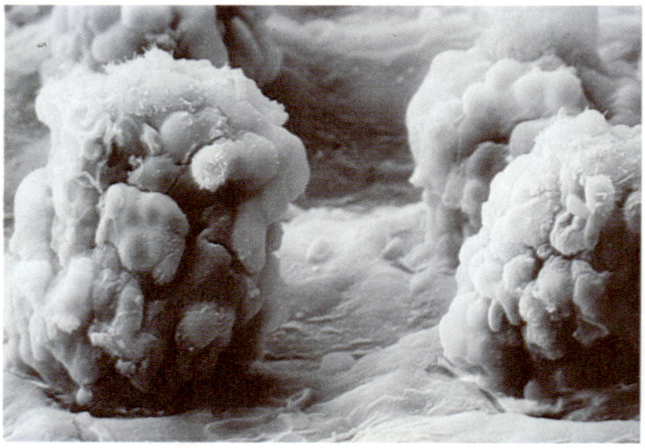

Abb. 14 (zu S. 111): Sporenlager wachsen aus Spaltöffnungen hervor. Den beobachteten Pilzbefall kann man biochemisch erfassen und quantifizieren. Hierzu eignet sich das Molekül Ergosterol (Tab. 11a, b, Abb. 12), da es eine pilzspezifische Membrankomponente ist.

Abb. 15 (zu S. 141): Verschieden belastete Gewässer im Sommer. Oben: Starke Nährstoffbelastung (eutroph); unten: Nährstoffarm (oligotroph).

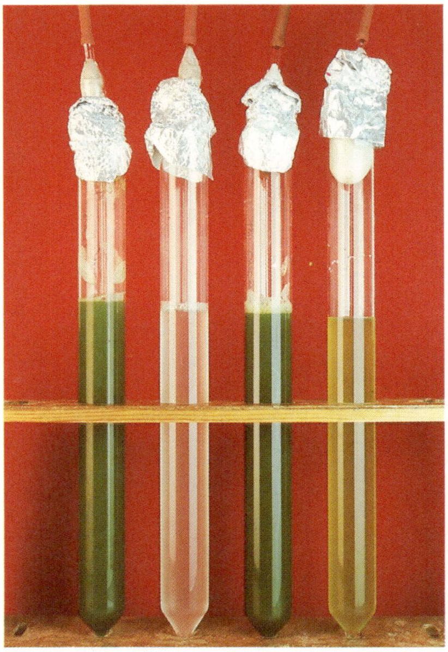

Abb. 16 (zu S. 227): Der Einfluß von 7×10^{-4} molarem Streptomycin (b und d) auf autotrophe Kulturen von Chlamydomonas (a, b) und Scenedesmus (c, d).
Die Aufnahme wurde von Herrn Prof. Dr. H. Senger, Universität Marburg, zur Verfügung gestellt.

Abb. 17 (zu S. 284): Keimungs- und Wachstumshemmung bei der Kresse durch Rettich. Experiment und Photos: Bettina Hock. Auswertung 5 Tage nach der Aussaat. Rechte Hälfte: Rettich-Sorte Unus Treib (Stufe 1), Keimungshemmung der Gartenkresse (Stufe 2), normales Wachstum der Krausen Kresse (Stufe 3). Linke Hälfte (Kontrolle): Rettich-Sorte Rex (Stufe 1), Gartenkresse (Stufe 2), Krause Kresse (Stufe 3).

Abb. 18 (zu S. 289): Bodenmüdigkeit beim Apfel. (A) Fünfjähriger Apfelbaum der Sorte Jonagold (Unterlage: M9) auf apfelmüdem Boden, auf dem zuvor bereits eine Baumschule mit Apfel stand. (B) Kontrolle mit gleichaltrigem Baum auf einem jungfräulichen Standort. Die Aufnahmen wurden freundlicherweise von Frau Dr. Taube-Baab (Landes-Lehr- und -Versuchsanstalt in Bad Neuenahr-Ahrweiler) zur Verfügung gestellt.

Abb. 19 (zu S. 378): Himbeerkultur (Sorte Schönemann). Linke Hälfte: Latenter Befall mit Himbeermosaikviren. Außer einer deutlichen Wachstumshemmung sind keine weiteren Symptome erkennbar. Rechte Hälfte: Virusfreie Pflanzen aus Meristemkulturen der Pflanzen auf der linken Seite. Die Aufnahme wurde freundlicherweise von Herrn Prof. Dr. W. Feucht, Lehrstuhl für Obstbau der TU München-Weihenstephan, zur Verfügung gestellt.

Abb. 20 (zu S. 385): Blattwespenlarven (Fam. *Tenthredinidae*) auf der Unterseite eines Lindenblattes. Sie erzeugen Fensterfraß; Blattrippen und obere Blattepidermis bleiben unbeschädigt. Die Fraßstellen verfärben sich nach einiger Zeit braun.

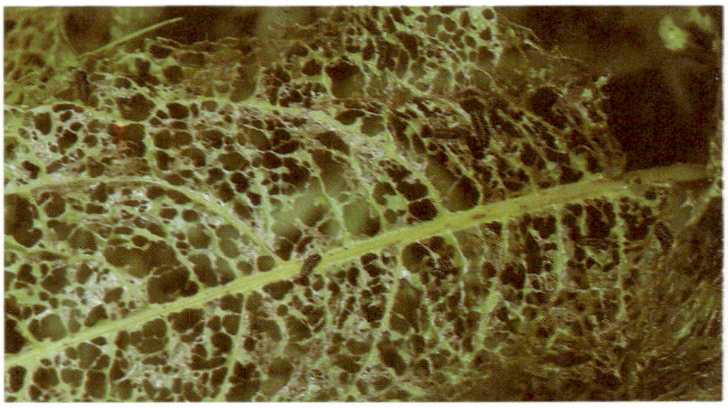

Abb. 21 (zu S. 385): Blattkäferlarven (Fam. *Chrysomelidae*) zerfressen ein Blatt. Auch kleine Blattrippen bleiben unbeschädigt, so daß als Folge von Lochfraß, der in Skelettierfraß übergeht, nur das netzartige Blattadergerüst übrigbleibt.

Abb. 22 (zu S. 385): Raupe des Großen Gabelschwanzes (*Cerura vinula*) beim Fraß an einem Pappelblatt. Mit den kräftigen, dunkel gefärbten, stark chitinisierten Mandibeln, die beim abgebildeten Tier gerade abgespreizt sind, werden Blattstückchen abgerissen.

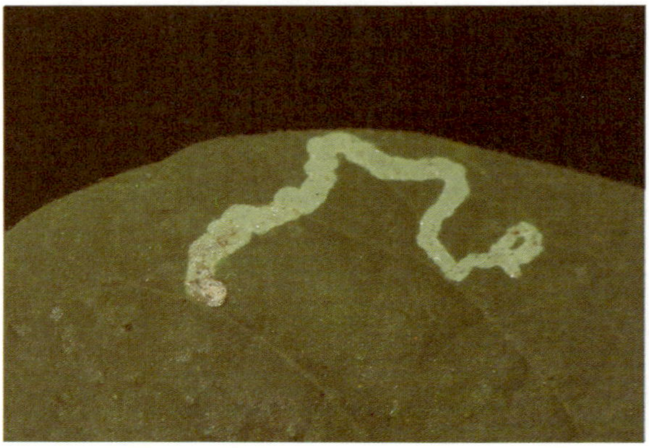

Abb. 23 (zu S. 387): Gangmine. Der Fraßgang wird mit zunehmendem Wachstum des Pflanzenfressers breiter; durch eine Öffnung am Ende der Mine hat dieser das Blatt verlassen.

wobei die Ca^{2+}-Konzentration auf einem niedrigen Niveau (< 0,1 µmolar) gehalten wird. Die außerordentliche Bedeutung dieser Enzyme geht aus der Tatsache hervor, daß Ca^{2+} bei Pflanzen als sekundärer Messenger dient. Eine vorübergehende Modulation der cytosolischen Ca^{2+}-Konzentration ist bei vielen Signalübertragungsprozessen beteiligt, z. B. bei Phytochrom- und Schwerkraft-gesteuerten Reaktionen, beim Stomaverschluß sowie bei Kälte- und Salzstreß.
Eine Erhöhung der cytosolischen Ca^{2+}-Konzentration führt zur Aktivierung der Ca^{2+}-Pumpen, die rasch das Ca^{2+} aus dem Cytosol entfernen. Der Prozeß wird durch Vanadat und Erythrosin B, einem iodierten Fluorescein-Abkömmling (vgl. Tab. 4), gehemmt. Das Sesquiterpenlacton Thapsigargin (Abb. 48) aus *Thapsia garganica* und das Mycotoxin Cyclopiazonsäure, ein Indol-Alkaloid aus *Penicillium cyclopium* und *Aspergillus versicolor,* hemmen dagegen die Ca^{2+}-ATPase des ER.

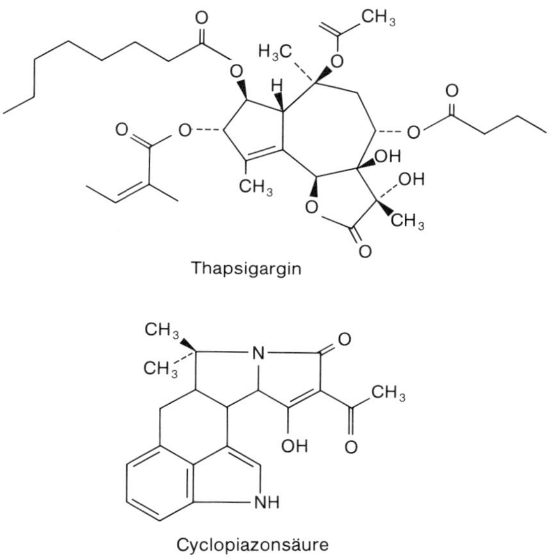

Abb. 48: Inhibitoren der Ca^{2+}-ATPase des ER.

Aluminiumfluorid (AlF_4^-) hemmt u. a. die Ca^{2+}-ATPase von Plasmamembran und ER, indem es mit der Bildung des Phosphoprotein-Intermediats interferiert.
Abb. 49 zeigt die Hemmung der gravitropen Reaktion von Kressewurzeln durch Cyclopiazonsäure-Behandlung[66]. Vermutlich ist das ER-gebundene Enzym an der Transduktion des Gravistimulus beteiligt, der zu einer kurzfristigen Erhöhung der Ca^{2+}-Konzentration führt. Calmodulin stimuliert die Enzymaktivität. Daher üben alle Calmodulin-Antagonisten (z. B. Calmidazolium) indirekt einen hemmenden Effekt auf das Enzym aus.

V-ATPasen des Tonoplasten

Bei der Vakuole handelt es sich um ein multifunktionelles Kompartiment. Der saure Zellsaft enthält eine Vielzahl von Substanzen, die u. a. bei der Osmoseregulation, Stoffspeicherung und der Abwehr von Schadorganismen eine Rolle spielen. Der Import aus dem Cytosol erfordert in den meisten Fällen ein elektrochemisches Potential über die Tonoplastenmembran hinweg. Bei Hefen beträgt es 180 mV (innen positiv). Dieses elektrochemische Potential wird durch den Protonentransport aus dem Cytoplasma in die Vakuole mit Hilfe einer sog. V-ATPase in der Tonoplastenmembran aufgebaut. Außerdem ist daran noch eine Pyrophosphatase (s. u.) beteiligt. Von der Ansäuerung der Vakuole hängt z. B. die Funktion von Aminosäure/H^+- und Ca^{2+}-Antiportern sowie eines K^+-Kanals ab.

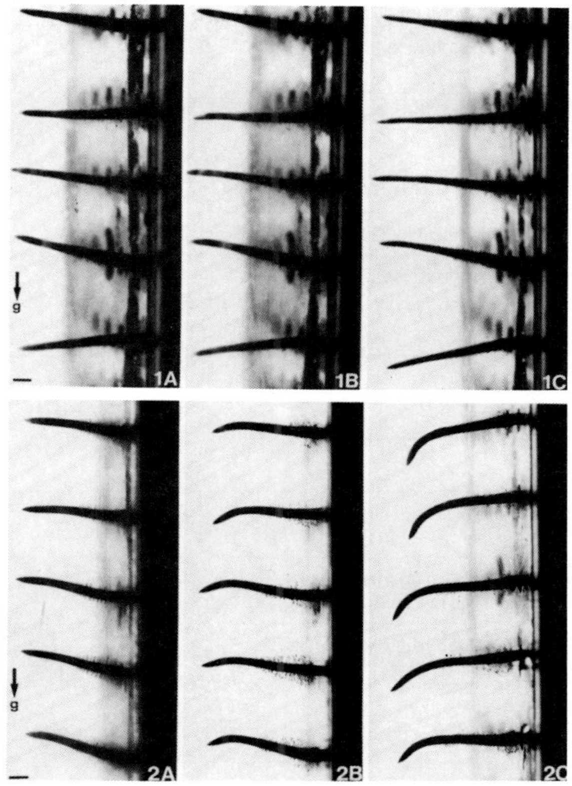

Abb. 49: Einfluß von Cyclopiazonsäure (20 µmolar, Vorbehandlung: 2 h, obere Reihe) auf die gravitrope Reaktion von Kressewurzeln. Untere Reihe: Kontrolle. Aus Sievers und Busch[78]. A: Zeitpunkt 0 min, B: nach 40 min, C: nach 120 min. g: Richtung der Schwerkraft. Meßstrich: 1 mm.

Obwohl sich V- und F-ATPasen von einem gemeinsamen Gen ableiten und über strukturelle und funktionelle Ähnlichkeiten verfügen, zeichnen sich die V-ATPasen durch folgende Besonderheiten aus (vgl. auch Tab. 7): Der Enzymkomplex (Abb. 50) übertrifft in der Größe die anderen ATPasen. Beim katalytischen Reaktionszyklus wird kein phosphoyliertes Zwischenprodukt gebildet, deshalb entfällt auch die Vanadat-Hemmung. Im Gegensatz zu den Organellen-ATPasen wird das Enzym auch nicht durch Oligomycin oder Azid inhibiert. Ein spezifischer Inhibitor dagegen ist NO_3^-. Die Inhibitor-Konstante liegt mit K_i = 5–10 mMol/l jedoch sehr hoch. Als nicht-spezifische Inhibitoren werden DCCD, Tributyltin und DES genutzt. Auch die iodinierten Fluorescein-Derivate Erythrosin B and Rose Bengal hemmen das Enzym. Kältebehandlung führt zur Abnahme der Aktivität durch selektive Freisetzung peripherer Untereinheiten aus dem katalytischen Bereich und zum partiellen Abbau des ATPase-Komplexes.
Am effektivsten wird die V-ATPase durch Cl^- stimuliert; dies nutzt die Zelle für die direkte Regulation über die cytosolische Cl^--Konzentration. Für die Aktivität ist Mg^{2+} erforderlich. Aber auch C_4- (z. B. Malat) und C_5-Dicarboxylsäuren wirken stimulierend.

Tab. 7: Inhibitoren der Tonoplasten-H^+-ATPase (V-ATPase).

Verbindung	Struktur	Bemerkung
Nitrat	NO_3^-	führt zur Dissoziation peripherer Polypeptide vom integralen Membrankomplex des Enzyms
N,N′-Dicyclohexylcarbodiimid (DCCD)	vgl. Tab. 4	Bindung an eine Proteolipid-Untereinheit
N-Ethylmaleimid (NEM)	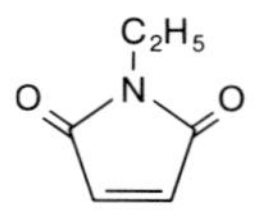	Sulfhydrylreagenz (permanent)
Diethylstilbestrol (DES)	vgl. Tab. 4	synthetisches Östrogen
p-Chlormercuribenzoesäure (PCMB)		Sulfhydrylreagenz (nicht permanent)
Mersalyl	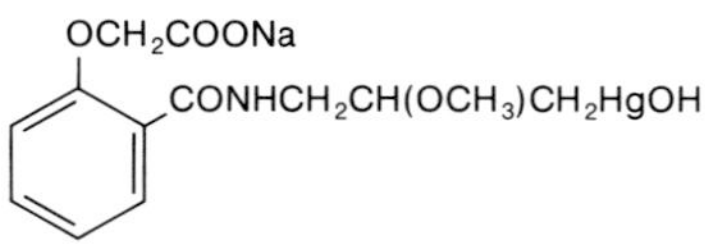	
Bafilomycine		16gliedrige Macrolid-Antibiotika aus *Streptomyces*
7-Chlor-4-nitrobenzo-2-oxa-1,3-diazol (NBD-Cl)		
2,3′-Dialdehydderivat von ATP		
Fluorescamin	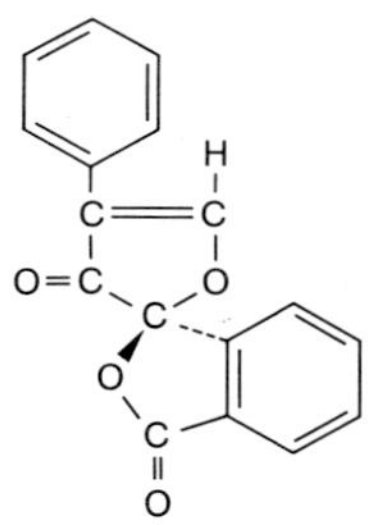	reagiert mit primären Aminen. Hemmt Protonentranslokation, aber nicht die ATP-Hydrolyse
Tributyltin	$(C_4H_9)_3Sn^+$	
Erythrosin B	vgl. Tab. 4	Fluorescein-Derivat
Rose Bengal	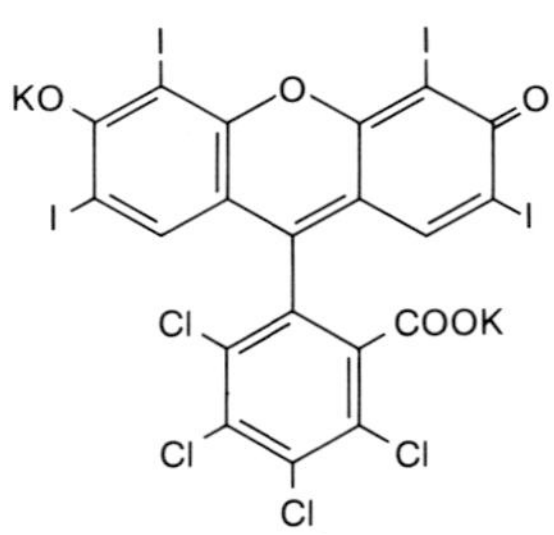	Fluorescein-Derivat

Pyrophosphatasen

Am Protonentransport in die Vakuole ist neben der V-ATPase noch eine anorganische Pyrophosphatase (H^+-PPase) beteiligt, ein Tonoplasten-gebundenes Enzym, das auf der cytosolischen Seite K^+ und Mg^{2+} benötigt. Es spaltet Pyrophosphat in zwei Moleküle Phosphat; die freie Energie wird für die Protonentranslokation und damit indirekt für den Metabolitenimport in die Vakuole genutzt. Als Substrat dient Mg_2PP_i; dieser Komplex fungiert zugleich als nicht-kompetitiver Inhibitor.

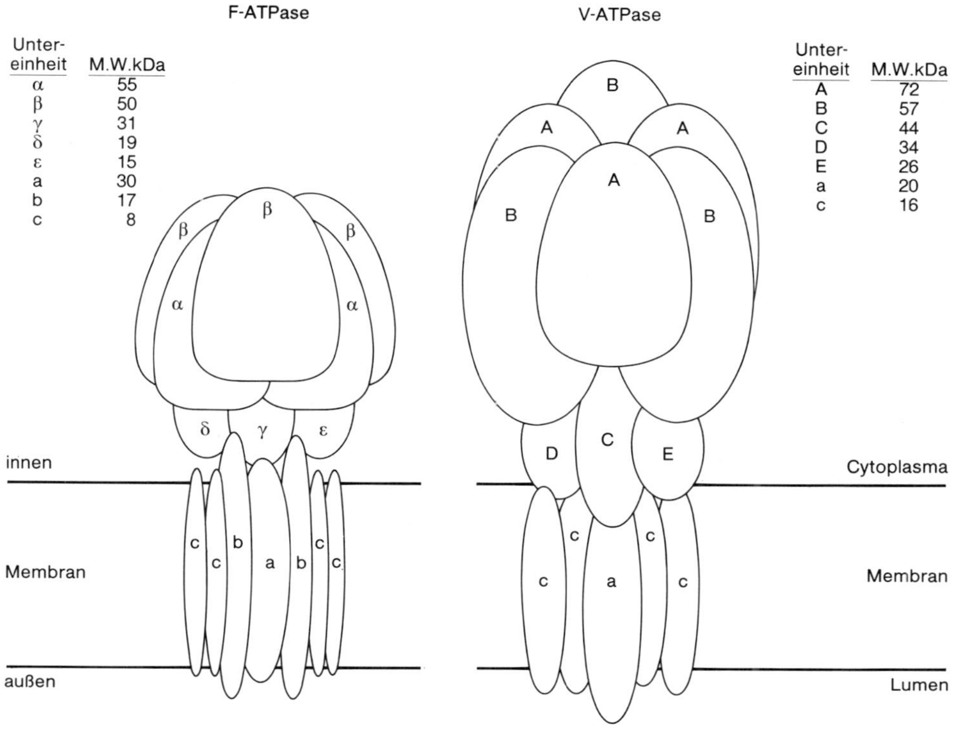

Abb. 50: Grundstruktur der F- und V-ATPasen. Aus Nelson[79].

Die Pyrophosphatase ist durch Fluorid und N-Ethylmaleimid hemmbar. Dagegen haben Nitrat, Vanadat, Azid und Disulfon-Stilben keinen Einfluß.

Angriff auf Ionenkanäle

Bei Ionenkanälen handelt es sich um Poren für den Durchtritt von Ionen durch eine Membran. Im Gegensatz zu den bereits abgehandelten künstlichen Ionenkanälen, die meist durch Antibiotika gebildet werden, geht es hier um organismuseigene Ionenkanäle. Sie sind, anders als die Carriersysteme (s. u.), durch hohe Turnoverraten (im Bereich von 10^7 bis 10^8 pro s) charakterisiert. Der Übergang vom geschlossenen zum geöffneten Zustand und umgekehrt wird je nach Ionenkanaltyp durch Spannungsänderungen, bestimmte Liganden oder auch durch mechanische Kräfte gesteuert. Einen wesentlichen Beitrag zum besseren Verständnis der Ionenkanäle hat die Patch-Clamp-Technik[80] geleistet, mit der sich die Aktivität einzelner Ionenkanäle verfolgen läßt.

Das elektrische Potential über eine Zellmembran hinweg wird entscheidend durch den Öffnungszustand der Ionenkanäle mitbestimmt. Ermöglicht die Öffnung eines Ionenkanals die Passage eines Ions, wird der Nettoflux dieses Ions, z. B. in die Zelle hinein oder aus der Zelle heraus, durch das Gleichgewicht zweier Kräfte bestimmt: Eine Kraft resultiert aus dem Konzentrationsgradienten dieses Ions über die Membran; z. B. wird K^+, das in der Zelle in höherer Konzentration vorliegt, ausströmen. Die zweite Kraft ist eine elektrische. Weist das Zellinnere ein negatives Potential relativ zur Außenseite auf, so strömen positiv geladene Ionen wie H^+ oder K^+ ein. Wenn sich ein Kanal öffnet und diese Kräfte zu einem Netto-Influx des Kations führen, so wird das Potential der Innenseite positiver, d. h. es findet eine Depolarisation statt. Umgekehrt führt ein Netto-Efflux von positiven Ladungen zur Hyperpolarisation. Depolarisation ist häufig der erste Schritt in einer Signalkette, z. B. bei Tropismen oder der Polaritätsinduktion.

K^+-Kanäle

Kalium zählt zu den Hauptnährstoffen der Pflanze. Die cytosolischen Konzentrationen liegen bei etwa 100 mmol/l, aber in der Vakuole findet eine Anreicherung von K^+ als osmotischem Regulator bis zu 200 mmol/l statt, bei geöffneten Schließzellen sogar bis zu 500 mmol/l. Ein negatives Membranpotential (innen negativ) in der Größenordnung von −120 bis −250 mV treibt die K^+-Aufnahme; dieses wird durch eine elektrogene P-ATPase im Plasmalemma (vgl. S. 241) aufgebaut. Für den passiven K^+-Influx in die Zelle stehen entsprechend dem elektrochemischen Gradienten spezifische Ionenkanäle sowie K^+/H^+-Symporter zur Verfügung. Diese sind von K^+-Effluxkanälen zu unterscheiden, die z. B. beim Stomaverschluß für die Abnahme des osmotischen Potentials sorgen.

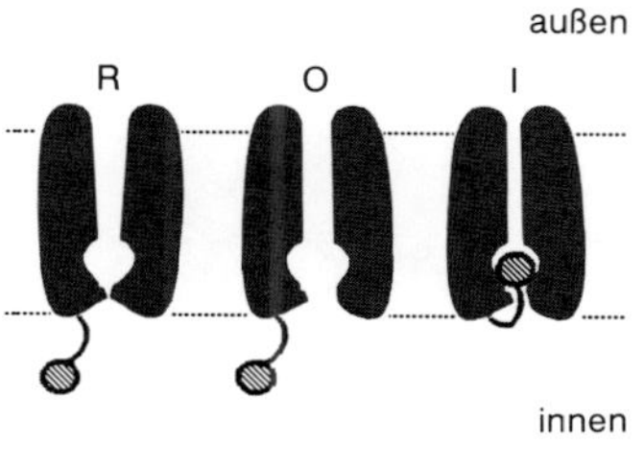

Abb. 51: Ball- und Ketten-Modell eines spannungssensitiven K^+-Kanals (aus Miller[81]). Links: Ruhezustand, Mitte: offen, rechts: inaktiviert. Bei der Öffnung des Kanals wird der Rezeptor für einen sog. Inaktivierungskanal zugänglich.

Bei den bisher am besten charakterisierten K^+-Kanälen von Pflanzen und Pilzen handelt es sich um spannungssensitive Kanäle. Hier übt die Spannungsänderung eine elektrostatische Kraft auf Spannungssensoren aus, was zu Konformationsänderungen und schließlich zur Kanalöffnung führt. Abb. 51 zeigt ein Modell. K^+-Kanäle spielen eine wichtige Rolle für Wachstum, Osmoregulation, Zellbewegung und mineralische Ernährung.

K^+-Influxkanäle ($I_{K^+,\,in}$) des Plasmalemmas wurden zuerst bei Schließzellen[82] nachgewiesen. Eine Öffnung findet bei Membranhyperpolarisation (hier bei Werten negativer als −100 mV) statt. Der K^+-Einstrom erhöht das osmotische Potential.

Bei Mesophyllzellen von Haferblättern finden sich ca. 200 K^+-Influxkanäle pro Zelle und damit eine Kanaldichte von 0,035 pro mm^2. Hier erfolgt die Öffnung bei Membranspannungen negativer als −50 mV, ein Vorgang, der durch niedrige Cs^+- und Na^+-Konzentrationen gehemmt wird[83], ebenso durch eine Erhöhung der cytosolischen Ca^{2+}-Konzentration.

Molekularbiologische Studien zeigten, daß der Kanal aus vier Untereinheiten besteht, jede wiederum aus sechs Transmembransegmenten (S1–S6), wobei der Spannungssensor innerhalb S4 und die Pore zwischen S5 und S6 liegt. Am carboxyterminalen Ende befinden sich eine cyclische Nucleotid-Bindungsstelle und eine Verankerungsstelle für das Cytoskelett[84].

Al^{3+}-Ionen blockieren selektiv die Influx-, jedoch nicht die Efflux-Kanäle. Hieraus erklärt sich der Befund, daß Al^{3+} die Stomaöffnung, jedoch nicht den Verschluß hemmt.

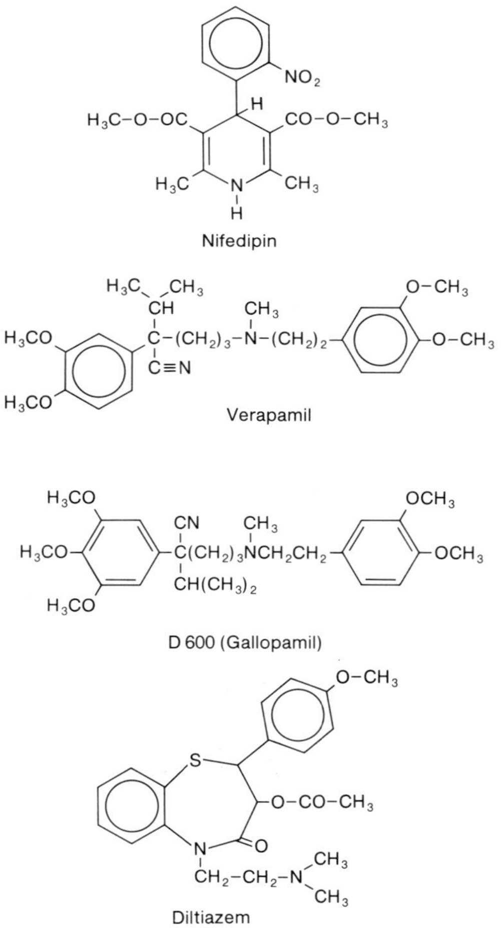

Abb. 52: Ca^{2+}-Kanal-Blocker.

Eine spezifische Hemmung gelingt mit Tetraethylammonium (TEA), das an einen Threonin- und einen Glutaminrest am äußeren Rand des Porenkanals bindet, sowie mit 4-AP, Chinin, Charybdotoxin und Ba^{2+}-Ionen.

Offensichtlich werden die K^+-Influxkanäle auch durch GTP-bindende Proteine (G-Proteine) reguliert. Eine Aktivierung durch GTP führt zur Abnahme des K^+-Einstroms. Hinweise für eine G-Protein-Regulation ergeben sich aus Untersuchungen mit nicht-hydrolysierbaren GTP- und GDP-Analoga. GDPβS, das G-Proteine in einer GDP-gebundenen inaktiven Form blockiert, erhöht den K^+-Einstrom, GTPγS, das G-Proteine in einer GTP-gebundenen aktiven Form blockiert, hat den entgegengesetzten Effekt. Die entsprechenden Adenosinanaloga zeigen keinerlei Wirkung[85].

K^+-Effluxkanäle ($I_{K^+,\,out}$) des Plasmalemmas spielen insbesondere beim Stomataverschluß und bei der Turgorabnahme von „Motorzellen" in Blattgelenken eine Rolle. Die Depolarisation des Membranpotentials, z. B. in Schließzellen durch Erhöhung der Abscisinsäure- und Ca^{2+}-Konzentration, führt zur Kanalöffnung und zum K^+-Ausstrom. Damit kommt es, zusammen mit der Öffnung von Cl-Influxkanälen (s. S. 257), zur Re-Hyperpolarisierung des Membranpotentials[86].

Auch bei der Regulation der K^+-Effluxkanäle sind G-Proteine beteiligt[87]. Bei Mesophyllprotoplasten von *Vicia faba* erfolgt die Aktivierung bei einer Depolarisation der Plasmamembran von −47 mV (innen) zu Potentialen zwischen −15 und +85 mV. Der Vorgang läßt sich durch GTP-Analoga, durch Erhöhung der cytosolischen Ca^{2+}-Konzentrationen sowie durch Cholera-Toxin, welches das Guaninnucleotid-bindende regulatorische G_s-Protein ADP-ribosyliert, hemmen.

Auch im Tonoplasten finden sich verschiedene K^+-Kanäle; sie sind ebenfalls durch TEA hemmbar. Vermutlich sind mit dieser Aufzählung bei weitem nicht alle K^+-Kanaltypen erfaßt, die in der Pflanzenzelle vorkommen. Auch dürften bei den Aktivierungsmöglichkeiten, z. B. durch Licht, Ca^{2+} oder GTP, noch wesentliche Details ausstehen.

Ca^{2+}-Kanäle

Die intrazelluläre Ca^{2+}-Homöostase wird durch die koordinierte Aktivität von Ca^{2+}-ATPasen, Ca^{2+}-Kanälen und Ca^{2+}/H^+-Antiportern aufrecht erhalten. Genauer untersucht sind die Ca^{2+}-Influxkanäle von Schließzellen, die durch Abscisinsäure aktiviert werden und einen Ca^{2+}-Einstrom veranlassen, der erste Schritt in der Signalkette, der zum Stomataverschluß führt[88].

Ähnlich wie bei den K^+-Kanälen finden sich auch für Ca^{2+} verschiedene Klassen von Kanälen, die sich durch ihre physikalischen und pharmakologischen Eigenschaften unterscheiden. Hierzu zählen mindestens drei Klassen von spannungssensitiven Ca^{2+}-Kanälen: 1) Kanäle, die durch Dihydropyridine wie Nifedipin, 2) durch Phenylalkylamine wie Verapamil oder D 600 und 3) durch Benzothiazepine wie Diltiazem blokkiert werden (Abb. 52). Vermutlich sind die Bindungsstellen zugleich die Rezeptoren einiger Phytotoxine. Weitere wichtige Ca^{2+}-Kanalblocker sind La^{3+}, Gd^{3+}, aber auch Co^{2+} und Ni^{2+}. Allerdings beschränkt sich die Wirkung dieser Verbindungen bei Pflanzen nicht ausschließlich auf Ca^{2+}-Kanäle[89].

Starke morphogenetische Effekte von Ca^{2+}-Kanalblockern sind dort zu beobachten, wo ein intensiver Ca^{2+}-Einstrom in die Zelle stattfindet, z. B. bei Pollenschläuchen und Moosprotonemen, die nach Behandlung an der Spitze anschwellen oder sich verzweigen. Ein Ca^{2+}-Einstrom erfolgt auch bei der Tracheendifferenzierung sowie bei der Phototaxis von Algen, die beide in Gegenwart von Blockern gehemmt werden.

Die Vakuole ist der größte Ca^{2+}-Speicher der Zelle; die Konzentrationen liegen zwischen 1 und 10 mmol/l. Somit überrascht es nicht, daß verschiedene Ca^{2+}-Kanäle im Tonoplasten

gefunden wurden, deren Öffnung zu einem Ca^{2+}-Efflux aus der Vakuole führt. Hierzu zählt ein Inositol-1,4,5-triphosphat(IP_3)-sensitiver Ca^{2+}-Kanal, der durch das Glycosaminoglycan Heparin sowie durch TMB 8 (8-[N,N-Diethylamino]-octyl-3,4,5-Trimethoxybenzoat-HCl) blockiert wird[90]. IP_3 fungiert als sekundärer Messenger; er wird durch Licht- und Hormonsignale aus der Phospholipidmembran des Plasmalemmas freigesetzt.
Andere Charakteristika weist ein spannungssensitiver Ca^{2+}-Kanal auf, der nur durch das Lanthanid Gd^{3+} und zu einem geringeren Ausmaß durch Zn^{2+} gehemmt wird und nicht IP_3-sensitiv ist. Die Öffnung erfolgt bei einem positiven Trans-Tonoplasten-Membranpotential[90].

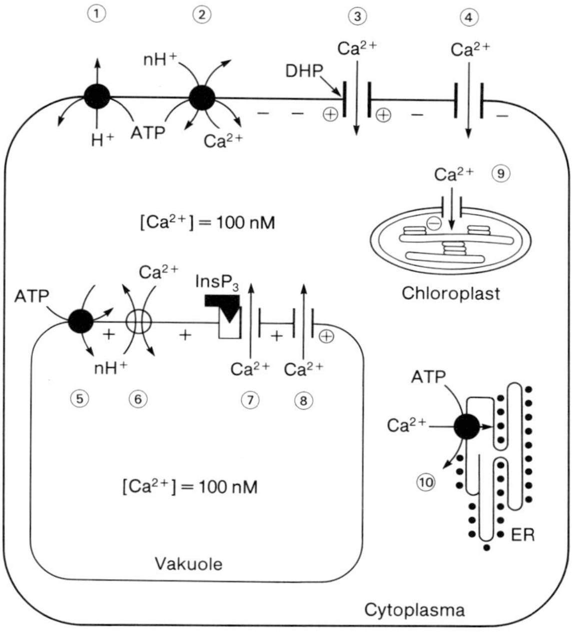

Abb. 53: Übersicht über die pflanzlichen Transportsysteme, die an der cytosolischen Ca^{2+}-Homöostase beteiligt sind (aus Johannes et al.[91]. ① Plasmalemma-H^+-ATPase, ② Ca^{2+}-ATPase, ③ und ④ Plasmalemma-Ca^{2+}-Kanäle, ⑤ Vakuolen-H^+-ATPase, ⑥ Ca^{2+}/H^+-Antiporter, ⑦ und ⑧ Vakuolen-Ca^{2+}-Kanäle, ⑨ Chloroplasten-Ca^{2+}-Kanäle, ⑩ ER-Ca^{2+}-ATPase. DHP = Dihydropyridin.

Abb. 53 zeigt eine Übersicht über die pflanzlichen Ca^{2+}-Transportsysteme[91]. Die aufgezeigten Zusammenhänge sind nicht nur für das Verständnis von verschiedenen biologischen Stimuli, sondern auch für Schadstoffwirkungen von Bedeutung. Vermutlich sind sogar einige schwer interpretierbare, komplexe Phänomene wie die Al^{3+}- und die NaCl-Toxizität im Zusammenhang mit einer Störung der Ca^{2+}-Homöostase zu sehen.
Bei Al^{3+} sind rasche (primäre) Effekte, die sich innerhalb von Sekunden bis wenigen Minuten manifestieren, von längerfristigen (sekundären) Wirkungen zu unterscheiden, die sich erst nach mehreren Stunden bemerkbar machen und vor allem eine Hemmung des Wurzelwachstums (Mitose und Zellstrekkung) bewirken. Nach Rengel[92] gehen die primären Effekte auf die Gegenwart von Al^{3+} auf der apoplasmatischen Seite der Plasmamembran zurück, wo die Ca^{2+}-Aufnahme durch Blockade der Ca^{2+}-Kanäle gehemmt wird. Damit dürfte auch das Ansteigen des cytosolischen Ca^{2+}-Spiegels unterbunden werden, eine Voraussetzung im Zellzyklus für die Spindelbildung während der Prophase sowie für den Metaphasen/Anaphasen-Übergang. Dies erklärt, warum bereits Schäden auftreten, wenn Al^{3+} lediglich im apoplastischen Raum vorkommt, also nicht in den Protoplasten eintritt. Eine ausführliche Diskussion der Al-Toxizität findet sich bei Lüttge und Clarkson[93].
Bei der NaCl-Toxizität liegen nach Rengel[94] Eingriffe in die Ca^{2+}-Homöostase zugrunde. Abgesehen von osmotischen Schäden, die ein Wasserdefizit durch H_2O-Austritt entsprechend dem Wasserpotentialgefälle bewirken, verringert Na^+ die Bindung von Ca^{2+} an das Plasmalemma, hemmt den Ca^{2+}-Influx bei gesteigertem Efflux und erschöpft die internen Speicher (z. B. in der Vakuole und dem ER). Die Na^+-Aufnahme in die Zelle wird zwar bereits in der Wurzel zu einem gewissen Grad durch einen aktiven Efflux aus der Zelle sowie durch Akkumulation in der Vakuole kompensiert. Werden diese Transportkapazitäten jedoch erschöpft, erreichen Na^+-Ionen schließlich über das Xylem die Meristeme junger Blätter und der Sproßachsen, die sich am sensitivsten erweisen und mit Wachstumsstop reagieren. Hierbei ist vor allem das Blattflächenwachstum betroffen.

Mechanosensitive Ionenkanäle

In zahlreichen Fällen benötigen Zellen Information über Volumen- und Druckänderungen, z. B. Schließzellen, deren Turgoränderungen den Öffnungsgrad der Stomata bestimmen, oder Zellen mit Spitzenwachstum wie Wurzelhaare, Pollenschläuche oder Pilzhyphen. Eine elegante Lösung hierfür sind mechanosensitive Ionenkanäle, die z. B. durch Dehnung aktiviert oder inaktiviert werden.
Bei den Schließzellen wurden mit Hilfe der Patch-Clamp-Technik drei verschiedene dehnungsaktivierte Kanäle gefunden; diese sind für die Ionen K^+, Ca^{2+} und Cl^- permeabel und unterscheiden sich in ihren Eigenschaften völlig von den entsprechenden nicht-mechanosensitiven Kanälen[95]. Damit liegen Sensoren für den Tugor vor, die zugleich als Sicherheitsventile für einen Überdruck dienen können. Bei den Hyphenspitzen des Oomyceten *Saprolegnia* wurde ein dehnungsaktivierter Kanal für Ca^{2+} und K^+ sowie ein kleinerer Kanal für Mg^{2+} nachgewiesen[96]. Möglicherweise kann hierdurch ein Ionengradient von der Hyphenspitze in distaler Richtung aufgebaut werden, der für die apikale Region und deren Wachstum essentiell ist.
Untersuchungen an Rostpilzen und Hefen zeigten eine Hemmung der dehnungsaktivierten Kanäle durch Gadolinium (Gd^{3+})-Ionen. Bei Hefen erscheint eine Funktion in Zusammenhang mit der Kontrolle des Zellzyklus plausibel.

Anionenkanäle

Kationen-Verschiebungen über Zellmembranen hinweg müssen durch geeignete Anionen-Bewegungen ausgeglichen werden. Hierfür stehen eine Vielzahl von Anionenkanälen sowie Symporter und Antiporter zur Verfügung.
Bei den Anionenkanälen lassen sich analog zu den Kationenkanälen Plasmamembran- und Tonoplasten-lokalisierte Kanäle unterscheiden. Hiervon sind die Cl^--Kanäle genauer untersucht. Besonders auffällig ist hierbei die Bindung von Auxin an der Kanalaußenseite[97]. Der unmittelbare Effekt ist eine Hemmung des Chlorid (Cl^-)-Einstroms. Das Aktivierungspotential der Anionenkanäle wird dadurch zum Negativen hin verschoben. Im nächsten Schritt reagieren die Anionenkanäle mit Öffnung, Cl^--Ionen fließen aus der Schließzelle aus, und die Membran wird depolarisiert. Bleibt das Ruhepotential der Zellen für längere Zeit im Bereich des Aktivierungspotentials stehen, schließen sich die Anionenkanäle mit einer Halbwertszeit von 10 bis 12 Sekunden, es fließt kein weiteres Cl^- mehr aus. Damit erhöht sich der Membranwiderstand.

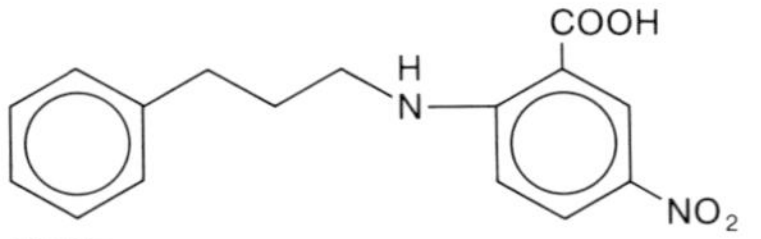

NPPB
5-Nitro-2-(3-phenylpropylamino)benzoesäure

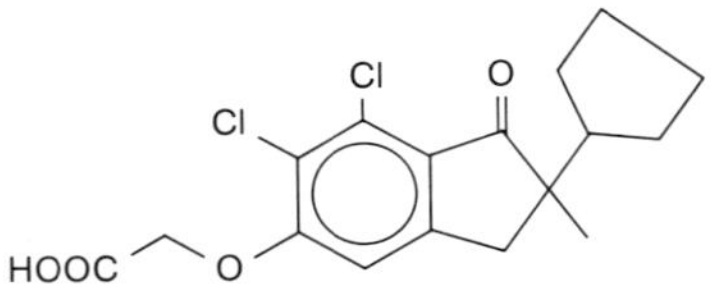

IAA-94
[(6,7-Dichlor-2-cyclopentyl-2,3-dihydro-2-methyl-1-oxo-1H-inden-5-yl)oxy]-essigsäure

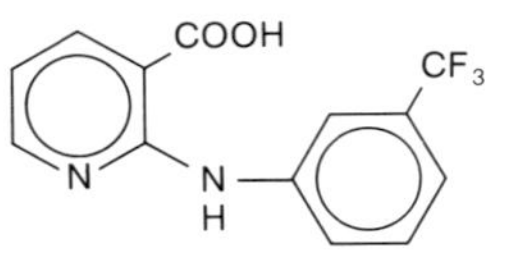

Niflumsäure
2-(α,α,α-Trifluor-m-toluidin)-pyridin-3-carboxylsäure

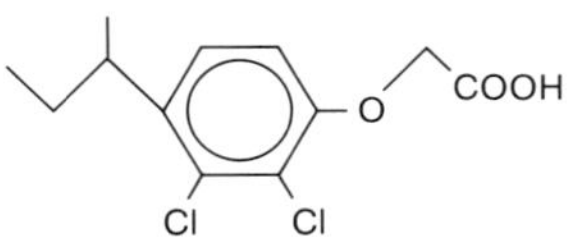

Ethacrynsäure
[2,3-Dichlor-4-(2-methylenbutyryl)-phenoxy]-essigsäure

Abb. 54: Anionenkanalblocker.

Nun setzt ein von der direkten Auxinbindung unabhängiger, weiterer Membranprozeß ein: Eine H^+-ATPase in der Plasmamembran wird aktiv und pumpt so lange Protonen ins Außenmedium, bis die K^+-Kanäle aktiviert werden. Der Einstrom von Kalium in die Schließzellen stellt den letzten, osmotisch wirksamen Schritt in der Regulationskette dar und verursacht über den passiven Wassereinstrom die Volumenvergrößerung der Schließzellen und die Öffnung des Spaltes. Die Kaliumkanäle selber werden übrigens nicht direkt durch Auxin beeinflußt. Bei der Steuerung der Anionenkanäle gibt es wie bei den Kationenkanälen verschiedene Möglichkeiten: auch hier treten spannungssensitive, ionensensitive (z. B. Ca^{2+}) und mechanosensitive Kanäle auf. Eine Zusammenfassung findet sich bei Tyerman[86] und Hedrich und Jeromin[98].

Die wirksamsten Anionenkanalblocker sind NPPB, IAA-94, Niflumsäure, Ethacrynsäure (Abb. 54) sowie die Stilbenderivate DIDS (4,4-Diisothiocyanatstilben-2,2′-disulfonsäure) und SITS (4-Acetamido-4′-isothiocyanostilben-2,2′-disulfonsäure), Anthracen-9-carboxylat (A9C) und Zn^{2+}. Allerdings ist die Hemmung kanal- sowie pflanzenabhängig und häufig weniger spezifisch im Vergleich zu verschiedenen Kationenkanalblockern. In einigen Fällen sind Anionenkanäle für mehrere Anionen permeabel, z. B. für Cl^-, NO_3^- und Malat bei Schließzellen-Plasmamembranen und für Cl^- und NO_3^- bei Tonoplasten.

Carrier

Ionenkanäle und Carrier weisen einige Gemeinsamkeiten auf: Sie ermöglichen die Diffusion entlang eines Gradienten und zeigen sowohl eine konzentrations- als auch spannungsabhängige Sättigung. Während ein offener Kanal den Durchtritt von $> 10^6$ Ionen pro s ermöglicht, weisen Carrier eine Turnover-Rate von 10^4–10^5 Ionen oder Molekülen pro s auf. Bei Carriermechanismen lassen sich Symport und Antiport unterscheiden (vgl. S. 234).

Besonders gut untersucht sind Carriermechanismen in Zellen, bei denen hohe Transportleistungen anfallen. Hierzu zählt vor allem der Saccharosetransport, der die Beladung der Siebröhren im Donororgan (Quelle) sowie die Entladung im Empfängerorgan (Senke) einschließt. Somit umfaßt dieser Langstrekkentransport mehrere Carrier-vermittelte Schritte durch die Plasmamembran der assimilierenden Zellen, der Leitbahnen des Phloems und der Speicherzellen.

Der Saccharose/H^+-Antiport transportiert Saccharose gegen einen Konzentrationsgradienten aus dem Cytosol in die Vakuole; die treibende Kraft liefert der H^+-Efflux aus der Vakuole entsprechend dem Konzentrationsgefälle. Dieser Vorgang wird durch die V-ATPase in der Vakuolenmembran aufrecht erhalten, die unter ATP-Verbrauch H^+ in die Vakuole pumpt. Hieraus erklärt sich die Hemmung des Saccharoseimports durch Diethylstilbestrol, DCCD, NEM und PCMB (vgl. Tab. 7, S. 254), die auch bei Tonoplast-Vesikeln von *Beta vulgaris* den Import unterbinden[99].

Für den Saccharose-Import in die Zelle (Phloem) stehen Saccharose/H^+-Symporter als Carrier zur Verfügung. Entsprechende Vesikelpräparate aus dem Plasmalemma von *Beta-vulgaris*-Blättern[100, 101] belegten die Abhängigkeit vom pH-Gradienten, der durch den Protonophor Carbonylcyanid-m-chlorophenylhydrazon (Tab. 4) ausgeschaltet werden kann, ebenso durch Angriff auf die P-ATPase des Plasmalemmas durch Diethylpyrocarbonat oder p-Chlormercuribenzolsulfonsäure (Formeln Tab. 4, S. 243).

Neben den Saccharose-Transportern finden sich entsprechende Hexose-Transporter für Glucose und Fructose, die ebenfalls an isolierten Plasmamembran- und Tonoplastenvesikeln charakterisiert werden konnten[102].

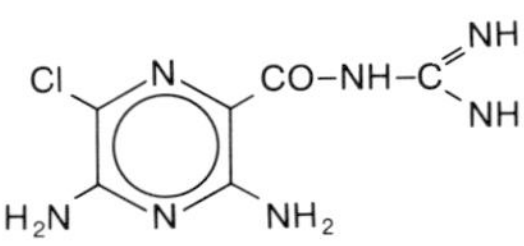

Amilorid

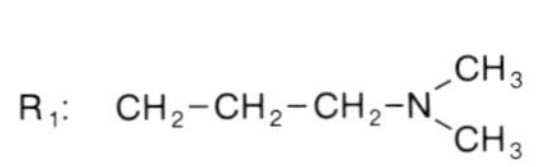

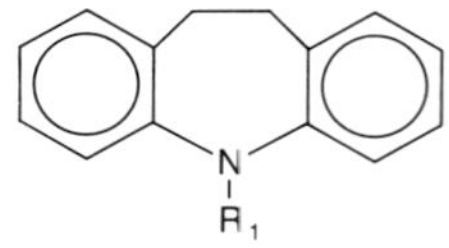

Impramin

Abb. 55: Inhibitoren des Na^+ und Mg^{2+}/H^+-Antiports.

H^+/Kationen-Antiporter haben eine weite Verbreitung im Pflanzenreich. Eine genaue pharmakologische Charakterisierung erfolgte beim Na^+/H^+-Antiport der Vakuole von *Beta-vulgaris*-Tonoplasten, wo wiederum gegen den Konzentrationsgradienten Na^+ in die Vakuole aufgenommen wird. Dieser Prozeß ist charakteristisch für Halophyten und salztolerante Glycophyten. Als kompetitiver Inhibitor des Vakuolen-Na^+/H^+-Antiports wurde Amilorid (Abb. 55) eingesetzt[103], das in der Humanmedizin als diuretisches Pharmakon Verwendung findet und verschiedene Komponenten des Na^+-Transports, d. h. auch Na^+-Kanäle, -Symporter und -Antiporter ausschaltet. Hierbei konnte ein 170 kD-Polypeptid als Antiporter identifiziert werden. Auch der $Mg^{2+}/2H^+$-Antiporter der Milchröhren von *Hevea brasiliensis,* der für die etwa 10fache Mg^{2+}-Anreicherung in den sog. Lutoiden, lyosomalen Kompartimenten im Milchsaft, verantwortlich ist, wird durch Amilorid und das Dibenzo-azepin-Derivat Impramin blokkiert[104].

Der K^+-Transport durch Plasmalemma und Tonoplast ist nicht ausschließlich auf Ionenkanäle beschränkt, sondern häufig an K^+/H^+-Antiporter gebunden. Bei der Wirkung von Syringomycin (vgl. S. 362) wird vermutet, daß neben der Stimulierung der Plasmalemma-ATPase der ebenfalls beobachtete K^+-Efflux aus der Zelle, wie er für viele Pflanzenkrankheiten und Hypersensitivitätsreaktionen typisch ist, auf einen Angriff auf den K^+/H^+-Antiporter zurückzuführen ist. Dabei fällt die Ähnlichkeit zur Abscisin-Wirkung auf, die bei Stomata ebenfalls zum K^+-Efflux führt.

Angriff auf das Cytoskelett

Das Grundcytoplasma weist eine hochorganisierte Struktur auf, die entscheidend vom sog. Cytoskelett bestimmt wird. Extrahiert man Zellen mit nicht-ionischen Detergenzien wie Triton X-100, das Membranen und weniger stabile cytoplasmatische Komponenten entfernt, so bleiben fibrilläre Strukturen zurück, die man unter dem Begriff Cytoskelett zusammenfaßt. Hierzu zählen bei Pflanzen und Pilzen die Mikrofilamente und die Mikrotubuli.

Dieses Netzwerk aus mehr oder weniger starren Komponenten bildet dennoch ein sehr dynamisches und flexibles System, das rasche Änderungen in der dreidimensionalen Organisation des Protoplasten zuläßt – eine wichtige Voraussetzung für Bewegungsprozesse wie Plasmaströmung, aktive Bewegung von Zellorganellen, Geißelschlag oder Zellteilung. Möglicherweise erfolgt die Integration und Kontrolle dieser verschiedenen Fasersysteme durch ein zusätzliches, metastabiles Maschenwerk von Proteinen, das Mikrotrabecular-Netzwerk[105] (Abb. 56), das mit dem Cytoskelett vernetzt ist und höchstwahrscheinlich bei der Detergenz-Extraktion verloren geht.

Hemmung von Mikrofilament-Funktionen

Actin zählt zu den am häufigsten vertretenen Proteinen der Eukaryontenzelle und stellt zugleich die Hauptkomponente des Mikrofilamentsystems dar. Es besteht aus einer Polypeptidkette von 375 Aminosäureresten, die ATP und ADP mit hoher Affinität bindet. ATP wird sowohl von dem filamentösen polymeren Actin (F-Actin) als auch von dem globulären monomeren Actin (G-Actin) zu ADP und Phosphat hydrolysiert.

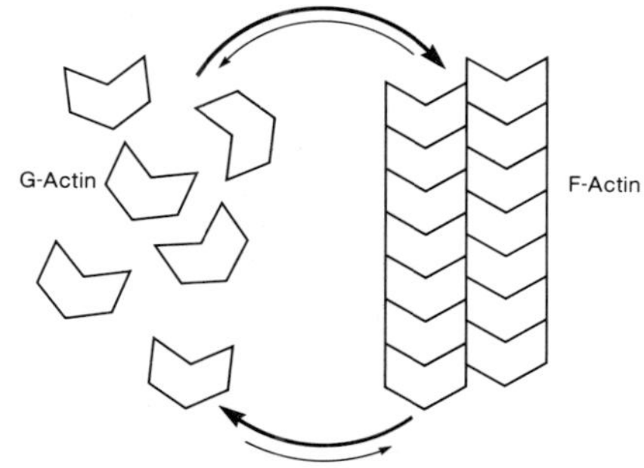

Abb. 57: Polymerisation und Depolymerisation von Actin (aus Aktories und Wegner[107]).

Die physiologische Funktion von Actin hängt weitgehend von seiner Fähigkeit zur Polymerisation und Filamentbildung ab (Abb. 57). Das F-Actin-Filament ist eine doppelsträngige, rechtsgewundene Helix mit 14 Actinmolekülen in jedem Strang pro kompletter Windung. Die Ganghöhe beträgt 72 nm, der Durchmesser ca. 6 nm (Abb. 58). Actin-Filamente sind polare Strukturen mit zwei ungleichen Enden. Actin polymerisiert rascher am sog. gekerbten Ende der Filamente als am zugespitzten Ende (vgl. Abb. 58). Die Verteilung von G- und F-Actin in der Pflanzenzelle wird durch Actin selbst,

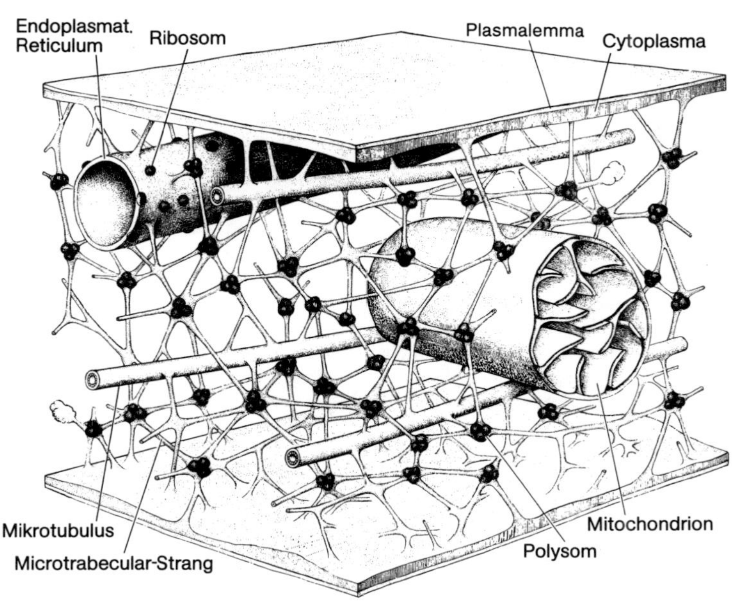

Abb. 56: Modell des Mikrotrabekularnetzes in Verbindung mit dem Cytoskelett und verschiedenen Zellorganellen (aus Porter und Tucker[106]).

durch die Hydrolyse von F-Actin-gebundenem ATP sowie durch verschiedene Actin-bindende Proteine geregelt. Änderungen in der mittleren Filamentlänge verursachen Änderungen in den viskoelastischen Eigenschaften des Cytosols.

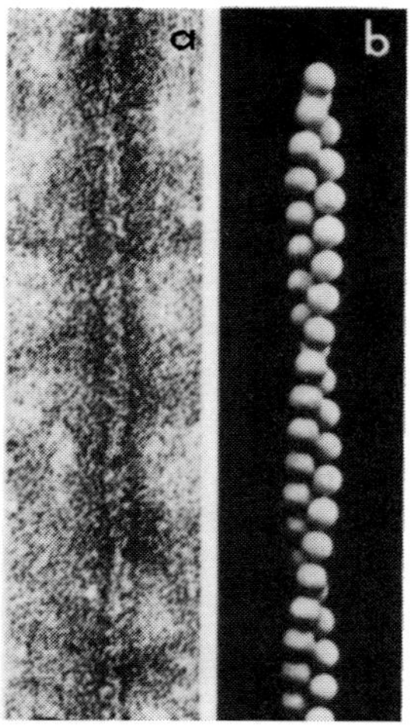

Abb. 58: Actin-Filamente (aus Pollard[108]).
a) Elektronenmikroskopische Aufnahme aus Acanthamoeba.
b) Modell eines Actin-Filaments.

Hemmung der Plasmaströmung

Die Plasmaströmung ist eine ATP-abhängige, aktive Bewegung des Cytoplasmas. Sie ist in großen, ausgewachsenen Pflanzenzellen zu beobachten und sorgt dort für die Durchmischung des Zellinhalts. Die Bewegung wird durch Scherkräfte erzeugt, die zwischen einer peripheren, stationären Plasmagrenzschicht und einer inneren, mobilen Phase entstehen. Hierfür ist das Mikrofilamentsystem verantwortlich, das ähnlich wie bei der Muskelbewegung durch Actin-Myosin-Interaktion chemische Energie in mechanische Arbeit umsetzt; hierbei wird ATP verbraucht. Die Strömung findet nur in Gegenwart von Mg^{2+}-Ionen statt.
Actin bildet mit dem auch in Pflanzen auftretenden Myosin in Gegenwart von ATP einen Actin-Myosin-Komplex. Anhand von in vitro-Systemen läßt sich zeigen, daß Actin-Filamente über immobilisierte Myosinköpfe gleiten können. Die Schubkraft wird bei der Hydrolyse von ATP erzeugt[109].
Besonders weit ist die Analyse an den Internodien-Riesenzellen von Armleuchteralgen (Characeen) vorangeschritten. Hier befinden sich alle Chloroplasten im stationären Ektoplasma. An der inneren Oberfläche der Chloroplasten sind Bündel von Actinfilamenten verankert. Myosin findet sich dagegen im strömenden Cytoplasma in Form von Protuberanzen auf endoplasmatischen Organellen. Im Bereich der Grenzschicht verzweigen sich die subcorticalen Fibrillen zu endoplasmatischen Filamenten, die offensichtlich zur Erzeugung der Scherkräfte erforderlich sind. Bei Characeen ist an deren Aufbau bewegliches, endoplasmatisches Myosin beteiligt. Der Bewegungsantrieb erfolgt hiernach durch ein Gleiten von mobilen, myosinhaltigen Fibrillen entlang stationären Actinfilamenten (sliding filament-Mechanismus), wobei die ATP-abhängige Krafterzeugung von Myosin ausgeht[110]. Auch bei Höheren Pflanzen ist die Plasmaströmung an das Vorhandensein von Mikrofilamenten gekoppelt.
Der Bewegungsprozeß wurde eingehender an perfundierten Internodienzellen studiert[111]. Hierzu schneidet man die beiden

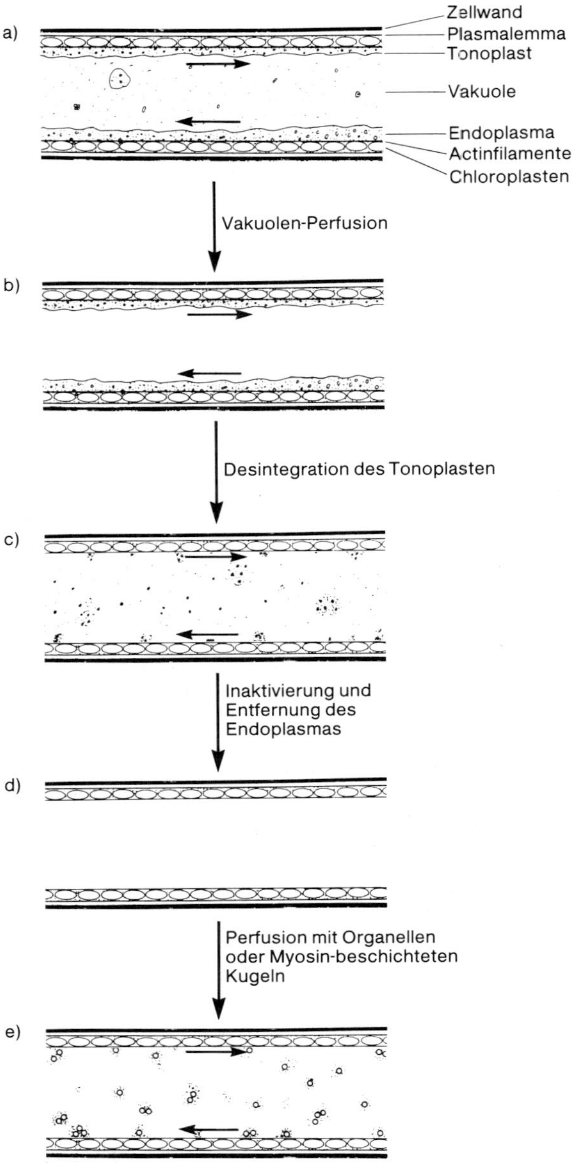

Abb. 59: Perfusion von Characeen-Internodienzellen und Einführung heterologer Organellen oder Myosin-beschichteter Kugeln (aus Shimmen[111]). a) Intakte Zelle, b) Vakuolen-perfundierte Zelle, c) Tonoplasten-freie Zelle, d) Endoplasma-freie Zelle, e) rekonstituierte Bewegung.

Zellenden ab und perfundiert die Vakuole mit einem EGTA-haltigen Medium als Ca^{2+}-Chelator (Abb. 59). Die drastische Abnahme der Ca^{2+}-Konzentration in der Vakuole führt zur Desintegration des Tonoplasten (Tonoplasten-freie Zelle), und der größte Teil des Endoplasmas wird abgelöst. In Gegenwart von EDTA oder NEM (N-Ethylmaleimid) kommt es schließlich zur Inaktivierung des Myosins. In dieses System lassen sich schließlich fremde Zellorganellen oder Myosin-beschichtete Kugeln einführen. Danach werden beide Zellenden verschlossen, um eine passive Bewegung der intrazellulären Flüssigkeit zu verhindern.
Mit dieser Vorrichtung war es nicht nur möglich, in *Nitella* Zellorganellen aus dem Endoplasma von *Chara* oder sogar aus

Pollenschläuchen von Lilien zur Bewegung zu bringen, sondern in Gegenwart von ATP auch mit Skelettmuskel-Myosin beschichtete Polystyrol-Kugeln (2,8 µm Durchmesser)[112]. Nach dem sog. Selbst-induzierten Translationsmodell[113] bewirkt eine Anheftung des Myosinkopfes lokale Konformationsänderungen im Actinfilament, um einen axialen Gradienten einer elektrostatischen Kraft aufzubauen. Dies bewirkt das Gleiten des Myosinkopfes am Actinfilament entlang.

Cytochalasin B

Cytochalasin B ist ein Mykotoxin aus dem imperfekten Pilz *Helminthosporium dematioidium.* Auf Grund seiner Struktur, die auf einem großen Lactonring basiert, zählt Cytochalasin B zu den Macrolidantibiotika (Abb. 60). Im Gegensatz zu den meisten anderen Vertretern der Gruppe handelt es sich bei den Substituenten jedoch nicht um Zuckerreste.

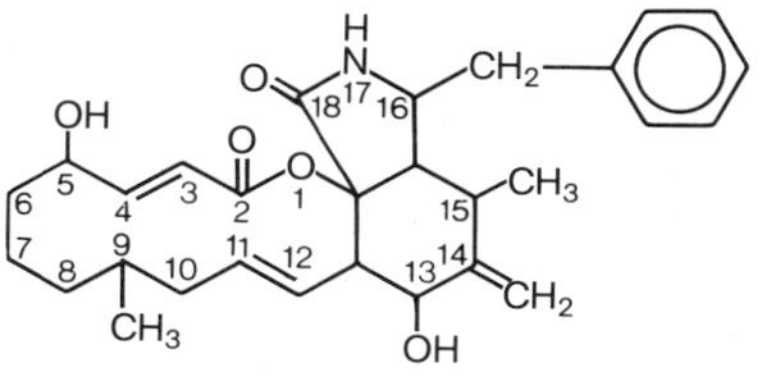

Abb. 60: Cytocholasin B.

Das Toxin hemmt sofort und spezifisch die Plasmaströmung. Die Wirkung kann durch Auswaschen wieder aufgehoben werden. Bei Chara erfolgt 2 min nach Perfusion der Zellen mit 100 µmolarem Cytochalasin B ein kompletter Stopp der Plasmaströmung[114]; erst nach 30 min ist eine deutliche Abnahme der subcorticalen Actinfibrillen zu beobachten (Abb. 61).
Cytochalasin B blockiert die gekerbten Enden von F-Actin (Abb. 57) und ändert damit die Polymerisationsraten. Die freien Actin-Untereinheiten dürften dann kompetitiv die krafterzeugende Interaktion zwischen dem endoplasmatischen Myosin und den Actinfibrillen hemmen. Freie Untereinheiten können zusammen mit Myosin keine Kraft erzeugen. Erst eine längere Anwesenheit von Cytochalasin B muß schließlich zu verminderter Bündelzahl führen, lange nachdem die Hemmung der Plasmaströmung einsetzt.
Diese Interpretation stimmt mit Befunden an Säugerzellen[115] überein, wonach Cytochalasin B die Organisation des Cytoskelett-Netzwerks zerstört. Es kommt zur Erhöhung der Zahl freier Actinfilament-Enden und dann zur Bildung von Actin-Aggregaten. Die Primärwirkung besteht offensichtlich im Bruch der Actin-Filamente; daran schließt sich die Bildung dichter Aggregate an, die wahrscheinlich auf desorganisierten und unkontrollierten cytoplasmatischen Kontraktionen beruhen. Prozesse wie die häufig zu beobachtende Enucleation sind Spätfolgen dieser Vorgänge.
Cytochalasin B hemmt auch die lichtinduzierte Chloroplastendrehung bei der Grünalge *Mougeotia* und verringert die Chloroplastenverankerung an der Längswand[116]. Auch in diesem Fall sind Actin-Filamente im Spiel.
Bei der Zirkulationsströmung der Staubfadenhaare von *Tradescantia* ist sowohl das Actin-Myosin- als auch das Mikrotubulus-System (s. u.) beteiligt[117]. Hieraus erklärt sich, warum Kombinationen von Mikrofilament-Inhibitoren (z. B. Cytochalasin D) und Mikrotubulus-Inhibitoren (z. B. Oryzalin) sich als besonders effektiv erweisen. Interessanterweise verfügen die apikalen Zellen mit einer netzförmigen Anordnung der Plasmastränge über einen höheren Mikrotubulusanteil, die älteren basalen Zellen mit langen kontinuierlichen Plasmasträngen über einen höheren Mikrofilamentanteil.

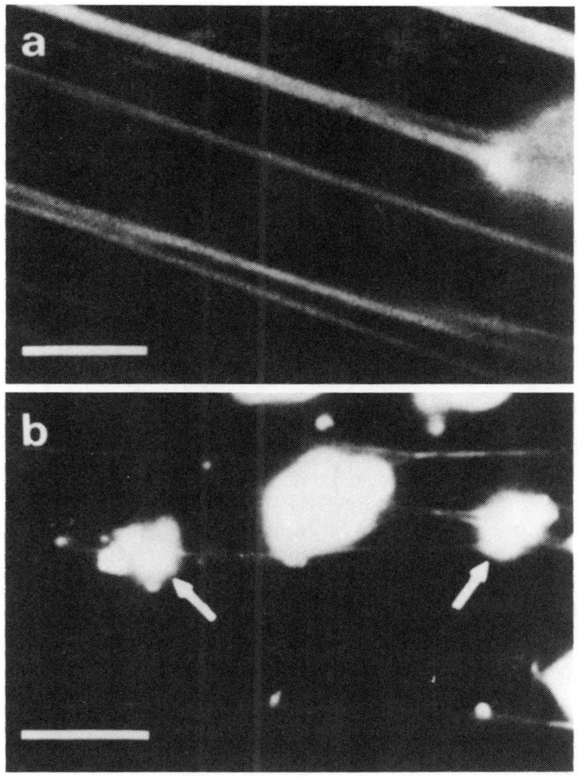

Abb. 61: Einfluß von Cytochalasin B auf die subcortikalen Actinbündel von *Chara* (aus Nothnagel et al.[114]).
a) Kontrolle mit z. T. aggregierten Bündeln.
b) 30 min nach Perfusion mit 100 µmolarem Cytochalasin B. Die Pfeile zeigen auf aggregiertes Material. Fluoreszenzaufnahmen nach Behandlung mit dem FITC-markierten Actin-Marker Schweres Meromyosin. Zur Sichtbarmachung wurden zuvor mit Laserlicht Fenster durch die dichte Chloroplastenschicht geschossen. Balkenlänge: 10 µm.

Durch den Angriff von Cytochalasin B auf Actinfilamente lassen sich somit Actin-gesteuerte Prozesse identifizieren. Neben der Plasmaströmung zählen hierzu auch gerichtete Organellenbewegungen wie z. B. der Transport von Dictyosomen zum Plasmalemma.
Hemmend auf die Plasmaströmung bei Höheren Pflanzen wirken hohe cytoplasmatische Ca^{2+}-Konzentrationen sowie NEM und Hitze (50° C); vermutlich wird hier die Myosinfunktion beeinträchtigt.

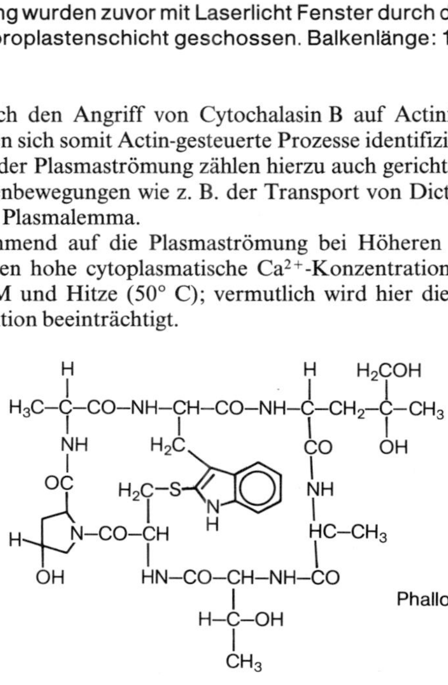

Phalloidin

Abb. 62: Phalloidin.

Phallotoxine: Neben dem Amanitin zählen die Phallotoxine mit Phalloidin und Phallacidin zu den Hauptgiften der Knollenblätterpilze (z. B. *Amanita phalloides*). Auch hier handelt es sich um zyklische Oligopeptide (Abb. 62).

Die Wirkungen werden am Beispiel des **Phalloidins,** einem bizyklischen Heptapeptid mit Tryptathionin als chromophorem System (UV-Absorption bei 290 nm), erläutert. Das Toxin bindet fest an Actinmoleküle in Actinfilamenten, beschleunigt die Actinpolymerisation und stabilisiert die Filamente unter einer Reihe von Bedingungen, bei denen normalerweise Depolymerisation stattfindet, z. B. in Anwesenheit von DNAse I, Cytochalasinen, 0,6 molarem KJ, OsO_4, Ultraschall oder hohen Temperaturen. Im Gegensatz zu Cytochalasin B permeieren die Phalloidine keine Membranen, sie müssen durch Mikroinjektion in die Zelle eingeführt werden.

Für das Verständnis der Phalloidinwirkung sind Einzelheiten des Polymerisationsprozesses von F-Actin notwendig[118]. G-Actin enthält normalerweise ein Molekül von fest gebundenen ATP. Abb. 63 zeigt die Vorgänge, die zum Filamentwachstum führen. Am Anfang findet ein rasches Wachstum mit terminalen F-ATP-Untereinheiten statt. In späteren Stadien akkumulieren vorübergehend F-ADP-P_i-Untereinheiten. Im stationären Zustand besteht das Filament aus F-ADP-Untereinheiten mit Ausnahme der terminalen F-ADP-P_i-Untereinheiten an den gekerbten Enden. Offensichtlich regelt die ATP-Hydrolyse die Polymerisationskinetik. ATP-Hydrolyse destabilisiert die Actin-Actin-Interaktion im Actin-Polymer und erleichtert die Depolymerisation. Die Freisetzung von Phosphat (P_i), die nicht unmittelbar auf die ATP-Hydrolyse folgt, ist der elementare Schritt, der zur Destabilisierung führt.

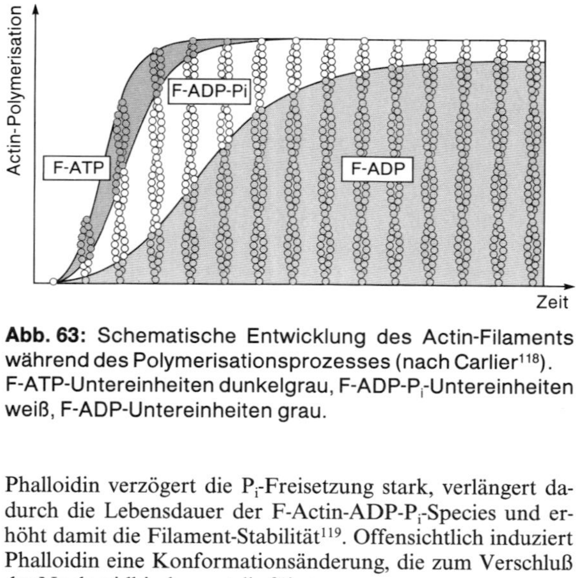

Abb. 63: Schematische Entwicklung des Actin-Filaments während des Polymerisationsprozesses (nach Carlier[118]). F-ATP-Untereinheiten dunkelgrau, F-ADP-P_i-Untereinheiten weiß, F-ADP-Untereinheiten grau.

Phalloidin verzögert die P_i-Freisetzung stark, verlängert dadurch die Lebensdauer der F-Actin-ADP-P_i-Species und erhöht damit die Filament-Stabilität[119]. Offensichtlich induziert Phalloidin eine Konformationsänderung, die zum Verschluß der Nucleotidbindungsstelle führt.

Die stabilisierende Wirkung dürfte für die große Zahl von Mikrofilamenten verantwortlich sein, die nach Phalloidin-Injektion elektronenmikroskopisch nachweisbar sind. Da sich das Toxin an Fluorescein koppeln läßt, steht mit diesem Konjugat ein eleganter fluoreszenzmikroskopischer Nachweis für Actinfilamente zur Verfügung.

Bei dem Schleimpilz *Physarum polycephalum* sowie bei *Amoeba proteus* oder Fibroblasten-Zellen stoppt mikroinjiziertes Phalloidin die Plasmaströmung und führt zu ultrastrukturellen Veränderungen. Bei anderen Organismen sind die Wirkungen umstritten. Bei der siphonalen Xanthophycee *Vaucheria* z. B. wurde kein Einfluß auf die Plasmaströmung festgestellt[120].

Sorgfältige Untersuchungen von Nothnagel et al.[114] ergaben, daß Phalloidine, die selbst in hohen Konzentrationen mit Hilfe der Perfusionstechnik in Chara-Zellen eingebracht wurden, keinen Einfluß auf die Plasmaströmung zeigen, sondern im Gegenteil nach Cytochalasin B-Hemmung die Plasmaströmung beschleunigen. Die Autoren vermuten, daß sich die molekularen Mechanismen des Strömungsantriebs bei unterschiedlichen Organismengruppen wie Algen und Amöben/Schleimpilzen unterscheiden und daß Phalloidin nur dort die Plasmaströmung hemmt, wo die zyklische Polymerisation und Depolymerisation von Actin einen integralen Bestandteil des Strömungsmechanismus darstellt.

Das Anästheticum Lidocain verursacht bei *Vallisneria* im Konzentrationsbereich von 2–20 mM eine reversible Hemmung der Plasmaströmung unter alkalischen Außenbedingungen[121]. Dieser Effekt beruht nicht auf einer Hemmung des Bewegungsapparats oder der Energieversorgung, sondern möglicherweise auf einer Ca^{2+}-Freisetzung aus der Vakuole.

Hemmung von Mikrotubulus-Funktionen

Bei den Mikrotubuli handelt es sich um fibrilläre Strukturen; sie finden sich in den meisten eukaryotischen Zellen. Ähnlich wie bei den Mikrofilamenten liegen auch hier polymere Strukturen vor. Bei diesen sind jedoch die Untereinheiten im Gegensatz zu den Mikrofilamenten zu einem dünnen Hohlzylinder von ca. 24 nm Durchmesser und variabler Länge angeordnet. Hierbei handelt es sich um das Protein Tubulin, ein Dimer aus α- und β-Tubulin. Dazu kommen noch geringe Anteile sog. Mikrotubulus-assoziierter Proteine.

Abb. 64 zeigt ein Mikrotubulusmodell. Im Querschnitt der starren Struktur sind in der Regel 13 Tubulineinheiten zu erkennen.

Mikrotubuli spielen eine Schlüsselrolle bei vielen entscheidenden Zellfunktionen wie z. B. der Mitose, der Organisation und Ausrichtung von Zellorganellen, dem intrazellulären Vesikeltransport, der Festlegung der Zellform sowie bei der Motilität (z. B. der Geißelbewegung bei Eukaryonten). Eine der auffallendsten Eigenschaften aller Mikrotubuli (Mt) mit Ausnahme der stabilen Geißel- und Cilien-Mikrotubuli ist das dynamische Verhalten. Hierbei kommt es zu einem raschen Austausch der Untereinheiten zwischen den Polymeren und einem löslichen Tubulin-Pool. Dies spielt z. B. eine wichtige Rolle bei der Zellteilung. Aber selbst wenn keine Umordnung der Mikrotubuli stattfindet, verhalten sich diese dynamisch. Die Halbwertszeit der meisten Mikrotubuli liegt im Bereich von nur wenigen Minuten. Einzelheiten sind bei Gelfand und Bershadsky[122] beschrieben.

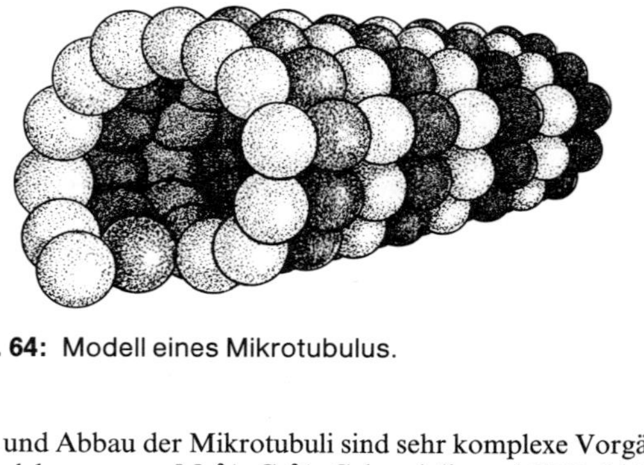

Abb. 64: Modell eines Mikrotubulus.

Auf- und Abbau der Mikrotubuli sind sehr komplexe Vorgänge, welche u. a. von Mg^{2+}, Ca^{2+}, Calmodulin und GTP abhängen. Erhöhter Druck, tiefe Temperaturen und D_2O zerstören die Mikrotubuli. Das dynamische Verhalten der Mikrotubuli wird auf drei Ebenen reguliert,

1) der dynamischen Instabilität des Tubulin-Polymers (Fluktuationen der Mikrotubuli-Länge durch einen eingebauten Mechanismus der dynamischen Instabilität),
2) der Modifikation der Dynamik durch interagierende Proteine (zeitweilige Unterdrückung der Mikrotubuli-Dynamik durch Wechselwirkung mit Mikrotubuli-assoziierten Proteinen. Freisetzung dieser Proteine durch Phosphorylierung, oder ATP hebt diese Unterdrückung auf),
3) der Bildung von Zusammenschlüssen höherer Ordnung wie z. B. Mikrotubuli-Büscheln oder Mikrotubuli-Organellen-Assoziationen. Abb. 65 gibt eine Übersicht.

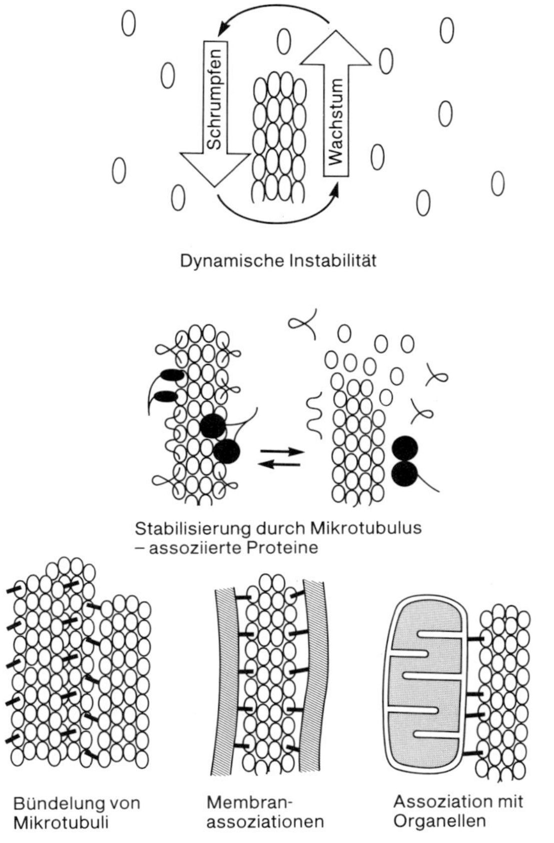

Abb. 65: Regulation des dynamischen Verhaltens von Mikrotubuli. Aus Gelfand und Bershadsky[122].

Hemmung der Kern- und Zellteilung

Der Zellzyklus nimmt in der Biologie eine zentrale Stellung ein, da hier die Weichen für Zellteilungswachstum oder Differenzierung gestellt werden. Der auffälligste Abschnitt im Zellzyklus (Abb. 66) ist die Mitose (M), die für eine gleichmäßige Aufteilung des genetischen Materials auf die beiden Tochterzellen sorgt. Dieser Prozeß erfordert eine vorausgehende DNA-Replikation (S-Phase). M- und S-Phase sind voneinander durch eine G_1- und eine G_2-Phase getrennt, während Zellen, welche die Vermehrung einstellen und Differenzierungsprozesse durchmachen, sich in der G_0-Phase befinden. Wahrscheinlich wird die Teilungsrate über die G_1-Phase reguliert; die G_2-Phase dient zur Vorbereitung auf die Mitose.
Durch Blockierung bestimmter Stadien des Zellzyklus läßt sich die Teilung hemmen. Inhibitoren der DNA-Synthese (S. 221) blockieren die Zelle in der S-Phase; bei reversibler Hemmung läßt sich sogar eine Synchronisation erzielen. In diesem Kapitel werden ausschließlich Mitose-Inhibitoren abgehandelt.

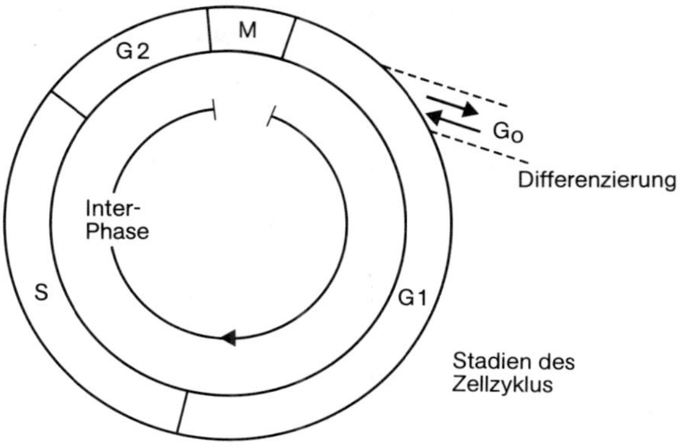

Abb. 66: Zellzyklus.

Bei der Mitose laufen nebeneinander zwei funktionell voneinander unabhängige Zyklen ab: der Chromosomenzyklus, der Veränderungen in der Chromatinstruktur (Kondensation und Entspiralisierung der Chromosomen) beinhaltet, und der Spindelzyklus, der für die Bewegung der Chromosomen verantwortlich ist. Viele Inhibitoren der Mitose greifen am Spindelapparat ein. Wegen der potentiellen Anti-Tumor-Wirkung sind diese Verbindungen besonders gut untersucht.
Die Kernspindel baut sich aus Spindelfasern auf, die sich aus Büscheln von Mikrotubuli zusammensetzen.
Prinzipiell lassen sich folgende Mitosehemmer unterscheiden: 1) Inhibitoren, die C-Mitosen durch Hemmung der Spindelausbildung verursachen (vgl. S. 265), 2) Verursacher von multipolaren Spindeln, 3) Verursacher von Stern-Anaphasen-Konfigurationen (z. B. Terbutol) und 4) Inhibitoren der Zellplattenbildung.
Colchicin ist das bekannteste Spindelgift. Es handelt sich um das Hauptalkaloid der Herbstzeitlosen *Colchicum autumnale;* es tritt jedoch auch in hohen Konzentrationen in *Gloriosa superba* sowie *Sandersonia aurantiaca* auf, die in Südafrika vorkommen. Das kondensierte Ringsystem enthält je einen 6- und zwei 7gliedrige Ringe (Abb. 67).

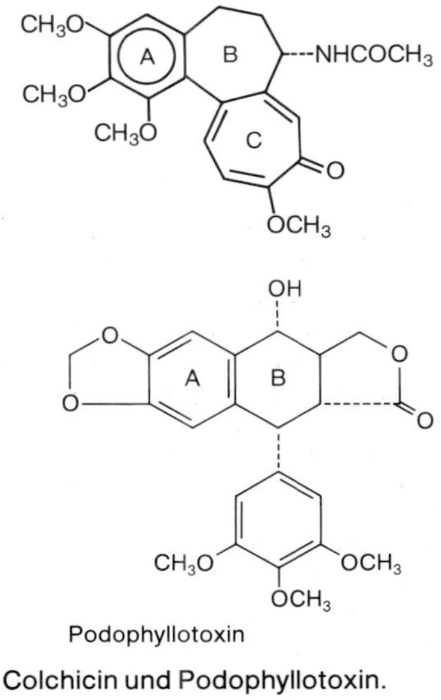

Podophyllotoxin

Abb. 67: Colchicin und Podophyllotoxin.

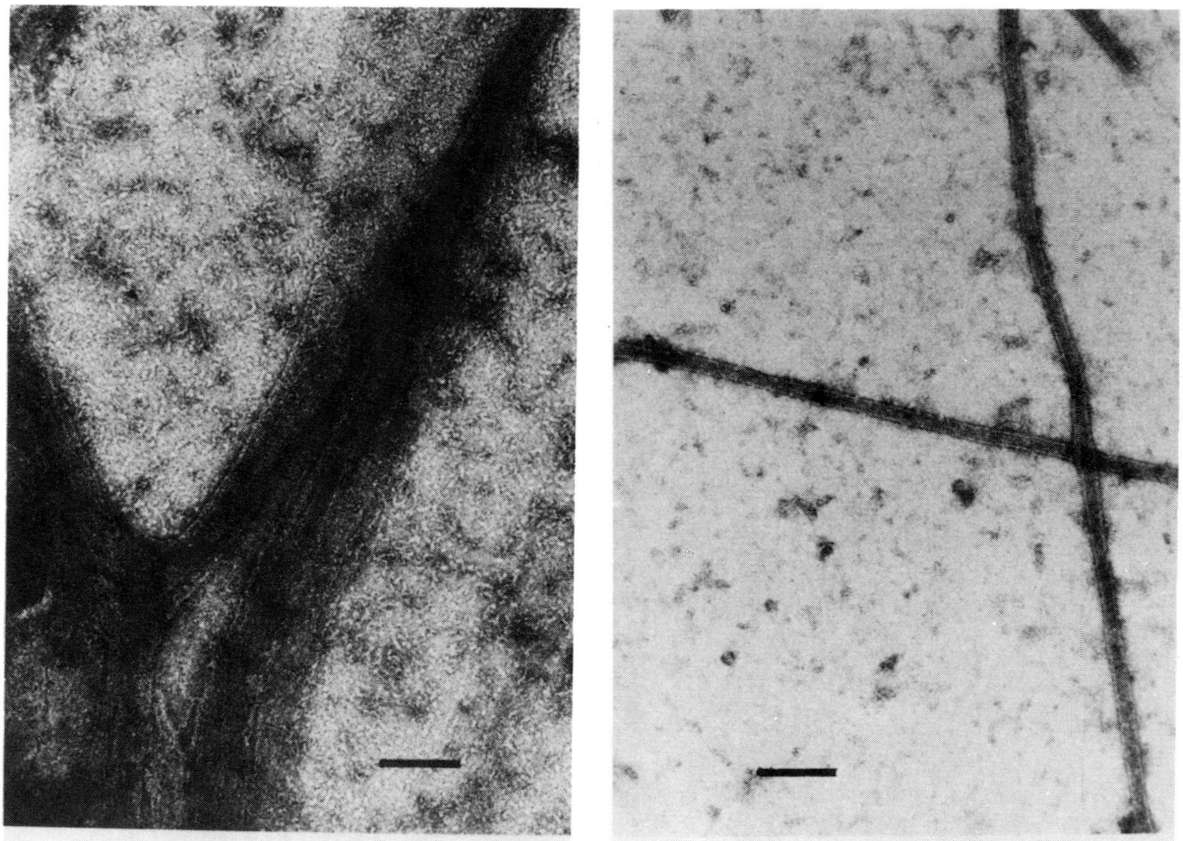

a b

Abb. 68: Elektronenmikroskopische Aufnahmen (Negativkontrast-Verfahren) von *in vitro*-Tubulin-Colchicin-Komplexen (a) im Vergleich zu Tubulin-Komplexen ohne Colchicin (b). Balkenlänge: 100 nm.
Aus Andrev and Timasheff[123].

Colchicin bindet mit hoher Affinität im Verhältnis 1 : 1 an das Tubulindimer im Bereich der β-Untereinheit, nicht jedoch an das Mikrotubulus-Polymer. Colchicin löst dabei eine Konformationsänderung des Tubulins aus, wobei es zu einer lokalen Entfaltung im Bereich der carboxyterminalen Region des β-Tubulins kommt. Der Inhibitor unterbindet die Hydrolyse von GTP, das an die β-Untereinheit gebunden ist; eine normale Polymerisation kann daher nicht mehr ablaufen. Außerdem wird die Colchicinbindung durch das vorhandene GTP geschützt.
Die Empfindlichkeit Höherer Pflanzenzellen ist allerdings um 2–3 Zehnerpotenzen geringer als bei Tierzellen. Unter den üblichen Polymerisationsbedingungen (Anwesenheit von Mg^{2+} und GTP, Abwesenheit von Ca^{2+}) kommt es unter *in vitro*-Bedingungen auch in Gegenwart von Colchicin zur Polymerisationsreaktion, die jedoch wegen einer unkorrekten Bindungsgeometrie zwischen den Tubulin-Molekülen zu großen Aggregaten führt, die sich in ihrer Morphologie deutlich von den Mikrotubuli unterscheiden (parakristalline Stränge, Abb. 68). Ca^{2+} hemmt die Aggregatbildung. Bei wachsenden Mikrotubuli bewirkt eine Colchicin-Zugabe *in vivo* bei höheren Konzentrationen einen vorzeitigen Kettenabbruch.
Colchicin hemmt somit auch die Ausbildung des Spindelapparats. Bei der Mitose werden die Chromosomen zwar noch in ihre Chromatiden (= Tochterchromosomen) zerlegt, aber nicht mehr verteilt. Von diesem Effekt macht man seit 1937 in der Züchtungsforschung Gebrauch, um autopolyploide Sorten zu erzielen (z. B. Roggen oder Gerste). Die künstliche Polyploidisierung erfolgt am besten mit einer 0,1–0,5%igen Colchicinlösung, die 6–24 Std. auf Vegetationspunkte oder Wurzelspitzen einwirkt. Selbstverständlich kann nur bei meristematischen Geweben eine Wirkung erreicht werden.
Abb. 69 zeigt im Schema eine **Colchicinmitose (C-Mitose)** im Vergleich zur Normalmitose, ausgehend von einem diploiden Chromosomensatz. Colchicin beeinträchtigt weder DNA-Replikation noch Ausbildung der Chromatiden oder den Prophaseverlauf, sondern lediglich alle vom Spindelapparat abhängigen Prozesse.
Bei der C-Mitose sind die Chromosomen nach Auflösung der Kernmembran über die ganze Zelle verteilt. Die stark verkürzten Schwesterchromatiden hängen zunächst noch in der Centromer-Region zusammen (Abb. 70 b). Die Metaphase ist verlängert; dies wird bei cytologischen Analysen genutzt, um Chromosomenzahl und -Formen zu bestimmen. Schließlich kommen die Chromatiden nach Trennung der Centromer-Region parallel nebeneinander zu liegen (Abb. 70 c). Ohne Kernspindel bleibt die Anaphasenbewegung aus. Die Chromosomen entspiralisieren sich und bilden einen Restitutionskern mit der doppelten Chromosomenzahl. Es findet keine Cytokinese statt. Wäscht man das Colchicin aus, so teilen sich die nunmehr tetrapoloiden Zellen wieder normal (Abb. 70 d); bei weiterem Colchicineinfluß können dagegen nach Durchlaufen der Interphase und einer erneuten C-Mitose oktoploide Zellen entstehen.

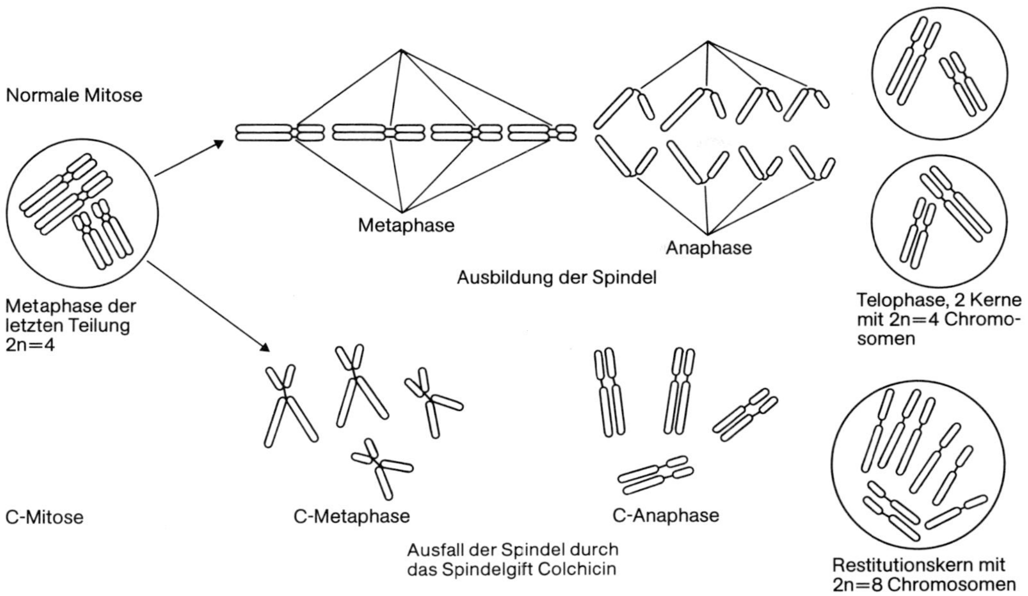

Abb. 69: Schematische Darstellung der C-Mitose im Vergleich zur normalen Mitose (aus Günther[124]).

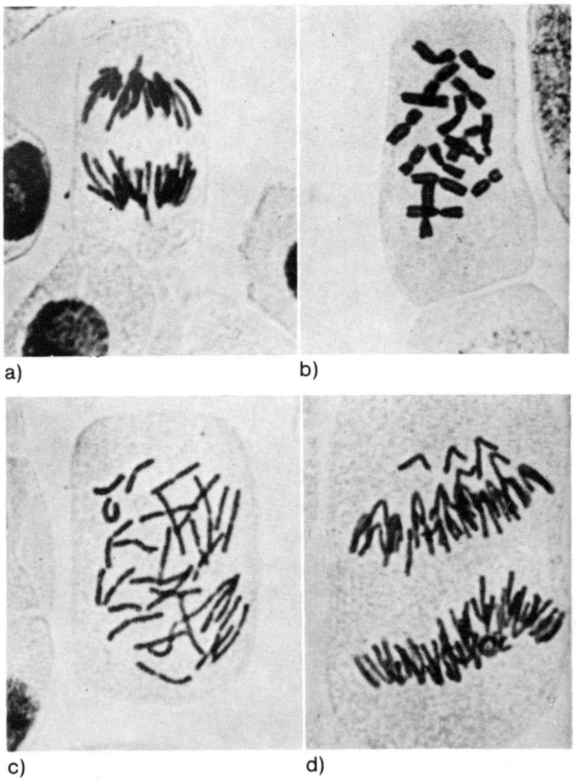

Abb. 70: Der Einfluß von 0,05%igem Colchicin auf Wurzelspitzen der Zwiebel (aus Darlington und La Cour[125]).
a) Kontrolle ohne Colchicin (diploide Anaphase).
b) C-Mitose, 12 Std. nach Colchicin-Behandlung bei 24 °C (verlängerte Metaphase mit überkontrahierten Chromosomen).
c) Abortive Anaphase aus derselben Präparation.
d) Normale Anaphase nach Entfernung von Colchicin bei einer tetraploiden Zelle.

Die Rolle der Mikrotubuli beschränkt sich nicht auf die Ausbildung der Kernspindel, sie wirken auch bei der Positionierung der Zellplatte sowie bei der Ausrichtung der Zellulose-Mikrofibrillen bei der wachsenden Zellwand mit. Damit wird verständlich, daß Colchicin die Bildung der Zellplatte hemmt und auch tiefgreifende Einflüsse auf die Organisation der Zellwand ausübt. Es behindert zwar die Zellulose-Synthese nicht, stört jedoch die Ausrichtung der Zellulose-Mikrofibrillen. Während z. B. bei Wurzelzellen von Maiskeimlingen parallele Mikrofibrillenbänder zu erkennen sind, bleibt in Gegenwart von Colchicin die Bildung dieser Bänder aus, und die Zellen zeigen oft eine beträchtliche Veränderung der Mikrofibrillenanordnung[126]. Während der Differenzierung von Leitelementen des Xylems verursacht Colchicin eine über die ganze Zelloberfläche verschmierte Wandbildung anstelle der ring- oder schraubenförmigen Wandverdickung[127].

Beim Spitzenwachstum von Farnprotonemen wird der Zelldurchmesser konstant gehalten. Dieser Vorgang steht unter Mikrotubuli-Kontrolle. In Gegenwart von Colchicin kommt es zur apikalen Anschwellung der Protonemen (Abb. 71), was vermutlich auf einer Mikrotubuli-Zerstörung beruht, die sich jedoch nicht auf die Mikrofibrillen-Anordnung in der Zellwand auswirkt[128].

An der Plasmaströmung von Staubfadenhaaren sind neben den Mikrofilamenten auch Mikrotubuli beteiligt[117]. Das Grundmuster der Differenzierung wird nicht durch Colchicin beeinträchtigt. Bei einer Verletzung des Zentralzylinders von Erbsenwurzeln redifferenzieren die Parenchymzellen des benachbarten Cortexgewebes auch in Gegenwart des Inhibitors zu Tracheen und Siebelementen[121].

Podophyllotoxin

Die Colchicin-Bindungsstellen des Tubulins erkennen auch Podophyllotoxin (Abb. 67), ein Zellgift aus Wurzel und Rhizom der Flußblattwurzel *Podophyllum peltatum (Berberidaceae)*. Hierfür ist der gemeinsame Trimethoxyphenylrest beider Verbindungen verantwortlich, während der Benzodioxolrest des Podophyllotoxins und der Tropolonrest des Colchicins unterschiedliche Domänen des Tubulins besetzen.

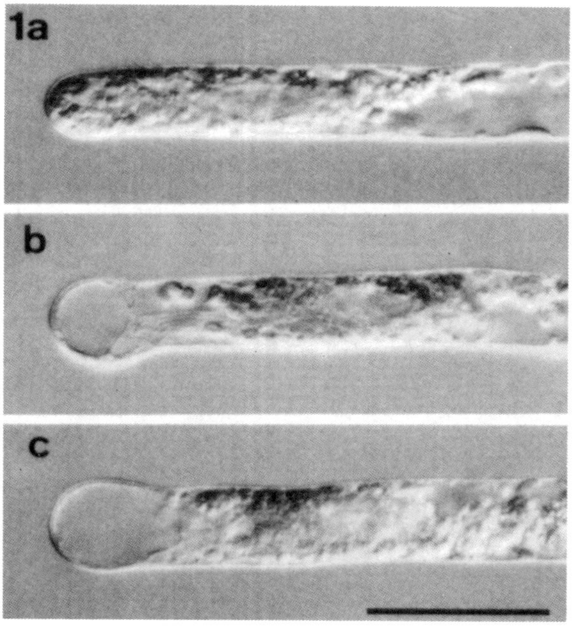

Abb. 71: Einfluß von 5 mmol/l Colchicin (b) auf das Protonemenwachstum von *Adiantum capillus-veneris* nach 5 h Behandlung im Vergleich zur Kontrolle (a). Aminophos-methyl-Behandlung (c) mit 1 µg/ml nach 4 h. Meßstrich 50 µm. Aus Murata und Wada[128].

Anti-Mikrotubulus-Herbizide

Wesentlich effektiver als Colchicin erweisen sich bei Pflanzen die sog. Anti-Mikrotubulus-Herbizide, die dort spezifischer und in geringeren Konzentrationen (µmol/l-Bereich) an die Tubulinuntereinheiten binden und dabei die Polymerisation verhindern. Hierzu zählen Dinitroaniline wie Trifluralin und Oryzalin (vgl. S. 172) sowie Phosphoramide wie Amiprophos-methyl (APM, vgl. S. 173); letztere wirken außerdem stark depolymerisierend auf vorhandene Mikrotubuli. Dagegen greifen Carbamat-Herbizide wie Barban, Prophan, Chlorprophan und Terbutol in das Organisationszentrum der Spindel-Mikrotubuli ein, so daß multiple Spindeln entstehen, die Chromosomen zu mehreren Polen wandern und mehrere Kerne entstehen[130].

Besonders effektiv lassen sich AMP und Pronamid zur Chromosomenverdopplung z. B. von haploiden Zellen einsetzen. Die Bildung zahlreicher Mikrokerne mit einem oder wenigen Chromosomen gelingt nach der AMP-Behandlung, gefolgt von Cytochalasin B[131]. Solche Konstrukte sind für die Gewinnung somatischer Hybride interessant.

Coffein

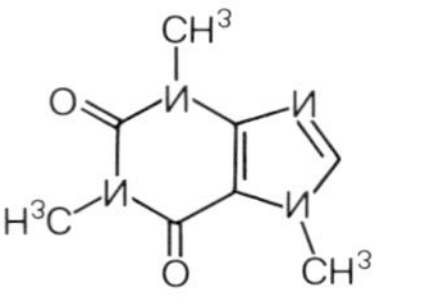

Abb. 72: Coffein (1,3,7-Trimethylxanthin).

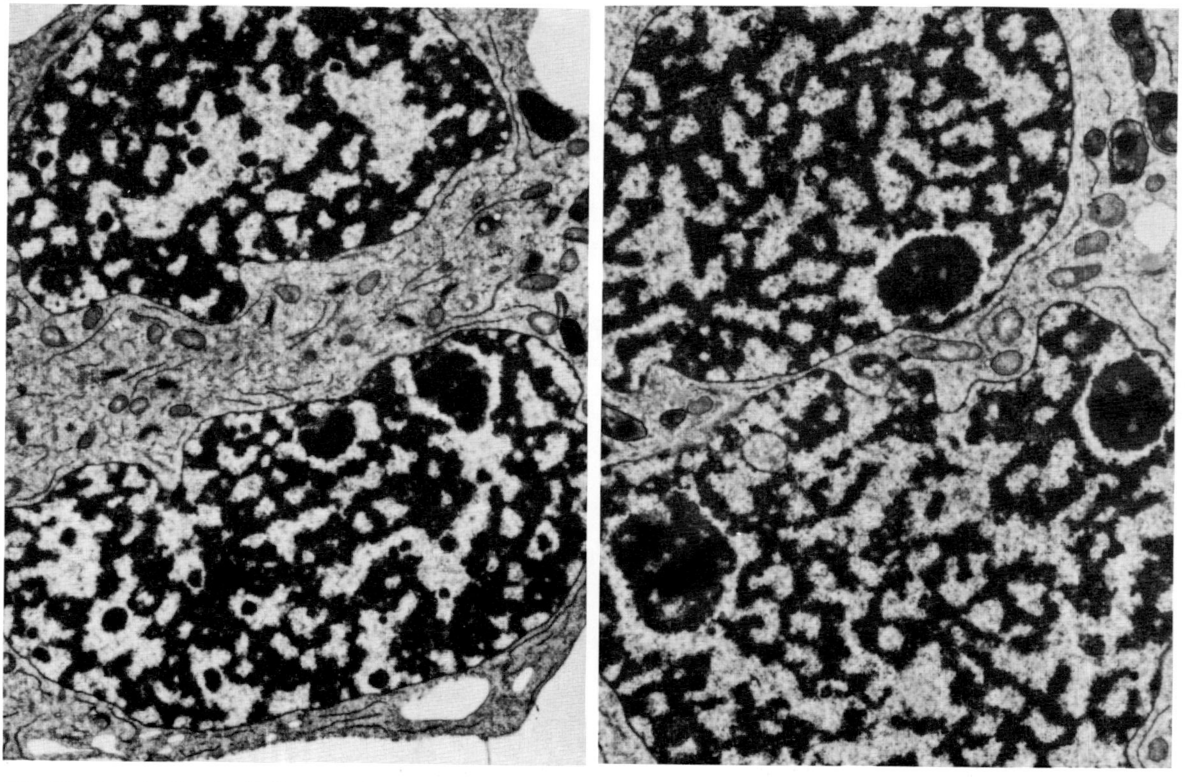

Abb. 73: Endstadien des Zellplattenabbaus bei *Tradescantia virginiana* in Gegenwart von 5 mmol/l Coffein (aus Hepler und Bonsignore[132]). Meßstrich: 1 µm.

Im Gegensatz zu Colchicin hemmt das Trimethylxanthin Coffein (Abb. 72), ein Alkaloid aus Kaffeesamen („Bohnen"), Tee und Matéblättern, die Bildung der Zellplatte im Anschluß an die Kernteilung durch Behinderung der Vesikelfusion in der Äquatorialebene des Phragmoplasten. Hierdurch ergeben sich zwei- und mehrkernige Zellen, die allenfalls Zellwandfragmente enthalten[129].
Abb. 73 zeigt am Beispiel der Staubfadenhaare von *Tradescantia* den Abbau der Zellplatte in Gegenwart von Coffein[132]. Bei der Cytokinese von Schließzellenmutterzellen von *Zea-mays*-Primärblättern bewirkt der Inhibitor die Bildung einzelliger, zweikerniger aberranter Stomata, bei denen trotz Fehlens einer ventralen Wand eine Pore entsteht[133].
Coffein beeinträchtigt in niedrigen Konzentrationen die Mikrotubulusfunktionen nicht, die Behinderungen der Membranerkennung oder -fusion hängen wahrscheinlich mit Störungen im Calciumgradienten zusammen, der für die Bildung der Zellplatte und ihrer Fusion mit der Mutter-Zellwand benötigt wird.

Vinca-Alkaloide

Eine Reihe weiterer, hochwirksamer Mitosehemmer, die in der Mikrotubulusforschung sowie in der Tumortherapie Verwendung finden, wird aus den Blättern der in Madagaskar heimischen und mit unserem Immergrün verwandten Apocynacee *Catharanthus roseus* (syn. *Vinca rosea*) isoliert. Hierbei handelt es sich um Indol-Alkaloide. Am bekanntesten sind Vinblastin, Vincristin und Vinleurosin (Abb. 74). Von der Struktur her gesehen handelt es sich um dimere Moleküle mit zwei Domänen: Vindolin (Abb. 74, VDL) und einem umgebildeten Catharanthin (in der oberen Hälfte der Formel I sowie II).

I

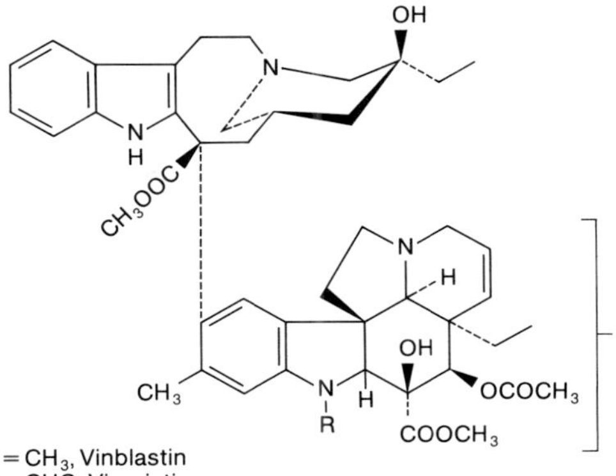

R = CH_3, Vinblastin
R = CHO, Vincristin

II

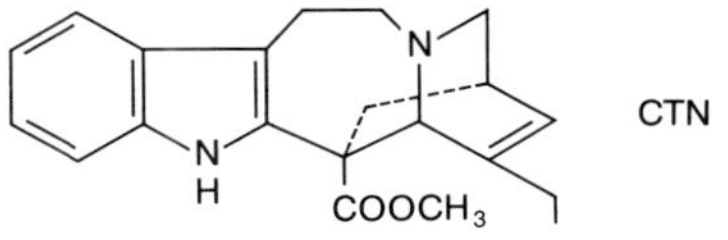

Abb. 74: Vinca-Alkaloide Vinblastin und Vincristin (I). VDL = Vindolin, CTN = Catharanthin (II).

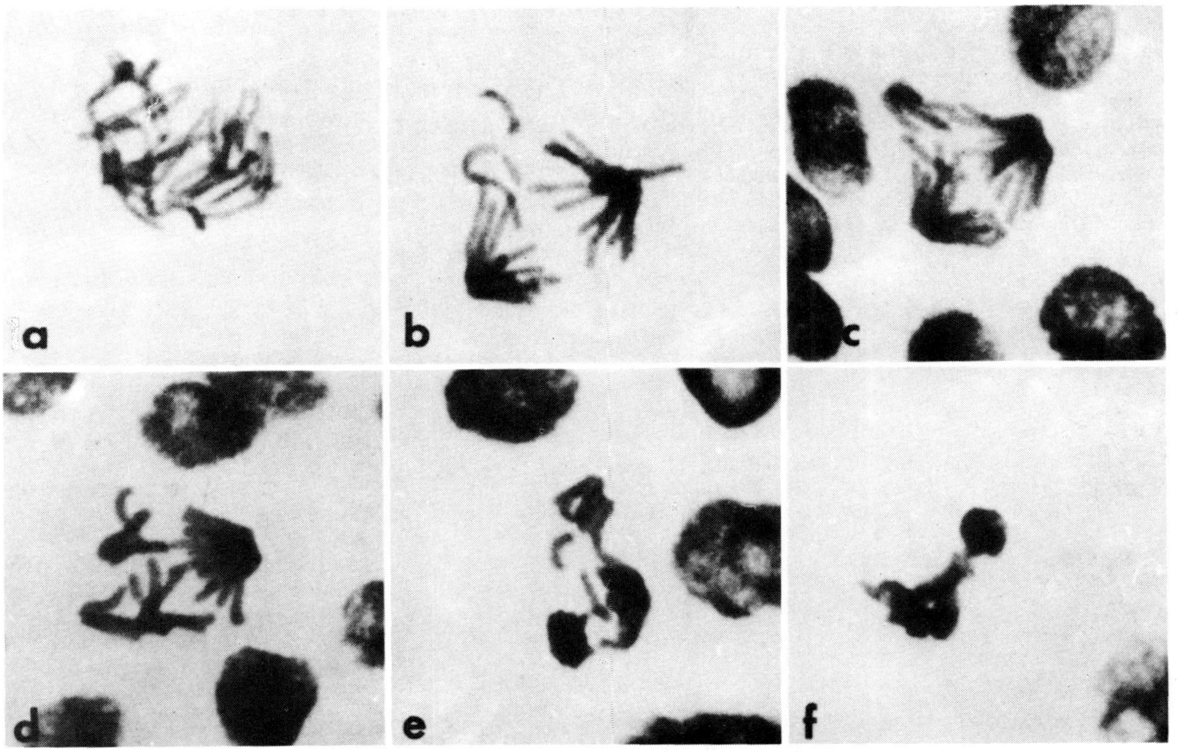

Abb. 75: Der Einfluß von Vinblastin (10^{-3} molar) auf die Mitose von *Vicia faba*-Wurzelspitzen (aus Hillmann und Ruthmann[134].
a) C-Metaphase, b) Chromosomenverlust bei der Anaphase, c) tripolare Anaphase, d) multipolare Anaphase, e) tripolare Anaphase mit Chromosomenverlust,) verklumpte Chromosomen.

Anders als Colchicin binden die Vinca-Alkaloide an α-Tubulin. Sie induzieren Tubulin, in vitro zu linearen Polymeren zu assoziieren, was in vivo zur Bildung von Parakristallen führt. Das „self-assembly" von Tubulin zu Mikrotubuli wird verhindert, und es kommt zur Auflösung vorhandener Mikrotubuli. Die sehr viel stabileren Mikrotubuli von Eukaryonten-Geißeln werden dagegen kaum angegriffen.

Abb. 75 zeigt verschiedene Vinblastin-Effekte am Beispiel von *Vicia faba*[134]. Hierzu zählen C-Mitosen (vgl. S. 265), Chromosomenverluste bei der Anaphase, drei- und mehrpolige Anaphasen, die zu vielkernigen Zellen mit ungleicher Chromatinverteilung führen, sowie verklumpte Chromosomen.

Bei verlängerter Inkubation wird die Mitose gestoppt, und es kommt zur Ausbildung von Filamentbünden in Cyto- und Karyoplasma, die wahrscheinlich nicht aus Tubulin bestehen. Schließlich werden die Plasmamembranen sehr geschädigt. Die Empfindlichkeit verschiedener Pflanzen gegenüber Vinblastin ist allerdings unterschiedlich. Interessanterweise wird *Vinca rosea* selbst bei Konzentrationen von 10^{-2} molarem Vinblastin nicht beeinträchtigt.

Taxol, ein niedermolekulares, mikrozyklisches Alkaloid (Abb. 76) aus der Rinde der amerikanischen Eibe *Taxus brevifolia*, neuerdings auch vollsynthetisch hergestellt, beschleunigt die Polymerisationsreaktion des Tubulins zu Mikrotubuli, indem es die kritische Anfangskonzentration für die Nucleation senkt. Darüber hinaus stabilisiert es Mikrotubuli gegen die Depolymerisationsreaktion, die durch hohe Ca^{2+}-Konzentrationen, Abwesenheit von GTP oder Mikrotubulus-assoziierte Proteine sowie durch tiefe Temperaturen verursacht wird. Analysen an *Haemanthus*-Endosperm[135] ergaben neben einer Verlangsamung der Mitose die Bildung zahlreicher neuer Mikrotubuli sowie verstärkte seitliche Assoziationen innerhalb der Mikrotubuli und zwischen den Spindelfasern. Hierdurch kommt es zu einer ausgeprägten Reorganisation der Spindel, besonders in den Polbereichen. Aus den Chromosomenbewegungen unter Taxol-Einfluß, bei denen es in der Anaphase zu einem Transport von Chromosomen und deren Fragmenten auch in die falsche Richtung (d. h. weg von den Polregionen) kommt, muß geschlossen werden, daß sich verlängernde Mikrotubuli eine Schubkraft auf die Chromosomen ausüben, die wahrscheinlich bei der normalen Mitose eine entscheidende Rolle bei der Chromosomenbewegung spielt. Besondere Bedeutung kommt dabei den lateralen Wechselwirkungen zwischen den Mikrotubuli der Spindelfasern zu.

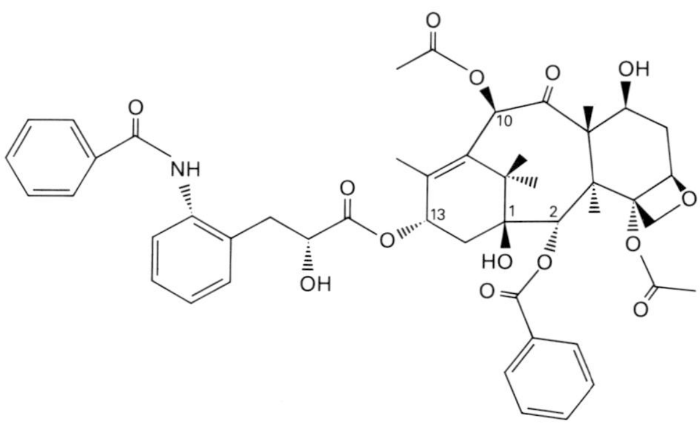

Abb. 76: Taxol.

Bei Pilzen ist Taxol besonders gegen Oomyceten wirksam, z. B. *Phytophthora* und *Aphanomyces*[136]. Untersuchungen mit Taxolanaloga aus der Baccatin-Gruppe mit verkürzten Seitenketten an der C-13-Position zeigten die Bedeutung dieser Substitution für die Taxol-Aktivität. Bei Höheren Pflanzen verursacht Taxol bei der Zellteilung eine verstärkte Vesikelakkumulation in der Äquatorialebene des Phragmoplasten und hemmt gleichzeitig das zentrifugale Wachstum des Phragmoplastes, was zu einer Verzögerung der Querwandbildung führt[137].

Griseofulvin, ein Spirobenzofuranderivat (Abb. 77), wird aus *Penicillium griseofulvum* gewonnen und zeichnet sich durch seine fungistatische Wirkung aus. Diese wurde zunächst an pflanzenpathogenen Pilzen wie *Botrytis cinerea* (Verursacher der Salatfäule) erprobt und später auch auf die Humantherapie ausgedehnt, wo insbesondere *Trichophyton-, Mikrosporum-* und *Epidermophyton floccosum*-Mykosen, nicht aber Hefen erfolgreich angegangen werden.

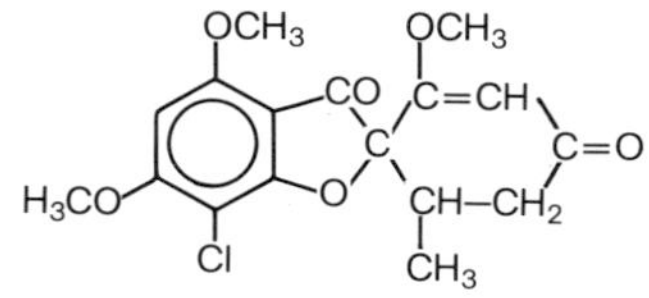

Abb. 77: Griseofulvin.

Neben dem Wachstum von Pilzen mit chitinhaltigen Zellwänden wird auch die Samenkeimung und das Wurzelwachstum verschiedener Pflanzen gehemmt. Obwohl eine Reihe sehr unterschiedlicher Wirkungen bekannt ist, die von der Hemmung der Zellwandsynthese bei Pilzen bis zur Mutagenität reichen, dürfte der zentrale Angriffspunkt das Tubulin-Dimer sein, an das eine spezifische und stöchiometrische Bindung erfolgt[138]. Griseofulvin zerstört dadurch den Spindelapparat. Es hemmt *in vitro* die Polymerisationsreaktion und kann damit sogar für die Tubulin-Reinigung eingesetzt werden.

Endoplasmatisches Reticulum und Golgi-Apparat

Glycosylierung von Proteinen

Grundlagen: Bei der Pflanzenzelle treten zwei Klassen von Glycoproteinen auf: Membran-assoziierte Glycoproteine und sekretorische Glycoproteine. Das Rückgrat dieser Makromoleküle besteht aus einer Polypeptidkette, die am rauhen endoplasmatischen Reticulum (rER) synthetisiert wird. Bei Gly-

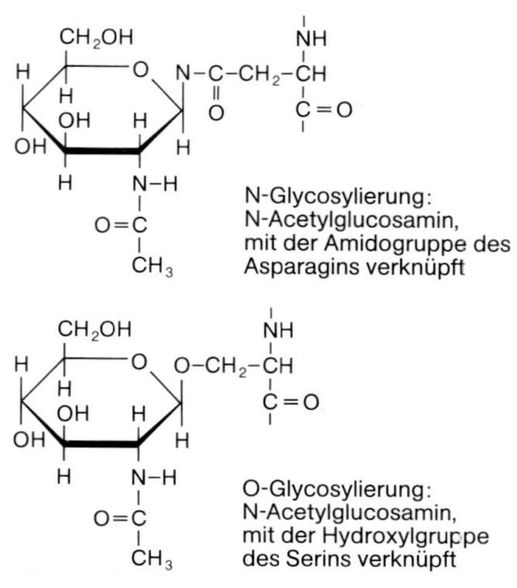

Abb. 78: Glycoprotein-Klassen.

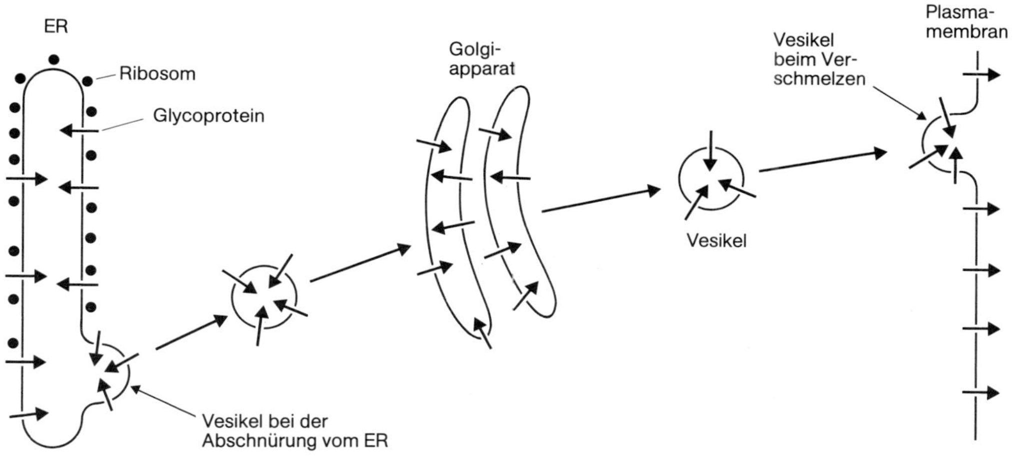

Abb. 79: Synthese und Transport der Glycoproteine (nach L. Stryer[139]).

coproteinen mit N-glycosidischer Verknüpfung (zwischen N-Acetylglucosamin und einem Asparaginrest, Abb. 78) erfolgt die N-Glycosylierung im ER-Lumen, noch während die naszente Polypeptidkette die ER-Membran durchquert (Abb. 79).
Hierbei wird ein Oligosaccharid-Block von einem aktivierten Lipid-Carrier (Dolicholphosphat) auf einen Asparaginrest der wachsenden Polypeptidkette übertragen. Die endgültige Fertigstellung dieser Glycoproteine (terminale Glycosylierung) erfolgt – soweit bekannt – im Golgi-Apparat. Von hier aus werden die Verbindungen zu den endgültigen Bestimmungsorten transportiert (Abb. 79).
Ein weniger verbreiteter Glycoprotein-Typ zeichnet sich durch eine O-glycosidische Verknüpfung zwischen einem N-Acetylglucosamin und einem Serin- oder Threonin-Rest der Polypeptidkette aus (Abb. 78). Hier erfolgen primäre und terminale Glycosylierung erst im Golgi-Apparat.

Tunicamycin

Mit **Tunicamycin** steht ein Inhibitor zur Verfügung, der ausschließlich die Bildung N-glycosylierter Glycoproteine hemmt. Das Antibiotikum wurde 1971 aus *Streptomyces lysosuperificus* isoliert. Es handelt sich um ein hydrophobes Analog von UDP-N-Acetylglucosamin, welches Uracil, N-Acetylglucosamin (GlcNAc), den komplexen C-11-Aminozucker Tunicamin und ungesättigte Fettsäuren der Kettenlänge (C13–C17) enthält (Abb. 80).
Bei eukaryotischen Systemen hemmt Tunicamycin den ersten Schritt in der Biosynthese N-glycosylierter Glycoproteine (Abb. 81), die Übertragung von N-Acetylglucosamin-1-Phosphat aus UDP-N-Acetylglucosamin auf Dolicholphosphat, eine Polyisoprenoid-Verbindung mit 16–18 Isopreneinheiten. Offensichtlich bindet Tunicamycin irreversibel an die beteiligte Transferase und inaktiviert das Enzym. Es beeinträchtigt dagegen nicht die Übertragung der zweiten Glc-NAc-Gruppe auf Dolichol-PP-GlcNAc oder terminaler GlcNAc-Reste auf das Protein. Hierdurch verhindert Tunicamycin den Aufbau der lipidgekoppelten Glycoproteine, deren Biosynthese über diese Zwischenstufe läuft. Erst bei hohen Antibiotikum-Konzentrationen wird auch die Synthese des Proteinanteils beeinträchtigt; ein Hinweis auf die Kopplung von Glycosylierung und Proteinsynthese bei Glycoproteinen.
Tunicamycin wurde bei einer Reihe von pflanzlichen Systemen verwendet, um die Glycoproteinsynthese und die Rolle des Kohlenhydratanteils zu studieren. Bei Hefesphäroblasten blockiert Tunicamycin die Produktion der extrazellulären Glycoproteine Invertase und saure Phosphatase, ohne die Synthese verschiedener endogener Proteine zu beeinträchtigen[141]. Bei *Aspergillus niger* wurde am Beispiel verschiedener Glycosidasen gezeigt, daß die N-Glycosylierung für die Sekretion und für die Stabilität dieser Exoenzyme eine Rolle spielt[142]. In Gegenwart von Tunicamycin wird der Mannose-, nicht aber der Leucin-Einbau in die Proteinfraktion des Kulturfiltrats vermindert. Die verringerten Enzymaktivitäten beruhen auf reduzierten Enzymmengen im Kulturfiltrat. Diese Daten unterstützen die Hypothese, daß der Kohlenhydratanteil einiger Glycoproteine eine Schlüsselrolle bei der Bildung der richtigen Konformation einnimmt, die ihrerseits für die Sekretion wichtig ist. Bei Hefezellen konnte mit Tunicamycin-Experimenten gezeigt werden, daß beim Zellteilungszyklus der Übergang der G_1- zur S-Phase glycosylierte Proteine benötigt[143].

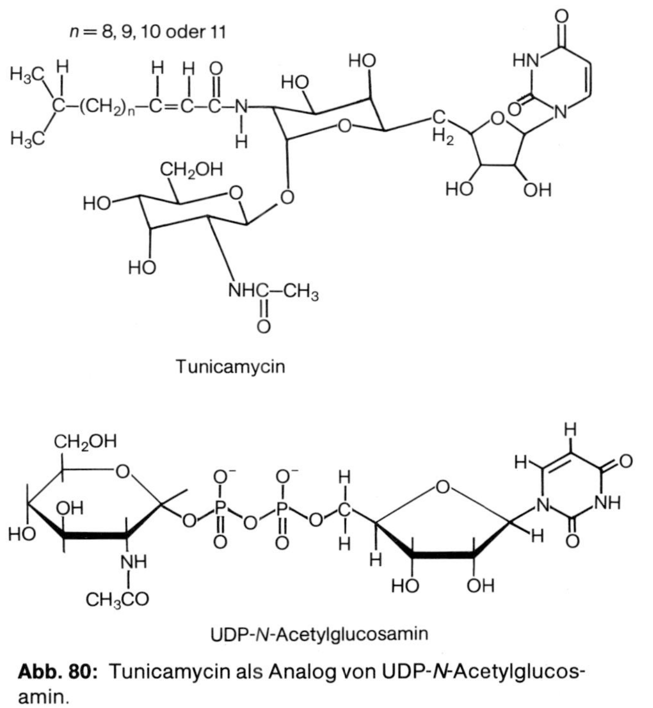

Abb. 80: Tunicamycin als Analog von UDP-*N*-Acetylglucosamin.

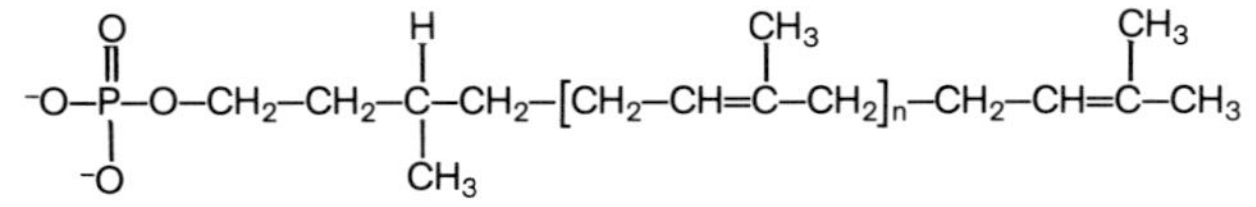

Dolicholphosphat ($n = 15\text{-}19$)

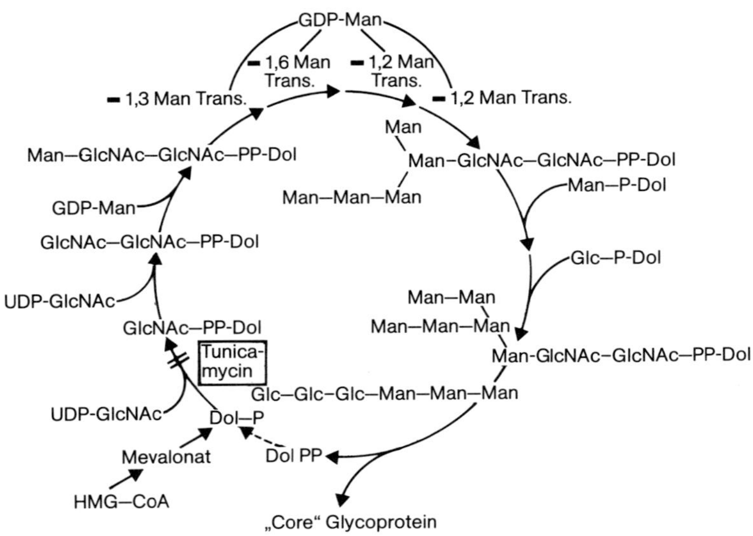

Abb. 81: Biosynthese von Glycoproteinen mit N-glycosidischer Verknüpfung (nach Elbein[140]). Tunicamycin hemmt die Startreaktion (Transfer von GlcNAc-1-P auf Dolichol-P).

Eine Reihe von Glycoproteinen findet sich als Membrankomponenten im Plasmalemma, in Lysosomen und in Glyoxysomen. Auch hier wird durch Tunicamycin die N-Glycosylierung spezifisch gehemmt. Damit lassen sich wertvolle Anhaltspunkte über den Membranfluß vom ER zu anderen Kompartimenten gewinnen, zumal anzunehmen ist, daß alle Membran-umhüllten Zellorganellen Glycoproteine enthalten. Ferner wird zu klären sein, ob sich N-Glycosylierungen tatsächlich auf das ER-Lumen beschränken.

Eine Funktion des Kohlenhydratanteils von Membranglycoproteinen dürfte darin bestehen, die richtige Orientierung der Glycoproteine in der Membran sicherzustellen und damit die Asymmetrie der Biomembran aufrecht zu halten. Eine besondere Rolle fällt den Membranglycoproteinen bei Erkennungsreaktionen zu. Wegen der enormen Variationsmöglichkeiten im Kohlenhydratanteil sind diese Verbindungen in idealer Weise als Erkennungssignale geeignet. Als Beispiel sei die Agglutination und Fusion von *Chlamydomonas*-Gameten genannt, welche den Sexualprozeß einleiten. Mit Hilfe von Tunicamycin wurde nachgewiesen[144], daß auf der Geißeloberfläche von (+)-Gameten ein Antibiotikum-empfindliches Glycoprotein sitzt, das für die Agglutination mit (−)-Geißeln verantwortlich ist und später die Entfernung der Zellwände initiiert. Eine zweite, ebenfalls Tunicamycin-sensitive Komponente findet sich auf der Oberfläche der (−)-Gameten und spielt bei der Fusion mit (+)-Gameten eine Rolle.

Wie am Beispiel von Suspensionskulturen von *Soja*-Zellen gezeigt wurde[145], behindert Tunicamycin auch den Einbau von Mannose in Zellwandkomponenten, ohne diesen jedoch vollständig auszuschalten, da Mannose auch in einem vom Lipid-gekoppelten Saccharid-Biosyntheseweg unabhängigen Prozeß in Zellwand-Polysaccharide inkorporiert wird.

Bei Zellsuspensionskulturen von *Daucus carota* unterbleibt in Gegenwart von Tunicamycin die Bildung bestimmter kationischer Peroxidasen. Hiermit geht eine Hemmung der somatischen Embryogenese einher, die durch Zugabe kationischer Meerrettich-Peroxidase wieder aufgehoben werden kann[146].

Weitere Hemmstoffe der Glycosylierung

Weitere Antibiotika weisen chemische und biologische Ähnlichkeiten zu Tunicamycin auf. Hierzu zählen **Mycospocidin, Streptovirudin,** die **Antibiotika 24010** und **MM-1920**[140], sowie die **Corynetoxine**[147], die bei der Infektion von *Lolium rigidium* durch *Corynebacterium michiganese* gebildet werden und ebenfalls die Bildung von GlcNAc-PP-Dol hemmen.

Dagegen blockiert **Bacitracin,** ein Polypeptid-Antibiotikum mit einem Thiazolidinring aus *Bacillus licheniformis*, bei Pflanzen und Pilzen nicht nur die Glycoprotein-Synthese, sondern durch Bindung an Farnesylpyrophosphat auch generell Reaktionen, die zur Polyprenol-Biosynthese aus Mevalonsäure führen.

Die weitere Modifikation durch Glycosidasen wird u. a. durch die Indolizidinalkaloide Swainsonin und Castanospermin (Abb. 82) verhindert.

Australin (Abb. 82), ein tetrahydroxyliertes Pyrrolizidin-Alkaloid aus dem australischen Baum *Castanospermum australe* hemmt kompetitiv die α-Glucosidase Amyloglucosidase, nicht jedoch β-Glucosidase, α- und β-Mannosidase oder α- und β-Galactosidase[148]. Darüber hinaus inhibiert Australin das Glycoprotein-prozessierende Enzym Glucosidase I. Dies führt zur Anreicherung von Glycoproteinen mit Glc_3Man_{7-9} $(GlcNAc)_2$-Oligosacchariden.

Wichtige Glucosidaseinhibitoren (vgl. Abb. 82) sind die Indolizidin-Alkaloide Castanospermin aus Samen von *Castanospermum australe* (hemmt die Glucosidase I und II), 6-Epicastanospermin und Swainsonin aus der australischen Pflanze *Swainsonia canescens* (hemmt die Golgi-Mannosidase II).

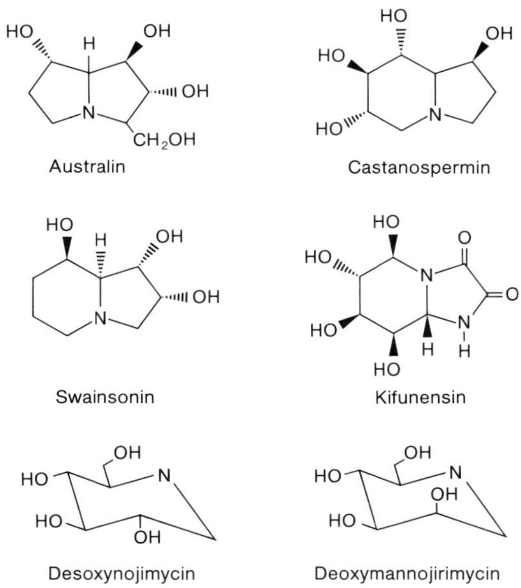

Abb. 82: Glucosidaseinhibitoren.

Desoxymannojirimycin ist ein synthetischer Golgi-Mannosidase-I-Inhibitor, Desoxynojimycin aus der Maulbeere *Morus* ein α-Glucosidase-Inhibitor.
Kifunensin aus dem Actinomyceten *Kitasatosporia kifunense* entspricht einem zyklischen Oxamid-Derivat von 1-Aminomannojirimycin. Es handelt sich um einen potenten Inhibitor der pflanzlichen Mannosidase I, eines Glycoprotein-prozessierenden Enzyms[149].

Gecoatete Vesikel und Golgi-Apparat

Innerhalb der Pflanzenzelle findet ein intensiver Membranfluß statt. Abb. 83 beschreibt die wichtigsten Stationen. Hierbei führt der Vesikelstrom von ER über den Golgi-Apparat zum Plasmalemma (Exocytose) sowie zum lysosomalen Kompartiment, andererseits werden Komponenten des Plasmalemmas im Rahmen der Endocytose weiterverarbeitet.
Im pflanzlichen Golgi-Apparat werden nicht nur Glycoproteine, sondern auch die Zellwand-Matrixproteine, Hemizellulosen und Pektinstoffe, synthetisiert.
Die Endocytose ermöglicht u. a. ein Recycling von Rezeptoren und anderen Makromolekülen. Die betreffenden Membranregionen des Plasmalemmas sind als beschichtete Vertiefungen, sog. coated pits, zu erkennen (Abb. 83.5), die sich nach innen einstülpen und zu beschichteten Vesikeln (coated vesicles) mit einem Durchmesser von 90–120 nm abknospen. Beträchtlich kleinere, mit etwas anderen Proteinen beschichtete Vesikel (Durchmesser 60–90 nm) leiten sich vom Golgi-Apparat ab. Die Endocytose-Vesikel sind mit einer Schicht aus dem faserförmigen Protein Clathrin (Abb. 84) bedeckt. Es bildet dreiarmige Moleküle (Triskelionen), die sich zu einem polygonalen Netz auf der Vesikeloberfläche anordnen. Man vermutet, daß diese Schicht illegitime Fusionen mit anderen Vesikeln verhindert und andererseits eine Verschmelzung mit Endosomen ermöglicht, Vesikel, in denen Liganden und Rezeptoren sortiert und z. T. abgebaut bzw. wiederverwendet werden. Die Bindung von Clathrin an die Vesikel erfolgt über Adaptine als Adaptorproteine. Vor der Fusion mit den Zielvesikeln (Endosomen) wird die Clathrinschicht unter ATP-Verbrauch und in Gegenwart des heat-shock-Proteins hsp 70 beseitigt. Abb. 85 zeigt ein Modell.

Bei wachsenden Pflanzenzellen sorgt die Exocytose für den aktiven Transport von künftigem Wandmaterial aus dem Golgi-Apparat zum Plasmalemma (Abb. 83.3). Der Hauptanteil dieser Sekretion erfolgt über glatte Vesikel, die vermutlich über Elemente des Cytoskeletts transportiert werden.
Hinzu kommt aber auch noch eine Population von beschichteten Vesikeln; diese sind am Transport von Zellwand-synthetisierenden Enzymen aus dem Golgi-Apparat beteiligt (Abb. 83.4). Zu den Coat-Proteinen zählt β-COP, das mit den Adaptinen der Clathrin-Vesikel verwandt ist. An der Bindung von Coat-Proteinen an Golgi-Regionen sind trimere Co-Proteine beteiligt.

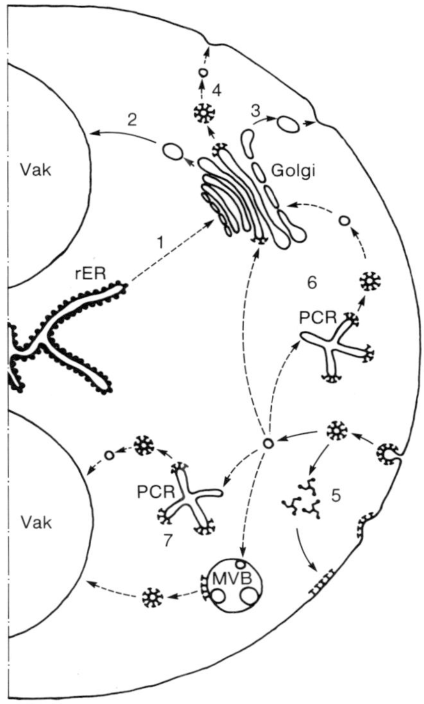

Abb. 83: Vesikeltransport und Membranfluß in der Pflanzenzelle (aus Coleman et al.[150]). Durchbrochene Pfeile: Vermutete Wege.
1) Fluß von Membranen und synthetisierten Makromolekülen aus dem rER zum Cis-Golgi; 2) Transport von Speicherprotein vom trans-Golgi zur Vakuole (Vak); 3) Exocytose von Material in großen, glatten Golgi-Vesikeln; 4) Exocytose von Material aus dem Golgi in gecoateten Vesikeln; 5) Endocytose, vermittelt durch Clathrin-gecoatete Tüpfel und Vesikel; 6) Transport von endocytosiertem Material direkt zum trans-Golgi über das glatte ER oder zum Golgi über das partiell gecoatete Reticulum (PCR); 7) Transport von endocytosiertem Material zur Vakuole über PCR oder multivesikuläre Körper (MVB).

Hieraus wird ein intensives Membran-Recycling deutlich. Bei Pollenschläuchen mit ihrem typischen Spitzenwachstum werden etwa 80% der mit der Spitze verschmelzenden Membranen wiederverwertet. Die Endocytose bietet die Möglichkeit, durch spezifische Entfernung von Plasmamembran-Komponenten wie Ionenpumpen- und -Kanälen oder Synthese- bzw. Abbau-Enzymen in der Wand Wachstum und Entwicklung zu steuern.

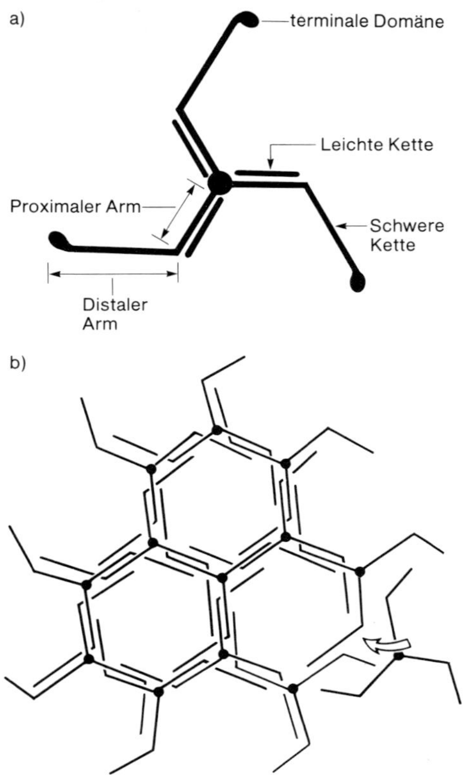

Abb. 84: Modell eines Clathrin-Triskelion (aus Coleman et al.[150]). a) Clathrin-Struktur, b) Packung der Triskelionen zu einem Clathrin-Käfig.

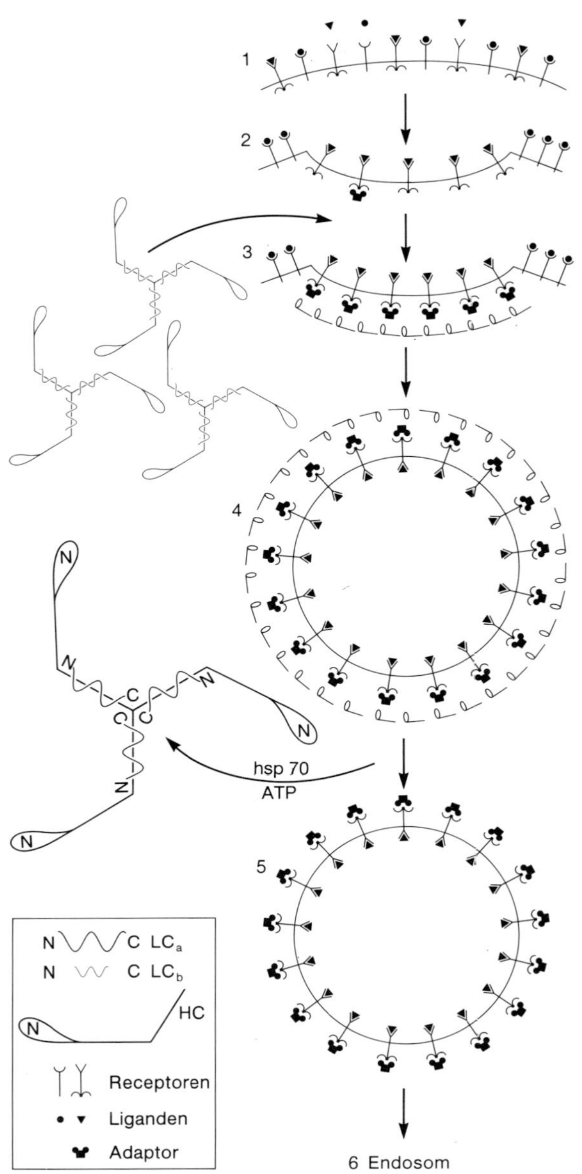

Abb. 85: Montage und Demontage von Clathrin während der Rezeptor-vermittelten Endocytose (aus Brodsky et al.[151]). Während der Rezeptor-vermittelten Endocytose binden Liganden an die Rezeptoren (1), die über Adaptoren (2) mit der Clathrinhülle interagieren. Clathrin stammt aus einem löslichen Triskelion-Pool im Cytoplasma und wird (3) zu einem Polyeder-Gitter zusammengebaut. Dabei gelangen (4) die Adaptor-assoziierten Rezeptoren in das beschichtete Vesikel. Die Entschichtung erfolgt vermutlich durch das cytosolische Hitzeschockprotein hsp 70 in einem ATP-abhängigen Prozeß. Das unbeschichtete Vesikel (5) verschmilzt schließlich in ein Endosom.

Inhibitoren

Brefeldin A (BFA) ist ein makrozyklisches Lacton (Abb. 86), das von verschiedenen Pilzen, u. a. *Penicillium brefeldianum,* aber auch Phytopathogenen wie *Alternaria carthami,* dem Erreger der Blattfleckenkrankheit (vgl. S. 364), aus Palmitat synthetisiert wird. Unter dem Einfluß des Toxins wird der Membranfluß aus dem ER und damit der Transport sekretorischer Proteine zum Golgi-Apparat gestoppt; außerdem kommt es i. a. zur Desintegration des Golgi-Apparats und zur Rückverteilung vieler Golgi-Enzyme auf das ER. Hierdurch wird die Exocytose unterbunden. Ein möglicher Angriffspunkt von BFA wird im Verlust von bestimmten Coatproteinen (β-COP) in Golgimembranen gesehen, die normalerweise Anheftungsstellen für die Mikrotubuli markieren. Damit werden in Gegenwart von BFA unbeschichtete Röhren aus den Membranen gezogen, die sich sonst zu Vesikeln abschnüren würden. Diese Röhren sind aber dennoch zur Fusion in der Lage. Somit kommt es in Gegenwart von BFA zur Fusion von Golgi-Cisternen sowie zu röhrenförmigen Kontakten mit dem ER. Abb. 87 zeigt ein Modell[152]. Hieraus erklärt sich die Rückverteilung von Golgi-Elementen in das ER.

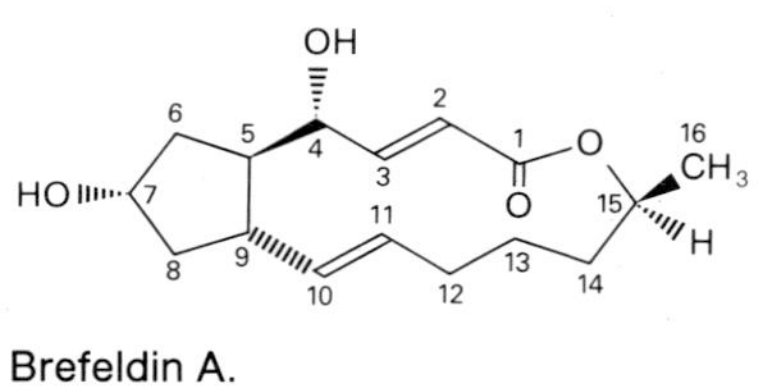

Abb. 86: Brefeldin A.

Mit Brefeldin A läßt sich auch der Transport eines Auxin-bindenden Proteins vom ER zum Golgiapparat unterbinden[153]. Dadurch wird die normale Verlagerung zur Plasmamembran und zur Zellwand unterbrochen, wo üblicherweise die primäre Auxinbindung erfolgt. Bei Ahorn-Suspensionskulturzellen werden in Gegenwart von BFA große Aggregate von Golgista-

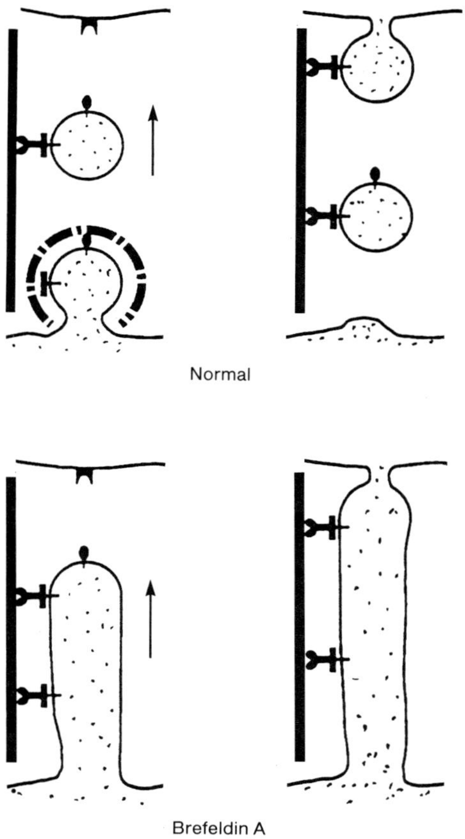

Abb. 87: Die Wirkung von Brefeldin (aus Pelham[152]).

peln in der Nähe des Zellkerns gebildet[154]. Der Hauptangriffspunkt ist die Transporthemmung zwischen trans-Golgizisternen und sekretorischen Vesikeln sowie dem nachfolgenden Schritt, der Verschmelzung mit der Plasmamembran. Stattdessen häufen sich dichte Vesikel mit großen Mengen an Xyloglucan an, einem Hauptbestandteil der Hemizellulose.

GTP-Analoga

Nichthydrolysierbare GTP-Analoga wie GTPγS hemmen den Intra-Golgi-Transport und die Abknospung von sekretorischen Vesikeln aus dem Trans-Golgi-Netzwerk (Zusammenfassung bei Burgoyne[183]). Dies deutet auf eine Beteiligung des trimeren G-Proteins, dessen α-Untereinheit durch GTPγS aktiviert wird. Hierdurch wird das Uncoating verhindert und damit der Membranfluß unterbunden. AlF_4 imitiert diese Wirkung, da es ebenfalls die α-Untereinheit aktiviert.
Neben den trimeren G-Proteinen sind auch die kleineren monomeren G-Proteine am Membranfluß beteiligt.
Monensin, ein Antibiotikum aus *Streptomyces cinnamonensi,* ist ein Na^+-Ionophor, das den Na^+/H^+-Austausch vermittelt (Abb. 88). Das offenkettige Molekül geht über eine zyklische Form eine Ionenkomplexierung ein, die durch Wasserstoffbrücken zwischen den Carboxyl- und Hydroxylgruppen stabilisiert wird. Die Alkylgruppen sind hier nach außen gerichtet und machen den Komplex dadurch fettlöslich, so daß ein Membrandurchtritt möglich wird. Das Antibiotikum wurde zunächst als Coccidiostaticum in der Geflügelaufzucht eingesetzt und erwies sich aber später bei der funktionellen Erfassung des Golgi-Apparates als wichtiges Hilfsmittel. Die Affinität zu K^+, dem nächsten Kompetitor, ist 10mal schwächer im Vergleich zu K^+. Eine Zusammenfassung findet sich bei Mollenhauer[155].

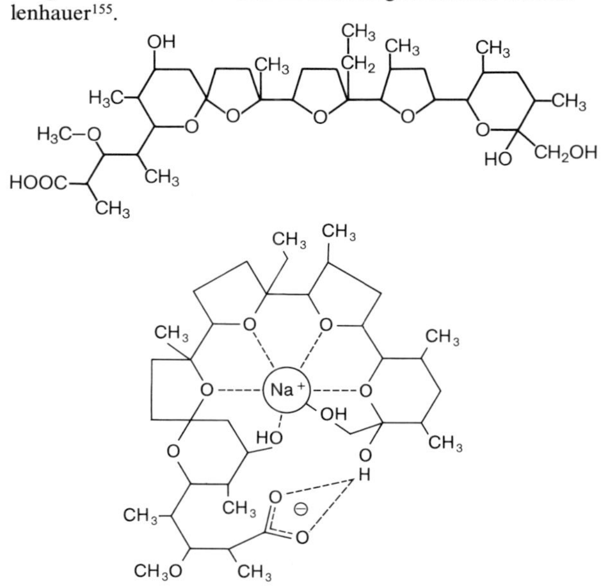

Abb. 88: Monensin als offene Kette (oben) und in der komplexierten Form[155] (unten).

Bereits in Konzentrationen von 10^{-5} mol · l^{-1} kommt es in Zellen der Mais-Wurzelspitze zu strukturellen Veränderungen und zur Zerstörung von Dictyosomen[156]. Bei *Euglena,* die über besonders große Zisternen mit einem deutlichen polaren Gradienten verfügt, sind bereits 5 Minuten nach der Zugabe des Antibiotikums deutliche Einflüsse auf die mittleren und distalen Zisternen (Schwellung nach Glutaraldehyd-Fixierung) zu erkennen, während die proximale Hälfte unverändert bleibt[157]. Eine extreme Schwellung wurde auch bei Thylakoiden von belichteten Caulonema-Zellen von *Funaria hygrometrica* beobachtet[158].
In Gegenwart von Monensin kommt es darüber hinaus zu einer Akkumulation von Lipiden im Golgi-Apparat und als Folge davon zu einer Abnahme des Lipid-Transports zur Plasmamembran. Hiervon sind insbesondere Phospholipide und langkettige Fettsäuren betroffen (> 18 C-Atome)[159].
Da Monensin Protonen gegen Na^+ austauscht, dürften sich die beobachteten Effekte auf einen osmotischen Mechanismus zurückführen lassen. Monensin-induzierte Schwellungen sollten demnach charakteristisch für Zellkompartimente mit aktiven Protonen-Pumpen sein, sofern für eine ausreichende Zufuhr monovalenter Kationen gesorgt ist; damit läßt sich ein eleganter cytologischer Nachweis für die Aktivität von Protonenpumpen führen[159].
Die Sekretion von Zellwandpolysacchariden der Zellwand-Matrix über den Golgi-Apparat kann durch KCN, Azid und andere Inhibitoren der Energiegewinnung blockiert werden[160]. Hierbei kommt es zur Vergrößerung der Golgi-Zisternen. Dies bedeutet, daß die Vesikelbildung energieabhängig ist.
Zhang et al.[161] beobachteten bei Ahorn-Suspensionskulturzellen in Gegenwart von Monensin eine Anhäufung von geschwollenen Vesikeln, die sich durch einen Knospungsvorgang vom Trans-Golgi-Netzwerk und von Trans-Golgi-Zisternen ableiten. Da es sich hierbei um stark saure Kompartimente handelt, ist es verständlich, daß der Monensin-vermittelte Austausch von Protonen gegen osmotisch wirksame Substanzen wie K^+ und Na^+ gerade dort zur Schwellung führt.

Mitochondrien

Hemmung der Atmung

Grundlagen: Die universale Energiegewährung der Zelle ist das ATP. In den Mitochondrien wird ATP bei der oxidativen Phosphorylierung bereitgestellt. Elektronen, die von NADH oder $FADH_2$ über eine Elektronentransportkette (Atmungskette in der inneren Mitochondrien-Membran) laufen, reduzieren zusammen mit H^+ den Sauerstoff zu Wasser. An diesen Elektronentransfer ist die ATP-Synthese gekoppelt. Eine Reihe von Antibiotika und Antibiotika-ähnlichen Substanzen steht zur Verfügung, um an verschiedenen Stellen die oxidative Phosphorylierung zu blockieren.

Hemmung der Elektronentransportkette

Die **Elektronentransportkette** der Mitochondrien besteht aus vier respiratorischen Komplexen, die selbst wiederum Mini-Elektronentransferketten darstellen, und zwei mobilen Carriern (Coenzym Q [=Ubichinon] und Cytochrom C), die zwischen den Komplexen vermitteln (Abb. 89). Die Komplexe I, III und IV fungieren darüber hinaus als Pronenpumpen.
Durch verschiedene Inhibitoren läßt sich die Elektronentransportkette an verschiedenen Stellen unterbrechen (Abb. 89). Hierdurch konnten wertvolle Hinweise über die Reihenfolge der Elektronenüberträger in der Atmungskette erhalten werden. Schließlich wurde mit Hilfe dieser Inhibitoren die Gesamtkette in einzelne Segmente zerlegt. Den Elektronentransport im Bereich zwischen NADH (aus der Substratoxidation in der Matrix) und Coenzym Q (Abb. 90) blockieren vier Hemmstoffe, die vermutlich zwischen den Eisen-Schwefel-Zentren von Komplex I und Coenzym Q eingreifen.
Beim **Rotenon** (Abb. 90) handelt es sich um ein äußerst giftiges, komplexes Isoflavonoid, das in den Fabaceen *Derris* und *Lonchocarpus* vorkommt und als Fischgift sowie Insektizid Verwendung fand. Eine vergleichbare Wirkung hat auch das Phytoalexin **Glyceollin** (vgl. S. 331). **Piericidin A** (Abb. 90), ein Antibiotikum aus *Streptomyces mobaraensis,* ist dem Coenzym Q sehr ähnlich; es wird von Mitochondrien sehr fest gebunden, vermutlich an derselben Stelle wie Coenzym Q. Ähnliche Effekte zeigt das Barbiturat **Amytal** (Abb. 90). Die genannten Hemmstoffe interferieren nicht mit der Succinat-Oxidation. Sie blockieren auch nicht die Cyanid-insensitive, NADH-gekoppelte Substratoxidation. Die Coenzym QH_2-Cytochrom C-Reductase wird durch **Antimycin A** (Abb. 90), ein Antibiotikum aus *Streptomyces griseus,* gehemmt. Die Grundstruktur enthält einen Dilactonring, der über eine Amidbrücke an 3-Formamidosalicylsäure geknüpft ist. Antimycin A bindet an ein niedermolekulares Protein im Komplex III und blockiert dadurch den Elektronenfluß zum Cytochrom C. Eine Reihe phytopathogener Pilze wie *Sclerotinia* und *Alternaria* sowie Hefen reagieren außerordentlich empfindlich auf das Antibiotikum.
Der letzte Schritt der Elektronentransportkette, die Reduktion des Sauerstoffs zu H_2O, welche durch die Cytochrom-Oxidase (Cytochrom aa_3) katalysiert wird, läßt sich durch **Cyanid, Azid, Kohlenmonoxid** oder **Schwefelwasserstoff** hemmen. Diese Verbindungen sind vor allem wegen ihrer extremen Humantoxizität bekannt.
Abb. 89 macht verständlich, warum bei vielen Pflanzen (z. B. *Arum maculatum*) zahlreiche Inhibitoren trotz ihrer Hemmung des Elektronentransports nicht die Sauerstoffaufnahme beeinträchtigen: hier wird der alternative Elektronentransport eingeschaltet.
Die **alternative Elektronentransportkette** findet sich bei allen Höheren Pflanzen; sie wird nicht durch Cyanid gehemmt. Sie zweigt von der Hauptkette im Bereich des Coenzym Q (Abb. 89) ab und endet vermutlich bei einer in der inneren Mitochondrienmembran lokalisierten alternativen Oxidase. Dieser Elektronenfluß ist durch substituierte **Hydroxamate** (z. B. Salicylhydroxamat, m-Clam), **Propylgallat** oder **Disulfiram** (Abb. 91) und freie Fettsäuren hemmbar – Verbindungen, die zugleich als Scavenger von freien Radikalen bekannt sind[162]. Als wesentlich wirksamerer Inhibitor hat sich das Ionophor Valinomycin (vgl. Abb. 33) z. B. bei Kartoffelknollen in der Gegenwart von K^+ erwiesen[163]. Salicylsäure steigert bei *Nicotiana tabacum* die cyanidresistente Atmung, ohne die Kapazität der Cytochrom-c-abhängigen Atmung zu beeinflussen[164].
Die Energie des Elektronenflusses kann beim alternativen Elektronentransport nicht für die ATP-Synthese genutzt werden; es wird statt dessen Wärme freigesetzt. Dieser Prozeß findet statt, wenn der übliche Cytochromweg durch Atmungsinhibitoren gehemmt oder durch einen Elektronenüberschuß gesättigt ist, wie dies in bestimmten Situationen eintritt, z. B.

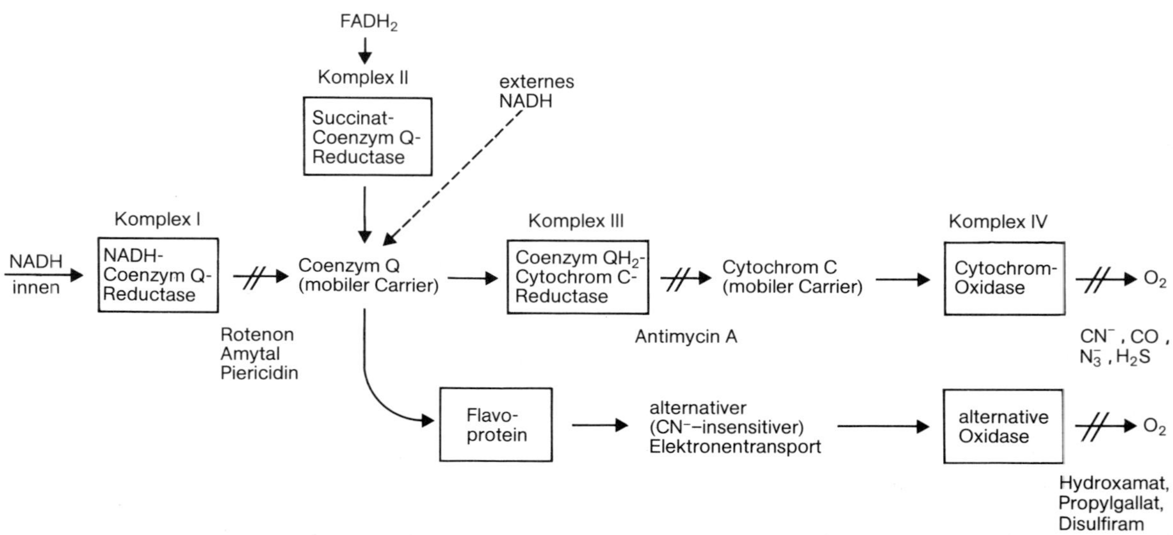

Abb. 89: Die Elektronentransportketten der pflanzlichen Atmung und die Angriffspunkte von Hemmstoffen.

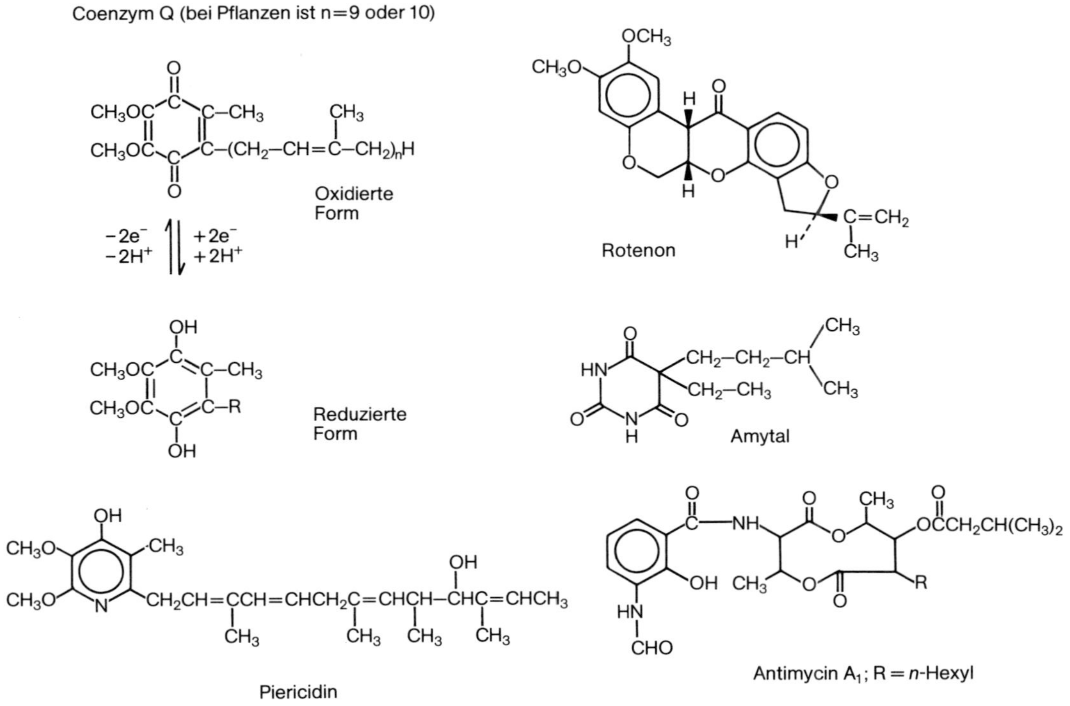

Abb. 90: Coenzym Q (Ubichinon) und verschiedene Inhibitoren der Elektronentransportkette von Mitochondrien.

bei der Samenkeimung, Wundheilung, Blüte sowie Kälteexposition, wo eine erhöhte Aktivität der alternativen Oxidase festzustellen ist.
Besonders gut ist dieser Prozeß bei sog. thermogenen Arten aus der Familie der Araceen (z. B. Aronstab *Arum maculatum*, Vodulilie *Sauromatum guttatum* und Stinkkohl *Symplocarpus foetidus*), wo die über den alternativen Weg erzeugte Wärme übelriechende Stoffe verflüchtigt und damit Insekten zur Bestäubung anlockt.
Inzwischen wurde die cyanidresistente alternative Oxidase von *A. maculatum* kloniert und in E. coli exprimiert, wo hierdurch eine Hämsynthese-Mutation unterdrückt wird[165]. Allerdings ist die Identität des Enzyms und seines Cofaktors (Fe, Cu, Flavoprotein?) noch unklar.

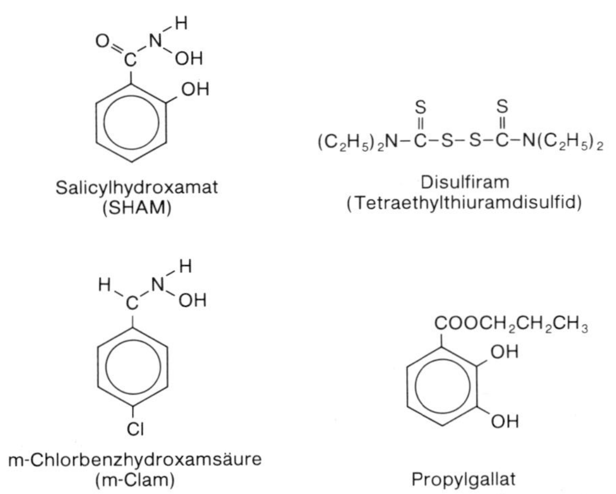

Abb. 91: Inhibitoren der alternativen (cyanidresistenten) Oxidase.

Hemmung der Protonentranslokation und ATP-Synthese

Die Kopplung der ATP-Synthese an den Elektronentransport der Atmungskette erfolgt nach der chemiosmotischen Theorie von P. Mitchell (1961)[166] über einen elektrochemischen Gradienten aus H^+-Ionen quer zur inneren Mitochondrienmembran. Die Komplexe I, III und IV der Elektronentransportkette dienen als H^+-Pumpen, die vektoriell so in die innere Membran eingebaut sind, daß sie H^+-Ionen aus der mitochondrialen Matrix durch die innere Membran hindurch nach außen transportieren und auf diese Weise quer zur Innenmembran einen H^+-Gradienten erzeugen. Dieser stellt die primäre Energiequelle für die ATP-Synthese dar.
Die innere Mitochondrienmembran ist für H^+-Ionen undurchlässig. Lediglich an definierten Stellen, die im Elektronenmikroskop als gestielte Köpfchen auf der Matrixseite der Innenmembran zu erkennen sind und als Protonenkanäle dienen, erfolgt der Protonenrückfluß. Hierbei handelt es sich um eine reversible, Protonen-translozierende ATPase, die als ATP-Synthase den elektrochemischen Gradienten der H^+-Ionen zur ATP-Synthese nutzt (oder umgekehrt als ATPase einen derartigen Gradienten aufbauen kann).
Genau genommen handelt es sich um eine sog. F-ATPase (= F_oF_1-ATPase), die eine auffallende Ähnlichkeit zur F-ATPase der Thylakoidmembran und der Eubakterien-Plasmamembran aufweist und sich deutlich von der P-ATPase des pflanzlichen Plasmalemmas und der V-ATPase des Tonoplasten unterscheidet. Dennoch existieren verwandtschaftliche Beziehungen zwischen F- und V-ATPasen (vgl. S. 253). Sequenzähnlichkeiten weisen auf einen gemeinsamen Ursprung aus einer Ahnen-V-ATPase hin; beide Enzyme sind nicht durch den klassischen P-ATPase-Hemmstoff Vanadat hemmbar.
Die Bezeichnung F-ATPase leitet sich von dem Begriff „Faktor" aus Kopplungsfaktor ab. Das Enzym besteht aus den zwei Hauptkomponenten F_1 und F_o, daher auch die Bezeichnung

F_1/F_o-ATPase (vgl. Abb. 92). Das Molekulargewicht der F-ATPase ist geringer als das der V-ATPase.
Die F_1-Untereinheit (= Kopplungsfaktor 1) mit den Komponenten α–ε ist im Elektronenmikroskop als gestieltes Köpfchen sichtbar; sie enthält ATPase-Aktivität, kann aber allein keine ATP-Synthese durchführen.

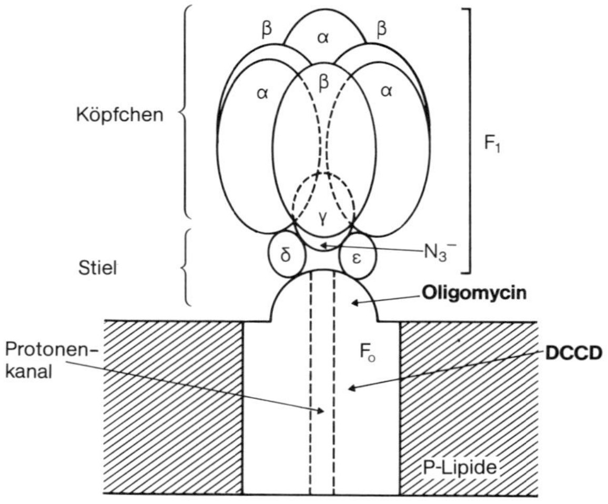

Abb. 92: Modell der F-ATPase (nach Kagawa et al.[167]).

Der Stiel der F_1-Untereinheit bindet an die F_o-Untereinheit und hat regulatorische Funktionen. Die hydrophobe F_o-Untereinheit (o für Oligomycin-Empfindlichkeit) enthält den Protonenkanal und ist in die inneren Mitochondrienmembran eingebettet. F_o besteht aus den Komponenten I–IV und enthält an der Oberfläche eine Oligomycin-Bindungsstelle sowie eine tiefer eingebettete Bindungsstelle für DCCD (s. u.).
Für die Hemmung der an den Elektronentransport gekoppelten ATP-Synthese stehen vier verschiedene Inhibitortypen zur Verfügung: 1) Hemmstoffe der F-ATPase, 2) Entkoppler, die eine Nutzung des elektrochemischen Gradienten für die ATP-Synthese verhindern und die Energie in Wärme überführen, 3) Transportantibiotika, welche die Aufnahme von Ionen erleichtern, 4) Translocase-Inhibitoren.

Inhibitoren der F-ATPase

Die F_1-Untereinheit wird durch eine Reihe von Faktoren moduliert.
Durch Ca^{2+}, Bicarbonat und besonders durch Sulfit erfolgt eine Aktivierung, durch Nitrat, Fluorid, Aluminium und Beryllium eine Hemmung. Die wirksamen Verbindungen sind Fluormetallkomplexe $ADP_1Mg_1Al_1F_4$ und $ADP_1Mg_1Be_1F_x(H_2O)_{4-x}$ (mit x = 1–3)[168]. Sie fungieren als Phosphatanaloga und bilden mit ADP abortive Komplexe in den aktiven Zentren von F_1. Interessanterweise wirken auch Calmodulin-Antagonisten wie Calmidazolium inhibierend, obwohl F_1 keine Calmodulin-Abhängigkeit zeigt[169]. Schließlich inaktivieren 2-Ethoxy-carbonyl-N-ethoxy-1,2,dihydrochinolin (EEDQ) und Nitrobenzofurazan (NbF) die F_1-Einheit. Das quecksilberhaltige Reagenz Thimerosal (Ethylquecksilberthiosalicylat) ist ebenfalls als F_1-Inhibitor bekannt. Azid (N_3^-) blockiert die γ-Untereinheit von F_1.
Die am häufigsten verwendeten Inhibitoren von F_o sind Oligomycine, Makrolid-Antibiotika aus *Streptomyces diastatochromogenes.* Der vielgliedrige Lactonring ist bei den einzelnen Typen verschieden substituiert. Besonders wirksam ist Oligomycin B (Abb. 93).

Die Hemmwirkung beruht auf der Bindung an ein Oligomycin-sensitives Lipoprotein im F_o-Bereich der membrangebundenen ATPase (Abb. 92). Das Antibiotikum beeinträchtigt mit Ausnahme der Chloroplasten-F-ATPase (S. 278) keine anderen zellulären ATPasen. Ähnliche Wirkungen zeigen die Antibiotika Rutamycin und Venturicidin.
Auch die synthetische hydrophobe Verbindung DCCD (NN'-Dicyclohexylcarbodiimid, s. Tab. 4, S. 243), ein Inhibitor zahlreicher Protonen-translocierender Enzyme, geht mit der Carboxylgruppe eines Asparaginsäurerests von einem Proteolipid im F_o-Bereich eine kovalente Bindung ein und schaltet damit die Protonenkanalfunktion aus. Hierfür genügt bereits ein Molekül pro F_o. Ebenso wird aber auch die β-Untereinheit von F_1 sowie die Chloroplasten-ATP-Synthase durch DCCD (vgl. S. 278) blockiert. Darüber hinaus unterbindet DCCD die an den Elektronentransport gekoppelte Transmembran-Protonentranslokation, die zum Aufbau des H^+-Gradienten führt, sowie die Untereinheit IV der Cytochromoxidase.
Vanadat, ein Inhibitor der H^+-ATPasen des Plasmalemmas sowie der löslichen Phosphatasen, beeinträchtigt weder die mitochondriale noch die chloroplasteneigene ATPase.

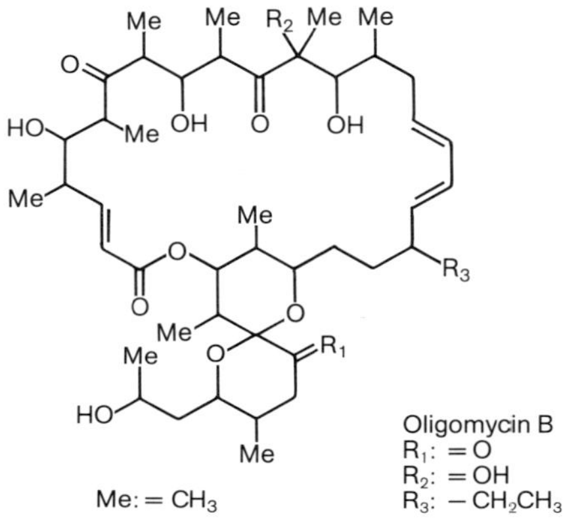

Abb. 93: Oligomycin.

Die organische Bleiverbindung Triethylblei hat sich als potenter Inhibitor der F-ATPase erwiesen, sogar stärker noch als Oligomycin. Eine Umweltrelevanz ist jedoch zu bezweifeln, da die in Regenwasser und Wolken gemessenen Konzentrationen nicht für eine Hemmung ausreichen[170], und eine Akkumulation unwahrscheinlich ist.

Entkoppler

Die elektrochemische Potentialdifferenz zwischen Außen- und Innenraum der Mitochondrien treibt den H^+-Transport durch die F-ATPase. Eine Zerstörung des H^+-Gradienten schaltet somit die ATP-Synthese aus, ohne damit den Elektronentransport und die O_2-Aufnahme zu behindern. Hierfür stehen unterschiedliche Entkoppler zur Verfügung.
Da bei den Mitochondrien an der elektrochemischen Potentialdifferenz $\Delta\mu_H$, die elektrische Potentialdifferenz $\Delta\varphi$ den größten Anteil hat (bei Chloroplasten dagegen der pH-Gradient ΔpH), genügt bereits der Zusammenbruch von $\Delta\varphi$ für eine Entkopplung. Dies läßt sich leicht durch Ionophore wie z. B. Valinomycin (in Gegenwart von K^+) erreichen (vgl. S. 236). Hierbei kollabiert wegen der K^+-Aufnahme das Membranpotential.
Dagegen haben permeable Ionen und elektrogene Ionophoren, die zum Kollaps des pH-Gradienten führen, bei Mitochondrien eine geringere Wirkung.

Bei den sog. Protonophoren, z. B. substituierte Phenole wie 2,4-Dinitrophenol (DNP), CCCP oder FCCP (Abb. 94), handelt es sich um lipophile schwache Säuren, welche die Protonenpermeabilität von Membranen erhöhen, indem sie in einem Shuttle-Mechanismus Protonen zwischen den Membranoberflächen hin- und herbewegen. In Gegenwart von Protonophoren wird auch die Licht-induzierte H^+-Aufnahme in das Thylakoidlumen der Chloroplasten verringert, und es kommt sogar zur H^+-Freisetzung.

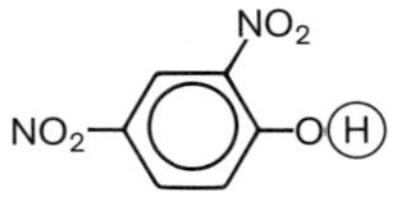

2,4-Dinitrophenol (DNP)

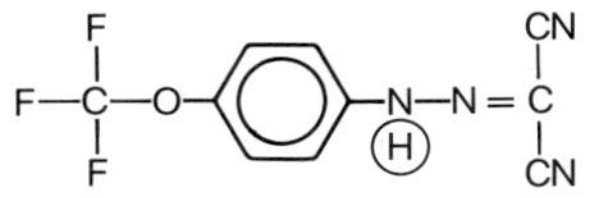

Carbonylcyanid-*p*-trifluor-methoxyphenylhydrazon (FCCP)

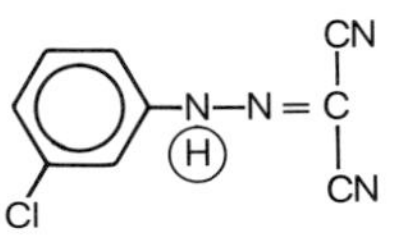

Carbonylcyanid-m-chlorphenylhydrazon (CCCP)

Abb. 94: Protonophoren. Die dissoziierbaren H-Atome sind eingekreist.

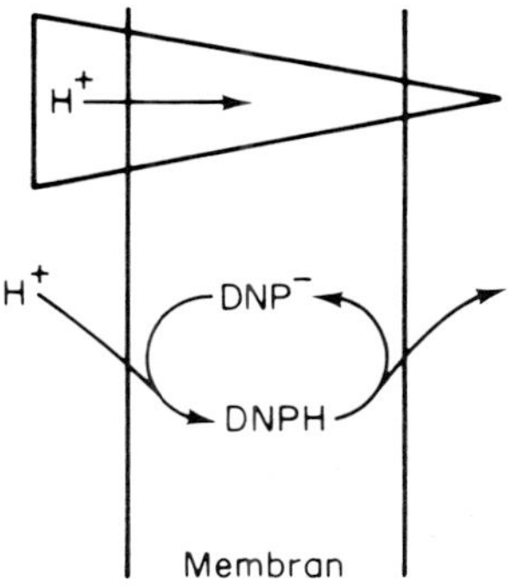

Abb. 95: Dinitrophenol als Protonophor (nach Gale et al.[12]).

Die Wirkungsweise wird am Beispiel des DNP deutlich (Abb. 95). Nach Mitchell liegt es als schwache lipophile Säure vor. Es dissoziiert zu einer Anionenbase und bleibt auch ohne einen ladungsneutralisierenden Partner relativ löslich. Somit kann DNP in der hydrophoben Domäne der mitochondrialen Innenmembran als Protonophor wirken.

Von den bisher genannten Entkopplern unterscheiden sich diejenigen Verbindungen, die durch eine Zerstörung der Membranstruktur (vgl. S. 166) den Kollaps von $\Delta\mu_{H^+}$ bewirken. Hierzu zählen z. B. verschiedene lipophile Verbindungen wie nicht-ionische Detergenzien, freie Fettsäuren (z. B. Oleat, Palmitat; Bedeutung für die Thermoregulation!) und Narkotica (z. B. Chloroform, Halothan). Man bezeichnet sie auch als Dekoppler[171].

Mit der Charakterisierung einer Reihe von Membrankanälen werden in Zukunft auch eine Vielzahl weiterer Inhibitoren zur Verfügung stehen, um mitochondriale Funktionen zu blockieren. Ähnliches gilt auch für Chloroplasten.

Translocaseinhibitoren

ATP und ADP können nicht frei durch die innere Mitochondrienmembran diffundieren, vielmehr wird der Transport von einer ATP-ADP-Translocase besorgt, einem spezifischen Carrier der Innenmembran, der nach dem Antiporter-Prinzip den ADP-Einstrom in die Matrix mit einem ATP-Ausstrom koppelt. Als treibende Kraft dient der bereits erwähnte Protonengradient.

Atractylosid (Abb. 96), ein Glycosid aus der Distel *Atractylis gummifera,* wirkt als kompetitiver Inhibitor der Translocase.

Bongkrekinsäure, ein Antibiotikum aus *Pseudomonas cocovenans,* wird auf infizierten Kokosnußprodukten (indonesisch: Bongkrek) produziert; es hemmt die Translocation nicht-kompetitv. Schaltet man die oxidative Phosphorylierung durch Inhibitoren der Atmungskette (z. B. CN- oder Antimycin) aus und blockiert gleichzeitig die ATP-Translocase, so verarmen die Mitochondrien an ATP. Die Hemmung der Atmungskette allein reicht hierfür nicht aus, denn die Translocase würde das im Cytosol gebildete ATP (Substratketten-Phosphorylierung) in die Mitochondrienmatrix zurückführen (Abb. 97). Mit diesem Ansatz zeigten Schatz und Mitarbeiter[172] am Beispiel von Hefemitochondrien, daß bei ATP-Mangel in Mitochondrien cytoplasmatische Precursor-Proteine für die Mitochondrien zwar noch synthetisiert, der Organellenimport und die damit einhergehende Verkürzung auf die authentische Größe jedoch gehemmt werden. In derselben Arbeitsgruppe[173] wurde am Beispiel von Cytochrom b_2 nachgewiesen, daß nicht nur der mitochondriale ATPase-Inhibitor Oligomycin, sondern auch Valinomycin/K^+, das zum Zusammenbrechen des Membranpotentials führt, vollständig den Mitochondrien-Import ausschaltet. Werden jedoch Mitochondrien in Gegenwart von Oligomycin mit einem Atmungssubstrat (z. B. Succinat) energetisiert, so hemmt das Antibiotikum den Import nicht – ein klarer Hinweis auf die entscheidende Rolle des elektrochemischen Gradienten und nicht des ATP selbst für den vektoriellen Transport.

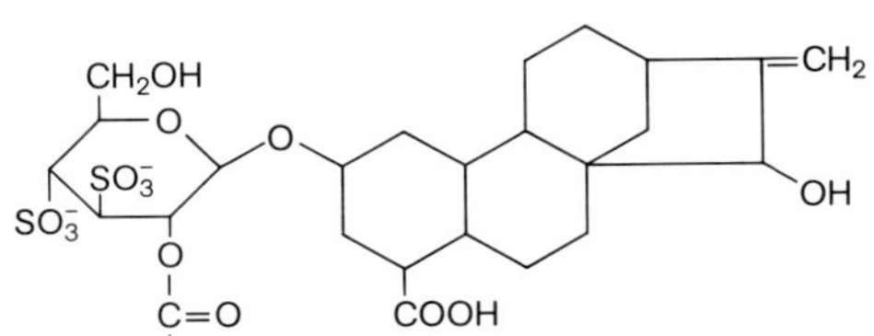

Atractylosid

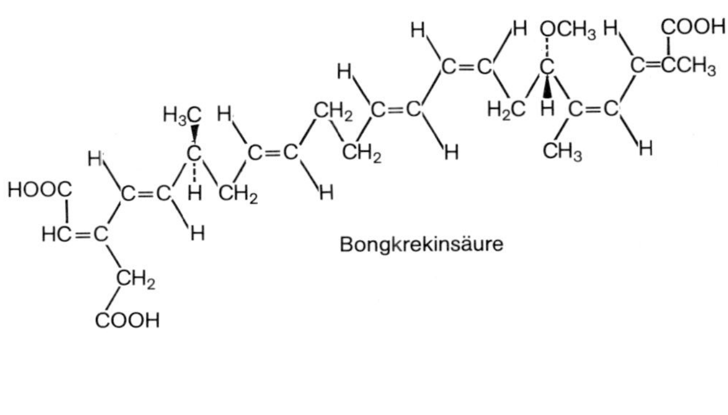

Bongkrekinsäure

Abb. 96: Translocaseinhibitoren.

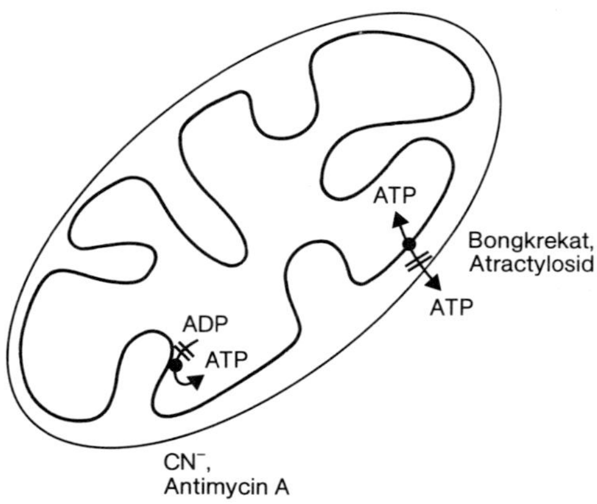

Abb. 97: Verarmung der Mitochondrien an ATP durch spezifische Hemmung der beiden Hauptwege für die ATP-Versorgung: KCN oder Antimycin A blockieren die oxidative Phosphorylierung, Bongkrekinsäure oder Atractylosid verhindern den Nachschub von ATP (aus der Glycolyse) vom Cytoplasma durch die ATP/ADP-Translocase (aus Schatz et al.[172]).

Chloroplasten

Hemmung der Photosynthese

Für die Photosynthesehemmung gibt es eine Vielzahl von Inhibitoren. Der überwiegende Anteil findet sich unter den Herbiziden, z. B. den Elektronentransportinhibitoren, Pigmentsynthesehemmern sowie einer Reihe von bakteriellen und pilzlichen Phytotoxinen, und wird an entsprechender Stelle (vgl. S. 155 ff. und 353 ff.) abgehandelt. Interessanterweise steht zur Hemmung der Photosynthese eine geringere Anzahl von Antibiotika zur Verfügung als zur Hemmung der Atmung. Hierbei dürfte es sich weniger um ein prinzipielles Problem handeln als um die Tatsache, daß sich die Suche nach Antibiotika bisher auf solche Verbindungen konzentrierte, die nicht-photosynthetische Organismen (z. B. Pilze und die meisten Bakterien) beeinträchtigen.

Hemmung der Chloroplasten-F-ATPase

Der Mechanismus der Photophosporylierung verläuft im Prinzip ähnlich wie die oxidative Phosphorylierung: Auch hier wird die ATP-Synthese durch einen elektrochemischen Gradienten von Protonen über die Thylakoidmembran energetisiert. Wesentliche Unterschiede zur mitochondrialen ATP-Synthese bestehen darin, daß der photosynthetische Elektronentransport durch Licht getrieben wird und daß hierbei Protonen von außen in das Lumen der Thylakoide gepumpt werden. Die ATP-Synthese ist hier an den Ausstrom der Protonen durch eine membrangebundene ATP-Synthase gekoppelt.
Ähnlich wie die Mitochondrien verfügen auch die Chloroplasten über eine F-ATPase (= F_oF_1-ATPase) mit einem integralen F_o-Teil, der in das Stroma ragt (Abb. 98). Eine fein abgestimmte Regulation sorgt dafür, daß im Dunkeln, wenn der Protonengradient flach ist, die Aktivität abgeschaltet wird, um die Rückreaktion (Hydrolyse von ATP) zu vermeiden.
Im Gegensatz zur mitochondrialen ATP-Synthase ist die Aktivität des entsprechenden Chloroplastenenzyms latent und bedarf der Aktivierung, z. B. durch Protease, die eine Ca^{2+}-abhängige ATP-Synthase-Aktivität produziert, oder durch Licht in Gegenwart von Sulfhydryl-Reagenzien, das eine Mg^{2+}-abhängige Aktivität auslöst. Es überrascht daher nicht, daß sich die Chloroplasten-ATP-Synthase anders als das entsprechende mitochondriale Enzym verhält. Während man lange glaubte, daß die Chloroplasten-ATP-Synthase gegenüber Oligomycin insensitiv sei, fanden Bouthyette und Jagendorf[174], daß nach Aktivierung eine Oligomycin-Hemmung erfolgt, die allerdings in komplexer Weise noch von anderen Faktoren (Jahreszeit, relative Luftfeuchtigkeit etc.) abhängt.
Ähnlich wie bei der mitochondrialen F-ATPase hemmt Azid die F_1-Einheit. Das Pilz-Antibioticum Venturicidin, das auch die mitochondriale ATPase hemmt, blockiert bei der Chloroplasten-ATPase sehr spezifisch den Protonenfluß durch CF_o[175], ähnlich wie DCCD, Triphenyltin und Tributyltin. Phlorizin und Dio-9 dagegen beeinträchtigen CF_1.

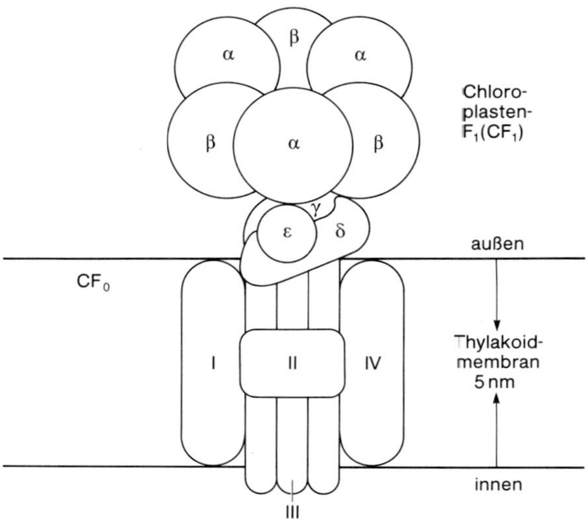

Abb. 98: Modell der Chloroplasten-F-ATPase (aus Bickel-Sandkötter[70]).

Tentoxin, ein zyklisches Tetrapeptid (Cyclo[N-methyl-L-alanyl-L-leucyl-N-methyl-transdehydrophenylalanylglycyl]) aus dem Pilz *Alternaria tenuis* induziert durch Störung der Plastidenentwicklung Chlorosen[176]. Obwohl das Toxin durch Bindung an den CF_1-Faktor die Chloroplasten-ATPase nicht-kompetitiv hemmt, dürfte die Hauptwirkung über eine verminderte Chlorophyllakkumulation durch Photobleichung (vgl. S. 359) erfolgen.

Entkoppler

Da bei den Chloroplasten und den Mitochondrien die ATP-Synthese in beiden Fällen auf einem chemiosmotischen Mechanismus beruhen, überrascht es nicht weiter, daß alle Stoffe, die das elektrochemische Potential über die Thylakoidmembran hinweg vermindern, die ATP-Synthese hemmen. In vielen Fällen ist die Entkopplerwirkung ähnlich. Gewisse Unterschiede beruhen darauf, daß bei Chloroplasten der Hauptanteil der elektrochemischen Potentialdifferenz $\Delta\mu_{H^+}$ vom pH-Gradienten (ΔpH) bestimmt wird. Daher haben permeable Ionen und elektrogene Inophoren im Gegensatz zu den Mitochondrien einen relativ geringen Einfluß auf die Photophosphorylierung.
Dagegen sind Stoffe, die den pH-Gradienten ausschalten, bei Chloroplasten starke Entkoppler. Hierzu zählt Nigericin (S. 237), das einen elektroneutralen Austausch von K^+ gegen H^+ katalysiert und damit den ΔpH verringert.

Die Entkopplung durch NH_4^+, vor allem bei hohen Konzentrationen, basiert dagegen eher auf Membranbrüchen, die auf eine exzessive Schwellung zurückzuführen sind. Eine Störung der Thylakoidstruktur dürfte auch die Basis für die Hemmung des transthylakoidalen $\Delta\mu_{H^+}$ durch das Lokalanaestheticum Dibucain sein[177]. NH_3 hemmt die O_2-Produktion durch Bindung an den O_2-bildenden Komplex auf der oxidierenden Seite von PS II.
Da wahrscheinlich Ca^{2+}-Ionen und ein Calmodulin-ähnliches Protein in Chloroplasten den Elektronentransport und Ca^{2+} die Photophosphorylierung regulieren[178], können Calmodulin-Antagonisten wie Phenothiazine und Pimozid oder Ca^{2+}-Chelatoren den Elektronentransport sowie die Bildung von Protonengradienten im Zusammenhang mit der nicht-zyklischen und zyklischen Phosphorylierung hemmen. Calcium-Antagonisten wie $LaCl_3$, behindern dagegen nur den Elektronentransport.

Hemmung der Zellwandsynthese

Die Zellwand verleiht der Pflanzenzelle Schutz und mechanische Festigkeit. Sie verhindert ein Platzen des Protoplasten beim Aufenthalt in hypotonischen Lösungen, und sie ermöglicht dennoch in frühen Entwicklungsstadien ein Wachstum. Bei eukaryotischen Zellen sind am Aufbau zwei Hauptkomponenten beteiligt: Fibrilläre Elemente, deren Anordnung die Zellform bestimmt, und eine amorphe Matrix (vgl. S. 10, 315). Dieses Konstruktionsprinzip läßt sich am besten mit dem Aufbau von Stahlbeton oder glasfaserverstärkten Kunstharzplatten vergleichen.
Der Eingriff in die Zellwandsynthese führt unweigerlich zum Vitalitätsverlust der Zelle. Gerade bei Pilzen ist wegen der Besonderheiten des Zellwandaufbaus in vielen Fällen eine selektive Schädigung möglich. Hier sind an der Zusammensetzung der fibrillären Komponenten hauptsächlich Chitin, β-Glucane und Zellulose beteiligt; die Matrix setzt sich aus amorphen Polysacchariden und Protein-Polysaccharid-Komplexen zusammen. Zwischen den einzelnen Pilzgruppen bestehen zum Teil erhebliche quantitative und qualitative Unterschiede. Chitin z. B. tritt bei Hefen nur im Septum auf, das Mutter- von Tochterzelle trennt; dafür stehen Mananne im Vordergrund. Bei Oomyceten wird Chitin durch Cellulose ersetzt.
Polyoxin D, ein Nukleosid-Antibiotikum aus *Streptomyces cacoi,* hemmt kompetitiv die Chitin-Synthetase. Die Struktur zeigt eine gewisse Ähnlichkeit zum Substrat UDP-N-Acetylglucosamin (Abb. 99).

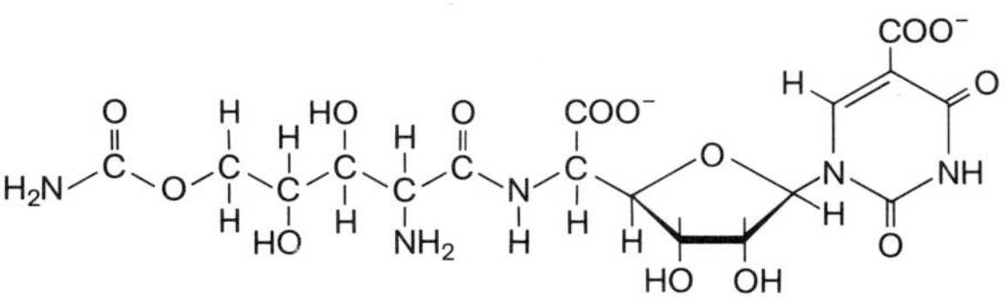

Polyoxin D

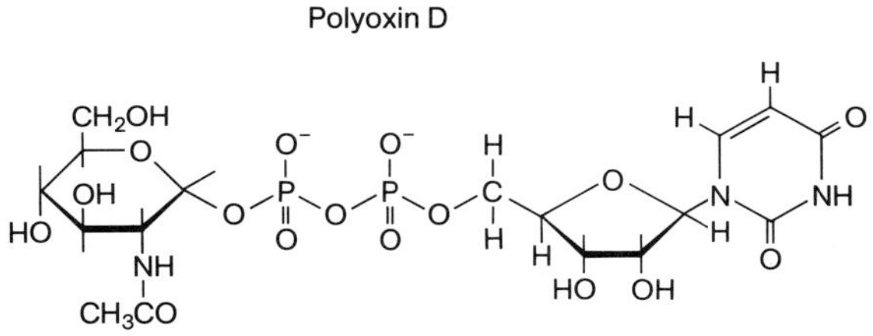

UDP-*N*-Acetylglucosamin

Abb. 99: Polyoxin und UDP-*N*-Acetylglucosamin.

Das verhältnismäßig enge Wirkungsspektrum hängt wahrscheinlich mit Penetrationsschwierigkeiten zusammen.
Erwartungsgemäß werden durch Polyoxin D diejenigen Regionen geschädigt, in denen eine aktive Chitinsynthese stattfindet, z. B. an Hyphenspitzen oder Stellen der Knospenbildung bei Hefen. Hierbei geht die Festigkeit der Zellwand verloren, Hyphenspitzen schwellen und platzen, bei Hefezellen tritt Plasma an der Vereinigung zwischen Mutter- und Tochterzelle aus.
In Japan wurden Polyoxine zur Bekämpfung der Schwarzfleckenkrankheit von Birnen eingesetzt. Gegen humanpathogene Erreger zeigt sich jedoch kaum eine Wirkung.
Auch **Griseofulvin** (aus *Penicillium griseofulvum*), das den Aufbau chitinhaltiger Zellwände stört und dabei charakteristische Kräuselungen und Wandverdickungen der Hyphen hervorruft (s. a. Abb. 101), greift wahrscheinlich in die Chitinsynthese ein. Gleichzeitig erfolgt aber auch ein Angriff auf die Kernteilung (vgl. S. 263).
Tunicamycin, das durch Hemmung der N-Glykosylierung (S. 269) zwangsläufig auch die Mannansynthese ausschaltet, blockiert den Aufbau mannanhaltiger Zellwände, wie sie z. B. für Hefen charakteristisch sind.
Cumarin ist ein sekundärer Pflanzenstoff, der in frischen Pflanzengeweben in gebundener Form (Trans-O-Glucosylzimtsäure) vorkommt und erst bei Zellverletzung auf enzymatischem Weg zur Lactonverbindung umgewandelt wird.

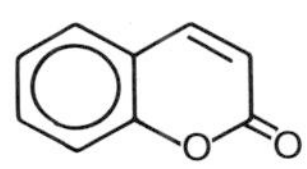

Abb. 100: Cumarin.

Cumarin (Abb. 100) ist eine flüchtige Verbindung, die von der Blattoberfläche freigesetzt wird und z. B. den Geruch von frischem Heu bestimmt. Die Verbindung hemmt bei mehreren Pflanzenarten die Zellulose-Synthese. Wahrscheinlich läuft der Aufbau der primären und sekundären Zellwand über einen gemeinsamen, Cumarin-sensitiven Schritt. Allerdings interferieren Cumarin und seine Derivate mit zahlreichen anderen Stoffwechsel- und Entwicklungsprozessen (Brown 1981)[179], so daß eine Verwendung als spezifischer Inhibitor der Zellulose-Synthese nur begrenzt möglich ist.

Antibiotika im Pflanzenschutz

Bereits in den zwanziger Jahren dieses Jahrhunderts wurde die hemmende Wirkung verschiedener saprophytischer Mikroorganismen auf Pflanzenpathogene erkannt, z. B. die Wachstumshemmung von *Sclerotinia fructicola* oder *Botrytis* spec. durch die antagonistische Aktivität von *Penicillium expansum* oder *Cladosporium* spec. sowie die Verminderung der parasitischen Aktivität von *Rhizoctonia solani* und *Phytophthora parasitica* an Citruskeimlingen durch *Trichoderma lignorum.* Untersuchungen über den hemmenden Effekt von *Trichoderma viride* auf *Rhizoctonia solani* führten 1936 zur Identifikation der antibiotisch wirksamen Substanz **Gliotoxin,** einem Indolderiviat.
Die intensive Erprobung der Antibiotika im Bereich der Humanmedizin warf frühzeitig die Frage nach einer vergleichbaren Verwendung im Pflanzenschutz auf und löste umfangreiche Screening-Programme nach solchen Verbindungen aus, die sich gegen phytopathogene Pilze, Bakterien oder Viren einsetzen ließen. Im Gegensatz zu den ersten Pflanzenschutzmitteln auf Schwefel-, Kupfer- und Quecksilberbasis erwartete man von den Antibiotika auf Grund ihrer Aufnahme in die

Pflanze eine systemische Wirkung, vergleichbar mit den Chemotherapeutika der Humanmedizin, sowie eine höhere Selektivität in der Schadwirkung gegenüber dem Pathogen und gute Verträglichkeit bei der Höheren Pflanze. Mit weiteren Vorteilen, etwa der Verminderung der applizierten Mengen, konnte gerechnet werden. Als Anwendungsmöglichkeiten kamen Bodenbehandlung, Saatgutbehandlung und Blattspritzungen in Frage. Neben der prophylaktischen bzw. kurativen Wirkung bei pflanzlichen Erkrankungen war auch ein stimulierender Einfluß auf das Pflanzenwachstum zu beobachten, der an die Antibiotikaeffekte bei der Tierfütterung erinnert. Die Ausschaltung der Schadorganismen dürfte beim Mechanismus der Wachstumssteigerung nur eine untergeordnete Rolle spielen.

Die Erprobung von Antibiotika als potentielle Pflanzenschutzmittel geht bis in die Jahre um 1940 zurück. Sie wurde in Ländern wie Japan, den USA, aber auch in Deutschland vorgenommen. Eine ausführliche Zusammenstellung der verwendeten Verbindungen samt ihrer Wirkungen findet sich bei Brandl (1965)[180]. Von besonderer Bedeutung war dabei **Streptomycin,** das zum Teil in Kombination mit anderen Antibiotika (z. B. **Tetracycline**) eingesetzt wurde und sich gegen phytopathogene Bakterien erfolgreich verwenden ließ. Hierzu gehören *Agrobacterium,* der Erreger des Stammkrebses von Obstbäumen, verschiedenen *Erwinia*-Arten wie *E. amylovora* (der Feuerbrand an Obstgehölzen), mehrere *Pseudomonas*-Arten, z. B. *P. tabaci,* das bei Tabak eine als Wildfeuer bezeichnete Blattfleckenkrankheit hervorruft, sowie verschiedene *Xanthomonas*-Arten wie *X. citri,* das bei Citrusfrüchten Krebs erzeugt. Aber auch Pilze wie *Peronospora tabacina* oder *Venturia inaequalis* sprachen auf Streptomycin an. Selbst **Cycloheximid** (= Actidion) gehörte trotz seiner erheblichen Phytotoxizität zu den intensiv erprobten Pflanzenschutzmitteln, da es sich bereits in geringen Dosen (1–10 ppm) gegen viele Pilze wirksam zeigte, z. B. gegen Mehltau- und Rostpilze.

Schließlich sei noch **Griseofulvin**[181] erwähnt, mit dem wegen seiner systemischen Wirkung auf die meisten Pilzgruppen (mit Ausnahme der Oomyceten und gewisser Hefen) beachtliche Erfolge bei der Bekämpfung phytopathogener Pilze erzielt wurden. Die typischen Symptome, die auf Störungen der Pilzzellwandbildung beruhen und sich in Verdrehungen, Verzweigungen und Anschwellungen der Hyphen äußern (Abb. 101), waren für den ursprünglichen Namen **Kräuselfak-**

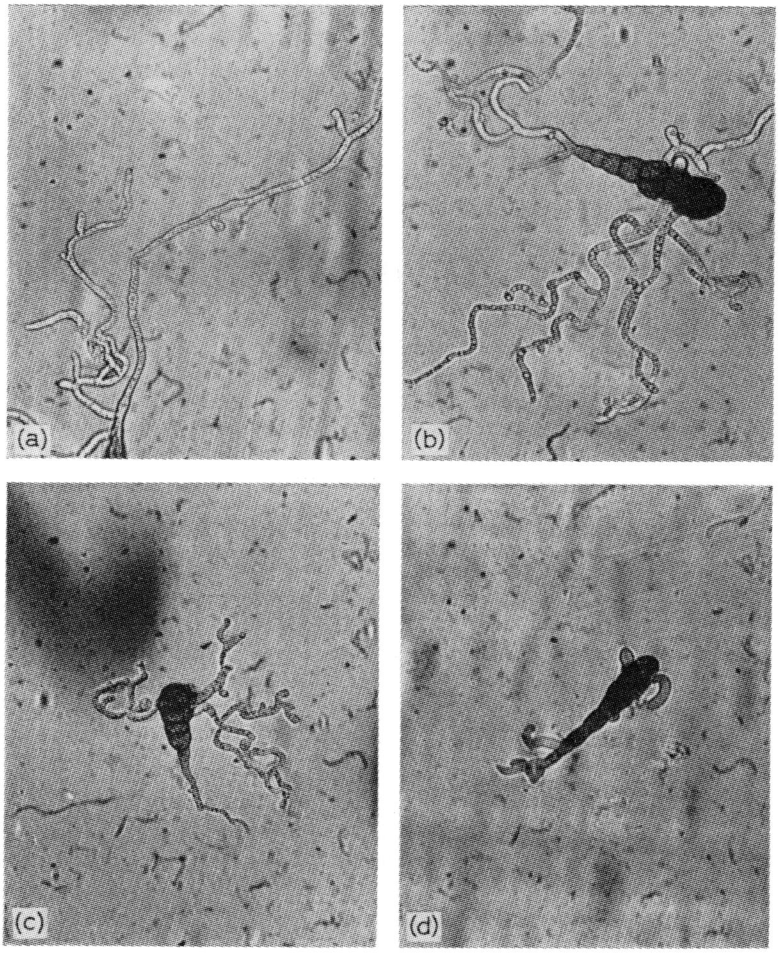

Abb. 101: Wirkung von Griseofulvin auf die Sporenkeimung von *Alternaria solani* (aus Rhodes[181]).
a) Kontrolle ohne Griseofulvin,
b) 0,6 µg/ml Griseofulvin: Gekrümmte Hyphen,
c) 1,25 µg/ml Griseofulvin: Wachstumshemmung, gekrümmte Hyphen und überzählige Verzweigungen,
d) 2,5 µg/ml Griseofulvin: Völlige Störung des Hyphenwachstums.

tor (curling factor) ausschlaggebend. 1957 kam in den USA teilgereinigtes Griseofulvin zur Verwendung im Gartenbau auf den Markt. Die großtechnische Herstellung in Fermentern ab 1960 führte zum weltweiten Einsatz. In England war Griseofulvin das erste, für den Gartenbau freigegebene Antibiotikum. Von den zahlreichen Anwendungsmöglichkeiten seien die erfolgreiche Bekämpfung von *Alternaria, Botrytis, Colletotrichum, Mycosphaerella, Sclerotina* und *Sphaerotheca* erwähnt.
Der Überblick über die primären Wirkungsmechanismen der Antibiotika zeigt, daß mit der ursprünglich erhofften Nicht-Toxizität dieser Verbindungen gegenüber anderen Organismen kaum zu rechnen ist. Dazu kommt noch die Gefahr der Selektion resistenter pathogener Keime. Besondere Bedenken sind bei der Applikation von teilgereinigten und somit preiswerten Präparaten am Platz, mit denen weitere, möglicherweise schädliche Verbindungen ausgebracht werden. In Deutschland wurden daher Antibiotika als Pflanzenschutzmittel nicht zugelassen.
Im europäischen Raum wird in den Niederlanden Streptomycin als Pflanzenbehandlungsmittel vertrieben. Im außereuropäischen Raum sind vor allem in Japan für entsprechende Zwecke Antibiotika im Handel, z. B. Actidion, Chloramphenicol, Griseofulvin und Streptomycin.
Im Bereich der Organ- und Gewebekulturtechnik spielen dagegen die Antibiotika noch eine wichtige Rolle. Als Ausgangsmaterial für solche Kulturen stehen oft keine sterilen Pflanzen zur Verfügung, und Oberflächensterilisationen in Kombination mit geeigneten aseptischen Techniken erweisen sich nicht immer als ausreichend zur Kontrolle von Bakterien und Pilzen. Hier können mit großem Nutzen Antibiotika eingesetzt werden.

Literatur

[1] Waksman, S. A. (1945): Microbial antagonisms and antibiotic substances. The Commonwealth-Fund, New York.

[2] Zähner, H. (1965): Biologie der Antibiotika. Springer-Verlag, Berlin, Heidelberg, New York.

[3] Walk, R.-A., Hock, B. (1977): Planta **134,** 277.

[4] Hammond, S. M., Lambert, P. A. (1981): Antibiotics and antimicrobal action. E. Arnold, London.

[5] Yoshida, T. et al. (1966): Arch. Biochem. Biophys. **114**, 252.

[6] Dhar, M. M., Khan, A. W. (1971): Nature **233**, 182.

[7] Pschorn, W. et al. (1982): Eur. J. Biochem. **129**, 403.

[8] Molisch, H. (1937): Der Einfluß einer Pflanze auf die andere – Allelopathie. Fischer Verlag, Jena.

[9] Sobell, H. M., Jain, S. C. (1972): J. Mol. Biol. **68**, 21.

[10] Yu, F.-L. (1983): FEBS Lett. **156**, 83.

[11] Cooper, H. L., Braverman, R. (1977): Nature **269**, 527.

[12] Gale, E. F., Cundliffe, E., Reynolds, P. E., Richmond, M. H., Waring, M. J. (1981): The molecular basis of antibiotic action. 2nd ed., John Wiley & Sons, London, New York, Sidney, Toronto.

[13] Hahlbrock, K., Ragg, H. (1975): Arch. Biochem. Biophys. **166**, 41.

[14] Schröder, J. et al. (1976): Eur. J. Biochem. **67**, 527.

[15] Lange, H., Mohr, H. (1965): Planta **67**, 107.

[16] Amrhein, N. et al. (1983): Eur. J. Cell Biol. **29**, 139.

[17] Sacher, J. A. et al. (1975): Plant Physiol. **56**, 442.

[18] Betzel, C. et al. (1993): Biochim. Biophys. Acta **1161**, 47.

[19] MacMurray, C. T., van Holde, K. E. (1991): Biochemistry **30**, 5631.

[20] Roodyn, D. B., Wilkie, D. (1968): The biogenesis of mitochondria. Methuen, London.

[21] Flechtner, V. R., Sager, R. (1973): Nature New Biol. **241**, 277.

[22] Osheroff, N. et al. (1991): Bio Essays **13**, 269.

[23] Liu, L. F. (1989): Ann. Rev. Biochem. **58**, 351.

[24] Carballo, M. et al. (1991): Plant Molec. Biol. **16**, 59.

[25] Klein, F. et al. (1992): J. Cell Biol. **117**, 935.

[26] Heath-Pagliuso, S. et al. (1990): Plant Physiol. **94**, 599.

[27] Hashimoto, H., Murakami, S. (1982): Cell Struct. Funct. **7**, 111.

[28] Huberman, J. A. (1981): Cell **23**, 647.

[29] Seitz, U., Seitz, U. (1971): Planta **97**, 224.

[30] Capesius, I. et al. (1972): Planta **103**, 65.

[31] Lindenmayer, A., Schoen, H. F. (1967): Plant Physiol. **42**, 1059.

[32] Sugiyama, M. et al. (1990): Plant Cell Physiol. **31**, 61.

[33] Delseny, M. et al. (1975): Biochem. Biophys. Res. Commun. **64**, 1278.

[34] Bernabeu, C., Lake, J. A. (1982): Proc. Natl. Acad. Sci. USA **79**, 3111.

[35] Perenthesis, J. P. et al. (1992): Bio Factors **3**, 173.

[36] Harley, S. M., Beevers, H. (1982): Proc. Natl. Acad. Sci. USA **79**, 5935.

[37] Arias, F. J. et al. (1992): Planta **186**, 532.

[38] Merino, M. J. et al. (1990): J. Exptl. Bot. **41**, 67.

[39] Ackerman, E. J. et al. (1988): J. Biol. Chem. **263**, 17076.

[40] Lake, J. A. (1981): Sci. Am. **245** (2), 56.

[41] Linder, P., Prat, A. (1990): Bio Essays **12**, 519.

[42] Noller, H. F. (1991): Ann. Rev. Biochem. **60**, 191.

[43] Weeks, D. P. (1981): Protein biosynthesis: Mechanisms and regulation. In: Stumpf, P. K., Conn, E. F. (eds.): The biochemistry of plants. Vol. 6, p. 491. Academic Press, New York, London, Toronto, Sydney, San Francisco.

[44] Merrick, W. C. (1992): Microbiol. Rev. **56**, 291.

[45] Sager, R. (1965): Proc. Natl. Acad. Sci. USA **53**, 1053.

[46] Nierhaus, K. H. (1990): Biochemistry **29**, 4997.

[47] Reiss, H.-D., Herth, W. (1982): Planta **153**, 218.

[48] Nierhaus, K. H., Wittmann, H. G. (1980): Naturwiss. **67**, 234.

[49] Ellis, R. J. (1977): Biochim. Biophys. Acta **463**, 185.

[50] de Klerk-Kiebert, Y. M. (1982): Physiol. Plant. **55**, 98.

[51] Stucliffe, J. F. (1960): Nature **188**, 294.

[52] Tassi, F. et al. (1983): Plant Sci. Lett. **29**, 215.

[53] Walk, R.-A., Hock, B. (1978): Biochem. Biophys. Res. Commun. **81**, 636.

[54] Ellis, R. J., MacDonald, I. R. (1970): Plant Physiol. **46**, 227.

[55] McMahon, D. (1975): Plant Physiol. **55**, 815.

[56] Berg, D. et al. (1982): Z. Naturforschg. **37 c**, 1100.

[57] Fromm, H. et al. (1989): Plant Molec. Biol. **12**, 499.

[58] Koshinsky, H. A. et al. (1991): Can. J. Microbiol. **37**, 933.

[59] Kato, I. (1991): Microbiol. Immunol. **35**, 349.

[60] Czako, M., An, G. (1991): Plant Physiol. **95**, 687.

[61] Saunders, M. J., Hepler, P. K. (1982): Science **217**, 943.

[62] Schmitz, O. et al. (1991): J. Plant Physiol. **139**, 106.

[63] Hammond, S. M., Lambert, P. A. (1978): Antibiotica and antimicrobial action. E. Arnold, London.

[64] Bonilla-Marin, M. et al. (1991): Biochim. Biophys. Acta. **1061**, 65.

[65] Van den Bosche, H. et al. (1987): CRC Crit. Rev. Microbiol. **15**, 57.

[66] Mazumder, C. et al. (1990): Can. J. Microbiol. **36**, 435.

[67] Harder, D. E., Mendgen, H. (1982): Protoplasma **112**, 46.

[68] Moeller, C. H., Mudd, J. B. (1982): Plant Physiol. **70**, 1554.

[69] Mallié, M. et al. (1991): Can. J. Microbiol. **37**, 964.

[70] Bickel-Sandkötter, S. (1992): Biologie in unserer Zeit **22**, 157.

[71] Marré, E. (1979): Ann. Rev. Plant. Physiol. **30**, 273.
[72] Marra, M. et al. (1992): Plant Physiol. **98**, 1029.
[73] Zocchi, G. (1990): Plant Physiol. **94**, 1009.
[74] Ballio, A. et al. (1981): Physiol. Plantarum **52**, 476.
[75] Rubinstein, B., Cleland, R. E. (1981): Plant Physiol. **68**, 543.
[76] Basel, L. E. (1992): Plant Physiol. **98**, 827.
[77] Liß, H. et al. (1991): Plant Cell Physiol. **32**, 1049.
[78] Sievers, A., Busch, M. B. (1992): Planta **188**, 619.
[79] Nelson, N. (1992): Biochim. Biophys. Acta **1100**, 109.
[80] Neher, E., Sakmann, B. (1976): Nature **260**, 779.
[81] Miller, C. (1991): Science **252**, 1092.
[82] Schroeder, J. I. et al. (1987): Proc. Natl. Acad. Sci. USA **84**, 4108.
[83] Kourie, J., Goldsmith, M. H. M. (1992): Plant Physiol. **98**, 1087.
[84] Sentenac, H. et al. (1992): Science **256**, 663.
[85] Fairley-Grenot, K., Assmann, S. M. (1991): Plant Cell **3**, 1037.
[86] Tyerman, S. D. (1992): Ann. Rev. Plant Physiol. Plant Molec. Biol. **43**, 351.
[87] Li, W., Assmann, S. M. (1993): Proc. Natl. Acad. Sci. USA **90**, 262.
[88] Schroeder, J. I., Hagiwara, S. (1990): Proc. Natl. Acad. Sci. USA **87**, 9305.
[89] Terry, B. R. et al. (1992): J. Exptl. Bot. **43**, 1457.
[90] Johannes, E. et al. (1992): Plant J. **2**, 97.
[91] Johannes, E. et al. (1991): BioEssays **13**, 331.
[92] Rengel, Z. (1992): Plant Cell Env. **15**, 931.
[93] Lüttge, U., Clarkson, D. T. (1992): Progr. Bot. **53**, 63.
[94] Rengel, Z. (1992): Plant Cell Env. **15**, 625.
[95] Cosgrove, D. J., Hedrich, R. (1991): Planta **186**, 143.
[96] Garrill, A. et al. (1992): J. Cell Sci. **101**, 721.
[97] Marten, I. et al. (1991): Nature **353**, 758.
[98] Hedrich, R., Jeromin, A. (1992): Phil. Trans. R. Soc. Lond. B **338**, 31.
[99] Getz, H. P. (1991): Planta **185**, 261.
[100] Slone, J. H., Buckhout, T. J. (1991): Planta **183**, 584.
[101] Busch, D. R. (1989): Plant Physiol. **89**, 1318.
[102] Verstappen, R. et al. (1991): Biochim. Biophys. Acta **1073**, 366.
[103] Barkla, B. J., Blumwald, E. (1991): Proc. Natl. Acad Sci. USA **88**, 11177.
[104] Amalou, Z. et al. (1992): Plant Physiol. **100**, 255.
[105] Wardrop, A. B. (1983): Protoplasma **115**, 81.
[106] Porter, K. R., Tucker, J. B. (1981): Sci. Am. **244**, (3), 41.
[107] Aktories, K., Wegner, A. (1992): Molec. Microbiol. **6**, 2905.
[108] Pollard, T. D. (1981): J. Cell Biol. **91**, 156s.
[109] Huxley, H. E. (1990): J. Biol. Chem. **265**, 8347.
[110] Sheetz, M. P., Spudich, J. A. (1983): Nature **305**, 31.
[111] Shimmen, T. (1988): Bot. Mag. Tokyo **101**, 533.
[112] Oiwa, K. et al. (1990): Proc. Natl. Acad. Sci. USA **87**, 7893.
[113] Mitsui, T., Ahshima, H. (1988): J. Muscle Res. Cell Motil. **9**, 248.
[114] Nothnagel, E. A. et al. (1981): J. Cell Biol. **88**, 364.
[115] Schliwa, M. (1982): J. Cell Biol. **92**, 79.
[116] Schönbohm, E., Meyer-Wegener, J. (1989): Biochem. Physiol. Pflanzen **185**, 337.
[117] Salitz, A., Schmitz, K. (1989): Protoplasma **153**, 37.
[118] Carlier, M.-F. (1991): J. Biol. Chem. **266**, 1.
[119] Dancker, P., Hess, L. (1990): Biochem. Biophys. Acta **1035**, 197.
[120] Blatt, M. R. (1980): Planta **147**, 363.
[121] García-Sierra, M., Frixone, E. (1993): Protoplasma **175**, 153.
[122] Gelfand, V. I., Bershadsky, A. D. (1991): Ann. Rev. Cell Biol. **7**, 93.
[123] Andrev, J. M, Timasheff, S. N. (1982): Proc. Natl. Acad. Sci. USA **79**, 6753.
[124] Günther, E. (1978): Grundriß der Genetik. 3. Aufl., G. Fischer, Stuttgart, New York.
[125] Darlington, C. D., La Cour, L. F. (1969): The handling of chromosomes (5. Aufl.) G. Allen & Unwin Ltd. London.
[126] Mueller, S. C., Brown, Jr. R. M. (1982): Planta **154**, 501.
[127] Pickett-Heaps, J. D. (1967): Planta **71**, 1.
[128] Murata, T., Wada, M. (1989): Protoplasma **151**, 81.
[129] Hardham, A. R., Cully, M. E. (1982): Protoplasma **11**, 152.
[130] Vaughn, K. C., Lehnen, Jr. L. P. (1991): Weed Sci. **39**, 450.
[131] Ramulu, K. S. et al. (1990): Plant Sci. **69**, 123.
[132] Hepler, P. K., Bonsignore, C. L. (1990): Protoplasma **157**, 182.
[133] Galatis, B., Apostolakos, P. (1991): Protoplasma **165**, 11.
[134] Hillmann, G., Ruthmann, A. (1982): Planta **155**, 124.
[135] Bajer, A. S. et al. (1982): Proc. Natl. Acad. Sci. USA **79**, 6569.
[136] Young, D. H. et al. (1992): Experientia **48**, 882.
[137] Yasuhara, H. et al. (1993): Plant Cell Physiol. **34**, 21.
[138] Jloboda, R. D. et al. (1982): Biochem. Biophys. Res. Commun. **105**, 882.
[139] Stryer, L. (1988): Biochemistry. 3rd ed., W. H. Freeman and Comp. San Francisco.
[140] Elbein, A. D. (1981): TIBS **6**, 219.
[141] Kuo, S.-C., Lampen, J. O. (1974): Biochem. Biophys. Res. Commun. **58**, 287.
[142] Speake, B. K. et al. (1981): Arch. Biochem. Biophys. **210**, 110.
[143] Arnold, F., Tanner, W. (1983): FEBS Lett. **148**, 49.
[144] Matsuda, Y. (1982): Arch. Microbiol. **131**, 87
[145] Hori, H., Elbein, A. D. (1981): Plant Physiol. **67**, 882.
[146] Cordewener, J. et al. (1991): Planta **184**, 478.
[147] Vogel, P. et al. (1982): Biochem. Biophys. Res. Commun. **105**, 83.
[148] Tropea, J. et al. (1989): Biochemistry **28**, 20277.
[149] Elbein, A. D. et al. (1990): Biochemistry **265**, 15 599.
[150] Coleman, J. et al. (1988): Plant Cell Env. **11**, 669.
[151] Brodsky, F. M. et al. (1991): TIBS **16**, 208.
[152] Pelham, H. R. B. (1991): Cell **67**, 449.
[153] Jones, A. M., Harman, E. M. (1993): Plant Physiol. **101**, 595.
[154] Driovich, A. et al. (1993): Plant Physiol. **101**, 1363.
[155] Mollenhauer, H. H. et al. (1990): Biochim. Biophys. Acta **1031**, 225.
[156] Robinson, D. G. (1981): Eur. J. Cell Biol. **23**, 267.
[157] Mollenhauer, H. H. et al. (1983): Protoplasma **114**, 119.
[158] Schnepf, E. (1983): Naturwissenschaften **70**, 260.
[159] Bertho, P. et al. (1991): Biochim. Biophys. Acta **1070**, 127.
[160] Robinson, D. G., Ray, P. (1977): Cytobiol. **15**, 65.
[161] Zhang, G. F. et al. (1993): J. Cell Sci **104**, 819.
[162] Rustin, R. et al. (1983): TIBS **8**, 155.
[163] van den Bergen, C. W. M. et al. (1991): Biochim. Biophys. Acta **1058**, 203.
[164] Kapulnik, Y. et al. (1992): Plant Physiol. **100**, 1921.
[165] Kumur, A. M., Söll, D. (1992): Proc. Natl. Acad. Sci. USA **89**, 10842.
[166] Mitchell, P. (1961): Nature **191**, 105.
[167] Kagawa, Y. et al. (1979): J. Bioenergetics and Biomembranes **11**, 39.
[168] Lunardi, J. et al. (1992): p. 59–70, in: Adenine Nucleotides in Cellular Energy Transfer and Signal Transduction (Papa, S., Azzi, A., Tager, J. M., eds.), Birkhäuser Verlag, Basel.
[169] O'Rourke, J. G., Wilson, S. B. (1992): Biochim. Biophys. Acta. **1098**, 224.
[170] Endres, K. P., Faulstich, H. (1989): J. Plant Phys. **135**, 531.
[171] Rottenberg, H. (1990): Biochim. Biophys. Acta **1018**, 1.
[172] Schatz, G. et al. (1979): FEBS Lett. **103**, 203.
[173] Gasser, S. et al. (1982): Proc. Natl. Acad. Sci. USA **79**, 267.
[174] Bouthyette, P.-Y., Jagendorf, A. T. (1982): Plant Physiol. **69**, 888.
[175] Zhang, S. et al. (1993): **101**, 127.
[176] Wickliff, J. L. et al. (1982): Physiol. Plant. **56**, 399.
[177] Laasch, H. et al. (1991): Planta **183**, 567.
[178] Barr, R., Crane, F. L. (1982): Biochem. Biophys. Res. Commun. **109**, 1215.

[179] Brown, S. A. (1981): In: Stumpf, P. K. and Conn, E. E. (eds.): The biochemistry of plants. Vol. **7**, 269. Academic Press, New York, London, Toronto, Sydney, San Francisco.

[180] Brandl, E. (1965): Antibiotica im Pflanzenschutz. In: Brunner, R., Machek, G. (Hrsg.): Die Antibiotica. Band II: Die mittleren Antibiotica. Verlag H. Carl, Nürnberg.

[181] Rhodes, A. (1962): Status of griseofulvin in crop protection. In: Woodbine, M.: Antibiotics in agriculture, p. 101–124. Butterworths, London.

[182] Phillips, R. et al. (1981): Plant Sci. Lett. **21**, 235.

[183] Burgoyne, R. D. (1992): TIBS **17**, 87.

Zusammenfassende Darstellungen

Berdy, J. B. ed. (1980–1982): CRC Handbook of antibiotic compounds. 10 vol., CRC Press, Inc, Boca Raton, Florida.

Gale, E. F., Cundliffe, E., Reynolds, P. E., Richmond, M. H., Waring, M. J. (1981): The molecular basis of antibiotic action. 2nd. ed., John Wiley & Sons, London, New York, Sidney, Toronto.

Gottlieb, D., Shaw, P. D., Corcoran, J. W., Hahn, F. E., eds. (1967–1979): Antibiotics, Vol. I–V. Springer Verlag, Berlin, Heidelberg, New York.

Hammond, S. M., Lambert, P. A. (1978): Antibiotics and antimicrobial action. Edward Arnolds Ltd., London.

Suhadolnik, R. J. (1979): Nucleosides as biological probes. S. Wiley & Sons, New York.

Allelopathie

Bertold Hock, Lehrstuhl für Botanik der Technischen Universität München (Weihenstephan)

Definition

Nach Molisch (1937)[1] versteht man unter Allelopathie (griech. allelos: gegenseitig; pathos: Erleiden, Einwirkung) die gegenseitige Beeinflussung von Pflanzen durch stoffliche Ausscheidungen, die meist hemmend, teilweise aber auch fördernd wirken. Während die ursprüngliche Definition sowohl Höhere Pflanzen als auch Mikroorganismen einschloß, erfaßt man heute auf Vorschlag von Muller (1970)[2] unter diesem Begriff nur noch die Wechselbeziehungen zwischen Höheren Pflanzen. Dementsprechend werden hier die Einflüsse von Mikroorganismen auf Höhere Pflanzen (z. B. durch Phytotoxine) sowie die Abwehr von Mikroorganismen durch Höhere Pflanzen (z. B. durch Phytoalexine) im Kapitel Toxikologie der Wirt-Parasiten-Beziehung (S. 315 ff.) abgehandelt.

Bereits der Systematiker DeCandolle (1832)[3] befaßte sich mit chemischen Wechselwirkungen zwischen Arten Höherer Pflanzen. Er beobachtete, daß Wurzelausscheidungen verschiedener Pflanzen auf benachbarte Pflanzen schädlich wirken und so die Zusammensetzung natürlicher Pflanzengesellschaften beeinflussen. Er bemerkte in Getreidefeldern den schädlichen Einfluß von Disteln auf Haferpflanzen, und ihm fielen beim Flachs die Wachstumshemmung durch *Euphorbia* und *Scabiosa* auf. Er untersuchte auch im Experiment entsprechende Phänomene: Wurden Bohnenpflanzen in eine Lösung mit Wurzelausscheidungen anderer Individuen derselben Art gestellt, kränkelten sie und gingen schließlich ein.

Obwohl sich im Laufe der Jahre viele weitere Befunde ansammelten, erfuhr die Erforschung der Allelopathie erst in diesem Jahrhundert einen beträchtlichen Aufschwung, vornehmlich durch die Pionierarbeit von Muller und seinen Mitarbeitern in den USA.

Für den eindeutigen Nachweis einer allelopathischen Beziehung müssen nach Rice[4] folgende Bedingungen erfüllt sein: (1) Die Synthese einer allelopathisch wirksamen Substanz erfolgt in der Donorpflanze. (2) Daran schließt sich die Abgabe an die Umgebung in allelopathisch aktiver oder inaktiver Form an. Mikroorganismen können inaktive in allelopathisch aktive Substanzen umwandeln. (3) Es erfolgt die Ausbreitung und ggf. die Anhäufung in der Umgebung. (4) Eine Akzeptorpflanze nimmt die Stoffe auf. (5) Es kommt zur allelopathischen Reaktion.

Andere Interferenzen wie die Konkurrenz um Licht, Wasser oder Nährstoffe fallen nicht unter Allelopathie, so z.B. die Hemmung von Flachs (*Linum usitatissimum*) durch den Saat-Leindotter (*Camelina sativa, Brassicaceae*), die auf eine Konkurrenz um Nährstoffe zurückzuführen ist.

Nachweis für Allelopathie

Für den Nachweis allelopatischer Beziehungen reicht es nicht aus, wenn eine Schädigung von Pflanzen mit Extrakten von Donorpflanzen gelingt. Abgesehen von der großen Zahl mehr oder weniger toxischer Inhaltsstoffe, die in vielen Pflanzen auftreten und normalerweise nicht an die Umgebung abgegeben werden, fehlt solchen Experimenten häufig jede ökologische Relevanz.

Erste Anhaltspunkte für das Vorliegen allelopathischer Interaktionen lassen sich bereits mit einfachen Versuchsvorrichtungen gewinnen. Zur Unterscheidung allelopathischer Interaktionen durch gelöste oder gasförmige Substanzen bei Keimlingen genügen mehrstöckige Gefäße mit siebartigen Querböden, die mit feuchtem Filterpapier ausgelegt und von oben befeuchtet werden (Abb. 1). Mit dieser Anordnung läßt sich die Position von Donor- und Akzeptorpflanzen variieren und damit die Art der allelopathischen Interaktion ermitteln.

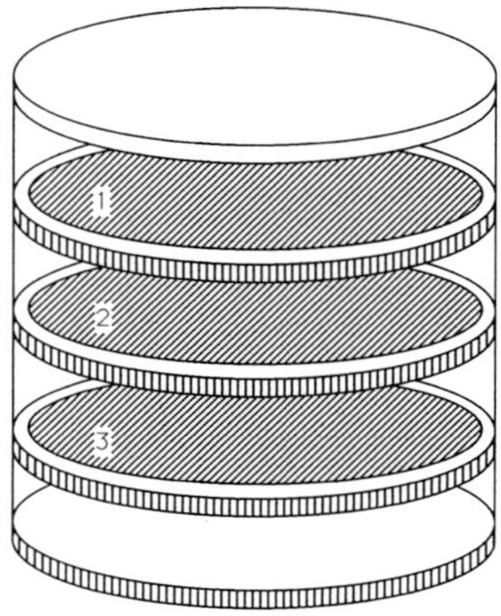

Abb. 1: Versuchsanordnung zum Nachweis allelopathischer Interaktionen bei Keimlingen.

Das folgende Beispiel belegt die Keimungs- und Wachstumshemmung der Kresse durch den Rettich (Farbabb. 17, S. 250). Dieser Effekt ist sortenspezifisch. Er gelingt mit der Sorte Unus Treib, nicht jedoch mit der Sorte Rex als Donorpflanze und ist nur bei der Gartenkresse, nicht jedoch bei der Krausen Kresse als Akzeptorpflanze zu beobachten. Auch andere Samen wie Linsen, Sonnenblumen, Lein oder Buchweizen werden nicht beeinträchtigt. Die Wirkung tritt nur dann ein, wenn die Rettichsamen oberhalb der Kressesamen ausgebracht werden, so daß Wurzelausscheidungen der Donorpflanzen mit dem Gießwasser die Akzeptorpflanzen erreichen. In der umgekehrten Anordnung bleibt die Keimung der Kresse unbeeinträchtigt. Dies schließt gasförmige Hemmsubstanzen aus, da bei geschlossenem Gefäß eine Gasdiffusion sämtliche Ebenen erreichen würde.

Mit Hilfe einfacher Wurzelkammern lassen sich Interaktionen zwischen Wurzeln genauer charakterisieren, die auf Allelopathie, aber auch auf Konkurrenz um Wasser oder Nährsalze beruhen können. Entsprechende Untersuchungen[5] wurden an den kalifornischen Wüstensträuchern *Ambrosia dumosa* (*Asteraceae*) und *Larrea tridentata* (= Cresote-Strauch, *Zygophyllaceae*) in kombinierten Wurzelkammern durchgeführt (Abb. 2). Hierbei unterschieden sich die Wachstumsraten von *Ambrosia*-Wurzeln, welche Nachbarwurzeln derselben Pflanze berührten, nicht signifikant von Wurzeln ohne Kontakt zu Nachbarwurzeln. Zu einer drastischen Wachstumseinbuße kam es erst, wenn Wurzeln einer entsprechenden Testpflanze eine andere Zielpflanze derselben Art berührten. Wurde dagegen *Larrea* als Zielpflanze benutzt, so kam es bereits *vor* der Berührung durch *Ambrosia*- oder andere *Larrea*-Wurzeln zu einer Abnahme des Wurzelwachstums. Hierfür mußte die

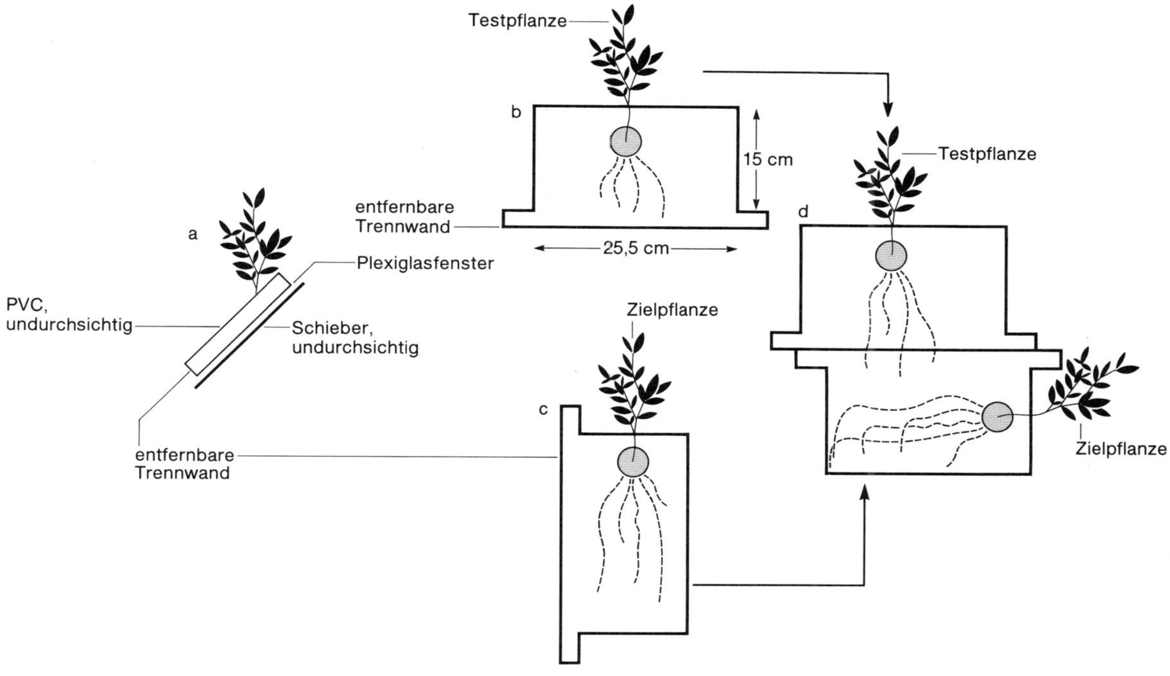

Abb. 2: Konstruktion und Anordnung der Wurzelkammern zur Beobachtung von Interferenzen. (a) Seitenansicht der Konstruktion und Orientierung. (b) und (c) Vorderansicht der Test- und Zielkammern mit den Pflanzen. (d) Vorderansicht der Test- und Zielkammern in der Verbindung nach Entfernung der Trennwände. Die Wurzeln innerhalb der Kammern sind durch gestrichelte Linien angedeutet. Nach Mahall und Callaway[5].

Abgabe leicht diffundierbarer Hemmsubstanzen verantwortlich sein, was auf Grund eines umfangreichen Arsenals sekundärer Pflanzenstoffe bei dieser Art seit längerem vermutet wurde. Eine einfache Erschöpfung von Wasser oder Mineralsalzen konnte durch die übrigen Experimente ausgeschlossen werden.

Die beschriebene Kontakthemmung und die anschließende Umlenkung der Wachstumsrichtung bei *Ambrosia*-Wurzeln erwies sich als spezifisch. Bei inerten physikalischen Hindernissen trat dieser Effekt nicht ein. Auch Wurzeln von *Larrea* als Testpflanzen wurden durch die Nähe oder den Kontakt zu Wurzeln von *Ambrosia* als Zielpflanze nicht im Wachstum behindert.

Diese unterschiedlichen Typen der Wurzelkommunikation erklärt die besondere horizontale Verteilung dieser Wüstenpflanzen in ihrem natürlichen Lebensraum.

Beispiele für verschiedene Typen von Allelopathie

Im folgenden werden einige klassische Beispiele für Allelopathie vorgestellt. Eine ausführlichere Beschreibung findet sich bei Harborne[6]. Bei den aufgeführten Fallbeispielen werden die verschiedenen Möglichkeiten für die Verbreitung allelopathischer Substanzen deutlich: (1) Verteilung über die Gasphase, wenn die Verbindungen flüchtig sind; (2) Diffusion aus Wurzeln einer Donorpflanze zu Akzeptorwurzeln; (3) Auswaschung von Blättern, z.B. durch den Regen, und Akkumulation im Boden in der Umgebung der Donorpflanze.

Der kalifornische Chapparal

An der südkalifornischen Küste befindet sich eine lokal begrenzte Pflanzengesellschaft, die an ein Klima mit heißem trockenem Sommer und relativ kaltem Winter angepaßt ist. Der sog. Chapparal entspricht ungefähr der Maccia in Südeuropa. Die Pflanzen können nur eine kurze Vegetationsperiode im Frühjahr und Herbst nach den ersten Regenfällen nutzen. Hier finden sich vor allem immergrüne Sträucher.

Abb. 3: Hemmzone (A – B) zwischen *Salvinia leucophylla* (links) und dem Grasbestand (C). Zwischen B und C bleibt der Graswuchs gehemmt. Aus Muller[2].

Der *Weichlaubchaparell* wird von den Sträuchern *Salvia leucophylla* (Salbei) und *Artemisia leucophylla* (Sagebusch) dominiert. Die Strauchbestände trennt eine 1 – 2 m breite, kahle Zone vom benachbarten Grasland mit einjährigen Arten wie *Avena fatua, Bromus rigidus, B. mollis, B. rubens, Festuca megalora, Erodium circutarium* (Abb. 3). Am Anfang des Graslandes läßt sich außerdem eine 3 – 8 m breite Hemmzone mit stark eingeschränktem Wachstum oder dem Fehlen mancher Arten beobachten.
Als Ursache wurden flüchtige Terpene erkannt, die in großen Mengen in epidermalen Drüsen auf den Blättern und anderen Sproßteilen synthetisiert und durch die Hitze laufend freigesetzt werden; sie umgeben die Pflanzen als Dampfwolke. Die Verbindungen lösen sich durch die Wachs- und Cutinschicht der Oberflächen anderer Pflanzen hindurch und werden in die Zellen aufgenommen. Sie führen zu einer starken Keimungshemmung insbesondere bei einjährigen Gräsern, wie sie im benachbarten Grasbereich auftreten. Die Terpene reichern sich in trockenen Böden an; ein Abbau findet erst nach Regen statt, wenn Bodenorganismen aktiv werden.
Die wirksamsten Terpene aus *Salvinia leucophylla* sind 1,8-Cineol und Campher; daneben kommen α- und β-Pinen sowie Camphen vor (vgl. Abb. 4).

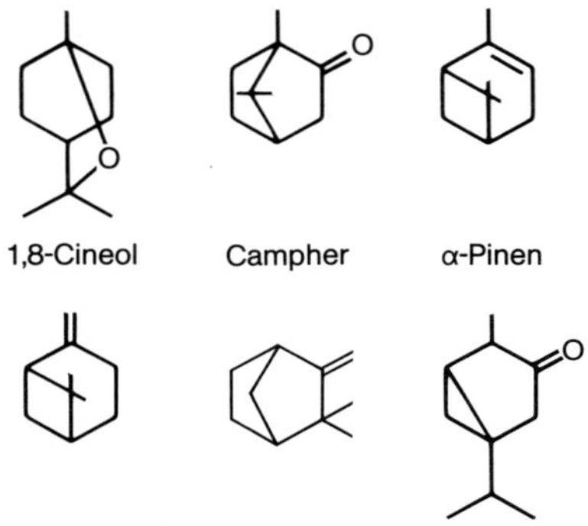

Abb. 4: Allelopathisch wirksame zyklische Monoterpene.

Auch *Artemisia californica* und verwandte Arten setzen hochwirksame Verbindungen frei, darunter auch 1,8-Cineol und Campher. Weitere flüchtige Terpenverbindungen sind Artemisiaketon, α-Thujon, Isothujon und eine Vielzahl anderer Terpenoide.
Die Toxizität von Monoterpenen wie z. B. β-Pinen beruht auf der Interaktion mit Lipiddomänen von Membranen. Hierdurch kommt es zur Veränderung von Membraneigenschaften sowie zur Hemmung des Elektronentransports, z. B. bei Photosystem II. Klingler et al.[7] beobachteten bei *Cucurbita pepo* eine Zerstörung der Chloroplastenhülle. Frosch et. al.[8] fanden, daß Monoterpene bei *Picea abies* in den Fettstoffwechsel eingreifen, was zu Änderungen in der Galactolipid-Zusammensetzung von Thylakoidmembranen führt. Flüchtige Monoterpen-Verbindungen aus den Blättern von *Thuja occidentalis*, darunter α- und β-Thujon sowie Campher, erwiesen sich als stark keimungshemmend bei *Lepidium sativum* und *Amaranthus caudatus*[9].
Die Phytotoxizität der *Artemisia*-Terpenoide bildete auch die Grundlage für die Entwicklung verschiedener Pestizide. Hierzu zählt Cinmethylin (Abb. 5), ein Analogon von 1,8-Cineol. Der hochwirksame Wachstumsinhibitor unterbindet den Eintritt in die Mitose. Chloriertes Camphen wurde zunächst als Insektizid eingesetzt (Handelsprodukt Toxaphen oder Camphechlor), aber auch zehn Jahre lang im Leguminosenanbau, z.B. bei Sojabohnen, zur Unterdrückung von *Cassia obtusifolia*, bevor es aus dem Handel genommen wurde. Hierbei handelt es sich um eine Mischung von mehr als 177 polychlorierten C_{10}-Verbindungen mit Cl_6- bis Cl_{10}-Komponenten (Abb. 5).

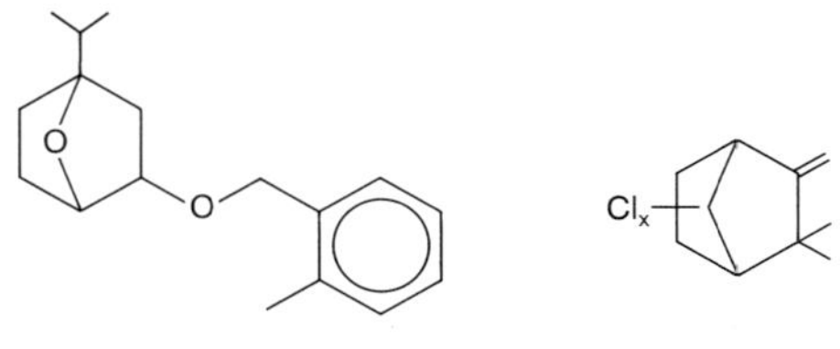

Cinmethylin

chloriertes Camphen

Abb. 5: Cinmethylin, ein synthetisches Cineolherbizid, und chloriertes Camphen (Toxaphen).

Der *Hartlaubchapparal* wird von sklerophyllen immergrünen Büschen beherrrscht. Hierzu gehören der Chamisebusch *Adenostoma fasciculatum (Rosaceae)* und *Arctostaphylos glandulosa (Ericaceae)*. In der unmittelbaren Nähe dieser Pflanzen können selbst nach reichen Regenfällen keine Gräser aufkommen. Die Ursache sind wasserlösliche Phenolverbindungen, die aus den Blättern ausgewaschen und im Boden angereichert werden. Besonders wirksam sind p-Hydroxybenzoesäuren und p-Hydroxyzimtsäuren, welche die Samenkeimung von Gräsern und Kräutern hemmen (Abb. 6). Aber auch weitere Phenolderivate wie Salicylsäure (vgl. S. 326), o-Cumarsäure und viele andere spielen eine Rolle. Die Toxizität der phenolischen Säuren beruht auf Eingriffen in den Auxinstoffwechsel sowie auf Veränderungen des Membranpotentials.

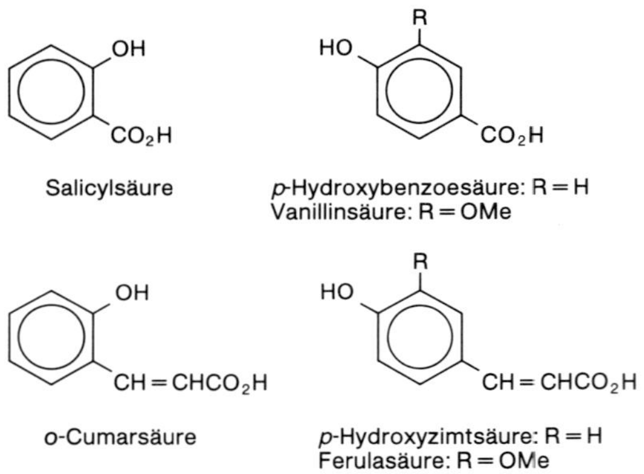

Abb. 6: Allelopathisch wirksame, lösliche Phenolverbindungen.

Ein besonders auffälliges ökologisches Phänomen im Chapparal sind zyklische Vegetationsänderungen, verursacht durch periodische Feuer, die in Intervallen von 10–40 Jahren auftreten und meist auf Blitzschlag und Selbstentzündungen zurückzuführen sind. Nach Zerstörung der Strauchschicht kommen in der folgenden Vegetationsperiode zahlreiche einjährige Arten hoch, da die Keimungshemmer durch Hitzewirkung vernichtet sind.
Allmählich regenerieren jedoch die meisten Straucharten aus überlebenden Wurzelknospen und produzieren gelegentlich Samen. Mit fortgesetztem Aufkommen der Sträucher, d.h. gewöhnlich 5–6 Jahre nach dem Feuer, hört wegen der Toxinanreicherung jede Samenkeimung auf, und das Chapparal bleibt bis zum nächsten Feuer kräuterfrei. An diesem Beispiel wird das Prinzip der Autointoxikation in etablieren Pflanzen-

gesellschaften deutlich; d.h. bei einer Reihe von Arten wird auch die Keimung der eigenen Samen verhindert und damit die Konkurrenz derselben Art am eigenen Standort ausgeschaltet.

Juglon des Walnußbaums

Ein klassisches Beispiel für eine allelopathische Verbindung, die aus Blättern ausgewaschen und im Boden zur aktiven Substanz umgesetzt wird, liefert der Walnußbaum. Bereits dem römischen Naturhistoriker Plinius dem Älteren (23–79 n. Chr.) war bekannt, daß im unmittelbaren Baumbereich der echten Walnuß (*Juglans regia*) der Aufwuchs zahlreicher Pflanzen gehemmt ist. Erst in diesem Jahrhundert wurden die Zusammenhänge am Beispiel der Schwarznuß (*Juglans nigra*) aufgeklärt. Da die toxischen Wirkungen ungefähr mit der Ausdehnung des Wurzelbereichs zusammenfallen, vermutete man lange Zeit, daß eine Toxinabsonderung durch die Baumwurzeln für das Absterben der Pflanzen (z. B. Getreide, Kartoffeln, Tomaten, Kiefern, nicht jedoch Himbeeren oder Brombeeren) verantwortlich wäre. In Wirklichkeit sind die Verhältnisse komplizierter: Junge Blätter, unreife Früchte, aber auch Stämme, Zweige und wahrscheinlich Wurzeln geben ein glucosidiertes Naphthochinon-Derivat ab (Abb. 7).
Bodenmikroorganismen hydrolysieren das inaktive Glucosid zum Hydrojuglon, das anschließend zum aktiven Juglon (5-Hydroxynaphthochinon) umgewandelt wird. Juglon hemmt z. B. bereits in Konzentrationen von 0,002 % vollständig die Keimung von Salatsamen. Nach einer Injektion in den Blattstiel werden viele Pflanzen wie Tomaten oder Luzernen abgetötet. Die Abspeicherung des Toxins in der unwirksamen Vorstufe bedeutet demnach einen wirksamen Schutz des Produzenten.
In den USA ließen sich Mißerfolge bei der Wiederaufforstung häufig in Zusammenhang mit den allelopathischen Effekten von *Juglans nigra* bringen. Die Schwarznuß wird dort wegen ihres schnellen Wachstums und ihres hohen Holzwerts oft zusammen mit N_2-fixierenden Pflanzen angebaut, z. B. *Elaeagnus umbellata* und *Alnus glutinosa*. Die Erle zeigt bereits bei Juglonkonzentration von 1 µmol/L Wachstumsstörungen: in der Mischpflanzung kommt es nach 8–13 Jahren zum Absterben[10]. Juglon beeinträchtigt auch den Symbiosepartner von Alnus, *Frankia*, der für die Knöllchenbildung und N_2-Fixierung verantwortlich ist[11]. Hier kommt es isolatabhängig zur Hemmung von Wachstum, Knöllchenbildung und N_2-Fixierung sowie der Wurzelatmung.
Unter Freilandbedingungen ist die wirksame Juglonkonzentration vom Ausmaß der Bodenabsorption sowie vom weiteren mikrobiellen Abbau abhängig. Schmidt[12] isolierte aus dem Boden in der Nähe eines Walnußbaums einen *Pseudomonas*-Stamm, der Juglon als einzige C- und Energiequelle nutzen kann.

Trichothecene von Baccharis

Ein ungewöhnlicher Fall von Allelopathie, bei dem die Höhere Pflanze das wirksame Toxin nicht allein produziert, sondern z. T. auch aufnimmt und chemisch modifiziert, liegt bei dem brasilianischen Kreuzstrauch *Baccharis megapotamica (Asteraceae)* vor[13]. Dieser wächst in seiner ursprünglichen Umgebung, riesigen Marschen, nur noch mit einheimischen Gräsern vergesellschaftet; andere Arten bleiben ausgeschlossen. Die Pflanze liefert hochwirksame antileukämische Sesquiterpene, die zur Klasse der Trichothecene gehören. Bei diesen Verbindungen handelt es sich um makrozyklische Antibiotika, die normalerweise von Pilzen, z. B. dem saprophytischen Bodenpilz *Myrothecium verrucaria*, produziert werden. Die aus *Baccharis* isolierten Verbindungen, die man als Baccharinoide (Abb. 8) bezeichnet, treten in großen Mengen auf; sie machen 0,02–0,03 % des Trockengewichts aus. Pflanzen, die auf nicht-

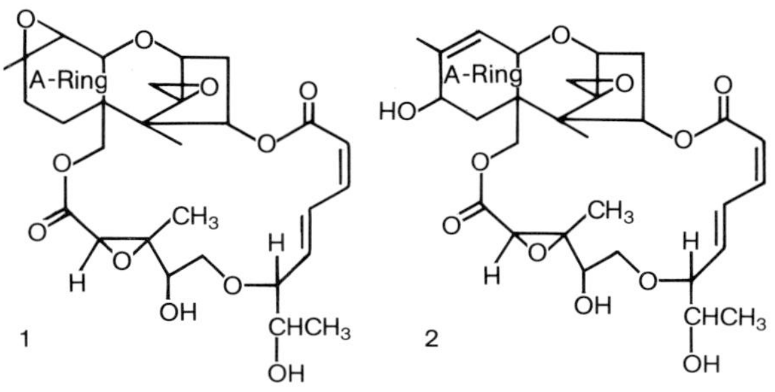

Baccharinoide
1. Baccharin: 9β, 10β-Epoxid.
2. 8β-Hydroxyl-Derivat.

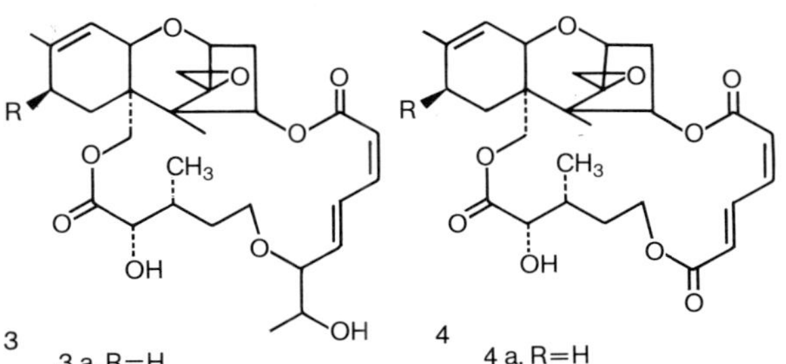

3 a, R=H
3 b, R=OH

4 a, R=H
4 b, R=OH

3. Roridine:
a) Roridin A.
b) 8β-Hydroxylderivat.

4. Verrucarine:
a) Verrucarin A.
b) 8β-Hydroxylderivat.

Abb. 8: Verschiedene Trichothecene mit Baccharinoiden, Roridinen und Verrucarinen.

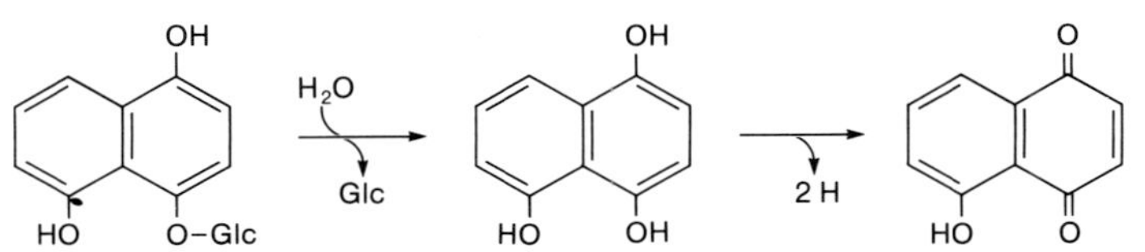

5-Glucosyl-1,4,5-trihydroxynaphthalin (inaktiv)

Hydrojuglon

Juglon (aktiv)

Abb. 7: Umsetzung der inaktiven Juglonvorstufe 5-Glucosyl-1,4,5-trihydroxynaphthalen zum aktiven Juglon. Wirkungsmechanismus: vgl. S. 320.

brasilianischen Boden angezogen wurden, enthalten jedoch keine Baccharinoide. Als Ursache wurde das Fehlen Trichothecen-produzierender Bodenpilze erkannt, welche die sog. Roridine (makrozyklische Diester) ausscheiden, die von der Pflanze aufgenommen und modifiziert werden.
Den Beweis hierfür lieferten Fütterungsexperiment an *Baccharis*-Keimlingen mit Roridin A und dem makrozyklischen Triester Verrucarin A, die beide vom Wurzelsystem rasch aufgenommen, in die oberen Pflanzenteile transportiert und dort in die entsprechenden 8β-Hydroxyl-Derivate umgewandelt wurden.
Neuere Untersuchungen aus der Arbeitsgruppe von Jarvis[14-16] weisen darauf hin, daß in *Baccharis* auch pflanzenbürtige Trichothecene auftreten können. In jedem Fall bietet die Synthese dieser Verbindungen der Pflanze einen wirksamen Schutz, nicht nur gegen Herbivoren und und Mikroorganismen, sondern auch gegenüber Konkurrenzpflanzen.

Allelopathie in der Landwirtschaft

Obwohl die aufgeführten Beispiele überwiegend aus dem außereuropäischen Raum stammen, kann kaum ein Zweifel daran bestehen, daß auch im europäischen Bereich allelopathische Phänomene mitbestimmend beim Zustandekommen von Pflanzengesellschaften sind, bisher jedoch zu wenig untersucht wurden. Hierzu zählen insbesondere auch Vorgänge der Erstbesiedlung sowie der Artensukzession, die nach Entfernung der natürlichen Vegetation eine Rolle spielen und ebenfalls allelopathische Effekte ausüben.

In der Landwirtschaft und im Gartenbau finden sich zahlreiche Beispiele für allelopathische Effekte. Auf der positiven Seite stehen zahlreiche Kulturpflanzen, die während des Wachstums oder nach der Verarbeitung zu Mulch die Keimung oder das Wachstum von Unkräutern hemmen. Tab. 1 zeigt eine Auswahl. Demgegenüber finden sich zahlreiche Unkräuter, die das Wachstum vor allem von Kulturpflanzen beeinträchtigen. Tab. 2 zeigt jedoch den komplexen Sachverhalt: Es gibt durchaus gut belegte Beispiele für Unkrautarten,

Tab. 1: Beispiele für allelopathische Phänomene in der Landwirtschaft.

Donorpflanzen	Akzeptorpflanzen	Phänomen	beteiligte Allelopathica
Roggen *(Secale cereale)*	Unkräuter u. Ungräser, z. B. *Chenopodium album, Avena fatua, Echinochloa crus-galli*	Verminderung der Unkrautmasse durch Mulch, Unterdrückung des Wachstums	mehrere, besonders DIBOA, BOA*
Hafer *(Avena sativa)*	Klatschmohn, Ackersenf	Wachstumshemmung	Scopoletin
Weizen *(Triticum aestivum)*	Kamille, Ackersenf	Wachstumshemmung	?
Sonnenblume *(Helianthus annuus)*	breitblättrige Unkräuter, aber auch Autotoxität	Wachstumshemmung	?
Luzerne *(Medicago sativa)*	Flughafer *(Avena fatua)*	Verdrängung	

* DIBOA = 2,4-Dihydroxy-1,4(2H)-benzoaxin-3-on
BOA = 2(3)-Benzooxazolinon

Tab. 2: Allelopathische Wirkungen von Unkräutern.

Donorpflanzen	Akzeptorpflanzen	Phänomen	vermutete Allelopathica
Adlerfarn *(Pteridium aquilinum)*	*Rubus parviflorus,* verschiedene Gräser und Sträucher	Keimungshemmung, vermindertes Wurzelwachstum	?
Quecke *(Agropyron repens)*	Getreide, Luzerne, Bohne, Sojabohne	Chlorosen, Wachstumshemmung, insbesondere durch Pflanzenrückstände Wachstumsförderung	Tricin p-Hydroxybenzoesäure, Vanillin ?
Ackerminze *(Mentha arvensis)* und Klatschmohn *(Papaver rhoeas)*	Gerste Raps	Förderung der Keimung Hemmung der Keimung	?
Kornrade *(Agrostemma githago)*	Roggen, Weizen	Keimung und Wachstum werden gefördert	Wurzelausscheidungen: Agrostemin

von denen auch Förderwirkungen, z. B. auf die Samenkeimung, ausgehen.

Bodenmüdigkeit und Allelopathie

Unter Bodenmüdigkeit versteht man nach Klaus[17] den durch wiederholten Anbau eintretenden Verlust der Eignung eines Bodens, einer bestimmten Pflanzenart als Substrat zu dienen. Meist kennt man die Ursache nicht; sie ist jedoch pflanzenspezifisch. Folgende Symptome sind vor allem bei Holzgewächsen zu beobachten[18]:

- Kümmerwuchs des Sprosses,
- Rosettenblättrigkeit durch sehr kurze Internodien,
- Verringerung des Wurzelwachstums,
- Deformation von Saugwurzeln,
- früher Triebabschluß,
- geringere Erträge, kleinere und qualitativ minderwertige Früchte.

Ein wichtiges Merkmal der Bodenmüdigkeit ist neben der Spezifität die Persistenz. Bei Holzgewächsen sind Fälle bekannt, bei denen die Bodenmüdigkeit mehr als 60 Jahre erhalten blieb. Während nach der Definition Nematoden als Ursache ausscheiden, spielt die Abgabe von Allelopathica eine wichtige Rolle. Allerdings müssen hierbei Wechselwirkungen mit der Mikroflora und -fauna der Rhizosphäre gesehen werden, wobei es z. B. durch zu enge Fruchtfolgen oder Monokulturen zu Änderungen in der Zusammensetzung kommt[19]. In ungünstigen Fällen können sich pathogene Organismen anreichern und die Kulturpflanze direkt oder indirekt durch stoffliche Ausscheidungen schädigen[20].

Führen allelopathische Stoffe bei Individuen derselben Art zur Hemmwirkung, so spricht man von Autotoxizität oder Selbstunverträglichkeit. Dieses Phänomen wird besonders häufig bei Chenopodiaceen (z. B. Spinat), Cucurbitaceen (z. B. Gurke), Brassicaceen (z. B. Kohl) und Rosaceen (z. B. Apfel) beobachtet. Oft ist an der Selbstunverträglichkeit auch eine Anreicherung von pathogenen Bakterien und Pilzen beteiligt.

Im folgenden wird am Beispiel der Nachbauproblematik von Spargel und Apfel die mögliche Rolle von Allelopatica erörtert.

Spargel (*Asparagus officinalis*)

Hier erfolgen bereits nach 10 Anbaujahren erhebliche Ertrags- und Qualitätseinbußen. Deshalb sollte sich eine Anbaupause von ebenfalls 10 Jahren anschließen. Im subtropischen Klima von Taiwan müssen die Pflanzungen häufig bereits nach 5 Jahren ersetzt werden. Selbst bei Fungizidbehandlung treten immer wieder Fehlstellen und Ertragsverluste auf[21].

Für die Bodenmüdigkeit werden Wurzelausscheidungen und Pflanzenrückstände verantwortlich gemacht. Spargel besitzt ein sehr ausgedehntes Wurzelsystem mit langen Speicherwurzeln, die kontinuierlich gebildet werden und wieder absterben. Die ständige Produktion von neuer Wurzelmasse stellt eine potentielle Quelle von Allelopathien dar. Die Pflanzenrückstände hemmen Wurzel- und z. T. auch Sproßwachstum von Spargelsämlingen[22]. In der Rizophäre von Spargelpflanzen finden sich mehrere phenolische Verbindungen wie z. B. 3,4- und 2,6-Dihydroxybenzoesäure sowie Methylendioxyzimtsäure, die für die genannten Wirkungen in Frage kommen. Dabei ist es noch unklar, ob diese allelopathischen Verbindungen vom Spargel selbst oder von anderen Organismen produziert werden.

Im Zusammenhang mit den genannten Schäden müssen auch indirekte Effekte berücksichtigt werden. Offensichtlich erhöht die Gegenwart der Allelopathica die Anfälligkeit des Spargels gegen *Fusarium*welke. Der Befall an Wurzelfäule stieg deutlich an, wenn Pflanzenreste in Spargelböden eingearbeitet wurden[23]. Ein weiterer indirekter Effekt, der auf der Ferulasäure-Abgabe durch *Asparagus* beruht, ist die Hemmung des Hyphenwachstums von *Glomus fasciculatum*, einem arbuskulären Mykorrhizapilz, der mit verschiedenen Spargelsorten eine Symbiose eingeht. Dies führt zur Hemmung der Wurzelkolonisation durch *Glomus*, zur Hemmung der Phosphataufnahme und zur allgemeinen Wurzeldepression[24]. Nicht-Mykorrhizapflanzen zeigten keine Wachstumshemmung durch Ferulasäure.

Apfel (*Pirus malus*)

Kennzeichnend für das Auftreten der Bodenmüdigkeit beim Apfel ist der Kümmerwuchs des Sprosses (Farbabb. 18, S. 251) und eine Reduktion des Wurzelsystems, was zur Ertragsdepression führt. Eine Verpflanzung von müdem auf jungfräulichen Boden hebt die genannten Symptome wieder auf. Die Ursachen erweisen sich wegen noch unbekannter Standortfaktoren als außerordentlich komplex. Aus verschiedenen Anbaugebieten Deutschlands wurden bereits bei einmaligem Nachbau Wuchsdepressionen festgestellt, dagegen zeigte sich im Bodenseegebiet das Problem überhaupt nicht[25].

Nährstoffmangel und Strukturverschlechterung des Bodens nach langjährigem Anbau sind nach Kümmeler[18] auszuschließen. Wegen ihrer geringen Konzentration unter natürlichen Bedingungen ist mit einer Direktwirkung von Toxinen, die von Apfelbäumen gebildet werden, ebenfalls nicht zu rechnen[26]. Jedoch wird durch Zugabe von Wurzelstücken in unverseuchten Boden eine deutliche Wuchshemmung erreicht[27]. Offensichtlich werden durch den Abbau der Wurzeln im Boden Stoffe frei, die Bodenmikroorganismen zur Bildung von toxischen Substanzen nutzen (indirekte Allelopathie). Von Kümmeler[27] wurden auffallend hohe Methan-, Ethylen- und Butanwerte in müden Böden gemessen. Die Autorin schloß daraus, daß Bakterien am Ursachenkomplex der Bodenmüdigkeit beteiligt sind. Um welche Bakterien es sich handelt, ist noch nicht vollständig geklärt. Neben Actinomyceten, fluoreszierenden Pseudomonaden und *Bacillus subtilis*-Stämmen kommen auch Pilze wie *Penicillium claviforme*, *P. griseofuluum*, *P. expansum*, *Alternaria alternata*, *Constantinella terrestris* oder *Trichoderma* sp. in Frage.

Für die Wechselwirkung zwischen Allelopathie und Mikroorganismen kommen mehrere Möglichkeiten in Betracht, darunter insbesondere

- Schwächung von Pflanzen derselben Art durch Allelopathica, so daß eine höhere Anfälligkeit gegenüber pathogenen Mikroorganismen zustande kommt.
- Allelopathica dienen Mikroorganismen als Metaboliten und fördern deren Wachstum. Ausscheidungsprodukte dieser Mikroorganismen schwächen die Höhere Pflanze.
- Die Wachstumsförderung von Schadorganismen durch Allelopathica führt zur Verdrängung von nutzbringenden Mikroorganismen wie z. B. *Azospirillum* oder Mykorrhizapilzen.

Manipulation der Keimung von Unkrautsamen

Als Beispiel wird der Hemi- und Wurzelparasit *Striga (Scrophulariaceae)* vorgestellt, der Gramineen wie Mais, Reis, Zukkerrohr und Hirse befällt. Hierdurch kommt es zu erheblichen Schäden an den Kulturpflanzen mit drastischen Folgen für die Ernährung weiter Teile Afrikas (*Striga lutea*) und Asiens (*Striga asiatica*). Die Gefährlichkeit beruht auf der hohen Samenproduktivität und der langen Lebensfähigkeit der Samen. Die Keimung wird durch allelopathische Substanzen ausgelöst, die vom Wirt ausgeschieden werden.

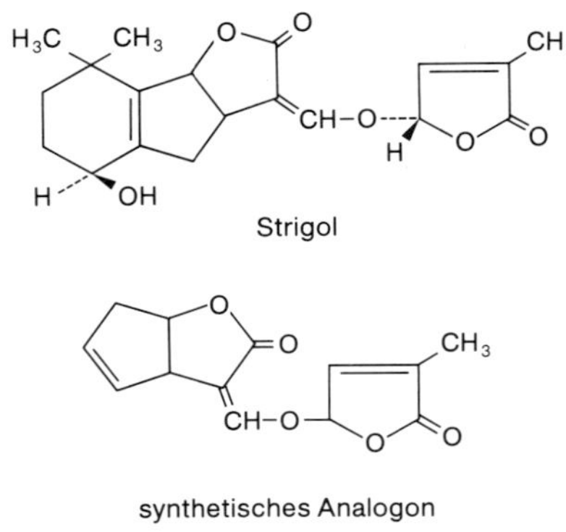

Abb. 9: Strigol und ein synthetisches Analogon, welche die Keimung von Striga fördern[30].

Die geringe Spezifität ermöglicht über die Fruchtfolge den Anbau sog. „falscher Wirte" als Fangpflanzen (z. B. Baumwolle), die den Samen von *Striga* zur Keimung anregen, selbst jedoch nicht befallen werden[28,29]. Derselbe Effekt wird durch Ethylen, aber auch durch Strigol (Abb. 9) erreicht, das von *Sorghum-* und *Gossypium*-Wurzeln ausgeschieden wird. Auch synthetische Analoga lassen sich hierfür verwenden. Bringt man die Substanzen zum geeigneten Zeitpunkt aus, so keimen die Pflanzen, gehen aber anschließend zugrunde, da sie keinen geeigneten Wirt finden.

Nutzung allelopathischer Wechselbeziehungen zur Unkrautbekämpfung

Die Daten der Tab. 1 und 2 legen eine Nutzung der Allelopathie zur Unkrautkontrolle nahe. Hierbei darf jedoch nicht übersehen werden, daß zwischen einzelnen Beobachtungen, z. B. in Form von Laborversuchen, und einer wirksamen und praxisgerechten Unkrautunterdrückung ein weiter Schritt liegt. Abgesehen vom immer noch lückenhaften Verständnis allelopatischer Wechselbeziehungen bilden die entwicklungsabhängige Unterdrückungskraft der Kulturpflanzen und die erheblichen Sortenunterschiede gegenwärtig die Haupthindernisse für eine konsequentere Nutzung der Allelopathie.

Ein Herbizideinsatz kann sich nach dem Schadschwellenprinzip orientieren, wonach eine Bekämpfungsmaßnahme nur dann durchgeführt wird, wenn auf Grund des Unkrautbesatzes (Deckungsgrad bei dikotylen, Anzahl pro Fläche bei monokotylen Unkräutern) eine Rentabiltität der Maßnahme zu erwarten ist. Demgegenüber muß die allelopathische Strategie von vorn herein von ihrer Effektivität ausgehen. Welche Aufgaben hierbei zu bewältigen sind, mögen die ungeheuren Samenvorräte in der Krume von Ackerböden belegen. Man schätzt, über die verschiedensten Bodentypen gemittelt, pro m^2 zwischen 400 und 86 500 Samen bei einem Durchschnitt von 11 600 Samen[31]. In Bayern wurden in Erhebungen auf 7 Ackerstandorten durchschnittlich 19 500 Samen pro m^2 im Schwankungsbereich von minimal 3 000 bis maximal 52 000 Unkrautsamen je m^2 gefunden[32]. Selbstverständlich steht der Samenertrag aus der Unkrautflora in enger Beziehung zum Unkrautwachstum.

Vor diesem Hintergrund müssen die Anstrengungen gesehen werden, die Kenntnisse über die Wechselwirkungen zwischen Kulturpflanzen und Unkräutern zur Unkrautunterdrückung zu nutzen. Gegenwärtig zeichnen sich folgende Ansätze ab[30]:

- Nutzung der allelopathischen Wirkung von Pflanzenrückständen (Einsatz von Mulch),
- Verwendung von künstlichen Pflanzenassoziationen, z. B. Getreideanbau bei gleichzeitiger Kultur anderer Pflanzenarten,
- Minimierung von Ertragsverlusten, die durch Allelopathica hervorgerufen werden, d. h. die Beseitigung von phytotoxischen Faktoren, z. B. durch eine geeignete Fruchtfolge,
- Nutzung allelopathisch aktiver Verbindungen zur Manipulation der Keimung von Unkrautsamen,
- Vegetationsmanagement in aquatischen Systemen, z. B. die Bekämpfung von Wasserpflanzen mit Allelopathica,
- chemische Modifikation von Allelopathica,
- Züchtung von Kulturpflanzen mit einem hohen allelopathischen Potential.

Ob die Nutzung sog. natürlicher Pflanzenschutzwirkstoffe für die Landwirtschaft, also an der Natur orientierter, synthetisch hergestellter oder gar abgewandelter Allelopathica, sich grundlegend von der Strategie des modernen Herbizideinsatzes unterscheidet, sei dahingestellt. Entscheidend sind die an der Biologie orientierten Bekämpfungsmaßnahmen, von denen man langfristig bei minimaler Belastung für die Umwelt einen maximalen Erfolg erhofft.

Literatur

[1] Molisch, H. (1937): Der Einfluß einer Pflanze auf die andere. Allelopathie, Fischer Verlag, Jena.

[2] Muller, C. H. (1970): Recent Advanc. Phytochem. **3**, 106.

[3] DeCandolle, M.A.P. (1832): Physiologie Végétale. Vol. III. Bechet Jenne. Lib. Fac. Med. Paris.

[4] Rice, E. L. (1984): Allelopathy, 2nd ed., Academic Press, London, New York, Toronto, Sidney, Tokyo, Sao Paulo.

[5] Mahall, B. E., Callaway, R. M. (1991): Proc. Natl. Acad. Sci. USA **88**, 874–876

[6] Harborne, J. B. (1988): Biochemical interactions between higher plants. In: Introduction to Ecological Biochemistry. 3rd ed., 356 p. Academic Press, London, New York.

[7] Klingler, H., Frosch, S., Wagner, E. (1991): Photosynth. Res. **28**, 109–118.

[8] Frosch, S., Trémolière, A., Wagner, E. (1990): Plant Physiol. Biochem. **28**, 567–576.

[9] Oster, U., Spraul, M., Rüdiger, W. (1990): Z. Naturforsch. **45c**, 835-844.

[10] Rietveld, W. J. (1983): J. Chem. Ecol. **9**, 235–308.

[11] Neave, I. A., Dawson, J. O. (1989): J. Chem. Ecol. **15**, 1823–1836.

[12] Schmidt, S. K. (1988): J. Chem. Ecol. **14**, 1561–1571.

[13] Jarvis, B. B. et al. (1981): Science **214**, 460

[14] Jarvis, B. B. et al. (1987): J. Nat. Prod. **50**, 815

[15] Jarvis, B. B., Kuti, J. O., Bean, G. A. (1988): Proc. Jpn. Assoc. Mycotoxicol. **1**, 199

[16] Jarvis, B. B. et al. (1988): J. Natl. Prod. **51**, 736

[17] Klaus, H. (1939): Landw. Jahrb. **89**, 413–459.

[18] Kümmeler, M. (1981): Erwerbsobstbau **23**, 162–168.

[19] Hoestra, H. (1968): Medel. Landbow Hogeschool Wageningen **13**, 1–105.

[20] Catska, V. (1988): Acta Horticulturae **233**, 45–48.

[21] Young, C. C. (1986): Autointoxication of *Asparagus officinalis*, p. 101–107. In: A. R. Putnam and C. Tangled: The Science of Allelopathy. Wiley, New York.

[22] Young, C. C., Chou, T. C. (1985): Plant and Soil **85**, 385–393.

[23] Hartung, A. C., Putnam, A. R., Stephens, C. T. (1989): J. Amer. Soc. Hort. Sci. **144**, 144–148.

[24] Wacker, T. L., Safir, G. R., Stephens, C. T. (1990): J. Chem. Ecol. **16**, 901–909.

[25] Stegmann, W., Bünemann, G. (1981): Erwerbsobstbau **23**, 263–267.

[26] Börner, H. (1963): Phytopathol. Z. **48**, 370–396.

[27] Kümmeler, M. (1982): Erwerbsobstbau **24**, 200–203.

[28] Kollmann, R., Dörr, J. (1987): Naturwissenschaften **14**, 12–21.

[29] Tauscher, R. (1988): Z. Pflanzenkrankh. Pfl.Schutz, Sonderheft XI, 15–31.

[30] Schlee, D. (1992): Naturwiss. Rdschau **45**, 468–474.

[31] Barralis, G., Chadoeuf, R. (1987): Weed. Res. **27**, 417–424.

[32] Albrecht, H. (1990): Untersuchungen zur Veränderung der Segetalflora an sieben bayerischen Ackerstandorten zwischen den Erhebungszeiträumen 1951/68 UND 1986/88. Diss. Weihenstephan (TU München).

Zusammenfassende Darstellungen

Grümmer, G. (1955): Die gegenseitige Beeinflussung Höherer Pflanzen – Allelopathie. Fischer-Verlag, Jena.

Harbone, J. B. (1988): Introduction to ecological biochemistry, 3rd. ed. Academic Press, London, New York, Toronto, Sidney, San Francisco.

Pawlowski, L., Bachthaler, G. (1989): Allelopathische Wechselbeziehungen und Möglichkeiten ihrer Nutzung zur Unkrautkontrolle auf dem Ackerland. Angew. Botanik **63**, 293–305.

Putnam, A. R. (1985): Weed allelopathy. Weed Physiology. CRC-Press, Boca Raton (Florida) **1**, 131–155.

Rice, E. L. (1984): Allelopathie, 2nd ed., Academic Press, London, New York, Toronto, Sidney, Tokyo, Sao Paulo.

Rizvi, S. J. H., Rizvi, V., eds. (1992): Allelopathy. Basic and applied aspects. Chapman & Hall, London, New York, Tokyo, Melbourne, Madras.

Schlee, D. (1992): Chemische Konkurrenz zwischen höheren Pflanzen. Allelopathie 55 Jahre nach Molisch. Naturwiss. Rdschau **45**, 468–474.

PFLANZENNÄHRSTOFFE UND DÜNGEMITTEL

A. Jungk, Institut für Agrikulturchemie der Georg-August-Universität Göttingen

Einleitung

Begriff und Bedeutung der Pflanzennährstoffe

Für das Wachstum und den Stoffwechsel der Pflanzen sind eine Reihe von chemischen Elementen notwendig. Einige sind Bauelemente der von den Pflanzen synthetisierten Verbindungen, andere fungieren im Stoff- und Energiewechsel in vielfältiger Weise, vor allem bei enzymatischen Reaktionen. Sie werden als Pflanzennährstoffe bezeichnet (Tab. 1). Die Form, in der sie die Pflanze aufnimmt, ist die von anorganischen, energiearmen Ionen oder Molekülen. Die Konzentration, in der sie erforderlich sind, reicht von weniger als 1 mg/kg der Trockenmasse bei Molybdän bis zu mehr als 40 Gew.-% bei Kohlenstoff und Sauerstoff. Die Elemente C, O und H entnimmt die Pflanze der Luft und dem Wasser. Die übrigen Elemente, die unter dem Begriff der mineralischen Pflanzennährstoffe zusammengefaßt werden, gelangen im wesentlichen aus dem Boden in die Pflanzen.

Tab. 1: Die Pflanzennährstoffe, ihre Gehalte in der Pflanze (Trockenmasse) und die Form, in der sie aufgenommen werden.

Element	Symbol	Gehalt in der TS	aufgen. Form
		g/kg	
Kohlenstoff	C	420	CO_2
Sauerstoff	O	440	O_2
Wasserstoff	H	60	H_2O
Stickstoff	N	23	NH_4^+, NO_3^-
Phosphor	P	3	$H_2PO_4^-$, HPO_4^{2-}
Schwefel	S	2	SO_4^{2-}
Kalium	K	20	K^+
Calcium	Ca	7	Ca^{2+}
Magnesium	Mg	3	Mg^{2+}
		mg/kg	
Eisen	Fe	100	Fe^{2+}*)
Mangan	Mn	30	Mn^{2+}*)
Zink	Zn	20	Zn^{2+}*)
Kupfer	Cu	8	Cu^{2+}*)
Bor	B	20	H_3BO_3, $H_2BO_3^-$
Molybdän	Mo	0,2	MoO_4^{2-}
Chlor	Cl	100	Cl^-
Natrium	Na		
Silicium	Si		
Kobalt	Co		

Die Elemente C bis Mg werden als Massennährstoffe bezeichnet, weil der Bedarf der Pflanzen groß ist, Fe bis Cl als Spurennährstoffe, weil der Bedarf der Pflanzen gering ist. Na, Si und Co sind nur für manche Arten notwendig.
*) Die Aufnahme von Fe, Mn, Zn und Cu erfolgt auch als Chelat (Phytometallophor).

Die Fähigkeit eines Standortes, Pflanzenwachstum hervorzubringen, beruht – bei geeigneten klimatischen Bedingungen – sehr wesentlich auf der Menge der Pflanzennährstoffe, die der Boden an die Pflanzen abgibt. Die natürliche Quelle der Nährionen ist die Verwitterung des Gesteins und der Minerale, aus denen der Boden entstanden ist, sowie biologische Prozesse auf und in ihm. Sie bestimmen in Verbindung mit Eintrag aus der Luft und kapillarem Aufstieg sowie Abtrag durch Erosion und Verlust durch Sickerung den Gehalt und die Pflanzenverfügbarkeit der Nährstoffe des Bodens.

Das Wesen der Düngung

Schon im Altertum war bekannt, daß der Pflanzenwuchs durch Einbringen bestimmter Stoffe, wie z. B. Exkremente und Asche in den Boden, verbessert werden kann. Seit der Begründung der Mineralstofftheorie durch Sprengel und Liebig weiß man, daß es vor allem die Pflanzennährstoffe sind, die in diesen Stoffen wirksam sind. Dies ist der Ursprung der systematischen wissenschaftlich fundierten Düngung, ohne die der heutige Landbau nicht mehr denkbar ist.

Düngung ist die mittelbare oder unmittelbare Zufuhr von Stoffen zu den Pflanzen; sie dient dem Ziel, das Wachstum zu fördern, den Ertrag zu erhöhen und die Qualität zu verbessern[1]. Die Notwendigkeit der Düngung ergibt sich daraus, daß mit dem Erntegut Jahr für Jahr Nährstoffe vom Acker abgeführt werden, so daß der Boden verarmt, wenn kein Ersatz durch Düngung erfolgt. Darüber hinaus sind viele Böden von Natur aus zu arm an Nährstoffen, um lohnende Pflanzenerträge zu erzielen.

Nicht nur die chemischen Eigenschaften von Böden, vor allem ihr Nährstoffgehalt, sondern auch ihre physikalische und biologische Beschaffenheit wird durch Düngung beeinflußt. Organische Stoffe wie Ernterückstände, Stallmist und Kompost, bilden Nahrung für die Bodenfauna und Mikroorganismen. In Verbindung mit Kalk wird dadurch das Bodenleben und das Bodengefüge begünstigt. So kann der Boden als Lebensraum der Wurzel und in seiner Funktion als Vermittler von Wasser und Nährstoffen verbessert werden, so wie er durch Düngung und andere Maßnahmen des Landbaus auch beeinträchtigt werden kann. Es ist die Fruchtbarkeit des Bodens, die im Vordergrund stehen sollte. Sie bildet die Grundlage der Existenz des Landwirts; er wird trachten, sie zu erhöhen und langfristig zu sichern.

Bis zum Ende des vorigen Jahrhunderts beschränkte sich die Düngung im wesentlichen auf Ernterückstände und – neben der Kalkung – auf Ausscheidungen von Mensch und Tier. Sie stellte eine teilweise Rückführung der Nährstoffe dar, die dem Boden von den Pflanzen entzogen und im Erntegut vom Acker abgeführt wurden. Auf diese Weise ist kein geschlossener Kreislauf zu erzielen und die Verarmung des Bodens nicht zu verhüten. Noch weniger ist die Anreicherung von Nährstoffen möglich, um eine von Natur aus ungenügende Ertragsfähigkeit der Böden zu steigern. Dies gelang erst, nachdem Mineraldünger beliebig verfügbar wurden, welche die Pflanzennährstoffe chemisch annähernd rein, d. h. in hochkonzentrierter Form enthalten.

Die Einführung der Mineraldüngung und ihre allgemeine Anwendung hat weltweit zu großen Ertragssteigerungen geführt. Sie hat es – in Verbindung mit anderen Maßnahmen des Landbaus – insgesamt annähernd ermöglicht, die Nahrungsproduktion an den Bedarf der dramatisch steigenden Weltbevölkerung anzupassen. Hungersnöte gibt es in Ländern mit geringem Düngeraufwand. Es besteht daher kein Zweifel, daß die Düngung einen unentbehrlichen Bestandteil der Landbautechnologie darstellt.

Im Gegensatz zu den meisten anderen Stoffen, die den Gegenstand dieses Buches bilden, handelt es sich demnach bei Düngemitteln nicht um unphysiologische Stoffe, die zur Abtötung von Unkräutern und Parasiten oder als unabwendbare Immission in die Biosphäre gelangen. Düngemittel sind vielmehr zum normalen Wachstum von Kulturpflanzen notwendig und in ihren wirksamen Anteilen identisch mit den entsprechenden nativen Bestandteilen des Systems Boden–Pflanze. Von Toxizität kann man bei Düngemitteln daher allenfalls im Sinne von Paracelsus sprechen, daß die Dosis den Charakter des Giftes ausmacht. Man darf nicht übersehen, daß das Fehlen von Nährstoffen schwere Schäden an Pflanzen auslöst.

Das Bestreben nach Ertragssteigerungen im Landbau führt generell zur Intensivierung der Düngung. Damit wächst die Gefahr, daß neben den erwünschten Wirkungen auch Nachteile entstehen. Durch steigende Düngung steigt der Nährstoffgehalt zuerst im Boden, dann in der Pflanze an. Im Mangelbereich nimmt zunächst nicht nur der Ertrag der Pflanzen, sondern vielfach auch ihr Nahrungs- und Futterwert sowie ihre Frost- und Schädlingsresistenz bis zu einem Optimum zu. Jenseits des Optimums werden diese Eigenschaften aber beeinträchtigt. Besonders problematisch ist die Tatsache, daß die Nährstoffe aus den Düngemitteln nicht restlos am Ort der Anwendung verbleiben. Verfrachtungen entstehen durch Sikkerung aus dem Boden in das Grundwasser, durch Erosion von Bodensubstanz mit Wasser und Wind und Eintritt von gasförmigen Verbindungen in die Atmosphäre. Die Eutrophierung von anderen Ökosystemen und Kontamination des Grundwassers sind die Folge. Besonders Stickstoff, z. T. aber auch andere Elemente, geben hier Anlaß zur Sorge. Es sind keineswegs nur die Mineraldünger, die hier kritisch zu betrachten sind. Die Intensivierung der Tierproduktion hat regional zur massiven Erhöhung der Tierzahlen und durch Futterzukauf zur Loslösung von der bodenständigen Futterproduktion geführt. Dadurch entstehen Exkrementmengen – meist in Form von Gülle – die auf dem betriebseigenen Land nicht mehr als Düngemittel im Sinne dieses Wortes verwendet werden können, weil sie zu Zeiten anfallen, in denen die Pflanzen nicht wachsen, oder weil ihre Menge den Nährstoffbedarf der Pflanzen übersteigt. Dung aus der Tierproduktion ist daher heute oft nicht mehr ein erwünschter Stoff zur Bodenverbesserung und Nährstoffrückführung, sondern ein Abfall, dessen ökologisch vertretbare Entsorgung große Probleme bereitet. Sinngemäß gilt dies auch für andere organische Abfallstoffe, wie z. B. Klärschlämme aus der Abwasserreinigung und Komposte aus festen organischen Abfällen.

Düngungsmethoden

Die Masse der Düngemittel wird in den Boden eingebracht. Hier gehen die Nährstoffe, ggf. nach chemischer oder mikrobieller Umwandlung, in die Bodenlösung über, aus der sie die Wurzel aufnimmt. Ein großer Teil der Düngemittel, insbesondere Kalk und der Hauptteil der organischen Düngestoffe, wird dem Boden zugeführt, um seine physikalischen und physiko-chemischen Eigenschaften zu verbessern. Die Düngung ist in diesen Fällen eng mit der Bodenbearbeitung und anderen pflanzenbaulichen Maßnahmen verknüpft. Es sei hier an die Einarbeitung von Ernterückständen erinnert, eine Maßnahme, die zugleich Düngung, Abfallbeseitigung und Rückführung von Substanzen in den Stoffkreislauf der Natur darstellt. Die Fruchtbarkeit des Bodens ist in erheblichem Maß von einer geordneten Humuswirtschaft abhängig. Diese beruht ihrerseits auf der sachgerechten Verwertung der Ernterückstände.

In manchen Fällen werden Nährstoffe in wäßriger Lösung unmittelbar auf die Pflanzen aufgebracht. Zwar ist die Wurzel das wirksamste Organ zur Aufnahme von Wasser und Mineralstoffen, Pflanzen können Mineralstoffe aber auch durch Stomata, Cuticula und Rinde aufnehmen. Diese Methode, die Blattdüngung, hat dort ihre Bedeutung, wo der Weg der Nährstoffe durch den Boden zur Wurzel infolge Trockenheit, Bewuchs mit Unterkulturen oder Bindung der Düngestoffe an Bodenbestandteile behindert ist, so daß die übliche Düngung nicht ausreichend wirksam wird. Die Dosierung richtet sich in diesem Fall nach der Konzentration der Düngerlösung, die die Pflanzen vertragen. Die notwendige Menge muß, falls sie auf diese Weise überhaupt applizierbar ist, durch wiederholte Gaben sichergestellt werden. Schäden können bei dieser Methode durch den Kontakt der Blätter mit dem Düngemittel entstehen. Sie äußern sich als Nekrosen („Verbrennungen") infolge überhöhter Konzentration.

In einzelnen Fällen erfolgt Düngung auch in Form von Gas. Sie ist im wesentlichen auf die CO_2-Düngung – meist aus Gasflaschen – im Pflanzenbau unter Glas beschränkt. An Gemüsepflanzen sind Verfärbungen, Verformungen und Welkung der Blätter und Wuchsminderungen beobachtet worden, wenn die CO_2-Konzentration der Luft in den Bereich von 1–3 Prozent kommt[2]. Wird CO_2 durch Verbrennung von fossilen C-Quellen erzeugt, kann es auch zu Schäden durch SO_2 kommen, wenn das Brennmaterial Schwefel enthält. Geringe SO_2-Konzentrationen (< 10 µl/l) dienen der Pflanze dagegen als S-Quelle, also als Nährstoff.

Beziehung zwischen Dosis und Wirkung

Wie bei anderen Stoffen, ist auch die Wirkung von Düngemitteln von der Dosis abhängig. Der Effekt von Düngern auf den Wuchs der Pflanzen wird durch Ertragskurven beschrieben. Wie auf S. 121 und 307 erläutert, steigt die Kurve bei Spurennährstoffen steiler als bei Massennährstoffen an. Der ansteigende Teil der Kurve ist als Förderungsbereich zu bezeichnen. Er beruht überwiegend auf der Nährelementwirkung des Düngemittels, die der Landwirt und Gärtner ausschließlich erstrebt. Mit steigender Düngergabe schließt sich nach Erreichen des Höchstertrages der Optimal- und der Schädigungsbereich an. Sind der Bedarf der Pflanze und ihre Toleranz gegenüber hoher Zufuhr eines Düngemittels gering, dann fällt die Kurve steil ab; die Gefährdung durch Überdüngung ist groß. Ein breiter Optimalbereich und flacher Abfall der Kurve zeugt von der Bindung der Nährstoffe an die Festphase des Bodens. Dies zieht geringe Risiken durch ungenau dosierte Düngergaben nach sich.

Das Problem der Eutrophierung

Düngung stellt primär eine Zufuhr von Pflanzennährstoffen dar. Dadurch wird der Gehalt des Bodens erhöht und die Versorgung der Pflanzen verbessert, die Voraussetzung zur Förderung von Ertrag und Qualität der Kulturpflanzen und damit das unmittelbare Ziel der Düngung. Der Landwirt sieht in der Düngung jedoch auch eine Maßnahme, um die Fruchtbarkeit seines Bodens zu verbessern, indem er die Nährstoffvorräte über das ursprüngliche Maß anreichert. Dies geschah ursprünglich vor allem durch Zufuhr von organischen Stoffen, die den Humusgehalt des Bodens erhöht und dadurch das Mineralisierungspotential als langsam fließende Stickstoffquelle verstärkt haben. Aber auch Phosphat und Kalium sind weithin angereichert worden[3]. Diese Maßnahmen wirken weit über das Jahr der Anwendung hinaus nachhaltig auf den Standort. Denn nicht nur im Erntegut wird dadurch der Mineralstoffgehalt erhöht, sondern auch in den Ernterückständen, die auf dem Felde verbleiben, sowie in Futter und Einstreu, die als wirtschaftseigene Dünger in den Boden zurückkommen. Der Prozeß hat über die Zeit das heutige hohe Ertragsniveau unserer Böden bewirkt und dazu geführt, daß Jahr für Jahr üppige Pflanzenbestände aufwachsen, die nährstoffreiche Rückstände hinterlassen. Damit haben sich in den Böden Vorräte an Nährstoffen, insbesondere an organisch gebundenem Stickstoff gebildet, die z. T. weit über die des Naturbodens hinausgehen. Die Folge ist, daß durch Mineralisation in vermehrtem Umfang Nitrat freigesetzt wird, auch zu Zeiten, in denen die Pflanzen keinen Bedarf haben. So kann es in das Grundwasser versickern, das Trinkwasser belasten, und wenn es als Quellwasser zutage tritt, zur Eutrophierung des Gewässers führen. Bodenmaterial, das durch Wind und Wasser in Gewässer oder in andere Ökosysteme transportiert wird, wirkt durch seinen Nährstoffreichtum ebenfalls eutrophierend. Verfrachtungen von gasförmigen Stickstoffverbindungen in der Atmosphäre wirken in gleichem Sinne.

Über den Ort und den Zeitpunkt der Anwendung weit hinausgreifend, kommt es demnach durch intensive Düngung zur flächenhaften und andauernden Eutrophierung nicht nur des Agrarstandortes selbst, sondern auch von mehr oder weniger weit entfernten aquatischen und terrestrischen Ökosystemen. Diese Folge der Düngung hat ökologische Wirkungen, die vor allem unter dem Blickwinkel der Artenvielfalt zunehmend kritisch betrachtet wird.

Die Wirkung der Eutrophierung von Gewässern auf die darin lebenden Organismen wird an anderer Stelle abgehandelt (S. 141). Der Eintrag von Pflanzennährstoffen in terrestrische Ökosysteme hat ebenfalls erhebliche Wirkungen[4,5]. Die Folge ist generell eine Erhöhung des N- und P-Gehaltes der Pflanzen, die Zunahme ihres Wuchses und damit die Verdichtung und Erhöhung des Pflanzenbestandes. Es kommt zur Veränderung des Mikroklimas, der Zunahme der Beschattung, generell zum Schwund an Vielfalt der Lebensbedingungen. Ellenberg[4] befürchtet, daß es dadurch zum Verlust an Pflanzenarten kommt, besonders solcher, die an N-ärmere Bedingungen angepaßt sind, die der veränderten Konkurrenz nicht gewachsen sind. In weiterer Folge verschwinden dadurch auch Tierarten. Für sie ist bedeutsam, daß der Nährstoffeintrag vor allem das frühe und rasche breit ausladende Pflanzenwachstum stimuliert. Damit werden Habitatstrukturen, Wärme- und Wasserhaushalt eines Biotops maßgebend verändert. Dies trifft besonders die Fortpflanzung der Tiere mit ihren empfindlichen Jugendstadien[4].

Schädigungsmöglichkeiten durch Düngung

Düngung kann bei Überdosierung eine Reihe von Schäden an Pflanzen hervorrufen. Kationen wie K^+, Ca^{2+}, Mg^{2+}, NH_4^+ sowie Fe^{2+} oder Fe^{3+}, Mn^{2+}, Zn^{2+} und Cu^{2+}, aber auch einige Anionen, besonders Phosphat, werden an die feste Substanz des Bodens adsorptiv mehr oder minder stark gebunden, oder sie gehen mit Bestandteilen des Bodens schwerlösliche Verbindungen ein. Daher bleibt ihre Konzentration in der Bodenlösung relativ gering, auch wenn die Düngergabe bzw. der Gesamtgehalt des Bodens relativ hoch ist. Die Gefahr der Überdosierung ist in diesen Fällen gering. Für bestimmte Stoffe verfügen manche Pflanzen auch über ein wirksames Ausschließungsvermögen, so daß die Toxizitätsgrenze nicht erreicht wird, obwohl die Bodenlösung eine hohe Konzentration aufweist. Schließlich ist die Toleranz der Pflanzen gegenüber den aufgenommenen Stoffen sehr unterschiedlich.

Schädigungen von Pflanzen kommen zum Teil durch spezifische Wirkung zustande wie z. B. durch Beeinflussung von Enzymreaktionen, Konkurrenz um Metabolite oder Beeinflussung von Biomembranen. Bei größeren Konzentrationen treten jedoch unspezifische Salz- bzw. Ionenwirkungen in den Vordergrund, die überwiegend osmotisch bedingt sind. Nekrosen der Blattränder, an denen sich die Stoffe anreichern, deuten auf solche Effekte hin. Sie können schon bei Düngergaben eintreten, die den Gesamtbedarf des Pflanzenbestandes nicht übersteigen. Wenn der Dünger auf die Bodenoberfläche gestreut und nicht eingearbeitet wird, entstehen in der obersten Schicht zunächst hohe Konzentrationen, bis sich die Salze im Boden verteilt haben. Die Gefährdung wird dadurch verständlich, daß bei Intensivkulturen jährliche Düngergaben in der Größenordnung von 1000 kg anorganischer Salze pro Hektar ausgebracht werden. Falls sich diese Menge in einer Schicht von 5 cm Boden befindet, ergibt sich ein Anteil von 2 g Salz pro Liter Boden. Nimmt man den Wassergehalt des Bodens mit 20 Vol.-% an und unterstellt, daß sich der gesamte Dünger im Bodenwasser löst, so errechnet sich eine Konzentration von 10 g Dünger pro Liter Bodenlösung. Schädigungen etwa der auflaufenden Saat sind durch solche Konzentrationen möglich. Sie sind vermeidbar durch Teilung der Düngergaben oder Vermischung des Düngers mit einem größeren Teil der Krume.

Andere Schädigungsmöglichkeiten liegen in der Induktion des Mangels an einem Nährelement durch die einseitige Zufuhr eines anderen. Die Zufuhr des Mangelnährstoffs fördert das Wachstum und steigert damit den Bedarf an anderen Nährstoffen. Sind diese nicht entsprechend verfügbar, so geraten sie in Mangel. Durch Ionenkonkurrenz kann ein an sich ausreichend vorhandener Nährstoff in der Aufnahme behindert werden. So kommt es z. B. nach einseitiger K^+- oder NH_4^+-Zufuhr nicht selten zu Mg-Mangel. Begleit- und Ballaststoffe in Düngemitteln, die keine Nährstoffwirkung haben, z. B. der Chloridanteil in Kalisalzen, sind bei der Wahl der Düngemittel ebenfalls zu beachten. Ihre Wirkung ist z. T. indirekter Natur, indem sie mehr den Bodenzustand als die Pflanze beeinflussen. Hier ist vor allem Natrium zu nennen, das im Tausalz und als Nebenbestandteil in einigen Düngern enthalten ist. Es hat zwar positive Wirkung auf das Wachstum von Rüben und anderen Chenopodiaceen sowie auf die Futterqualität von Weidepflanzen, es kann jedoch durch Verschlämmung des Bodens nachteilig wirken, indem es das Auflaufen der Saat beeinträchtigt.

Manche Düngemittel wirken versauernd auf den Boden, insbesondere Ammoniumsalze. Dies kann auf kalkreichen Böden positiv, auf sauren Böden schädlich sein. Nachteile entstehen auch dadurch, daß Düngung ein üppiges Wachstum hervorruft, welches die Standfestigkeit der Pflanzen beeinträchtigt. So erhöht sich durch reichliche Stickstoffversorgung die Lagerneigung des Getreides. Auch kann die Anfälligkeit gegen Krankheiten und Schädlinge begünstigt werden, allein schon durch Veränderung des Bestandesklimas. Aus organischen Düngemitteln kann Ammoniak freigesetzt werden, das als Gas in der Atmosphäre verfrachtet wird. Es kann dann benachbarte Pflanzenbestände schädigen, oder es gelangt an anderer Stelle in den Boden, wo es als N-Düngung wirksam wird.

Alle diese Erscheinungen sind bei der Wahl der Düngemittel, dem Zeitpunkt ihrer Ausbringung und der Höhe der Gaben zu berücksichtigen. Nachteilige Wirkungen lassen sich durch vorsichtige Dosierung und konsequente Anwendung der heutigen Sachkenntnis weitgehend vermeiden oder kompensieren, wobei zugleich hohe Erträge möglich sind. Ökonomische und ökologische Ziele schließen sich demnach nicht generell aus. Die Kosten der Düngemittel gebieten es dem Landwirt, nur soviel zu düngen, wie von den Pflanzen auf rentable Weise in Ertrag umgesetzt wird. Verfährt man so, dann entziehen die

Pflanzen ebenso große Nährstoffmengen aus dem Boden, wie gedüngt worden sind, so daß größere Anreicherungen im Boden und Versickerung in das Grundwasser unterbleiben. Nachteile sind jedoch nicht völlig zu vermeiden.
Es gibt hinsichtlich der Düngemittelmengen auch Zielkonflikte. Kartoffeln und einige Gemüsearten wie Spinat und Kohlarten erreichen nur dann den Höchstertrag, wenn der Boden größere Mengen an Stickstoff enthält, als die Pflanzen bis zur Ernte aus dem Boden entziehen. In diesem Zusammenhang ist auch die Qualität des Erntegutes zu erwähnen. Sie hat ihr Optimum nicht immer bei Düngergaben, die zum höchsten Ertrag führen. So weist der Nitratgehalt von Blattgemüse oft unerwünscht hohe, für Diätkost sogar unzulässige Werte auf, wenn die Stickstoffdüngung auf den höchsten Ertrag abgestellt wird. Andere Kriterien der Nahrungsqualität werden durch Düngung manchmal günstig, oft aber auch ungünstig beeinflußt. Hier liegen Probleme, die der Lösung bedürfen.

Massennährstoffe

Die Massennährstoffe sind diejenigen Pflanzennährstoffe, die in der vegetativen Trockenmasse in Gehalten über 0,1 % notwendig sind (Tab. 1). Der Nährstoffbedarf der Pflanzen und damit im allgemeinen auch der Düngerbedarf sind in der Landwirtschaft dementsprechend groß.

Stickstoff

Die Notwendigkeit des Stickstoffs als Wachstumsfaktor der Pflanzen ergibt sich aus seiner Funktion als Bauelement von Proteinen, Nukleinsäuren und zahlreichen anderen essentiellen Verbindungen. Der N-Gehalt von Pflanzen liegt i. a. zwischen 0,5 und 5 % der Trockenmasse. Er variiert nach Art, Organ und Alter der Pflanzen und wird durch das N-Angebot wesentlich beeinflußt.
Die unmittelbaren N-Quellen der höheren Pflanzen sind Nitrat- und Ammonium-Ionen, die sie der Bodenlösung entnehmen. Der N_2-Vorrat der Luft kann nur indirekt durch symbiontische und assoziative, zum geringen Teil auch durch im Boden freilebende Mikroorganismen genutzt werden.

Der N-Haushalt des Systems Boden–Pflanze

Die N-Aufnahme der Pflanzen hängt im wesentlichen von den NO_3^-- und NH_4^+-Konzentrationen der Bodenlösung ab. In ungedüngten Böden sind diese meist niedrig. Sie sind das Ergebnis der N-Umsetzungsdynamik des Bodens. Der N-Haushalt von Böden ist eingebunden in den N-Haushalt der gesamten Natur, wie Abb. 1 erkennen läßt. Er ist geprägt durch große N-Mengen, oft mehr als 10 000 kg/ha, die in der Festphase gebunden und nur sehr kleinen Anteilen, die in der Bodenlösung in pflanzenverfügbarer Form enthalten sind. Der überwiegende Teil ist durch biologische Prozesse, vor allem die mikrobielle Umwandlung von Pflanzenresten, in den Boden hineingelangt und im Humus organisch gebunden. Die lebende Biomasse enthält circa 200 kg N/ha. In Tonmineralen sind bis zu mehreren tausend kg N/ha anorganisch in Form

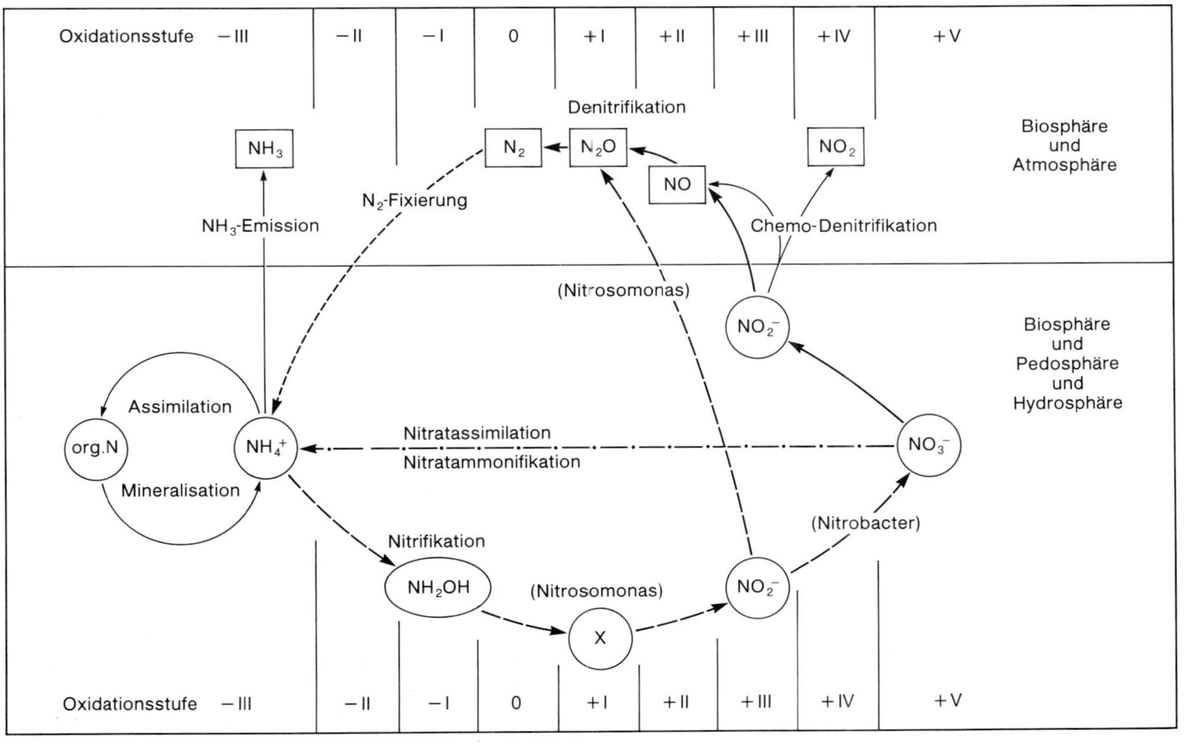

Abb. 1: Kreislauf des Stickstoffs in der Natur. Aus Seiler und Conrad 1981[34].

von NH_4^+ fixiert. Anteile dieses den Pflanzen nicht verfügbaren Stickstoffs liegen in mehr oder weniger labiler Bindung vor. Humus wird durch mikrobielle Prozesse mineralisiert. Der darin enthaltene Stickstoff wie auch randnahe Teile des NH_4^+ aus Tonmineralen gelangen unter aeroben Bedingungen schließlich als Nitrat in die Bodenlösung. Die NO_3^--Konzentration der Bodenlösung bleibt in natürlichen Pflanzenbeständen im allgemeinen niedrig, weil die N-Freisetzungsrate meist geringer als die potentielle Aufnahmerate der Pflanzen ist. Dadurch wird die Auswaschung des ansonsten sehr mobilen Nitrations und sein Verlust aus dem Ökosystem wirksam verhindert. Dies ist der Grund, weshalb Stickstoff für Höhere Pflanzen in der Natur allgemein eine knappe, oft wuchsbegrenzende Ressource ist, obwohl sich die in Pflanzenbeständen enthaltene N-Menge mit wenigen hundert kg/ha gering ausnimmt vor dem Gesamt-N-Vorrat der meisten Böden.

Wirkungen der N-Versorgung auf Ertrag und Qualität von Kulturpflanzen

Der N-Bedarf von Pflanzen

Der Landwirt und Gärtner strebt an, die N-Düngung so zu bemessen, daß der Stickstoff-Bedarf der Pflanzen, unter Berücksichtigung der N-Anlieferung des Bodens, gedeckt wird. Der N-Bedarf landwirtschaftlicher und gärtnerischer Kulturpflanzen, d. h. der zum Erreichen des standörtlich möglichen Ertrages, liegt bei annuellen Pflanzen je nach Art zwischen 100 und 350 kg N/ha. Die Quellen, aus denen diese N-Mengen stammen, lassen sich unterteilen in:

- den Mineralstoffvorrat des Bodens zu Beginn der Vegetationszeit (Summe $NH_4^+ + NO_3^- = N_{min}$-Vorrat),
- die Mineralisation organischer N-Verbindungen des Bodens während der Vegetation und
- die N-Düngung.

Der N-Düngebedarf ergibt sich demnach aus der Differenz zwischen dem Gesamt-N-Bedarf der Kultur und der Summe von N_{min}-Vorrat und N-Mineralisation. Wehrmann und Scharpf[6] haben gezeigt, daß der Mineralstickstoffvorrat des Bodens in der durchwurzelten Bodenschicht meßbar und bei der Berechnung des N-Düngerbedarfs voll anzurechnen ist.

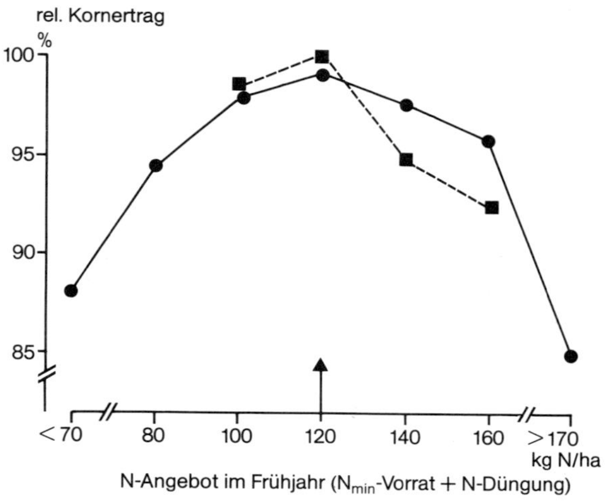

Abb. 2: Relativer Kornertrag von Winterweizen in Abhängigkeit vom N-Angebot im Frühjahr. ● – ● = Mittelwerte aus 27 N-Düngungsversuchen 1975–1980 (100 % = Höchstertrag im einzelnen Versuch); ■ – ■ = Erhebungsuntersuchung von 2500 ha 1981 (100 % = Ertrag bei 120 kg N (ha). Aus Wehrmann et al. 1982[12]

Die Mineralisation während der Vegetationszeit läßt sich dagegen nicht mit befriedigender Treffsicherheit vorherbestimmen, da sie von der Witterung abhängt. Bei Getreide und einigen anderen Kulturen ist trotzdem eine recht verläßliche Prognose des N-Düngerbedarfs für die Frühjahrsdüngung allein aufgrund des N_{min}-Vorrats möglich, weil dieser Anteil vorherrschende Bedeutung hat im Vergleich zur Freisetzung von Stickstoff aus der organischen Substanz des Bodens.
Abbildung 2 läßt erkennen, daß die N-Versorgung von Winterweizen im Frühjahr optimal ist, wenn die Summe aus N_{min}-Vorrat und N-Düngergabe 120 kg N/ha beträgt. Dieser Optimalwert („Sollwert“) ist bei den Kulturarten unterschiedlich und muß empirisch bestimmt werden[7].
N-Gaben über 120 kg N/ha im Frühjahr zu Winterweizen führen zum Ertragsrückgang, obwohl diese Menge durch spätere Gaben auf 200 kg N/ha ergänzt werden muß, um den höchsten Kornertrag zu erzielen. Ursachen dieser Einbußen sind zum Teil dem Lagern des Getreides zuzuschreiben, wodurch die normale Ausbildung der Ähren und Körner behindert wird, und Verluste bei der Einbringung der Ernte entstehen. Andere Kulturarten wie Rüben, Kartoffeln und manche Gemüsearten erfordern höhere N-Mengen als Getreide, um den höchsten Ertrag zu erlangen. So haben in zahlreichen Versuchen bei Zuckerrüben im norddeutschen Raum[8] N-Gaben von 160 kg/ha zum höchsten Rübenertrag geführt. Der höchste Zuckerertrag, d. h. die beste Qualität der Rüben, ergab sich dagegen bei nur 130 kg N/ha. Die zum Höchstertrag nötige N-Menge im Bestand, d. h. der Bedarf, liegt hingegen bei 240 kg N/ha, d. h. 80 kg N entstammen aus dem Bodenvorrat.
Weißkohl erfordert zum Höchstertrag 350 kg N/ha aus Düngung und Bodenvorrat[9]. Eine höhere N-Zufuhr bewirkt das Platzen der Köpfe[10], d. h. eine Beeinträchtigung der Qualität. Andere Kulturen, wie z. B. Flachs, Reben und Obst, erfordern niedrigere N-Mengen zum Höchstertrag. Sie müssen für jede Art und jeden Standort experimentell ermittelt werden, um das Optimum zu erreichen.
Die Zuverlässigkeit der Bestimmung des N-Düngerbedarfs ist davon abhängig, wie groß der N-Anteil ist, der während der Vegetationszeit durch Mineralisation aus der organischen Substanz des Bodens freigesetzt wird. Er kann nach Witterung, Standort und Bewirtschaftung in weiten Grenzen streuen. Je größer und variabler dieser Anteil im Vergleich zum N-Bedarf ist, um so unsicherer wird die Aussage des N_{min}-Vorrates zu Beginn der Kultur für die Bestimmung des N-Düngerbedarfs. Dieser Fall ist bei Kulturen mit längerer Vegetationszeit zu erwarten, z. B. Zuckerrüben und Kohlgemüse, sowie perennierenden Kulturen, wie den Obstarten. Zur Abschätzung des N-Bedarfs eignen sich dann Analysendaten der Pflanzen[11, 12] besser als solche des Bodens.

N-Überdüngung

Die Betrachtung impliziert, daß die nachteilige Wirkung überhöhter N-Versorgung von der N-Menge abhängig ist. Dabei spielt es keine Rolle, ob der Stickstoff aus Mineraldüngergaben oder aus organischen Düngemitteln, wie Stallmist, Gülle und Kompost, oder aus der Mineralisation des Stickstoffs der organischen Substanz des Bodens stammt. Die Wirkung ist, zumindest in Ackerböden, vorwiegend als die des Nitrations anzusehen, da dies als Endglied einer Kette von mikrobiellen N-Umsetzungen entsteht. Spezifische Wirkungen von Ammonium und anderen Verbindungen aus Düngemitteln und Komponenten des N-Kreislaufs treten jedoch ebenfalls auf. So verständlich es ist, daß der Landwirt durch Düngung – ein relativ billiges Betriebsmittel – den Höchstertrag erreichen will, so ist die Überschreitung der optimalen Gabe besonders beim Stickstoff aus verschiedenen Gründen nachteilig. Durch

die Überschreitung der optimalen N-Gabe wird nicht nur Dünger verschwendet, sondern es entstehen Ernteerschwernisse, Ertrags- und Qualitätseinbußen und eine ganze Reihe weiterer ökonomischer und ökologischer Nachteile.
Einige Effekte, die durch überhöhte N-Versorgung hervorgerufen werden, sind in Tab. 2 zusammengefaßt. Sie beruhen zum großen Teil darauf, daß Kohlenstoffgerüste im Übermaß in N-haltige Verbindungen eingebaut werden und daher für andere Synthesen, z. B. Stützgewebe und sekundäre Pflanzenstoffe einschließlich mancher Aromastoffe, fehlen. Die Beeinträchtigung des Vitamin-C-Gehaltes ist durch die gegenseitige Beschattung der Blätter zu erklären. Manche dieser Wirkungen, z. B. üppiger Wuchs, Zartheit von Gemüse, sind in gewissem Grade und bei bestimmten Pflanzen erwünscht. Das Optimum ist von Kulturart und Anbauziel abhängig; die Übergänge sind fließend. Die Bestimmung des Optimums der N-Versorgung und die Anpassung der N-Düngung an den N-Bedarf der Pflanzen gehört zu den wichtigsten und nach wie vor schwierigen Aufgaben der Pflanzenernährung.
Manche der in Tab. 2 genannten Effekte berühren vor allem den Erzeuger (Standfestigkeit, Ausreife, Frostresistenz und Haltbarkeit), oder den industriellen Verarbeiter (Haltbarkeit, Zucker- und Stärkegehalt). Der Verbraucher ist dagegen mehr interessiert an Geruch, Geschmack und Aussehen der Früchte sowie an gesundheitlich bedeutsamen Inhaltsstoffen der landwirtschaftlichen Erzeugnisse. Geruch und Geschmack von Gemüse und Obst stehen mit der Ertragshöhe und damit der N-Düngung zwar nicht in einem engen, aber doch in gewissem i. a. negativen Zusammenhang. Andererseits verlangt aber der Markt üppiges und zartes Gemüse und große makellose Früchte. Diese sind nur mit relativ hohen N-Gaben zu erzielen.
Die Mineralstoffzusammensetzung wird ebenfalls verändert. Der Gehalt der Erdalkali-Ionen Ca^{++} und Mg^{++} tendiert bei hoher Düngungsintensität häufig zu niedrigeren, der K-Gehalt zu höheren Gehalten. Eine größere Rolle spielen sicherlich N-haltige Verbindungen. Der Proteingehalt steigt generell mit der N-Versorgung der Pflanzen, zugleich auch die Konzentration an niedermolekularen N-Verbindungen wie freien Aminosäuren, Amiden und Aminen. Sie sind nicht gesundheitsschädlich, aber manche von ihnen, z. B. Putrescin, beeinträchtigen den Wohlgeschmack.

Tab. 2: Symptome überhöhter Stickstoffversorgung von Pflanzen.

Wachstum üppig („mastig")
Blätter groß, dunkelgrün („blasig")
Gewebe weich („schwammig")
Anfälligkeit gegen Schadpilze erhöht
Stützgewebe geschwächt
Wurzelwachstum vermindert
Standfestigkeit erniedrigt
Trockenresistenz verringert
Ausreife (Triebabschluß) verzögert
Frostresistenz eingeschränkt
Haltbarkeit verringert
Blütenansatz z. T. schwächer
Zuckergehalt (von Rüben) erniedrigt
Zuckerausbeute (von Zuckerrüben) beeinträchtigt
Stärkegehalt (von Kartoffeln) verringert
Vitamin-C-Gehalt (von Gemüse) gesenkt
Geschmack (von Obst, Gemüse, Kartoffeln) beeinträchtigt

Nitrat in Nahrungspflanzen

Die beiden anorganischen Ionen Ammonium und Nitrat werden konzentrationsabhängig von den Wurzeln in relativ hohen Raten aufgenommen. Die Assimilation von Ammonium erfolgt fast immer so rasch, daß die NH_4^+-Konzentration in der Pflanze niedrig (< 20 mg/kg Frischmasse) bleibt. Nitrat-Ionen werden dagegen bei reichlichem NO_3^--Angebot in der Pflanze stark akkumuliert, besonders in den Stengeln und Blattstielen von Gemüsearten wie Spinat, Kopfsalat, Grünkohl, in geringerem Maße auch bei Kohlrabi, Tomaten und Möhren. Werte um 3000 mg NO_3^- pro kg Frischsubstanz sind in Spinat keine Seltenheit. Wegen der Einschätzung des Nitrats als Risikofaktor für die menschliche Gesundheit, wird in der Öffentlichkeit die Begrenzung des Nitratgehaltes von Gemüse gefordert. Diät- und Kleinkindnahrung darf aufgrund gesetzlicher Regelung maximal 250 mg NO_3^-/kg enthalten. Dieser Grenzwert ist so niedrig, daß er durch die normale Produktionsweise gar nicht erreichbar ist. Er wird vielmehr durch Blanchieren und Auswaschen bei der industriellen Zubereitung des Erntegutes auf so niedrige Werte eingestellt. Damit werden jedoch auch erwünschte Stoffe wie z. B. Ascorbinsäure (Vitamin C) und Alkali- und Erdalkali-Ionen entfernt.
Die Höhe und Verteilung der N-Düngung sollte daher künftig noch stärker als bisher an Qualitätskriterien der Pflanzen orientiert werden. Dabei ist zu beachten, daß N-Überdüngung an der Beeinträchtigung von Haltbarkeit, Geschmack, wertgebenden Inhaltsstoffen, wie Zucker, Stärke, Vitaminen, sowie dem Aussehen der Früchte und anderen Qualitätsmerkmalen nicht selten schon bei Dünger-Gaben eintritt, die noch nicht zum Höchstertrag führen.

N-Düngung und Pilzbefall

Die Veränderungen der Pflanzen, die sich mit steigender N-Versorgung am Ertrag, am habituellen Bild und der Zusammensetzung der Pflanzen zu erkennen geben, haben auch Auswirkungen auf den Befall mit Schadpilzen. So haben besonders Heitefuss und Mitarbeiter[13, 14, 15] an zahlreichen Feldversuchen gezeigt, daß durch die Düngung mit Harnstoff und Kalkammonsalpeter der Befall des Getreides mit manchen Schadpilzen, insbesondere Mehltau *(Erysiphe graminis)*, signifikant zunimmt. Das Auftreten der parasitären Halmbruchkrankheit wird dagegen nicht gefördert.
Die höhere N-Versorgung ermöglicht es demnach den Pilzsporen, mit ihren Infektionshyphen leichter in die Pflanzen einzudringen, oder der Pilz findet in der Pflanze ein biochemisch geeigneteres Wirtsmedium vor als in N-ärmeren Pflanzen. Da die Pflanzenbestände mit der N-Düngung dichter werden, ist auch mit der Veränderung des Mikroklimas im Pflanzenbestand zu rechnen, die die Sporenkeimung begünstigt. Es sei ferner erwähnt, daß N-Düngung häufig auch die Unkrautentwicklung fördert und dadurch die Konkurrenten der Kulturpflanzen begünstigt.

Stickstoffdüngemittel

Stickstoff ist in Düngemitteln als Ammonium und Nitrat enthalten, die Form, die die Pflanze unmittelbar nutzen kann, oder in Form organischer Bindung, die erst im Boden, meist unter Beteiligung von Mikroorganismen, in NH_4^+ oder NO_3^- umgewandelt wird.
Die gebräuchlichsten Mineralstickstoff-Dünger sind in Tab. 3 zusammengefaßt. Aus praktischen Gründen wird Harnstoff zu den Mineraldüngern gezählt, obwohl sein Stickstoffanteil erst im Boden durch enzymatische Reaktion in anorganische Form übergeht. Die in Tab. 3 genannten Dünger sind, zumindest ihre stickstoffhaltigen Komponenten, im Wasser leicht löslich, mit Ausnahme der Harnstoffkondensationsprodukte.

Tab. 3: Liste der wichtigsten Stickstoffdüngemittel.

N-Form	Handelsname	Formel	Gew.-% N
Nitrat	Natronsalpeter	$NaNO_3$	16,5
	Kalksalpeter	$Ca(NO_3)_2$	17
Ammonium	Ammoniakgas	NH_3	82
	Ammoniakwasser	NH_3, NH_4OH	verschieden
	Schwefelsaures Ammoniak	$(NH_4)SO_4$	21
Ammoniumnitrat	Ammoniumnitrat	NH_4NO_3	35
	Kalkammonsalpeter	$NH_4NO_3 + CaCO_3$	26
	Ammonsulfatsalpeter	$NH_4NO_3 + (NH_4)_2SO_4$	26
Amid	Harnstoff	$CO(NH_2)_2$	46
	Harnstoffkondensationsprodukte	–	verschieden
	Kalkstickstoff	$CaCN_2$	22
Ammoniumnitrat-Amid	Ammoniumnitrat-Harnstofflösung	$NH_4NO_3 + CO(NH_2)_2$	28

Ammoniak und Ammonium

Mineraldünger, die als alleinige N-Quelle NH_3 bzw. NH_4^+-Ionen enthalten, sind Ammoniakgas, Ammoniakwasser und schwefelsaures Ammoniak (Ammoniumsulfat). Ammonium ist darüber hinaus in einer Reihe von weiteren Düngern enthalten, solchen auf Ammoniumnitratbasis, in mineralischen Mehrnährstoffdüngern („Volldüngern") und generell auch in organischen Düngern, wie Stallmist und vor allem in Gülle. Außerdem entsteht Ammonium durch Hydrolyse von Harnstoff und die Mineralisation der organischen N-Verbindungen des Bodens.

Ammoniak, ein farbloses, stechend riechendes Gas, wird durch Haber-Bosch-Synthese großtechnisch gewonnen. Es bildet den Grundstoff für die Herstellung der Masse der heutigen synthetischen Stickstoffdünger. Ammoniak kann unmittelbar als Dünger verwendet werden, wobei es mit besonderen Geräten nach Verdampfung von verflüssigtem NH_3 gasförmig in den Boden geblasen wird. In kaltem Wasser ist es stark löslich, zum Teil reagiert es mit Wasser gemäß

$$NH_3 + H_2O \rightleftharpoons NH_4^+ + OH^-.$$

Es wirkt als Lauge. Das Gleichgewicht zwischen NH_3-Molekülen und NH_4^+-Ionen ist nach der Henderson-Hasselbach-Gleichung vom pH-Wert abhängig: es verschiebt sich mit steigendem pH-Wert nach links, mit sinkendem pH nach rechts. Bei pH-Werten über 7 ist mit der Freisetzung von Ammoniak in die Atmosphäre aus allen ammoniumhaltigen Düngern zu rechnen, die sich in Wasser gelöst auf oder im Boden befinden. Ammoniumionen werden von den Kationenaustauschern des Bodens adsorbiert; sie sind dann vor dem Übergang in die Gasphase weitgehend geschützt. Auch Pflanzen geben in geringen Raten NH_3 ab, besonders annuelle in der Seneszenzphase[16].

In der Atmosphäre wird Ammoniak je nach den Witterungsbedingungen mehr oder weniger weit verfrachtet. Dabei kann es sich, falls SO_2 in der Luft vorhanden ist, mit diesem zu $(NH_4)_2SO_4$ vereinigen. Durch trockene oder nasse Deposition gelangt es an anderer Stelle zurück in den Boden oder unmittelbar auf Pflanzen.

Pflanzen können Ammoniak bei geringer Konzentration der Luft auch als N-Quelle nutzen. Bereits in Konzentrationen, die noch weit unter dem MAK-Wert von 35 mg/m³ Luft liegen[17], treten jedoch an der Vegetation mannigfache negative Veränderungen auf. Sie äußern sich durch Chlorosen der Blätter, Nekrosen an Blättern und Stengeln, Absterben des Mesophylls und Blattfall[18], die Toleranz gegen Frost, Dürre, Schadpilze und Schadinsekten nimmt ab (vgl. auch S. 359). In natürlichen Pflanzengesellschaften kann sich die relative Konkurrenzkraft der Arten und damit die Artenzusammensetzung ändern.

Eine Vorstellung über die kritische Konzentration und Dauer der von den meisten Pflanzenarten tolerierten Ammoniakexposition ist in Tab. 4 angegeben. Akute Schäden treten an Pflanzen, vor allem an Bäumen, in der Nähe von Güllebehältern[19, 20] und Ställen mit Massentierhaltung auf. An der Leeseite einer untersuchten Hühnerfarm waren z. B. in der Hauptwindrichtung erhebliche Schäden an Kiefern in Form von Kronenverlichtung und Verbraunung der Nadelspitzen zu beobachten. Chemische Analysen der Luft erwiesen einen Zusammenhang zwischen der Entfernung vom Emittenten und der Ammoniak-Konzentration[21]. So wurden leeseits des Stalls in 30 m Entfernung 540, in 130 m um 320 und im Abstand von 280 m noch 240 µg N pro m³ in Form von NH_3 bzw. NH_4^+ gemessen. Als Ursache der Schädigung ist in Einklang mit Tab. 4 die unmittelbare NH_3-Einwirkung auf die Nadeln anzunehmen.

In Nährlösungen verursacht gelöstes Ammoniak (nicht Ammonium) bei Gurkenpflanzen schon ab 0,06 mmol/l, bei Tomatenpflanzen ab 0,16 mmol/l deutliche Wuchsminderung[22]. Ab 0,1 mmol NH_3/l treten bei Gurke unscharf begrenzte interkostale Chlorosen der Blätter auf, ihr Chlorophyllgehalt sinkt ab. Wachstum und Verzweigung der Wurzeln sind ebenfalls beeinträchtigt, die Länge der Wurzelzellen und die Größe der Vakuolen nimmt ab[23].

Die hohe Toxizität von Ammoniak wird damit begründet, daß es Biomembranen leicht durchdringen und unkontrolliert in den Protoplasten der Zelle gelangen kann. Es beeinflußt den pH-Wert und stört Enzymreaktionen, es greift in den Energiestoffwechsel durch Entkopplung der Phosphorylierung ein (vgl. S. 359). Die Wurzelatmung wird erniedrigt. Die Folge sind Störungen des Mineralstoff- und Wasserhaushaltes der

Tab. 4: Kritische Ammoniakkonzentration der Luft für Pflanzen in Beziehung zur Expositionsdauer. Nach van der Eerden et al. (1990).[21a]

Einwirkungsdauer	kritische NH_3-Konzentration der Luft (µg/m³)
1 Stunde	3300
1 Tag	270
1 Monat	23
1 Jahr	8

Pflanzen. Sie sind rasch an der Mineralstoffaufnahme der Wurzel zu erkennen. So sinkt die Rate der K^+-Aufnahme nach Ammoniakzusatz zur Nährlösung drastisch ab, und es kann zum K-Efflux aus der Wurzel kommen[22].
Wegen des Gleichgewichts zwischen NH_4^+ und NH_3 kann man zwischen der Wirkung dieser beiden Verbindungen meist nicht deutlich unterscheiden. Da aber die Schadgrenze von NH_4^+-haltigen Nährlösungen mit steigendem pH zu niedrigeren Konzentrationen verschoben wird, ist der Schluß zu ziehen, daß NH_3 auf Pflanzen viel stärker toxisch wirkt als NH_4^+[24]. Es ist jedoch immer auch mit einer Wirkung des Ammoniumions zu rechnen, da der Großteil des Ammoniaks im Boden in NH_4^+ übergeht.
Die Wirkung des Ammoniums auf das Wachstum von Pflanzen unterscheidet sich deutlich von der des Nitrations, zumindest bei hoher Konzentration. Wenn die Pflanzen im Boden wachsen, bleibt dies häufig verborgen, weil beide Ionenarten vorliegen und NH_4^+ mehr oder weniger rasch zu NO_3^- oxidiert wird. Bei Anzucht von Pflanzen in Nährlösungen (Abb. 3) erkennt man jedoch, daß Tomate mit Nitraternährung besser als mit Ammoniumernährung gedeiht. Der Wuchs läßt zunehmend nach, wenn der NH_4^+-Anteil 50% übersteigt. Ähnlich reagieren Cruciferen und viele andere Pflanzenarten. Auch Bohne ist empfindlich gegen ausschließliche NH_4-N-Ernährung, sie hat bei gemischter N-Form ihr Optimum. Mais und Porree (Abb. 3), wie auch die Getreidearten, verwerten dagegen NH_4- und NO_3-N annähernd gleich gut zur Ertragsbildung.
Diese Wirkungen sind sowohl vom pH-Wert als auch von der N-Konzentration abhängig. Aus Abb. 4 geht hervor, daß beide N-Formen bei niedriger Konzentration den gleichen Wuchs ermöglichen. Die Toxizitätsgrenze des NH_4^+-Ions liegt jedoch wesentlich niedriger als die des NO_3^--Ions. Auffällig ist die weitgehende Unterbindung oder Verzögerung der Blütenbildung der Senfpflanzen durch hohe NH_4^+-Konzentration.
Da im Boden NH_4^+ meist an die Festphase adsorbiert wird, bleibt die NH_4^+-Konzentration der Bodenlösung meist relativ gering. Dies dämpft sicherlich in vielen Fällen sowohl die Schadwirkung von NH_4^+ als auch die Verdunstung von Ammoniak, nachdem es in den Boden inkorporiert ist.

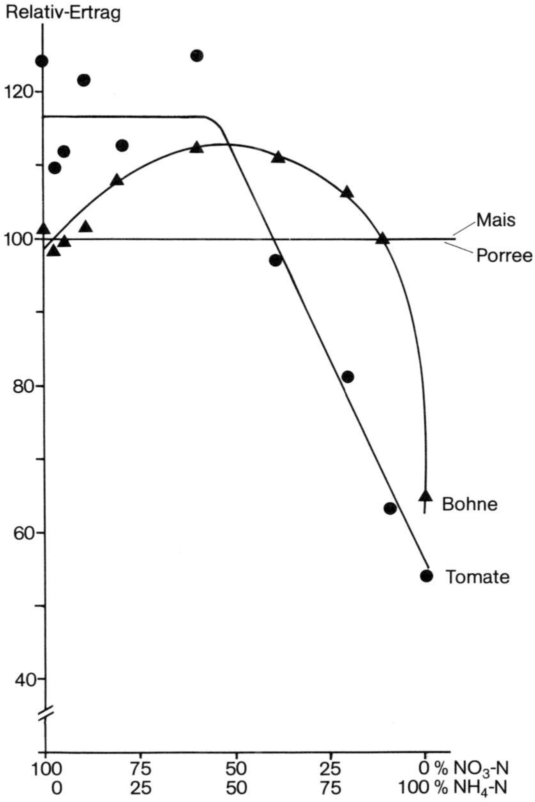

Abb. 3: Relativertrag von Tomaten, Bohnen, Mais und Porree-Pflanzen in Beziehung zum NH_4- und NO_3^--Anteil der Nährlösung (Summe NH_4^+ + NO_3^- = 10 mmol/l). Aus Jungk, 1978[24a].

Bei ausschließlicher oder überwiegender NH_4^+-N-Ernährung der Pflanze ist der Ionenhaushalt der Pflanzen gestört. Dies äußert sich in der Verminderung des Gehalts an Metallkatio-

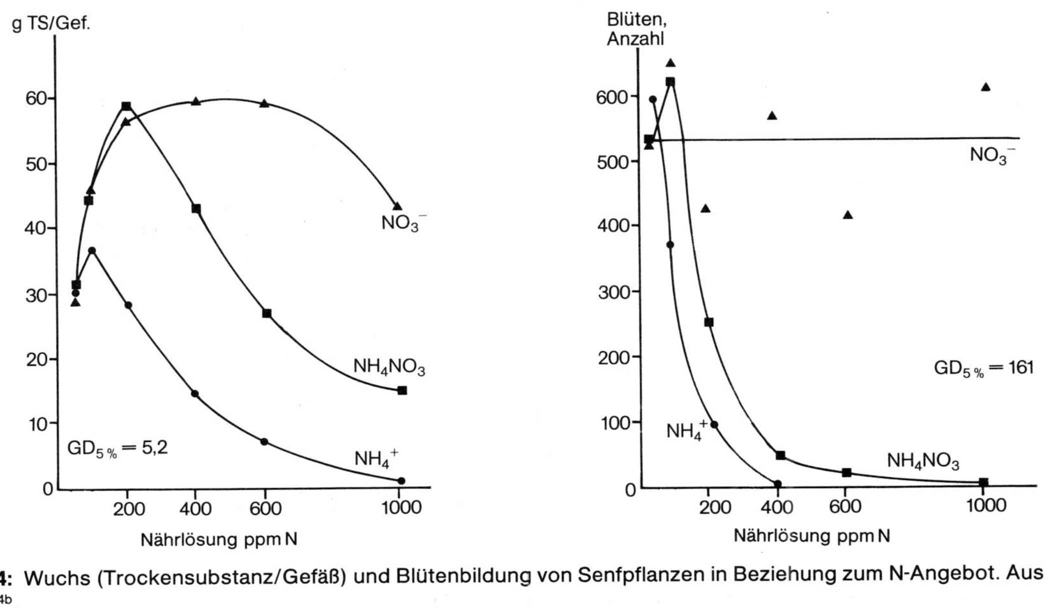

Abb. 4: Wuchs (Trockensubstanz/Gefäß) und Blütenbildung von Senfpflanzen in Beziehung zum N-Angebot. Aus Jungk, 1967[24b].

nen bis hin zu Mangel an K^+, Ca^{2+} und Mg^{2+}, deren Ursache in der Konkurrenz von Kationen bei der Ionenaufnahme gesehen wird. Der Gehalt an N-haltigen Verbindungen ist oft erhöht, während Carboxylate wie Malat, Citrat und Oxalat auffällig vermindert sind[25].

Bei NH_4-N-Ernährung tritt ein Phänomen auf, das man physiologische Versauerung nennt. Es bezeichnet die Abgabe von Protonen durch die Wurzel als Folge der Differenz zwischen Kationen- und Anionenaufnahme. Bei NH_4-N-Ernährung ist die Summe von NH_4^+-, K^+ und Na^+, Ca^{2+} und Mg^{2+} größer als die Summe von SO_4^{2-}, $H_2PO_4^-/HPO_4^{2-}$ und Cl^--Ionen. Zum Ausgleich der Ionenladungen gibt die Wurzel Protonen ab. Bei Nitrat-N-Ernährung überwiegt dagegen i. a. die Anionenaufnahme. Sie wird durch HCO_3^--Abgabe kompensiert. Als Folge der physiologischen Versauerung sinkt der pH-Wert der Rhizosphäre ab, bei schwach gepufferten Medien u. U. so stark (< 4), daß die Pflanzen absterben. Die Protonenabgabe wirkt sich auf die Löslichkeit anorganischer Stoffe aus. Dadurch steigt die Mobilität von Phosphat sowie von Eisen, Mangan, Zink und Kupfer an, die Versorgung mit Molybdat wird dagegen beeinträchtigt. Die pH-Absenkung des wurzelnahen Bodens kann Aluminium- sowie Mangan-, seltener Eisenionen- bis zu phytotoxischen Konzentrationen in Lösung bringen. Zu diesem Prozeß kommt die Versauerung des Bodens durch Nitrifikation hinzu (s. d.).

In der Landwirtschaft wird die Versauerung des Bodens im allgemeinen durch Kalkung von Zeit zu Zeit kompensiert. Der Eintrag von Ammoniak oder Ammonium in natürliche Ökosysteme verstärkt jedoch die im humiden Klima generell bestehende Versauerungstendenz der Böden. In der Bodenversauerung wird von Ulrich[26] eine der wesentlichen Ursachen für die neuartigen Waldschäden gesehen. Die treibende Kraft schreibt er den Luftverunreinigungen zu, die durch die Atmosphäre auf die Kronen der Bäume gelangen und dort – evtl. in Verbindung mit luftchemischen Prozessen[27] – die Blätter und Nadeln unmittelbar schädigen oder auf dem Weg über den Boden, vor allem dessen Versauerung, langfristig auf mannigfache indirekte Weise Schäden an der Vegetation verursachen[28]. Ammoniak und Ammonium ist dabei generell eine der kritisch zu bewertenden Komponenten, wenngleich durch die N-Düngewirkung nicht selten, zumindest zeitweilig, eine Förderung des Holzzuwachses beobachtet wird[29]. Zu beachten ist dabei, daß Ammoniak und andere Luftverunreinigungen in Wälder stärker als in weniger hohe Pflanzengesellschaften eingetragen werden, weil das ausladende Filigran der Bäume, besonders der immergrünen Nadelbäume, größere Anteile aus den oft mit Nebel hindurchdriftenden Luftmassen ausfiltern als die Bodenflora[30]. Dadurch werden Wälder durch Luftschadstoffe stärker beeinflußt als andere Pflanzengesellschaften, vor allem die landwirtschaftlichen. Zöttl[31] und Rehfuess[32] sehen dagegen in den standörtlichen Ernährungsbedingungen, vor allem in der Mg- und K-, sowie der Zn-Versorgung der Bäume die vorrangigen Faktoren der neuartigen Waldschäden (vgl. auch S. 108).

Nitrat

In den meisten Böden wird Ammoniak bzw. Ammonium durch Mikroorganismen relativ rasch zu Nitrat oxidiert. Dieser als Nitrifikation bezeichnete Vorgang verläuft in zwei Schritten nach dem Schema in Abb. 5. Gemäß der Bruttoformel in Abb. 6 geht der Prozeß mit der Versauerung des Bodens einher. Vor allem in Waldböden, die oft bereits sauer sind, trägt NH_3-Eintrag aus der Luft oder Mineralisierungsschübe von organisch gebundenem Stickstoff demnach zur weiteren Bodenversauerung und damit zur Beeinträchtigung der Ernährungsbedingungen der Vegetation bei. Der erste Schritt der Nitrifikation wird durch Bakterien der Gattungen *Nitrosomonas, Nitrosolobus* und *Nitrosospira,* der zweite durch *Nitrobacter* bewirkt. Der Prozeß ist temperatur- und pH-abhängig, das Optimum liegt in der Nähe des Neutralpunktes; niedrigere pH-Werte hemmen ihn. Normale Dünger-NH_4-Gaben werden i. a. innerhalb von ein bis zwei Wochen nitrifiziert. Die N-Ernährung der Pflanze erfolgt demnach in den meisten Fällen, auch bei NH_4-Düngung, überwiegend als Nitrat. Hierin ist eine Entgiftung zu sehen, da Nitrat für viele Pflanzenarten die besser verträgliche N-Quelle ist, wie Abb. 3 und 4 zeigen.

$$NH_4^+ + 2\,O_2 \longrightarrow NO_3^- + 2\,H^+ + H_2O$$

Abb. 6: Brutto-Formel der Nitrifikation.

Nitrationen sind als N-Quelle für die Pflanze unmittelbar zu nutzen und werden in relativ hoher Konzentration vertragen. Sie sind im Boden leicht beweglich, Nitratdünger kommen deshalb rasch zur Wirkung. Dies ist der Grund für ihre Bevorzugung als Kopfdünger, d. h. zur Ausbringung in den wachsenden Pflanzenbestand. Die hohe Löslichkeit von Nitrat bedingt andererseits die Gefahr der Verlagerung mit Sickerwasser in tiefere Bodenschichten. Wird dabei die Wurzeltiefe überschritten, so ist es für die Pflanze verloren, und es gelangt in das Grundwasser. Im Quellwasser tritt es an anderer Stelle wieder zutage und eutrophiert das betreffende Gewässer, oder es belastet das aus dem Grundwasser gewonnene Trinkwasser. Als unmittelbare Quelle der Nitratbelastung ist nicht so sehr die Mineraldüngung anzusehen, denn diese ist durch die genaue Dosierbarkeit und die rasche, fast unmittelbare Wirkung dem Bedarf der Pflanze nach Menge und Zeitpunkt gut anzupassen. Vielmehr ist es die durch die generelle Eutrophierung (s. S. 118 f.) von Agrarökosystemen infolge langjährig hoher Düngung stark erhöhte Mineralisierungspotential der Böden, das diese Gefahr maßgeblich bestimmt. Das Ausmaß dieses Prozesses wird daran deutlich, daß die NO_3-Konzentration des Grundwassers seit Jahren verbreitet ansteigt und der Nitratgrenzwert für Tinkwasser im Gebiet der europäischen Gemeinschaften – 50 mg NO_3^-/l – bereits in nicht wenigen Grundwasserbrunnen überschritten wird[33].

Nitrat ist das Endglied des aeroben mikrobiellen Abbaus organischer N-Verbindungen. Daher ist es in durchlüfteten Böden

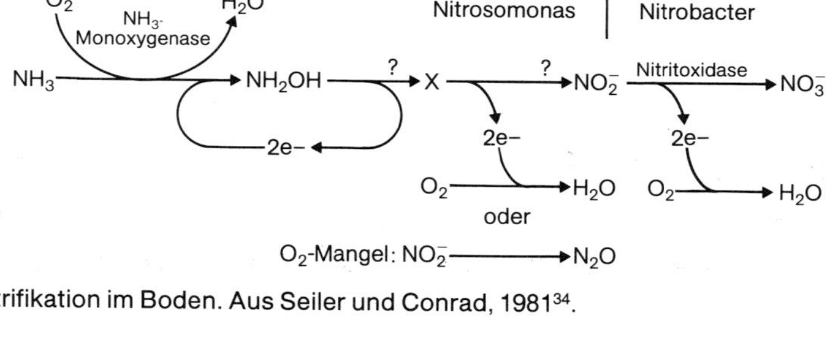

Abb. 5: Schema der Nitrifikation im Boden. Aus Seiler und Conrad, 1981[34].

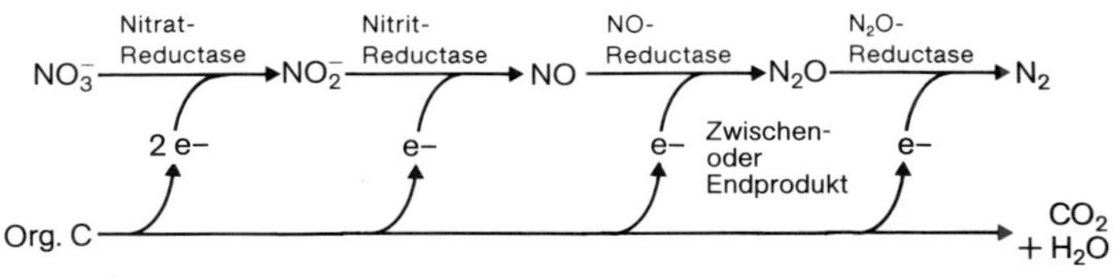

Abb. 7: Schema der Dentrifikation im Boden. Aus Seiler u. Conrad, 1981[34].

im Prinzip stabil, wenn es nicht von Pflanzen aufgenommen oder mit dem Sickerwasser ausgewaschen wird. Unter anaeroben Verhältnissen, die bei Vernässung und Verdichtung des Bodens auftreten, wird der Sauerstoffanteil des Nitrats von Mikroorganismen verbraucht. Es kommt zur Denitrifikation gemäß dem in Abb. 7 dargestellten Schema. Als Reaktionsprodukte entstehen N_2 und Distickstoffoxid (N_2O), durch Nebenreaktion wohl auch NO (Abb. 1), die als Gase in die Atmosphäre gelangen[34]. Während die N_2-Menge aus diesem Prozeß sicherlich keine ökologische Relevanz besitzt, ist N_2O eines der Spurengase, das mit 0,32 µl/l in der Atmosphäre rel. reichlich vorkommt und zum Treibhauseffekt beiträgt. Durch Strömung und Diffusion gelangt es in die Stratosphäre, wo es photochemisch zerstört wird und dabei mit Ozon reagiert. Eine Erhöhung der N_2O-Konzentration fördert demnach auch den Abbau der Ozonschutzschicht in der Lufthülle der Erde[34]. Wie Abb. 5 zeigt, entsteht N_2O in gewissem Maße auch bei der Nitrifikation.

Nitrit

Ein Zwischenprodukt sowohl der Nitrifikation als auch der Denitrifikation ist Nitrit (NO_2^-). Dieses Ion dient höheren Pflanzen bei niedriger Konzentration als N-Quelle, ab etwa 5 mg/l treten jedoch Vergiftungserscheinungen auf, die zur Vergilbung, Kümmerwuchs und u. U. zum Absterben der Pflanzen führen[35, 36]. Unter üblichen Anbaubedingungen tritt eine solche Schädigung selten ein, weil das gebildete Nitrit unverzüglich weiter zu Nitrat oxidiert wird. Die Oxidation von Nitrit zu Nitrat wird jedoch selektiv gehemmt, wenn das Medium Ammoniak enthält. Nitritschäden entstehen daher gelegentlich nach NH_3-Düngung sowie nach reichlicher NH_4^+-, häufiger nach Harnstoffdüngung, wenn der Boden neutral bis alkalisch ist[37].
Für Tier und Mensch wirkt Nitrit als Giftstoff, weil es die Sauerstoffübertragung des Blutes behindert, was bei Kleinkindern im Extremfall Erstickungsgefahr bedeutet. Außerdem können sich durch Reaktion von Nitrit mit Aminen Nitrosamine bilden, von denen sich einige im Tierversuch als krebserregend erwiesen haben. Obwohl Nitrat für Tier und Mensch nicht sehr giftig ist, kann das in Pflanzen gespeicherte Nitrat u. U. Anlaß zur Nitritgefährdung geben. Bei dichter Lagerung des Erntegutes, etwa von Spinat, können innerhalb von Stunden anaerobe Bedingungen entstehen, die die mikrobielle Reduktion von Nitrat zu Nitrit veranlassen. Auch in bereits zubereitetem Spinatbrei besteht die Möglichkeit der Nitritbildung, wenn er vor dem Verzehr einige Zeit unter Zimmertemperatur gestanden hat. Schließlich kann sich Nitrit auch im menschlichen Organismus bilden. Pflanzen, die dem direkten menschlichen Verzehr dienen, sollten daher keine hohen Nitratkonzentrationen aufweisen.

Ammoniumnitrat

Die Gruppe von Düngemitteln, die sowohl NH_4^+- als auch NO_3^--Stickstoff enthalten, ist weit verbreitet. Auch in Mehrnährstoffdüngern sind oft beide N-Formen vertreten. Sie bedürfen keiner besonderen Behandlung, weil sich ihre Wirkung aus den Einzelkomponenten ergibt. Ihr N-Gehalt ist meist höher als in Düngern, die nur eine der beiden N-Formen enthalten. Die Kombination beider N-Formen vermeidet in gewissem Maß die oben erwähnten Nachteile der ausschließlichen Anwendung nur einer der beiden.

Harnstoff

Harnstoff (Carbamid) ist eine farblose, kristalline Substanz, die aus Ammoniak und Kohlendioxyd hergestellt und heute weltweit in großem Umfang als Stickstoffdünger verwendet wird.
Für die Blattdüngung ist Harnstoff die vorwiegend verwendete N-Quelle. Dies ist in seiner Verträglichkeit bei Kontakt mit lebenden Pflanzenteilen begründet. Auf die Pflanze gesprühte Düngerlösung kann bis zu 10 % Harnstoff enthalten, empfindliche Pflanzen unter Glas vertragen etwa 1 %ige Lösungen. Da Harnstoff kein Salz ist und daher nicht dissoziiert, hat es eine geringere osmotische Wirkung als die salzartigen N-Düngemittel. Es gelangt durch Ektodesmen und Stomata in das Gewebe und wirkt im wesentlichen wie NH_4-Stickstoff. Im Boden ist Harnstoff nicht stabil. Er hydrolisiert unter dem Einfluß des Enzyms Urease temperaturabhängig meist innerhalb weniger Tage nach dem Schema der Abb. 8 zu Ammonium. Urease wird durch Mikroorganismen gebildet und kommt im Boden ubiquitär vor.

$$\underset{\text{Harnstoff}}{CO(NH_2)_2} + \underset{\text{Wasser}}{2\,H_2O} \xrightarrow{\text{Urease}} \underset{\text{Ammoniumcarbonat}}{(NH_4)_2CO_3}$$

Abb. 8: Umsetzung von Harnstoff zu Ammoniumcarbonat.

Das entstehende Ammoniumcarbonat tendiert zur Hydrolyse, so daß Ammoniak und Kohlensäure entsteht. Durch die alkalische Wirkung steigt der pH-Wert des Bodens an. Daher kann es bei Harnstoffanwendung zu erheblichen Amoniakkonzentrationen der Bodenlösung kommen, insbesondere wenn der pH-Wert des Bodens schon zuvor neutral bis alkalisch war. Pflanzenschäden durch Ammoniak sind daher eine nicht seltene Folge der Harnstoffdüngung. Hieraus droht sekundär die Hemmung von Nitrobacter mit der Gefahr zeitweiliger Nitritanreicherung im Boden, die ihrerseits Pflanzenschäden hervorrufen kann[38]. Andererseits kommt es durch diese Prozesse regelmäßig zur Freisetzung von Ammoniak in die Atmosphäre, in einem Ausmaß, das bei ungünstigen Bedingungen größere Anteile der angewendeten N-Menge umfaßt. Die Höhe der NH_3-Entbindung wird vom Zusammenspiel mehrerer Faktoren beeinflußt. Die wichtigsten sind Feuchte, pH-Wert und Kationenaustauschkapazität des Bodens, Temperatur und Windgeschwindigkeit der Luft sowie die Dosis und die Art der Ausbringung[39]. Bei gegebenem Boden hat der Wassergehalt vorrangige Bedeutung, weil Wasser einerseits das Medium ist, in dem sich NH_3 löst, und andererseits die Voraussetzung bildet, daß Harnstoff vor seiner Hydrolyse rasch bis in eine gewisse Bodentiefe diffundieren kann, wo das entstehende NH_3 vor Verdunstung bewahrt wird[40].

Ammoniumnitrat-Harnstoff-Lösung

Aus Harnstoff und Ammoniumnitrat lassen sich wäßrige Lösungen von hoher N-Konzentration herstellen. Dadurch wird ein flüssiger, d. h. pumpfähiger N-Dünger erzeugt, der mit Spritzgeräten genau dosiert und arbeitssparend ausgebracht werden kann. In der Landwirtschaft hat Ammoniumnitrat-Harnstoff-Lösung (AHL) daher große praktische Bedeutung erlangt. Sie wird sowohl auf den Boden als auch auf wachsende Pflanzen, vor allem Getreidebestände, gespritzt. Obwohl Getreide relativ tolerant gegen Osmotika ist, kommt es dadurch nicht selten zu Verätzungen und temporären Wuchshemmungen. Solche Risiken werden jedoch offenbar durch die Vorteile des Produkts aufgewogen, besonders wenn die Dosierung angemessen erfolgt.

Harnstoffkondensationsprodukte

Wird Harnstoff beim Eindampfen der bei der Synthese entstehenden Lösung mit Temperaturen über 100° C behandelt, so kann sich aus zwei Molekülen Harnstoff unter Abspaltung von NH_3 ein Molekül Biuret (NH_2-CO-NH-CO-NH_2) bilden. Diese Substanz wirkt auf Pflanzen giftig[41]. Der Biuretgehalt von Harnstoff ist daher in der Bundesrepublik Deutschland gesetzlich auf 1,2% begrenzt. Bei der Blattdüngung sollte er höchstens 0,5% betragen. Tatsächlich ist er in der Regel wesentlich niedriger.

Der N-Bedarf ist bei manchen Pflanzen, besonders bei gärtnerischen Topf-Kulturen so hoch, daß die Verabreichung der notwendigen Mengen in Form salzartiger Dünger bei nur einer Gabe zu Überdüngungsschäden führen würde. Die Unterteilung in mehrere Gaben ist in vielen Fällen möglich, erhöht aber den Aufwand für die Ausbringung. Zur Vermeidung dieser Nachteile sind Düngemittel entwickelt worden, deren N-Anteil verzögert freigesetzt wird, so daß sie nachhaltiger wirken und höher dosierbar sind. Praktische Bedeutung haben Kondensationsprodukte des Harnstoffs mit Aldehyden erlangt, z. B. mit Formaldehyd (Ureaform), Crotonaldehyd (Crotodur) und Isobutyraldehyd (Isodur)[42]. Die hohen Herstellungskosten begrenzen ihre Anwendung. Außerdem ist die Rate ihrer Umsetzung zu Ammonium und Nitrat schwieriger einzuschätzen, so daß ihre Dosierung auch Probleme aufwirft.

Kalkstickstoff

In der Geschichte der Düngemittel ist Kalkstickstoff die erste N-Verbindung, die synthetisch als Stickstoffdünger hergestellt wurde. Die wirksame Komponente, Calciumcyanamid ($CaCN_2$), hydrolysiert im Boden in drei unmittelbar aufeinanderfolgenden Schritten gemäß Abb. 9 zu NH_4-Stickstoff.

1. Schritt: Hydrolyse von Calciumcyanamid

$$\underset{\text{Ca-Cyanamid}}{N \equiv C - N = Ca} + \underset{\text{Wasser}}{2H_2O} \longrightarrow \underset{\text{Cyanamid}}{N \equiv C - NH_2} + \underset{\text{Ca-Hydroxid}}{Ca(OH)_2}$$

2. Schritt: Hydrolyse von Cyanamid.

$$\underset{\text{Cyanamid}}{N \equiv C - NH_2} + \underset{\text{Wasser}}{H_2O} \longrightarrow \underset{\text{Harnstoff}}{CO(NH_2)_2}$$

3. Schritt: Hydrolyse von Harnstoff.

$$\underset{\text{Harnstoff}}{CO(NH_2)_2} + \underset{\text{Wasser}}{2H_2O} \xrightarrow{\text{Urease}} \underset{\text{Ammoniumcarbonat}}{(NH_4)_2CO_3}$$

Abb. 9: Umsetzung von Kalkstickstoff zu Ammoniumcarbonat.

Der erste Schritt ist eine anorganische Hydrolyse. Dabei entsteht Calciumhydroxid in Mengen, die einer Kalkwirkung von 55% CaO im Dünger entsprechen. Das N-haltige Reaktionsprodukt Cyanamid ist bei den üblichen Düngergaben phytotoxisch. Diese Eigenschaft ist vor Einführung der modernen Herbizide systematisch zur Unkrautbekämpfung eingesetzt worden. Dies ist deshalb möglich, weil bei der Ausbringung des Kalkstickstoffs auf die Bodenoberfläche Cyanamid nur wenige Zentimeter in den Boden eindringt. Es kommt dadurch mit den in geringer Tiefe keimenden Unkräutern in Kontakt und tötet sie ab. Die in größerer Tiefe wachsenden Wurzeln der Kulturpflanzen werden dagegen nicht getroffen. Einige bodenbürtige pilzliche Pflanzenschädlinge sind ebenfalls gegen Cyanamid empfindlich. Sie lassen sich daher mit Kalkstickstoff eindämmen[13]. Außerdem besitzt Cyanamid nitrifizide Wirkung[43], indem es die mikrobielle Oxidation von NH_4^+ zu NO_2^- hemmt (vgl. Abb. 5).

Die Hauptmenge des Cyanamids wird in einem zweiten Schritt durch weitere Hydrolyse zu Harnstoff umgesetzt (Abb. 9), eine Reaktion, die durch Eisenoxid katalysiert wird[44]. Der Abbau des Cyanamids ist bei Düngergaben bis zu 200 kg N/ha in zwei Wochen beendet. Dieser Zeitraum muß abgewartet werden, bis eine gefahrlose Bepflanzung des mit Kalkstickstoff gedüngten Bodens erfolgen kann[45]. Der dritte Schritt der Umsetzung des Kalkstickstoffs ist die enzymatische Hydrolyse des Harnstoffs durch Urease, die bereits erwähnt wurde.

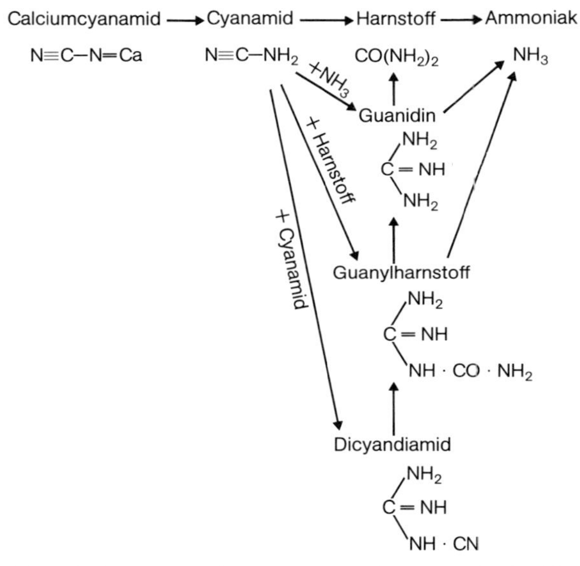

Abb. 10: Schema der Umsetzung von Kalkstickstoff im Boden. Nach Rathsack, 1955[46].

Weitere Verbindungen können durch Sekundärreaktion des Cyanamids mit seinen Abbauprodukten Ammoniak, Harnstoff sowie mit sich selbst in der aus Abb. 10 ersichtlichen Weise entstehen[46]. Sie werden im Boden – wahrscheinlich mikrobiell – ebenfalls zu Ammoniak abgebaut. Da sie wesentlich stabiler als Harnstoff sind, rufen sie eine langsamere und nachhaltigere Wirkung des Kalkstickstoffs gegenüber anderen anorganischen N-Düngemitteln hervor. Sie können jedoch auch Pflanzenschäden, z. B. Nekrosen, verursachen. Dicyandiamid hemmt außerdem selektiv die Funktion von Nitrosomonas[44, 43]. Daher verzögert seine Anwesenheit die Oxidation von Ammonium zu Nitrit. Wegen dieser Eigenschaft findet Dicyandiamid unter dem Handelsnamen Didin praktische Anwendung als Nitrifikationshemmstoff. Bei geeigneter Dosierung, deren Höhe durch die Gefährdung der Nutzpflanzen auf 10% der N-Gabe begrenzt ist, gelingt es damit, die NH_4-Phase im Boden über Zeiträume von einigen Monaten zu erhalten[44]. Auf diese Weise kann die Anreicherung von Nitrat im Boden und seine Versickerung in das Grundwasser eingeschränkt werden.

Kalkstickstoff birgt demnach zwar Risiken für Pflanzen und andere Organismen. Bei sachkundiger Anwendung sind jedoch eine Reihe von nützlichen Effekten zu erzielen: Düngung mit nachhaltiger Stickstoffwirkung, Kalkwirkung sowie herbizide, fungizide und nitrifizide Wirkung. Wegen des hohen Energieaufwandes bei der Herstellung ist der Preis jedoch relativ hoch. Der Anteil des Kalkstickstoffs an der Stickstoffversorgung ist daher in den letzten Jahren zugunsten von Harnstoff zurückgegangen.

Phosphor

Der Phosphorgehalt der Pflanze variiert zwischen 0,1 und 1% P in der Trockenmasse. Junge, wachsende Pflanzenteile sowie Blätter und Samen weisen höhere P-Gehalte als andere Teile auf. Der Bedarf landwirtschaftlicher und gärtnerischer Kulturpflanzen liegt zwischen 15 und 50 kg P/ha. Er ist von der Kulturart und Ertragshöhe abhängig.

Pflanzen enthalten Phosphor in Form von Orthophosphat, zum geringeren Teil als Pyrophosphat. Die Notwendigkeit für Pflanzen ergibt sich aus seiner Eigenschaft als Bauelement von Phosphorsäureestern und Phosphorylverbindungen. Sie sind im Stoffwechsel der Kohlenhydrate und im Energiehaushalt sowie bei Aufbau von Nukleinsäuren und Biomembranen beteiligt. Die Pflanze nimmt Phosphor in Form des $H_2PO_4^-$- und des HPO_4^{2-}-Ions auf.

Phosphordüngemittel

Die gebräuchlichsten Phosphatdünger, die als Einzelnährstoffdünger Verwendung finden, sind in Tab. 5 aufgeführt. Nur etwa ein Viertel der gesamten P-Düngergaben werden heute noch in solchen Einzeldüngern verabreicht, der übrige Teil in Mehrnährstoffdüngern, d. h. zusammen mit Stickstoff, Kalium und anderen Nährelementen. Die wirksamen Verbindungen sind jedoch die gleichen. P-Düngung erfolgt darüber hinaus durch Ernterückstände und organische Düngemittel.

Die anorganischen P-Dünger unterscheiden sich in ihrer Löslichkeit. In Wasser leicht löslich sind solche, die primäres Orthophosphat, also $H_2PO_4^-$-Ionen, und Alkali-Polyphosphate enthalten. Diese finden daher zur Herstellung von wasserlöslichen Düngemitteln und von Nähr- und Düngerlösungen Verwendung. Von den sekundären Phosphaten sind K_2- und $(NH_4)_2HPO_4$ gut, $CaHPO_4$ dagegen erheblich vermindert wasserlöslich. Das im Thomasphosphat enthaltene Calciumsilikophosphat und der in Hyperphos vertretene Apatit haben nur sehr geringe Löslichkeit in Wasser. Sie sind jedoch in sauren Böden soweit reaktionsfähig, daß sie sich als P-Dünger eignen. Das gilt besonders für Thomasphosphat, bei Apatit nur für sogenannte weicherdige Vorkommen, die in feingemahlener Form für saure Böden und Weidestandorte geeignet sind. Harterdige Apatite sind von Pflanzen nicht ausreichend nutzbar. Sie bilden den Grundstoff für aufgeschlossene Düngerphosphate.

Verhalten von Phosphat im Boden

Die Phosphatkonzentration der Bodenlösung erreicht auch bei reichlicher Phosphatdüngung nur selten mehr als etwa 10 mg P/l. Dies beruht darauf, daß Phosphationen infolge Adsorption oder Bildung schwerlöslicher Salze in die feste Phase des Bodens übergehen. In alkalischen Böden entstehen Ca-Verbindungen von apatitischer Art, in sauren Böden vorwiegend Fe- und Al-Phosphat. Die Löslichkeit von Düngerphosphat nimmt daher im Boden mit der Zeit ab. Wenn ihr Anteil im Boden nicht zu gering ist, reicht die Löslichkeit aus, um Nutzpflanzen ausreichend mit P zu versorgen. Weltweit gibt es jedoch große Bodenareale, die Phosphat so stark binden, daß P-Mangel ein großes Problem des Pflanzenbaus ist. Die P-Düngung muß auf solchen Standorten jahrelang bedeutend höher als der P-Entzug sein, um die Pflanze ausreichend mit P zu verorgen. Die Gefahr überhöhter P-Gaben, die zu Pflanzenschäden führen kann, ist dabei im allgemeinen gering. Eine Ausnahme davon bilden nur Böden auf Hochmoor, die überwiegend aus humifiziertem Pflanzenmaterial bestehen, welches mit Phosphationen nicht reagiert. In solchen Fällen können wesentlich höhere Phosphat-Konzentrationen in der wäßrigen Phase auftreten.

Wirkung überhöhter P-Versorgung

Unmittelbare Schäden durch überhöhte Phosphat-Konzentration treten nur selten in Substraten mit geringer Phosphatpufferung auf. Sie äußern sich durch nekrotische Flecke auf den Blattspreiten. Häufiger und auch auf Mineralböden mit normaler Phosphatpufferung sind Ernährungsstörungen zu verzeichnen, die mittelbar durch P-Düngung ausgelöst werden können. Es ist der Mangel an anderen Elementen, besonders an Zink, Mangan, Eisen und Kupfer[47]. Vor allem tritt Zink-Mangel an Weinreben[48] und anderen Kulturen auf, wenn der Boden hohe P-Mengen erhält. Er äußert sich durch Verkür-

Tab. 5: Phosphor-Düngemittel.

Handelsname	Formel des P-Anteils	Gew.-% P_2O_5	Nebenbestandteile
Superphosphat	$Ca(H_2PO_4)_2$	18	Gips
Triple-Superphosphat	$Ca(H_2PO_4)_2$	50	
Dicalciumphosphat	$CaHPO_4$	50	
Thomasphosphat	$Ca_3(PO_4)_2 \cdot (Ca_2SiO_4)$	16	Ca-, Mg-, Fe-, Si-Oxide
Novaphos	$Ca(H_2PO_4)_2$, Apatit	23	Gips
Hyperphos	Apatit	30	Kalk
Knochenmehl	Apatit	30	
Kaliphosphat	KH_2PO_4	51	
	K_2HPO_4	40	
Ammonphosphat	$NH_4H_2PO_4$	52	
	$(NH_4)_2HPO_4$	62	

zung der Internodien, interkostale Chlorosen der Blätter. Der Zn-Gehalt der Pflanzen geht unter den Ertragsgrenzwert von 20 µg/g Trockensubstanz zurück, das P/Zn-Verhältnis steigt über 170 an[48]. Zn-Gaben führen in solchen Fällen die Gesundung der Pflanzen herbei. Messungen des löslichen Zn-Anteils und der Zinkdiffusion im Boden ergaben, daß die Zn-Verfügbarkeit durch P-Düngung beeinträchtigt wird. Größere Phosphatmengen beeinträchtigen auch die Fe-Verfügbarkeit, und zwar dadurch, daß sie die Reduktion von Fe^{3+} zu Fe^{2+} behindern, die zur Aufnahme von Fe und seiner Funktion in der Pflanze notwendig ist[49]. Außerdem wird, wie auch im Falle von Zn, eine durch Phosphat verursachte Verringerung der physiologischen Wirksamkeit des Eisens in der Pflanze als möglich angesehen.

Die Phosphatgehalte von Böden sind im Verlauf ihrer landwirtschaftlichen Nutzung durch Düngung allgemein angereichert worden[3]. Nachdem mineralische P-Dünger reichlich verfügbar wurden, nahm die Anreicherung in den letzten Jahrzehnten vor allem in Mitteleuropa zu, nicht selten über das aktuell erforderliche Maß hinaus. Weil Phosphationen in den meisten Böden zur Festlegung tendieren, gibt es dadurch nur selten Ertragseinbußen an den Pflanzen, nur vereinzelt – auf Hochmoorböden – größere Auswaschungsverluste, und auch keinen gasförmigen Transport. Dennoch trägt Phosphat aus Ackerböden zur Gewässereutrophierung (s. S. 141) bei, weil das durch Erosion verfrachtete Bodenmaterial erhöhte P-Gehalte aufweist. Gelangt solches Material in ein Gewässer, so werden durch Desorption Phosphationen freigesetzt. Da Phosphor häufig den limitierenden Nährstoff des Phytoplanktons bildet, fördert dies den unerwünschten Algenwuchs. Die Vermeidung übermäßiger P-Düngung ist demnach auch ein Beitrag zum Gewässerschutz, ebenso wie die Verhütung von Bodenerosion.

Schwefel

Schwefel fungiert in Form von SH-Gruppen und deren organischen Bindungsformen als essentieller Bestandteil von Aminosäuren sowie von Ferredoxin und anderen Eisenproteinen. Ein Teil des Schwefels liegt in der Pflanze als Sulfat vor, die Form, in der die Pflanze Schwefel aufnimmt. Dieser anorganische S-Anteil nimmt mit der S-Zufuhr zur Wurzel stark zu, während die organischen S-Verbindungen nur wenig variieren. Der S-Gehalt der Pflanze liegt zwischen 0,1 und 1 % der Trockenmasse. Der Schwefelbedarf von Kulturpflanzen hat die Größenordnung von 20–50 kg/ha.

Tab. 6: Schwefelgehalt einiger Düngemittel.

Handelsname	Formel	Gew.-% S
Schwefelsaures Ammoniak	$(NH_4)_2SO_4$	24
Schwefelsaures Kali	K_2SO_4	18
Kalimagnesia	$K_2SO_4 \cdot MgSO_4$	22
Kieserit	$MgSO_4 \cdot H_2O$	23
Bittersalz	$MgSO_4 \cdot 7\,H_2O$	13
Superphosphat	Ca-Phosphat + $CaSO_4$	12
Gips	$CaSO_4 \cdot 2\,H_2O$	18

Der Schwefelgehalt des Bodens setzt sich aus organischen und anorganischen Verbindungen zusammen. Der Sulfatgehalt, der die S-Ernährung der Pflanze bestimmt, wird durch Niederschläge und S-haltige Düngemittel laufend ergänzt. Eine Reihe von Düngemitteln, von denen die wichtigsten in Tab. 6 aufgeführt sind, enthalten erhebliche Sulfatanteile. Durch Düngung werden Kulturböden in Mitteleuropa jährlich etwa 50 kg S/ha zugeführt. Sulfat tritt demnach regelmäßig und zum Teil in erheblichen Mengen im Nährmedium der Pflanze auf. Schwefelmangel kommt bei Raps häufiger, sonst aber, zumindest in industrienahen Gebieten, selten vor. Überhöhte SO_4-Zufuhr wird von der Pflanze i. a. relativ gut toleriert. Spezifische Schadsymptome sind nicht bekannt. Bei hoher Konzentration treten Ertragseinbußen auf, wobei die Blätter dunkelgrün bleiben. Diese Wirkungen sind überwiegend osmotischer Natur; Chlorid löst bei gleicher Konzentration ähnliche Erscheinungen aus[50].

Schäden durch überhöhte SO_4-Konzentration sind auch deswegen selten, weil sich bei SO_4-Zufuhr zum Boden i. a. Gips bildet, dessen Löslichkeit nur mäßig hoch ist. In gesättigter Gipslösung können Pflanzen wachsen. Allerdings bilden sich dann Gipskristalle an den Wurzeln, die sicherlich ihre Funktion beeinträchtigen[51]. Unter anaeroben Bedingungen, die durch Vernässung und Verdichtung des Bodens in Verbindung mit frischen, mikrobiell rasch zersetzbaren Ernterückständen entstehen, kann sich durch Reduktion von Sulfat sowie durch Mineralisierung von organischen S-Verbindungen Schwefelwasserstoff entwickeln. Diese H_2S-Bildung birgt die Gefahr toxischer Pflanzenschäden, die mit dem Absterben der Wurzel beginnen. Die Wirkung ist dadurch zu erklären, daß Schwermetalle mit H_2S reagieren und Sulfide bilden. Enzyme, die diese Schwermetalle in ihren prosthetischen Gruppen enthalten, werden blockiert. Es sei betont, daß die Entwicklung von Schwefelwasserstoff im Boden weniger auf der Wirkung schwefelhaltiger Düngemittel als auf Vernässung und unsachgemäßer Bodenbearbeitung beruht.

Große ökologische Bedeutung wird dem Schwefeldioxid beigemessen. Es entsteht in großen Mengen bei der Verbrennung von S-haltiger Kohle und Öl sowie durch die Tätigkeit von Vulkanen. Es gelangt als Gas in die Atmosphäre. In Gegenwart von Ammoniak und atmosphärisch oxidativen Bedingungen ($OH^{\bullet}$, s. S. 113) bildet sich Ammoniumsulfat. In dieser Form oder als SO_2 gelangt Schwefel durch Regen in den Boden, wo er als SO_4-Ion den S-Gehalt des Bodens ergänzt. SO_2 kann durch die Stomata auch in Pflanzen eintreten und zur S-Ernährung dienen[52]. Es wirkt jedoch schon in geringen Konzentrationen phytotoxisch, so daß es eher als Schadstoff angesehen wird (s. S. 87).

Kalium

Kalium wird von Pflanzen als K^+-Ion aufgenommen. Während NO_3^- und SO_4^{2-} nach Reduktion in organische Strukturen eingebaut wird und HPO_4^{2-} seine aktive Form durch Anhydridbildung erlangt, verbleibt Kalium als K^+-Ion und wird nicht in organische Verbindungen eingebaut. Seine Funktion besteht in der Aktivierung zahlreicher Enzyme, vor allem solcher, die an der Synthese höhermolekularer Verbindungen beteiligt sind. Kalium weist im Zellsaft Konzentrationen auf, die nicht selten 100 mmol/l übersteigen. Dies übertrifft die Konzentration aller anderen Ionen. Es hat beträchtlichen Einfluß auf das osmotische Potential. Daher ist Kalium für den Wasserhaushalt der Pflanze bedeutsam. Bei K-Mangel sinkt der Turgor, die Blätter welken. K-Mangel begünstigt außerdem die Anfälligkeit der Pflanze gegen pilzliche Krankheiten[53], z. B. bei der Lagerung von Getreide[54]. Auffällig ist die Erhöhung des Putrescingehaltes von Pflanzen bei K-Mangel[55]. Der K-Gehalt der Trockenmasse liegt zwischen 1 und 8 % K. Blatt- und wasserreiche Pflanzen, z. B. Blattgemüse und Zukkerrüben, weisen besonders hohe Gehalte auf. Der K-Bedarf von Kulturpflanzen variiert zwischen 100 und 400 kg K/ha. Kaliumionen werden durch Verwitterung von Gesteinen und Mineralen freigesetzt und so in pflanzenverfügbare Form

überführt. Die Menge reicht jedoch bei intensivem Pflanzenbau meist nicht aus, um den Bedarf der Pflanzen zu decken. Daher ist auf den meisten Böden eine regelmäßige K-Düngung in der Größenordnung des K-Entzuges der Pflanzen nötig, um das Ertragspotential der Pflanzen auszuschöpfen.
Kalium-Düngung erfolgt im wesentlichen durch Kaliumchlorid und Kaliumsulfat (Tab. 7), Salze, die in Wasser leicht löslich sind. Einige K-Dünger enthalten erhebliche Anteile von Natriumchlorid oder Magnesiumsulfat.

Tab. 7: Kali-Düngemittel.

Handelsname	K-Salz	Anteil des K-Salzes (%)	Gew.-% K_2O	Nebenbestandteile
Kainit (Kalirohsalz)	KCl	20	13	NaCl, $MgCl_2$
40er Kali	KCl	63	40	NaCl
50er Kali	KCl	80	50	NaCl
60er Kali	KCl	96	60	(NaCl)
Kalisulfat	K_2SO_4	93	50	
Kalimagnesia	K_2SO_4	52	28	$MgSO_4$

Spezifische Symptome durch überhöhte K-Zufuhr sind nicht bekannt. Wuchsminderungen bei hoher K-Konzentration von Nährlösungen sind durch osmotische Wirkungen zu erklären. Pflanzen, die im Boden wachsen, erleiden infolge der K-Pufferung nur selten Ertragseinbußen durch überhöhte K-Zufuhr. Die Pufferwirkung entsteht durch Adsorption von K-Ionen an Tonmineralen, wenn die K-Konzentration der Bodenlösung erhöht wird, bzw. durch Desorption, wenn Pflanzen K^+-Ionen aus der Bodenlösung entnehmen. Die K-Konzentration der Bodenlösung steigt deswegen auf tonreichen Böden selbst bei hoher K-Düngung nur selten über 1 mmol/Liter an.
Hohe K-Zufuhr kann die Zusammensetzung der Pflanze nachteilig beeinflussen. So sinkt der Stärkegehalt von Kartoffeln ab, wenn der K-Gehalt der Knollen 1,6% der Trockenmasse übersteigt. Die Stoßfestigkeit der Knollen, die sich an der Bildung blauer Flecke an Stoß-Stellen zeigt, nimmt dagegen bis zu K-Gehalten von 2,2% der Trockensubstanz zu[56]. Vor allem Stärkekartoffeln dürfen daher nur knapp mit Kalium gedüngt werden, um die günstigste Qualität zu erzielen.
Bei Zuckerrüben sinkt mit zunehmender K-Zufuhr die Zuckerausbeute[57]. Dies beruht auf Erhöhung der Löslichkeit von Saccharose. Daher geht im Verarbeitungsprozeß bei der Zuckerherstellung ein mit dem K-Gehalt der Rüben steigender Zuckeranteil durch Nichtkristallisation verloren.
Hohe K-Konzentration im Nährmedium verringert unter bestimmten Bedingungen die Aufnahme anderer Kationen durch Ionenkonkurrenz. K-Zufuhr kann daher die Magnesium- und Calciumversorgung beeinträchtigen. Dieser Sachverhalt hat zu dem Begriff der „harmonischen" Düngung geführt. Seine Quantifizierung ist jedoch schwierig.
Bei der K-Düngung sind die Begleitstoffe der K-Düngesalze zu beachten. Natrium wirkt bei Chenopodiaceen als Nährelement. K-Dünger mit niedrigem K-Gehalt, wie Kainit und 40er Kalisalz, die hohe NaCl-Anteile haben, eignen sich daher für solche Kulturen besonders. Ihr Na-Anteil begünstigt jedoch die Verschlämmung von Bodenaggregaten. Die Struktur der Bodenoberfläche kann daher durch solche Dünger nachteilig beeinflußt und so das Auflaufen kleinkörniger Samen beeinträchtigt werden. Die Anionen der K-Salze – Chlorid und Sulfat – sind bei der Düngung ebenfalls bedeutsam. Viele Pflanzenarten nehmen Chloridionen in erheblicher Rate auf. Chlorid-Akkumulation ruft in der Pflanze – nach Pflanzenart im Ausmaß verschieden – chlorotische Verfärbungen und vom Blattrand ausgehende Nekrosen hervor. Besonders empfindlich sind Laub- und Nadelgehölze. Durch Tausalz (NaCl), das im Winter auf Verkehrswege gestreut wird, sind dadurch, in Verbindung mit dem osmotischen Effekt des Salzes, Schäden an Straßenbäumen ausgelöst worden. Eine Reihe von gärtnerischen und landwirtschaftlichen Kulturpflanzen, z. B. Beerenobst, Tabak, Kartoffeln und viele Zierpflanzen, sind ebenfalls chloridempfindlich. Bei ihnen erfolgt die K-Düngung daher zweckmäßig in Form von Kaliumsulfat.
Infolge ihrer hohen Löslichkeit im Wasser wirken Kalisalze in konzentrierter Form stark osmotisch und töten Pflanzenzellen bei unmittelbarer Berührung ab. Wegen dieser Eigenschaft wurde feingemahlener Kainit in der Vergangenheit zur Unkrautbekämpfung („Hedrichkainit") in Getreidebeständen verwendet. Dies war möglich, weil das Salz auf der rauhen Oberfläche von Hedrich und anderen Unkräutern besser haftet und diese wohl auch empfindlicher als Getreide reagieren.
Wegen ihrer Adsorption an Tonminerale werden K^+-Ionen in schweren (tonreichen) Böden nur wenig verlagert. Auswaschungsverluste mit dem Sickerwasser entstehen dagegen in größerem Maße auf tonarmen, sandigen und humosen Böden. Die Bodenlösung solcher Standorte weist bei üblicher landwirtschaftlicher Nutzung nicht selten K-Konzentrationen von 20 bis 50 mg/l auf. Der Grenzwert für Trinkwasser beträgt dagegen nur 12 mg K^+/l[58]. K-Düngung wird daher auf die Dauer zu Erschwernissen in der Trinkwasserversorgung führen. Dagegen ist kaum anzunehmen, daß Kalium in Gewässern im Sinne einer Eutrophierung das Algenwachstum fördert, da Kalium in aquatischen Ökosystemen nicht als wuchslimitierender Faktor bekannt geworden ist.

Magnesium

Magnesium hat essentielle Bedeutung als Bauelement des Chlorophylls und als Kofaktor zahlreicher Enzymreaktionen. Die Pflanze nimmt es als Mg^{2+}-Ion auf; ein großer Teil bleibt in der Pflanze in dieser Form mobil. Der Mg-Gehalt von Pflanzen liegt zwischen 0,1 und 1% Mg der Trockensubstanz, der Mg-Bedarf bei 20–60 kg/ha.
Mg wird durch Verwitterung aus Gesteinen und Mineralen freigesetzt und für die Pflanze verfügbar. Die Notwendigkeit von Mg-Düngergaben hat sich erst in jüngerer Zeit allgemeiner gezeigt, seitdem der Mg-Entzug infolge der gesteigerten Erträge größer geworden ist. Waldbäume sind verstärkt unter Mg-Mangel geraten, weil die Bodenversauerung sowohl zur Mg-Auswaschung aus dem Boden als auch zur Behinderung der Mg-Aufnahme in die Pflanze führt.

Tab. 8: Magnesiumhaltige Düngemittel.

Handelsname	Formel	Gew.-% Mg
Kieserit	$MgSO_4 \cdot H_2O$	17
Bittersalz	$MgSO_4 \cdot 7\,H_2O$	10
Kalimagnesia	$K_2SO_4 \cdot MgSO_4$	8
Mg-Düngerlösung	$MgCl_2$	8
Dolomitischer Kalk	$CaCO_3 \cdot MgCO_3$	15
Mg-Branntkalk	CaO + MgO	15
Mg-Gesteinsmehl	Mg-Silikat	12

Die Düngung von Magnesium erfolgt vielfach in Verbindung mit der Kalkung. Die dolomitischen Kalke (Tab. 8) sind hierfür geeignet. Sie lösen sich allerdings nur bei pH-Werten unter 7. Vom Magnesiumanteil gehen auch bei hoher Dosierung keine Schadwirkungen aus. Auch Mg-Gesteinsmehl löst sich

sehr langsam, seine Wirkung läßt u. U. Jahre auf sich warten. Mit solchen Stoffen ist daher die Mg-Versorgung nur langfristig zu verbessern. Akute Mg-Mangelsituationen sind eher durch Mg-Salze (Mg-Chlorid- und -Sulfat) zu beheben, die in Wasser leicht löslich sind. Wegen der Adsorption der Mg-Ionen an Kolloide ist ihre Mobilität im Boden nicht sehr hoch; sie steigt mit der Azidität.
Rasche Mg-Düngewirkung ist oft nur durch Blattdüngung zu erzielen. Hierbei kann es infolge osmotischer Wirkung zu Blattverbrennungen (Nekrosen) kommen. Sie sind jedoch selten, weil zumindest Magnesiumsulfat im Vergleich zu anderen Salzlösungen in hoher Konzentration gut vertragen wird[59]. Bei sehr hoher Mg-Konzentration im Boden ist an Ionenkonkurrenz zu denken. Hierdurch wird ggf. die K- und Ca-Aufnahme behindert. In diesem Falle ist durch entsprechende Düngung für Ausgleich zu sorgen. Spezifische Schäden durch überhöhte Mg-Zufuhr sind kaum bekannt geworden.

Calcium und Kalk

Calcium ist in Verbindung mit Carboxylgruppen am Aufbau der Mittellamellen und Zellwände beteiligt. Daneben tritt es als Ca-Inosithexaphosphat in Samen sowie in einer Reihe meist schwerlöslicher organischer und anorganischer Salze in anderen Teilen der Pflanze auf. Es ist für die Funktion der Biomembranen notwendig und an einigen Enzymreaktionen beteiligt. Wurzelspitzen sterben in Ca-freiem Nährmedium nach kurzer Zeit ab.
Der Ca-Gehalt der Pflanze ist von der Pflanzenart, dem Alter und dem Organ der Pflanze abhängig. Er erstreckt sich von etwa 0,01% der Trockensubstanz fleischiger Früchte (z. B. Äpfel) bis zu Werten um 5% in älteren Blättern dikotyler Pflanzen. Der Ca-Entzug landwirtschaftlicher Kulturpflanzen ist mit 50 bis 200 kg/ha anzugeben. Die Aufnahme in die Pflanze erfolgt in Form von Ca^{2+}-Ionen, die Verteilung nur im Xylem mit dem Transpirationsstrom oder durch Wurzeldruck. Im Phloem ist Ca^{2+} – im Gegensatz zu N, P und K – nahezu immobil.
Die Menge an verfügbaren Ca-Ionen im Boden übertrifft den Bedarf der Pflanze in der Regel bei weitem. Aus zwei Gründen ist dennoch in vielen Fällen die Düngung mit Ca-haltigen Stoffen notwendig.
1. Der pH-Wert des Bodens ist oft zu niedrig, um der Pflanze optimale Standortbedingungen zu gewähren. In humidem Klima besteht die ständige Tendenz zur Versauerung. Die Kalkung des Bodens wirkt dem entgegen.
2. Trotz der relativ hohen Ca-Konzentration der Bodenlösung von 1–10 mml/l, können einzelne Organe, z. B. die Früchte von Apfel und Tomate, Paprika, Melone und Gurke sowie die inneren Teile von Salat- und Kohlköpfen, Ca-Mangel aufweisen, weil im Phloem, das diese Organe versorgt, kaum Ca transportiert wird.

Kalkdüngemittel

Die Regulierung des pH-Wertes, d. h. die Beseitigung überschüssiger Säure des Bodens, erfolgt vorwiegend durch Kalk (Tab. 9). Kohlensaurer Kalk (Mergel) wird zu Düngezwecken aus natürlichem Kalkgestein durch Vermahlung gewonnen. Er reagiert im Boden gemäß Abb. 11 mit CO_2; das entstehende Bicarbonat vereinigt sich mit den Protonen des Bodens zu Kohlensäure, welches zu CO_2 und H_2O zerfällt. Kohlensaurer Kalk setzt sich infolge seiner geringen Löslichkeit nur träge um. Daher sind bei Anwendung dieser Kalkform die geringsten Schäden und eine anhaltende Wirkung zu erwarten.
Durch Erhitzung von $CaCO_3$ („Brennen des Kalks") entsteht Branntkalk (CaO). Er reagiert mit Wasser heftig und unter Wärmeentwicklung („Löschen des Kalks") zu $Ca(OH)_2$. Seine Neutralisationswirkung ergibt sich aus Abb. 12. Calciumhydroxid erzeugt in wäßriger Lösung wesentlich höhere pH-Werte als Calciumcarbonat. Daher haben Brannt- und Löschkalk raschere und heftigere Wirkung als Mergel. Man wendet diese Kalkformen deshalb bevorzugt zur Erhöhung des pH-Wertes von kolloidreichen, stark gepufferten („schweren") Böden an. Branntkalk kann darüber hinaus bei unmittelbarem Kontakt „Ätzschäden" an Pflanzen hervorrufen.

Tab. 9: Wichtige Düngekalke.

Handelsname	Formel	Gew.-% Kalk
kohlensaurer Kalk (Kalkmergel)	$CaCO_3$	80–95
dolomitischer Kalk (Magnesiummergel)	$CaCO_3 \cdot MgCO_3$	80–95
Branntkalk	CaO, MgO	70–95
Löschkalk	$Ca(OH)_2$	60–70*
Hüttenkalk	Ca_2SiO_4	40–50*

* als CaO berechnet.

$$CaCO_3 + H_2O + CO_2 \rightleftharpoons Ca^{2+} + 2HCO_3^-$$
$$2HCO_3^- + 2H^+ \rightleftharpoons 2H_2CO_3 \rightleftharpoons 2CO_2 + 2H_2O$$
$$\text{netto:} \quad CaCO_3 + 2H^+ \rightleftharpoons Ca^{2+} + CO_2 + H_2O$$

Abb. 11: Umsetzung von kohlensaurem Kalk im Boden.

$$CaO + H_2O \longrightarrow Ca(OH)_2$$
$$Ca(OH)_2 + 2H^+ \longrightarrow Ca^{2+} + 2H_2O$$

Abb. 12: Umsetzung von Branntkalk im Boden.

Die alkalische Wirkung von Ca-Silikat, das in Hüttenkalk enthalten ist, beruht auf seiner Hydrolyse zu $Ca(OH)_2$. Die Umsetzung geht langsam vor sich, so daß Hüttenkalk milder als Löschkalk wirkt. Viele Kalke enthalten als Nebenbestandteile Mg, so daß sie zugleich als langsamfließende Mg-Quelle dienen können. Im Hüttenkalk treten auch Phosphor, sowie Eisen und Mangan in nennenswerten Mengen auf.
Kalkdüngung hat vielfältige Auswirkungen auf den Boden. Die Beseitigung zu hoher Säuregrade ist die primär angestrebte Wirkung. Sie hat die Verringerung der Löslichkeit von Aluminium zur Folge. Dies ist bedeutsam, weil Al-Toxizität in Böden unter pH 5 eine häufige Ursache für die Beeinträchtigung des Pflanzenwachstums, besonders infolge Mg- und Ca-Mangels und Wurzelschäden, ist (s. S. 123). Zu den positiven Wirkungen der Kalkung gehört die Stabilisierung von Bodenkrümeln, die für die Erhaltung günstiger struktureller Eigenschaften des Bodens, seinen Luft- und Wasserhaushalt sowie die Durchwurzelbarkeit maßgebend sind. Das Mikroorganismenleben des Bodens wird durch Kalkung saurer Böden allgemein angeregt. Die organische Substanz des Bodens wird rascher mineralisiert und dadurch die Stickstoff-, z. T. auch die Schwefel- und Phosphor-Anlieferung an die Pflanze erhöht. Der Humusgehalt des Bodens sinkt jedoch ab, die Böden werden „ausgemergelt"; zeitweilig günstige ziehen längerfristig ungünstige Folgen nach sich. Auch andere Nährelemente der Pflanze sind in ihrer Verfügbarkeit vom pH-Wert des Bodens abhängig. So sinkt die Löslichkeit von Schwermetallen

wie Eisen, Mangan, Zink, Kupfer, aber auch Elemente wie Bor und Cadmium, mit steigendem pH-Wert innerhalb des im Boden vorkommenden Bereichs ab.
Kalkung kann daher die Toxizität dieser Elemente abschwächen. Auch Waldböden werden seit einigen Jahren großflächig mit Kalk gedüngt, um dem Waldsterben entgegenzuwirken. Dabei werden dolomitische Kalke bevorzugt, um neben der Entsäuerung des Bodens zugleich die Mg-Versorgung der Bäume zu verbessern. Auf ärmeren Böden kann Kalkung Mangel an Nährelementen auslösen. Von praktischer Bedeutung sind in der Landwirtschaft

- „Herz- und Trockenfäule" von Rüben durch Bormangel,
- „Dörrfleckenkrankheit" des Hafers durch Manganmangel,
- „Urbarmachungskrankheit" durch Kupfermangel,
- „Rosettenkrankheit" durch Zinkmangel und
- „Kalkchlorose" durch Eisenmangel.

Die Verfügbarkeit von Molybdän steigt dagegen mit dem pH-Wert an. Diese Beispiele zeigen, daß die Kalkung des Bodens unter Beachtung einer ganzen Anzahl von Faktoren dosiert werden muß, um ihren günstigen Einfluß nicht durch die negative Wirkung einer „Überkalkung" aufzuheben. Dies ist deshalb zu betonen, weil die Kalkzufuhr zum Boden besonders nachhaltige Wirkungen hat, von denen manche erst nach Jahren manifest werden.

Calciumdüngung

Eine Kalkung des Bodens zieht im allgemeinen zugleich die Erhöhung des Gehalts an pflanzenverfügbaren Ca- und ggf. Mg-Ionen nach sich. Eine gesonderte Ca-Düngung des Bodens ist daher i. a. nicht erforderlich. Sie wird gelegentlich in Form von Gips angewendet, um Na-haltige Böden, z. B. nach Überflutung mit Meerwasser, zu meliorieren. Toxische Wirkungen sind hierdurch kaum zu befürchten.
Um lokal in der Pflanze auftretendem Calciummangel, insbesondere der Stippigkeit des Apfels vorzubeugen, wird im intensiven Obstbau Calciumchlorid- oder Calciumnitratlösung von 1–2%iger Konzentration in die Kronen gespritzt (Tab. 10).

Tab. 10: Calciumdüngemittel.

Handelsname	Formel	Gew.-% Ca
Gips	$CaSO_4 \cdot 2\,H_2O$	23
Kalksalpeter	$Ca(NO_3)_2$	24
Calciumdüngerlösung	$CaCl_2 \cdot H_2O$	10

Leider kann es dadurch zu „Verätzungen" von Blättern und Früchten kommen. Die Maßnahme hat die „Berostung" der Früchte zur Folge, oder sie verstärkt sie. Da man auch noch mit Rückständen auf den Früchten rechnen muß, sind zur Benetzung der Früchte nur Präparate zugelassen, die den Reinheitsforderungen des Deutschen Arzneibuchs (DAB 6) genügen.

Spurennährstoffe

Die Spurennährstoffe werden von der Pflanze in viel geringerer Menge als die Massennährstoffe benötigt. Eine ausreichende Versorgung ist i. a. bereits bei Gehalten unter 100 mg/kg der pflanzlichen Trockenmasse gegeben. Entsprechend sind auch die Düngergaben niedrig.

Bor

Bor wird von der Pflanze überwiegend in Form von Borsäure, H_3BO_3, z. T. wohl auch als primäres Boration, $H_2BO_3^-$, aufgenommen. Borsäure bildet mit den OH-Gruppen von Alkoholen, Zuckern und organischen Säuren Borsäureester.
Die notwendige Konzentration in der Pflanze liegt häufig bei 20 mg B/kg Trockensubstanz. Gramineen sind jedoch schon mit 5 mg/kg ausreichend versorgt, während milchsaftführende Pflanzen mit ca. 50 mg/kg auffällig hohe Gehalte aufweisen.
Bei Bormangel ist die Differenzierung der pflanzlichen Zellen gestört, so daß sich auch Gewebe nicht normal entwickeln kann. Meristeme, besonders die Terminalknospen, sterben bei Bormangel ab, Blätter und Stengel sind deformiert, Früchte weisen korkartige Veränderungen der Schale auf. Ein typisches Mangelsymptom ist die „Herz- und Trockenfäule" von Rüben.
Bor gelangt überwiegend passiv mit dem Transpirationsstrom in die Pflanze und wird bei Überschuß an den Endpunkten des Wasserflusses angereichert. Die Pflanze verfügt nicht über ein wirksames Ausschließungsvermögen für Bor. Erhöhte Borgehalte im Nährmedium, die den Bedarf der Pflanzen übersteigen, führen daher zu einer starken Anreicherung des Bors in der Pflanze. Dies ist im Vergleich zu anderen Spurennährstoffen in Abb. 13 dargestellt.

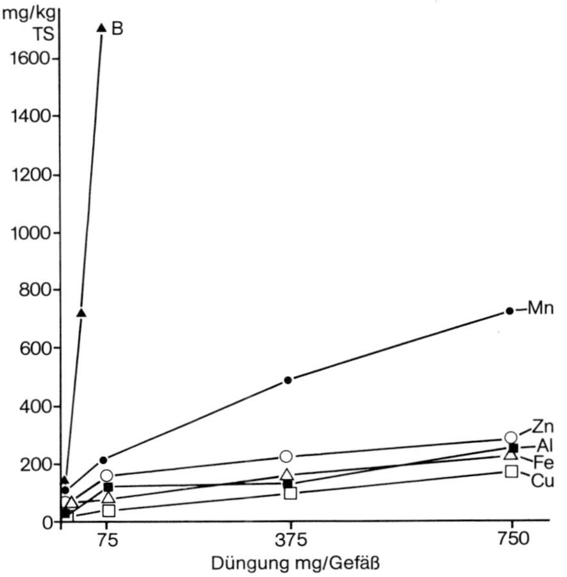

Abb. 13: Spurennährelementgehalt von Azaleenblättern in Beziehung zur Düngung mit diesen Elementen (Anzucht der Pflanzen in Gefäßen mit 1,5 l Torf). Aus Jungk, 1972[59a].

Die Toxizität von Bor beruht auf der Zerstörung der Thylakoidmembranen, die den Zerfall der Chloroplasten einleitet[60]. Makroskopisch sichtbare Symptome treten ab 200 mg B/kg Trockensubstanz auf[61]. Sie äußern sich durch chlorotische

Verfärbungen und Nekrosen an den Rändern der älteren Blätter, die sich auf die Interkostalflächen ausdehnen. Die Bohne reagiert dabei wesentlich empfindlicher als z. B. Kohl und Salat[62].

Der Ort der Schadsymptome ergibt sich aus der Borverteilung in der Pflanze. Die Blattränder weisen oft eine vielfach höhere Borkonzentration auf als die übrige Spreite und der Stengel[63]. Ertragseinbußen setzen bereits ein, wenn pro kg Boden mehr als 3 mg heißwasserlösliches Bor vorliegen[64] (vgl. S. 122 f.). Bortoxizität kann daher leicht durch überhöhte Bordüngung ausgelöst werden. Dies gilt besonders für den Gartenbau unter Glas und bei Anzucht der Pflanzen in humosen Substraten, die Bor nur wenig binden. Hier können Mehrnährstoffdünger (Tab. 11), die bis 0,5% B enthalten, bereits Schäden auslösen. Kalkung bewirkt eine gewisse Festlegung von Bor; sie ist daher geeignet, die Gefährdung durch Bortoxizität zu mindern.

Tab. 11: Einige Bor-Düngemittel.

Handelsname	Formel	Gew.-% B
Borsäure	H_3BO_3	18
Borax	$Na_2B_4O_7 \cdot H_2O$	11
Dehybor	$Na_2B_4O_7$	22
Solubor	$Na_2B_8O_{13} \cdot 4\,H_2O$	21
Colemanit	$Ca_2B_6O_{11} \cdot 5\,H_2O$	16
verschiedene Mehrnährstoffdünger mit B	Borax-Zusatz	0,03–0,5

Gieß- und Beregnungswässer enthalten nicht selten so hohe Borkonzentrationen, daß es hierdurch zur Bortoxizität kommt. Dies gilt besonders für aride Gebiete, in denen Fluß- und Brunnenwässer oft borhaltig sind. Bortoxizität ist dort ein bedeutendes Problem für die von Bewässerung abhängige Landwirtschaft. Werte über 1 mg B/l sind bereits kritisch[61]. Toxische Bor-Gehalte finden sich oft auch in Siedlungsabwässern. Sie sind die Folge der Anwendung borat- und perborathaltiger Waschmittel. Ebenso sind feste Siedlungsabfälle allgemein mit Bor belastet, wenn sie Kohlenasche enthalten. Müllkompost muß daher vor seiner Anwendung als Dünger auf seinen Borgehalt geprüft und ggf. danach limitiert werden.

Eisen

Die Fe-Konzentration, die für die normale Entwicklung von Pflanzen notwendig ist, liegt bei 100 mg Fe/kg Trockensubstanz. Fe-Mangel ist am Chlorophyllverlust der jüngeren Blätter erkennbar. Er tritt auf kalkhaltigen Böden besonders bei Wein und Obstarten wie Pfirsich und Birne verbreitet auf. Viele Pflanzenarten reagieren auf Eisenverknappung mit einer charakteristischen Steigerung der Effizienz ihrer Wurzeln zur Nutzung von Eisen[62a]. Diese Mobilisierung durch die Wurzeln erstreckt sich auch auf Mangan. Dadurch führt Eisenmangel oft zu übermäßiger Manganaufnahme, die an den Pflanzen Mangantoxizität auslösen kann[63a]. Die Behebung des Fe-Mangels beseitigt in solchen Fällen zugleich die Toxizität von Mangan.

Pflanzen nehmen Eisen vorwiegend in Form von Fe^{2+}-Ionen oder als Chelat (Phytosiderophor) auf. Der Boden enthält jedoch überwiegend dreiwertiges Eisen. Wegen der geringen Löslichkeit des Fe^{3+}-Ions ist trotz hoher Gesamt-Fe-Gehalte des Bodens unter aeroben Verhältnissen keine Schädigung durch Fe-Toxizität zu befürchten. Ausnahmen bilden Böden unter Einwirkung von Stauwasser, wobei es infolge Sauerstoffzehrung der Mikroorganismen zur Reduktion von Fe^{3+} zu Fe^{2+} kommen kann. Diese Gefahr besteht besonders beim Anbau von Sumpfreis. Sie kann zur Verfärbung der Pflanzen („Bronzing") und zu Wuchshemmung Anlaß geben. Der Effekt tritt verstärkt bei Kalimangel auf, weil die Wurzelexudation erhöht und in deren Folge die Aktivität und der O_2-Verbrauch der Mikroorganismen der Rhizosphäre verstärkt werden[64a].

Tab. 12: Einige Eisendüngemittel.

Bezeichnung	Formel bzw. Zusammensetzung	Gew.-% Fe
Eisensulfat	$(FeSO_4 \cdot 7\,H_2O)$	20
Eisenchelate:		
Fe-EDTA	Eisen-Ethylendiamintetraacetat	5–9
Fe-EDDPA	Eisen-Ethylendiamindihydroxyphenylacetat	6

Die Bekämpfung von Fe-Mangel erfolgt in der Regel durch lösliche Fe-Verbindungen, die überwiegend als Blattdünger angewendet werden. Hierfür eignen sich Chelate, organische Komplexverbindungen, die das Eisen vor Ausfällung schützen (Tab. 12). Sie sind wirksamer und verätzen die Blätter weniger als Eisensulfat. Blattschäden sind jedoch auch bei Chelaten möglich.

Bei gärtnerischen Topfkulturen werden Fe-Chelate oft vorbeugend in das Substrat gegeben. Sie sind vor Ausfällung in gewissem Maße geschützt und bleiben daher im Gegensatz zu anorganischen Fe-Verbindungen auch in kalkhaltigen Böden eine Zeitlang wirksam. Überdosierung hat Wuchsminderung zur Folge.

Mangan

Mangan ist in der Pflanze an einer Reihe von Enzymreaktionen beteiligt. Es ist in Konzentrationen um 30 mg/kg Trockensubstanz erforderlich. Seine Aufnahme erfolgt in Form des zweiwertigen Kations Mn^{2+} sowie als Chelat. Manganmangel verursacht interkostale verwaschene Chlorosen der Blätter und nekrotische Flecke. Bekannt ist die „Dörrfleckenkrankheit" des Hafers. Sie tritt nur auf Böden über pH 6 auf. Besonders betroffen sind Sandböden, die zu hoch gekalkt wurden.

Überschuß von Mangan kommt in der Natur und beim Anbau von Pflanzen nicht selten vor. Er kann starke Ertragseinbußen hervorrufen[65]. Schadsymptome sind Chlorosen und Nekrosen der Blattränder sowie braune, zunächst punktförmige Flecke in der Umgebung der Gefäße an den reifen Blättern. Sie dehnen sich auf die Blattstiele und Stengel, bei Buschbohne auch auf die Blütenknospen aus. Die Umgebung der Flecke vergilbt häufig. Die Ursache dieser Flecke sind Fällungsprodukte des Mangans. Arnolds Reagenz ergibt die violette Färbung des Permanganats. Die Toleranz der Pflanzen gegen Mangan wird durch Silicium erhöht[66]. Infolge von Wechselwirkungen zwischen Fe und Mn treten bei hohem Mn-Angebot zuweilen auch Fe-Mangelsymptome auf.

Der Toxizitätsgrenzwert ist bei den Pflanzenarten sehr verschieden. Ertragseinbußen setzen ab 100 mg Mn/kg Trockensubstanz ein, manche Arten tolerieren jedoch ein Vielfaches davon. Koniferen deponieren oft große Mn-Mengen in der Borke und schützen so ihre lebenden Zellen.

Die Verfügbarkeit des Mangans für die Pflanze ist, wie beim Eisen, von der Oxidationsstufe abhängig. Im Boden gut löslich und von der Pflanze aufnehmbar ist nur das Mn^{2+}-Ion. Der

Hauptteil des Mangans im Boden liegt drei- und vierwertig vorwiegend als Oxid in unlöslicher Form vor. Für die Verfügbarkeit ist der pH-Wert und das Redoxpotential des Bodens maßgebend. Unter pH 6 steigt die Löslichkeit von Mn^{2+} mit sinkendem pH stark an. Daher besteht i. a. nur auf sauren Böden die Gefahr der Mangantoxizität. Die Reduktion wird durch anaerobe Bedingungen gefördert. Hohe Bodenfeuchte und die Anwesenheit von mikrobiell leicht zersetzbarer organischer Substanz, z. B. Ernterückstände, begünstigen daher das Auftreten von Manganüberschuß, ein Beispiel für die Möglichkeit, daß organische Düngung durch Förderung der Sauerstoffzehrung im Boden toxische Wirkungen auslösen kann.

Tab. 13: Einige Mangandüngemittel.

Bezeichnung	Formel	Gew.-% Mn
Mangansulfat	$MnSO_4 \cdot 4\,H_2O$	24
	$MnSO_4 \cdot H_2O$	32
Manganchelat	Mn-EDTA	ca. 10
Manganoxid	MnO	ca. 50

Mangandünger (Tab. 13) führen bei normaler Dosierung nur selten zu Manganüberschuß. Soweit sie als feste Stoffe in den Boden gebracht werden, setzen sie sich zu Formen um, deren Löslichkeit von den Bodenbedingungen abhängt. Eine Ausnahme bilden Chelate, die jedoch schon wegen ihres hohen Preises und zur Erzielung rascher Wirkung meist als Blattdünger Anwendung finden.

Spezielle Gefahren der Mangantoxizität ergeben sich aus einigen gärtnerischen Kulturtechniken. Dies ist einmal die Verwendung von kompostierter Baumrinde als Bestandteil gärtnerischer Erden. Baumrinden enthalten nicht selten mehr als 1000 mg Mn pro dm^3. Unter den Bedingungen des gärtnerischen Anbaus, besonders der Kultur von Topfpflanzen, ist es dadurch wiederholt zu Einbußen durch Mangantoxizität gekommen. Die Begrenzung des Rindenanteils in der Erde und die sorgfältige pH-Einstellung auf Werte um 6 sind hier notwendig.

Zum anderen kann Mangantoxizität durch die Dämpfung der Erden hervorgerufen werden. Dies ist, besonders im Gewächshaus, eine Maßnahme zur Bekämpfung bodenbürtiger Schadorganismen. Als Folge davon kommt es zur massiven Erhöhung der Mn-Löslichkeit in dem gedämpften Material. An Kopfsalatpflanzen sind dadurch verbreitet Schäden entstanden[67, 68]. Die Ursache wird darin gesehen, daß die Oxidation von Mn^{2+} zu höheren Mn-Oxidationsstufen unter Beteiligung von Mikroorganismen vonstatten geht, die durch die Dämpfung ebenfalls abgetötet werden. Nach der Dämpfung sind daher Wartezeiten einzuschalten und Maßnahmen zur Regeneration manganoxidierender Organismen zu ergreifen.

Zink

Zink ist als Bestandteil der Carboanhydrase und anderer Enzyme, vor allem von Dehydrogenasen (wie z. B. Glutamat-, Lactat- und Alkohol-Dehydrogenase), aber auch von Proteinasen und Peptidasen notwendig. Der erforderliche Gehalt der Pflanzen liegt bei 20 mg Zn/kg Trockensubstanz. Zn-Mangel ist weltweit, vor allem in wärmeren Klimaten verbreitet. Er äußert sich an interkostalen oder die ganze Blattfläche umfassenden, bei Monokotylen auch streifigen Vergilbungen der Blätter, verkleinerten Blattflächen und verkürzten Internodien.

Zink kann in der Pflanze bis zu mehr als 1000 mg/kg TS angereichert werden. Der Toxizitätsgrenzwert liegt i. a. bei 200 bis 300 mg Zn/kg Trockensubstanz[69]. Die Streuung ist jedoch erheblich; von manchen Pflanzen werden weit höhere Gehalte vertragen (vgl. S. 129).

Tab. 14: Einige Zinkdüngemittel.

Bezeichnung	Formel	Gew.-% Zn
Zinksulfat	$ZnSO_4 \cdot 7\,H_2O$	23
	$ZnSO_4 \cdot H_2O$	36
Zinksulfat, basisch	$ZnSO_4 \cdot 4\,Zn(OH)_2$	55
Zinkchelat	Zn-EDTA	ca. 10
Zinkoxid	ZnO	70

Werden Zinkdünger (Tab. 14) auf die Blätter ausgebracht, sind Schäden durch überhöhte Zinkkonzentrationen denkbar. Zinktoxizität kann auch durch Ablaugung verzinkter Bauteile in Gewächshäusern und durch Anwendung Zn-belasteter Schlämme (S. 119) entstehen. Sie äußert sich durch zunächst interkostale, später völlige Vergilbung der jungen Blätter. Der Vegetationspunkt stirbt ab. Zuweilen verfärben sich die Adern dunkel, auch treten braune bis rötliche punktartige Flecken auf. Neben dem Sproßwachstum ist auch das Wurzelwachstum beeinträchtigt.

Kupfer

Kupfer ist in einer Reihe von Metallenzymen enthalten, z. B. Phenoloxidasen und Ascorbinsäureoxidase. Der notwendige Gehalt der Pflanzen beträgt nur etwa 5 mg Cu/kg Trockensubstanz. Der Bedarf eines Pflanzenbestandes liegt demnach bei etwa 50 g/ha. Dennoch gibt es auf manchen Böden Kupfermangel, der den Ertrag begrenzt. Dies beruht auf der geringen Mobilität der aufnehmbaren Form des Kupfers, dem Cu^{2+}-Ion, das adsorptiv an die Mineralsubstanz und chelatartig sehr stabil an die organische Substanz des Bodens gebunden wird. Cu^{2+} ist auch in Kupferdüngemitteln (Tab. 15) enthalten.

Tab. 15: Einige Kupferdüngemittel.

Bezeichnung	Formel	Gew.-% Cu
Kupfersulfat	$CuSO_4 \cdot 5\,H_2O$	25
	$CuSO_4 \cdot H_2O$	36
Kupferoxid	CuO	71
Kupferdünger-granulat	Cu, CuO, Cu-Silikat	ca. 5

Symptome des Kupfermangels sind an Getreide zwirnartig dünne, weiß gefärbte, gedrehte Blattspitzen und verkürzte Internodien. Die Erscheinung wird als Urbarmachungskrankheit bezeichnet. In schweren Fällen bleibt die Rispenbildung bei Hafer völlig aus. An dikotylen Pflanzen wölben sich die Blattspreiten löffelartig auf.

Überhöhte Kupferkonzentration führt in Nährlösung rasch zu Schäden an den Wurzeln, die wahrscheinlich am Plamalemma ansetzen und die normale Membranstruktur zerstören. Im Boden tritt eine solche akute Toxizität im allgemeinen nicht auf, jedoch gibt es Ertragseinbußen durch überhöhte Cu-Gehalte des Bodens (vgl. S. 128).

Molybdän

Molybdän ist als Bestandteil von Nitrat-Reduktase sowie von Nitrogenase (Prokaryonten) essentiell. Der Bedarf ist geringer als bei allen anderen Nährelementen. Bei 1 mg Mo/kg Trockensubstanz sind die Pflanzen bereits ausreichend versorgt. Dennoch gibt es auch bei diesem Element Mangelerscheinungen. Sie treten, im Gegensatz zu den anderen Spurennährstoffen, besonders auf sauren Böden auf. Dies beruht auf der Tatsache, daß Molybdationen, MoO_4^{2-}, mit abnehmendem pH-Wert des Bodens verstärkt gebunden werden.

Tab. 16: Einige Molybdändüngemittel.

Bezeichnung	Formel	Gew.-% Mo
Natriummolybdat	$Na_2MoO_4 \cdot 2\,H_2O$	40
Ammoniummolybdat	$(NH_4)_6Mo_7O_{24} \cdot 4\,H_2O$	54
Molybdänoxid	MoO_3	66

Drei Gruppen von Mangelsymptomen sind zu unterscheiden:

1. N-Mangelsymptome bei Leguminosen. Sie sind in der Hemmung der Nitrogenase begründet.
2. Nitrat-Akkumulation in den Blättern. Ihre Ursache liegt in der Hemmung der Nitrat-Reduktase, während die Nitrataufnahme weiterläuft. Sie kann zu Vergilbung und randlichen Nekrosen der Blätter führen.
3. Unvollständige Ausbildung der Blattspreite („whip tail"). Sie tritt infolge Störung der normalen Gewebsdifferenzierung auf[70] und hat bei Blumenkohl wirtschaftliche Bedeutung.

Die Verhütung von Mo-Mangel ist durch Blatt- oder Bodendüngung mit verschiedenen Mo-Verbindungen (Tab. 16) möglich.

Symptome des Überschusses von Molybdän sind gelegentlich experimentell erzeugt worden; in der Landbaupraxis und der Natur kommen sie offenbar selten vor. Minderwuchs tritt ein, wenn die Konzentration von Nährlösungen 0,1 mmol/l H_2MoO_4 übersteigt[71]. Die Pflanzen zeigen dann Kümmerwuchs und gleichmäßige Aufhellung der Blätter. Außerdem ist auch die Gelbfärbung der Blattadern und Wurzelspitzen, wahrscheinlich infolge einer Anreicherung phenolischer Verbindungen[72], zu beobachten. Der Molybdängehalt der Pflanzen kann bei hoher Molybdänzufuhr auf weit über 100 mg/kg Trockensubstanz ansteigen. Dies macht sie als Nahrungs- und Futterpflanzen ungeeignet, weil die Gefahr der Molybdänvergiftung (Molybdänose) an Tier und Mensch besteht.

Organische Düngung

Organische Stoffe werden seit alters her verwendet, um die Fruchtbarkeit des Bodens zu erhöhen und das Pflanzenwachstum zu fördern. Sie umfassen eine große Vielfalt von Substanzen, die als Abfallstoffe verwertet oder eigens zu Düngezwekken gewonnen oder aufbereitet werden. Im Vordergrund stehen tierische Ausscheidungen aus der Viehhaltung und Ernterückstände, die in Form von Stallmist, Jauche und Gülle bzw. Stroh, Kompost und Gründünger als wirtschaftseigene Düngemittel auf den Anbauflächen verbleiben oder dorthin zurückgebracht werden.

Primär sind diese Stoffe als Abfälle zu bezeichnen, die bei der landwirtschaftlichen Erzeugung unvermeidlich anfallen. Sie enthalten aber wesentliche Anteile der Nährstoffe, die die Pflanzen dem Boden entzogen haben, und organisches Material, das die Grundsubstanz der Humusbildung darstellt, beides also Komponenten, die zur Erhaltung der Bodenfruchtbarkeit sinnvoll als Dünger auf die Anbauflächen zurückzuführen sind. Dieser Aspekt war vor Einführung der Mineraldüngung so bedeutsam, daß der Anteil der Tierhaltung im landwirtschaftlichen Betrieb an der für den Ackerbau notwendigen Stallmistmenge orientiert wurde. Die heutige Tierproduktion hat sich dagegen zum Teil von der betriebseigenen Futterproduktion gelöst, weil Futter billig zu kaufen ist. Dies hat zu stärkerer örtlicher Konzentration der Tierproduktion geführt. Der Abfallcharakter des Mistes tritt um so stärker hervor, denn es besteht oft genug kein Bedarf mehr dafür. Vielmehr fehlen den Betrieben mit Massentierhaltung nicht selten die nötigen Landflächen, um die anfallenden Exkremente sinnvoll als Dünger zu verwenden. Hieraus ist das derzeit wohl gravierendste Einzelproblem der europäischen Landwirtschaft entstanden, weil es schwierig ist, die örtlich sehr großen Exkrementmengen umweltverträglich in den Stoffkreislauf der Natur zurückzuführen.

Organische Düngemittel

Die wichtigsten organischen Stoffe, die im Landbau als wirtschaftseigene Düngemittel anfallen, und ihre Haupt-Inhaltsstoffe sind in Tab. 17 zusamengefaßt. Die größte Bedeutung hat Gülle, ein durch mikrobielle Umsetzungen aus Kot und Harn entstandener Flüssigmist. Aus Tab. 17 geht hervor, daß es sich bei Güllen um Mehrnährstoffdünger handelt, die 5–10 % organisches Material und unterschiedliche Gehalte an

Tab. 17: Nährstoffgehalte wirtschaftseigener Dünger (Mittelwerte).

Art	org. Masse %	Ges.-N kg/m³ bzw. kg/t	NH_4^+ N kg/m³ bzw. kg/t	P_2O_5 kg/m³ bzw. kg/t	K_2O kg/m³ bzw. kg/t
Schweinegülle	5	6	3,5	4	3
Rindergülle	7	5	2,5	2	6
Hühnergülle	10	10	5,5	8	5
Festmist	25	5	0,5	3	7
Jauche	–	3	3,0	1	6
Stroh (Getreide)	85	5	–	2	12

Mineralstoffen enthalten. Die Zahlen sind Mittelwerte, die im Einzelfall um die Hälfte niedriger oder auch um das Doppelte höher sein können, je nach Alter und Fütterung der Tiere und Verdünnung der Gülle mit Wasser. Die Mineralstoffe sind zum Teil in Wasser gelöst. Das gilt in vollem Umfang für Kalium. Stickstoff liegt zu Anteilen zwischen 30 bis 90 %[73] in Form von Ammonium, der Rest in organischer Bindung vorwiegend in der Festsubstanz vor. Phosphor ist ebenfalls z. T. als Phosphation gelöst, z. T. organisch gebunden, wovon besonders in Schweine- und Hühnergülle infolge Körnerfütterung größere Anteile aus Phytin bestehen.

Festmist entsteht aus Kot, Harn und Stroh. Die Flüssigkeit wird durch die Einstreu gebunden. Ebenso wird ein wesentlicher Teil des Stickstoffs durch mikrobielle Tätigkeit unter Verwendung des N-armen, C-reichen Strohs organisch gebunden.

Stroh verbleibt heute, da es nur noch zum geringen Teil im Viehstall verwendet wird, weithin auf dem Acker und wird nach der Ernte in den Boden so eingearbeitet, daß es möglichst rasch verrottet. Man kann dieses Verfahren als Flächenkompostierung bezeichnen. Infolge seines weiten C/N-Verhältnisses von etwa 80 ist es für Mikroorganismen eine gute C-, aber eine schlechte N-Quelle. Daher geht anorganischer Stickstoff des Bodens bei der Strohrotte in organische Bindung über und wird auf diese Weise zeitweilig festgelegt. Er steht dann, bis zur Remobilisierung, den Pflanzen nicht zur Verfügung („N-Sperre"), er wird daher auch nicht ausgewaschen.

Wirkungsweise organischer Düngemittel

Die Wirkung organischer Düngemittel auf Boden und Pflanze ist ein Summeneffekt. Er setzt sich aus der unmittelbaren Wirkung des in Lösung befindlichen Teils der Pflanzennährstoffe und den physiologisch wirksamen organischen Verbindungen, die im Dünger enthalten sind oder durch mikrobielle Umsetzungen entstehen, sowie den mittelbaren chemischen und physikalischen Wirkungen auf den Boden zusammen, die in Tab. 18 genannt sind. Die Gesamtwirkung variiert nicht nur nach der Zusammensetzung der Dünger, sondern auch nach den Standortbedingungen, unter denen sie Anwendung finden. Die Wirkung der organischen Komponente läßt sich infolge ihrer komplexen Natur nur schwer quantifizieren. Aber auch die Wirkung der Pflanzennährstoffe ist in organischen Düngern nicht leicht zu bestimmen. Relativ einfach ist dies nur bei Kalium, das in organischem Material keine schwerlöslichen Verbindungen bildet. Es ist daher mit der Wirkung von Mineraldünger-K gleichzusetzen, falls es nicht infolge unzeitgemäßer Ausbringung auf leichten Böden ausgewaschen wird. Auch Phosphor und Schwefel, obwohl organisch gebunden, sind längerfristig als pflanzenverfügbar anzusehen. Der zur Mineralisierung notwendige Zeitraum ist jedoch ungewiß.

Tab. 18:

Wirkungen organischer Düngemittel auf

a) physikalische Eigenschaften des Bodens:
   Verbesserung der Bodenstruktur
   Erhöhung der Wasserkapazität
   Verstärkung der Durchlüftung
   Beschleunigung der Erwärmung

b) chemische Eigenschaften des Bodens:
   Abgabe von Nährstoffen durch Mineralisierung
   Speicherung von Nährstoffen durch Adsorption
   Mobilisierung von Nährstoffen aus anorganischen Reserven
   Festlegung von Nährstoffen im Humus
   Bildung von Wuchs- und Hemmstoffen
   Bildung von Antibiotika

Besondere Probleme bereitet der Stickstoffanteil im Mist, der z. T. als Ammonium in Lösung und z. T. organisch gebunden vorliegt. Prinzipiell ist Ammonium zwar unmittelbar pflanzenverfügbar. Oft geht jedoch ein erheblicher Teil davon als Ammoniak verloren, in geringerem Maße schon im Stall und dem Lagerbehälter, vor allem aber bei der Ausbringung. Schon innerhalb von Stunden oder wenigen Tagen verdunsten N-Mengen, die bis in den Bereich von 50 % des NH_4-Anteils oder gar darüber hinaus gehen[74, 75]. Dieser Anteil ist sehr von der Art der Ausbringung der Gülle und den Witterungsbedingungen abhängig[76]. Hohe Temperatur, Trockenheit und Luftbewegung fördern die NH_3-Verluste. Diese Bedingungen sollten daher vermieden und die Gülle unverzüglich in den Boden eingearbeitet werden, wie es auch gesetzliche Regelungen verlangen[77].

Probleme der Güllewirtschaft

Die Hauptquelle der Ammoniakentbindung ist die weit verbreitete Güllewirtschaft in der Tierproduktion. Sie ist bei Großanlagen die Ursache von unmittelbaren Schäden an der Vegetation, besonders an Bäumen, die in Entfernungen bis zu einigen hundert Metern z. T. völlig absterben[19, 20]. Die großräumige Ammoniakverteilung führt zusammen mit anderen N-Quellen zu Einträgen, die im Durchschnitt Deutschlands auf 30–40 kg/ha[28], mancherorts sogar auf 40–80 kg N/ha im Jahr[78] geschätzt werden. Sie wirken als unerwünschte N-Düngung mit z. T. ertragsfördernden Wirkungen auf den Wald[29]. Ihre längerfristige Folge ist die flächenhafte Eutrophierung der betroffenen Ökotope[4, 78], die Zunahme der Versauerung der Böden[26, 30], die Veränderung der Pflanzengesellschaft[78, 79] und in ihrer Folge der Schwund an Pflanzen- und Tierarten[4].

Gülle fällt auch zu Zeiten an, in denen die Pflanzen keinen Nährstoffbedarf haben. Wird Gülle zu solchen Zeiten auf den Boden gebracht, so liegen dann – soweit sie nicht als Gas verfrachtet werden – Nährstoffmengen in erhöhten Konzentrationen vor, die, auch wenn die Gesamtmenge nicht überdosiert ist (was allerdings oft vorkommt), zu dieser Zeit unnötig ist. Dies erhöht grundsätzlich die Gefahr der Nährstoffauswaschung und damit die Kontamination des Grundwassers. Bei Phosphor ist diese Gefahr, außer auf Moorböden, gering, obwohl bei langjährig hoher Gülle-Dosierung örtlich die Gefahr der Phosphatsättigung von Böden mit der Folge der Auswaschung befürchtet wird[80]. Kalium wird nur auf sandigen und moorigen Böden in größerem Maße ausgewaschen. Besonders bedeutsam ist die Gefahr der Nitratauswaschung. Nitrifizierung von Ammonium – aus Gülle wie aus der N-Mineralisierung – findet auch im Winter statt, der Zeit also, wenn einerseits die Pflanzen kaum Stickstoff aufnehmen, und andererseits die Grundwasserneubildung durch Sickerwasser erfolgt. Dies sind die Bedingungen, die vorrangig zur Nitratbelastung des Grundwassers führen. Um diesen Gefahren entgegenzutreten, hat der Gesetzgeber Regelungen verfügt. Sie sehen bei der Gülleanwendung eine Mengenbeschränkung auf etwa den Nährstoffbedarf landwirtschaftlicher Kulturen vor, und sie verbieten die Ausbringung in der Zeit der überwiegenden Grundwasserneubildung von etwa Oktober bis Februar. Damit sind die schwerwiegendsten Umweltbelastungen durch Gülle zu vermeiden, es sind jedoch keineswegs alle Probleme gelöst[77, 73].

Zu den Möglichkeiten, Umweltbelastungen durch Güllewirtschaft zu vermeiden, gehört die Begrenzung des Tierbesatzes

der Landfläche. Gülleverordnungen haben diese Wirkung[73]. Die genauere Anpassung der Futterrationen an den Proteinbedarf der Tiere ermöglicht aber auch die Senkung der Güllemenge pro Tier und läßt Güllen mit günstigerem Verhältnis von Kot-N zu Harn-N erwarten[81, 82]. Seitens des Pflanzenbaus bestehen darüber hinaus eine Reihe von Möglichkeiten, um Nitratauswaschung bei Gülleanwendung zu vermeiden. So sollte Gülle generell bedarfsgerecht möglichst in Pflanzenbestände hineingebracht werden. Bei Herbstanwendung sind Früchte wie Wintergetreide und Raps zu bevorzugen, die noch spät im Herbst N aufnehmen, oder es sollten Zwischenfrüchte angebaut werden, die den mobilen Stickstoff des Bodens möglichst weitgehend aufnehmen und dadurch vor der Auswaschung bewahren. Die Zwischenfrüchte werden dann im Frühjahr in den Boden eingearbeitet, und ihr Stickstoff steht nach Remineralisation der Folgefrucht zur Verfügung. Auch durch Hemmstoffe der Nitrifizierung kann Nitratauswaschung in gewissem Maße eingedämmt werden. Hierbei hat Dicyandiamid praktische Bedeutung erlangt[83]. Es hemmt die Oxidation von NH_4^+ zu NO_2^- für eine gewisse Zeit. Da NH_4-Ionen durch Adsorption im Boden weniger beweglich als NO_3-Ionen sind, kann so die N-Auswaschung gemindert werden.
Schließlich kann die Konservierung von auswaschungsgefährdetem Stickstoff auch durch die sinnvolle Kombination von Gülle mit N-armen Ernterückständen erfolgen. Infolge des weiten C/N-Verhältnisses z. B. von Stroh kann anorganischer Stickstoff zeitweilig festgelegt werden.

Es sei erwähnt, daß der Pilzbefall (Mehltau) von Kulturpflanzen durch Gülle eingeschränkt werden kann, weil Gülle die Sporen von den Blättern abwäscht oder ihre Keimung verhindert[84].
Frische organische Stoffe bewirken bei ihrer mikrobiellen Zersetzung eine verstärkte Sauerstoffzehrung und CO_2-Anreicherung der Bodenluft. Bei geringer Porosität kann es dadurch in Verbindung mit hoher Bodenfeuchte zu Sauerstoffmangel der Wurzel kommen. Nährelemente, die wie Eisen und Mangan durch chemische Reduktion mobilisierbar sind, werden u. U. bis zu toxischen Konzentrationen gelöst. Bei überhöhter HCO_3^--Konzentration können sie aber auch in ihrer Wirkung behindert sein[85], wodurch es z. B. an Obstgehölzen zur „Schlechtwetterchlorose" kommt.
Schließlich ist noch zu erwähnen, daß Mikroorganismen bei der Zersetzung organischer Substanzen Stoffwechselprodukte von erheblicher physiologischer Wirksamkeit an die Umgebung abgeben. Hierdurch sind bei Bestellung des Bodens kurz nach der Einarbeitung von frischem Stroh und Gründüngung toxische Wirkungen an den Pflanzen beobachtet worden[86].
Organische Düngemittel sind demnach keineswegs immer frei von schädlichen Wirkungen auf Pflanzen und nachteiligen Wirkungen auf den Boden, wie oft irrtümlich angenommen wird. Auch die organische Düngung erfordert Sachkunde und Erfahrung, wenn ihre Vorteile genutzt und ihre Nachteile vermieden werden sollen.

Literatur

[1] Kluge, G., Embert, G. (1992): Das Düngemittelrecht. Landw.-Verlag Münster-Hiltrup.

[2] Holländer, B., Krug, H. (1991): Gartenbauwissenschaft 56, 193.

[3] Köster, W., Severin, K., Möhring, D., Zibell, H.-D. (1988): Stickstoff-, Phosphor- und Kaliumbilanzen landwirtschaftlich genutzter Böden der Bundesrepublik Deutschland von 1950 bis 1986. Landwirtschaftskammer Hannover.

[4] Ellenberg, H. (1990): KTBL, Ammoniak in der Umwelt, 44. Landw.-Verlag Münster-Hiltrup.

[5] Skeffington, R. A. (1990): Plant and Soil 128, 1.

[6] Wehrmann, J., Scharpf, H. C. (1979): Plant and Soil 52, 109.

[7] Wehrmann, J., Scharpf, H. C. (1982): Bedarfsgerechte Stickstoffdüngung – schätzen, kalkulieren, messen. AID-Heft 17.

[8] Märländer, B. (1991): Zuckerrüben. Verlag Ute Bernhardt-Pätzold, Stadthagen.

[9] Böhmer, M. (1980): Der Mineralstickstoffgehalt von Böden mit Feldgemüsebau und seine Bedeutung für die Stickstoffernährung der Pflanze. Diss. Univ. Hannover.

[10] Schulz, R., Spahr, K., Laschütza, W. (1976): Kali-Briefe, Fg. 5, 1. Fo. 13, 1.

[11] Jungk, A., Wehrmann, J. (1978): Proc. 8th. Intern. Coll. Plant Analysis and Fertilizer Problems, Auckland N. Z. 209.

[12] Wehrmann, J., Scharpf, H. C., Böhmer, M., Wollring, J. (1982): In: Scaife, A. (ed.) Plant nutrition 1982, Proc. 9th Intern. Plant Nutrition Coll. Vol. 2, 702.

[13] Heitefuss, R., Bodendörfer, H., Paeschke, R.-R. (1977): Z. Pflanzenkrankh. Pflanzenschutz 84, 641.

[14] Kuhlmann, J., Springer, B., Heitefuss, R. (1990): In: Heitefuss, R., Döpke, F. (Ed.) Integrierte Pflanzenproduktion, 72, DFG-Forschungsbericht, VCH-Verlag.

[15] Springer, B., Heitefuss, R. (1988): Z. Pflanzenkrankh. Pflanzensch. 95, 449.

[16] Parton, W. J., Morgan, J. A., Altenhofen, J. M., Harper, L. A. (1988): Agron. J. 80, 419.

[17] Hapke, H.-J. (1990): KTBL, Ammoniak in der Umwelt, 13. Landw.-Verlag Münster-Hiltrup.

[18] Maynard, D. N., Barker, A. V., Lachmann, W. H. (1966): Proc. Amer. Soc. Hort. Sci. 88, 516.

[19] Ewert, E. (1978): Luft- und Kältetechnik 4, 218.

[20] Hunger, W. (1978): Beiträge f. d. Forstwirtschaft 4, 188.

[21] Kaupenjohann, M., Döhler, H., Bauer, M. (1989): Plant and Soil 113, 279.

[21a] Van der Eerden, L. J., Van Dobben, H. F., Dueck, T., Berdowski, J. M. (1990): In: KTBL, Ammoniak in der Umwelt. 6,1. Landw.-Verlag Münster-Hiltrup.

[22] Schenk, M., Wehrmann, J. (1979): Plant and Soil 52, 415.

[23] Schenk, M. (1977): Einfluß von Ammoniak im Nährsubstrat auf Wachstum, Nährelementgehalt und Stoffwechselprozesse verschiedener Pflanzen. Diss. Univ. Hannover.

[24] Jungk, A. (1970): Gartenbauwissenschaft 35, 13.

[24a] Jungk, A. (1978): Landwirtsch. Forsch. Sonderheft **34**/II, 18.

[24b] Jungk, A. (1967): Landwirtsch. Forsch. Sonderheft **21**, 50.

[25] Merkel, D. (1971): Untersuchungen über den Einfluß der Mineralstickstoffernährung auf die organischen Säuren von Tomatenpflanzen mit Hilfe der gaschromatischen Analyse. Diss. TU Hannover.

[26] Ulrich, B. (1984): Umschau, 348.

[27] Prinz, B. (1984): Umschau, 544.

[28] Isermann, K. (1983): VDI-Berichte Nr. 500, 307.

[29] Kenk, G., Fischer, H. (1988): Environ. Pollut. 54, 199.

[30] Ulrich, B., Mayer, R., Khanna, P. K. (1979): Schriften Forstl. Fak. Univ. Göttingen 58, 11. Sauerländers Verlag Frankfurt.

[31] Zöttl, H. W. (1985): Düsseldorfer Geobot. Kolloq. 2, 31.

[32] Rehfuess, K. E. (1985): Düsseldorfer Geobot. Kolloq. 2, 25.

[33] Follet, R. F. (ed.) (1989): Nitrogen management and ground water protection. Elsevier Amsterdam.

[34] Seiler, W., Conrad, R. (1981): Forum Mikrobiologie 4, 322.

[35] Paul J. L., Polle, E. (1965): Soil Sci. 100, 292.

[36] Phipps, R. H., Cornforth, J. S. (1970): Plant and Soil 33, 457.

[37] Chapman, H. D., Liebig, G. F. (1952): Soil Sci. Soc. Amer. Proc. 16, 276.

[38] Court, M. N., Stephen, R. C., Waid, J. S. (1964): J. Soil Sci. 15, 42.

[39] Bock, B. R., Kissel, D. E. (1988): Ammonia Volatilization from Urea Fertilizers. TVA Bulletin Y-206, Muscle Shoals, Alabama, USA.

[40] Ladewig, E., Jungk, A. (1991): VDLUFA-Schriftenreihe 33, 63.

[41] Hunter, A. S., Rosenau, W. A. (1966): Proc. Soil Sci. Soc. Amer. 30, 77.

[42] Jürgens-Gschwind, S. (1974): Langsam wirkende Stickstoffdünger – ihre Eigenschaften und Vorteile. BASF-Mitteilungen für den Landbau 4/74.

[43] Rathsack, K. (1978): Landw. Forsch. 31, 347.

[44] Amberger, A., Vilsmeier, K. (1978): Z. Pflanzenernähr. Bodenk. 141, 665.

[45] Venter, F. (1966): Gartenbauwissenschaft 31, 65.

[46] Rathsack, K. (1955): Sonderh. Landw. Forsch. 6, 116.

[47] Wallace, A., Mueller, R. T., Alexander, G. V. (1978): Soil Sci. 126, 336.

[48] Schropp, A., Marschner, H. (1977): Z. Pflanzenernähr. Bodenk. 140, 515.

[49] Kashirad, A., Marschner, H., Richter, C. (1973): Z. Pflanzenernähr. Bodenk. 134, 136.

[50] Meiri, A., Kamburoff, J., Poljakoff-Mayber, A. (1971): Ann. Bot. 35, 837.

[51] Jungk, A. (1991): Dynamics of nutrient movement at the soil-root interface. In: Waisel, Y., Eshel, A., Kafkafi, U. (Eds.): Plant Roots – The Hidden Half. Verlag Marcel Dekker, Inc. New York.

[52] Faller, N., Herwig, K., Kühn, H. (1970): Plant and Soil 33, 177.

[53] Palti, J. (1981): Cultural practices and infectious crop diseases. Springer Verlag Berlin – Hamburg, New York.

[54] Trolldenier, G. (1969): Intern. Kali-Briefe, Fg. 23, 34.

[55] Murty, K. S., Smith, T. A., Bould, C. (1971): Ann. Bot. 35, 687.

[56] Köster, W. (1979): Hann. Land- u. Forstw. Z., 22.

[57] Beiss, K. (1982): Die Zuckerrübe 31, 79.

[58] Anonym (1986): Trinkwasserverordnung, Bundesgesetzblatt Jahrg. 1986, Teil 1.

[59] Rathsack, K., Alt, D. (1967): Gartenbauwissenschaft 32, 135.

[59a] Jungk, A. (1972): Gartenwelt 72, 8.

[60] Hudak, J. (1970): Naturwiss. 57, 458.

[61] Drews, M., Frank, R. (1980): Arch. Gartenbau 28, 251.

[62] Römheld, V., Marschner, H. (1981): Physiol. Plant 53, 354.

[62a] Purves, D., Mackenzie, E. J. (1974): Plant and Soil 40, 231.

[63] Alt, D., Schwarz, W. (1973): Plant and Soil 39, 277.

[63a] Moraghan, J. T. (1978): Soil Sci. Soc. Amer. J. 43, 1177.

[64] Trolldenier, G. (1977): Plant and Soil 47, 193.

[64a] Gulati, K. L., Oswald, M. C., Nagpaul, K. K. (1980): Plant and Soil 54, 479.

[65] Vlamis, J., Williams, D. E. (1973): Plant and Soil 39, 245.

[66] Horst, W. J., Marschner, H. (1978): Plant and Soil 50, 287.

[67] Sonneveld, C., Voogt, S. J. (1975): Plant and Soil 42, 49.

[68] Wiebe, H.-J., Wetzold, P. (1969): Z. Pflanzenkrankheiten und Pflanzenschutz 76, 340.

[69] Hodenberg, v. A., Finck, A. (1975): Z. Pflanzenernähr. Bodenk. 33, 489.

[70] Bussler, W. (1970): Z. Pflanzenernähr. Bodenk. 125, 50.

[71] Wallace, A., Romney, E. M., Alexander, G. V., Kinnear, J. (1977): Comm. Soil Sci. Plant Analysis 10, 473.

[72] Hecht-Buchholz, Ch. (1973): Z. Pflanzenernähr. Bodenk. 136, 110.

[73] Vetter, H., Steffens, G. (1986): Wirtschaftseigene Düngung. Verlagsunion Agrar.

[74] Amberger, A. (1989): VDLUFA-Schriftenreihe 30, 103.

[75] Döhler, H. (1990): KTBL, Ammoniak in der Umwelt, 41. Landw.-Verlag Münster-Hiltrup.

[76] Horlacher, A., Marschner, H. (1990): Z. Pflanzenernähr. Bodenk. 153, 107.

[77] Amberger, A. (1991): VDLUFA-Schriftenreihe 33, 105

[78] Bremen, van N., Dijk, van H. F. G. (1988): Environ. Pollut. 54, 249.

[79] Kutschera, L., Sobotik, M. (1981): Bericht über die 7. Arbeitstagung „Fragen der Güllerei", 79. Bundesversuchsanstalt für alpenländische Landwirtschaft. Gumpenstein, A-8952 Irdning.

[80] Zee, van der S., Riemsdijk, van H., Haan, de F. (1987): Meststoffen 1, 14.

[81] Kirchgessner, M., Roth, F. X. (1991): VDLUFA-Schriftenreihe 33, 1.

[82] Rohr, K. (1991): VDLUFA-Schriftenreihe 33, 24.

[83] Zacherl, B., Amberger, A. (1990): Fertilizer Res. 22, 37.

[84] Weinmann, J. (1989): Nebenwirkungen der Güllekopfdüngung von Wintergerste und Winterweizen auf Unkrautbesatz und pilzliche Krankheiten. Diss. Univ. Göttingen.

[85] Venkatraju, K., Marschner, H. (1981): Z. Pflanzenernähr. Bodenk. 144, 339.

[86] Kloke, A. V. (1963): Die Humusstoffe des Bodens als Wachstumsfaktoren. Verlag Parey Berlin und Hamburg.

Zusammenfassende Darstellungen

Bergmann, W. (Hrsg.) (1983): Ernährungsstörungen bei Kulturpflanzen. Entstehung und Diagnose. Gustav Fischer Verlag Stuttgart.

Bergmann, W., Neubert, P. (1976): Pflanzendiagnose und Pflanzenanalyse. VEB Gustav Fischer Verlag Jena.

Chapman, H. D. (1966): Diagnostic criteria for plants and soils. University of California, Division of Agricultural Sciences.

Finck, A. (1979): Dünger und Düngung. Verlag Chemie Weinheim, New York.

Follet, R. F. (Ed.) (1989): Nitrogen Management and Ground Water Protection. Elsevier Amsterdam.

Kinzel, H. (1982): Pflanzenökologie und Mineralstoffwechsel. Verlag Ulmer Stuttgart.

KTBL (1990): Ammoniak in der Umwelt. Landw.-Verlag Münster-Hiltrup.

Linser, H. (Hrsg.) (1968): Handbuch der Pflanzenernährung und Düngung. Springer Verlag Wien, New York.

Marschner, H. (1995): Mineral Nutrition of Higher Plants. 2nd ed. Academic Press London.

Mengel, K. (1991): Ernährung und Stoffwechsel der Pflanze. Gustav Fischer Verlag Jena, 7. Auflage.

Mengel, K., Kirkby, E. A. (1982): Principles of Plant Nutrition. Internat. Potash Inst. Bern, Schweiz, 3rd Ed.

Palti, J. (1981): Cultural Practices and Infectious Crop Diseases. Springer Verlag Berlin, Hamburg, New York.

Rademacher, B., Richter, H. (Hrsg.) (1969): Handbuch der Pflanzenkrankheiten Bd. 1, Die nichtparasitären Krankheiten 2. Tl. Ernährungsstörungen. Verlag Parey Berlin, Hamburg.

Tisdale, S. L., Nelson, W. L. (1975): Soil Fertility and Fertilizers. Macmillan Publ. Co. Inc. New York.

Vetter, H., Steffens, G. (1986): Wirtschaftseigene Düngung. Verlagsunion Agrar.

Die Wirt-Parasit-Beziehungen – Bakterien und Pilze als Parasiten

Wolfgang Oßwald, Lehrstuhl für Forstbotanik, Universität München (Weihenstephan)

Vorgeformte und induzierte Abwehrmechanismen von Wirtspflanzen

Einleitung

Höhere Pflanzen können von der Mehrzahl der bekannten Mikroorganismen nicht befallen werden; sie sind keine Wirte. Man bezeichnet diese Tatsache als **„Non Host Resistance“** (Nicht-Wirt-Resistenz).

Dennoch sind Pflanzen in ihrem natürlichen Lebensraum (Kulturpflanzen eingeschlossen) während einer Vegetationsperiode immer noch dem Angriff zahlreicher Pathogene ausgesetzt. Zu diesen Pathogenen gehören Viren, Bakterien und Pilze.

Viele Pflanzen können die Attacke einiger Schaderreger nicht erfolgreich abwehren. Die befallenen Pflanzen werden durch das Pathogen geschädigt oder gehen zugrunde. Das Pathogen ernährt und vermehrt sich innerhalb des Wirtsgewebes von wirtseigenen Substanzen und bildet wie im Falle einer Rostpilzinfektion am Ende eines Generationszyklus neue Sporenlager aus. Sie durchbrechen die Epidermis und sind auf der Blattoberfläche sichtbar. Diese Interaktion zwischen Wirt und Pathogen wird als **„kompatible“** Wirt-Parasit-Beziehung bezeichnet.

Solche Symptome beachtet man zum Beispiel bei Bohnen nach Infektion mit dem pathogenen Pilz *Uromyces phaseoli*. Manche Rassen dieser Bohnen reagieren anfällig (suszeptibel) gegenüber dem Pilz. Etwa neun Tage nach dem Befall oder der Inokulation der Sporen werden braune Sporenlager (Uredosori) auf den Blättern sichtbar. Infiziert man dagegen eine andere Sorte mit Sporen des gleichen Pilzes, so beobachtet man nach einigen Tagen ebenfalls braune Flecken auf den Blättern. Es handelt sich in diesem Fall jedoch nicht um Sporenlager, sondern um nekrotisiertes Blattgewebe (siehe Melanin- und Tanninbildung). Bei dieser jetzt **„inkompatiblen“** Wirt-Parasit-Beziehung kommt es während der Infektion zum Abtöten des Pathogens durch die Wirtspflanze; sie regiert **„hypersensitiv“**. Diese spezifische Resistenzreaktion zwischen Pathogen und Wirt nennt man auch **„Host Resistance“** (Wirt-Resistenz). In den folgenden Kapiteln soll auf kompatible und inkompatible Wirt-Parasit-Beziehungen eingegangen werden, vor allem auf die Fragen: wie kann sich die Pflanze gegen Eindringlinge wehren, und wie kommt es zur spezifischen Resistenzreaktion zwischen Pathogenen und bestimmten Wirten?

Das Eindringen von Pathogenen in die Wirtspflanzen

Eindringen von Pilzen in die Wirtspflanze

Man unterscheidet generell drei Möglichkeiten, wie Pilze in die Pflanze eindringen können:

a) Enzymatisches Lösen der zu durchdringenden Barrieren
b) Mechanisches Durchstoßen der Barrieren
c) Eindringen durch geöffnete Stomata und Wunden.

Bevor näher auf diese drei möglichen Eintrittsformen eingegangen wird, soll zuerst der Aufbau der pflanzlichen Zellwand besprochen werden.

Aufbau der pflanzlichen Zellwand

Die Zellwand stellt ein Zweiphasensystem dar (vgl. S. 8): zum einen die komplexe Matrix, zum anderen die in ihr eingelagerten Zellulosefibrillen. Die Matrix setzt sich zusammen aus Pektin, Hemizellulose- und Glycoproteinbestandteilen (Abb. 1).

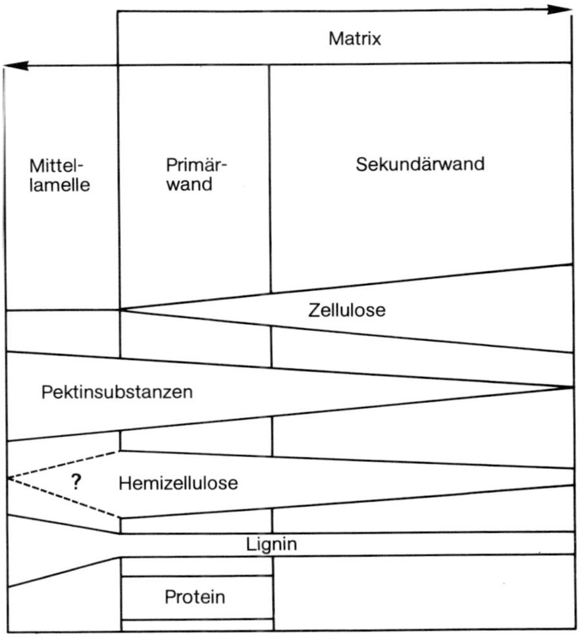

Abb. 1: Verteilung der Hauptbestandteile der pflanzlichen Zellwand.[1]

In Zellwänden älterer Gewebe findet man häufig Lignin eingelagert.

Der molekulare Aufbau der pflanzlichen Zellwand (Primärwand)

Der Pektinbestandteil (Abb. 2)

Der Pektinanteil der pflanzlichen Zellwand setzt sich aus Galaktan, Araban und Rhamnogalakturonan zusammen; letzteres stellt den Hauptbestandteil der Pektinfraktion dar. Das Polymer Rhamnogalakturonan ist aus α-Galakturonsäuremolekülen aufgebaut, welche 1,4-glycosidisch miteinander verbunden sind. In regelmäßigen Abständen sind Rhamnosylreste eingelagert.

Das Polymer Galaktan besteht aus β-1,4-verknüpften Galaktosemolekülen, das Polymer Araban entweder aus α-1,3- oder α-1,4-Arabinoseeinheiten. Beide Polymere sind kovalent über Rhamnosylreste mit dem „Rückgrat“ des Pektins, dem

Rhamnogalakturonan, verbunden. Durch sie stehen Rhamnogalakturonan und Hemizellulose miteinander in Verbindung.

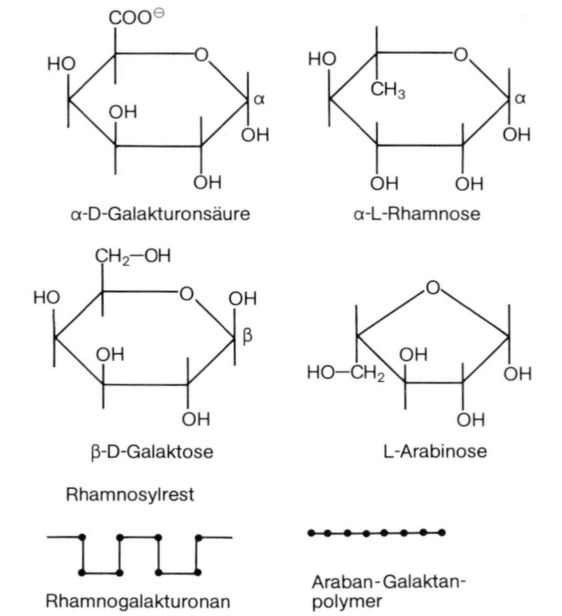

Abb. 2: Molekulare Bestandteile der Pektinfraktion.

Die Hemizellulosebestandteile (Abb. 3)

Die Hemizellulosekomponenten sind: Xyloglucan, Xylan, Mannan und Heteropolymere aus Glucose, Galaktose oder Mannose.

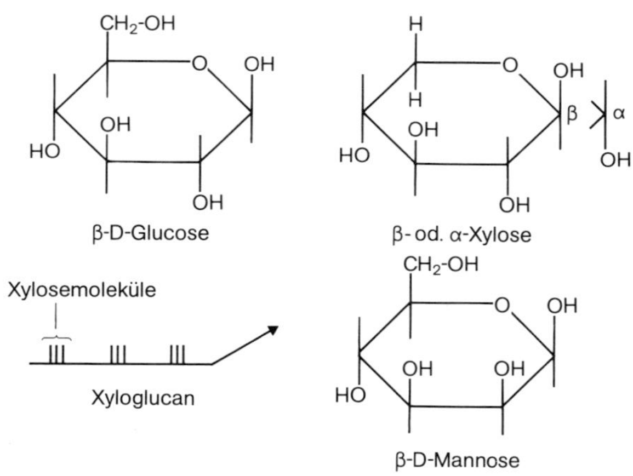

Abb. 3: Molekulare Bestandteile der Hemizellulosefraktion.

Die Xyloglucankette beinhaltet β-1,4-verknüpfte D-Glucosemoleküle mit terminalen Verzweigungen aus α-1,6-verknüpften Xylosemolekülen.

Die Glucanpolymere sind durch kovalente Bindungen mit der Galaktanseitenkette der Rhamnogalakturonanmoleküle, mit der Pektinfraktion und über Wasserstoffbrückenbildung mit den Zellulosefibrillen verbunden.

Die Xylane bestehen aus β-1,4-verknüpften Xyloseketten, welche oft Verzweigungen durch β-1,3-Verknüpfungen mit Arabinose oder α-1,2-Verknüpfungen mit D-Glucuronsäure aufweisen.

Mannane sind β-1,4-verknüpfte Mannoseketten.

Heteropolymere, wie z. B. das Galaktoglucomannan, bestehen aus β-1,4 miteinander verknüpften Glucose und Mannosemolekülen, mit 1,6-verknüpften Galaktosemolekülen als Seitenverzweigung.

Die Glycoproteinbestandteile (Abb. 4)

Das Polymer Arabinogalaktan stellt den Zuckeranteil eines hydroxyprolinreichen Glycoproteins der pflanzlichen Zellwand dar.

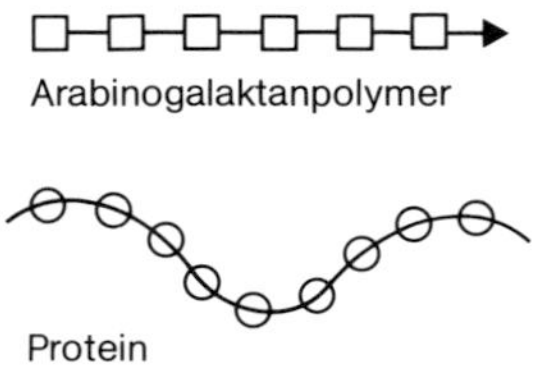

Abb. 4: Bestandteile der Glycoproteinfraktion.

Die Kette ist aufgebaut aus β-1,3 glycosidisch miteinander verbundenen Galaktosemolekülen. Einige davon tragen über eine 1,6-Verknüpfung Arabinosemoleküle. Verzweigungen entstehen durch 1,6-verknüpfte Galaktoseeinheiten, welche drei miteinander verknüpfte Arabinosemoleküle tragen. Über Rhamnosylreste ist das Arabinogalaktanpolymer kovalent mit dem Rhamnogalakturonanmolekül verbunden, über eine glycosidische Bindung zwischen der OH-Gruppe der Hydroxyprolineinheit und dem Arabinosemolekül des Arabinogalaktans sind Kohlenhydrat- und Proteinanteil kovalent gebunden.

Der Zellulosebestandteil (Abb. 5)

Das Polymer Zellulose ist aufgebaut aus β-D-Glucoseeinheiten, welche über 1,4-glycosidische Bindungen miteinander verbunden sind. Diese langen Makromoleküle lagern sich dann zu Mizellen zusammen, welche den Mizellarstrang ergeben. Gebündelte Mizellarstränge bilden eine Mikrofibrille.

Diese Mikrofibrillen sind in die Matrix der Zellwand eingelagert.

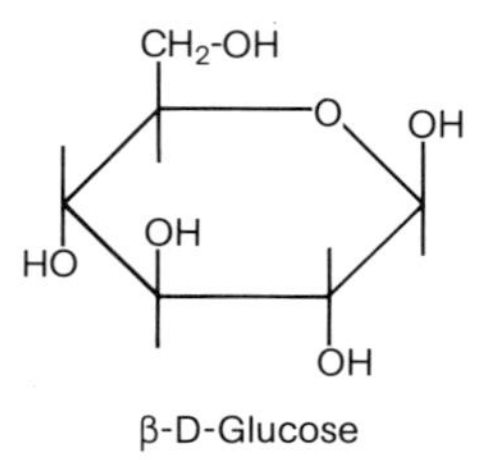

Abb. 5: Die β-D-Glucose.

Zusammenfassung

Alle Matrixsubstanzen der pflanzlichen Zellwand wie Pektin, Hemizellulose und Glycoprotein sind kovalent miteinander verbunden. Dadurch entsteht ein die ganze Zelle umspannendes Netzwerk. Mechanische Stabilität erhält dieser Komplex durch seine Assoziation mit Zellulosefibrillen über zahlreiche Wasserstoffbrückenbindungen (Abb. 6).

Im folgenden werden nun drei Eintrittsmöglichkeiten eines Pilzes in die Wirtszelle näher betrachtet.

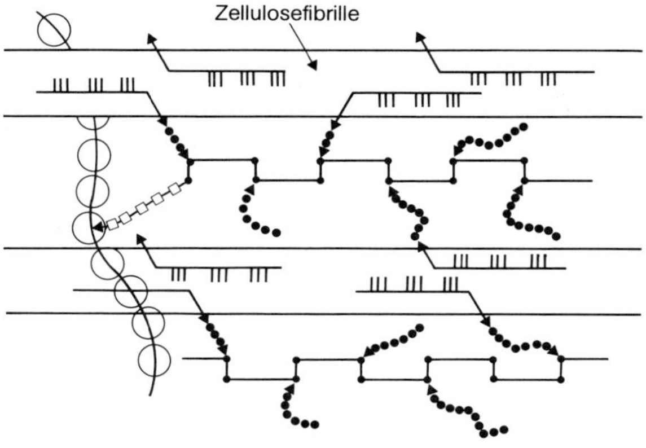

Abb. 6: Schematische Darstellung des Aufbaus der pflanzlichen Primärwand.[2]

Enzymatisches Lösen der zu durchdringenden Barrieren

Diese Form des Eindringens soll am Beispiel des Parasiten *Bremia lactucae* und seines Wirtes (Salat, *Lactuca sativa*) verdeutlicht werden. Der Gesamtvorgang (Abb. 7) kann in verschiedene, zeitlich aufeinanderfolgende Phasen unterteilt werden (Tab. 1).

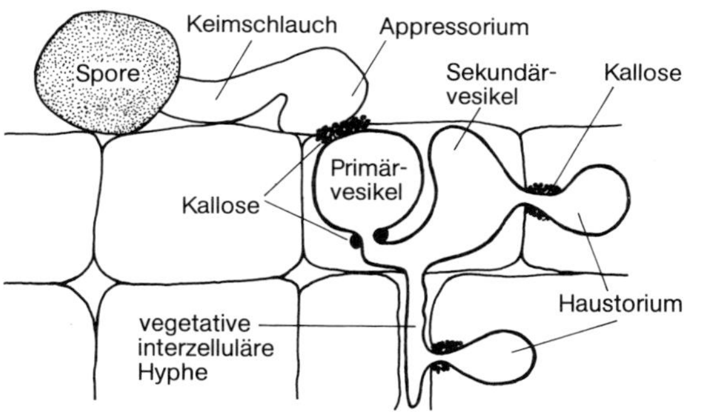

Abb. 7: Das Eindringen von *B. lactucae* in den Wirt *Lactuca sativa*.[3]

Tab. 1: Das Eindringen von *Bremia lactucae*.

Zeit nach dem Auftragen der Sporen auf die Kotyledonen	Entwicklungsstadien des Pilzes
1–2 h	Sporen keimen aus
2–3 h	Ausbildung der Keimhyphe und des Appressoriums
3–4 h	Ausbildung des Primärvesikels in der Epidermiszelle
4–13 h	Ausbildung des Sekundärvesikels; Beginn der ersten Kernteilung
13 h u. länger	Weitere Ausdehnung des Sekundärvesikels in der Epidermiszelle; Ausbildung von Haustorien und der interzelluären Hyphen

Phase 1: Die Bildung des Keimschlauches und des Appressoriums

Bei genügend hoher Luftfeuchtigkeit und etwa 15 °C keimt die Spore auf dem Blatt aus. Es bildet sich der Keimschlauch und an dessen Ende ein eiförmiges Gebilde, das Appressorium. Keimschlauch und Appressorium geben Substanzen durch ihre Zellwand nach außen ab, die möglicherweise zur Befestigung beider Strukturen auf dem Blatt dienen.
Das Cytoplasma an der Spitze des Appressoriums enthält eine Vielzahl von Vesikeln, die mit dem Plasmalemma verschmelzen. Dadurch kommt es zur Freisetzung von Exoenzymen wie Cutinasen, Pectinasen, Hemizellulasen und Zellulasen. Sie werden für das Auflösen der entsprechenden Strukturen der Zellwand verantwortlich gemacht. Die Spitze des Appressoriums bohrt sich sodann durch Cuticula und Zellwand, wobei das Plasmalemma der Wirtszelle jedoch nicht verletzt wird.

Phase 2: Die Bildung von Primär- und Sekundärvesikeln

Beim weiteren Vordringen der Infektionspapille kommt es zur Einstülpung des Wirtsplasmalemmas; es entsteht ein Primärvesikel in der Epidermiszelle. Das hierfür notwendige Plasmalemmamaterial wird von der Wirtszelle neu synthetisiert. Die Wirtszelle ist also aktiv an der Penetration des Pathogens beteiligt. Während des Alterns wird ein Kallosekragen um den Hals des Primärvesikels abgelagert, wobei das Material wiederum vom Wirt stammt. Zusätzlich wird ein Kallosepfropfen durch den Pilz im Hals des Primärvesikels deponiert; es kommt zur Abtrennung zwischen Primärvesikel und Appressorium. Durch weitere Invagination des Plasmalemmas bildet sich ein Sekundärvesikel, welches den Restraum der Epidermiszelle ausfüllt. Primär- und Sekundärvesikel sind durch eine ringförmige Kalloseablagerung voneinander abgegrenzt. Während der Ausdifferenzierung des Sekundärvesikels fließt das Cytoplasma des Primärvesikels in ersteres ein. Im Primärvesikel entsteht eine Vakuole. Im Sekundärvesikel kommt es erstmals zu mitotischen Kernteilungen des Eindringlings.

Phase 3: Die Ausbildung von Haustorien

Seitliche Ausstülpungen des Sekundärvesikels und der interzellulär sich ausbreitenden Infektionshyphe in benachbarte Mesophyllzellen bezeichnet man als Haustorien. Das Durchbrechen der Zellwand vollzieht sich hier ebenfalls mittels lytischer Enzyme. Auch hier kommt es wiederum zur Invagination von bereits vorher ausgebildeten Plasmamembranen.
Die Haustorien enthalten ein bis drei Kerne, viele Mitochondrien, Ribosomen, endoplasmatisches Retikulum (ER) und „aktive" Dictyosomen. Auffallend ist die Erscheinung, daß das ER der Wirtszelle in sehr engem Kontakt mit dem Haustorium steht, ohne mit der invaginierten Plasmamembran zu verschmelzen.

Das mechanische Durchstoßen der Zellwand

Das mechanische Eindringen in die Wirtszelle hat sich bei Vertretern der Plasmodiophorales zu einem hoch spezialisierten Vorgang entwickelt (Abb. 8). Innerhalb der Zoospore bildet sich ein Rohr (R) aus, das an der Spitze einen Stachel (St) trägt.
Während der Penetration wird der Stachel durch Cuticula (C) und Zellwand der Epidermiszelle hindurchgestoßen. Er bricht unterhalb der Zellwand ab. Durch die Bruchstelle schiebt sich ein schlanker Schlauch (Sch), an dessen Ende der Protoplast (PP) des Parasiten in die Wirtszelle entlassen wird. Beim Zurückziehen des Rohres entsteht das typische Adhäsorium (Ad) auf der Blattoberfläche. Die Penetration ist innerhalb weniger Sekunden abgeschlossen.

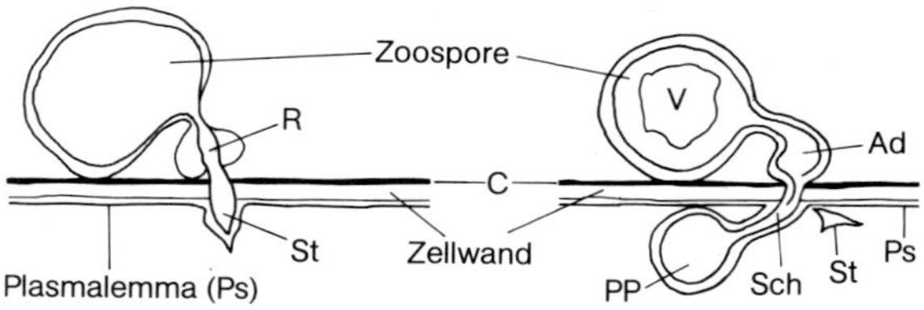

Abb. 8: Mechanisches Durchstoßen der Zellwand durch *Plasmodiophorales*-Arten.

Das Eindringen durch Stomata

Hier soll als Beispiel der Befall der Bohne *Phaseolus vulgaris* durch *Uromyces phaseoli* angeführt werden. Es lassen sich wiederum mehrere Phasen unterscheiden (Abb. 9).

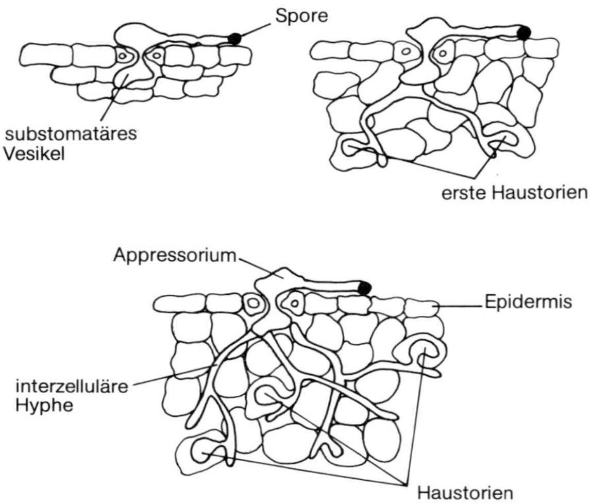

Abb. 9: Das Eindringen von Pilzkeimschläuchen durch die Stomata.[4]

Phase 1: 10–14 Stunden nach Inokulation der Blätter mit Uredosporen

Während dieser Zeit keimt die Spore aus; es bildet sich eine Keimhyphe und über einer Spaltöffnung das Appressorium. Unterhalb der Spaltöffnung (innere Atemhöhle) kommt es zur Ausbildung eines substomatären Vesikels. In dieser Zeit kann man sowohl bei der anfälligen Bohnensorte *Phaseolus vulgaris* var. pinto 111 als auch bei der hypersensitiven *P. vulgaris* var. 765 die Abgabe des gasförmigen „Wundhormons“ Ethylen messen.

Phase 2: 20 Stunden nach Inokulation

Aus dem substomatären Vesikel bilden sich interzellulär wachsende Infektionshyphen. Aus ihnen differenzieren sich wiederum die ersten Haustorien, welche in benachbarte Mesophyllzellen eindringen.

Phase 3: 60 Stunden nach Inokulation

Diese dritte Phase unterscheidet sich von der zweiten dadurch, daß sowohl die Infektionshyphen als auch die Haustorien verstärkt ausgebildet werden. Zu diesem Zeitpunkt beobachtet man nur bei der hypersensitiven Bohne *P. vulgaris* var. 765 einen zweiten Ethylenausbruch, nach welchem die Nekrotisierung des Blattgewebes beginnt.

Das Eindringen von Viren in die Wirtspflanzen

Viren können verschiedene Pflanzenorgane befallen, z. B. Blätter, Sproßachse, Wurzel oder Blütenteile (vgl. S. 373).
Beim Eindringen von Viren handelt es sich immer um einen passiven Vorgang. Voraussetzung hierfür ist in den meisten Fällen eine Verwundung des Pflanzengewebes, beispielsweise Abschürfung der Epidermis, Verwundung durch Insekten mit saugenden oder beißenden Mundwerkzeugen (vgl. S. 384) oder Wundsetzung durch das Eindringen von Nematoden oder Pilzen.
Eine Infektion tritt nur dann auf, wenn das Virusgenom aus seinem Proteinmantel freigesetzt wird. Diese Freisetzung vollzieht sich möglicherweise innerhalb lipophiler Regionen, z. B. in der Cuticula.

Das Eindringen von Bakterien in die Wirtspflanze

Bakterien sind in der Lage, durch Exoenzyme Zellwände zu lysieren und sich so einen Zugang zur Wirtszelle zu verschaffen. Stark suberinhaltige Zellwände können nicht lysiert werden, da Suberin ein Hemmstoff für Pectinasen ist.
Bakterien können auch durch natürliche Öffnungen auf der Pflanzenoberfläche in den Wirt gelangen, was vermutlich auch häufig der Fall ist. Solche natürlichen Öffnungen sind die Stomata (vgl. S. 21). Eine Maispflanze z. B. besitzt über 200 Millionen Stomata mit einer jeweiligen elliptischen Porenöffnung von ca. 90 μm^2.
Wenn man die Ausmaße eines Bakteriums mit 0,5–0,7 µm Breite und 1,0–1,5 µm Länge annimmt, so wird deutlich, daß Stomata eine potentielle „Falle“ für Bakterien darstellen.
Auch durch Lentizellen (vgl. S. 20) können Bakterien eindringen. Die Öffnungen der Lentizellen entstehen dadurch, daß die oberste stark suberinhaltige Zellschicht, die wie ein Diaphragma über der Lentizelle liegt, aufgebrochen wird. Bei hoher relativer Luftfeuchtigkeit wird das tiefer liegende Phellogen zu Zellteilungen angeregt. Auf Grund der neu gebildeten Zellreihen entsteht ein ausreichend starker Druck, der zum Aufreißen der darüberliegenden Zellschichten führt.

Die „strukturelle“ Resistenz

Unter struktureller Resistenz versteht man die Oberflächenbeschaffenheiten der Wirtspflanze, mit denen Infektionen durch Pathogene verhindert werden können.
Von der Benetzbarkeit der Blätter hängt es ab, ob Wassertropfen, welche möglicherweise pathogene Sporen enthalten, auf der Blattober- oder unterseite haften bleiben können oder ob sie abperlen.
Lipophile Überzüge, wie z. B. Wachsschichten, setzen die Benetzbarkeit stark herab, die Tropfen perlen ab, und eine mögliche Infektion wird verhindert. So zeigen Weizenarten ohne Wachsüberzüge stärkeren Pathogenbefall der Blätter als solche mit Überzug.
Auch die Behaarung der Blätter kann zur Resistenz beitragen: Haare verhindern, daß Tautropfen mit der Epidermis in Kontakt treten. Die Sporen können zwar bei günstigen Bedingungen (hohe Luftfeuchtigkeit und Wärme) im Tropfen auskeimen, erreichen aber die Blattoberfläche nicht und verlieren sehr bald ihre Virulenz.
Die Dicke der Epidermisauflagerungen, vor allem Cutin und Wachse, kann ebenfalls eine Rolle bei der Resistenz spielen, besonders bei Pathogenen, die mechanisch in die Pflanze eindringen; dies wird bei der Wirt-Parasit-Beziehung zwischen

Eucalyptus bicostata und dem Pathogen *Phaeoseptoria eucalypti* besonders deutlich:
Das Pathogen kann alte Blätter befallen und Nekrosen verursachen. Junge Blätter dagegen, welche einen dicken Wachsüberzug tragen, sind resistent, können jedoch durch Abreiben der Wachsplatten (mit Wolle) anfällig gemacht werden. Ältere Blätter sind möglicherweise deshalb anfälliger, weil ihr schützender Wachsüberzug (witterungsbedingt) verringert worden ist. Junge Lindenblätter dagegen sind anfällig gegen *Gloeosporium limetticola,* während ältere nicht befallen werden können. Diese Erscheinung wird nach Untersuchung der Cutin- und Wachsüberzüge während der Blattentwicklung verständlich: Die jungen Blätter besitzen eine noch relativ dünne Cutin- und Wachsschicht und sind deshalb anfällig. Während des Alterns wird häufig sowohl der Wachs- als auch der Cutinüberzug erheblich verstärkt. Letzterer ist bei alten und resistenten Blättern um das zehnfache angewachsen, was Pathogene wahrscheinlich daran hindert, in die Pflanze einzudringen.
Strukturresistenz auf der Ebene der Stomata kann durch mindestens zwei Faktoren bedingt werden:
1. Zahl der Stomata auf der Blattoberfläche und
2. die Struktur der Stomata.
Je weniger Stomata vorhanden sind, desto geringer ist die Wahrscheinlichkeit des Befalls.
So ist das Ausmaß des Befalls bei verschiedenen Maisvarietäten gegenüber *Puccinia sorghi* proportional zur Stomatadichte: Varietäten mit vielen Stomata werden stärker befallen als solche mit weniger Stomata.
Die Bedeutung der Struktur der Stomata für die Resistenz wird bei der Wirt-Parasit-Paarung zwischen *Citrus*arten und *Pseudomonas citri* ersichtlich (Abb. 10).

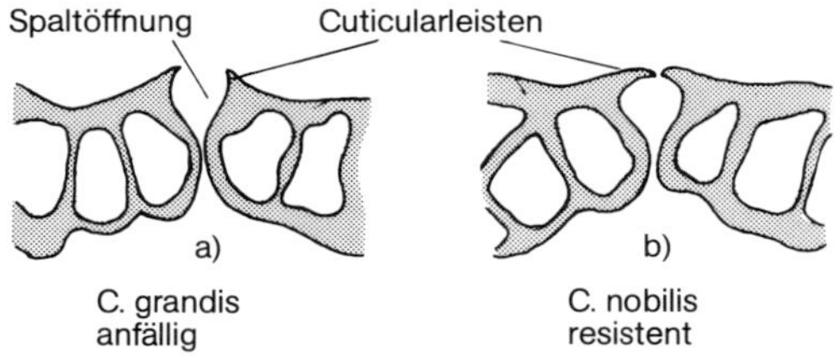

Abb. 10: Bedeutung der Stomastruktur für die Resistenzausbildung von *Citrus*arten gegenüber *Pseudomonas citri.*[5]

Bei der resistenten Art *Citrus nobilis* (b) ist der Porus der Stomata durch stark ausgebildete Cuticularleisten extrem verkleinert im Gegensatz zur anfälligen Art *Citrus grandis* (a). Im ersteren Fall ist somit das Eindringen von Pathogenen stark erschwert, was die Resistenz von *C. nobilis* gegenüber *Pseudomonas citri* miterklären könnte.

Vorgebildete Inhaltsstoffe in Pflanzen als Abwehrstoffe gegen Schaderreger

Konstitutive Abwehrtoxine

Im Vergleich zur großen Anzahl bekannter Mikroorganismen sind nur wenige in der Lage, lebende Pflanzen zu befallen. Daraus kann man schließen, daß Pflanzen über gut funktionierende und breitgefächerte Abwehrreaktionen verfügen, die in mehreren Stufen zeitlich versetzt ablaufen können, so daß Pflanzen auf diese Weise über eine wirksame Schutzkette gegenüber den meisten Parasiten verfügen.
Im folgenden Abschnitt werden Substanzen vorgestellt, die in freier oder gebundener Form in Pflanzen als sogenannte „vorgeformte" (präexistierende) Abwehrstoffe vorliegen und erst nach Angriff des Schaderregers „aktiviert" werden, um diesen zu schädigen oder abzutöten.

Ungesättigte Lactone und Hydroxycarbonsäuren

Ungesättigte Lactone treten vor allem in den Familien der *Liliaceae, Ranunculaceae* und *Rosaceae* auf. Die Mehrzahl der „ungesättigten" Lactone bzw. Hydroxycarbonsäuren liegt in den unversehrten Pflanzen in Form von Glycosiden vor. Nach Verwundung des pflanzlichen Gewebes spalten endogene β-Glucosidasen den Zuckeranteil ab, wodurch die jeweiligen Aglycone entstehen. Antimikrobielle Aktivitäten zeigen Lactone, die entsprechenden Hydroxycarbonsäuren sind in der Regel inaktiv.

Tuliposid A und B

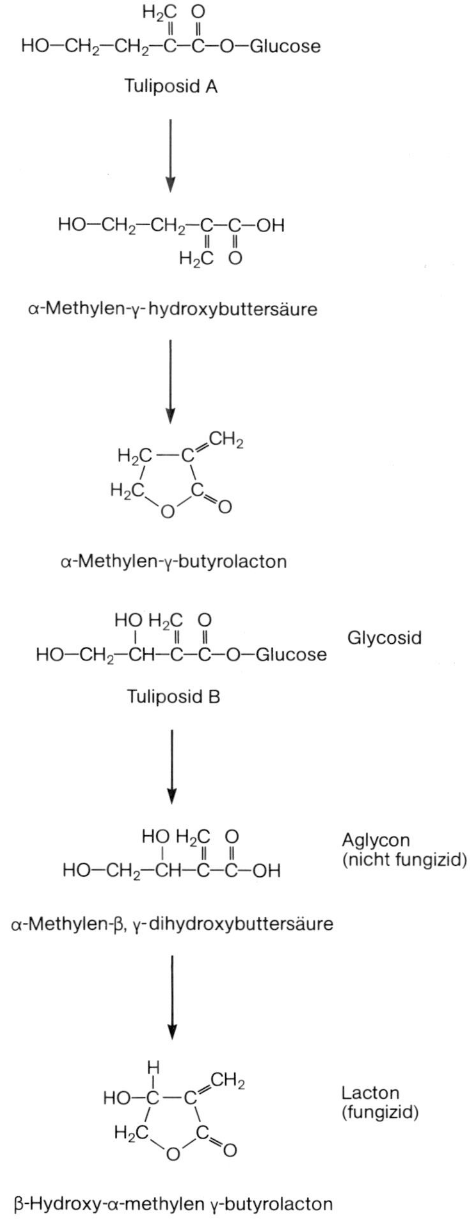

Abb. 11: Die Bildung von Lactonen aus Tuliposid A und B.

Diese „ungesättigten" Lactone kommen in Tulpen vor, besonders in der Narbe und im Griffel der Blüte.
Es handelt sich um 1-Acyl-Glycoside von α-Methylen-γ-Hydroxybuttersäure und α-Methylen-β-γ-Dihydroxybuttersäure (Abb. 11).
Tuliposid A und B bewirken u. a. die Resistenz von Tulpen gegenüber dem Pathogen *Botrytis cinerea. Botrytis tulipae* dagegen kann alle Organe der Tulpe befallen und schädigen. Diese unterschiedliche Empfindlichkeit der Tulpen läßt sich auf Grund folgender Erkenntnisse erklären: Tuliposid A und B sind in den Vakuolen der Pflanzenzelle gespeichert. Das Pilzwachstum vollzieht sich anfänglich interzellulär. Das heißt, die Pilze können nur dann mit den Toxinen in Kontakt kommen, wenn sie über einen Mechanismus verfügen, der die Membranpermeabilität in der Wirtszelle erhöht. Entsprechende Untersuchungen zeigen, daß Kulturfiltrate von *B. cinerea* die Permeabilität der Zellmembranen des Wirtes in größerem Ausmaß steigern als Kulturfiltrate von *B. tulipae;* dadurch ist *B. cinerea* vermutlich größeren Toxinkonzentrationen ausgesetzt als *B. tulipae.*
Außerdem werden die Tuliposide A und B in Anwesenheit von *B. cinerea* in die aktiven Lactone umgewandelt, wogegen in Gegenwart von *B. tulipae* nur die inaktiven Hydroxycarbonsäuren entstehen, die das Wachstum des Pilzes sogar stimulieren. „Aktivierte" Tuliposide wirken bereits im µg-Bereich hemmend auf das Pilzwachstum.

Ranunculin

Ranunculin findet man in mehreren Gattungen der *Ranunculaceae.* Es handelt sich dabei ebenfalls um ein „ungesättigtes" Lakton, das als Di-Glycosid in der Pflanze vorliegt.
Nach enzymatischer Spaltung wird das Aglycon in das „doppelt ungesättigte" Protoanemonin übergeführt, das leicht zum Anemonin dimerisiert (Abb. 12).
Nur Protoanemonin zeigt antimikrobielle Aktivität, Ranunculin und Anemonin sind inaktiv.

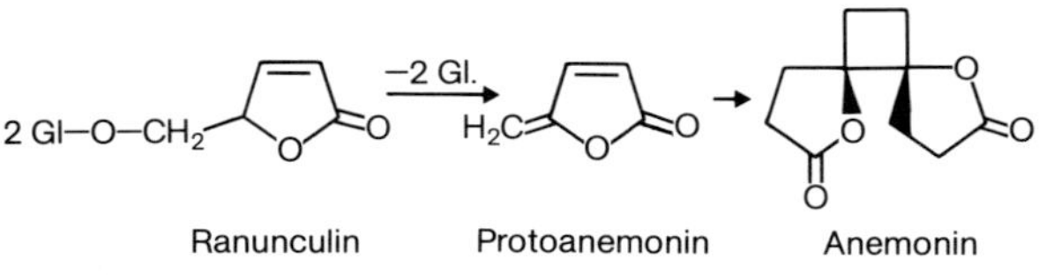

Abb. 12: Die Bildung von Protoanemonin aus Ranunculin[6].

Reaktivität von Laktonen, welche eine Exomethylengruppe tragen

Die antimikrobielle Aktivität von pflanzlichen Lactonen könnte in der Inaktivierung von SH-Gruppen an Enzymen der Pathogene bestehen. Es käme hierbei zu einer nukleophilen Addition an die Exomethylengruppe (Abb. 13).

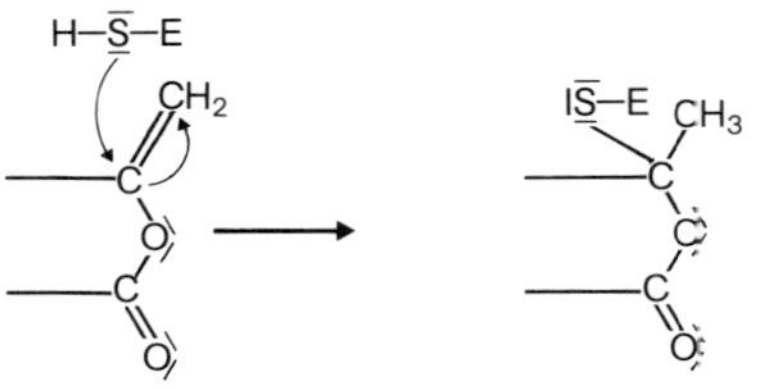

Abb. 13: Die Reaktion von SH-Gruppen mit der Exomethylengruppe von Laktonen.

Phenole und Phenolderivate

Ein gutes Beispiel für den Schutzeffekt von phenolischen Verbindungen in Pflanzen sind Brenzcatechin und Protocatechusäure in den trockenen Außenschalen verschiedener Zwiebelarten (Abb. 14). Diese wasserlöslichen Substanzen diffundieren in den Infektionstropfen und hemmen das Auskeimen von Pilzsporen.

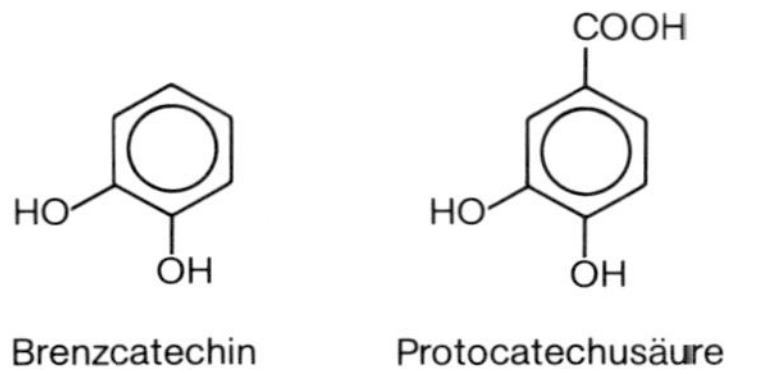

Abb. 14: Beispiele für Phenole.

Auch das Glycosid Phloridzin in Blättern von Apfelbäumen, die gegen den Erreger des Apfelschorfes *(Venturia inaequalis)* resistent sind, gehört in diese Gruppe. Das Eindringen des Schorfpilzes führt zur Dekompartimentierung von Wirtszellen, wodurch das Glycosid mit β-Glucosidasen und Polyphe-

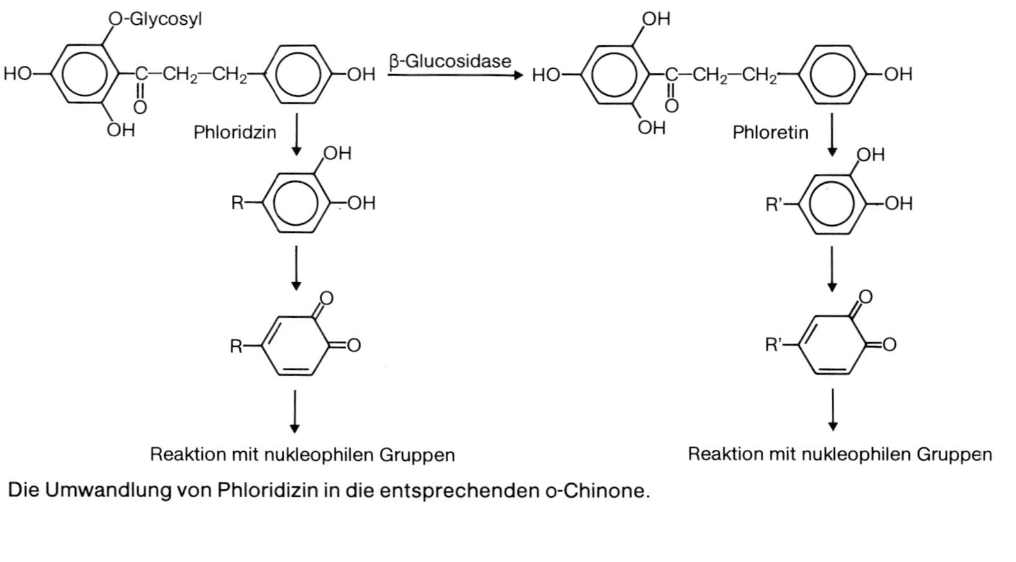

Abb. 15: Die Umwandlung von Phloridzin in die entsprechenden o-Chinone.

noloxidasen in Kontakt kommt. Es entsteht ein sehr instabiles o-Chinon (Abb. 15). Letzteres kann mit SH-Enzymen oder NH_2-Gruppen des eindringenden Pathogens reagieren, was zur Schädigung oder Abtötung des Krankheitserregers führt (Abb. 16).

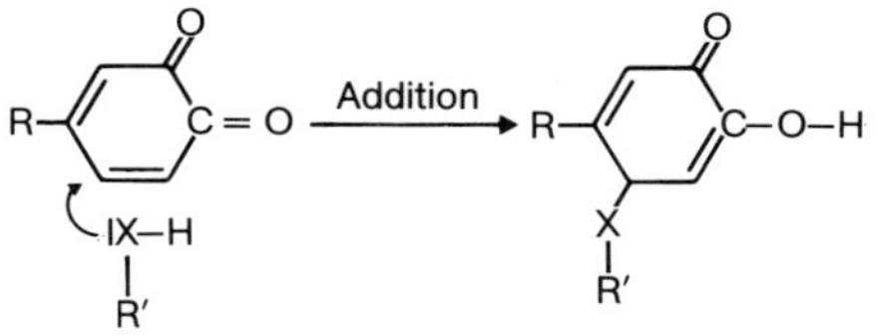

X = –S; –NH

Abb. 16: Die Reaktion von o-Chinonen mit nukleophilen Gruppen.

Saponine

Saponine sind Glucoside mit jeweils einem der vier folgenden Aglycone (Abb. 17).

Verbindungen mit zwei Zuckergruppen nennt man „bidesmosidische", solche mit nur einer Zuckergruppe „monodesmosidische" Saponine.

Wichtiger Vertreter der vier verschiedenen Gruppen (Abb. 17 und 18) sind:

Triterpene (Avenacin, Cyclamin), Alkaloide (Tomatin, α-Solanin), Spirostanol (Digitonin) und Furostanol (Avenacosid).

Saponine ändern ihre Löslichkeit nach Abspaltung ihrer Zuckergruppe; der hydrophile Charakter verschwindet, und die Substanzen werden lipophil. Saponine kommen nur in Pflanzen vor. Ihre Konzentration in den verschiedenen Pflanzenteilen ist in Tab. 2 zusammengefaßt.

Von entscheidender Bedeutung für die toxische Wirkung von Saponinen ist das gleichzeitige Vorhandensein von Sterinen in Zellmembranen und das Vorkommen von β-Glucosidasen im Pathogen. Durch diese Enzyme wird aus den Saponinen der Aglyconbestandteil freigesetzt, welcher mit Sterinen der Pilzzellmembranen reagiert. Auf diese Weise bilden sich in den Zellmembranen des Pathogens Poren, die einen Durchmesser von ca. 80 Å erreichen können, was zum Zusammenbruch der Zellintegrität führt (Leckbildung). Auf Grund dieser irreversiblen Permeabilitätsveränderungen kommt es zum Absterben des Pathogens.

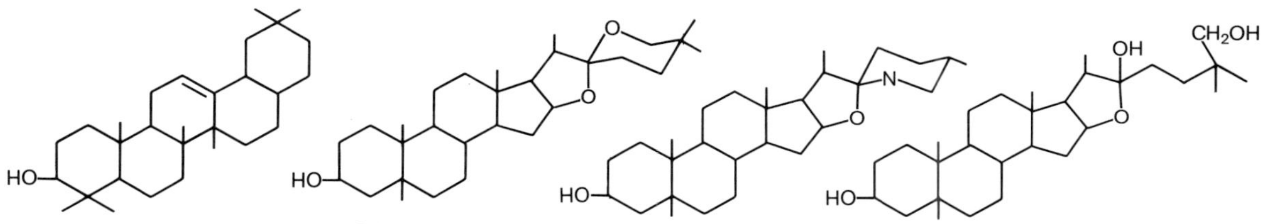

Triterpen Spirostanol alkaloidisches Saponin Furostanol

Abb. 17: Die verschiedenen Aglycone von Saponinen.

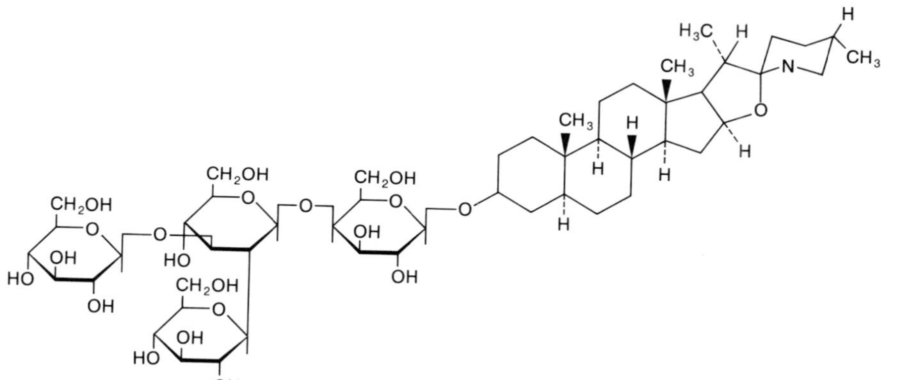

α-Tomatin

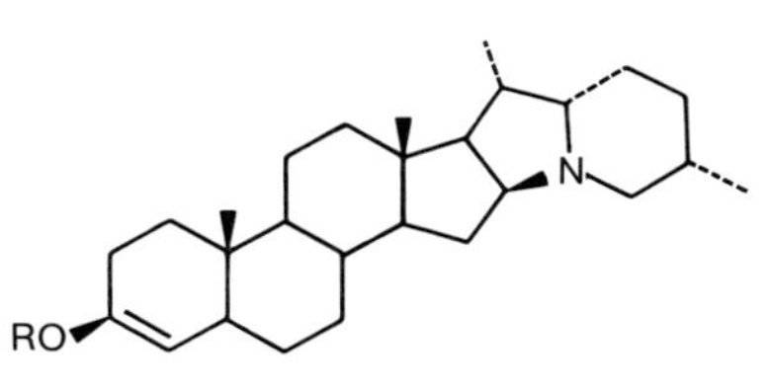

4 α-Solanin (R = B-Solatriosyl)

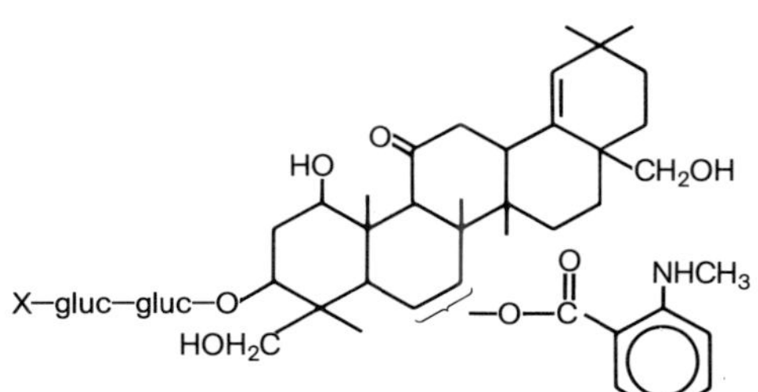

Avenacin

Abb. 18: Verschiedene Saponine.

Tab. 2: Saponin-Konzentrationen in verschiedenen Pflanzen.

Art	Pflanzenteil	Saponin	Konzentration
Avena sativa	Wurzel	Avenacin	100–1 000*
Solanum tuberosum	Kartoffelschale	α-Solanin	500–1 000**
Lycopersicon esculentum	Frucht (grün) Frucht (rot)	Tomatin	1 000–3 000* 100*
Cyclamen persicum	Wurzel	Cyclamin	5 000–8 000*

* μg/ml Pflanzensaft; ** μg/g Frischgewicht.

Neben diesen Voraussetzungen für die Wirksamkeit von Saponinen, nämlich dem Auftreten von β-Glucosidasen und Sterinen im Pathogen, ist beim Tomatin der Tomate zusätzlich der pH-Wert von entscheidender Bedeutung: Nur bei einem pH-Wert höher als 6,0 wirkt Tomatin fungizid. Bei einem pH-Wert von 4,0 bis 4,5 liegt die inaktive protonierte Form vor.
Da *Botrytis cinerea* und *Monilia fructigena* in der Lage sind, den pH-Wert im infizierten Gewebe auf 4,4 zu senken, können Tomaten vermutlich aus diesem Grund von diesen Pathogenen befallen werden.
Bei *Alternaria porri* und *Alternaria tenuis* hingegen steigt der pH-Wert nach Infektion auf einen Wert zwischen 6,5 und 8,0 an. Diese beiden Pilze können die Tomate nicht besiedeln.
Alternaria solani dagegen ist auch bei einem pH-Wert größer als 6,5 pathogen. Dieser Effekt läßt sich auf ein Enzymsystem zurückführen, das es dem Pathogen erlaubt, Tomatin zum inaktiven Tomatidin zu hydrolisieren.

Cyanogene Glycoside

Cyanogene Glycoside treten in mehr als 800 Pflanzenarten auf. In intakten Geweben liegen sie als glycosidische Derivate der Cyanwasserstoffsäure (HCN) vor (Abb. 19).

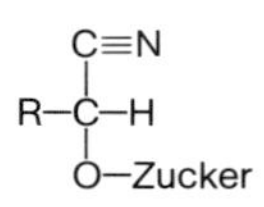

Abb. 19: Derivat der Cyanwasserstoffsäure.

Nach Verwundung des Wirtsgewebes, sei es mechanischer Art oder durch das Eindringen des Pathogens, kommen solche Glycoside in Kontakt mit normalerweise kompartimentierten Enzymen, was zu einer raschen Freisetzung von HCN führt. Verschiedene Enzyme können bei der Freisetzung von HCN beteiligt sein. Amygdalin ist dafür ein Beispiel (Abb. 20).
Cyanogene Glycoside findet man bei vielen Vertretern der *Rosaceae*. Diese Verbindungen sind in Wurzeln, im Stamm, in Blättern, in Blüten und in Samen lokalisiert.

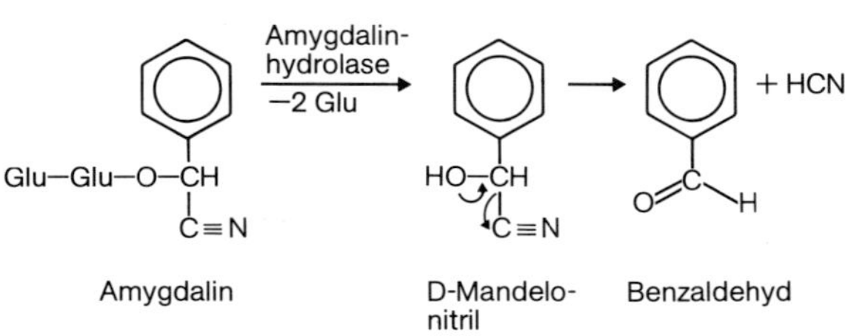

Abb. 20: Die enzymatische Freisetzung von HCN aus Amygdalin.

Es ist bekannt, daß die Toxizität der Cyanwasserstoffsäure auf die Hemmung von Metall-enthaltenden Enzymen zurückgeht. Möglicherweise spielen die cyanogenen Glycoside über die Freisetzung von HCN eine entscheidende Rolle bei der Abwehrreaktion der Wirtspflanze gegenüber dem Eindringling. In vielen Fällen konnte jedoch keine Korrelation zwischen Resistenz und der HCN-Freisetzung festgestellt werden.

Schwefelverbindungen

Thioether ($R - S_X - R$) findet man in Form von Ölen in vielen *Allium*arten. Charakteristisch für solche Zwiebelarten ist der strenge, unangenehme Geruch, der sogleich nach Verletzung des Pflanzengewebes auftritt. Dieser Geruch geht bei vielen Laucharten auf die Bildung von Allicin zurück. Allicin wird nach Verletzung des Gewebes innerhalb weniger Sekunden enzymatisch aus Alliin freigesetzt (Abb. 21).

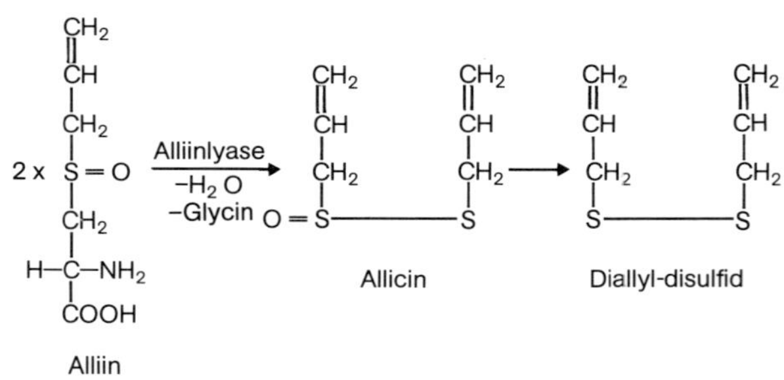

Abb. 21: Die enzymatische Freisetzung von Allicin aus Alliin.

In *Allium*pflanzen ist die Alliinlyase für diese Umwandlung verantwortlich, und im Knoblauch wird Allicin auch zum Diallyldisulfid reduziert.
Das Allicin hat antimikrobielle Aktivität. Das ebenfalls gebildete Diallyldisulfid zeigt keine Toxizität gegenüber Bakterien, es hemmt jedoch das Wachstum von *Phytophthora cactorum*.
Wahrscheinlich sind Thioether an der Resistenz zahlreicher Alliumarten gegenüber Pathogenen von entscheidender Bedeutung.

Inhibitoren von Pilzenzymen

Die Ausbreitung eines Pathogen im Wirt beruht in vielen Fällen auf der Sekretion von lytischen Enzymen, was letztlich zum Absterben von Wirtszellen führt (siehe Eindringen von Pilzen in den Wirt).
Dieser Prozeß kann in einigen Fällen durch wirtseigene Substanzen verhindert werden. So sind vermutlich oxidierte Phe-

nole für die Resistenz von Äpfeln gegenüber *Sclerotina fructigena* mitverantwortlich. Sie inaktivieren die vom Pilz sezernierten, extrazellulären Polygalacturonasen.
Bei *Phaseolus vulgaris* fungieren wahrscheinlich Zellwandproteine als Hemmstoffe der Endopolygalacturonase von *Colletotrichum lindemuthianum*. Die aktiven Abwehrmaßnahmen der Pflanzen können noch einen Schritt weitergehen. So findet man z. B. bei Bohnen sowohl eine Endo-1,3-β-Glucanase als auch eine Chitinase. Beide Polysaccharide, mit denen diese Enzyme reagieren, sind universelle Zellwandkomponenten von Pilzen. Auf diese Form der Abwehrreaktion der Wirtspflanze können manche Pathogene erfolgreich reagieren: Sie besitzen dann ihrerseits wiederum Inhibitoren pflanzlicher 1,3-β-Gluconasen (siehe „Gen-für-Gen-Hypothese").

Die Induktion von Abwehrmechanismen

Kohlenhydrateinlagerungen

Auf die Penetration eines Pilzes, z. B. mittels Infektionshyphen oder bei der Ausbildung von Haustorien, reagiert die resistente Wirtspflanze mit der Neusynthese von Kohlenhydraten, vor allem von Kallose und Zellulose. Diese Polyglucane werden zwischen Zellwand und Plasmalemma eingelagert und können kugel- oder papillenförmiges Aussehen annehmen. Die der Eindringstelle benachbarten Zellen sind ebenfalls in der Lage, durch neu gebildete Kohlenhydrate ihre Sekundärwände zu verdicken.
Bei anfälligen Wirtspflanzen sind solche Ablagerungen entweder viel schwächer ausgebildet oder überhaupt nicht zu beobachten. Bei resistenten Bohnen z. B. kann die Zellwand das fünffache ihrer normalen Dicke erreichen. Die Verdickung der Zellwand wird bereits einige Stunden vor dem Auftreten nekrotischer Flecken sichtbar.
Kohlenhydrateinlagerungen findet man in lebenden Zellen, welche die Eindringstellen umgeben: in Plasmodesmen und in den Poren von Siebplatten. Dadurch entsteht eine mechanische Barriere für den eindringenden Pilz, die seiner Ausbreitung in der Wirtspflanze Einhalt gebietet oder sie zumindest verzögert.

Kalloseinduktion

Der Mechanismus der Kalloseinduktion wurde in den letzten Jahren vor allem von Kauss et al.[7] intensiv untersucht. Sie zeigten, daß u. a. Chitosan (weitgehend deacetyliertes Chitin) die Kallosesynthese in Sojabohnen-Zellsuspensinskulturen oder in Suspensionskulturen von *Catharanthus roseus* induzierte. Es kam nur in Anwesenheit von Calciumionen zur Kallosesynthese. Wurde Calcium durch EGTA (Ethylenglycolbis-(2-aminoethyläther)-N,N'-tetraacetat) komplexiert, so unterblieb die Induktion. Nach der Wechselwirkung der Kalloseelicitoren mit dem Plasmalemma der Zellen wurde ein Ca^{2+}-Einfluß in das Cytoplasma und ein K^+-Ausstrom ins Medium gemessen. Gleichzeitig kam es zur Alkalisierung der Außenflüssigkeit. Parallel zum Ionenaustausch wurde eine Kalloseneubildung beobachtet. Die Wechselwirkung der Polykationen Chitosan oder Poly-Lysin, das ebenfalls als Elicitor wirkte, mit Phospholipiden (polyanionische Oberfläche) des Plasmalemmas soll den Durchtritt von Calciumionen in das Cytoplasma ermöglichen (Abb. 22). Die Erhöhung der intrazellulären Calciumkonzentration führt zur Aktivierung der plasmalemmagebundenen β-1,3-Glucansynthase. Das UDP-abhängige Enzym ist durch Spuren von Calcium stimulierbar.

Bildung von Gelen und Thyllen

Gele, die das Lumen von Leitgefäßen ausfüllen, findet man bei einer großen Anzahl von Pflanzen, die mit Pilzen infiziert sind. Sie werden innerhalb von 48 Stunden sowohl von resistenten als auch von anfälligen Arten gebildet. In anfälligen Arten können sie jedoch von Pilzenzymen wieder aufgelöst werden. Diese Gele bestehen aus pektinartigem Material, Hemizellulosen und anderen Kohlenhydraten. Über ihre Entstehungsweise besteht noch Unklarheit. Möglicherweise werden sie neu synthetisiert, oder sie sind das Produkt der Auflösung von Mittellamellen und Primärwandabschnitten.

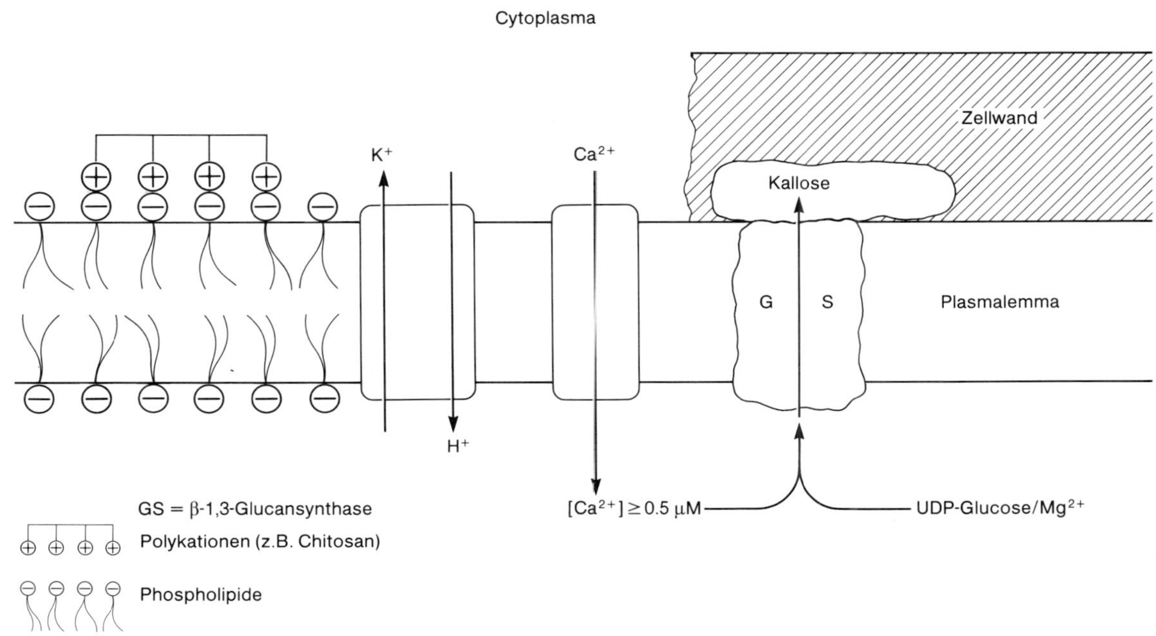

Abb. 22: Der Mechanismus der Kalloseinduktion bei Pflanzen. Nach Kauss et al.[7].

Thyllenbildung beobachtet man bei Baumwolle, Tomaten und Süßkartoffeln nach Pilzinfektion. Sie werden in resistenten Arten schneller ausgebildet und sind auch in größerer Anzahl vorhanden als in anfälligen Arten. Sie entstehen dadurch, daß lebende Holzparenchymzellen durch Vergrößerung und blasenartige Ausgestaltung der Schließhäute ihrer Tüpfel in die angrenzenden Gefäße hineinwachsen und das Lumen der Xylemgefäße mehr oder weniger verstopfen. Eine sekundäre Verholzung der Thyllenwände ist möglich.

Pathogenesis-related proteins

Unter Pathogenesis-related proteins (PRs) versteht man Proteine, die in der Regel nach einem Virus-, Bakterien- oder Pilzbefall in Wirtspflanzen induziert werden. In nicht infizierten Pflanzen werden sie nicht oder nur in geringer Konzentration gefunden. Es sind säurestabile Proteine; sie zeigen geringe Empfindlichkeit gegenüber Proteinasen, ohne jedoch Proteinaseinhibitoraktivität zu besitzen. PR-Proteine sind kleine Proteine mit Molekulargewichten zwischen 15 und 40 kD. Sie sind durch stark saure oder stark basische isoelektrische Punkte charakterisiert[8, 9, 10]. PR-Proteine wurden zuerst in den frühen 70er Jahren in Tabakblättern gefunden, die hypersensitiv gegenüber Tabakmosaik-Viren (TMV) reagierten[11]. Die bei Tabak bekannten PR-Proteine sind in Tab. 3 zusammengefaßt.

Tab. 3: Die PR-Proteine in *Nicotiana tabacum* (Genotyp Samsun) nach einer TMV-Infektion[8].

	Saure PR-Proteine		Basische PR-Proteine		
	Name	MW (kD)	Name	MW (kD)	Funktion
1	1a	15,8	16 kD	16,0	Unbekannt
	1b	15,5			
	1c	15,6			
2a	2	39,7	Gluc. b	33,0	β-1,3-Glucanase
	N	40,0			
	O	40,6			
	Q′	36,0			
2b	O′	25,0			β-1,3-Glucanase
3	P	27,5	Ch. 32	32,0	Chitinase
	Q	28,5	Ch. 34	34,0	Chitinase
4	s1	14,5			Unbekannt
	r1	14,5			
	s2	13,0			
	r2	13,0			
5a	R	24,0	Osmotin	24,0	Unbekannt
	S	24,0			T-Proteine
5b			45 kd	45,0	Unbekannt

T-Proteine = Thaumatin ähnliche Proteine
Gluc. = β-1,3-Glucanase
Ch = Chitinase

Gruppe 1 und 4 beinhalten kleine Proteine mit noch unbekannter Enzymaktivität. Die Proteine der 2. Gruppe zeigen β-1,3-Glucanaseaktivität und die der 3. Gruppe Chitinaseaktivität. Die drei Proteine der 5. Gruppe werden als Thaumatinähnliche Proteine beschrieben. Sie zeigen in ihrer Aminosäuresequenz bis zu 65 % Homologie mit der des intensiv süß schmeckenden Proteins der Frucht von *Thaumatococcus daniellii.* Besonderes Interesse fanden in den letzten Jahren β-1,3-Glucanasen und Chitinasen. Es sind Endohydrolasen. Manche Chitinasen zeigen auch Lysozymaktivität und bauen das in Bakterienzellwänden vorhandene Peptidoglucan ab.

Die Induktion und Kompartimentierung der PR-Proteine

PR-Proteine werden bei Dikotyledonen und Monokotyledonen gefunden. Sie wurden z. B. in Kartoffelblättern, in Bohnenhypokotylen, in Erbsenhülsen sowie in Gurken, Tomaten, Gersten, Weizen- und Maisblättern beschrieben, die mit unterschiedlichen Pilzen infiziert waren. Die Chitinaseaktivität kann nach Infektion auf ein Vielfaches der endogenen Aktivität ansteigen. So wurde z. B. in mit *Verticillium albo-atrum* infizierten Tomatenblättern eine 40fache Steigerung gemessen. Eine Salicylatbehandlung oder eine Ethylenbegasung führte bei Tabak und Bohne zur Induktion von β-1,3-Glucanasen und Chitinasen. Die Induktion von PR-Proteinen kann in Zellsuspensionskulturen auch durch biotische Elicitoren ausgelöst werden. Bestimmte Pflanzenexudate zeigen ebenfalls Chitinaseaktivität. Martin[12] fand Hydrolaseaktivitäten im Latex von *Hevea brasiliensis.* Die Chitinaseaktivität ging hier auf sieben Isoenzyme zurück.
Wie zahlreiche Northern-Blot-Experimente zeigten, läuft die Induktion der PR-Proteine über eine spezifische Genaktivierung. So kam es z. B. in Tabakblättern (Genotyp Samsun NN) nach einer Salicylatbehandlung oder einer TMV-Infektion zur Neubildung zahlreicher PR-mRNAs (Abb. 23).

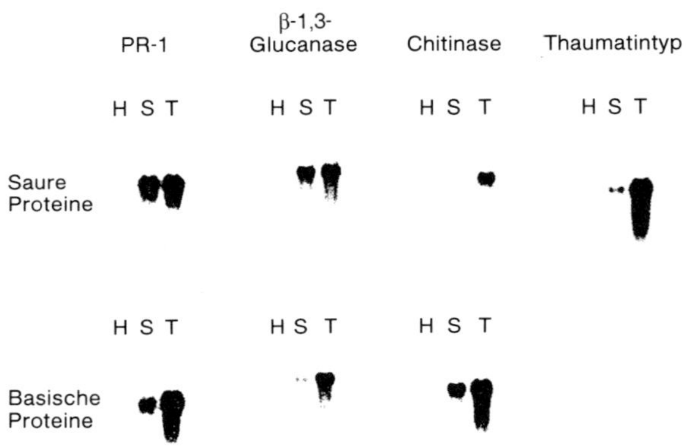

Abb. 23: Die spezifische Induktion von PR-Proteinen in *Nicotiana tabacum* (Samsun NN) nach einer Salicylatbehandlung oder einer TMV-Infektion.
Die mRNA Nothernblots von gesunden (H), von Salicylat behandelten (S) oder von TMV-infizierten (T) Pflanzen wurden mit ^{32}P-markierten cDNA-Klonen unterschiedlicher PR-Proteine (PR-1-Typ, Glucanase, Chitinase oder Thaumatin-Typ) beladen (nach Bol et al., 1990[8]).

Saure und basische PR-Proteine zeigen in der Regel unterschiedliche Kompartimentierung innerhalb der Zellen. Für Tabak wurde gezeigt, daß alle sauren PR-Proteine im Interzellularraum (zwischen den Zellen) und basische PR-Proteine in der Vakuole gefunden wurden. Wie immunocytochemische Untersuchungen ergaben, wurden die bei Bohne durch Ethylen induzierbaren basischen β-1,3-Glucanasen und Chitinasen in der Vakuole nachgewiesen. Nur ein kleiner Teil der Glucanasen, jedoch keine Chitinasen, waren im Apoplasten anzutreffen[13].

Bedeutung von Chitinasen und β-1,3-Glucanasen in Pflanzen

Da Chitin, das Substrat der Chitinasen, nicht in Höheren Pflanzen vorkommt, jedoch mit Glucanen einen Hauptbestandteil der Zellwand der meisten Pilze ausmacht, wird den pflanzeneigenen β-1,3-Glucanasen und Chitinasen eine Rolle bei der Pathogenabwehr eingeräumt. Kürzlich zeigten Benhamou et al.[14], daß die durch *Fusarium oxysporum* in Tomatenwurzeln induzierbare Chitinase durch die Zellwand in den interzellulären Raum abgegeben wurde und dort Pilzhyphen lysierte. Schlumbaum et al.[15] und Mauch et al.[16] zeigten, daß Chitinasen und β-1,3-Glucanasen aus Bohnenblättern und Erbsenhülsen das Wachstum zahlreicher Pilze hemmten. Nach gleichzeitiger Applikation beider Hydrolasen wurde in den meisten Fällen eine synergistische Wachstumshemmung beobachtet. Das notwendige Zusammenspiel der beiden Hydrolasen macht verständlich, weshalb Chitinasen und β-1,3-Glucanasen oft gleichzeitig im Wirtsgewebe induziert werden. Das Wachstum von Vertretern der Oomycetes, wie *Phytophthora cactorum* oder *Phytium ultimum,* wurde durch die beiden Hydrolasen jedoch nicht beeinflußt. Vertreter dieser Gruppe haben kein Chitin oder nur geringe Mengen in ihrer Zellwand (0–0,3 % im Vergleich zu Fusariumarten mit > 50 %), was sie gegen Chitinasen unempfindlich macht. Möglicherweise kommt in diesen Fällen dem basischen Protein „Osmotin" (siehe Tabelle 3) besondere Bedeutung zu[17]. Osmotin wurde kürzlich in Tabak- und Tomatenblättern gefunden, die mit Tabak Mosaik Viren (TMV) infiziert waren. Dieses Protein, das weder Chitinase- noch β-1,3-Glucanaseaktivität besaß, lysierte Sporangien von *Phytophthora infestans* und hemmte das Pilzwachstum irreversibel.

In zahlreichen Untersuchungen wurde die Induktionskinetik von Chitinasen und β-1,3-Glucanasen bei anfälligen und resistenten Wirt-Parasit-Paarungen verglichen. Voisey und Slusarenko[18] zeigten mit Hilfe von Northern-Blot-Experimenten, daß die mRNA der Chitinase in *Phaseolus vulgaris,* die mit der avirulenten Rasse von *Pseudomonas syringae* pv. phaseolicola infiziert war, bereits nach 6 h nachgewiesen werden konnte. Dagegen wurde die entsprechende mRNA der virulenten Paarung erst nach 20–24 h gefunden. Die unterschiedliche Kinetik der mRNA-Induktion spiegelte sich auch in der Chitinaseaktivität wider. So war die Hydrolaseaktivität bei der resistenten Paarung bereits nach 8 h, bei der anfälligen dagegen erst nach 30 h nachweisbar. Vogelsang und Barz[19] verglichen die Chitinase- und β-1,3-Glucanaseaktivitäten in elicitorbehandelten Zellsuspensionskulturen von *Cicer arietinum,* die resistent oder anfällig gegenüber *Ascochyta rabiei* reagieren. Sie fanden signifikant höhere Hydrolaseaktivitäten bei der resistenten im Vergleich zur anfälligen Paarung. Diese Ergebnisse könnten darauf hinweisen, daß Chitinasen und β-1,3-Glucanasen eine Rolle bei der Pathogenabwehr zukommt. Im Gegensatz dazu beobachteten Mauch et al.[20] keine unterschiedliche Kinetik der Chitinase- und β-1,3-Glucanaseinduktion in Erbsenhülsen, die mit dem Pathogen *Fusarium solani* f. sp. pisi (susceptible Paarung) und dem Nicht-Pathogen *Fusarium solani* sp. phaseoli (inkompatible Paarung) infiziert waren. Bei dieser Wirt-Parasit-Paarung scheinen die beiden Hydrolasen nicht kausal mit der Resistenzausbildung verknüpft zu sein. Zu ähnlichen Ergebnissen kamen auch Neuhaus et al.[21]. Sie zeigten, daß transgene Tabakpflanzen, die die basische Chitinase aus Tabak interzellulär bis auf das 120fache akkumulierten, keine erhöhte Resistenz gegenüber dem nekrotroph wachsenden Tabakpathogen *Cercospora nicotianae* aufwiesen. Sicherlich ist die Resistenzausbildung gegenüber einem Pathogen nicht nur auf die Akkumulation eines spezifischen PR-Proteins zurückzuführen. Vielmehr ist das zeitlich aufeinander abgestufte Zusammenspiel der verschiedenen PR-Proteine untereinan-

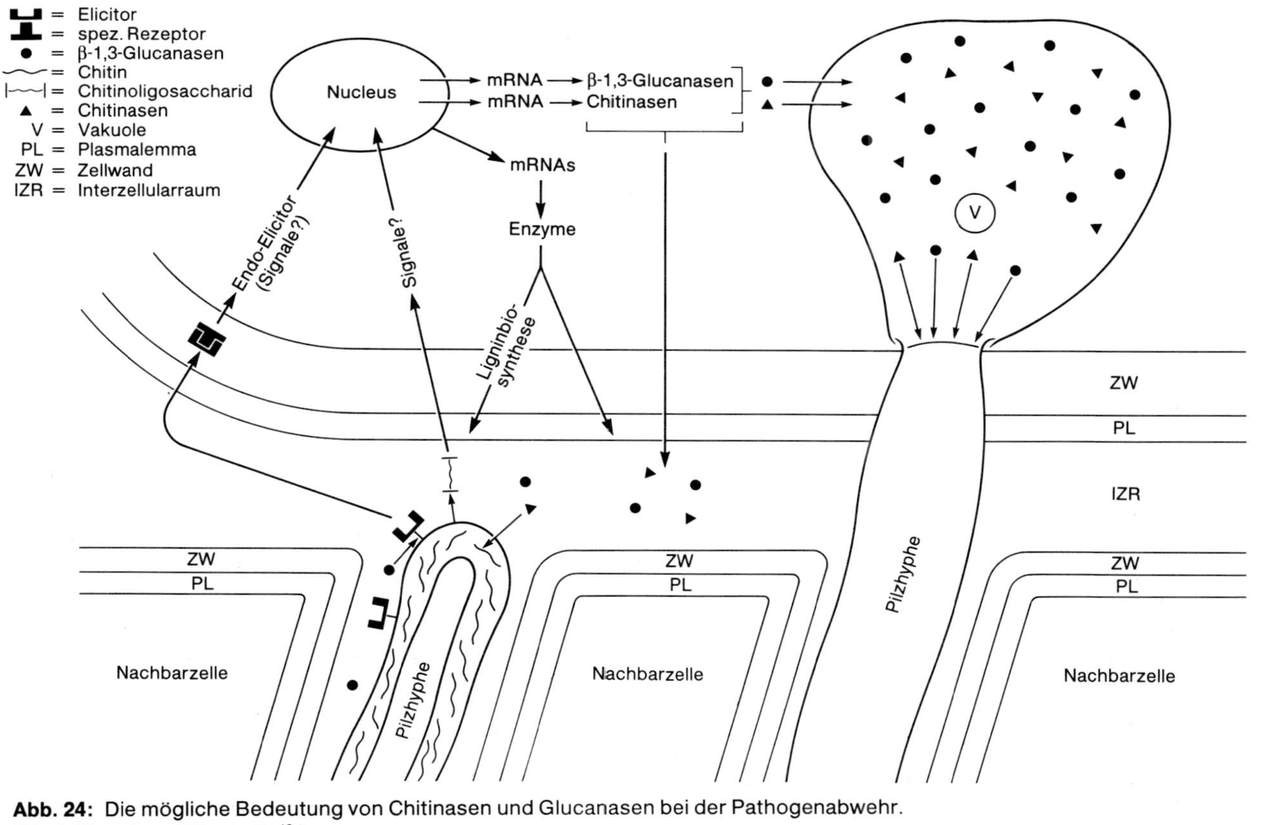

Abb. 24: Die mögliche Bedeutung von Chitinasen und Glucanasen bei der Pathogenabwehr. (Nach Mauch und Staehelin[13].)

der mit ausschlaggebend dafür, ob die Wirtspflanze resistent oder anfällig reagiert.
Die mögliche Bedeutung von Chitinasen und β-1,3-Glucanasen bei der Resistenzausbildung ist in Abb. 24 zusammengefaßt.
Im Interzellularraum vorhandene β-1,3-Glucanasen setzen Glucanfragmente aus der äußeren Pilzzellwand frei, welche als Elicitoren an Plasmalemma gebundene spezifische Rezeptoren binden (vgl. Abb. 49). Solche β-1,3-Glucanasen wurden von Keen und Yoshikawa[22] für Sojabohnenhypokotyle beschrieben. Sie fanden zwei basische Proteine (IP 8,7 und 10,5) mit Molekulargewichten um 33 kD. Über endo-Elicitoren und eine noch weitgehend unbekannte Signalkette werden über DNA-Aktivierung und neue mRNAs weitere β-1,3-Glucanasen und Chitinasen synthetisiert. Die neuen Hydrolasen werden in die Vakuole und den interzellulären Raum abgegeben. Nach den Arbeiten von Kurosaki et al.[23] sollen die induzierbaren Chitinasen als Endohydrolasen Oligosaccharide aus der Chitinfraktion der Pilzzellwand freisetzen, die wiederum als Elicitoren über Genaktivierung die Ligninbildung auslösen. Chitinasen und β-1,3-Glucanasen wirken somit auf verschiedenen Ebenen. Als interzelluläre Hydrolasen induzieren sie die Neusynthese weiterer Hydrolasen, welche zum Großteil in die Vakuole abgegeben werden. Beim Übergang von der biotrophen in die nekrotrophe Wachstumsphase bricht der Tonoplast, und die gespeicherten Hydrolasen sollen in den extrazellulären Raum freigesetzt werden. Man nimmt an, daß sie dort, in lokal hoher Konzentration, die Pilzhyphen irreversibel schädigen.
Eine weitere mögliche Bedeutung wird den PR-Proteinen bei der Ausbildung der systemischen Resistenz eingeräumt[24]. Unter systemischer Resistenz versteht man die Resistenz gegen eine Nachfolgeinfektion in nichtinfizierten, pathogenfreien Geweben nach einer vorausgegangenen Erstinfektion. Werden z. B. ältere Gurkenblätter mit verschiedenen Gurkenpathogenen wie Viren, Bakterien oder Pilze infiziert, so kommt es zur Ausbildung einer systemischen Resistenz in den jüngeren Nachfolgeblättern gegenüber diesen Pathogenen. Boller und Metraux[25] und Metraux und Boller[26] beschrieben ein 28 kD PR-Protein, das in infizierten und nicht-infizierten Gurkenblättern auftrat. Es wurde als Chitinase identifiziert.
Neben Hydrolasen wurden kürzlich auch erhöhte Peroxidaseaktivitäten in systemisch geschützten Geweben gefunden[27]. Neben PR-Proteinen bekannter Aktivität traten auch weitere PR-Proteine noch unbekannter Enzymaktivität in systemisch geschützten Blättern auf. Christ und Mösinger[28] beschrieben elf PR-Proteine mit Molekulargewichten zwischen 13–82 kD in mit *Phytophthora infestans* oder *Fulvia fulva* infizierten Tomatenblättern. Ein Großteil dieser Proteine wurde auch in den Nachfolgeblättern gefunden.
Systemische Resistenz wird auch bei Tabakpflanzen (*Nicotiana tabacum* cv. Xanthi-nc), die das „NN"-Gen tragen, beobachtet. In den letzten Jahren mehren sich Berichte, wonach die Salicylsäure (SA) als endogenes Signal für die Induktion von PR-Proteinen und der systemischen Resistenz fungieren soll. So fanden Raskin[29] und Mitarbeiter einen etwa 50fachen Anstieg des Salicylsäuregehaltes in mit Tabak-Mosaik-Viren (TMV) infizierten Tabakblättern (Rasse Xanthi-nc) und einen 10fachen Anstieg in nicht infizierten Blättern der gleichen Pflanze. Parallel dazu wurde die Induktion der PR-Proteine gemessen. Weiterhin wurde gezeigt, daß exogen applizierte Salicylsäure zu einem Anstieg der endogenen Form führte, der für die systemische Induktion von PR-Proteinen und einer erhöhten Resistenz gegenüber TMV ausreichte[30, 31]. Nach Raskin[32] leitet sich die Salicylsäure von der Zimtsäure ab, welche lokal oder über das Phloem in der Pflanze verteilt, die Resistenz gegenüber verschiedenen Pathogenen induziert (Abb. 25). Dagegen ist die Rolle der PR-Proteine für die Ausbildung der lokalen und systemischen Resistenz noch weitgehend unklar.

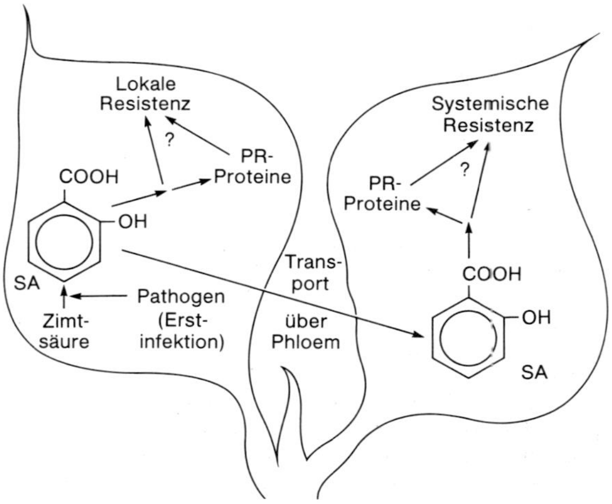

Abb. 25: Die Induktion, der Transport und die Bedeutung der Salicylsäure für die lokale und systemische Resistenz bei Tabak. (Nach Raskin[32].)

Bildung Hydroxyprolinreicher Glycoproteine (HPRG)

Neben der Induktion von PR-Proteinen wird bei vielen Wirt-Parasit-Interaktionen auch die Neusynthese hydroxyprolinreicher Glycoproteine (Extensine) beobachtet.[33]. Sie zeichnen sich durch hohe Hydroxyprolingehalte (25–45 %) aus und zeigen eine interessante strukturelle Eigenschaft: Ihr Proteingerüst besteht aus sich wiederholenden Pentapeptiden (Serin-Hydroxyprolin$_4$), die mit Arabinose oder Galaktosemolekülen verknüpft sind (Abb. 26).

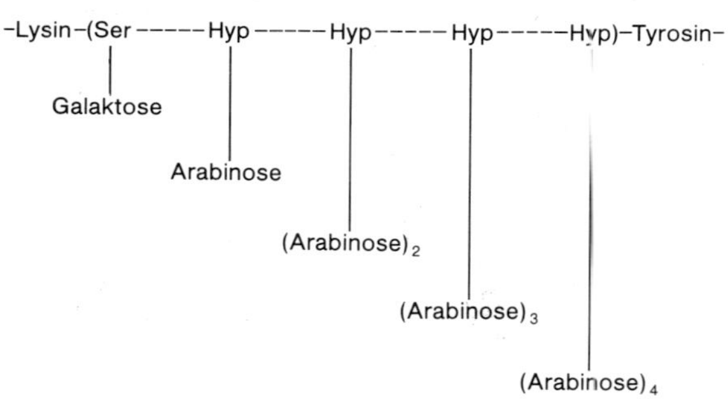

Abb. 26: Der Aufbau hydroxyprolinreicher Glycoproteine.

Connell et al.[34] konnten zeigen, daß hydroxyprolinreiche Glycoproteine bei Melonen und Bohnen, die mit unterschiedlichen Pathogenen (Pilze und Bakterien) infiziert waren, in den Zellwänden lebender Zellen in direkter Nachbarschaft zu toten, hypersensitiv reagierenden Zellen, abgelagert wurden. Bei den mit *Colletotrichum lagenarium* infizierten Melonenblättern ging die Akkumulation der Glycoproteine auf die Neusynthese spezifischer mRNAs zurück[35]. Da hydroxyprolinreiche Glycoproteine in hohen Konzentrationen und schneller bei resistenten als bei anfälligen Pflanzen akkumulieren, wird ihnen eine Bedeutung bei der Pathogenabwehr zugesprochen. Möglicherweise stellen sie in der Zellwand eine zusätzliche mechanische und/oder chemische Barriere für das Hyphenwachstum dar.

Lignifizierung

Die Biosynthese von Lignin

Die Bausteine der Ligninbiosynthese sind Coniferyl-, Sinapyl- und p-Cumarylalkohol. Es handelt sich dabei um Derivate der Zimtsäure, welche durch Desamierung aus Phenylalanin entsteht. Phenylalanin ist ein Endprodukt des Shikimatweges, bei dem Phosphoenolpyruvat und Erythrose-4-phosphat die Ausgangsverbindungen sind.

p-Cumarsäure, der Vorläufer von p-Cumarylalkohol, kann auch direkt durch Desaminierung aus Thyrosin gebildet werden; ein Weg, der vor allem bei Gräsern beschritten wird. Abb. 27 soll die prinzipiellen Schritte der Ligninbiosynthese verdeutlichen.

p-Cumarsäure, Ferulasäure und Sinapinsäure werden nach einem Aktivierungsschritt (ATP) zu den entsprechenden Alkoholen reduziert, und es entstehen p-Cumarylalkohol, Coniferylalkohol und Sinapylalkohol (Abb. 28).

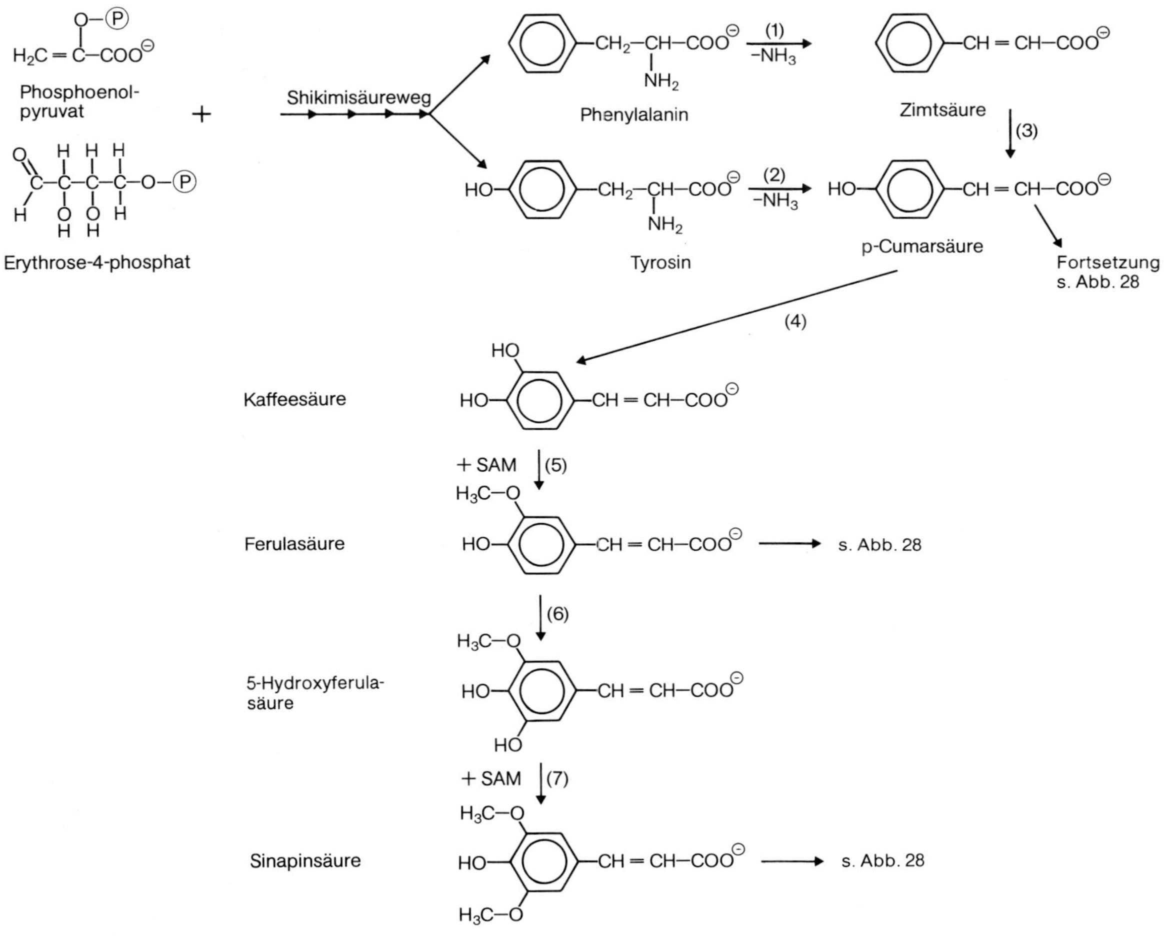

Abb. 27: Die Biosynthese von Lignin.
(1) Phenylalaninammoniumlyase (PAL); (2) Tyrosinammoniumlyase (TAL); (3) Zimtsäure-4-hydroxylase (Z4H); (4) p-Cumarsäure-3-hydroxylase; (5) + (7) o-Methyltransferase; (6) Ferulasäure-5-hydroxylase; SAM = S-Adenosylmethionin

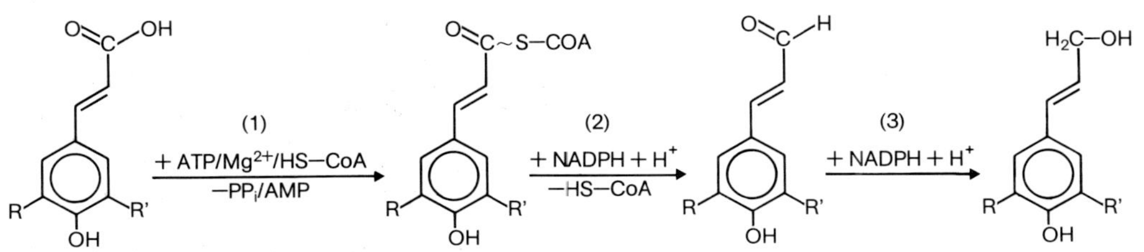

Abb. 28: Der Reduktionsschritt.
(1) CoA-Ligase; $R = R' = H$: p-Cumarsäure/p-Cumarylalkohol; $R = H$; $R' = OCH_3$: Ferulasäure/Coniferylalkohol; $R = R' = OCH_3$: Sinapinsäure/Sinapylalkohol; (2) CoA-Reduktase; (3) $NADP^+$-Oxidoreduktase

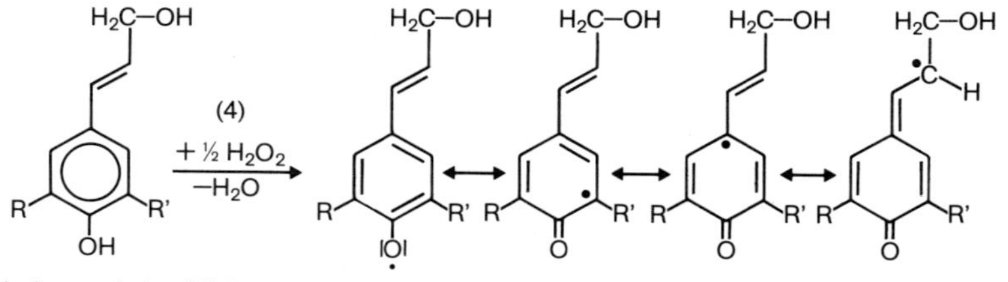

Abb. 29: Der Peroxidationsschritt. (4) Peroxidase

Durch den Angriff von Peroxidase und H_2O_2 werden p-Cumarylalkohol, Coniferylalkohol und Sinapylalkohol in Alkyl-Radikale umgewandelt, welche Mesomerie-stabilisert sind (Abb. 29).
Die so entstandenen Radikale können in mannigfaltiger Weise zu einem dreidimensionalen Netzwerk, dem Lignin, polymerisieren (Abb. 30). Das Lignin wird zwischen die Cellulosemikrofibrillen in die Zellwand eingelagert.

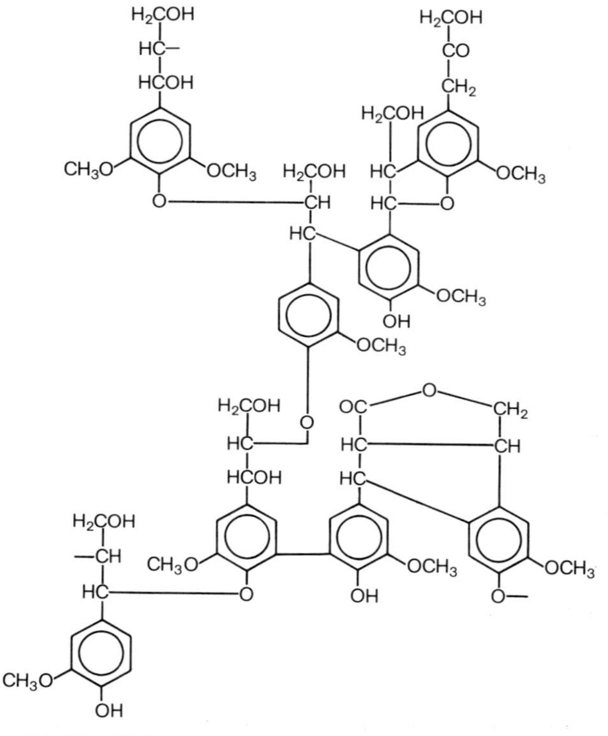

Abb. 30: Ein Lignin-Strukturausschnitt.

Die einzelnen Ligninbausteine gelangen in Form ihrer wasserlöslichen β-Glycoside (Abb. 31) an die Orte der Ligninbiosynthese. Dort werden sie durch spezifische β-Glucosidasen enzymatisch zu den entsprechenden Alkoholen umgesetzt.

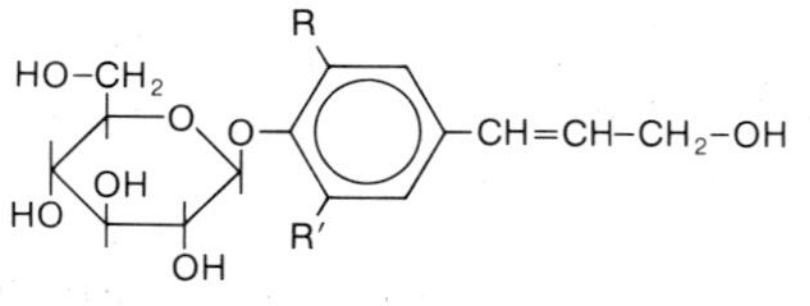

Abb. 31: Ein β-Glycosid als Ligninvorstufe.

Die Lignifizierung als Resistenzprinzip

Das Vorkommen, die Geschwindigkeit und das Ausmaß der Lignifizierung wird bei vielen Wirt-Parasit-Kombinationen mit der Resistenzausbildung in Zusammenhang gebracht.
Besonders gut untersucht ist die Wirt-Parasitbeziehung zwischen Weizen und dem Pilz *Botrytis cinerea.* Nach Inokulation des Wirtsgewebes mit *B. cinerea* und nach anfänglichem Wachstum des Pathogens kommt es zur Ablagerung von Lignin in Zellwänden von solchen Zellen, welche sich ringförmig um das befallene Gewebe befinden. Die Lignifizierung nach Befall mit dem Pathogen *Septoria nodorum* tritt später auf und ist schwächer ausgeprägt als nach Inokulation mit dem nicht pathogenen Pilz. Das Wachstum von *B. cinerea* ist auf „verwundetes“ Gewebe beschränkt.
Mechanische Verwundung allein führt nicht zur Lignifizierung. Das bedeutet, daß der Pilz für die Induktion der Lignifizierung notwendig ist. Eine Vorinkubation an einer Wundstelle mit *B. cinerea* und die nachfolgende Inokulation an gleicher Stelle mit *Septoria nodorum* führen zu einer Verzögerung der Infektion durch das Pathogen. Hieraus wird ersichtlich, daß die Lignifizierung des Gewebes eine Rolle bei der Einschränkung des Pilzwachstums spielt. Eine Vorinkubation führt allerdings nur zu einer zeitlich begrenzten Ausbreitung des Pathogens. Möglicherweise kann *S. nodorum* Lignin enzymatisch abbauen.
Das durch Infektion induzierte Lignin unterscheidet sich von dem der gesunden Pflanzen. Es zeichnete sich durch einen hohen Anteil von Sinapylalkohol aus.
Ein Beispiel für die Mitbeteiligung der Lignifizierung während der hypersensitiven Reaktion ist die Resistenz von Weizen gegenüber bestimmten Rostpilzen. Man beobachtet, daß resistenter Weizen Ferulat-U-^{14}C in einem höheren Ausmaß in das Mischpolymerisat Lignin einbaut als anfällige Weizenarten.
Die induzierte Ligninbildung muß jedoch nicht unbedingt im Zusammenhang mit einer schnellen, hypersensitiven Resistenzausbildung stehen. Man findet eine erhöhte Ligninablagerung in den Zellwänden der resistenten Kartoffelsorte „Orion“ nach Infektion mit *Phytophthora infestans* im Vergleich zur anfälligen Art „Majestic“. Die Ligninbildung tritt jedoch viel später auf als die hypersensitive Antwort. Am dritten Tag nach der Infektion kann man den erhöhten Ligninspiegel messen, wogegen Hyphen einer inkompatiblen Pilzrasse 40–60 Minuten nach Infektion absterben und das Wachstum der inkompatiblen Rasse nach etwa elf Stunden völlig unterbunden ist. Deshalb muß die Lignininduktion beim letztgenannten Beispiel einer Wirt-Parasitbeziehung als das Ergebnis einer Wundreaktion gesehen werden und nicht als ein Resistenzmechanismus. Beim Eindringen mancher Pilze in die Pflanze kommt es neben Zellwandverdickungen auch oft zu papillenförmigen Gebilden in der Nähe der Penetrationsstellen.
Bei *Phalaris arundinacea* wird die Papillenbildung nach Inokulation mit *Helminthosporium avenae* als ein möglicher Mechanismus der Resistenz angesehen. Die Hauptsubstanz der Papille ist Lignin, daher der Name „Lignintuber“; daneben

findet man aber auch Kallose und Zellulose. Werden Blätter von *Phalaris* mit dem Pathogen *Helminthosporium catenarium* infiziert, so beachtet man, daß etwa 80 % der gebildeten Appressorien von stark ausgebildeten Papillen umgeben sind. An diesen Stellen findet keine Penetration statt. Der Pilz dringt nur an den nicht verstärkten Zellwandstellen in die Pflanze ein. Parallel zur Lignifizierung des Pflanzengewebes um die Penetrationsstellen herum kann eine erhöhte Aktivität der Schlüsselenzyme der Ligninbiosynthese nachgewiesen werden.
Bei resistenten Tabak- und Weizenpflanzen beobachtet man einen Anstieg von PAL und Z4H-Aktivität 6–12 Stunden, bevor eine gesteigerte Metyltransferase-Aktivität auftritt. Letzterer folgt nach etwa 24 Stunden eine erhöhte Peroxidaseaktivität. 18 Stunden nach Inokulation von *Phalaris arundinacea* mit *H. avenae* zeigen die Enzyme PAL, TAL, Hydroxyzimtsäure-CoA-Ligase und Peroxidase einen starken Anstieg in ihren Aktivitäten. Interessanterweise kann der Peroxidaseanstieg auf die Zellwandstellen lokalisiert werden, an denen der Pilz versucht, in die Pflanze einzudringen, bzw. wo die Lignifizierung am stärksten ausgeprägt ist.
Behandelt man Blattgewebe von Kanariengras mit einer subletalen Dosis von Cycloheximid (vgl. S. 226 ff.), so werden Papillenbildung und die Induktion von Peroxidaseisoenzymen blockiert; der Pilz kann in die Pflanze eindringen.
Wie oben bereits aufgeführt, kommt es durch die Penetrationsversuche der Pilze zu einer Aktivitätserhöhung von Schlüsselenzymen der Ligninbiosynthese (Abb. 27 u. 28). In einigen Fällen handelt es sich dabei um eine Enzymneusynthese.

Die Induktion der spezifischen Ligninbildung

Bei vielen hypersensitiven Reaktionen ist auf Grund der Spezifität der Lignininduktion eine spezifische Erkennungsreaktion zwischen Wirt und Parasit erforderlich. Versuche zur Erklärung dieses Phänomens beruhen auf folgendem Konzept: Inkompatible Pathogene besitzen Verbindungen, sog. Elicitoren, die auf höchst spezifische Art und Weise mit bestimmten Rezeptoren in der Höheren Pflanze (Wirt) reagieren. Dies führt zur Induktion der Abwehrreaktion.
Grand et al.[36] zeigten, daß die p-Cumarylalkoholdehydrogenase (CAD) in Zellsuspensionskulturen von *Phaseolus vulgaris* durch einen Elicitor aus *Colletotrichum lindemuthianum* induziert wurde. Wie Blot-Hybridisierungsversuche ergaben, ging die erhöhte Enzymaktivität auf eine vorübergehend gesteigerte mRNA-Synthese für die CAD zurück.

In *Triticum aestivum* L. wurde die spezifische Ligninbiosynthese durch ein Glycoprotein (Elicitor) aus *Puccinia graminis* f. sp. *tritici* ausgelöst[37]. Der Lignininduktion ging die Bindung der Elicitoren an sepzifische Bindeproteine voraus. Die Rezeptoren wurden in der Plasmamembranfraktion gefunden und zeigten Molekulargewichte zwischen 30 und 33 kD[38].

Die induzierte Suberinbildung als Abwehrreaktion

Beim Befall von *Ipomea* (Süßkartoffel) durch *Helicobasidium mompa* beobachtet man zuerst eine induzierte Lignifizierung, die aber nur zur vorläufigen Abwehr dient. Erst durch die nachfolgende Suberinisierung (vgl. S. 56) wird das Wachstum des Pathogens unterbunden.
Durch Vorbehandlung von Karottenstücken mit abgetöteten Sporen von *Botrytis cinerea* und nachfolgender Inokulation mit lebenden Sporen wird eine Suberinisierung des Gewebes eingeleitet, welche zur Resistenz führt. Es kommt in diesem Fall zu keiner Lignininduktion.
Diese Beobachtungen erscheinen verständlich auf Grund der Tatsache, daß Suberin als Hemmstoff von Polygalacturonasen wirken kann.

Die Rolle von ortho-Dihydroxyphenolen und Derivaten bei der Abwehrreaktion

Alle ortho-Dihydroxyphenole und deren Derivate stammen aus dem Shikimisäurestoffwechsel, wobei Melanin, Tannin, DOPA und Kaffeesäure bzw. deren Ester für pflanzliche Resistenz von Bedeutung sind.
Die Nekrosenbildung als ein charakteristisches Merkmal für die spezifische Resistenz drückt sich durch die Bildung von braunen bis schwarzen Pigmenten (sogenannte Melanine) in kollabierten Zellen aus. Die Intensität der Melaninbildung korreliert oft direkt mit der Intensität der Abwehrreaktion. Dies läßt darauf schließen, daß Melanine oder deren Vorläufer bei der Ausbildung von spezifischer Resistenz ebenfalls von Bedeutung sind.
Pflanzliche Melanine werden aus verschiedenen ortho-dihydroxyphenolischen Verbindungen gebildet. Hierbei sind Polyphenoloxidasen (PPO) und Peroxidasen (PO) beteiligt. Während die PPO die Hydroxyverbindungen zu den entsprechenden Orthochinonen oxidieren, sind PO an der Polymerisation der Dihydroxyphenole beteiligt (siehe Ligninbildung).

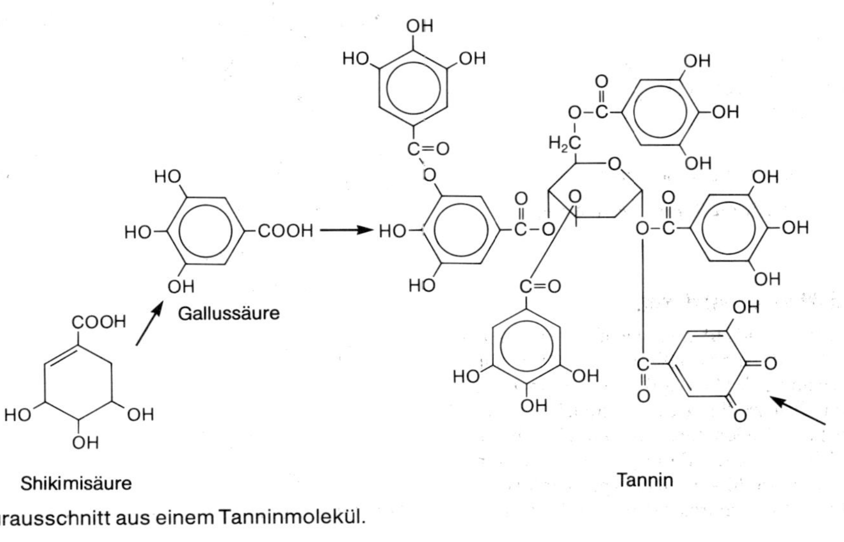

Abb. 32: Strukturausschnitt aus einem Tanninmolekül.

Tannine sind Makromoleküle, bestehend aus Gallussäuremolekülen, welche zum einen untereinander und zum anderen über Hydroxylgruppen von Glucosemolekülen miteinander verknüpft sein können (Abb. 32). Die Hydroxylgruppen können durch Polyphenoloxidasen zu Chinon oxidiert werden (←); s. phenolische Abwehrstoffe.

Die Toxizität von Tanninen

Hydroxylgruppen in Tanninmolekülen können Wasserstoffbrückenbindungen mit den Carbonylfunktionen von Peptidbindungen eingehen, ferner sind Chinonreste in der Lage, kovalente Bindungen mit freien Amino- oder SH-Gruppen in Proteinen auszubilden (siehe „konstitutive Abwehrtoxine"). Dies alles kann zur Inaktivierung von Exoenzymen der Pathogene führen. Die Toxizität des Melanins kommt wahrscheinlich durch die Bildung freier Radikale während der Peroxidasereaktion von Dihydroxyphenolen zu Polymeren zustande. Dies könnte zur Inaktivierung zellulärer Bestandteile von Wirt und Pathogen führen.
Melanisierte Zellwände sind für längere Zeit gegenüber Hydrolyse unempfindlich. Das Auftreten von Dihydroxyverbindungen wird ebenfalls mit der hypersensitiven Reaktion in Verbindung gebracht: Die Konzentration von DOPA (3,4-Dihydroxyphenylalanin) ist in drei *Cercospora*-resistenten Zuckerrübenpflanzen beträchtlich höher als in anfälligen Arten. Bei diesen Pflanzen nimmt sowohl die DOPA-Konzentration als auch die Resistenz mit zunehmendem Alter ab.
Die Kaffeesäure und ihre Ester, wie z. B. die Chlorogensäure werden für die Resistenz der Wassermelone gegenüber *Alternaria*, im Chilipfeffer gegenüber *Colletotrichum* und im Tabak gegenüber dem TMV-Virus mitverantwortlich gemacht (Abb. 33).

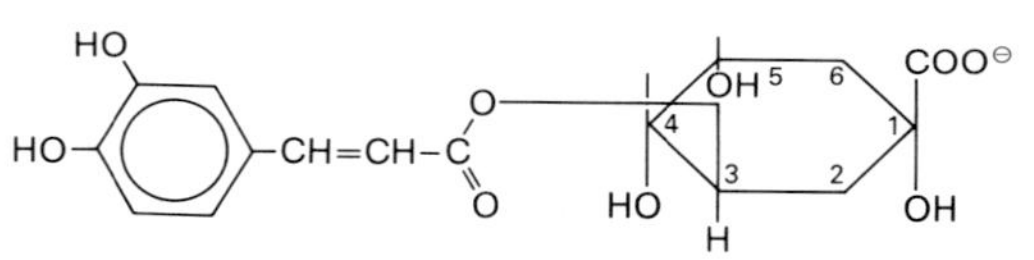

Chlorogensäure

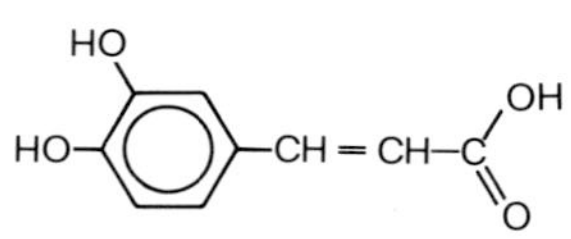

Kaffeesäure

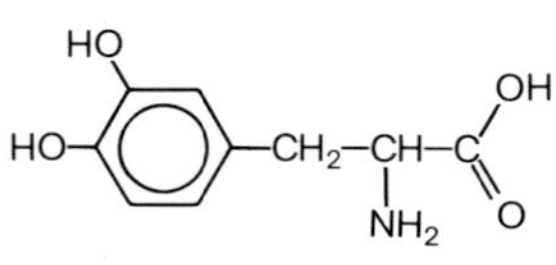

DOPA (3,4-Dihydroxyphenylalanin)

Abb. 33: Verschiedene ortho-Dihydroxyphenole.

Phytoalexine: „Induktive Abwehrtoxine"

Viele parasitierende Pilze sind auf ganz spezifische Wirtspflanzen angewiesen. Oft ist diese Spezialisierung so stark ausgeprägt, daß nahe Verwandte der Wirtspflanze nicht mehr befallen werden können. Ein mißlungener Besiedelungsversuch äußert sich in den meisten Fällen durch das schnelle Absterben weniger Zellen des Wirtes und des Pathogens an der Eindringstelle. Dieses Erscheinungsbild wird als **„hypersensitive Reaktion"** bezeichnet und ist ein charakteristisches Merkmal der spezifischen Resistenz von Wirtspflanzen gegenüber bestimmten Pathogenen, zusammen mit dem Auftreten von braunen Flecken (siehe Melanin, Tanninbildung), sog. Nekrosen um die Penetrationsstellen auf dem befallenen Gewebe.
Bis vor ca. 40 Jahren war es noch völlig unklar, wie es zum Abtöten des Pathogens bei einer hypersensitiven Reaktion kommt. Arbeiten von Müller und Börger (1940)[39] brachten mehr Licht in diesen Sachverhalt:
An Kartoffeln untersuchten sie verschiedene Pilzrassen der Gattung *Phytophthora*, die den Wirt nicht befallen können und hypersensitive Reaktionen auslösen („inkompatible Rassen"). Diese verglichen sie mit Rassen, die im Wirt parasitieren können („kompatible Rassen"). Sie versuchten zu klären, ob die hypersensitiven Reaktionen einen Einfluß auf die Ausbreitung einer kompatiblen Phytophthorarasse auf dem gleichen Wirtsgewebe hat. Dazu behandelten sie die Oberfläche einer Kartoffelscheibe mit einer inkompatiblen Pilzrasse und einen Tag später mit einer Rasse, die normalerweise auf dieser Kartoffel parasitieren kann. Letztere konnte sich auf Grund der Vorbehandlung nicht in der Kartoffel ausbreiten. Wurde die Kartoffeloberfläche jedoch nur teilweise mit der hypersensitiven Rasse behandelt, so entwickelte sich die kompatible Rasse nur im unbehandelten Teil. Das bedeutet, daß im hypersensitiv reagierenden Gewebe eine „Resistenz" gegen die kompatible Rasse aufgebaut wurde.
Aus diesen Ergebnissen schlossen sie, daß die Hemmung der kompatiblen Rasse auf einen Bestandteil zurückzuführen ist, welcher von den hypersensitiv reagierenden Wirtszellen abgegeben wird. Müller und Börger bezeichneten diesen unbekannten Bestandteil als **„Phytoalexin"**.
Unter dem Begriff „Phytoalexin" versteht man heute niedermolekulare antimikrobiell wirkende Verbindungen, die von der Wirtspflanze synthetisiert werden und innerhalb bestimmter Wirtszellen akkumulieren, nachdem der Wirt mit Mikroorganismen in Kontakt gekommen ist.
Phytoalexine sind für einige Pflanzenfamilien charakteristisch.

Phytoalexine der Familie der *Leguminosaceae*

In dieser Familie findet man vor allem Isoflavonoide. Darunter fallen: Isoflavane, Isoflavanone, Isoflavone, Pterocarpane, 6 a, 11 a-Dehydropterocarpane (= Pterocarpene) und Coumestane. Ihre Strukturelemente sind in Abb. 34 wiedergegeben. In Tab. 4 werden einige Isoflavonoide vorgestellt.

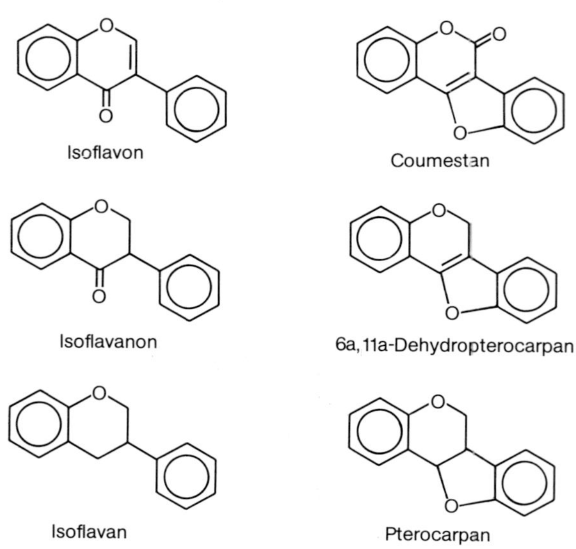

Abb. 34: Strukturelemente der Isoflavonoid-Gruppe.

Tab. 4: Isoflavonoide: Phytoalexine der Familie der *Leguminosaceae*.

		Name	Synthetisiert von
Isoflavone	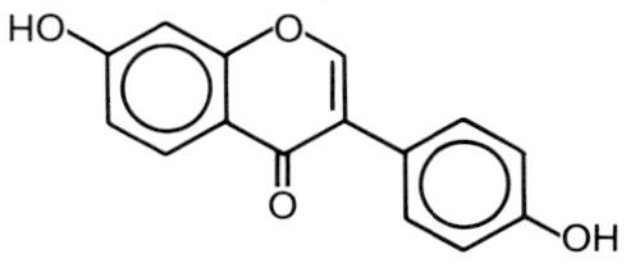	Daidzein	*Phaseolus vulgaris* *Glycine max*
	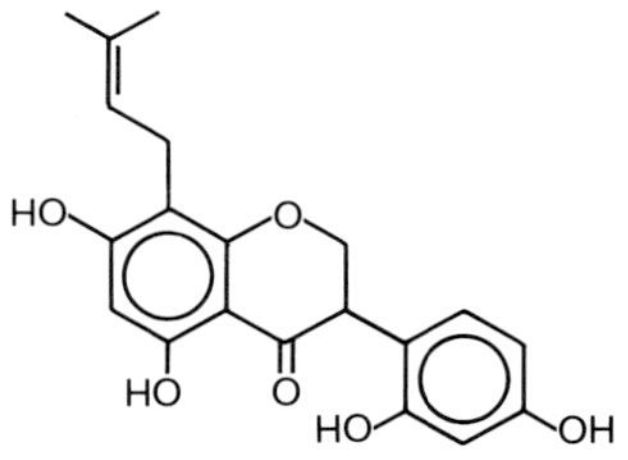	Kieviton	*Lablab niger* (H) *Macroptilium atropurpureum* (L) *Phaseolus aureus* (H) *Phaseolus vulgaris* (C, H, L)
Isoflavane	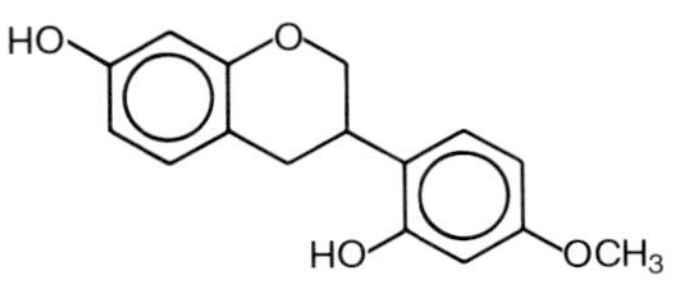	Vestitol	*Lotus uliginosus* (R) *Medicago sativa* (S) *Trifolium* spp (L)
Pterocarpane	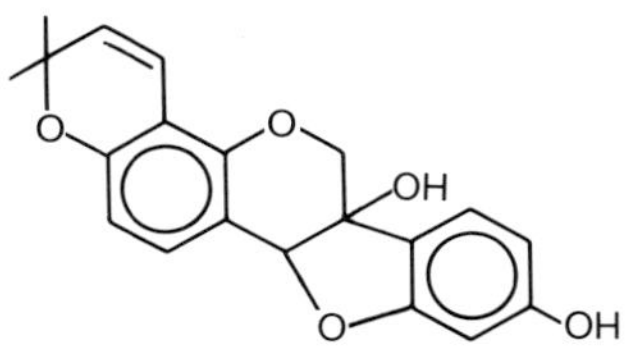	Glyceollin I	*Glycine max* (C) *Glycine canesceus* (L)
	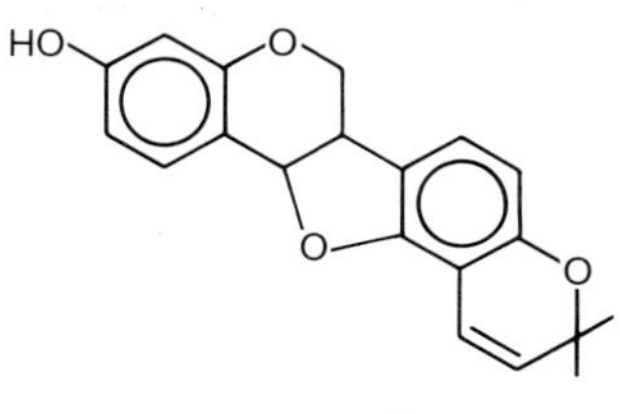	Phaseollin	*Phaseolus vulgaris* (C,H,L)
	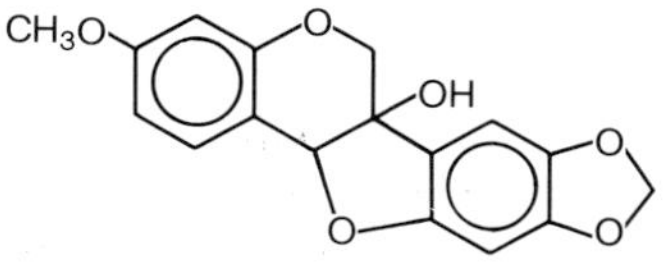	Pisatin	*Pisum sativum* (C)
	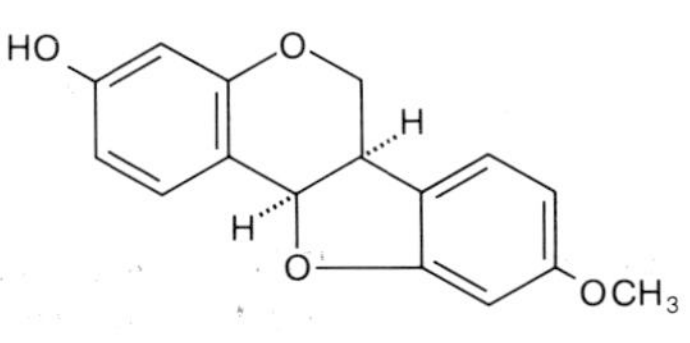	Medicarpin	*Cicer arietinum* L.
	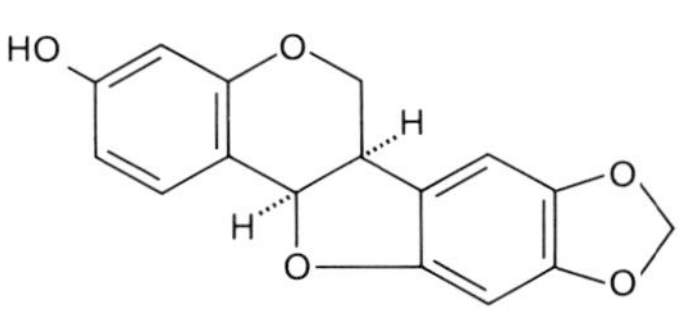	Maackiain	*Cicer arietinum* L.

Tab. 4: Fortsetzung.

	Name	Synthetisiert von
6 a, 11 a,-Dehydropterocarpane (Pterocarpene) 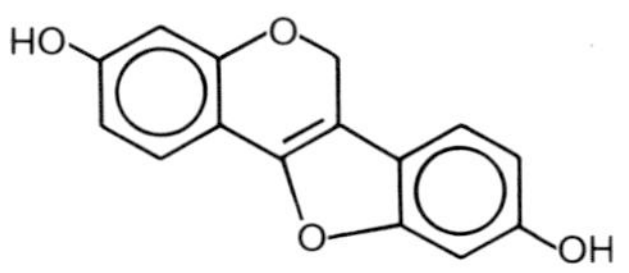	Anhydro-Glycinol	*Tetragonolobus maritimus* (L)
Coumestane 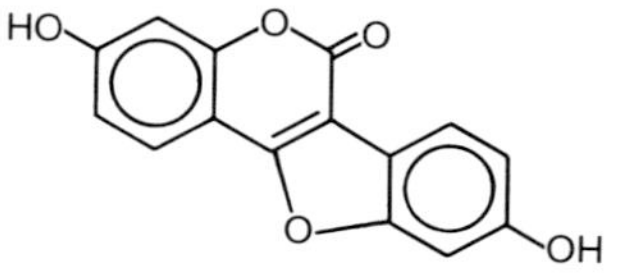	Coumestrol	*Glycine max* (*H*) *Phaseolus vulgaris* (C, H, L)

H = Hypokotyl; R = Wurzeln; L = Blätter; SD = Sämlinge; C = Kotycedonen; S = Stengel

Tab. 5: Flavanon- und Furanoacetylen-Derivate.

	Name	Wirt
Flavanone 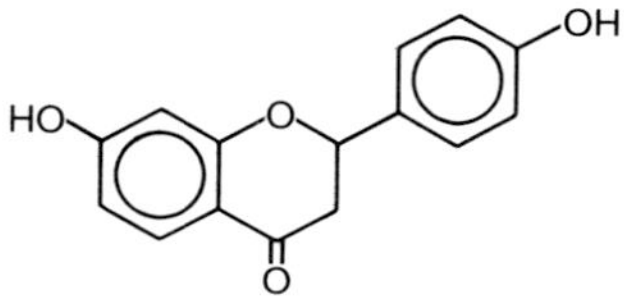	Liquiritigenin	*Medicago sativa* (L)
Furanoacetylene 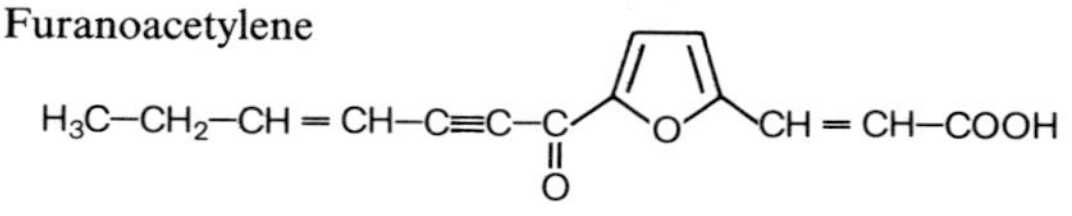	Wyeronsäure	*Vicia faba* (C, L)

Tab. 6: Phytoalexine der *Solanaceae.*

	Name	Wirt
Phenylpropane 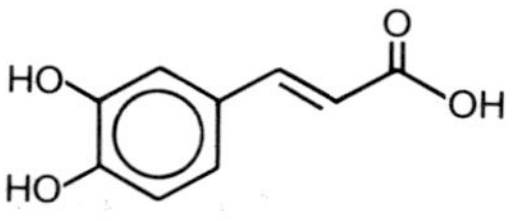	Kaffeesäure	*Solanum tuberosum*
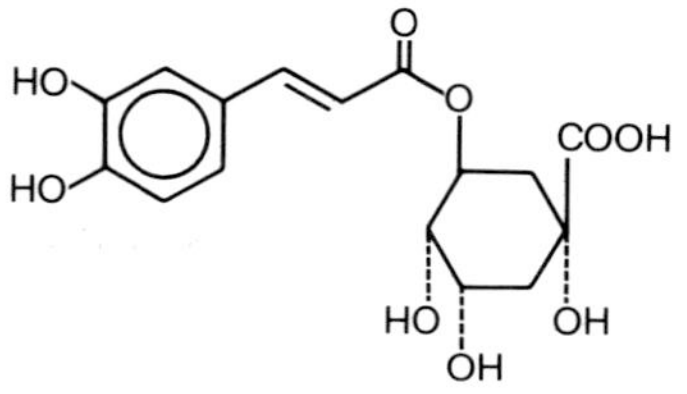	Chlorogensäure	*Solanum tuberosum* *Nicotiana tabacum*

Tab. 6: Fortsetzung.

	Name	Wirt
Norsesqui- und Sesquiterpene 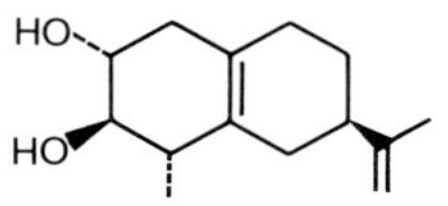	Rishitin	*Solanum tuberosum* *Nicotiana tabacum* *Lycopersicon esculentum*
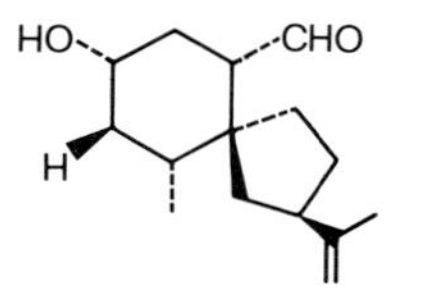	Lubimin	*Solanum tuberosum* *Nicotiana tabacum* *Lycopersicon esculentum*
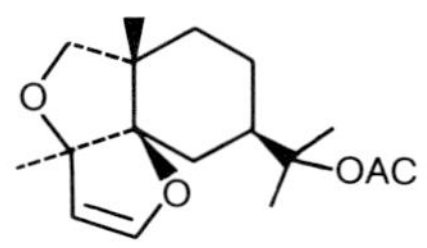	Phytuberin	*Solanum tuberosum* *Nicotiana tabacum*
Polyacetylene $CH_3{-}[CH_2]_5{-}CH_2{-}CH{=}CH{-}CH_2{-}C{\equiv}C{-}C{\equiv}C{-}\underset{}{\overset{OH}{CH}}{-}CH{=}CH_2$	Falcariniol	*Lycopersicon esculentum*

Tab. 7: Phytoalexine weiterer Pflanzenfamilien.

Familie	Name	Stoffgruppe	Wirt
Chenopodiaceae	Betavulgarin 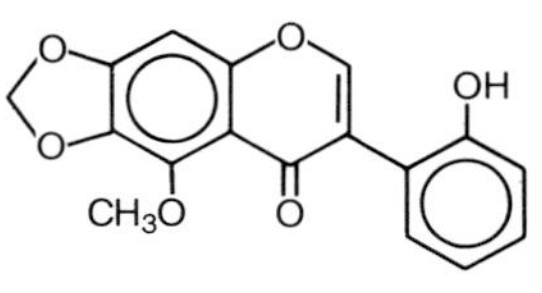	Isoflavon	*Beta vulgaris*
Compositae	Safynol $CH_3CH{=}CH\,(C{\equiv}C)_3CH{=}CH\,\underset{OH}{CH}\,CH_2\,OH$	Polyacetylen	*Charthamus tinctorius*
Convolulaceae	Ipomeamaron 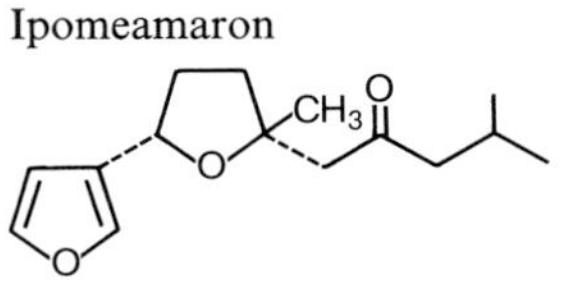	Furanosesquiterpen	*Ipomea batatas*
Gramineae	Momilacton B 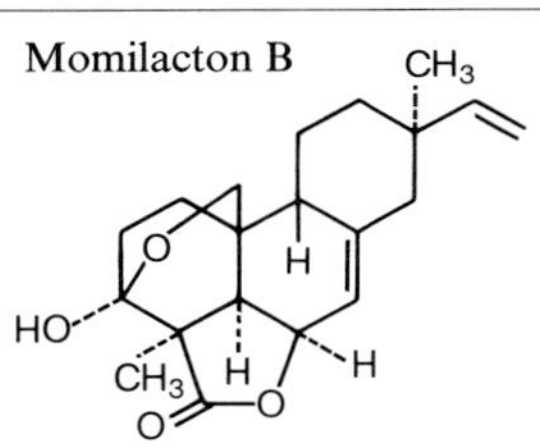	Diterpen	*Oryza sativa*

Tab. 7: Fortsetzung.

Familie	Name	Stoffgruppe	Wirt
Apigeninidin	3-Deoxyanthocyanidin 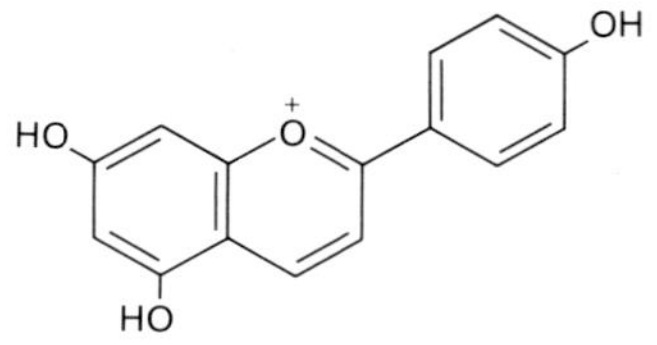	*Sorghum bicolor*	
	Arabinosyl-5-0-apigeninidin 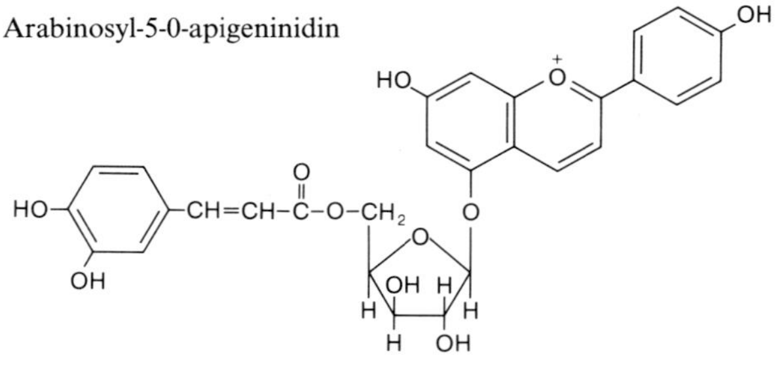		*Sorghum bicolor*
Malvaceae	Gossypol 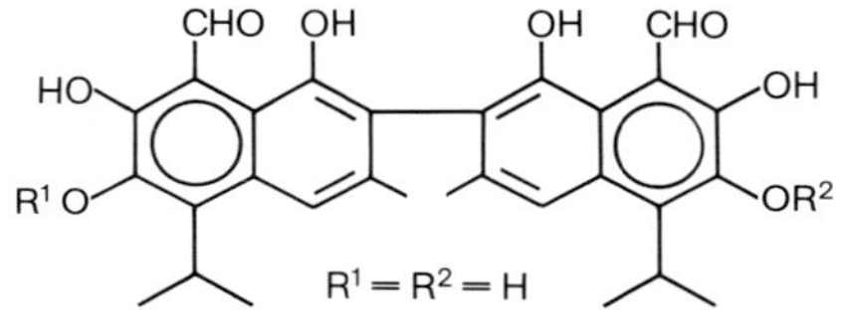	Sesquiterpen	*Gossypium hirsutum*
Orchidaceae	Orchinol 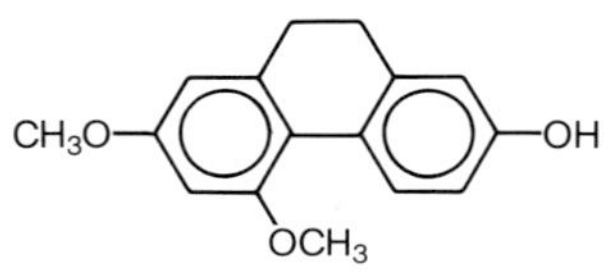	Dihydrophenanthren	*Orchis militaris*
Apiaceae	Bergapten 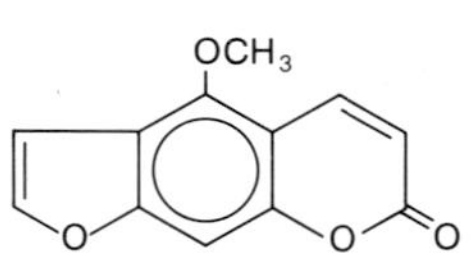	Furanocumarin	*Petroselinum hortense* *Ammi majus*
	Xanthotoxin 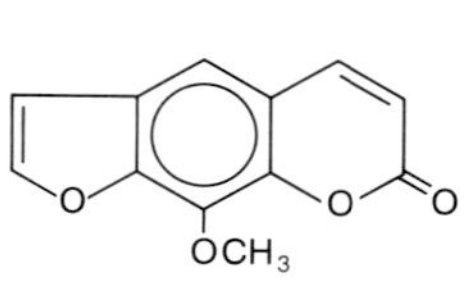	Furanocumarin	*Petroselinum hortense* *Ammi majus*

In der Familie der Fabaceae findet man auch einige wenige Phytoalexine, die nicht in die Gruppe der Isoflavanoide gehören. Es handelt sich hier um Flavanon- und Furanoacetylenabkömmlinge (Tab. 5).

Phytoalexine der Familie der *Solanaceae*

Die in dieser Familie vorkommenden Phytoalexine kann man in drei Gruppen einteilen: 1. Phenylpropanabkömmlinge, 2. Terpenoidabkömmlinge und 3. Acetylene bzw. Polyacetylene (Tab. 6).

Phytoalexine weiterer Pflanzenfamilien

Neben den Familien der *Leguminosaceae* und *Solanaceae* findet man auch in zahlreichen anderen Pflanzenfamilien Phytoalexine (Tab. 7).
Einige bestimmte Phytoalexine können von mehreren Pflanzenarten verschiedener Familien synthetisiert werden (z. B. Medicarpin). Häufig kommt es auch vor, daß einige Pflanzenarten mehrere Phytoalexine gleichzeitig bilden. So findet man z. B. nach Infektion von Bohnen mit *Colletotrichum lindemuthianum* gleichzeitig die Phytoalexine Phaseollin, Phaseollidin, Phaseollinisoflavan und Kieviton.

Die spezifische Induktion der Phytoalexinbiosynthese

Die einzelnen Phytoalexine leiten sich von folgenden Biosynthesewegen ab:
Phenylpropancarbonsäureweg
Acetat-Mevalonatweg
Acetat-Polymalonatweg
Experimente mit Inhibitoren der RNA- und Proteinbiosynthese zeigten, daß sowohl die hypersensitive Antwort als auch die Phytoalexininduktion auf eine de novo-Synthese spezifischer Enzyme zurückgehen muß. So wurde z. B. die Phytoalexinbildung und die spezifische Resistenz der Sojabohne gegenüber *Phytophthora* ssp. durch Actinomycin D und Blasticidin S bei Konzentrationen unterdrückt, die auch zu einer vollständigen Hemmung der RNA- und Proteinsynthese führten. Für die Identifizierung von Genprodukten war die Übernahme verschiedener Methoden aus der Mikrobiologie von großer Bedeutung:
1. Die Auftrennung von Genprodukten mit Hilfe der zweidimensionalen Gelelektrophorese.
2. Die mRNA-Synthese an isolierten Nuclei mit „Run-off Transkriptions-Experimenten".
3. Die Quantifizierung neugebildeter mRNA in RNA-Blot-Hybridisierungs-Versuchen mit Hilfe spezifischer cDNA-Sonden.

In den folgenden Abschnitten soll näher auf die einzelnen Biosynthesewege eingegangen werden.

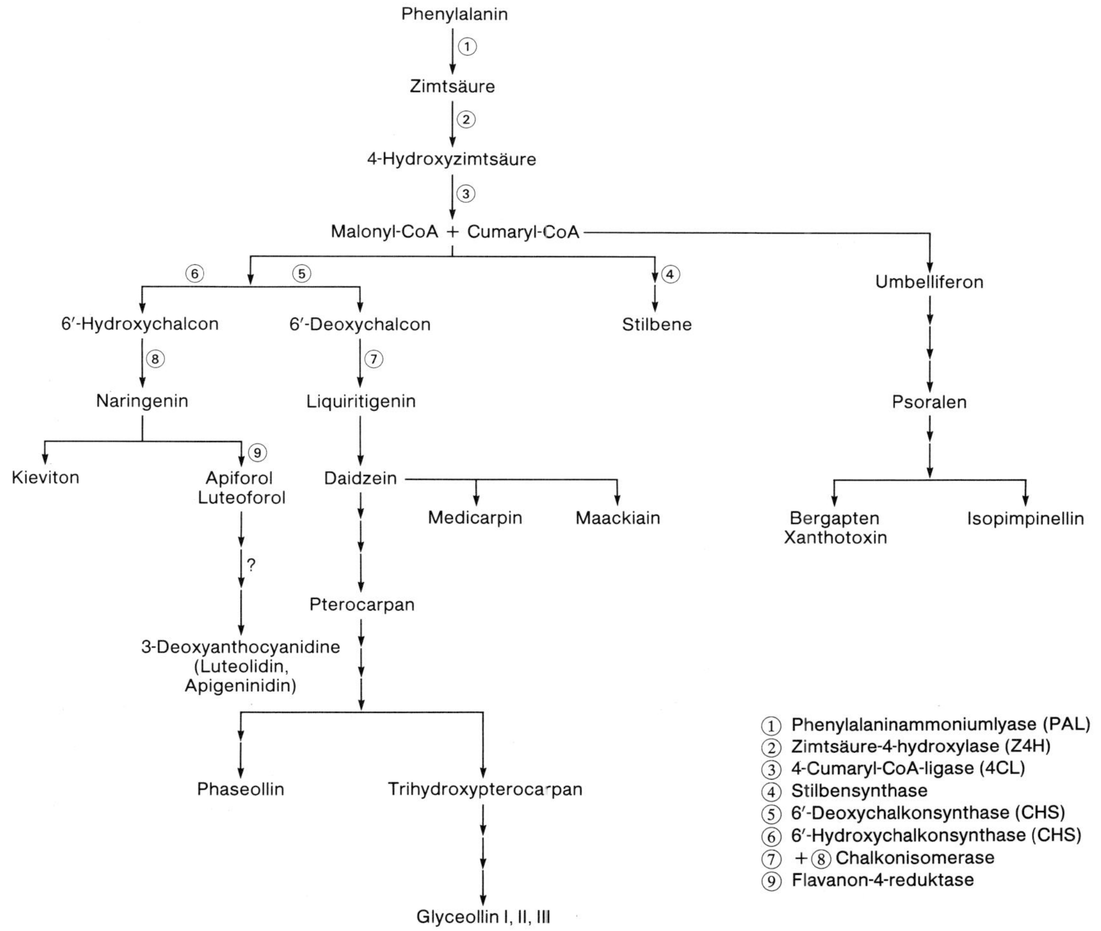

Abb. 35: Überblick über die Biosynthese von Phytoalexinen, die sich vom Phenylpropancarbonsäureweg ableiten.

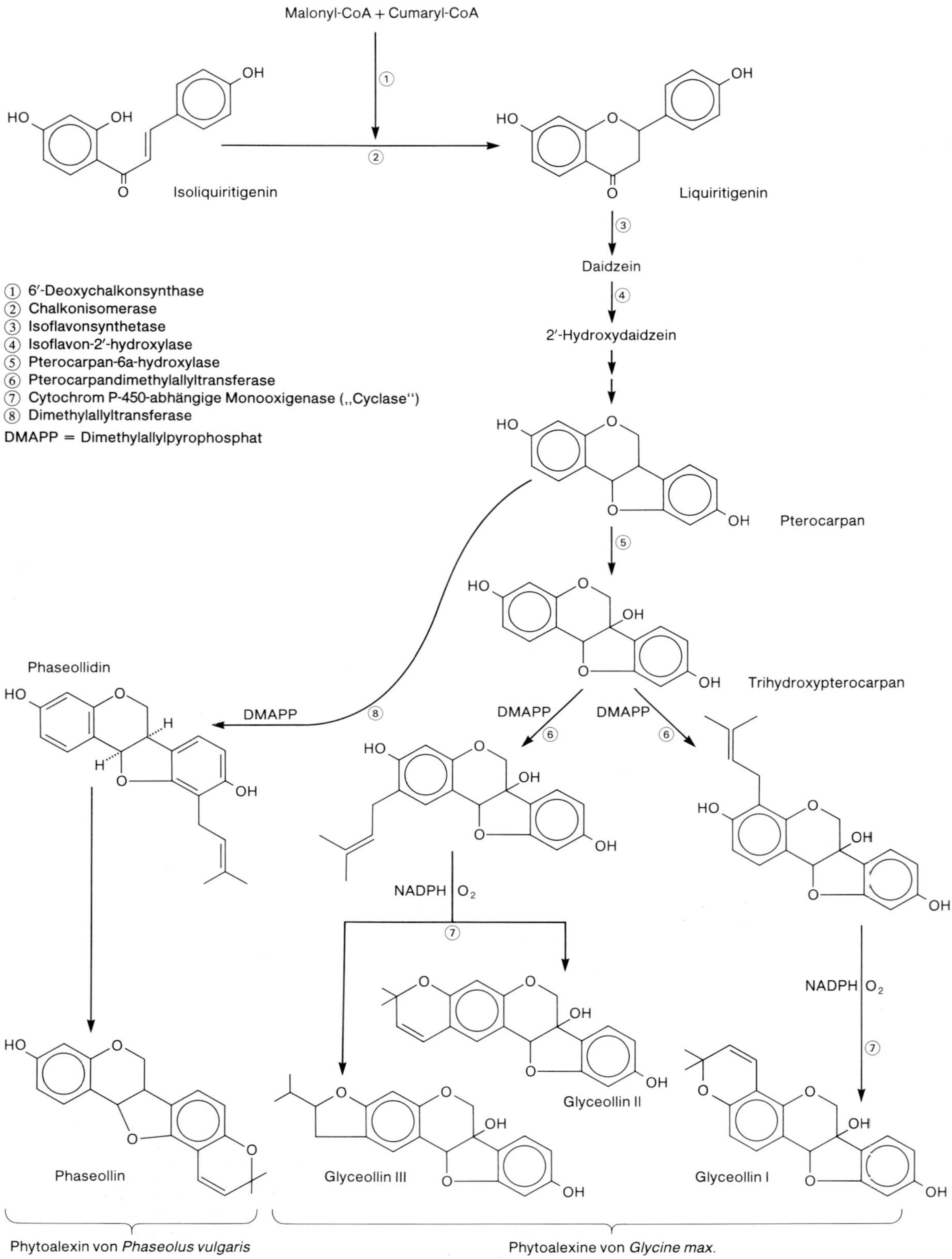

Abb. 36: Die Biosynthese der Phytoalexine der Sojabohne und der Gartenbohne.

Spezifische Induktion des Phenylpropancarbonsäureweges

Isoflavonoid-, Stilben-, 3-Deoxyanthocyanidin- und Furanocumarin-Phytoalexine leiten sich alle vom Phenylpropancarbonsäurestoffwechsel ab (Abb. 35, vgl. Tab. 4)[40].
Schlüsselenzyme dieses Biosyntheseweges, wie die Phenylalaninammoniumlyase (PAL), die Zimtsäure-4-hydroxylase (Z4H), die 4-Cumaryl-CoA-Ligase (4CL), die Chalkonsynthase (CHS) und die Chalkonisomerase (CHI) waren Gegenstand intensiver Untersuchungen.

A) Die spezifische Induktion des Phenylpropancarbonsäureweges bei *Phaseolus vulgaris* und *Glycine max.*

Der Biosyntheseweg der zu den Phytoalexinen der Sojabohne (Glyceollin I, II und III) und zum Phytoalexin Phaseollin der Gartenbohne führt, ist in Abbildung 36 zusammengefaßt.

In vivo- und in vitro-Puls-Markierungsversuche mit ^{35}S-Methionin und anschließende Immunfällung mit spezifischen Anti-PAL-, Anti-CHS- und Anti-4Cl-Seren ergaben, daß die nach Elicitor oder Infektion gesteigerten Enzymaktivitäten bei der Garten- und Sojabohne auf erhöhte Enzymgehalte zurückgingen. RNA-Blot-Hybridisierungsversuche mit spezifischen cDNA-Sonden für PAL, 4CL, CHS und die CHI zeigten weiterhin, daß die vorübergehend gesteigerten RNA-Aktivitäten ihren Ursprung in erhöhten RNA-Gehalten hatten, welche auf gesteigerte Transkriptionsraten zurückzuführen waren (Abb. 36)[41].
Weitere Enzyme des Biosyntheseweges der Glyceolline wurden aus Zellsuspensionskulturen der Sojabohne extrahiert und charakterisiert, wie z. B. die Pterocarpansynthase, die Dihydroxypterocarpan-6a-hydroxylase, die Prenyltransferase und die Cyclasen, welche für die Synthese der drei Glyceollinisomere verantwortlich sind[42–45].

B) Die spezifische Induktion der Furanocumarin-Phytoalexine und der Flavonoide bei Petroselinumarten.

Zellsuspensionskulturen von *Petroselinum hortense* oder von *Ammi majus,* die mit Elicitoren aus *Phytophthora megasperma* f. sp. *glycinea* oder *Alternaria carthami* inkubiert waren, bildeten Furanocumarine wie Psoralen, Bergapten, Isopimpinellin oder Xanthotoxin[46]. Wurden die Zellen dagegen mit UV-Licht bestrahlt, so wurden Flavonoide synthetisiert. Beide Biosynthesewege haben die Umwandlung von Phenylalanin bis hin zum 4-Cumaryl-CoA gemeinsam. Ausgehend von einer Chalkonsynthase werden unterschiedliche Flavonoide gebildet, wogegen nach einer Elicitorbehandlung der Weg über Umbelliferon, dem Demethylsuberosin und Marmesin zum Psoralen führt (Abb. 38).
Die Umlenkung der Biosynthesewege nach Elicitor- oder UV-Behandlung wird auch in der unterschiedlichen Induktion verschiedener Schlüsselenzyme deutlich. So wurde nach einer Elicitorbehandlung nur die PAL und die 4CL induziert, wogegen nach einer UV-Belastung noch zusätzlich die Chalkonsynthaseaktivität anstieg (Abb. 39).
Die Elicitorinduktion weiterer Enzyme, wie der Marmesin- und Psoralensynthase, sowie der Umbelliferondimethylallyldiphosphattransferase wurde für Zellsuspensionskulturen von *Petroselinum hortense* und *Ammi majus* gezeigt[47, 48]. Die Methylierung von Bergaptol, Xanthotoxol und 5-Hydroxyxanthotoxin wird ebenfalls durch spezifisch induzierbare O-Methyltransferasen bewerkstelligt[49]. Kuhn et al.[50] zeigten mit RNA-Blothybridisierungsversuchen, daß die spezifische Induktion der PAL, der 4CL und der CHS in *Petroselinum*zellkulturen nach einer UV-Bestrahlung oder einer Elicitorbehandlung auf die Neusynthese spezifischer mRNAs zurückging, welche ihren Ursprung in erhöhten Transkriptionsraten hatten[51].

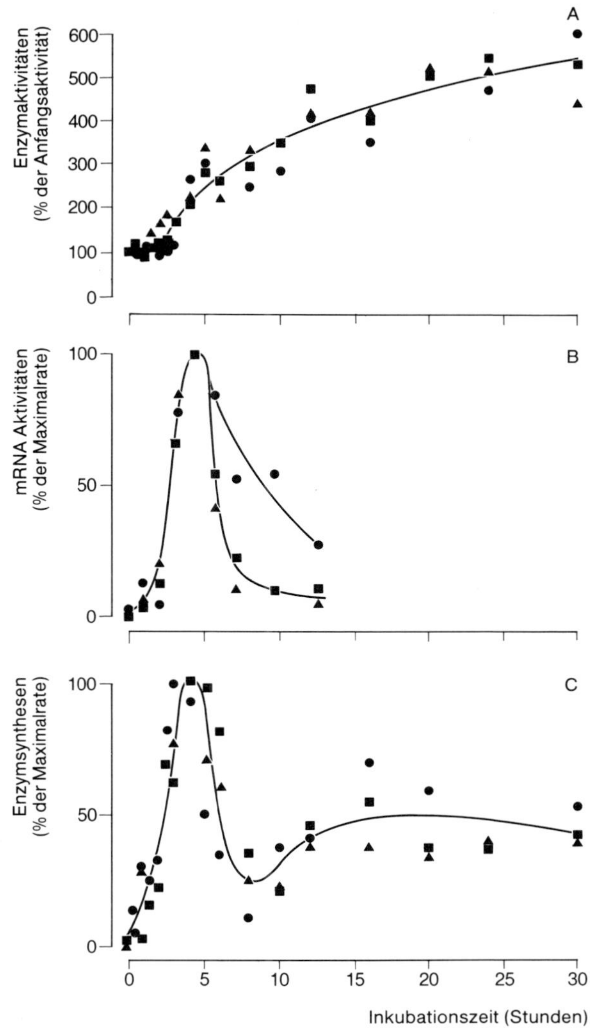

A = Enzymaktivität
B = Enzymsynthese in vivo
C = Translatierbare mRNA der gesamten zellulären RNA

● = Phenylalaninammoniumlyase (PAL)
▲ = Chalkonsynthase (CHS)
● = Chalkonisomerase (CHI)

Abb. 37: Elicitorinduktion der Phenylalaninammoniumlyase (PAL), der Chalkonsynthase (CHS) und der Chalkonisomerase (CHI) in Suspensionskulturen von *Phaseolus vulgaris* (nach Cramer et al.[41]).

Die spezifische Induktion des Terpenstoffwechsels

Die Phytoalexine der *Solanaceae, Euphorbiaceae* und *Gramineae* leiten sich alle vom Terpenstoffwechsel ab. Der Biosyntheseweg, der zu den einzelnen Phytoalexinen führt, ist in Abb. 40 zusammengefaßt.
Der geschwindigkeitsbestimmende Schritt ist die Umsetzung von 3-Hydroxy-3-methylglutaryl-CoA zum Mevalonat. Die 3-Hydroxy-3-methylglutaryl-CoA-Reduktase (HMGR) war Objekt zahlreicher Induktionsversuche. Sie war in Kartoffeln durch das Pathogen *Erwinia carotovora,* durch den Elicitor Arachidonsäure oder durch Verwundung induzierbar. Yang et al.[52] zeigten, daß Verwundung oder ein Pathogenbefall zur Aktivierung unterschiedlicher Isogene der HMGR-Genfami-

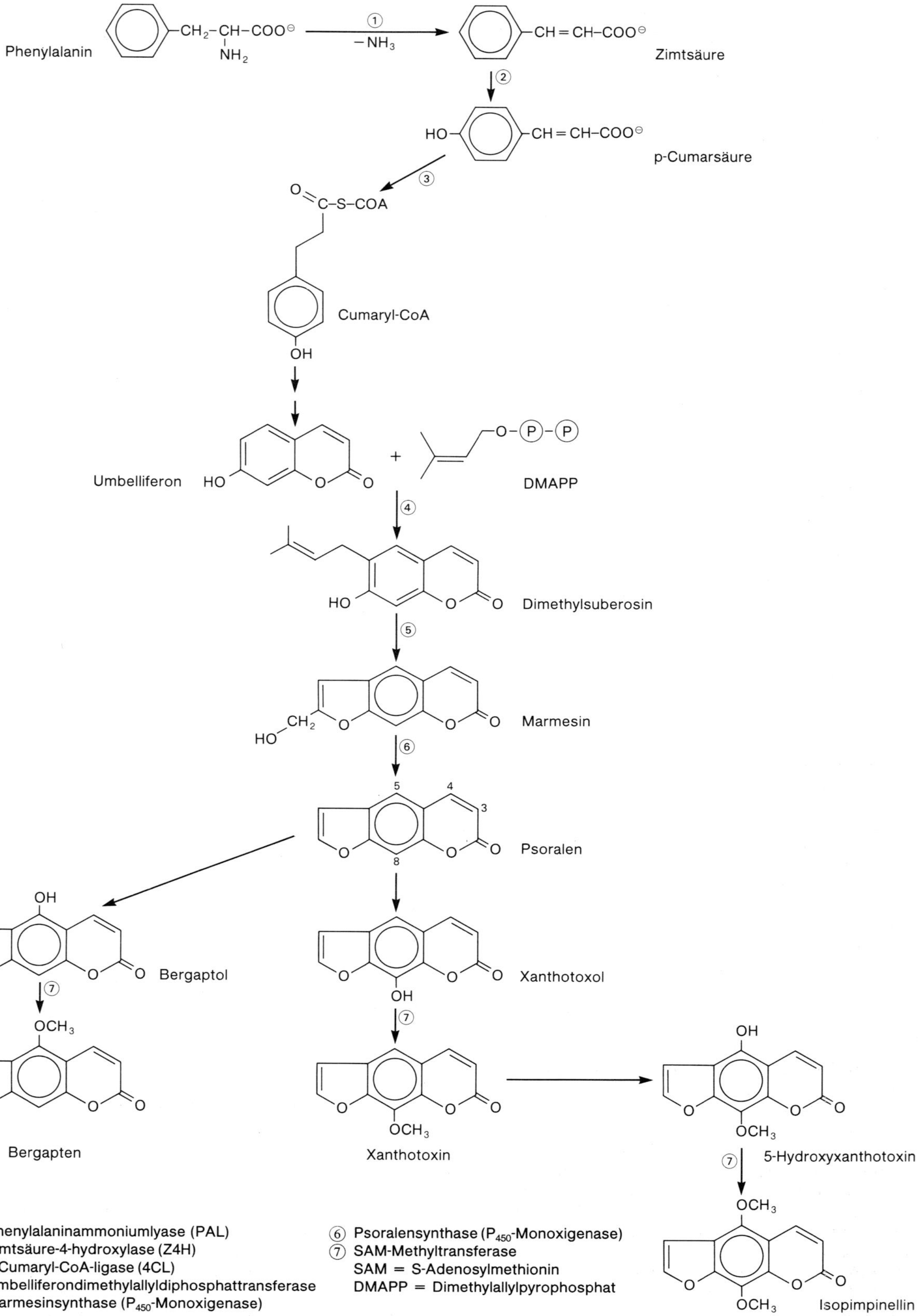

① Phenylalaninammoniumlyase (PAL)
② Zimtsäure-4-hydroxylase (Z4H)
③ 4-Cumaryl-CoA-ligase (4CL)
④ Umbelliferondimethylallyldiphosphattransferase
⑤ Marmesinsynthase (P_{450}-Monoxigenase)
⑥ Psoralensynthase (P_{450}-Monoxigenase)
⑦ SAM-Methyltransferase
SAM = S-Adenosylmethionin
DMAPP = Dimethylallylpyrophosphat

Abb. 38: Die Biosynthese der Furanocumarin-Phytoalexine bei Petroselinumarten.

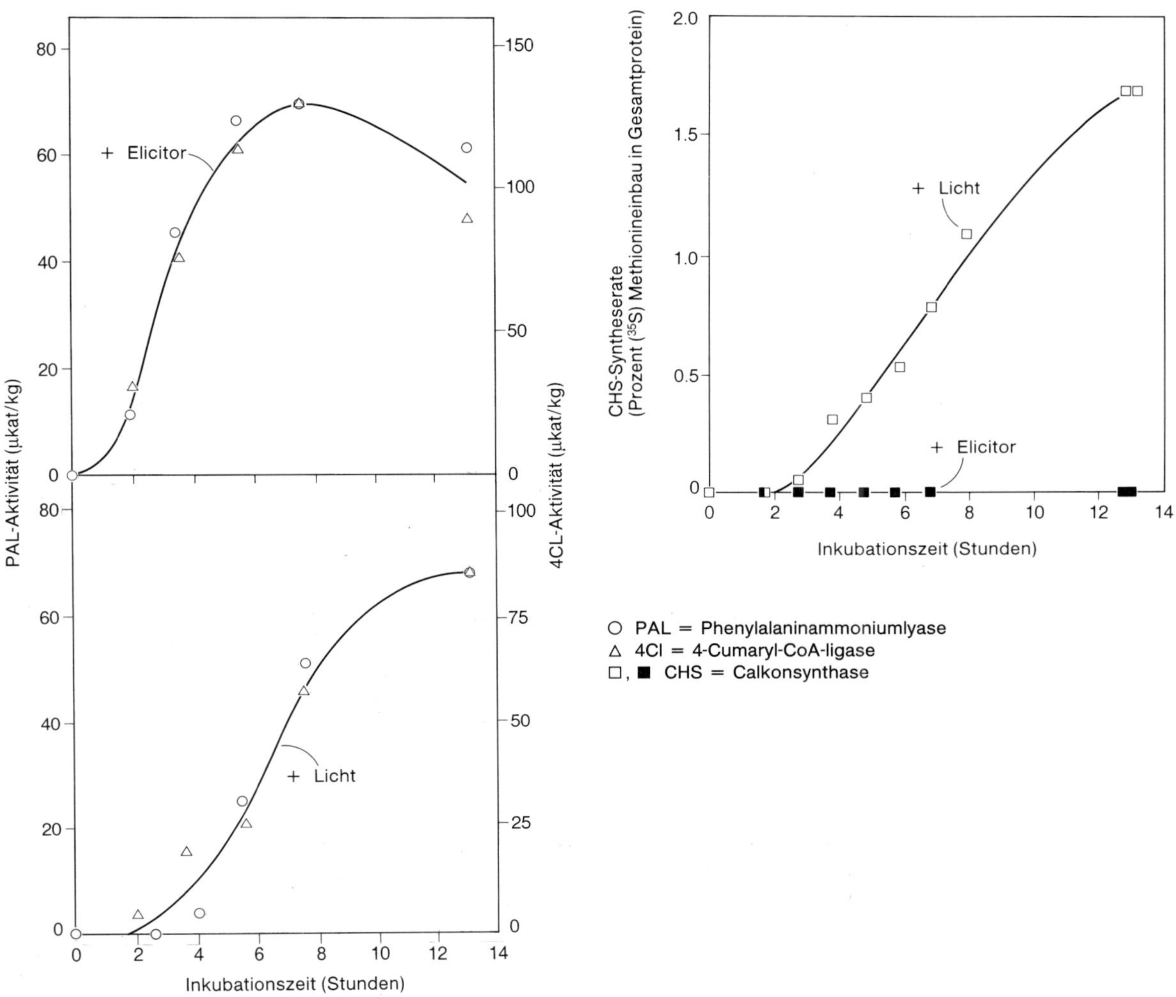

Abb. 39: Die Induktion von Schlüsselenzymen der Flavonoid- und Furanocumarinbiosynthese in Zellsuspensionskulturen von *Petroselinum hortense* nach UV- oder Elicitorbehandlung.

lie führte. Suzuki et al.[53] beobachteten ebenfalls die spezifische Induktion der HMGR in *Ipomea batatas* (Süßkartoffel) parallel zur Akkumulation von Ipomeamaron nach der Infektion mit dem Pathogen *Ceratocystis fimbriata*. Ein wichtiger Verzweigungspunkt des Terpenstoffwechsels ist die Umwandlung von Fernesyl-Pyrophosphat. Untersuchungen von Vögeli und Chappell[54] zeigten für Zellsuspensionskulturen von *Nicotiana tabacum,* die mit dem Elicitor aus *Phytophthora parasitica* behandelt waren, daß es neben der Induktion der HMGR und der Sesquiterpencyclase auch zur Akkumulation von Capsidiol kam. Während der Cyclaseaktivierung war die Squalensynthase dagegen nahezu vollständig inaktiviert (Abb. 41).
Das Phytoalexin Casben leitet sich als Diterpen vom Geranylgeranyl-Pyrophosphat ab. Die Casbensynthase wurde in *Rhicinus communis* durch *Rhizopus stolonifer* oder durch den Elicitor des Pathogens, eine Endopolygalakturonase, spezifisch induziert. Unbehandelte Kontrollpflanzen zeigten dagegen keine Casbensynthaseaktivität[55, 56].

Die Toxizität von Phytoalexinen

Im folgenden Kapitel wird auf die Toxizität von Phytoalexinen gegenüber Pilzen, Bakterien, Pflanzen und Tieren eingegangen. Dabei werden insbesondere cytologische und physiologische Effekte besprochen, da nur wenige biochemische Befunde vorliegen.

Fungitoxizität

Es stehen eine Vielzahl von Biotests zur Verfügung, mit deren Hilfe man den Einfluß eines Phytoalexins auf das Pilzwachstum untersuchen kann, so z. B. auf die Sporenkeimung, auf das Wachstum des Keimschlauches oder auf das Myzelwachstum. In den meisten Fällen handelt es sich hierbei um „*in vitro*“-Versuche, d. h. um Versuche, die nicht innerhalb, sondern außerhalb des Wirtes durchgeführt werden. Deshalb tritt häufig die Frage auf, inwieweit Ergebnisse aus „*in vitro*“-Versuchen auf „*in vivo*“-Verhältnisse übertragbar sind. Ein häufig verwendeter Biotest basiert auf der Dünnschichtchromatographie: Hierzu trägt man ein Aliquot des Phytoalexinextraktes auf eine Dünnschichtplatte auf. Durch ein geeignetes Laufmittel werden die einzelnen Phytoalexinkomponenten voneinander getrennt. Nach Beendigung des Laufs besprüht man die Platte mit Nährlösung und Sporensuspension, z. B. Sporen von *Cladosporium cucumerinum*. Damit die Sporen auf der Plattenoberfläche auskeimen und ein Hyphengeflecht bilden können,

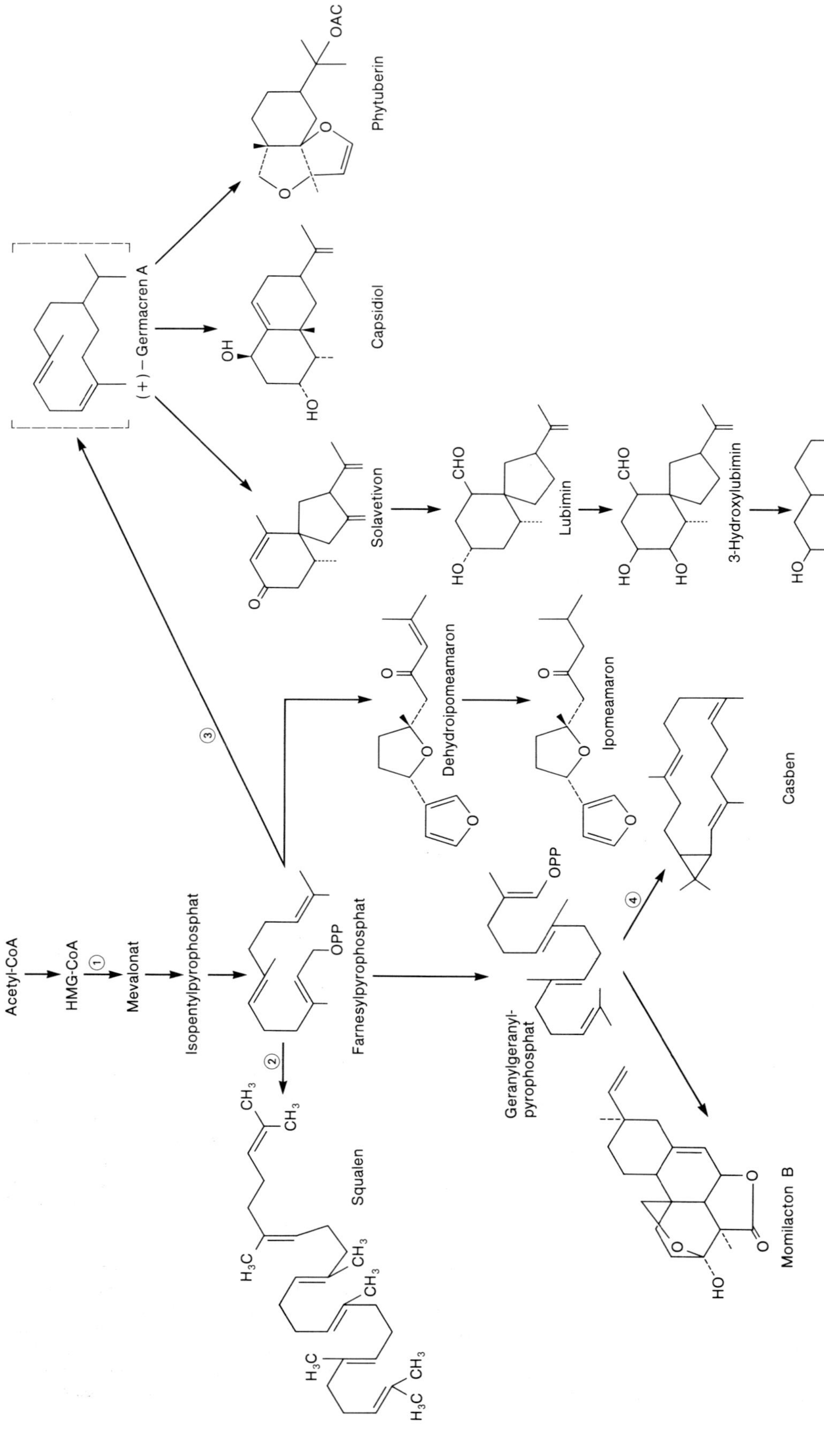

① Hydroxymethylglutaryl-CoA-Reduktase
② Squalensynthetase
③ Sesquiterpencyclase
④ Casbensynthetase
HMG-CoA = Hydroxymethylglutaryl-CoA

Abb. 40: Die Biosynthese von Phytoalexinen, die sich vom Terpenstoffwechsel ableiten.

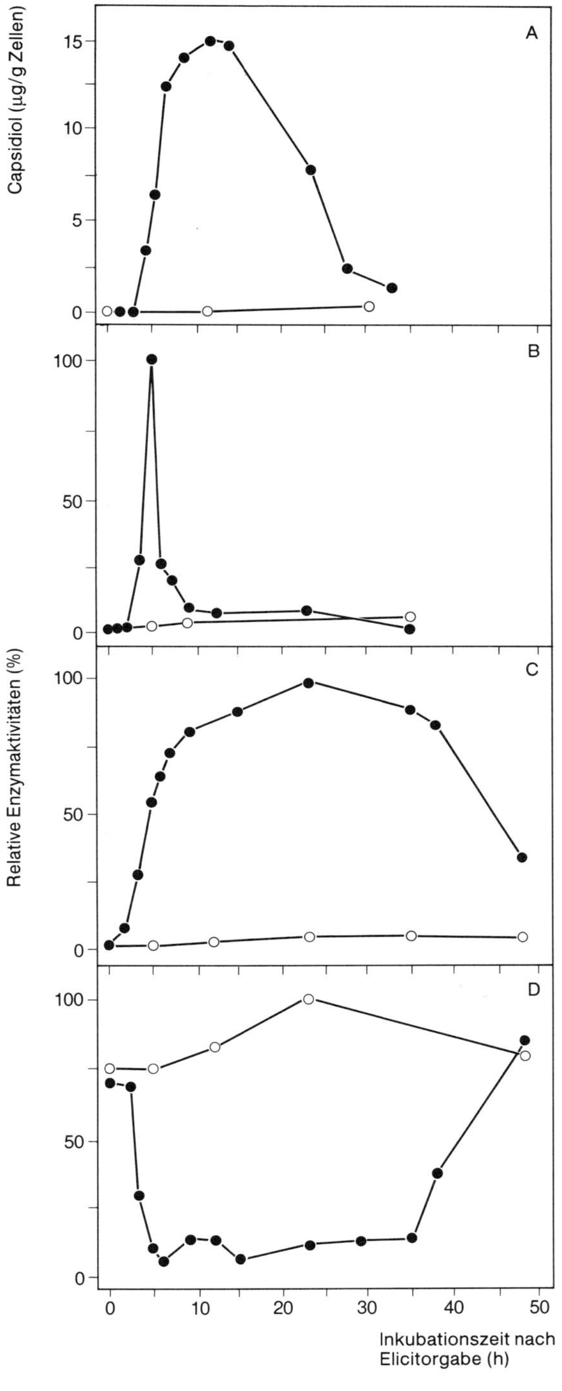

A = Capsidiolakkumulation
B = Aktivität der Hydroxymethylglutaryl-CoA-reduktase
C = Aktivität der Sesquiterpencyclase
D = Aktivität der Squalensynthetase
Offene Symbole bedeuten ohne Elicitor, geschlossene Symbole mit Elicitor.

Abb. 41: Die Akkumulation von Capsidiol und die unterschiedliche Aktivierung der HMGR-, Sesquiterpen- und Squalensynthase in Elicitor-behandelten Zellsuspensionskulturen von *Nicotiana tabacum* (nach Vögeli and Chappell[54]).

inkubiert man die behandelte Dünnschichtplatte im Dunkeln für einige Tage bei 30 °C. Nur dort, wo sich fungizide Phytoalexine auf der Platte befinden, ist das Pilzwachstum gehemmt. Man erhält an diesen Stellen helle Banden im dunkleren „Pilzrasen" (Abb. 42).

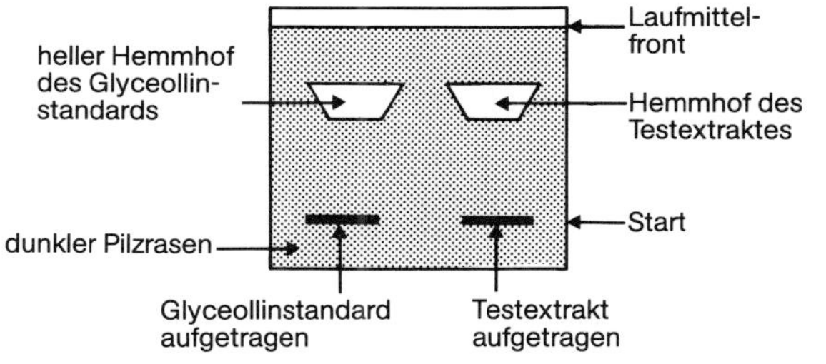

Abb. 42: Ein Phytoalexin-Biotest.

Cytologische Effekte

Das Phytoalexin Kieviton hemmt das radiale Myzelwachstum des Pilzes *Rhizoctonia solani,* dessen Sporen auf eine Agarplatte aufgetragen werden. Zoosporen der *Oomycetales* sind ein geeignetes Untersuchungsobjekt für Isoflavonoid- und Terpenoidphytoalexine.
Behandelt man obige Sporen mit verschiedenen Phytoalexinen, wie z. B. Rishitin oder Phytuberin, so kann man immer die gleiche Abfolge von Reaktionen beobachten: Verlust der Beweglichkeit, Abrunden und Schwellen der Zellen, Auftreten granulärer Bestandteile im Cytoplasma, Aufbrechen der Zellmembran und schließlich Auslaufen von Zellinhaltsstoffen ins Medium.
Ähnliche Phänomene, nämlich das Aussetzen der Cytoplasmaströmung, die Granulierung des Zellsaftes und letztlich das Aufbrechen der Zellmembranen, können auch bei Pilzhyphen beobachtet werden, z. B. bei *Rhizoctonia solani* nach Behandlung mit Kieviton. Apikale Zellen sind dabei besonders empfindlich gegenüber Phytoalexinen.
Möglicherweise ist der Durchtritt der Phytoalexine in das Zellinnere auf Grund der noch schwach ausgebildeten Zellwände im Vergleich zu älteren, voll ausdifferenzierten Zellwänden erleichtert.
In den meisten Fällen führt eine Phytoalexinbehandlung im Konzentrationsbereich zwischen 10^{-5} und 10^{-4} mol/l zum Absterben des Pathogens. Es sind jedoch auch Ausnahmen bekannt:
So sterben Zoosporen von *Pythium middeltonii* nach Inkubation mit Phytuberin nicht ab, sie verlieren nur ihre Beweglichkeit. Etwa 60 Minuten nach Kievitonbehandlung bildet sich bei *Fusarium solani* in einiger Entfernung von der Spitze eine Trennwand aus, die anscheinend die Phytoalexine daran hindert, tiefer ins Mycel einzudringen. Direkt an der Trennstelle verzweigt sich die Hyphe, was deutlich macht, daß die Zellen unterhalb der Trennwand noch am Leben sind.
Eine weitere Möglichkeit der fungiziden Wirkung von Phytoalexinen zu entgehen, stellt ihre Detoxifizierung dar (siehe S. 352: Abbau von Phytoalexinen).

Physiologische Effekte

Aufgrund der oben bereits erwähnten Membranzerstörung ist es weiter nicht verwunderlich, daß man nach der Phytoalexinbehandlung den Ausfluß von Elektrolyten und Metaboliten aus den Pilzzellen als schnelle Reaktion messen kann, z. B. als den Anstieg der elektrischen Leitfähigkeit im Medium (Abb. 43).

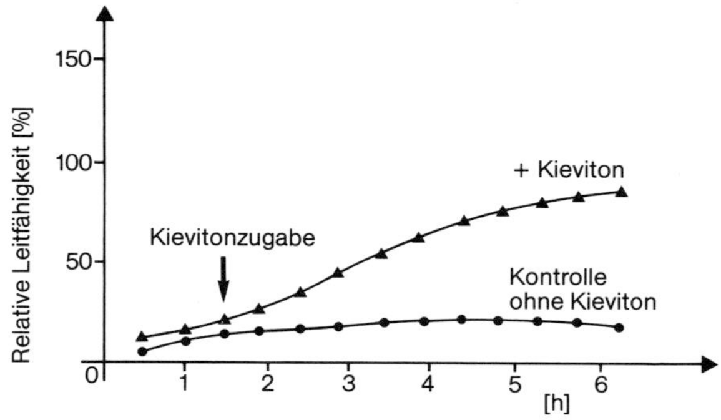

Abb. 43: Einfluß von Kieviton auf das Myzel von *Rhizoctonia solani,* gemessen als relative Leitfähigkeit der Inkubationslösung (nach Smith)[57].

Bei *Rhizoctonia solani* hemmt Phaseollin die Glucoseaufnahme aus dem Medium. Allerdings übt dieses Phytoalexin keinen Einfluß auf die Membran-ATPase aus. Weiterhin ist bekannt, daß Phaseollin bei *Rhizoctonia solani* die Hemmung der Respiration zur Folge hat. Phaseollin selbst beeinflußt jedoch nicht isolierte Mitochondrien, was auf einen indirekten Effekt schließen läßt.
Dagegen zeigen einige Phytoalexine einen direkten Einfluß auf Exoenzyme verschiedener Pathogene:
So hemmt z. B. Kieviton die Enzyme Pectinase und Cellulase, welche aus Zellwänden von *Aspergillus niger* gewonnen werden können. Dadurch wird der Pilz möglicherweise beim tieferen Vordringen in das pflanzliche Gewebe gehemmt.

Die antibakterielle Aktivität

Auch hierzu wurden mehrere Biotests ausgearbeitet, mit deren Hilfe die antibakterielle Wirkung eines Phytoalexins untersucht werden kann. Setzt man z. B. Testscheiben (Filter), die in

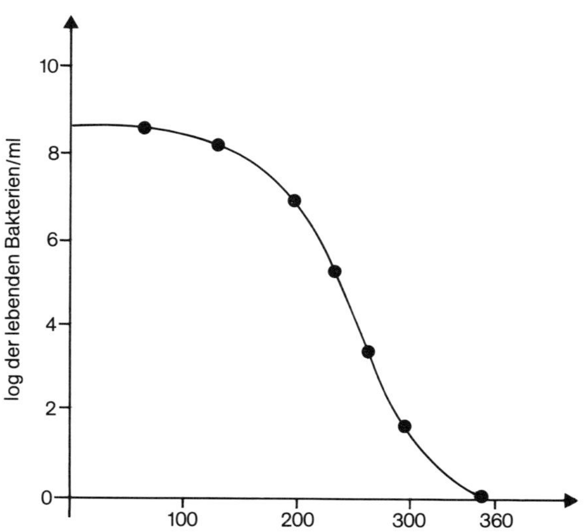

Abb. 44. Der Einfluß von Rishitin auf die Lebensfähigkeit von *Erwinia atroseptica.* Die Bakterienzellen werden für 4 Std. bei 25 °C in einer 0,1 %igen Pepton-Wasserlösung in der entsprechenden Rishitinkonzentration inkubiert (nach Lyon)[58].

Phytoalexinlösung getaucht wurden, auf eine mit Bakterien angeimpfte Agarplatte auf und inkubiert diese bei 30 °C über Nacht, so zeigt der Durchmesser heller Hemmzonen um die runden Testscheiben am nächsten Tag die antimikrobielle Aktivität quantifizierbar an. Verschiedene Biotests lassen keinen Zweifel daran, daß Phytoalexine antibakteriell wirken.

Cytologische Effekte

Rishitin hemmt das Wachstum des Bakteriums *Erwinia atroseptica* je nach der eingesetzten Phytoalexinkonzentration verschieden stark (Abb. 44).
Ein interessanter Befund ist die differentielle Wirksamkeit von Phytoalexinen innerhalb der großen Bakteriengruppen:
Phytoalexine, die sich von Isoflavonoiden, Flavonoiden und Furanoacetylenen ableiten, sind nur gegenüber Gram-positiven Bakterien toxisch, Gram-negative zeigen dagegen keine Reaktion.

Physiologische Effekte

Rishitin hemmt die Sauerstoffaufnahme bei *Erwinia carotovora* var. atroseptica; darüber hinaus beobachtet man nach Phytoalexinbehandlung den Ausfluß von Elektrolyten und Metaboliten aus den Zellen ins Medium. Beide Effekte lassen sich auf die Störung der Plasmalemmafunktionen zurückführen.

Die Phytotoxizität

Neben ihrer antimikrobiellen Wirkung (antibakteriell und fungizid) zeigen viele Phytoalexingruppen wie Furanoacetylene, Isoflanonoide und Terpenoide auch phytotoxische Eigenschaften.

Cytologische Effekte

Rishitin führt zur Dunkelfärbung und zum Zelltod von Kartoffelscheiben und lysiert auch Kartoffel- und Tomatenprotoplasten.
Pisatin hemmt das Wachstum von Erbsenkallusgewebe und verzögert die Ausbildung von Primärwurzeln bei Weizen.

Physiologische Effekte

Nach der Behandlung von „Rote Beete"-Scheiben mit Kieviton oder Phaseollin kann man den Ausfluß des roten Farbstoffes Betacyanin aus den Zellen beobachten. Da Betacyanine in der Vakuole gespeichert werden, liegt die Ursache hierfür in der Zerstörung der Tonoplasten.
Glyceollin hat einen hemmenden Effekt auf Sojabohnen-Mitochondrien. Es fungiert dabei nicht als Entkoppler, sondern hemmt den Elektronentransport hinter der Succinatdehydrogenase.
Untersuchungen von Giannini et al.[59] ergaben weiterhin, daß Glyceollin den ATP-abhängigen H^+-Transport am Plasmalemma und an Tonoplastvesikeln hemmte. Konzentrationen zwischen 25 und 100 µmol/l waren für eine 90 %ige Hemmung ausreichend.

Die Toxizität gegenüber tierischen Zellen

Da Phytoalexine unter anderem auch nach Angriff von tierischen Pathogenen (z. B. Nematoden) synthetisiert werden, sind toxische Effekte für Tiere und den Menschen nicht auszuschließen, so z. B. nach dem Verzehr von Früchten, die Phytoalexine als Abwehrstoffe enthalten.
Verschiedene Phytoalexine wie Kieviton, Glyceollin, Pisatin oder Phaseollin können rote Blutkörperchen lysieren. Weiter-

hin sind Ipomeamaron und Pisatin in der Lage, die Atmung isolierter Rattenlebermitochondrien zu hemmen. Hierbei wirkt Ipomeamaron als Hemmstoff des Elektronentransportes und der oxidativen Phosphorylierung, wogegen Pisatin als Entkoppler fungiert.
Außerdem kommt es durch Ipomearonabkömmlinge wie 4-Ipomeanol oder 1-Ipomeanol zu Lungenödemen, Blutstau und letztlich auch zum Tod bei Mäusen. Leber- und Nierenschäden sind ebenfalls zu beobachten. Gossypol, das Phytoalexin der Baumwollpflanzen, führt wahrscheinlich durch Blokkierung der Samenbildung zur Infertilität von Männern.

Die Wirkungsweise von Phytoalexinen

Die genaue Wirkungsweise von Phytoalexinen ist bis heute noch weitgehend unklar. Es handelt sich mit Sicherheit nicht um ein spezifisches toxisches Reaktionsprinzip. Phytoalexine zeichnen sich im Gegenteil durch die Mannigfaltigkeit ihrer Reaktionsmöglichkeiten aus. Das in vielen Fällen wirksam werdende toxische Prinzip ist die Interaktion mit Membranen, vor allem dem Plasmalemma, was die Störung seiner Funktion zur Folge hat. Der häufig zu beobachtende Elektrolyt- oder Metabolitausfluß aus Zellen, das Anschwellen und Platzen von Hyphen geht vermutlich auf diesen Effekt zurück. Die lipophile Natur der Phytoalexine unterstützt diese Hypothese; denn nur lipophilen Verbindungen ist es möglich, mit lipophilen Membranenkomponenten in Kontakt zu treten und deren Eigenschaften zu verändern. Die Tatsache, daß bei vielen Detoxifizierungsreaktionen die hydrophilen Eigenschaften von Phytoalexinen erhöht werden (Einführung von OH-Gruppen: siehe Kapitel: „Detoxifizierung"), spricht für die Bedeutung der Lipophilie im Rahmen der Toxizität von Phytoalexinen (S. 352 f.).

Die Rolle von Phytoalexinen bei der Resistenzausbildung

Phytoalexine sind im allgemeinen in lebenden Pflanzen nicht konstitutiv vorkommende Metaboliten („induktive Abwehrtoxine"). Sie werden in lebenden Zellen synthetisiert, nachdem die Wirtszelle mit Mikroorganismen, seien es Bakterien oder Pilze, in Kontakt gekommen ist.
Sie werden im Verlauf von hypersensitiven Reaktionen in weit höherem Ausmaß gebildet als bei einer kompatiblen Wirt-Parasit-Beziehung. Phytoalexine bedingen also zusammen mit der bereits besprochenen Strukturresistenz und „konstitutiven Abwehrtoxinen" sowie zusätzlichen, induzierbaren spezifischen Abwehrmechanismen (Lignin, Suberin und deren Vorstufen) die Resistenz einer Pflanze gegenüber bestimmten Pathogenen.
Charakteristisch für eine hypersensitive Reaktion ist das Auftreten lokal begrenzter Nekrosen, deren Bildung in der Regel durch die Invagination von Wirtszellen durch Pilzhyphen über eine Dekompartimentierung der Zelle und die dadurch hervorgerufene Melanin- und Tanninbildung ausgelöst wird (siehe Kapitel „Melanin- und Tanninbildung").
Der Übergang von inkompatiblen zu kompatiblen Interaktionen zwischen Pathogenen und Wirten verläuft fließend. Man kennt „frühe" hypersensitive Reaktionen. Sie zeichnen sich durch mikroskopisch kleine, lokal eng begrenzte Nekrosen aus, die nur punktförmig auftreten. Das Pilzwachstum kommt hier in einem sehr frühen Stadium zum Erliegen.
Daneben werden auch spāthypersensitive Reaktionen beschrieben. Hier treten größere, oft kreisförmige nekrotisierte Blattabschnitte auf. Der Pilz wird erst in einer relativ späten Wachstumsphase abgetötet. Sowohl bei der frühen als auch der späten hypersensitiven Reaktion kann der Wirt den Befall durch einen pathogenen Organismus erfolgreich abwehren und somit überleben.

Im folgenden Abschnitt sollen Hinweise für die Beteiligung von Phytoalexinen bei der Hemmung des Pilzwachstums während verschiedener Stadien der Infektion erbracht werden.

1. Die Hemmung des Pilzwachstums während der Penetration in die Pflanzenzelle

Eine Resistenz von Pflanzen gegenüber Pilzen drückt sich oft durch das Fehlschlagen des Penetrationsversuches der Keimhyphe in die oder durch die pflanzliche Zellwand aus. In diesen Fällen beobachtet man häufig die Bildung von papillenförmigen Gebilden um die „anvisierte" Eindringstelle herum. Der Hauptbestandteil solcher Papillen ist Lignin. Daneben findet man z. B. bei Gerstenblättern, die gegenüber *Erysiphe graminis* f. sp. hordei resistent sind, in diesen Papillen zusätzlich noch ein fungitoxisches Flavonoid, das man als Phytoalexin ansehen kann.
Hier stellen also die induzierten papillenförmigen Gebilde sowohl eine physikalische als auch eine chemische Barriere dar.

2. Die Hemmung des Pilzwachstums nach erfolgter Penetration

Die Hemmung des Pilzwachstums kann nach der Penetration in verschiedenen Entwicklungsphasen erfolgen.
a) Schon innerhalb der teilweise lysierten Epidermiszellwand.
b) Intrazellulär in Epidermiszellen oder Mesophyllzellen (Hemmung der Haustorienentwicklung von Rostpilzen).
c) In interzellulären Räumen (*Cladosporium fulvum* in resistenten Tomatenblättern).
d) Im Xylem (*Verticillium* und *Fusarium* spp. in resistenten Pflanzen).

Bei der inkompatiblen Reaktion zwischen *Colletotrichum lindemuthianum* und *Phaseolus vulgaris* (Wirt) kann man folgende Sequenz der Ereignisse verfolgen:
Die primär befallenen Zellen und einige benachbarte Zellen sterben bald nach der Infektion ab und färben sich braun. Nach dem Zelltod und nach der Nekrotisierung des Gewebes erfolgt eine rasche Phaseollinakkumulation. Phaseollin und andere Isoflavonoidphytoalexine werden dabei in Zellen synthetisiert, die den bereits nekrotisierten Zellen benachbart sind. Durch die Phytoalexine wird das Wachstum des Pilzes auf die anfänglich befallenen Zellen beschränkt.
Der genaue zeitliche Verlauf der entscheidenden Reaktionen wird im folgenden Beispiel deutlich: Hypokotyle von *Phaseolus vulgaris* werden mit der kompatiblen Rasse von *C. lindemuthianum* inokuliert und drei Tage lang bei 16 °C inkubiert. Danach erhöht man die Temperatur auf 25 °C, was die kompatible Rasse zu einer inkompatiblen macht, d. h. eine hypersensitive Reaktion einleitet. Dieses Phänomen wird auch als induzierte Resistenz (Temperaturresistenz) bezeichnet. Der Vorteil dieser Methode liegt darin, daß unter diesen Bedingungen (Temperaturerhöhung, verträgliche Rasse) ein stärkeres Pilzwachstum auftritt, was im Vergleich zur normalen inkompatiblen Wirt-Parasit-Beziehung genauere Messungen ermöglicht.
Die Ergebnisse sind in der Abb. 45 zusammengefaßt. Auch hier tritt Zelltod und Nekrosenbildung (Pfeil) einige Stunden vor der Phytoalexinbildung ein, die Hemmung des Pilzwachstums kann jedoch erst kurz nach dem Beginn der Phytoalexinakkumulation beobachtet werden. Aus diesem zeitlichen Ablauf, der den meisten hypersensitiven Reaktionen gemeinsam ist, und vor allem auf Grund der Tatsache, daß die Hemmung des Pilzwachstums kurz nach der Phytoalexinakkumulation erfolgt, läßt sich eine Beteiligung der Phytoalexine beim Abtöten der eingedrungenen Pathogene ableiten.

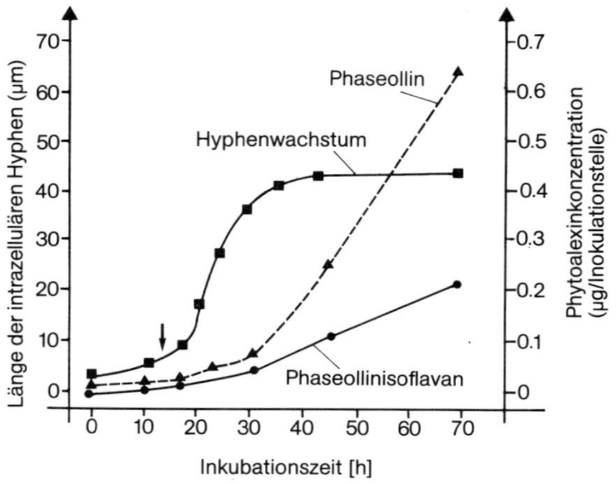

Abb. 45: Korrelation von Phytoalexinakkumulation und Wachstum der Hyphen von *Colletotrichum lindemuthianum* nach Inokulation von Hypokotylen von *Phaseolus vulgaris*. Nach 72h wird die Temperatur von 16° auf 25 °C erhöht, um die kompatible Reaktion in eine hypersensitive Reaktion umzuwandeln. Der Pfeil zeigt das zelluläre Auftreten der ersten Nekrosen an (nach Bailey)[60].

Nachfolgendes Beispiel zeigt die Beteiligung der Proteinbiosynthese an der Einleitung der hypersensitiven Reaktion (Abb. 46). Hypokotyle der Sojabohne Harosoy (anfällig) und Harosoy 63 (resistent) werden mit der Rasse 1 von *Phytophthora megasperma* inokuliert. Gleichzeitig behandelt man weitere Hypokotyle von Harosoy 63 vor der Pilzinokulation mit dem Proteinsyntheseinhibitor Blasticidin S. Aus Abb. 46 wird deutlich, daß die resistente Rasse Harosoy 63 durch Blasticidin S-Behandlung zu einer anfälligen Rasse wird. Der Grund besteht vermutlich in der Hemmung der Biosynthese von Enzymen, die für die Phytoalexinbildung verantwortlich sind.

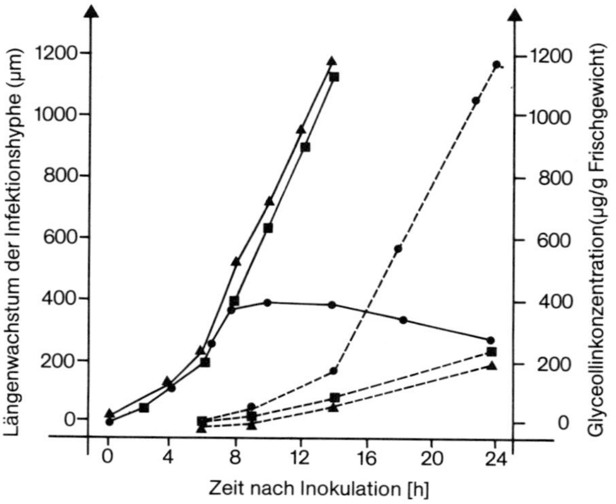

Abb. 46: Verhältnis zwischen dem Pilzwachstum (durchgezogene Linien) und der Glyceollinkonzentration (gestrichelte Linien) in Hypokotylen der Sojabohne Harosoy (▲) und Harosoy 63 mit Blasticidin S (0,5 µg/ml) behandelt (■) bzw. nicht behandelt (●). Die Hypokotyle wurden mit *Phytophthora megasperma* var. sojae inokuliert. Nach Yoshikawa[61].

Das „Cross-Protection"-Phänomen

Man kennt viele Pflanzen, die nach Vorbehandlung mit einer unverträglichen Pilzrasse Resistenz gegenüber normalerweise verträglichen Rassen entwickeln. Diese Erscheinung bezeichnet man als „Cross-Protection".
Gut untersucht ist dieses Phänomen bei *Phaseolus vulgaris*, vorinokuliert mit der Rasse *Colletotrichum lindemuthianum*. Man unterscheidet zwei Typen von „Cross-protection" gegenüber anfälligen Rassen:
1. Lokaler Schutz, wenn die zweite Inokulation an der gleichen Stelle erfolgt wie die erste und
2. systemischer Schutz, wenn die Stelle der ersten und zweiten Inokulation voneinander unabhängig sind.

Im lokal geschützten Gewebe ist die neugewonnene Resistenz gegenüber der kompatiblen Rasse durch das typische Auftreten von Nekrosen gekennzeichnet. Ein Auftreten von Phytoalexinen beobachtet man nach der ersten Inokulation nur bei der lokalen, jedoch nicht bei der systemischen Schutzreaktion. Phytoalexine treten bei letzterer erst nach der Nekrosenbildung auf, ausgelöst durch die nachfolgende Inokulation mit der kompatiblen Rasse.
In beiden Fällen ist die Entwicklungshemmung der kompatiblen Rasse (sicherlich neben anderen Faktoren) auf das Vorhandensein von Phytoalexinen zurückzuführen. Wie es jedoch bei der systemischen Schutzprädisposition zur Induktion der Hemmstoffe nach der Zweitinfektion kommt, ist noch ungeklärt. Möglicherweise wird durch die Inokulation mit der inkompatiblen Rasse ein noch unbekannter Faktor freigesetzt, der in weiter entfernte Gewebe transportiert wird und dort die Zellen für die Induktion von Phytoalexinen sensibilisiert.

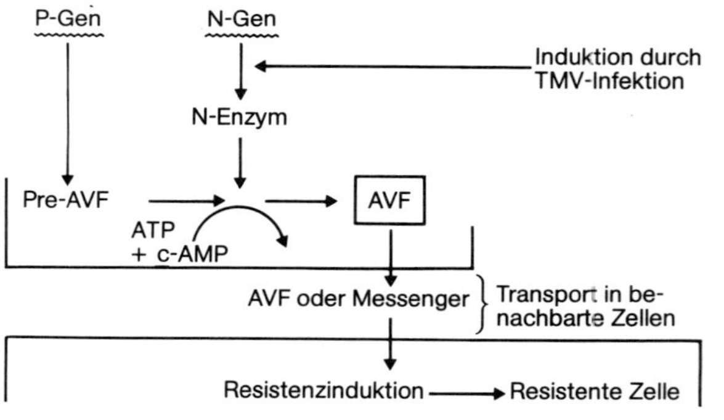

Abb. 47: Hypothese über die Induktion eines antiviralen Faktors (nach Sela[62]).

Ein ähnliches Phänomen beobachtet man auch bei Tabakpflanzen nach Infektion mit dem Tabakmosaikvirus (TMV). Nur bei der Rasse *Nicotiana glutinosa*, die das dominante N-Gen trägt, kommt es anfänglich nach Infektion zu einer raschen Virusvermehrung. Nach einiger Zeit wird jedoch die Virusmultiplikation gestoppt, und nicht-infiziertes Gewebe zeigt sich resistent gegenüber einer erneuten Infektion; hier wird also ebenfalls eine systemische Resistenz induziert.
Dagegen erleidet *N. glutinosa* mit dem rezessiven n-Gen eine systemische Infektion. Bei *N. glutinosa*-Rassen, die das N-Gen besitzen, findet man nach Infektionen einen sog. antiviralen-Faktor (AVF). Es handelt sich um ein phosphoryliertes Glycoprotein, dessen Induktion in Abb. 47 beschrieben wird.
Die inaktive Vorstufe (pre-AVF) soll möglicherweise durch das induzierbare N-Enzym mittels cyclischem AMP (cAMP), das ebenfalls nach Infektion im infizierten Gewebe gefunden werden kann, zur aktiven phosphorylierten Form überführen.

Dieser antivirale-Faktor (oder ein durch ihn gebildeter „messenger“) gelangt wahrscheinlich in benachbarte Zellen, wo ein Abwehrmechanismus, vergleichbar mit dem Interferon-System in Tieren, eingeleitet wird, wodurch noch nicht infizierte Zellen gegenüber einer erneuten Virusinfektion resistent werden.
Ausgelöst wird diese AVF-Bildung durch die TMV-Infektion. Tabakpflanzen, welche das rezessive n-Gen besitzen, können kein N-Enzym aktivieren, deshalb auch kein AVF bilden und werden somit durch TMV-Infektion systemisch befallen.

Die Induktion und Akkumulation von Phytoalexinen

Phytoalexine sind antimikrobiell wirkende Substanzen, welche von resistenten Wirtspflanzen nach Befall durch Viren, Bakterien oder Pilzen synthetisiert werden.
Infiziert man Wirtspflanzen gleicher Art mit verschiedenen Pilzpathogenen, so erhält man ähnliche Phytoalexine, wie zum Beispiel Phaseollin, Phaseollidin oder Phaseollinisoflavan nach Infektion von *Phaseolus vulgaris* mit *Botrytis cinerea, Fusarium solani* oder *Colletotrichum lindemuthianum.* Die Inokulation verschiedener Wirte durch den gleichen Pilz führt zu verschiedenen Phytoalexinen. Beim Befall von Süßkartoffeln durch *Botrytis cinerea* findet man das Terpen Capsidol, bei *Phaseolus vulgaris* dagegen verschieden Isoflavonoide.
Phytoalexine sind in vollständig abgetötetem Gewebe nicht auffindbar. Gebildet werden sie jedoch, nachdem tote mit lebenden Zellen in Kontakt gekommen sind. Auch sind sie nicht während der biotrophen Wachstumsphase von Pilzen nachweisbar, sondern erst, nachdem letztere in die nekrotrophe Phase übergegangen sind. Weiterhin konnte gezeigt werden, daß Phytoalexine in befallenen, pigmentierten Zellen akkumulieren, jedoch in eng benachbarten lebenden Zellen synthetisiert werden. Im allgemeinen kommt es erst nach der Nekrotisierung von befallenen Zellen, also nach dem Absterben, zur Phytoalexinakkumulation und somit zur Hemmung des Pilzwachstums.
Die Phytoalexinbildung wird durch Elicitoren ausgelöst. Unter biotischen Elicitoren versteht man Glucane, Proteine und Glycoproteine, die in der Zellwand des Pathogens vorliegen.

Biotische Elicitoren

Sie können aus Kulturfiltraten, Zoosporen oder Mycelwänden von Pathogenen, aber auch Nichtpathogenen, gewonnen werden.
In Tab. 8 sind einige Elicitoren aufgeführt und näher beschrieben:
Die Elicitoren 1 bis 5 sind Polysaccharide (Glucane) mit spezifischer Verknüpfung der einzelnen Glucosebausteine.

Tab. 8: Biotische Elicitoren.

	Pathogen	induzierte Phytoalexine	Chemische Natur und Zusammensetzung des Elicitors
1	*Phytophthora megasperma* f. sp. *glycinea*	Glyceollin in *Glycine max* Rishitin in *Solanum tuberosum*	β-1,6-Fünferkette mit β-1,3-Seitenverknüpfungen an Zuckern 2 und 4
2	*Colletotrichum*arten	Phaseollin und andere Phytoalexine in *Phaseolus vulgaris*	β-1,3-Glucan mit β-1,4-Seitenverzweigungen
3	*Saccharomyces cerevisiae*	Glyceollin in *Glycine max*	β-1,3-Glucan mit β-1,6-Verzweigungen
4	*Uromyces phaseoli*	Phaseollin in *Phaseolus vulgaris*	Glucan
5	*Fusarium solani* sp. pisi *Fusarium solani* sp. phaseoli	Pisatin in *Pisum sativum*	Chitosan: β-1,4-Glucosaminpolymer

	Pathogen	induzierte Phytoalexine	Chemische Natur und Zusammensetzung des Elicitors	Eigenschaften
6	*Monilia fructicola* (Mycelextrakt)	Phaseollin in *Phaseolus vulgaris*	Polypeptid (MG 8 000)	Teilweise instabil 50 % Aktivitätsverlust nach Autoklavieren
7	*Fusarium solani* (Kulturfiltrat)	Pisatin in *Pisum sativum*	Protein	Teilweise instabil 65 % Aktivitätsverlust nach Autoklavieren
8	*Cladosporium fulvum* (Kulturfiltrat, Mycelextrakt, Zellwandextrakt)	Rishitin in Tomaten	Glycoprotein	Noch aktiv nach Erhitzen bei 100 °C für 10 min
9	*Botrytis cinerea* (Kulturfiltrat)	Phaseollin in *Phaseolus vulgaris*	Glycoprotein	Nach Autoklavieren immer noch aktiv
10	*Phytophthora megasperma* var. sojae	Glyceollin in *Glycine max*	Glycoprotein	Noch aktiv nach Erhitzen bei 100 °C
11	*Nectria galligena*	Benzoesäure bei Äpfeln	Protein-Enzym	Nach Erhitzen inaktiviert
12	*Rhizopus stolonifer* (Kulturfiltrat)	Casben in *Ricinus communis*	Glycoproteinenzym	Inaktiviert nach 15 min bei 60°
13	*Phytophthora infestans*	Rishitin und Lubimin in *Solanum tuberosum*	Cis–5,8,11,15-Eicosatetraensäure (Arachidonsäure)	

Bei Nummer 6 und 7 handelt es sich um Proteine, bei Nummer 8 bis 10 um Glycoproteine. Bei letzteren ist wahrscheinlich der Zuckeranteil für die Aktivität verantwortlich, bei Nummer 11 und 12 die enzymatische Aktivität des Proteinanteils.
Die am besten untersuchte Elicitorkomponente stammt aus der Pilzzellwand von *Phytophthora megasperma* f. sp. *glycinea*. Sie wurde durch saure Hydrolyse aus dem Pilzmycel gewonnen. Die kleinste elicitoraktive Komponente ist ein Heptaglucan (Abb. 48)[63].

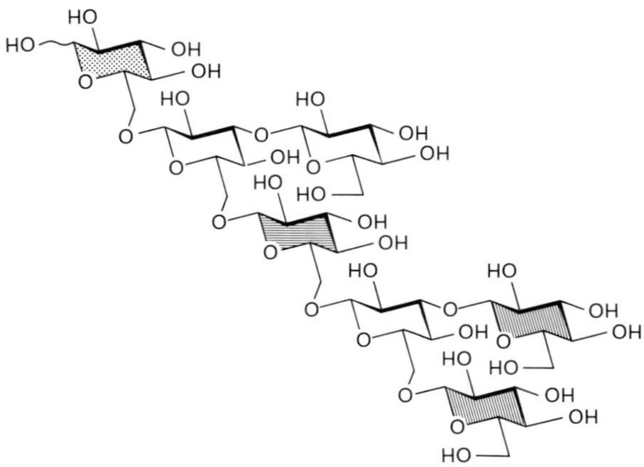

Abb. 48: Die elicitoraktive Struktur bei *Phytophthora megasperma* f. sp. *glycinea* (nach Cheong et al.[64]).

Die elicitoraktive Komponente ist eine aus β-Glucosemolekülen zusammengesetzte 1,6-Fünferkette mit 1,3-Seitenverzweigungen an Molekül zwei und vier. Strukturaktivitätsuntersuchungen ergaben, daß die beiden endständigen Glucosylreste essentiell für die maximale Elicitoraktivität waren[64].
Weiterhin darf die an Position drei der Fünferkette vorhandene β-Glucose nicht verzweigt sein. Dagegen hatten Modifikationen am β-Glucosering in Position fünf keinen Einfluß auf die Elicitoraktivität. Nach Untersuchungen von Yoshikawa et al.[65,66] sollen extrazelluläre β-1,3-Glucanasen bei der Freisetzung von Glucanelicitoren aus der Pilzzellwand mitbeteiligt sein (vgl. auch Abb. 24).
Die gut wasserlöslichen Glucane sollen nach dem Durchtritt durch die Zellwand an Rezeptormoleküle am Plasmalemma binden. Die notwendigen Bindestudien wurden mit radioaktiv markierten Elicitoren durchgeführt (Abb. 49).
Mit Hilfe des radioaktiv markierten Glucans wurden spezifische Bindestellen für den Elicitor an mikrosomalen Membranfraktionen von Sojabohnen gefunden[67, 68]. Die Bindestelle wurde durch Proteolyse oder eine Hitzebehandlung inaktiviert, was darauf hindeutet, daß es sich bei den Rezeptoren um Proteine oder Glycoproteine handelte.

Die Signalweiterleitung in der Wirtszelle

Die Bindung der Elicitoren an spezifische Membrankomponenten wird als Voraussetzung für die Induktion der Abwehrreaktionen angesehen. Sowohl die Struktur der Signalkette als auch die Natur der einzelnen Komponenten, die für die spezifische Genaktivierung verantwortlich gemacht werden, ist noch weitgehend unbekannt. In Abb. 50 sind einige der möglichen Signalkomponenten zusammengefaßt.

Membrandepolarisation und Calciumionen

Zahlreiche Arbeiten zeigten, daß Elicitoren das Plasmalemmamembranpotential schnell veränderten. Elicitoren aus *Colletotrichum lagenarium* und *Phytophthora parasitica* depolarisierten augenblicklich das Membranpotential von Wurzelzellen ihrer Wirtspflanzen. Hagendoorn et al.[69] zeigten, daß der Zusammenbruch des membrangebundenen pH-Gradienten bei Suspensionskulturen von *Petunia hybrida* ausreichte, um den Phenylpropancarbonsäurestoffwechsel zu induzieren. ATPase-Inhibitoren wie Orthovanadat oder Ionophore wie Nigericin führten zu einer externen Alkalisierung und zu einem pH-Abfall im Cytoplasma. Diese pH-Änderungen reichten für die Induktion der Phenylalaninammoniumlyase (PAL) aus. Osswald et al.[70] beobachteten ebenfalls eine Alkalisierung des Diffusionstropfens auf Sojabohnenhypokotylen nach einer Elicitorbehandlung. Kürzlich fanden Atkinson et al.[71] einen Kaliumausfluß parallel zu einem Protonen- und Calciumeinfluß in Zellen von Tabaksuspensionkulturen, die hypersensitiv auf *Pseudomonas syringae* pv. *syringae* reagierten. Substanzen wie EGTA (Ethylenglycolbis-(2-aminoethyäther)-N,N'-tetraacetat) oder Blocker von Calciumionenkanälen wie La^{3+}, Co^{2+} und Cd^{2+} hemmten sowohl die beschriebenen Ionenflüsse als auch die hypersensitive Reaktion in Zellsuspensionskulturen und auf Blattscheiben. Calciumionen scheinen auch bei der Glyceollininduktion in Sojabohnen von Bedeutung zu sein. Stäb und Ebel[72] zeigten, daß Elicitor-behandelte Zellsuspensionskulturen von Sojabohnen nur dann Phytoalexine bildeten, wenn ihnen im Kulturmedium ausreichend Calciumionen angeboten wurden. Die Phytoalexinbildung unterblieb dagegen, wenn extrazelluläres Calcium durch EGTA aus dem Kulturmedium entfernt wurde. Dagegen wurde die Isoflavonoidsynthese durch das Calcium-Ionophor A23187 konzentrationsabhängig verstärkt. Aus diesen Ergebnissen wird geschlossen, daß Elicitoren Ionenflüsse an Membranen verändern, wobei möglicherweise den Calciumionen eine besondere Bedeutung bei der Induktion von hypersensitiven Abwehrreaktionen zukommt.

Reaktive Sauerstoffspezies

Doke[73] zeigte, daß Kartoffelscheiben, die mit der inkompatiblen Rasse von *Phytophthora infestans* inokuliert wurden, ex-

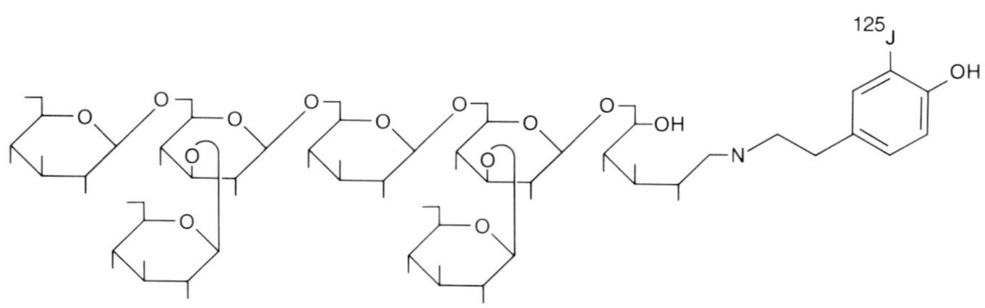

Abb. 49: Die Struktur des ^{125}I-markierten Tyraminederivates des Hepta-β-glucanelicitors aus *Phytophthora megasperma* f. sp. *glycinea* (nach Cheong und Hahn[67]).

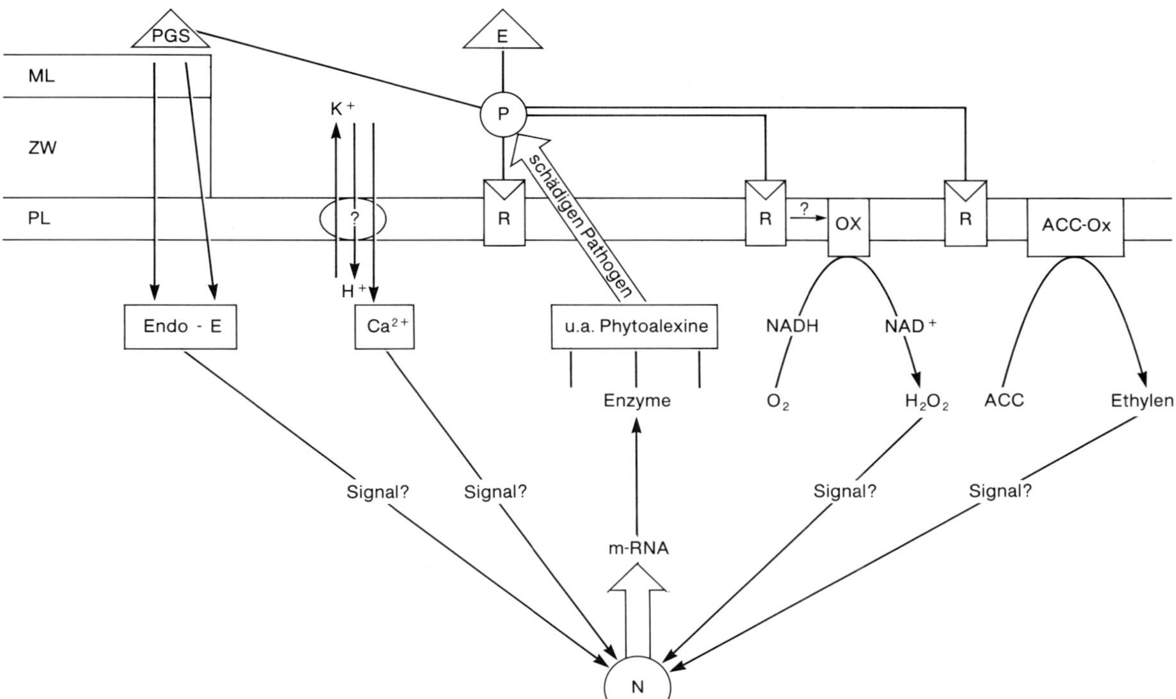

ML = Mittellamelle, ZW = Zellwand, PL = Plasmalemma, N = Zellkern, Endo-E = Endogener(e) Elicitor(en), P = Pathogen (Pilzhyphe), E = Elicitor (z. B. Heptaglucan), R = Rezeptor, PGS = Polygalakturonase, ACC-Ox = ACC-Oxidase, OX = NADH-Oxidase, ACC = 1-Aminocyclopropan-1-carbonsäure

Abb. 50: Die mögliche Kausalkette der Induktion von Abwehrreaktionen in Höheren Pflanzen.

trazellulär Cytochrom c und Nitrotetrazoliumblau (NBT) reduzierten. Die Hemmung dieser Reduktionen durch Superoxiddismutase bewies die Bildung von Superoxidanionen. Die kompatible Rasse führte dagegen zu keiner $O_2^{\cdot -}$-Bildung. Infiltrationsversuche mit NBT ergaben eine lokale Formazanabscheidung um die Infektionshyphen der inkompatiblen Rasse, noch bevor die Zellen abstarben. Vakuuminfiltrierte Superoxiddismutase (SOD) verzögerte sowohl das Absterben der Zellen („hypersensitiver Tod") als auch die Phytoalexinbildung. Zu vergleichbaren Ergebnissen kam Doke[74] auch mit Kartoffelprotoplasten. Nach der Inkubation der Protoplasten mit Zellwandkomponenten der inkompatiblen Rasse von *Phytophthora infestans* kam es in Anwesenheit von NADPH erneut zur extrazellulären Cytochrom c- und NBT-Reduktion. Interessanterweise hemmten wasserlösliche Glucane der kompatiblen Pilzrasse, die als Suppressoren der hypersensitiven Reaktion bekannt sind, die Reduktion der Farbstoffe, wenn sie vor den elicitoraktiven Zellwandkomponenten der inkompatiblen Rasse appliziert wurden. Vergleichbare Glucane der inkompatiblen Rasse ergaben dagegen nur eine geringe Hemmwirkung. Nach Doke[75] findet die NADPH-Oxidation und die Superoxidanionenbildung nach der „inkompatiblen" Erkennungsreaktion am Plasmalemma der Wirtszelle statt und hat den hypersensitiven Zelltod und die Phytoalexinbildung zur Folge. Die Fähigkeit zur Unterdrückung der $O_2^{\cdot -}$-Bildung wäre eine Erklärung für die Ausbildung einer kompatiblen Wirt-Parasit-Paarung. Weitere Versuche lassen darauf schließen, daß die $O_2^{\cdot -}$-Bildung auf eine membrangebundene NADPH-Oxidase zurückgehen muß (Abb. 51).
Die direkte Verknüpfung von Fettsäureabbauprodukten mit der Phytoalexinbildung zeigten kürzlich Xin Li et al.[76]. Sie fanden, daß Reisblätter, die mit dem Pathogen *Pyricularia oryzae* infiziert waren, 13-Hydroperoxide und 13-Hydroxide der α-Linolen- und Linolsäure akkumulierten, noch bevor es zur Phytoalexinbildung kam. Inhibitoren der Phospholipase A2 und Lipoxygenase unterdrückten sowohl die Peroxidbildung, als auch die Phytoalexininduktion. Aufgrund dieser Ergebnisse werden die Fettsäureperoxide und Fettsäureoxide von Xin Li et al.[76] als endogene Elicitoren der Phytoalexinbildung in Reisblättern angesehen. Untersuchungen von Epperlein et al.[77] zeigten, daß weitere reaktive Sauerstoffspezies wie z. B. Hydroxylradikale bei der Phytoalexinbildung verschiedener Leguminosen von Bedeutung sind. So wurde die Glyceollinbildung in der Sojabohne, die durch abiotische Elicitoren wie Silbernitrat ausgelöst wurde, durch Hydroxylradikalfänger wie Benzoat, Dimethylsulfoxid oder Mannit unterbunden. Apostol et al.[78] zeigten darüber hinaus, daß Sojabohnen-Zellsuspensionkulturen, die mit dem Pms-Elicitor behandelt waren, Wasserstoffperoxid akkumulierten. Die Phytoalexinbildung wurde durch H_2O_2 oder durch den Pms-Elicitor ausgelöst und durch Katalase, die H_2O_2 zu Wasser und Sauerstoff abbaut, gehemmt (Abb. 52). Aus diesen Ergebnissen wird geschlossen, daß eine NADH-Oxidase, nach der Wechselwirkung des Elicitors mit dem Rezeptor, aktiviert wird, welche Sauerstoff zu Wasserstoffperoxid reduziert. Wasserstoffperoxid oder weitere Folgeprodukte werden als mögliche endogene Signale für die Glyceollininduktion diskutiert.

Endogene Elicitoren

Bei einer Reihe hypersensitiver Wirt-Parasit-Interaktionen werden sog. endogene Elicitoren als mögliche Signalsubstan-

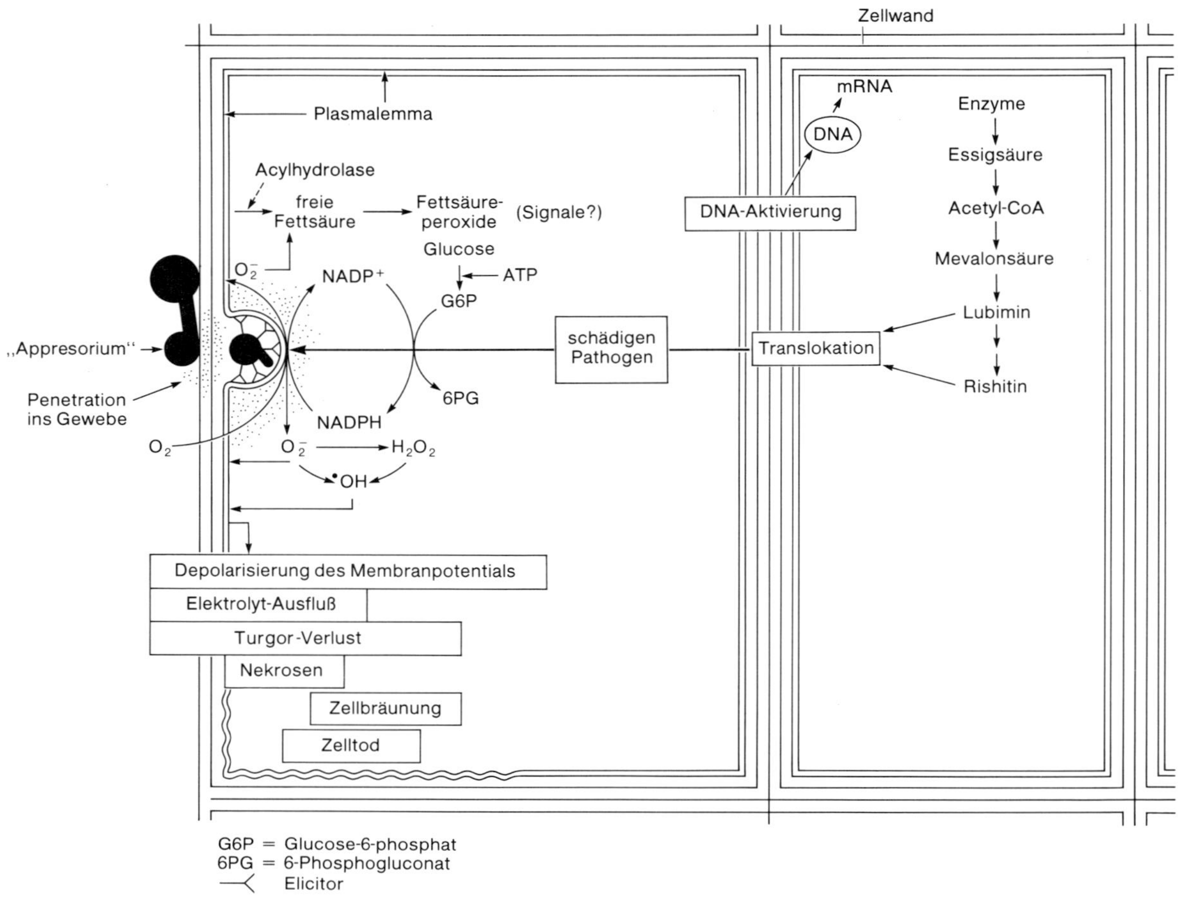

Abb. 51: Die Bildung und Bedeutung von Superoxidanionen für die hypersensitive Reaktion bei Kartoffelgewebe nach einer *Phytophthora infestans*-Infektion (nach Doke et al.[75]).

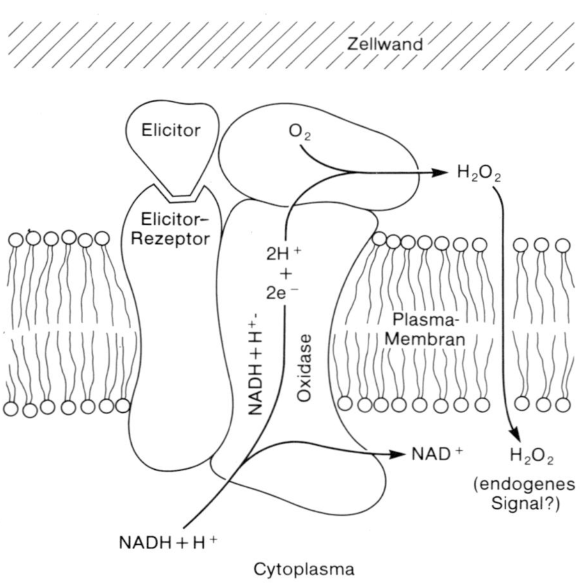

Abb. 52: Die Bildung und Bedeutung der Wasserstoffperoxidbildung bei der Phytoalexininduktion bei Sojabohnenkotyledonen (nach Apostol et al.[78]).

zen für die Induktion der spezifischen Abwehr diskutiert. Die Existenz endogener Elicitoren geht auf Versuche von Hargreaves und Bailey[79] bzw. Hargreaves und Selby[80] zurück. Sie zeigten, daß autoklavierte oder eingefrorene und anschließend aufgetaute Hypokotylsegmente von *Phaseolus vulgaris* dialysierbare Substanzen freisetzten, welche Phytoalexine in Bohnensuspensionskulturen und in Hypokotylsegmenten induzierten. Versuche von Dixon et al.[81] zeigten ebenfalls, daß kleine, wasserlösliche Moleküle aus dem Wirtsgewebe bei der Übertragung und Weiterleitung des Elicitorsignals in Bohnenpflanzen mitbeteiligt sein müssen. Die Vorstellung, daß Bruchstücke der Wirtszellwand als endogene Elicitoren fungieren könnten, entstammt den Arbeitsgruppen um West und Albersheim. Stekoll und West[82] bzw. Lee und West[83] gewannen aus dem Kulturfiltrat von *Rhizopus stolonifer* eine Endo-Polygalakturonase, welche in *Rhizinus communis* die Casbensynthase und das Phytoalexin Casben induzierte. Bruce und West[84] zeigten, daß das Glycoprotein aus Homogenaten von *Rhizinus communis* hitzestabile und wasserlösliche Komponenten freisetzte, welche die Casbensynthase induzierten. Eine längere Inkubation der aktiven Komponenten mit einer gereinigten Endopolygalakturonase verringerte ihre Elicitoraktivität. Daraus wurde geschlossen, daß die aktive(n) Komponente(n) aus der Pektinfraktion der Zellwand stammen muß (müssen). Jin und West[85] klärten die Struktur der aktivsten Komponente als Trideca-α-1,4-D-galakturonat auf. Die Methylierung der Carboxylgruppen verringerte ihre Aktivität erheblich, was die

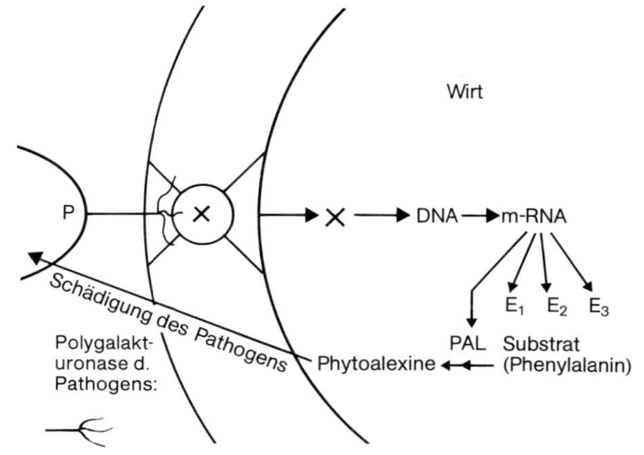

Abb. 53: Die Freisetzung und Wirkung von endogenen Elicitoren bei der Casbeninduktion in *Rhicinus communis*. X = endogener Elicitor; P = Pathogen

besondere Bedeutung des polyanionischen Charakters des Oligomers für die Entfaltung seiner vollen Aktivität unterstreicht. Die mögliche Freisetzung und Bedeutung dieser endogenen Elicitoren ist in Abb. 53 zusammengefaßt.
Diese Pathogene könnten mittels ihrer Polygalakturonasen während des Ein- bzw. Vordringens im Wirt einen Teil des Pektinbestandteils der pilzlichen Zellwand abbauen. Die Bruchstücke dieses Abbaus fungieren möglicherweise als endogene Elicitoren.

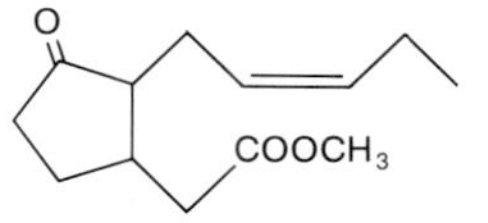

Abb. 54: Die Struktur von Methyljasmonat.

Das Enzym Endo-1,4-polygalakturonase aus *Rhizopus stolonifer* ist weiterhin in der Lage, ein Pektinpolysaccharid, gewonnen aus Tomatenblättern, zu Oligosacchariden abzubauen.

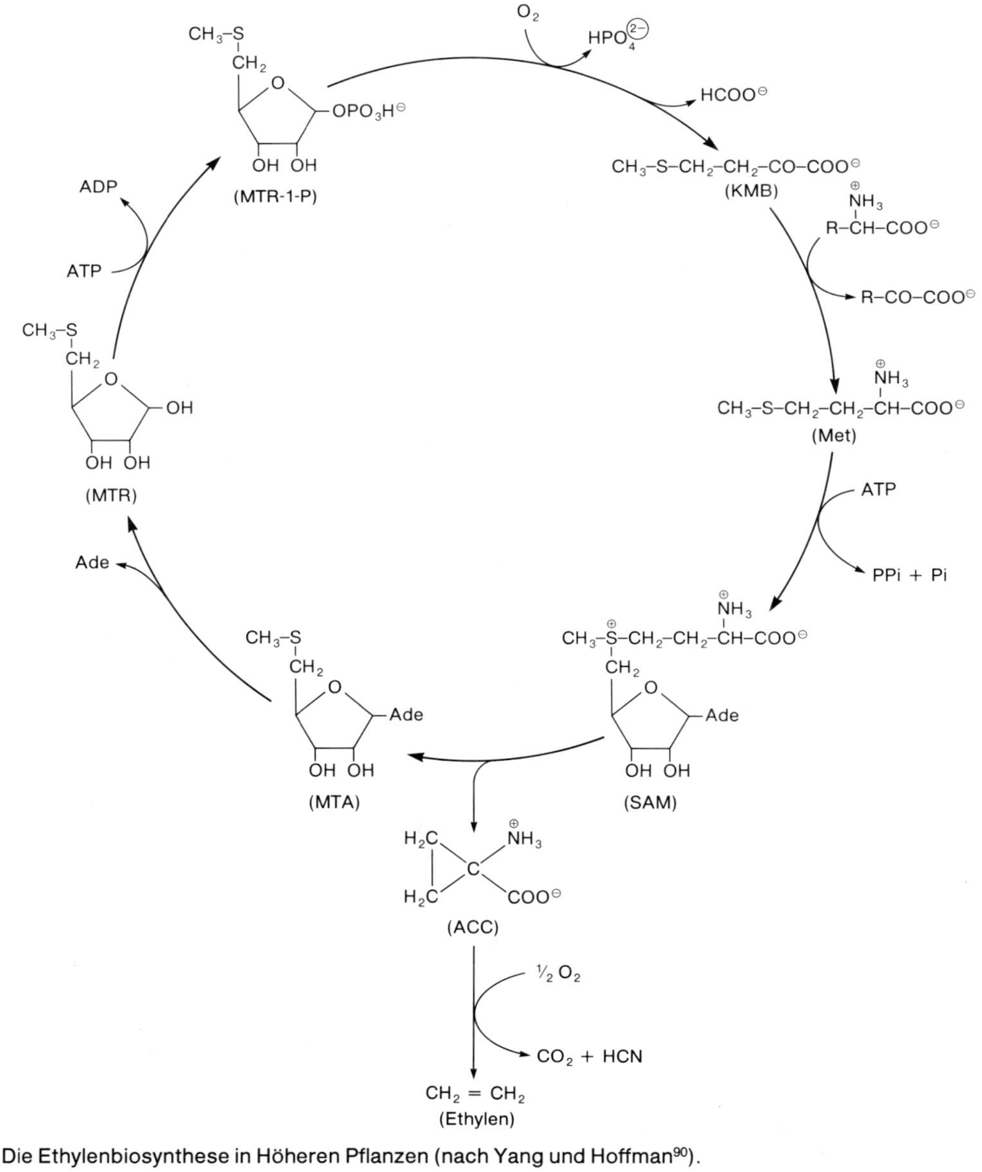

Abb. 55: Die Ethylenbiosynthese in Höheren Pflanzen (nach Yang und Hoffman[90]).

Letztere induzieren sowohl in Tomaten als auch in Kartoffelblättern die Bildung von zwei Proteinasehemmstoffen. Aus diesem Grund werden diese aktiven Pektinbruchstücke auch als PIIF-Oligosaccharide bezeichnet (PIIF = Proteinase-inhibitor inducing factor).
Diese durch PIIF induzierten Proteinasehemmer könnten Endopeptidasen des Pathogens inaktivieren und somit ein Vordringen des letzteren in der Wirtspflanze verhindern. Dies wäre neben der Akkumulation von Phytoalexinen eine weitere Möglichkeit der Abwehr eines Pathogens durch den Wirt.
Kürzlich zeigten Farmer und Ryan[86], daß Methyljasmonat (Abb. 54), ein Fettsäureabbauprodukt, die Proteinaseinhibitoren I und II in Tomatenblättern induzierte. Die Induktion der beiden Inhibitoren wurde auch dann in Tomatenblättern beobachtet, nachdem Tomatenpflanzen zusammen mit *Artemisia tridentata,* einer Pflanze, die Methyljasmonat in ihren Blättern akkumuliert, inkubiert wurden.

Ethylen als endogene Signalsubstanz

Bei vielen Wirt-Parasit-Interaktionen wurde während des Pilzwachstums in der Wirtspflanze die Bildung des Phytohormons Ethylen gemessen. So kam es z. B. bei *Phaseolus vulgaris*-Blättern, die mit dem inkompatiblen Rostpilz *Uromyces phaseoli* infiziert waren, nach 13 und 59 Stunden zu zwei Ethylenausbrüchen. Die erste Ethylenbildung korrelierte mit der Penetration des Pilzes durch die Stomata[87].
De Laat[88, 89] und Mitarbeiter zeigten, daß die Ethylenbiosynthese von Tabakblättern, die hypersensitiv gegenüber Tabakmosaikviren (TMV) reagierten, mit der von Höheren Pflanzen übereinstimmt. Wie Yang und Hoffman[90] zusammenfassen, entsteht Ethylen aus der 1-Amino-cyclopropan-1-carbonsäure (ACC) über die sauerstoffabhängige ACC-Oxidase. Das aus S-Adenosylmethionin (SAM) freigesetzte Methylthioadenosin (MTA) wird nach Adeninabspaltung zur Methylthioribose (MTR). Das aus der Methylthioribose durch Aktivierung entstandene Methylthioribiose-1-phosphat (MTR-1-P) wird zur α-Keto-S-methylbuttersäure (KMB) metabolisiert. Letztere wird durch einen Transaminierungsschritt in Methionin (Met), die direkte Vorstufe des SAMs, umgewandelt (Abb. 55).

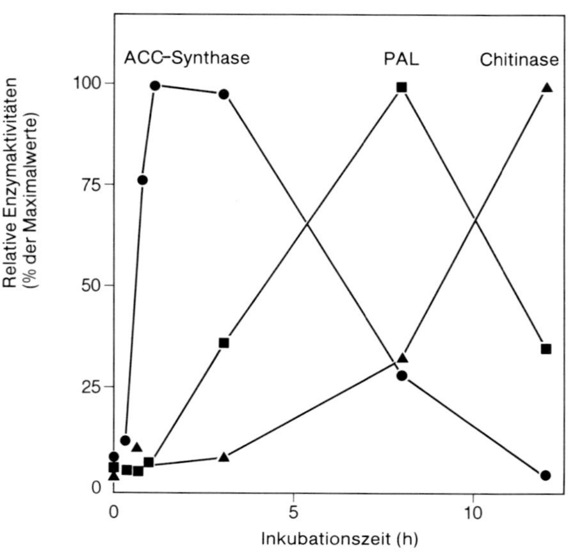

Abb. 56: ACC-Synthase, Chitinase- und PAL-Induktion in Petersilie-Zellsuspensionskulturen nach Elicitorbehandlung (nach Chappel et al.[92]).

Auch Elicitoren können die Ethylenbildung in Pflanzen auslösen. Sojabohnenkotyledonen setzten nach einer Elicitorbehandlung Ethylen frei, noch bevor es zur Phenylalaninammoniumlyase (PAL)-Induktion und zur Glyceollinbildung kam[91]. Ethylenbehandlung allein führte aber nicht zu einer PAL-Induktion (s. u.). Ähnliches wurde auch bei Petersilie-Zellsuspensionskulturen, die mit dem Pmg-Elicitor behandelt wurden, beobachtet (Abb. 56).
Hier war die Ethylenfreisetzung mit dem schnellen Anstieg der ACC-Synthaseaktivität verknüpft. Zeitverzögert wurden erhöhte PAL- und Chitinaseaktivitäten gemessen.

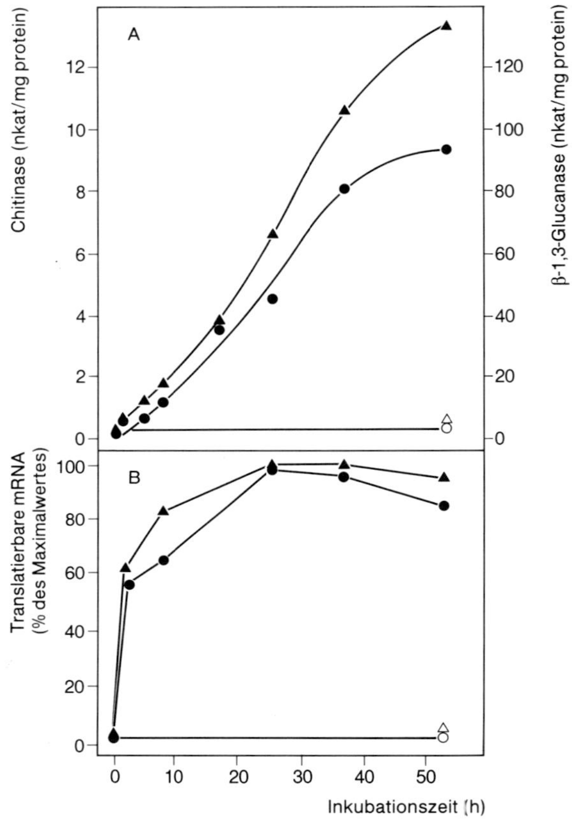

(●,○) Chitinase
(▲,△) β-1,3-Glucanase

offene Symbole bedeuten Inkubation ohne, geschlossene Symbole Inkubation mit Ethylen

Abb. 57: Die Induktion von β-1,3-Glucanasen, Chitinasen und deren mRNAs in Bohnenblättern nach einer Ethylenbegasung (nach Vögeli et al.[95]).

Eine Ethylenbegasung führt in vielen Fällen auch zur Induktion verschiedener Abwehrreaktionen. So kam es nach einer Ethephon (2-Chloroethylphosphorsäure)-Behandlung, eine Substanz, die hydrolytisch Ethylen freisetzt, bei Tabakblättern zur Induktion von PR-Proteinen. Außerdem wurde die Induktion der systemischen Resistenz gegenüber TMV beobachtet[93]. In Bohnenblättern führte die Ethylenbegasung zur Induktion von basischen β-1,3-Glucanasen und Chitinasen, die in der Vakuole abgelagert wurden[94]. In diesem Fall wurden die Enzymaktivitäten und die Gehalte der translatierbaren mRNAs nahezu gleichzeitig induziert (Abb. 57).

Kürzlich zeigte die Arbeitsgruppe um Yoshikawa, daß die β-1,3-Glucanaseaktivität im Hypokotyl von Sojabohnensämlingen nach einer Ethylenbegasung signifikant anstieg[96, 97]. Gleichzeitig kam es neben der Glyceollininduktion zu einer teilweise erhöhten Resistenz gegenüber dem kompatiblen Pathogen *Phytophthora megasperma* f. sp. *glycinea*. Aus ihren Ergebnissen leiten sie folgendes Modell der möglichen Phytoalexininduktion im Hypokotyl ethylenbelasteter Sojabohnensämlinge ab:

Ethylen → β-1,3-Glucanasen → Elicitor(en) → Phytoalexine

Über ethyleninduzierbare β-1,3-Glucanasen sollen Elicitoren aus der Pilzzellwand freigesetzt werden, die die Phytoalexinbildung im Wirtsgewebe auslösen (vgl. Abb. 24).
Untersuchungen von Ecker et al.[98] zeigten, daß auch Schlüsselenzyme der Phytoalexinbildung durch Ethylen aktiviert wurden. So wurde z. B. die Phenylalaninammoniumlyase, die 4-Cumaryl-CoA-Ligase und die Chalconsynthase in Karottenwurzeln durch das Phytohormon induziert.
Die angeführten Beispiele zeigen, daß „Streßethylen" zusammen mit exogenem Ethylen in vielen Fällen ausreicht, um bestimmte hypersensitive Reaktionen in Wirtspflanzen auszulösen. Es bleibt jedoch die Frage offen, ob Ethylen auch als notwendiges Signal für Abwehrreaktionen fungiert. Versuche mit spezifischen Hemmstoffen der Ethylenbiosynthese gaben Aufschluß darüber. Paradies et al.[91] zeigten, daß die Glyceollininduktion in Sojabohnenkotyledonen nicht durch Ethylen induziert wurde. Der spezifische Hemmstoff der Ethylenbiosynthese, AVG (Aminoethoxyvinylglycin), unterdrückte die Ethylenbildung, jedoch nicht die PAL- und Glyceollininduktion. Ähnliches wurde auch bei der Wirt-Parasit-Paarung zwischen *Fusarium solani* f. sp. *phaseoli* und der Erbse beobachtet. In unreifen Erbsenhülsen kam es parallel zur Ethylenbildung zu einer Chitinase- und β-1,3-Glucanaseinduktion. Hemmversuche mit AVG zeigten, daß auch hier kein ursächlicher Zusammenhang zwischen der Phytohormonbildung und der Enzyminduktion bestand[99]. Aus diesen Ergebnissen ist zu schließen, daß Ethylen bei den meisten Wirt-Parasit-Interaktionen als „Indikator", jedoch nicht als „Induktor" von Abwehrreaktionen anzusehen ist.

Spezifität der Wirt-Parasit-Beziehungen

Man unterscheidet zwei Arten der Spezifität von Wirt-Parasit-Beziehungen:
1) Eine Wirtspflanze ist gegenüber einem bestimmten Pathogen (P_1) resistent (a), kann jedoch von einer anderen Rasse der gleichen Art (P_2) befallen werden (b). Ersteres (a) bezeichnet man als spezifische Resistenz, letzteres (b) als spezifische Anfälligkeit (Suszeptibilität) (vgl. Abb. 58).
Die Sojabohne der Rasse Harasoy 63 ist anfällig gegenüber dem Pilz *Phytophthora megasperma* var. sojae der Rasse 3, reagiert jedoch inkompatibel gegenüber der Rasse 1 des gleichen Pathogens.
2) Es ist möglich, daß ein Pathogen einen bestimmten Wirt (W_1) befallen kann, wogegen es aber in einer anderen Wirtsrasse (W_2) derselben Art nicht parasitieren kann (Abb. 59). So ist *Uromyces phaseoli* in der Lage, die Bohne *Phaseolus vulgaris* var. Favorit zu befallen; er reagiert jedoch mit der var. 017 von *P. vulgaris* inkompatibel. Nun sollen einige Modelle vorgestellt werden, die zur Erklärung der oben dargestellten Phänomene diskutiert werden.

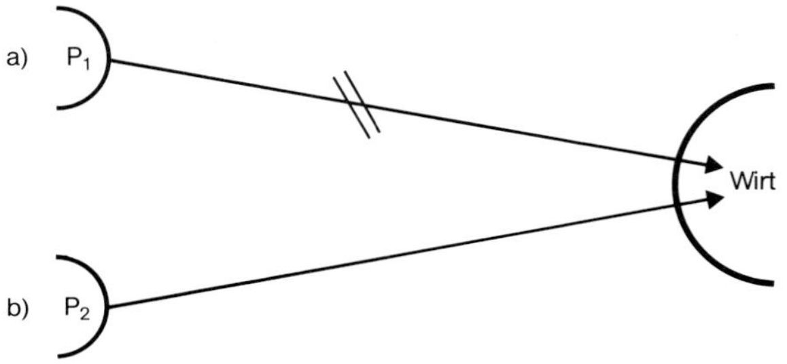

Abb. 58: Verhalten verschiedener Pathogene gegenüber einem Wirt.

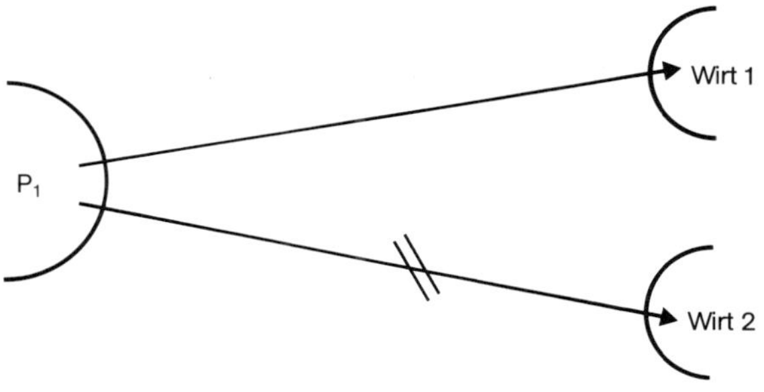

Abb. 59: Verhalten eines Pathogens gegenüber verschiedenen Wirtsrassen.

Gen-für-Gen-Modell

Aufgrund der Koexistenz von Wirtspflanzen und Pathogenen ist anzunehmen, daß sich beide „kooperativ" bzw. „antioperativ" entwickelt haben. Veränderungen in der Virulenz des Pathogens müssen durch Veränderungen in der Resistenz der Wirtspflanze ausgeglichen werden. Wegen dieses dynamischen Gleichgewichtes zwischen Resistenz und Anfälligkeit konnten beide, der Wirt und das Pathogen, überleben. In den meisten Fällen sind die Resistenzgene der Wirtspflanze dominant (R), wogegen die Gene für Anfälligkeit rezessiv sind (r). Für das Pathogen gilt genau das Entgegengesetzte. Hier sind die Avirulenzgene dominant (A) und die Virulenzgene rezessiv (a). Es kommt nur dann zu einer spezifischen Resistenzreaktion, wenn ein dominantes Resistenzgen (R) der Wirtspflanze mit einem dominanten Avirulenzgen (A) des Pathogens gepaart ist (Abb. 60). Alle anderen Genpaarungen Ar, aR oder ar führen immer zu einer anfälligen Wirt-Parasit-Interaktion. Das Gen-für-Gen-Modell hat sich für viele Rost-Brand- und Mehltaupilzinfektionen bestätigt. Es ist jedoch nicht generell auf alle Wirt-Parasit-Interaktionen übertragbar. Für den Fall der Resistenz nimmt man an, daß durch das Ablesen des dominanten Avirulenzgens über Transkription und Translation im Pathogen Enzyme synthetisiert werden, welche für die Bildung spezifischer Moleküle (Elicitoren) verantwortlich sind, die auf spezifische Akzeptoren in den Wirtszellen passen.

	Resistenz- oder Anfälligkeitsgene der Pflanze	
Virulenz- oder Avirulenzgene im Pathogen	R (resistent) dominant	r (anfällig) rezessiv
A (avirulent) dominant	AR (resistent)	Ar (anfällig)
a (virulent) rezessiv	aR (anfällig)	ar (anfällig)

Abb. 60: Mögliche Genkombinationen und Typen unterschiedlicher Anfälligkeiten bei Wirt-Parasit-Interaktionen, für die das Gen-für-Gen-Modell zutrifft.

Abb. 61: Das Gen-für-Gen-Modell. A = Avirulenz, R = Resistenz.

Die Struktur der Akzeptormoleküle soll im R-Gen des Wirtes kodiert sein (Abb. 61).

Das Elicitor-Suppressor-Modell

Dieses Modell (Abb. 62) geht davon aus, daß es bei einer kompatiblen Reaktion primär zu einer Bindung zwischen einem Suppressor (S) und dem spezifischen Akzeptor (A) kommt. Diese Wechselwirkung führt aber nicht zur Freisetzung von endogenen Elicitoren.
Solche Suppressoren der hypersensitiven Reaktion (HIF = hypersensitivity inhibiting factor), die anstelle von Elicitoren binden, konnten z. B. bei der Wirt-Parasit-Paarung zwischen der Kartoffelsorte Kennebec und dem Pathogen *Phytophthora infestans* der Rasse 1234 kompatibel und 4 inkompatibel gefunden werden. Es handelt sich ebenfalls um Oligosaccharide. Der durchschnittliche Polymerisationsgrad beträgt 17–23 Glucoseeinheiten. Sie sind über 1,3- und 1,6-glycosidische Bindungen miteinander verknüpft und terminal mit einer Phosphatgruppe verestert.

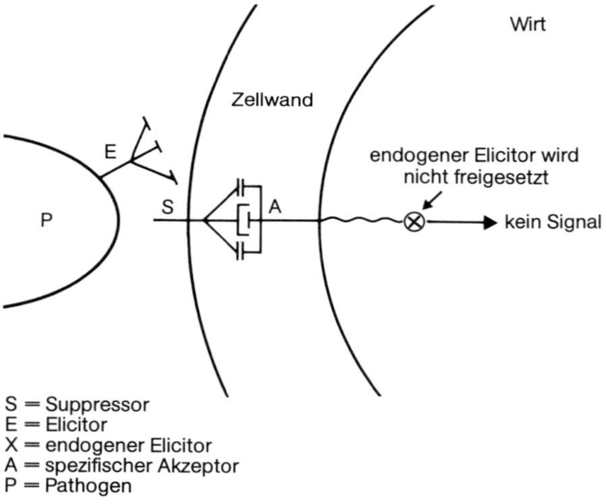

Abb. 62: Das Elicitor-Suppressor-Modell.

Wahrscheinlich kann es bei einer kompatiblen Wirt-Parasit-Paarung ebenfalls, wenn auch nur in einem geringen Ausmaß, zur Wechselwirkung zwischen Elicitor und Akzeptor kommen, was die häufig zu beobachtende geringe Phytoalexinbildung bei kompatiblen Paarungen erklären würde.
Eine inkompatible Reaktion wird möglicherweise dadurch charakterisiert, daß es zwischen Elicitor und Akzeptor zu einer spezifischen Wechselwirkung kommt. In diesem Fall könnten dann endogene Elicitoren aus der Zellwand entlassen werden, was letztendlich zur Phytoalexinbildung führen würde.
Die unterschiedliche Affinität der Suppressoren einer kompatiblen bzw. einer inkompatiblen Rasse zum Akzeptor liegt wahrscheinlich an der unterschiedlichen Vernetzung oder Substitution ihrer Oligosaccharidbestandteile.

Das Zeitmodell

Eine Phytoalexinakkumulation tritt in der Regel erst dann auf, wenn die biotrophe Wachstumsphase des Pathogens in die nekrotische übergegangen ist. Die Nekrosen als Folge einer kompatiblen Paarung sind im Vergleich zu denen einer inkompatiblen flächiger ausgebildet und nehmen oft einen Großteil der Blattoberfläche ein. Ebenso unterscheidet sich die Phytoalexinbildung einer kompatiblen von der einer inkompatiblen Wirt-Parasit-Paarung. Erstere ist zeitlich verzögert und unterscheidet sich auch im Maximum der Phytoalexinakkumulation zeitlich von der entsprechenden inkompatiblen Reaktion.
Die Tatsache, daß das Pathogen einer kompatiblen Reaktion trotz Nekrotisierung und Phytoalexinbildung überleben kann, könnte durch nachfolgende theoretische Betrachtung verdeutlicht werden. Eine hypersensitive Paarung zeichnet sich dadurch aus, daß es in einem relativ frühen Stadium der Penetration zu Nekrosen- und Phytoalexinbildung kommt. Die relative Phytoalexinkonzentration ist dann rasch hoch genug, um den aus noch wenig Hyphen bestehenden Pilz abzutöten (Abb. 63).

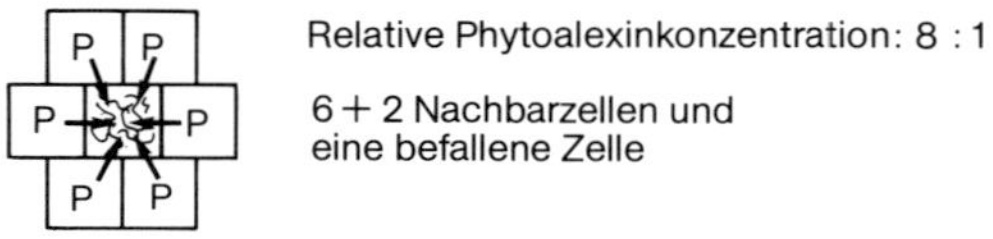

Abb. 63: Relative Phytoalexinkonzentration ohne vorhergehende biotrophe Wachstumsphase des Pathogens.

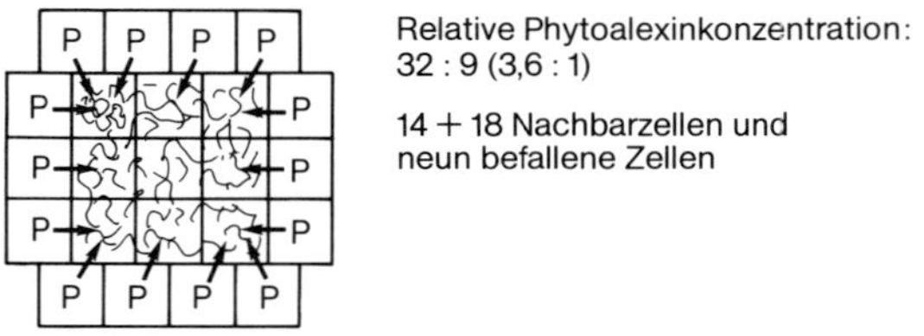

Abb. 64: Relative Phytoalexinkonzentration mit vorhergehender biotropher Wachstumsphase des Pathogens.

Geht der nekrotischen Phase allerdings eine biotrophe Wachstumsphase voraus, so kann sich das Pathogen relativ weit im Wirtsgewebe ausbreiten. Die nach der Wachstumsphase auftretende Phytoalexinkonzentration bleibt nun relativ gering, evtl. zu gering, um den Eindringling am weiteren Vordringen zu hindern (Abb. 64).

Detoxifizierungsreaktionen

Bei vielen kompatiblen Wirt-Parasit-Beziehungen beobachtet man eine Entgiftung der Phytoalexine. Diese Fähigkeit erlaubt wahrscheinlich den Pathogenen, im Wirt zu parasitieren, ohne abgetötet zu werden.
Am folgenden Beispiel soll dieses Prinzip verdeutlicht werden:
1) Die Pathogene *Botrytis cinerea* und *Colletotrichum lindemuthianum* können das Phaseollin in *Phaseolus vulgaris* zu 6a-Hydroxyphaseollin überführen und damit unwirksam machen (vgl. Abb. 65).

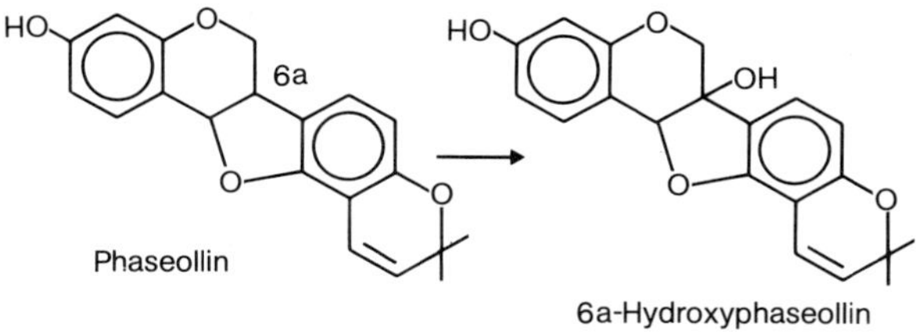

Abb. 65: Detoxifizierung von Phaseollin.

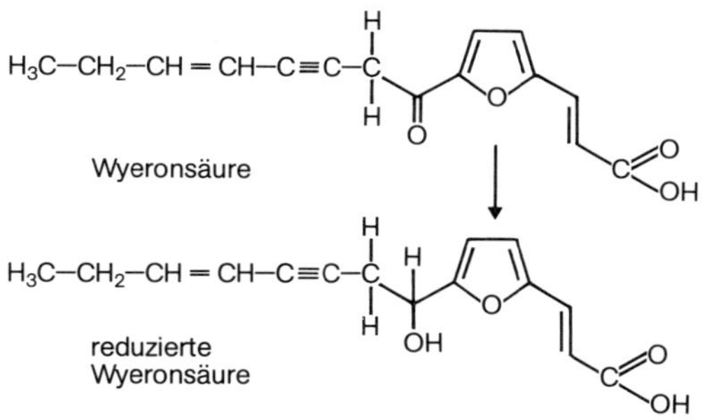

Abb. 66: Detoxifizierung der Wyeronsäure.

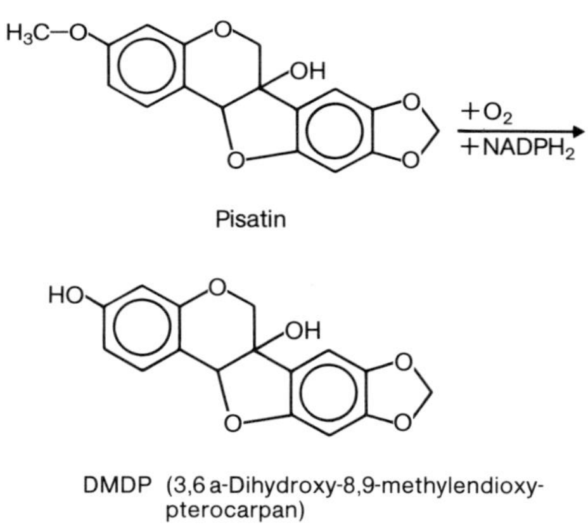

Abb. 67: Detoxifizierung von Pisatin.

2) *Botrytis fabae* führt die Wyeronsäure (aus *Vicia faba*) in die reduzierte Form über (Abb. 66).
3) Detoxifizierung von Pisatin. *Nectria haematococca* ist ein Pathogen der Erbse *(Pisum sativum).* Erbsen akkumulieren hohe Gehalte des Phytoalexins Pisatin, wenn sie mit virulenten oder avirulenten Rassen des Pathogens infiziert sind. Alle virulenten Rassen von *Nectria haematococca* können jedoch Pisatin zum geringer toxischen DMPD demethylieren (Abb. 67)[100]. Solche Rassen sind hoch tolerant gegenüber dem Phytoalexin. Demgegenüber sind Rassen des Pathogens, die Pisatin nicht entgiften können, nur gering virulent und hoch empfindlich gegenüber Pisatin. Aus dieser Korrelation schließt man, daß die Demethylierung von Pisatin durch *Nectria haematococca* ein entscheidender Mechanismus für die Virulenz des Pathogens in vivo ist.

Zusammenfassung

In Abb. 68 werden die wesentlichen Interaktionen resistenter sowie anfälliger Wirt-Parasit-Paarungen zusammengefaßt. Besonders soll die Vielschichtigkeit und Kompliziertheit der spezifischen Abwehr herausgestellt werden. Wird nur auf einer „Ebene" die „vorprogrammierte" Abwehrreaktion ausgeschaltet oder umgangen, so kann aus einem avirulenten ein virulentes Pathogen werden.

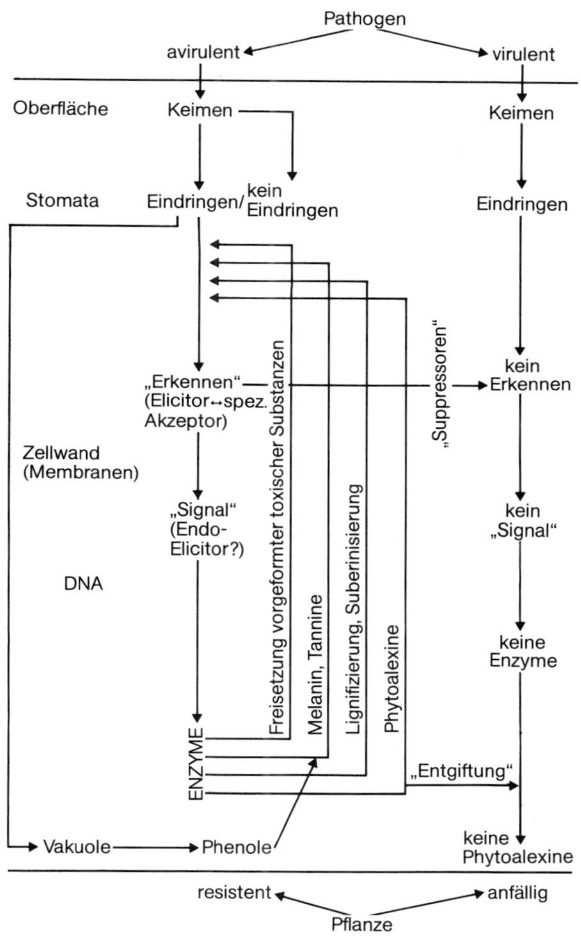

Abb. 68: Induktion und Suppression der Wirt-Resistenz.

Die Rolle von nicht-wirtsspezifischen Toxinen bei Wirt-Parasit-Beziehungen

Einleitung

Eine umfangreiche Gruppe von phytotoxischen Substanzen, welche von Pathogenen gebildet werden, sind zwar häufig für die Ausbildung der Krankheitssymptome im Wirt mitverantwortlich, sie sind jedoch nicht notwendigerweise mit einer spezifischen Wirt-Parasit-Beziehung verknüpft. Solche Pathogene können mittels ihrer Toxine neben dem eigentlichen Wirt

auch noch andere Pflanzenarten schädigen. Deshalb wird diese Gruppe von Toxinen unter der Bezeichnung „nicht-wirtsspezifische Toxine" zusammengefaßt.
Man unterteilt sie in:
a) nicht-wirtsspezifische Pilztoxine (Tab. 9) und
b) nicht-wirtsspezifische Bakterientoxine (Tab. 10).
Die Bakterientoxine unterscheiden sich von den nicht-wirtsspezifischen als auch von den wirtsspezifischen Toxinen vor allem dadurch, daß sie generell eine größere Anzahl von Heteroatomen wie Sauerstoff, Stickstoff, Schwefel oder Phosphor im Molekül enthalten (Phaseolotoxin besitzt z. B. alle vier Heteroatome gleichzeitig). Weiterhin haben Bakterientoxine in der Regel ein kleineres Molekulargewicht als Pilztoxine.
Diese Gruppe von Toxinen wird im folgenden Abschnitt nach ihrem primären, molekularen Wirkungsmechanismus unterteilt in:
Membranzerstörung und Hemmung von Enzymaktivitäten,
Einfluß auf den Wasserhaushalt der Wirtspflanze,
Hormonaktivitäten,
Chelatoreigenschaften und
Suppressoren der hypersensitiven Reaktion.

Membranzerstörung und Hemmung von Enzymaktivitäten

Im folgenden werden die in Tab. 9 (Pilze) und Tab. 10 (Bakterien) aufgeführten Toxine näher beschrieben.

Naphtazarine

Die wichtigsten Vertreter dieser Gruppe sind Marticin, Isomarticin, Norjavanicin und Novarubin.
Die ersten beiden Toxine wirken vor allem phytotoxisch, jedoch in geringem Maße auch antibakteriell. Sie verursachen Wurzel- und Stammfäule sowie Blattnekrosen bei Erbsen. Die Phytotoxizität von Marticin und Isomarticin beruht wahrscheinlich auf der Hemmung der Glutaminsynthetase in den Chloroplasten; dadurch könnte über die Anhäufung von NH_4^+ und die Entkopplung der Photophosphorylierung eine Lipidperoxidation eingeleitet werden, die schließlich zur Membranzerstörung führt, was die Bildung von Nekrosen erklären würde (siehe Tabtoxin).
Isomarticin kann schnell vom Stamm in die Blätter transportiert werden und dort Membranzerstörungen hervorrufen und somit die Nekrotisierung einleiten.
Norjavanicin und Norvarubin sind vor allem toxisch gegenüber Pilzen und Bakterien. Die toxische Wirkung ist sehr wahrscheinlich auf die Hemmung Thiaminpyrophosphat-abhängiger Enzyme zurückzuführen. Damit können auch oxidative Decarboxylierungen von α-Ketosäuren (Pyruvat, α-Ketoglutarat) oder Transketolase-Reaktionen nicht mehr ablaufen.

Ophibolin A und B

Ophibolin A und B treten im Kulturfiltrat verschiedener *Helminthosporium*arten auf. Ihre Wirkungen wurden u. a. an Reiskeimlingen untersucht. Es zeigt sich, daß das Wurzelwachstum gehemmt, bei niedrigen Ophibolin A- und B-Konzentrationen das Koleoptilenwachstum aber stimuliert wird. Bei Reispflanzen treten schließlich Nekrosen und Chlorosen auf.
Worauf die zuerst erwähnten Symptome zurückzuführen sind, ist noch unbekannt. Die Bildung von Nekrosen könnte auf eine erhöhte Membranpermeabilität, verbunden mit Membranzerstörung und zellulärer Dekompartimentierung, zurückzuführen sein.

Fusarsäure

Fusarsäure ist ein toxischer Metabolit verschiedener *Fusarium*arten. Sie verursacht Welke und Nekrosenbildung. Bevor Nekrosen auftreten, kommt es zu einem starken Wasserausfluß aus den Zellen. Dieser Wasseraustritt ist auf eine Störung des Plasmalemmas und anderer Zellmembranen zurückzuführen. Durch die Membranstörung wird die Dekompartimentierung der Zelle und deren Nekrotisierung eingeleitet. Toxische Wirkungen treten bereits bei Konzentrationen von 10^{-9}mol/l auf.
Für die Interaktion mit Membranen ist vermutlich die lipophile Seitenkette der Fusarsäure verantwortlich. Die Stärke der Membranschädigungen nimmt von Methyl über Ethyl, Propyl nach Butyl zu. Die toxischen Wirkungen sind darüber hinaus noch signifikanter, wenn die Fusarsäure in der undissoziierten Form vorliegt. Neben den phytotoxischen Wirkungen beobachtet man auch eine Hemmung der Sporenkeimung, der Atmung bei Hefen und eine Hemmung von Polyphenoloxidasen. Diese Effekte korrelieren mit der Carboxylgruppe der Fusarsäure.

Zinniol

Die Behandlung von Pflanzen mit dem Toxin Zinniol führt zum Welken der Blätter und zur Bräunung der Blattadern.
Zinniol reagiert mit Zellmembranen und erhöht deren Permeabilität. Dadurch kommt es zum Ausfluß von Wasser und Elektrolyten aus den Zellen, was die Welke der Blätter erklärt.

Cercosporin

Das von verschiedenen *Cercospora*arten synthetisierte Toxin Cercosporin wird für die Nekrotisierung von Rübenblättern verantwortlich gemacht. Die erste frühe Reaktion, die nach Pilzbefall sichtbar wird, ist das Abheben des Plasmalemmas von der Zellwand. Ihr folgt eine Verdickung der äußeren Mitochondrienmembran, ein Anschwellen der Cristae im Inneren der Mitochondrien und schließlich die Zerstörung des Tonoplasten. Letzteres führt zur Dekompartimentierung und Nekrotisierung der Zellen.
Daß es bei den obigen Membraninteraktionen auch zu einem Membranabbau, d. h. zu einer Membranzerstörung kommt, beweist das Auftreten von Plastoglobuli („Fetttröpfchen") im Chloroplasten nach Toxinbehandlung.

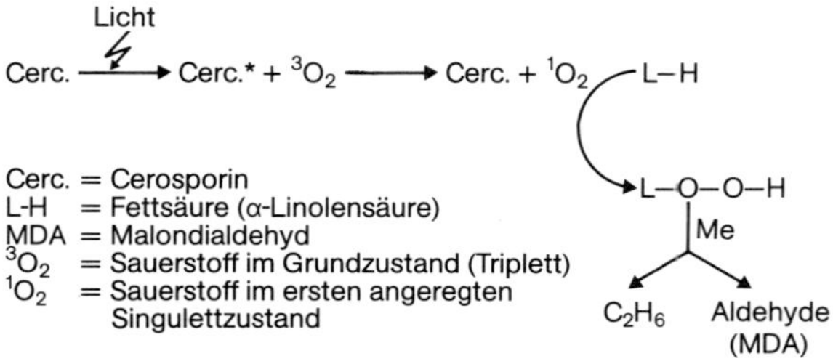

Abb. 69: Photoaktivierung des Cercosporins (nach R. J. Youngman et al.[102]).

Der Mechanismus der Membranzerstörung wird wie folgt diskutiert:
Das Cercosporinmolekül ist „photodynamisch" aktiv. Es kann durch Absorption von Lichtenergie in einen angeregten Zustand überführt werden. Die Anregungsenergie kann spontan auf Sauerstoff übertragen werden, welcher vom Grundzustand (=Triplett-Zustand) in einen angeregten Singulettzu-

Tab. 9: Nicht-wirtsspezifische Pilztoxine (aus Durbin[101]).

Nr.	Name	Pathogen	Struktur		Wirt
1	Naphtazarine (Marticin)	*Fusarium favanicum martii*	Heptaketide	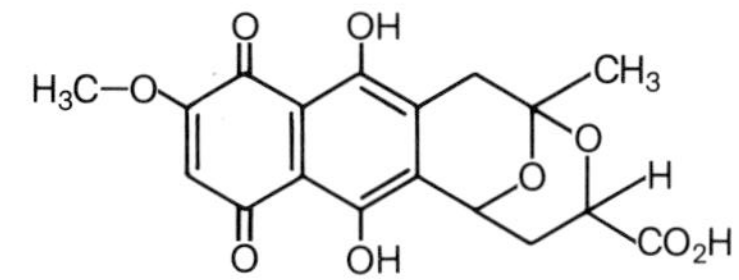	u. a. Kartoffel, Erbse
2	Ophibolin A	*Helminthosporium oryzae*	Terpen	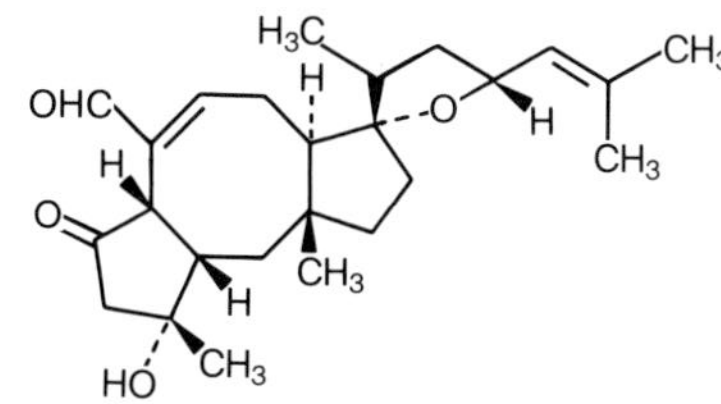	u. a. Reis
3	Fusarsäure	*Fusarium*arten	Aminosäurederivat	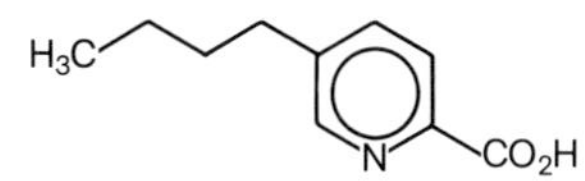	u. a. Tomate, Reis
4	Zinniol	*Alternaria zinniae*	Tetraketid	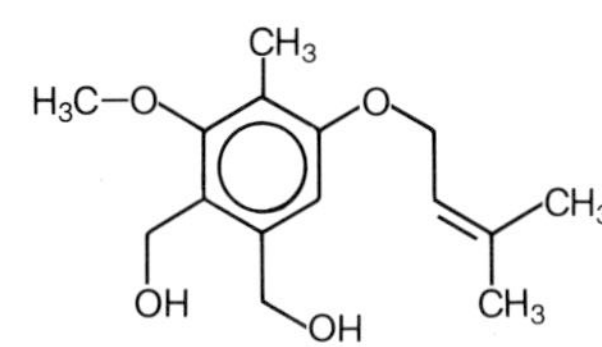	u. a. Kartoffel
5	Cercosporin	*Cercospora beticola, C. kikuchii, C. personata*	Heptaketid (Perylenchinon)	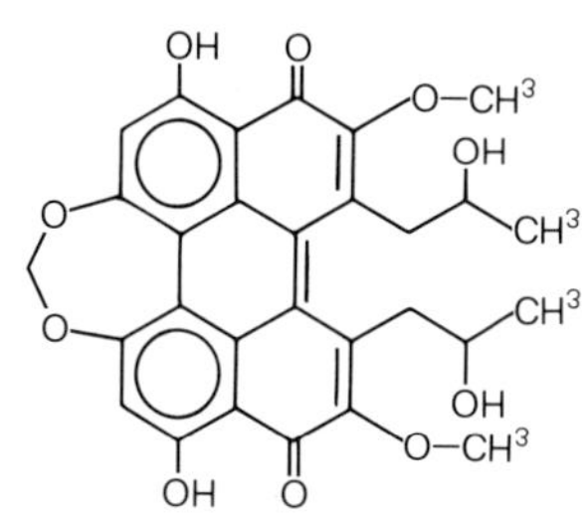	u. a. Zuckerrübe

Nr.	Name	Pathogen	Struktur		Wirt
6	Tentoxin	*Alternaria alternata*	Zyklisches Peptid	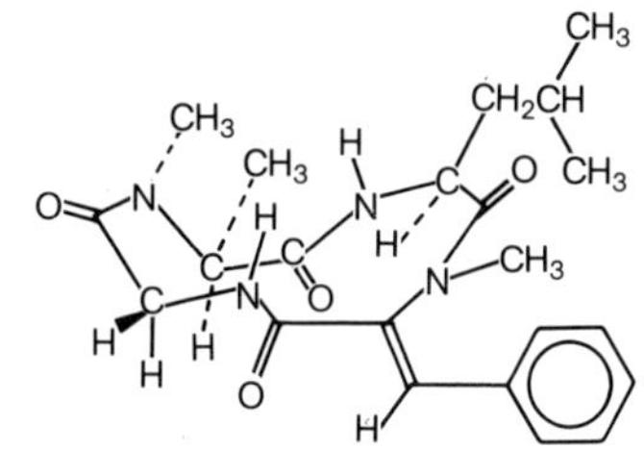	u. a. Baumwolle
7	Enniatin B	*Fusarium avenaceum*	Cyclodepsipeptid	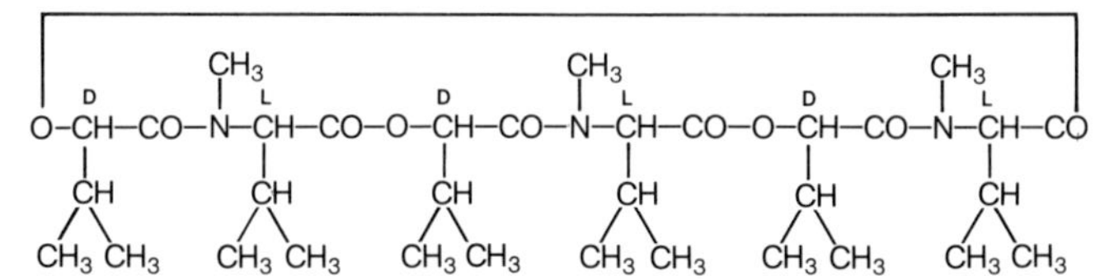	
8	Fusicoccin	*Fusicoccum amygdali*	Diterpen	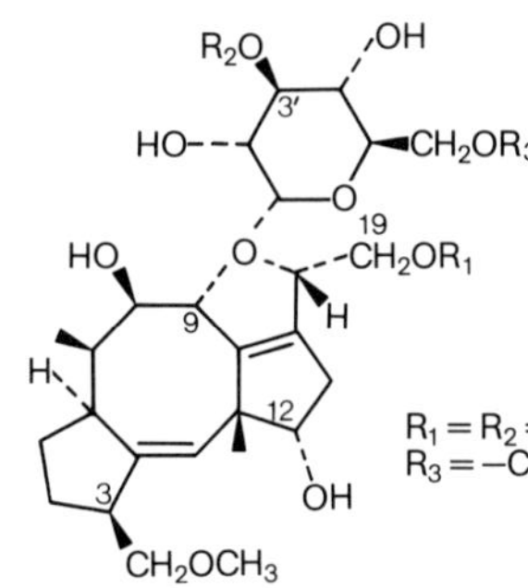 $R_1 = R_2 = -COCH_3$ $R_3 = -C(CH_3)_2-CH=CH_2$	u. a. Gerste, Erbse, Luzerne, Mais
9	Malformin A	*Aspergillus niger*	zyklisches Pentapeptid	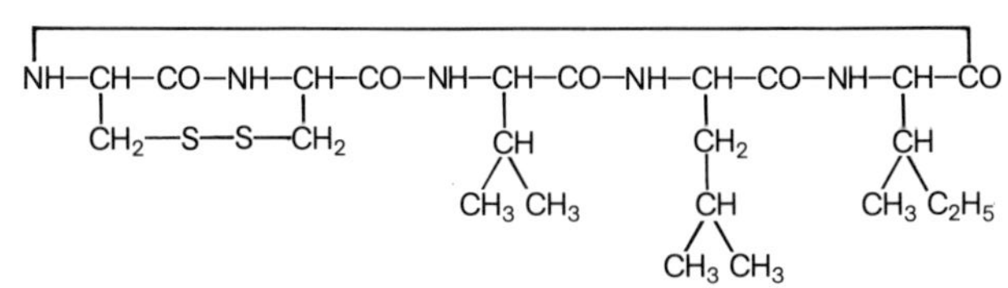	u. a. Mais

Nr.	Name	Pathogen	Struktur	Wirt
10	Aspergillomarasmin	*Aspergillus oryzae* *Colleotrichum gloeosporioides*	Polyaminosäure 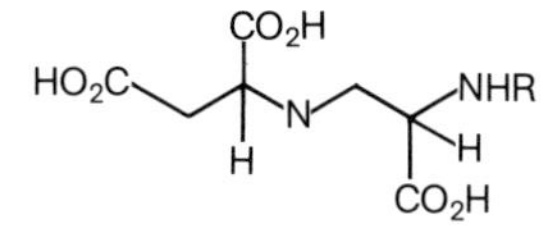 Aspergillomarasmin A: R = $CH_2CH(NH_2)CO_2H$ B: R = CH_2CO_2H	
11	Brefeldin	*Alternaria carthami*	Oktaketid 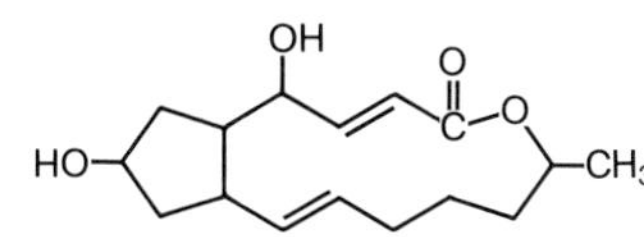	u. a. Distel

Tab. 10: Nicht-wirtsspezifische Bakterientoxine (aus Durbin[101]).

Nr.	Name	Pathogen	Struktur	Wirt
12	Tabtoxin	*Pseudomonas syringae* pv. garvae; pv. tabaci	Dipeptid 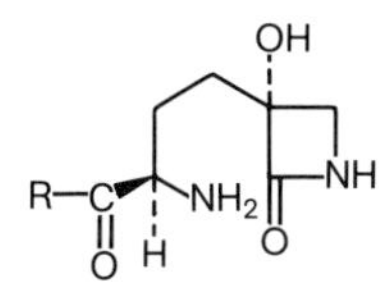 R = $CH_3CH(OH)CH(CO_2H)NH–$	u. a. Tabak
13	(2-Serin)tabtoxin	*Pseudomonas syringae* pv. tabaci; pv. coronafaciens	Dipeptid R = $CH_2(OH)CH(CO_2H)NH–$	u. a. Tabak
14	Phaseolotoxin	*Pseudomonas syringae* pv. phaseolicola	Tripepetid (Ornithin, Alanin, Homoarginin) 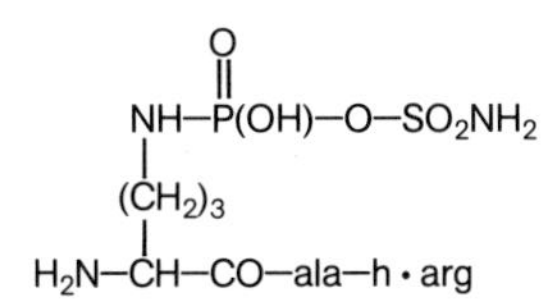	u. a. Bohne

Nr.	Name	Pathogen	Struktur	Wirt
15	(2-Serin)phaseolotoxin	Alle Rassen von *P. syringae* pv. phaseolicola, die Phaseolotoxin bilden, bilden auch (2-Serin)-phaseolotoxin	Tripeptid (statt Alanin jetzt Serin) 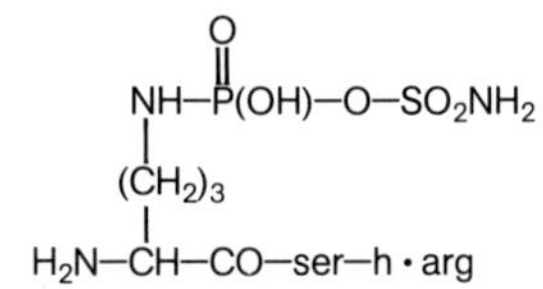	u. a. Bohne
16	(N^{δ}-Phospho-sulfamyl)-ornithin	Alle Rassen von *P. syringae* pv. phaseolicola, die Phaseolotoxin bilden, bilden auch (2-Serin)-phaseolotoxin	Phosphosulfamyl + Ornithin 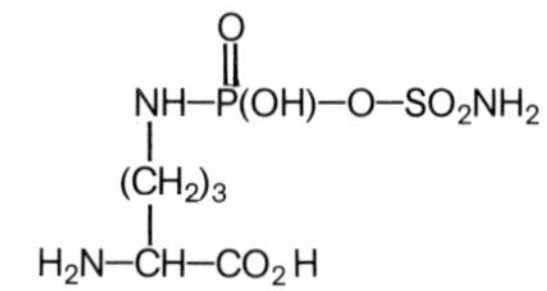	u. a. Bohne
17	Rhizobitoxin	*Rhizobium japonicum*	Enolätheraminosäure 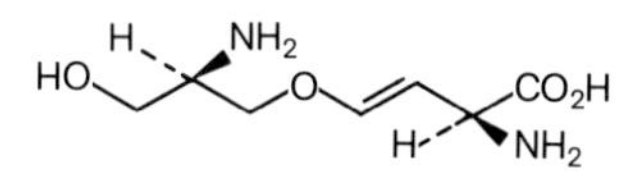	u. a. Leguminosen
18	Amylovorin	*Erwinia amylovora*	Kohlenhydrat	u. a. Apfel
19	Glycopeptide	*Corynebacterium michiganense* pv. sepedonicum		u. a. Tomate, Kartoffel
20	Cytokininderivate	*Corynebacterium fasciens* *Agrobacterium tumefaciens*	Puringerüst 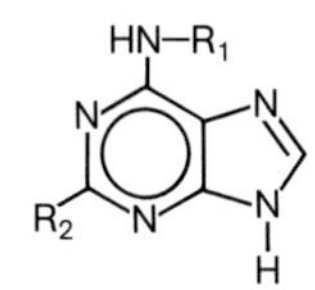	u. a. Tabak
21	Indolessigsäure (IAA)	*Pseudomonas syringae* pv. savatani, *Agrobacterium tumefaciens*	Indolessigsäure 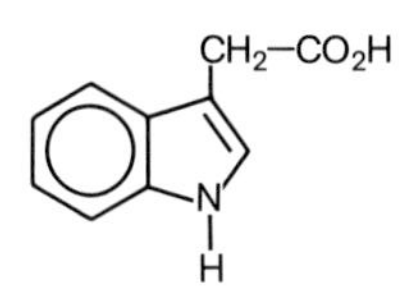	u. a. Tabak
22	Syringomycin	*P. syringae* pv. syringae	Hexapeptid	u. a. Pfirsich, Mais
23	Syringotoxin	*P. syringae* pv. syringae	vier Aminosäuren + unbekannte Verbindung	u. a. *Citrus*

stand übergeht. Das Cercosporinmolekül liegt nach dieser Reaktionsfolge wieder im Grundzustand vor und kann erneut photoaktiviert werden. Der auf diesem Weg gebildete Singulettsauerstoff ($^1O_2$) ist sehr reaktiv.
Er kann spontan Fettsäuremoleküle peroxidieren, wie z. B. Linolensäure als Hauptbestandteil pflanzlicher Membranen. Es entstehen die entsprechenden Fettsäurehydroperoxide. Diese wiederum können z. B. unter Metallkatalyse zu Bruchstücken wie Ethan und reaktiven Aldehyden zerfallen (Abb. 69).
So kann man z. B. nach Belichtung von Cercosporin-behandelten Blattstücken oder isolierten Protoplasten das Gas Ethan messen.

Tentoxin

Taucht man Gurkensamen in eine Tentoxinlösung, so beobachtet man nach anschließender Lichtkeimung Chlorosen bei den Keimlingen. Diese Chlorosen treten nur dann auf, wenn der Lichtkeimung eine einstündige Toxinbehandlung vorausgegangen ist. Folgt die Toxininkubation einer 48-stündigen Lichtkeimung, so werden keine Chlorosen ausgebildet. Dies läßt darauf schließen, daß die Chlorosenbildung auf die Hemmung der Chlorophyllsynthese durch das Toxin und nicht auf den Abbau von Chlorophyll zurückzuführen ist.
Die Chloroplastenultrastruktur ist abnormal: Die Thylakoide sind angeschwollen, und die Granastrukturen sind rudimentär. Häufig finden sich noch die kristallinen Prolammellar-Körper in den Proplastiden. Darüber hinaus ist im Vergleich zur nichtbehandelten Kontrolle der Lipid- und Proteingehalt der Chloroplasten stark erniedrigt. Diese Befunde deuten darauf hin, daß die normale Entwicklung der Plastiden durch Tentoxin verhindert wird.
Außerdem wurde gezeigt, daß Tentoxin mit hoher Affinität an die α, β-Untereinheit des Kopplungsfaktors der Chloroplasten (CF_1) bindet. Tentoxin ist also ein ATPase-Inhibitor, der die Photophosphorylierung (= ATP-Bildung) hemmt. Möglicherweise beruht ein Teil der oben angeführten Symptome auf einer verminderten Energiebereitstellung in Form von chemischer Energie.
Für diese Annahme spricht, daß die Hemmung der Photophosphorylierung durch Tentoxin direkt mit der Chlorosenbildung korreliert. Des weiteren induziert Tentoxin den Verschluß der Stomata. Durch diesen Effekt könnte auf Grund eines CO_2-Mangels der Calvin-Zyklus ebenfalls zum Erliegen kommen; dies führt im Licht wiederum zur Überreduktion des Elektronentransports und zur Bildung aktivierter Sauerstoffverbindungen (s. o.) und damit sekundär zur Chlorose.
Für die biologische Aktivität ist die Doppelbindung des Dehydroaminosäurerests im Tentoxinmolekül verantwortlich.

Tabtoxin

Tabtoxin, ein Dipeptid, wird von *Pseudomonas syringae* pv. tabaci gebildet. Das Bakterium befällt hauptsächlich Tabakpflanzen. Die eigentlich toxische Komponente, das Tabtoxinin-β-lactam (TβL), wird über eine bakterielle, Zn-abhängige Aminopeptidase aus dem Tabtoxin freigesetzt (Abb. 70)[103].
Das Tabtoxin induziert in Tabakpflanzen lichtabhängige Chlorosen und die anschließende Nekrotisierung der chlorotischen Stellen. Etwa 4 h nach Toxinbehandlung schwellen die Granalamellen in den Chlorplasten an, und es kommt im Stroma zu Vesikelbildungen. Alle diese Symptome werden unter dem Begriff „Wild-fire-disease“ zusammengefaßt.
Die Entstehung des Krankheitsbildes wird auf der Basis folgender Mechanismen diskutiert:
Tabtoxinin-β-lactam (Tβ-L) hemmt die Glutaminsynthetase, die für den Einbau von NH_3 in L-Glutamat verantwortlich ist[104]. Da nun gleichzeitig lichtabhängig in den Chlorplasten über die Nitritreductase NH_3 gebildet wird, steigt in den Chloroplasten zwangsläufig die Ammoniakkonzentration an. In Tabakblättern, die mit Tabtoxin behandelt wurden, lassen sich daher Ammoniakkonzentrationen messen, die im Vergleich zur Kontrolle um das 10–20fache erhöht sind. Diese erhöhte NH_3-Konzentration spielt somit eine entscheidende Rolle bei der Symptomausbildung, was dadurch unterstützt wird, daß NH_3 selbst die Chlorosenbildung auslösen kann.

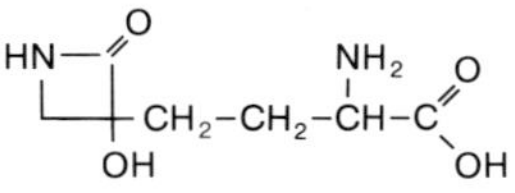

Abb. 70: Die Struktur von Tabtoxinin-β-lactam (Tβ-L).

Die toxische Wirkung von Ammoniak wiederum besteht u. a. in der Entkopplung der Photophosphorylierung. Dadurch wird einmal die lichtabhängige ATP-Bildung in den Chloroplasten gehemmt. Zum anderen entsteht, nachdem sämtliches $NADP^+$ zu $NADPH_2$ reduziert ist, über monovalente Sauerstoffreduktion das Superoxidanion (O_2^{-}). Letzteres dismutiert zu Wasserstoffperoxid. Tabtoxin verursacht also im Licht in den Chloroplasten die Akkumulation von H_2O_2. Es werden damit oxidierende Bedingungen geschaffen, die u. a. Lipidperoxidationen und Pigmentkooxidationen auslösen. Durch Lipidperoxidation und die damit verbundene Membranzerstörung und zelluläre Dekompartimentierung wird die anschließende Nekrotisierung des Gewebes verständlich. Pigmentkooxidationen (Chlorophyllzerstörung) führen wiederum zu Chlorosen.
Tabtoxinin-β-lactam (Tβ-L) hemmt auch die Ribulose-1,5-bisphosphatcarboxylase, wodurch der Calvinzyklus zum Erliegen kommt. Dieser Hemmeffekt hat wahrscheinlich nur sekundäre Bedeutung für die Symptomausprägung. Primär ist dagegen sicherlich die Entkopplung der Photophosporylierung für die Induktion von Chlorosen verantwortlich.
Die toxische Wirkung von Ammoniak kann allgemein entsprechend Abb. 71 formuliert werden.

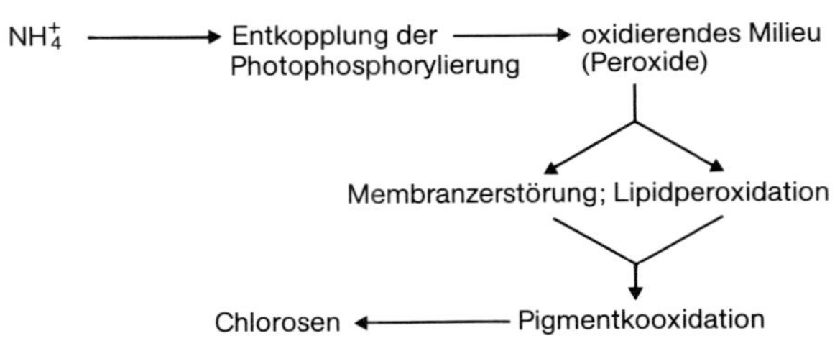

Abb. 71: Chlorotisierung pflanzlichen Gewebes durch entkoppelnde Toxine.

In Abb. 72 sind die einzelnen Reaktionen im Detail aufgeführt.

I. Entkopplung der Photophosphorylierung führt zur Überreduktion und zur Peroxidbildung.
II. Oxidative Bedingungen führen zu Lipid(LH)-Peroxidationen und damit zu Membranzerstörungen.
III. „Pigment-Kooxidationen“ (Chl = Chlorophyll; Car = Carotinoide) haben Chlorotisierung zur Folge.

(2-Serin)tabtoxin

(2-Serin)tabtoxin ist das Serinanalogon von Tabtoxin. Serin steht in diesem Molekül an Stelle von L-Threonin.

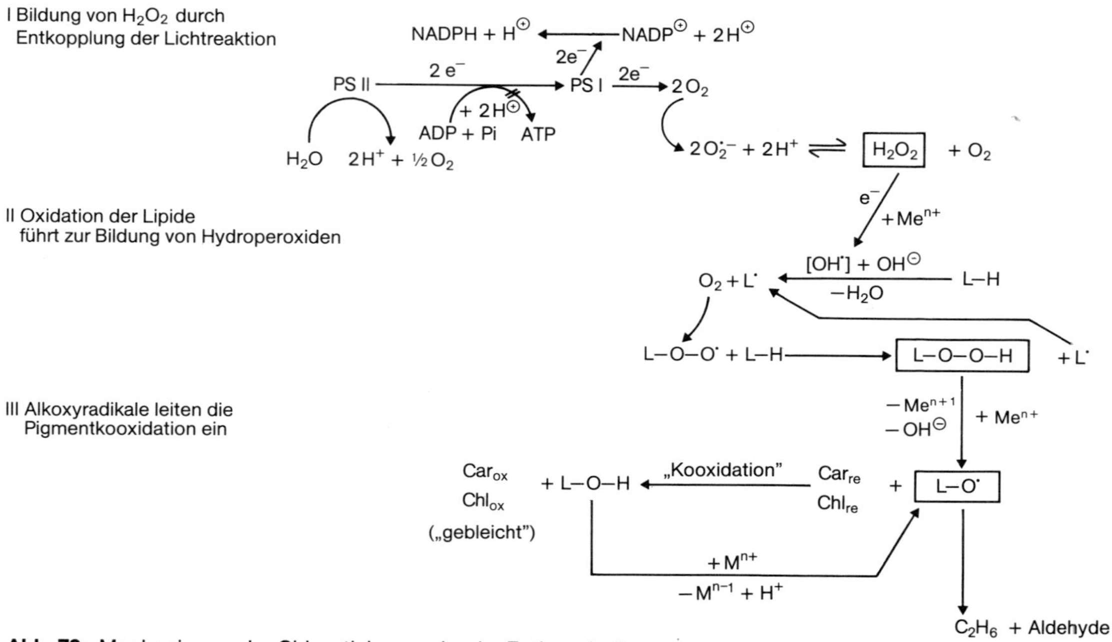

Abb. 72: Mechanismus der Chlorotisierung durch „Entkoppler".

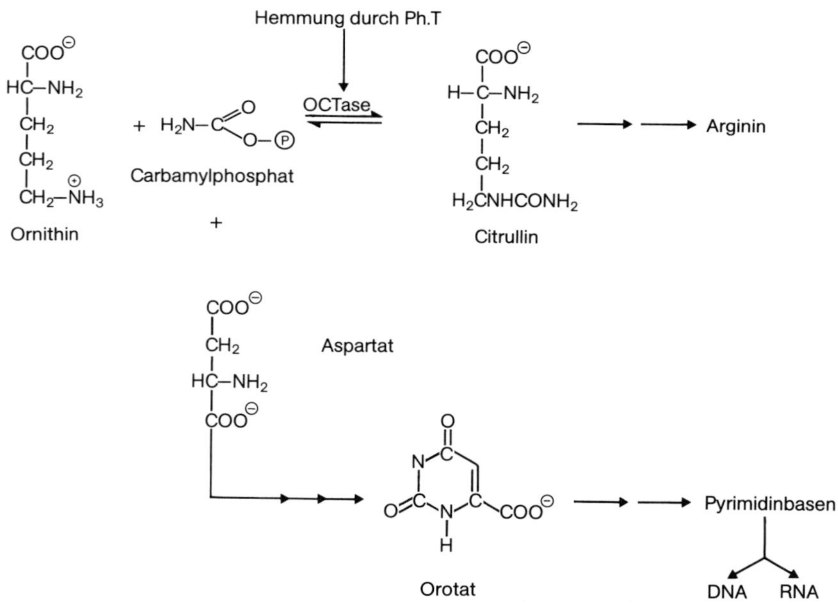

Abb. 73: Hemmung der Ornithincarbamylphosphattransferase durch Phaseolotoxin.

(2-Serin)tabtoxin wird ebenfalls von *Pseudomonas syringae* pv. tabaci gebildet und besitzt die gleiche biologische Aktivität wie Tabtoxin. Wahrscheinlich ist der Wirkungsmechanismus mit dem von Tabtoxin bzw. von Tabtoxinin-β-lactam zu vergleichen.

Phaseolotoxin (Ph. T.)

Dieses Bakterientoxin aus *Pseudomonas syringae* pv. phaseolicola verursacht Chlorosen bei Bohnenpflanzen (bean halo blight disease).

In diesem Fall werden zwei Mechanismen der Toxinwirkung diskutiert:

Man stellte fest, daß die Ornithinkonzentration in infizierten Blättern auf das 100-fache ansteigen kann.

„In vitro" wurde gezeigt, daß die Ornithincarbamylphosphattransferase (OCTase) durch Phaseolotoxin gehemmt wird. Dieses Enzym setzt Ornithin mittels Carbamylphosphat zu Citrullin um, das weiter zu Arginin umgewandelt wird (Abb. 73). Durch das so entstandene Arginindefizit sollen möglicherweise Enzyme, welche für die Chlorophyllbiosynthese notwendig sind, nicht mehr ausreichend gebildet werden können.

Weiterhin nimmt man an, daß neben dem Argenindefizit auch ein Citrullindefizit für das Krankheitssymptom von entscheidender Bedeutung ist. Citrullin fungiert u. a. als Donator für Carbamylphosphat, das mit Aspartat über weitere Reaktionsschritte zum Orotat, dem Grundgerüst der Pyrimidinbasen, umgewandelt wird. Ein Defizit an Pyrimidinbasen würde sich z. B. in einer gehemmten DNA- bzw. RNA-Synthese ausdrükken. Somit könnten auch über diesen Mechanismus u. a. Enzyme der Chlorophyllbiosynthese nicht mehr ausreichend gebildet werden (Abb. 73).
Trennt man die endständigen Aminosäuren Homoarginin und Alanin enzymatisch (LAP) vom Phaseolotoxinmolekül ab, so erhält man N^{δ}-Phosphosulphamylornithin (vgl. Abb. 74). Dieses Molekül besitzt die gleiche spezifische Aktivität der Chlorosenbildung wie die Ausgangsverbindung. Das bedeutet, daß die toxische Wirkung von Phaseolotoxin auf die Gruppierung N^{δ}-Phosphosulphamyl-orthinin im Molekül zurückgeht. N^{δ}-Phosphosulphamyl-ornithin konnte jedoch nicht im Kulturfiltrat von *Pseudomonas phaseolicola* nachgewiesen werden.

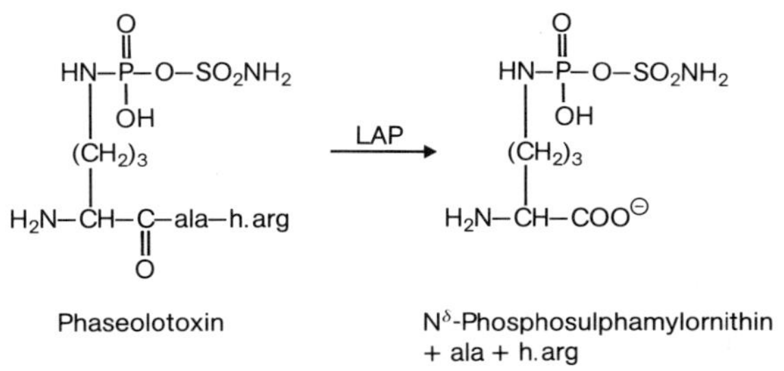

LAP = Leucin-Aminopeptidase

Abb. 74: Toxische Wirkung des Phaseolotoxins (nach Mitchell[105]).

(2-Serin)phaseolotoxin

Alle Stämme von *Pseudomonas syringae* pv. phaseolicola, die Phaseolotoxin bilden, können auch in geringem Ausmaß (2-Serin)phaseolotoxin synthetisieren. Dieses Toxin unterscheidet sich von Phaseolotoxin nur im Austausch von Alanin durch Serin.
(2-Serin)phaseolotoxin induziert wie Phaseolotoxin die Chlorotisierung von Bohnenblättern. Es verhält sich auch in vielen anderen Fällen ähnlich wie Phaseolotoxin. Man nimmt deshalb an, daß seine Toxizität nach dem gleichen Wirkungsmechanismus wie die von Phaseolotoxin abläuft.

(N^{δ}-Phosphosulphamyl)-ornithin

Untersucht man die Extrakte von *P. syringae* pv. phaseolicola-infizierten Bohnenblättern auf ihren Gehalt an Phaseolotoxin und (2-Serin)phaseolotoxin, so findet man die beiden Toxine nur in geringer Menge. Den Hauptbestandteil stellt jedoch die vom Phaseolotoxin abgeleitete Verbindung (N^{δ}-Phosphosulphamyl)-ornithin dar. Sie ist, wie oben erwähnt, in der Lage, in Bohnen Chlorosen auszulösen, konnte jedoch bisher nicht im Kulturfiltrat von *Pseudomonas syringae* pv. phaseolicola nachgewiesen werden.
Möglicherweise wird Phaseolotoxin im Wirtsgewebe zu (N^{δ}-Phosphosulphamyl)-ornithin über eine LAP (s. o.) katalytisch hydrolysiert.

Rhizobitoxin

Verschiedene Wurzelknöllchen-bildende *Rhizobium*arten synthetisieren das Toxin Rhizobitoxin, das bei jungen Blättern von Wirtspflanzen Nekrosen verursacht, die jedoch erst nach der Ausbildung der Wurzelknöllchen auftreten.
Rhizobitoxin ist ein Inhibitor der Pyridoxalphosphat-abhängigen β-Cystathionase. Die Hemmung beruht auf der Ausbildung einer irreversiblen Bindung zwischen Pyridoxalphosphat und dem Toxin. Die Symptomausbildung ist wahrscheinlich auf ein Methionindefizit zurückzuführen, da Homocystein unter Toxinwirkung nicht mehr aus Cystathionin nachgebildet werden kann. Dem Methionin kommt eine zentrale Funktion im pflanzlichen Stoffwechsel zu (Abb. 75). Es besitzt nicht nur Bedeutung als Proteinbaustein, sondern auch als Lieferant von Methylgruppen. Letztere werden dabei in der „aktiven Form" im S-Adenosylmethionin (SAM) für C-O- und N-Alkylierungen verwendet, z. B. bei der Bildung von Plastochinon oder Chlorophyll in den Chloroplasten. Au-

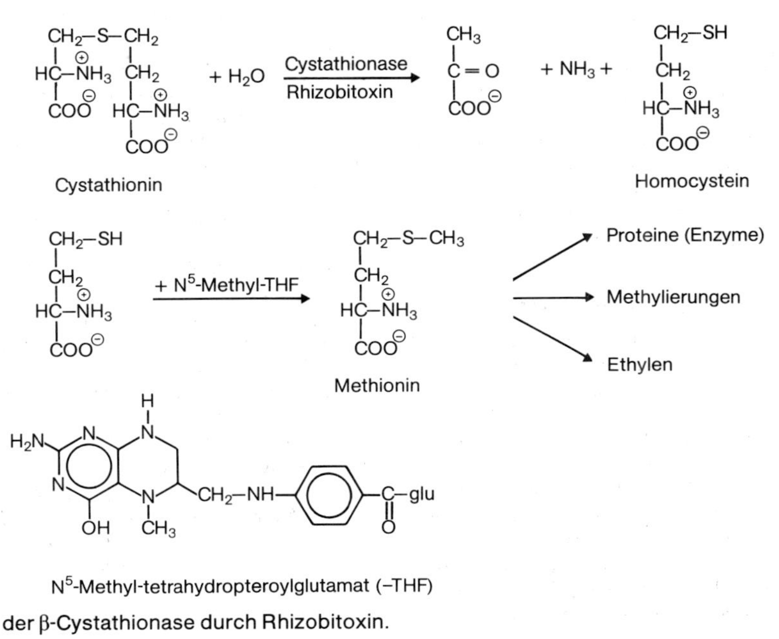

Abb. 75: Hemmung der β-Cystathionase durch Rhizobitoxin.

ßerdem ist Methionin die Ausgangsverbindung für das Phytohormon Ethylen (vgl. Abb. 75). Von entscheidender Bedeutung für die toxische Wirkung von Rhizobitoxin ist die Doppelbindung im Molekül. Die entsprechende reduzierte Dihydroform dagegen zeigt keine Aktivität mehr.

Syringomycin und Syringotoxin

Das Toxin Syringomycin, gebildet von *Pseudomonas syringae* pv. syringae, verursacht Nekrosenbildung bei Pfirsichschößlingen und bei Maispflanzen; auch Chlorosen können bei letzterer Pflanze nach Infektion mit obigem Pathogen beobachtet werden.
Der Hauptbestandteil des Toxins sind die Aminosäuren Serin, Phenylalanin und Arginin, wobei die vierte Aminosäure noch nicht identifiziert ist. Sie sind wahrscheinlich im molekularen Verhältnis von 2 : 1 : 1 : 2 miteinander zu einem Hexapeptid verknüpft.
Syringomycin verursacht die schnelle Zerstörung von cytoplasmatischen Membranen. Auch bindet es in subletaler Konzentration an die DNA und blockiert so die DNA-abhängige RNA-Polymerase.
Untersuchungen an isolierten Maismitochondrien haben gezeigt, daß Syringomycin Ähnlichkeit mit klassischen Entkopplern der oxydativen Phosphorylierung besitzt. So wird z. B. die mitochondriale Succinat- oder NADH-Oxidation stimuliert, wobei die ATP-Bildung gehemmt ist.
Ein schneller Syringomycin-Effekt zeigt sich als Abfall des mitochondrialen Membranpotentials (bereits nach dreiminütiger Toxinbehandlung meßbar), was zu einer erhöhten Membranpermeabilität für H^+ und OH^--Ionen führen könnte, wodurch der für die oxidative Phosphorylierung notwendige pH-Gradient nicht mehr aufgebaut werden würde. Dies wäre eine Erklärung für die entkoppelnde Wirkung von Syringomycin auf Maismitochondrien.
Weiterhin beobachtet man ein starkes Schwellen der Mitochondrien und die „Störung" der inneren Mitochondrienmembran (Auflösung der Cristaestruktur) nach Syringomycinbehandlung. Möglicherweise geht das Anschwellen auf einen verstärkten K^+-Einfluß zurück, ermöglicht durch die erhöhte Membranpermeabilität.
Syringotoxin, das von *Pseudomonas syringae*-Arten, welche *Citrus*pflanzen befallen, gebildet wird, zeigt ähnliche Effekte auf Maismitochondrien, jedoch in stärkerem Ausmaß als Syringomycin.
Diese Aktivitätsunterschiede gehen möglicherweise auf eine andere Aminosäurezusammensetzung im Polypeptid zurück, was sich in einer differenzierten Spezifität für eine sensitive Stelle in oder an den Mitochondrien ausdrückt. Eindeutig für Syringotoxin nachgewiesen sind die vier Aminosäuren Threonin, Serin, Glycin und Ornithin (molekulare Zusammensetzung: 1 : 1 : 1 : 1). Die Hauptkomponente der toxischen Verbindung ist allerdings noch nicht bekannt.

Der Einfluß von Toxinen auf den Wasserhaushalt

In diesem Abschnitt werden die Toxine Enniatin B (P: Nr. 7), Amylovorin (B: Nr. 18), einige Polysaccharide bzw. Glycopeptide und Fusicoccin (P: Nr. 8) behandelt.
Das Verwelken von Pflanzenteilen bzw. ganzer Pflanzen ist auf einen gestörten Wasserhaushalt zurückzuführen. Die Ursache für einen Wasserverlust oder für das Verwelken von Pflanzen kann zum einen zellulär auf eine Membranzerstörung und zum anderen strukturell auf die Abtrennung verschiedener Pflanzenteile von ihrer Wasserversorgung durch bestimmte Toxine zurückgehen. So verwelken z. B. Pflanzen, welche mit verschiedenen Fusariumarten *(F. avenaceum, F. oxysporum, F. gibbosum* oder *F. roseum)* infiziert worden sind. Dieses Erscheinungsbild geht auf die von den Pathogenen gebildeten Toxine Enniatin A und B zurück. Enniatin B ist ein Cyclohexadepsipeptid, bestehend aus D-2-Hydroxyisovalerinsäure (Abb. 76) und einer N-Methyl-L-Aminosäure (s.u.), welche regelmäßig über eine „Kopf-Schwanz"-Verknüpfung miteinander verbunden sind.

D-2-Hydroxyisovalerinsäure

Enniatin B:
$R = -CH(CH_3)_2$

Abb. 76: Strukturkomponenten von Enniantin B.

Dieses Toxin erhöht auf Grund seines ionophoren Charakters die Permeabilität biologischer Membranen, was den Wasserverlust und das Verwelken der infizierten Pflanzen erklären könnte.
Weiterhin beobachtet man bei einigen Bakterienarten die Bildung von Kohlenhydraten oder die Synthese von Glycopeptiden im Wirtsgewebe. Diese Polymere können das Lumen von Xylemelementen „verstopfen" oder die Poren der Tüpfel von Xylemelementen undurchlässig machen, so daß zwischen diesen Wasserleitbahnen der Wasseraustausch unterbunden wird. Solche Pathogene sind damit in der Lage, den Wasserhaushalt ihrer Wirtspflanze negativ zu beeinflussen.
Nach der Infektion von Apfelstücken mit *Erwinia amylovora* kann man von der Oberfläche des befallenen Gewebes das Polysaccharid Amylovorin gewinnen. Es besteht zu 98 % aus Galactose und zu einem geringen Prozentsatz aus Aminosäuren. Das Molekulargewicht ist etwa 165.000. Die Spaltung des Polymers durch saure Hydrolyse zerstört die Toxizität von Amylovorin. Corynebakterien sind ebenfalls in der Lage, Polysaccharide zu bilden, die durch Verstopfung der Wasserleitbahnen das Verwelken ihrer Wirtspflanzen verursachen.
Corynebacterium michiganese pv. sepedonicum bildet ein Glycopeptid mit einem Molekulargewicht von 5×10^6. Es besteht zu 40 % aus Fucose, zu 20 % aus Glucose und Galaktose sowie Spuren von Mannose und Rhamnose. Ein kurzes Peptid ist über Threonin glycosidisch mit dem Polysaccharidanteil verknüpft. Trennt man das Peptid enzymatisch vom Glycopeptid ab, so bleibt die Toxizität des Polymers erhalten. Dies deutet daraufhin, daß die toxische Wirkung des Glycopeptids auf den Polysaccharidanteil zurückzuführen ist. Das Verwelken von Ulmen nach Infektion mit *Ceratocystis ulmi* wird durch die Bildung eines kleinen Proteins, mit einem Molekulargewicht um 10.000 hervorgerufen.
Interessant sind die physikalischen Eigenschaften dieses Proteins. Eine Aggregation zu einer höher molekularen Verbindung kann durch physikalische Veränderungen, wie z. B. Abkühlung oder Durchströmen der Proteinlösung mit Gas, erreicht werden und ist reversibel.
Die ungewöhnlichen Eigenschaften dieses Proteins könnten möglicherweise eine Rolle bei der Symptomausbildung spielen. Neben Membranzerstörungen und der Abtrennung ganzer Pflanzenteile von ihrer Wasserversorgung können Toxine auch durch ihren Einfluß auf die Regulation der Stomaapertur Verwelkungserscheinungen bei Pflanzen induzieren. So kann z. B. das von *Fusicoccum amygdali* gebildete Fusicoccin (FC) in einer Konzentration von 10^{-5}M das Öffnen der Stomata im Licht und im Dunkeln induzieren. Dadurch steigt die Transpiration bei behandelten Pflanzen an, was sich in einem erhöhten Wasserverlust und schließlich im Verwelken der Versuchspflanzen ausdrückt. Untersuchungen haben gezeigt, daß ein

durch FC stimulierter K^+-Einfluß in die Schließzellen für das Öffnen der Stomata verantwortlich ist. Aus Struktur-Aktivitätsuntersuchungen bei Tomatenpflanzen wird die Bedeutung von drei entscheidenden Strukturmerkmalen des Fusicoccinmoleküls für die Einleitung der Welke ersichtlich:

1. Wird die OH-Gruppe an C-Atom 12 im FC acetyliert, so ist die Aktivität des Moleküls stark reduziert.
2. Wird die Acetylgruppe am C-Atom 19 des Aglyconanteils entfernt, so ist die Aktivität ebenfalls erniedrigt.
3. Das Aglycon selbst spielt bei den Verwelkungserscheinungen eine entscheidende Rolle. Nach der Abtrennung der Glucoseeinheiten zeigt es selbst noch eine starke Aktivität.

Weiterhin ist Fusicoccin in der Lage, das Längenwachstum von Erbsen-Internodien zu induzieren, wobei der molekulare Mechanismus mit dem der Indolessigsäure vergleichbar ist (vgl. S. 244). Fusicoccin stimuliert ebenfalls das Wurzelspitzenwachstum von Maispflanzen, wobei der Protonenausfluß in die Zellwand mit einem K^+-Einfluß in das Wurzelgewebe gekoppelt ist.

Hormonaktivität

Malformine

Kulturfiltrate einiger *Aspergillus niger*-Stämme enthalten zyklische Pentapeptide, Malformine genannt, die Phytohormoncharakter besitzen. Sie stimulieren z. B. die Wurzelhaar- und Seitenwurzelbildung, hemmen jedoch die Adventivwurzelbildung und das Längenwachstum von Wurzeln. Trägt man Malformine auf den Vegetationspunkt der Bohne auf, so beobachtet man die für Malformine typischen Wachstumsstörungen, wobei das Wachstum des ersten und zweiten Internodiums stark gehemmt wird. Weiterhin kann es zur Verdickung von Internodien kommen; ebenso ist ein Abkrümmen der Blätter nach unten nicht selten. Malforminbehandlung bei *Phaseolus aureus* führt zum Abfallen der Primärblätter im Dunkel.

Die oben erwähnten Wachstumsstörungen und die Abszission von Blättern erfolgen möglicherweise über das Pflanzenhormon Ethylen, welches selbst Abszission zu induzieren vermag. Außerdem zeigte sich, daß Vegetationspunkte von *Phaseolus vulgaris* nach Behandlung mit Malformin verstärkt Ethylen bilden.

Für die Aktivität der Malformine ist sowohl eine Disulfidbrücke als auch die Anfangssequenz D-Cys-D-Cys-L-Val des Pentapeptids erforderlich.

Cytokinine (Purinderivate)

Disorganisiertes Pflanzenwachstum, das durch verschiedene bakterielle Pathogene hervorgerufen wird, geht in vielen Fällen auf die Bildung von cytokininaktiven Molekülen zurück. Unter Cytokininen versteht man Pflanzenhormone, welche sich vom Puringerüst ableiten und u. a. Zellteilungen induzieren können (vgl. S. 32). Auf Grund der Bildung solcher Wachstumsregulatoren durch das Pathogen während der Infektion würde es zu Hormonstörungen im Wirtsgewebe kommen, was sich in den verschiedenen Krankheitssymptomen ausdrücken könnte.

Pflanzen, die mit *Corynebacterium fascians* infiziert sind, bilden im Vergleich zu Kontrollpflanzen mehr Wurzeln aus, die oft noch verdickt und fleischig sind.

Für diese Wurzelmißbildung macht man die durch das Pathogen gebildeten Cytokinine (Tab. 11) verantwortlich.

Indolylessigsäure

Das Auxin Indolyl-3-essigsäure, ein Wachstumsregulator in Höheren Pflanzen (vgl. S. 30), wird in wäßriger Kultur von verschiedenen Bakterien gebildet, z. B. von den Pathogenen *Agrobacterium tumefaciens* oder *Pseudomonas savastanoi*. Nach der Infektion von Wirtspflanzen mit einem dieser Pathogene beobachtet man während der Symptomausbildung im infizierten Gewebe (Tumoren, Gallen) einen Anstieg der endogenen Indolessigsäurekonzentration.

Bei Mutanten von *Pseudomonas savastanoi*, dem Erreger der Gallenbildung bei Oliven- oder Oleanderpflanzen, wird die Beteiligung der Indolessigsäure bei der Wachstumssteuerung des Gewebes deutlich.

Tab. 11: Cytokinine aus *Corynebacterium fascians* (nach Mitchell[105]).

Purine: 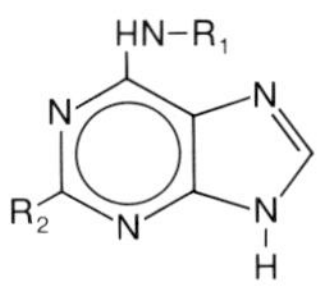	R_1	R_2
6-(3-Methyl-2-butenylamino)purin	$-CH_2-CH=C(CH_3)(CH_3)$	H
6-(Methylamino)purin	$-CH_3$	H
6-(4-Hydroxy-3-methyl-2-butenylamino)purin (cis-Zeatin)	$-CH_2-CH=C(CH_2-OH)(CH_3)$	H
6-(4-Hydroxy-3-methyl-cis-2-butenylamino)-2-methylthiopurin	$-CH_2-CH=C(CH_2-OH)(CH_3)$	$-S-CH_3$

Bei Mutanten, die gegenüber α-Methyltryptophan, einem Hemmstoff des Indolessigsäurebiosyntheseweges, resistent sind, wurde ein abgeänderter Biosyntheseweg für Indolessigsäure gefunden. Solche Mutanten können in Anwesenheit des Hemmstoffes IES in infiziertem Gewebe akkumulieren und die Gallenbildung induzieren. Dagegen können nicht-resistente Mutanten weder Indolylessigsäure bilden noch krankhafte Wachstumsänderungen im Wirtsgewebe hervorrufen.

Chelatoren

Aspergillomarasmin A/B

Die Toxine Lycomarasmin von *Fusarium oxysporum* und Aspergillomarasmin A und B von *Aspergillus flavus-oryzae* und *Colletotrichum gloeosporioides* sind für die Bildung der Nekrosen und für das Verwelken infizierter Pflanzen verantwortlich. Entscheidend für die Toxizität obiger Verbindungen ist wahrscheinlich ihre Fähigkeit, Eisenionen zu binden. Dadurch könnten eisenabhängige Enzyme (Eisen als Kofaktor) inaktiviert werden. Für diese Annahme spricht der Befund, daß eine Korrelation zwischen den Welkesymptomen und der Fähigkeit, Eisen zu komplexieren, festgestellt werden konnte. Außerdem kann man durch Zugabe von Eisen die Toxizität der Pilzmetabolite erheblich erniedrigen. Für die Chelatoreigenschaft werden die benachbarten NH-Gruppen der Toxine verantwortlich gemacht.

$$CH_3{-}CH=CH{-}(C{\equiv}C)_4{-}CH_2{-}CH_3$$

Abb. 77: Ein Polyacetylen von *C. tinctorius* L.

Suppressor der hypersensitiven Reaktion

Brefeldin A

Alternaria carthami, der Erreger der Blattfleckenkrankheit bei der Färberdistel *Carthamus tinctorius* L., bildet mehrere Toxine, von denen Brefeldin A für die Pathogenität von *A. carthami* von entscheidender Bedeutung ist.

Das Pathogen besitzt allerdings auch einen Zellwandelicitor (ein Glucan), welcher in Zellwandkulturen der Färberdistel Phytoalexine des Polyacetylen-Typs induzieren kann, z. B. Tri-(2)-en-tetra-(4,6,8,10)-in (Abb. 77).

Inkubiert man obige Zellkulturen gleichzeitig mit dem Elicitor und dem Toxin Brefeldin A, so wird die Phytoalexinbildung teilweise unterdrückt. Das bedeutet, daß Brefeldin A als Suppressor der hypersensitiven Reaktion wirkt.

Wahrscheinlich wird es dem Pathogen *A. carthami* so ermöglicht, über die Unterdrückung der Phytoalexininduktion durch Brefeldin A in den Wirt einzudringen und in ihm zu parasitieren.

Auf Grund der unterschiedlichen Struktur von Elicitor und Toxin ist es nicht anzunehmen, daß Brefeldin A kompetitiv mit dem Elicitor an der Rezeptorstelle der Wirtspflanze reagiert. Wahrscheinlicher ist die Annahme, daß durch Brefeldin A einige Schlüsselenzyme der Phytoalexinbildung gehemmt werden.

Neben der Supressorwirkung von Befeldin A ist auch die Wachstumshemmung der Färberdistel durch das Toxin von Bedeutung. Möglicherweise sind beide Effekte des Toxins für eine erfolgreiche Besiedlung der Färberdistel durch *A. carthami* mitentscheidend.

Die Rolle von wirtsspezifischen Toxinen bei Wirt-Parasit-Beziehungen

Einleitung

Die Wirtsspezifität von Pathogenen kann im Vergleich zu den im Kapitel „Nicht-wirtsspezifische Toxine" diskutierten Mechanismen darauf beruhen, daß für die Ausbildung der Spezifität die Synthese von Toxinen durch das Pathogen mitentscheidend ist, welche es ihm erlauben, ganz bestimmte Wirtspflanzen zu befallen.

Im folgenden Kapitel soll auf die Struktur und vor allem auf den molekularen Wirkungsmechanismus solcher spezifischer Toxine (sofern dieser bekannt ist) näher eingegangen werden (Tab. 12).

HMT-Toxin (Nr. 1)

Infiziert man Maispflanzen mit dem Pilz *Helminthosporium maydis* Rasse T, so beobachtet man nach einigen Tagen Chlorosen und Nekrosen. Außerdem tritt eine Wachstumshemmung im Vergleich zu nicht behandelten oder resistenten Pflanzen auf.

Für die Ausbildung dieser Symptome ist das HMT-Toxin, ein lineares Polyketol, verantwortlich. Das HMT-Toxin reagiert primär wie viele andere Toxine mit Membranen, so z. B. mit dem Tonoplasten oder dem Plasmalemma.

6 Stunden nach Toxinbehandlung kommt es zur Zerstörung des Tonoplasten und zum Inonenausfluß aus den Zellen.

Besonders auffallend sind die Einflüsse des HMT-Toxins auf bestimmte Aktivitäten von Mitochondrien:

Bereits 30 bis 60 Minuten nach der Toxinbehandlung kann man eine verringerte ATP-Bildung messen, die nach 10 Minuten auf 20 % der ursprünglichen Rate abgefallen ist. Parallel dazu ist die NADH-Oxidation stimuliert. Weiterhin wird durch das HMT-Toxin sowohl die Malat- als auch die Succinatoxidation in isolierten Mitochondrien gehemmt, letztere allerdings nur, wenn die Versuche in einem KCl-haltigen Medium durchgeführt werden.

All diese Symptome sind auf die Interaktion zwischen dem Toxin und der inneren Mitochondrienmembran zurückzuführen. Letztere wird in der ersten Phase durch das Toxin für kleine Moleküle durchlässiger, wobei z. B. NAD^- aus der Matrix der Mitochondrien ausströmt. Somit geht das Cosubstrat der Malatdehydrogenase verloren, was deren Hemmung durch das HMT-Toxin erklärt. Allerdings kann auch KCl in die Mitochondrien einströmen, das wiederum zur direkten Hemmung der Succinatdehydrogenase führt, die an der inneren Mitochondrienmembran gebunden ist.

Durch das „Leckwerden" der inneren Mitochondrienmembran, dem Ort der Atmungskette, geht der für die oxidative Phosphorylierung notwendige Protonengradient verloren.

Aus dieser Erkenntnis heraus wird die Wirkung des HMT-Toxins als Entkoppler der mitochondrialen Atmung verständlich (vgl. S. 276).

All diese Effekte des HMT-Toxins auf die Mitochondrien sind reversibel. Entfernt man das Toxin, so werden die Mitochondrien wieder funktionstüchtig. Dies läßt auf eine nicht-spezifische Bindung an einen mitochondrialen Rezeptor für das HMT-Toxin schließen.

Das HMT-Toxin verhindert weiterhin die K^+-Aufnahme in die Nebenzellen der Schließzellen von Stomata. Dadurch wird die Öffnung der Stomata im Licht unterbunden, was wiederum die gehemmte CO_2-Fixierung durch das HMT-Toxin erklären

Tab. 12: Wirtspezifische Toxine (nach Kono et al.[106]).

Nr.	Name	Pathogen	Struktur	Wirt
1	T-Toxin (HMT-Toxin)	*Helminthosporium maydis* Rasse T	lineares Polyketol	Mais
2	HV-Toxin	*Helminthosporium victoriae*	Terpenabkömmling (Victoxin) + unbekannte Komponente	Hafer
3	HS-Toxin	*Helminthosporium sacchari*	der Zuckerteil besteht aus vier β-Galaktofuranosideinheiten 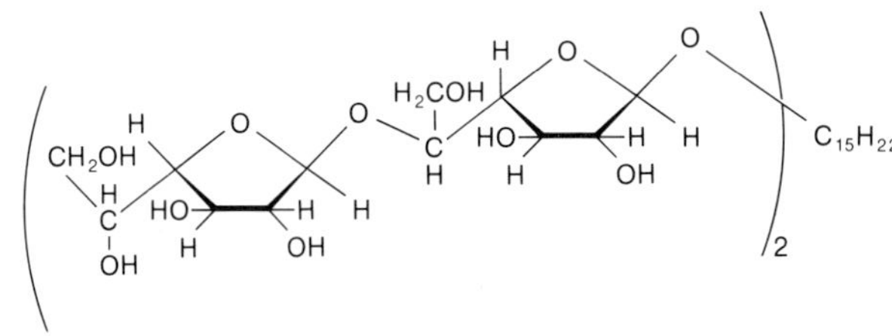	Zuckerrohr
4	PC-Toxin	*Periconia circinata*	Peptid (Alanin, Asparaginsäure, Glutaminsäure, Serin)	Hirse
5	HC-Toxin	*Helminthosporium carbonum*	möglicherweise zyklisches Peptid aus Alanin, Prolin u. a.	Mais
6	AK-Toxin	*Alternaria kikuchiana*	unbekannt	Birne
7	AM-Toxin I, II, III	*Alternaria mali*	zyklisches Peptid 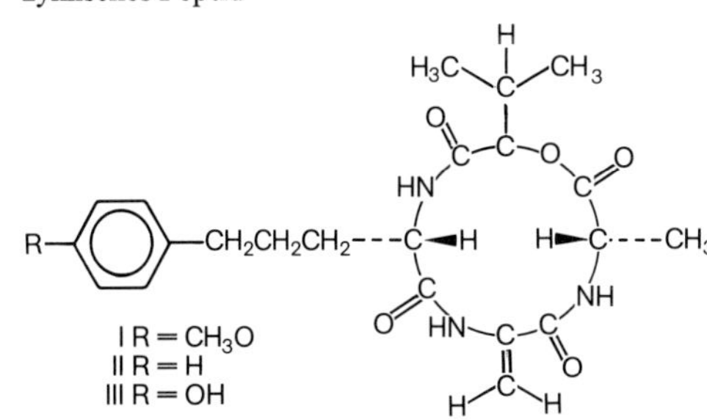	Apfel

könnte. Das nachfolgende Schema soll die verschiedenen Wirkungen des HMT-Toxins auf die Pflanze zusammenfassen (Abb. 78).

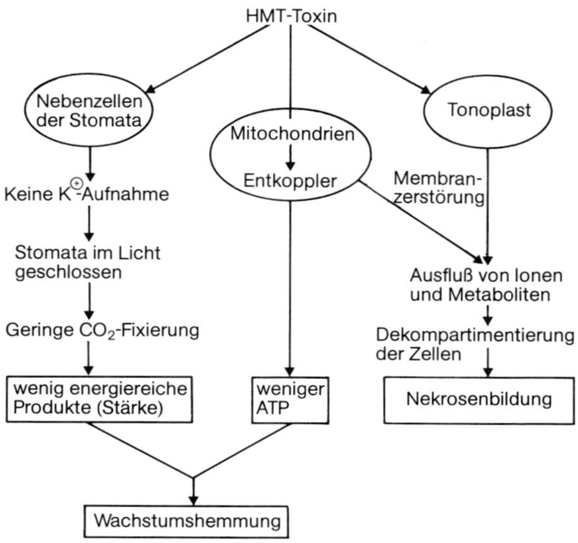

Abb. 78: Wirkungsweise des HMT-Toxins.

Victorin (HV-Toxin)

Behandelt man Hafergewebe mit Victorin, so kann man nach etwa sechs Stunden einen starken Elektrolytverlust messen. Während dieses Zeitraumes kommt es zur Zerstörung der Protoplasten, was sich an strukturellen Veränderungen im Golgiapparat, im endoplasmatischen Retikulum und bei Mitochondrien feststellen läßt und zu einem Anstieg der Sauerstoffaufnahme führt. Außerdem verursacht das HV-Toxin neben einer Hemmung der Proteinbiosynthese auch eine allgemeine Wachstumshemmung. Auch der Verschluß der Stomata ist auf das Toxin zurückzuführen. All diese Effekte treten nur bei anfälligen Haferpflanzen auf, resistente Pflanzen zeigen keine Krankheitssymptome.
Versuche mit isolierten Organellen haben gezeigt, daß ein Großteil der Symptome nicht auf eine direkte, sondern vielmehr auf eine indirekte Toxinwirkung zurückgeht: So kann man die durch das Toxin gesteigerte Respiration nur in empfindlichem Gewebe messen. Isolierte Mitochondrien zeigen dagegen nach Toxinbehandlung weder eine verstärkte Sauerstoffaufnahme noch eine erhöhte Phosphorylierung.
Die erste schnelle Wirkungsweise des Toxins ist sicherlich die Interaktion mit der Plasmamembran und deren nachfolgende Zerstörung. Dafür spricht unter anderem die Tatsache, daß mit Victorin behandelte Zellen nicht mehr zur Plasmolyse fähig sind. Auch das frühzeitige Auslaufen der Vakuole ist ein Indiz für eine Reaktion des Toxins mit dem Tonoplasten. Diese primären Membranzerstörungen könnten der Auslöser für einige der oben angeführten Symptome sein.
Behandelt man anfälliges Hafergewebe mit Cycloheximid (einem Hemmstoff der Proteinbiosynthese), so spricht das Gewebe nicht mehr auf das Toxin Victorin an. Aus diesem Ergebnis schließt man, daß am Plasmalemma möglicherweise ein spezifisches Rezeptorprotein für das Victorin existiert bzw. neu gebildet wird. Die spezifische Wechselwirkung zwischen Victorin-Rezeptor und Toxin mag die Voraussetzung für die Ausbildung der Symptome sein. Bei resistenten Pflanzen dagegen dürften solche Rezeptoren wahrscheinlich nicht vorhanden sein.
Allerdings hat man bis heute solche spezifischen Rezeptoren noch nicht finden können. Eine Erklärung hierfür könnte eine schnelle Metabolisierung dieser Rezeptoren sein, was eine Bestimmung nach ihrer Extraktion unmöglich machen würde. Das Toxin Victorin setzt sich aus zwei Komponenten zusammen: einem Protein (Pentapeptid) und einer N-O enthaltenden heterozyklischen Verbindung, dem „Victoxinin". Das Pentapeptid besteht aus den Aminosäuren Valin, Leucin, Asparaginsäure, Glutaminsäure und Glycin. Interessant ist die Tatsache, daß der Toxinanteil „Victoxinin" selbst toxisch ist, allerdings in einem viel geringerem Ausmaß als das Gesamttoxin. Außerdem sprechen anfällige wie resistente Haferpflanzen auf Victoxinin an, d. h. bei Abwesenheit des Pentapeptids geht die Wirtsspezifität verloren.
Die Empfindlichkeit von Haferpflanzen gegenüber Victorin ist im sog. „Victoria-Gen" genetisch fixiert und wird dominant vererbt.

HS-Toxin (Helminthosporosid)

Infiziert man Zuckerrohrblätter mit dem Pilz *Helminthosporium sacchari*, so kommt es zur Bildung von augenförmigen, nekrotischen Flecken auf den Blättern, von denen aus sich braune, strahlenförmige Ausläufer („runners"; ebenfalls nekrotisiertes Gewebe) zu den Blattspitzen hinziehen.
Diese Symptome werden mit dem Begriff „eye spot disease" (Augenfleckenkrankheit) bezeichnet. Aus der Tatsache, daß der Pilz nur innerhalb der nekrotischen Flecken zu finden ist und nicht in den „Runners", schloß man auf die Mitwirkung eines Toxins bei der Symptomausbildung.
30 Minuten nach Toxinbehandlung kommt es in Zuckerrohrblättern zu Wasseransammlungen im Gewebe und zur Bildung von Wassertropfen auf beiden Seiten der Blätter. Nach etwa 1 Stunde kann man Veränderungen in der Ultrastruktur der Chloroplasten beobachten.
Für den Wirkungsmechanismus des HS-Toxins wird ein spezifischer Rezeptor am Plasmalemma von anfälligen Wirtspflanzen verantwortlich gemacht. Der erste Hinweis hierfür war der Befund, daß ein geringer Teil radioaktiv markierten ^{14}C-Helminthosporosids nur an anfälliges Gewebe, jedoch nicht an resistentes Gewebe gebunden wird. Es ist gelungen, dieses Rezeptorprotein aus Membranfragmenten anfälliger Pflanzen zu isolieren und zu charakterisieren. Das Rezeptorprotein besitzt ein Molekulargewicht zwischen 45 Kd und 49 Kd, besteht aus vier Untereinheiten und weist zwei Toxinbindungsstellen pro Molekül auf.
Aus resistentem Gewebe konnten ebenfalls ähnliche Proteinrezeptoren gewonnen werden, sie zeigen jedoch keine Bindungsaktivität gegenüber Helminthosporosid. Diese Rezeptoren unterscheiden sich wahrscheinlich nur in vier Aminosäureresten von denen aus empfindlichen Wirtspflanzen. Ein guter Hinweis für die Annahme, daß die Bindung zwischen Toxin und spezifischem Rezeptor für die Anfälligkeit notwendig sein könnte, zeigt folgender Versuch: Es wurden Membranpräparationen von anfälligen und resistenten Zuckerrohrarten auf ihre Fähigkeit, Helminthosporosid zu binden, untersucht. Es konnte nachgewiesen werden, daß nur Membranpräparationen aus anfälligen Arten das Toxin binden können und nicht solche aus resistenten Sorten (Tab. 13).
Weiterhin konnte gezeigt werden, daß das Toxin in Membranfraktionen, die aus anfälligem Gewebe gewonnen wurden, eine Stimulierung der K^+-Mg^{++}-ATPase hervorruft. Möglicherweise wird durch das Toxin die ionenregulierende Aktivität dieses Membranenzyms gestört, was sich in einer gesteigerten Ionenaufnahme in die Zellen äußern würde. Der osmotische Wert in den Zellen müßte auf Grund der erhöhten Ionenkonzentration ansteigen, so daß es zu einem zusätzlichen Wassereinfluß in die Zellen und schließlich zum Bersten der Protopla-

sten käme. Genau dieses Phänomen kann man bei anfälligen Protoplasten nach Toxinbehandlung beobachten: Sie schwellen an und platzen schließlich.

Tab. 13: Bindung des HS-Toxins an einen endogenen Rezeptor bei verschiedenen Zuckerrohrrassen (nach Strobel[107]).

	Zuckerrohr-rassen	Bindung des HS-Toxins in: [nmol/mg Protein]
resistent	H 50–7209	0,00
	222	0,08
anfällig	51 NG 97	1,58
	CP 50–28	1,80
	CP 52–68	2,40
	736	1,30
	CP 62–258	1,10

Aus der Tatsache, daß das Rezeptorenprotein keine ATPase-Aktivität zeigt und die ATPase kein Toxin binden kann, muß man auf eine indirekte Wirkung zwischen dem Toxin und der Aktivierung der Membran-ATPase schließen. Möglicherweise kommt es zu einer Konformationsänderung des Rezeptorproteins während der Bindung des HS-Toxins an das Protein. Diese Konformationsänderung könnte eine Phasenverschiebung in der doppelschichtigen Membran zur Folge haben, was wiederum die membrangebundene ATPase aktivieren könnte. Für die Annahme, daß das Rezeptorprotein die primäre Angriffsstelle für das Toxin ist, spricht folgender Befund: Resistente Zuckerrohrprotoplasten werden nach gleichzeitiger Behandlung mit Helminthosporosid und Rezeptorprotein anfällig. Dies drückt sich dadurch aus, daß nach etwa 3 Stunden 70 % der behandelten Protoplasten geplatzt sind. Behandlung mit dem Toxin allein bzw. mit dem Rezeptorprotein allein zeigt keinen Einfluß auf die Protoplasten (Abb. 79).

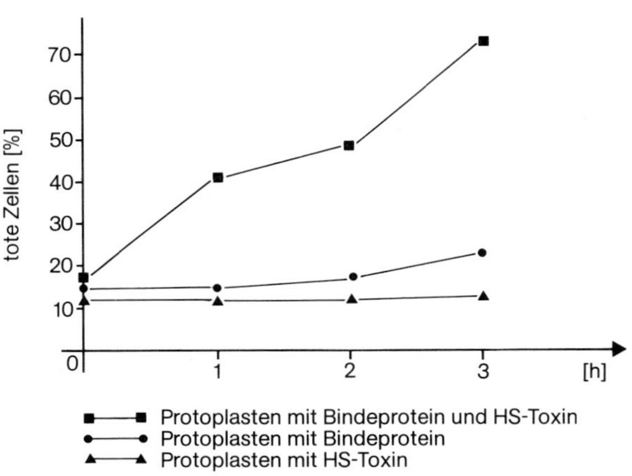

Abb. 79: Der Einfluß von Bindeprotein und HS-Toxin auf Zuckerrohrprotoplasten (nach Strobel[108]).

PC-Toxin

Der Pilz *Periconia circinata* dringt über die Wurzeln in anfällige Hirsepflanzen ein. Sowohl für das Eindringen als auch für die Zerstörung des Wirtsgewebes wird das vom Pilz synthetisierte PC-Toxin verantwortlich gemacht.

Überraschend ist die Beobachtung, daß der Pilz sich innerhalb der ersten vier Tage rasch im Wirtsgewebe ausbreitet, ohne Wirtszellen zu zerstören. Möglicherweise ist die während der ersten Phase freigesetzte Toxinmenge nicht hoch genug, um Zellen zerstören zu können. Während der späteren Penetrationsphase kommt es zu einem starken Elektrolytausfluß, vor allem an K^+-Ionen, aus den befallenen Zellen. Das PC-Toxin hat weder einen Einfluß auf isolierte Mitochondrien, Chloroplasten oder Zellkerne, noch konnte ein Einfluß auf die Proteinbiosynthese festgestellt werden.
Cycloheximidbehandlung von Wirtsgeweben führt zu Unempfindlichkeit gegenüber dem PC-Toxin. Die Empfindlichkeit kehrt allmählich wieder zurück, nachdem der Proteinbiosynthesehemmstoff entfernt worden ist.
Möglicherweise ist auch in diesem Fall für die Ausbildung der Symptome die Synthese eines spezifischen Rezeptorproteins im Wirt verantwortlich. Für diese Annahme spricht, daß Uranyl-Ionen, die an das Plasmalemma binden, Gewebe anfälliger Rassen gegenüber dem Toxin schützen. Beim PC-Toxin handelt es sich um ein Peptid, das aus Alanin, Asparaginsäure, Glutaminsäure und Serin im Verhältnis 3 : 2 : 1 : 1 zusammengesetzt ist.

HC-Toxin

Der Pilz *Helminthosporium carbonum* und das von ihm gebildete Toxin (HC-Toxin) sind deshalb von besonderem Interesse, weil sie neben ihren zerstörenden Wirkungen auch stimulierende Einflüsse auf empfängliche Maispflanzen ausüben.
Infizierte, anfällige Maispflanzen zeigen einen signifikanten Anstieg in der Sauerstoffaufnahme, ebenso ist die Fähigkeit, CO_2 im Dunkeln zu fixieren (über die PEP-Carboxylase) gesteigert. Im Verlauf der Infektion sinkt die anfänglich stimulierte CO_2-Fixierungsrate jedoch unter den Wert der Kontrolle, was wahrscheinlich auf die Anhäufung von Inhibitoren der CO_2-Reduktion zurückgeht. Entfernt man letztere, so erhält man die bereits erwähnte gesteigerte Rate zurück. Etwa 24 h nach Infektionsbeginn kommt es zum Ausfluß von Elektrolytlösung aus dem Gewebe, was auf eine Membranstörung schließen läßt.
Die gleichen Symptome können auch nach einer Toxinbehandlung beobachtet werden. Zellfreie Extrakte von Toxinbehandeltem Gewebe zeigen eine gesteigerte CO_2-Aufnahme, wenn Ribose-5-phosphat als Substrat verwendet wird. Das gleiche Ergebnis erzielt man mit Gewebe, welches mit dem Pathogen infiziert worden ist. Dieser Befund könnte darauf hindeuten, daß der Pilz möglicherweise über das Toxin die Enzyme Ribulosephosphat-Kinase oder Pentosephosphat-Isomerase aktiviert.
Das HC-Toxin zeigt weder einen Einfluß auf Mitochondrien, Chloroplasten noch auf die Proteinbiosynthese. Dagegen beobachtet man bei niedrigen HC-Konzentrationen neben einer Wachstumsstimulierung bei Maiskeimlingen auch eine erhöhte Nitrataufnahme durch die Wurzeln. Außerdem tritt eine erhöhte Aufnahme und Speicherung von Na^+, Cl^-, Methylglucose und Leucin auf. Das HC-Toxin übt keinen Einfluß auf die Aufnahme oder Speicherung von K^+, Ca^{2+}, PO_4^{3-}, SO_4^{2-} oder Glutaminsäure aus.
Diese Ergebnisse führen zum Schluß, daß die Plasmamembran durch das HC-Toxin spezifisch verändert wird, daß es aber wahrscheinlich nicht zu einer generellen Zerstörung der Membran kommt, wie es z. B. beim HV-Toxin (s. o.) der Fall ist. Auf Grund dieser Symptome scheinen die Mechanismen der Schädigung beider Toxine eng miteinander verwandt zu sein.
Das HC-Toxin stellt wahrscheinlich ein zyklisches Peptid dar, das sich u. a. aus den Aminosäuren Alanin und Prolin zusammensetzt.

AK-Toxin

Das wirtsspezifische AK-Toxin, das von *Alternaria kikuchiana* gebildet wird, verursacht bei Birnen ein schnelles Ausfließen von Ionen und Metaboliten aus behandeltem Gewebe und letztlich eine Nekrotisierung der Blattadern. Eine Vorbehandlung des Gewebes mit Disulfidverbindungen führt zu einem verringertem Elektrolytausfluß durch nachfolgende Toxinbehandlung. Diese Schutzreaktion kann durch oxidierte Verbindungen vollständig aufgehoben werden. Möglicherweise sind Disulfidgruppen in oder an den Zellen für die Toxinwirkung von Bedeutung, da sie evtl. als spezifische Rezeptoren in anfälligen Pflanzen dienen.

Eine weitere toxische Verbindung, Altenin genannt, konnte aus *Alternaria kikuchiana* isoliert werden. Dieses Toxin ist eine Furanose mit der Summenformel $C_7H_4O_6$. Allerdings konnte für diese Verbindung keine Wirtspezifität nachgewiesen werden.

Neuere Untersuchungen zeigen, daß von *Alternaria kikuchiana* mindestens drei wirtsspezifische Toxine gebildet werden, von denen zwei für die Nekrosenbildung verantwortlich sind. Die Strukturen der einzelnen Toxine sind jedoch noch nicht aufgeklärt.

AM-Toxin

Alternaria mali bildet drei verschiedene wirtsspezifische Toxine, wobei alle drei cyclische Peptide sind. Das AM-Toxin (Nr. I) besteht aus L-Alanin, L-α-Hydroxyisovaleriansäure, L-α-Aminoacrylsäure und aus L-α-Amino-5-pentanonsäure. Die einzelnen AM-Toxine unterscheiden sich dadurch, daß AM-Toxin Nr. II anstelle der Methoxygruppe ein H-Atom und das Toxin Nr. III statt des H-Atoms eine Hydroxylgruppe trägt. Die obigen Toxine verursachen in einer Konzentration von 0,2 ng/ml die Nekrotisierung der Blattadern anfälliger Apfelblätter.

Möglicherweise wird die Nekrotisierung wiederum durch die Dekompartimentierung der Zellen eingeleitet. Detaillierte Angaben über den Wirkungsmechanismus der AM-Toxine liegen noch nicht vor.

Literatur

[1] Bateman, D. F. (1975): Plant Physiol. 4, 316–321.

[2] Keegstra, K., Talmadge, K. W., Bauer, W. D., Albersheim, P. (1973): Plant Physiol. 51, 188–196.

[3] Sargent, J. A., Tommerup, I. C., Ingram, D. S. (1973): Physiol. Plant Pathol. 3, 231–239.

[4] Mendgen, K. (1978): Phytopathol. Z. 93, 295–304.

[5] McLean, F. (1921): Bull. Torrey Bot. Club 48, 101–105.

[6] Hill, R. (1951): Biochem. J. 49, 332–336.

[7] Kauss, H., Waldmann, T., Quader, H. (1990): In: Ranjeva, R., Boudet, A. M. (eds.): Signal Perception and Transduction in Higher Plants. Springer-Verlag Berlin, Heidelberg, NATO ASI Series, Vol. 47, 117–131.

[8] Bol, J. F. (1990): Ann. Rev. Phytopathol. 28, 113–126.

[9] Bowles, D. J. (1990): Ann. Rev. Biochem. 59, 873–907.

[10] Boller, T. (1987): In: Key, J. L., Kosuge, T. (eds): Plant-Microbe-Interactions Vol. 2, 385–413.

[11] Van Loon, L. C., van Kammen, A. (1970): Virology 40, 199–211.

[12] Martin, M. N. (1991): Plant Physiol. 95, 469–476.

[13] Mauch, F., Staehelin, L. A. (1989): The Plant Cell 1, 447–457.

[14] Benhamou, N., Lafitte, C., Barthe, J. P., Esquerre-Tugaye, M. T. (1991): Plant Physiol. 97, 234–244.

[15] Schlumbaum, A., Mauch, F., Voegeli, U., Boller, Th. (1986): Nature 324, 365–367.

[16] Mauch, F., Mauch-Mani, B., Boller, Th. (1988): Plant Physiol. 88, 936–942.

[17] Woloshuk, C. P., Meulenhoff, J. S., Sela-Buurlage, M., van den Elzen, P. J. M., Cornelissen, B. J. C. (1991): The Plant Cell 3/6, 619–628.

[18] Voisey, Ch. R., Slusarenko, A. J. (1989): Physiol. Plant. Pathol. 35, 403–412.

[19] Vogelsang, R., Barz, W. (1990): Z. Naturforsch. 45 c, 233–239.

[20] Mauch, F., Hadwiger, L. A., Boller, T. (1984): Plant Physiol. 76, 607–611.

[21] Neuhaus, J. M., Goy, P. A., Hinz, U., Flores, S., Meins, F. (1991): Plant Mol. Physiol. 16, 460–465.

[22] Keen, N. T., Yoshikawa, M. (1983): Plant Physiol. 71, 460–465.

[23] Kurosaki, F., Tashiro, N., Nishi, A. (1988): Plant Cell Physiol. 29, 527–531.

[24] Madamanchi, N. R., Kuc, J. (1991): In: Cole, G. T., Hoch, H. C. (eds.) The Fungal Spore And Disease Initiation In Plant And Animals, Plenum Publishing Corporation, 347–362.

[25] Boller, Th., Metraux, J. P. (1988): Physiol. Plant Pathol. 33, 11–16.

[26] Metraux, J. P., Boller, Th. (1986): Physiol. Plant Pathol. 28, 161–169.

[27] Ye, X. S., Pan, S. Q., Kuc, J. (1990): Phytopathol. 80, 1295–1299.

[28] Christ, U., Moesinger, E. (1989): Physiol. Plant Pathol. 35, 53–65.

[29] Malamy, J., Carr, J. P., Klessing, D. F., Raskin, I. (1990): Science 250, 1002–1004.

[30] Yalpani, N., Silverman, P., Wilson, T. M. A., Kleier, D. A., Raskin, I. (1991): Plant Cell 3, 809–818.

[31] Enyedi, A. J., Yalpani, N., Silverman, P., Raskin, I. (1992): Proc. Natl. Acad. Sci. USA 89, 2480–2484.

[32] Raskin, I. (1992): Plant Physiol. 99, 799–803.

[33] Showalter, A. M., Bell, J. N., Cramer, C. L., Bailey, J. A., Varrner, J. E., Lamb, Ch. J. (1985): Proc. Natl. Acad. Sci. USA 82, 6551–6555.

[34] O'Connell, R. J., Brown, I. R., Mansfield, J. W., Bailey, J. A., Mazau, D., Rumeau, D., Esquerre-Tugaye, M. T. (1990): Mol. Plant-Microbe Interact. 3, 33–40.

[35] Rumeau, D., Mazau, D., Panabieres, F., Delseny, M., Esquerre-Tugaye, M. T. (1988): Physiol. Plant Pathol. 33, 419–428.

[36] Grand, C., Sarni, F., Lamb, Chr. J. (1987): Eur. J. Biochem. 169, 73–77.

[37] Kogel, G., Beissmann, B., Reisner, H. J., Kogel, K. (1988): Physiol. Plant Pathol. 33, 173–185.

[38] Kogel, G., Beissmann, B., Reisener, H. J., Kogel, K. (1991): Planta 183, 164–169.

[39] Müller, B., Börger, A. (1940): Arb. Biol. Reichsanstalt Landw. Forstw. 23, 189–193.

[40] Heller, W., Forkmann, G. (1988): In: Harborne, J. B. (ed.): The Flavonoids, Chapman and Hall Ltd. 11, London, 399–425.

[41] Cramer, C. L., Bell, J. N., Ryder, T. B., Bailey, J. A., Schuch, W., Bolwell, G. P., Robbins, M. P., Dixon, R. A., Lamb, C. J. (1985): The EMBO J. 4, 285–289.

[42] Fischer, D., Ebenau-Jehle, Chr., Grisebach, H. (1990): Phytochem. 29, 2879–2882.

[43] Hagmann, M. L., Heller, W., Grisebach, H. (1984): Eur. J. Biochem. 142, 127–131.

[44] Welle, R., Grisebach, H. (1991): Phytochem. 30, 479–484.

[45] Welle, R., Grisebach, H. (1988): Arch. Biochem. Biophys. 2263, 191–198.

[46] Tietjen, K. G., Hunkler, D., Matern, U. (1983): Eur. J. Biochem. Biophys. 263, 191–198.

[47] Tietjen, K. G., Matern, U. (1983): Eur. J. Biochem. 131, 409–413.

[48] Hamerski, D., Matern, U. (1988): Eur. J. Biochem. 171, 369–375.

[49] Hauffe, K. D., Hahlbrock, K., Scheel, D. (1986): Z. Naturforsch. 41 c, 228-239.

[50] Kuhn, D. N., Chappell, J., Bondet, A., Hahlbrock, K. (1984): Proc. Natl. Acad. Sci. USA 81, 1102–1106.

[51] Chappell, J., Hahlbrock, K. (1984): Nature 311, 76–78.

[52] Yang, Z., Heesung, P., George, H. L., Cramer, C. L. (1991): The Plant Cell 3, 397-405.

[53] Suzuki, H., Oba, K., Uritani, I. (1975): Physiol. Plant Pathol. 7, 265–276.

[54] Vögeli, U., Chappell, J. (1988): Plant Physiol. 88, 1291–1296.

[55] Bruce, R. J., West, Ch. A. (1982): Plant Physiol. 69, 1181–1188.

[56] Moesta, P., West, Ch. A. (1985): Arch. Biochem. Biophys. 238, 325–333.

[57] Smith, D. A. (1982): In: Bailey, J. A., Mansfield, J. W. (eds.) Phytoalexins. Blaackie, Glasgow, 218–247.

[58] Lyon, G. D., Bayliss, C. E. (1975): Physiol. Plant Pathol. 6, 177-1186.

[59] Giannini, J. L., Holt, J. S., Briskin, D. P. (1991): Plant Science 74, 203–211.

[60] Bailey, J. A., Rowell, P. M., Arnold, G. M. (1980): Physiol. Plant Pathol. 17, 329–339.

[61] Yoshikawa, M., Yamauchi, K., Masago, H. (1978): Physiol. Plant Pathol. 12, 73–82.

[62] Sela, I. (1981): TIBS 6, 62–66.

[63] Sharp, J. K., McNeil, M., Albersheim, P. (1984): J. Biol. Chem. 259, 11321–11336.

[64] Cheong, J. J., Birberg, W., Fuegedi, P., Pilotti, A., Garegg, P. J., Hong, N., Ogawa, T., Hahn, M. G. (1991): The Plant Cell 3, 127–136.

[65] Yoshikawa, M., Matama, M., Masago, H. (1981): Plant Physiol. 67, 1032–2035.

[66] Yoshikawa, M., Takeucho, Y., Horino, O. (1990): Physiol. Plant Pathol. 37, 367–376.

[67] Choeng, J. J., Hahn, M. G. (1991): The Plant Cell 3, 137–147.

[68] Cosio, E. G., Freey, T. H., Versuyn, R., van Boom, J., Ebel, J. (1990): FEBS 271 (1, 2), 223–226.

[69] Hagendoorn, M. J. M., Poortinga, A. M., Wong Fong Sang, H. W., van der Plas, L. H. W., van Walraven, H. S. (1991): Plant Physiol. 96, 1261–1267.

[70] Osswald, W. F., Ziebol, S., Elstner, E. F. (1985): Z. Naturforsch. 40 c, 427–481.

[71] Atkinson, M. M., Keppler, L. D., Orlandi, E. W., Baker, C. J., Mischke, C. F. (1990): Plant Physiol. 92, 215–221.

[72] Staeb, M. R., Ebel, J. (1987): Arch. Biochem. Biophys. 257, 416–421.

[73] Doke, N. (1983): Physiol. Plant Pathol. 23, 345–357.

[74] Doke, N. (1983): Physiol. Plant Pathol. 23, 359–367.

[75] Doke, N. (1987): In: Nishimura, S. (eds.) Molecular Determinants of Plant Diseases. Japan Sci. Soc. Press, Tokyo, Springer Verlag, Berlin, 236–367.

[76] Xin Li, W., Kodama, O., Akatsuka, T. (1991): Agric. Biol. Chem. 55, 1041–1047.

[77] Epperlein, M. M., Noronha-Dutra, A. A., Strange, R. N. (1986): Physiol. Plant Pathol. 28, 67–77.

[78] Apostol, I., Heinstein, P. F., Low, P. S. (1989): Plant Physiol. 90, 109–116.

[79] Hargreaves, J. A., Bailey, J. A. (1978): Physiol. Plant Pathol. 13, 89–100.

[80] Hargreaves, J. A., Selby, Chr. (1978): Phytochem. 17, 1099–1102.

[81] Dixon, R. A., Dey, P. M., Lawton, M. A., Lamb, Ch. J. (1983): Plant Physiol. 71, 251–256.

[82] Stekoll, M., West, Ch. A. (1978): Plant Physiol. 61, 38–45.

[83] Lee, S. C., West, Ch. A. (1981): Plant Physiol. 67, 640–645.

[84] Bruce, R. J., West, Ch. A. (1982): Plant Physiol. 69, 1181–1188.

[85] Jin, D. F., West, C. (1984): Plant Physiol. 74, 989.

[86] Farmer, E. F., Ryan, C. A. (1990): Proc. Natl. Acad. Sci. USA 87, 7713–7716.

[87] Montalabini, P., Elstner, E. F. (1977): Planta 135, 301–306.

[88] De Laat, A. M. M., van Loon, L. C. (1981): Plant Physiol. 68, 256–260.

[89] De Laat, A. M. M., van Loon, L. C. (1982): Plant Physiol. 69, 240–245.

[90] Yang, S. F., Hoffman, N. E. (1984): Ann. Rev. Plant Physiol. 35, 155–189.

[91] Paradies, I., Konze, J. R., Elstner, E. F., Paxton, J. (1980): Plant Physiol. 66, 1106–1109.

[92] Chappell, J., Hahlbrock, K., Boller, Th. (1984): Planta 161, 475–480.

[93] van Loon, L. C. (1977): Virology 80, 417–420.

[94] Boller, Th., Vögeli, U. (1984): Plant Physiol. 74, 442–444.

[95] Vögeli, U., Meins, F., Boller, Th. (1988): Planta 174, 364–372.

[96] Yoshikawa, M., Takeucho, Y., Horino, O. (1990): Physiol. Plant Pathol. 37, 367–376.

[97] Takeucho, Y., Yoshikawa, M., Takeba, G., Tanaka, K., Shibata, D., Horino, O. (1990): Plant Physiol. 93, 673–682.

[98] Ecker, J. R., Davis, R. W. (1987): Proc. Natl. Acad. Sci. USA 84, 5202–5206.

[99] Mauch, F., Hadwiger, L. A., Boller, Th. (1984): Plant Physiol. 76, 607–611.

[100] VanEtten, H. D., Matthews, D. E., Matthews, P. S. (1989): Ann. Rev. Phytopathol. 27, 143–164.

[101] Durbin, R. D. (1981): Toxins in Plant Disease. Academic Press, New York, London, San Francisco.

[102] Youngman, R. J., Schieberle, P., Schnabl, H., Grosch, W., Elstner, E. F. (1983): Photobiochem. Photobiophys. 6, 109–119.

[103] Levi, C., Burbin, R. D. (1986): Physiol. Plant Pathol. 28, 345–352.

[104] Langston-Unkefer, P. J., Robinson, A. C., Knight, Th. J., Durbin, R. D. (1987): J. Biol. Chem. 262, 1608–1613.

[105] Mitchel, R. E. (1981): In: Durbin, R. D. (Hrsg.) Toxins in Plant Disease. New York, London, San Francisco, 259–293.

[106] Kono, Y., Knoche, H. W., Daly, J. M. (1981): In: Durbin, R. D. (Hrsg.) Toxins in Plant Disease. New York, London, San Francisco, 221–257.

[107] Strobel, G. A. (1973): J. Biol. Chem. 248, 1321–1328.

[108] Strobel, G. A., Hapner, K. D. (1975): Biochem. Biophys. Res. Commun. 63, 1151–1159.

Mycoplasmen als Parasiten

E. Seemüller, Biologische Bundesanstalt für Land- und Forstwirtschaft, Institut für Pflanzenschutz im Obstbau, Dossenheim

Eigenschaften und Taxonomie der Mycoplasmen

Die pflanzenpathogen Mycoplasmen gehören zusammen mit ihren human- und tierpathogenen Verwandten zu den kleinsten Lebewesen. Die Gesamtheit der Mycoplasmen bildet die Abteilung *Tenericutes* innerhalb der Prokaryoten (Bakterien), die sich von den 3 übrigen Abteilungen hauptsächlich durch ihre geringe Größe, das Fehlen einer festen Zellwand und einen niedrigen Guanin + Cytosin-Gehalt (23–41 Mol%) ihrer DNA unterscheidet (Tab. 1). Elektronenmikroskopisch lassen sich nur die dreischichtige Zellmembran, Ribosomen und das DNA-Molekül differenzieren (Abb. 1). Die Mycoplasmen sind empfindlich gegen osmotischen Schock sowie gegen Tetracycline und verschiedene andere Antibiotika. Wegen des Fehlens einer Zellwand sind sie jedoch resistent gegen Penicilline.

Als Pflanzenpathogene sind Mycoplasmen seit 1967 bekannt; an Pflanzen saprophytisch vorkommende Formen sind erst später nachgewiesen worden. Bis zur Entdeckung der pflanzenpathogenen Mycoplasmen wurden die durch sie hervorgerufenen Krankheiten für Virosen gehalten, weil sie mehrere Gemeinsamkeiten mit den Viruskrankheiten aufweisen, vor allem die Pfropf- und Insektenübertragbarkeit, die systemische und meist permanente Besiedlung des Wirtes und die Art der induzierten Symptome. Bei den pflanzenpathogenen Mycoplasmen lassen sich zwei Gruppen unterscheiden:

1. Helikale und bewegliche Organismen aus der Gattung *Spiroplasma,* die kultivierbar sind und einen Durchmesser von 0,15–0,20 µm und eine Länge von 2–5 µm aufweisen (Tab. 1). Innerhalb der Spiroplasmen sind nur drei phytopathogene Arten bekannt, und zwar *S. citri,* der Erreger des „citrus stubborn" (Kümmerwuchs und Absterbeerscheinungen bei *Citrus*-Arten), *S. kunkelii,* der Erreger des „corn stunt" (Kümmern und Vergilbung bei Mais), und *S. phoeniceum,* das bei *Catharanthus roseus* eine Vergilbungskrankheit hervorruft.

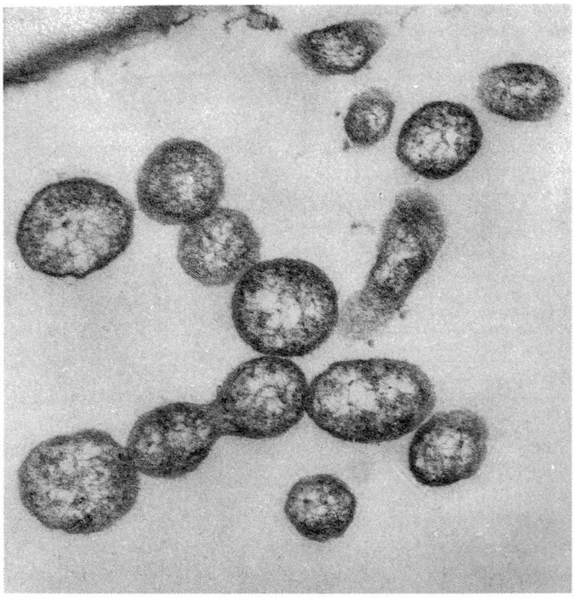

Abb. 1: MLOs in einer Siebröhre von Heidelbeere

2. Pleomorphe, jedoch nicht helikale Organismen, deren Kultur noch nicht gelungen ist, und die einen Durchmesser von

Tab. 1: Taxonomie und wichtige Eigenschaften der Mycoplasmen (Abteilung *Tenericutes,* Klasse *Mollicutes*) (nach Razin, 1992).

Klassifizierung	Genomgröße (kb)	G + C-Gehalt (Mol%)	Eigenschaften	Habitat
Familie: *Mycoplasmataceae*				
Gattung: *Mycoplasma*	580–1300	23–41	Cholesterinbedarf, pleomorph	Menschen, Tiere einschl. Insekten, Pflanzen
Gattung: *Ureaplasma*	730–1160	27–30	Cholesterinbedarf Harnstoffmetabolismus	Menschen, Tiere
Familie: *Spiroplasmataceae*				
Gattung: *Spiroplasma*	1350–1700	25–31	Helikale Filamente	Insekten, Pflanzen
Familie: *Acholeplasmataceae*				
Gattung: *Acholeplasma*	ca. 1600	27–36	Wachstum ohne Cholesterin	Tiere einschl. Insekten, Pflanzen
Familie: *Anaeroplasmataceae*				
Gattung: *Anaeroplasma*	ca. 1600	29–33	Obligat anaerob, Sterolbedarf	Rinder und Schafe (Pansen)
Gattung: *Asteroleplasma*	ca. 1600	40	Obligat anaerob, kein Sterolbedarf	Rinder und Schafe (Pansen)
Mycoplasmaähnliche Organismen (MLOs)	550–1200	23–29	Pflanzenpathogen, nicht kultivierbar	Pflanzen, Insekten

0,15–0,80 µm besitzen (Tab. 1). Filamente können mehrere µm lang sein. Angehörige dieser Gruppe werden immer noch als mycoplasmaähnliche Organismen (MLOs) bezeichnet, obwohl inzwischen zweifelsfrei feststeht, daß es sich um echte Mycoplasmen handelt. Phylogenetische und taxonomische Untersuchungen haben ergeben, daß die MLOs eine selbständige und verhältnismäßig einheitliche Gruppe darstellen, die den Acholeplasmen näher steht als den übrigen *Mollicutes.* Innerhalb der MLOs, die bei mehreren hundert Pflanzenarten Krankheiten hervorrufen und die besonders als Ursache von Baumkrankheiten von großer Bedeutung sind, lassen sich mit molekulargenetischen Methoden mehrere taxonomische Einheiten differenzieren.[1]

Die MLOs unterscheiden sich u. a. durch das Fehlen einer festen Zellwand von den ebenfalls nicht kultivierbaren und phloemlimitierten kleinen Bakterien, die meist als bakterienähnliche Organismen (BLO) bezeichnet werden. Die folgenden Ausführungen beziehen sich größtenteils auf die MLOs, treffen aber in den meisten Fällen auch auf die Spiroplasmen zu.

Übertragung und Ausbreitung

Mycoplasmen können von Pflanze zu Pflanze durch Pfropfung übertragen werden. Die natürliche Ausbreitung erfolgt durch phloemsaugende Insekten. Die Vektorübertragung erfolgt nach dem persistenten Modus und ist ein hochspezifischer Vorgang, zu dem nur verhältnismäßig wenige Gattungen befähigt sind, hauptsächlich aus der Zikadenfamilie der *Cicadellidae.* Einzelne Überträger sind auch aus der Familie der *Fulgoridae* sowie der *Psyllidae* (Blattflöhe) bekannt. Die Erreger werden durch den Saugvorgang aufgenommen, vermehren sich im Darmepithel, überwinden die Darmbarriere, gelangen in die Hämolymphe und von dort aus in die Speicheldrüse. Nach einer weiteren Vermehrung werden sie bei späteren Saugaktivitäten mit der Speichelflüssigkeit wieder in Siebröhren abgegeben. Die Passage der Darmwand und der Eintritt in die Speicheldrüse sind die wichtigsten Voraussetzungen für die Vektoreignung. Diese Barrieren bestimmen auch die Spezifität und sind dafür verantwortlich, daß ein bestimmter Erreger nur durch wenige Insektenarten oder nur durch eine Spezies übertragen werden kann. Die Dauer von der Aufnahme der Erreger bis zur Infektiosität des Vektors (Latenzzeit) beträgt 2 bis 8 Wochen. Anschließend bleiben die Insekten über einen längeren Zeitraum oder zeitlebens infektiös. Nach der Infektion der Pflanze breiten sich die Erreger über die Siebporen im Phloem aus und verursachen so einen systemischen Befall.

Symptome

Mycoplasmen sind die Ursache von Vergilbungskrankheiten (engl. yellows diseases). Neben der Vergilbung wird eine Vielzahl weiterer Symptome ausgebildet. Als spezifische Krankheitserscheinungen gelten Blütenvergrünung (Vireszenz), Blütenverlaubung (Phyllodie), vergrößerte Blütenorgane („big bud"-Symptom), Etiolierung, Hexenbesenbildung und andere abweichende Verzweigungen des Sprosses und der Wurzel, vorzeitiger Austrieb von Gehölzen im Herbst, Winter oder Frühjahr, verspäteter Triebabschluß und Bräunungen in der Rinde (Phloemnekrosen). Vor allem bei Gehölzen treten häufig weniger spezifische oder unspezifische Symptome auf wie Rotverfärbung des Laubes, Adernvergilbung, Adernnekrosen, Blattdeformationen, Blattrollen, Verhärtung der Blätter, Kleinblättrigkeit, büschelartiger Blattstand, vorzeitiger Blattfall, verkürzte oder verlängerte Internodien, Kleinfrüchtigkeit, ausbleibende Frucht- oder Samenbildung, Kümmerwuchs und Welke. Seltenere Schadbilder sind unzureichende Verholzung (Gummiholzsymptom), Rindennekrosen, Rindenrisse und Protrusionen des Holzes in der Rinde. Befallene Pflanzen können rasch oder erst nach längerem Kümmern absterben. Es sind auch Fälle bekannt, wo die Lebensdauer nicht beeinträchtigt zu sein scheint oder wo infizierte Pflanzen (z. B. Erlen) symptomlos bleiben.

Die beschriebenen Symptome werden von taxonomisch unterschiedlich einzuordnenden Mycoplasmen hervorgerufen. So sind die meisten Organismen, die bei krautigen Pflanzen Vireszenz und Phyllodie hervorrufen, nahe miteinander verwandt und stellen eine recht einheitliche Gruppe der MLOs dar. Hierunter fallen u. a. die Erreger von Asternvergilbung, Kleevergrünung und Stolbur (big bud) der Solanaceen. Deutlich verschieden von diesen „Vireszenz"-MLOs sind die Erreger von Baumkrankheiten, die aber auch unter sich eine beachtliche Vielfalt aufweisen. Innerhalb der Gehölzmycoplasmen, die auch nach Übertragung auf krautige Wirte in der Regel keine Vireszenz- und Phyllodiesymptome hervorrufen, lassen sich beispielsweise die im Kern- und Steinobst vorkommenden MLOs als nahe verwandte Gruppen differenzieren.

Krankheitsinduktion

Mycoplasmen sind Phloemparasiten, die in allen natürlichen Wirtspflanzen mit Sicherheit bisher nur in den Siebröhren nachgewiesen werden konnten. Ein Vorkommen in parenchymatischen Zellen wurde wiederholt in der für Übertragungsversuche häufig verwendeten Schmarotzerpflanze *Cuscuta* beobachtet.[2] Auch bei der *in vitro*-Kultur befallener Pflanzen scheinen Parenchymzellen besiedelt zu werden. Erkenntnisse über die Schadwirkung des Befalls beruhen vor allem auf histologischen Untersuchungen. Dabei zeigte sich, daß es in erkrankten Pflanzen zu einer Akkumulation von Stärke in den Chloroplasten kommt. Die Schädigung der Siebröhren offenbart sich in der Bildung von pathologischer Kallose und dem Kollabieren dieser Elemente. Die Nekrotisierung der Siebröhren kann Teile oder die Gesamtheit des Phloems umfassen. Bei einem stärkeren Ausfall dieses Leitgewebes wird durch neu einsetzende oder länger anhaltende Kambiumaktivität ein Ersatzphloem gebildet, das die mehrfache Breite des normalen Phloems haben kann und dessen Siebröhren wesentlich kleiner sind als im normalen Phloem. Auch das Ersatzphloem nekrotisiert meist rasch. Die gestörte Kohlenhydrattranslokation und der Ausfall an Leitgewebe führt zu einer Stärkeanreicherung im Sproß und zu einer Verarmung der Wurzeln. Diese beeinträchtigt das Wurzelwachstum, die Aufnahme von Wasser und Nährsalzen und kann zum Absterben der Wurzeln und damit zum Tod der ganzen Pflanze führen. Als Ursache für die Phloemschäden wird vor allem in der älteren Literatur ein hypothetisches Toxin verantwortlich gemacht.[3] Für das Vorhandensein eines solchen Prinzips spricht, daß nicht nur befallene Siebröhren kollabieren, sondern auch umgebende, nicht besiedelte Parenchymzellen absterben.

Zwei weitere Arten der Schädigung kommen nur bei Gehölzen vor. In einem Fall handelt es sich um die stark erhöhte Frostanfälligkeit durch ein Nichtausreifen des Gewebes infolge eines verlängerten vegetativen Wachstums oder eines vorzeitigen Wiederaustriebs. Unter diesen Bedingungen können schon bei Temperaturen von − 5 bis − 10° C ganze Bäume dem Frost zum Opfer fallen (z. B. Aprikosen und Japanische Pflaumen). Eine andere Erscheinung tritt bei bestimmten Unterlagen/Edelsorten-Kombinationen auf, bei denen sich die Erreger in der Edelsorte vermehren können, die Unterlage jedoch mit Hypersensitivität reagiert. In diesem Fall nekrotisiert an der Veredlungsstelle das gesamte Phloem der Unterlage, worauf die Edelsorte abstirbt. Die Unterlage wird dagegen nicht merklich beeinträchtigt und treibt im folgenden Jahr kräftig aus. Ein Beispiel für dieses Verhalten sind befallene Kirschen auf *Prunus mahaleb.*

Besonders bei MLOs, die Vireszenz, Phyllodie, abnorme Verzweigungen, Etiolierung sowie Internodienstreckung oder -stauchung hervorrufen, liegt die Vermutung nahe, daß diese Symptome auf ein hormonelles Ungleichgewicht zurückzuführen sind. Die bisher durchgeführten Untersuchungen, die meist schon längere Zeit zurückliegen, konnten allerdings nur wenig zur Klärung der komplizierten Zusammenhänge beitragen. Nur in wenigen Fällen konnten eindeutige Veränderungen nachgewiesen werden, wie beispielsweise in vergrünten Blüten, die stets einen höheren Cytokiningehalt aufwiesen als gesunde.[4] Andererseits konnte Gibberellinsäure (GA) die Symptome von MLO-Infektionen verstärken. Ähnlich wie durch GA kann auch durch eine MLO-Infektion die Blütenbildung bei Langtagspflanzen unter Kurztagsbedingungen induziert sowie das Kältebedürfnis von Pflanzen (Vernalisation) erfüllt werden.[5] Die bessere Bewurzelung von MLO-infizierten Stecklingen von *Catharanthus roseus* im Vergleich zu gesunden deutet auf einen Auxineffekt hin. Auch gibt es Anhaltspunkte, daß die Hexenbesenbildung bei triebsuchtbefallenen Apfelbäumen auf einen verminderten Auxin- und einen erhöhten Cytokiningehalt zurückzuführen ist.

Auf welche Weise die MLOs in den Phytohormonhaushalt der Pflanzen eingreifen, ist nicht bekannt. Bisher konnte nicht nachgewiesen werden, daß sie – ähnlich wie verschiedene größere Prokaryoten – wichtige Syntheseschritte für einzelne Hormone selbst durchführen können. Eine andere Möglichkeit wäre eine indirekte Einwirkung, beispielsweise über Polyphenole, deren Gehalt im Siebröhrensaft kranker Pflanzen höher zu sein scheint als in gesunden. Polyphenole, insbesondere Flavonoide, können den Auxintransport hemmen und auch die Oxidation von Auxin beeinflussen.

Literatur

[1] Schneider, B., Ahrens, U., Kirkpatrick, B. C., Seemüller, E. (1993): J. Gen. Microbiol. **139**, 519–527.

[2] Siller, W., Kuhbandner, B., Marwitz, R., Petzold, H., Seemüller, E. (1987): J. Phytopathol. **119**, 147–159.

[3] Schneider, H. (1977): Phytophatology **67**, 592–601.

[4] Davey, J. E., van Staden, J., de Leeuw, G. T. N. (1981): Physiol. Plant Pathol. **19**, 193–200.

[5] Golino, D. A., Oldfield, G. N., Gumpf, D. J. (1988): Phytopathology **78**, 285–288.

Zusammenfassende Darstellungen

Davis, R. E., Lee, I.-M. (1982): Pathogenicity of spiroplasmas, mycoplasma-like organisms, and vascular-limited fastidious walled bacteria. in: Mount, M. S., Lacy, G. H. (eds.): Phytopathogenic prokaryotes. Vol. 1, p. 491–513. Academic Press, New York.

Lee, I.-M., Davis, R. E. (1992): Mycoplasmas which infect plants and insects. In: Maniloff, J., McElhaney, R. N., Finch, L. R., Baseman, J. B. (eds.): Mycoplasmas: molecular biology and pathogenesis, p. 379–390. American Society for Microbiology, Washington, D. C.

McCoy, R. E., Caudwell, A., Chang, C. J., Chen, T. A., Chiykowski, L. N., Cousin, M. T., Dale, J. L., de Leeuw, G. T. N., Golino, D. A., Hackett, K. J., Kirkpatrick, B. C., Marwitz, R., Petzold, H., Sinha, R. H., Sugiura, M., Whitcomb, R. F., Yang, I. L., Zhu, B. M., Seemüller, E. (1989): Plant diseases associated with mycoplasma-like organisms. In: Whitcomb, R. F., Tully, J. G. (eds.): The mycoplasmas. Vol. V, p. 545–640. Academic Press, San Diego, CA.

Razin, S. (1992): Mycoplasma taxonomy and ecology. In: Maniloff, J., McElhaney, R. N., Finch, L. R., Baseman, J. B. (eds.): Mycoplasmas: molecular biology and pathogenesis, p. 3–22. American Society for Microbiology, Washington, D. C.

Seemüller, E. (1989): Forum Mikrobiol. **12**, 144–151.

Virus- und viroidbedingte Schäden

S. Kluge, Sektion Biowissenschaften der Universität Leipzig

Einleitung

Die 1991 erschienene Klassifikation weist 2430 Viren in 73 Familien und Gruppen aus. Mehr als 1000 davon sind Arten, die Pflanzen als Wirte nutzen und an ihnen Schäden hervorrufen können.[1] Die Schäden und virusbedingten Veränderungen reichen von kaum wahrnehmbaren Symptomen und nicht statistisch erfaßbaren Ertragsausfällen bis zur totalen Vernichtung von Einzelpflanzen und Pflanzenbeständen. Im Durchschnitt stehen Viren als Schadfaktoren nach den Pilzen und Bakterien an dritter Stelle mit etwa 15% Ertragsverlusten bei Kulturpflanzen. Viren sind jedoch keine Organismen: ihnen fehlen entscheidende Merkmale des Lebens. Sie lediglich als chemische Verbindungen oder abiogene Schadfaktoren zu bezeichnen, wird ihrer Natur jedoch auch nicht gerecht.
1892 als filtrierbares Agens entdeckt und bereits lange Zeit vorher mit dem Begriff „Gift = Virus" belegt, schädigen Viren den Wirtsorganismus im wesentlichen durch den Eintrag genetischer Information in die Zelle, die zur Synthese von Bausteinen für neue, „reife" Viruspartikel (Virionen) zwingt. Die wirtseigenen Verbindungen und der proteinsynthetisierende Apparat erzeugen zum Schaden der Wirtszelle z. T. große Mengen an Viruspartikeln. In einer Tabakmesophyllzelle können bis zu über einer Million Virionen des Tabakmosaik-Virus angereichert sein. Nach einer Infektion von Tabakmesophyllprotoplasten mit dem Chlorotischen Kundebohnenscheckungs-Virus (cowpea chlorotic mottle virus) waren sogar 10^7 Viruspartikel pro Protoplast nachweisbar.[2]
Kleiner und einfacher im Bau als die Viren sind die Viroide, eine erst vor 20 Jahren entdeckte Gruppe von Pathogenen.[3] Im Gegensatz zu den Viren beschränkt sich ihr Vorkommen (bisher) nur auf Pflanzen, und dabei nur auf solche der Organisationsstufe der Angiospermen. Mit knapp zwanzig Viroid-„Arten" ist das Spektrum gegenwärtig noch gut überschaubar. Viroide befallen sowohl krautige Pflanzen wie Kartoffel, Hopfen und Chrysanthemen, aber auch Holzgewächse, so *Citrus*-bäume und Avocadoanpflanzungen. Der durch sie bedingte Schaden kann infolge von Wachstumsdepressionen und Mißbildungen beachtlich sein. Die Symptombilder entsprechen weitgehend denen einer Viruserkrankung.

Tab. 1: Genomtypen bei Pflanzenviren im Vergleich zu animalen Viren (in %).

	ss RNA	ds RNA	ss DNA	ds DNA
Pflanzenviren	93,6	2,3	2,3	1,8
Vertebratenviren	58,5	11,5	3,2	26,8

Tab. 2: Heute bekannte Viroide, ihre Wirtspflanzen und durch sie verursachte Symptome (nach Mühlbach[3]).

Gruppe	Viroid	Wirtspflanze	Typische Symptome
I	Potato spindle tuber viroid (PSTV)	*Solanum tuberosum*	Spindelförmige Knollen
	Tomato planta macho viroid (TPMV)	*Lycopersicon esculentum*	Stauchung
	Tomato apical stunt viroid (TASV)	*Lycopersicon esculentum*	Epinastie
	Chrysanthemum stunt viroid (CSV)	*Chrysanthemum sp.*	Blattdeformation
	Citrus exocortis viroid (CEV)	*Citrus medica*	Nekrosen
II	Hop stunt viroid	*Humulus lupulus*	
	Cucumber pale fruit viroid (CPFV)	*Cucumis sativus*	
III	Avocado sunblotch viroid (ASBV)	*Persea americana*	Variegation
IV	Coconut cadang cadang viroid (CCCV)	*Cocos nucifera*	Vergilbung
V	Chrysanthemum chlorotic mottle (CCMV)	*Chrysanthemum sp.*	Vergilbung
VI	Burdock stunt viroid (BSV)	*Arctium lappa*	Stauchung

Struktur und Gestalt der Viren und Viroide

Pflanzenviren sind sowohl in chemischer als auch morphologischer Hinsicht von einfacher Struktur. Komplizierte Anhanggebilde, wie sie für manche animalen Vertreter typisch sind, fehlen ihnen. Die meisten Pflanzenviren sind nackt (Abb. 1). Das einzelne Partikel, das Virion, besteht nur aus einer Proteinhülle und der infektiösen Nukleinsäure als dem Genom. Der als Kapsid bezeichnete Proteinmantel setzt sich aus Untereinheiten, den Kapsomeren, zusammen. Diese können mit den chemischen Untereinheiten identisch oder aus wenigen Untereinheiten zusammengesetzt sein. Nur bei einigen Pflanzenviren sind auch Lipide am Aufbau der Hülle beteiligt. Das Genom besteht aus RNA oder DNA in jeweils einsträngiger (ss)- oder doppelsträngiger (ds)-Form. Daraus resultieren unterschiedliche Replikationsmechanismen (vgl. S. 376). Die Mehrheit der Pflanzenviren besitzt ssRNA (Tab. 1) und einen einfachen Replikationsmechanismus. Nicht selten tritt bei der viralen RNA jene von der messenger-RNA der Eukaryonten bekannte Kappen-(cap-)Struktur auf. Die Virus-Nukleinsäure hat meist eine beachtliche Länge. Beim Tabakmosaik-Virus beträgt sie mit 3300 nm mehr als das Zehnfache der Länge der Partikel. Im Virion liegt der Nukleinsäurestrang in der Regel in spiralisierter Form vor. Bei Pflanzen- und Tierviren gleichermaßen finden sich Vertreter, deren Genom fragmentiert, also in Abschnitte untergliedert ist. Ausschließlich bei Pflan-

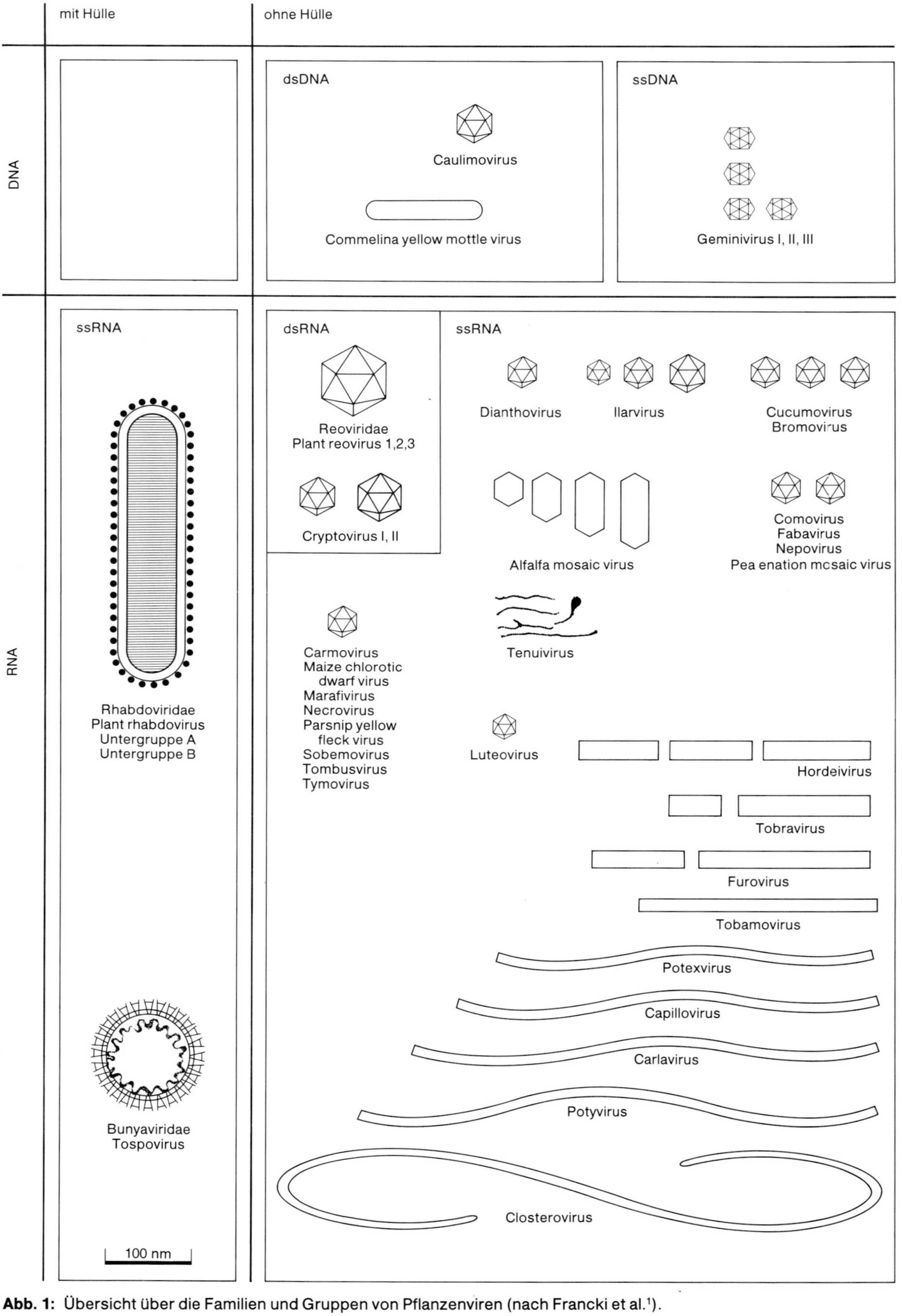

Abb. 1: Übersicht über die Familien und Gruppen von Pflanzenviren (nach Francki et al.[1]).

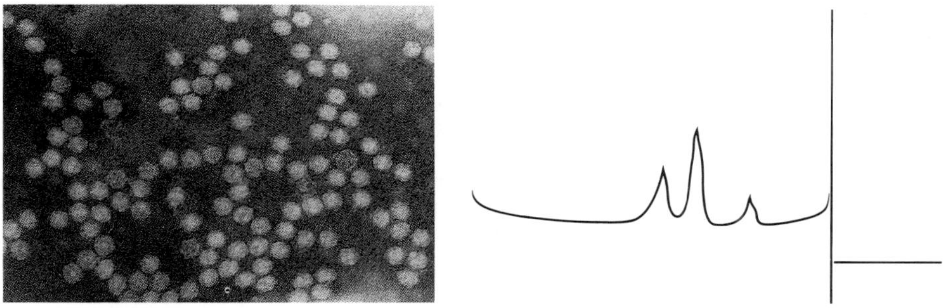

Abb. 2: Viren der Como-Gruppe (links) und ihre Komponententrennung (von links nach rechts die Komponenten B, M und T) nach analytischer Zentrifugation (verändert nach Kluge und Marcinka[4]).

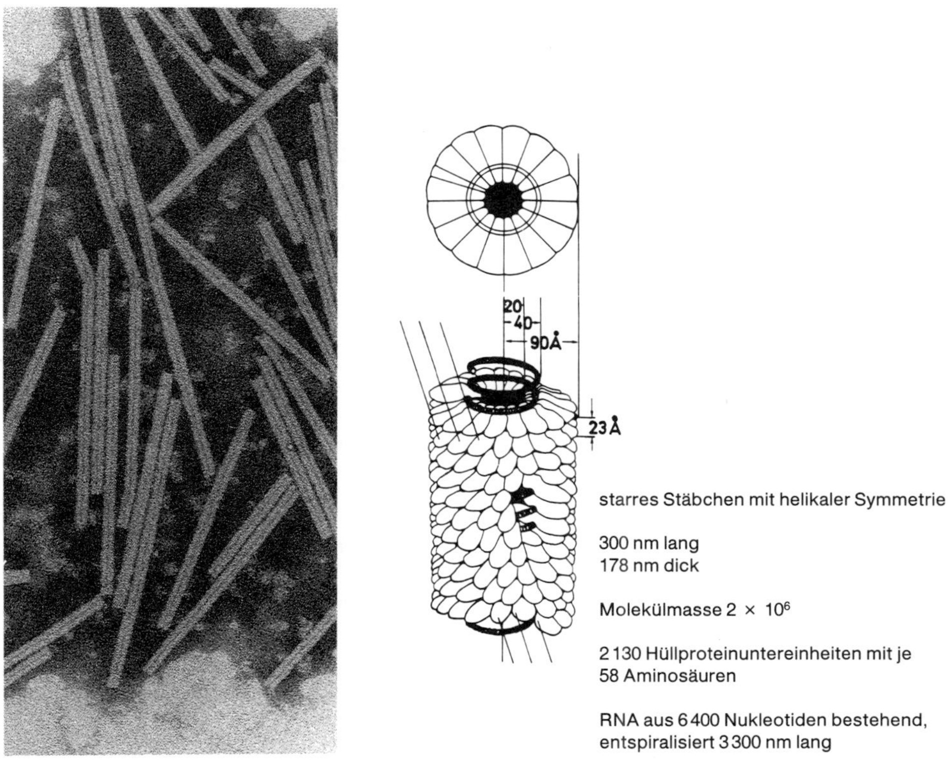

Abb. 3: Elektronenmikroskopische Aufnahme, Modell und Charakterisierung des Tabakmosaik-Virus (tobacco mosaic virus = TMV).

zenviren gibt es solche, bei denen die Genomfragmente auf verschiedene Virionen verteilt sind. Man hat solche Viren infolge der unterschiedlichen Sedimentationseigenschaften der Partikel einer Population auch als „multikomponent" bezeichnet[4] (Abb. 2). Das Virusgenom kodiert für einige wenige Proteine. Die Anzahl der Gene bei Pflanzenviren reicht von 1 (Satelliten-Viren) bis 12 bei einigen Reoviren. Verschiedene Viren nutzen die Kodierungskapazität nicht aus, andere erweitern sie durch überlappende Kodierungsregionen. Viruskodiert sind die Hüllproteine, vollständig oder teilweise die Enzyme für das Replikationsgeschehen und gelegentlich weitere Proteine (z. B. Transportproteine).

Die äußere Gestalt der Pflanzenviren läßt eine Untergliederung in gestreckte, stäbchenförmige Virionen mit helikaler Anordnung der Kapsomeren und kugelförmige Partikel zu. Einige Vertreter aus der Gruppe der Rhabdoviren, die neben Insekten auch Pflanzen befallen können, sind bazillen- oder geschoßförmig gebaut und besitzen eine Hülle. Als Prototyp der Viren mit helikaler Symmetrie gilt das 300 nm lange und 17,8 nm dicke starre Stäbchen des Tabakmosaik-Virus. Wesentliche Kenngrößen und Merkmale für dieses wohl am besten untersuchte Virus sind in der Abbildung 3 zusammengestellt.

Das Tabakmosaik-Virus wird in seiner Länge durch manche Viren übertroffen. Das Kartoffel-Y-Virus, der Typenvertreter der Poty-Virusgruppe, ist 730 nm lang, und verschiedene Closteroviren erreichen sogar eine Länge von 2000 nm. Sphärische Virionen stellen meist Polyeder dar. Sie besitzen einen Durchmesser von 26, 28 oder wenig mehr Nanometer.

Viroide bestehen lediglich aus einzelsträngigen, ringförmigen RNA-Molekülen mit einer Molekularmasse von $1{,}1–1{,}3 \times 10^5$. Sie sind als Krankheitserreger bisher nur bei Pflanzen, nicht aber bei Mikroorganismen, Tieren oder dem Menschen gefunden worden. Die heute bekannten Viroide sind in der Übersicht (Tab. 2) zusammengestellt. Das Viroid-Genom beträgt etwa ein Zehntel des Genoms kleiner Viren. Die Nukleotidsequenz der RNA wurde zuerst beim Erreger der Spindelknollensucht der Kartoffel (potato spindle tuber viroid) aufgeklärt. Inzwischen belegen weitere Untersuchungen, daß das kleinste Viroid (Kokosnuß-Cadang-Cadang-Viroid) 246 Nukleotide, das größte (Citrus-Exocortis-Viroid) 371 Nukleotide besitzt. Die Struktur der Viroid-RNA weicht von der der Viren deutlich ab, so daß man heute annehmen muß, daß die genetische Information über die Spezifität des RNA-Moleküls selbst und nicht durch Proteine zur Ausprägung kommt.

Verbreitung, Übertragung und Ausbreitung

Viren und Viroide sind weltweit verbreitet, die durch sie verursachten Schäden somit nicht nur von lokalem Interesse. Welche der Pathogene wo anzutreffen sind, hängt im wesentlichen vom Vorhandensein der Wirtspflanzen ab. Manche Viren besitzen einen außerordentlich großen Wirtspflanzenkreis, andere sind hinsichtlich der Wirtswahl Spezialisten. Vom Tabakmosaik-Virus ist bekannt, daß es mehr als 300 Pflanzenarten befällt. Es kann als Kosmopolit angesehen werden. Durch Quarantänemaßnahmen schränkt man die Verschleppung von Viren und Viroiden über große Distanzen ein; durch phytosanitäre Maßnahmen behindert man ihre Verbreitung in einem bestimmten Territorium.
Viren und Viroide besitzen keine aktiven Mechanismen, um in die Pflanzenzelle einzudringen. Sie sind auf Überträger (Vektoren) angewiesen oder werden von Generation zu Generation weitergereicht. Im letzten Fall erfolgt die Weitergabe durch Samen, Pollen oder bei der vegetativen Vermehrung. Viele Viren sind mechanisch übertragbar; sie benötigen Wunden, um in das Zellinnere zu gelangen. Im Gegensatz zu den animalen Vertretern sind für Pflanzenviren kaum Rezeptoren am Plasmalemma gefunden worden. Schließlich übertragen auch Mikroorganismen, Insekten oder parasitische Pflanzen Viren. Der Überträger der gefürchteten Rübenkrankheit *Rizomania,* verursacht durch das Rübenwurzelbärtigkeits-Virus (beet necrotic yellow vein virus), ist beispielsweise ein Pilz aus der Gruppe der *Plasmodiophorales, Polymyxa betae,* und viele Kartoffelviren, so das Blattroll-Virus (potato leafroll virus) und das Kartoffel-S-Virus (potato virus S), werden durch Blattläuse übertragen.
Die Ausbreitung der Viren innerhalb der Pflanze erfolgt ausgehend vom Infektionsherd über die Plasmodesmen von Zelle zu Zelle oder/und über das Leitsystem, insbesondere das Phloem. Die Ausbreitungsgeschwindigkeit der Virionen beträgt wenige µm pro Stunde von Zelle zu Zelle und bis zu 1,5 m in der Stunde beim Ferntransport im Phloem. Die Viruskonzentration, die in den Organen der Pflanze und den verschiedenen Geweben erreicht wird, ist unterschiedlich hoch. Besonders virusreich sind im allgemeinen die Blätter, virusarm bzw. virusfrei sind Vegetationskegel des Sprosses und die Apikalmeristeme der Wurzel. Die Virusarmut bzw. -freiheit wird häufig mit der hohen Stoffwechselintensität der Zellen in Zusammenhang gebracht. Eine endgültige Aufklärung dieses Phänomens, das auch die Grundlage für die Meristem- und Sproßspitzenkultur darstellt, steht aber bislang aus.
Ungeklärt sind bisher auch die Ursachen für die ungleiche Verteilung im Blatt. Seit langem ist bekant, daß bei den virusbedingten Mosaikkrankheiten große Unterschiede in der Viruskonzentration zwischen hell- und dunkelgrünen Gewebebezirken bestehen.[5] Bei TMV-infizierten Tabakblättern beträgt die Viruskonzentration in den dunkelgrünen Gewebearealen nur ein Hundertstel dessen, was in den gelben Arealen nachzuweisen ist. Obwohl zahlreiche physiologische Unterschiede zwischen hell- und dunkelgrünem Gewebe gefunden wurden, stehen diese nicht kausal mit der Unterbindung der Virusvermehrung in den dunkelgrünen Gewebeinseln im Zusammenhang.
Über die Verbreitung und Übertragung der Viroide sind wir weniger gut unterrichtet. Die Hauptverbreitungsgebiete sind naturgemäß mit den Anbaugebieten der Kulturpflanzen, die als Wirte dienen, identisch. Nahezu unklar ist, welche Wildpflanzen als latente, d. h. unerkannt infizierte Wirte noch in Frage kommen.
Die Übertragung der Viroide von Pflanze zu Pflanze erfolgt hauptsäuchlich durch mechanische Beschädigungen, insbesondere bei Kulturmaßnahmen, Erntearbeiten, Veredelungen u. ä. Nur in wenigen Fällen scheinen Vektoren eine Rolle zu spielen. Eine Weitergabe der Viroide durch Pollen und Samen auf die Nachkommen ist möglich. Ein sicherer Nachweis von Viroiden in der Pflanze gelingt mit molekularen Methoden und Methodenkombinationen. Auch bei Viroiden kann eine Ungleichverteilung im Wirt beobachtet werden.

Das Replikationsgeschehen

Die Replikationsstrategie wird bei Viren durch die Art des Genoms bestimmt. Abbildung 4 zeigt die generell bestehenden Möglichkeiten und markiert die bei Pflanzenviren vorkommenden Varianten.

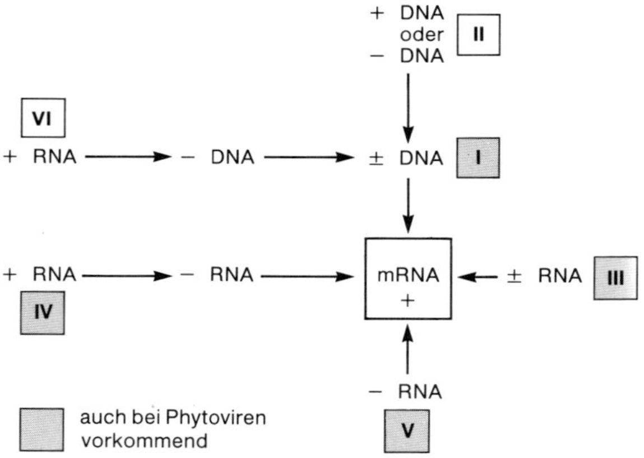

Abb. 4: Replikationsstrategien der Viren.

In Anbetracht der Dominanz von Variante IV, die für die ss(+)RNA-Viren typisch ist, soll diese ausführlicher erläutert werden, obwohl auch für dieses vermeintlich einfache molekulare Geschehen noch nicht alle Schritte für ein bestimmtes Virus geklärt sind. Mit der Synchronkultur in isolierten pflanzlichen Protoplasten wuchs aber das Verständnis für die Virusvermehrung beachtlich.[6, 7] Das Gesamtgeschehen der Virusvermehrung läßt sich in folgende Phasen untergliedern:

1. Phase: Eindringen der Viren in die Zelle;
2. Phase: Verlust der Proteinhülle des Virions („uncoating");
3. Phase: Bildung „früher" Proteine (Enzyme);
4. Phase: Replikation der viralen Nukleinsäure;
5. Phase: Bildung „später" Proteine (Enzyme und Kapsidproteine);
6. Phase: Zusammenbau von Nukleinsäure und Proteinuntereinheiten zum kompletten Virion;
7. Phase: Austritt der Viren aus der Zelle

Nach dem Eintritt des Virions in die Zelle verliert dieses seine Proteinhülle. Dieses Uncoating kann vollständig oder zu-

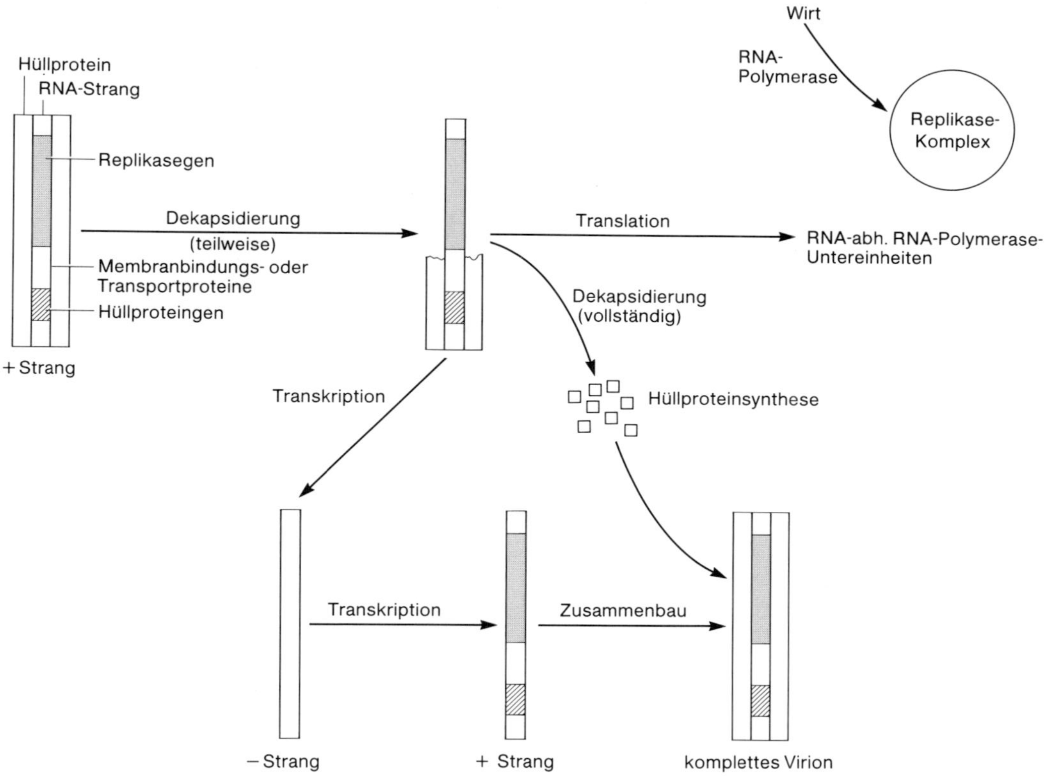

Abb. 5: Grundsätzliche Schritte der Vermehrung phytopathogener RNA-Viren (verändert nach König[8]).

nächst teilweise sein. Die freigelegte virale Nukleinsäure kodiert Enzyme, die für die Nukleinsäuresynthese erforderlich sind. Im Falle der RNA-abhängigen RNA-Polymerase, die die RNA an einem RNA-Strang transkribiert, ist das Enzym auch unabhängig von einer Virusinfektion gefunden worden. Die sich replizierende RNA konnte sowohl als vollständig doppelsträngige (replikative) Form als auch als teilweise doppel- und teilweise einsträngige Form (replikatives Intermediat) nachgewiesen werden. Neben der Synthese viraler Nukleinsäure läuft die Produktion von Virushüllproteinen ab. Schließlich erfolgt die Umhüllung des Nukleinsäurestranges mit den Proteinuntereinheiten, womit er gegen Nukleaseeinwirkung geschützt ist.

In der Abbildung 5 sind die wesentlichsten Ereignisse der Virusvermehrung zusammenfassend dargestellt. Beim Replikationsgeschehen werden die Wirtsfunktionen in verschiedener Weise beansprucht. Die Zelle hat Nukleotide und Aminosäuren für die Virusvermehrung und die Energie für die Polymerisation der viralen Komponenten bereitzustellen. An den cytoplasmatischen Ribosomen erfolgt unter Verwendung wirtseigener tRNAs die Synthese viraler Proteine. Außerdem stellt die Wirtszelle verschiedene Enzyme und Faktoren zugunsten des Virus in den Dienst der Protein- und Nukleinsäuresynthese und, da Schritte der Virusvermehrung membrangebunden verlaufen, wird auch das Endomembransystem genutzt.

Nur wenige Viroide sind bislang umfassend auf ihre Replikation untersucht worden. Die Untersuchungen zeigen, daß die Viroid-RNA mit Hilfe der wirtseigenen DNA-abhängigen RNA-Polymerase II repliziert wird. Da Viroide in großen Mengen im Zellkern vorgefunden werden, ist wahrscheinlich, daß dieser auch den Syntheseort darstellt. Als Intermediärprodukte der Replikation lassen sich RNA-Stränge, die der Viroid-RNA komplementär sind, nachweisen (-RNA). Im Gegensatz zur Vermehrung der Viren wird die Replikation der Viroid-RNA in Protoplasten nach mehreren Zyklen nicht eingestellt. Inwieweit das replikative Geschehen bei Viroiden einheitlich ist, muß gegenwärtig dahingestellt bleiben.

Schädigungen der Wirtspflanze

Nach einer Infektion mit Viren oder Viroiden kommt es bei der Pflanze zu anatomisch-morphologischen, cytologischen und physiologisch-biochemischen Veränderungen. Viele dieser Merkmale (Symptome) sind so auffällig, daß man von ihnen auf die Krankheitsursache schließen kann. Bleibt ein Virusbefall latent, kann er nur mittels empfindlicher Nachweisreaktionen identifiziert werden. Visuell auszumachende Symptome fehlen in einem solchen Fall. Schwierig gestaltet sich auch die Diagnose bei Mischinfektionen. Mehrere Viren (Arten oder Stämme) oder Viren und Pilze bzw. andere Schaderreger liefern dann unklare, schwer zu deutende Symptombilder. Virusbefall äußert sich häufig in Erscheinungen, die einer vorzeitigen Seneszenz oder Streßsituation der Pflanze ähneln und nicht selten zum frühzeitigen Absterben führen. Die Vielfalt an virusbedingten Symptomen ist beachtlich groß. Die externen, d. h. im äußeren Erscheinungsbild der Pflanze offenbarten Symptome bestehen in Habitus- und Farbveränderungen sowie Absterbeerscheinungen. Die Symptome selbst – und dann auch oftmals die Virusinfektionen – können mehr oder weniger deutlich lokalisiert sein (lokale Infektion) oder den Wirtsorganismus in der Gesamtheit betreffen (systemische Infektion). Geschädigt werden können alle Grundorgane der

Pflanze und ihre reproduktiven Teile. In besonderem Maße sind virusbedingte Schäden aber an den Laubblättern zu beobachten.
Auffällige Symptome sind Wachstumsdepressionen und Wuchsumbildungen (Abb. 6 und Farbabb. 19, S. 251). Erkrankte Pflanzen bleiben häufig klein, die Streckung der Achse etwa zur Blütezeit bleibt aus, das Wachstum der Blattspreiten ist reduziert, Früchte verkümmern.
In extremen Fällen spricht man von Zwergwuchs, Stauche-Erkrankungen und Buschigkeit. Farbveränderungen an Blättern führen zu sehr vielfältigen Erscheinungsbildern. Wohl am häufigsten sind Vergilbungen. Betreffen sie das Blatt, vielleicht auch Achsenteile gleichmäßig, handelt es sich um eine virusbedingte Chlorose; treten die Verfärbungen nur lokal auf, spricht man je nach Krankheitsbild von Mosaik, Strichelung, Scheckung und anderen Vergilbungsformen. Stets sind Vergilbungen mit Veränderungen der Chloroplasten verbunden (vgl. S. 359). Die Chloroplasten schwellen an, die Thylakoidmembranen destruieren, die Pigmenteinlagerung ist gestört. Vorhandenes Chlorophyll wird abgebaut. Gelegentlich reichern sich andere Farbstoffe an und verursachen Buntstreifigkeit bei Blütenblättern oder rote Flecken bzw. Ringe auf den Laubblättern.
Absterbeerscheinungen können die gesamte Pflanze oder nur einzelne Gewebebezirke (Abb. 7) betreffen. Fallen punkt-, strichel- oder fleckenförmig Gewebeareale aus, so erscheinen Nekrosen. Innerhalb einer histologischen Barriere können die Zellen mehr oder weniger schnell absterben. Die Anreicherung von phenolischen Verbindungen in den geschädigten Zellen führt zur Braunfärbung. Gelegentlich fällt das abgestorbene Gewebe heraus, wobei durchlöcherte Blattflächen entstehen.
Weit weniger offenkundig als die externen Symptome sind histologische und cytologische Veränderungen nach einer Virusinfektion. Neben der bereits erwähnten Nekrosenbildung und Veränderung der Chloroplastenmorphologie treten Störungen in der Zelldifferenzierung, Vergrößerungen von Zellen

Abb. 6: Auffällige Wachstumsdepressionen und Ertragsverluste bei Erbsenpflanzen (*Pisum sativum* L.) durch Befall mit dem Rotkleescheckungs-Virus (red clover mottle virus). Links: Pflanzen 12 Wochen nach dem Virusbefall; rechts: gesunde Pflanzen.

Abb. 7: Blätter von mit dem Rübenmosaik-Virus (beet mosaic virus) befallenen Zuckerrübenpflanzen (*Beta vulgaris* subsp. vulgaris var. altissima [DÖLL]) im Vergleich zu einem gesunden Blatt (rechts).

und gelegentlich Proliferationen auf. Manche Gewebe, etwa Kambien, können verschwinden und werden durch parenchymatische Zellen ersetzt. Einige Viren vermögen für sie typische amorphe und kristalline Einschlüsse zu bilden. Sie sind im Zytoplasma oder Kern lokalisiert. Ihre Natur und Bedeutung ist noch weitgehend unklar. Auf Grund des weiten Spektrums der Pflanzenschäden, die Viren verursachen können, kann das Schadensausmaß sehr unterschiedlich sein. In einem Kulturpflanzenbestand ergibt sich der Verlust aus der Schädigung der Einzelpflanze und dem Anteil der virusinfizierten Pflanzen am Bestand. Da Wuchsdepressionen und Ausfälle zumindest teilweise durch eine geförderte Entwicklung und Stoffproduktion der benachbart stehenden Pflanzen ausgeglichen werden können, ist bei geschlossenen Kulturpflanzenbeständen ein Kompensationseffekt in Rechnung zu stellen.
Ertragsminderungen oder -ausfälle sind jedoch nicht nur quantitativer Natur. Neben einer geringeren Produktivität ist häufig auch die Qualität des Erntegutes gemindert. Viruskranke Kartoffelknollen sind weniger gut lagerfähig, eignen sich bei Befall mit bestimmten Viren nicht zur Chipsherstellung; steinfrüchtige Birnen verlieren ihren Wert als Tafelobst, und viruskranke Gurken bleiben klein und verkrüppeln.
Die Ausprägung einer Viruserkrankung hängt im wesentlichen von drei Kriterien ab: der Virulenz der Viren, der Anfälligkeit der Pflanze und von Umweltfaktoren. Durch die Virulenz von Virusstämmen wird ihre Pathogenität bestimmt. Bei ein und derselben Virusart gibt es „milde" und hoch aggressive Stämme. Entsprechend sind die Schadwirkungen gegenüber dem Wirt. Die Reaktion eine Pflanze auf einen Virusbefall wird vordergründig durch deren Resistenzverhalten bestimmt (Tab. 3). Auch das Alter der Pflanze, ihr Ernährungszustand und die Harmonie des Stoffwechselgeschehens entscheiden darüber, wie die Pflanze mit dem Virusbefall fertig wird. Umweltfaktoren sind in zweierlei Hinsicht von Bedeutung. Einerseits begünstigen oder verzögern bestimmte Licht-, Feuchtigkeits- und Temperaturverhältnisse eine rasche Virusvermehrung und -ausbreitung im Wirt, andererseits wirken diese Faktoren aber auch auf die Virusvektoren. Jahre mit hohen Vermehrungsraten und raschen Generationsfolgen bei Blattläusen und einem intensiven Blattlausflug im Frühjahr befördern die Virusausbreitung und verursachen hohe Ertragsausfälle.
Das für die Viren Beschriebene trifft im wesentlichen auch für Viroide zu. Tabelle 2 zeigt, daß die typischen Symptome auch hier in Deformationen, Wuchsstörungen und Chlorosen bestehen. Die Detailkenntnisse liegen jedoch weit hinter denen der Virussymptomatologie, insbesondere im histologischen und zellulären Bereich zurück.

Verhalten der Pflanze gegenüber Viren und Viroiden

Das Verhalten der Pflanzen gegenüber Viren und Viroiden reicht von strenger Nichtinfizierbarkeit („Immunität") bis zu extremer Anfälligkeit. Obwohl die Verhaltensformen, auch in Abhängigkeit vom physiologischen Zustand der Pflanze und den Umweltbedingungen nicht scharf gegeneinander abgegrenzt sind, kann man Grundtypen unterscheiden (Tab. 3). Die meisten Pflanzen sind gegenüber bestimmten Viren „immun", können also nicht geschädigt werden. Dieser Art der Resistenz liegt eine allgemeine Inkompatibilität zugrunde, kann möglicherweise aber auch auf eine hohe Anzahl von Resistenzgenen, die eine Replikation vollständig unterbinden, zurückzuführen sein. Im Gegensatz zur „Immunität" stellt die extreme Resistenz bereits eine Form der Empfänglichkeit dar. Da die Virusvermehrung aber ausschließlich in den primär infizierten Zellen stattfindet, wird der pflanzliche Gesamtorganismus nur unwesentlich geschädigt. Im Regelfall kann die Virusinfektion visuell nicht wahrgenommen werden.
Auch bei der Überempfindlichkeitsreaktion (Hypersensibilität) bleibt die Virusvermehrung gewöhnlich auf einen kleinen Gewebebezirk beschränkt. Dieser kann infolge des Zellkollapses absterben und sichtbare Nekrosen bilden. Erfolgt die Nekrotisierung der Gewebebezirke schnell genug, erkrankt die Pflanze nicht systemisch und kann überleben. Nachwachsende Organe können dann völlig virusfrei sein. Die Hypersensibilität wird in der Regel monogen kontrolliert. Tabaksorten, die sich ausschließlich im Resistenzgen N unterscheiden, liefern völlig verschiedene Symptombilder nach einer Infektion mit Tabakmosaik-Virus (Abb. 8). Man muß sich allerdings vor der Annahme hüten, daß die Resistenzgene im Sinne einer „Alles-oder-Nichts-Reaktion" wirken. Die konkrete physiologisch-biochemische Antwort der Pflanze hängt von vielen Faktoren ab.
Seitdem eine Synchronkultur von Viren und Viroiden in isolierten pflanzlichen Protoplasten möglich ist, gibt es Untersuchungen zur Ausprägung der qualitativen Resistenz auf zellulärer Ebene. Die Ergebnisse mit isolierten Protoplasten von extrem resistenten oder hypersensitiven Pflanzen haben jedoch kaum zu analogen Reaktionen gegenüber der kompletten Pflanze geführt. Das spricht dafür, daß die Ausprägung der Resistenz im wesentlichen an den im Gewebe vorhandenen Zell-Zell-Kontakt gebunden ist.
Die quantitative Resistenz äußert sich in einer mehr oder weniger deutlichen Abwehrreaktion gegen die pathogenen Erreger. Sie kann in der Phase der Infektion im engeren Sinn,

Tab. 3: Grundtypen des Verhaltens von Pflanzen gegenüber Viren und Viroiden (modif. nach Kegler[8]).

„Immunität" (immunity)	**Empfänglichkeit** (susceptibility)			
	qualitative	quantitative		
	Resistenz (resistance)		Toleranz (tolerance)	Empfindlichkeit (sensitivity)
	Überempfindlichkeits- resistenz	Resistenz gegen Virus- – infektion – vermehrung – ausbreitung	– Symptom- – Leistungs-Toleranz	– schwach – mittel – hoch
	extreme Resistenz	(relative Resistenz)		

der Vermehrung oder der Ausbreitung erfolgen. Quantitative Resistenz scheint in den meisten Fällen polygen bedingt zu sein. Für ihre Beurteilung dienen Hilfskriterien, so die Infektionsrate, die Inkubationszeit, die Viruskonzentration in der Pflanze und die offensichtliche Schädigung, die die Pflanze erleidet. Toleranz gegenüber Virusinfektionen bedeutet zwar einerseits einen deutlichen Befall mit den Pathogenen, andererseits aber ein geringes Schadensausmaß. Oftmals bleibt das für die Erkrankung typische Syndrombild verborgen (Symptomtoleranz), und nicht selten ist die Produktivität der Pflanze kaum beeinträchtigt (Leistungstoleranz). So wie bei der quantitativen Resistenz Abstufungen geschaffen werden können, so kann auch die Empfindlichkeit einer Pflanze graduiert sein. Die Grobeinstufung umfaßt eine schwache, mittlere oder hohe Empfindlichkeit. Die Schädigungen des Wirtes nehmen in dieser Reihenfolge zu.

Abb. 8: Hypersensitive und systemische Erkrankung von mit Tabakmosaik-Virus infizierten Tabakpflanzen. Links: Blatt von *Nicotiana glutinosa* L. mit Nekrosen und somit einer Lokalisierung der Infektion; rechts: Blatt von *Nicotiana tabacum* L. ‚White Burley' mit typischer Mosaikschekkung.

Das Verhalten von Pflanzen gegenüber Viroiden ist weit weniger gut untersucht als das gegenüber Viren. Es spricht jedoch vieles dafür, daß die prinzipiell für eine Auseinandersetzung mit Viren bekannten Reaktionen auch bei einem Befall mit Viroiden eintreten. Bestimmte Zellkomponenten des Wirtes interagieren mit der Viroid-RNA. Es kann sich dabei prinzipiell um DNA, RNA und Proteine handeln.

Die physiologisch-biochemischen Reaktionen der Pflanze

Die relativ einfachen Replikationsmechanismen der Viren und Viroide verleiten zur Annahme, daß durch das pathologische Geschehen lediglich die Nukleinsäuresynthese, im Falle der Viren auch die Proteinsynthese des Wirtes beeinträchtigt sind. In Wirklichkeit aber sind die physiologisch-biochemischen Veränderungen im Wirtsstoffwechsel vielfältig. Sie umfassen insbesondere Verschiebungen im Gehalt an freien Aminosäuren und Proteinen, die Neusynthese bestimmter Proteine und der Virus- und Viroid-Nukleinsäuren, einen veränderten Hormonstatus und zahlreiche Nebeneffekte, wie den Chlorophyllabbau. Manche biochemischen Reaktionen sind auch für das Seneszenzsyndrom und/oder die Einwirkung von Streßfaktoren typisch. Die Art der physiologischen Veränderungen im Wirt und der Grad der Ausprägung hängen in starkem Maße von der Reaktion der Pflanze auf den Virus- oder Viroidbefall ab. Sie stehen also – zumindest indirekt – mit den Abwehrmechanismen im Zusammenhang. Auf molekularer und biochemischer Ebene sind die Mechanismen der Resistenz jedoch gegenwärtig nicht vollständig verstanden. Einige Virusinfektionen führen zu einer starken Anreicherung von Virionen, also Nukleoproteinpartikeln in der Zelle. Nach einer TMV-Infektion kann in Tomaten- oder Tabakpflanzen der Anteil dieses für die Pflanze fremden Produkts etwa 1 % der Frischmasse der Blätter betragen. Für seine Produktion muß der Wirt Dreiviertel seiner Synthesekapazität für RNA und Protein einsetzen. Auch die für das Replikationsgeschehen erforderlichen Enzyme, im Falle der (+)RNA-Viren insbesondere die RNA-abhängige RNA-Polymerase, werden in großen Mengen von der Zelle synthetisiert. Die RNA-abhängige RNA-Polymerase ist ein viruskodiertes Enzym, wurde aber auch mehrfach in geringen Mengen in gesunden Pflanzen nachgewiesen.[10] Diese der Zelle eigene Enzymaktivität kann möglicherweise durch eine Virusinfektion stimuliert werden. Antwortet die Pflanze auf die Virusinfektion mit Läsionen- und Nekrosenbildung, so äußert sich das in der Induktion oder Aktivierung von Enzymen. Die kombinierte Wirkung von Polyphenoloxidasen und Peroxidasen führt zur Polymerisation von Phenolen, was auch in den Farbveränderungen (Bräunung durch Melaninbildung) der betroffenen Gewebebezirke zum Ausdruck kommt. Insgesamt läßt sich im einzelnen bei hypersensitiven Reaktionen (vgl. auch S. 346) eine Aktivitätssteigerung folgender Enzyme beobachten:

- Glucose-6-Phosphat-Dehydrogenase und 6-Phosphogluconat-Dehydrogenase im Rahmen des Glucoseabbaues,
- Phenylalanin-Ammoniumlyase, Zimtsäure-4-Hydroxylase und Kaffeesäure-O-Methyl-transferase bei der Aromatensynthese,
- Phenoloxidasen, Peroxidasen und Katalasen beim Sauerstoffmetabolismus,
- Ribonucleasen, Proteasen und saure Phosphatasen mit hydrolytischen Aktivitäten.

Die Veränderungen von Enzymaktivitäten sind nicht allein typisch für eine Virusinfektion. Sie treten auch bei Pilzbefall, Verwundung, der Einwirkung mancher Xenobiotika u. a. in Erscheinung (vgl. S. 79 f. und S. 315). Gleiches trifft für zahlreiche weitere Begleiterscheinungen bei der Lokalisierung des Virusinfektes zu. Unmittelbar um oder in geringem Abstand von den Nekrosen bilden sich Barrieren aus, die die Virusausbreitung unterbinden, zumindest aber behindern können. Solche barrierebildenden Substanzen sind hauptsächlich Kallose, Suberin und Lignin. In auffälliger Weise ist die Synthese sogenannter „pathogenesis related proteins" (PR-Proteine, vgl. S. 324) mit der Viruslokalisierung korreliert.[11] Gegenwärtig sind 23 PR-Proteine bekannt; einige sind näher charakterisiert. PR-Proteine lassen sich in zwei Klassen einteilen: die sauren PR-Proteine und ihre basischen Homologen. Die sauren PR-Proteine sind bei pH 3,0 löslich und stabil gegenüber Proteasen. Sie sind im Apoplasten lokalisiert. Da PR-Proteine auch bei einem Befall mit Bakterien oder Pilzen und nach Chemikalienbehandlung nachgewiesen werden können, handelt es sich eher um einen generellen Abwehrmechanismus der Pflanze als um eine spezifische Antwort auf eine Virusinfektion. Auch bei einer systemischen Erkrankung treten neue Proteine auf. Über ihre Funktion ist nahezu nichts bekannt, und ihre Charakterisierung ist spärlich. Begleitet wird die Neusynthese einiger Proteine vom Proteinabbau im Organismus und deutlichen Verschiebungen bei den Wirtproteinen und den Aminosäuren. Wie für eine Streßsituation typisch, steigt der Gehalt an freiem Prolin deutlich an (Abb. 9).

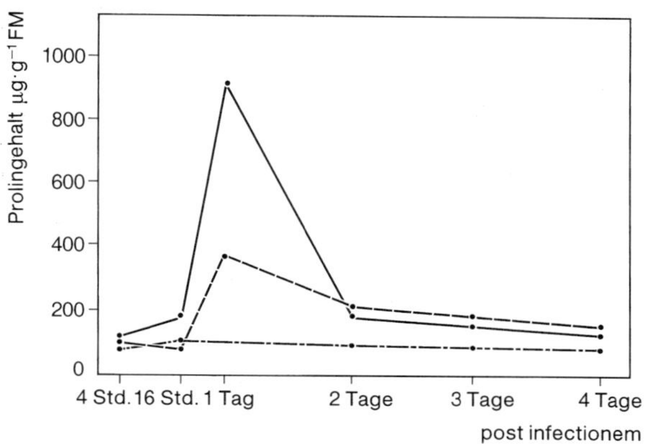

Abb. 9: Erhöhung des Prolingehaltes in Tabakblättern nach einer Virusinfektion.
–·–·–·– gesunde Tabakpflanze;
– – – – – – scheinbar inokulierte Pflanze;
———— mit Tabakmosaik-Virus infizierte Pflanze.

Zumindest für die Ausbreitung des TMV in der Pflanze konnte die Existenz eines Transportproteins verantwortlich gemacht werden.[12] Dieses viruscodierte Protein begünstigt die Weitergabe der RNA von Zelle zu Zelle. Der Wirkungsmechanismus blieb bislang ungeklärt, und unbeantwortet ist auch die Frage, ob sich mit dem Transportprotein ein allgemein verbreiteter Mechanismus verbindet.

Deutliche Veränderungen gibt es auch an den zellulären Membranstrukturen, insbesondere denen der Chloroplasten. Die Desintegration der Thylakoidmembranen begleitet stets die virusinfizierten Blattvergilbungen. Der Mechanismus der virusbedingten Blattvergilbungen wird modellhaft in folgendem Ablauf gesehen:

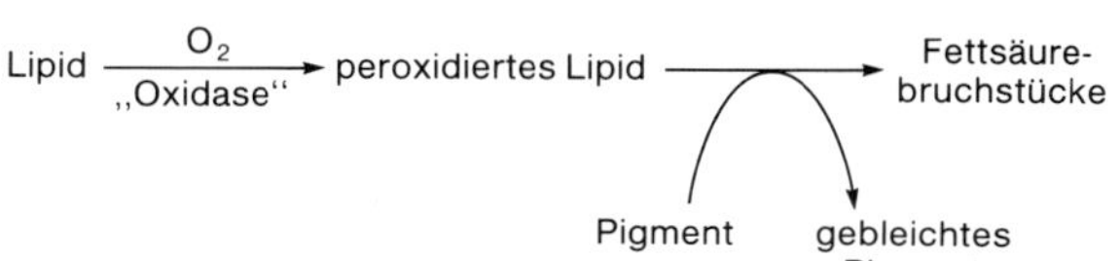

Die Grundlagen dieser Modellreaktionen bilden verschiedenartige Initiatorreaktionen, (a) welche zur Bildung von Radikalen ungesättigter Fettsäuren führen (diese Fettsäure-Radikale addieren Sauerstoff unter Bildung von Hydroperoxiradikalen), (b) welche wiederum Wasserstoffatome von anderen ungesättigten Fettsäuren oder (c) von bestimmten Pigmentmolekülen abstrahieren.

Somit kommt es zu Kettenreaktionen unter kontinuierlicher Kooxidation bestimmter Pigmentmoleküle, welche während dieses Prozesses gebleicht werden.

a) Initiation:

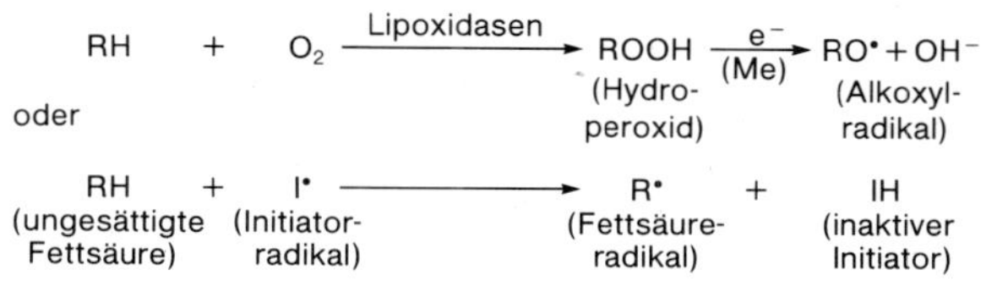

b) Sauerstoffaddition:

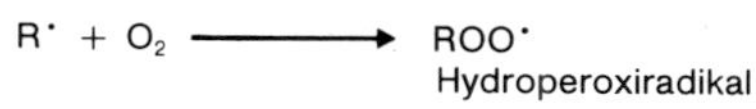

c) Pigmentkooxidation:

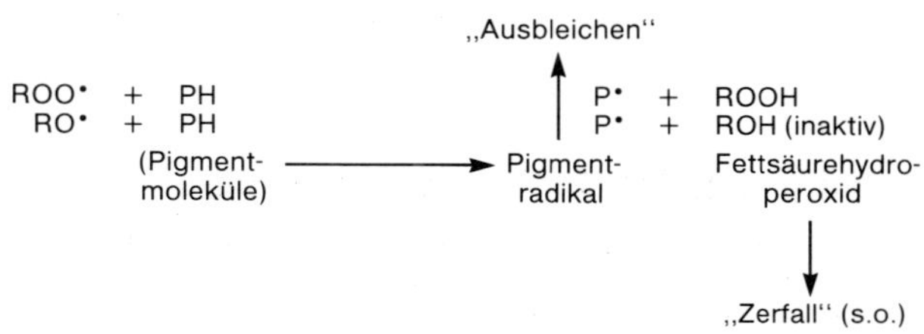

Experimentell läßt sich zum Beispiel in virusinfizierten Zuckerrübenblättern in einem frühen Stadium der Infektion (schwach beginnende Vergilbungssymptome) die Aktivierung von Lipidacylhydrolase beobachten, welche Fettsäuren aus Membranen freisetzt. Gleichzeitig kann man die Erhöhung der Aktivitäten von Lipoxidasen und die Freisetzung von Phenoloxidasen aus den Thylakoiden der Chloroplasten messen. Diese Befunde deuten auf die Desintegration der Chloroplasten-Membranstruktur hin. Gleichzeitig werden auch Katalase- und Peroxidaseaktivitäten signifikant erhöht, die im späteren Entwicklungsstadium des Infektionsverlaufes (fortschreitende Vergilbung) jedoch wieder stark an Aktivität abnehmen.

Allein die habituellen Veränderungen nach einem Befall mit Viren oder Viroiden deuten auf eine starke Beeinträchtigung des Metabolismus der Wachstumsregulatoren hin. Konzentrationsverschiebungen bei den Phytohormonen führen zu sichtbaren Schädigungen der Pflanze. Im allgemeinen kann gelten, daß infolge einer Virusinfektion die Auxin- und Gibberellinkonzentration verringert, der Gehalt an Abscisinsäure erhöht wird. Auch Ethylen wird im Falle einer hypersensitiven Reaktion verstärkt synthetisiert. Cytokinin findet sich sowohl in erhöhten als auch reduzierten Mengen. Die Untersuchungen belegen jedoch Ausnahmen vom „prinzipiellen Effekt“.

In systemisch mit TMV infizierten Tabakpflanzen ist die Konzentration der Indolyl- und der Phenylessigsäure um etwa 95 % vermindert; gleichzeitig ist der Gehalt ihrer Vorläufer deutlich erhöht. Innerhalb von 24 Stunden nach der Inokulation kann der stärkste Rückgang im Auxingehalt gemessen werden, was dafür spricht, daß die Reduktion der Auxinkonzentration der Virusverbreitung vorauseilt. Bei anderen Virus-Wirt-Kombinationen wurden ähnliche Veränderungen beobachtet. In einigen Fällen, so bei Lupinen, die mit dem Erbsenmosaik-Virus (pea mosaic virus) infiziert waren oder bei hypersensitiv auf eine TMV-Infektion reagierendem Tabak, stieg die Auxinkonzentration an.

Die Gibberellinkonzentration war virusbedingt meist vermindert, was mit der Erscheinung der Stauche gut in Einklang zu bringen ist. Diese Reduktion blieb gelegentlich auf die Verminderung von GA_1 und GA_3 beschränkt. Die häufig zu beobachtende Erhöhung der Abscisinsäurekonzentration hängt in ihrer Intensität wesentlich vom Krankheitsverlauf ab. Während bei einer hypersensitiven Reaktion TMV-infizierten Tabaks der Abscisinsäuregehalt gegenüber einer gesunden Pflanze um das 20fache angewachsen ist, erhöht er sich bei einer systemischen Infektion nur um das Zwei- bis Sechsfache. Interessant sind die Parallelen zu Pflanzen unter Streßbedingungen. Die erhöhte Ethylenproduktion infizierten Gewebes beschränkt sich auf die Ausprägung nekrotischer und chlorotischer Symptombilder. Obwohl insbesondere die Ausbildung der virusbedingten Nekrosen mit gravierenden quantitativen Verschiebungen der endogenen Wachstumsregulatoren verknüpft ist, bleiben bislang die kausalen Zusammenhänge zwischen beiden offen.
Bei den Viroidinfektionen konnten bislang keine eindeutigen Zusammenhänge zwischen dem pathologischen Geschehen und den aktuellen Spiegeln von Auxin, Gibberellin, Kinetin, Abscisinsäure und Ethylen oder deren Vorstufen gefunden werden.

Möglichkeiten der Schadensminimierung

Die wohl günstigste Situation für die Ausschaltung oder Minimierung virusbedingter Schäden ist dann gegeben, wenn die Pflanze gegenüber einer bestimmten Virusart „immun“, zumindest aber resistent oder tolerant ist. Die Züchtung nimmt sich der Lösung dieser Aufgabe zunehmend an und kann beachtliche Erfolge bei manchen Kulturpflanzen, so der Kartoffel, der Zuckerrübe und dem Tabak nachweisen. Das züchterisch erreichbare Resistenzverhalten kann sich direkt gegen das Eindringen (Infektionsresistenz), die Vermehrung (Vermehrungsresistenz) oder die Ausbreitung (Ausbreitungsresistenz) der Viren richten. Es kann aber auch darauf zielen, die Vektoren (z. B. Blattläuse) an der Virusübertragung von Pflanze zu Pflanze zu hindern oder die Virusweitergabe während der Samenbildung zu unterbinden.
Das Anliegen, eine vollkommene Resistenz gegen eine Virusart oder sogar mehrere ökonomisch bedeutsame Viren gleichzeitig zu erreichen, muß als nicht realistisch angesehen werden. Insofern hat sich der Züchter häufig mit der horizontalen Resistenz oder Feldresistenz, die sich in einem geringen Befall bei gleichzeitig abgeschwächtem Krankheitsverlauf äußert, zu begnügen.
Durch das Auftreten neuer, in ihrem Pathogeneseverhalten aggressiver Stämme kann die Resistenz der Pflanze gebrochen werden. Solche Resistenzdurchbrüche werden aber bei Viren seltener beobachtet, als dies bei Pilzen der Fall ist. Mitte der 80er Jahre wurde erstmals Virusresistenz bei Tabak auf gentechnischem Wege erzeugt.[13] Mittels eines Vektors wurde das Hüllproteingen des TMV in den Wirt eingebracht, der nun bei einer Inokulation mit TMV virusfrei blieb oder eine Virusvermehrung auf nur niederem Niveau zuließ. Inzwischen sind weitere Kulturpflanzen, so die Luzerne und Gurke, auf diese oder ähnliche Weise resistent gemacht worden. Ob damit eine praxisrelevante, dauerhafte Form der Resistenz erzeugt werden konnte, kann bislang nicht mit Sicherheit gesagt werden. Das mehr oder weniger gut ausgeprägte und von Durchbrüchen bedrohte Resistenzverhalten der Wirtspflanzen muß durch Strategien zur Bekämpfung der Viren ergänzt werden. Wie bei anderen Krankheiten kann man auch bei den Virosen zwischen prophylaktischen und therapeutischen Maßnahmen der Bekämpfung unterscheiden. Direkte Maßnahmen zur Eliminierung der Viren gestalten sich aber auf Grund der engen Verzahnung des Wirtsstoffwechsels mit der Virusvermehrung sehr schwierig; denn wenn die Neusynthese von Virusbausteinen unterbunden wird, nimmt meist auch der Wirtsmetabolismus Schaden.
Den prophylaktischen Bekämpfungsmaßnahmen kommt daher besondere Bedeutung zu. Zu ihnen hat man die Selektion oder Abtötung offensichtlich kranker Pflanzen, die Vektoren-

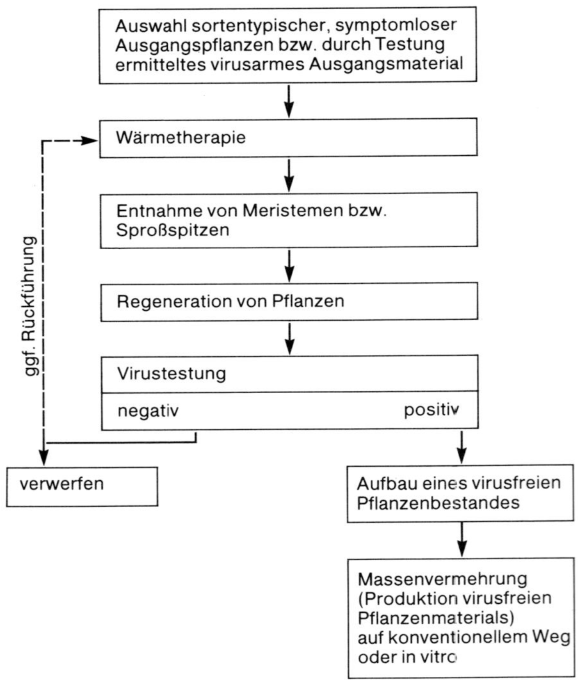

Abb. 10: Wesentliche Schritte zur Viruseliminierung.

Tab. 4: Wärmebehandlung von Wirtspflanzen

Virus	Wirtspflanze	Art	Behandlung Dauer	Behandlung Temperatur
Chlorotisches Ringflecken-Virus der Kirsche	Sauerkirsche	Heißwasser	30 Stunden	35° C
Rostfleckigkeits-Virus der Kirsche	Süßkirsche	Heißwasser	15 Minuten	50° C
Blattfleckigkeits-Virus der Erdbeere	Erdbeere	Warmluft	2 Wochen	38° C
Kohlschwarzing-Virus	Meerrettich	Warmluft	3 Monate	38° C
Nelkenscheckungs-Virus	Nelke	Warmluft	2 Monate	38° C
Ringfleckigkeits-Virus der Hortensie	Hortensie	Warmluft	3 Monate	35° C

bekämpfung, phytosanitäre Maßnahmen, die Einhaltung von Quarantänebestimmungen und vorteilhafte, auf die Stärkung der Pflanzen ausgerichtete ackerbauliche Maßnahmen zu rechnen.

Die therapeutischen Maßnahmen beschränken sich heute auf die Viruseleminierung durch Wärmetherapie und pflanzliche Biotechniken. Der Einsatz von Pestiziden zur Virusbekämpfung (Virozide bzw. Virostatika) ist gegenwärtig nur in Ausnahmefällen möglich und gerechtfertigt und bedarf weiterer Forschungsarbeit.

Die Wärmetherapie wurde 1935 erstmals zur Eliminierung von Viren aus jungen Pfirsichbäumen angewandt. Die physiologischen und biochemischen Vorgänge in der Zelle, die zum Verlust der Viren oder der Unterdrückung der Virusvermehrung führen, sind jedoch bis heute nicht endgültig geklärt. Den therapeutischen Effekt allein durch thermale Inaktivierung erklären zu wollen, ist nicht möglich, weil zwischen der Temperatur, mit der das Virus im pflanzlichen Gewebe zu eliminieren ist, und jener, mit der man die Viren außerhalb der Zelle inaktivieren kann, keine Korrelation besteht. Die Wärmebehandlung kann mit Wasser oder Luft durchgeführt werden und muß dem jeweiligen Pflanzenmaterial angepaßt sein (Tab. 4). Stets ist die Behandlungstemperatur so zu wählen, daß das Virus in der Zelle inaktiviert, das pflanzliche Gewebe aber nicht geschädigt wird.

Unterschiedliche Teile einer Pflanze, so die Sproßmeristeme oder nach Wärmetherapie auch Sproßspitzen, können virusfrei sein. Sie stellen dann ein wertvolles Ausgangsmaterial für die Aufzucht virusfreier Pflanzen dar, die dann zur vegetativen Vermehrung dienen können. In den letzten beiden Jahrzehnten sind die verschiedenen Biotechniken zur Gewinnung gesunden Pflanzgutes zu Routineverfahren weiterentwickelt worden (Abb. 10).

Obwohl das erste, gezielt entwickelte Pflanzenschutzmittel 1892 zugelassen wurde, gibt es bis heute kein staatlich anerkanntes antiphytovirales Präparat. Zwar ist die Anzahl der gegen Pflanzenviren wirksamen, natürlich vorkommenden und synthetischen Verbindungen groß, doch für den Einsatz in Freilandbeständen erfüllt bislang keines der potentiellen Chemotherapeutika alle Kriterien. Die Behandlung von Feldkulturen stellt aber nur eine und sicher die am schwersten zu beherrschende chemotherapeutische Bekämpfungsmaßnahme dar. Weitere Möglichkeiten sind

- Viruseliminierung in *In-vitro*-Kulturen
- Behandlung wertvoller Einzelpflanzen, z. B. als Spenderpflanzen für *In-vitro*-Material
- Saat- und Pflanzgutbehandlung
- Behandlung von Kulturen unter Glas.

Am erfolgreichsten und häufigsten wird heute im Rahmen der Chemotherapie die Erhöhung des Anteils virusfreier Pflanzen in Meristem-, Sproßspitzen- und Stengelschnittlingskulturen durch Zusatz von chemischen Präparaten zu den Nährmedien genutzt. Ribavirin (1-β-D-ribofuranosyl-1,2,4-triazol-3-carboxamid) und DHT (2,4-Dioxohexahydro-1,3,5-triazin) liefern zur Zeit die besten Ergebnisse.

Viroidkrankheiten lassen sich schwerer als Virosen bekämpfen. Es gibt bislang keine Möglichkeiten, Viroide auf therapeutischem Weg zu eliminieren. Die ständige Selektion viroidkranker Pflanzen ist die wichtigste Maßnahme zum Aufbau oder zur Erhaltung gesunder Pflanzenbestände.

Literatur

[1] Francki, R. I. B., Fauquet, C. M., Knudson, D. L., Brown, F. (eds.) (1991): Arch. Virology, Suppl. 2.

[2] Motoyoshi, F., Bancroft, J. B., Watts, J. W., Burgess, J. (1973): J. Gen. Virol. **20**, 177–193.

[3] Mühlbach, H.-P. (1987): Biologie in unserer Zeit **17**, 65–78.

[4] Kluge, S., Marcinka, K. (1982): Biol. Rdsch. **20**, 129–138.

[5] Atkinson, P. H., Matthews, R. E. F. (1967): Virology **32**, 171–173.

[6] Mühlbach, H.-P. (1982): Curr. Top. Microbiol. Immunol. **99**, 81–129.

[7] Kluge, S. (1986): Biol. Rdsch. **24**, 85–99.

[8] König, R. (1988): Nachrichtenbl. Deut. Pflanzenschutz **40**, 88–92.

[9] Kegler, H., Schenk, G., Habekuss, A., Oertel, H., Schmidt, H.-E., Proeseler, G., Weber, I., Kontzog, H.-G., Schimanski, H.-H., Graichen, K. (1989): Beiträge zur Pflanzenvirologie **1**, 20–33.

[10] Fraenkel-Conrat, H. (1986): CRC Critical Rev. Plant Sci. **4**, 213–226.

[11] Antoniw, J. F., White, R. F. (1987): The role of pathogenesis-related proteins. In: Plant resistance of viruses. Ciba Foundation Symp. **33**, 57–71.

[12] Taliansky, M. E., Malyshenko, S. I., Psennikova, E. S., Kaplan, I. B., Ulanova, E. F., Atabekov, J. G. (1982): Virology **122**, 318–326.

[13] Powell Abel, P. A., Nelson, R. S., De, B., Hoffmann, N., Rogers, S. G., Fraley, R. T., Beachy, R. N. (1986): Science **232**, 738–743.

Zusammenfassende Darstellungen

Anonym (1987): Plant resistance of viruses. Ciba Foundation Symp. 133. John Wiley & Sons, Chichester.

Brakke, M. K. (1988): Ann. Rev. Phytopathol. **26**, 331–350.

Klinkowsky, M. (begr.) (1977–80): Pflanzliche Virologie Bd. 1–5. Akademie-Verlag, Berlin.

Matthews, R. E. F. (1991): Plant virology. 3rd Edition. Academic Press, San Diego, New York, Boston, London, Sydney, Tokyo, Toronto.

Nienhaus, F. (1985): Viren, Mykoplasmen und Rickettsien. Uni-Taschenbücher 1361. Eugen Ulmer, Stuttgart.

Schuster, G. (1988): Virus und Viruskrankheiten. Die Neue Brehm-Bücherei 198. 4. Aufl. A. Ziemsen Verlag, Lutherstadt Wittenberg.

Spaar, D., Kleinhempel, H. (1985): Bekämpfung von Viruskrankheiten der Kulturpflanzen, Dt. Landwirtschaftsverlag, Berlin.

Schadwirkungen durch Insekten

B. Klausnitzer, Dresden

Einleitung

Pflanzenfressende Insekten sind Primärkonsumenten und verbrauchen die von den Pflanzen produzierte organische Substanz zur Gewinnung der Energie für ihren Bau- und Betriebsstoffwechsel. Ihr Kot wirkt als Dünger. Neben den verschiedenen, oft als schädlich empfundenen Formen des Fraßes und des Saugens bestäuben sie (auch nicht phytophage Arten) die Blüten der entomogamen Pflanzen und gewinnen dabei Nektar und Pollen. Über die Nahrungsquelle hinaus bietet die Strukturmannigfaltigkeit der Pflanzen ein weiteres Feld der engen Beziehungen (Lebensräume, Nestbau). Fraß und Saugen sind nicht automatisch mit der Erzeugung eines Schadens gleichzusetzen. Vielfach ist ihre Wirkung unbedeutend und wird durch Regeneration und physiologische Reaktionen kompensiert. Mit Insekten befallene Pflanzen können sogar eine erhöhte Produktion aufweisen, wenn sie durch den Fraß bzw. das Saugen stimuliert werden.

Die Zahl der phytophagen und phytosugen Insektenarten wird für die mitteleuropäische Insektenfauna mit etwa 11 000 Arten angegeben: *Caelifera* 45, *Heteroptera* 530, *Homoptera* 1620, *Thysanoptera* 300, *Hymenoptera* 1480, *Coleoptera* 2120, *Lepidoptera* 3000 und *Diptera* 1500. Weltweit sollen 600 000 bis 700 000 Insektenarten an dem Komplex Blütenpflanzen-Phytophage beteiligt sein[1] (Es wird hier von ca. 1 Million Insektenarten ausgegangen, vielfach werden aber 10 Millionen als real angesehen, entsprechend würde sich die Zahl der Phytophagen erhöhen).

Diese sehr hohe Zahl beruht vor allem darauf, daß jede Pflanzenart allein durch ihre physiologischen (chemischen) Besonderheiten (Art des Eiweißes, ätherische Öle, Glykoside, Alkaloide u. a.), aber auch der morphologischen, eine von jeder anderen Pflanzenart verschiedene ökische Dimension ist, die jeweils ganz spezifischen Potenzen von Insektenarten Entfaltungsmöglichkeiten bietet. Bezieht man auch die Blütenbesucher ein, erhöht sich die Zahl der Phytophagen nochmals erheblich (auf 23 000 Arten in Mitteleuropa). Vor allem viele Parasitoide und Episiten kommen ohne Blütennahrung nicht aus.

Zwischen verschiedenen Wuchstypen von Pflanzen lassen sich erhebliche Unterschiede in der Zahl der von ihnen abhängigen Insektenarten aufzeigen (Tab. 1). Wohl die meisten phytophagen und phytosugen Insektenarten besiedeln nicht die gesamte Pflanze, sondern sind in ihrem Vorkommen auf bestimmte Pflanzenorgane spezialisiert, die als Merotope aufzufassen sind und demzufolge von einer Merozönose besiedelt werden[2]. Zu den wichtigsten Merotopen der Angiospermen (Blüten, Samen, Früchte, Sproß, Blätter, Wurzeln) kommen bei vielen Arten noch weitere besiedelbare Teile hinzu, z. B. Speicherorgane. Jedes der genannten Organe kann mehrere ökologische Lizenzen bereitstellen. Ein Blatt beispielsweise muß nicht im ganzen als Nahrungsquelle dienen, sondern kann wegen der morphologischen und physiologischen Uneinheitlichkeit (Epidermis, Parenchym, Nerven, Stiel, Spreite, Rand) jeweils anderen Phytophagen Nahrung und Wohnraum bieten. Die Lokalisierung auf nur einen dieser Teile ist bei Minierern und Gallenerzeugern besonders offensichtlich.

Tab. 1: Durchschnittliche Zahlen phytophager Insektenarten an verschiedenen Pflanzentypen. Nach Klausnitzer 1993[3].

Pflanzentyp	Artenzahl
Sommerannuelle Pflanzen	1– 3
Winterannuelle Pflanzen	2– 4
Zweijährige Pflanzen	6– 8
Mehrjährige Krautpflanzen	6– 12
Stauden	20– 80
Holzgewächse	40–460

Die Ontogenese der Pflanze bedingt eine stetige morphologische und chemische Veränderung der Merotope und schafft damit die Grundlage für die Ausbildung einer Sukzession der phytophagen Insektenarten, weil die Zahl der zur Verfügung gestellten ökologischen Lizenzen auf diese Weise vergrößert und ihre Natur verändert wird. Für *Betula* gelten z. B. folgende ungefähre Zahlen: Samen – 2 monophage Arten, Keimpflanze – 3, Alter bis 10 Jahre – 12, Alter bis 50 Jahre – 24, sehr alte Bäume – 33. Manche Arten besiedeln ihre Wirtspflanze in deren gesamter Lebenszeit (z. B. Blattfresser), andere sind an eine bestimmte Phase gebunden (Scolytidae an bestimmte Holz-Borke-Relationen).

Morphologische Grundlagen des Schadens

Die Schadwirkungen oder Symptome durch sog. Schadinsekten werden nach ganz verschiedenen Gesichtspunkten unterteilt:
indirekt (Übertragung von Phytopathogenen) – direkt (Fraß- und Saugschäden),
physiologisch (Pflanze erkrankt) – technisch (Verwertbarkeit wird eingeschränkt),
primär (gesunde Pflanze wird befallen) – sekundär (geschädigte, prädisponierte Pflanze wird befallen).
Am Bau der Mundwerkzeuge lassen sich zwei grundsätzlich verschiedene Wege der Schädigung von Pflanzen unterscheiden (Abb. 1):

– Phytosuge: die Mundwerkzeuge können in einzelne Zellen (ungerichtet) der Epidermis oder des Parenchyms oder in das Phloem (gerichtet) oder Xylem eingesenkt werden. Als Nahrung dienen Pflanzensäfte (Thysanoptera, Heteroptera, Homoptera). Innerhalb der Insecta ist es infolge Funktionsähnlichkeiten zu konvergenten Entwicklungen im Bau der saugenden Mundwerkzeuge gekommen. Den Phloemsaugern wird die Nahrung durch den Druck in den Siebröhren passiv zugeführt. Die Schädigung geschieht neben dem Saftentzug durch Stoffzufuhr mit dem Speichel: die zu vermehrtem Stofftransport führende Erhöhung der Permeabilität der Zellwände begünstigt auch die Übertragung von Phytopathogenen.

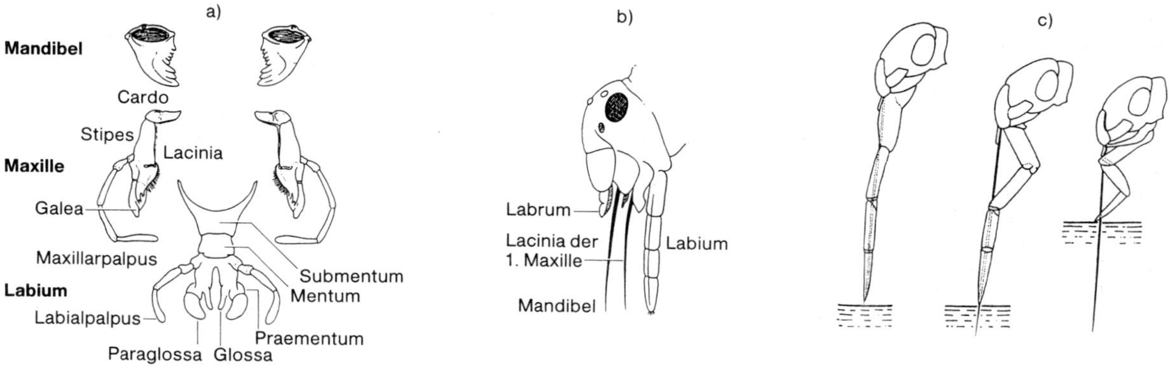

Abb. 1: Bau der Mundwerkzeuge von Schadinsekten; a) Typ der beißenden Mundwerkzeuge (nach Hennig[4]), b) Typ der saugenden Mundwerkzeuge (nach Weber[5]), c) Eindringen des Stechborstenbündels in die Wirtspflanze (Weichwanze, Miridae; nach Grassé[6]).

– Phytophage: die Mundwerkzeuge sind so gestaltet, daß Pflanzensubstanz verletzt oder gefressen (abgebissen, abgeschabt oder ausgedrückt) werden kann (Caelifera, Ensifera, Coleoptera, Hymenoptera, Lepidoptera, Diptera). Es existieren enge Anpassungen der betreffenden Insekten an die morphologischen Eigenschaften der Wirtspflanzen bzw. Pflanzenorgane. Schädigung durch Assimilationsverluste, Eröffnung für den Befall mit Phytopathogenen und Sekundärschädlingen und Kahlfraß führen zum Absterben der Kulturen, bei Bäumen mindestens zu Zuwachsverlusten.

Formen des Schadens

Nach den Nahrungsgruppen werden unterschieden: Algophage (Algenfresser), Mycophage (Pilzfresser), Lichenophage (Flechtenfresser), Herbiphage (Pflanzenfresser); nach den befallenen Pflanzenorganen: Radiciphage (Wurzelfresser), Xylophage (Holzfresser), Corticiphage (Rindenfresser), Phyllophage (Blattfresser), Fructiphage (Fruchtfresser).

Fraßbilder an Blättern

Die Fraßbilder an Blättern können mehr oder weniger art- oder gruppencharakteristisch sein (Abb. 2 und Farbabb. 20–22, S. 252). Es existieren auch Übergänge zwischen den verschiedenen Typen. Man unterscheidet:

Abb. 2: Fraßbilder einer Nonne (*Lymantria monocha*) an Buche (*Fagus sylvatica*); a) Lochfraß einer Jungraupe, b, c) Ankerfraß einer älteren Raupe, d) Kahlfraß. e) Lochfraß einer Blattwespe (*Hemichroa crocea*) an Schwarz-Erle (*Alnus glutinosa*) nach Weber & Weidner[7].

– Randfraß: Die Larven von Schmetterlingen *(Lepidoptera),* Blattwespen *(Tenthredinidae)* und verschiedenen Rüsselkäfern *(Curculionidae)* fressen das Blatt vom Rand her an. Sowohl der Bau der Mundwerkzeuge wie auch das Verhalten (Festhalten am Blattrand mit den Thorakal- und gegebenenfalls Abdominalbeinen) sind auf diese Fraßweise abgestimmt. Die Imagines der Blattschneiderbienen (*Megachile* sp.) nagen ovale und runde Blattstücke u. a. aus Rosenblättern, die in Gänge eingetragen werden, wo sie zum Austapezieren bzw. als Trennwände verwendet werden.
– Lochfraß: Vor allem Rüsselkäfer *(Curculionidae)* und Erdflöhe *(Alticinae)* fressen in die Blätter ihrer Wirtspflanzen Löcher, aber auch Schmetterlinge, beispielsweise Miniersackmotten *(Incurvariidae)* oder die Kohlschabe *(Plutella xylostella)* tun dies.
– Schabefraß: Eine Reihe von Käferarten, vor allem Blattkäfer *(Chrysomelidae),* aber auch der Luzernemarienkäfer *(Subcoccinella vigintiquatuorpunctata),* drücken mit ihren Mundwerkzeugen die Ober- und/oder Unterhaut der Blätter zusammen und schaben das Pflanzengewebe ab, wodurch sehr charakteristische Fraßbilder entstehen.
– Fensterfraß: Das Gewebe wird bis auf eine Epidermis abgetragen, die sich oft braun verfärbt, z. B. *Lepidoptera, Chrysomelidae, Tenthredinidae.*
– Skelettierfraß: Bei einigen Arten kann die Entfernung des intercostalen Blattgewebes soweit gehen, daß nur noch das Adernetz übrigbleibt (z. B. *Chrysomelidae, Lepidoptera*).
– Blattwickel: Einige Rüsselkäferarten (*Curculionidae*) fertigen spezielle Blattwickel an, die durch verschiedenartige Schnittfiguren erzeugt werden (Brutfürsorge und Brutpflege). Verschiedene Schmetterlingsarten (z. B. Wickler – *Tortricidae,* Miniermotten – *Gracillariidae*) bilden Blattfalten und -rollen, die mit Spinnfäden stabilisiert werden und in deren Innerem gefressen wird.
– Knospenfraß: Die Zerstörung der Terminalknospe kann wesentliche Veränderungen im Sproßwachstum bewirken, durch Neubildung gefressener Blattknospen entstehen buschige Wuchsformen.
– Totalfraß: Vor allem die Raupen von Schmetterlingen, aber auch Blattwespen, Blattkäfer und Kurzfühlerschrecken sind in der Lage, die gesamten Blätter zu verzehren, so daß höchstens die Mittelrippe, mitunter aber gar nichts mehr übrigbleibt. Die Larven einiger Arten fressen gemeinschaftlich innerhalb eines Gespinstes (z. B. Gespinstmotten – *Yponomeutidae,* Gespinstblattwespen – *Pamphiliidae*). Einige Schadinsektenarten können die gesamte Pflanze vernichten, wie dies z. B. von Erdflöhen *(Alticinae)* und Rüsselkäfern *(Curculionidae)* an Keimpflanzen bekannt ist.

Fraßbilder am Sproß

Verhältnismäßig viele Schmetterlingsarten leben als Larve innerhalb des Sprosses, z. B. der Maiszünsler *(Ostrinia nubilalis),* die Eichentriebmotte *(Stenolechia gemmella)* und die Eschenzwieselmotte *(Prays curtisellus).* Aber auch von Hautflüglern ist dies bekannt (Halmwespen – *Cephidae* und verschiedene Blattwespenarten). Innerhalb des Sprosses leben auch Minierfliegen *(Agromyzidae)* und die zu den Gallmücken gehörige Okuliermade *(Thomasiania oculiperda),* ferner führen verschiedene Borkenkäfer *(Scolytidae)* ihren Reifungsfraß im Inneren des Sprosses aus.
Bei Holzgewächsen sind Borke und Rinde zusätzliche Organe, die durch Fraß geschädigt werden können. Die Schäden sind insbesondere dann groß, wenn die Leitgewebe und das Meristem gefressen werden (Ringelung), z. B. von rindenbrütenden Borkenkäfern *(Scolytidae),* Prachtkäfern *(Buprestidae),* Bockkäfern *(Cerambycidae),* Rüsselkäfern *(Curculionidae),* aber auch von verschiedenen Schmetterlingsarten und Zweiflüglern.
Verschiedene Käferarten, z. B. holzbrütende Borkenkäfer, können ihre Gänge auch in das lebende Holz von Bäumen nagen, wo sie nicht von der Holzsubstanz selbst leben, sondern von Pilzen, die sie auf der Wand der Gänge ansiedeln und pflegen (Ambrosiapilze).
Auf mancherlei Schädigungen der Rinde und Borke von Holzgewächsen reagieren diese mit Umwallungswachstum, z. B. bei verschiedenen Glasflüglern *(Sesiidae),* Knopfhornblattwespen *(Cimbicidae)* und Borkenkäfern, z. B. dem Eschenbastkäfer *(Hylesinus fraxini).* Es bildet sich in diesem Falle die sog. Eschenrose. Rindenschäden können Eingangspforten für Bakterien, Pilze und Sekundärschädlinge sein.

Fraßbilder an Wurzeln

Im Inneren von Wurzeln (Hauptwurzel) fressen die Larven einiger Schmetterlingsarten, aber auch von Rüsselkäfern *(Curculionidae).* Mitunter besteht ein direkter Zusammenhang zu dem Fraß im Inneren des Sprosses.
Die als Speicherorgane ausgebildeten unterirdischen Pflanzenteile (zum Teil Wurzelderivate, Knollen, Rüben) sind oftmals das Nahrungssubstrat polyphager (*Agriotes* sp. – Saatschnellkäfer, *Agrotis* sp. – Erdraupen) und spezialisierter Insektenarten, z. B. Möhren (*Psila rosae* – Möhrenfliege), Zwiebeln (*Phorbia antiqua* – Zwiebelfliege, *Merodon equestris* – Große Narzissenfliege).
Verhältnismäßig viele Insektenlarven leben frei im Boden und fressen von außen her vor allem die Nebenwurzeln und Wurzelhaare von Pflanzen, besonders die nicht verholzten Wurzeln, z. B. Larven von Rüsselkäfern *(Curculionidae)* und Blatthornkäfern – Engerlinge *(Scarabaeidae).* Auch ein Fraß am Wurzelhals ist bedeutsam.

Fraßbilder an Blüten, Samen, Früchten

Ein Fraß von Blütenteilen ist von einer Reihe entsprechend spezialisierter Insekten bekannt, z. B. Rapsglanzkäfer (*Meligethes* sp.), Blütenspanner (*Eupithecia* sp.) an Antheren und anderen Blütenteilen, verschiedene Bohrfliegen *(Tephritidae)* am Blütenboden, Lieschgrasfliegen (*Amaurosoma* sp.) an den Ähren des Lieschgrases. Zahlreiche Arten (*Anthonomus* sp. u. a. *Curculionidae,* verschiedene *Diptera*) befallen Blütenknospen, die dadurch in großer Zahl vernichtet werden können.
Pflanzensamen bilden eine nährstoffreiche Nahrungsquelle, die z. B. von den Samenkäfern *(Bruchidae),* der Kohlschotenmücke *(Perrisia brassicae), Megastigmus* sp. in Nadelholzsamen *(Torymidae),* dem Haselnußbohrer *(Curculio nucum)* in Haselnüssen, dem Eichelbohrer *(Curculio glandium)* in Eicheln genutzt wird.
Früchte können von verschiedenen Insektenarten befallen sein, die auch an ihrem Fraßbild erkannt werden können, z. B. Äpfel (*Cydia pomonella* – Apfelwickler), Pflaumen (*Cydia funebrana* – Pflaumenwickler), Kirschen (*Rhagoletis cerasi* – Kirschfruchtfliege), Himbeeren (*Byturus tomentosus* – Himbeerkäfer). Die Zapfen von Koniferen, insbesondere Fichten, stellen ebenfalls ein Nährsubstrat für verschiedene Schadinsekten dar, z. B. für Pochkäfer *(Anobiidae),* Fichtenzapfenspanner (*Eupithecia bilunulata* und *E. pini*) und den Fichtenzapfenzünsler *(Dioryctria abietella).*

Veränderungen von Farbe und Form der Pflanze

Vor allem durch das Saugen und die bei diesem Vorgang in die Pflanze abgegebenen Stoffe kommt es zu Veränderungen von Farbe und Form einzelner Teile. Verformungen (z. B. Kräuselungen der Blätter, Verkürzung der Internodien) gehen mitunter fließend in Strukturen über, die als Gallen bezeichnet werden. Direkte Saugschäden, auch Welkerscheinungen, entstehen durch Veränderungen des Wasserhaushaltes, des Sauerstoffverbrauchs in den Geweben und der Assimilationsrate.
Beispiele:
Heteroptera (Wanzen): Saugflecken, 0,5 mm Durchmesser, oft braun gefärbt, auch Deformationen und Gewebeschwund, an Früchten korkige Flecken, Schorfbildung, Nekrosen.
Lygus pabulinus (Grüne Futterwanze): Johannisbeerblätter werden durch die Stiche fleckig.
Calocoris fulvomaculatus (Hopfenwanze): Saugflecken an Blättern.
Typhlocyba rosae (Rosenzikade): saugt an der Unterseite von Rosenblättern, diese werden dadurch gelb gescheckt.
Psylla pirisuga (Birnenblattfloh): Birnenblätter werden durch das Saugen deformiert und verkrüppelt.
Psylla buxi (Buchsbaumblattfloh): Buchsbaumblätter werden schalen- oder löffelförmig nach oben gebogen.
Trioza apicalis (Möhrenblattfloh): grün bleibende Blattkräuselungen an Möhrenblättern.
Cryptomyzus ribis (Johannisbeerblasenlaus): rote und gelbliche Beulen auf den Blättern.
Der Speichel enthält scheidenbildende Stoffe, Enzyme, freie Aminosäuren und wachstumsregulierende Pflanzenhormone. An Enzymen kommen Proteasen, Amylase, Invertase, Lipase, Esterasen, Phenoloxidasen, Pectinase und Cellulasen vor. Die Enzymausstattung ist bei verschiedenen Arten variabel und läßt einen Zusammenhang mit der Nahrungsaufnahme erkennen. Arten, deren Stechborsten interzellulär geführt werden, scheiden meistens pektinhydrolysierende Enzyme ab. Im Speichel sind auch Stoffe enthalten, deren Wirkung der von Phytohormonen gleicht. Die Fernwirkung kann sich ausgehend von einer angestochenen Zelle auf die gesamte Pflanze erstrecken und in einer Wachstumshemmung oder in einer Wachstumsstimulierung bestehen.
Der von Blattläusen, Blattflöhen, Schildläusen und Mottenschildläusen erzeugte meist sehr zuckerreiche sog. Honigtau kann als Nährsubstrat für Rußtaupilze (Capnodiaceae) dienen. Die Rußtaupilze können die betreffenden Blattoberflächen völlig schwärzen und damit die Assimilation mehr oder weniger stark beeinflussen.
Indirekte Schäden sind häufig auf die Übertragung von Viren zurückzuführen, die oft Vergilbungen und Wachstumshemmungen hervorrufen (vgl. S. 376).

Minen

Als Minen werden Fraßgänge im Inneren verschiedener Pflanzenorgane bezeichnet (Abb. 3 und 4 sowie Farbabb. 23, S. 252). Sie werden von Schmetterlingen, Hautflüglern, Zweiflüglern und Käfern hervorgerufen. „Mine" bezieht sich meist auf die Blätter. Entsprechende Gänge im Sproß, in Wurzeln, unter Rinde und im Holz werden gewöhnlich nicht so bezeichnet.
Die Blattminen sind in ihrer Form und Anlage meist so spezifisch, daß man unter Einbeziehung der Wirtspflanzenart eine Artbestimmung des Erregers gewöhnlich viel sicherer leisten kann als dies durch das Studium der Imagines möglich wäre.[4]
Der Fraßgang kann verschiedene Formen haben: sich zunehmend verbreiternde, mehr oder weniger gewundene Fraßspuren werden als Gangminen bezeichnet, mehr oder weniger rundliche, flächenförmige tragen den Namen Platzminen, Zwischenformen zwischen beiden nennt man Gangplatzmine. Manche Minierer fressen nur innerhalb der Ober- oder Unterhaut des Blattes. Die meisten Arten minieren jedoch zwischen den beiden Epidermisschichten, die erhalten bleiben, und ernähren sich von verschiedenen Schichten des Palisaden- und Schwammparenchyms, so daß ober- oder unterseitige Minen entstehen. Ein wichtiges weiteres Merkmal zur Unterscheidung der Minen ist die Anordnung des Kotes im Minengang.

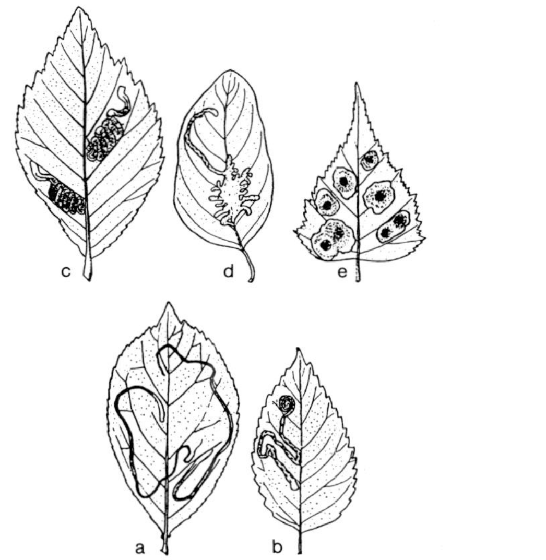

Abb. 3: Minen. a–d) Gangminen, e) Platzmine, a) Schlangenminiermotte (*Lyonetia clerkella*), b) und d) Minierfliegen (*Liriomyza eupatorii* und *Phytomyza xylostei*), c) und e) Zwergmotten (*Stigmella viscerella* und *Stigmella argentipedella*). (Nach Hering 1951[8])

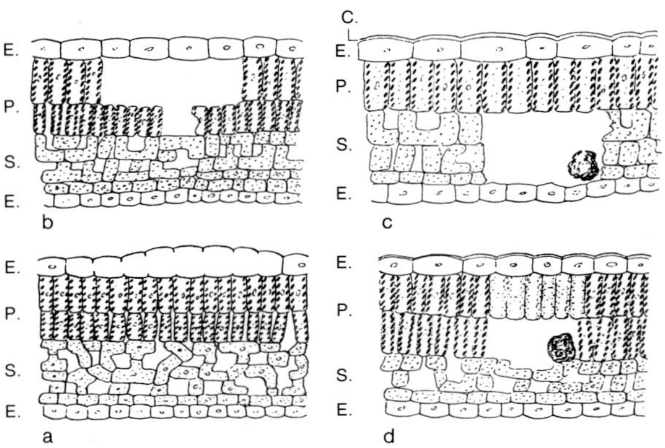

Abb. 4: Querschnitte durch verschiedene Minenformen. a) epidermale, b) oberseitige, c) unterseitige, d) beidseitige Mine. E = obere bzw. untere Epidermis, P = Palisadenparenchym, S = Schwammparenchym. (Nach Hering 1951[8])

Die Larven der minierenden Insekten sind gewöhnlich durch mehr oder weniger vollständige Rückbildung der Beine und Prognathie der Mundwerkzeuge gekennzeichnet. Die Pflanze kann mit Wachstumsprozessen, z. B. Kallusbildungen reagieren. Die Verpuppung erfolgt entweder in der Mine oder außerhalb derselben am Boden. Es gibt auch Minierinsekten, die im

Verlauf ihrer Entwicklung die Mine verlassen und außen weiterfressen, z. B. Fliedermotte *(Caloptilia syringella)* und Sackträgermotten *(Coleophoridae)*.

Gallen

Pflanzengallen können durch Bakterien, Algen, Pilze, Einzeller, Rädertierchen, Fadenwürmer und Milben hervorgerufen werden. Die meisten stammen aber von Insekten, insbesondere *Thysanoptera, Psyllina, Aphidina, Coleoptera, Lepidoptera, Hymenoptera* und *Diptera*.[9] Nach dem Aufbau werden histoide und organoide Gallen unterschieden (Abb. 5). Am Bau der histoiden Gallen sind nur einzelne Pflanzengewebe beteiligt (z. B. verdickte Einrollung von Blatträndern durch Blattläuse). Die organoiden Gallen sind Bildungen von Pflanzenorganen, und man kann Umwachsungs- oder Beutelgallen von Markgallen bzw. Lysenchymgallen unterscheiden. Bei ersteren bleibt der Parasit in einem von Wirtsgewebe umschlossenen Hohlraum. Im anderen Fall wird das Ei vom Muttertier meist in das Pflanzengewebe eingesenkt (mechanisch oder durch enzymatische Gewebeauflösung) und die sich entwickelnde Larve in einer Gallenkammer von Pflanzengewebe umgeben. Außerdem gibt es Veränderungen, die sich in Verdickungen, Stauchungen und Verdrehungen äußern. Vielfach werden die Gallen als Abwehrreaktionen der Pflanze gegenüber dem Insekt gedeutet.

Die meisten gallenerzeugenden Insekten sind Spezialisten sowohl hinsichtlich der befallenen Pflanzenarten (vielfach Monophagie) als auch hinsichtlich der Spezialisierung auf ein bestimmtes Pflanzenorgan. Die Gallen finden sich an Wurzeln, Sproß, Rinde, Knospen, Blattstielen, Blättern oder Blüten.

Das gallerzeugende Insekt (meist die Larve) gibt Stoffe ab, die die Wirksamkeit pflanzeneigener Hormone (vor allem Phytohormone, z. B. Auxin oder Cytokinin) verändern oder deren Produktion erhöhen, außerdem verschiedene Verdauungsenzyme (polysaccharid-, oligosaccharid- und eiweißspaltend)

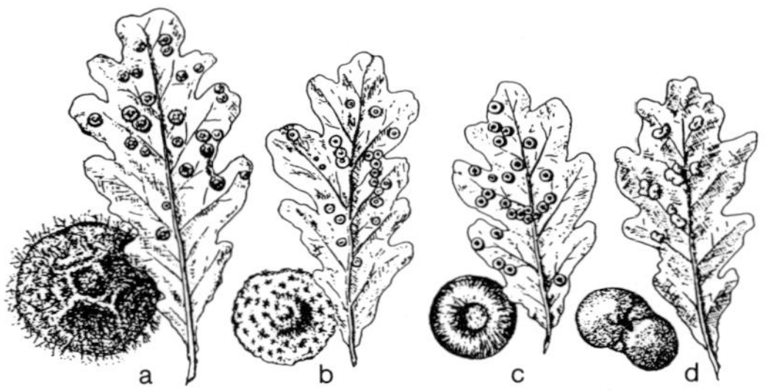

Abb. 5: Gallen von Gallwespen (*Cynipidae*) an Eiche (Blattunterseite), agame Generation. a) *Neuroterus quercusbaccarum,* b) *N. fumipennis,* c) *N. numismalis,* d) *Trigonaspis megaptera* (nach Weber & Weidner 1974[7]).

und Aminosäuren (z. B. Tryptophan, Histidin, Lysin), die ebenfalls der Gallbildung dienen. Insgesamt führen sie dazu, daß die Gewebe anders differenziert werden als bei normalem Wachstum. Der Zeitpunkt des Beginns der Einwirkung des Parasiten auf den Wirt kann verschieden sein. Mitunter wird die Gallbildung bereits durch den Einstich bei der Eiablage induziert oder aber durch Ausscheidungen des Eies, jedoch spätestens durch den Speichel, der beim Saugen bzw. Fressen von der Larve abgegeben wird. Ungeklärt ist die Entstehung des oft polyploiden fett- und eiweißreichen Nährgewebes, das die Pflanze für die Parasitenlarve zur Verfügung stellt. Die Pflanze produziert auch ein Trenngewebe, das das Abfallen der Galle zum „richtigen" Zeitpunkt bewirkt. Unbekannt ist auch, wie die verschiedenen artspezifischen Gallenformen und -strukturen, sicher in einer Wechselwirkung zwischen Insekt und Wirtspflanze, entstehen. So können verschiedene Gallwespenarten ihre völlig unterschiedlichen Gallen auf dem gleichen Eichenblatt erzeugen. Hinzu kommt noch ein weit verbreiteter Generationswechsel mit verschiedenen Gallenformen innerhalb der gleichen Art.[10]

Übertragung von Phytopathogenen

Der Schaden, den Insekten durch die Übertragung von Phytopathogenen (vor allem Viren, aber auch Bakterien, Pilze und Mykoplasmen) verursachen können, ist oft bedeutend höher als durch das Saugen bzw. Fressen. Vor allem die phytosugen Insekten spielen als Vektoren eine große Rolle.

Das übertragende Insekt muß sich zunächst an einer bereits erkrankten Pflanze mit dem Virus infizieren. Dies geschieht meist bei der Nahrungsaufnahme, die (nichtpersistenten) Viren haften durch Adhäsion und Kapillarwirkung an der Spitze bzw. zwischen den einzelnen Teilen der Mundwerkzeuge und können bei einem erneuten Saugvorgang in eine andere Pflanze eingebracht werden. Außer mit den Mundwerkzeugen können sie auch mit dem Legeapparat der Weibchen übertragen werden. Man unterscheidet zwischen nichtpersistenten und persistenten Viren. Erstere werden, ohne zeitlichen Verzug und ohne daß eine Vermehrung im Vektor erfolgt, mechanisch weitergegeben. Wenn keine neue Infektion erfolgt, verliert der Vektor nach einer gewissen Zeit oder im Zusammenhang mit Häutungen seine Infektionsfähigkeit. Die nichtpersistenten Viren werden hauptsächlich von Blattläusen *(Aphidina)* übertragen, gelegentlich auch von Insekten mit beißenden Mundwerkzeugen. *Myzus persicae* kann mindestens 85 verschiedene Viruskrankheiten übertragen, z. B. die Blattrollkrankheit und die Vergilbungskrankheit der Kartoffel. Die bei den meisten Blattlausarten obligatorischen Distanz- und Befallsflüge sowie das Probesaugen fördern zusätzlich die Virusübertragung. Die Viren finden sich vorwiegend in den obersten Zellschichten der Pflanzen, vor allem in der Epidermis. Die Infektion des Vektors kann sehr rasch (in wenigen Sekunden) erfolgen, ebenso rasch ist auch die Weitergabe möglich.

Eine Reihe (anderer) Viren, die als persistent bezeichnet werden, werden vom Vektor vollständig in den Körper aufgenommen, vermehren sich dort und bleiben zeitlebens im Insekt. Mit dem Speichel können diese Viren stets erneut an Wirtspflanzen abgegeben werden. Bei verschiedenen Zikaden werden die phytopathogenen Viren sogar an die Nachkommen weitergegeben, ohne daß eine erneute Infektion an einer kranken Wirtspflanze erforderlich ist. Persistente Viren finden sich vor allem bei Zikaden, aber auch bei Mottenschildläusen, Blattläusen, Thysanopteren und Wanzen. Etwa 95% aller Zikaden nimmt ihre Nahrung aus dem Phloem oder Xylem auf, nur 5% aus dem Mesophyll. Die meisten Viren, die durch Zikaden übertragen werden, stammen aus dem Phloem. Für die Aufnahme werden 30–60 Minuten benötigt. Der Vektor ist im Anschluß daran nicht sofort in der Lage, die Viren weiterzugeben, da sie sich erst in seinen Körper einpassen und dort vermehren müssen. Sie befallen nahezu alle inneren Organe des Vektors, ohne diesen offenbar wesentlich zu schädigen.

Tab. 2: Wichtige Unterschiede zwischen persistenten und nichtpersistenten Viren. Nach Fritzsche et al. 1972[11].

nichtpersistentes Virus	persistentes Virus	nichtpersistentes Virus	persistentes Virus
– Virusaufnahme nach sehr kurzer Akquisitionssaugzeit möglich	– Virusaufnahme nach (meist) längerer Akquisitionssaugzeit	– Übertragung nach kurzer Gesamtsaugzeit (Sekunden bis Minuten)	– Übertragung nach längerer Gesamtsaugzeit und Latenzzeit (Stunden bis viele Tage)
– verlängerte Saugzeit auf der Infektionsquelle vermindert meist die Übertragungsrate	– verlängerte Saugzeit auf der Infektionsquelle verbessert die Übertragungsrate	– kurze Retentionszeit (Minuten bis Stunden)	– lange Retentionszeit (Tage bis zeitlebens)
		– Infektiosität geht nach Häutung des Vektors verloren	– Infektiosität bleibt nach Häutung des Vektors erhalten
– eine Fastenzeit vor der Virusaufnahme verbessert den Übertragungserfolg	– kein Einfluß einer Fastenzeit auf den Übertragungserfolg	– vorwiegend Epidermis als Ort der Virusaufnahme	– Mesophyll, Phloem oder Xylem als Ort der Virusaufnahme
– keine Latenzzeit im Vektor	– Latenzzeit im Vektor	– (meist) viele Vektorarten	– wenige Vektorarten
		– mechanisch (meist) leicht übertragbar	– mechanisch nicht oder schwierig übertragbar

Die Infektion der Wirtspflanzen erfolgt stets mit dem infizierten Speichel. Die Latenzzeit ist unterschiedlich lang und schwankt zwischen wenigen Stunden und bis zu 30 Tagen. Für die Infektion spielt die Saugzeit eine wesentliche Rolle; je länger gesaugt wird, desto wahrscheinlicher infiziert sich das Insekt. Entsprechend ähnlich verhält es sich mit der Übertragung der Viren auf die Pflanzen; die Wahrscheinlichkeit für eine Infektion erhöht sich ebenfalls mit der Länge der Saugzeit.
Nicht alle Viren lassen sich zwanglos den beiden erwähnten Gruppen zuordnen, es wird auch ein dritter Typ (semipersistent) unterschieden (Tab. 2).

Abwehrmechanismen der Pflanzen

Die sekundären Pflanzeninhaltsstoffe sind die wohl wichtigsten chemischen Besonderheiten von Pflanzen; ihre spezifische Verbreitung determiniert weitgehend die Wirtspflanzenspektren von Insekten, auch Milben. Vielfach erzielen nicht einzelne charakteristische „Inhaltsstoffe“ allein die genannte Wirkung, eher ist ein Zusammenspiel verschiedener Stoffe (auch mit primären Inhaltsstoffen), gleichsam ein biochemisches „Profil“, verantwortlich.[12] Sie haben aber nicht nur für die Beziehungen zu den Phytophagen Bedeutung, sondern auch für die zu den Pathogenen und zu anderen Pflanzen.
Die sekundären Pflanzeninhaltsstoffe verursachen bei Insekten unterschiedliche Effekte[13]:

- Verhalten (Wirtspflanzenauswahl, Ansammlung der Individuen auf der Wirtspflanze, Nahrungsaufnahme);
- Physiologie (Förderung von Wachstum und Entwicklung, Hemmung durch die Wirkung als Antibiotika, Enzyminhibitoren u. a., Beeinflussung der Regulation durch die Wirkung von Juvenilhormonanaloga, Auslösung des Polymorphismus und Generationswechsels bei Blattläusen);
- Ökologie (Fluktuation als ein direktes Resultat der Veränderung des Gehaltes von Schlüsselnährstoffen, Einwirkung auf die Parasitoide und Episiten durch die Nahrung der Wirts- bzw. Beutetiere, Aufbau einer „Schutzfärbung“ durch die Konzentration von Pflanzenpigmenten im Körper).

Die sekundären Pflanzeninhaltsstoffe, oft genug als „Schutzschild“ gegen Insektenfraß bezeichnet, stellen die phytophagen und phytosugen Insekten vor die Aufgabe, mit ihnen fertig zu werden und ihre in der Mehrzahl abschreckende bzw. toxische Wirkung zu überwinden. Für die Reaktion von Arten mit eingeschränktem Wirtspflanzenkreis auf die mit der Nahrung aufgenommenen, für die meisten anderen Phytophagen repellenten oder toxischen sekundären Pflanzeninhaltsstoffe bleibt eine Reihe von Wegen offen[14]:

- Spaltung bzw. Umbau durch spezifische Verdauungsvorgänge (Entgiftungsenzyme [detoxifizierende Enzyme], z. B. für Blausäureglykoside, Senfölglykoside). Die Spaltprodukte können dem Primärstoffwechsel zugeführt werden (z. B. bei den Senfölglykosiden wahrscheinlich), oder sie sind ohne nachteilige physiologische Wirkung. In manchen Fällen dürften sie für monophage Arten sogar essentielle Nahrungsbestandteile darstellen (Aminosäuren, Vitamine).
- Ablagerung (z. B. Alkaloide) in speichernden Organen, wie Fettkörper, Integument (mitunter Bestandteil von Pigmentfarben). Auch Spaltprodukte können abgelagert werden.
- Passage ohne chemische Veränderung und Ausscheidung durch Defäkation, Exkretion u. a.
- Unterdrückung der Bildung toxischer Metabolite in der Pflanze durch das Insekt auf enzymatischem Wege bei gleichzeitiger Nutzung der Vorstufen.

Die Mannigfaltigkeit der mitwirkenden Stoffe[12] kommt näherungsweise in einer Zahlenübersicht bekannter sekundärer Pflanzeninhaltsstoffe zum Ausdruck: Acetylene (750), Alkaloide (5500), Aminosäuren (250), Carotinoide (300), Cumarine (150), cyanogene Glykoside (50), Flavonoide (1200), Glukosinolate (80), Lignane (50), Lipide (100), Phenolsäuren (100), Polyketide (500), Chinone (200), Terpene (1100), Steroide (600). Diese Stoffe steuern, wenn auch nicht ausschließlich, so doch in wesentlichen Zügen die Auswahl (vor allem für monophage Arten), da sie die Nahrungsqualität beeinflussen[15], denn nahezu alle Pflanzen wären wahrscheinlich mehr oder wenig geeignete Nahrungssubstrate für sehr viele phytophage Insekten, weil sie die wesentlichsten Nährstoffe usw. enthalten. Allerdings gibt es auch chemische Wechselwirkungen zwischen den primären und den sekundären Pflanzeninhaltsstoffen (additive, antagonistische und synergistische Beeinflussung von Inhibitoren und Promotoren; „Entgiftung“, die den Befall der Wirtspflanze erst ermöglicht).

Alkaloide mit mehr als 20 verschiedenartigen chemischen Grundstrukturen werden als Endprodukte des Sekundärstoffwechsels in den Zellen mitunter in großen Mengen angesammelt und meist in Vakuolen abgelagert. Die Resistenzzüchtung nutzt Variationen der Alkaloidbereitstellung aus. Gegen die Blattlaus *Acyrthosiphon pisum* resistente Lupinensorten enthalten Lupanin, 13-Hydroxylupanin, 17-Hydroxylupanin, Lupinin und Spartein, die den nichtresistenten Sorten fehlen. Die *Diprionidae* entgiften enzymatisch ihre Nährpflanzen, die zu den *Pinaceae* und *Cupressaceae* gehören. Das Erscheinungsbild der Monophagie kann die Folge einer solchen, durch ein oder mehrere Enzyme verliehenen Fähigkeit zur Besiedlung einer für verwandte Arten toxischen Pflanze sein. Gegenüber konkurrierenden Phytophagen ist durch das Pflanzengift ein Schutz gegeben. Alkaloide können aber auch anders wirken. So sind das Morphin, Mescalin, Kokain, Nikotin und Koffein in der Lage, Verhaltensänderungen bei Phytophagen hervorzurufen, die den Lebenszyklus stören oder unterbrechen können. Wie giftig sekundäre Pflanzeninhaltsstoffe auf Insekten wirken können, zeigt die Verwendung etwa des Pyrethrins, Ryanodins oder des Nikotins als Insektizide.

Unter den Glykosiden sind z. B. die Senfölglykoside (Sinigrin u. a.) der *Brassicaceae* nur von bestimmten Insekten mit Hilfe bestimmter Enzyme entgiftbar (beispielsweise von den *Pieris*-Arten). Im übrigen dienen sie (wie auch viele andere sekundäre Pflanzeninhaltsstoffe) der Erkennung der Wirtspflanzen. Der Kohlweißling *(Pieris brassicae)* kann mit Sinneszellen an den Tarsen Senfölglykoside wahrnehmen, die die Eiablage auslösen. Die Raupen werden über Sinneszellen der Maxillen zur Nahrungsaufnahme veranlaßt, sobald sie mit Senfölglykosiden in Berührung kommen. Gleiches trifft für die Kohleule *(Mamestra brassicae)* zu. Für die an verschiedenen Brassicaceen saugende Mehlige Kohlblattlaus *(Brevicoryne brassicae)* wirkt Sinigrin ausgesprochen stimulierend auf die Nahrungsaufnahme, während es bei anderen Blattläusen eine strikte Saughemmung auslöst[16].

Etwa 50 Insektenarten aus 7 Ordnungen (insbesondere *Heteroptera*) speichern herzwirksame Glykoside in ihren Geweben. Viele Familien der Angiospermen enthalten diese Stoffe, z. B. die *Liliaceae, Ranunculaceae, Apocynaceae* und *Asclepiadaceae.* Die Schwalbenwurz (*Vincetoxicum)* enthält ein solches Glykosid (ähnlich der Fingerhut *Digitalis*), das von bestimmten Wanzen aus der Familie *Lygaeidae* (z. B. *Tropidothorax leucopterus, Lygaeus equestris*) in ungiftige Komponenten zerlegt werden kann.

In älteren Eichenblättern wird Tannin angereichert und soll diese vor dem Fraß durch bestimmte Lepidopteren-Arten schützen, die auf junges Laub ausweichen. Die Terpen-Derivate spielen vielfach für die Wirtspflanzenfindung und -erkennung eine wichtige Rolle. Die Holzwespe *Sirex noctilio* hat auf ihren Antennen Sinnesorgane, die bestimmte von den Wirtspflanzen *(Picea, Pinus, Abies)* ausgeschiedenen Terpene wahrnehmen und so die Orientierung ermöglichen. Ähnlich ist es bei Borkenkäfern *(Scolytidae),* die bestimmte Carene und Pinene riechen können. Das auf der Blattoberfläche eingelagerte Alkan $C_{24}H_{50}$ löst bei *Acyrthosiphon pisum* eine Schreckreaktion, das Alkan $C_{28}H_{58}$ hingegen das Anstichverhalten aus (in Abhängigkeit von einem bestimmten Stadium der Nahrungssuche).

Als Phagoinhibitoren wirken auch noch ganz andere Stoffe, z. B. bei vielen Aphiden Aminosäuren mit einer Hydroxylgruppe und aromatische Aminosäuren, während solche ohne zusätzliche funktionelle Gruppe und mit verzweigter Seitenkette als Phagostimulatoren wirken. Für *Acyrthosiphon pisum* ist die Asparaginsäure ein Stimulator, Phenylalanin hingegen ein Inhibitor. Die apfelsaugende Blattlaus *Aphis pomi* reagiert bei einem Probestich nicht auf das Phenolderivat Phlorizin, während der z. B. an Pflaumen vorkommende *Myzus persicae* bei einem Besuch auf dem Apfelbaum durch das Phlorizin an der Nahrungsaufnahme gehindert wird.

Verschiedene organische Säuren (z. B. α-Ketoglutarsäure, Malonsäure, Ameisensäure, Milchsäure, Apfelsäure, Bernsteinsäure) wirken stimuliernd auf die Nahrungsaufnahme von Rüsselkäfern *(Curculionidae)* an Malvengewächsen *(Malvaceae).* Die gleiche Wirkung hat das Flavonoid Quercetin und das von den Phenylpropanen abzuleitende Vanillin. Anlokkend wirken die zu den Isoprenoiden gehörigen α-Pinene, Limonene und cariophylenen Oxide, während das Bisterpen Gossypol antibiotisch wirkt. Verschiedene Schmetterlingsarten speichern sekundäre Pflanzeninhaltsstoffe in unveränderter Form und geben sie von der Larve über die Puppe bis zur Imago weiter. Als Beispiel sei die Aristolochiasäure genannt, die die Raupe des Schmetterlings *Pachlioptera aristolochiae* aufnimmt.

Die Sesquiterpene sind charakteristische Bestandteile vieler *Asteraceae.* Das Glaukolid A zeigt eine Wirkung auf das Wachstum bestimmter Schmetterlingslarven. Ein Vergleich der Carotinoide phytophager Insekten und deren Wirtspflanzen zeigt, daß die Phytophagen gewöhnlich die gleichen Carotinoide enthalten wie ihre Wirtspflanzen; manche werden aber auch nicht übernommen, andererseits enthalten die Insekten einige andere Carotinoide. Völlige Übereinstimmung herrscht z. B. zwischen dem Seidenspinner *Bombyx mori* und der Maulbeere (*Morus* sp.), die sechs verschiedene Carotinoide gemeinsam besitzen. Der Kleine Feuerfalter *(Lycaena phlaeas)* und seine Wirtspflanze, der Kleine Ampfer *(Rumex acetosella)* haben fünf Carotinoide gemeinsam. Nur in der Wirtspflanze kommt das Violaxanthin und das Taraxanthin vor, lediglich im Schmetterling drei andere Carotinoide. Die Bedeutung der Carotinoide liegt wohl vor allem in ihrem Einfluß auf die Färbung der Insekten.

An die große Variation der Chemie der Samen, auch an deren Stickstoffreichtum, konnten sich nur wenige Spezialisten adaptieren, die aber oft zu ungewöhnlicher Entfaltung kommen. Als Beispiel seien die *Bruchidae* genannt, von denen es etwa 1200 Arten, meist Spezialisten, gibt. Pflanzensamen sind reich an verschiedenen Toxinen, z. B. Phytohämaglutininen, Enzyminhibitoren (Proteaseinhibitoren, Aminaseinhibitoren), cyanogenen Glykosiden, Lipiden, Saponinen, Alkaloiden und aproteinogenen Aminosäuren.

Pflanzen synthetisieren etwa 200 verschiedene Aminosäuren, von denen 30 allgemein verbreitet sind und als Proteinbestandteile oder als intermediäre Metaboliten eine große Rolle spielen. Besonders verschiedene *Fabaceae* erzeugen vorwiegend in der Wachstumsphase aproteinogene Aminosäuren, die toxisch für Insekten sein können. Als Beispiel sei *Mucuna mutisiana* genannt, die das L-Topa enthält, weiterhin *Grifonia simplicifolia,* die das L-5-Hydroxytryptophan herstellt. Eine andere ungewöhnliche Aminosäure ist das Canavalin, das für die meisten Samenkäfer toxisch ist und in verschiedenen Pflanzenarten vorkommt, die unabhängig von ihrer systematischen Stellung von den gleichen spezialisierten Bruchiden befallen werden.

Eine besonders interessante Gruppe sekundärer Pflanzeninhaltsstoffe sind die Steroide. Sie werden als Sterole aufgenommen und im Insekt zu den Steroiden biotransformiert. Bestimmte Farne und Nadelhölzer produzieren diese Substanzen, die in ihrem Aufbau und in ihrer Wirkung den Juvenil- oder Häutungshormonen der Insektenlarven entsprechen. Sie können damit die normale Regulation des Entwicklungsprozesses der Phytophagenlarven sehr wirksam stören.

Schließlich sei noch darauf hingewiesen, daß es auch Pflanzeninhaltsstoffe gibt, die die Symbionten phytophager und phytosuger Insekten angreifen (Symbiontizide) und dadurch einen empfindlichen Eingriff in die lebensnotwendige Endosymbiose vornehmen.

Pflanzen haben auch chemisch-mechanische Abwehrmechanismen, z. B. die zu den Terpen-Derivaten gehörigen Balsame, Harze und Milchsäfte. Allbekannt ist die verheerende Wirkung der Koniferenharze, vor der selbst die angepaßten Phytophagen nicht sicher sind. Verschiedene Gruppen *(Tenthredinoidea, Scolytidae)* umgehen diese durch Gemeinschaftsfraß, der den Harzdruck erheblich herabzusetzen vermag. Die *Diprionidae* fressen die peripheren Nadelteile (harzfreies Gewebe) und legen sogar „Harzdränagelöcher" an. Die morphologischen und physiologischen Anpassungen können aber noch viel weiter gehen, wie uns die speziell harz- bzw. milchsaftbewohnenden Larven verschiedener *Diptera, Lepidoptera* und *Coleoptera* zeigen.
Überaus vielfältig sind mechanische Abwehreinrichtungen von Pflanzen. So soll die Gestaltung des Blattrandes den Fraß bestimmter Raupen verhindern, eine ähnliche Wirkung wird Verdickungen und Wachsüberzügen der Kutikula sowie Kallus- und Nekrosebildungen zugeschrieben. Eine besondere Bedeutung kommt der Blattbehaarung und -bedornung zu. So sind die Trichome von Bohnen der Gattung *Phaseolus* geeignet, den potentiellen Befall mit *Aphis fabae* erheblich einzuschränken. An den Dörnchen der Passionsblume *(Passiflora adenopoda)* bleiben junge Larven der Schmetterlingsart *Heliconius melpomene* hängen und werden dadurch zum Absterben gebracht. Möglicherweise kommt dies häufiger vor als oft angenommen. Das Fangverhalten der Klebsalbei *(Salvia glutinosa),* der Pechnelke *(Lychnis viscaria),* der Nachtkerzen (*Oenothera* sp.) und anderer Pflanzen könnte als Beispiel angeführt werden. Die Hüllblattdecken mancher *Asteraceae* (vor allem Disteln, Flockenblumen) sind gelegentlich als „Schutzeinrichtung" gegen Insektenbefall gedeutet worden. Entsprechend gestaltete und lange Legebohrer angepaßter Bohrfliegen *(Urophora, Chaetorellia)* vermögen jedoch die Blütenköpfe zu durchdringen. Ähnlich verhält es sich mit der Rüssellänge mancher *Curculionidae* in Beziehung zum Bau der Wirtspflanze oder auch mit der Sägescheidenstruktur von Blattwespen (*Tenthredinidae*).
Eine weitere Spezifität besteht in der durch genetische Unterschiede verursachten Polytypie der Pflanzen, die die notwendige zeitliche Synchronisation der Phytophagen erschwert und dadurch auch Massenvermehrungen zu beeinflussen vermag. Die Phänologie hat zahlreiche Daten zu diesem Thema erbracht, z. B.: einen mehrjährigen, ungleichmäßigen Rhythmus der Samenproduktion (z. B. bei Koniferen) und Früh-, Mittel- und Spättreiber (z. B. bei Eichen in bezug auf den Eichenwickler).

Wechselseitige Anpassungen

Zweifellos ist die Beziehung Pflanze – Insekt schon sehr alt. Ursprünge und Vorstufen der Phytophagie werden in der Saprophagie gesucht, insbesondere im Verzehren von totem Holz, auch die Mycophagie und die Zoophagie (Zoonecrophagie) werden als Vorstufen der Phytophagie betrachtet. Die Mehrzahl der Beziehungen Pflanze – Insekt dürfte verhältnismäßig jüngeren Datums (125 Mill. Jahre, mindestens 70–80 Mill.) sein und mehr oder weniger parallel zur gewaltigen Entfaltung der Angiospermen entstanden sein[2]. Diese Beziehungen werden von manchen Autoren als das Gegeneinanderspiel einer Abwehrstrategie der Pflanzen und einer Angriffsstrategie der Insekten gesehen und als antagonistisch betrachtet.
Man erklärt die meisten der parallelen Evolutionslinien beider Organismengruppen als Koevolution (gegenseitige Ausübung von Selektionsdruck). Andere deuten die vorliegenden Fakten als Aufeinanderfolge-Evolution („subsequent evolution"), die als ständige Nachfolgeanpassung der Insekten an die immer weiterschreitende Evolution der Pflanzen aufgefaßt wird, sei diese nun eine Folge des Einflusses von Klima, Boden, zwischenpflanzlichen Beziehungen oder aber und höchstens ausnahmsweise von Insekten[17]. Für die Phytophagie scheint die Aufeinanderfolge-Evolution ein brauchbarer Erklärungsversuch zu sein, Koevolution ist eher bei Blütenbesuchern zu postulieren, wobei die Ursachen für das Nebeneinander von Spezialisten und Generalisten noch nicht ausreichend geklärt sind.
Eine „subsequent evolution" kann vor allem für monophage Arten angenommen werden. Der durch eine evolutive Veränderung der Pflanze, z. B. Phytorepellantien, entstehende „Zugzwang" des Insektes, das sich den veränderten Bedingungen anpassen muß, besteht nur dann deutlich, wenn das Insekt auf diese (oder höchstens sehr wenige andere) Wirtspflanze beschränkt ist, während eine polyphage Art zunächst nur in ihrem Nahrungsspektrum geringfügig eingeschränkt wird, faktisch aber kaum einem Selektionsdruck ausgesetzt sein dürfte. Eine monophage Insektenart ist stets gezwungen, auf eine Veränderung der Fraßqualitäten ihrer Wirtspflanze zu reagieren, während das Insekt wohl kaum eine obligate Reaktion der Pflanze „erzwingen" kann (es gibt allerdings eine induzierte chemische Abwehr), sondern bestenfalls an der Auslese beteiligt ist, ohne der Pflanze – wie im umgekehrten Fall möglich – die Existenzbedingungen völlig entziehen zu können.

Literatur

1 Zwölfer, H. (1978): Sonderbd. naturwiss. Ver. Hamburg **2**, 7–50.

2 Klausnitzer, B. (1977): Biol. Rdsch. **15**, 366–377.

3 Klausnitzer, B. (1993): Schriften-R. Landschaftspflege Natursch. **38**, 103–116.

4 Henning, W. (1986): Wirbellose II. 4. Auflage. Gustav Fischer Verlag, Jena.

5 Weber, H. (1933): Lehrbuch der Entomologie. Gustav Fischer Verlag, Jena.

6 Grassé, P. P. (1951): Traité de Zoologie, Bd. 10. Masson & Cie., Paris.

7 Weber, H., Weidner, H. (1974): Grundriß der Insektenkunde. 5. Auflage. Fischer Verlag, Stuttgart.

8 Hering, E. M. (1951): Biology of the Leaf Miners. W. Junk, Den Haag.

9 Mani, M. S. (1964): The ecology of plant galls. W. Junk, Den Haag.

10 Sedlag, U. (1988): Wiss. Z. Ernst-Moritz-Arndt-Univ. Greifswald, Math.-nat.wiss. Reihe **37**, 71–74.

11 Fritzsche, R., Karl, F., Lehmann, W., Prokseler, G. (1992): Tierische Vektoren pflanzenpathogener Viren. Gustav Fischer Verlag, Jena.

[12] Kogan, M. (1976): Proc. of XV. Internat. Congr. of Ent. Washington, 211–227.

[13] Klausnitzer, B. (1981): Ent. Ber. **25,** 1–10.

[14] Klausnitzer, B. (1985): Biol. Rdsch. **23,** 99–106.

[15] Chapman, R. F. (1974): Bull. Ent. Res. **64**, 339–363.

[16] Klingauf, F., Salem, I. E. M. (1978): Mitt. dtsch. Ges. allg. angew. Ent. **1**, 6–14.

[17] Jermy, T. (1976): Symp. Biol. Hung. **16**, 109–113.

Zusammenfassende Darstellungen

Dixon, A. F. G. (1976): Biologie der Blattläuse. Fischer Verlag, Stuttgart, New York.

Fröhlich, G. (1979): Phytopathologie und Pflanzenschutz. Fischer Verlag, Stuttgart, New York.

Harbone, J. B. (1978): Biochemical aspects of plant and animal coevolution. London, New York, San Francisco.

Hartley, S. E., Lawton, J. H. (1992): J. Anim. Ecol. **61**, 113–119.

Jacobs, W., Renner, M. (1989): Biologie und Ökologie der Insekten. 2. Auflage. Fischer Verlag, Jena.

Keilbach, R., Fritzsche, R. (1994): Die Pflanzen-, Vorrats- und Materialschädlinge Mitteleuropas. Fischer Verlag, Jena, Stuttgart.

Luckner, M., Mothes, K., Nover, L. (1976): Secondary metabolism and coevolution. Nova acta Leopoldina, Suppl. Nr. 7.

Ohnesorge, B. (1973): Tiere als Pflanzenschädlinge. Thieme Verlag, Stuttgart.

Tischler, W. (1976): Zool. Anz. 198, 295–297.

Strahlenschäden

W. Friedt, Institut für Pflanzenbau und Pflanzenzüchtung I der Justus-Liebig-Universität, Gießen

Einführung

Für das Leben auf der Erde ist die Zufuhr von Energie in Form von Strahlung unerläßlich. Der sichtbare Teil der einfallenden Strahlen, das Licht, ist für alle grünen Pflanzen eine lebensnotwendige Energiequelle.
Daneben sind die auf der Erde lebenden Organismen den Strahlen ausgesetzt, die ihren Ursprung in den natürlich vorkommenden radioaktiven Elementen der Erdoberfläche haben. Die natürliche Strahlenbelastung, die sich daraus normalerweise ergibt, liegt in der Größenordnung von 0,1 rad/Jahr (1 rad $= 10^{-5}$ J $\cdot$ g^{-1}), kann aber unter bestimmten Voraussetzungen, beispielsweise in großer Höhe durch die sogenannte Höhenstrahlung bis auf 10 rad/Jahr ansteigen. Dennoch ist die natürliche Strahlenbelastung für die Lebewesen so wenig gefährlich, daß sie nicht einmal wirksame Sinnesorgane dafür entwickelt haben.
Der Fortschritt in Naturwissenschaften und Technik hat zur Entwicklung einer Vielzahl von strahlenerzeugenden Geräten und Einrichtungen wie z. B. Cobalt-Gammagerät, Röntgengerät, Kernreaktor geführt, welche die Strahlenbelastung sowohl räumlich als auch zeitlich erheblich erhöhen können. In der Nähe solcher Einrichtungen bzw. nach Stör- oder Unfällen können demnach Strahlenmengen emittiert werden, die für Tiere und Pflanzen eine lebensbedrohende Gefahr darstellen können.

Ionisierende Strahlen und ihre Eigenschaften

Strahlenarten

Ionisierende Strahlen treten auf Grund ihrer Energie in Wechselwirkung mit biologischen Systemen, indem sie Elektronen anregen und aus Molekülverbänden heraus„stoßen" (Ionisation = Primäreffekt). Die freien Elektronen treten ihrerseits mit anderen Atomen oder Molekülen in Wechselwirkung und beeinträchtigen damit letztlich den Stoffwechsel des betroffenen Organismus. Neben der Ionisation verursachen die agressiven Radiolyseprodukte des Wassers als sekundäre „Giftstoffe" Schäden an biologisch wichtigen Molekülen in Membranen, sowie Nukleinsäuren oder Enzymen (Sekundäreffekt).
Physikalisch unterscheidet man zwischen Korpuskularstrahlen und elektromagnetischen Wellenstrahlen (Tab. 1). Erstere sind schnell fliegende Teilchen (Korpuskeln), und es handelt sich dabei entweder um vollständige Atomkerne (Helium-Kerne = α-Strahlen) oder um die Bestandteile von Atomen wie Elektronen (β-Strahlen) oder Neutronen. Korpuskularstrahlen besitzen eine Masse größer 0 und eine geringere Geschwindigkeit als das sichtbare Licht. Masse und Geschwindigkeit bestimmen die Energie der Strahlung nach der Gleichung

$$E = \frac{m \cdot v^2}{2}.$$

Alphastrahlen kollidieren wegen ihrer großen Masse leicht mit den Molekülen der bestrahlten Materie, geben ihre Energie rasch ab und dringen dadurch nur Bruchteile von Millimetern in das Gewebe ein; ihre biologische Wirkung auf vielzellige Lebewesen ist daher gering.
Betastrahlen besitzen ebenfalls eine relativ geringe Reichweite in biologischem Material (bei 2 MeV ca. 10 mm), so daß auch ihre Wirkung und Schädigung bei vielzelligen Organismen begrenzt ist.
Wesentlich durchdringungsfähiger und daher wirksamer sind dagegen die Neutronenstrahlen. Schnelle Neutronen (fission neutrons) kollidieren in organischer Substanz in erster Linie mit Wasserstoffatomen, die dadurch zu ionisierenden schnellen Protonen werden. Langsame (thermal) Neutronen wirken dagegen meist über die Anregung größerer Atomkerne, die dadurch zerfallen und α-, β-, oder γ-Strahlen abgeben.

Tab. 1: Energiereiche Strahlen und ihre Eigenschaften (nach Krebs 1968).

Strahlenart	Natur	Rel. Masse bezogen auf Elektron m = 9,1 · 10^{-28} g	Ladung
Korpuskularstrahlen			
Betastrahlen	Elektron	1	–
Protonenstrahlen	Wasserstoffkern	1 836	+
Alphastrahlen	Heliumkern	7 329	+ +
Neutronenstrahlen	neutrales Elementarteilchen	1 839	0
Mesonenstrahlen	schweres Elektron	273–966	±
Elektromagnetische Wellenstrahlen			
Ultraviolette Strahlen (UV)	Quanten (Photonen)	sehr klein	0
Röntgenstrahlen (X-Strahlen)	Quanten	sehr klein	0
Gammastrahlen	Quanten	sehr klein	0

Elektromagnetische Wellenstrahlen, der andere Typus ionisierender Strahlen, werden in Quanten (Photonen) mit sehr kleiner Masse abgegeben. Da Photonen sich stets mit Lichtgeschwindigkeit fortbewegen, hängt die Strahlenenergie lediglich von ihrer Wellenlänge ab nach der Gleichung:

$$E = h \cdot \nu = \frac{h \cdot c}{\lambda}$$

(h = Plancksches Wirkungsquant = $6{,}63 \cdot 10^{-34}$ J · s;

$$\frac{c}{\lambda} = \text{Frequenz} = \frac{\text{Lichtgeschwindigkeit}}{\text{Wellenlänge}};$$

$c = 3 \cdot 10^8$ m · s^{-1}).

Je kürzer die Wellenlänge, desto energiereicher ist also die Strahlung. Oberhalb einer bestimmten Energie können Photonen Elektronen aus ihren Molekülverbänden stoßen, die dadurch zu positiven Ionen werden, während die freien Elektronen durch Bindung an andere Moleküle negative Ionen erzeugen (Ionisation, Ionenpaarbildung).
Während UV-Strahlen sich durch geringere Energie und Reichweite auszeichnen, ist das Energiespektrum und damit die Durchdringungsfähigkeit der γ- und Röntgen-Strahlen (X-Strahlen) wesentlich größer als die von UV- (Tab. 2) oder α- und β-Strahlen. Röntgen- und γ-Strahlen sind einander äquivalent, und es gilt als Faustregel, daß sie beim Durchgang durch 10 cm Wasser etwa zur Hälfte absorbiert werden, wobei die Abschwächung exponentiell verläuft.

Tab. 2: Spektrum elektromagnetischer Wellenstrahlen.

Strahlenart	Wellenlänge (cm)	Energie (eV)
	10^5 = 1 km	10^{-9}
	10^4	10^{-8}
	10^3	10^{-7}
Elektrische Wellen Radiowellen	10^2 = 1 m	10^{-6}
	10^1	10^{-5}
	10^0 = 1 cm	10^{-4}
	10^{-1} = 1 mm	10^{-3}
Infrarotlicht	10^{-2}	10^{-2}
	10^{-3}	10^{-1}
	10^{-4} = 1µm	10^0
sichtbares Licht	10^{-5}	10^1
Ultraviolett	10^{-6}	10^2
	10^{-7} = 1 nm	10^3
Röntgenstrahlen	10^{-8} = 1A	10^4
	10^{-9}	10^5
	10^{-10}	10^6
Gammastrahlen	10^{-11}	10^7
	10^{-12}	10^8
	10^{-13}	10^9

Als Maßeinheit für die Strahlenenergie wird üblicherweise das Elektronenvolt (eV) verwendet; 1 eV ist die Energie, die ein Elektron beim Durchfliegen einer Spannung von 1 V erhält (1 eV = $1{,}6021 \cdot 10^{-19}$ Cb · V = $1{,}6021 \cdot 10^{-19}$ J = $0{,}3827 \cdot 10^{-19}$ cal). Quanten des sichtbaren Lichts besitzen eine Energie von etwa 1–3 eV, während Gammastrahlen sowie Korpuskularstrahlen eine Energie in der Größenordnung von 10^9 eV erreichen können (Tab. 2). Für die Bildung eines Ionenpaares in Flüssigkeiten oder organischer Masse ist eine Energie von etwa 30–60 eV erforderlich. Während alle Korpuskularstrahlen sowie Röntgen- und Gammastrahlen über diese Energie verfügen, ist das nicht bei allen UV-Strahlen der Fall, die biologische Schäden verursachen. Daraus folgt, daß es sich bei den genannten 30–60 eV *nicht* um einen Schwellenwert für die Auslösung biologischer Schäden handelt. Vielmehr besteht ein wesentlicher Unterschied zwischen den verschiedenen Strahlenarten hinsichtlich ihrer Absorption in belebter Materie. Energiereiche Strahlen wie z. B. Röntgenstrahlen geben ihre Energie gleichmäßig an getroffene Moleküle ab, während die Energieabgabe von energiearmen Licht- oder UV-Strahlen nur an „Chromophore“ erfolgt. In den Pflanzenzellen sind solche Chromophore für das sichtbare Licht z. B. das Chlorophyll und die Carotinoide, während beispielsweise Nukleinsäuren und Proteine Chromophore für UV-Strahlen darstellen. Während die Anregung durch das sichtbare Licht für Pflanzen lebensnotwendig ist, verursacht die UV-Anregung mitunter Schäden. Diese sind bei vielzelligen Organismen allerdings von geringerer Bedeutung, verglichen mit der Schadwirkung energiereicherer Strahlen wie z. B. Röntgenstrahlen.

Strahlendosis und relative biologische Wirksamkeit

Die biologische Wirkung ionisierender Strahlen ist neben der Energie vor allem von der absorbierenden Strahlenmenge, d. h. der Anzahl der im Organismus induzierten Ionisationen, abhängig. Seit langem wird das **rad** (**r**adiation **a**bsorbed **d**ose) als Einheit für die absorbierte Strahlendosis verwendet, wobei 1 rad einer Energiemenge von 10^{-5} J · g^{-1} (10^2 erg · g^{-1}) entspricht. Für nicht zu kleine Energien und Weichgewebe entspricht 1 rad etwa 1 Röntgen (R) (1 R ≈ 0,93 rad), das ist die Strahlendosis, die in 1 ml Luft $2{,}1 \cdot 10^9$ Ionenpaare erzeugt. In jüngster Zeit werden auch das Coulomb (C) (1 R = $2{,}58 \cdot 10^{-7}$ C · g^{-1}) und vor allem das Gray (Gy) (1 Gy = 1 J · kg^{-1}; 1 rad = 0,01 Gy) als Einheiten der Strahlendosis verwendet.

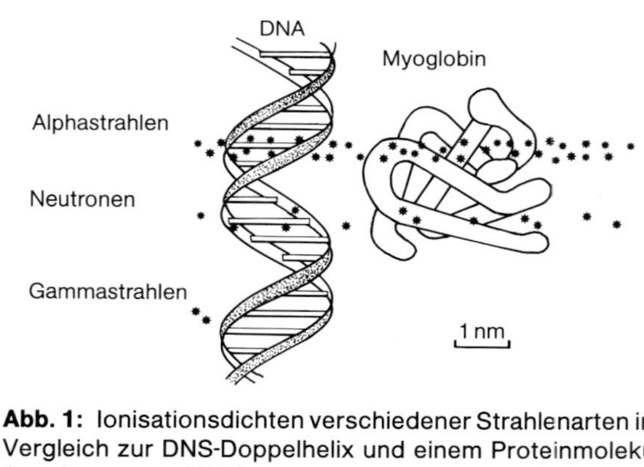

Abb. 1: Ionisationsdichten verschiedener Strahlenarten im Vergleich zur DNS-Doppelhelix und einem Proteinmolekül (aus Anonymus 1977).

Bei gleicher Strahlendosis kann sich die biologische Wirkung verschiedener Strahlenarten erheblich unterscheiden, da neben der Energie auch die Masse der Strahlenpartikel für die räumliche Verteilung der Ionisationsereignisse im Gewebe maßgebend ist. Korpuskularstrahlen wirken auf einzelnen Bahnen sehr dicht ionisierend, sie besitzen eine sehr hohe sogenannte lineare Energieübertragung (**l**inear **e**nergy **t**ransfer, LET) (Abb. 1). Dagegen ist die Ionisationsdichte von Röntgen- oder Gammastrahlen geringer, d. h. die Ionisationen sind auf ein größeres Volumen verteilt. Die Strahlenarten zeigen infolgedessen eine unterschiedliche **r**elative **b**iologische **W**irksamkeit (RBW). Man hat als Richtwert für Neutronen, Protonen und Alphastrahlen eine RBW = 10 festgesetzt, ver-

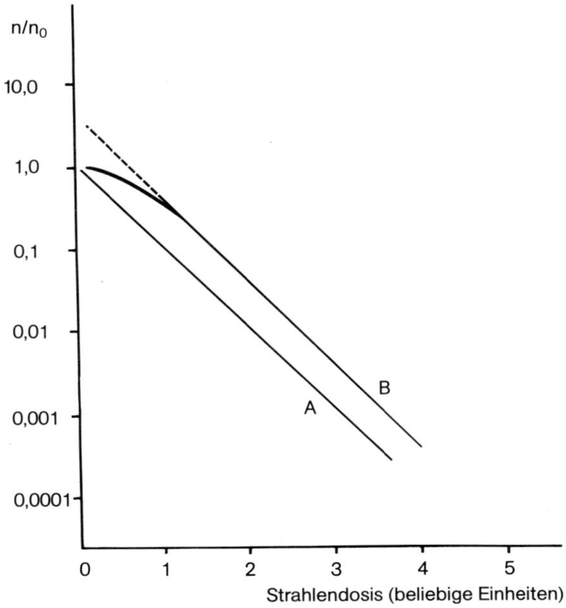

Abb. 2: Typische Überlebenskurven. A: Ein-Treffer-Kurve, B: Schulter bei niedrigen Dosen, n/n_0 überlebende Fraktion (aus Anonymus 1977).

glichen mit einer RBW = 1 für Röntgen-, Gamma- und Betastrahlen. Die experimentell ermittelten RBW-Werte in bezug auf verschiedene biologische Kriterien können allerdings erheblich von diesen Richtwerten abweichen. Wie schon erwähnt, erreichen Röntgen- oder Gammastrahlen eine wesentlich größere Verteilung und Tiefenwirkung als die dichtionisierenden Alpha- oder Betastrahlen (nicht Neutronen). In vielzelligen Lebewesen können erstere daher ein größeres Maß an submikroskopisch kleinen subletalen oder letalen Schäden hervorrufen und damit biologisch wirksamer sein als die genannten Korpuskularstrahlen.

Für eine gegebene Strahlenart ist der Logarithmus der Strahlenwirkung weitgehend proportional zur Strahlendosis, wie es in der Abb. 2 A für das Merkmal Überlebensrate schematisch dargestellt ist. Dieser experimentell immer wieder festgestellte Zusammenhang ist erklärbar durch die Annahme eines bestimmten strahlenempfindlichen Objektes (Zielmolekül, target) in den Zellen. Findet innerhalb dieses kritischen Volumens keine Ionisation statt, so überlebt die Zelle. Erfolgen dagegen eine oder mehrere Ionisationen, so werden Target-Molekül und Zelle inaktiviert und der Organismus geschädigt und letztlich getötet (Treffertheorie). Nicht alle Strahlen-Effekt-Kurven sind jedoch linear. Andere Formen von Überlebenskurven, wie sie vielfach experimentell gefunden werden, zeichnen sich im unteren Dosisbereich durch eine Schulter aus (Abb. 2 B). Diese ist damit erklärbar, daß entweder mehrere Targets vorhanden sind, oder daß Reparatursysteme (vgl. S. 402) bei niedrigen Dosen wirksam sind, bei höherer Strah-

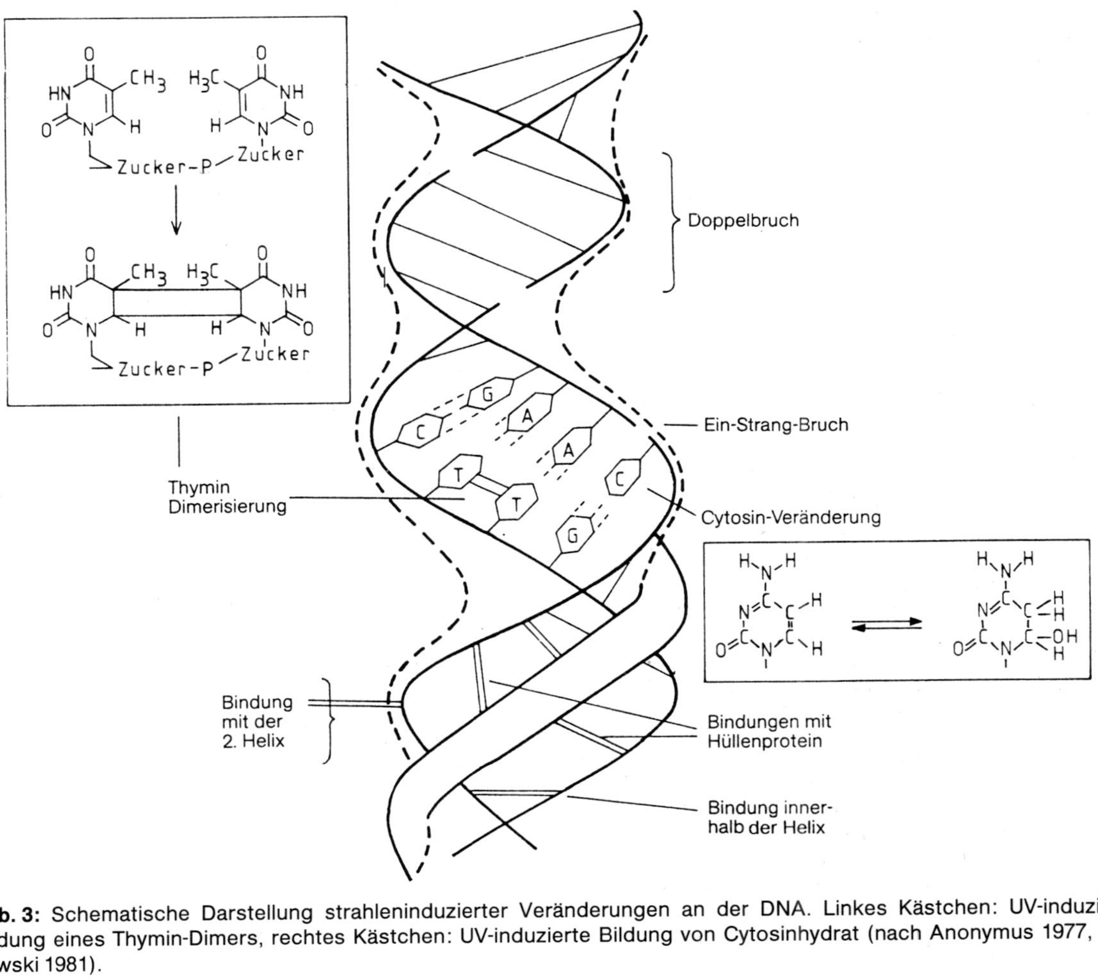

Abb. 3: Schematische Darstellung strahleninduzierter Veränderungen an der DNA. Linkes Kästchen: UV-induzierte Bildung eines Thymin-Dimers, rechtes Kästchen: UV-induzierte Bildung von Cytosinhydrat (nach Anonymus 1977, Laskowski 1981).

lenabsorption aber nicht mehr für die Korrektur der Schäden ausreichen. Es liegen eine Vielzahl von experimentellen Belegen vor, daß Nukleinsäuren Hauptziele (Determinanten) der Strahlenwirkung sind. Damit ist jedoch nicht ausgeschlossen, daß auch Schäden an anderen Targets biologisch relevant sein können. Diese Interpretation der Strahlendosiswirkung, die sogenannte Treffer-Theorie (Target-Theorie) nimmt eine zentrale Stellung in der Strahlenbiologie ein.
Der Treffer, d. h. die Abgabe der Strahlenenergie unmittelbar an das Target, ist die direkte Wirkung der Strahlung selbst oder eines chemischen Derivats der Strahlung (s. S. 395). Darüber hinaus besteht die indirekte Wirkung in einer Schädigung von Nukleinsäuren (vor allem von DNA) durch organische Radikale und/oder agressive Sauerstoffspezies, die ihrerseits durch Reaktion der Strahlung mit Nicht-DNA-Targets entstehen. Unter aeroben Bedingungen ist die indirekte Wirkung hauptsächlich verantwortlich für die Entstehung der physikalisch-chemischen Störungen, die auf S. 397 ausführlicher behandelt werden. Das Spektrum induzierter Läsionen reicht von Einzel- und Doppelstrangbrüchen, Veränderungen an den Basen bis zu DNA-DNA-, DNA-RNA- und DNA-Protein-Bindungen (siehe DNA-Modell, Abb. 3).

Chemische Wirkung ionisierender Strahlen

Radikalbildung

Die Höheren Pflanzen enthalten in ihren krautigen Teilen etwa 80–90 % Wasser. Daher treten ionisierende Strahlen in erster Linie mit Wassermolekülen in Wechselwirkung. Bei Strahlenabsorption zerfällt das Wassermolekül in ein Hydroxylradikal ($OH^{\bullet}$), ein Wasserstoffatom ($H^{\bullet}$) und ein solvatisiertes Elektron (e_{aq}):

$$H_2O \longrightarrow OH^{\bullet}, H^{\bullet}, e_{aq}.$$

Diese Zerfallsprodukte haben eine Lebensdauer von ca. 10^{-6} Sekunden und treten dann zu dauerhafteren Molekülen zusammen (H_2, H_2O_2), oder sie reagieren mit anderen wassergelösten Molekülen, z. B. mit Sauerstoff unter Bildung von Superoxidanion ($O_2{\bullet}^-$) oder seiner korrespondierenden Säure, $HO_2{\bullet}$:

$$H^{\bullet} + O_2 \longrightarrow HO_2{\bullet}; HO_2{\bullet} \xrightarrow{pK\,=\,4{,}8} H^+ + O_2{\bullet}^-$$
$$e + O_2 \longrightarrow O_2{\bullet}^-.$$

Das Superoxid dismutiert spontan zum H_2O_2 (Wasserstoffperoxid):

$$O_2{\bullet}^- + HO_2{\bullet} \xrightarrow{H^+} H_2O_2 + O_2$$

welches metallkatalysiert wiederum zum äußerst reaktiven $OH^{\bullet}$-Radikal reduziert werden kann („Haber-Weiss"-Reaktion; vgl. Bors et al.)[1]:

$$H_2O_2 + O_2{\bullet}^- \xrightarrow{Me} OH^- + OH^{\bullet} + O_2.$$

Reaktion mit Nukleinsäuren

Sowohl die äußerst aggressiven Hydroxylradikale als auch Wasserstoffatome und solvatisierte Elektronen können mit anderen Molekülen, beispielsweise Nukleinsäuren (DNA, RNA) reagieren, wobei Wasserstoffatome und freie Elektronen vorwiegend mit den Basenbestandteilen reagieren, während Hydroxylradikale sowohl Basen als auch den Zuckerbestandteil der Nukleinsäuren (Ribose oder Desoxyribose) angreifen. Diese Beeinträchtigung der Basen führt entweder zu ihrer Abspaltung oder zu Veränderungen ihrer Ringstrukturen (Abb. 3 und 4). Wenn OH-Radikale mit dem Zuckerbestandteil der Nukleinsäure reagieren, so können Strangbrüche und Basenverluste eintreten. Strangbrüche entstehen dadurch, daß die Phosphatesterbindung zwischen Phosphat und Zucker aufgebrochen wird (Abb. 4) oder eine C-C-Bindung innerhalb des Zuckerrings aufgeht. Zusätzlicher Basenverlust tritt ein, wenn die Sauerstoffbrücke im Zuckerring gesprengt wird (Abb. 4). Für ein weiterführendes Studium vgl. Bors et al. (1974)[1], Hüttermann et al. (1978) und Sonntag (1987).

Im weiteren Verlauf der Strahlenschädigung kommt es auch zu Veränderungen der Sekundär- und Tertiär-Struktur der DNA und teilweise auch zum Abbau. Nach UV-Bestrahlung von Hefezellen wurde beispielsweise ein Verlust von 10 % der Kern-DNA festgestellt, während Größe und Menge der mitochondriellen DNA (mtDNA) um 50–60 % reduziert waren; diese Veränderungen erwiesen sich allerdings in einer nachfolgenden Erholungsphase als reversibel[2].

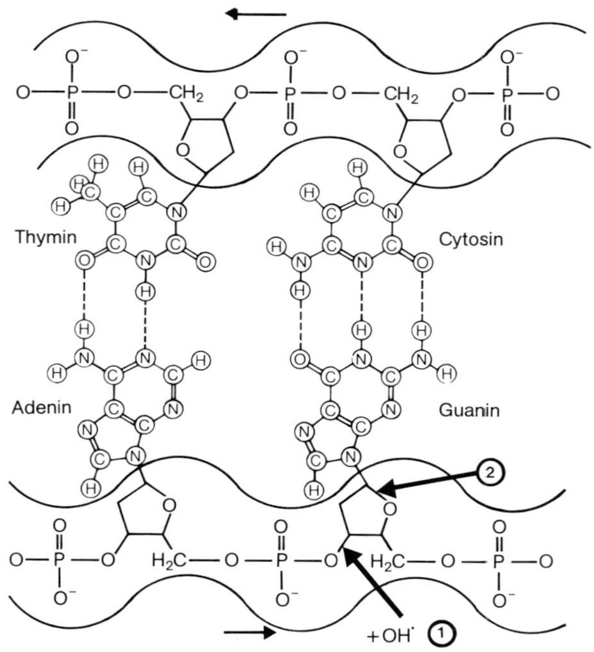

Abb. 4: Struktur eines entspiralisierten DNA-Abschnittes mit Basenpaaren und Wasserstoffbrücken. Die Pfeile kennzeichnen Bindungen, deren Auflösung zum Strangbruch führt: (1) Strangbruch durch Auflösung der Phosphatesterbindung zwischen Phosphat und Zucker, (2) Strangbruch und Basenverlust durch Sprengung der Sauerstoffbrücke im Zuckerring (nach Laskowski 1981).

Die radiolytischen Produkte der DNA bzw. DNA-Bestandteile können ihrerseits weitere Schäden verursachen. Beispielsweise entstehen bei Bestrahlung von Thymin Hydroperoxyderivate, die auf *Salmonella typhimurium* mutagen wirken. Ähnlich verhält es sich mit den Bestrahlungsprodukten der Zuckerbestandteile (z. B. 2-Deoxy-D-ribose) wobei es sich bei

den wirksamen Stoffen vermutlich um Carbonylderivate handelt[3].
Im Gegensatz zu Viren und Prokaryonten (Bakterien, Blaualgen) besteht das genetische Material der Eukaryonten nicht allein aus Nukleinsäure, sondern aus einem DNA-Protein-Komplex, dem Chromatin. Dieses besteht z. B. in Keimlingen der Erbse zu 36,5 % aus DNA, 37,5 % Histon- und 21 % Nichthiston-Proteinen sowie 5 % RNA. Diese Proteine kommen ebenso wie die Nukleinsäuren als Objekte strahleninduzierter Veränderungen in Frage. Dabei sind sowohl Schädigungen durch direkte Strahleneinwirkung denkbar als auch Störungen der Proteinsynthese als Folge von Funktionsveränderungen der DNA.

Auswirkungen auf die Enzymaktivität

Die Synthese aller Proteine, also auch der Enzyme, wird durch den in der DNA festgelegten genetischen Code kontrolliert. Strahleninduzierte Veränderungen der DNA müssen demnach zwangsläufig Konsequenzen für die Enzymaktivität zeigen: in *Pinus*-Kotyledonen ist die Histonkinase-Aktivität nach Röntgenbestrahlung (3 kR) um 65 % reduziert, während gleichzeitig die Histon-Phosphorylierung um 40 % zurückgeht[4]. In *Saintpaulia*-Stecklingen verursacht Neutronenbestrahlung (250 – 500 rad) Veränderungen im Isozymmuster der Peroxidasen bei gleichzeitig verzögerter Wurzelbildung und einer Letalität von ca. 20 %[5].

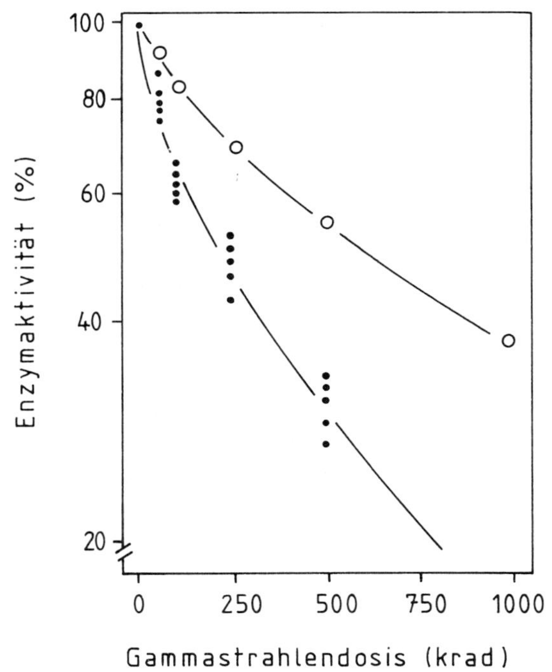

Abb. 5: Wirkung steigender Gammastrahlendosen auf die Aktivität der Enzyme α-Amylase, β-Glucosidase, β-Galactosidase, Phosphomonoesterase und ATP-ase (•) im Vergleich zur Phosphodiesterase (o) (aus Kurobane et al. 1979)[6].

In gleicher Weise werden durch hohe Gammastrahlendosen (250 – 1 000 krad) in Gerstensamen erhebliche Störungen der Enzym-Synthese und -Aktivität während der Keimung verursacht[6]. Dabei ist eine Differenzierung festzustellen: Die Aktivitäten von α- und β-Amylase, β-Glucosidase, β-Galactosidase, Phosphomonoesterase und ATPase sind in den Gerstenkeimlingen stärker reduziert als die Aktivität der Phosphodiesterase (Abb. 5). Auf eine Beeinträchtigung von Enzymen sind auch die Störungen des Glucose-Stoffwechsels in Reissämlingen nach Gammabestrahlung (30 kR) zurückzuführen. Hierbei wird eine verringerte Bildung reduzierter Zucker während der frühen Samenkeimung festgestellt, als deren Ursache eine Beeinträchtigung des Pentosephosphat-Zyklus im Glucosekatabolismus angenommen wird[7].

Modifikatoren der Strahlenwirkung

Einsetzen und Ablauf der strahleninduzierten, chemischen Reaktionen hängen von der stofflichen Zusammensetzung des betroffenen Gewebes und dabei insbesondere von dessen Sauerstoffgehalt ab. Zahlreiche Untersuchungsergebnisse belegen, daß die Häufigkeit strahleninduzierter Strangbrüche unter aeroben Bedingungen um ein Vielfaches höher sein kann als unter anaeroben. Entsprechend verhält es sich mit der Strahlenschädigung des Gesamtorganismus (Sauerstoffeffekt, siehe Abb. 6). Der Sauerstoffeffekt erklärt sich aus der vorher geschilderten Bildung reaktiver Sauerstoffradikale, die in Abwesenheit von O_2 nur auf das primäre $OH^{\bullet}$ beschränkt ist (für eine ausführliche Erläuterung der Radikalbildung und ihrer Chemie vgl. S. 396 sowie Sonntag, 1987). Das Verhältnis der Strahlendosen, die in Abwesenheit und in Anwesenheit von O_2 zu einem bestimmten Effekt führen, das sog. „oxygen enhancement ratio" (OER), ist eine quantitative Maßzahl für die Höhe des Sauerstoffeffektes. Das OER für Röntgen- und Gammastrahlen beträgt ca. 2–3, für Neutronen etwa 1,5; die Schädigung durch Neutronenstrahlen ist also weniger durch die Verringerung des Sauerstoffgehaltes beeinflußbar als Effekte der erstgenannten Strahlenarten.

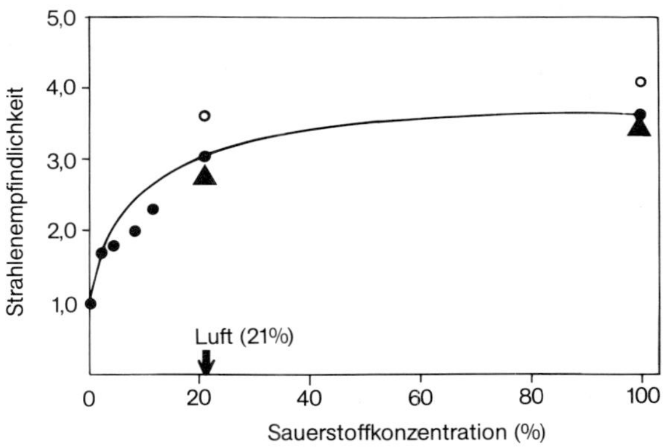

Abb. 6: Einfluß der Sauerstoffkonzentration auf die relative Strahlenempfindlichkeit von *Ascites*-Tumorzellen (●), *Vicia faba*-Wurzelspitzen (▲) und *Tradescantia*-Pollenkörnern (o) (aus Krebs 1968).

Analog zum Sauerstoffeffekt erklärt sich die Strahlenschutzwirkung zahlreicher reduzierend wirkender Chemikalien. Einige dieser sogenannten Antioxidantien, wie z. B. die Thio-Verbindungen, besitzen Sulfhydrilgruppen (–SH), welche als „Radikalfänger" wirken. In dieser Hinsicht haben sich Schwefelwasserstoff, Thioharnstoff, Cystein, Cysteamin und vor allem das 1,4-Dithiothreitol als wirksam erwiesen. Daneben wurde für folgende Stoffe eine Strahlenschutzwirkung gezeigt: pharmakologische Substanzen mit Cyanidgruppen, Nitrite, Tryptan, Oxytryptan, Benzedrin; Metabolite wie Glucose, aber auch Proteine, Vitamine (Ascorbinsäure)[8], verschiedene Hormone, Naturstoffe (Olivenöl, Paraffinöl), Kraut und

Krautsäfte, bakterielle Endotoxine, Vaccine, Hefeextrakt, Bienengift, u. a. Die Strahlenschutzwirkung dieser Stoffe ist jedoch in keinem Fall vollständig, und manche Antioxidantien bewirken überhaupt keine Reduktion der Strahlenschädigung, obwohl ihre „oxidationshemmende“ Wirkung bekannt ist. Andere, wie beispielsweise die Konservierungsmittel p-Methoxyphenol (PMP), Butylhydroxytoluol (BHT), Butylhydroxyanisol (BHA) oder Propylgallat (PG) sind in den maßgebenden Konzentrationen sogar für den betreffenden Organismus schädlich, indem sie entweder selbst Chromosomenaberrationen induzieren oder die Strahlenschäden verstärken[9]. In den Fällen von PMP, BHT, BHA und PG sind diese Nebenwirkungen besonders unerwünscht, da diese Stoffe u. a. als Stabilisatoren fett- und ölreicher Nahrungspflanzen (Samen) Verwendung finden. Wegen der teilweise unterschiedlichen Wirkung von Antioxidantien kann von einer „Systematik“ der Strahlenwirkung nicht gesprochen werden.

Von einer Reihe weiterer Chemikalien ist bekannt, daß sie die Strahlenwirkung verstärken. Beispielsweise wird durch Applikation von Coffein und anderen Methylxanthinen kurz vor oder nach der Bestrahlung von Gerste-, Roggen- oder Bohnensamen die Häufigkeit strahleninduzierter Chromosomenaberrationen erhöht, bei *Vicia faba* auch durch Hydroxyharnstoff[10]. Beide Stoffgruppen wirken als Inhibitoren der Reparatur von DNA-Läsionen, wobei das Coffein wahrscheinlich in den Ablauf der DNA-Replikation eingreift, während der Hydroxyharnstoff als Inhibitor der Desoxyribonukleotid-Synthese die Nachlieferung des Reparaturmaterials blockiert (s. S. 267). Einen ähnlichen, wenn auch schwächeren Verstärkereffekt hat in bestrahlten Gerstensamen das Breitbandantibiotikum Chloramphenicol, das auch als Inhibitor der Proteinbiosynthese bekannt ist (S. 232).

Die pflanzlichen Stoffwechselvorgänge werden in starkem Maße von den physikalischen Umweltbedingungen beeinflußt, die damit auch das Ausmaß der Strahlenschädigung mitbestimmen. Lichteinstrahlung, Luftfeuchtigkeit und vor allem die Temperatur sind dabei die wichtigsten Einflußgrößen. Vergleichsweise niedrige Temperaturen bewirken in der Regel geringere Strahlenschäden als höhere. So wird die Fertilität (Samenansatz) beim Reis durch Gammabestrahlung (8 kR) bei 10°, 20° und 30 °C von 50 % auf 25 % und 10 % verringert, während die Mutationsrate mit steigender Temperatur in gleichem Maße zunimmt. Der Temperatureffekt wird durch andere Faktoren, wie den Wasser- und Sauerstoffgehalt (Sauerstoffeffekt) modifiziert.

Es handelt sich daher um komplexe Mechanismen der Modifikation der Strahlenwirkung, die noch immer nicht in allen Einzelheiten aufgeklärt sind.

Genetisch-physiologische Ursachen der Strahlenempfindlichkeit

Art- und Sortenunterschiede

Verschiedene Pflanzenarten können sich in ihrer Empfindlichkeit gegen radioaktive Strahlen um mehrere Zehnerpotenzen unterscheiden. Die Strahlenempfindlichkeit trockener Samen variiert zwischen akuten Röntgendosen von 2 bis mehr als 60 kR; während *Lilium regale*-Samen nach Bestrahlung mit 2 kR tot sind, zeigen Kohl- und Radieschensamen auch nach 64 kR keinerlei Beeinträchtigung der Keimfähigkeit. Ein häufig gebrauchtes Maß für die Strahlenempfindlichkeit ist die Dosis, die zu 50 % Tötung führt (50 % Letal-**D**osis, LD_{50}). Während beispielsweise die LD_{50} für *Pinus alba*-Samen bei 600–900 R liegt, beträgt sie bei *Sinapsis alba*-Samen über 100 000 R; die Empfindlichkeit der erstgenannten Arten ist also mehr als 110mal so hoch wie die der zweiten (vgl. auch Sparrow und Mitarb.)[11–18].

Unter den Gehölzen sind die Angiospermen im allgemeinen wesentlich strahlenresistenter als die Gymnospermen. Eine

Tab. 3: Radiosensitivität einiger Nutzpflanzenarten gegenüber Bestrahlung mit Gammastrahlen und schnellen Neutronen (aus Anonymus 1977).

Familie	Art		Anzahl Sorten	Minimal- und Maximalwerte der GR_{50}[1] Neutronenstrahlen (krad)	Gammastrahlen (krad)
Gramineae	*Hordeum vulgare*	Gerste	32	25–40	0,8–1,4
	Oryza sativa	Reis	47	20–35	2,0–3,4
	Triticum aestivum	Weizen	34	20–35	1,6–2,4
Solanaceae	*Lycopersicum esculentum*	Tomate	9	50–60	1,8–2,8
	Solanum tuberosum	Kartoffel	4	40–60	–
Cruciferae	*Brassica napus oleifera*	Raps	2	120–140	–
Chenopodiaceae	*Spinacia oleracea*	Spinat	2	35–40	–
Umbelliferae	*Daucus carota*	Karotte	4	30–40	–
Liliaceae	*Allium cepa*	Zwiebel	3	20–30	0,8–1,1
Cucurbitaceae	*Cucumis sativus*	Gurke	3	40–60	1,6–2,2
Fabaceae	*Glycine max*	Sojabohne	14	15–30	2,0–4,0
	Phaseolus aureus	Bohne	4	65–100	5,0–7,5
	Phaseolus lunatus	Bohne	3	9–16	1,6–2,7
	Phaseolus vulgaris	Gartenbohne	16	15–30	1,7–2,7
	Pisum sativum	Erbse	11	10–27	0,7–1,5
	Vicia faba minor	Pferdebohne	8	8–14	0,3–0,4
	Vicia faba major	Saubohne	4	4–6	0,1–0,2

[1] GR_{50} = 50 % Reduktion der Primärblattlänge nach akuter Bestrahlung ruhender Samen.

Untersuchung mit dreijähriger chronischer Gammabestrahlung ergab bei 7 Bedecktsamern eine durchschnittliche LD_{50} von 96 R/Tag; der Vergleichswert für 7 Nacktsamer betrug 12,5 R/Tag[18].
Bei Nutzpflanzen werden gelegentlich auch andere Kriterien der Strahlenwirkung verwendet, wie etwa die Dosis, die zu einer 50%igen Ertragseinbuße führt (ED_{50}), oder die Dosis, die eine 50%ige Reduktion der Primärblattlänge verursacht (GR_{50}). In Tab. 3 sind die GR_{50}-Werte einer Reihe von landwirtschaftlichen Nutzpflanzen für Gamma- und Neutronenbestrahlung aufgeführt. Auch hier ist eine erhebliche Variation zwischen Arten – von 4000 bis 140 000 rad – erkennbar, wobei selbst verwandte Arten deutlich voneinander abweichen (z. B. *Phaseolus*).
Über die artbedingte Variation der Strahlenempfindlichkeit hinaus treten zuweilen auch erhebliche Unterschiede innerhalb einer Art zwischen Rassen (Sorten, Genotypen) auf. Beim Weizen *(Triticum aestivum)* sind die Sorten Bayro und Walthari unterschiedlich strahlenanfällig: während Bayro eine Gammastrahlendosis von 20 kR fast 100%ig überlebt, wird Walthari durch die gleiche Dosis so schwer geschädigt, daß nach 30 Tagen 95 % der Pflanzen absterben (vgl. Konrad 1975)[19]. Zwei Sojabohnensorten reagieren auf Röntgenbestrahlung (10 kR) mit deutlich verschiedener Primärblattreduktion; während eine Sorte eine durchschnittliche Blattfläche von 17,3 cm^2 aufweist, ist die der zweiten auf 3,5 cm^2 reduziert[20].

Genetische Kontrollmechanismen

Auf der Suche nach genetischen Faktoren, die die sortentypischen Abweichungen verursachen, hat man bei der Erbse *(Pisum sativum)* einen Genlocus A identifiziert, der zusammen mit anderen Genen für eine erhöhte Strahlenresistenz verantwortlich sein soll[21]. Auf eine rein quantitative, d. h. durch mehrere Gene bedingte Vererbung der Widerstandsfähigkeit weisen dagegen die Resultate eines Kreuzungsversuches bei der Gartenbohne *(Phaseolus vulgaris)* hin[22].
Wesentlich sicherere Belege hinsichtlich der genetischen Kontrolle der Strahlenresistenz liegen bei Bakterien und Hefepilzen vor. Bei der Bierhefe *(Saccharomyces cerevisiae)* kontrollieren beispielsweise zwei Genkomplexe (*rad 6* und *rad 52*) die Strahlenschädigung, indem sie die Reparaturvorgänge steuern. Diese Genkomplexe sind jeweils aus mehreren Genen zusammengesetzt, die z. T. spezifisch bei Schäden bestimmter Strahlenarten (UV oder Gamma) wirksam werden[23].

Cytologische Faktoren

Eine Fülle von Untersuchungsergebnissen vor allem aus dem Brookhaven National Laboratory, USA (Sparrow und Mitarb.)[12–18] lassen keinen Zweifel daran, daß besonders die Eigenschaften des Zellkerns und damit zusammenhängende Faktoren die Strahlensensibilität oder -resistenz der Pflanzen bestimmen. Die wichtigsten Einflußgrößen sind in der Tab. 4 zusammengestellt. Einige davon werden im folgenden wegen ihrer besonderen Bedeutung ausführlicher behandelt.

Kernvolumen und DNA-Gehalt

Die Strahlenempfindlichkeit einer Pflanzenart ist im allgemeinen umso höher, je größer das Volumen ihrer somatischen Zellkerne ist (Abb. 7). Unter 23 untersuchten Arten zeigte diejenige mit dem kleinsten Kern (*Arabidopsis thaliana*, 23 μ^3) erst bei einer täglichen Dosis von 4 000 R eine erhebliche Wachstumsdepression, während dagegen *Trillium erectum* mit

Tab. 4: Faktoren mit Einfluß auf die strahlenbiologische Reaktion der Pflanze.

1. **Cytologische und genetische Faktoren**
   Systematische Stellung oder Genotyp
   Chromosomenzahl pro haploidem Genom
   Ploidie
   Kernvolumen
   Chromosomenvolumen
   DNA-Gehalt pro Chromosom
   Heterochromatingehalt
   Länge des mitotischen Zyklus
   Anteil sich teilender Zellen
   Kernteilungsstadium
   (insbesondere in der Meiose)
2. **Morphologische Organisation und Entwicklungszustand**
   Größe der Pflanze
   Betroffener Pflanzenteil (Organ)
   Lage des sensitiven Organs
   Zell- oder Gewebetyp
   Differenzierungszustand
   (vegetativ oder generativ)
3. **Physiologische und biochemische Faktoren**
   Alter der Pflanze
   Stoffwechselaktivität
   Stadium des Wachstumszyklus
   (aktiv oder ruhend)
   pH-Wert der Zellen
   Ernährungszustand
   Konzentration von Hormonen
   Konzentration von anfälligkeits- oder
   resistenzsteigernden Substanzen

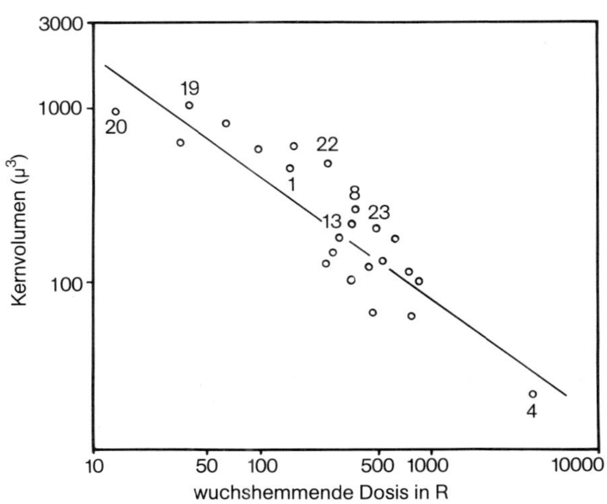

Abb. 7: Beziehung zwischen dem Kernvolumen und der Tagesdosis, die zu einer erheblichen Beeinträchtigung des Wachstums bei 23 Pflanzenarten führt.
1 *Allium cepa*, 4 *Arabidopsis thaliana*, 8 *Helianthus annuus*, 13 *Pisum sativum*, 19 *Tradescantia paludosa*, 20 *Trillium grandiflorum*, 22 *Vicia faba*, 23 *Zea mays* (nach Sparrow und Evans 1961)[13].

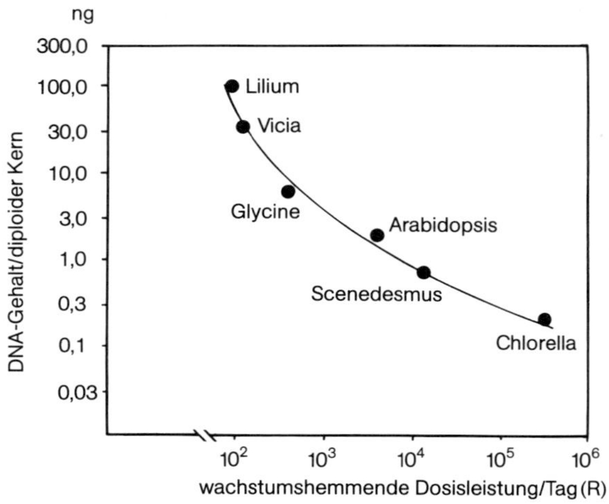

Abb. 8: Zusammenhang zwischen dem DNA-Gehalt pro diploidem Kern und der Tagesdosis, die zu einer erheblichen Wachstumshemmung führt: 6 Pflanzenarten, $r = -0{,}83$, signifikant bei $P = 5$ % (nach Sparrow und Evans 1961)[13].

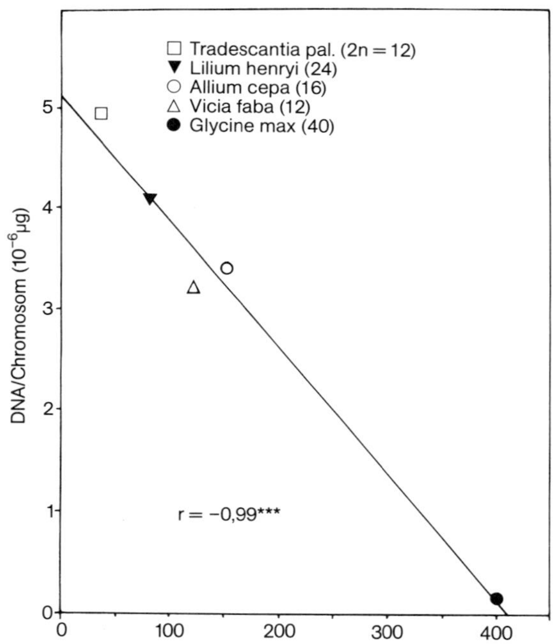

Abb. 9: Zusammenhang zwischen dem DNA-Gehalt pro Chromosom und der Strahlenempfindlichkeit ausgedrückt als wachstumshemmende Tagesdosis: 5 Pflanzenarten, $r = -0{,}99$, hoch signifikant bei $P = 0{,}1$ % (aus Sparrow und Evans 1961)[13].

einem Kernvolumen von ca. 1 000 μ^3 schon bei 20 R Tagesdosis mit einer erheblichen Wachstumsreduktion reagierte[13]. Je größer das Kernvolumen, desto höher ist in der Regel auch der DNA-Gehalt, mit dessen Wert im allgemeinen auch der Strahlenschaden zunimmt. Die Abb. 8 belegt diesen Zusammenhang anhand der Strahlenschädigung von 6 Pflanzenarten mit unterschiedlichem DNA-Gehalt pro Kern: der Korrelationskoeffizient $r = -0{,}83$ zeigt einen statistisch gesicherten ($P = 5$ %) Zusammenhang an. Eine wesentlich direktere Abhängigkeit ergibt sich, wenn man den DNA-Gehalt pro Chromosom zugrundelegt (Abb. 9, $r = -0{,}99$, statistisch hoch signifikant, $P = 0{,}1$ %). Die häufige Beobachtung, daß Pflanzen mit kleineren Chromosomen strahlenresistenter sind als solche mit größeren, wird durch diese Daten unterstützt. So reagieren beispielsweise die Grünalgenarten *Sirogonium melanosporum* (6 große Chromosomen) und *S. sticticum* (etwa 50 winzige Chromosomen) auf Gammabestrahlung (15 kR) sehr unterschiedlich. Während die letztgenannte Art praktisch keine Schädigung erkennen läßt, zeigen Kulturen der ersten Art erhebliche Chromosomenschädigung (23 % der Zellen) und überleben nicht länger als 3 Wochen[24]. Auch innerhalb einer Art kann eine unterschiedliche Anfälligkeit von Sorten auf variablem DNA-Gehalt beruhen. So werden bei einer *Cicer arietinum*-Sorte mit dem 1,2fachen DNA-Gehalt einer anderen Varietät nach Röntgenbestrahlung (35 kR) doppelt soviele meiotische Chromosomenaberrationen und 5,5mal soviele Farbmutanten gefunden als in einer zweiten Sorte. Größere Chromosomen bzw. solche mit mehr DNA werden also stärker geschädigt als kleinere. Dieser Befund ist weitgehend mit der entsprechend größeren Trefferwahrscheinlichkeit erklärbar.

Ploidiestufe

Die allgemeine Regel: „höherer DNA-Gehalt bedingt höhere Strahlenempfindlichkeit“ findet eine Ausnahme in polyploiden Serien. In Untersuchungen mehrerer Pflanzenfamilien wurde festgestellt, daß Arten mit der doppelten Chromosomenzahl wie Verwandte im allgemeinen auch etwa doppelt so strahlenresistent sind wie diese. Das läßt sich sehr eindrucksvoll bei der *Chrysanthemum*-Serie demonstrieren (Tab. 5). Dieser Effekt ist auch in vergleichbaren pflanzlichen Zellkulturen feststellbar. So sind Protoplasten von diploiden *Datura*- und *Petunia*-Pflanzen röntgenstrahlenresistenter als Protoplasten aus entsprechenden Haploiden.

Tab. 5: Zusammenhang zwischen Ploidie und Strahlenschädigung bei vier *Chrysanthemum*-Arten (nach Sparrow und Evans 1961)[13].

Art	Chromosomenzahl	Tagesdosis, die eine schwere Wuchsdepression verursacht (R)
C. nipponicum	2x = 18	250
C. ircutianum	4x = 36	465
C. arcticum	8x = 72	900
C. lacustre	22x = 198	1 340

Es wurde gezeigt, daß der beschriebene Ploidie-Effekt nicht für beliebig hohe Ploidiestufen gilt, sondern streng genommen nur bis zum tetraploiden (2n = 4x) Niveau wirksam ist (Abb. 10). Die pro Chromosom absorbierte Dosis, die zu einer LD_{50} führt (CD_{50}), steigt im Mittel von der haploiden zur diploiden (1,7mal) und tetraploiden (2,2mal) Ploidiestufe an, nimmt dann aber bis zur 16ploiden Stufe hin wieder deutlich ab (Abb. 10). Die Schutzwirkung der genetischen Redundanz im Bereich 2–4ploid scheint teilweise durch den verstärkten Target-Effekt des größeren Genoms kompensiert zu werden. Die größere Empfindlichkeit höherploider Pflanzen ist dagegen möglicherweise dadurch erklärbar, daß diese im Laufe der Evolution später entstanden und daher weniger gut an ihren chromosomal redundanten Zustand „angepaßt" sind als niedrigerploide und „ältere" Pflanzenarten. Es bleibt jedoch auch festzuhalten, daß auf jeder Ploidiestufe eine erhebliche Variation zwischen den Arten existiert, die auf andere, teilweise schon besprochene Ursachen zurückzuführen ist[11].

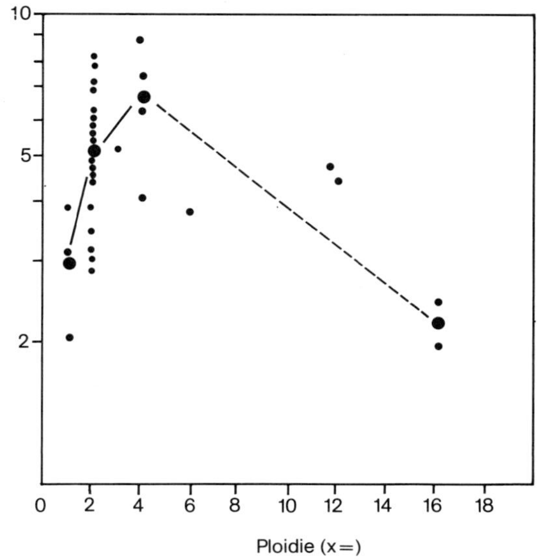

Abb. 10: Beziehung zwischen der Ploidiestufe und der Energieabsorption pro Chromosom (CD) bei LD_{50} (logarithmisch) für verschiedene Pflanzenarten nach einer akuten Bestrahlung mit Cs-137 Gammastrahlen; kleine Punkte zeigen die Werte einzelner Arten an, große Punkte sind Mittelwerte für die jeweilige Ploidiestufe (nach Conger et al. 1982)[11].

Physiologische und entwicklungsbedingte Faktoren

In diesem Zusammenhang spielt vor allem die Art des Gewebes, sein Wassergehalt sowie Ernährungs- und Gesundheitszustand, das Entwicklungs- bzw. Differenzierungsstadium der Zellen, ihre synthetische und respiratorische Aktivität sowie ihr Alter eine Rolle.

Von herausragender Bedeutung für die Strahlenempfindlichkeit sind Entwicklungsstadium und Differenzierungsgrad der Zellen. Die klassische Theorie besagt, daß die Empfindlichkeit von (Säugetier-)Zellen ihrer Teilungsaktivität direkt proportional und ihrem Differenzierungsgrad umgekehrt proportional ist. Meristematische Zellen sind demnach strahlensensibler als „ruhende" oder ausdifferenzierte Zellen. Diese Annahme kann heute nicht mehr uneingeschränkt aufrechterhalten werden. Vielmehr ist davon auszugehen, daß während des gesamten Wachstums bestimmte interne Zellsysteme oder Komponenten (z. B. im Zellkern) leichter modifiziert werden als andere. Das betrifft sowohl in differenzierten als auch nichtdifferenzierten, d. h. teilungsfähigen (meristematischen) Zellen insbesondere solche Systeme und Komponenten, die unerläßlich sind oder nur einmal vorkommen. Meristematische Zellen sind also nicht *per se* strahlenanfällig. Das entspricht ihren teilweise extrem verschiedenen Entwicklungsstadien, von mitotisch aktiven Zellen mit und ohne Proteinsynthese bis hin zu teilungsfähigen, kohlenhydratreichen Zellen der Streckungszone.

Unterschiedliche Meristeme sind ebenfalls unterschiedlich strahlensensibel. Beispielsweise sind Blütenmeristemzellen im Gegensatz zu vegetativen Meristemen stark vakuolisiert und schlechter mit „Strahlenschutzsubstanzen" ausgestattet. Das hat z. B. bei der Tomate zur Folge, daß das Blütenmeristem äußerst strahlenanfällig, der Sproßvegetationspunkt dagegen relativ resistent ist. Strahleninduzierte Veränderungen an Meristemen haben häufig Ähnlichkeit mit physiologischen, altersbedingten Umwandlungen wie z. B. beim Roggen *(Secale cereale)* gezeigt wurde.

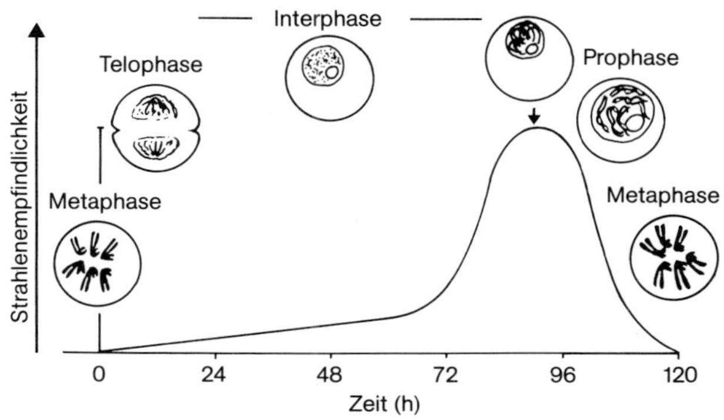

Abb. 11: Änderung der Strahlenempfindlichkeit von *Tradescantia*-Pollenkörnern in verschiedenen Mitosestadien nach Bestrahlung mit 200 R, gemessen an der Häufigkeit von Chromosomenbrüchen in der Metaphase (aus Bacq und Alexander 1958).

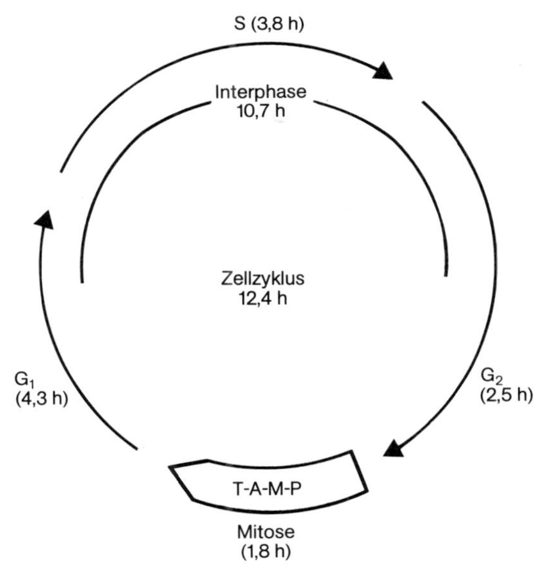

Abb. 12: Dauer des mitotischen Zyklus und seiner einzelnen Stadien bei der Gerste (*Hordeum vulgare* L.); T-A-M-P: P = Prophase, M = Metaphase, A = Anaphase, T = Telophase.

Nichtdifferenzierte, also teilungsfähige Zellen befinden sich während einer akuten Strahlenexposition naturgemäß in unterschiedlichen Stadien des mitotischen Zyklus. Auf Grund der Häufigkeit cytologischer Aberrationen (Chromosomenbrüche u. a.) in der jeweils nachfolgenden mitotischen Metaphase kann festgestellt werden, daß die meisten Aberrationen am Ende der Interphase (Interkinese), im G_2-Stadium, indu-

Tab. 6: Häufigkeit von Fragmenten und Brücken in somatischen und generativen Zellen von *Tradescantia*-Pflanzen nach 47tägiger Gamma-Bestrahlung mit 23,4 R/Tag (nach Sparrow und Pond 1956)[14].

Untersuchtes Stadium	Anzahl Zellen	Fragmente pro 100 Zellen	Brücken pro 100 Zellen
Somatische Anaphase	871	10,3 ± 1,9	13,2 ± 2,0*
Meiotische Anaphase I	488	102,5 ± 4,6	11,6 ± 1,5
Meiotische Anaphase II	322	88,6 ± 8,9	43,3 ± 9,6

*Mittelwert ± Standardfehler (Varianz/Anzahl Werte).

ziert werden (Abb. 11). Die höhere Strahlenempfindlichkeit von G_2-Zellen im Vergleich zu G_1-Zellen erklärt sich aus der dazwischenliegenden DNA-Synthese (S), in der eine Verdopplung des DNA-Gehaltes von 2C auf 4C erfolgt; gleichzeitig nimmt das Kernvolumen in *Tradescantia*-Wurzelspitzen von 550 μ^3 auf 1 350 μ^3 zu. Darüber hinaus dauert G_2 in aller Regel länger als G_1 (Abb. 12), so daß aus diesem und den zuvor genannten Gründen die Wahrscheinlichkeit einer Ionisation der DNA in G_2 erheblich größer ist als in G_1.

Es ist wiederum festzustellen, daß eine erhebliche Variation zwischen Individuen einer Art hinsichtlich der Stadienempfindlichkeit existiert; ebenso große Unterschiede finden sich bezüglich der Dauer des Zellzyklus und seiner Einzelstadien. Bei *Vicia faba* variiert die Zeitdauer des Gesamtzyklus von 19–30 h, der G_1 von 4,5–12 h und der G_2 von 4,5–8 h. Bei der Bierhefe *(Saccharomyces cerevisiae)* zeigen genotypisch verschiedene diploide Zellen deutlich unterschiedliche Anfälligkeit gegenüber Bestrahlung in G_1, die dort auf die Wirksamkeit der Doppelstrangbruchreparatur via Rekombination zwischen homologen Chromosomen (im Gegensatz zur Schwesterchromatid-Reparatur in G_2) zurückgeführt wird (vgl. Brunborg et al.)[25].

Meiotische Zellen bzw. Chromosomen sind wesentlich strahlenanfälliger als mitotische, wie die chronische Bestrahlung ausgewachsener *Tradescantia*-Pflanzen ergeben hat (Tab. 6). Damit korreliert eine stärkere Schädigung der Fertilität und somit des Kornertrages bei Getreidearten. Freilandversuche bei Gerste (cv. Breun's Wisa) zeigen, daß in sehr frühem (1. Blatt) und spätem (nach der Blüte) Entwicklungsstadium eine Röntgendosis von 12 kR zu einer 50%igen Ertragseinbuße (ED_{50}) führt. Kurz vor und während der Meiose sind dafür schon 1,3 kR ausreichend.

Ein weiterer wichtiger Faktor für die Strahlenempfindlichkeit einer Pflanze ist ihre Nährstoffversorgung. Die Röntgenbestrahlung unterschiedlich strahlenresistenter Weizensorten (Bayro, Walthari) verursacht umso stärkere Schäden, je höher der Phosphorgehalt der bestrahlten Karyopsen ist[19]. Möglicherweise beschleunigt ein höherer P-Gehalt die keimphysiologische Aktivität und verkürzt somit die verfügbare Zeit zwischen Bestrahlung und erster Mitose, die für die Reparaturvorgänge wesentlich ist.

Reparaturmechanismen

Allgemeines

Aus den bisherigen Ausführungen folgt, daß die unterschiedliche Strahlenresistenz verschiedener Organismen dadurch zustandekommt, daß entweder in empfindlicheren Lebewesen mehr schädigende, molekulare Veränderungen hervorgerufen werden, oder daß Strahlenschäden an der DNA weniger effizient repariert werden als im resistenteren Organismus. Es ist schon wiederholt auf Reparaturvorgänge hingewiesen worden, deren Mechanismen ursprünglich bei Bakterien entdeckt und später auch für Hefepilze und Höhere Pflanzen beschrieben wurden.

Man unterscheidet sie (1) nach ihrem zeitlichen Wirksamwerden (vor oder nach der DNA-Replikation), (2) nach ihrer Energieabhängigkeit und (3) nach dem Ergebnis, d. h. dem Zustand der DNA nach erfolgter Reparatur. Daraus ergibt sich folgendes Bild bekannter Reparaturvorgänge bei Eukaryonten:

Präreplikativ:

Photoreparatur		
Dunkelreparatur	(1)	Basenexcission
	(2)	Nukleotidexcission
	(3)	Strangbruchreparatur

Postreplikativ:

Dunkelreparatur	(1)	Rekombinationsreparatur
	(2)	SOS-Reparatur.

Präreplikative Reparatur

Die Photoreparatur (Photoreaktivierung) ist in erster Linie für die „Heilung" UV-induzierter Pyrimidin(Thymin)-Dimere (siehe Abb. 3) von Bedeutung. Dimere blockieren die semikonservative DNA-Replikation und führen damit zu (reparablen) subletalen Schäden, z. B. zu Störungen des Zellzyklus (Verringerung des mitotischen Index). Wie bei allen Reparaturvorgängen spielt auch bei der Photoreaktivierung ein Enzym, die Photolyase, eine wichtige Rolle. Dieses Enzym bildet in *Saccharomyces cerevisiae* innerhalb von 10 Minuten nach der UV-Bestrahlung einen Komplex mit den Pyrimidindimeren, die dann im sichtbaren Licht (Wellenlänge 300–600 nm) in Monomere zerfallen (siehe Abb. 13).

Die grünen Pflanzen sind der UV-Einstrahlung in der Natur in besonders starkem Maße ausgesetzt, so daß genetische Schäden insbesondere in den Keimzellen (Mikro- und Makrosporen) häufig zu erwarten wären. Die Zellen Höherer Pflanzen sind daher mit Mechanismen zur Photoreaktivierung UV-induzierter Dimere ausgestattet. Ihre Wirksamkeit ist in Zellkulturen von *Nicotiana tabacum, Ginkgo biloba, Daucus carota,* sowie in Karotten-Protoplasten (Abb. 14) nachgewiesen worden. Im letztgenannten Fall werden Pyrimidindimere, wenn sie nicht in zu großer Zahl vorliegen, durch Photoreaktivierung und zusätzliche Dunkel-Excissionsreparatur praktisch vollständig wiederhergestellt. Die gleichen Reaktionen laufen auch in intakten Pflanzen ab. In den Keimblättern der Platterbse *Lathyrus sativa* wird eine UV-ausgelöste Thymin-Dimerisierung in einem Zeitraum von etwa 6 h entweder durch Photoreparatur oder Excission weitgehend beseitigt[26].

Die präreplikative Dunkelreparatur (Excissionsreparatur, siehe Abb. 15) ist für pflanzliche Zellen ein lebenswichtiger Mechanismus, da nicht alle UV-induzierten Schäden photoreaktivierbar sind. Es ist daher anzunehmen, daß auch dieser Mecha-

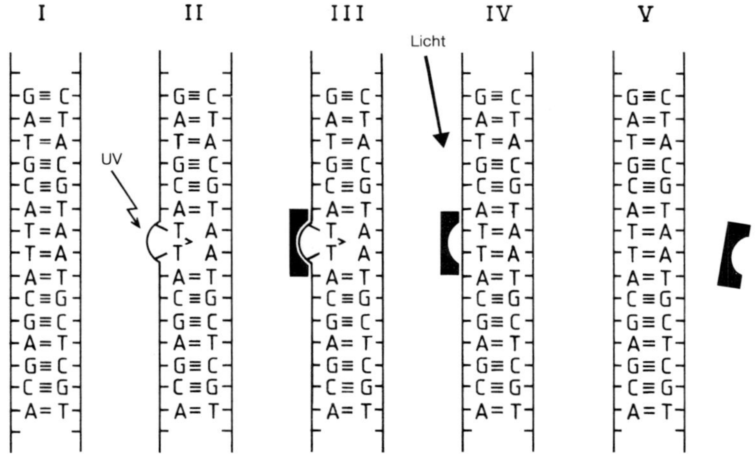

Abb. 13: Schematische Erklärung der Photoreparatur. (I) ungeschädigte DNA, (II) UV-Induktion eines Thymin-Dimers, (III) Komplexbildung des Enzyms Photolyase mit dem fehlerhaften DNA-Abschnitt, (IV) nach Absorption von sichtbarem Licht monomerisiert die Photolyase das Dimer, (V) die Photolyase löst sich von der DNA (aus Laskowski 1981).

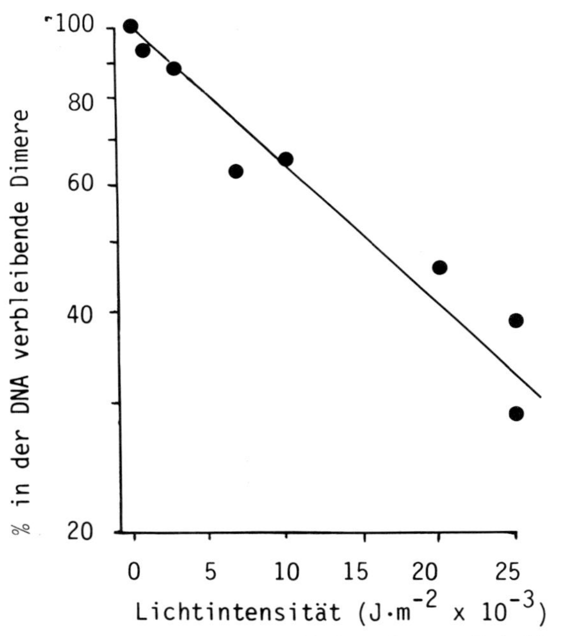

Abb. 14: Photoreaktivierung UV-induzierter Pyrimidin-Dimere in der DNA von Karotten-Protoplasten (aus Howland und Hart 1977).

nismus im Pflanzenreich allgemein verbreitet ist, obwohl er bisher nur vereinzelt nachgewiesen wurde, u. a. in Protoplasten von *Daucus carota, Haplopappus gracilis, Nicotiana tabacum, Petunia hybrida.* Allerdings kann auch die Excissionsreparatur nur geringfügige Schäden reparieren, wie sie etwa durch natürliche UV-Strahlendosen induziert werden können. Bei Bakterien und Hefepilzen sind Mutanten bekannt, die nicht zur Excissionsreparatur fähig und daher extrem UV-anfällig sind.

Auch für die Mechanismen der Excissions-Reparatur sind eine Reihe wichtiger Enzyme erforderlich. Das Herausschneiden beschädigter Basen besorgen beispielsweise sogenannte DNA-Glycosylasen, die auf bestimmte Basen spezialisiert sind. Beispielsweise besorgt die Uracil-DNA-Glycosylase das Ausschneiden von Uracil, das UV-induziert durch Verlust der Methylgruppe aus Thymin entsteht:

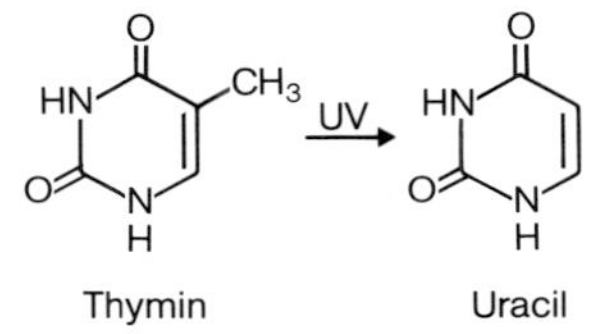

Bei der Basenexcission wird das Phosphat-Zucker-Phosphat-Rückgrat der DNA nicht angegriffen. Die anschließende eigentliche Reparatur, d. h. das Neueinsetzen der richtigen Base, erfolgt mit Hilfe sogenannter „Insertasen".

Andere, auch bei Pflanzen nachgewiesene Enzymfamilien, die Endonukleasen, zerschneiden den Phosphat-Zucker-Strang. Der nachfolgende Abbau von Nukleotiden (Nukleotidexcission) durch Exonucleasen, die Wiederauffüllung des DNA-Stranges durch Polymerasen und seine Schließung durch Ligasen beenden den Reparaturvorgang. Wenn dabei längere Nukleotidsequenzen ausgetauscht werden müssen (ca. 1 500), dann kommt es gelegentlich zu fehlerhaften Veränderungen, die als Ursache von phänotypischen Mutationen bei Bakterien nachgewiesen werden konnten (siehe Abb. 16).

Es wurde bereits erwähnt, daß nach Einwirkung energiereicher ionisierender Strahlen sowohl Einzel- als auch Doppelstrangbrüche der DNA auftreten (Abb. 3 und 4). Dem eigentlichen Bruch geht eine sogenannte Primärläsion voraus, die zunächst instabil und reaktionsfähig, d. h. reparaturfähig bleibt. Bei der Strangbruch-Reparatur setzen ähnlich wie bei der Excissions-Reparatur Exonucleasen an den freien Strangenden (Bruchstellen) mit dem Nucleotidabbau ein; danach füllen Polymerasen die entstandenen Lücken wieder auf, und Ligasen schließen den Strang. Der überwiegende Teil der Strangbrüche wird anscheinend sehr schnell, d. h. in einem Zeitraum von Minuten bis wenigen Stunden repariert. Beispielsweise bei dem Ciliaten *Tetrahymena* werden 80 % der Einzelstrangbrüche innerhalb von 20 Minuten nach der Gammabestrahlung (40 kR) wiederhergestellt[27]. Die Reparatur wird durch Inhibitoren der RNA- und Proteinsynthese sowie des oxidativen Stoffwechsels nicht gestört, womit gezeigt ist,

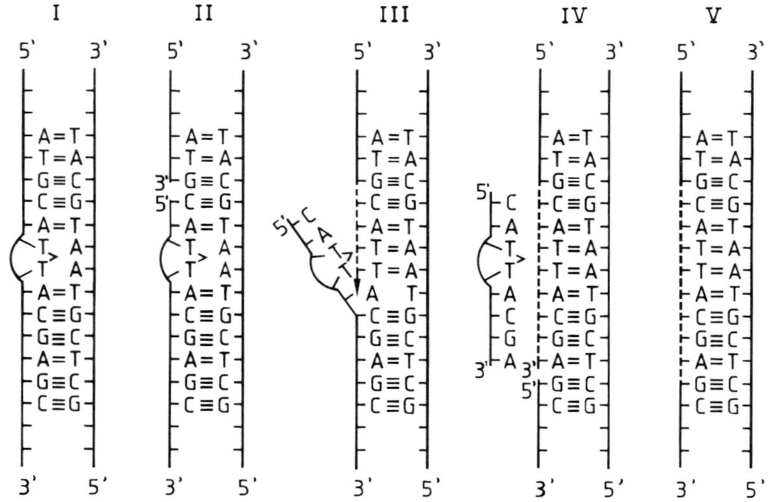

Abb. 15: Beispiel einer fehlerfreien Nukleotid-Excissionsreparatur (Kurzstrang-Excission).
(I) DNA-Strang mit Thymin-Dimer, (II) Einschnitt des fehlerhaften Stranges durch Endonuclease, (III–IV) Entfernung der falschen Sequenz (bis zu 100 Nukleotiden) durch Polymerase sowie Neueinbau von Nukleotiden komplementär zum Schwesterstrang, (V) Schließung des Strangs durch Ligase (aus Laskowski 1981).

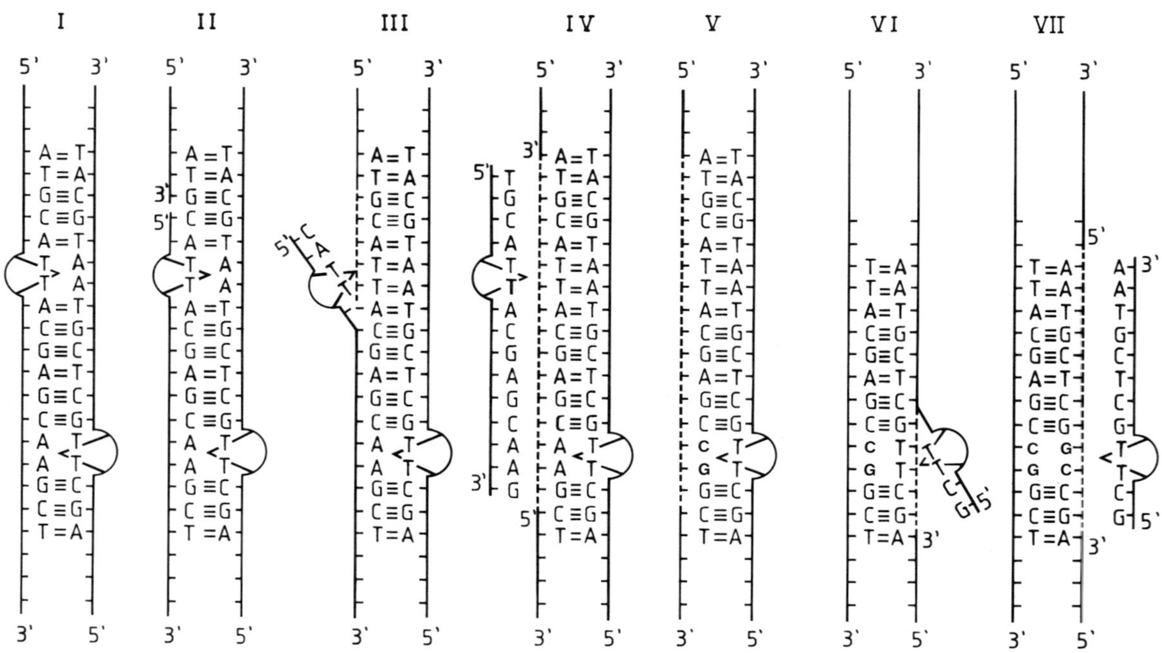

Abb. 16: Beispiel einer fehlerhaften Nukleotid-Excissions-Reparatur (Langstrang-Excission).
(I) DNA-Doppelstrang mit zwei Thymin-Dimeren, (II) Einschnitt im linken Strang durch Endonuclease, (III) Ausbau von bis zu 1 500 Nukleotiden durch Exonuclease, (IV) komplementäre Ergänzung des linken Stranges durch Polymerase, wobei gegenüber dem Thymin-Dimer beliebige Basen (z. B. C, G) eingebaut werden, (V) kovalente Bindung zwischen neuem und altem Strangabschnitt wird durch Polynukleotid-Ligase wiederhergestellt, (VI–VII) Kurzstrang-Excissions-Reparatur zur Beseitigung des Pyrimidin-Dimers im rechten Strang (nach Laskowski 1981).

daß es sich um präreplikative Vorgänge handelt und daß die erforderlichen Enzyme bereits vor der Bestrahlung in der Zelle vorrätig sein müssen. Auch Doppelstrangbrüche sind prinzipiell reparaturfähig. Ihre Wiederherstellung erfolgt bei Hefen unter Minimalwachstumsbedingungen innerhalb von 48 Stunden[28]. Für die Doppelstrangbruch-Reparatur sind komplexe Enzymsysteme erforderlich.

Postreplikative Reparatur

Ähnliche Enzymsysteme werden für die postreplikativen Rekombinationsprozesse zur DNA-Reparatur benötigt. Im wesentlichen werden dabei versehrte Nukleotide nach der DNA-Replikation durch Austausch mit unversehrten elterlichen Sequenzen wiederhergestellt. Bei Bakterien und Hefepilzen hat man nachweisen können, daß diese Rekombinationsprozesse der genetischen Kontrolle unterliegen. Beispielsweise wird die Reparatur gammastrahleninduzierter letaler Schäden in Zellen von *Saccharomyces cerevisiae* von zwei unabhängigen Genkomplexen (*rad 6* und *rad 52*) gesteuert, die aus 5 bzw. 7 einzelnen Genen bestehen. Während *rad 52* fehlerfrei arbeitet, führt die *rad 6*-Reparatur zu korrekten, aber auch fehlerhaften Ergebnissen, je nachdem welches Gen (Reparaturmechanismus) wirksam ist[23]. Ein weiterer postreplikativer Mechanismus, die sogenannte SOS-Reparatur, wird durch bestimmte Gene gesteuert. Es handelt sich dabei um äußerst komplexe und daher noch nicht völlig aufgeklärte Vorgänge, die allerdings in aller Regel zu fehlerhaften Veränderungen der DNA-Moleküle, zu Mutationen, führen (vgl. das Sammelwerk von Hanawalt et al. 1978).

Inhibitoren

Verschiedene Modifikatoren der Strahlenwirkung (siehe S. 397) wie Coffein und Hydroxyharnstoff wirken als Inhibitoren der DNA-Neusynthese und unterbinden oder stören dadurch die postreplikativen Reparaturvorgänge. In einem Experiment mit verschieden strahlenanfälligen Gerstensorten hat sich gezeigt, daß der Effekt einer Coffein-Behandlung nach Gammabestrahlung auf den Schädigungsgrad umso stärker ausfällt, je strahlenresistenter der Genotyp gegen Gammabestrahlung ist[29]. Strahlenresistente Pflanzen besitzen also wirksame Reparatursysteme für Strahlenschäden an der DNA; diese werden entweder unmittelbar nach der Strahlenschädigung wirksam oder vor oder nach der folgenden DNA-Synthese.
Diese Erholungsfähigkeit ermöglicht es den Pflanzen, ein nicht zu großes Maß an Strahlenschäden selbst zu heilen und damit zu überleben.

Cytologische und morphologische Strahleneffekte

Cytologische Veränderungen

Zell- und Kernstörungen

In Tab.7 sind die durch das primäre Strahlenereignis ausgelösten Reaktionen und Auswirkungen stark vereinfacht zusammengefaßt. Man kann davon ausgehen, daß die cytologischen Veränderungen das Ausmaß der Strahlenschädigung am unmittelbarsten erkennen lassen und damit letztlich für Überleben oder Tod von Zelle und Organismus maßgebend sind. Cytogenetische Schäden sind in vielen Fällen die Ursache für nachfolgend auftretende morphologische oder physiologische Veränderungen.
Bestrahlte Pflanzen zeigen im allgemeinen eine Störung bzw. Hemmung der Zellteilung, die an der Reduktion des mitotischen Index erkennbar ist („mitotic delay") und bei Bestrahlung im G_2-Stadium des Zellzyklus am deutlichsten ausfällt. Bedingt durch die Blockierung der Zellteilung werden nach massiver Gammabestrahlung sowohl von Samen *(Triticum aestivum)* als auch von Zellkulturen (Erdnuß, *Phaseolus vulgaris*) häufig Riesenzellen gefunden, die das 10–15fache ihrer normalen Größe erreichen können. Bezüglich der Veränderungen im Plasma sind vor allem die Störungen der Plastiden-Replikation als Strahlenfolge zu nennen. Die Mehrzahl der beobachteten Aberrationen betreffen jedoch den Zellkern. Dabei handelt es sich im einzelnen um (1) Chromosomenverklebungen („stickiness"), (2) Kernfragmente (Mikronuklei), (3) Gaps (nichtfärbbare Lücken in den Chromatiden), (4) Centromerbrüche sowie (5) Chromatiden- und Chromosomenbrüche. Die beiden erstgenannten Anomalien verhindern weitere Kernteilungen und führen daher zum Tod der Zelle. Die Häufigkeit von Mikronuklei (Kern- oder Chromosomenfragmente) steht in direkter Beziehung zur Strahlendosis. Röntgenbestrahlung von *Tradescantia*-Pollenmutterzellen in der ersten meiotischen Prophase mit 20 und 40 kR verursachte durchschnittlich 23 bzw. 67 Mikronuklei pro 100 Tetraden[30].
Gaps sind bei zahlreichen Pflanzenarten, z. B. *Vicia faba*, nach Bestrahlung im G_2-Stadium der Zellen beobachtet worden. Sie werden in der nächsten S-Phase (Abb. 12) offenbar folgenlos repariert und führen damit nicht zu echten Brüchen.
Centromerbrüche führen zur Entstehung von Chromosomen mit nur einem Schenkel (telocentrische Chromosomen). Bei diploiden Pflanzen ist der Verlust eines Chromosomenschenkels in der Regel so schwerwiegend, daß die betroffene Zelle nicht überleben kann.

Tab. 7: Vereinfachte schematische Darstellung der durch das primäre Strahlenereignis ausgelösten Reaktionskette.

Strahlung
↓
Ionisation und Anregung von Atomen und Molekülen
↓
Chemisch veränderte Moleküle
↓
Biochemische Schäden
↓
Cytologische, physiologische, morphologische Veränderungen
↓
Zelltod
↓
Tod des Organismus

Chromosomenaberrationen

Echte Primärläsionen, die nicht repariert werden können, verursachen Chromatiden- oder Chromosomenbrüche. Solche Chromosomenbrüche entstehen durch Strahleneinwirkung in der G_1-Phase, Chromatidenbrüche in G_2. Wenn nur eine Läsion eingetreten ist, so kann das betreffende acentrische Fragment (ohne Centromer) verlorengehen, was für die betreffende Zelle je nach Größe und Geninhalt des Fragmentes schädlich oder auch tödlich ist. Sind ursprünglich zwei

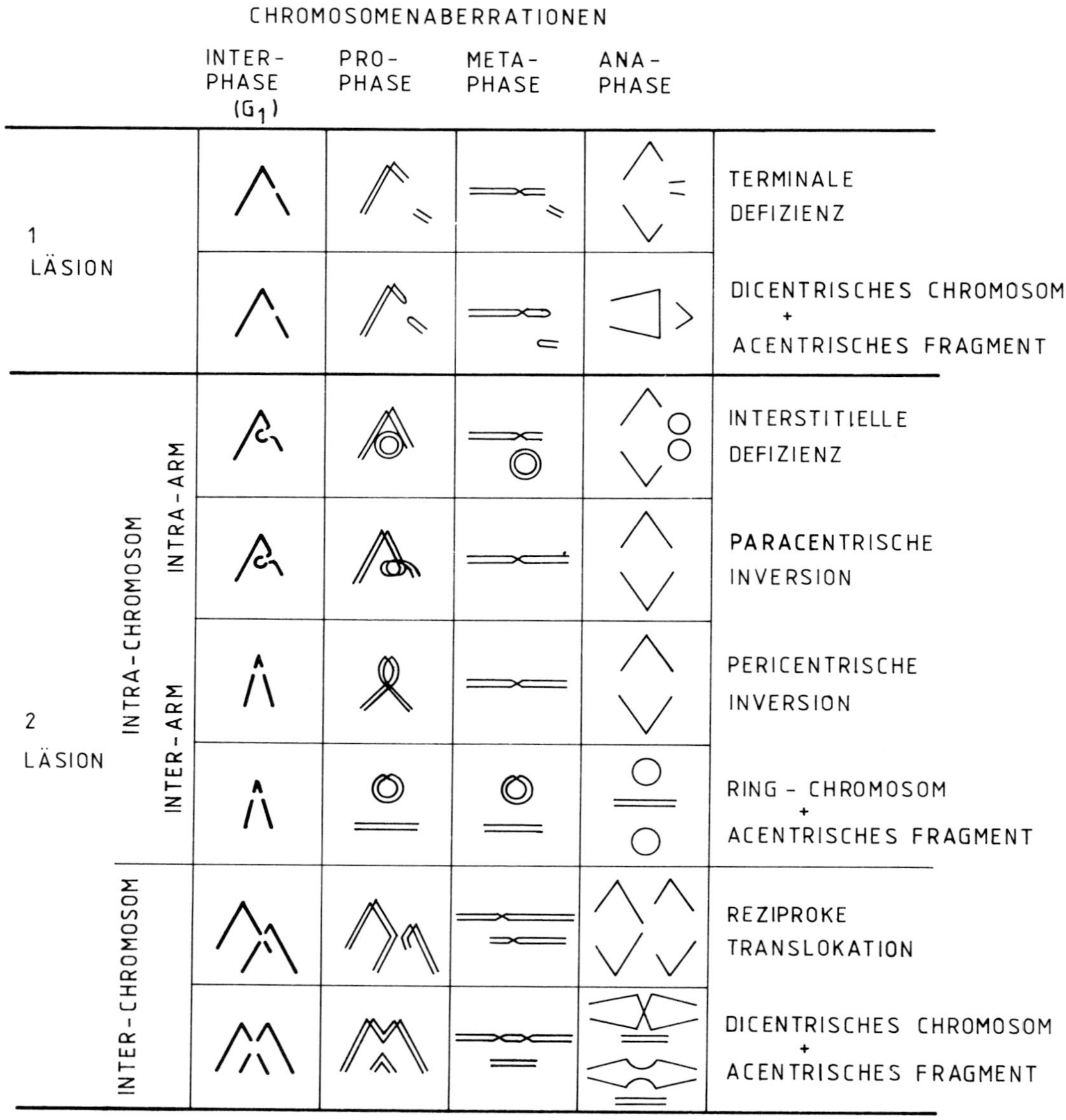

Abb. 17: Die Entstehung von Chromosomenaberrationen und ihre Auswirkungen in den unmittelbar folgenden mitotischen Kernteilungsstadien (nach Sybenga 1972).

Läsionen in räumlicher Nähe entstanden, so können die freien Enden gleicher oder verschiedener Chromosomen assoziieren und durch fehlerhafte Reparatur („misrepair") an falschen Stellen im Genom eingebaut werden. Einige häufige Chromosomen- und Chromatidenaberrationen und ihre cytologischen Konsequenzen in der folgenden mitotischen Kernteilung sind in den Abb. 17 und 18 zusammengestellt. Von besonderer Bedeutung für die weitere Funktionsfähigkeit der Zelle sind dabei die sich ergebenden Veränderungen der Chromatin- bzw. DNA-Bilanz. Der Verlust von genetischem Material (Defizienz) bedeutet in fast jedem Fall eine Schädigung der Zelle, die in der Regel dadurch funktionsunfähig wird. Alle acentrischen Fragmente bedeuten Chromatinverlust, und die Abb. 17 und 18 verdeutlichen, daß die meisten Aberrationen damit einhergehen. Erwartungsgemäß ist die Häufigkeit der strahleninduzierten Chromosomenbrüche direkt dosisabhängig, wie die Tab. 8 insbesondere hinsichtlich der Chromosomenfragmente verdeutlicht (Abb. 19).

Einige Aberrationen bedeuten keine Veränderung der Chromatin-Bilanz, sondern sie betreffen die Chromosomenstruktur. Infolge zweier Brüche kann eine Segmentumkehrung innerhalb eines Chromosoms (Inversion) oder ein Segmentaustausch zwischen nichthomologen Chromosomen (reziproke Translokation) erfolgen[32]. Beide Aberrationen stören die Teilungs- und Funktionsfähigkeit der Zellen zunächst nicht, beeinträchtigen aber die Reproduktionsfähigkeit der Pflanzen erheblich, indem sie zu gravierenden Störungen der Reifeteilungen (Meiose) führen. Bei der heterozygoten Inversion kommt es auf Grund der anomalen Paarung der homologen Chromosomen in der meiotischen ersten Metaphase zu Störungen der Anaphasebewegung, die letztlich zur Bildung genetisch unbalanzierter Gonen und damit zu reduzierter Fertilität

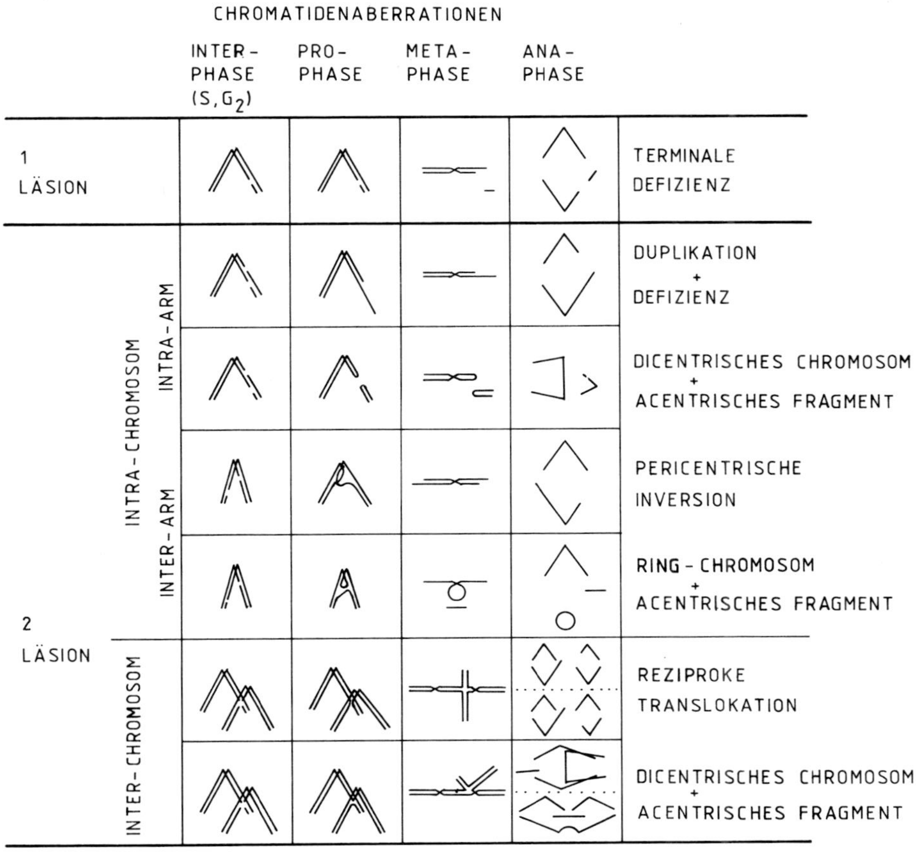

Abb. 18: Die Entstehung von Chromatidenaberrationen und ihre Auswirkungen in den unmittelbar folgenden mitotischen Kernteilungsstadien (nach Sybenga 1972).

führt (Abb. 20). Auch bei der heterozygoten Translokation werden unbalanzierte Gonen (ca. 50 %) gebildet, die ihre Ursache in der Viererpaarung teilweise homologer Chromosomen in der meiotischen ersten Prophase haben (Abb. 21 und 22).
Diese Viererbindungen (Quadrivalente) sind in der meiotischen ersten Metaphase in Form großer Ringe oder Ketten (Abb. 22) deutlich von den übrigen Chromosomenpaaren (Bivalenten) unterscheidbar. Da die Auflösung der Quadrivalente in der ersten Anaphase zur Entstehung von etwa 50 % normalen und 50 % defekten Gonen führt, (die funktionsuntüchtig sind oder zu letalen Embryonen führen) sind heterozygote translozierte Pflanzen immer partiell steril; bei der Gerste sind die Pollen solcher Pflanzen zu etwa 30 % funktionsunfähig und 60–70 % der Blüten steril.
Abgesehen von diesen nachteiligen Eigenschaften haben sich reziproke Translokationen für die Erforschung der Genetik Höherer Pflanzen, vor allem landwirtschaftlicher Nutzpflanzen, als nützlich erwiesen. So war es dadurch möglich, etwa bei Tomate, Mais und Gerste genauere Kenntnisse über die räumliche Anordnung der Gene innerhalb der Chromosomen zu erlangen (Genlokalisierung). Darüber hinaus hat man induzierte Translokationen benutzt, um Chromosomensegmente verwandter Grasarten *(Secale cereale, Agropyron elongatum)* in unseren Kulturweizen *(Triticum aestivum)* zu überführen (siehe Zeller und Fischbeck 1974).

Tab. 8: Dosisabhängigkeit von Chromosomenfragmenten und Chromatidbrücken nach Röntgenbestrahlung von Gerstensamen (4 h bei 23 °C vorgequollen, Auszählung von Sproßspitzenzellen in der ersten mitotischen Anaphase nach der Keimung) (aus Gaul 1963)[31].

Dosis	Anzahl Zellen	% gestörte Zellen	% Zellen mit Fragmenten	% Zellen mit Brücken	Doppelbrücken je Zelle
Kontrolle	838	0,1	0,1	0,0	0,00
5 000 R	553	35,0	31,1	7,7	0,12
7 000 R	463	58,2	53,5	22,3	0,23
10 000 R	444	67,6	69,8	24,9	0,27

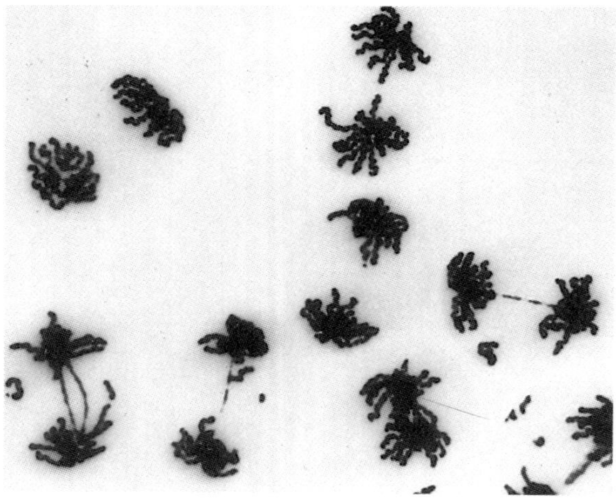

Abb. 19: Brücken und Fragmente in Pollenmutterzellen (meiotische Anaphase I) von *Trillium erectum* nach akuter Röntgenbestrahlung (50 R) in der frühen meiotischen Prophase (aus Sparrow 1962)[12].

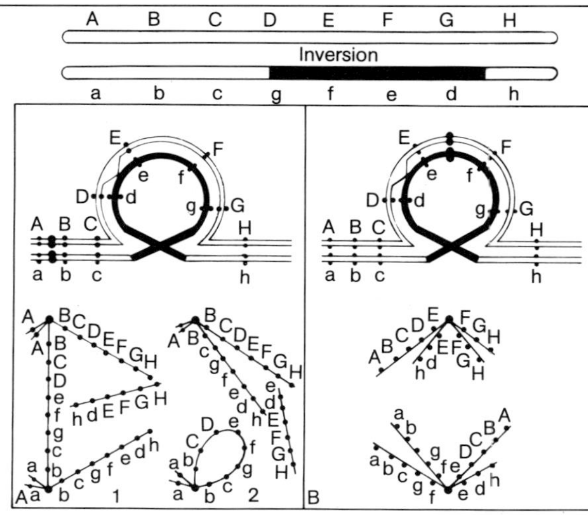

Abb. 20: Schematische Darstellung einer heterozygoten chromosomalen Inversion mit den Konsequenzen für die meiotische Chromosomenpaarung (Schleifenbildung) und den genetischen Folgen eines crossing over im invertierten Segment bei der paracentrischen (links) und der pericentrischen (rechts) Inversion; im letztgenannten Fall schließt die Inversion das Centromer mit ein (nach Sybenga 1972).

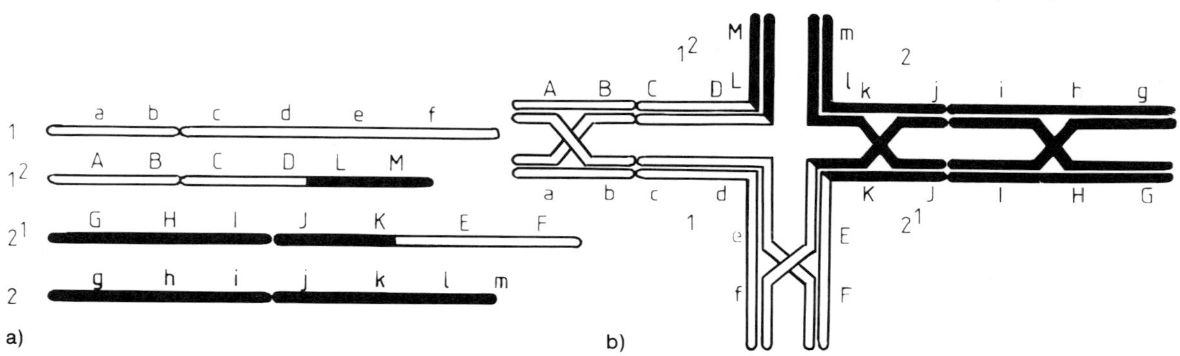

Abb. 21: Schematische Darstellung einer reziproken chromosomalen Translokation (a) und ihrer Auswirkungen auf die Chromosomenpaarung in der meiotischen Prophase (b) (Bildung einer Viererbindung = Quadrivalent).

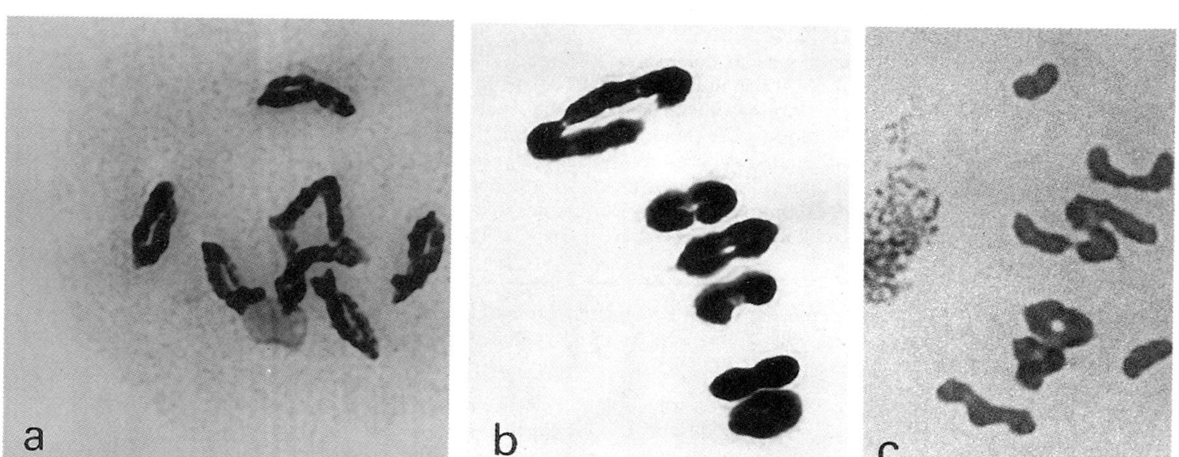

Abb. 22: Pollenmutterzellen von Roggen (a, c) und Gerste (b), die in bezug auf eine reziproke Translokation gemischterbig (heterozygot) sind; (a) meiotische späte Prophase I mit einem Quadrivalent-Ring (1 IV) und 5 Bivalent-Ringen (5 II), (b) meiotische Metaphase I mit 1 IV-Ring und 5 II, (c) meiotische Metaphase I mit 1 IV-Kette (S-förmig), 2 II-Ringen, 2 II-Stäben und 2 ungepaarten Chromosomen (Univalente); Chromosomenzahl in allen Fällen 2n = 2x = 14 (Friedt unveröff.)

Morphologisch-physiologische Veränderungen

Wachstumsstörungen

Aus den geschilderten Zellveränderungen muß sich zwangsläufig eine Beeinträchtigung des pflanzlichen Wachstums infolge der Strahleneinwirkung ergeben. Dazu steht nicht im Widerspruch, daß niedrige Strahlendosen (< 1 000 R) offenbar eine gewisse Stimulation des vegetativen Wachstums hervorrufen *(„biopositive Wirkung")*, die wohl auf die erwähnte Zellvergrößerung zurückzuführen ist. Bei chronischer Strahlenexposition ist dieser Effekt praktisch ausgeschlossen. Hierzu liegt besonders umfangreiches Datenmaterial aus Untersuchungen im Gammafeld von Brookhaven (USA) mit mehr als 100 Pflanzenarten, darunter *Tradescantia paludosa, Impatiens sultanii, Nicotiana rustica, N. glauca* x *langsdorffii, Vicia faba,* Antirrhinum majus, vor (vgl. Sparrow et al.)[12–18]. Bei *T. paludosa* beispielsweise wird das Wachstum durch dreiwöchige Bestrahlung mit 2 800 R/Tag oder durch dreimonatige Einwirkung von 50 R/Tag erheblich beeinträchtigt. Die akute Strahlenexposition ruhender pflanzlicher Organe, d. h. Zwiebeln, Knollen, Rhizome oder Samen, oder wachsender Pflanzen führt ebenso wie chronische Bestrahlung mit steigender Dosis zu abnehmendem vegetativem Wachstum. Das ist meist bereits an der Keimpflanzenentwicklung erkennbar (Abb. 23). Während bei zweikeimblättrigen Pflanzen wie etwa der Sojabohne *(Glycine max)* die Primärblattgröße mit zunehmender Gammastrahlendosis (bis 20 kR) abnimmt, ist der Strahlenschaden bei einkeimblättrigen Pflanzen wie den Getreidearten an der Verkürzung des Primärblattes deutlich ablesbar (Abb. 24). Die durchschnittliche Reduktion des Primärblattwachstums ist der Letalität in einer bestrahlten Pflanzenpopulation direkt proportional (Abb. 24), so daß von der Höhe des Primärblatteffektes relativ sicher auf die zu erwartende Letalität geschlossen werden kann.

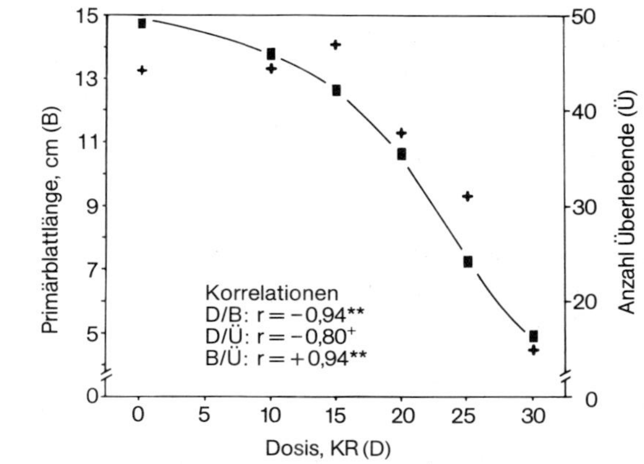

Abb. 24: Abhängigkeit von Primärblattlänge und Überlebensrate von M_1-Pflanzen der Gerste (cv. Aramir) von der Röntgenstrahlendosis. Korrelationen: +, ** = signifikant bei P = 10 % und 1 % Irrtumswahrscheinlichkeit (Friedt unveröff.).

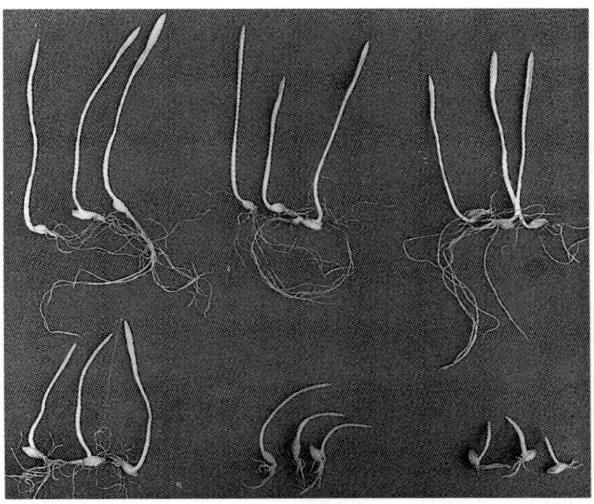

Abb. 23: Beeinträchtigung der Keimpflanzenentwicklung der Gerste *(Hordeum vulgare)* durch zunehmende Röntgenstrahlendosen (von oben links nach unten rechts: 0, 2, 4, 8, 16, 32 kR) (Friedt unveröff.).

Tab. 9: Morphologische Effekte chronischer Gammabestrahlung Höherer Pflanzen (nach Beobachtungen an *Antirrhinum majus, Tradescantia paludosa, Nicotiana* sp., *Kalanchoe diagramontiana, Xanthium* sp., u. a., verschiedene Strahlendosen[14]).

Pflanzenteil	Effekte	Pflanzenteil	Effekte
Ganze Pflanze	Stauchung und vorzeitiges Altern	Blätter	Farbveränderungen (Chlorose), Größenveränderung, Verdickung, Kräuselung, Fusion, Gliederung, Tumorbildung
Sproß: Allgemein	Verdickung oder Streckung, Tumorbildung		
Apikales Meristem	Verzweigung (Dichotomie)	Infloreszenzen	Größenveränderung, Sterilität, Knospenverlust, Bildung vegetativer Knospen, Tumorbildung
Internodien	Stauchung und Verdrehung		
Nodien	Schwellung und Verdickung, Induktion zusätzlicher vegetativer Knospen, Bildung von Luftwurzeln (Adventivwurzeln)	Blüten	Verringerung oder Vermehrung, Farbveränderung, Fusion bzw. Gliederung und Reduktion der Blütenblätter, Modifikation der Staubblätter, Verkleinerung oder Verlust der Antheren.
Wurzelhals	Entstehung von Adventivsprossen		
Wurzeln	Tumorbildung		

Verschiedene Strahlenarten beeinflussen das Wachstum der bestrahlten Pflanzen (M_1-Generation) bei gleicher Dosis in unterschiedlichem Maß. Hinsichtlich der Primärblattreduktion beim Reis haben langsame Neutronen im Vergleich zu ^{60}Co-Gammastrahlen eine RBW von 10,[33] während bezüglich der LD_{50} bei der Gerste für schnelle Neutronen eine RBW von 40 festgestellt wurde.

Sproß- und Blattanomalien

Die Beeinträchtigung des Wachstums führt sehr häufig zu einem gestauchten Wuchs der Pflanzen, der mit zunehmender Strahlendosis immer deutlicher ausfällt (Tab. 9). Als Hauptursache dieser Wuchsdepression sind die schon beschriebenen Chromosomenschäden zu sehen, die unmittelbar zu Störungen des Zellzyklus führen und mittelbar die vielfältigsten physiologischen Störungen hervorrufen. Dabei spielen die Beeinträchtigung der Photosynthese und der Auxin-Abbau eine besonders wichtige Rolle (siehe S. 5 und 30).
Von entscheidender Bedeutung für den Grad der Strahlenschädigung sind die Veränderungen, die oberhalb einer bestimmten (artspezifischen) kritischen Dosis in den Vegetationspunkten eintreten. Bei *Lupinus albus* sind nach chronischer Gammabestrahlung mit 8,5 kR histologische Schäden in Tunica und Corpus feststellbar[34]. Zunächst kommt es zur Vakuolisierung der Zellen, die schließlich zur Nekrose führt, wobei die zentralen Leitbahnen besonders starke und die äußeren Zellschichten (Epidermis) geringere Schäden aufweisen. Infolge der Zerstörung von Leitbündeln kommt es schließlich zum Verlust von Blattanlagen und Blättern.
Nach längerer chronischer Gammabestrahlung mit ca. 100–200 R/Tag geht bei *Nicotiana* und *Tradescantia* die apikale Dominanz verloren, und es kommt zu exzessiver Verzweigung[14], wie es u. a. auch bei *Linum, Xanthium* und *Impatiens* beobachtet wurde.
Ebenso wie der Sproß, so sind auch die Blätter vielfach verdickt und gestaucht. Aber auch Abwandlungen der Blattform und Textur, abnorme Kurvatur, Kräuselungen, Fusionen und mosaikartige Farbveränderungen sind in zahlreichen Untersuchungen mit Zierpflanzen (z. B. *Kalanchoe, Ginkgo, Pelargonium, Petunia*) und landwirtschaftlichen oder gärtnerischen Nutzpflanzen wie Baumwolle, Kartoffel, Tomate, Tabak, Akkerbohne oder Salat festgestellt worden. In seltenen Fällen werden nach chronischer Gammabestrahlung über einen längeren Zeitraum lokale Läsionen (offene Wunden) an oberirdischen Pflanzenteilen beobachtet.

Blütenanomalien und Sterilität

Die Blütenbildung und -entwicklung bestrahlter Pflanzen ist im Vergleich zu unbestrahlten Kontrollen im allgemeinen verzögert oder abgeschwächt. Die Blütenteile, insbesondere Blüten- und Staubblätter, weichen in Form und Zahl häufig vom Normalzustand ab, wie es auch bei Laubblättern der Fall ist. Auch Staub- und Fruchtblätter sind zuweilen in ihrer Zahl verändert oder fusioniert. Bei *Lupinus albus* wurde festgestellt,

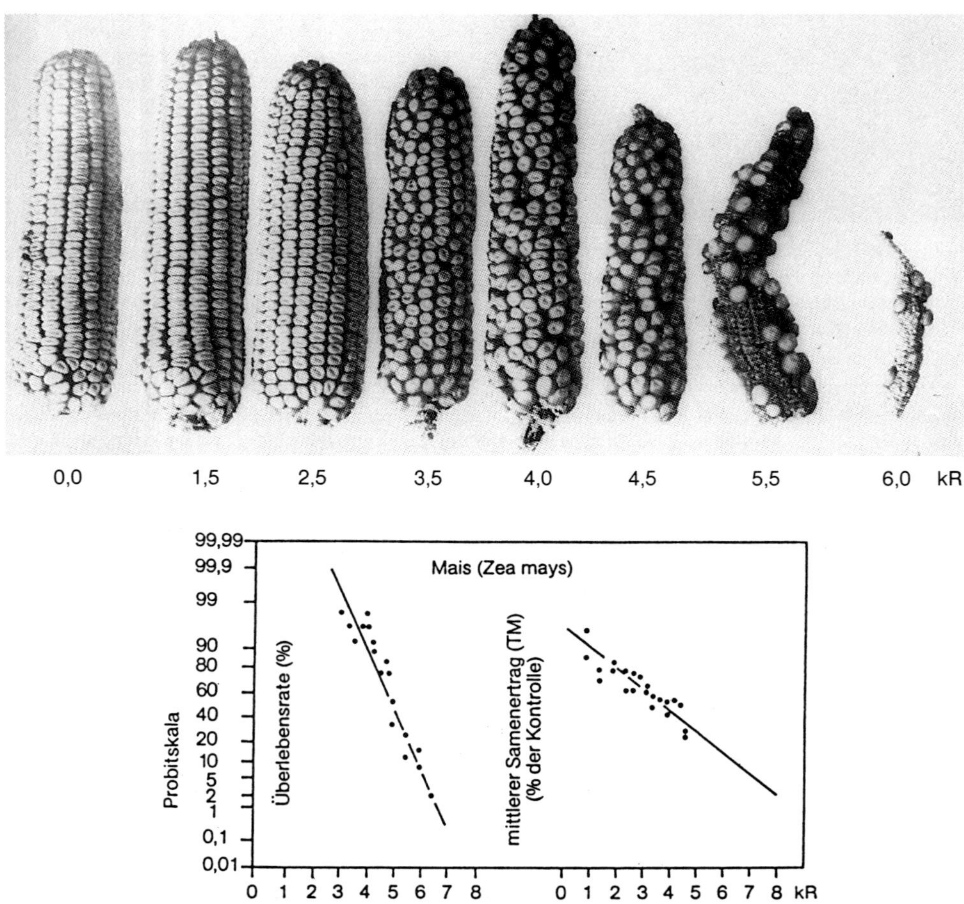

Abb. 25: Reduktion des Kornansatzes (oben) sowie der Überlebensrate und des Kornertrages (unten) nach chronischer Gammabestrahlung von Mais mit zunehmender Dosis (nach Sparrow et al. 1970)[17].

daß Blütengewebe mindestens doppelt so empfindlich gegen Gammastrahlen ist wie somatisches Gewebe. Bereits etwa 3 kR verursachen pathologische Veränderungen der Leitbündel, die zu den morphologischen Aberrationen der Blüte führen[34].
Die Keimzellen der Pflanzen werden durch Strahlung besonders stark geschädigt und verlieren dadurch ihre Befruchtungsfähigkeit. Aber auch subletale genetische Schäden, wie sie etwa durch UV-Bestrahlung in Mais-Pollen induziert werden, verursachen Defekte an Embryonen und Endosperm, die letztlich zum Verlust der Samen führen. Infolgedessen kommt es nach Strahlenexposition immer zu einer Reduktion des Samenansatzes. Röntgenbestrahlung von Gerstensamen (cv. Haisa II) mit 5 und 10 kR verursachte an den daraus aufwachsenden Pflanzen eine Verringerung des Samenansatzes um 24 bzw. 37 % gegenüber unbestrahlten Pflanzen. Da die Getreidearten gerade wegen ihrer Samen kultiviert werden, bedeutet verringerte Samenproduktion eine Ertragseinbuße, die auch bei relativ niedrigen Strahlendosen von etwa 5 kR bereits zwei Drittel des normalen Kornertrages ausmachen kann (Abb. 25). Das Ausmaß der Ertragsdepression durch eine bestimmte Strahlendosis hängt in starkem Maße von der Pflanzenart und ihrem Entwicklungsstadium ab. Entsprechend kann die Dosis, die zu 50 % Ertragseinbuße führt (ED_{50}), in weiten Grenzen variieren.

Tumorbildung

Bestimmte Pflanzen reagieren auf massive Bestrahlung mit deutlich erhöhter Tumorbildung (Abb. 26). Besonders auffällig verhält sich in dieser Hinsicht der amphidiploide Bastard *Nicotiana glauca x langsdorffii*, der sowohl nach akuter als auch nach chronischer (2 Monate, 26–385 R/Tag) Bestrahlung des Stengels mit vermehrter Tumorbildung reagiert.

Abb. 26: *Nicotiana glauca* x *N. langsdorffii* Pflanze mit Tumor in der terminalen Sproßregion 4 Monate nach akuter Röntgenbestrahlung (2 000 R) (aus Sparrow und Schairer 1959)[15].

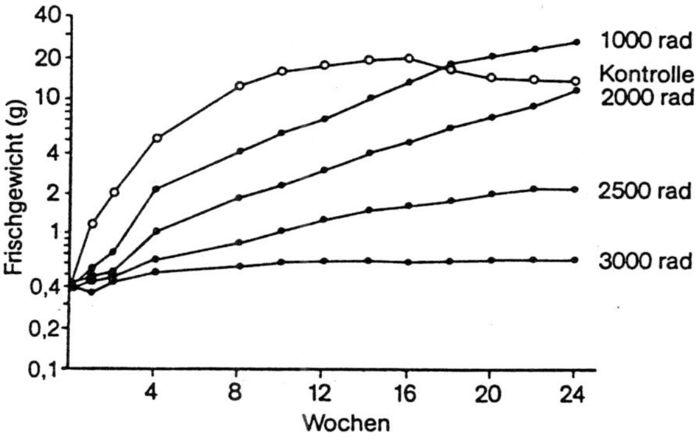

Abb. 27: Wirkung verschiedener Gammastrahlendosen (^{60}Co) auf *Haworthia*-Kallusgewebe (nach Pandey und Sabharwal 1979)[35].

Auch in unorganisiertem Gewebe kann nach Gammabestrahlung eine Tumorbildung („neoplastic transformation") induziert werden, wie Versuche an Kalluskulturen von *Haworthia mirabilis* zeigen.[28] Das durch eine Dosis von 1 000 R transformierte Gewebe ist im Gegensatz zum normalen Kallus kompakt, wächst auf Minimalmedium und ist nicht mehr zur Organogenese fähig (Abb. 27). Als Ursachen der Tumorinduktion kommen sowohl Chromosomenaberrationen als auch Störungen des Hormon-Stoffwechsels in Frage.

Genmutationen

Nach Strahleneinwirkung finden im Zellkern neben den Chromosomenbrüchen mit den geschilderten Auswirkungen (S. 405) weitere molekulare Veränderungen der DNA statt. Dabei handelt es sich um Bindungen zwischen Basen innerhalb eines Stranges (Thymin-Dimerisierung), um Austausch von Basen (Transition, Transversion) sowie um Nukleotidpaar-Verlust (Deletion) oder Neueinbau (Insertion). Da diese Genmutationen immer nur in einem DNA-Molekül erfolgen und in ihrer Ausprägung dem unveränderten Ausgangsgen (Allel) gegenüber i. d. R. unterlegen (rezessiv) sind, treten sie bei den Höheren Pflanzen, die immer zwei oder mehr Kopien jedes Gens (Chromosoms) im Zellkern enthalten, in der Be-

Abb. 28: Aufspaltung einer für eine rezessive Chlorophyllmutation *(albina)* heterozygote Gerstenpflanze (Spaltungsverhältnis grün : weiß = 12 : 4 = 3 : 1) (Friedt unveröff.).

strahlungsgeneration (M_1-Generation) nicht zutage. Auf Grund der genetischen Aufspaltung werden sie erst in der nachfolgenden M_2-Generation an etwa 25 % der Pflanzen phänotypisch erkennbar (Abb. 28). Bei Höheren Pflanzen treten nach Bestrahlung besonders häufig Defekte der Chlorophyllsynthese auf. Diese sogenannten Chlorophyllmutationen werden wegen ihrer großen Häufigkeit und leichten Erfaßbarkeit im Keimpflanzenstadium als Kriterium zur Schätzung der Gesamtmutationsrate verwendet (vgl. Gaul 1963)[31]. Sie nimmt mit der Strahlendosis linear zu (Abb. 29), wobei Neutronen eine mit zunehmender Dosis zunehmende relative biologische Wirksamkeit (RBW) im Vergleich zu Gammastrahlen zeigen. Während für eine Mutationsrate von 1 % etwa 200 rad Neutronen ausreichen, ist dafür eine Gammastrahlendosis von fast 30 000 rad erforderlich; der RBW-Wert beträgt in diesem Fall also ca. 150[36]. Die relativen Effekte verschiedener Strahlenarten können jedoch je nach Sorte, Jahr und Behandlungsbedingungen erheblich variieren; bei Gerste und Mais hat man RBW-Werte bis zu 1 000 für schnelle Neutronen hinsichtlich der Mutationsrate ermittelt.

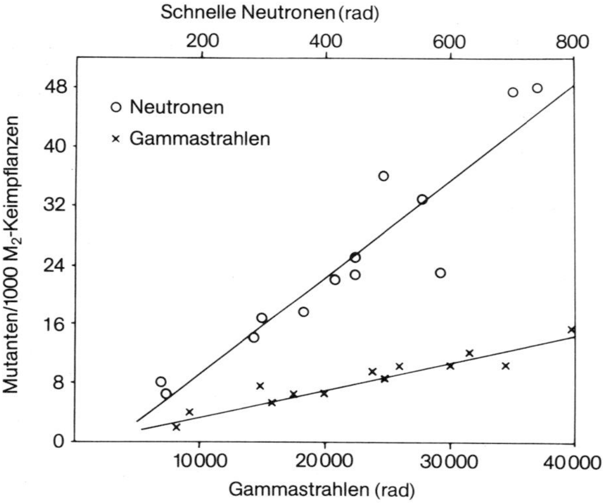

Abb. 29: Beziehung zwischen Gamma- und Neutronen-Strahlen-Dosis und der Häufigkeit von chlorophylldefizienten M_2-Pflanzen der Gerste (*Hordeum vulgare* L., cv. Atlas-57). Nach Constantin 1976[36].

Auf Grund morphologischer und cytologischer Veränderungen in der M_1-Generation kann bereits die zu erwartende Mutationsrate in der M_2-Generation geschätzt werden. Je höher beispielsweise die Letalität in M_1, umso höher ist im allgemeinen auch die Mutationsrate in M_2[31]. Da die Letalität andererseits schon anhand der Keimpflanzenentwicklung abschätzbar ist (siehe Abb. 24), kann bereits von diesem früh in M_1 erfaßbaren Merkmal auf die Mutationsrate in M_2 geschlossen werden. Die Häufigkeit strahleninduzierter Chromosomenaberrationen in M_1 korreliert erwartungsgemäß ebenfalls eng mit der (Chlorophyll-)Mutationsrate in M_2 (siehe Abb. 30), da beide Veränderungen auf strahleninduzierten Schäden an der DNA beruhen.

Die somatische Mutationsrate kann unter geeigneten Versuchsbedingungen direkt an der bestrahlten Pflanze in M_1 bestimmt werden. Verwendet man beispielsweise Pflanzen, die für eine rezessive Chlorophyllmutation heterozygot sind, so führt Bestrahlung zu weiteren Mutationen des dominanten Allels, wodurch die betreffenden Zellen das rezessive Merkmal Chlorophylldefekt ausprägen. An der Pflanze werden daraufhin chlorphylldefektive Sektoren sichtbar[37]. Auch in solchen Experimenten zeigt die Mutationsrate eine lineare Abhängigkeit von der Dosis (Abb. 31), wenn ein logarithmischer Maßstab gewählt wird. Ähnlich konzipierte Versuche beim Tabak demonstrieren, daß die Häufigkeit mitotischer Cross-over-Ereignisse durch Röntgenbestrahlung (300 R) um mehr als das 70fache gegenüber unbestrahlten Pflanzen erhöht werden kann.

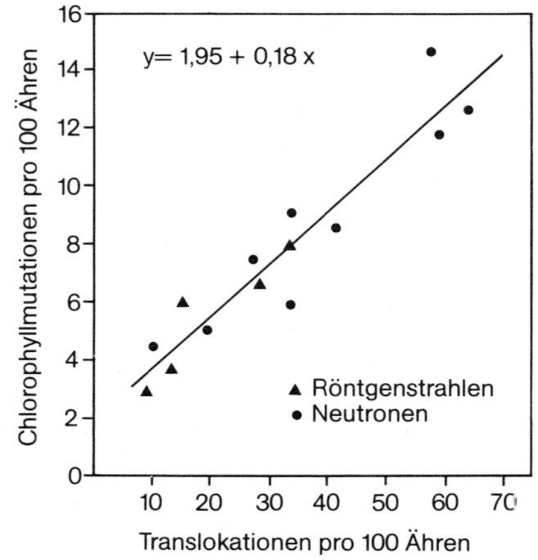

Abb. 30: Zusammenhang zwischen den Häufigkeiten von Chromosomenmutationen (Translokationen) in Pollenmutterzellen und Genmutationen (Chlorophyllmutationen) in Keimpflanzen der Nachkommenschaft nach Bestrahlung von Gerstensamen (aus Caldecott et al. 1954)[32].

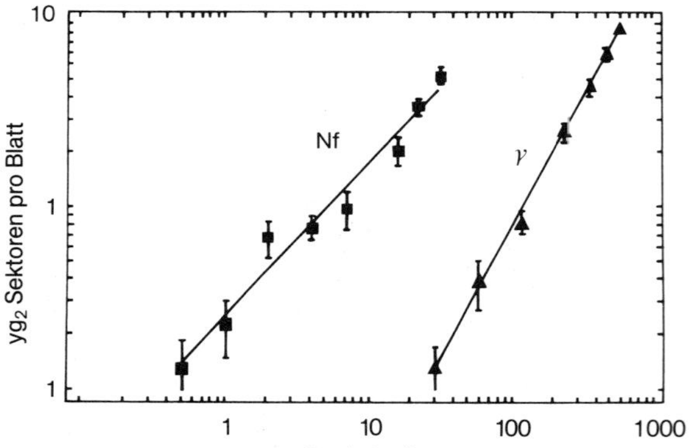

Abb. 31: Mittlere Häufigkeit hellgrüner (yg_2) Sektoren im 4. Blatt von Mais *(Zea mays)* nach Bestrahlung vorgequollener Samen der Heterozygoten Yg_2/yg_2 mit schnellen Neutronen (N_f) oder ^{60}Co Gammastrahlen (γ) in verschiedenen Dosen (aus Conger 1976)[37].

Da Mutationen theoretisch an jeder beliebigen Stelle des Genoms erfolgen können, sind die verschiedensten Merkmale praktisch aller Pflanzenteile davon betroffen. Besonders häufig werden Abwandlungen des Sproßaufbaus infolge veränderter Internodien-Zahl und Länge, sowie der Blattform und Blattstruktur beobachtet. Ferner treten immer wieder Veränderungen der Blüten und Infloreszenzen auf. Bei den Getreidearten verursachen letztere zusammen mit Verkürzungen der Internodien die charakteristischen Formen der Ährenmutanten (Abb. 32). Neben diesen morphologischen Veränderungen findet man auch häufig Verschiebungen in der Zusammensetzung wichtiger zellulärer Komponenten (Proteine, Aminosäu-

Abb. 32: Mutationen des Phänotyps der Ähre bei der Gerste (*Hordeum vulgare*); von links nach rechts: verzweigte Ährchen, dichtährig (verkürzte Ähreninternodien), lockerährig (vergrößerte Internodien), Ausgangssorte Haisa II, vergrößerte Organe (z. B. Samen), vergrößerte und lang begrannte Hüllspelzen, kurzgrannig (aus Gaul 1963)[31].

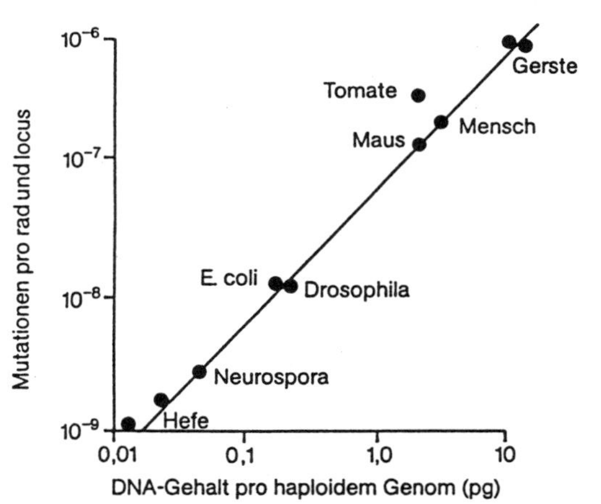

Abb. 33: Zusammenhang zwischen der Mutationsrate pro Locus und rad und dem DNA-Gehalt pro haploidem Genom (aus Abrahamson et al. 1973)[38].

ren) sowie hinsichtlich physiologischer Merkmale (z. B. Wachstum, Resistenzreaktionen, Produktivität). Bei den verschiedensten landwirtschaftlichen Nutzpflanzen steht eine große Zahl induzierter Mutanten mit einzelnen erwünschten Leistungsmerkmalen wie z. B. niedriger Wuchs und verbesserte Standfestigkeit, Frühreife, erhöhte Konzentration wertvoller Inhaltsstoffe (Protein), Winterhärte oder Krankheitsresistenz zur Verfügung. Obwohl ein großer Teil dieser Mutanten mangels ausreichender Ertragsleistung für die landwirtschaftliche Nutzung ungeeignet ist, haben doch einige strahleninduzierte Mutantenstämme insbesondere bei Getreide und Leguminosen gerade wegen ihres höheren Ertrages Anerkennung als Sorte gefunden. Wegen der relativ geringen Erfolgsaussichten wird man induzierte Mutationen im allgemeinen nur dann in der Pflanzenzüchtung einsetzen, wenn ein angestrebtes Merkmal in der natürlichen Formenmannigfaltigkeit nicht (mehr) vorhanden ist.

Die Mutationsrate ist das entscheidende Merkmal für die Beurteilung der genetischen Gefährdung durch ionisierende Strahlen. Die bei verschiedenen Pflanzenarten beobachteten Häufigkeiten pro Locus und rad weichen zuweilen erheblich voneinander ab; während bei *Saccharomyces cerevisiae* ein Wert von $1{,}6 \times 10^{-9}$ spezifische Locusmutationen pro Locus und rad gefunden wurden, waren es bei der Gerste (drei Loci) 1×10^{-6}. Diese Variation erklärt sich aus dem unterschiedlichen DNA-Gehalt der Arten (Abb. 33). Die Mutationsraten sind daher in etwa gleich, wenn man eine Korrektur für die unterschiedliche Genomgröße (DNA-Gehalt) vornimmt[38]. Entsprechend ist das genetische Strahlenrisiko für die unterschiedlichsten Arten im großen und ganzen gleich.

Bedeutung anthropogener Radioaktivität für die Strahlenbelastung von Pflanzen

Quellen und Größenordnung anthropogener Strahlung

Die zunehmende Strahlen-Emmissionsgefahr durch Kernwaffenversuche und Kernkraftwerke hat zu zahlreichen Untersuchungen der daraus resultierenden Strahlenbelastung geführt. Viele Studien – vor allem der kerntechnischen Betriebe selbst – kommen zu dem Ergebnis, daß i. a. ein ursächlicher Zusammenhang zwischen Pflanzenschäden (z. B. dem „Waldsterben") und Emissionen radioaktiver Stoffe aus Kernkraftwerken nicht gegeben sei[39]. Andere Studien gelangen jedoch zu kontroversen Resultaten und sehen eine verstärkte Schädigung in der Nähe von Kernkraftwerken. Aus besonders umfangreichen Untersuchungen ziehen Wissenschaftler der GSF München den Schluß, daß beispielsweise die derzeitige Strahlenexposition von Bäumen überwiegend durch Einwirkung „natürlicher" ionisierender Strahlen zustande komme[40]. Dabei ist die natürliche Radioaktivität in Boden und Luft und damit die natürliche Strahlenbelastung der Pflanzen standortbedingt stark unterschiedlich. In jedem Fall wird jedoch der feststellbare Dosisbeitrag durch Emissionen radioaktiver Stoffe mit der Abluft von Kernkraftwerken als relativ klein bewertet; im ungünstigsten Fall ist die durch künstliche radioaktive Edelgase sowie durch Tritium und Radiokohlenstoff verursachte Dosis um den Faktor 10^3 kleiner als die mittlere natürliche Strahlenexposition. Anhand von Zahlenbeispielen lassen sich die Relationen verdeutlichen: in Gebieten „normaler" natürlicher Boden- und Luft-Radioaktivität ist im Mittel mit einer kumulierten Energiedosis von etwa 1–10 mGy in Blättern und Nadeln der Bäume zu rechnen, wobei der obere Wert lokal allerdings um das Zehnfache überschritten werden kann. Der Beitrag von Emissionen aus Kernkraftwerken zur kumulierten Ortsdosis beträgt dagegen normalerweise < 0,01 mGy (1 Gy ≙ 100 rad).

Verschiedene Befunde deuten darauf hin, daß Bäume erst bei einer Energiedosis > 1 Gy (> 100 rad) so stark beeinflußt werden, daß auch bei kurzzeitiger Strahlenexposition Wachstumsschäden erkennbar sind. Da die natürliche Strahlung in der Bundesrepublik Deutschland in Blättern und Nadeln von Waldbäumen eine kumulierte Dosis verursacht, die um den Faktor 10^2–10^3 unter diesem Dosisbereich liegt, sind selbst in Gebieten mit maximaler natürlicher Radioaktivität keine unmittelbaren Schäden durch Strahlen allein zu erwarten. Wohl aber können aufgrund von synergistischen Effekten anderer, bisher wenig bekannter Faktoren unter Umständen Wachstumsanomalien hervorgerufen werden[39, 40].

Strahlenbelastung durch den Tschernobyl-Unfall

Berechnungen von König und Fessler[39] ergeben, daß die Strahlenbelastung von Blättern und Nadeln durch den Tschernobyl-Reaktorunfall in jedem Fall < 0,33 μGy/h (= < 33 μrad/h) ist; dem steht eine „natürliche" Strahlenbelastung von etwa 0,13 μGy/h gegenüber. Eine akute Strahlenschädigung von Bäumen wird bei dieser geschätzten Dosisleistung ausgeschlossen; zum Vergleich stellte Conger[37] nach akuter Gamma-Bestrahlung vorgequollener Mais-Samen erst bei einer Dosis von 0,3 Gy (= 30 rad) erste somatische Mutationen in den Blättern der Pflanzen fest. Aufgrund von Messungen der Ionen-Bildung in der Luft kommen Weiss et al.[39] zu einem Maximalwert der Bodenaktivität aufgrund des Fallout von Tschernobyl, der zu einer maximalen γ-Dosisleistung in 1 m Höhe von 2 μGy/h führen würde; auch dieser geschätzte Wert ist wenigstens um einen Faktor 10^5 kleiner als der oben genannte Minimalwert von Conger[37]. Da die erwähnte Dosisleistungsspitze lediglich während eines relativ sehr kurzen Zeitraumes auftrat, kann eine dadurch bedingte spürbare Erhöhung der „natürlichen" Mutationsrate weitgehend ausgeschlossen werden.

Nach dem Tschernobyl-Unfall sind örtlich und zeitlich kurzfristig vergleichsweise hohe Aktivitäten und Dosisleistungen aufgetreten. Andererseits stellten Münnich und Levin[39] im Jahr 1987 keine nennenswert erhöhten ^{14}C-Aktivitäten fest; diese lagen maximal im Bereich von wenigen Prozent der natürlichen ^{14}C-Aktivität; dagegen waren die Immissionswerte für Tritium in Blatt- und Nadelproben aus der Nähe des KKW Philippsburg (Umkreis von 6 km) um bis zu einem Faktor 100 (im Blattwasser) bzw. 20 (organische Substanz) höher als der Untergrundwert, also um ein bis zwei Größenordnungen über dem heute „natürlicherweise" beobachteten Tritium-Schwankungsbereich: Aus den errechneten ca. 3000 Tritium-Einheiten schätzen die Autoren eine Tritium-bedingte Strahlen-Dosisleistung von etwa 10 μGy/Jahr, ein sehr geringer Wert, der nicht zu einer nennenswerten Erhöhung der natürlichen Mutationsrate führen sollte.

In der o. g. Studie der GSF[40] wurde in München-Neuherberg in 2 m Höhe über Grasboden am 1. 5. 1986 ein Maximum der γ-Strahlen-Dosisleistung von 1,1 μGy/h gemessen. In den folgenden Tagen nahm die Dosisleistung rasch und kontinuierlich ab, betrug nach einer Woche ca. 0,5 μGy/h und etwa 0,30 μGy/h nach 2 Wochen. Im weiteren Verlauf näherten sich die Aktivitätswerte asymptotisch dem Schwellenwert von 0,2 μGy/h; dieser Wert liegt wiederum einen Faktor 10^6 unter dem o. g. „kritischen" Dosisbereich von 0,30 Gy. Selbst der am 1. 5. 1986 gemessene Spitzenwert von ca. 1 μGy/h stellt demgegenüber größenordnungsmäßig keine wesentliche Erhöhung dar.

Als natürliche Radionuklide kommen sehr selten ^{14}C (β-Strahler) und ^{40}K (β- und γ-Strahler) vor. Darüber hinaus können die künstlich erzeugten Radionuklide ^{32}P, ^{45}Ca (β-Strahler), ^{42}K (β- und γ-Strahler) sowie ^{55}Fe (γ-Strahler) Schäden in Pflanzen hervorrufen. Durch den Tschernobyl-Unfall wurden zu 90% kurzlebige radioaktive Stoffe freigesetzt. Zu den restlichen, langlebigen Radionukliden gehörten vor allem ^{137}Cs (30 Jahre Halbwertszeit) und ^{134}Cs (2 Jahre), während ^{90}Sr (28 Jahre) mit lediglich < 1% beteiligt war[41]. Die Belastung der Pflanzen nach dem Unfall hing erwartungsgemäß von deren Entwicklungszustand zum Zeitpunkt der Kontamination ab. Wintergetreide und Raps z. B. wiesen relativ hohe Radionuklidkonzentrationen auf, während Sommergetreide nur verhältnismäßig gering belastet war[42]. An Nadelbäumen wurden bei direkt kontaminierten Nadeln 482 mal höhere ^{137}Cs-Werte als im Vorjahr gefunden[43]. Nach zwei Jahren war die Belastung der Nadeln auf ein Fünftel dieses Wertes gesunken. Bei Laubbäumen wurde ein großer Teil der Belastung mit dem fallenden Laub wieder abgegeben, so daß hier nach zwei Jahren nur noch 11% der Ausgangsbelastung gemessen wurden. Pilze zeigten unterschiedlich hohe ^{137}Cs-Konzentrationen, was vor allem auf die bevorzugten Standorte zurückzuführen war, wobei fallende Cs-Konzentrationen in der Reihenfolge Nadelwald > Laubwald > Wiese anzutreffen sind[44]. Zweifellos ist durch die Emission des relativ langlebigen Radionuklids Cäsium-137 mit einer längerfristigen Strahlenexposition infolge des Tschernobyl-Unfalls zu rechnen[45]. Dennoch darf die dadurch erhöhte Gefährdung für die Pflanzen als äußerst gering angesehen werden, insbesondere auch wegen des minimalen Transfers Boden-Pflanze; für Cs-137 gibt Kampe[41] einen Faktor von 0,02 an, d. h., im Durchschnitt werden lediglich 2% des im Oberboden vorhandenen Cs-137 von der

Pflanze aufgenommen. Der Transferfaktor für ^{90}Sr dagegen kann bis zu 66mal höher sein[42] als der von ^{137}Cs. Da ^{90}Sr auch eine 14-fach höhere Gefährdung bedingt[43], sollte dem Radionuklid in Zukunft größere Aufmerksamkeit als bisher zuteil werden.

Das „Ozonloch"

Obwohl Ozon in nur sehr geringen Mengen in der Stratosphäre vorkommt, ist es das einzige Gas, das Wellenlängen < 300 nm absorbiert. Eine Reduktion der Ozonschicht führt zu einer sehr spezifischen Erhöhung der UV-B-Strahlung (280–315 nm). Bisherige Forschungsergebnisse zeigen direkte Schadreaktionen und indirekte morphologische und chemische Reaktionen von Pflanzen auf eine Erhöhung der UV-B-Strahlung (Abb. 34).
In einer dreijährigen Feldstudie an Sumpfkiefern wurde eine Steigerung der UV-B-Strahlung simuliert, die einer Verringerung des Ozongehalts um 16% und 25% entspricht. Die steigende UV-B-Belastung hatte eine Abnahme der Photosyntheseleistung zur Folge. Bei Nadeln, die eine ganze Saison der erhöhten UV-B-Strahlung ausgesetzt waren, war die Photosynthese-Leistung bis zu 40% reduziert, wobei diese Effekte in manchen Fällen auf eine direkte Beeinflussung des Photosystems II zurückzuführen waren[47].
In-vitro-Versuche mit isolierten Chloroplasten zeigen, daß der Einfluß der UV-B-Strahlen auf die photochemischen Reaktionen bei C_3-Pflanzen größer ist als bei C_4-Pflanzen. Diese Reaktionen stehen in Zusammenhang mit der Polypeptidzusammensetzung der Thylakoide. Bei Keimlingen der Sonnenblume (*Helianthus annuus*), einer C_3-Pflanze, war die Netto-Photosyntheserate, bezogen auf die Blattfläche und die ganze Pflanze, bei einer 20%igen Steigerung der UV-B-Strahlung signifikant reduziert, bei Mais (*Zea mays*, C_4-Pflanze) hingegen waren die Reaktionen nur im frühesten Wachstumstadium zu erkennen[48].
Die Reduktion der Photosyntheseleistung ist häufig von Änderungen der Blattpigmentierung, Anatomie und Blattdicke begleitet. So reagierte *Brassica campestris* (Rübsen) bei erhöhter UV-B-Belastung mit einer Verdickung der Blätter um 45% und einer 21%igen Erhöhung der UV-B-abschirmenden Pigmente, während der Chlorophyllgehalt pro Blattfläche und die Photosyntheserate abnahmen[49]. Die UV-B-Strahlung induziert somit die Flavonoidproduktion. So schützte eine Anreicherung von Isovitexin-Derivaten in der Epidermisschicht von Roggenkeimlingen vor einer Schädigung der Chloroplastenfunktionen.
Das Wachstum vieler Pflanzenarten wird durch gesteigerte UV-B-Strahlung reduziert. Bei einem Versuch, der eine 10%ige Abnahme des Ozongehaltes simulierte, wurden die Pflanzenhöhe, die Blattfläche und das Trockengewicht von Sonnenblumen-, Mais- und Roggen-Keimlingen signifikant verringert, während solche des Hafers nahezu keine Reaktion zeigten[50]. Die Verringerung des Hypokotylwachstums von Sonnenblumenkeimlingen bei künstlicher UV-B-Bestrahlung ist mit einer UV-abhängigen Zerstörung des Wachstumsregulators Indol-3-Essigsäure (IAA) und der Bildung von wachs-

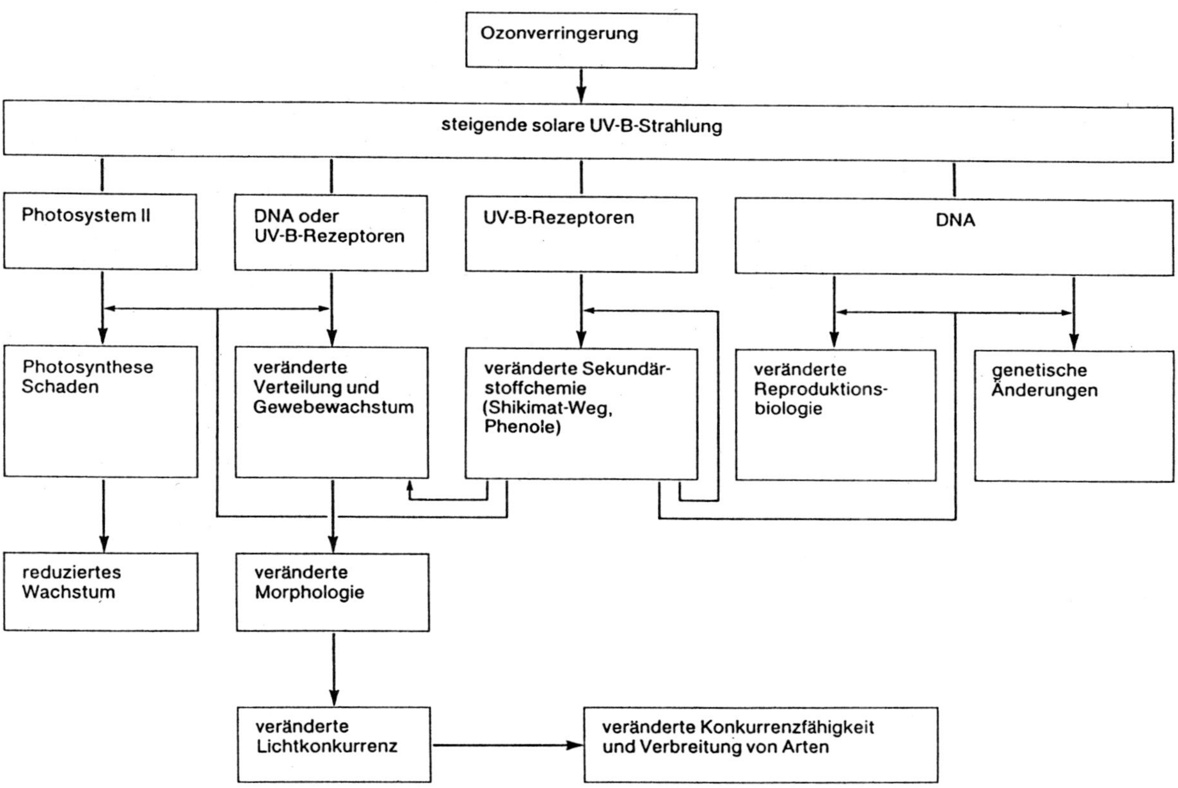

Abb. 34: Mögliche Konsequenzen der Abnahme der Ozonschicht und entsprechend steigender UV-B-Strahlung auf Höhere Pflanzen. Rückkopplungspfeile zeigen an, daß die durch steigende UV-B-Strahlung induzierten Flavonoide und Phenole eine Filterfunktion auf die Photorezeptoren ausüben können und so manchmal die Auswirkungen der steigenden UV-B-Strahlung reduzieren (nach Caldwell[46], verändert).

tumshemmenden IAA-Photoprodukten verbunden[47]. Gewächshausversuche an Reissorten von verschiedenen geographischen Regionen mit der Simulation einer 20%igen Reduzierung des Ozongehalts über dem Äquator (15,7 kJ m^{-2} d^{-1} UV-B_{RE}, biologisch wirksame Strahlung) ermittelten Änderungen der Biomasse, Morphologie und maximalen Photosyntheserate, wobei deutliche Sortenunterschiede zutage traten. Während etwa ein Drittel der untersuchten Varietäten eine signifikante Verringerung der Gesamtbiomasse zeigten, erhöhte sich die Gesamtbiomasse einer Sorte sogar um 20%[47].
Auch bei Feldversuchen waren die Ergebnisse bisher sehr widersprüchlich. So konnte bei einem sechsjährigen Versuch mit Sojabohnen *(Glycine max)* unter einer simulierten 16%igen Ozonabnahme kein Einfluß auf das Trockengewicht und den Kornertrag festgestellt werden. In einem anderen sechsjährigen Feldversuch mit Sojabohnen, in dem eine 25%ige Abnahme des Ozongehaltes simuliert wurde, war jedoch eine signifikante, 19 bis 25%ige Abnahme des Kornertrags aufgetreten[47].
Gesteigerte UV-B-Bestrahlung kann morphologische Veränderungen von Pflanzen ohne negativen Einfluß auf deren Produktivität hervorrufen; solche Änderungen sind z. B. verringerte Blattlänge oder reduzierte Blattzahl. Während sich diese Änderungen in einer landwirtschaftlichen „Monokultur“ kaum auswirken bzw. durch produktionstechnische Maßnahmen kompensiert werden können, kann dies in einer gemischten Vegetation aufgrund der Konkurrenz um das Licht zu einer veränderten Artenzusammensetzung führen. Mithin können auch solche, zunächst scheinbar weniger schädliche Veränderungen letztlich doch gravierende ökologische Konsequenzen zur Folge haben (Abb. 34).
Obwohl die bisherige Forschung potentielle Gefahren einer gesteigerten UV-B-Strahlung aufzeigt, sind die tatsächlichen Einflüsse auf die Pflanzen schwierig vorherzusagen, da hierbei vielfältige Interaktionen zwischen der UV-B-Strahlung und der Vielzahl weiterer Umwelteinflüsse – wie erhöhte Temperatur oder Zunahme der CO_2-Konzentration in der Atmosphäre – auf das Pflanzenwachstum einwirken[46, 47].

Schlußbetrachtung und Wertung

Durch ionisierende Strahlen werden unter Versuchsbedingungen bei Pflanzen verschiedenartige Veränderungen hervorgerufen. Gravierende Schäden entstehen jedoch nur durch massive Strahlendosen, wie sie unter natürlichen Verhältnissen normalerweise nicht gegeben sind. Allerdings kann es beispielsweise in großer Höhe oder bei Veränderungen der Atmosphäre durch verstärkte Höhenstrahlung sowie bei stärkerer radioaktiver Strahlung zu einer Gefährdung kommen. Hierbei sind vor allem die pflanzenverfügbaren Radionuklide im Boden zu berücksichtigen. Natürliche radioaktive Nuklide kommen sehr selten vor. Darüber hinaus können künstlich erzeugte Radionuklide Schäden in den Pflanzen hervorrufen. Das nach dem Tschernobyl-Unfall vorherrschende und wegen seiner Langlebigkeit gefürchtete Radionuklid ^{137}Cs ist wegen seines geringen Transfers für eine Strahlenschädigung der Pflanzen weniger bedeutend als vielfach angenommen.
Zahlreiche Chemikalien, sogenannte *radiomimetische Substanzen,* verursachen ähnliche Effekte wie ionisierende Strahlen. Viele dieser Chemikalien sind in ihrer krebsauslösenden (karzinogenen oder kanzerogenen) und mutagenen Wirkung erheblich gefährlicher als Strahlen. Das trifft u. a. zu auf die große Gruppe der alkylierenden Agenzien. Beispielsweise verursachen 48mM EMS (Ethylmethansulfonat) bei Gerstenpflanzen eine höhere Letalität als 10 kR Röntgenstrahlen (4,9 bzw. 8,5 %). In der folgenden Generation treten jedoch nach EMS-Behandlung 7mal soviele Chlorophyllmutanten auf als nach Röntgenstrahlen (5,1 bzw. 0,8 %)[51]. Das genetische Risiko durch radiomimetische Substanzen kann also dasjenige durch ionisierende Strahlen erheblich übertreffen.
Die Aufnahme geringerer Strahlendosen (bis etwa 1000 R) führt im allgemeinen nicht zu bleibenden Schäden, da die Pflanzen wie alle Lebewesen hochwirksame Reparaturmechanismen entwickelt haben, die ihnen die Korrektur geringfügiger Schäden an der erblichen Substanz (DNA) ermöglichen. Wenn diese Mechanismen nicht immer fehlerfrei arbeiten, sondern hin und wieder zu erblichen Veränderungen, also zu Mutationen führen, so ist das nicht immer negativ zu beurteilen. Vielmehr wird doch gerade durch das sporadische Auftreten vitaler Mutationen bzw. Mutanten die fortgesetzte Weiterentwicklung der Arten und Entstehung neuer Formen, die an veränderte Umweltbedingungen besser angepaßt sind (Evolution), erst ermöglicht.

Literatur

[1] Bors, W., Saran, M., Lengfelder, E., Spöttl, R., Michel, C. (1974): Curr. Top. Radiat. Res. Q. **9**, 247–309.

[2] Hixon, S. C., Franks, H. L., Moustacchi, E. (1980): Mut. Res. **73**, 267–277.

[3] Wilmer, J., Leveling, H., Schubert, J. (1980): Mut. Res. **78**, 85–90.

[4] Roy, R. M., Samborsky, J. M. (1982): Environ. Exp. Bot. **22**, 227–232.

[5] Kelly, J. W., Lineberger, R. D. (1981): Environ. Exp. Bot. **21**, 95–102.

[6] Kurobane, I., Yamaguchi, H., Sander, C., Nilan, R. A. (1979): Environ. Exp. Bot. **19**, 75–84.

[7] Inoue, M., Hasegawa, H., Hori, S. (1980): Environ. Exp. Bot. **20**, 27–30.

[8] Conger, B. V. (1975): Radiat. Bot. **15**, 39–48.

[9] Kaul, B. L. (1979): Mut. Res. **67**, 239–247.

[10] Andersson, H. C. (1982): Hereditas **97**, 193–209.

[11] Conger, A. D., Sparrow, A. H., Schwemmer, S. S., Klug, E. E. (1982): Environ. Exp. Bot. **22**, 57–74.

[12] Sparrow, A. H. (1962): Brookhaven Lect. Ser., 29 p.

[13] Sparrow, A. H., Evans, H. J. (1961): Brookhaven Symp. Biol. **14**, 76–100 (s. a. 101–127).

[14] Sparrow, A. H., Pond, V. (1956): In: Conf. on Radioactive Isotopes in Agric., pp. 125–139, U. S. Govern. Print. Office, Washington, D. C.

[15] Sparrow, A. H., Schairer, L. A. (1959): In: Progr. in Nuclear Energy, Ser. VI, Vol. 2, pp. 351–358, Pergamon Press, London, Oxford, New York, Paris.

[16] Sparrow, A. H., Underbrink, A. G., Rossi, H. H. (1972): Science **176**, 916–918.

[17] Sparrow, A. H., Floyd, B., Bottino, P. J. (1970): Radiat. Bot. **10**, 445–455.

[18] Sparrow, A. H., Schwemmer, S. S., Klug, E. E., Puglielli, L. (1970): Radiat. Res. **44**, 154–177.

[19] Conrad, D. (1975): Radiat. Bot. **15**, 381–385.

[20] Muszyński, S., Hiraiwa, S., Tanaka, S. (1980): Mut. Res. **73**, 195–201.

[21] Blixt, S. (1972): Agri Hort. Gen. **30**, 1–293.

[22] Al-Rubeai, M. A. F., Godward, M. B. E. (1981): L. Environ. Exp. Bot. **21**, 211–216.

[23] McKee, R. H., Lawrence, C. W. (1980): Mut. Res. **70**, 37–48.

[24] Wells, C. V., Hoshaw, R. W. (1980): Environ. Exp. Bot. **20**, 39–45.

[25] Brunborg, G., Resnick, M. A., Williamson, D. H. (1980): Radiat. Res. **82**, 547–558.

[26] Soyfer, V. N., Ciemins, K. G. K. (1977): Environ. Exp. Bot. **17**, 135–143.

[27] Chiu, S.-M., Oleinick, N. L. (1980): Radiat. Res. **82**, 146–161.

[28] Frankenberg-Schwager, M., Frankenberg, D., Blöcher, D., Adamczyk, C. (1980): Radiat. Res. **82**, 498–510.

[29] Inoue, M., Ito, R., Tabata, T., Hasegawa, H. (1979): Exp. Bot. **20**, 161–168.

[30] Ma, T.-H. (1979): Mut. Res. **64**, 307–313.

[31] Gaul, H. (1963): Z. Pflanzenzüchtg. **50**, 194–307.

[32] Caldecott, R. S., Beard, B. H., Gardner, C. O. (1954): Genetics **39**, 240–259.

[33] Nakai, H., Saito, M., Yamagata, H. (1980): Environ. Exp. Bot. **20**, 191–200.

[34] Cordero, R. E., Gunckel, J. E. (1982): Environ. Exp. Bot. **22**, 105–137.

[35] Pandey K. N., Sabharwal, P. S. (1979): Mut. Res. **62**, 459–465.

[36] Constantin, M. J. (1976): In. Barley Genetics III, Proc. 3rd. Int. Barley Gen. Symp., Garching 1975, pp. 96–112, K. Thiemig Verl., München.

[37] Conger, B. V. (1976): Mut. Res. **34**, 223–232.

[38] Abrahamson, S., Bender, M. A., Conger, A. D. (1973): Nature **245**, 460–462.

[39] BULBW (1986): BULBW-Bericht 1, Beirat Umweltforschung des Landes Baden-Württemberg (BULBW). Darin: Kaspar, D., S. 13. König, L. A., Fessler, H., S. 21. Münnich, K. O., Levin, I., S. 31. Weiss, W., Stockburger, H., Sartorius, H., Rath, H. K., S. 89.

[40] GSF (1985): GSF-Bericht Nr. 43. Gesellschaft für Strahlen und Umweltforschung mbH München, Ingolstädter Straße 1, 8042 Neuherberg.

[41] Kampe, W. (1986): Kali-Briefe **18**, 551–556.

[42] Haunold, E., Horak, O., Gerzabek, M. (1987): Die Bodenkultur **38**, 95–118.

[43] Heinrich, G., Müller, H. J., Oswald, K., Gries, A. (1989): Biochem. Physiol. Pflanzen **185**, 55–67.

[44] Gerzabek, M., Haunold, E., Horak, O. (1988): Die Bodenkultur **39**, 37–52.

[45] Rink, K., Sauer, R. (1986): Kali-Briefe **18**, 397–412.

[46] Caldwell, M. M., Temura, A. H., Tevini, M. (1989): Tree **4**, 363–367.

[47] Teramura, A. H., Tevini, M., Bornmann, J. F., Caldwell, M. M., Kulandaivelu, G., Björn, L. O. (1991): Panel Report Pursuant to Article 6 of the Montreal Protocol on Substances that Deplete the Ozone Layer, 25–32. UNEP, Nairobi, Kenya.

[48] Tevini, M., Mark, U., Fieser, G., Saile, M. (1991): In: Photobiology (Riklis, Hrsg.), 635–649. Plenum Publ., New York.

[49] Bornmann, J. F., Vogelmann, T. C. (1991): J. Exp. Bot. **42**, 547–554.

[50] Tevini, M., Mark, U., Saile, M. (1991): In: Curr. Topics in Plant Biochem. and Physiol. Vol. 10 (D. Randall & D. Blevins, Hrsg.), Univ. of Missouri-Columbia.

[51] Gaul, H., Frimmel, G., Gichner, T., Ulonska, E. (1972): In: Induced mutations and plant improvement, pp. 121–139. Internat. Atomic Energy Agency, Wien.

Zusammenfassende Darstellungen

Anonymus (1977): Manual on mutation breeding. Internat. Atomic Energy Agency, Wien.

Bacq, Z. M., Alexander, P. (1958): Grundlagen der Strahlenbiologie. G. Thieme, Stuttgart.

Bors, J., Fendrik, I., Niemann, E.-G. (1979): Wirkung ionisierender Strahlen auf landwirtschaftliche Nutzpflanzen. Landwirtschaftsverl., Münster-Hiltrup.

Gottschalk, W. (1971): Die Bedeutung der Genmutationen für die Evolution der Pflanzen. G. Fischer, Stuttgart.

Hanawalt, P. C., Friedberg, E. C., Fox, C. F. eds. (1978): DNA repair mechanisms. Acad. Pr., New York, San Francisco, London.

Howland, G. P., Hart, R. W. (1977): Radiation biology of cultured plant cells. In: Plant cell, tissue, and organ culture, pp. 731–756, Reinert, J., Bajaj, Y. P. S. eds. Springer, Berlin, Heidelberg, New York.

Hüttermann, J., Köhnlein, W., Téoule, R. eds. (1978): Effects of ionizing radiation on DNA. Physical, chemical and biological aspects. Springer, Berlin, Heidelberg, New York.

Krebs, A. (1968): Strahlenbiologie. Springer, Berlin, Heidelberg, New York.

Laskowski, W. (1981): Biologische Strahlenschäden und ihre Reparatur. W. de Gruyter, Berlin, New York.

Laskowski, W., Pohlit, W. (1974): Biophysik. G. Thieme, Stuttgart.

Sonntag, C. von (1987): The chemical basis of radiation biology. Taylor & Francis, London.

Sybenga, J. (1972): General cytogenetics. North-Holland Publ. Co., Amsterdam, London.

Zeller, F. J., Fischbeck, G. (1974): Chromosomenadditionen, -substitutionen und -translokationen als Grundlagen für die Übertragung artfremden Erbmaterials in den Saatweizen (*Triticum aestivum* L.). P. Parey, Berlin, Hamburg.

Stress bei Pflanzen: Allgemeine und historische Aspekte

M. Tesche, Institut für Botanik der Technischen Universität Dresden

Gesunde und kranke Pflanzen

Vitalität und Umwelt

Pflanzen leben in der Natur nicht isoliert im leeren Raum, sondern, wie alle Organismen, integriert in einer Umwelt, die sich aus einem enormen Komplex von globalen und lokalen Umweltfaktoren ergibt (Abb. 1). Stark verallgemeinert lassen sich Umweltfaktoren in drei Gruppen einteilen: chemische, physikalische und biologische (Abb. 2).

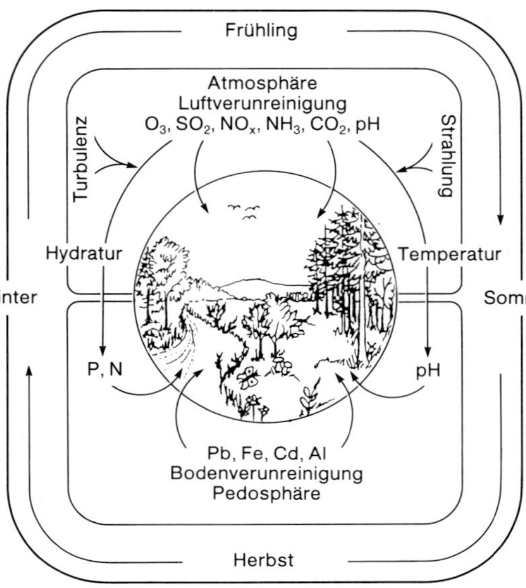

Abb. 1: Organismen und Umwelt.

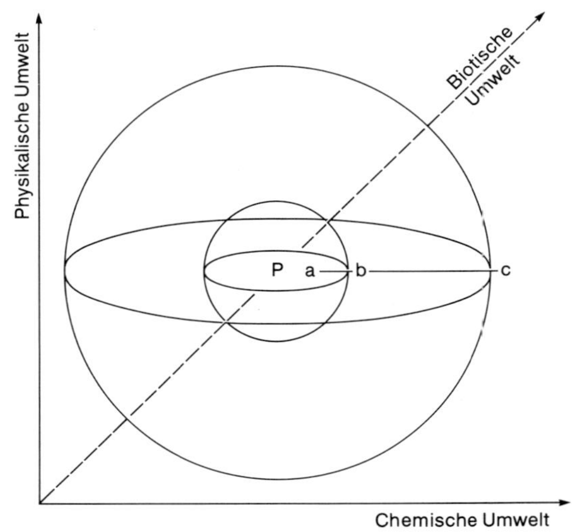

P = Pflanzliches System
a–b = Optimalbereich des Reaktionsvermögens
b–c = Streßbereich
c = Grenze des Reaktionsvermögens (Resistenzgrenze; Letalgrenze)

Abb. 2: Reaktionsvermögen pflanzlicher Systeme auf Umwelteinflüsse (Tesche 1989[1]).

Physikalische und chemische Umweltfaktoren werden oft als abiotische den biotischen (biologischen) Umweltfaktoren gegenübergestellt (Tab. 1).

Die an einem gegebenen Ort langzeitig mehr oder weniger konstanten, kurzzeitig jedoch meist recht variablen, dynamisch wirkenden Umweltfaktoren kennzeichnen den Standort der Pflanzen. Im Verlauf einer Jahrmillionen währenden Evolution haben sich Pflanzen an bestimmte natürliche Standortbedingungen weitgehend angepaßt. Sie haben ein genetisch festgelegtes Reaktionsvermögen gegenüber der Umwelt erworben, das als genotypische Reaktionsnorm bezeichnet werden kann (Unger 1982[2]). Unter optimalen Standortbedingungen kann dieses Reaktionsvermögen voll entfaltet werden. Pflanzen erreichen unter solchen Bedingungen (im Optimalbereich; s. Abb. 2) ihre potentielle Vitalität, d. h. die „Intensität, mit der" sie „gesamthaft auf die Umwelt" anzusprechen, zu reagieren vermögen (Gäumann 1951, S. 489[3]). Pflanzen mit hoher Vitalität erscheinen dem Betrachter als „gesunde Pflanzen". Gesundheit selbst ist schwer zu definieren, kann aber wohl beschrieben werden als „normaler Verlauf aller lebenswichtiger Prozesse" (Fröhlich 1991[4]). Vitalität und Gesund-

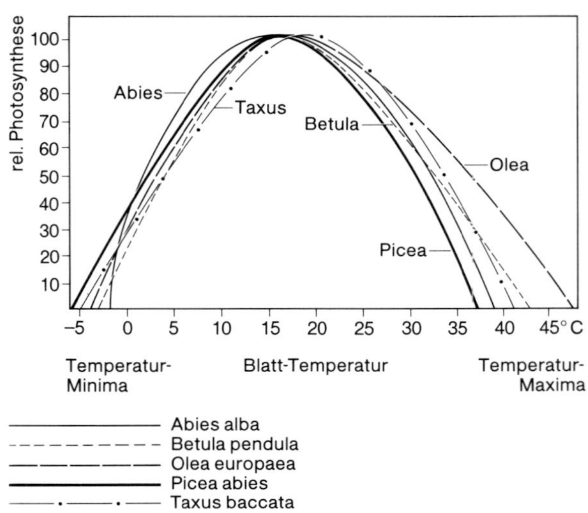

Abb. 3: Photosyntheseaktivität verschiedener Baumarten in Abhängigkeit von der Temperatur (nach Pisek et al. 1969[6]).

Tab. 1: Übersicht über die abiotischen und biotischen Umweltfaktoren.

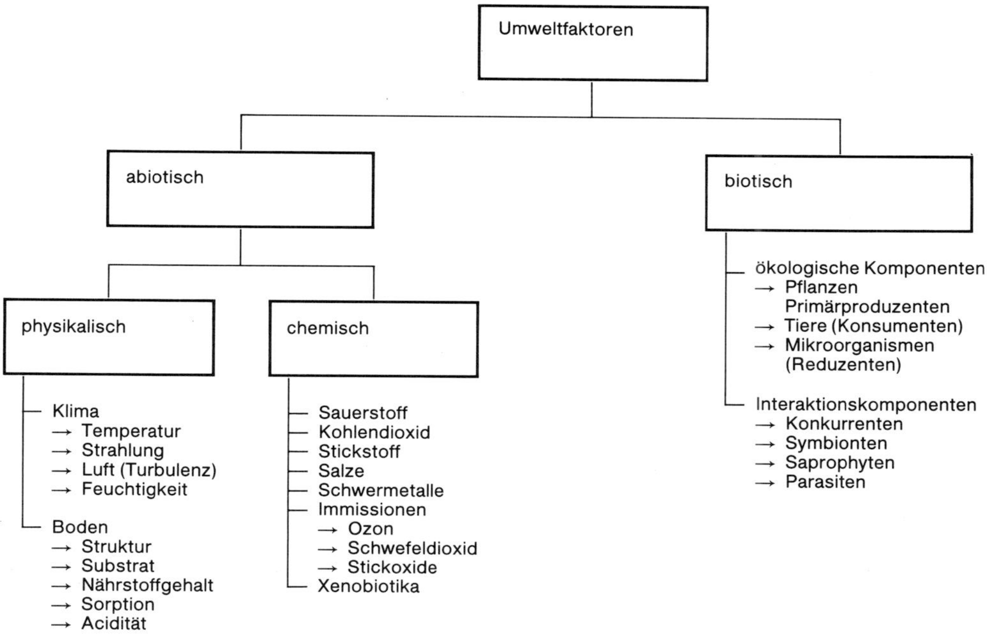

heit sind jedoch keine statischen Größen, sondern dynamische Prozesse, die durch endogene und exogene Faktoren veränderbar sind. Eine hohe Vitalität pflanzlicher Systeme äußert sich z. B. auf der Ebene von Zellen durch hohe Teilungsraten, auf der Organismenebene mit maximalem Wachstum und auf der Ebene von Populationen und Ökosystemen mit intensiver Vermehrung bzw. Naturverjüngung. Pflanzen mit hoher Vitalität befinden sich im Zustand der Wachstumsstrategie. Ein experimentell relativ einfach zu erfassendes physiologisches Merkmal hoher Vitalität stellt die Photosyntheseaktivität dar. Sie erreicht unter optimalen Umweltbedingungen ihr Maximum und wird dann als Photosynthesekapazität bezeichnet (Zelawsky und Walker 1976[5]; Abb. 3). Ungünstiger werdende Umweltfaktoren, gleich welcher Art, drängen pflanzliche Systeme zum Grenzbereich ihres Reaktionsvermögens (s. Abb. 2, b–c); ihre Vitalität nimmt ab. Unter solchen belastenden Bedingungen wird u. a. die Photosyntheseaktivität verringert, Zellteilungsraten gehen zurück und das Wachstum von Pflanzen wird eingeschränkt, bis es letztlich vollkommen stagniert. Diese Erscheinungen sind Ausdruck einer Umstellung im Gesamtsystem Pflanze von wachstumsfördernden Stoffwechselprozessen auf Abwehr- und Erhaltungsreaktionen. Es erfolgt ein Übergang von der Wachstumsstrategie auf Erhaltungsstrategie.

Resistenz und Streß

Die Entfaltung von Abwehr- und Erhaltungsmechanismen bei Einwirkung belastender Umweltfaktoren (Stressoren; vgl. Tab. 1) stellt einen Teil der Resistenz (des Widerstandsvermögens) von Pflanzen dar. Solche Reaktionen sind genetisch bedingt und meist auf zellulärer oder subzellulärer (plasmatischer) Ebene lokalisiert. Sie versetzen Pflanzen in die Lage, Wirkungen von Stressoren aktiv zu verringern, sie zu tolerieren oder sich ihnen anzupassen.
Sie werden deshalb als **aktive Resistenz** (Polster 1967[7]), **plasmatische Resistenz** (Stocker 1956[8]) oder **tolerance** (Levitt 1958[9]) bezeichnet. Demgegenüber werden funktionelle und strukturelle Eigenheiten von Pflanzen, die das Wirksamwerden von Stressoren vermeiden, verzögern oder vermindern, unter den Begriffen **passive Resistenz,** strukturelle Resistenz (s. S. 318) oder **avoidance** (Levitt 1958[9]) zusammengefaßt. Zwei Beispiele sollen dies verdeutlichen (Tab. 2): Eine strenge Unterscheidung der beiden Grundtypen pflanzlicher Resistenzkomponenten ist unter ökologischen Bedingungen nur schwer möglich. Das Resistenzvermögen ist stets der Ausdruck des Zusammenwirkens ganzer Komplexe von Faktoren. Trotzdem erscheint eine Unterteilung in diese beiden Grundtypen aus didaktischen Erwägungen sinnvoll und wird häufig vorgenommen (Levitt 1958[9], Polster 1967[7], Larcher 1980[10], Schlee 1986[11]). Die Resistenz an sich ist eine genotypisch fixierte, aber keine konstante Größe. Unterschiede der Resistenz gegenüber abiotischen und biotischen Stressoren bestehen sowohl zwischen einzelnen Pflanzenarten als auch zwischen Sorten, Varietäten, Klonen und Ökotypen. An einzelnen Individuen sind organ-, gewebe- und zellspezifische Unterschiede der Resistenz nachgewiesen worden. Darüber hinaus unterliegen Resistenzeigenschaften sehr häufig einer typischen Jahresrhythmik (Abb. 4) und weisen Veränderungen im

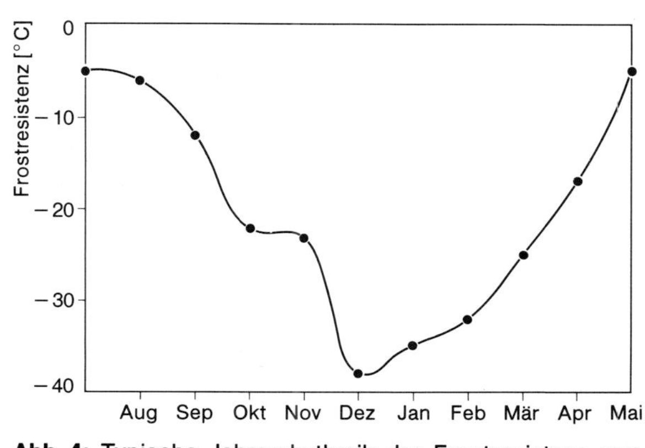

Abb. 4: Typische Jahresrhythmik der Frostresistenz von Fichten (Picea abies [L.] Karst).

Tab. 2: Trocken- und SO_2-Resistenz

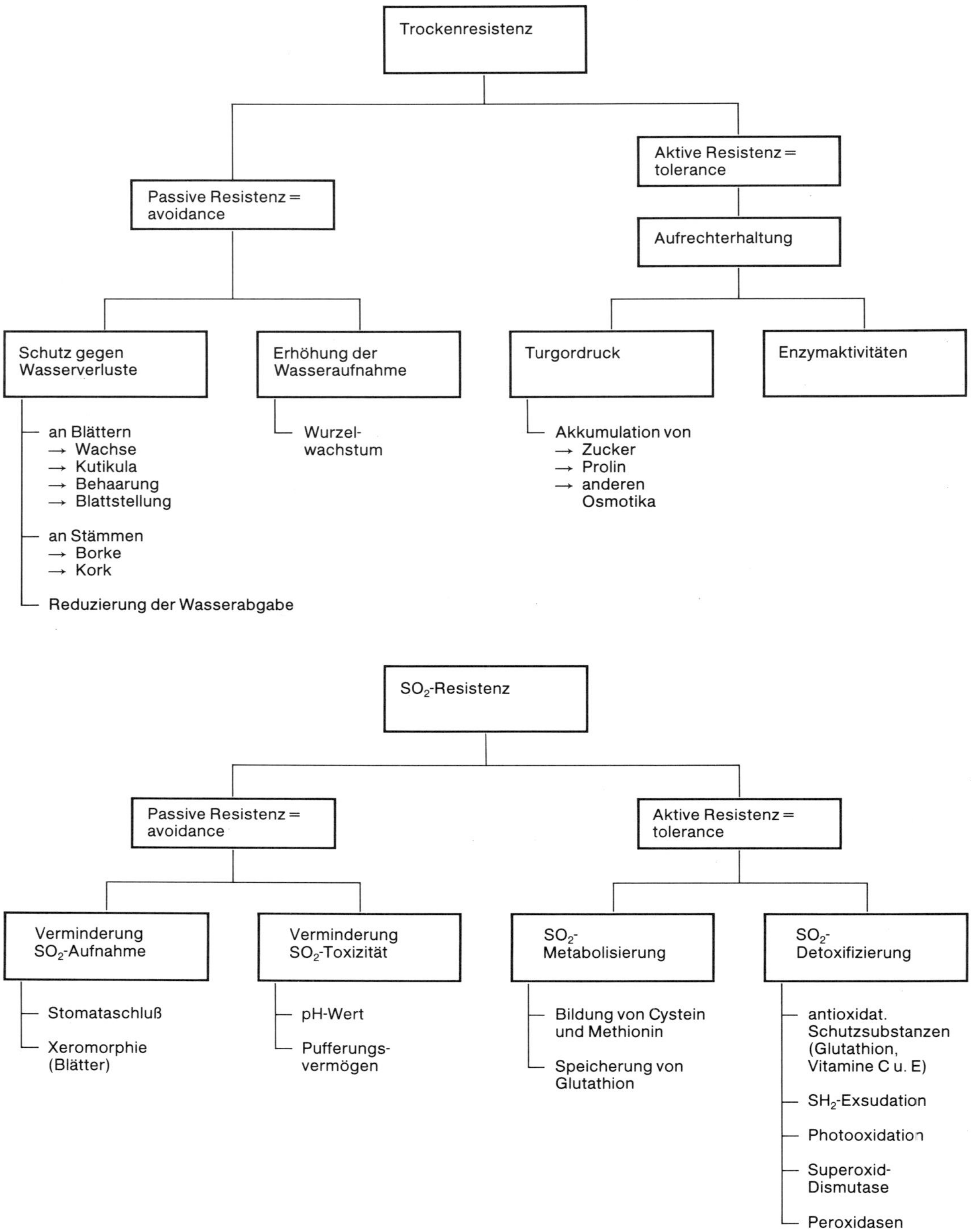

Verlauf der Ontogenie von Pflanzen auf. Umwelteinflüsse wie Nährstoffangebot, Licht, Wasser, Temperaturen usw. modifizieren als exogene Faktoren das potentielle endogene Resistenzvermögen oft beträchtlich. Die Ausprägung bestimmter genetisch gegebener Resistenzeigenschaften ist deshalb ein äußerst komplexer, komplizierter und vor allem dynamischer Prozeß, der verbunden ist mit dem Vermögen zur Anpassung an Belastungssituationen. Stocker (1947[12] und 1951[13]) unterteilt die Entfaltung von Wirkungsmechanismen der Resistenz in zwei Phasen:

1. die Reaktionsphase, die kennzeichnend ist für erstes Reagieren auf Umweltreize und
2. die Restitutionsphase, die kennzeichnend ist für eine physiologische Einstellung auf Umweltreize.

In ihren Grundzügen findet sich diese Phasentheorie der Resistenz im Streßkonzept von Selye (1953[14]) wieder: Danach ist Streß „ein Zustand nichtspezifischer Spannungen" der von Stressoren ausgelöst wird (S. 421) und in drei Phasen untergliedert ist (Abb. 5):

1. Phase: Alarmreaktion; im belasteten pflanzlichen System werden charakteristische, aber hinsichtlich des Stressors häufig unspezifische Reaktionen ausgelöst (z. B. Erhöhung der Membranpermeabilität, Akkumulation von Prolin, Atmungssteigerung u. a.).
2. Phase: Widerstands- oder Adaptationsreaktion; im belasteten pflanzlichen System setzen spezifische Abwehrreaktionen ein, die unter Umständen eine zeitlich begrenzte Anpassung ermöglichen (eigentliche Phase der Entfaltung von Resistenzmechanismen!; z. B. Bildung von Osmotika, Aktivierung antioxidativer Reaktionen wie Superoxiddismutase [SOD], Katalase usw.).
3. Phase: Erschöpfungsreaktion; das Reaktionsvermögen pflanzlicher Systeme ist erschöpft, der Grenzbereich der Resistenz überschritten, als Folge kommt es zum Erkranken, zum Verfall und zum Absterben der Organismen (z. B. Membrandestruktionen, Bildung von toxischen Metaboliten wie Lipofuscin usw.) (s. dazu Elstner u. a. 1988[15]).

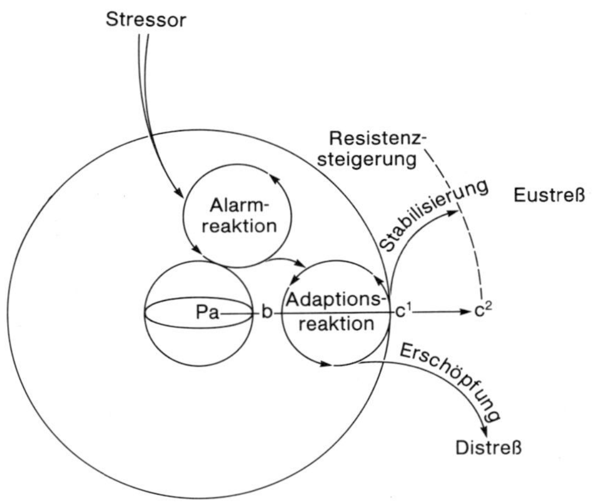

Abb. 5: Eustreß und Distreß bei Pflanzen.

Alle drei Phasen faßt Selye unter den Begriffen „adaption syndrom" oder „cross adaption" zusammen. Andere Autoren, z. B. Weatherley (1965[16]), Levitt (1972[17]), Kauppi (1984[18]) verwenden den Begriff Streß für den oder die belastenden Umweltfaktoren und bezeichnen die Reaktion im pflanzlichen System als „strain". Larcher (1987[19]) schlägt deshalb vor, zwischen dem „reizorientierten Streßkonzept" (Weatherley 1965[16], Levitt 1972[17], u. a.), das die Störgröße als Streß auffaßt, und dem „reaktionsbezogenen Streßkonzept", das im Streß „einen Zustand des Gesamtorganismus" sieht (Selye 1953[14], Shigo 1985[20], u. a.), zu unterscheiden. Für nachfolgende Betrachtungen wird das „reaktionsbezogene Streßkonzept" zugrundegelegt und unter Streß ein außergewöhnlicher, zeitlich begrenzter Belastungszustand eines biologischen Systems verstanden (Tesche 1989[1]). Dabei bedarf besonders die Phase 2 der 3 Phasen des Reagierens von Pflanzen im Streßzustand einer Ergänzung. So haben u. a. Untersuchungen von Schretzenmayer 1966[21] an Pflanzen unter Trockenstreß, von Greer 1983[22] an Pflanzen unter Froststreß und von Tesche 1990[23] an Pflanzen unter SO_2-Streß gezeigt, daß im Verlauf der Adaptationsreaktion (Phase 2) nicht nur eine zeitlich begrenzte Anpassung an Belastungen möglich ist, sondern auch Langzeitreaktionen zu beobachten sind, die nach Abklingen der Belastung erhalten bleiben und als **memory-effects** bezeichnet werden (Sandermann et al. 1990[24]). Sind Langzeitwirkungen mit einer Resistenzerhöhung verbunden, so kennzeichnen sie nach Tesche (1989[1]) Stabilisierungsreaktionen und sollten in Anlehnung an die Humanmedizin (Hecht 1982[25]) als **Eustreß** bezeichnet werden (s. Abb. 5). Demgegenüber sind die durch die Erschöpfungsreaktion eingeleiteten, zum Überschreiten der Resistenzgrenze und damit zu Krankheiten, zum Verfall und zum Tod führenden Reaktionsabläufe, z. B. irreversible Veränderungen von Membranen mit nachfolgender Exsudation von Metaboliten, als **Distreß** zu bezeichnen (Hecht 1982[25]).

Disposition und Prädisposition

Für die Entfaltung einer Krankheit sind neben Streß- und Resistenzreaktionen noch weitere Eigenheiten pflanzlicher Organismen von Bedeutung. Es sind dies u. a. Disposition und Prädisposition. Unter Disposition wird die genotypisch fixierte, d. h. die angeborene Krankheitsbereitschaft einer Pflanze verstanden (Braun 1965[26]). Eine solche Disposition weisen gegenüber abiotischen Schadursachen (Hitze, Frost, Trockenheit, Immissionen, Mangelernährung usw.) wohl alle Pflanzen auf. Große Unterschiede in der Disposition verschiedener Pflanzenarten existieren jedoch hinsichtlich der Anfälligkeit gegenüber biotischen Schaderregern (Bakterien, Pilze, Insekten usw.). Ist eine Pflanzenart gegenüber einem biotischen Schaderreger vollkommen unanfällig, so besitzt sie gegenüber diesem keine Disposition. Zum Beispiel werden Fichten (Picea spec.) niemals vom Erreger des Eichenmehltaues (Microsphaera alphitoides) und Eichen (Quercus spec.) niemals vom Erreger der Fichtenschütte (Lophodermium macrosporum) befallen. Dieses Faktum wird auch als „Non-Host-Resistenz" (Nicht-Wirt-Resistenz) bezeichnet (s. dazu und zu weiteren Resistenzmechanismen, s. S. 318 f.). Allerdings kann das Nichtzustandekommen einer Wirt-Parasit-Beziehung auch durch eine nichtvorhandene parasitäre Eignung, d. h. durch eine fehlende Aggressivität eines entsprechenden Schaderregers bedingt sein. Disposition einer Wirtspflanze und Aggressivität eines Pathogens lassen sich jedoch bisher experimentell nicht voneinander abgrenzen.
Als Prädisposition wird „die exogene Modifikation der Disposition", d. h. die durch äußere Faktoren veränderte Disposition, bezeichnet (Braun 1965[26]). Die Prädisposition ist demnach ein Parameter für den aktuellen Grad der Krankheitsbereitschaft (der Disposition). Sie kann bedingt sein im Entwicklungszustand der Pflanzen (Jugendanfälligkeit – Altersresistenz) oder durch Einwirkungen von Umweltfaktoren (Witterungsextreme, Immissionen, Ernährung usw.). Die durch Entwicklungsabläufe modifizierte Disposition wird als normale Prädisposition, die durch Umweltfaktoren beeinflußte Disposition als abnorme Prädisposition bezeichnet. Besonders die abnorme Prädisposition hat in der Gegenwart durch zunehmende Belastung von Luft, Boden und Wasser mit anthropogenen Schadstoffen eine hohe Aktualität erlangt. Die durch anthropogene Umweltbelastungen in pflanzlichen Organismen induzierten Streßreaktionen bilden häufig die Ursache für die Modifikation der Krankheitsbereitschaft, d. h. für die Prädisposition gegenüber weiteren abiotischen Stressoren oder gegenüber biotischen Schaderregern.
So kann z. B. SO_2-Streß die Frostempfindlichkeit von Bäumen erhöhen (Ludwig 1933[27], Tesche u. a. 1980[28]) oder Trockenstreß die Prädisposition für den Befall von Bäumen mit Hallimasch beeinflussen (Neger 1924[29]).

Krankheit

Den Begriff „Krankheit" streng wissenschaftlich zu definieren, ist ebenso schwierig wie eine exakte Fassung des Begriffs

„Gesundheit“. In der Phytomedizin wird die Begriffsabgrenzung im Gegensatz zur Humanmedizin noch dadurch erschwert, daß Pflanzen nicht in der Lage sind, sich „verbal“ über ihr Befinden zu äußern. Geschichtliche Betrachtungen zum Gebrauch des Begriffes „Krankheit“ in der Phytopathologie haben Staar (1965[30]) zu der Auffassung geführt, daß sich die bekannt gewordenen Definitionen in vier Gruppen einteilen lassen:

1. Krankheit als Abweichung von der Norm und als Gesamtheit der dabei ablaufenden Lebensprozesse.
2. Krankheit als Gesamtheit anatomischer und funktioneller Veränderungen, die ein Schadfaktor in einem lebenden Organismus auslöst,
3. Krankheit als Lebensvorgang an und jenseits der Grenze der Anpassungsfähigkeit und
4. Krankheit als Störung selbstregulierender Lebensprozesse, sozusagen als physiologisches Ungleichgewicht (Staar, 1965[30]).

Wenn akzeptiert wird, daß Streß ein „außergewöhnlicher, zeitlich begrenzter Belastungszustand“ ist, in dem sich entscheidet, ob Stabilisierungsreaktionen als Eustreß eine Anpassung an gegebene Belastungen ermöglichen oder Erschöpfungsreaktionen als Distreß zu Krankheiten und evtl. zum Tod führen, dann erscheint die dritte Definition „Krankheit ein Lebensvorgang an und jenseits der Grenze der Anpassungsfähigkeit“ plausibel.

Lebensvorgänge an und jenseits der Grenze der Anpassungsfähigkeit sind aber wohl auch stets dadurch gekennzeichnet, daß sie anatomisch-morphologische (strukturelle) und physiologisch-biochemische (funktionelle) Veränderungen am Organismus manifest und evtl. sichtbar werden lassen. Derartige Veränderungen bilden die Grundlage zur Beschreibung von Krankheiten anhand von Symptomen. Die Ausprägung von Krankheitssymptomen gilt als ein Wesensmerkmal von Pflanzenkrankheiten, ist aber häufig nicht ursachentypisch. Bekannte, allgemeine Krankheitssymptome sind:

- Welken, z. B. infolge Trockenheit oder Toxineinfluß (physiologisches Welken);
- Fäulen, z. B. Frucht- oder Wurzelfäulen;
- Verfärbungen, z. B. Vergilbungen, Verbräunungen, Blattfleckenbildungen;
- Formveränderungen, z. B. Verkrümmungen, Krebswucherungen, Hexenbesen;
- Wunden.

Einen höheren Informationsgehalt als allgemeine Krankheitssymptome haben Krankheitsbeschreibungen mit Aussagen zu den betroffenen Pflanzenarten oder/und zu den Krankheitsursachen, z. B. Lophodermium-Kiefern-Schütte, Weymouths-Kiefern-Blasenrost, Monilia-Fruchtfäule, Mais-Beulenbrand usw.

Zu beachten ist, daß nicht alle Symptome mit bloßem Auge erkennbar zu sein brauchen, z. B. bleiben die meisten Holzfäulen in lebenden Bäumen oft jahrzehntelang visuell unsichtbar, führen jedoch meist im Organismus zu lebensbedrohenden Strukturveränderungen. Andererseits erlauben auffallende Krankheitssymptome keine Rückschlüsse auf die Schwere einer Krankheit, z. B. bildet der Pilz *Rhytisma acerinum* im Herbst auf Ahornblättern tiefschwarze, kreisrunde, weithin sichtbare Blattflecken („Teerfleckenkrankheit“). Diese bleiben auf den Blättern lokalisiert und die Bäume entledigen sich des Erregers bereits nach kurzer Zeit mit dem einsetzenden, herbstlichen Laubfall. Schließlich sind zahlreiche Symptome im Hinblick auf die Krankheitsursache unspezifisch. Das gilt vor allem für Spätphasen von Erkrankungen, bei denen z. B. Blätter oder Nadeln trotz sehr unterschiedlicher Krankheitsursachen (wie SO_2-Immissionen, Streusalzeinfluß, Hallimasch- oder Borkenkäferbefall) vollkommen verbräunt erscheinen können. Für die Diagnose der Krankheitsursache ist es in solchen Fällen notwendig, den gesamten Symptomentwicklungsverlauf sorgfältig zu beobachten und erforderlichenfalls durch mikrobiologische, mikroskopische oder physiologisch-chemische Untersuchungen zu ergänzen. Unterbleibt eine gründliche Krankheitsdiagnose, so kann das, wie in den vergangenen Jahren bei der Waldschadenserhebung nicht selten geschehen, zu schwerwiegenden Fehlbeurteilungen der Krankheitsursachen führen.

Um das Ausmaß von Diagnosefehlern bereits wähend der Freilanderhebung von Waldschäden möglichst gering halten zu können, wurden u. a. von Skelly und Mitarbeitern (o. J.[31]) sowie von Hartmann, Nienhaus und Butin (1988[32]) empfehlenswerte Diagnose-Handbücher mit zahlreichen Farbabbildungen als Entscheidungshilfen publiziert.

Ein gesondertes Problem stellt die Früherkennung von Pflanzenkrankheiten oder Pflanzenschädigungen vor Symptomausprägungen dar. Bereits 1871 hat Stoeckhardt[33] darauf aufmerksam gemacht, daß Rauchgaseinwirkungen (Immissionseinwirkungen) zu Veränderungen auf zellulärer und subzellulärer Ebene führen können, die zunächst makroskopisch unsichtbar bleiben, aber Krankheitsprozesse einleiten. Er bezeichnete sie als „unsichtbare Schädigungen“. Obgleich der gedankliche Inhalt, der nach heutiger Auffassung im Zustand des Distreß einsetzenden Disfunktionen auf zellulärer und subzellulärer Ebene nach wie vor aktuell ist, wurde oft versucht, die von Stoeckhardt[31] geprägte Definition „unsichtbare Schädigung“ zu korrigieren und zu verbessern. Begriffe wie „physiologische Schädigung“ (Vogl, Börtitz, Polster 1965[34]) „Auslenkung“ (Härtel 1976[35]) oder „latente Immissionsschädigung“ (Keller 1977[36]) verdeutlichen diese Entwicklung. Eine Übersicht über das Für und Wider zur Verwendung dieser Begriffe mit einer ausführlichen Literaturübersicht gibt Keller (1977[36]). Er kommt zu dem Schluß, daß es unbedingt notwendig ist, die Wirkung von Immissionsbelastungen (das gleiche gilt für Krankheitseinflüsse) so früh wie möglich nachzuweisen und nicht zuzulassen, daß einzig das Auftreten sichtbarer Schädigungssymptome wie Chlorosen oder Nekrosen als Kriterium einer bestimmten Immission gewählt wird. Er schreibt des weiteren: „Der Bereich der latenten Schädigung umfaßt . . . alle Formen einer pflanzlichen Beeinträchtigung, welche nicht von bloßem Auge wahrgenommen werden können. Dazu gehören alle physiologischen Reaktionen, seien sie reversibel oder irreversibel, gleichgültig ob sie Wachstumseinbußen, Vitalitätsminderungen, erhöhte Anziehungskräfte für Schadinsekten, vermehrte Anfälligkeit für Pilzkrankheiten oder klimatische Extremeinflüsse, Beeinträchtigungen der sexuellen Fortpflanzung oder anderer Lebensäußerungen verursachen oder nicht“ (Keller 1977[36]). Diese Charakterisierung macht deutlich, daß „latente Schädigungen“ den Übergang von Distreß zur Krankheit kennzeichnen und physiologisch-biochemische Reaktionen, die zur Prädisposition führen können, einschließen (Elstner u. a. 1988[15]). Latente Schädigungen und Streß sind folglich keine identischen Begriffe, wohl aber sich gegenseitig überlappende Vorstellungen zur Wirkung von Umwelteinflüssen auf Pflanzen.

Komplexer Streß und Komplexkrankheiten

Aus Abb. 1 und Tab. 1 ist ersichtlich, daß Pflanzen an einem gegebenen Standort stets in einen enormen Komplex von Umweltfaktoren integriert sind. Zu Belastungsfaktoren, Stressoren, werden Umweltfaktoren dann, wenn sie in ihrer Größe, ihrer Intensität außergewöhnlich von der Norm abweichen. Die Wirkung von Stressoren auf Reaktionsabläufe in Pflanzen ist in solchen Fällen jedoch nicht immer gleichartig, sondern abhängig von:

1. endogenen, artspezifischen Eigenschaften der Pflanzen, z. B.:
   - dem Entwicklungszustand; sowohl im Verlauf der Tages- und Jahresrhythmik als auch im Verlauf der Ontogenie,
   - dem Ausprägungsvermögen von Resistenz- und Adaptationsmechanismen,
   - dem Ernährungszustand und
   - dem Regenerationsvermögen
2. exogenen Faktoren, z. B.:
   - Witterungsbedingungen (Temperatur, Niederschlag, Strahlung, Wind),
   - Bodeneigenschaften,
   - Interaktionen zwischen Organismen und Umwelt in der gegebenen Biozönose,
   - Bewirtschaftungsmaßnahmen
3. Streßfaktoren, z. B.:
   - Art des Stressors (Immission, Temperatur, Trockenheit usw.)
   - Streßgröße (Konzentration, Druck, Infektionsdichte)
   - Streßdauer (zeitliche Dauer des Einwirkens eines Stressorenkomplexes) und
   - Anzahl von Stressoren, die gleichzeitig oder aufeinanderfolgend wirksam werden.

Streßsituationen, die durch Einwirkung mehrerer Stressoren entstehen, werden als komplexer oder multipler Streß bezeichnet.
Komplexer Streß hat in der Gegenwart infolge des Auftretens einer Vielzahl anthropogener Stressoren wie SO_2, O_3, NO_x, Kohlenwasserstoffe, Xenobiotika usw., oftmals in Verbindung mit Witterungsextremen (Temperaturstürze, Trockenperioden, Sturmepisoden) eine besondere Aktualität erlangt. Mit Untersuchungen zur Wirkung von komplexem Streß konnte u. a. verdeutlicht werden, daß für das Entstehen komplexer Streßsituationen nicht nur die Anzahl der Stressoren, sondern auch ihre Aufeinanderfolge und die Art des Einwirkens einzelner Stressoren von Bedeutung sind. Für die Aufeinanderfolge von Stressoren hat Levitt (1972[17]) die Begriffe „primary, secondary and tertiary stress“ verwendet. Levitt hat auch darauf hingewiesen, daß Kombinationen und Konstellationen (Reihenfolge) von Stressoren mitentscheidend sind bei der Ausprägung von Resistenzmechanismen oder von Erschöpfungsreaktionen, d. h. für Eustreß oder Distreß. Am Beispiel des Komplexes SO_2 + Trockenheit konnte nachgewiesen werden (Tesche 1989[1]), daß in Abhängigkeit von der Kombination SO_2 + Trockenheit drei Konstellationen möglich sind:

I Gleichzeitiger SO_2- und Trockenstreß
II Trockenheit als primärer, SO_2 als sekundärer Stressor
III SO_2 als primärer, Trockenheit als sekundärer Stressor.

In Abhängigkeit von den Streßgrößen und der Art und Weise ihres Einwirkens (intermittierend oder kontinuierlich) können sehr unterschiedliche Streßreaktionen in Fichten (Picea abies [L.] Karst.) induziert werden. So kann zeitlich begrenzter, mäßiger Trockenstreß in den Konstellationen I und II zur Ausprägung xeromorpher Strukturen führen, die eine Abschwächung des Stressors SO_2 bewirken. Hingegen führt die Konstellation III zu einer erhöhten Empfindlichkeit SO_2-gestreßter Fichten gegenüber Trockenstreß, im Vergleich zu nicht SO_2-belasteten Kontrollpflanzen. Auch einzelne physiologisch-biochemische Reaktionen von Pflanzen können durch komplexen Streß unterschiedlich beeinflußt werden. Burian (1976[37]) gliedert sie in:

1. Synergistische Streßreaktionen; bei Einwirkung eines Stressorenkomplexes ist die „Auslenkung“ einer physiologischen Reaktion größer als bei Einwirkung eines Einzelstressors. Die synergistische „Auslenkung“ kann von der Addition über Multiplikation bis zur Potenzierung reichen.
   Beispiel: Einwirkung von SO_2 + Trockenheit führt zur additiven bis zur multiplikativen Anreicherung von Prolin in Pflanzen.
2. Antagonistische Streßreaktionen; bei Einwirkung eines Stressorenkomplexes wird die Wirkung des relativ stärkeren Stressors abgeschwächt; die Tendenz der „Auslenkung“ bleibt jedoch erkennbar.
   Beispiel: Einwirkung von SO_2 + Trockenheit führt zu geringerer Photosynthesedepression als alleiniger Trockenstreß; die Wirkung von Trockenheit als Einzelstressor auf die Photosynthese wird durch SO_2 abgeschwächt.
3. Überdeckungsreaktion; bei Einwirkung eines Stressorenkomplexes wird die Wirkung von Stressoren, die einzeln ein „Auslenken“ physiologischer Reaktionen in entgegengesetzte Richtung bewirken, bis zur Kompensation überdeckt.
   Beispiel: Peroxidaseaktivität wird unter Trockenstreß verringert, unter SO_2-Streß erhöht.
   Unter komplexem SO_2- und Trockenstreß ist die Wirkung des SO_2-Streß auf die Peroxidaseaktivität nicht mehr erkennbar. Sie wird durch die Wirkung des Trockenstreß überdeckt.
4. Wirkungsumkehr; bei Einwirkung eines Stressorenkomplexes wird die Wirkung einzelner Stressoren in die entgegengesetzte Richtung „ausgelenkt“.

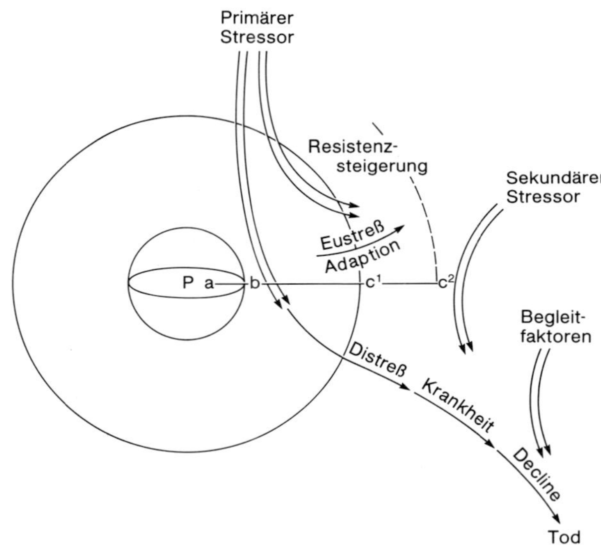

Abb. 6: Wirkungsmöglichkeiten von komplexem Streß auf Pflanzen (Tesche 1991[40]).

Komplexer Streß muß also nicht zwangsläufig zur Verstärkung der Wirkung einzelner Stressoren führen. Er kann auch, vorrangig bei schwachen Streßintensitäten und unter bestimmten Streßkonstellationen, einen Adaptationsreiz, eine roborierende Wirkung (nach Larcher 1987[19]) auf Pflanzen ausüben, d. h. Eustreß bewirken und damit zur Erhaltung der Funktionstüchtigkeit und zur Stabilisierung beitragen. Erst wenn Pflanzen nicht mehr in der Lage sind, sich einem Einzelstressor oder einem Stressorenkomplex anzupassen, kommt es zu den in Abb. 6 dargestellten Erschöpfungs- und Verfallsreaktionen, erst dann wird die Wirkung eines Einzelstressors zum prädisponierenden Faktor für weitere Stressoren. Die Folgen derartiger Kettenreaktionen sind seit langem bekannt und werden in der phytopathologischen Literatur als Komplex- oder Kettenkrankheiten beschrieben (Schwerdtfeger 1981[38]).

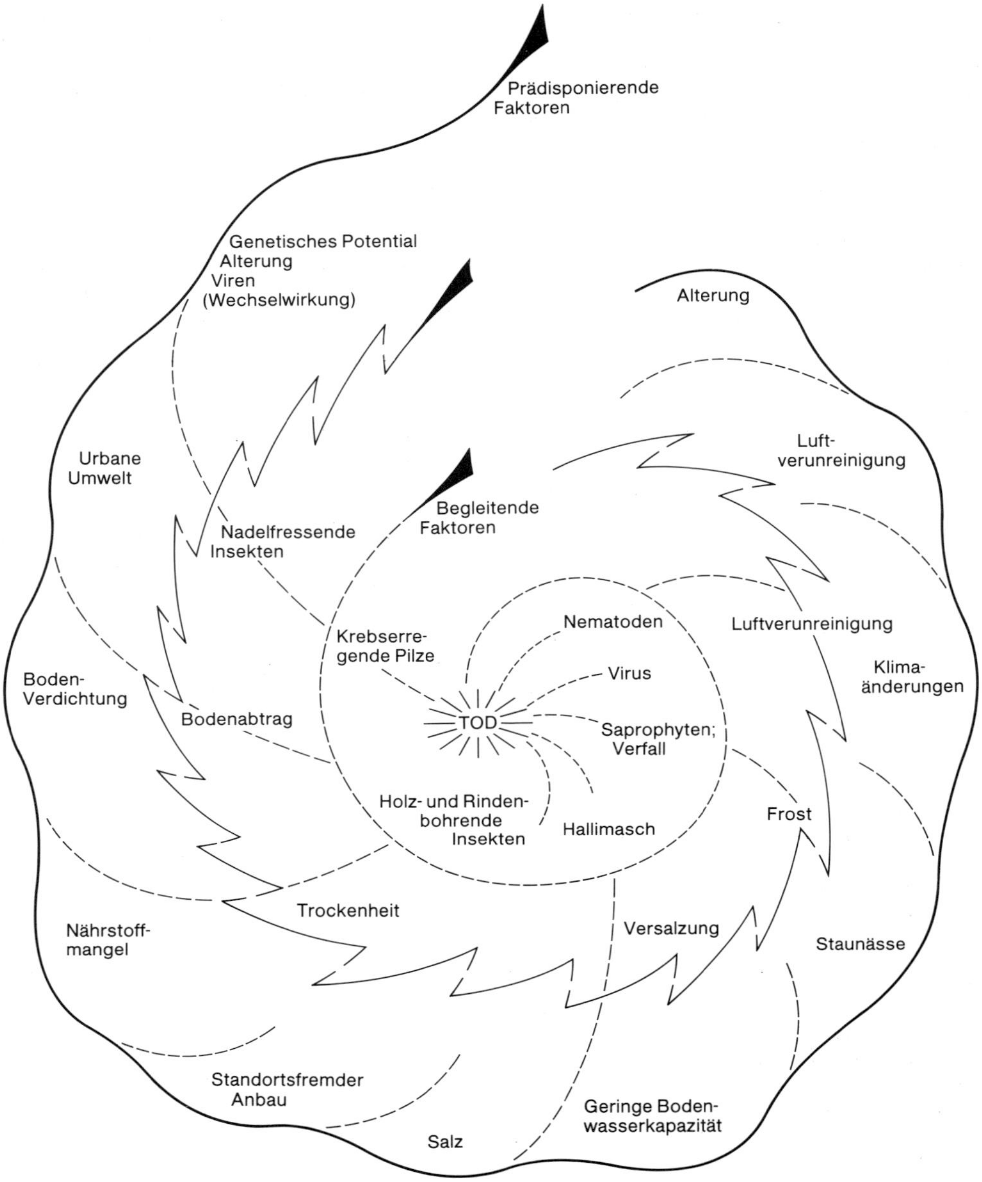

Abb. 7: Decline disease spiral-modell (nach Manion 1981[39]).

Als Beispiel sei hier nur das Ulmensterben genannt. Bei dieser Komplexkrankheit werden Ulmen primär durch Bodentrokkenheit geschwächt. In der Folge dringen Ulmensplintkäfer (Scolytus-Arten) in das Holz der Ulme ein. Sie sind Überträger des Pilzes Ceratocystis ulmi und dieser Pilz bringt die bereits geschwächten bzw. prädisponierten Ulmen zum Absterben. Manion (1981[39]) hat die theoretischen Grundlagen für derartige Komplexkrankheiten weiter ausgebaut und dafür die Begriffe „decline diseases" und „decline syndrom" verwendet, wobei er anstelle von primärem, sekundärem und tertiärem Streß von „predisposing, inciting und contributing factors" spricht. Von ihm stammt auch das in Abb. 7 dargestellte decline disease spiral model, das allerdings Adaptationsreaktionen unberücksichtigt läßt.

Tod

Am Ende eines Krankheitsgeschehens steht oftmals der Tod der betroffenen Pflanze. Über den Tod, das Altern und die natürliche Lebensdauer von Pflanzen gibt es wohl seit dem Erscheinen des Werkes von Molisch „Die Lebensdauer der Pflanze" (1929[41]) keine zusammenfassenden Darstellungen mehr, und auch in modernen Botanik-Lehrbüchern bleibt dieses Problem unberücksichtigt (z. B. Strasburger, 1991[42]; Lyr, Fiedler, Tranquillini 1992[43]; Kull 1993[44] usw.). In Anlehnung an eine allgemein biologische Definition von Malinin und Perry (1967[45]) soll deshalb unter Tod verstanden werden: Die Zustandsform eines biologischen Systems, in dem im Gesamtsystem, in seinen einzelnen Organen oder in seinen

Zellen keine physiologischen Lebensfunktionen mehr nachweisbar sind und solche auch nicht wiedererlangt werden können. Auf Pflanzen übertragen bedeutet das, eine Pflanze ist erst dann tot, wenn keine ihrer teilungsfähigen Zellen in den Meristemen aller Sproß- und Wurzelspitzen sowie in den Kambien mehr lebensfähig ist. Zum Nachweis der Lebensfähigkeit von Zellen und Geweben können u. a. lebenswichtige, weit verbreitete Enzymsysteme, abfallender ATP-Gehalt, gestörter Nucleinsäurestoffwechsel (Malinin und Perry 1967[45]), autolytischer Eiweißzerfall und nachfolgendes Ausströmen von Aminosäuren (Cordukes, Wilner und Rothwell 1965[46]) genutzt werden. Als relativ einfach zu handhabende und zuverlässige Methode zur Feststellung der Funktionsfähigkeit pflanzlicher Zellen und Gewebe hat sich der Tetrazoliumtest (TTC-Test) erwiesen. Er beruht auf der Reduktion von farblosen Tetrazoliumsalzen durch Dehydrogenasen (lebenswichtigen Enzymen) zu kräftig rot gefärbtem Formazan (Larcher 1969[47]). Wenn auch nicht überall und kaum zum Nachweis des Lebens oder Todes weitverzweigter großer Pflanzen wie Bäume anwendbar, erlaubt dieser Test doch wertvolle Aussagen über Lebensfähigkeit oder Tod einzelner Organe (z. B. Knospen, Zweige, Wurzeln, Samen usw.) und ist damit ein bedeutsames Hilfsmittel für die Bewertung kranker und absterbender Pflanzenteile. Vor Überraschungen schützt dieser Test aber nicht, denn vor allem mehrjährige Pflanzen (Bäume und Sträucher) haben oftmals ein sehr hohes Regenerationsvermögen und „erwachen" auch dann noch zu neuem Leben, z. B. durch Stockausschlag (Abb. 8), Austreiben ruhender Knospen usw., wenn die Mehrzahl ihrer Organe (Blätter, Äste oder Wurzeln) bereits abgestorben sind. Eine Pflanze ist eben erst dann absolut tot, wenn in keiner ihrer Zellen, Gewebe oder Organe mehr Lebensfunktionen vorhanden sind oder wiedererlangt werden können.

Abb. 8: Leben und Tod.
Stockausschlag aus dem Stubben einer ca. 40jährigen Schwarz-Pappel (Populus nigra L.).

Literatur

1 Tesche, M. (1989): Umweltstreß. In: Die Fichte, Bd. II/2, pp. 346–384, Schmidt-Vogt, H. (Hrsg.), Paul Parey, Hamburg, Berlin.

2 Unger, K. (1982): Zur Modellierung der Reaktionsnorm von Kulturpflanzen und deren Bedeutung für die Prüfung von Streß-Reaktionen. Umwelt-Streß Tagungsber. d. III. Arbeitstagung Umweltphysik, Templin, März 1981, 190–199.

3 Gäumann, E. (1951): Pflanzliche Infektionslehre. Birkhäuser, Basel.

4 Fröhlich, G. (1991): Wörterbuch der Biologie, Phytopathologie und Pflanzenschutz. Gustav Fischer, Jena.

5 Zelawski, W., Walker, R. B. (1976): Photosynthesis, respiration, and dry matter production. In: Modern methods in forest genetics, pp. 89–119, Miksche, J. P. (ed.), Springer, Berlin, Heidelberg, New York.

6 Pisek, A. et al. (1969): Kardinale Temperaturbereiche der Photosynthese und Grenztemperaturen des Lebens der Blätter verschiedener Spermatophyten. III. Temperaturanhängigkeit und optimaler Temperaturbereich der Netto-Photosynthese.

7 Polster, H. (1967): Dürreresistenz. In: Gehölzphysiologie, pp. 247–257, Lyr, H., Polster, H., Fiedler, H. J. (Hrsg.), VEB Gustav Fischer, Jena.

8 Stocker, O. (1956): Die Dürreresistenz. In: Handbuch der Pflanzenphysiologie. pp. 696, 716, 717, Ruhland, W. (Hrsg.), Springer, Berlin, Göttingen, Heidelberg.

9 Levitt, J. (1958): Frost, drought and heat resistance. Protoplasmatologia, Handb. d. Protoplasmaforschung, Wien, 8, 6. Teil.

10 Larcher, W. (1980): Ökologie der Pflanzen. 3. Auflage, Eugen Ulmer, Stuttgart.

11 Schlee, D. (1986): Ökologische Biochemie. VEB Gustav Fischer, Jena.

12 Stocker, O. (1947): Probleme der pflanzlichen Dürreresistenz. Naturwiss. **34**, 362–371.

13 Stocker, O. (1951): Kälte- und dürrefeste Pflanzen. Umschau in Wissenschaft und Technik, H. 22/20.

14 Selye, H. (1953): Einführung in die Lehre vom Adaptationssyndrom. Georg Thieme, Stuttgart.

15 Elstner, E. F., Wagner, C. A., Schutz, W. (1988): Activated oxygen in green plants in relation to stress situations. Current Topics in Plant Biochemistry and Physiology **7**, 159–187.

16 Weatherley, P. E. (1965): Some investigations on waterdeficit and transpiration under controlled conditions. In: Water stress in plants, pp. 63–71, Slavik, B. (ed.), Proceedings of a Symposium held in Prague, Publishing House of the Czechoslovak Academy of Sciences.

17 Levitt, J. (1972): Responses of plants to environmental stresses. A. Asher & Co, Amsterdam.

18 Kauppi, P. (1984): Stress and Strain in Ecosystems. In: Agren, G. I. (ed.), State and Change of Forest Ecosystems – Indicators in Current Research. Swed. Univ. Agric. Sci., Dept. Ecology & Environmental Research Report, no. 13, pp. 41–48.

19 Larcher, W. (1987): Streß bei Pflanzen. Naturwiss. **74**, 158-167.

20 Shigo, A. L. (1985): Wounded forests, starving. J. Forestry **83**, 668–673.

21 Schretzenmayr, M. (1966): Wasserhaushaltsuntersuchungen mit der Schardakov-Methode. Naturwiss. **53**, 160–161.

22 Greer, D. H. (1983): Temperature regulation of the development of frost hardiness in Pinus radiata. D. Don. Aust. J. Plant Physiol. **10**, 539–547.

[23] Tesche, M. (1990): Long-term response of spruce on short-term SO_2- and drought stress. Intern. Conference on Acidic Deposition – its Nature and Impacts. Glasgow Sept. 1990, Conference Abstracts, p. 180.

[24] Sandermann, H., Langebartels, C., Heller, W. (1990): Frühe und ‚Memory'-Effekte von Ozon bei Nadelbäumen. Zschr. für Umweltchem. u. Ökotoxikol. **2**, 14–15.

[25] Hecht, K. (1982): Einige Gedanken zum Streßbegriff in der Medizin. Umwelt-Streß: Tagungsbericht der III. Arbeitstagung Umweltbiophysik. Templin, März 1981, 1–5.

[26] Braun, H. (1965): Allgemeine Pflanzenpathologie. In: Handbuch der Pflanzenkrankheiten, Sorauer, P. (Hrsg.), Die Nichtparasitären Krankheiten, Bd. 1, 1. Lieferung, pp. 136–289, Rademacher, B. (Hrsg.), Paul Parey, Berlin, Hamburg.

[27] Ludwig, J. (1933): Beiträge zur Kenntnis der winterlichen Frosthärte der Fichte, insbesondere zur Frage des Einflusses der Rauchschädigung auf die Frosthärte. Dipl.-Arbeit, Fakultät für Forstwirtschaft der TU Dresden.

[28] Tesche, M., Feiler, S., Michael, G., Ranft, H. (1980): Zur Indikation von komplexen SO_2- plus Frost-Streß bei Picea abies (L.) Karst. Tag. Ber. Martin-Luther-Univ. Halle-Wittenb., Bioindikation **2**, 58–66.

[29] Neger, F. W. (1924): Die Krankheiten unserer Waldbäume. Enke, Stuttgart.

[30] Staar, G. (1965): Phytopathologie und Pflanzenschutz – Phytomedizin. In: Grundlagen und allgemeine Probleme der Phytopathologie und des Pflanzenschutzes Bd. 1, pp. 3–4, Klinkowski, M., Mühle, E., Reinmuth, E. (Hrsg.), Akademie Verlag, Berlin.

[31] Skelly, M. (Hrsg.) (o. J.): Schadensdiagose an Waldbäumen im Osten der USA. Hrsg. im Rahmen des gemeinschaftlichen Abkommens zwischen the United States, Department of Agriculture-Forest Service, Forest Pest Management, Atlanta, Georgia, und The Pennsylvania State University, College of Agriculture, Department of Plant Pathology, University Park, Pennsylvania.

[32] Hartmann, G., Nienhaus, F., Butin, H. (1988): Farbatlas Waldschäden. Eugen Ulmer, Stuttgart.

[33] Stoeckhardt, A. (1871): Untersuchungen über die schädliche Einwirkung des Hütten- und Steinkohlenrauches auf das Wachstum der Pflanzen, insbesondere der Fichte und Tanne. Tharandter Forstl. Jahrb. **21**, 218–254.

[34] Vogl, M., Börtitz, S., Polster, H. (1965): Physiologische und biochemische Beiträge zur Rauchschadenforschung. 6. Mitteilung. Biol. Zbl. **84**, 763–777.

[35] Härtel, O. (1976): Einwirkungen von Umweltgiften auf Pflanzen. I. Wie lassen sich Pflanzenschäden definieren? Umschau in Wissenschaft und Technik. **76**, 347–348.

[36] Keller, Th. (1977): Begriff und Bedeutung der „latenten Immissionsschädigung". Eidg. Anst. forstl. Versuchswes. Birmensdorf, 175. Allg. Forst- und Jagdztg. **148**, 115–120.

[37] Burian, K. (1976): III. Kombinationswirkung von Umweltgiften auf pflanzliche Organismen. Umschau, H. 11, 351–352.

[38] Schwerdtfeger, F. (1981): Die Waldkrankheiten. Paul Parey, Hamburg, Berlin.

[39] Manion, P. D. (1981): Tree disease concepts. Prentice Hall, Inc., New Jersey.

[40] Tesche, M. (1991): Streß und Decline bei Waldbäumen. Forstw. Cbl. **110**, 56–65.

[41] Molisch, H. (1929): Die Lebensdauer der Pflanze. Gustav Fischer, Jena.

[42] Strasburger, E. (1991): Lehrbuch der Botanik für Hochschulen. 33. neubearb. Aufl., Sitte, P., Ziegler, H., Ehrendorfer, F., Bresinksy, A. (Hrsg.), Gustav Fischer, Jena.

[43] Lyr, H., Fiedler, H.-J., Tranquillini, W. (1992): Physiologie und Ökologie der Gehölze. Gustav Fischer, Jena.

[44] Kull, U. (1993): Grundriß der Allgemeinen Botanik. Gustav Fischer, Stuttgart, Jena.

[45] Malinin, Th. I., Perry, V. P. (1967): A review of tissue and organ viability assay. Cryobiology **4**, 104–115.

[46] Cordukes, W. E., Wilner, J., Rothwell, V. T. (1966): The evaluation of cold and drought stress of turfgrasses by electrolytic and ninhydrin methods. Can. J. Plant Sci. **46**, 337–342.

[47] Larcher, W. (1969): Anwendung und Zuverlässigkeit der Tetrazoliummethode zur Feststellung von Schäden in pflanzlichen Geweben. Mikroskopie **25**, 207–218.

Register

A

C

D

E

F

I

J

K

L

M

N

O

P

Q

X

Y

Z